Wolfgang Fratzscher
und Karl Stephan (Hrsg.)

**Strategien zur
Abfallenergieverwertung**

Aus dem Programm
Umweltwissenschaften

Martin Kaltschmitt/Guido A. Reinhardt
Nachwachsende Energieträger
Grundlagen, Verfahren, ökologische Bilanzierung

Andreas Patyk/Guido A. Reinhardt
Düngemittel – Energie- und Stoffstrombilanzen

Mario Schmidt/Ulrich Höpfner
20 Jahre ifeu-Institut
Engagement für die Umwelt
zwischen Wissenschaft und Politik

Wolfgang Fratzscher und Karl Stephan (Hrsg.)
Strategien zur Abfallenergieverwertung
Ein Beitrag zur Entropiewirtschaft

Klaus Heinloth
Die Energiefrage
Bedarf und Potentiale, Nutzen, Risiken und Kosten

Günter Fehr (Hrsg.)
Nährstoffbilanzen für Flußeinzugsgebiete
Ein Beitrag zur Umsetzung der EU-Wasserrahmenrichtlinien

Egbert Boeker/Riek van Grondelle
Physik und Umwelt

Jens Borken/Andreas Patyk/Guido A. Reinhardt
Basisdaten für ökologische Bilanzierungen
Einsatz von Nutzfahrzeugen in Transport, Landwirtschaft
und Bergbau

vieweg

Wolfgang Fratzscher
und Karl Stephan (Hrsg.)

Strategien zur Abfallenergieverwertung

Ein Beitrag zur Entropiewirtschaft

Die Deutsche Bibliothek – CIP-Einheitsaufnahme
Ein Titeldatensatz für diese Publikation ist bei
Der Deutschen Bibliothek erhältlich.

Forschungsberichte der interdisziplinären Arbeitsgruppen der
BERLIN-BRANDENBURGISCHEN AKADEMIE DER WISSENSCHAFTEN

Forschungsbericht der interdisziplinären Arbeitsgruppe „Strategien zur Abfallenergieverwertung
– ein Beitrag zur Entropiewirtschaft" an der Berlin-Brandenburgischen Akademie der
Wissenschaften:
Prof. Dr. Wolfgang Fratzscher *(Sprecher)*, Martin-Luther-Universität Halle-Wittenberg, Halle
Prof. Drs. Karl Stephan *(stellv. Sprecher)*, Universität Stuttgart
Prof. Drs. Wolfram Fischer, Freie Universität Berlin
Prof. Dr. Siegfried Großmann, Philipps-Universität Marburg
Prof. Dr. Klaus Hartmann, GESIP Berlin
Prof. Dr. Dietrich Hebecker, Martin-Luther-Universität Halle-Wittenberg, Halle
Prof. Dr. Hasso Hofmann, Humboldt-Universität zu Berlin
Prof. Dr. Reinhard F. Hüttl, Brandenburgische Technische Universität Cottbus
Prof. Dr. Klaus Lucas, RWTH Aachen
Prof. Dr. Werner Meng, Universität des Saarlandes, Saarbrücken
Prof. Dr. Dieter Mewes, Universität Hannover
Prof. Dr. Ortwin Renn, Akademie für Technikfolgenabschätzung, Stuttgart
Prof. Dr. Martin Weisheimer, Institut für Wirtschaftsforschung Halle
Dr. Oliver Bens, Brandenburgische Technische Universität Cottbus
Dr. Monika Bergmeier, Berlin
Dr. Klaus Michalek, Berlin-Brandenburgische Akademie der Wissenschaften
Dr. Alexander Tokarz, Leipzig

1. Auflage Oktober 2000

Alle Rechte vorbehalten
© Friedr. Vieweg & Sohn Verlagsgesellschaft mbH, Braunschweig/Wiesbaden, 2000
Softcover reprint of the hardcover 1st edition 2000

Der Verlag Vieweg ist ein Unternehmen der Fachverlagsgruppe BertelsmannSpringer.

Das Werk einschließlich aller seiner Teile ist urheberrechtlich geschützt. Jede
Verwertung außerhalb der engen Grenzen des Urheberrechtsgesetzes ist
ohne Zustimmung des Verlags unzulässig und strafbar. Das gilt insbesondere
für Vervielfältigungen, Übersetzungen, Mikroverfilmungen und die Einspei-
cherung und Verarbeitung in elektronischen Systemen.

www.vieweg.de

Konzeption und Layout des Umschlags: Ulrike Weigel, www.CorporateDesignGroup.de

Gedruckt auf säurefreiem Papier

ISBN 978-3-322-89903-3   ISBN 978-3-322-89902-6 (eBook)
DOI 10.1007/978-3-322-89902-6

Vorwort

Seit der Neugründung der Berlin-Brandenburgischen Akademie der Wissenschaften 1992 werden von ihren Mitgliedern und auswärtigen Fachexperten Projekte zu aktuellen Themen interdisziplinär bearbeitet, um Standpunkte zur Qualifizierung der einschlägigen Diskussion in der Gesellschaft zu unterbreiten. Zweifellos gehört der Komplex Energie in vielerlei Hinsicht zu Themen dieser Art. Diesem Themenkreis ist auch das vorliegende Buch „Abfallenergieverwertung – ein Beitrag zur Entropiewirtschaft" gewidmet. Es stellt das Ergebnis einer etwa dreijährigen Zusammenarbeit und Diskussion innerhalb einer Arbeitsgruppe der Akademie dar.

Die durch die Überschrift gekennzeichnete Zielstellung soll deutlich machen, dass in Erweiterung der allgemein üblichen Betrachtungsweisen zur Diskussion von Energieproblemen ein anderer Ansatz verwendet worden ist, der zu weiteren und auch tieferen Einsichten in die energetische Situation der Gesellschaft sowie zu strategisch orientierten Handlungsempfehlungen führen kann, die bei Entscheidungen zumindest bedacht sein sollten.

Der hier benutzte Ansatz besteht in der expliziten Einbeziehung der Aussagen des II. Hauptsatzes der Thermodynamik, des Entropiesatzes, sowie der Betrachtung der energetischen, im allgemeinen Sinn technologischen Systeme als offene Systeme, die in einer durch die Umwelt gegebenen Umgebung und den dadurch festgelegten thermodynamischen Zustandsparametern arbeiten. Da für die Energie ein Erhaltungssatz gilt, geben die so definierten Systeme die ihnen zugeführte Energie in Gänze wieder an die Umgebung ab, während die Entropieabgabe nach dem Entropiesatz mindestens um den Betrag der nichtumkehrbaren Entropieproduktion größer sein muss als die Entropiezufuhr. Die Entropieabgabe ist an die Stoff- und Wärmeabgabe der Systeme an die Umgebung gebunden. Diese kann im weiteren Sinn als Abfallenergie bezeichnet werden. Ihre Reduzierung vermindert den erforderlichen Energieeinsatz und trägt damit zur rationellen Energieanwendung bei.

Ein solcher Ansatz ermöglicht zunächst einmal, den Begriff Abfallenergie schärfer zu fassen. Er ist nicht nur, wenn auch quantitativ am bedeutendsten, an Abwärme gebunden, sondern umfasst auch stoffliche Anteile, die aus der Tatsache resultieren, dass der jeweilige Abgabezustand des Stoffexportes sich von dem der Umgebung unterscheidet, sodass dadurch bei dem Übergangsprozess äußere Nichtumkehrbarkeiten erzeugt werden, die für das System einen Entropieexport darstellen. Diese Feststellung erfordert es, den Bereich der Abfallstoffwirtschaft mit in den Kreis der Betrachtungen einzubeziehen.

Andererseits kann durch einen solchen Ausgangspunkt, gegeben durch die Einbeziehung der Umgebung, das Bemühen um eine Abfallenergieverwertung als ein Beitrag um die Auseinandersetzung zur nachhaltigen Entwicklung angesehen werden. Das wird allein schon durch die Tatsache unterstrichen, dass die Energieträger den größten technologischen Massenaustausch der menschlichen Gesellschaft mit ihrer Umgebung darstellen. Bezeichnet man eine solche Betrachtungsweise aus thermodynamischer Sicht als Entropiewirtschaft, so kann deren Zielstellung als ein positiver Beitrag zur Nachhaltigkeit bezeichnet werden.

In dem Buch wird zunächst der Zusammenhang zwischen Abfallenergie und II. Hauptsatz, d. h. der Entropie, aus thermodynamischer Sicht ausführlich dargestellt, um den zu betrachtenden Gegenstand zu definieren und einen Beitrag zur terminologischen Klärung zu leisten. Anschließend werden, mehr beispielhaft, die technischen Möglichkeiten zur Beeinflussung, d. h. natürlich zur Verbesserung, der technologischen Systeme aufgezeigt. Entsprechend der

Orientierung werden nicht nur die Energieform Wärme, sondern auch stoffliche Träger, wie die Biomasse und der Müll, behandelt.

Zur Einschätzung der Ergebnisse möglicher Anwendungen der vorgestellten Beispiele werden vordergründig keine durchschnittlichen Angaben gemacht, sondern es wird auf konkrete Objektbereiche, wie Ballungsräume und ländliche Regionen, Bezug genommen, da deren unterschiedliche energetische Strukturen unterschiedliche technische Lösungen favorisieren.

Die Verbesserungsmöglichkeiten technologischer Systeme sind nicht allein durch ihre energetischen Strukturen gekennzeichnet, sondern in besonderem Maße auch durch die gesellschaftlichen Rahmenbedingungen. Das ist aus der Vergangenheit her bekannt, und es ist deshalb versucht worden, auch deren Einfluss auf zu realisierende Lösungen abzuschätzen. Als solche gesellschaftlichen Rahmenbedingungen sind die wirtschaftlichen, juristischen und sozialen Gegebenheiten in Bezug auf die mit der Abfallenergieverwertung verbundenen Probleme mit in die Betrachtungen einbezogen worden. Dabei wurden besonders die Verhältnisse in Deutschland dargestellt und Handlungsspielräume, auch im internationalen Vergleich, aufgezeigt. Ergänzend können auch aus der Betrachtung der historischen Entwicklung, hier bezogen auf Deutschland, fördernde und hemmende Faktoren für die zur Diskussion stehende Sachverhalte aufgezeigt werden.

Zusammenfassend kann man feststellen, dass die naturwissenschaftlich-technischen Möglichkeiten zur positiven Gestaltung einer Entropiewirtschaft für die unterschiedlichsten Gegebenheiten äußerst vielfältig sind. Damit können jeweils wesentliche Beiträge zu einer nachhaltigen Entwicklung erbracht werden. Die derzeit gegebenen gesellschaftlichen Rahmenbedingungen schränken aber die Möglichkeiten häufig drastisch ein, da als zulässige Lösungen thermodynamisch weniger gute, d. h. mit größeren Nichtumkehrbarkeiten und Energieeinsätzen behaftete, realisiert werden. Damit werden bestimmte Seiten des Prinzips der Nachhaltigkeit negativ verletzt. Selbst die Ausnutzung von Gestaltungsräumen für die gesellschaftlichen Rahmenbedingungen wird deshalb nicht den Verzicht auf heuristische Erkenntnisse möglich machen. Hierauf wird im Sinne von Handlungsempfehlungen im abschließenden Kapitel eingegangen.

Mit diesem Konzept wendet sich das Buch an alle diejenigen, die an grundsätzlichen Zusammenhängen über energetische Probleme interessiert sind. Als interdisziplinäres Projekt wendet es sich an Leser aus den Bereichen der, nach Snow, beiden Kulturen. Die Naturwissenschaftler und Techniker sollen z.B. erkennen, dass eine wirtschaftliche Einschätzung mehr ist, als den Begriff Kosten als Erhaltungs- und Bilanzgröße neben die üblichen technischen Bilanzen zu stellen. Auch wenn der Jurist helfen soll, durch Gebote oder Verbote, finanzielle Belastungen oder Begünstigungen bestimmte technische Entwicklungen durchzusetzen, muss der Techniker seine Forderungen in einer Art und Weise artikulieren, die dem Juristen erst Handlungsmöglichkeiten eröffnet. Die Komplexität der mit sozialen Problemen verbundenen Einschätzung, die keinesfalls eindimensional mit Technikfeindlichkeit zu verwechseln ist, zwingt den Techniker seine Entwürfe gleichfalls nach mehreren Dimensionen zu durchdenken und in allgemeine Zusammenhänge, wie Sicherheit, Transport und Verkehr, Arbeitsplatzbeschaffungsmöglichkeiten u. v. a. m., einzubetten. Schließlich lassen die historischen Betrachtungen den Schluss zu, dass offensichtlich die Überlegungen zur rationellen Energieverwendung zwingender in der fachlichen und gesellschaftlichen Öffentlichkeit präsent bleiben, wenn eine gemeinsame Sprache, eine durchsichtige Terminologie verwendet wird. Eine solche kann aber wohl besser gefunden werden, wenn Begriffe von ihrem Wesen her und nicht so sehr, wie bisher, von ihrer Erscheinung her, bewertet werden. Das ist wieder ein Appell an die Energietechniker und -wirtschaftler.

Das Buch wendet sich aber auch an die Geistes- und Sozialwissenschaftler. Diese sollen erkennen, dass zwar für die Energie wie auch für die Masse ein Erhaltungssatz existiert, das aber damit das Wesen der Energie noch nicht voll erfasst ist. Maßnahmen, die im Bereich der Stoffwirtschaft richtig sind, sind deshalb nicht automatisch auf die Energiewirtschaft übertragbar. Das war wohl auch der Grund für den Physikochemiker Wilhelm Ostwald, also zunächst einen Mann des „Stoffes", eine Naturphilosophie als Energetik zu formulieren mit dem energetischen Imperativ „Vergeude keine Energie, nutze sie!". Als er dies vor reichlich 100 Jahren vorschlug, fand er wenig Verständnis. Er erkannte richtig, dass das Wesen der Energie außer durch den Erhaltungssatz noch durch ein weiteres Naturgesetz, den Entropiesatz oder II. Hauptsatz der Thermodynamik, bestimmt wird. Diese Zielstellung wird auch mit den vorliegenden Ausführungen verfolgt. Damit können Zusammenhänge aufgedeckt werden, die im Energiegesetz nicht explizit in Erscheinung treten. Ihre qualitative und quantitative Erfassung ermöglicht die Ableitung von Strategien zur Verbesserung der energetischen Effizienz technologischer Verfahren und ihre Wiedergabe in einer allgemeingültigen „Sprache". Damit ist denen, die nicht in der Energiewirtschaft tätig sind, die Möglichkeit eines tieferen Verständnisses energetischer Zusammenhänge vermittelbar und vielleicht so auch eine qualifizierte Meinungsbildung oder Entscheidungsfindung.

Mit diesem Anliegen passt sich das Buch gut in eine Buchreihe ein, die vom Verlag Vieweg seit geraumer Zeit in loser Folge herausgegeben wird. Herausgeber und Autoren des vorliegenden Buches sind deshalb dem Verlag dankbar für die Aufnahme in diese Reihe. Es dürfte so als ein weiteres Diskussionsangebot zu dem allgemeinen Thema Energie und Umwelt eingeordnet und angesehen werden.

Außerdem gilt unser Dank Dr.-Ing Klaus Michalek, der als Mitarbeiter im Projekt nicht nur aus seiner Erfahrung heraus an vielen Stellen zur Qualifizierung der zu verfolgenden Gedankengänge beigetragen hat, sondern insbesondere das „Projektmanagment" übernommen hat, das im Ergebnis zu einer gehaltvollen Arbeit führte. Das war nicht zuletzt eine der Voraussetzungen dafür, dass die Gesamtheit des Textes von allen Mitwirkenden gemeinsam getragen wird. Die Primärautoren sind deshalb nur im Inhaltsverzeichnis benannt.

Schließlich bedanken sich die Autoren als die Mitwirkenden des Projektes „Abfallenergieverwertung - ein Beitrag zur Entropiewirtschaft" bei der Berlin-Brandenburgischen Akademie der Wissenschaften für die Bereitstellung der finanziellen Mittel zur Durchführung der erforderlichen Diskussionsveranstaltungen und zur Erarbeitung des Manuskriptes.

Berlin, im Juni 2000   Wolfgang Fratzscher und Karl Stephan

Inhaltsverzeichnis

1 Problemstellung und Lösungsansätze
W. Fratzscher, K. Stephan, K. Michalek 1
Literatur 6

2 Abfallenergie und Entropiewirtschaft
W. Fratzscher, K. Michalek 7
2.1 Definition der Abfallenergie und prinzipielle Verwertungsmöglichkeiten 7
2.2 Erfassung und Bewertung der Abfallenergie 18
2.3 Der Entropiehaushalt technologischer Systeme 26
2.4 Abfallenergieverwertung und Entropiewirtschaft 33
Literatur 44

3 Technische Möglichkeiten 45
3.1 Regeneration von Wärme
D. Hebecker 45
    3.1.1 Temperaturniveau und Energiekaskade 45
    3.1.2 Regeneration und Entropieproduktion 47
    3.1.3 Thermodynamische Analyse und Optimierung von Systemen 49
    3.1.4 Beeinflussbarkeit der Temperaturniveaus 53
    3.1.5 Integrationsmöglichkeiten von Wärmetransformationsanlagen 54
    3.1.6 Effektivität und Bewertung der Regeneration 56
3.2 Wärmetransformation
D. Hebecker 59
    3.2.1 Systematik von Wärmetransformationsprozessen 59
    3.2.2 Stand und Entwicklung der Wärmetransformationstechnik 61
    3.2.3 Abwärmenutzung mit Hilfe von Wärmepumpen 65
3.3 Nutzung von Abfällen durch Stoff- und Energiewandlung
D. Mewes, A. Tokarz 72
    3.3.1 Herkunft und Klassifikation von Abfällen 72
        3.3.1.1 Herkunft der Abfälle 72
        3.3.1.2 Klassifikation von Abfällen 73
    3.3.2 Stoffliche Umwandlung von Abfällen durch Energiezufuhr 75
        3.3.2.1 Stoffliche Umwandlungen von Abfällen in der Industrie:
             Der „produktionsintegrierte Umweltschutz" 75
        3.3.2.2 Rohstoffliche Verwertung von Feststoffen am Beispiel von
             Kunststoffabfällen 77
        3.3.2.3 Rückgewinnung von Abfällen aus Abluftgemischen durch
             Energieeinsatz 79

| | | 3.3.2.4 | Rückgewinnung von Abfällen aus Abwässern durch Energieeinsatz | 82 |

- 3.3.3 Energetische Umwandlung von Abfällen 83
  - 3.3.3.1 Thermische Beseitigung fester Abfälle 83
  - 3.3.3.2 Verwertungsverfahren 85
  - 3.3.3.3 Thermische Verwertung von Klärschlämmen 89
  - 3.3.3.4 Biologische Verwertung von Abfällen 89
- 3.3.4 Thermodynamische Bewertungsmethoden der Umwandlung von Abfällen . 90
  - 3.3.4.1 Exergiebilanz bei der Umwandlung von Abfällen 90
  - 3.3.4.2 Wirkungsgrade bei der Umwandlung 93

3.4 Bereitstellung von Biomasse
O. Bens, R.F. Hüttl 95
- 3.4.1 Allgemeine Rahmenbedingungen 96
- 3.4.2 Biogene Brennstoffe und Möglichkeiten ihrer Bereitstellung 101
  - 3.4.2.1 Spektrum und Formen biogener Brennstoffe 101
  - 3.4.2.2 Produktion und Anbau biogener Brennstoffe 102
  - 3.4.2.3 Qualitätsmerkmale und Möglichkeiten zur Optimierung von Biomasse 105
- 3.4.3 Logistik und Hemmnisse bei der Biomassebereitstellung 107
- 3.4.4 Lagerung und Speicherung von Biomasse 111

3.5 Nutzung von Biomasse
D. Hebecker (3.5.1); O. Bens, R.F. Hüttl (3.5.2 bis 3.5.4) 113
- 3.5.1 Verbrennung und Vergasung von biogenen Energieträgern 113
- 3.5.2 Anfall von Aschen bei der energetischen Nutzung von Biomasse 120
- 3.5.3 Eigenschaften von Aschen aus Biomassefeuerungen 122
- 3.5.4 Verwertungsmöglichkeiten für Aschen aus Biomassefeuerungen 124

3.6 Integration und Kombination technologischer Systeme
W. Fratzscher, K. Lucas, K. Michalek 127
- 3.6.1 Klassifikation und prinzipielle Möglichkeiten 127
- 3.6.2 Motorheizkraftwerke 131
- 3.6.3 Allgemeine Möglichkeiten, Tendenzen 135

3.7 Versorgungssysteme im regionalen Energieverbund
K. Lucas 142
- 3.7.1 Elemente des Systems 143
- 3.7.2 Wärmequellen 148
- 3.7.3 Netze und Speicher 150
- 3.7.4 Systemeigenschaften und -gestaltung 153

Literatur 158

4 Regionale Objektbereiche und Entwicklungsstrategien 165

4.1 Charakterisierung von Ballungsräumen

K. Lucas 169

4.1.1 Verwaltungsgroßstadt 170

4.1.2 Industriegroßstadt 175

4.2 Charakterisierung des ländlichen Raums

O. Bens, R.F. Hüttl 188

4.2.1 Siedlungs- und Gewerbestruktur 188

4.2.2 Land- und Forstwirtschaft 190

4.2.3 Energieversorgung 191

4.3 Charakterisierung des ländlichen Raums mit Ballungszentren (Mischraum)

K. Lucas 193

4.3.1 Beschreibung des Untersuchungsgebiets 193

4.3.2 Energiebezug leitungsgebundener Energieträger 194

4.3.3 Niedertemperaturwärmebedarf der Tarifkunden 196

4.3.4 Raumwärmebedarf nach Energieträgern 197

4.4 Beispiele für die Anwendung von Abfallenergieverwertungstechniken

D. Hebecker 200

4.4.1 Wärmetransformation für die Abfallenergieverwertung und Energieversorgung im ländlichen Raum 200

4.4.2 Ausgewählte Beispiele für den Objektbereich „Ländlicher Raum" 201

4.4.2.1 Holzhackschnitzelheizwerk 202

4.4.2.2 Brauerei 206

4.4.2.3 Landfleischerei „Mieste" 209

4.4.3 Wärmetransformation für die Abfallenergieverwertung und Energieversorgung im Ballungsraum 212

4.4.4 Ausgewählte Beispiele für den Objektbereich „Ballungsraum" 213

4.4.4.1 Aluminiumwerk 213

4.4.4.2 Abdampfnutzung in einem Chemiebetrieb 214

4.4.4.3 Parlaments- und Regierungsviertel im Spreebogen Berlin 217

4.5 Beispiele für Versorgungssysteme im Energieverbund

K. Lucas 221

4.5.1 Ländlicher Raum mit Ballungszentren 221

4.5.2 Ballungsraum 228

4.5.3 Gewerbegebiete mit Industriebetrieben 230

4.6 Modellszenarien und Optimierung von Optionen am Beispiel des Energieversorgungssystems Duisburg-Süd

K. Hartmann 254

4.6.1 Zielstellung und Charakteristik der Programmpakete (DSS DECIDE) 254

4.6.2 Beschreibung des Objektbereichs Industriegroßstadt Duisburg-Süd 258

4.6.3	Modellgenerierung und Formulierung der Szenarien	262
4.6.4	Allgemeine Eigenschaften optimaler Versorgungsstrukturen	269

4.7 Abfallverwertungskonzepte
D. Mewes, A. Tokarz 271

- 4.7.1 Status der Abfallbehandlung und Auswahl der Verfahren 271
  - 4.7.1.1 Energetische Einordnung der Abfallbehandlung 271
  - 4.7.1.2 Räumliche Einordnung der Abfallbehandlung 274
  - 4.7.1.3 Standort- und Verfahrensauswahl 276
- 4.7.2 Zukünftige Entwicklung der Abfallbehandlung 278
- 4.7.3 Thermodynamische Bewertung der Verfahrensalternativen 280
  - 4.7.3.1 Exergetischer Wirkungsgrad der Rostfeuerung 280
  - 4.7.3.2 Vergleich der Rostfeuerung mit alternativen thermischen Verfahren 285
  - 4.7.3.3 Thermodynamische Einschätzung der mechanisch-biologischen Vorbehandlung 288
- 4.7.4 Mögliche Szenarien für die regionalen Objektbereiche 289
  - 4.7.4.1 Szenarien für den ländlichen Raum 289
  - 4.7.4.2 Szenarien für den Ballungsraum 292

Literatur 294

5 Bewertungsdimensionen – Bestimmtheit und Beeinflussbarkeit, beispielhafte Anwendung 297

5.1 Wirtschaftliche Bewertung und beeinflussbare Rahmenbedingungen
M. Weisheimer 298

- 5.1.1 Die Ökonomie im Spannungsfeld von Nachhaltigkeit und II. Hauptsatz 298
- 5.1.2 Die Annäherung der realen (kurzfristigen) Ökonomie an langfristige Ziele 302
- 5.1.3 Zum Zusammenhang von Bewertung und Rahmenbedingungen 303
- 5.1.4 Zum Grundproblem der Wirtschaftlichkeit von Abfallenergien 307
- 5.1.5 Das Beispiel Abwärmeverwertung – wie kann ihre Wirtschaftlichkeit beurteilt und verbessert werden? 310
  - 5.1.5.1 Ausreichender Markt und Gewinn als Voraussetzung 311
  - 5.1.5.2 Nachfrage- und angebotsorientierte Beeinflussung der Wirtschaftlichkeit 313
  - 5.1.5.3 Die besondere Wirkung der Fixkosten und ihr Senkungspotenzial 315
  - 5.1.5.4 Anlegbarkeit und Spielräume der Wärmepreisgestaltung 317
  - 5.1.5.5 Ökologische Effekte und ihre Berücksichtigung bei Bewertungen 318
  - 5.1.5.6 Zur speziellen Abwärmeabgabe und ihrer Wirksamkeit 322
  - 5.1.5.7 Zur staatlichen Wirtschaftsförderung 324

	5.1.5.8 Zum Einfluss der Finanzierung	327
5.1.6	Das Beispiel Biomasseverwertung – wie kann ihre Wirtschaftlichkeit beurteilt und verbessert werden?	331
	5.1.6.1 Der wesentliche Unterschied zur Abwärmeverwertung	331
	5.1.6.2 Ökonomische Nachteile und Vorzüge im Überblick	331
	5.1.6.3 Zur Bewertung biogener Einsatzstoffe	332
	5.1.6.4 Zum Auslastungsgrad und zu den Anlagekosten	334
	5.1.6.5 Zur Finanzierung und staatlichen Förderung	334

5.2 Rechtliche Rahmenbedingungen und Steuerungsmechanismen
W. Meng 337
    5.2.1 Funktion des Rechts im Bereich der Abfallenergieverwertung 337
    5.2.2 Internationalrechtliche Rahmenbedingungen 340
        5.2.2.1 Umweltvölkerrecht 340
        5.2.2.2 Europarecht 343
        5.2.2.3 WTO-Recht 347
    5.2.3 Rahmenbedingungen des deutschen Rechts 348
        5.2.3.1 Verfassungsrechtliche Regeln 348
        5.2.3.2 Regelungen des deutschen Gesetzesrechts 351
    5.2.4 Optimales Normdesign 351
    5.2.5 Bestehende bzw. mögliche Steuerungsmechanismen 356
        5.2.5.1 Ordnungsrecht und marktakzessorische Steuerung 356
        5.2.5.2 Planungsvorgaben 359
        5.2.5.3 Abgaben 360
        5.2.5.4 Genehmigungsvorbehalte 362
        5.2.5.5 Einspeisungspflichten 365
        5.2.5.6 Tariffestsetzungen 366
        5.2.5.7 Verwertungspflichten 367
        5.2.5.8 Lizenzen 368
        5.2.5.9 Förderungsmaßnahmen 369

5.3 Soziale Bewertung von Szenarien zur Abfallenergieverwertung
O. Renn 371
    5.3.1 Grundlagen der sozialen Bewertung 371
        5.3.1.1 Aufgabenstellung 371
        5.3.1.2 Akzeptanz oder Akzeptabilität? 373
    5.3.2 Grundlage und Methodik der empirischen Analyse 374
        5.3.2.1 Die methodischen Werkzeuge 374
        5.3.2.2 Methodische Vorgehensweise 375
    5.3.3 Die Ergebnisse der diskursiven Bewertung 383
        5.3.3.1 Beurteilung der Akademie-Szenarien 383

	5.3.3.2	Quantitative Bewertung der Abfallenergiesysteme	386
	5.3.3.3	Qualitative Bewertung der Abfallenergiesysteme	390
5.3.4	Erkennbare Grundhaltungen zu Energiesystemen		394

5.4 Zur Geschichte der Abfallenergieverwertung in Deutschland seit den 1920er Jahren
M. Bergmeier 396
    5.4.1 Techniken der Abfallenergieverwertung im Überblick 396
    5.4.2 Akteure und Institutionalisierung der Abfallenergieverwertung 401
        5.4.2.1 Wirtschaft 401
        5.4.2.2 Forschung und Entwicklung 407
        5.4.2.3 Politik 411
    5.4.3 Der Einfluss von Ökonomie, Ökologie und gesellschaftlichen Werthaltungen 412
        5.4.3.1 Wirtschaftliche Paradigmen 412
        5.4.3.2 Ökologische Argumente 414
        5.4.3.3 Gesellschaftliche Werthaltungen 416
    5.4.4 Möglichkeiten für einen Wandel 418
Literatur 420

6 Schlussfolgerungen aus dem Konzept der Entropiewirtschaft
Zusammenfassung von W. Fratzscher, K. Stephan, K. Michalek 425
6.1 Energiewirtschaft - Nachhaltigkeit und Entropieprinzip 425
6.2 Entropiewirtschaft 427
6.3 Technische Handlungsfelder 428
6.4 Konsequenzen der gesellschaftlichen Rahmenbedingungen ... 433
6.5 Heuristische Regeln als praktische Handlungsempfehlungen 440
6.6 Forschung und Entwicklung - Ansätze und Handlungsempfehlungen 449
Literatur 451

Energie- und Leistungseinheiten 452

Sachwortverzeichnis 453

1 Problemstellung und Lösungsansätze

Der Energieerhaltungssatz als einer der fundamentalen Naturgesetze bedingt, dass letzten Endes die gesamte Energie, die zur Befriedigung der verschiedensten Bedürfnisse der menschlichen Gesellschaft verbraucht wird, wieder an die Umgebung abgegeben wird. Vom derzeitigen Energieverbrauch fällt mehr als die Hälfte als Abwärme an. Sie bleibt ungenutzt, heizt die Atmosphäre auf und belastet diese in erheblichem Umfang mit schädlichen Abgasen. Aus der Erkenntnis, dass ein rationeller Umgang mit Energie sowohl aus ökonomischen als auch aus ökologischen Gründen dringend geboten erscheint, sind in den letzten Jahren in den Industrieländern viele Anstrengungen hinsichtlich einer rationellen Nutzung der Energieressourcen zu verzeichnen. Die Erfolge sind beachtlich. Erwähnt seien beispielhaft die Einführung von Gas-Dampfkraftwerken, die Maßnahmen zur Verringerung des Kraftstoffverbrauchs von Verbrennungskraftmaschinen, Verbesserungen in der Heiztechnik, Verringerung von Wärmeverlusten durch bessere Isoliertechnik, optimierter Wärmeverbund und viele andere. Der andere Teil der verbrauchten Energie ist an veränderte oder neugebildete Stoffe gebunden, die bei Abgabe an die Umgebung gleichfalls zu deren Belastung führen, wenn diese Stoffe sich von der natürlichen Umwelt unterscheiden. Dem versuchte man durch Maßnahmen wie Rohstoffrecycling und Kreislaufwirtschaft zu begegnen. Auch hierbei sind die Ergebnisse der jüngsten Zeit positiv und beachtlich.

Eine ausreichende Energieversorgung einzelner Länder und auch weltweit ist aber ungeachtet dessen nach wie vor eines der drängenden Probleme unserer Zeit, das vor allem unter dem Aspekt der nach wie vor zunehmenden Anzahl von Erdenbürgern auf ein breites Interesse der Öffentlichkeit stößt. Dies zeigt deutlich die intensive Diskussion in den Medien. Dabei stehen neben technischen Fragen besonders die gesellschaftlichen Probleme und Rahmenbedingungen wie wirtschaftliche, juristische, soziale und historische Gesichtspunkte häufig im Mittelpunkt der Auseinandersetzung. Das ist insgesamt zu begrüßen, ist doch das Energieproblem schon von der Quantität der umgesetzten Stoffe und Energien her von immenser Bedeutung (s. Abschnitt 2.1), und es ist künftig weltweit mit ganz erheblichen Aufwendungen zu rechnen, wenn überall auf unserem Planeten eine ausreichende und menschenwürdige Energieversorgung gewährleistet werden soll. So wird abgeschätzt, dass etwa bis zum Jahr 2005 weltweit fast 1 TW Kraftwerkskapazität zusätzlich zu errichten ist [1-1]. Gerade dies wird häufig übersehen, wenn sich aus dem Blickwinkel einer Industrienation, wie dies auch in Deutschland der Fall ist, eine Entkoppelung von Bruttosozialprodukt und Energieverbrauch abzeichnet und daraus Schlussfolgerungen auch für die übrige Welt gezogen werden.

Insofern besteht weiterhin Diskussionsbedarf über eine angemessene Energieversorgung der Weltbevölkerung, auch wenn die Auseinandersetzung um die Reichweite der einzelnen Rohenergiequellen nicht mehr so im Mittelpunkt steht wie noch vor einigen Jahren. Es sei hierzu an die zunehmende Anzahl neu entdeckter ausbeutbarer Vorkommen oder an die Entdeckung der großen Vorräte an Gashydraten erinnert.

Durch den naturgesetzlich mit jeder Energieumwandlung bedingten Stoff- und Wärmeaustausch mit der Umgebung wird die Energieversorgung der menschlichen Gesellschaft zum quantitativ größten Posten in der Wechselwirkung zwischen menschlicher Gesellschaft und Umwelt, sowohl was die Stoffentnahme als auch was die Umweltbelastung, vor allem durch Kohlendioxid und Wärme, betrifft. Konzepte über nachhaltige Entwicklung, das sog. sustainable development, oder nachhaltiges und umweltgerechtes Wirtschaften müssen daher primär die mit der Energieversorgung verbundenen Probleme und Aufgaben mit behandeln. Das wird durch Umfang und Intensität der derzeitigen öffentlichen Diskussion zwar bestätigt, erstaunlicherweise werden dabei aber selbst in fachnahen Publikationen die naturwissenschaftlichen Aspekte unzureichend beachtet. Dies mag damit zusammen hängen, dass bekanntlich für die Energie ein Erhaltungssatz existiert, der es gestattet, den erforderlichen Energieaufwand und je nach Energieträger auch den damit verbundenem stofflichen Aufwand zu quantifizieren. Dadurch können Varianten und Alternativen untereinander verglichen und als Optimierungsziel bei vorgegebenem Nutzen eine Minimierung des Aufwandes angestrebt werden. Wie die bisherige Entwicklung, besonders in den Industrienationen und dort in der industriellen Praxis, gezeigt hat, ist eine solche Betrachtungsweise zwar recht erfolgreich gewesen. Dennoch ist es aus naturwissenschaftlicher Sicht unzureichend, sich nur am Energieerhaltungssatz zu orientieren.

Dies resultiert aus der Tatsache, dass bei allen Energieumwandlungsprozessen die Energieform Wärme entweder als Primär-, als Zwischen-, als Gebrauchs- oder auch als Nutzenergie in Erscheinung tritt, für die außer dem Erhaltungssatz noch ein weiteres Naturgesetz von fundamentaler Bedeutung ist, nämlich der II. Hauptsatz der Thermodynamik, der sogenannte Entropiesatz. Nach diesem gleichen sich in einem abgeschlossenen System im Laufe der Zeit alle Potenzialunterschiede aus. Dann ist das System von selbst keiner Änderungen mehr fähig. Versteht man unter dem Potenzial die Temperatur und unter dem abgeschlossenem System das Universum, so bezeichnet man den dann erreichten Zustand häufig auch als Wärmetod. Die Entropie vermag derartige Prozesse nachzuvollziehen und ist damit ein Maß für die Qualität der Systeme.

Die Betrachtungen hierzu haben in vielerlei Hinsicht zu kontroversen und unausgegorenen Aussagen geführt, was uns aber hier nicht weiter interessieren soll. Für unsere Überlegungen ist vielmehr von Bedeutung, dass ein System in einem solchen Zustand nicht mehr in der Lage ist, Wärme in Arbeit oder arbeitsfähige Energie umzuwandeln, unabhängig von der Größe des Systems und der vorhandenen Energie. Wilhelm Ostwald hat eine Anordnung, mit der man entgegen diesem Naturgesetz eine solche Umwandlung realisieren könnte, ein perpetuum mobile zweiter Art genannt. Gäbe es ein solches, so stünde in der in der Umgebung gespeicherten Energie ein für menschliche Bedürfnisse unermessliches Energiereservoir zur Verfügung. Der II. Hauptsatz besagt daher, dass bei allen natürlichen Prozessen der Anteil der arbeitsfähigen Energie abnimmt, und dass dieser Anteil im Falle des Ausgleiches, des Gleichgewichtes mit der Umgebung, gänzlich verschwindet.

Aus diesen Zusammenhängen lassen sich grundsätzliche Aussagen für die Gestaltung technischer Systeme zur Energiewandlung und auch zur Abfallenergieverwertung ableiten, die bisher in der allgemeinen Diskussion viel zu wenig beachtet wurden.

Noch aus einem weiteren Grund ist die Auseinandersetzung mit den Aussagen des II. Hauptsatzes der Thermodynamik für die Einschätzung energetischer Zusammenhänge von grundsätzlicher Bedeutung. Die entsprechenden technischen und technologischen Systeme sind im Sinne der Thermodynamik keine geschlossenen sondern offene Systeme, d.h. sie sind durch einen Stoff- und Energie- bzw. Wärmeaustausch mit ihrer Umgebung gekennzeichnet. Wie Prigogine [1-2] gezeigt hat, kann in solchen Systemen durch Wärme- und Stoffaustausch der Entropieexport so organisiert werden, dass im System selbst ein niedrigeres Entropieniveau als in der Umgebung erreicht wird. Damit können Prozesse realisiert werden, die scheinbar den natürlichen Prozessen entgegenlaufen. Diese Situation stellt gegenüber dem Ausgleich zwischen System und Umgebung die Bildung einer Strukturierung dar, die man auch als Maß einer höheren Ordnung ansehen kann.

Betrachtet man unter diesem Aspekt unsere Energiewandlungsprozesse und energetischen Systeme, so stellt man fest, dass nach dem Energieerhaltungssatz die insgesamt zugeführte Energie zur Aufrechterhaltung eines stationären Zustands wieder abgeführt werden muss, dass aber der zur Erhaltung eines angestrebten Ordnungszustandes erforderliche Entropieexport durch Stoff- und Wärmeabgabe zu gestalten ist. Deshalb ist es richtiger und für die Gestaltung und Bewertung energetischer Systems aussagekräftiger, wenn man feststellt, dass diese Systeme einen bestimmten Ordnungszustand repräsentieren und damit einen Entropieexport realisieren müssen, als sich allein mit der Aussage zu begnügen, dass energetische Prozesse eine Energiezufuhr erfordern, die letzten Endes wieder in Gänze an die Umgebung abgegeben wird.

Diese Erkenntnis war Ansatzpunkt für die Überlegungen des diesem Buch zugrundeliegenden Projektes. Da Abfallenergie im weitesten Sinn Träger des Entropieexportes ist und damit für den Ordnungszustand in energetischen Systemen, d.h. für deren Gestaltung und Betrieb, entscheidend ist, ist sie als Leitobjekt der folgenden Überlegungen und Diskussionen ausgewählt worden. Diese Prämisse erfordert zugleich die explizite Anwendung der Aussagen des II. Hauptsatzes der Thermodynamik und ist somit ein erster Schritt zu einer Entropiewirtschaft.

Die mit jedem offenen energetischen Prozess naturbedingt notwendige Abgabe von Wärme und Materie an die Umgebung erfordert eine Bewertung der abgegebenen Wärme- und Materieströme im Hinblick auf den aktuellen Umgebungszustand. Mit der Übertragung von Wärme- und Materie sind bekanntlich äußere Nichtumkehrbarkeiten verbunden, die zu einem Verlust an arbeitsfähiger Energie führen. Die Verringerung dieser Nichtumkehrbarkeiten hat daher eine entsprechend geringere Energiezufuhr zur Folge. Maßnahmen hierzu sind in eine Abfallenergiewirtschaft einzuordnen, deren Ziel darin besteht, diese Energieanteile möglichst gering zu halten. Solche Maßnahmen sind als weiterer Schritt in eine Entropiewirtschaft anzusehen.

Im einzelnen wird die Strategie hierzu bis hin zu ersten quantitativen Abschätzungen im Kapitel 2 dargestellt. Dabei war zunächst der Begriff Abfallenergie umfassender und präziser als bisher zu fassen, denn es erwies sich als unerlässlich, auch Abfallstoffe als Träger von Abfallenergie mit in die Betrachtung einzubeziehen. Erst auf dieser Basis ist eine qualitative und quantitative Erfassung von Abfallenergie und ihre Bewertung möglich, aus der sich letztendlich Verfahren zu ihrer Verwertung entwickeln lassen. Die Entropiebilanz technologischer oder spezieller energetischer Systeme ermöglicht es, allgemeine strategische Aussagen für ihre effiziente Gestaltung abzuleiten. Aus dem Vorgehen lassen sich zugleich einige Grundprinzipien einer Entropiewirtschaft aufzeigen.

Konsequenzen und sich daraus ergebende Optionen sind im Kapitel 3 über die technischen Möglichkeiten einer Abfallenergieverwertung erörtert. Dabei stößt man unvermeidbar auch auf bekannte Zusammenhänge wie die Regeneration, die Transformation und das Prinzip der Mehrstufigkeit. Hierbei wurde keine Vollständigkeit angestrebt; wesentlich für die vorliegenden Überlegungen war vielmehr die Bewertung der jeweiligen technischen Lösungen im Hinblick auf eine Entropiewirtschaft. Ausgangspunkt der Überlegungen waren deshalb die primäre und die sekundäre Nutzung von Abfallenergie, ihre unmittelbare Verwertung wie auch ihre Umwandlung in andere Energieformen. Wiederum ist dabei die Wärme zentrales Objekt, da sie aktiv und unmittelbar in die Entropiebilanz eingreift. Außerdem erwiesen sich strukturelle Probleme, wozu im engeren Sinn die Grundschaltungen von Energieversorgungssystemen gehören sowie ihre Einbindung in vorhandene oder mögliche Wirtschaftsstrukturen, als eine wirksame Maßnahme zur Erhöhung der Effizienz energetischer Systeme. Die oben geschilderte andere Sicht energetischer Probleme ermöglicht es, Stoff- und Energiewirtschaft und damit auch Abfallstoff- und Abfallenergiewirtschaft unter einheitlichen Gesichtspunkten zu betrachten.

Auch die Art der Primärenergieträger, ob sie als Gas, Öl, Biomasse oder in anderer Form anfallen, ist hinsichtlich der entropischen Konsequenzen, vor allem zur Einschätzung von alternativen Lösungen von Bedeutung. Die damit verbundenen Problem konnten wir nicht in ihrer Gesamtheit angehen. Wir haben uns vielmehr beispielhaft auf Verfahren zur Ausnutzung von Biomasse beschränkt, die in vielerlei Hinsicht für ländliche Regionen künftig von Interesse sein könnten.

Die Diskussion zeigte auch, dass es zur Verwirklichung des technisch Machbaren keine Patentrezepte gibt, sondern dass man nur Leitlinien entwickeln kann. Daher das Wort „Strategien" im Titel. Dabei erwies es sich als sinnvoll, diese exemplarisch an Beispielen zu belegen. Als Beispiele haben wir Objektbereiche gewählt und für diese geeignete Strategien vorgeschlagen. Für jeden dieser Objektbereiche erwiesen sich andere Strategien und Strukturen der Abfallenergieverwertung als sinnvoll. Ergebnisse dieser Diskussion sind in Kapitel 4 zusammengefasst.

Als Objektbereiche wurden dort zwei Ballungsräume, eine Verwaltungs- und eine Industriegroßstadt, ein ländlicher Raum und ein Mischraum definiert. Damit sollte auch gezeigt werden, dass eine zu sehr verallgemeinerte Diskussion über die Bedeutung verschiedener Energiewandlungsprozesse und -verfahren, wie sie vielfach geführt wird, zur Beurteilung konkreter regionaler Situationen nicht immer hilfreich ist. Die detailliertere Betrachtung der regionalen Gegebenheiten ermöglicht es, real erreichbare Zielvorstellungen zu formulieren und auch Aussagen über die gesellschaftlichen Rahmenbedingungen mit in das Kalkül einzubeziehen, die für eine Entscheidungsfindung oft wichtiger sind als die naturwissenschaftlich-technischen Möglichkeiten.

Die Energiewirtschaft als Lehrfach an Ingenieurfakultäten war eine der ersten technischen Disziplinen, in der man technische Aussagen, wie z.B. die über den Wirkungsgrad eines technischen Prozesses, nicht als alleiniges Bewertungskriterium zugrunde legte [1-3]. Die Notwendigkeit, apparative oder anlagentechnische Aufwendungen gegenüber solchen für Stoff- und Energieströme abzuwägen und in einem einheitlichem Maßstab abzubilden, führte dazu, dass man ökonomische Kategorien für die Bewertungsverfahren oder als Zielfunktionen einsetzte, um so in einem allgemeineren Sinn optimale technische Lösungen zu finden. Es ist nicht zufällig, dass eine solche Erweiterung des Bewertungsraumes schon sehr früh am Beispiel energetischer Systeme vorgenommen wurde. Dafür sprechen die vielfältigen Substitutionsmöglichkeiten der Energie und vor allem auch die Langfristigkeit des Gewichtes der Investitionen. Dieser Prozess ist in neuerer Zeit weiter geführt worden und berücksichtigt heute nicht nur wirtschaftliche und juristische Aspekte sondern vor allem auch soziale Rahmenbedingungen unter Einbeziehung einer Technikbewertung und Technikfolgenabschätzung. Im vorliegenden Projekt wurden deshalb solche interdisziplinären Bewertungsdimensionen mit in die Betrachtung einbezogen. Hilfreich war dazu auch ein Vergleich mit der Situation in anderen Ländern, wie der Schweiz, den USA und den Niederlanden. Die Ergebnisse hierzu sind in Kapitel 5 dargestellt.

Wie die wirtschaftlichen Überlegungen zeigen, ergeben sich technische Varianten, denen man den Vorzug geben sollte, nicht allein dadurch, dass man Kosten und Preise vergleicht, sondern sie werden viel öfter durch mögliche Finanzierungsmodelle bestimmt.

Szenarien einer Abfallenergieverwertung werden in starkem Maße auch durch die rechtliche Bewertung von Umweltbelastungen gesteuert, z.B. durch Vorgabe von Grenzwerten für eine

Umweltbelastung oder durch Vorgabe von Bedingungen, die sogar den Entwurfsprozess z. B. durch die Vorgabe von zu vergleichenden Varianten regeln. Von Interesse für mögliche Empfehlungen erwies sich ein Vergleich der Gegebenheiten in Deutschland mit denen anderer Länder. Aus ihm werden u. a. die Bedeutung gesetzgeberischer Aktivitäten sowie hemmende und begünstigende Faktoren für die Gestaltung energetischer Prozesse deutlich erkennbar.

Um den Einfluss sozialer Kriterien auf technische Lösungsvorschläge abschätzen zu können, hat die Arbeitsgruppe eng mit der Akademie für Technikfolgenabschätzung des Landes Baden-Württemberg zusammen gearbeitet. Diese hat mit der Abfallenergieverwertung zusammenhängende Szenarien anhand von Wertbaummethoden in entsprechenden Diskussionsforen mit Vertretern verschiedener Interessengruppen diskutiert und untersucht. Dabei zeigte sich, dass alle Gruppen übereinstimmend solche technischen Varianten vorziehen, die eine individuellen Versorgung ermöglichen, auch wenn diese nicht die im Hinblick auf eine Entropiewirtschaft günstigste Lösung darstellt. Lösungen, die eine stärkere Vernetzung erfordern sind offenbar weniger gefragt als individuelle, von übergeordneten oder zentralen Strukturen unabhängige Varianten.

Das Thema Abfallenergieverwertung hat während der verschiedenen Energiekrisen in der ersten und zweiten Hälfte des gerade vergangenen Jahrhunderts immer wieder die Öffentlichkeit beschäftigt. Es war daher auch interessant der Frage nachzugehen, wie man mit dem Thema in der Vergangenheit umging und aus Sicht des Historikers hemmende oder fördernde Faktoren aufzuspüren. Ausgangspunkt der Untersuchung waren einmal die Energiekrise im Deutschland der zwanziger Jahre des letzten Jahrhunderts, die zur Bildung der Wärmewirtschaft als eigenständiger Disziplin führten, sowie die siebziger Jahre mit ihren Erdölkrisen. Im Ergebnis zeigte sich, dass die durch die Energieverknappung ausgelösten Impulse letztendlich in andere, allgemeinere Entwicklungen einmündeten. In den zwanziger Jahren war dies die Hinwendung zu einer allgemeinen technologischen Rationalisierung, in den siebziger Jahren die Auseinandersetzung mit der Kernenergie.

Zusammenfassend lässt sich feststellen, dass sich mit Hilfe des II. Hauptsatzes der Thermodynamik besser als mit den bisher üblichen Betrachtungsweisen gezielt und folgerichtig Strategien zur Verminderung und Verwertung von Abfallenergie im weitesten Sinn entwickeln lassen, die letztendlich zu geringerer Belastung und Beanspruchung unserer Umwelt durch Energie und Abfallstoffe führen können.

Von besonderer Bedeutung ist dabei, dass die Wechselwirkungen zwischen dem jeweiligen energetischen System und der Umgebung qualitativ und quantitativ durch die äußeren Nichtumkehrbarkeiten erfasst und bewertet werden. Diese sind aber dem jeweiligen System anzulasten. Das ist insofern bedeutsam, als diese Verluste üblicherweise entweder falsch, so bei Beurteilung der Wärmeverluste, oder gar nicht, so bei der Erfassung der Materieverluste, in Erscheinung treten. Andererseits sind diese äußeren Nichtumkehrbarkeiten der wesentliche Teil desjenigen Entropieexports, der notwendig ist, um den gewünschten Ordnungszustand, d. h. die angestrebte Struktur, in dem betrachteten System zu erzeugen und aufrecht zu erhalten. Diese Betrachtung liefert den Ansatz für eine Diskussion zur Berücksichtigung der inneren und äußeren Nichtumkehrbarkeiten und deren Verringerung insgesamt. Im Ergebnis können aus entropischer Sicht die verschiedenen Vorschläge zur Verbesserung quantifiziert und somit Handlungsempfehlungen gegeben werden.

Dass darüber hinaus die Diskussion um die verschiedenen Vorschläge für eine Abfallenergieverwertung nicht mit Hilfe allgemeiner Durchschnittswerte verschiedenster Art sondern anhand konkreter Objektbereiche geführt wurde, zeigt, dass aus technischer Sicht eine breite Vielfalt von schon derzeit realisierbaren Verfahren existiert, die zu einer wesentlichen Verringerung und besseren Nutzung der Abfallenergie führen. Es gibt vielfältige und anspruchvolle Optionen für technische Entwicklungen und Entwürfe. Andererseits zeigen die Überlegungen, dass trotzdem noch erhebliche Potenziale zu weiterer Verbesserung vorhanden sind.

Die Erschließung dieser Potenziale hängt aber von den jeweiligen gesellschaftlichen Rahmenbedingungen ab. Wir haben uns innerhalb der Arbeitsgruppe und auch in einer fachlichen Öffentlichkeit mit den wirtschaftlichen, juristischen, sozialen und historischen Rahmenbedingungen auseinandergesetzt und uns bemüht, die Machbarkeit und Grenzen neuer technischer Verfahren abzuschätzen. Dabei zeigt sich aber, dass es nicht möglich ist, eine aus technischer Sicht mögliche bessere Abfallenergienutzung auch als sicher zu prognostizieren. Auch wenn sich deshalb die Beanspruchung unserer Umwelt in absehbarer Zeit nicht grundsätzlich und qualitativ vermindern lassen sollte, so zeigen internationale Vergleiche aber auch, dass der mögliche Spielraum größer ist, als er aus deutscher Sicht erscheint.

So ist derzeit vorrangig eine evolutionäre Entwicklung anzusteuern. Die Komplexität der jeweiligen energetischen Aufgabenstellung unter Berücksichtigung des Einflusses der Rahmenbedingungen lässt zur Ermittlung optimaler Lösungen, d.h. auch verbesserter Lösungen gegenüber der bisherigen Praxis, die Benutzung von heuristischen Regeln als geboten erscheinen, wie das auch an verschiedenen Stellen schon vorgeschlagen wurde [1-4]. Auch in diesem Hinsicht erweist sich die Benutzung des Entropiekonzeptes von Vorteil, da mit seiner Hilfe eine systematische Klassifizierung heuristischer Regeln möglich ist, die gegenüber anderen Vorschlägen eine gewisse Vollständigkeit zu erreichen erlaubt, so dass keine Felder des Lösungsraumes vergessen oder übersehen werden (s. Kapitel 6). Insofern ist nicht nur aus naturwissenschaftlich-technischer Sicht sondern auch aus Sicht der Entwurfspraxis realer Aufgaben ein Übergang zu einer Entropiewirtschaft erstrebenswert.

Literatur

[1-1]   VDI-Nachrichten (1999) Nr. 19 v. 14.5.1999, S. 28. Nach Vorhersagen des US-amerikanischen Energieministeriums.

[1-2]   I. Prigogine, P. Glansdorff: Thermodynamic theory of structure, stability, and fluctuations. New York 1971.

[1-3]   W. Pauer: Einführung in die Kraft- und Wärmewirtschaft. Steinkopf Verlag, Dresden und Leipzig 1959.

[1-4]   A. Bejan, G. Tsatsaronis, M. Moran: Thermal Design and Optimization. John Wiley, New York 1996.

2 Abfallenergie und Entropiewirtschaft

2.1 Definition der Abfallenergie und prinzipielle Verwertungsmöglichkeiten

Die für die Bedürfnisbefriedigung der Menschheit tätige Technik ist für Lösungen verantwortlich, die mit den natürlichen Prozessen in der Umgebung entweder gar nicht oder nur in langen Zeitmaßstäben erreicht werden können. Im zunehmenden Maße setzt sich darüber hinaus die Einsicht durch, dass sie auch für die Veränderungen in der Umgebung, die beim Betrieb der eingesetzten Artefakte entstehen, verantwortlich ist. Das hat dazu geführt, dass man sich zunächst dem Stoffaustausch, der notwendigerweise zwischen den Artefakten und der Umgebung organisiert werden muss, zuwandte. Das führte einerseits zu den Begriffen der Umweltbelastungen, die mit der Abgabe von Nutz- und Nebenprodukten verbunden sind und andererseits zur Kennzeichnung der Schäden, die mit der Entnahme der Rohstoffe aus der Umgebung entstehen. Damit verbunden war der Begriff der Abfallstoffe, deren zielstrebige Verminderung Umweltschäden und Entnahme reduzieren lassen. Maßnahmen der Abfallwirtschaft wie Stoffrecycling und Kreislaufwirtschaft erwiesen sich in diesem Zusammenhang als bedeutsam und erfolgreich.

Tabelle 2-1: Verbrauch ausgewählter Rohstoffe und Rohprodukte auf der Welt

Rohstoff	Jährlicher Verbrauch in Mio. t
Stein- und Braunkohle (in Steinkohleneinheiten)	3.500
Rohöl	3.475
Naturgas (in Steinkohleneinheiten)	2.900
Holz (dav. ca. 45% Industrieholz)	2.750
Getreide (29% Weizen, 28% Reis, 28% Mais, 7% Gerste, 5% Hirse)	2.075
Zement	1.400
Eisen und Stahl (42% Eisen, wegen Recycling nur 45% aus Erz)	1.300
Wurzelfrüchte (46% Kartoffeln)	645
Gemüse und Melonen	590
Milch	540
Früchte	420
Fleisch (41% Schwein, 27% Geflügel, 27% Rind)	215
Fisch (19% aus Binnengewässern)	110

Es scheint naheliegend zu sein, mit ähnlichen Maßnahmen auch die Energieversorgung der menschlichen Gesellschaft zu untersuchen, natürlich mit dem Ziel, gleichfalls Reduzierungen im Verbrauch zu erzielen. Das könnte sich günstig auf die Bereitstellung von Primärenergie und die Umweltbelastung, vordergründig durch CO_2, auswirken. Das leuchtet ein, da in der Weltwirtschaft die Produkte oder Rohstoffe mit dem größten Massenumfang (etwa zwei Drittel) tatsächlich Rohenergieträger sind, wie *Tabelle 2-1* zeigt. Auch Getreide und andere Nahrungsmittel können im weiteren Sinn als Energieträger angesehen werden. Die anderen gehandelten Produkte, bis auf die Baustoffe, liegen nach der Masse um mindestens eine, wenn nicht mehrere Größenordnungen unter diesen Werten (Wasser ausgenommen, das hier nicht betrachtet wird).

Naturgesetzlich müssen sich diese Einsatzstoffe in den Abprodukten wiederfinden. So nimmt es nicht Wunder, dass die CO_2-Abgabe gleichfalls um Größenordnungen in der Massenbilanz sämtliche anderen Abprodukte übertrifft (*Tabelle 2-2*). Diese quantitativen Zusammenhänge erfordern primär eine Auseinandersetzung mit den Problemen der Energiewirtschaft, wenn wirksam der Einfluss der menschlichen Gesellschaft und der zu ihrer Bedürfnisbefriedigung geschaffenen Artefakte auf die Umgebung, auf die Umwelt reduziert werden soll.

Tabelle 2-2: Weltweiter Anfall von anthropogenen gasförmigen Emissionen

Abprodukt	Jährlicher Anfall in Mio t
CO_2 (23 % USA, 13 % VR China, 7 % Russland, 5 % Japan, 4 % Deutschland)	23.900
Methan (30 % Tierhaltung, 25 % Reisanbau, 16 % Öl/Gasförderung, 16 % Müll)	270
SO_2	77
Distickstoffoxid	13

Nun ist aber die Energie, zunächst in naturwissenschaftlicher Sicht, eine streng von der Masse zu unterscheidende Kategorie. Für die Energie gilt zwar auch wie für die Masse ein Erhaltungssatz: Energie kann weder aus dem Nichts erschaffen werden noch ohne Äquivalent verschwinden, es gibt kein perpetuum mobile. Es ist aber darüber hinaus für die Energie noch ein weiteres Gesetz von fundamentaler Bedeutung, der sogenannte II. Hauptsatz der Thermodynamik oder das Entropiegesetz, das besagt, dass es für die in der Natur ablaufenden Prozesse bevorzugte Richtungen gibt, während entgegengesetzte Richtungen unmöglich erscheinen, quasi verboten sind. Diese Tatsache führt dazu, dass Energieströme von selbst nur in Richtung abnehmender Potenziale fließen, wie analog das Wasser nur in Richtung abnehmender Höhe strömt – die Höhe kann als Potenzial aufgefasst werden – und damit zwar die Quantität erhalten bleibt aber ihre Nützlichkeit, z. B. gegeben durch die Umwandelbarkeit in Arbeit, abnimmt. Energie, die auf dem Niveau, d. h. mit dem Potenzial der Umgebung vorliegt, steht für die Ausnutzung auf der Erde nicht mehr zur Verfügung. So ist die Umwandlung von Wärme von Umgebungstemperatur in Arbeit nicht möglich oder verlangt, nach Ostwald, ein perpetuum mobile II. Art. Eine solche Maschine verstößt nicht gegen das Erhaltungsgesetz, erzeugt keine Energie aus dem Nichts, ist demnach kein perpetuum mobile I. Art. Sie würde aber gegen den Entropiesatz verstoßen, deshalb der Zusatz „II. Art". Die Charakterisierung einer solchen Maschine als ein perpetuum mobile ist insofern gerechtfertigt, als uns Umgebungsenergie in Gestalt der Atmosphäre, der Hydrosphäre und der Lithosphäre in für menschliche Dimensionen unermesslichem Umfang zur Verfügung steht. Die Abkühlung z. B. der Hydrosphäre nur um wenige Hundertstel Grad würde Energiemengen liefern können, die den Weltenergiebedarf über lange Jahrhunderte decken könnte. Diese Zusammenhänge führen dazu, dass genau wie bei der Stoffwirtschaft auch in der Energiewirtschaft die Quantität der für die Artefakte eingesetzten Energie erhalten bleibt und letzten Endes als Abfallenergie in der Umgebung wieder zur Verfügung gestellt wird, ihre Qualität dagegen, z. B. als die Eigenschaft in Arbeit verwan-

2.1 Definition der Abfallenergie und prinzipielle Verwertungsmöglichkeiten

delt werden zu können, abgenommen hat bis sie auf dem Niveau der Umgebung ganz verschwindet.

Für die folgenden Überlegungen ist eine einheitliche Terminologie zugrunde zu legen, da in der einschlägigen Fachliteratur je nach dem zu verfolgenden Endzweck recht unterschiedliche Bezeichnungen im Gebrauch sind. Ohne auf diese im Einzelnen einzugehen, sei an dieser Stelle von folgender Position ausgegangen. Das in *Bild 2-1* angegebene stoff- oder energiewirtschaftliche Verfahren – oder allgemeiner das Artefakt oder auch das technologische System – empfängt eine Energiezufuhr in der Größe W_Z zur Erzeugung des gewünschten Produktes, das die Energiemenge W_P tragen und stofflicher oder energetischer Art sein kann. Dabei entstehen Energieverluste W_V, die sich aus den Energieverlusten des Verfahrens selbst und Energiebeträgen zusammensetzen, die auf die Tatsache zurückzuführen sind, dass sich gewöhnlich der Zustand, mit dem die Produkte das Verfahren verlassen (z.B. ihre Temperatur), von dem Zustand bei dem sie genutzt werden (z.B. nach einer Abkühlung) unterscheidet. Da dieser Unterschied zusätzlich genutzt oder durch eine veränderte Prozessführung vermindert oder vermieden werden kann, ist er im Allgemeinen auch als Energieverlust anzusehen. Beide Verluste zusammen kennzeichnen so die Abfallenergie des Verfahrens. Diese allgemeingültige Darstellung kann im konkreten Fall weiter untersetzt werden. Das wird auch in den folgenden Kapiteln und Abschnitten geschehen. So kann im einzelnen zwischen verfahrensbedingten und thermodynamisch begründeten Verlusten unterschieden werden, um z.B. beim Untersuchungsobjekt zwischen beeinflussbaren und nicht beeinflussbaren Verlusten zu unterscheiden. Aus vielerlei Gründen, vor allem technischer Art, ist zwischen stoffgebundener (Enthalpie, innere Energie) und stofffreier Energie (Wärme, Arbeit) zu unterscheiden. Auch die Art der Energiefreisetzung und -umwandlung, wie Wärmeübertragung, chemische Reaktion, Vermischung kann zur Differenzierung zwingen. Der Aggregatzustand der stofflichen Energieträger kann aus Gründen der damit verbundenen technischen Konsequenzen der Klassifikation zu Grunde gelegt werden u.a.m.

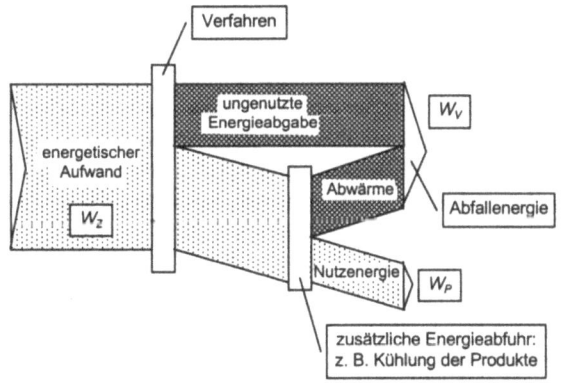

Bild 2-1
Abfallenergieanfall bei Verfahren aus Sicht der Energiebilanz

Im Lichte des II. Hauptsatzes der Thermodynamik sind alle diese Intepretationen unvollständig, da formal darauf aufbauende Strategien zur Verminderung der Energieverluste zumindest partiell zu Fehlorientierungen führen würden. So ist eine Wärmeabgabe bei Umgebungstemperatur unabhängig von ihrer Quantität nicht als Verlust anzusehen, da Wärme von Umgebungstemperatur nur bei Existenz eines perpetuum mobile II. Art ausgenutzt werden könnte.

Andererseits deutet das Fehlen von Energieverlusten, also damit auch von Abfallenergie nicht auf einen de facto verlustlosen Prozess hin. Ein einfaches Beispiel ist der Drosselprozess. Die adiabate Führung des Prozesses, d.h. das Fehlen von Abfallwärme lässt nicht erkennen, dass z.B. durch eine andere Führung des Prozesses bei gleichem Anfangs- und Enddruck[1] ohne weiteres Energie nach außen abgegeben werden kann, die ausnutzbar ist. Und schließlich sind z.B. Pump- und Verdichtungsarbeiten, die zur Überwindung von Druck- und Reibungsverlusten eingesetzt werden, nicht in Gänze als Verluste anzusehen, da durch Reibung Wärme erzeugt wird, die zu einer Temperaturerhöhung führen kann, die zusätzlich nutzbare Energie zur Verfügung stellt. Diese Zusammenhänge kennzeichnen die qualitativen Unterschiede zwischen den Problemen einer stofflichen Abfallwirtschaft und einer „Abfallenergiewirtschaft".

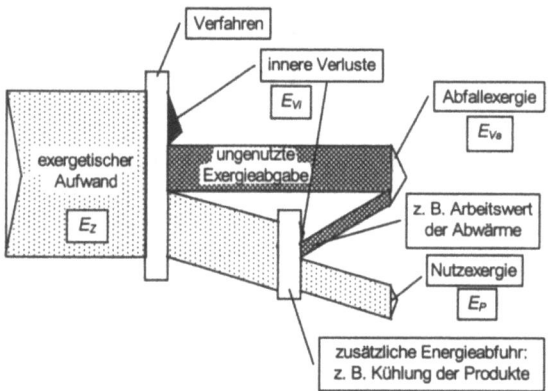

Bild 2-2
Abfallenergieanfall bei Verfahren aus Sicht der Exergiebilanz

Zur näheren Kennzeichnung der für die energetischen Probleme relevanten Zusammenhänge ist in *Bild 2-2* für das gleiche Verfahren wie in *Bild 2-1* eine Bilanz der theoretisch in Arbeit umwandelbaren Anteile der jeweiligen Energiebeträge dargestellt. Die Berechnung dieser Anteile erfordert die explizite Berücksichtigung der Aussagen des II. Hauptsatzes und drückt außer der Quantität der Energie auch deren Qualität aus. Eine Energie von Umgebungstemperatur weist danach den Wert Null auf. Diese Energieanteile kennzeichnen demnach den Betrag der jeweiligen Energie, der unter den gegebenen Verhältnissen, d.h. dem thermodynamischen Zustand der Umgebung, in Arbeit umgewandelt werden kann und werden in der Fachliteratur als Exergien bezeichnet [2-1]. Die Anwendung der Exergie hat außerdem den Vorteil, dass mit ihr die durch die realen Prozesse verursachten Qualitätsminderungen durch Potenzialabnahme quantitativ erfasst werden können. Physikalisch können sie als eine Art der Produktion von Umgebungswärme aufgefasst werden. Da diese in dem vorliegenden Sinne keinen Wert besitzt, lassen sie sich als Exergieverluste auffassen. Sie kennzeichnen den Betrag der arbeitsfähigen Energie, der infolge der Prozesse unwiederbringlich verloren gegangen ist.

---

[1] Bei vielen Produkten ist die Temperatur für den Abgabezustand nicht entscheidend (z.B. Druckluft), sodass keine zusätzlichen Energieströme (außer vielleicht Umgebungswärme) eingesetzt werden müssen und anstelle der Drosselung eine Entspannungsmaschine einsetzbar ist. Wenn neben dem Druck auch noch die Temperatur vorgegeben ist (z.B. bei überhitztem Heizdampf) können sich kompliziertere Schaltungen für die Abfallenergieverwertung ergeben (Vgl. Abschnitt 4.4.4.2)

2.1 Definition der Abfallenergie und prinzipielle Verwertungsmöglichkeiten

In *Tabelle 2-3* sind einige Zahlenangaben für das Verhältnis von Exergie zu Energie für unterschiedliche Energiearten und Energieträger zusammengestellt. Sie dienen an dieser Stelle zunächst einer ersten Veranschaulichung. Auf die Interpretation wird im einzelnen in den folgenden Abschnitten näher eingegangen.

Tabelle 2-3: Verhältnis von Exergie zu Energie τ_e für einige Energien und Stoffe

Energieart	τ_e	Energieart	τ_e
stofffreie Bilanzierung		stoffbezogene Bilanzierung	e / h²
mechanische od. elektrische Energie	1	Anergie (im Umgebungsgleichgewicht)	0
Wärme/Kälte:	$(T_m-T_u) / T_m$ ³	Brennstoffe	0,95... 1,05
Sanitärwärme ($\approx$ 50 °C)	$\approx$ 0,12	Petrochemische Produkte	$\approx$ 0,95
Prozesswärme I ($\approx$ 100 °C)	$\approx$ 0,24	Biomasse	$\approx$ 0,95
Prozesswärme II ($\approx$ 135 °C)	$\approx$ 0,31	Verbrennungsgase	$\approx$ 0,71
Prozesswärme III ($\approx$ 180 °C)	$\approx$ 0,38	Thermalwasser	$\approx$ 0,15
Hochtemperaturwärme ($\approx$ 500 °C)	$\approx$ 0,63	Eisen	0,91
Sonnenstrahlung	$\approx$ 0,95	Kupfer	0,67
Haushaltskälte ($\approx$10 °C unter T_u)	$\approx$ 0,04	Silicium	0,94
Tiefkühlkälte ($\approx$ 22 °C unter T_u)	$\approx$ 0,09	Schwefelsäure	1,07
Kryogene Kälte I ($\approx$ -200 °C)	$\approx$ 2,88	Natronlauge	3,15
Kryogene Kälte II ($\approx$ -250 °C)	$\approx$ 11,30	Druckluft (h=0)	$\to \infty$
Kryogene Kälte II ($\approx$ -270 °C)	$\approx$ 88,89	Sauerstoff, Stickstoff, Edelg. (h=0)	$\to \infty$

Das *Bild 2-2* liefert nun die folgenden Informationen: Das Verfahren selbst beruht auf möglichen Prozessen und ist so mit inneren Exergieverlusten behaftet. Natürlich können auch Energien über die Systemgrenze treten, die zu äußeren Exergieverlusten führen. Äußere und innere Exergieverluste entstehen weiterhin, wenn der Produktabgabezustand sich vom Nutzungszustand unterscheidet. Die Summe der äußeren Exergieverluste kann als der im thermodynamischen Sinn vollständig gekennzeichnete Betrag der Abfallenergie aufgefasst werden. Eine darauf aufbauende Strategie zur Verminderung dieser Verluste hat gegenüber der ausschließlich auf dem Energiesatz beruhenden den Vorteil, dass Ansatzpunkte aufgezeigt werden, deren Veränderung wesentlich für die Prozessführung ist und weiter ein quantitatives allgemein vergleichbares Maß zur Abschätzung der erreichbaren Verbesserung gegeben ist.

Eine besondere Rolle spielen die inneren Exergieverluste, die in der rein energetischen Betrachtung kein Analogon aufweisen. Sie sind ein Maß für die thermodynamische Güte des Verfahrens selbst. Sie gehören nicht unmittelbar zu den Abfallenergien. Ihre Größenordnung beeinflusst aber maßgebend die äußeren Verluste und den Gesamtaufwand. Deshalb müssen auch die inneren Verluste in die Diskussion um die Verminderung oder Vermeidung der Ab-

---

[2] Die Energie (h) ist hier nach der chemischen Thermodynamik berechnet, aber auf den Umgebungszustand (Umgebungskomponenten, 285 K, 0,1 Mpa) bezogen. Für Brennstoffe ist der Brennwert einzusetzen.

[3] T_m ist eine Mitteltemperatur, bei der die Wärmeübertragung erfolgt.

fallenergie einbezogen werden, wenn es z. B. um den Entwurf und die Gestaltung alternativer Varianten zu bestehenden Verfahren oder Technologien geht. Auch hierbei wird die explizite Einbeziehung der Aussagen des II. Hauptsatzes deutlich. Ein unmittelbarer Ansatzpunkt für eine solche Diskussion lässt sich aus dem Energiesatz allein überhaupt nicht ableiten.

Somit erweisen sich die Nichtumkehrbarkeiten sowohl im inneren Verhalten des Systems als auch im äußeren Verhalten, d.h. in der Wechselwirkung von System und Umgebung, als die wesentlichsten Verlustquellen in energetischer Hinsicht. Unter Nichtumkehrbarkeiten versteht man Prozesse, die infolge

- einer Temperaturdifferenz beim Wärmestrom,
- eines Druckdifferenz beim Massenstrom,
- eines Konzentrationsdifferenz oder eines Partialdruckgefälles beim Komponentenstrom,
- einer Differenz des chemischen Potenzials bei chemischen Reaktionen,
- eines Spannumgsdifferenz beim elektrischen Strom

auftreten. Häufig treten in den technischen Systemen beliebige Kombinationen der aufgeführten Prozesse auf.

Die als äußere Exergieverluste gekennzeichnete Abfallenergie kann prinzipiell auf zwei Arten einer Verwertung zugeführt werden: innerhalb und außerhalb des betrachteten Verfahrens.

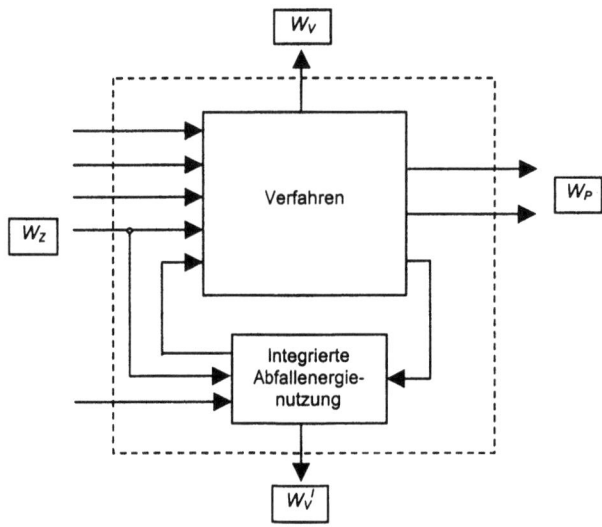

Bild 2-3
Struktur der Energiebilanz bei innerer (primärer) Nutzung der Abfallenergie

Das Schema der inneren Nutzung, die auch oft als primäre Nutzung bezeichnet wird, ist in *Bild 2-3* dargestellt. Sie ist systemtechnisch eine Art Rückführschaltung oder Rückkopplung und thermodynamisch stets mit regenerativen Effekten verbunden, weshalb sie auch prinzipiell als Regeneration bezeichnet werden kann.

Das bedeutet, dass entweder
  bei gleichem Bedarf der Einsatz gesenkt

2.1 Definition der Abfallenergie und prinzipielle Verwertungsmöglichkeiten 13

oder
   bei gleichem Einsatz der Zielertrag erhöht
werden kann. Beide Formulierungen sind einander dual zugeordnet.

Die konsequente Anwendung dieses Prinzips führt zu Anlagenkonfigurationen, die als integrierte Bauweise bezeichnet werden können. Die Maßnahme der Regeneration ist Bestandteil des Verfahrens und äußerlich nicht mehr als eine spezielle Nutzungsvariante der Abfallenergie zu erkennen. Das Einsparpotenzial dieser Maßnahme ist häufig bedeutend, da nicht nur die äußeren Verluste verringert sondern durch die möglichen anlagentechnischen Varianten auch eine spezifische Verminderung anderer Verluste erreicht werden kann. Aus diesem Grunde spricht man im Zusammenhang mit dieser Maßnahme auch von einer Integration.

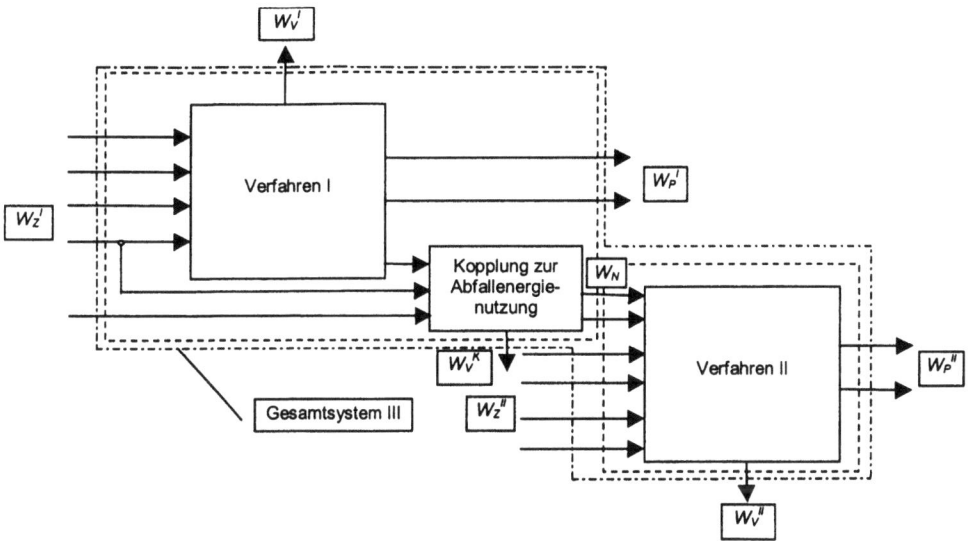

Bild 2-4
Struktur der Energiebilanz bei äußerer (sekundärer) Nutzung der Abfallenergie

Die äußere Nutzung ist die in einem zweiten Prozess oder Verfahren. Man bezeichnet sie auch als sekundäre Nutzung. Sie führt zur Koppelproduktion oder Kombination. Das Prinzip ist schematisch in *Bild 2-4* dargestellt. Die Modellierung zur Erfassung der Verbesserungsmöglichkeiten kann auf dreierlei Weise erfolgen:

1. Bei der Bilanzierung von Verfahren *I* wird die Zufuhr zur Produktion von W_P^I um die zur Abfallenergienutzung W_N für die Substitution eines Teiles der Zufuhr an Verfahren *II*, das W_P^{II} produziert, erweitert.

2. Die beiden ursprünglichen Systeme werden gemeinsam als neues Gesamtsystem *III* betrachtet, das W_P^I und W_P^{II} zu produzieren hat. In diesem Sinne ist die Maßnahme der Kopplung als eine solche der Integration für das Gesamtsystem zu betrachten.

3. Die Abfallenergienutzung wird als Koppelproduktion aufgefasst. Für die Bewertung der Aufwendungen für die Abfallenergie werden Koppelfaktoren, im einfachsten Fall auf ökonomischer Basis, eingeführt, die eine Berechnung der Effekte über die Grenzen des ursprünglichen Verfahrens hinaus ermöglichen.

Der über die äußeren Exergieverluste definierte Begriff der Abfallenergie hat darüber hinaus noch den Vorteil, dass er gegenüber älteren Begriffen wie Abwärme oder Abhitze alle Arten der Energie umfasst. Zweifellos ist Abwärme, z.B. die von Kraftwerken, von der Quantität her oftmals die bedeutendste Abfallenergie, sie wird deshalb in den folgenden Abschnitten häufig im Mittelpunkt der Betrachtungen stehen, ihre Qualität ist aber im Allgemeinen nur gering. Es sei auch daran erinnert, dass in der Frühphase der Wärmewirtschaft, als z.B. noch keine geschlossenen Elektroenergienetze existierten, auch vom Begriff der Abkraft gesprochen wurde. Aber auch heute noch kann mechanische Energie in Verbindung mit Entspannungsprozessen z.B. in Erdgasnetzen als Abfallenergie interessant sein. Ähnlich liegt ein Vorschlag durch rückwärts laufende Kreiselpumpen den Druckabbau in Wasserleitungen zu nutzen.

Wärme und Arbeit sind als stofffreie Energien anzusehen. In vielen Fällen tritt die Abfallenergie als stoffgebundene Energie in Erscheinung. So als thermische Energie, als Enthalpie, wenn Stoffströme mit höherer als der Umgebungstemperatur abgegeben werden. Die regenerative Ausnutzung derartiger Abfallenergie liegt auf der Hand. Aber auch eine Abgabe von Stoffströmen mit Temperaturen unterhalb der Umgebungstemperatur stellt eine „Abfallenergie"-Quelle dar. Kälte repräsentiert positive Exergie (*s. Tabelle 2-3*) und kann sinnvoll ausgenutzt werden. Da sie spezifisch teurer als Wärme ist, wird ihre Ausnutzung auch weiter getrieben als die von Wärme.

Zu den stoffgebundenen Energien zählt auch noch die Konzentrationsenergie und die chemische Energie. Die Konzentrationsenergie ist an die Änderung der Zusammensetzung von Gemischen gebunden. Ideal- und Realeffekte, d.h. Exzessfunktionen, sind für ihre Größenordnung verantwortlich. Quantitativ liegt sie gewöhnlich weit unter den anderen Energieformen. Sie hat aber technisch gesehen bemerkenswerte Eigenschaften, die sie energetisch relevant erscheinen lassen. So wird sie, z.B. im Falle der Entmischung, gewöhnlich aus thermischer Energie erzeugt, was zu außerordentlich niedrigen Effizienzwerten dieser Prozesse führt. Andererseits ist eine Verbindung von Ver- und Entmischungsprozessen, wie sie z.B. bei Extraktionsprozessen vorliegt, mit geringen inneren Nichtumkehrbarkeiten möglich, d.h. mit einer hohen energetischen Effektivität. Insofern hat der Ersatz von Entmischungsprozessen und die mögliche z.B. regenerative Kopplung von Prozessen zur Veränderung der Zusammensetzung für das Verfahren oft eine erhebliche energetische Bedeutung, trotz der Tatsache, dass die Konzentrationsenergie eine sogenannte „schwache" Energie ist. Deshalb muss auch die Abgabe von Stoffströmen mit einer Zusammensetzung, die sich von der der Umgebung unterscheidet, als eine Abfallenergie angesehen werden, die als äußerer Exergieverlust in Erscheinung tritt und über deren Ausnutzung und Verwertung nachgedacht werden muss.

Die chemische Energie überwiegt quantitativ häufig alle anderen Energiearten. Das gilt in erster Linie für die Brennstoffe. Deshalb weist die chemische Energie die besten Transport- und Speichereigenschaften auf. Keine andere Energie kann wie z.B. das Erdgas und Erdöl über solche großen Entfernungen wirtschaftlich transportiert werden und keine andere Energie kann wie z.B. das Heizöl und die Brikett über nahezu beliebig lange Zeiten ohne wesentliche Verluste eingelagert werden. Für die stoffwandelnde Industrie spielt die chemische Energie eine zentrale Rolle. Die Reaktoren sind so „Energiewandlungsanlagen", die chemische in thermische Energie umwandeln. Werden bei einem Verfahren Stoffströme abgegeben, die Stoffarten, d.h. Verbindungen enthalten, die nicht in der Umgebung existieren und durch von

2.1 Definition der Abfallenergie und prinzipielle Verwertungsmöglichkeiten

selbst verlaufende Reaktionen auf die stoffliche Zusammensetzung der Umgebung überführt werden, so besitzt dieser Prozess einen äußeren Exergieverlust, dessen Verminderung oder Vermeidung zu einer energetischen Verbesserung des Verfahrens führt. Insofern kann die chemische Energie einen wesentlichen Teil der Abfallenergie darstellen.

Tabelle 2-4: Mögliche Prozesse zur Nutzung von Abfallenergie

Energieart	Art der Bereitstellung	Art der Abfallenergieabfuhr	Möglichkeiten der Umwandlung der Abfallenergie in die Energiearten					
			chemische Energie	mechanische Energie	elektrische Energie	Niedertemperaturwärme	Hochtemperaturwärme	Kälte
chemische Energie	Stoff	Fackel	Stoffrückführung	Verbrennungsmotor	Brennstoffzelle	Dampfkessel	Industrieofen	Kältemischung
mechanische Energie	Pumpen, Verdichter	Drosselventil	mechanochemische Reaktion	Peltonrad	Generator	Reibung, Wärmepumpe	Reibung, Wärmepumpe	Kompressionskältemaschine
elektrische Energie	Elektroden	Joulesche Wärme	Elektrolyse	Elektromotor	Transformator	Widerstandsheizung	Widerstandsheizung	Peltier-Effekt
Niedertemperaturwärme	Dampf	Kühlwasser	Destillation	rechtsläufiger Kreisprozess	Turbine-Generator-Kombination	Wärmeübertrager	Wärmepumpe	Absorptionskältemaschine
Hochtemperaturwärme	Industrieofen	Kühler	endotherme Reaktion	rechtsläufiger Kreisprozess	Turbine-Generator-Kombination	Abhitzekessel	Wärmeübertrager	Absorptionskältemaschine
Kälte	Linksprozess	Wärmeübertragung	Reaktion bei $T<T_U$	rechtsläufiger Kreisprozess	Thermoelement	Wärmepumpe	Wärmepumpe	Wärmeübertrager

Durch innere und äußere Nutzung können die verschiedenen Abfallenergiearten vermindert werden. Das setzt jedoch zunächst voraus, dass ein entsprechender Bedarf an der jeweiligen Energieart vorliegt. Ist das nicht der Fall, kann bei beiden Nutzungsarten von den Möglichkeiten der Energieumwandlung Gebrauch gemacht werden. Das vervielfacht die jeweiligen alternativen Varianten um Größenordnungen. In *Tabelle 2-4* sind denkbare und zunächst naheliegende Umwandlungsmöglichkeiten zusammengestellt. In der ersten Spalte ist die Energieart, in der zweiten das Aggregat oder der stoffliche Träger, mit dem diese Energie einem Verfahren zugeführt werden kann, aufgeführt. Die dritte Spalte enthält den Prozess oder das Aggregat, mit dem die Abgabe realisiert wird und das verantwortlich für die entsprechenden äußeren Exergieverluste ist. Der Rest der Tabelle enthält Möglichkeiten der Umwandlung von Abfallenergien in andere Energieformen. Diese Tabelle zeigt, obwohl sie keinesfalls vollständig ist, dass von einer systematischen Erschließung oder gar Ausnutzung der naturwissenschaftlich-technisch gegebenen Möglichkeiten auch heute noch keinesfalls die Rede sein kann, z. B. das Fehlen entsprechender, preisgünstiger Ausrüstungen lässt viele Varianten für die Realisierung ausscheiden. Natürlich verteuern alle diese Maßnahmen die zu betrachtenden

Nutzungsmöglichkeiten, sie zeigen aber die große Vielfalt, die aus technischer Sicht angeboten werden kann.

Auf zwei weitere Aspekte der Abfallenergieverwertung muss noch verwiesen werden, da sie zwar nicht zu neuen Möglichkeiten und Strukturen führen, aber für die wirtschaftliche Bewertung der Varianten von großer Bedeutung sind. Das ist die Tatsache, dass die Abfallenergienutzung, insbesondere bei der Koppelproduktion, d.h. bei der äußeren Nutzung, voraussetzt, dass eine zeitliche Übereinstimmung von Abfallenergieangebot und Bedarf vorliegen muss. Bei der regenerativen Nutzung ist das a priori gegeben. Da das bei der äußeren Nutzung nicht immer vorausgesetzt werden kann, sind in diesem Zusammenhang entweder hinsichtlich der Belastung flexible Strukturen zu entwickeln und zu untersuchen oder der Einsatz von Speichern. Unter flexiblen Strukturen können z.B. Schaltungen für die Kraft-Wärme-Kopplung als verbundene Gegendruckmaschine oder als Entnahme-Kondensationsschaltung verstanden werden. Auch die Aufteilung von Erzeugeraggregaten auf mehrere kleine Anlagen statt einer großen, wie z.B. bei Motormodulen von BHKW und kürzlich für Heizkessel vorgeschlagen ist, stellt eine Maßnahme in dieser Richtung dar. Bei der Kopplung von industrieller Wärmeabgabe mit Fernheiznetzen stellt sich das Problem, dass das geordnete Verbrauchsdiagramm (*Bild 2-5*) eine deutliche Profilierung zeigt, während von der industriellen Wärmeabgabe konstante Grundlastverhältnisse gefordert werden.

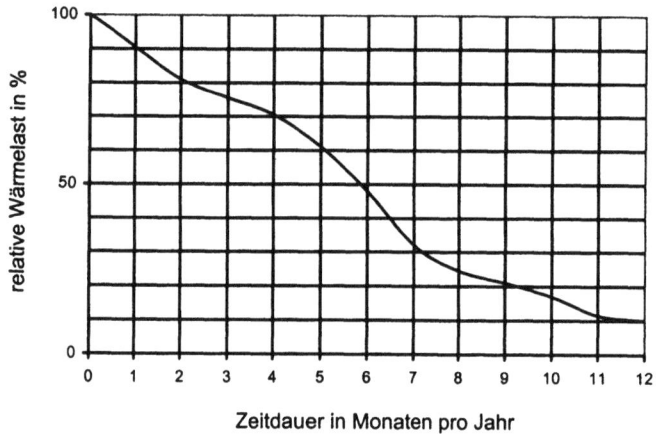

Bild 2-5
Geordneter Verlauf der Wärmelast in einem Wärmenetz

Dieser Fakt führt dazu, dass nicht die mögliche Höchstlastabgabe für die Wärmenutzung maßgebend ist, sondern eine häufig viel kleinere Leistungsgröße, weil allein sie eine konstante Abgabe ermöglicht. Eine interessante Lösung sind regelbare Verbraucher, die die Lastprofilierung ausgleichen können. Prinzipiell eignen sich hierfür z.B. elektrochemische oder auch plasmachemische Verfahren für die Elektroenergie, die deshalb zweckmäßig mit dem öffentlichen Netz gekoppelt sein können. Interessant ist auch immer wieder der Einsatz von Speichern. Bei festen Produkten können z.B. Stoffspeicher eingesetzt werden, die keine erhebli-

2.1 Definition der Abfallenergie und prinzipielle Verwertungsmöglichkeiten

chen Apparateaufwendungen erfordern. In Verbindung mit der Photovolaik sind wieder Hochleistungsbatterien als Speicher vorgeschlagen worden. Auch thermochemische Niedertemperaturspeicher auf der Basis der Kopplung von Wasserdampf und Zeolithen werden erneut angesprochen. Ein interessanter Vorschlag ist in Verbindung mit dem Straßenbau in den Niederlanden unterbreitet worden. Der Asphalt sollte im Sommer gekühlt und im Winter vor Vereisung geschützt werden. Das könnte mit Wasser realisiert werden, das in lockeren Sandschichten gelagert wird und über geeignete Rohrleitungssysteme zu einem jahreszeitlichen Ausgleich führt.

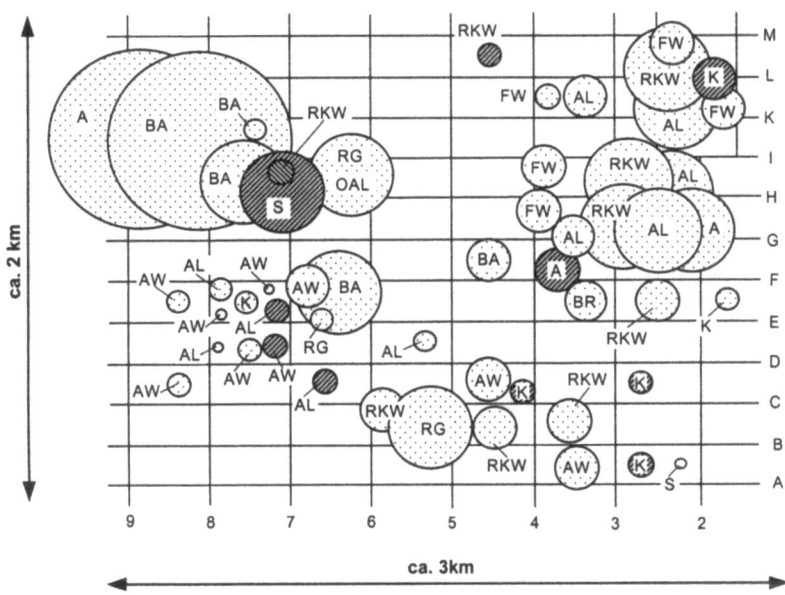

Bild 2-6
Beispiel für die räumliche Verteilung des Abfallexergieanfalles in einem Chemiekomplex[4]

Und schließlich muss bei der Abfallenergienutzung eine räumliche Übereinstimmung von Angebot und Verbrauch vorliegen. In *Bild 2-6* ist die räumliche Verteilung des Abfallenergieangebotes in einem Chemiebetrieb angegeben. Es ist offensichtlich, dass zunächst von territorial gebundenen Nutzungsmöglichkeiten auszugehen ist. Eine Erweiterung des Untersuchungsbereiches erreicht man, wenn die verschiedensten, den jeweiligen Energiearten angepassten Möglichkeiten des Energietransportes einbezogen werden. Das bedeutet, dass als zu-

---

[4] Vgl. [2-6]. Die Abfallmengen sind sehr unterschiedlich, weshalb sie als Projektion von Kugeln dargestellt sind ($E \sim D^3$). Die Schraffur weist zum Zeitpunkt der Erfassung auf bereits erkannte Nutzungsmöglichkeiten hin. Außerdem wurde die Bindung der Abfallenergie an unterschiedliche Medien erfasst, weil damit technische Probleme bei ihrer Nutzung verbunden sein können: A – Abfälle, AL – Abluft, AW – Abwasser, BA – Brennbare Abfälle, BR – Brennstoffe, FW – Flusswasser, K – Kondensat, OAL – Organische Abfälle in Luft, RKW – Rückkühlwasser, RG – Rauchgas, S – Staub.

sätzliche Aggregate Energienetze der verschiedensten Form in die Betrachtung einzubeziehen sind. Es muss aber bemerkt werden, dass auch diese Form der Erweiterung der Nutzungsmöglichkeiten von Abfallenergie nur durch zusätzliche apparative und anlagentechnische Aufwendungen erkauft werden kann. Das ist auch das zentrale Problem bei der Ausnutzung von industrieller Abwärme zur Bereitstellung von Niedertemperaturwärme in Nah- oder Fernheiznetzen.

Der Vollständigkeit halber sei noch auf Verluste verwiesen, die bei instationären Betriebsoperationen und im Leerlauf von Apparaten und Maschinen auftreten. Verluste der ersten Art sind häufig Speicherverluste, die durch das Aufwärmen und Abkühlen der Konstruktionsmaterialien auftreten. Aus diesem Grund ist bei energetischen Systemen der stationäre, quasi Grundlastbetrieb dem periodischen Betrieb vorzuziehen, wenn letzterer nicht durch technologische Forderungen vorgegeben ist. Dann kann aber durch aktiven Eingriff in den periodischen Prozess z.B. durch sog. Regeneratoren (wie sie beim Linde-Fränkl-Prozess zu finden sind) oder Wärmeräder eine Verlustverminderung, wenn nicht –vermeidung, erreicht werden. Auch der Einsatz der Regelung z.B. über Drosselungen zur Druckeinstellung erhält unter diesen Gesichtspunkten ein anderes Gewicht, das bei der Auslegung der Regelung selbst zu berücksichtigen ist.

Die Verluste der letzten Art sind auch Abfallenergie und häufig gegenüber den Verlusten beim stationären Betrieb zu vernachlässigen. Das gilt aber nicht mehr, wenn es sich um massenhaft eingesetzte technische Systeme handelt, wie z.B. elektrische Geräte, die durch die stand-by-Schaltungen schon bis zu 10% des Haushaltsstromverbrauches in Anspruch nehmen können.

Mit den vorstehenden Ausführungen sollten zunächst nur allgemein und prinzipiell die Möglichkeiten und Probleme der Abfallenergieverwertung aufgezeigt werden. Damit ist die Breite und Vielfalt der möglichen Aufgabenstellungen umrissen. In den folgenden Abschnitten werden beispielhaft einige wichtige Teilgebiete herausgegriffen und zunächst vom Prinzip her aber dann auch konkret für die ausgewählten Objektbereiche untersetzt.

2.2 Erfassung und Bewertung der Abfallenergie

Nach der Definition der Abfallenergie muss versucht werden sie quantitativ zu erfassen, um damit zur Abschätzung zu kommen, inwieweit eine Verwertung angestrebt werden sollte oder nicht. Das sind Bewertungsprobleme, die je nach dem ins Auge gefassten Gesichtskreis die unterschiedlichsten Dimensionen besitzen können. Am naheliegendsten ist zunächst die thermodynamische Bewertung. Für energetische Überlegungen basiert diese auf der Energiebilanz. Für das in *Bild 2-1* angegebene Verfahrensschema gilt auf Grund des Energieerhaltungssatzes

$$W^I = W_Z = W^O \tag{2-1}$$

Die abgegebene Energie kann aufgeteilt werden

$$W^O = W_P + W_V \tag{2-2}$$

mit W_P als die Energie, die an den mit dem Verfahren erzeugten Nutzstrom gebunden ist, und die Energie W_V, die naturwissenschaftlich oder technisch bedingt bei diesem Verfahren neben dem Zielprodukt anfällt. Sie kann darüber hinaus Energiebeträge enthalten, die bei der Anpassung der Produktparameter an die Umgebungsparameter anfallen. Bei vielen Verfahren ist es möglich, diese Energie mit der Abwärme gleichzusetzen, eine Verallgemeinerung ist aber

2.2 Erfassung und Bewertung der Abfallenergie

falsch, wie schon diskutiert worden ist. Selbst wenn diese Vereinfachung nicht zugrunde gelegt wird, sind aus der Energiebilanz nur unzureichende Konsequenzen hinsichtlich der energetischen Verbesserung des Verfahrens zu ziehen. Denn der offensichtlich beste Prozess wäre derjenige, der keine Anfallenergie aufweist, bei dem also $W_V = 0$ ist. Diese Aussage ist unzureichend, da neben dem so definierten äußeren Verlust bei allen realen Prozessen, d.h. im Verfahren, eine Abwertung der eingesetzten Energie erfolgt und die im Allgemeinen stattfindende Anpassung der intensiven Zustandsparameter des Nutzstroms an die der Umgebung gleichfalls durch Prozesse erfolgt, die zu weiteren Abwertungen der eingesetzten Energie führen. Diese Zusammenhänge vermag die Energiebilanz nicht zum Ausdruck zu bringen, das ist nur möglich unter Zuhilfenahme der Aussagen des II. Hauptsatzes der Thermodynamik. Diese können quantifiziert werden mit einer Zustandsgröße, die als Entropie bezeichnet wird. Sie kann für Wärme- und Stoffströme berechnet werden, mechanische Leistungen sind entropielos. Von besonderer Bedeutung ist, dass die Entropie bei allen natürlichen und technischen Prozessen zunimmt. Nur für den Grenzfall, dass ein Prozess wieder vollständig rückgängig gemacht werden kann, ohne dass „Spuren" zurück bleiben, bleibt sie konstant. Diese theoretischen Grenzfälle werden als reversible oder umkehrbare Prozesse bezeichnet. Bezeichnet man die Entropie als S, so lässt sich der II. Hauptsatz in der Form angeben

$$S^O - S^I = \Delta S \geq 0 \qquad (2\text{-}3).$$

Die Entropiebilanz z.B. bei stationären Prozessen ergibt einen positiven Rest, lediglich für den theoretischen Grenzfall, dass dem Verfahren nur reversible Prozesse zugrunde gelegt werden, ist diese Differenz gleich Null oder $S^O = S^I$, bleibt die Entropie konstant. Eine Abnahme der Entropie deutet auf einen unmöglichen Prozess, eine Realisierung setzt die Existenz eines perpetuum mobile II. Art voraus. Wie schon angedeutet, können alle realen Prozesse nach der Einführung des Begriffes der reversiblen oder umkehrbaren Prozesse als irreversibel oder nichtumkehrbar klassifiziert werden. Sie führen durch den Abbau von Potenzialgefällen zu einer Entwertung der Energie. Dagegen sind die durch den Grenzfall der Reversibilität gekennzeichneten „Modell"-Prozesse als die energetisch bestmöglichen anzusehen, da bei ihnen nicht nur die Quantität der Energie erhalten bleibt sondern auch ihre Qualität, ausgedrückt durch das Potenzialniveau.

Für das in *Bild 2-1* angegebene Verfahren gilt nach dem II. Hauptsatz

$$S^I < S^O$$

oder als Bilanz

$$S^I + \Delta S_{Vi} = S^O,$$

wenn mit ΔS_{Vi} die Entropiezunahme infolge der realen, d. h. nichtumkehrbaren Prozesse, die im Verfahren angewandt werden, bezeichnet wird. ΔS_{Vi} wird als Entropieproduktion des Systems bezeichnet und kennzeichnet den Grad der Irreversibilität. Der Entropiestrom S^O kann in zwei Ströme aufgeteilt werden, den an den Nutz- bzw. Produktstrom gebundenen S_P und den an die energetischen Verluste gebundenen S_V,

$$S^O = S_P + S_V. \qquad (2\text{-}4)$$

Bei der Erweiterung der naturwissenschaftlichen Betrachtung zur technischen Sichtweise ist davon auszugehen, dass das Verfahren in eine Umgebung eingebettet ist, die thermodynamisch als ein Reservoir anzusehen ist. So kann die Umgebung mit ihren intensiven Zustandsparametern als ein natürlicher Bezugspunkt für die weitergehende Einschätzung des Verfahrens angesehen werden. Führt man für die Entropie des Nutzstroms auf dem Niveau der Umgebung die Bezeichnung S_P^U ein, so kann als ein Grenzfall

$$S_P = S_P^U$$

sein, was dann eine reversible Abgabe des Nutzstroms bedeuten würde. Im Allgemeinen wird aber sein

$$S_P \neq S_P^U,$$

d.h. die Entropie des Nutzstroms unterscheidet sich von der auf dem Umgebungsniveau. Da nun von der Quantität her die Umgebung sehr viel größer als die Abgabequantitäten des Verfahrens sind, wird sich während und nach der Nutzung ein Prozess des Überganges in den Umgebungszustand vollziehen, der zu entsprechenden Nichtumkehrbarkeiten und damit Energieentwertungen führt. Diese können als äußere Nichtumkehrbarkeiten bezeichnet werden.

Die äußeren Energieverluste des Verfahrens sind gleichfalls Entropieträger, deren Endpotenzial auch durch das Umgebungsniveau gegeben ist. Die Abgabe ist nicht umkehrbar, so dass gilt

$$S_V \neq S_V^U,$$

was gleichfalls äußere Nichtumkehrbarkeiten bedeutet. Die Gesamtheit der äußeren Nichtumkehrbarkeiten ist demnach

$$\Delta S_a = (S_P - S_P^U) + (S_V - S_V^U) \qquad (2\text{-}5).$$

Die durch diese Nichtumkehrbarkeiten gekennzeichneten Prozesse verursachen insgesamt die Abfallenergie im thermodynamisch umfassenden Sinn. Sie thematisieren die Ursachen für das Auftreten der Abfallenergie und geben unmittelbar Ansatzpunkte für eine Verbesserung des Verfahrens an. Da die energetisch beste Situation durch die reversible Prozessführung gegeben ist, ist jede Maßnahme, die zu einer Verminderung dieser Nichtumkehrbarkeiten führt, als eine Verbesserung im thermodynamischen Sinn anzusehen.

Schließlich muss noch darauf verwiesen werden, dass die Größe der äußeren Nichtumkehrbarkeiten nicht nur von den Potenzialdifferenzen zur Umgebung abhängt sondern zunächst wesentlich durch die inneren Nichtumkehrbarkeiten bestimmt wird. Jede innere Nichtumkehrbarkeit kann eine zusätzliche, äußere, ungenutzte Wärmeabgabe also einen Energieverlust erzeugen. Bei der Diskussion um die Verwertung der Abfallenergie ist deshalb auf jeden Fall als beste Variante ihre grundsätzliche Vermeidung mit einzubeziehen.

In *Bild 2-2* sind diese Zusammenhänge mit einer Größe Exergie E veranschaulicht, die weiter vorn qualitativ diskutiert wurde. Die Größe Exergie enthält die Aussagen des II. Hauptsatzes der Thermodynamik und drückt die energetischen Zusammenhänge aus der Sicht der Technik aus. Die Exergie E ist definiert als der in einer definierten Umgebung in Arbeit umwandelbare Teil der Energie W. Der nicht in Arbeit umwandelbare Teil der Energie kann als Umgebungsenergie aufgefasst werden, da deren Umwandlung die Existenz eines perpetuum mobile II. Art voraussetzen würde. Dieser Teil der Energie wird als Anergie B bezeichnet. Mithin gilt

$$W = E + B \qquad (2\text{-}6).$$

2.2 Erfassung und Bewertung der Abfallenergie

In dieser Form enthält die Exergie sämtliche Aussagen des II. Hauptsatzes, insbesondere die Tatsache, dass auftretende Nichtumkehrbarkeiten die Umwandelbarkeit der Energie in Arbeit vermindern. Für reale Prozesse gilt demnach kein Erhaltungssatz für die Exergie. Für das Verfahren nach *Bild 2-2* gilt

$$E^I > E^O$$

oder als Gleichung

$$E^I = E^O + \Delta E_{Vi} . \tag{2-7}$$

Die Minderung der Exergie kann als innerer Exergieverlust aufgefasst werden. Er ist unmittelbar an die nichtumkehrbare Entropiezunahme geknüpft. Es gilt nach Gouy und Stodola

$$\Delta E_{Vi} = T_U \, \Delta S_{Vi} , \tag{2-8}$$

T_U ist die Umgebungstemperatur. Physikalisch gesehen kann damit die Wirkung der nichtumkehrbaren Führung der Prozesse als eine Produktion von Wärme mit Umgebungstemperatur und damit als eine Anergie angesehen werden. Ein nichtumkehrbarer Prozess ist so immer mit einer Anergieproduktion verbunden.

Überträgt man die bei der Entropiediskussion gezogenen Schlussfolgerungen auf die Exergiebilanz, so lässt sich schreiben

$$E^I = E_P + E_{Va} + \Delta E_{Vi} . \tag{2-9}$$

Dabei sind E_P die an den Nutzstrom gebundene Exergie und

$$E_{Va} = E_V(W_V) + E(P) \tag{2-10}$$

die äußeren Exergieverluste des Verfahrens und die Verluste während und nach der Nutzung, die durch die Exergie der Abfallenergie und die Exergie des Nutzstroms gegeben sind, die bei den vorliegenden Bedingungen verwertet werden könnten. Dabei kann man schlussfolgernd als Abfallenergie die bei der Bereitstellung eines Produktes oder einer Dienstleistung neben dem eigentlichen Verfahrensziel über die Systemgrenze abgegebenen stofffreien und stoffgebundenen Exergieströme auffassen. Eine solche Definition ist thermodynamisch umfassend und technisch geeignet, die eigentlichen Verlustquellen aufzuzeigen und Ansatzpunkte für Verbesserungsstrategien zu liefern.

Aus den Energie-, Entropie- und Exergiebilanzen kann eine Vielzahl von spezifischen Beurteilungskennziffern abgeleitet werden. Sie sind gewöhnlich dimensionslos durch Einführung eines Eigenmaßstabes als Bezugsgröße und außerdem aus subjektiven Einschätzungen abgeleitet, je nachdem was als Nutzen und als Aufwand angesehen wird. Naturwissenschaftliche, technische und wirtschaftliche Gesichtspunkte stellen dabei oft unterschiedliche Aspekte in den Vordergrund. Auch wird häufig von Teilbilanzen ausgegangen, die natürlich unvollständige Aussagen liefern und keine Extrapolationen zulassen. Naturwissenschaftlich begründet sind lediglich die durch Nichtumkehrbarkeiten verursachten Exergieverluste, die aber direkt in den Energiebilanzen nicht auftreten. Deshalb werden häufig für energetische Betrachtungen Vergleichsprozesse zu Bewertungsaussagen benutzt. Das ist bei Kreisprozessen und Kraft- und Arbeitsmaschinen der Fall. Sie leisten häufig einen guten Einblick, sind aber nicht allgemein vergleichbar. In neuerer Zeit werden die angegebenen Güte-, Nutzungs- und Wirkungsgrade häufig durch Gesichtspunkte der Werbung negativ belastet.

Für den uns interessierenden Zusammenhang sind die Aussagen des II. Hauptsatzes von zentraler Bedeutung. Insofern bedeutet eine Verminderung der Nichtumkehrbarkeiten eine energetische Verbesserung. Ob eine so kreierte Lösung unter technischen Gesichtspunkten interessant ist, hängt im Wesentlichen von wirtschaftlichen Gegebenheiten ab. Damit kommt der wirtschaftlichen Bewertung ein spezifisches Gewicht zu. Das zentrale Problem bei der Abfallverwertung ist, wie schon in Abschnitt 2.1. zum Ausdruck gebracht, dass einer möglichen Einsparung von Energie und damit laufenden Aufwendungen ein zusätzlicher einmaliger Aufwand an Apparaten oder Anlagen gegenüber steht. Dieser letzte steigt über alle Grenzen bei der Annäherung an die reversible Prozessführung, während die Einsparung an Energie in diesem Grenzfall ein endlicher Wert ist. Aus diesen gegenläufigen Tendenzen resultiert stets eine optimale Anlage. Dieser Sachverhalt ist in *Bild 2-7* dargestellt. Die unabhängige Variable ist in dieser Darstellung die Nichtumkehrbarkeit, ausgedrückt als Exergieverlust. Als Parameter für die optimalen Exergieverluste tritt ein Verhältnis von spezifischen einmaligen zu spezifischen laufenden Aufwendungen auf, das durch bestimmte ökonomische Kategorien gebildet und beeinflusst werden kann. Deshalb ist dieses dimensionslose Verhältnis nicht konstant sondern neben territorialen und zeitlichen Einflüssen von wirtschaftlichen und rechtlichen Gegebenheiten abhängig. Hinsichtlich der laufenden Aufwendungen sind das vor allem die Energiepreise und bei den einmaligen Aufwendungen neben den Abschreibungssätzen vordergründig die Investitionsaufwendungen oder Apparate- und Anlagenpreise. Wichtig ist, dass letztere nicht nur z. B. durch das Fertigungsniveau der apparateherstellenden Industrie sondern in der Gegenwart bei größeren Anlagen in hervorragendem Maße durch die Finanzierungsbedingungen, die jeweiligen Finanzierungsmodelle, bestimmt werden. Diese werden im besonderen Maße durch Zeitstrukturen festgelegt.

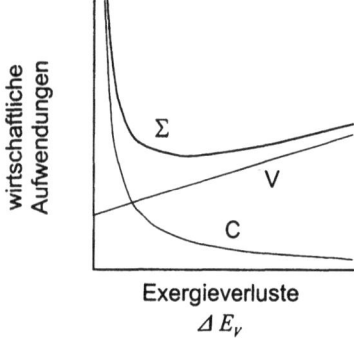

Bild 2-7
Optimalprobleme in der Energietechnik[5]

Die grundsätzlichen Zusammenhänge gelten für alle technischen Anlagen und so auch für die der Abfallenergieverwertung. Aus diesem Grund ist deshalb mit dieser Methode eine wirtschaftliche Bewertung von Maßnahmen der primären Nutzung der Abfallenergie ohne Ein-

---

[5] An den Kurven stehen C für konstanter Aufwand, V für variabler Aufwand und Σ für die Summenkurve mit einem Minimum.

2.2 Erfassung und Bewertung der Abfallenergie

schränkung möglich (*Bild 2-3*). Bei der sekundären oder äußeren Nutzung durch Kombination oder Kopplung sind für einige Modellierungsaufgaben ergänzende Überlegungen erforderlich.

Unproblematisch sind die Verhältnisse, wenn die an der Abfallenergieverwertung beteiligten Systeme mit den Ursprungssystemen zu einem Gesamtsystem zusammengefasst werden (*Bild 2-4*). Dann kann die wirtschaftliche Bewertung in völliger Analogie zur primären Nutzung vorgenommen werden. Bei vielen Aufgaben ist ein solches Vorgehen nicht zweckmäßig oder gar nicht möglich. Dann müssen die zwischen den Systemen ausgetauschten Energieströme oder Leistungen durch Koppelfaktoren bewertet werden.

Für die Bestimmung der Koppelfaktoren existieren eine Vielzahl von Konzepten, die teilweise auch in der Praxis Eingang gefunden haben. Da die Aufwendungen dem Zielprodukt und der Abfallenergie zugeordnet werden müssen, unterscheidet die ökonomische Theorie zwischen Aufteilungs- und Restwertverfahren. Im ersten Fall werden die Gesamtkosten auf Zielprodukt und Abfallenergie bzw. –energien nach einem geeignet erscheinenden Schlüssel aufgeteilt, wobei meistens bestimmte physikalische Eigenschaften zugrunde gelegt werden. Die Restwertverfahren arbeiten mit der Festlegung der Koppelfaktoren durch bekannte ökonomische Werte, wie Preise und Tarife, und gleichen die Bilanz durch die auf diese Weise nicht bestimmbaren Produkt- oder Energieströme aus. In der technischen Literatur hat man sich vorwiegend mit Aufteilungsverfahren beschäftigt. Untersucht wurden folgende Konzeptionen:

1. Die Benutzung von Schattenpreisen (auch als Dualwerte, systembezogene Bewertungsgrößen, Lagrange'sche Multiplikatoren, Auflösungsmultiplikatoren, objektiv bedingte Bewertungen u. ä. bekannt). Es werden die Folgen der Änderungen der Randbedingungen auf den Wert der Zielfunktion als Bewertungsmaßstab verwendet. Mit F als Änderungswert der Zielfunktion wird

$$\frac{\partial F}{\partial c_i} = p_{Ni}.$$

2. Hierunter können auch Sensibilitätsuntersuchungen im weiteren Sinne eingeordnet werden.

3. Die Benutzung der Koeffizienten der partiellen Wirkung. Dieses Konzept, das auf Lagrange zurückgeht, benutzt als Bewertungsmaßstab die Änderung der Ausgangsgröße infolge Änderung der Eingangsgröße. Es gehört demnach auch zu den Sensibilitätsuntersuchungen.

4. Die Benutzung des Exergiekonzeptes, das als Bewertungsmaßstab die unbeschränkt umwandelbare Energie verwendet. Es ist möglich, Stoff- und Energieströme einheitlich zu erfassen, was natürlich für die stoffwandelnde Industrie von besonderem Interesse ist. Für die Benutzung dieses Modells spricht außerdem, dass der reversible Anteil der variablen Kosten exakt diesem Aufteilungsmodus unterliegt.

5. Die Benutzung von Vergleichsanlagen oder –prozessen, die bei getrennter Versorgung oder durch Substitution die gleichen Wirkungen wie die Nutzung der Abfallenergie erreichen.

6. Die Benutzung von gültigen Preisen. Letztere stellen bereits eine hoch aggregierte Form der ökonomischen Bewertung dar.

Auf die thermodynamischen und technischen Bewertungen wird bei den konkreten Objekten eingegangen. Aus der Sicht der Thermodynamik nehmen dabei die mit Hilfe des II. Hauptsatzes abgeleiteten Bewertungsgrößen eine gewichtige, weil aussagekräftige Position ein. Von besonderer Bedeutung sind hierfür exergetische Zusammenhänge. In *Tabelle 2-3* ist für Wärme und Kälte eine Temperaturfunktion angegeben, die das Verhältnis von Exergie zu Energie und damit den Anteil an arbeitsfähiger Energie bestimmt. In späteren Abschnitten wird noch häufig auf diese Temperaturfunktion zurückgegriffen werden. Diese Temperaturfunktion kann als Carnot-Faktor oder auch als exergetische Temperatur bezeichnet werden. Sie stellt eine mögliche Bewertungsgröße für Wärme und Kälte dar. Für eine konstante Umgebungstemperatur ist diese Funktion in *Bild 2-8* dargestellt. Danach zeigt sich, dass für $T = T_U$ sich der Wert Null ergibt in Übereinstimmung mit der Aussage, dass Wärme von Umgebungstemperatur keinen Arbeitswert besitzt. Weiter geht der Wert für $T \to \infty$ zu Eins, was gleich der Feststellung ist, dass Arbeit identisch ist mit Wärme von unendlich hoher Temperatur. Bei sehr tiefen Temperaturen wächst diese Kenngröße über alle Grenzen zur Verdeutlichung der Aussage, dass der absolute Nullpunkt der Temperaturskala nur mit einem unendlich hohem Aufwand zu erreichen ist.

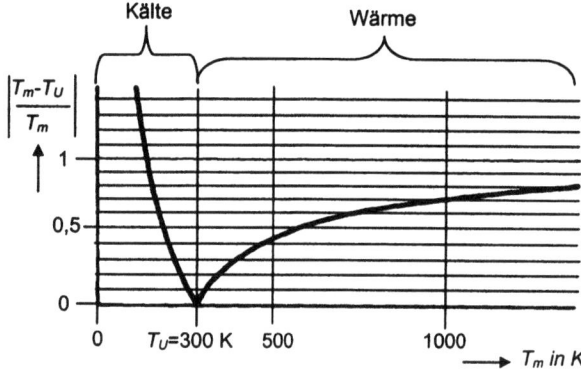

Bild 2-8
Carnot-Faktor als Temperaturfunktion

Der Verlauf dieser Temperaturfunktion wurde einem Bewertungsvorschlag für industrielle Abwärme zu Grunde gelegt, der Schwerpunkte für die Abfallenergienutzung aufzeigen sollte und auch belegte, dass die durch Abwärmenutzung mögliche Primärenergieeinsparung thermodynamischen begrenzt ist. Die Faktoren nach *Tabelle 2-5* wurden der Abwärmebewertung in Chemiebetrieben zugrunde gelegt, wobei die Multiplikation der Quantität der Abwärme mit dem Qualitätsfaktor die wesentlichste Bewertungsgröße lieferte. Neben der üblichen Erfassung der Quantitäten der Abwärme ist also noch die Erfassung der Temperaturniveaus erforderlich, wobei das höchste Verwertungspotenzial ausgewiesen wird, wenn man sich bei der Abgabe von Abwärme der heißen Seite des Wärmeübertragungsprozesses zuwendet. Die systematische Erfassung von Abwärme erfordert deshalb eine erste technologische Analyse. Außerdem sind für die Erfassung noch Erfassungs-, Nutzungsgrenzwerte und Regeln für die Bestimmung von mittleren Temperaturen festzulegen, was aber keine grundsätzlichen Probleme aufwirft. Wie man erkennt, nimmt die Wertigkeit von Abwärme mit der Temperatur zu und wird zu Null bei Umgebungstemperatur in Übereinstimmung mit dem Verlauf des Carnot-Faktors. Darüber hinaus ist mit dieser Methode auch die Bewertung von Kälteverlusten möglich, was unmittelbar mit keiner anderen Methode gegeben ist. Auf eine mögliche Erweiterung dieser Methode auch auf stoffgebundene Abfallenergieströme weist der Faktor τ_e in *Tabelle 2-3* hin, denn der

2.2 Erfassung und Bewertung der Abfallenergie

grundsätzliche Gedanke besteht darin, neben der Abfallenergie wenigstens näherungsweise die Abfallexergie zu erfassen [Vgl. 2-7].

Für die Bewertung der Möglichkeiten zur Abfallenergieverwertung sind außerdem technische Gesichtspunkte zu beachten. Sie drücken sich über in Grenzen subjektive Festlegungen zum Nutzen des Verfahrens und über die Einschätzung einer möglichen Beeinflussbarkeit der Verluste oder deren Unvermeidbarkeit infolge der gewählten Technologie, der Konstruktionswerkstoffe oder eventuell auch der Produkteigenschaften aus. Zur Erfassung der mit derartigen Gesichtspunkten verbundenen Kriterien können Punktsysteme vorgeschlagen werden, die eine erste Abschätzung erlauben und damit Prioritäten setzen können.

Tabelle 2-5: Die Temperaturabhängigkeit des Qualitätsfaktors f_Q für Abwärme

t_m in °C	f_Q	t_m in °C	f_Q	t_m in °C	f_Q	t_m in °C	f_Q
-30	-0,17	0	-0,04	30	0,07	100	0,23
-25	-0,14	5	-0,02	35	0,08	150	0,32
-20	-0,12	10	0	40	0,10	200	0,38
-15	-0,10	15	0,02	45	0,11	250	0,44
-10	-0,08	20	0,03	50	0,12	300	0,48
-5	-0,06	25	0,05	75	0,19	350	0,52

Tabelle 2-6: Punktesystem zur technischen Bewertung der Nutzbarkeit von Abwärme[6]

Benutzungsdauer in h/a	Punkte	abgebbare Wärme in MWh/a	Punkte
< 1000	0	< 2000	0
< 2000	1	< 5000	1
< 4000	2	< 20000	2
>= 4000	3	< 100000	3
zeitlicher Betriebsverlauf		< 500000	4
Tagesgang		>= 500000	5
unregelmäßig	0	Abwärmetemperatur in °C	
Maximum nachts	0	< 110	1
konstant	0,5	< 140	2
Maximum tagsüber	1	< 250	3
Jahresgang		< 300	4
unregelmäßig	0	>= 300	5
Maximum im Sommer	0	Trägermedium	
konstant	0,5	Rauchgas, Wasser, Dampf, Brüden, gasf. kondens.	4
Maximum im Winter	1	Abluft, Abwärme, die durch Verbrennung frei wird	3
		sonst. flüssige und gasförmige Medien	1

---

[6] Die Summe der Punkte bedeutet: < 6 – schlechte Bewertung, <= 12 - mittlerer Bewertung, > 12 - gute Bewertung.

Der in *Tabelle 2-6* angeführte Vorschlag wurde dem Entwurf der Wärmenutzungsverordnung und den begleitenden Stellungnahmen der Verbände entnommen und stellt ein Beispiel für die praktische Erfassung und Bewertung des technischen Abwärmepotenzials nach technisch-wirtschaftlichen Kriterien dar [2-2]. Hierbei wird der Wert einer Abwärme in Abhängigkeit der Eigenschaften Benutzungsstunden, zeitlicher Betriebsverlauf, abgebbare Wärmemenge, Abwärmetemperatur und Trägermedium der Abwärme abgeschätzt und in drei Bereiche nach einem Punktesysrem eingestuft. Beim Vorschlag für das Punktesystem wurden Betriebe bzw. Anlagen mit einem jährlichen Energiebezug von weniger als 2.000 MWh/a als geringfügig nicht berücksichtigt. Auf die technisch-wirtschaftlichen Zusammenhänge wird in den Kapiteln 3 und 4 näher eingegangen. Die Weiterführung der Überlegungen zur umfassenden wirtschaftlichen Bewertung erfolgt im Abschnitt 5.1.

Neben den thermodynamischen, technischen und wirtschaftlichen Gesichtspunkten für die Bewertung von Maßnahmen zur Abfallenergieverwertung sind noch weitere Dimensionen zu berücksichtigen, es sind dies unter möglichen anderen die juristischen, die sozialen und die historischen. Die juristischen Gegebenheiten können sich durch die Vorgabe von Grenzwerten, durch spezielle Genehmigungsverfahren und Betriebsvorschriften äußern und so Einfluss auf die Auswahl nehmen (s. Abschnitt 5.2). Die sozialen Einflussfaktoren kommen z.B. durch das Akzeptanzverhalten der Bevölkerung zum Ausdruck (s. Abschnitt 5.3). Historische Zusammenhänge vermitteln Ansatzpunkte für öffentliche Argumentation und die Durchsetzung der Gedankengänge in der Fachwelt und begründen durch die Tradition bestimmte Entwicklungslinien (s. Abschnitt 5.4).

Aus technischer Sicht sind , wie schon angesprochen, jeweils nur die Abfallenergien einzubeziehen, die unter den gegebenen Bedingungen auch beeinflussbar sind, d.h. es ist zwischen vermeidbaren und nicht vermeidbaren Verlusten zu unterscheiden. Es sei darauf hingewiesen, dass diese Unterscheidung primär vom Realisierungsstand des technischen Objektes abhängt. Im Entwurfsstadium liegen sehr viel größere Freiheitsgrade vor als im Betrieb. Es wird für Energiesysteme eingeschätzt, dass beim Entwurf, also bei schon getroffener Entscheidung über die jeweilige Technologie, etwa 50% der Verluste beeinflusst werden können, während im Betriebszustand, bei vorhandener Anlage bestenfalls 5 bis 10% beeinflusst werden können. Ohne damit die Notwendigkeit über Maßnahmen der Abfallenergieverwertung im Betrieb negieren zu wollen, wird doch damit das enorme Gewicht derartiger Überlegungen beim Entwurf und der Konstruktion technischer Artefakte und Systeme deutlich.

2.3 Der Entropiehaushalt technologischer Systeme

Der II. Hauptsatz der Thermodynamik gibt noch zu einer weiteren Überlegung Anlass, die gleichfalls von zentraler Bedeutung für die energetische Einschätzung der Artefakte ist, im vorliegenden Sinn der technischen oder technologischen Systeme. Alle technischen Systeme sind im thermodynamischen Sinne offene Systeme, die einen Massen- und Energieaustausch mit ihrer Umgebung realisieren. Darüberhinaus arbeiten sie in der Mehrzahl der Fälle und in der meisten Zeit im stationären Zustand. Sie lassen sich danach thermodynamisch als stationär durchströmte offene Systeme kennzeichnen. Diese Annahme soll auch den folgenden Überlegungen zugrunde gelegt werden. Angemerkt sei, dass eine Erweiterung auf instationäre und dynamische Systeme ohne weiteres möglich ist, da diese aber von der quantitativen Bedeutung her nicht im Vordergrund stehen, soll von ihnen zunächst abgesehen werden.

2.3 Der Entropiehaushalt technologischer Systeme

In derartigen Systemen können Zustände aufgebaut und erhalten werden, die sich gegenüber der Umgebung beliebig weit vom Gleichgewicht entfernt befinden. Das bedeutet letztendlich, ein Potenzialgefälle aufzubauen, das Prozesse ermöglicht, die entgegengesetzt den Richtungen verlaufen, die für natürliche Prozesse kennzeichnend sind. Prigogine hat gezeigt, dass dieser Sachverhalt bedeutet, dass im System ein niedrigeres Entropieniveau gegenüber der Umgebung und damit eine Entropieabnahme erreicht wird, indem durch Massen- und Energieaustausch ein Entropie-Export realisiert wird, der größer als die durch die Irreversibilität der Prozesse verursachte Entropiezunahme im System ist. Damit können neue Strukturen erzeugt werden, die in dieser Form nicht in der Umgebung existieren und die ein höheres Maß an Ordnung repräsentieren, wenn als Ordnung die Abweichung von der Gleichverteilung und damit vom Gleichgewicht verstanden wird. Über die statistische Interpretation der Entropie lässt sich dieser Gedanke weiter verfolgen, was aber zunächst an dieser Stelle unterbleiben soll. Es genügt die qualitative Aussage, dass ein höherer Ordnungszustand offensichtlich durch eine Abnahme der Entropie erreicht werden kann.

Dieser Zusammenhang gilt natürlich auch für die durch die Artefakte gegebenen technischen Systeme. Ihre Aufgabe ist, wie schon weiter vorn ausgedrückt, entweder natürliche Prozesse so zu beschleunigen, dass merkbare Effekte in für menschliche Zeitauffassungen interessantem Umfang entstehen, oder gar Prozesse entgegen dem natürlichen Ablauf zu erzwingen. In beiden Fällen ist ein Potenzialaufbau und damit ein Ordnungszustand durch die Artefakte zu realisieren, der diese Prozesse in der gewünschten Richtung und dem erforderlichen Umfang ermöglicht. Das ist aber nur möglich, wenn von dem System ein entsprechender Entropie-Export realisiert wird, der an die in die Umgebung abgegebenen Stoffe und die abgegebene Wärme gebunden ist, da nur diese als Entropieträger in Frage kommen. Abfallstoffe und Abfallenergie gewinnen unter diesem Aspekt für die Gestaltung des Artefaktes eine positive Aufgabe. Als Entropieträger ermöglichen sie entgegen dem natürlichen Ablauf und in einer zunächst wenig strukturierten und damit ungeeigneten Umgebung den notwendigen Potenzialaufbau zur Realisierung der gewünschten Prozessabläufe. Ihre Verminderung würde zu einer Einschränkung der Möglichkeiten im System führen, da damit nur geringere Entropiezunahmen durch Nichtumkehrbarkeiten zugelassen werden können.

Zur weiteren Verfolgung dieses Gedankenganges in Hinblick auf energietechnische und energiewirtschaftliche Probleme in der Gesellschaft ist das Bedingungsgefüge Artefakte und Umgebung, das Voraussetzung für die Existenz offener Systeme ist, näher zu charakterisieren. Das ist schematisch in *Bild 2-9* versucht worden.

Es ist mindestens von der Wechselwirkung zwischen drei Teilsystemen auszugehen – der menschlichen Gesellschaft oder dem Sozialsystem, dem System der Artefakte oder dem Technologiesystem und der Umwelt oder dem Umgebungssystem im engeren Sinn, das nach Wernatzkij allgemein auch als Noosphäre bezeichnet werden kann.

Das Sozialsystem stellt in Form der individuellen und gesellschaftlichen Bedürfnisse die Führungsgrößen für das Technologiesystem. Sie äußern sich letztendlich in Forderungen nach der Bereitstellung bestimmter Stoff- (m_i) und Energieströme (W_i) zu bestimmten Zeiten und an bestimmten Orten. Zu den individuellen Bedürfnissen zählen die Anforderungen, die sich aus den Komplexen Nahrung, Kleidung, Wohnung, Transport und Verkehr sowie Kommunikation ableiten lassen. Unabhängig davon, ob es sich um materielle oder ideelle Bedürfnisse handelt, sind für die vorliegenden Überlegungen die sich daraus ergebenden Quantitäten für Stoffe und Energien interessant. Die gesellschaftlichen Bedürfnisse sind auf die Vergesellschaftung und die damit zusammenhängenden Probleme zurückzuführen, wie z.B. der Urbanisierung, und solche Prozesse, die aus irgendwelchen Gründen nur summarisch und nicht individuell sinnvoll zu quantifizieren sind.

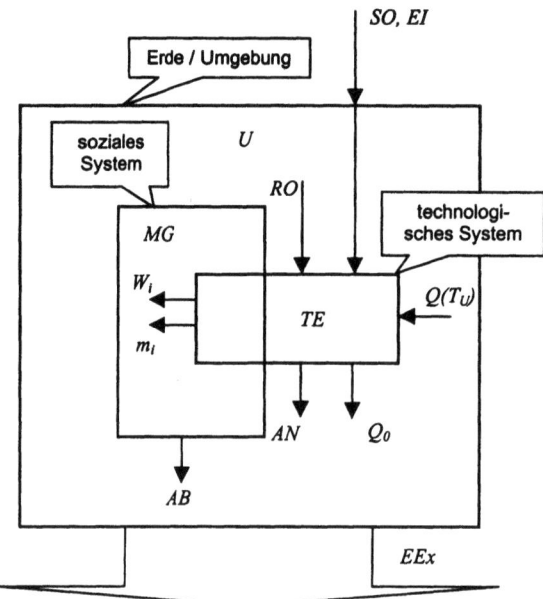

Bild 2-9
Struktur der anthropogenen Globalbilanz der Erde

Im Gegensatz zu der Gesellschaft der Jäger und Sammler, die sowohl von der Quantität als auch von der Qualität her gesehen ihre Bedürfnisse unmittelbar im Austausch mit der Umwelt befriedigen konnte und dort nur infinitesimale Veränderungen verursachte, haben heute die stofflichen und energetischen Anforderungen in jeder Beziehung Größenordnungen erreicht, die durch die natürlichen Gegebenheiten in keiner Weise zu befriedigen sind. Das lässt sich durch die Tragefähigkeit eines Quadratkilometers quantifizieren. Mit dem Konzept der Tragefähigkeit wird erfasst, wieviel Exemplare einer bestimmten Art ein abgegrenzter Lebensraum auf Dauer maximal beherbergen kann. In dem Begriff der Tragefähigkeit fließen zwei Größen ein: zum einen die Quantität der für die eigenen Interessen benutzten Naturreserven, d. h. der Anteil an der Primärproduktion, zum anderen aber auch die Qualität, d. h. die Intensität der Nutzung pro Einheit Naturverbrauch. Dem Menschen gelingt es, durch die Umwandlung von Natur in Kulturflächen, die Tragefähigkeit zu beeinflussen [2-3]. Es wird eingeschätzt, dass auf dem Niveau der Jäger und Sammler die Tragefähigkeit 0,0007 bis 0,6 betrug, für die moderne Industriegesellschaft 140 bis 300 Menschen, mithin ein Unterschied von vielen Größenordnungen. Die Befriedigung der hierdurch verursachten Bedürfnisse erfordert den Einsatz von Artefakten, die, im Technologiesystem zusammengefasst, einen gegenüber der Umwelt höheren Ordnungszustand und mithin niedrigeres Entropieniveau darstellen. Das System, über das das Sozialsystem letztendlich mit der Umgebung korrespondiert und das durch die hierzu erforderlichen Artefakte gegeben ist, soll als Technologiesystem bezeichnet werden. Es umfasst natürlich die materiell-technische Seite mit den jeweils konkreten Funktionsaufgaben,

2.3 Der Entropiehaushalt technologischer Systeme

soll aber nicht nur auf sie beschränkt sein. Unter einem technologischen System oder auch Verfahren soll die Gesamtheit aller erforderlichen Prozesse in ihrer notwendigen Ordnung zur Herstellung eines marktgerechten Produktes, das ein bestimmtes individuelles oder gesellschaftliches Bedürfnis zu befriedigen vermag, verstanden werden. Damit umfasst dieses System nicht nur die Produktions- sondern auch die hiermit verbundenen Arbeitsprozesse und führt neben den technischen Problemen unmittelbar zu wirtschaftlichen, juristischen, sozialen Zusammenhängen und Wechselwirkungen, deren Lösung und Verfolgung eine entsprechende interdisziplinäre Aussage erfordert.

Schließlich erweitert eine solche Auffassung auch den von der Technik bisher zu verantwortenden Bereich. Die Technik ist in diesem Sinn nicht mehr nur verantwortlich für die Funktion der Artefakte sondern auch für deren „Biographie", das beginnt bei der Herstellung und dem Aufbau, geht über die gesamte Lebenszeit des Artefaktes bis zum Abbau und der vollständigen Beseitigung. Und darüber hinaus müssen in die Betrachtungen auch die Konsequenzen einbezogen werden, die sich aus Störfällen bis hin zu Katastrophen der Artefakte ergeben, da die hierdurch entstehenden Belastungen auch wiederum nur mit technischen Mitteln eingedämmt oder verhindert werden können.

Zur Erfüllung seiner Aufgaben, d. h. die Bereitstellung der stofflichen (m_i) und energetischen Produkte (W_i) zur Bedürfnisbefriedigung, muss das Technologiesystem einen zunächst durch Erhaltungssätze gegebenen Stoff- und Energieaustausch mit der Umgebung, das ist für unsere Verhältnisse die Umwelt auf dem Planeten Erde, realisieren. Das bedeutet die Entnahme von Rohstoffen und Rohenergien einerseits und die Abgabe der umgewandelten und verbrauchten Endprodukte andererseits. Die damit zusammenhängenden Probleme sind gerade in der heutigen Zeit offensichtlich und erfordern eine adäquate Diskussion. Dazu muss der Begriff des Umgebungssystems oder der Umwelt, als dem dritten Teilsystem in dem Strukturbild, etwas näher gekennzeichnet werden, um es letztendlich auch quantitativen Überlegungen zugrunde legen zu können.

Bisher wurde der Begriff Umgebung mehr im kybernetischen Sinn gebraucht. Er kennzeichnete damit alles, was sich außerhalb des Systems befand. Die sich hieraus ergebenden Wechselwirkungen werden natürlich auf die für das Problem wesentlichen beschränkt, das sind im vorliegenden Fall die energetisch relevanten. Zur Kennzeichnung der Umgebung sind aber noch weitere Aspekte zu berücksichtigen, das sind zunächst die technischen. Die Umgebung ist so zu definieren, dass Aufwände und Nutzen der Artefakte richtig widergespiegelt werden. So ist Heizen nur im Winter und Kühlen nur im Sommer erforderlich und mit entsprechenden Aufwendungen verbunden. Die Kühlung im Winter und die Heizung im Sommer zur Herstellung z. B. eines bestimmten Raumklimas sind von selbst verlaufende natürliche Prozesse. Daraus folgt, dass die Umgebung durch entsprechende Raum- und Zeitfunktionen gekennzeichnet werden muss.

Aus der Sicht der Thermodynamik, die, wie schon ausgeführt, grundlegende Aussagen zum energetischen Geschehen zu machen vermag, ist eine Umgebung sinnvoll, die im Gleichgewicht vorliegt, dann finden in ihr keine von selbst verlaufenden Prozesse statt und sie selbst kann als arbeits- und exergielos definiert werden. Umgebungsenergie ist Anergie. Außerdem ist es zweckmäßig, der Umgebung Reservoireigenschaften beizumessen, weil dann die Wechselwirkungen zwischen System und Umgebung aus den Eigenschaften des Systems und deren Änderungen allein zu quantifizieren ist. Aber schließlich ist es auch sinnvoll, die Umgebungsdefinition an der realen Umwelt zu orientieren, denn mit den Untersuchungen sollen reale Aufgaben und nicht nur akademische Übungen bewältigt werden. Das bedeutet, dass man sich, wenn Prozesse aus der „unbelebten" Sphäre behandelt werden sollen, an der Atmosphäre, der Hydrosphäre und der Lithosphäre orientieren muss. Soll die belebte Sphäre einbezogen werden, z. B. durch Probleme der Land- und Forstwirtschaft, ist die Umgebung als Biosphäre zu kennzeichnen. Da letzten Endes der Mensch auf diesem Planeten schon überall seine Spuren hinterlassen hat, ist u. U. der anthropogene Gesichtspunkt zu berücksichtigen, der die Umgebung sinnvollerweise als Noosphäre zu charakterisieren verlangt.

Diese Zusammenhänge führen dazu, dass nicht eine allgemein gültige Umgebungsdefinition sondern nur eine Vorgehensweise angegeben werden kann, wie für den konkreten Fall und die konkrete Aufgabe eine Umgebungsdefinition als Kompromiss der sich teilweise widersprechenden Anforderungen zu finden ist. Das ist zwar erschwerend aber eher ein Vorteil, weil damit das jeweilige Problem in ausreichender Schärfe und Genauigkeit quantifiziert werden kann.

Zur Verdeutlichung folgende Überlegung: Die relevanten Parameter der Umgebung sind im Allgemeinen durch Funktionen der Art

$$U = U(x_i, \tau) \qquad (2\text{-}11)$$

gegeben, dabei soll x_i auf die Raumkoordinaten und τ auf die Zeit hinweisen. Die Umgebung liegt demnach weder räumlich noch zeitlich im Gleichgewicht vor. Sonderfälle sind gegeben durch

$$U = U(\tau) \quad (2\text{-}11a) \qquad\qquad U = U(x_i) \quad (2\text{-}11b)$$

Mit Gleichung (2-11a) können Zeitfunktionen verfolgt werden, wie der Tages- und Jahresgang. Für die Verfolgung von Aufgaben der Heiz- und Klimatechnik aber auch z.B. in Verbindung mit der landwirtschaftlichen Produktion können Umgebungsdefinitionen dieser Art interessant sein. Am Rande sei darauf hingewiesen, dass derartige Definitionen auch für die Verfolgung langfristiger Klimaprozesse auf der Erde interessant sein können.

Die durch die Gleichung (2-11b) definierten Umgebungszustände können z.B. von Interesse sein, wenn der Einfluss der Kühlungsprozesse auf die Arbeitserzeugung in Wärmekraftmaschinen für unterschiedliche geographische Breiten untersucht wird, um daraus technische Konzeptionen abzuleiten. Sie sind aber auch in Verbindung mit der Kennzeichnung von Lagerstätten oder auch von räumlich eingrenzbaren Umgebungsbelastungen oder der Auswirkungen von Deponien von Interesse. Damit können dann auch Diskussionen um die Zeithorizonte bis zur Ausbeutung von Lagerstätten geführt werden u.ä. Auch die Ermittlung zulässiger Belastungen kann von dieser Position her erfolgen.

Für viele technischen Aufgaben ist es möglich, der Umgebung Reservoireigenschaften beizulegen. Das bedeutet

$$dU \to 0 \quad \text{und} \quad d\,m_U \to \infty .$$

Die intensiven Zustandsgrößen der Umgebung bleiben konstant, was nur möglich erscheint, wenn die Umgebung gegenüber dem System als unendlich großes Reservoir angegeben werden kann. Diese Annahme erfordert ein zusätzliches Axiom, da entweder bei endlicher Umgebung die Konstanz der intensiven Zustandsparameter im Gegensatz zu der Gültigkeit der Erhaltungssätze zu fordern ist oder bei unendlich großer Umgebung die Annahme eines Gleichgewichtes. Die quantitativen Verhältnisse sind aber so, dass diese Annahmen im Rahmen der möglichen Rechengenauigkeit für viele technischen Aufgaben zugrunde gelegt werden können. Die Konstanz kann auch durch geeignete zeitliche oder räumliche Mittelwertbildung erreicht werden. Es gilt dann

2.3 Der Entropiehaushalt technologischer Systeme

$$U = U_m = const.$$

Unter diesen Voraussetzungen ist auch ein Gleichgewicht in der Umgebung gegeben. Man spricht aber in diesem Fall besser von einem gehemmten Gleichgewicht, da mit der jeweiligen Festlegung physikalisch denkbare Wechselwirkungen unterdrückt oder zumindest als unwesentlich eingeschätzt werden. Für diese Gegebenheiten ist dann mit Gewinn das Exergiekonzept einsetzbar.

Zur Vervollständigung dieser Diskussion kann nun der Stoff- und Energieaustausch zwischen den drei Teilsystemen umfassend angegeben werden. Die Bedürfnisse des Sozialsystems äußern sich gegenüber dem Technologiesystem im

Stoffverbrauch $m_i = m_i(x_i, \tau)$ und

Energieverbrauch $W_i = W_i(x_i, \tau)$,

die beliebig strukturiert und räumlich und zeitlich verteilt sein können. Als Input für das Technologiesystem stehen zur Verfügung

Einkommensquellen – der Strahlungs-Import durch die Sonne *SO* und die Gezeiten,

Vermögensquellen – Rohstoffe *RO*, Primärenergieträger *PET* und geothermische Energie.

Wie schon aus der Bezeichnung abzulesen, sollen unter Einkommensquellen solche verstanden werden, die für menschliche Dimensionen beliebig lange zur Verfügung stehen, deren Leistungsangebot aber beschränkt ist (Solarkonstante $1,4\,kW/m^2$). Demgegenüber sind Vermögensquellen durch die auf der Erde vorhandenen Vorräte der interessierenden Stoffe und Energieträger gegeben. Diese Quellen sind dadurch charakterisiert, dass das jeweilige Leistungsangebot sich nach den Anforderungen der menschlichen Gesellschaft richten kann, während die Absolutmenge, d.h. z.B. der gespeicherte Energiebetrag, häufig zwar groß aber doch endlich ist. Daraus lassen sich Zeithorizonte ihrer Nutzung ableiten, die bekanntlich zu kontroversen Diskussionen geführt haben.

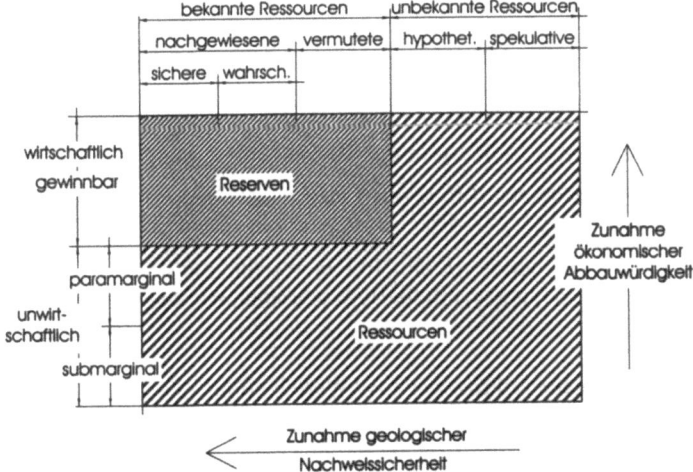

Bild 2-10
Klassifizierung fossiler Energievorräte

Zur Qualifizierung dieser Diskussion ist zunächst der Zusammenhang zwischen der Umwandlungstechnologie und dem Begriff Vorrat oder Vorkommen aufzuzeigen. Als Beispiel stellen Uran und Thorium nur Energiequellen dar, wenn die Kernenergie über Kernkraftwerke ausgenutzt wird. Der Wert der betrachteten Vorräte wird um den Faktor 100 vergrößert, wenn es gelingt neben thermischen Reaktoren auch solche, die den Brutprozess ausnutzen, einzusetzen. Darüber hinaus wird durch die damit mögliche Veränderung der Kostenstruktur die wirtschaftliche Abbaugrenze von Rohenergievorkommen verschoben und werden auch ärmere Erze abbauwürdig. In ähnlicher Weise repräsentieren die offensichtlich enormen Vorräte von Gashydraten, die in den Tiefen der Weltmeere lagern, solange keine Vorräte, solange keine Technologie zu ihrer Gewinnung vorhanden ist.

Zum anderen ist zwischen Reserven und Ressourcen zu unterscheiden (s. *Bild 2-10*). In dem Bild sind die erforderlichen Begriffe zur Kennzeichnung von Vermögensvorräten eingetragen. Es wird so deutlich, dass die Angabe eines Wertes wie z. B. der Ausbeutezeit oder der zu erwartenden Erschöpfung nur dann Aussagekraft für sich in Anspruch nehmen kann, wenn seine Bezugnahme eindeutig festgelegt ist. Zur weiterführenden Information sei auf die Literatur verwiesen.

Der Output des Technologiesystems (teilweise unter Einbeziehung des Sozialsystems) ist zunächst durch die Wärme Q_0 als stofffreie Energie gegeben. Sie kann bei $T > = < T_U$ anfallen, so dass damit auch Kälte erfasst ist. Die Wärme ist der wesentliche Teil der Abfallenergie. Daneben sind aber noch stoffgebundene Energien im Output des Technologiesystems zu berücksichtigen. Diese ergeben sich aus dem Unterschied zwischen dem Abgabezustand der Stoffströme aus der technologischen Umwandlung und dem Umgebungszustand. Danach lassen sich Anfall- und Abfallstoffe unterscheiden.

Anfallstoffe *AN* sind die Nebenprodukte, die beim Betrieb des technologischen Systems anfallen und sich vom Umgebungszustand in

der Temperatur ($T \neq T_U$),

dem Druck ($p \geq p_U$),

der Zusammensetzung ($\xi_i \neq \xi_{iU}$) und

der Stoffart ($g_i \neq g_{iU}$)

unterscheiden. Sie können demnach Träger von thermischer, mechanischer, Konzentrations- und chemischer Energie sein.

Abfallstoffe *AB* sind solche, die nach ihrer Verwendung im Sozialsystem in die Umgebung gegeben werden können (Müll). Sie können sich nur in der Zusammensetzung ($\xi_i \neq \xi_{iU}$) oder der Stoffart von der Umgebung unterscheiden. Sie können also nur Träger von Konzentrationsenergie und chemischer Energie sein.

Damit kann im allgemeinsten Fall Abfallenergie *AE* stofffrei an Wärme und stoffgebunden an Anfall- und Abfallstoffe gebunden sein, so dass symbolisch geschrieben werden kann

$$AE = Q0 + AN + AB \qquad (2\text{-}12).$$

Die Gesamtbilanz erfordert für verschiedene Prozesse eine Wärmezufuhr aus der Umgebung $Q(T_U)$, eine Anergiezufuhr. Das wird als ein monothermischer Wärmeaustausch bezeichnet. Werden Stoffe mit Parametern unterhalb der der Umgebung abgegeben, so leistet die Umgebung Arbeit, die aber dem System gutgeschrieben wird.

Mit diesen strukturellen Vorstellungen kann die Entropiebilanz für das Technologiesystem verallgemeinernd in der Form geschrieben werden[7]

$$S^I + \frac{Q(T_U)}{T_U} + \Delta S_{Vi} = S^O = \frac{Q_0}{T} + S_{AN} - S_{ANU} + S_{AB} - S_{ABU} + S_P \qquad (2\text{-}13)$$

mit

$$\Delta S_{Va} = \frac{Q_0}{T} + (S_{AN} - S_{ANU}) + (S_{AB} - S_{ABU}) \qquad (2\text{-}14).$$

Vernachlässigt man $\frac{Q(T_U)}{T_U}$, so gilt

$$S^I + \Delta S_{Vi} = S^O = \Delta S_{Va} + S_P.$$

Daraus können nun die Schlussfolgerungen gezogen werden, die einzuhalten sind, wenn Konsequenzen für die energetischen Gegebenheiten auf der Erde aufgezeigt werden sollen:

1. Die Systemgrenzen um technologische Systeme sind stets so zu ziehen, dass die Stoff- und Energieabgabe an die Umgebung einbezogen und die Bilanzgrößen auf den Umgebungszustand bezogen werden.
2. Damit werden äußere Nichtumkehrbarkeiten in Übereinstimmung zu Abschnitt 2.2. definiert, die durch die Entropie der Wärmeabgabe und die natürlichen Prozesse gegeben sind, die infolge der Abweichung der intensiven Zustandsparameter der Stoffströme von denen der Umgebung stattfinden.
3. Die Wärmeabgabe und die stofflich bedingten äußeren Nichtumkehrbarkeiten repräsentieren den erforderlichen Entropie-Export zur Aufrechterhaltung der Ordnungszustände im technologischen System und damit zur Kompensation der inneren Nichtumkehrbarkeiten infolge der natürlichen Prozesse im Technologiesystem.

2.4 Abfallenergieverwertung und Entropiewirtschaft

Von dieser Position ausgehend kann die eigentliche Aufgabe der Energiewirtschaft aufgezeigt werden. Diese ist nur zur Hälfte formuliert, wenn sie als ein Problem der Energiebereitstellung aufgefasst wird, denn die zugeführte Energie wird in Gänze auf Grund der Erhaltungssätze wieder an die Umgebung abgegeben. Das ist naturgesetzlich bedingt und erforderlich. Das Eigentümliche ist, dass diese Abgabe mit geringeren Qualitätsparametern als die Zufuhr erfolgt. Diese Qualitätsminderung kann durch die Entropiezunahme erfasst werden. Damit kann gesagt werden, dass die Abgabe dem Entropieniveau entspricht, das im System einen höheren

---

[7] Die Differenzbildung für die Entropien der Anfallstoffe und Abfälle (S_{AN}, S_{AB}) mit entsprechenden Entropien im Umgebungszustand (S_{ANU}, S_{ABU}) soll formal eine Bezugspunktfestlegung in der Umgebung analog dem Vorgehen bei der Exergieberechnung anzeigen und ist dann für alle Stoffströme gültig. Sie soll den Entropieproduktions- und insbesonder Exportmechanismus des Systems verdeutlichen. Inhaltlich wird die Bilanzgrenze um Austauschprozesse mit entsprechenden Stoffströmen in der Umgebung erweitert, die letzendlich zum dissipativen Übergang in den Umgebungszustand führen. Die dabei stattfindende Entropieproduktion bei der Wechselwirkung zwischen System und Umgebung, die zu einer Abgabe von Umgebungswärme führt, wird dem Entropieexport des Systems zugerechnet.

Ordnungszustand als in der Umgebung gewährleistet, denn im technologischen System wird nicht primär Energie sondern ein bestimmter Ordnungszustand benötigt, der mit der Umgebung nicht im Gleichgewicht steht. Die Abfallenergie als Träger des Entropie-Exportes bestimmt dabei die Größenordnung der Freiheitsgrade für die Gestaltung der technologischen Systeme, die sich letzten Endes in den inneren Nichtumkehrbarkeiten niederschlagen.

Die Aufgabe der Energiewirtschaft in diesem Sinn besteht demnach in der Organisation des Entropie-Exportes zur Gewährleistung des erforderlichen Ordnungszustandes im Technologiesystem. Um diese Aufgabe rational und zielstrebig angehen zu können, ist deshalb statt von einer Energiewirtschaft besser von einer Entropiewirtschaft zu sprechen, denn, wie gezeigt worden ist, können viele für die Entropiewirtschaft wesentlichen Zusammenhänge in der rein energetischen Betrachtung überhaupt nicht zum Ausdruck gebracht werden.

Da die Wechselwirkungen zwischen Technologiesystem und Umgebung im Mittelpunkt der Betrachtung stehen, wie schon einleitend zum Ausdruck gebracht, lässt sich zwingend verdeutlichen, dass im zunehmenden Maße eine quantitative Verminderung dieser Wechselwirkungen als Tendenz anzustreben ist. Aus der Sicht der Entropiewirtschaft kann diese Zielstellung unmittelbar als eine Hinwendung zu annähernd reversiblen Prozessen interpretiert werden, da diese die geringsten energetischen Aufwendungen erfordern. Das bedeutet, dass die Entropiebilanz auf einem möglichst niedrigen Niveau zu realisieren ist. Daraus lassen sich unmittelbar Prinzipien einer Entropiewirtschaft ableiten. Die Konsequenzen können am einfachsten verdeutlicht werden unter der Voraussetzung, dass der Ordnungszustand im Technologiesystem aufrecht erhalten werden soll. Das bedeutet es soll nicht primär von einer Bedürfnisreduzierung ausgegangen werden. Andererseits können die folgenden Überlegungen auch mit einer Reduzierung der Bedürfnisse in Übereinstimmung gebracht werden, wenn diese z. B. mit einer Verminderung des gewünschten Ordnungszustandes verbunden sind. Für die genannte Annahme lassen sich die folgenden Zusammenhänge ableiten:

1. Entropie-Export in die Umgebung ist nicht nur durch die Abgabe thermischer Energie sondern auch gebunden an Stoffströme, die durch Ausgleichsprozesse eine Entropieproduktion in der Umgebung hervorrufen, möglich[8]. Zur physikalisch umfassenden Einschätzung des entropischen Geschehens für ein System ist deshalb nicht nur die Erfassung der Abfallenergie, sondern auch die der Abfall- und Anfallströme erforderlich. Von zentraler Bedeutung ist dabei der Müll, da dessen Ver- und Bearbeitung mit speziellen technischen Systemen erfolgt.

   Theoretische Grenzfälle des technologischen Systems sind das stoffdichte und das adiabate System. Stoffdichtheit kann durch entsprechende Gestaltung der Apparate- und Anlagentechnik erreicht werden. Die Bildung von Stoffkreisläufen, das Stoffrecycling spielt hierbei eine wesentliche Rolle. Stoffdichte Systeme erfordern einen Energieaustausch mit der Umgebung, allgemein in Form der Wärmetransformationsprozesse oder zumindest als die Abfuhr von Reibungswärme, da jeder Stofftransport mit Reibungserscheinungen verbunden ist. Solche Systeme sind charakteristisch für die Bereitstellung von stofffreien Energien wie Arbeit und Wärme.

   Rein adiabatische Systeme können nur natürliche, von selbst verlaufende Prozesse enthalten, was bedeutet, dass der Ausgangszustand im Ungleichgewicht mit der Umgebung stehen muss. Seine Realisierung erfordert deshalb im Allgemeinen einen vorgeschalteten Pro-

---

[8] Wenn hier vom Entropie-Export durch Stoffströme gesprochen wird, wird stillschweigend angenommen, dass die Entropie auf die Umgebung bezogen wird und demzufolge die Entropieproduktion beim Übergang in die Umgebung mit bilanziert wird.

2.4 Abfallenergieverwertung und Entropiewirtschaft

zess. Im Ergebnis solcher Prozesse werden Stoffe mit einem bestimmten Zustand zur Verfügung gestellt. Sie können deshalb der Stofferzeugung dienen. Andererseits ist aber auch ein Austausch stoffgebundener Energien möglich (z. B. Strahlapparat). Das Verhältnis zwischen stofflichem und thermischem Entropie-Export kann für ein Gesamtsystem auch bei Erhaltung des gleichen Ordnungszustandes z. B. in Gestalt der vom System bereitzustellenden Stoff- und Energieströme durch technologische Maßnahmen variiert werden. Damit wird einmal mehr auch von dieser Seite die Äquivalenz und Einheit von Stoff- und Energiewandlung verdeutlicht. Von besonderer Bedeutung sind diesbezüglich Müllverbrennungsanlagen, die damit wesentlichen Einfluss auf die Gestaltung der Entropiebilanz haben können. Damit kann als eine der ersten wesentlichen Grundprämissen für die Optimierung einer Entropiewirtschaft formuliert werden, dass Abfall„stoff"wirtschaft und Abfallenergieverwertung oder -nutzung nicht als isolierte Bereiche angesehen werden dürfen.

2. Die Größe des thermischen Entropie-Exportes wird durch die Temperatur der Wärmeabgabe bestimmt. Je niedriger die Temperatur der Wärmeabgabe ist, desto größer ist bei gleicher Quantität der Wärme der Entropie-Export, desto größer ist bei gleichem Input der Spielraum für die Gestaltung von Strukturen im System. Die natürliche Grenze für die Absenkung der Temperatur ist die Umgebungstemperatur. Aus dieser Sicht sind demnach monothermische Prozesse bei Umgebungstemperatur besonders hervorgehoben. Die Natur arbeitet bei der Bereitstellung von Arbeit in Lebewesen mit einer Reihe thermodynamischer Kreisprozesse auf diese Weise. Eine Abgabe bei höherer Temperatur verringert die Entropieabgabe des Systems, bedeutet aber eine äußere Entropieproduktion, da die Wärme nicht im Gleichgewicht mit der Umgebung abgegeben wird. Andererseits ist diese Wärme noch nutzbar zur regenerativen oder äußeren Vorwärmung. Das damit verbundene Arbeitsgebiet stellt im engeren Sinn die Abfallwärmewirtschaft dar. In den folgenden Abschnitten wird dieser Komplex eine zentrale Rolle einnehmen. Die Wärme selbst kann sowohl stofffrei als auch stoffgebunden anfallen. Im letzten Fall kann die Wärme als ein Teil der durch Stoff-Export realisierten Entropieabgabe angesehen werden. In der technischen Diskussion werden diesen beiden Fälle nicht immer sauber auseinandergehalten.

3. Der stoffgebundene Entropie-Export kann auf den Unterschied in der Konzentration und der Stoffart zum Zustand in der Umgebung zurückgeführt werden, wenn von dem thermischen Anteil, der bereits bei der Wärme mit angesprochen war, abgesehen wird. Der Entropie-Export ist dann gebunden an die Dissipation und an von selbst verlaufende chemische Reaktionen, die beim Übergang in den Umgebungszustand stattfinden. Die chemischen Prozesse, wie z. B. das Rosten des Eisens können über einen großen Zeitabschnitt ausgedehnt sein. Die Dissipationsprozesse, insbesondere wenn sie im gasförmigen Zustand stattfinden, verlaufen gleichzeitig mit den technologischen Prozessen. Signifikantes Beispiel ist die CO_2-Abgabe bei den Vebrennungsprozessen. Dieses Beispiel macht zweierlei deutlich: Einmal die damit verbundene Umweltbelastung und zum anderen durch seine absolute Größe das Problem, dass der Übergang in den Umgebungszustand in ähnlicher Weise wie beim thermischen Prozess zur Bereitstellung nutzbarer Energie herangezogen werden könnte. In Analogie zur Abwärmewirtschaft könnte so eine Abdruckwirtschaft geschaffen werden, da beim Übergang in den Umgebungszustand bei gasförmigen Stoffen vordergründig das Partialdruckgefälle ausgenutzt werden könnte.[9]

---

[9] Bisherige Nutzungsvarianten bestehen allerdings nicht in mechanischen sondern in stoffwandelnden und biologischen Prozessen.

Prinzipiell vermeidbar sind derartige Verluste nur bei stoffdichten Systemen, die über geschlossene Stoffkreisläufe verfügen müssen. Wenn für das Gesamtsystem keine Einschränkungen an Strukturierung oder Ordnung auftreten und anderwärts keine Änderungen vorgenommen werden sollen, ist dies nur möglich über eine entsprechende Zunahme des thermischen Entropie-Exportes, wohinter letzten Endes bestimmte Energiebereitstellungsprozesse stehen, wie dies schon eingangs zur Entropiediskussion zum Ausdruck gebracht worden ist.

4. Die für die Auslegung der technischen Systeme bestimmende Größe für den Entropie-Export ist neben dem Import die irreversible Entropieproduktion im System selbst. Der Export muss diese Größe mindestens übersteigen, um die vorliegende Strukturierung, die vorliegende Ordnung entgegen den natürlichen Prozessen stationär aufrecht zu erhalten. Damit geht diese Größe faktisch zweimal in die Entropiebilanz ein. Eine Verminderung der Entropieproduktion im System lässt die Möglichkeit einer Verminderung des Entropie-Exportes zu und erweist sich so als eine der wirksamsten Maßnahmen zur Vermeidung von Abfallenergie. Eine Verminderung der Nichtumkehrbarkeiten ist immer möglich durch eine Vergrößerung des apparate- und anlagentechnischen Aufwandes, da sie mit einem entsprechenden Triebkraftabbau verbunden ist. Es existiert so, wie schon gezeigt, eine optimale Nichtumkehrbarkeit.

Eine besondere Situation tritt dann ein, wenn es nicht möglich ist, die mit einer Verminderung der irreversiblen Entropieproduktion verbundenen Verbesserungen an das Energieangebot, gleichviel ob in quantitativer oder qualitativer Form, weiterzureichen. Dann zieht diese Zusammenhang sogar eine Vergrößerung der äußeren Nichtumkehrbarkeiten und damit auch der Anfallenergie nach sich. Das braucht nicht in allen Fällen negativ zu sein, da der ökonomische Wert der inneren und äußeren Nichtumkehrbarkeiten unterschiedlich sein kann. Bei bestimmten Relationen können deshalb damit auch wirtschaftliche Gewinne verbunden sein, obwohl sich am thermodynamischen Geschehen nichts geändert hat.

5. Schließlich ist auch noch der Entropie-Import des Systems in der Auswirkung auf den Entropie-Export einzuschätzen. Offensichtlich ist, dass er in Bezug auf eine entsprechende Verminderung des Exports möglichst klein zu halten ist. Das ist beim Einsatz der Sonnenstrahlung und der Verwendung der üblichen Rohenergieträger gegeben. Die Sonnenstrahlung weist als Einkommensenergie auf Grund der hohen Strahlungstemperatur nur einen geringen Entropieeintrag auf, der nur wenige Prozent (kleiner als 2 %) des Strahlungs-Exports ausmacht. Auch der mit der Verwendung von Öl und Gas als Vermögensenergien verbundene Entropieeintrag ist gering, da sich der Energieinhalt dieser organischen Energieträger nur wenig vom Exergieinhalt unterscheidet. Das gilt auch für die Kohlen, nur sind diese nicht ohne weiteres „rein" erschließbar und mit anorganischen Ballaststoffen verbunden. Die hierdurch bedingten Aufwendungen erhöhen den mit dem Kohleeinsatz verbundenen Entropie-Import entsprechend. Dadurch sind schon von der Thermodynamik her Differenzierungen zwischen den verschiedenen Vermögensenergien vorhanden.

Weiter sei vermerkt, dass die Nutzung von Wasserkraft und Windenergie als Einkommensenergien mit keinem Entropie-Import verbunden ist, da es sich um mechanische Energien handelt.

Die bei der Kohle angesprochenen Zusammenhänge gelten in noch stärkerem Maße für anorganische Rohstoffe. Hierbei ist, durch den Charakter der Lagerstätten bedingt, häufig ein erheblicher Entropie-Import mit ihrem Einsatz in technischen Systemen verbunden. Auf diese Weise lassen sich auch reiche Vorkommen von ärmeren entropisch und damit letztendlich auch energetisch unterscheiden. Die „extrahierende" und stoffwandelnde Industrie

2.4 Abfallenergieverwertung und Entropiewirtschaft

ist damit von vorn herein mit einer äquivalenten Abfallenergie belastet als eine Art Transitentropie. Interessant anzumerken ist, dass z.B. der mit Gold verbundene Entropie-Import sehr klein ist, was thermodynamisch in Übereinstimmung steht mit der Tatsache, dass zu seiner Gewinnung im Wesentlichen mechanische Arbeit erforderlich ist. Da die industriellen Bereiche als entsprechende Abfallenergiequellen einzubeziehen sind, auch mit möglichen Alternativen, ist der energetische Zusammenhang für die entropischen Überlegungen von wesentlicher Bedeutung.

Die qualitativen Überlegungen sollen durch einige globale quantitativen Angaben unterstützt und damit die Größenordnung der damit verbundenen Aufgaben und Möglichkeiten illustriert werden. In *Bild 2-11* ist die Leistungsbilanz der Erde dargestellt, die in erster Näherung auch eine Einschätzung der zur Verfügung stehenden Einkommens- und Vermögensquellen erlaubt.

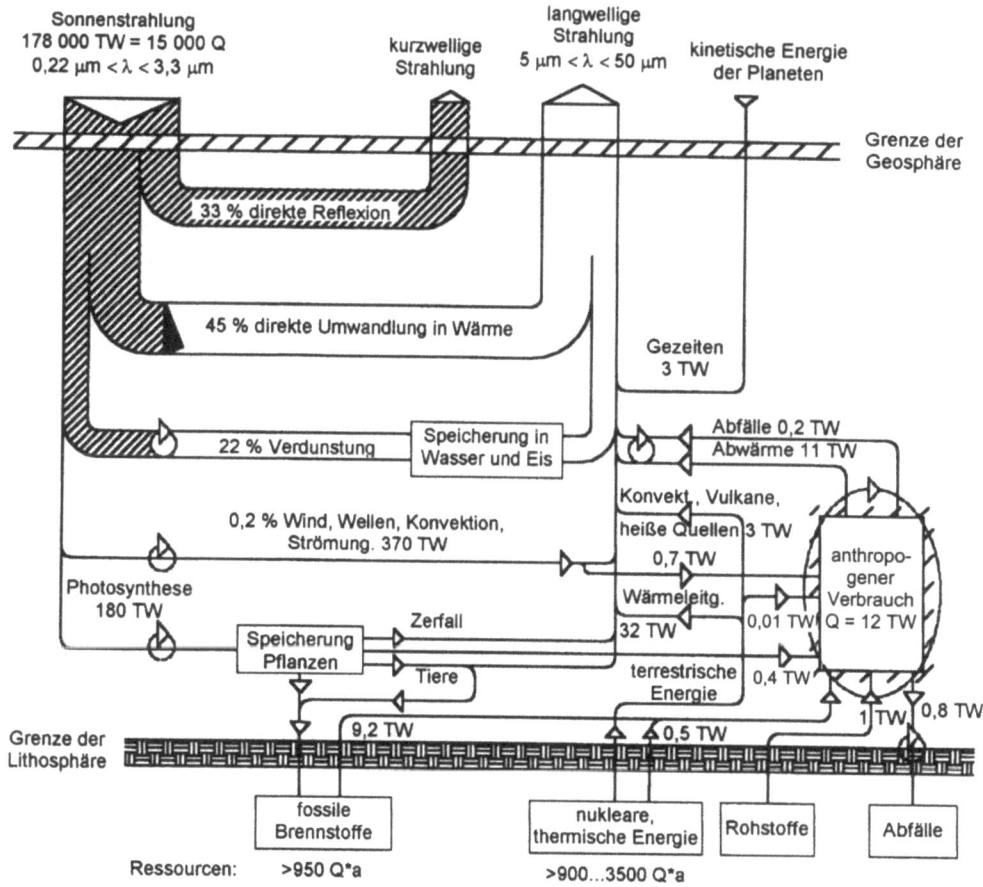

Bild 2-11
Energiefluss der Erde

Ausgangspunkt und Vergleichsmaßstab ist der Verbrauch des Sozialsystems, der z.Z. etwa 12 TW beträgt.[10] Zur Veranschaulichung: Dieser Wert entspricht der Leistung von 12.000 Großkraftwerken, wenn diese Leistung ausschließlich durch mechanische Energie gegeben wäre. Tatsächlich ist sie das aber etwa nur zu einem Drittel. Das ist zu relativieren mit der erforderlichen Kraftwerkszuwachskapazität in den nächsten 5 Jahren von rund 1 TW. Diesem Verbrauch steht die durch die Sonnenstrahlung gegebene Einkommensenergie gegenüber, die z.Z. etwa das 15.000fache ausmacht, und die Vermögensenergien, die durch die fossilen Brennstoffe sowie die nuklearen und geothermischen Energievorräte gegeben sind. Die dabei eingetragenen Zahlenangaben stellen vorsichtige Schätzungen der Abbauzeiten dar, die sich bei konstanter und alleiniger Deckung des derzeitigen Verbrauchs ergeben würden. Vorsichtige Schätzung heißt sichere und abbauwürdige Vorkommen und der Einsatz von bekannten Technologien der Energieumwandlung. Die Geothermie ist mit der Kernenergie zusammengefasst, da sie letzten Endes auch auf eine Kernspaltung zurückgeführt werden kann.

Für die vorliegenden Überlegungen ist es von zentraler Bedeutung, dass die Strahlungsenergie[11] quantitativ in Gänze wieder an den Weltraum abgegeben wird, mit dem Unterschied, dass die Abgabe im Wesentlichen einer Wärmestrahlung bei 300 K und der Input einer Strahlungstemperatur von 5.000 K, der Oberflächentemperatur der Sonne, entspricht. Die Erde stellt sich so als ein stationär durchströmtes offenes thermodynamisches System dar, dessen von der Umgebung – in diesem Fall dem Weltraum – abweichender Ordnungszustand durch den mit der Abgabe der Wärmestrahlung verbundenen Entropie-Export aufrechterhalten wird. Mit den angegebenen Zahlen beträgt der Entropie-Export etwa 1 PW/K, das bedeutet etwa 1 bis 1,2 W/m^{2}K, wobei je zur Hälfte dieser Wert durch den Oberflächeneffekt und den Atmosphäreneffekt verursacht wird. Es wird eingeschätzt, dass dieser Wert Voraussetzung für die Enstehung organischer Strukturen ist. Von den Planeten weisen Mars und Venus eine ähnliche Größenordnung auf. Der Entropie-Export des Merkur ist größer, die Werte der anderen Planeten sind kleiner [2-4]. Der Input beträgt etwa 17 TW/K, das bedeutet weniger als 2%. Auf *Bild 2-9* wird versucht, dies zum Ausdruck zu bringen. Diese große Differenz steht damit für die mit Entropiezunahmen verbundenen natürlichen Prozesse auf der Erde zur Verfügung, um in den natürlichen und technischen Untersystemen ihrerseits entsprechende Ordnungszustände durch spezielle Strukturen herstellen und aufrecht erhalten zu können. Der Vollständigkeit halber sei noch darauf verwiesen, dass die Erde durch die Geothermie einen Eigenentropie-Export realisiert, der aber im Durchschnitt nur ein Tausendstel des durch den Strahlungsaustausch gegebenen Wertes ausmacht (10^{-3} W/(m^{2}K)). In Gebieten mit geologischen Anomalien kann dieser Wert aber vielfach höher sein.

Die in *Bild 2-11* dargestellten Energieströme oder Leistungen enthalten nicht nur die stofffreien Energien, wie z.B. Wärmeströme, sondern auch Angaben über die stoffgebundenen Energieströme. Das heißt, dass entsprechend der qualitativen Diskussion auch die Rohstoffe und Abfälle erfasst worden sind. Diese Zahlen sind natürlich nur grobe Schätzungen aus Plausibilitätsüberlegungen. Die Richtung der Ströme ist durch Pfeile gekennzeichnet. Kreise deuten auf natürliche und technische Kreisläufe hin, wie z.B. den Wasserkreislauf, den Biozyklus oder auch die Kreislaufwirtschaft.

---

[10] Hier wie auch bei folgenden Angaben sind jährliche Verbräuche in durchschnittliche Leistungen umgerechnet worden. Als Umrechnungen gelten: 1 TW = 1 Mrd. kW = 8,76 Mio. GWh/a = 1,076 Mrd. t Steinkohleeinheiten (SKE) pro Jahr. 1 kW = 1,076 t SKE/a (vgl. Anhang Energie- und Leistungseinheiten).
[11] Die für den menschlichen Verbrauch aufgewendete Vermögensenergie ist in diesem Zusammenhang vernachlässigbar.

2.4 Abfallenergieverwertung und Entropiewirtschaft

Es sei noch darauf hingewiesen, dass auch die Gezeitenenergie als eine Form der Einkommensenergie aufgenommen worden ist. Im Vergleich zu den anderen Leistungen ist ihre Quantität bescheiden. Zu berücksichtigen ist aber, dass ihre Ausnutzung lokal bedeutungsvoll sein kann dort, wo Tidenhub und Küstengestaltung eine wirtschaftliche Energieerzeugung erlauben.

Das Leistungsbild kennzeichnet die qualitativen Möglichkeiten und quantitativen Gegebenheiten, die der Gestaltung des Technologiesystems zur Verfügung stehen. Das betrifft die Ausnutzung der Primärenergiequellen, die, wie schon weiter vorn diskutiert, sämtlich nur geringe Entropie-Import bedeuten, wie auch die durch Abfallenergie und Abfallstoffe gegebene Umweltbelastung, die aber zunächst den notwendigen Entropie-Export der Untersysteme trägt. Wie gezeigt, lassen sich diese durch die auf die Umgebung bezogenen äußeren Exergieverluste quantifizieren. Im Allgemeinen werden sie in den üblichen Prozessanalysen, auch den „second-law-analysis", nicht angegeben, da diese sich auf die Erfassung der inneren Nichtumkehrbarkeiten beschränken. Um trotzdem ein gewisses quantitatives Gefühl zu geben, sind im folgenden einige grobe Schätzwerte für typische Prozesse mitgeteilt, die den Entropie-Export technischer Systeme realisieren.

Wie schon deutlich gemacht, ist der an stofffreie Wärmeströme gebundene Entropie-Export sicher der quantitativ bedeutendste. Er könnte durch folgende Prozesse verursacht sein

- die von Kraftwerken abgegebene Kondensatorwärme   8 GW/K
- die Abwärme der Raumheizung   10 GW/K
- die Abwärme von Industrieöfen   2 GW/K.

Es wurde weiter oben schon angedeutet, dass ein Teil dieses Entropie-Exportes durch die reversible Prozessführung bestimmt ist. Am einfachsten ist dies noch bei der Kondensatorwärme der Kraftwerke zu übersehen. Beim derzeitigen Stand der Kraftwerkstechnologie umfasst dieser Betrag etwa die Hälfte des angegebenen Wertes.

Ein stoffgebundener Entropie-Export entsteht, wenn die Parameter der abgegebenen Stoffströme von denen der Umgebung abweichen, die Abgabe mithin nicht im Gleichgewicht mit der Umgebung erfolgt. Durch den von selbst verlaufenden Übergang zum Umgebungszustand ist dieser Entropie-Export identisch mit den äußeren Nichtumkehrbarkeiten. Relativ einfach lassen sich Abschätzungen angeben, wenn sie die Gesamttemperatur und den Gesamtdruck der Stoffströme betreffen. Das sind z.B. die folgenden

- Thermische Entropie von Abgasen   1,5 GW/K
- Drosselverlust bei Auspuffprozessen   0,5 GW/K

Ähnliche Verlustprozesse treten bei der Verwendung von Druckluft auf. Analysen haben gezeigt, dass diese etwa bis zu einem Drittel des Energieeinsatzes vermindert werden können. Das bedeutet z.B. für Deutschland eine Verminderung des Entropie-Exportes um ca. 2 MW/K. Bezieht man sich auf die übliche Zusammensetzung der Atmosphäre, so können auch durch Konzentrationsänderungen, in diesem Fall durch Partialdruckunterschiede, bedingten Entropieproduktionen abgeschätzt werden. Als Beispiele sollen gelten

- Konzentrationsentropie von Verbrennungsprodukten   1,5 GW/K
- Konzentrationsentropie der Produkte der Luftzerlegung   1,5 GW/K

Schließlich entsteht eine Entropieproduktion durch chemische Zustandsänderungen, die von selbst verlaufen, wenn der natürliche Umgebungszustand durch Verbindungen mit einem niedrigeren energetischen Niveau, gekennzeichnet durch einen niedrigeren Wert des Gibbsschen Potenzials, gegeben ist. Solcher Art von Entropie-Export könnte gegeben sein durch

- Chemische Entropie beim Rosten des Eisens 4 GW/K
- Chemische Entropie von Kunststoffabfällen 0,4 GW/K

Zum Schluss soll noch auf einen Wert verwiesen werden, der uns in andere industrielle und gesellschaftliche Bereiche führen kann als die, die üblicherweise an dieser Stelle betrachtet worden sind. Da man unter gewissen Annahmen den Umgebungs- oder Normzustand von festen Stoffen in einer granulometrischen Gleichverteilung sehen kann, lässt sich über Zerkleinerungsprozesse eine Abschätzung der z.B. über die Betonherstellung möglichen Entropieproduktion vornehmen. Sie vollzieht sich dann über die Zerstörung der Bauten und kann so eine Transformation des Entropie-Exportes in ferne Zukünfte bedeuten oder sich heute aus fernen Vergangenheiten realisieren. Unter Bezugnahme auf die gegenwärtige Betonproduktion lässt sich schätzen für die

- Betonzerkleinerung 0,3 GW/K

Die damit sich möglicherweise ergebenden Aspekte können an dieser Stelle nicht weiter verfolgt werden.

Ähnliche Abschätzungen hat Stahl [2-5] vorgenommen und Werte erhalten, die in den gleichen Größenordnungen liegen, sowohl den Gesamtexport betreffend als auch das Verhältnis zwischen Wärme- und Stoffentropie-Export. Darüber hinaus hat er einige Zahlenwerte abgeschätzt, die nicht nur allgemein interessant sind, sondern auch erlauben, einige der in folgenden Abschnitten dargestellten Beispiele zu relativieren.

So realisiert die Menschheit bei derzeitig 6 Milliarden Menschen einen Entropie-Export von 3 GW/K, wenn eine Wärmeleistung von 100 W und eine Entropieproduktion von 0,5 W/K pro Person zugrunde gelegt wird. Die intensive Landwirtschaft auf der Erde weist eine Entropieproduktion von 140 GW/K auf, der z.B. in der gleichen Größenordnung wie die Entropieproduktion der Wälder auf der Erde liegt. Im Vergleich zu den Werten der technischen Prozesse sind das ganz erstaunliche Größenordnungen. Stahl hat auch Abschätzungen der Entropieproduktion einzelner Länder vorgenommen. So kommt er für die USA auf 9 GW/K, für die Bundesrepublik Deutschland etwa auf 1,5 GW/K. Indien liegt etwa in der gleichen Größenordnung wie Deutschland, obwohl sich bekanntlich die Einwohnerzahlen um eine Größenordnung unterscheiden. Wie wollen uns an dieser Stelle eine weitere Kommentierung ersparen.

Dieser Entropie-Export, der, das sei nochmals betont, notwendig ist, um den Ordnungszustand entsprechend dem „Stand der Technik" im Technologiesystem aufrechtzuerhalten, kann nach der Gleichung von Gouy-Stodola (Gl. 2-8) im Energiemaßstab abgebildet werden und repräsentiert so die Anergieproduktion, die an die Umgebung abgegeben wird. Die aufgeführten Beispiele stellen dann schon fast drei Viertel des Energieverbrauches der menschlichen Gesellschaft von 12 TW. Es wird so auch quantitativ deutlich, dass das Technologiesystem als offenes thermodynamisches System aufgefasst werden kann, das im stationären Fall, wie das System Erde, die gesamte zugeführte Energie wieder abgibt, aber mit einer geringeren Qualität, d.h. auf einem höheren Entropieniveau. Damit ist auch quantitativ die schon weiter vorn aufgestellte These belegt, dass zur Bedürfnisbefriedigung des Technologiesystems nicht Energie schlechthin benötigt wird, sondern dass es auf einem Ordnungszustand gehalten werden muss, der niedriger als der in der Umgebung ist. Dazu ist der Entropie-Export zu organisieren.

2.4 Abfallenergieverwertung und Entropiewirtschaft

Die primäre Aufgabe lässt sich nicht aus der Energiewirtschaft im engeren Sinn sondern direkt und unmittelbar aus der Entropiewirtschaft ableiten.

Die äußeren Nichtumkehrbarkeiten, die Größe des Entropie-Exportes, hängen von den Prozessen ab, die im System zur Realisierung des Ordnungszustandes entsprechend dem jeweiligen technischen Niveau und wirtschaftlichen Gegebenheiten eingesetzt werden. Die durch diese Prozesse verursachten inneren Nichtumkehrbarkeiten bestimmen primär Art und Größe der äußeren Nichtumkehrbarkeiten und damit der Abfallenergie. Ihre Verminderung und Vermeidung erfordert deshalb auch die Auseinandersetzung mit den inneren Nichtumkehrbarkeiten. Hierzu gibt es in der Fachliteratur aus den Ergebnissen einer Vielzahl von Analysen Ansatzpunkte zur Abschätzung ihrer Größenordnung für einzelne technische Prozesse und gesamte Systeme.

Tabelle 2-7: Beispielhafte Angaben zum inneren Gütegrad ν

Prozess, System	ν	Prozess, System	ν
Maschinen u. Apparate (einfache Prozesse)		Wasserkraftwerk	0,7 ... 0,9
Pumpe	0,85	Windkraftwerk	0,3 ... 0,8
Kompressor	0,7 ... 0,9	Solarthermisches Kraftwerk	0,2 ... 0,4
Entspannungsmaschine	0,55 ... 0,85	Photovoltaisches Kraftwerk	0,08 ... 0,18
Drosselung	0 ... 0,99	Transport- und Speicheranlagen	
Gasturbine im Kombiprozess	0,65 ... 0,75	Gaspipeline	0,95 ... 0,99
Wärmeübertrager, im System	0,1 ... 0,99	Ölpipeline	0,98 ... 0,99
Wärmeübertrager, am Ende	0,01 ... 0,5	Heizwassernetz	$\approx 0,95$
Verbrennung	0,6 ... 0,7	Dampfnetz	0,8 ... 0,9
Dampferzeuger	0,25 ... 0,45	Heißwasserspeicher	≈ 1
Brennstoffzelle	0,9	Stoffwandelnde Anlag. (Stoffwandlungssyst.)	
chem. Reaktor	0,7 ... 0,99	Zementherstellung	$\approx 0,6$
Destillationskolonne, ohne Wärmeübertrager	0,7 ... 0,95	Ammoniaksynthese	$\approx 0,7$
Destillationskolonne, mit Wärmeübertrager	0,05 ... 0,7	Rohöldestillation	0,95 ... 0,98
Energietechnische Anlag. (Energieumwandlungssyst.)		Gastrennanlage	$\approx 0,95$
Kondensationskraftwerk	0,3 ... 0,45	Luftzerlegungsanlage	$\approx 0,15$
Kombi-Kraftwerk mit Kraft-Wärme-Koplung	0,4 ... 0,6	Anlagen zur Bereitstellung von Niedertemperaturwärme (Heiz- und Klimasysteme)	
Kraft-Wärme-Kopplung	0,3 ... 0,5	Heizkessel	0,1 ... 0,35
BHKW	0,3 ... 0,5	Wärmepumpe	0,4 ... 0,8
Heizwerk	0,2 ... 0,3	Solarthermische Warmwasserbereitung	0,05 ... 0,2
Verbrennungsmotor	0,4 ... 0,7		
Müllverbrennung, thermische Nutzung	0,2 ... 0,3	Elektrische Heizung	< 0,1
Müllkraftwerk	0,3 ... 0,35	Klimaanlage	0,1 ... 0,2

Einige Zahlenwerte für einfache Prozesse in Kraft- und Arbeitsmaschinen sowie Apparaten, für Energie- und Stoffwandlungsanlagen sowie Anlagen zur Bereitstellung von Niedertemperaturwärme sind in *Tabelle 2-7* zusammengefasst. Zur Kennzeichnung ist der exergetische Gütegrad v verwendet, das ist das Verhältnis der Austrittsexergie zur Eintrittsexergie. Die Ergänzung zu 100 % sind dann die durch Nichtumkehrbarkeiten verursachten Exergieverluste, die im theoretischen Grenzfall, d. h. bei reversibler Prozessführung, eingespart werden können. Im Wesentlichen stehen dahinter äußere Nichtumkehrbarkeiten, die prinzipiell mit der Gleichung von Gouy und Stodola in Werte des Entropie-Exportes umgerechnet werden können. Da aber hierfür für die einzelnen Prozesse eine weitere Anzahl von Annahmen getroffen werden muss, um vergleichbare Werte zu erhalten, soll dieser Versuch an dieser Stelle nicht unternommen werden. Im Vergleich zu der entropischen Diskussion verbleibt deshalb die folgende Auseinandersetzung auf der Basis von relativen Einschätzungen, eine Verabsolutierung ist nicht unmittelbar möglich. Die Angaben sind nur als Größenordnungen zu verstehen, deshalb sind auch häufig breite Bereiche aufgenommen. Außerdem sind nicht immer vergleichbare Systemgrenzen hinsichtlich der zu erzeugenden Produkte und der Umgebung zugrundegelegt.

Bei den einfachen Prozessen sind zunächst einige Zahlenwerte für Kraft- und Arbeitsmaschinen zusammengestellt. Die Verluste sind im Wesentlichen Reibungserscheinungen geschuldet. Das weite Spektrum beim Drosselprozess ist zunächst durch die Lage des Prozesses im Vergleich zum Umgebungszustand bestimmt. Außerdem ist darauf zu verweisen, dass der Drosselprozess nicht nur ausschließlich als Verlustprozess angesehen werden muss, sondern in der Tieftemperaturtechnik auch der Umwandlung von potenzieller Energie in Kälte dient. Wärmeüberträger arbeiten mit sehr unterschiedlichen Werten der exergetischen Güte. Werden solche Apparate in der Nähe der Umgebungstemperatur eingesetzt, weisen sie sehr geringe Werte auf, das gilt auch insbesondere für Kühlungsprozesse. Mit der Entfernung des Prozesses von der Umgebungstemperatur verbessern sich die Werte der exergetischen Effizienz. Im besonderen Maße gilt dies im Tieftemperaturbereich, wo nur geringste Grädigkeiten angewandt werden. Die Verbrennung als eine von selbst verlaufende chemische Reaktion bringt erfahrungsgemäß etwa 30 % Verluste mit sich. Beim Dampferzeuger kommen noch die Wärmeübertragungsverluste hinzu, was die angegebene Größenordnung des Gütegrades erklärt. Die Umwandlung chemischer Energie ist dagegen mit guten Werten des exergetischen Gütegrades zu kennzeichnen. Das zeigen Brennstoffzelle und chemischer Reaktor. Das begründet auch die Überlegungen, Energiewandlungsanlagen durch die Einbeziehung chemischer Prozesse energetisch zu verbessern. Bei Trennanlagen gibt der Gütegrad nur unzureichende Informationen, da die Konzentrationsenergie in der Bilanz weitgehend verschwindet. Bezieht man sich auf diese, ergeben sich Verluste in der Größenordnung von 90 %.

Weiterhin sind Werte des exergetischen Gütegrades von Energiewandlungsanlagen angeführt. Sie liegen alle in einer Größenordnung, wenn der Verbrennungsprozess in Verbindung mit der Wärmeübertragung mit erheblichen Temperaturdifferenzen eingesetzt wird. Das gilt auch für den Vergleich zwischen Kondensationskraftwerk und Kraft-Wärme-Kopplung. Es muss immer wieder betont werden, dass die Vorteile der Kraft-Wärme-Kopplung nur im Vergleich zu üblichen Raumheizungsanlagen deutlich werden. So schneidet auch das reine Heizwerk exergetisch sehr schlecht ab. Wenn bei der Müllverarbeitung der Verbrennungsprozess eingesetzt wird, liegen auch für diese Anlagen die exergetischen Gütezahlen in der gleichen Größenordnung. Wasser- und Windkraftwerke können hohe Werte der exergetischen Güte erreichen, da der Energieeinsatz hierbei in mechanischer Energie gegeben ist. Die Werte für Transport- und Speicheranlagen zeigen, dass mit ihnen keine wesentliche Einbuße der Qualität der Energie verbunden ist. Das Problem dieser Anlagenkomponenten besteht deshalb vordergründig in den Apparate- und Anlagenkosten.

2.4 Abfallenergieverwertung und Entropiewirtschaft

Stoffwandelnde Anlagen schneiden im Vergleich zu den Energiewandlungsanlagen im Allgemeinen recht gut ab. Diese Feststellung gilt nur aus der Sicht der energetischen Einschätzung und berücksichtigt nicht den stofflichen Wert der Produkte. Das wurde schon bei der Einschätzung des chemischen Reaktors deutlich. Das ist auch einer der Gründe, warum ein progressiver Trend in der Realisierung der Einheit von Stoff- und Energiewandlung gesehen wird. Der niedrige Wert bei den Luftzerlegungsanlagen ist durch den Sachverhalt begründet, dass der Austrittszustand der Nutzprodukte durch deren Konzentrationsexergie und der Einsatz durch mechanische Energie gegeben ist. Der hohe Wert der Rohöldestillation bezieht sich auf die Tatsache, dass die chemische Energie der Produkte nahezu im vollen Umfang erhalten bleibt.

Anlagen zur Bereitstellung von Niedertemperaturwärme zu Raumheizzwecken arbeiten mit einer sehr geringen exergetischen Effizienz. Das begründet, wie schon gesagt, den durch den Einsatz von Kraft-Wärme-Kopplungsanlagen zu erzielenden Vorteil. Andererseits wird von dieser Seite der Gewinn besonders deutlich, der mit Niedrigenergiehäusern durch entsprechende Isolation erreicht werden kann. Natürlich besteht hierbei das zentrale Problem in der Abwägung eines Mehraufwandes an einmaligen Kosten gegenüber der Einsparung von laufenden Aufwendungen.

Da es gegenwärtig noch ungewöhnlich ist, in dem vorliegenden Zusammenhang mit Entropiewerten zu arbeiten und zu argumentieren, soll nach Großmann ein weiterer Versuch eines Vergleiches und damit einer Veranschaulichung unternommen werden. Die energetischen Umsätze auf der Erde führen bei einer Weltbevölkerung von 6 Milliarden Menschen zu einem durchschnittlichen Entropieexport pro Mensch von etwa 8 bis 10 W/(K·person), also etwa zu dem 20-fachen des natürlichen Entropieexportes. Rechnet man der Einfachheit halber mit dem oberen Wert, so ergeben sich Tageswerte von ca. 900 kJ/(K·person·day) oder durchschnittlich von 10 bis 12 kJ/(K·kg·day). Zum Vergleich sind in der *Tabelle 2-8* typische physikalische Entropien materieller Systeme größenordnungsmäßig angegeben. Die Tabelle zeigt im Vergleich zwischen Gasen, Flüssigkeiten und Festkörpern die mit der Zunahme des Ordnungszustands abnehmende Entropie, beim Vergleich von Erwärmungs- und Phasenänderungsprozessen wird die energetische Bedeutung von Wasser auch aus dieser Sicht deutlich.

Tabelle 2-8: Größenordnungen typischer Entropiewerte in kJ/(kg·K)

typischer Festkörper (25 °C)	0,2 bis 0,5
Flüssigkeiten (Wasser, Ethylalkohol bei 25 °C)	3 bis 4
Luft (25 °C, 1 bar)	7
Gase (Wasserstoff, Helium bei 25 °C, 1 bar)	30 bis 60
Eisschmelze (bei 0 °C)	1,2
Wasserverdampfung (100 °C)	6
Lufterwärmung (0 auf 100 °C)	0,32
Wassererwärmung (0 auf 100 °C)	1,3

Aus der Sicht der Entropiewirtschaft bedeutet die Abfallenergieverwertung zunächst die Auseinandersetzung mit den äußeren Nichtumkehrbarkeiten, den äußeren Exergieverlusten. Das ist, wie schon gezeigt, durch innere, d. h. regenerative Nutzung und äußere Nutzung durch die Kopplung von Systemen möglich. Wenn neben der Nutzung der Abfallenergie in ihrer Erscheinungsform noch die Möglichkeiten der Energiewandlung in den Kreis der Betrachtung einbezogen werden, vervielfachen sich die Verwertungsfelder aus naturwissenschaftlicher und technischer Sicht. Über einige beim derzeitigen Entwicklungsstand wichtige Nutzungsvarianten wird im Kapitel 3 berichtet. Die wirksamste Maßnahme zur Eindämmung der negativen Auswirkungen der Abfallenergie auf den Energieeinsatz ist ihre Verminderung oder gar Vermeidung. Dem steht gegenüber, dass durch die Abfallenergie der erforderliche Entropie-Export zur Aufrechterhaltung des Ordnungszustandes im System realisiert wird. Dieser wird vermindert, wenn die inneren Nichtumkehrbarkeiten reduziert werden. Das ist häufig möglich durch eine Änderung des technologischen Prozesses im System oder stets durch einen erhöhten apparativen Aufwand. Bei der Einschätzung der Maßnahmen zur Abfallenergieverwertung sind deshalb als Vergleichsvarianten auch stets die hierdurch gegebenen Möglichkeiten der Veränderungen der Technologie und der inneren Nichtumkehrbarkeiten in Betracht zu ziehen. Die quantitativen Angaben zu den Größenordnungen der inneren Verluste zeigen, dass auch hierbei eine ungeheure Vielzahl von naturwissenschaftlich denkbaren und technisch machbaren Varianten erzeugt werden kann, wenn z. B. die heutigen Möglichkeiten der Fertigungstechnik und vor allem der Automatisierungstechnik ins Auge gefasst werden.

In den folgenden Abschnitten wird versucht zunächst aus naturwissenschaftlich-technischer Sicht, einige der möglichen Vorschläge von der Konzeption her näher zu untersuchen und anschließend durch die Einbettung in einen konkreten Objektbereich mögliche Einsatzgebiete aufzuzeigen.

Literatur

[2-1] W. Fratzscher, V.M. Brodjanskij, K. Michalek: Exergie - Theorie und Anwendung. Deutscher Verlag für Grundstoffindustrie, Springer Verlag. Leipzig 1986.

[2-2] BDI: Entwurf einer Verordnung zur Durchführung des Bundes-Imissionsschutzgesetzes (Wärmenutzungsverordnung). BDI - Abt. II 14, 15.04.1991.

[2-3] O. Renn: Ökologisch denken - sozial handeln. In: H.G. Kastenholz, K.H. Erdmann, M. Wolff (Hrg.): Nachhaltige Entwicklung - Zukunftschancen für Mensch und Umwelt.

[2-4] Aoki Ichiro: Entropy productions on the earth and other planets of the solar system. J. Phys. Soc. Japan 52 (1983), 1075 - 1078.

[2-5] A. Stahl: Entropy and environment. In: W. Ebeling, M. Muschik (Hrg.): Statistical Physics and Thermodynamics of Nonlinear Nonequilibrium Systems. World Scientific, Singapore 1993.

[2-6] W. Fratzscher, K. Michalek: Auswertung der Anfallenergiebilanz eines chemischen Großbetriebes. Energieanwendung 31 (1982) 6, S. 203 - 209.

[2-7] W. Fratzscher, K. Michalek, K.-H. Domhardt: Erfassung des Sekundärenergieanfalles und seine Bewertung - Erfahrungen. Energieanwendung 37 (1988) 1, S. 10 - 14.

3 Technische Möglichkeiten

In den folgenden Abschnitten werden einige technische Möglichkeiten vorgestellt mit denen wirkungsvoll in die Entropiebilanz der jeweiligen Systeme eingegriffen werden und so eine energetische Verbesserung erreicht werden kann. Ihrer Bedeutung nach steht dabei die Energieform Wärme im Mittelpunkt, für die vielerlei strukturelle (Abschnitt 3.5 und 3.6) und prozessuale (Abschnitt 3.1 und 3.2) Gestaltungsmöglichkeiten bestehen. Unter prozessual wird dabei der unmittelbare Einsatz der Abfallwärme durch Wärmeübertragung als auch die Umwandlung in und mit anderen Energieformen verstanden. Wegen der häufig geringen Qualität der Abwärme spielen Wärmepumpenprozesse eine zentrale Rolle. In der Art der Darstellung ist nicht lehrbuchartige Vollständigkeit angestrebt, sondern wurden für die Entropiewirtschaft bedeutsame Vorschläge herausgegriffen.

Da nach Kapitel 2 Abfallstoffe neben der Wärme gleichfalls als Träger des Entropie-Exports[1] fungieren, ist als Beispiel hierfür die Energieerzeugung aus Abfällen in Abschnitt 3.3 aufgenommen. In Abschnitt 2.3 ist der Einfluss der Energieimporte, letztendlich der Primärenergien, auf die Entropiebilanz angesprochen worden. Als Beispiel hierfür ist die Nutzung der Biomasse (Abschnitt 3.4) aufgenommen, die aus vielerlei Gründen für ländliche Räume Bedeutung haben kann.

3.1 Regeneration von Wärme

3.1.1 Temperaturniveau und Energiekaskade

Praktisch alle wichtigen Primärenergieträger, fossile Brennstoffe, Kernenergie und die regenerativen Energieträger besitzen einen Arbeitswert nahe Eins, d.h. dass die gesamte enthaltene Energie arbeitsfähige Energie oder Exergie ist. Sie sind somit Hochtemperaturenergieträger, da sie grundsätzlich zur Erzeugung von Hochtemperaturwärme geeignet sind. Das Temperaturniveau der Energieträger bzw. der damit bereitgestellten Wärme wird infolge von Irreversibilitäten bei jeder Nutzung abgesenkt, sodass alle Energie, soweit sie nicht an die Produkte gebunden oder als Elektroenergie den Prozess verlässt, schließlich an die Umgebung abgegeben wird und bei Umgebungstemperatur vorliegt. Auf dem Weg von hoher Temperatur bis zur Umgebungstemperatur ist also eine Vielzahl von Nutzungen der Energie möglich, wobei die Exergie bei jeder Nutzung abnimmt. Dieser Weg von hoher Temperatur bis zur Umgebungstemperatur wird *Energiekaskade* genannt. Die Nutzung der Energie auf einem jeweils niedrigeren Temperaturniveau, d.h. die Abwärmenutzung, durch Wärmeübertragung wird entsprechend als *Regeneration* bezeichnet. Dabei ist es nicht von Belang, ob die Wärmeübertragung durch eine Behälterwand also indirekt mit Hilfe eines Rekuperators oder durch direkten Kontakt zwischen dem Stoffstrom und der Speichermasse in einem Regenerator erfolgt.

Regeneration ist damit die Mehrfachnutzung einer Energie bei jeweils niedrigerer Temperatur oder die stufenweise Abarbeitung der Exergie eines Energieträgers. Aus der vorliegenden Sicht stellt die zu nutzende Energie Abfallenergie dar, die im Falle des Verzichts auf die Nutzung äußere Nichtumkehrbarkeiten produzieren würde. Wenn stets alle an der Nutzung betei-

---

[1] Die anfallenden Stoffe bewirken durch Ausgleichsprozesse in der Umgebung eine äußere Entropieproduktion.

ligten Systeme zu einem Gesamtsystem zusammengefasst werden, handelt es sich immer um eine primäre Nutzung, die im Sinne des Abschnitts 3.5 als Regeneration bezeichnet werden kann.

Aus der Sicht der Regeneration sind je nach technischen Möglichkeiten und Anwendungsbedingungen mehrere charakteristische Temperaturbereiche zu unterscheiden:

über 1000 °C *Hochtemperaturbereich*; auf Grund von Werkstoffproblemen, Versinterungen und hohen Dampfdrücken von Feststoffen ist eine regenerative Wärmenutzung technisch sehr aufwendig und wird deshalb praktisch nicht angewendet.

250 bis 1000 °C *Mitteltemperaturbereich*; Regeneration ist technisch praktikabel, wegen seltenen Kopplungsmöglichkeiten zu anderen technologischen Prozessen erfolgt meist die Erzeugung von Mittel- oder Niederdruckdampf als Zwischenenergieträger.

80 bis 250°C *Niedertemperaturbereich*; in diesem Bereich ist die Regeneration am weitesten verbreitet, Flüssigkeitsströme werden regenerativ vorgewärmt, mehrstufige thermische Trennprozesse (Eindampfung, Trocknung, Absorption, Kristallisation) und Reaktionsprozesse werden realisiert.

80 °C bis T_u *Entropieexportbereich*; vielfach, besonders unter industriellen Bedingungen existiert in diesem Temperaturbereich ein Überangebot an Energie, durch Abgabe dieser Energie an die Umgebung erfolgt ein wesentlicher Teil des Exports der durch Irreversibilitäten in den technologischen Prozessen erzeugten Entropie.

unter T_u *Kältebereich*, wegen der hohen Aufwendungen für die Kälteerzeugung sind regenerative Maßnahmen Stand der Technik, andererseits wird dieser Temperaturbereich aus diesem Grund auch gemieden. Bemerkenswert ist die Anwendung von Regeneratoren (direkte Wärmeübertragung) anstelle von Rekuperatoren wegen der Gefahr der Bildung fester Phasen.

Eine wichtige Voraussetzung für die Regeneration ist der Wärmebedarf bei verschiedenen Temperaturen. Aus der Sicht der Anwendbarkeit regenerativer Maßnahmen können die Wärmeverbraucher dementsprechend in *Monolevel-Verbraucher*, bei denen in der näheren Umgebung weder Abwärme anderer Prozesse zur Verfügung steht noch eventuell entstehende Abwärme für Heizzwecke benötigt wird, und *Multilevel-Verbraucher* unterteilt werden. Wärmeverbrauch auf verschiedenen Temperaturniveaus ist für die Stoffwandlung in chemischen Technologien und in der Nahrungs- und Genussmittelindustrie verbreitet. Praktisch wird in der Bundesrepublik Deutschland 35 % der gesamten Endenergie zur Raumheizung und 25 % als Prozesswärme verwendet (s. auch Kapitel 4).

Die Raumheizung kann als ein typischer *Monolevel-Verbraucher* eingestuft werden, da in den meisten Fällen in der näheren Umgebung kein anderer Wärmeverbraucher auf einem höheren Temperaturniveau vorhanden ist. Im Unterschied zur Raumheizung als ausgesprochener Verbraucher von Niedertemperaturwärme wird Prozesswärme im gesamten Temperaturbereich benötigt. So gibt es eine Vielzahl von technologischen Prozessen, die meist an Wasser oder wässrige Lösungen gekoppelt sind, bei denen auf vielen Temperaturniveaus Heizwärme benötigt wird, *Multilevel-Verbraucher*.

Wie aus dem *Bild 3-1* ersichtlich, ist der Prozesswärmeverbrauch auf den entsprechenden Temperaturniveaus jedoch sehr unterschiedlich auf die einzelnen Industriebranchen verteilt, sodass eine Regeneration bereit aus dieser Sicht schwierig sein kann. Das wird weiterhin noch

3.1 Regeneration von Wärme

durch die notwendige territoriale Nähe und die aus verschiedenen Gründen wünschenswerte technologische Einheit verschärft, die für eine langfristige und wirtschaftlich sinnvolle Kopplung erforderlich sind. Andererseits wird aus diesem Diagramm auch im industriellen Bereich der geringe Hochtemperaturwärmebedarf im Vergleich zum Niedertemperaturwärmebedarf deutlich. Fast 50 % des industriellen Wärmebedarfs liegt unter 200 °C. Diese für den Aufbau von Wärmekaskaden und eine regenerative Wärmenutzung ungünstige Situation ist neben anderen Effekten sicher auch einer Energiesparpolitik geschuldet, die eine Verlagerung energieintensiver Hochtemperaturprozesse ins Ausland unterstützt hat. Ein Ersatz für fehlende Hochtemperaturprozesse kann durch die Verbindung der Regeneration mit Vorschaltprozessen zur Arbeitserzeugung geschaffen werden, mit dem Heizwärme auf unterschiedlichen Temperaturniveaus bereitgestellt werden kann.

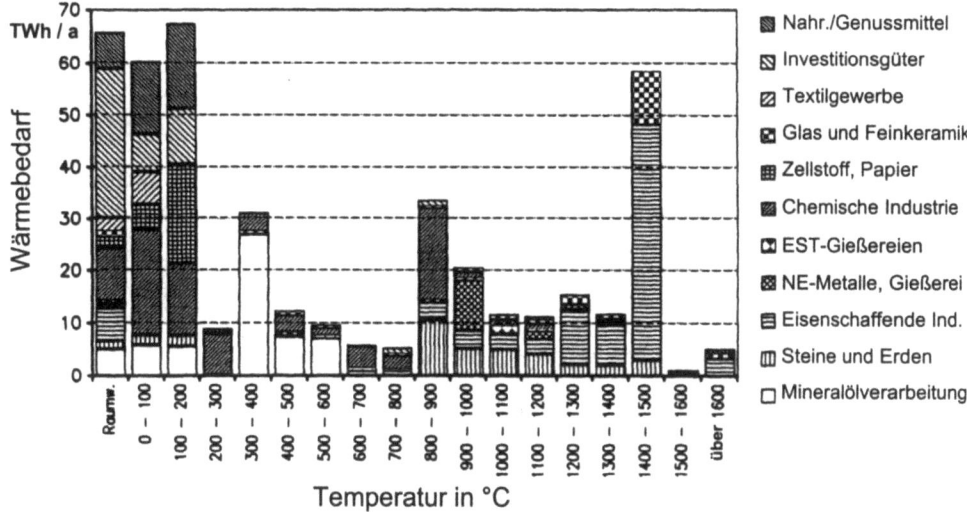

Bild 3-1
Temperaturniveau und Wärmeverbrauch der Industriebranchen in Deutschland [3-1]

Bei *Bild 3-1* ist jedoch zu beachten, dass die bereits in den Technologien realisierte Regeneration nicht zum Ausdruck kommt. Beispielsweise wird in Zuckerfabriken durch eine drei- bis fünfstufige Eindampfung der Zuckerlösung, durch regenerative Saftvorwärmung und Vakuumkristallisation ein hohes Maß an Regeneration betrieben, die nur als entsprechend geringerer Niederdruckdampfverbrauch erscheint.

3.1.2 Regeneration und Entropieproduktion

Die Regeneration zielt auf eine möglichst perfekte Gestaltung der Energiekaskade ab, d.h. auf die Ausnutzung möglichst jeder Abkühlung für die Aufheizung eines anderen Stromes. Die Effektivität einer solchen Energiekaskade kann jedoch sehr unterschiedlich sein. Maßgeblich dafür ist die Temperaturdifferenz zwischen dem abzukühlenden und dem aufzuheizenden Strom. Ist die Differenz zwischen den Temperaturen der Wärmeabgabe und Wärmeaufnahme sehr groß, entsteht trotz regenerativer Wärmenutzung eine große Entropieproduktion durch irreversible Abwertung des Temperaturniveaus der übertragenen Wärme. Liegen die Temperaturen von Wärmeabgabe und –aufnahme dicht beieinander, sind auf Grund niedriger Triebkräfte für die Wärmeübertragung große Wärmeübertragerflächen und damit Investitionskosten notwendig. Die infolge der notwendigen Prozesstriebkräfte entstehende Entropieproduktion kennzeichnet die *triebkraftbedingten thermodynamischen Verluste* [3-2]. Diesen Verlusten stehen weitere thermodynamische Verluste gegenüber, die durch das Fehlen entsprechender Wärmequellen oder –senken in der entsprechenden Technologie bedingt sind. Diese über das notwendige Maß hinaus vorhandenen Prozesstriebkräfte werden natürlich letztlich auch einen Einfluss auf die zu installierenden Wärmeübertragerflächen, sind jedoch nicht notwendig. Solche Quellen der Entropieproduktion werden trotz dieses positiven Nebeneffektes nachfolgend als *systembedingte thermodynamische Verluste* bezeichnet. Diese systembedingten Verluste können entsprechend durch Eingriff in die Technologie beeinflusst werden. Dazu gehören zum Beispiel

1. Änderung des technologischen Systems (Verschiebung der Reaktionstemperatur, des Kondensator- oder Verdampferdrucks, Verwendung anderer Wirkprinzipien),

2. Änderung des Energieversorgungssystems (Erhöhung oder Verringerung des Heizdampfdrucks, Übergang von Brennstoffwärme- auf Fernwärmeversorgung),

3. Integration von Wärmetransfomationsprozessen wie Wärmekraftanlagen, Wärmepumpen, Absorptionswärme- oder –kälteanlagen (Abschnitt 3.3),

4. Kombination der vorhandenen Technologie mit weiteren Technologien, die zu einer Auffüllung der in der Energiekaskade vorhandenen Regenerationsfenster führen (Abschnitt 3.5).

Neben einer Vielzahl von Randbedingungen, die sich aus technologischen Erfordernissen, vorhandenen Zeitstrukturen, unternehmerischen Interessen und gesetzlichen Regelungen ergeben, sind auch hier wirtschaftliche Gesichtspunkte maßgeblich. Die Aufwendungen für die regenerative Wärmenutzung werden stark durch die Art und die Eigenschaften der aufzuheizenden und abzukühlenden Stoffströme bestimmt. Das betrifft

– Korrosivität unter den aktuellen Betriebsbedingungen

– thermophysikalische und Transporteigenschaften

– Auftreten von Phasenwandlungen (Verdampfung oder Kondensation)

– Bildung von Ablagerungen, Verkrustungen oder Niederschlagen

– spezielle Anforderungen wie Lebensmittel- oder Trinkwasserqualität

– Einhaltung von Forderungen des Ex- und Brandschutzes.

So können bei Kondensation und Verdampfung oder beim Wärmedurchgang flüssig/flüssig meist sehr hohe Wärmedurchgangszahlen erzielt werden, während diese bei Gas/flüssig oder Gas/Gas niedrig sind. Bei Feststoffen und Stückgut ist die regenerative Wärmenutzung besonders schwierig, Partikelgröße oder Oberflächenform und viele andere stoffspezifische Eigenschaften spielen ein Rolle. Häufig kommt nur die Anwendung eines Zwischenenergieträgers wie Luft in Frage. Um diese unterschiedlichen Einflüsse auf die Intensität des Wärmeüberganges und die bei der Regeneration entstehenden Aufwendungen vergleichbar zu machen, ist es zweckmäßig, eine gleichwertige Temperaturdifferenz zu definieren. Die für die Wärmeübertragung benötigten Temperaturdifferenzen bei unterschiedlichen Stoffströmen und technologischen Situationen werden demnach als gleichwertig angesehen, wenn mit gleichen Ko-

3.1 Regeneration von Wärme

sten gleiche Wärmeströme übertragen werden können. Im Falle der unterschiedlichen Wärmeübergangsintensität ergibt sich diese bei Verwendung gleicher Wärmeübertrager und Werkstoffe entsprechend der Wärmeübergangsgleichung aus der umgekehrten Proportionalität zwischen Übergangszahl und Temperaturdifferenz [3-3]. Bei Werkstoffunterschieden und unterschiedlichen Konstruktionen sind die gleichwertigen Temperaturdifferenzen aus einem Kostenvergleich zu gewinnen.

3.1.3 Thermodynamische Analyse und Optimierung von Systemen

Prinzipiell ist die Verbesserung der energetischen Effektivität einer Technologie eine sehr komplexe Aufgabenstellung, die durch die simultane Betrachtung stofflicher, energetischer, anlagentechnischer und weiterer Aspekte vorgenommen werden sollte. Als Beispiel soll die Energieversorgung und -anwendung in einer Brauerei betrachtet werden, da sie einerseits typisch für den ländlichen Raum und auch für ein Ballungsgebiet und andererseits ein typischer Niedertemperaturwärmeverbraucher ist. Im *Bild 3-2* ist das Energieflussbild einer Brauerei dargestellt.

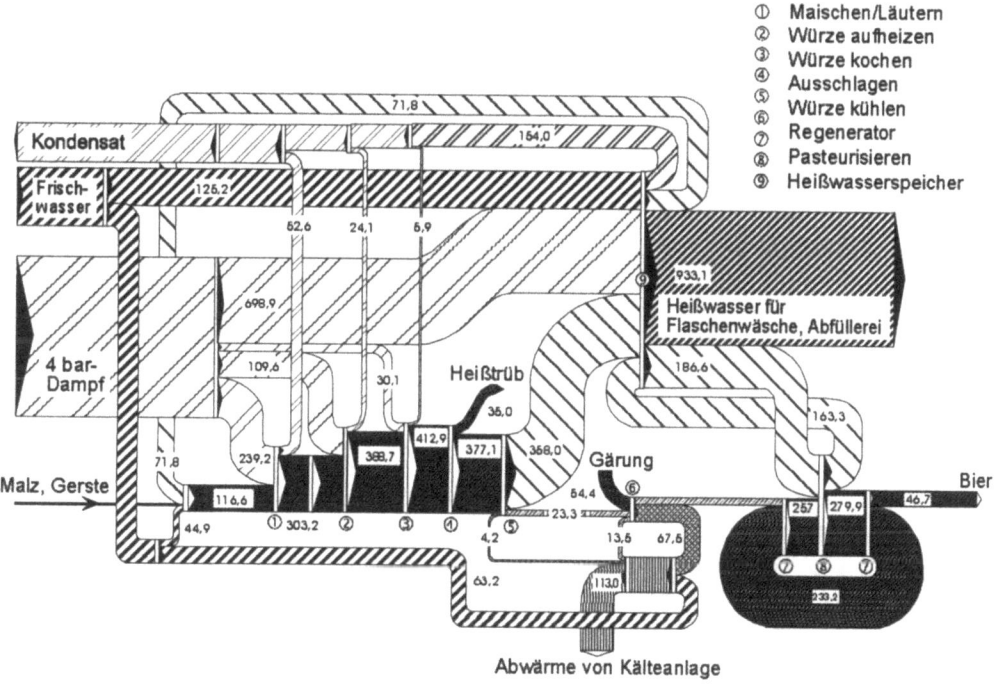

Bild 3-2
Energieflussbild einer Brauerei[2]

---

[2] Es ist nur die thermische Energie bilanziert. Der Bezugspunkt liegt bei 0 °C.

Die allgemeingültigen Methoden für die Analyse komplexer Systeme basieren auf den beiden Hauptsätzen der Thermodynamik und berücksichtigen die Entropieproduktion durch dissipative (irreversible) Prozesse wie z.B. Reaktion, Mischung, Drosselung und Wärmeübertragung. Die bekanntesten thermodynamischen Bewertungsmethoden, die diese komplexe Betrachtungsweise gestatten, sind die energetisch-entropische und die exergetische Bewertung [3-4 bis 3-6]. Diese Methoden sind ein effektives Instrument zur Verlustaufdeckung und -lokalisierung also zur Systemanalyse, sind jedoch für die Struktursynthese lediglich Hilfsmittel. Für die Betrachtung der regenerativen Nutzung der im System auftretenden Abwärmeströme ist die Entropieproduktion durch Wärmeübertragung die dominierende Größe. Durch die Konstantsetzung aller übrigen Irreversibilitäten wird der Handlungsspielraum für Verbesserungen der Technologie aber auch der Regeneration stark eingeschränkt. Bei bestehenden Anlagen und Verfahren ist dieser Spielraum ohnehin ziemlich gering. Bei der Beurteilung der Energieeffizienz einer Technologie können also in erster Näherung die technologischen Prozessparameter als festgelegt betrachtet werden, dann reduziert sich das technologische System zu einem Wärmeübertragersystem, das im Sinne der rationellen Energieverwendung zu optimieren ist. Kernpunkt der Synthese dieser Wärmeübertragerstruktur ist die Verringerung des Primärenergieeinsatzes durch Anwendung der Regeneration.

Das bedeutet, dass die aufzuheizenden und abzukühlenden Stoffströme so miteinander zu koppeln sind, dass die Fremdbeheizung und -kühlung minimal werden. Verbreitung hat in diesem Zusammenhang die Pinch-Point-Methode gefunden [3-7, 3-8].

Die Pinch-Point-Methode ist eine thermodynamisch begründete Entwurfsstrategie für Wärmeübertragersysteme, bei der ein regeneratives Wärmenutzungssystem gefunden wird, das bei einer durch Kostenminimierung ermittelten oder vorgegebenen minimalen Temperaturdifferenz die maximale Regeneration sichert.

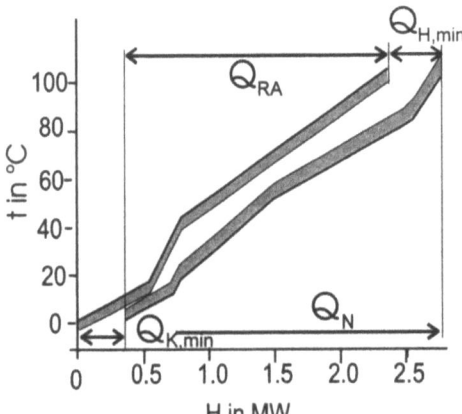

Bild 3-3
Summenkurve

Dazu werden die Temperaturverläufe aller aufzuheizenden und abzukühlenden Stoffströme in Form der entsprechenden Summenkurven im Temperatur-Enthalpie-Diagramm abgetragen, *Bild 3-3*, und gegeneinander so verschoben, dass sie sich in einem Punkt, dem Pinch Point berühren.

3.1 Regeneration von Wärme

Unterhalb dieses Punktes besteht ein Abwärmeüberschuss, der letztlich dazu führt, dass Wärme an die Umgebung abgegeben werden muss, weil keine Verbraucher auf diesem Temperaturniveau vorhanden sind. Oberhalb des Pinch Point reicht die Abwärme nicht aus, um alle Heizaufgaben zu befriedigen. Da die Triebkraft in diesem Punkt null wird, sind eine unendlich große Wärmeübertragerfläche und entsprechend unendliche Investitionskosten erforderlich. Durch Variation der Temperaturdifferenz am Pinch Point und der damit zusammenhängenden Verschaltung der Wärmeübertrager, kann die Temperaturdifferenz für ein optimales, d.h. kostenminimales, Wärmeübertragersystem ermittelt werden, *Bild 3-4*. Aus dem Bild wird deutlich, dass bereits geringe Abweichungen von der optimalen Temperaturdifferenz zu beträchtlichen Kostenerhöhungen führen können. Bei geringeren Temperaturdifferenzen steigen die Apparatekosten, bei größeren Temperaturdifferenzen erhöhen sich die Energiekosten, da bestimmte Kopplungen von Stoffströmen nicht mehr möglich werden und ein größerer Fremdenergieeinsatz erforderlich wird.

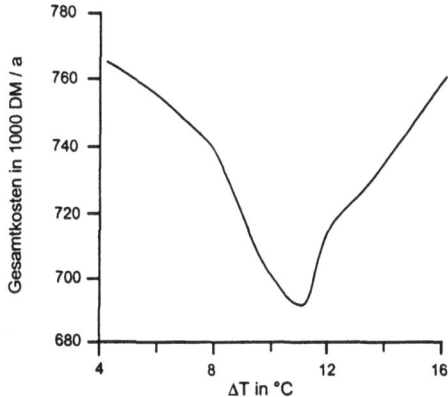

Bild 3-4
Kostenfunktion bei optimierter Schaltung

Die mit dieser optimalen Temperaturdifferenz verbundenen thermodynamischen Verluste können als die triebkraftbedingten und damit notwendigen Verluste eingestuft werden. Diese am Pinch Point ermittelte Temperaturdifferenz kann sicher nur in grober Näherung für das gesamte Wärmeübertragersystem als maßgeblich angesehen werden, da die Wärmeübergangsbedingungen in jedem Wärmeübertrager unterschiedlich sind. Eigentlich müsste durch Optimierung jedes einzelnen Wärmeübertragers im System die triebkraftbedingte Temperaturdifferenz präzisiert werden. In der praktischen Anwendung ergibt sich ohnehin infolge verschiedener Faktoren wie Leistung, Inbetriebnahmebedingungen, Automatisierbarkeit oder territoriale Lage ein etwas verändertes Wärmeübertragersystem. Mit dieser Betrachtungsweise kann jedoch verdeutlicht werden, dass daneben systembedingte Verluste auftreten. Diese mit dem vorliegenden System von Abwärmequellen und Wärmeverbrauchern nicht vermeidbaren Verluste können durch die Differenzbildung der vertikal um die halbe Temperaturdifferenz verschobenen Summenkurven der abzukühlenden und aufzuheizenden Stoffströme dargestellt werden. Wie aus der so erzeugten „Grand Composite Curve" zu erkennen ist, treten in den

Überlappungsbereichen[3] systembedingt zusätzlich zu den triebkraftbedingten noch weit größere Temperaturdifferenzen zwischen den heißen und kalten Strömen und damit thermodynamische Verluste auf, *Bild 3-5*. Gleiches, meist in noch stärkerem Maße, kann für die Temperaturdifferenzen und Verluste bei der Versorgung mit externen Energieträgern festgestellt werden. Besonders wenn diese Zusatzwärme mit Heizkesseln auf der Basis fossiler Brennstoffe erzeugt wird, ergeben sich hohe thermodynamische Verluste.

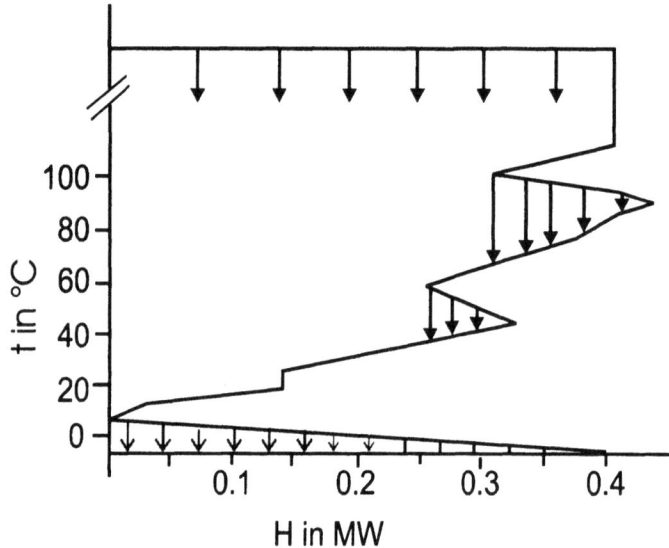

Bild 3-5
Grand Composite Curve

Sind in einem technologischen System nicht genügend regenerative Kopplungsmöglichkeiten vorhanden, bietet sich eine Kombination mit anderen Technologien an, in denen auf den entsprechenden Temperaturniveaus Wärme benötigt wird. Diese externe Regeneration (nach Abschnitt 3.5 sekundäre Nutzung oder auch Kombination) ist besonders bei reinen Hochtemperaturprozessen oder im Lebensmittelbereich anzustreben. Der externen Regeneration stehen jedoch einige technische und wirtschaftliche Probleme entgegen, z. B.

- zeitliche Übereinstimmung zwischen Angebot und Bedarf (ganzjähriger oder saisonaler, kontinuierlicher oder diskontinuierlicher Betrieb),
- Lastschwankungen aus technologischen oder wirtschaftlichen Gründen,
- Versorgung während Wartungs- Stillstands- oder Reparaturzeiten,

---

[3] Bei der Grand Composite Curve wird der Netto-Wärmebedarf des Systems über die Temperaturbereiche sumiert. In den Überlappungsbereichen sinkt er mit der Temperaturerhöhung wieder ab, weil ein Überangebot an Wärme bei hohen Temperaturen vorliegt.

3.1 Regeneration von Wärme

− juristische und ökonomische Probleme im Schadensfall oder bei Konkursverfahren.

Ein Ausweg aus den Problemen oder zumindest deren Abschwächung bei der gekoppelten Regeneration ist die Entkopplung von Angebot und Bedarf durch Einspeisung eines mit Abwärme erzeugten Energieträgers, z. B. Heißwasser oder Dampf, in ein vorhandenes Netz.

3.1.4 Beeinflussbarkeit der Temperaturniveaus

Ist der technologische Prozess nicht fest vorgegeben, können die Temperaturniveaus, bei denen Wärme benötigt wird oder Abwärme anfällt, durch Änderung der Betriebsparameter variieren. Der größte Einfluss auf die regenerativen Möglichkeiten wird durch die erforderlichen oder zweckmäßigen *Reaktionsbedingungen* wie Temperatur, Druck, Zusammensetzung und Phasenkontakt ausgeübt. Dazu gehören aber auch Fragen der Katalysatoraktivität und -selektivität oder die Wahl von Lösungsmitteln. Tiefgreifende Veränderung tritt durch die Wahl des *Wirkprinzips* auf.

Soll beispielsweise ein Stoffstrom entfeuchtet werden, kann das durch Teilkondensation bei tiefen Temperaturen erfolgen mit den daraus resultierenden Aufheiz- und Abkühlprozessen. Wird der Stoffstrom in der weiteren Technologie im komprimierten Zustand benötigt, ist es unter Umständen zweckmäßig, erst zu verdichten und dann die Teilkondensation und die Abgabe der Verdichterwärme bei Umgebungstemperatur vorzunehmen. Ist dies nicht notwendig, kann eine ab- oder adsorptive Entfeuchtung mit entsprechender Regeneration des Entfeuchtungsmittels sinnvoll sein, die mit völlig anderen Wärmequellen und −senken verbunden ist.

Die Änderung des Prozessdrucks durch *Verdichtung oder Entspannung*, natürlich mit Arbeitswechselwirkung, da eine Drosselung meist ausschließlich Entropie produziert, führt zur Änderung des Temperaturniveaus vieler danach folgender Prozesse und der damit verbundenen Heiz- und Abwärmen. Das ist besonders für Prozesse mit großen Energieumsätzen von Bedeutung wie Phasenwandlungen flüssig-dampfförmig und chemischen Reaktionen, die mit der Bildung oder dem Verbrauch einer Gasphase verbunden sind.

Eine wesentliche Erweiterung der Regenertationsmöglichkeiten bei energieintensiven Prozessen ist durch die Anwendung der *Mehrstufigkeit* gegeben. Das gilt besonders für die thermischen Trennprozesse wie Eindampfung, Trocknung, Destillation und Absorption/Desorptionsstufen. Die Mehrstufigkeit bei diesen Prozessen ist ebenfalls an die Druckabstufung gebunden, jedoch mit dem Unterschied, dass die Flüssigphase gedrosselt oder auf entsprechenden Druck gebracht wird. In diesem Fall kann die Abwärme einer Stufe für die Beheizung der nächsten Stufe genutzt werden und der Primärenergiebedarf sinkt auf einen Bruchteil des Verbrauches eines einstufigen Prozesses. Diese Vorgehensweise hat bei der Zuckerherstellung durch konsequente Anwendung der Regeneration und einer fünfstufigen Ausführung der Dünnsafteindampfung zu einer Senkung des spezifischen Energieverbrauchs unter 10 MJ/kg Zucker geführt. Diese energierationelle Technologie hat sich trotz extrem geringer Benutzungsstundenzahlen infolge der Kampagnendauer von 100 bis 150 Tagen als wirtschaftlich durchgesetzt.

Es gibt also eine Vielzahl von Eingriffsmöglichkeiten in die Technologie und das Wärmeübertragernetzwerk, die den Verlauf der Summenkurven und schließlich die Lage des Pinch Point verändern. Die Absicht, die systembedingten thermodynamischen Verluste zu verringern, führt dazu, dass sich die Summenkurven an mehreren Stellen näher kommen, also mehrere Pinch Points entstehen. Damit hat die Pinch-Point-Methode ihr Ziel, die maximale Annäherung der Summenkurven, erreicht. Das Auftreten des Multipinch ist also keine neue Methode sondern die Ausschöpfung der Möglichkeiten der Pinch-Point-Methode. Es verbleiben die triebkraftbedingten thermodynamischen Verluste des Wärmeübertragersystems und die alles dominierenden prozessbedingten Verluste, die nur durch Änderung der Technologie verringert werden können. Über die Größe und Lage dieser Verluste geben nur die entropischen und exergetischen Bewertungsmethoden Auskunft.

3.1.5 Integrationsmöglichkeiten von Wärmetransformationsanlagen

Die Wärmetransformation ermöglicht die reversibilitätsnahe Schließung von Fenstern in der Energiekaskade, die mit dem Primärenergieträger beginnt, die Energieversorgung und technologische Nutzung durchläuft und schließlich mit der Wärmeabgabe an die Umgebung endet. Diese Transformationsprozesse (s. Abschnitt 3.2) können in das Wärmeübertragersystem eingreifen und seine Struktur verändern oder die Verluste verringern ohne die Kopplungen der aufzuheizenden und abzukühlenden Stoffströme wesentlich zu beeinflussen.

Die einfachste Möglichkeit besteht darin, dass ein nicht benötigtes Temperaturpotenzial vor, in oder nach einer Technologie durch Arbeitserzeugung überbrückt wird.

Dementsprechend kann die Wärmetransformation als Vorschaltprozess bei der Erzeugung von Heizdampf oder anderen Energieträgern eingesetzt werden, z.B. als Dampfkraftprozess, BHKW oder Gasturbine [3-2, 3-9].

Bei der Analyse der Grand Composite Curve für das Beispiel Brauerei wurden innerhalb des technologischen Prozesses Überlappungen der Überschusswärmen festgestellt (*Bild 3-5*), die systembedingte thermodynamische Verluste verursachen und prinzipiell durch Arbeitserzeugung verringert werden können.

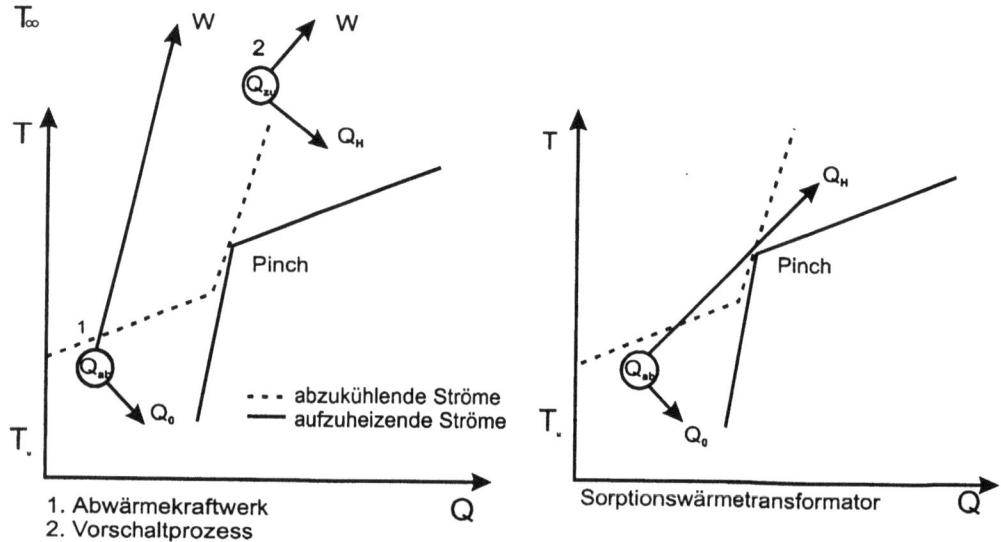

Bild 3-6
Integration von Disproportionierungsprozessen zur Arbeits- und Heizwärmeerzeugung

3.1 Regeneration von Wärme

Wenn es nicht gelingt, durch interne Maßnahmen die Temperaturniveaus anzupassen, ist die Anwendung von Wärmetransformationsprozessen[4] ein wirksames Mittel der Verlustreduzierung. Speziell mit Hilfe von arbeitserzeugenden Kreisprozessen kann die Exergie der Abwärme so weit reduziert werden, dass die im System benötigte Heizwärme verlustarm bereitgestellt wird und zusätzlich mechanische oder elektrische Energie abgegeben werden kann, *Bild 3-6*. In diesem Falle ist die Beeinflussung des Wärmeübertragernetzwerks meist gering, weil sich neben dem Temperaturniveau der Wärmebetrag nur infolge der relativ kleinen spezifischen Kreisprozessarbeit ändert.

Im Pinch Point eine Wärmekraftanlage zu betreiben, ist einerseits nachteilig, da der Kreisprozess mit einer möglichst hohen Antriebswärme arbeiten sollte, und andererseits überflüssig, da ohnehin Niedertemperaturwärme im Überschuss vorhanden ist.

Wird durch Disproportionierung nicht Arbeit erzeugt sondern Wärme auf ein höheres Temperaturniveau gehoben, so wird zusätzlich technologisch nutzbare Wärme auf zwei Temperaturniveaus bereitgestellt, die das Wärmeübertragernetzwerk verändert. Durch die Integration eines Sorptionswärmetransformators wird nicht nur das Wärmeübertragersystem sondern auch die Lage des Pinch Point selbst beeinflusst.

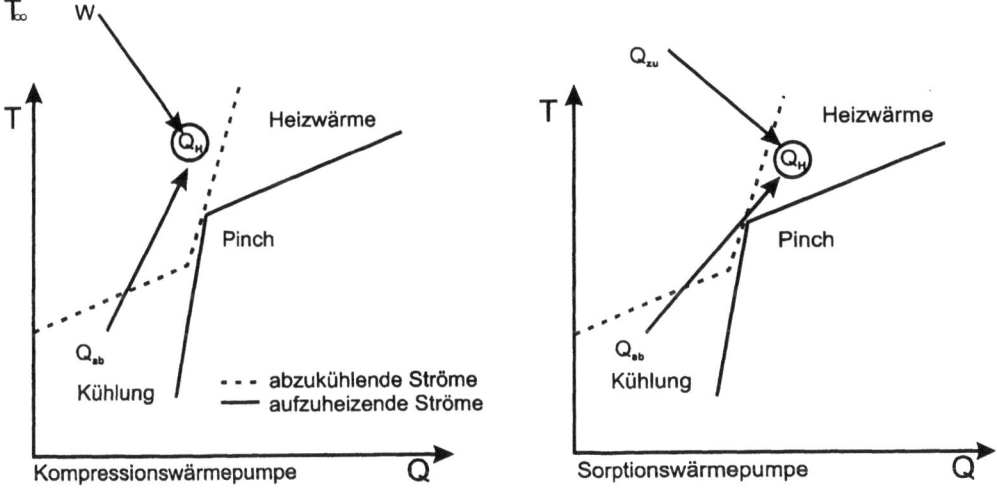

Bild 3-7
Integration von Synproportionierungsprozessen zur Heizwärmeerzeugung

Synproportionierungsprozesse allgemein, d.h. sowohl Kompressions- als auch Sorptionswärmepumpen wirken sich immer stark auf das Wärmeübertragersystem aus, da durch die Aufwertung der Niedertemperaturwärme stets völlig neue Kopplungen möglich werden (*Bild 3-7*).

---

[4] Die Systematisierung und Einteilung von Wärmetransformationsprozessen in Disproportionierung und Synproportionierung wird in Abschnitt 3.2 behandelt. Die Betrachtungen gehen von Wärmen bei drei unterschiedlichen Temperaturniveaus aus, wenn mechanische Energie als Wärme mit unendlich hoher Temperatur aufgefasst wird.

Da oberhalb des Pinch Point die gesamte entstehende Abwärme bereits regenerativ genutzt wird, hat der Einsatz von Kompressionswärmepumpen, zumindest als alleinige Maßnahme, in diesem Bereich thermodynamisch keinen Sinn.

Der regenerativen Wärmenutzung in Technologien sind unterhalb des Pinch Point durch den Wärmebedarf und die dafür erforderlichen Temperaturen Grenzen gesetzt. Ein Teil der Überschusswärme kann mit Hilfe von Wärmetransformationsprozessen auf eine Temperatur oberhalb des Pinch Point aufgewertet werden, damit reduziert sich der Kühlbedarf und der externe Heizwärmebedarf sinkt gleichzeitig. Andererseits verliert die Wärmetransformation seinen thermodynamischen Zweck, wenn die vom Kreisprozess aufgenommene Wärme nicht über den Pinch Point gehoben werden kann, da unterhalb ohnehin genügend Abwärme für alle Heizaufgaben zur Verfügung steht.

Der Einsatz von Sorptionskreisprozessen in einer Energiekaskade ist mit Eingriffen auf zwei bis vier Temperaturniveaus verbunden. Diese Tatsache schränkt die Anwendbarkeit von Absorptionswärmepumpen und -transformatoren speziell unter dem Blickwinkel stark ein, dass diese Temperaturniveaus nur in bestimmten Bereichen variiert werden können. So muss die Temperaturdifferenz zwischen dem oberen und dem mittleren Temperaturniveau zwischen 10 und 50 K liegen. Gleiches gilt für die Temperaturdifferenz zwischen dem zweiten mittleren und dem unteren Temperaturniveau. Wenn diese Bedingungen jedoch erfüllt werden, ist mit besonders günstigen thermodynamischen und unter Umständen auch wirtschaftlichen Effekten zu rechnen.

3.1.6 Effektivität und Bewertung der Regeneration

Die Beurteilung der Effektivität einer Energiekaskade oder eines Wärmeübertragernetzwerks ist schwierig, da es Bestandteil einer Technologie ist und das eigentliche Ziel der Technologie, der in einer Bewertungsgröße stehende Nutzen, aus der Betrachtung ausgeklammert wird. Aus diesem Grunde muss eine Nutzensdefinition gefunden werden, die die Belange der Regeneration verdeutlicht und Wechselwirkungen zum technologischen Prozess auf möglichst einfache Weise beschreibt.

So kann als Nutzen die Bereitstellung der für die Technologie erforderlichen Wärme, für die exergetische Bewertung bei der für den jeweiligen Prozess notwendigen Temperatur, gegebenenfalls bei gleitender Temperatur charakterisiert durch die thermodynamische Mitteltemperatur, betrachtet werden. Da diese Energie von dem jeweiligen Prozess innerhalb der Technologie als Abwärme zumindest teilweise wieder abgegeben wird, kommt es im energetischen Sinne zu einer Mehrfachnutzung.

Als Aufwand tritt vor allem die für die Systembeheizung eingesetzte Primärenergie, meist fossile Brennstoffe, auf. Im Falle der Versorgung mit Fernwärme oder externem Heizdampf ist die entsprechende thermodynamische Mitteltemperatur zu berücksichtigen. Das ist trotzdem problematisch, weil damit der für die Energieträgerbereitstellung notwendige Primärenergieaufwand unzureichend beschrieben wird. Setzt man die technologisch aufzuwendende Wärme ins Verhältnis zu der von außen zuzuführenden Wärme, kommt man zu einer energetischen Bewertungsgröße, die die regenerative Wärmenutzung auf der Basis des ersten Hauptsatzes der Thermodynamik beschreibt.

$$\text{Energetische Regenerationszahl} \quad R_{th} = \frac{Q_N}{Q_A} = \frac{\sum Q_{Auf}}{\sum Q_{zu\ extern}} \quad (3\text{-}1)$$

3.1 Regeneration von Wärme

Von gravierendem Einfluss auf die Bewertung ist die Frage, ob die technologische Abwärme ebenfalls als Aufwand anzusehen ist, da auf diese Weise sehr unterschiedliche Aussagen gewonnen werden können.

$$\text{Energetischer Wirkungsgrad} \quad \eta_{th} = \frac{\sum Q_{auf}}{\sum Q_{zu\,extern} + \sum Q_{zu\,reg.}} \tag{3-2}$$

Analog sind auch eine exergetische Regenerationszahl und ein exergetischer Wirkungsgrad definierbar, bei denen die jeweiligen Wärmen mit den entsprechenden Carnot-Faktoren multipliziert werden,

$$\text{Exergetische Regenerationszahl} \quad R_{ex} = \frac{\eta_C Q_N}{\eta_C Q_A} = \frac{\sum \eta_{Ci} Q_{Auf\,i}}{\sum \eta_{Cj} Q_{zu\,extern}} \tag{3-3}$$

$$\text{Exergetischer Wirkungsgrad} \quad \eta_{ex} = \frac{\sum \eta_{Ci} Q_{Auf\,i}}{\sum \eta_{Cj} Q_{zuj\,extern} + \sum \eta_{Ci} Q_{zui\,reg.}} \tag{3-4}$$

die die Energieentwertung bei der regenerativen Energienutzung charakterisiert. Dabei ist

$$\eta_C = \frac{T_m - T_U}{T_m} \tag{3-5}$$

die Carnot-Funktion oder die exergetische Temperatur.

Bei der rein energetischen Betrachtung ergibt sich bei Berücksichtigung der genutzten Abwärme definitionsgemäß wie beim einfachen Wärmeübertrager der thermische Wirkungsgrad Eins. Im Unterschied dazu führt die exergetische Betrachtung in diesem Fall zu einer Kennzahl, die den Charakter eines exergetischen Wirkungsgrades besitzt. Dabei ist aber zu beachten, dass einerseits Exergieänderungen des technologischen Stoffsystems zusätzliche Exergie einbringen könnte und andererseits die Exergieverluste des technologischen Systems teilweise mit enthalten sind.

Die bisherige Betrachtungsweise beachtete also nicht vollständig den tatsächlichen Exergieverbrauch durch den technologischen Prozess selbst, der infolge umfangreicher Irreversibilitäten in den einzelnen Apparaten auftritt, sondern nur den des regenerativen Systems. So wird beispielsweise bei der Rektifikation Wärme bei Sumpftemperatur zur Verfügung gestellt und bei Kopftemperatur als Abwärme an das regenerative System wieder abgegeben. Die Größe dieser Temperaturdifferenz ist von der Art der zu trennenden Stoffgemische abhängig. Dieser Exergieverbrauch, die Differenz zwischen der Bereitstellungstemperatur der Wärme für die Technologie und der Exergie der an das regenerative System zurückgegebenen Abwärme, könnte für das regenerative System als Nutzen betrachtet werden. Nach Aufstellung der Summenkurven bzw. aus technologischer Sicht ist eine solche Zuordnung schwierig und nicht eindeutig.

Problematisch bleibt auch die Bewertung der Energie, die dauerhaft in Produkten gebunden bleibt, z.B. infolge endothermer chemischer Reaktionen, da die für die Technologie einen Nutzen darstellt, aber für die Regeneration verloren geht. Ähnliches gilt für die erzeugte Arbeit infolge von Entspannungsprozessen oder Kreisprozessen. Aus Sicht der Regeneration müssten diese Energien, bei Reaktionswärmen unter Berücksichtigung der Reaktionstemperatur, als eine Verminderung des Aufwandes betrachtet werden, da sie sich sonst negativ auf die Bewertung der Regeneration auswirken würden. Entsprechend müssten exotherme Reaktionseffekte und mit Verdichtern ober Kreisprozessen zugeführte Arbeiten als Erhöhung des Aufwandes dargestellt werden.

Damit wird insgesamt deutlich, dass die getrennte Betrachtung des regenerativen Wärmeaustausches in einem technologischen System zu unvollständigen Einschätzungen führen kann. Es muss vielmehr die Einheit und Wechselwirkung von Energieaustauschprozessen und Stoffproduktion betrachtet werden. Dies ist auf der Basis der allgemeinen Exergiebilanz möglich.

Für das Beispiel Brauerei ergibt sich für die energetische Bewertung eine Regenerationszahl von $R_{th} = 5,6$. Die exergetische Regenerationszahl beträgt wegen des relativ geringen exergetischen Nutzens und dem hohen exergetischen Wert des zugrunde gelegten Niederdruckdampf als externe Wärmequelle dagegen nur 1,44. Bei Berücksichtigung der Exergie der genutzten Abwärme ergibt sich ein exergetischer Wirkungsgrad des regenerativen Systems von 48 %. Von den 52 % thermodynamischen Verlusten sind 24 % triebkraftbedingte notwendige Verluste und nur 5 % systembedingte Verluste. Das bedeutet, dass das regenerative System durch weitere Änderung der Regeneration z.B. durch Integration von Wärmetransformationsprozesse nicht wesentlich verbessert werden kann. Andererseits entstehen 23 % Punkte Verluste durch die externe Wärmezufuhr, obwohl die Exergie der Wärmezufuhr bereits auf der Basis von Niederdruckdampf errechnet wurden. Bezieht man in das System die Herstellung des Dampfs durch die Verbrennung von fossilen Brennstoffen mit ein, dann erhöhen sich die Verluste auf das Mehrfache. In diesem Falle wäre die Integration eines Kreisprozesses zur Wärmekraftkopplung eine wesentliche Verbesserungsmöglichkeit.

3.2 Wärmetransformation

3.2.1 Systematik von Wärmetransformationsprozessen

Die im vorangegangenen Abschnitt beschriebenen Prozesse zur regenerativen Wärmenutzung sind einfache Energieübertragungsprozesse. Sie sind dadurch gekennzeichnet, dass das exergetische Niveau der Energie lediglich abgewertet wird. Das ist neben den beschriebenen Wärmeübertragungsprozessen von höherer zu niederer Temperatur z.B. auch bei der Wärmeerzeugung aus der chemischen Exergie eines Brennstoffes durch Verbrennung der Fall. Je größer die Differenz zwischen den Energieniveaus einer solchen Energiewandlung ist, desto größer sind die exergetischen Verluste der Energiewandlung.

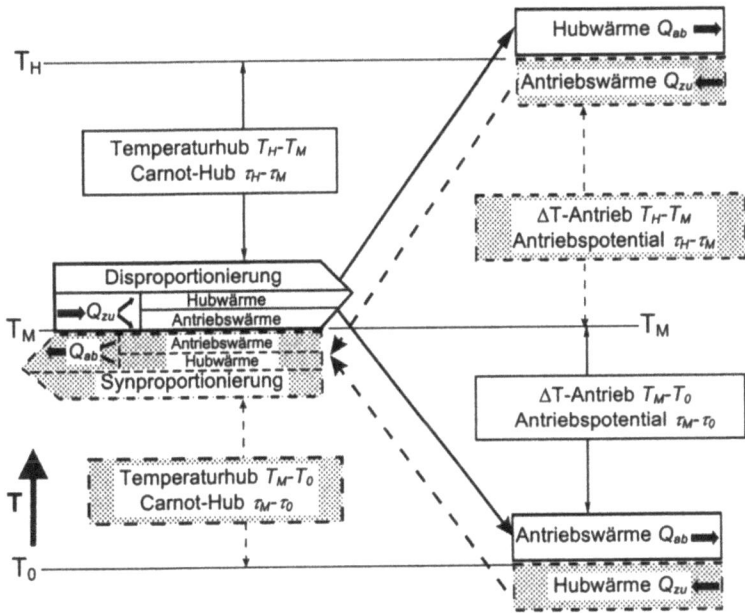

Bild 3-8
Synproportionierung und Disproportionierung von Wärme

Im Gegensatz zur einfachen Energiewandlung sind an der Energietransformation Energien auf mindestens drei unterschiedlichen Niveaus beteiligt. Bei einer Einschränkung auf die Wärmetransformation bedeutet das die Beteiligung von drei Wärmeströmen unterschiedlicher Temperatur. Da sich andere Energieformen auch auf eine Wärme definierter Temperatur zurückführen lassen (z.B. Arbeit als Wärme unendlich hoher Temperatur), können die Begriffe Wärme- und Energietransformation weitgehend synonym verwendet werden. Wärmetransformation bedeutet Aufwertung des Temperaturniveaus einer Wärme und erfordert in Übereinstimmung mit dem II. Hauptsatz der Thermodynamik die gleichzeitige Abwertung des Temperaturniveaus einer anderen Wärme. Dadurch können große Potenzialdifferenzen im Gegensatz zur einfachen Energiewandlung näherungsweise reversibel abgebaut werden. Die Gesamtheit der Wärmetransformationsprozesse kann untergliedert werden in solche Prozesse, bei denen Wärme auf das höchste im Prozess vorhandene Temperaturniveau transformiert wird, genannt Wärmedisproportionierung, und solche, bei denen Wärme vom untersten auf das mittlere Temperaturniveau gehoben wird, Wärmesynproportionierung [3-9]. Dementsprechend wird die Wärmedisproportionierung durch die Abwertung von Wärme vom mittleren auf das untere Temperaturniveau angetrieben als dem energetischen bzw. exergetischen Aufwand des Prozesses. Bei der Wärmesynproportionierung ist die Abwertung vom oberen auf das mittlere Temperaturniveau als Aufwand anzusehen (*Bild 3-8*).

Diese Einteilung der Wärmetransformationsprozesse in Syn- und Disproportionierungsprozesse sagt noch nichts über die praktische Realisierbarkeit der Wärmetransformation mit Hilfe von Kreisprozessen aus. Grundvoraussetzung und damit wichtigstes Klassifizierungsmerkmal von Kreisprozessen zur Wärmetransformation ist das Vorhandensein bzw. das Wechselspiel zwischen mindestens zwei Potenzialen, der Temperatur und einem weiteren Potenzial z.B. Druck, Konzentration, chemisches Potenzial, elektrische Spannung oder magnetische Felder. Die Wechselwirkungen zwischen diesen Potenzialen in Verbindung mit den speziellen Eigenschaften der verwendeten Arbeitsstoffsysteme führt zum Aufbau eines Potenzials auf Kosten der Verringerung eines anderen Potenzials, führt zur Wärmetransformation.

In der *Tabelle 3-1* sind die aus den unterschiedlichen Wirkprinzipien resultierenden Kreisprozesse und technische Realisierungsbeispiele mit den aufzuwendenden und gewinnbaren Energiearten zusammengestellt.

Tabelle 3-1: Beispielprozesse für Syn- und Disproportionierung

Kreisprozess	Synproportionierung			Disproportionierung		
	Bereitgestellte Energie	Antriebsenergie	Beispielprozess	Bereitgestellte Energie	Antriebsenergie	Beispielprozess
mechanischer KP	Nutzwärme Kälte	Arbeit	Gas/Dampf-Kompressions-Wärmepumpe, Kältemaschine, Dampfstrahler	Arbeit, Wärme	Wärme (Verbrennungs-, Hochtemperaturabwärme)	Gasturbine, Dampf-Kraftprozess, BHKW, Wirbelrohr
Sorptions-KP, Chemosorptions-KP	Nutzwärme Kälte	Verbrennungs-, Hochtemperaturwärme	Ab/Ad-, Chemosorptions-Wärmepumpe, -Kältemaschine	Arbeit, Wärme	Wärme (Verbrennungs-, Hochtemperaturabwärme)	Ab/Ad-, Chemosorptions-Wärmetransformator, -Kraftprozesse
chemischer KP	Wärme	chemische Energieträger	reversible Verbrennung	Wärme, chemische Energieträger	Wärme	thermochemische Wasserstofferzeugung
elektrischer KP	Kälte	Elektroenergie	Peltier-Element	Elektroenergie	Wärme	Photovoltaik, Thermoelement
magnetischer KP	Kälte	Elektroenergie		Elektroenergie	Wärme	MHD-Generator

3.2.2 Stand und Entwicklung der Wärmetransformationstechnik

Wärmetransformation ist die Grundlage für die Herstellung der drei wesentlichsten Arten von Nutzenergie, die für die Befriedigung der energetischen Bedürfnisse der menschlichen Gesellschaft benötigt werden. Das sind

- mechanische Energie, Arbeit oder Elektroenergie
- thermische Energie oder Wärme
- Entzug von Wärme unterhalb der Umgebungstemperatur oder Kälte.

Zumindest Arbeit und Kälte werden fast ausschließlich durch Wärmetransformation gewonnen. Aber auch die Bereitstellung von Wärme, bei der es sich im Wesentlichen um Niedertemperaturwärme für Heizaufgaben im kommunalen und gewerblichen Bereich handelt, ist in den meisten Fällen erst mit Hilfe der Wärmetransformation effektiv möglich, da die für deren Erzeugung zur Verfügung stehenden Energieträger einen hohen Exergieanteil haben, also Hochtemperaturenergieträger wie z.B. fossile und nachwachsende Brennstoffe, Müll und Abfallenergie aber auch Kern-, Wind-, Wasser- und Solarenergie sind.

Eine Ausnahme bilden lediglich Abwärme, geothermische Energie und Umgebungswärme. Für die Nutzung dieser Niedertemperaturenergieträger ist andererseits ebenfalls die Wärmetransformation erforderlich, da die Temperaturen dieser Wärmequellen für Heiz- und Prozessaufgaben zu niedrig sind und entsprechend angehoben werden müssen.

Die Entwicklung und Weiterentwicklung von Kreisprozessen ist also eine wichtige Zielstellung im Sinne der nachhaltigen Entwicklung und im Sinne der effektiven Nutzung von Abfallenergie und Abwärme. In diesem Jahrhundert hat eine rasante Entwicklung der Kreisprozesse allgemein, speziell der Dampfkraftprozesse und nach dem zweiten Weltkrieg besonders der mehrstufigen Kreisprozesse stattgefunden, die zu einer Vervielfachung des exergetischen Wirkungsgrades der Bereitstellung von Arbeit, Wärme und Kälte bezogen auf den Primärenergieeinsatz geführt hat.

Elektroenergie

Bereits von Sadi Carnot wurde der Zusammenhang zwischen der Temperatur der Wärmezufuhr und der in einem Kreisprozess maximal gewinnbaren Arbeit erkannt. Das führte zur Formulierung des Carnot-Wirkungsgrades und davon abgeleitet zur Exergie der Wärme. Eine Vielzahl von ein- und mehrstufigen Kreisprozessen zur Arbeitserzeugung ist im *Bild 3-9* zusammengestellt, die den gegenwärtigen Höchststand von Kreisprozessen repräsentiert bzw. die in den nächsten Jahrzehnten zur technischen Reife zu entwickeln ist. Für Wärmekraftprozesse auf der Grundlage von fossilen und biologischen Energieträgern stellt der oberhalb der Kurve für den Carnot-Wirkungsgrad liegende Abschnitt den Verlustanteil dar, der durch äußere Verluste des Kreisprozesses gekennzeichnet ist, die durch die Verbrennung und durch die irreversible Wärmeübertragung vom Rauchgas zum Arbeitsmittel des Kreisprozesses verursacht werden. Der Abstand des jeweiligen exergetischen Wirkungsgrades, der in diesem Falle auch dem thermischen entspricht, der Wärmekraftprozesse zur Carnot-Linie verdeutlicht die inneren Verluste insbesondere hervorgerufen durch unvollständige Carnotisierung, irreversible Entspannung und Verdichtung, durch Wärmeübertragung zwischen den Arbeitsmitteln mehrstufiger Kreisprozesse und zur Umgebung.

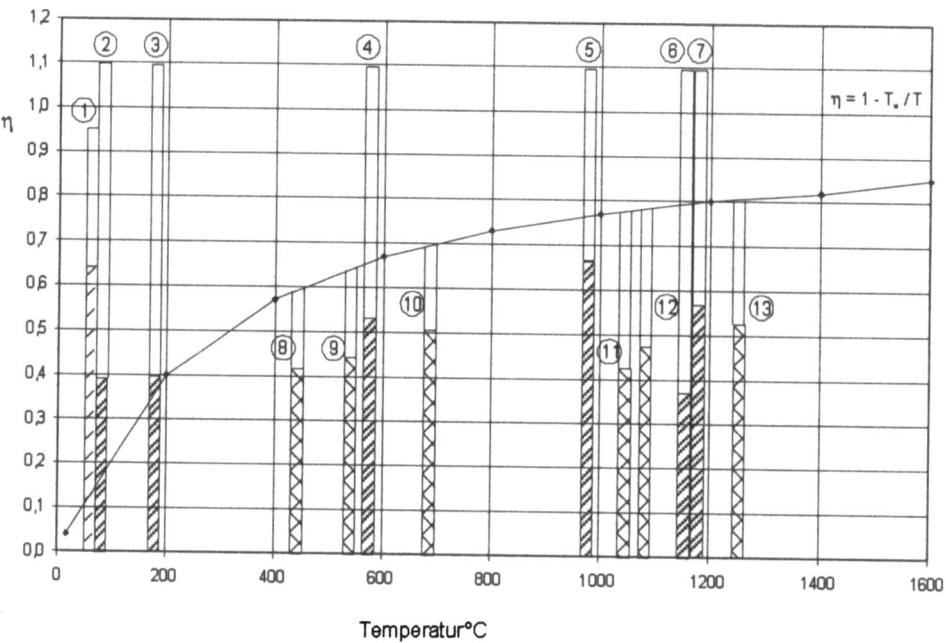

Bild 3-9
Wirkungsgradgrenzen und Wirkungsgrade verschiedener Stromerzeugungssysteme (1 bis 5 - Brennstoffzellen, 6 bis 13 - Thermische Kraftwerke)[5]

Der Wirkungsgrad lag beim einstufigen Dampfkraftprozess am Anfang des Jahrhunderts noch bei wenigen Prozent, erreicht gegenwärtig 43 bis 45 % und wird nach Lösung schwerwiegender Fragestellungen der Werkstoffentwicklung in einigen Jahren die 50 %-Marke überschreiten. Für diese hohen Wirkungsgrade sind Druckverhältnisse von über 4000 erforderlich. Noch höhere Druckverhältnisse sind nur über Zweistufigkeit, d.h. durch die Kopplung eines Gasturbinenprozesses mit einem Dampfkraftprozess, erreichbar und gestatten bei ausreichend hohen Gasturbineneintrittstemperaturen (z.B. 1.190 °C) Wirkungsgrade von gegenwärtig ca. 52 %. Eine weitere Steigerung des Wirkungsgrades wäre grundsätzlich durch die Vorschaltung eines dritten Wärmekraftprozesses, z.B. in Form eines MHD-Generators, möglich. Dieser bereits seit Jahrzehnten untersuchte aber bis zum heutigen Tag wegen der extremen Temperatur- und Werkstoffprobleme nicht zur technischen Reife geführte dreistufige Kreisprozess wird voraus-

---

[5] Brennstoffzellen: 1 – Säure-Brennstoffzelle 80 °C, 2 – Polymerelektrolytmembran-Brennstoffzelle (mobil) 80 °C, 3 – Phosphorsäure-Brennstoffzelle 200 °C, 4 – Karbonatschmelze-Brennstofzelle 600 °C, 5 – Feststoffoxid-Brennstoffzelle 1000 °C,
Thermische Kraftwerke: 6 – Gasturbinenprozess 1190 °C, 7 – Gas- und Dampfturbinenprozess 1190 °C, 8 - wirtschaftliches Kraftwerk (z.B. Staudingen) 545 °C/262 bar, 9 – Baxbach II (Saarberg AG) 575 °C/290 bar, 10 – ultra-überkritischer Dampfkraftprozess 700 °C/375 bar, 11 – Gas- und Dampfturbinen-Kombikraftwerk mit integrierter Kohlevergasung (IGCC) Puertollano 1120 °C, 12 – IGCC 1190 °C, 13 – IGCC Entwicklungspotenzial 1250 °C, nach [3-10].

3.2 Wärmetransformation

sichtlich durch einen ebenfalls dreistufigen aber nicht ausschließlich auf thermischen Kreisprozessen beruhenden Transformationsprozess abgelöst werden. Dieses Transformationssystem besteht aus einer Hochtemperaturbrennstoffzelle, in der vorreformiertes Erd- oder Biogas bei 1000 °C teilweise verstromt und anschließend nach vollständiger Verbrennung in einer Gasturbine entspannt wird. Die heißen Turbinenabgase dienen als Wärmequelle für einen Dampfkraftprozess. Der Gesamtwirkungsgrad dieser drei Kreisprozesse erreicht voraussichtlich 68 %. Wie aus dem *Bild 3-9* zu erkennen ist, kann der Wirkungsgrad von Brennstoffzellen über dem für die Prozesstemperatur zutreffenden Carnot-Faktor liegen, da die Transformation nicht über den Zwischenschritt Wärme erfolgt. Die Prozesstemperatur ist in diesem Fall nicht mehr wirkungsgradbegrenzend sondern nur noch im Sinne der Abwärmenutzung von Interesse. Welches Entwicklungspotenzial die Kraftwerkswirkungsgrade für die verschiedenen Anlagentypen bis zum Jahre 2015 haben, ist aus *Tabelle 3-2* zu entnehmen.

Tabelle 3-2: Wirkungsgrade verschiedenen Kraftwerkstypen[6]

Kraftwerkstyp	Nettowirkungsgad (Stromerzeugung) in %	
	Gegenwärtiger Stand [A)]	Entwicklungspotenzial[B)]
Kernkraftwerke	33-34	34-35**
Flusswasserkraftwerke	80-90*	
Pumpspeicherwerke	80-90*	
Geothermische Kraftwerke	75-85*	
Windenergiekonverter	40*	40*
Solarthermische KW	15*	24-29**
Photovoltaikanlagen	10-12 *	12-17**
Biomasse-Heizkraftwerk		
Verbrennung	15-30*	30-40*
Vergasung		35-40**
(Erd-) Gas- u. Dampfkraftwerk (GuD)	58-60**	60-62**
GuD mit integrierter Vergasung		
Steinkohle	46*	49*
Braunkohle	45*	49-50**
GuD mit Druckwirbelschicht	42,5*	45-48**
Brennstoffzellenkraftwerke		
PAFC (Erdgas)	42*	47-50**
MCFC (Druck + GuD)		
Erdgas		70-80***
Kohle		63-70****
SOFC (Druck + GuD)		
Erdgas		70-80***
Kohle		63-70****
Öffentliche Heizkraftwerke [W)]	47*	
Dezentrales BHKW [W)]	40*	

Über die im *Bild 3-9* und *Tabelle 3-2* dargestellten Transformationsprozesse hinaus werden auf verschiedensten Stufen der Prozessentwicklung noch andere Vorschaltprozesse für den

---

[6] Bearbeitet nach [3-11]: [A)] Inbetriebnahme: * 1995,** 1998, [B)] Erwartete Inbetriebnahme: *2000, **2005, ***2010,****2015, [W)] neben Strom wird zusätzlich Wärme bereitgestellt.

Dampfkraftprozess untersucht, die eine weitere Erhöhung des exergetischen Wirkungsgrades bewirken können.

Wärme

Trotz des Vorliegens effektiver Verfahren der Heizwärmeerzeugung wird der Wärmemarkt auf Grund der niedrigen Energiepreise und der relativ geringen Kesselpreise gegenwärtig von exergetisch uneffektiven Heizkesseln dominiert. Der Vormarsch der BHKW's für die kraftgekoppelte Wärmeerzeugung ist jedoch unübersehbar. In Verbindung damit gibt es interessante Entwicklungen der klassischen Verbrennungsmotorenprozesse wie auch des Stirlingmotors. Die im *Bild 3-9* bzw. in der *Tabelle 3-2* zusammengestellten fortschrittlichen Verfahren der Elektroenergieerzeugung sind grundsätzlich zur Wärmeauskopplung geeignet und ermöglichen eine hohe Effektivität der Niedertemperaturwärmeversorgung. Problematisch ist die gekoppelte Erzeugung im Bereich geringer Leistungen, z.B. für Ein- und Zweifamilienhäuser, bei denen der Wärmebedarf auf Grund immer besserer Isolierung weiter sinkt. Hier ist ein echter Entwicklungsbedarf für Transformationsprozesse, die auch speziellen Einsatzbedingungen wie schwankender Bedarf, geringe Benutzungsstundenzahlen, vollautomatische Betriebsweise und vertretbarer technischer und finanzieller Aufwand gerecht werden, vorhanden.

Auf dem Gebiet der Kompressions- und Absorptionswärmepumpen konnten keine grundsätzlichen Veränderungen erzielt werden [3-12]. Die Effektivität der Kreisprozesse selbst wird durch die Wahl des Verdichters und die Auslegung der Wärmeübertragerflächen bestimmt. In der Entwicklung befinden sich offene Sorptionskreisprozesse, da auf diese Weise sowohl Apparate- als auch Triebkraftaufwendungen eingespart werden können. Die offene Prozessführung ist aber andererseits an technisch-technologische Restriktionen und zusätzliche Einsatzforderungen geknüpft. Entscheidend für die Effektivität der Wärmeversorgung sind die Wärmequelle und das erforderliche Nutztemperaturniveau.

Neuentwicklungen finden im Bereich der Adsorptions- und Hybridwärmepumpen verbunden mit Solarenergienutzung und Speicherfunktionen statt, wegen der komplizierten Wärmeein- und -auskopplung ist eine praktische Nutzung jedoch noch nicht abzusehen.

Kälte

Die Kälteversorgung erfolgt nahezu ausschließlich dezentral und sollte zur Erzielung einer hohen Effektivität in Kopplung mit der Erzeugung von Wärme, Arbeit oder Arbeit und Wärme betrachtet werden. Die dafür erforderliche Technik ist entwickelt, z.B. mit Gasmotor angetriebene Kompressionskälteanlage und mit Abdampf, Abwärme oder Fernwärme beheizte Absorptionskälteanlage mit dem Arbeitsstoffsystem Wasser-Lithiumbromid. Direkt beheizte Absorptionskälteanlagen, die vor allem Ammoniak-Wasser als Arbeitsstoffsystem verwenden, und die häufig eingesetzten elektrisch angetriebenen Kompressionskälteanlagen besitzen wegen der ungenügenden Ausnutzung des Brennstoffpotenzials bzw. wegen des Wirkungsgrades der Elektroenergieerzeugung eine bereits deutlich geringere Effektivität, haben aber unter Umständen Kostenvorteile.

Über diese konventionellen Kälteanlagen hinaus gibt es Bemühungen, Adsorptionskälteanlagen, die eventuell mit einer etwas geringeren Heiztemperatur auskommen und deshalb besser für die Nutzung von Solarenergie geeignet sind, in die Industrie zu überführen, erste Pilotprojekte sind realisiert.

3.2.3 Abwärmenutzung mit Hilfe von Wärmepumpen

Aus der Gesamtheit der Wärmetransformationsprozesse haben sich die mechanischen Kreisprozesse, d. h. Prozesse, bei denen Arbeit eingesetzt oder erzeugt und dabei das Temperaturniveau von Wärme verändert wird, am stärksten durchgesetzt. Das betrifft sowohl den Kraftwerksprozess als Dampfkraftprozess und Gasturbinen-Prozess bzw. GuD-Prozess, sowie auch die Brüdenverdichtung und die Kompressionswärmepumpe. Für die Abwärmenutzung sind besonders die Dampfkompressionswärmepumpen von Interesse, da bei ihnen die Entspannung der kondensierten Phase ohne allzu große Verluste in der Drossel erfolgen kann und die relativ große Verdampfungsenthalpie einen geringen Arbeitsmitteldurchsatz ermöglicht. Andererseits verdient auch die Gaskompressionswärmepumpe, die besonders durch die gleitende Wärmeaufnahme und Nutzwärmeabgabe Vorteile besitzt, immer wieder Aufmerksamkeit.

Kompressionswärmepumpen

Kompressionswärmepumpen und Brüdenverdichter nehmen auf einem niedrigen Temperaturniveau Wärme (Abwärme) auf und geben sie, vermehrt um die zugeführte Verdichterleistung, auf einem etwas höheren Temperaturniveau ab. Dieser Umstand kommt den energetischen Bedürfnissen von Technologien, die nur auf einem Temperaturniveau Wärme benötigen – sogenannten Monolevel-Wärmeverbrauchern – entgegen. Dazu gehören beispielsweise Wäschereien, Holztrocknung, kommunale Heizwärmeversorgung und Gärtnereien. Für Monolevel-Wärmeverbraucher bietet sich die Wärmetransformation, speziell der Einsatz von Kompressionswärmepumpen und Brüdenverdichtern an, wenn sich die vorhandene Wärmeversorgung nicht für den Antrieb von Sorptionskreisprozessen eignet.

Die Verwendung von Elektroenergie zum Antrieb von mechanischen Wärmepumpen ist die markanteste Besonderheit dieser Kreisprozess-Gruppe, die einen großen Einfluss auf Anwendungsgebiet und -chancen hat. Der trotz der in den letzten Jahren erreichten wesentlichen Verbesserungen (z. B. Kombiprozesse) relativ niedrige Wirkungsgrad der Elektroenergieerzeugung und die Konkurrenz zur Wärmeversorgung mit Hilfe der Kraft-Wärme-Kopplung sind die wesentlichsten Einschränkungen für den effektiven Einsatz von mechanischen Kreisprozessen. Bei den für viele Industrieanwendungen charakteristischen geringen Temperaturdifferenzen zwischen Abwärme- und notwendiger Heiztemperatur ist der thermodynamische Vergleich zum Heizwerk meist kein Problem, da Transformationsverhältnisse[7] $\tau = 3$ problemlos erreicht werden können. Anders ist die Situation beim Vergleich mit der Kraft-Wärme-Kopplung, da das notwendige gleichwertige Transformationsverhältnis $\tau \geq 6$ ist und Wirkungsgradverbesserung der Elektroenergieerzeugung nicht nur der Wärmepumpe, sondern auch der Kraft-Wärme-Kopplung zugute kommen.

Einen wesentlichen Vorteil hat die Kompressionswärmepumpe jedoch gegenüber anderen Transformationsverfahren durch den Einsatz geordneter Energie mit einem relativ zuverlässigen verzweigten Versorgungssystem. Es ergeben sich schnelle, d. h. trägheitsarme Abwärmenutzungs- und Heizwärmeversorgungsmöglichkeiten, die besonders bei diskontinuierlichen und periodischen Prozessen von Bedeutung sein können. Für eine aus einer konkreten technologischen Situation resultierende Heizaufgabe werden die Kreisprozesse sowohl durch die

---

[7] Das Transformationsverhältnis ist bei der Kompresionswärmepumpe das Energieverhältnis zwischen Nutzwärme und mechanischem Energieaufwand, der Transformationsgrad das entsprechende Exergieverhältnis und der exergetische Wirkungsgrad das Verhältnis zwischen Exergierhöhung und mechanischem Energieaufwand.

Stoffeigenschaften des verwendeten Arbeitsmittels als auch durch die vier Teilanlagen und Zustandsänderungen – Entspannungseinrichtung, Verdampfer, Verdichter und Kondensator – beeinflusst.

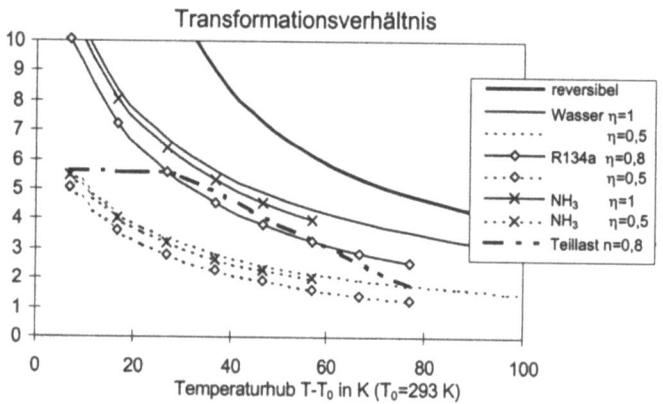

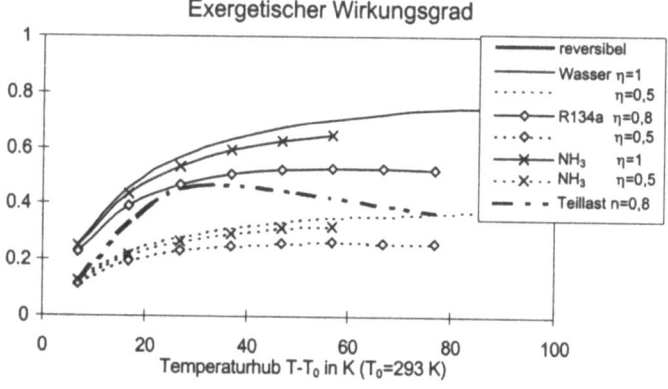

Bild 3-10
Bewertungskennzahlen für verschiedene Arbeitsmittel in Abhängigkeit vom Verdichterwirkungsgrad[8]

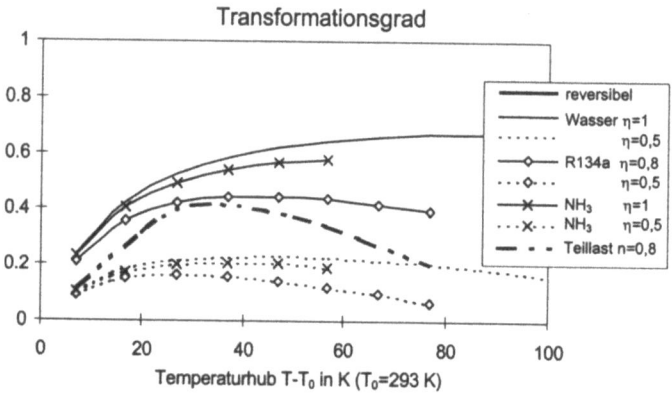

---

[8] Temperaturdifferenzen in Verdampfer und Kondensator: $\Delta T = 10\,K$.

3.2 Wärmetransformation

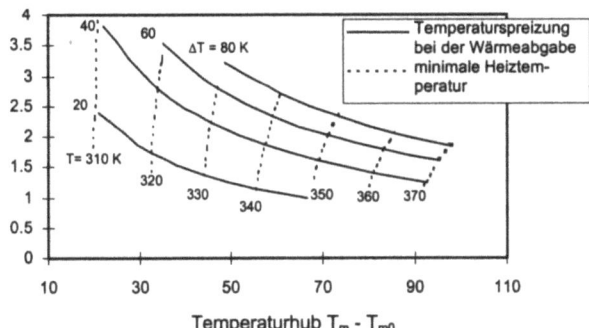

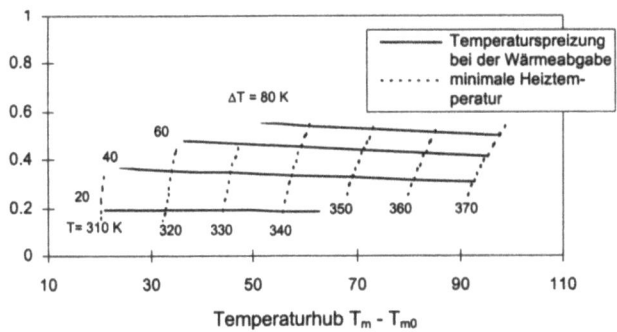

Bild 3-11
Kennzahlen für einen realen Gaskompressionswärmepumpenprozess[9]

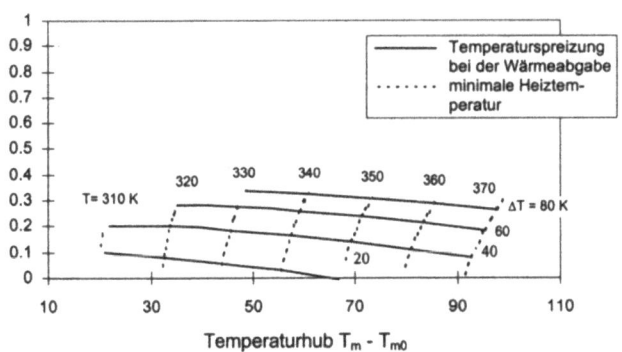

---

[9] Temperaturdifferenzen $\Delta T_{K/V} = 5\,K$; Kompressions-, Entspannungswirkungsgrade $\eta_{K/E} = 0{,}9$.

Der Einfluss von Temperaturdifferenzen der Wärmeübertragung, von Wirkungsgraden der Verdichtung und Entspannung bzw. der Drosselung und der Einfluss von Stoffeigenschaften auf den Dampf- Kompressionswärmepumpenprozess wurde untersucht. Einige Ergebnisse sind im *Bild 3-10* dargestellt, das Bewertungskennzahlen in Abhängigkeit vom Temperaturhub, d.h. von der Temperaturdifferenz zwischen Abwärmequelle und Heizaufgabe, enthält.

Durch die Verwendung offener Kreisprozesse wird durch den Wegfall des Verdampfers der apparative Aufwand für die Wärmetransformation deutlich verringert, gleichzeitig werden die inneren thermodynamischen Verluste vermindert. Deshalb sind besonders bei höheren Temperaturen Brüdenverdichter gegenüber geschlossenen Kreisprozessen bevorzugt. Die Anwendung von Brüdenverdichtern ist jedoch nur bei Einhaltung einiger technologischer Voraussetzungen möglich. Dazu gehören eine geringe Verschmutzung des Brüdens mit Feststoffen oder Schadkomponenten, ein geringer Anteil an Inertgas, z. B. Luft, sowie eine möglichst geringe Korrosivität und Toxizität des Arbeitsmittels.

Dennoch kann der Einsatz einer Kompressionswärmepumpe auch in diesem Falle noch günstiger sein als die Verwendung eines offenen Kreisprozesses, wenn hier aus Gründen der Verschmutzung des Brüdens die robusten Roots-Gebläse eingesetzt werden müssen. Diese Gebläse arbeiten mit einem Wirkungsgrad von 50 %, sodass trotz des Wegfalls des Verdampfers im offenen Kreisprozess nur Temperaturhübe von 12 bis 15 K erreicht werden können. Die Wirtschaftlichkeit ist jedoch nur zu erreichen, wenn der Verdichter und der technologische Prozess so aufeinander abgestimmt sind, dass der Verdichter die überwiegende Betriebszeit im Auslegungspunkt, d.h. mit maximalem Wirkungsgrad, arbeiten kann. Im Teillastbereich verbessern sich zwar die Heizbedingungen, aber das Transformationsverhältnis nimmt drastisch ab. Der Wirkungsgrad des Verdichters wird in erster Linie durch den Maschinentyp bestimmt, die Bandbreite der Wirkungsgrade reicht hier von 0,9 bei hochwertigen Schraubenverdichtern bis ca. 0,35 für Flüssigkeitsringmaschinen.

Im kommunalen Bereich steht die Wärmepumpe mit der Wärmeversorgung über ein BHKW im Wettbewerb. Die Grenzleistungsziffer der Wärmepumpe ist in diesem Falle von dem Wirkungsgrad der Elektroenergieversorgung abhängig. Für ein BHKW mit 30 % Arbeitserzeugung und 60 % Wärmeabgabe beträgt die Grenzleistungsziffer bei einem Kraftwerkswirkungsgrad von 40 % und Leitungs- und Transformationsverlusten von 10 % bereits 10. Selbst bei sehr modernen Kraftwerken liegt der Grenzwert noch bei 5,7 und 4 für Kraftwerkswirkungsgrade von 45 und 50 %. Diese Leistungsziffern können nur beim Vorliegen von Abwärmequellen, die auch im Winter relativ hohe Temperaturen haben, mit Wärmepumpen erzielt werden. Auch ökonomisch ist die Situation für die Wärmepumpe in diesem Falle nicht so günstig, da einerseits die spezifischen Investitionskosten für BHKW's und Wärmepumpen ähnlich sind und andererseits beim Betrieb des BHKW's Kosteneinsparungen durch Eigenstromerzeugung und durch Netzeinspeisung entstehen.

Gaskompressionswärmepumpen

Ein weiterer, seit langem bekannter, aber selten eingesetzter mechanische Kreisprozess ist die Gaskompressionswärmepumpe, die ebenfalls als offener und geschlossener Kreisprozess zur Abwärmenutzung angewendet werden kann. Der Vorteil der Realisierung des gesamten Kreisprozesses im Gasphasengebiet muss durch die hohen thermodynamischen Verluste bei der Entspannung des Arbeitsmittels und durch die groß ausfallenden Kompressions- und Entspannungsmaschinen erkauft werden. Der Einsatzbereich von solchen Wärmepumpen ist deshalb selbst im Vergleich zum Heizkessel stark eingeschränkt. Selbst bei Temperaturdifferenzen in

3.2 Wärmetransformation

den Wärmeübertragern von 5 K, die unter Berücksichtigung des schlechten Wärmeüberganges Gas - Wand nur mit großen Wärmeübertragerflächen erreichbar sind, und guten Wirkungsgraden für Verdichtung und Entspannung von $\eta_{is} = 0{,}9$ sind nur bei Temperaturhüben von 20 bis 40 K Transformationsverhältnisse $T > 3$ realisierbar. Transformationsgrad und exergetischer Wirkungsgrad erreichen jedoch auch für diese Prozesse nur Werte unter 0,3 bzw. 0,5 (*Bild 3-11*). Der Grund dafür liegt u.a. darin, dass im Gegensatz zur Dampf-Kompressionswärmepumpe die Entspannungsarbeit in der gleichen Größenordnung wie die Verdichterarbeit liegt und die von außen zuzuführende Arbeit durch die Wirkungsgrade beider Maschinen vergrößert wird. Für manche Anwendungsfälle kann jedoch die Nutzung von Abwärme mit gleitender Temperatur und entsprechend die Bereitstellung von Heizwärme mit gleitender Temperatur diese Nachteile kompensieren.

Absorptionswärmepumpen und Absorptionswärmetransformatoren

Im Gegensatz zur Kompressionswärmepumpe brauchen Absorptionswärmepumpen nahezu ausschließlich Wärme als Antriebsenergie. Prinzipiell hängt auch das Wärmeverhältnis der AWP von der Temperaturdifferenz zwischen aufgenommener Niedertemperaturwärme und Heizwärme ab, der Einfluss der Stoffeigenschaften des verwendeten Arbeitsstoffsystems führt jedoch dazu, dass das Wärmeverhältnis, scheinbar unabhängig von den Temperaturen der Wärmequellen und -senken, zwischen 1,4 und 1,8 liegt. Gleichzeitig bleibt kein Freiheitsgrad mehr für die Temperatur der bereitgestellten Mitteltemperaturwärme. Wärmeverhältnis und Heizwärmetemperatur sind demnach für Absorptionswärmepumpen weit weniger variabel als für Kompressionswärmepumpen. Dieser Nachteil kann zumindest teilweise durch Mehrstufigkeit ausgeglichen werden. Dabei kann entweder eine Erhöhung des Wärmeverhältnisses bei Absenkung der Mitteltemperatur der Wärmebereitstellung oder die Erhöhung des Temperaturniveaus der bereitgestellten Heizwärme auf Kosten einer Verringerung des Wärmeverhältnisses erreicht werden [3-13].

Absorptions- und Kompressionswärmepumpen können sowohl mit Niedertemperaturwärmeaufnahme aus der Umgebung als auch aus Abwärmeströmen arbeiten. Der Absorptionswärmetransformator ist ausschließlich für die teilweise Aufwertung von Abwärmeströmen geeignet. Gleichzeitig muss der abgewertete Teil der Abwärme an die Umgebung abgegeben werden. Der Absorptionswärmetransformator steht so stets am Ende der Energiewandlungskette und ermöglicht eine teilweise Nutzung von Abwärme, die auf Grund ihres niedrigen Temperaturniveaus im technologischen Prozess nicht mehr verwertet werden kann. Die Antriebsenergie für die Aufwertung der Wärme wird aus dem Wärmestrom selbst gewonnen, d.h. es muss stets noch eine Potenzialdifferenz zwischen genutzter Abwärme und Umgebungszustand vorliegen. Für das Wärmeverhältnis und erreichbare Nutztemperaturen des AWT gilt der für die AWP erläuterte Zusammenhang, die real einstufig erreichbaren Wärmeverhältnisse liegen zwischen 0,5 und 0,6.

Abwärmeströme treten oft auch stoffgebunden, insbesondere als Abgase mit hohem Wasserdampfgehalt, auf. Das trifft z.B. auf Kochbrüden aus Eindampfprozessen, Trocknerabluft und auf Abgase aus Verbrennungsprozessen zu. Eine regenerative Wärmenutzung ist hier wegen des niedrigen Taupunktes der Abgase oft nicht möglich, weil nicht genügend Wärmeverbraucher auf diesem Temperaturniveau zur Verfügung stehen. Andererseits ist eine Nutzung der Kondensationsenthalpie des Wasserdampfes für eine effektive Abwärmenutzung unbedingt notwendig. Eine Lösung für dieses Problem bietet der Einsatz von offenen Wärmetransformationsprozessen [3-14]. Damit wird zum einen das Temperaturniveau der zurückgewinnbaren Wärme angehoben, andererseits wird der apparative Aufwand des Sorptionskreisprozesses durch den Wegfall des Verdampfers vermindert. Neben der Wärmenutzung lässt sich durch den direkten Kontakt von Lösung und Abgas auch eine Entstaubung oder die Bindung von Schad- und Geruchsstoffen erreichen.

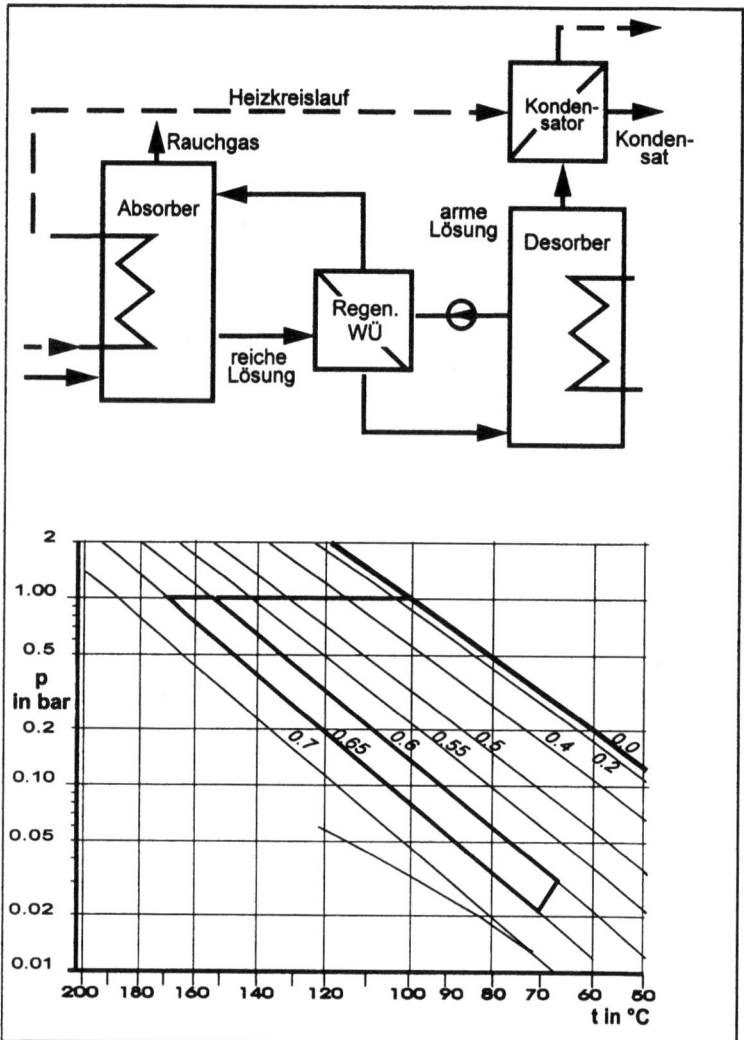

Bild 3-12
Prinzipskizze und Zustandsverlauf für Brennwertnutzung mit offenem Transformationsprozess und gekühltem Absorber

Im offenen Kreisprozess (*Bild 3-12*) wird die Lösung in einem Absorber in direkten Kontakt mit dem Abwärmeträger, im Speziellen dem Rauchgas, gebracht. Dabei absorbiert sie einen

3.2 Wärmetransformation

Teil des im Rauchgas enthaltenen Wasserdampfes auf einem Temperaturniveau, das deutlich höher liegt als die Kondensationstemperatur des reinen Wasserdampfes beim entsprechenden Partialdruck. Damit steigt der Anteil des aus dem Rauchgas auskondensierbaren Wassers. Die bei der Absorption entstehende Absorptionswärme wird im Absorber oder anschließend aus dem Lösungskreislauf ausgekoppelt. Das absorbierte Wasser muss in einem Desorber wieder aus der Lösung ausgetrieben werden, wird im Kondensator unter Nutzwärmeabgabe an den Heizkreislauf kondensiert und ist aus dem Kreislauf auszuschleusen. Beispiele für die Anwendung von Absorptionswärmepumpen und offenen Kreisprozessen gibt der Abschnitt 4.5 zur Anwendung der Wärmetransformation im ländlichen und im Ballungsraum.

3.3 Nutzung von Abfällen durch Stoff- und Energiewandlung

Abfälle sind nach Kapitel 2 Träger des Entropie-Exports der technologischen Systeme und damit für deren Ordnungszustand mit verantwortlich. Aus diesem Grund gehören sie zum Gegenstand einer Entropiewirtschaft.

Nach einer prognostizierten überproportionalen Zunahme der Abfallmengen in den achtziger Jahren wurden eine Vielzahl von neuen Verfahren und Prinzipien entwickelt, die eine weitgehende wertstoffliche oder rohstoffliche Nutzung von Abfällen zum Ziel hatten. Dies gilt für die chemische und produzierende Industrie, welche den produktionsintegrierten Umweltschutz vorantrieb, genauso wie für die kommunale Abfallentsorgung, wo alternative Verfahren zur thermischen Behandlung von Haus- und Gewerbemüll entwickelt wurden. Im Folgenden wird ein Überblick über die unterschiedlichen Verfahren zur Behandlung von festen flüssigen und gasförmigen Abfälle gegeben und die Grundlagen dargestellt, mit deren Hilfe die Verfahren vor dem Hintergrund der Entropiewirtschaft bewertet werden können.

3.3.1 Herkunft und Klassifikation von Abfällen

3.3.1.1 Herkunft der Abfälle

Für die Auswahl von Verfahren zur Umwandlung von Abfällen ist deren Herkunft von Bedeutung. An dieser Stelle soll zunächst unterschieden werden zwischen Abfällen, die in Produktionsbetrieben z. B. der chemischen Industrie anfallen (weshalb sie manchmal auch als Anfallstoffe bezeichnet werden), und Abfällen, welche aus Haushalten oder Kleingewerbebetrieben anfallen.

Für die Entsorgung ersterer ist der entsprechende Produktionsbetrieb verantwortlich. Ein Abfallstoff kann entweder innerhalb eines anderen Produktionsprozesses als Roh- oder Hilfsstoff erneut eingesetzt werden oder er muss beseitigt werden. Zum Zweck der Beseitigung betreiben die Unternehmen Anlagen in eigener Verantwortung (Öfen, Sonderabfallverbrennungsanlagen) oder sie verwenden kommunale Anlagen gegen entsprechende Gebühren. Da die Gebühren für die Entsorgung von Sonderabfällen im Laufe der letzten Jahre überproportional angestiegen sind, liegt es im wirtschaftlichen Interesse jedes Unternehmens, Abfälle soweit als möglich stofflich zu verwerten oder in eigenen Anlagen zu beseitigen und einen Export über den Werkszaun zu vermeiden. Die stoffliche Verwertung innerhalb eines Produktionsverbundes ist der Kerngedanke des sogenannten „Produktionsintegrierten Umweltschutzes" auf den in Abschnitt 3.3.2 detaillierter eingegangen wird.

Für die Entsorgung von kommunalen Abfällen ist jede Kommune eigenverantwortlich. Die Kosten für die Entsorgung werden auf die Verursacher in Form von Gebühren verteilt. Auch dabei wird zwischen Abfall zur Verwertung (Papier, Glas, DSD-Kunststoffe) und Abfall zur Beseitigung unterschieden. Bei der Verwertung muss berücksichtigt werden, dass ein Abnehmer für eventuell entstehenden Reststoffe zur Verfügung stehen muss. Dieser Abnehmer ist praktisch nie identisch mit dem Verursacher des Abfalls. Für den Verursacher des Abfalls sind daher die in Form von Gebühren anfallenden Kosten kaum transparent. Er kann seine Kosten lediglich über eine möglichst weitgehende Trennung zwischen Abfällen zur Verwertung und Abfällen zur Beseitigung beeinflussen. Weder auf die Art der Verwertung noch auf die der Beseitigung hat er einen direkten Einfluss. Zudem werden nur die direkten Kosten der Verwertung und Beseitigung berücksichtigt. Die Kosten für die Behebung möglicher Umweltschäden, die durch die unterschiedlichen Verwertungs- und Beseitigungsmethoden entstehen, werden bislang nicht betrachtet. Sowohl die Auswahl der Methoden zur Verwertung und Beseitigung als auch die Instrumente zur Steuerung der anfallenden Abfallmengen und -arten sind daher erheblich komplizierter als dies für Abfälle aus der industriellen Produktion der Fall ist (s. auch Abschnitt 5.1, 5.2).

3.3.1.2 Klassifikation von Abfällen

Für die Klassifikation von Abfällen, die mit Methoden der Verfahrenstechnik stofflich oder energetisch umgewandelt werden, müssen bestimmte physikalische Eigenschaften berücksichtigt werden. Dies sind insbesondere der Aggregatzustand und die Zusammensetzung des Abfalls. Aus diesen lassen sich physikalische Größen definieren, die zur Charakterisierung des Abfalls geeignet sind.

Aggregatzustand

Der Aggregatzustand ist aus Sicht der Verfahrenstechnik eine entscheidende Eigenschaft eines Abfalls, da verfahrenstechnische Anlagen häufig spezifisch für die Verwertung von Stoffen eines bestimmten Aggregatzustandes ausgelegt sind, um eine optimale energetische und stoffliche Umwandlung zu ermöglichen. Es wird zwischen festen, flüssigen und gasförmigen Abfällen unterschieden.

Zu den Abfällen mit festem Aggregatzustand gehören zum einem diejenigen Stoffe, die mit dem Oberbegriff Müll bezeichnet werden. Dies umfasst den Hausmüll ebenso wie den Gewerbemüll. Feste Abfälle fallen jedoch auch in industriellen Produktionsprozessen zum Beispiel in Form von Verbrennungsrückständen, Reaktionsrückständen, Biomasse, partikelförmigen Emissionen, etc. an.

Zu den Abfällen mit flüssigem Aggregatzustand gehören zum überwiegenden Anteil die Abwässer, die sowohl als Siedlungsabwasser als auch als gewerbliches Abwasser anfallen. Während die Schadstoffbefrachtung der Siedlungsabwässer in der Regel gering ist, sind die gewerblichen Abwässer in der Regel mit unterschiedlichen Schadstoffen belastet. Neben den flüssigen Abfällen wässriger Art werden in verfahrenstechnischen Produktionsprozessen eine Vielzahl von Lösungsmitteln eingesetzt, die unter Umständen als Abfälle auftreten.

Als Kombination von festen und flüssigen Abfällen treten die Schlämme auf. Dies sind zum Beispiel Klärschlämme, metallhaltige Schlämme aus der Stahlproduktion oder Suspensionen von Mikroorganismen aus bioverfahrenstechnischen Anlagen.

Zu den gasförmigen Abfällen gehören alle Arten der Abluft und der Abgase, die aus Produktionsbetrieben, Verbrennungskraftmaschinen etc. emittiert werden. Derartige Abgase können sowohl mit festen Bestandteilen (Stäuben), flüssigen Bestandteilen (Aerosolen) als auch mit gasförmigen Bestandteilen (Lösungsmitteln) befrachtet sein.

Fluide Abfälle führen im Allgemeinen zu einem zeitgleichen Entropie-Export mit den Produktions- bzw. Anwendungsprozessen. Feste Abfälle ermöglichen eine fast beliebige Zeitverschiebung.

Zusammensetzung

Neben der Klassifikation der Abfälle nach ihrem Aggregatzustand ist ihre Zusammensetzung von großer Bedeutung. Die Zusammensetzung kann nach unterschiedlichen Kriterien beschrieben werden. Für Abfälle, die bei der industriellen Produktion anfallen, kann die chemische und physikalische Zusammensetzung der Abfälle aus der Kenntnis des Prozesses sehr genau angegeben werden. Die Abfälle können damit in Bezug auf die enthaltenen chemischen Verbindungen klassifiziert werden. Aus diesen Informationen kann ein Verwertungs- oder Beseitigungsprozess bestimmt werden, der optimal an den Abfall angepasst ist.

Haus- und Gewerbemüll kann in verschiedene Fraktionen aufgeteilt werden. Dies ermöglicht eine getrennte Bewertung des Vermeidungs- und Verwertungspotenzials jeder einzelnen Fraktion. Die Klassifikation von Haus- und Gewerbemüll kann z. B. nach dem Anteil an Wertstoffen geschehen. Als Wertstoffe gelten: Papier/Pappe, Holz, Kunststoffe, Metalle, Glas und Organika [3-15]. Neben diesen Wertstoffen beinhaltet der Müll Abfallstoffe wie z. B. Bauschutt, Aushub, Sperrmüll, Textilien etc. In detaillierten Untersuchungen werden Art und Menge dieser Inhaltsstoffe als Funktion der Gewerbebereiche ermittelt [3-15, 3-17]. Auch der Anteil an Schadstoffen ist von Bedeutung. Als Schadstoffe gelten typischerweise diejenigen Stoffe, die bei einer Beseitigung zur Emission der in *Tabelle 3-3* angegebenen Stoffe führen. Diese Emissionen entstehen infolge der chemischen und physikalischen Zersetzung der im Abfall enthaltenen Stoffe und werden an die Umwelt in Form von Abluft oder Abfallprodukten emittiert.

Tabelle 3-3: Typische Emissionsschadstoffe

HCl	HF	SO_2	NO_x	CO	Cd	Hg	Schwermetalle	PCDD/PCDF

Durch eine Elementaranalyse kann Haus- und Gewerbemüll im Hinblick auf die enthaltenen Elemente klassifiziert werden. Eine genaue Bestimmung der enthaltenen chemischen Verbindungen ist nicht möglich. Aus der Elementaranalyse können weitere Einteilungen durchgeführt werden. Bei Abfällen zur thermischen Beseitigung (Verbrennung) ist eine Unterscheidung zwischen den Anteilen: Brennbares, Wasser und Asche gebräuchlich [3-77]. Als Brennbares können alle Verbindungen angesehen werden, die aus Kohlenstoff, Wasserstoff und anderen Nicht-Metallen bestehen, unter Abgabe thermischer Energie oxidiert werden können und als Gas den Verbrennungsprozess verlassen. Wasser verändert bei der Verbrennung lediglich seinen Aggregatzustand unter Energieaufnahme. Als Asche werden alle Bestandteile des Abfalls bezeichnet, die nach der Verbrennung im festen Aggregatzustand vorliegen. Dies sind Inertstoffe sowie Metalle, die bei der Verbrennung teilweise oxidieren.

Physikalische Parameter

Um die Abfälle stofflich und energetisch optimal verwerten zu können - sowohl unter verfahrenstechnischen als auch unter wirtschaftlichen Gesichtspunkten - ist über die in den vorangegangenen Kapiteln getroffene Klassifikation hinaus die Kenntnis bestimmter physikalischer Parameter notwendig.

Für Abfälle aus Produktionsbetrieben, die stofflich verwertet werden sollen, sind dies neben der genauen chemischen Zusammensetzung und dem Aggregatzustand die Temperatur und der Druck. Auch die Kenntnis von Verunreinigung des Abfalls mit Spurenanteilen bestimmter

Komponenten ist unter Umständen wichtig für den anschließenden Prozess. Eine Vielzahl weiterer physikalischer Parameter (Dichte, Viskosität, pH-Wert, etc.) bestimmt, ob ein Abfall unmittelbar als Eingangsstoff für einen nachfolgenden Prozess nutzbar, oder ob eine Zwischenbehandlung notwendig ist.

Für Abfälle, welche thermisch beseitigt werden sollen, ist die Kenntnis des Heiz- oder Brennwertes notwendig. Heiz- und Brennwert charakterisieren die bei der vollständigen thermischen Zersetzung freiwerdende Energie bezogen auf die Masse des Abfalls. Typische Werte des Heizwertes liegen zwischen 4,0 MJ/kg (Vegetabilien) und 35 MJ/kg (Kunststoffe) [3-18]. Für die Definition des Heizwerts wird von einer vollständigen Verdampfung des Wassers ausgegangen. Für die Definition des Brennwerts liegt das Wasser nach der Verbrennung in kondensierter Form vor. Heiz- bzw. Brennwert sind deshalb von großer Bedeutung, da sie zum einen die maximale Energie charakterisieren, die aus einer bestimmten Menge Abfall gewonnen werden kann. Zum anderen ist die Temperatur der Verbrennung unmittelbar vom Heizwert abhängig, wenn keine zusätzliche Energie zu- oder abgeführt wird. Da entsprechend der 17. BimSchV bei der Verbrennung von Abfall eine Mindesttemperaturen von 850 °C eingehalten werden muss, um eine sichere Beseitigung von Schadstoffen zu gewährleisten, ist es u.a. vom Heizwert des Abfalls abhängig, ob dem Verbrennungsprozess zusätzliche Energie zugeführt werden muss.

3.3.2 Stoffliche Umwandlung von Abfällen durch Energiezufuhr

Im Kreislaufwirtschafts- und Abfallgesetz werden das Vermeiden und Verwerten von Abfällen an die wichtigste Stelle gesetzt. Unter Verwertung i.S.d. Abfallwirtschaftsgesetzes wird die Umwandlung von Abfällen in Wertstoffe (Rohstoffe) verstanden. Für diesen Vorgang ist eine Energiezufuhr von außen notwendig. Die Energie wird entweder für den physikalischen Umwandlungsprozess (Zerkleinern, Mahlen, Schmelzen) oder für den chemischen Umwandlungsprozess benötigt. Für eine stoffliche Verwertung von Abfällen ist es notwendig, dass diese in einer möglichst reinen und chemisch wohldefinierten Form vorliegen, da jeder Sortier- und Reinigungsprozess energieintensiv ist. Die stoffliche Verwertung spielt insbesondere für industriell anfallende Abfälle, aber auch für getrennt gesammelte Wertstoffe aus Haus- und Gewerbemüll eine Rolle.

Diese Zusammenhänge machen nochmals deutlich, dass unter dem Gesichtspunkt des Entropie-Exportes Abfallwirtschaft und Abfallenergienutzung bzw. –vermeidung nach einem einheitlichen Gesichtspunkt zu sehen sind.

3.3.2.1 Stoffliche Umwandlungen von Abfällen in der Industrie: Der „produktionsintegrierte Umweltschutz"

Aus einer Zusammenarbeit der Schweizerischen Akademie der Technischen Wissenschaften, der Deutsche Gesellschaft für Chemisches Apparatewesen, Chemische Technik und Biotechnologie (DECHEMA) und der Gesellschaft für Verfahrenstechnik und Chemie (GVC) entstand Ende der achtziger Jahre eine Arbeitsgruppe, der „Freiburger Kreis", die sich mit den Möglichkeiten und Grenzen der „prozessintegrierten Entsorgung" beschäftigen sollte. Ein Ergebnis dieser Studie ist die Feststellung, dass der Begriff der „prozessintegrierten Entsorgung" im Sinne einer prozessintegrierten Beseitigung von Abfall nicht das Ziel der chemischen Industrie ist. Da es den emissionslosen Produktionsprozess nicht geben kann (notwendiger Entropie-Export), muss es das Anliegen sein, die Abfälle innerhalb des Prozessverbundes zu verwerten und somit einen „produktionsintegrierten Umweltschutz" zu realisieren. Das Ergebnis der

Studie ist in einem Grundsatzpapier veröffentlicht [3-19]. Die Ziele der chemischen Industrie werden dort wie folgt formuliert:

Die Aufgabe des produktionsintegrierten Umweltschutzes ist die

- Vermeidung und Verminderung von Abfällen im Prozess,
- Verwertung von Abfällen im Produktionsverbund,
- Beseitigung der nicht verwertbaren Stoffe.

Die Abfallvermeidung und -verminderung wird erreicht durch:

- die Verbesserung der chemischen Prozesse,
- den Einsatz besserer Katalysatoren,
- die anlagen- und regeltechnische Optimierung und das
- Recycling von Hilfsstoffen.

Die *Abfallverwertung* wird erreicht durch:

- Recycling direkt in den Prozess,
- Einsatz der Abfälle als Rohstoff im erweiterten Produktionsverbund und
- Einsatz der Abfälle zur Energieerzeugung.

Der letzte Punkt schließt damit eine energetische Umwandlung, z. B. in Form einer Verbrennung ein. Die dazu benötigte Anlage ist in das gesamte Produktionskonzept zu integrieren.

Die Analogie zur Abfallenergieverwertung ist offensichtlich, neben der Verbesserung der Prozesse selbst, bzw. Verminderung der Abfallenergie, stellen die innere und äußere Verwendung der Abfallenergie die grundsätzlichen Möglichkeiten dar.

Für den Fall, dass die oben genannten Maßnahmen nicht ausreichend sind, ist die *Entsorgung* der verbliebenen Abfälle notwendig. Dies geschieht durch Deponierung. Um die zu deponierenden Abfälle weitgehend zu inertisieren, ist eine chemisch-physikalische Behandlung notwendig. Diese benötigt zusätzliche Energie, welche möglichst aus der energetischen Verwertung der Abfälle zu erhalten ist.

In einer Reihe von Arbeiten [3-20 bis 3-22] werden die im Sinne dieser Zielstellung erreichten Veränderungen von Prozessen dargestellt. Dies sind vor allem Prozessänderungen zur stofflichen Verwertung anstelle einer energetischer Verwendung oder Entsorgung. Für die Zukunft sind für eine zunehmende Anzahl von Prozessen Veränderungen zum produktionsintegrierten Umweltschutz zu erwarten. Insbesondere beim Bau von neuen Anlagen ist durch eine interdisziplinäre Zusammenarbeit der an der Planung Beteiligten sicherzustellen, dass eine stoffliche und energetische Verwertung der Abfälle Vorrang vor einer Beseitigung hat. Um dies zu erreichen, müssen neue Synthesewege, Reaktionspartner, Reaktionsmedien und Katalysatoren gefunden werden [3-23]. Mit den Methoden der Thermodynamik und chemischen Kinetik können so z. B. innovative Trennverfahren entwickelt werden. Die notwendigen Optimierungsmaßnahmen umfassen jedoch nicht nur die technischen Anforderungen, sondern auch wirtschaftliche, ökologische und politisch-soziale Anforderungen [3-24, 3-25] (s. auch Kapitel 5).

Das oberste Ziel des produktionsintegrierten Umweltschutzes ist nach dem Vermeiden das stoffliche Verwerten von Abfällen. Zu diesem Zweck müssen die anfallenden Abfälle unter Umständen gereinigt und von unerwünschten Begleitstoffen getrennt werden, bevor sie in einem weiteren Produktionsschritt als Rohstoffe eingesetzt werden können. Die physikalischen und chemischen Eigenschaften der Abfälle müssen daher durch den Einsatz von Energie verändert werden. Diese kann einen Mahl- und Klassierungsprozess umfassen, um eine spezifische Korngröße und -beschaffenheit zu erreichen. Ebenso können chemische Bindungen unter Energieeinsatz aufgespalten werden. Generell ist die stoffliche Verwertung für Abfälle aller Aggregatzustände einsetzbar. Im Folgenden werden einige Verfahren exemplarisch erläutert.

3.3.2.2 Rohstoffliche Verwertung von Feststoffen am Beispiel von Kunststoffabfällen

1990 wurden in der alten Ländern der Bundesrepublik Deutschland ca. 8,6 Mill. t Kunststoffe verbraucht [3-18]. Die insgesamt pro Jahr anfallende Menge an Kunststoffabfällen betrug 3 Mill. t. Etwa 0,5 Mill. t wurden intern recycelt. Etwa 0,55 Mill. t wurden zur Verwertung an Dritte abgegeben. Von den verbleibenden 1,95 Mill. t wurden etwa ein Drittel verbrannt und zwei Drittel deponiert. Der Kunstoffkreislauf ist schematisch in *Bild 3-13* dargestellt (nach [3-18]): Aus den monomeren Rohstoffen wird durch Polymerisation der Kunststoff hergestellt. Die dabei anfallenden Abfälle werden einem Werkstoffrecycling zugeführt. Aus dem Kunststoff wird durch weitere Verarbeitungsschritte das Produkt erzeugt. Auch die dort anfallenden Abfälle werden dem Wertstoffrecycling zugeführt. Am Ende der Lebenszeit des Kunststoffproduktes fällt dieses als Abfall an. Dieser Kunststoffabfall wird entweder in Monomere zerlegt und als Rohstoff recycelt oder unter Energieabgabe verbrannt bzw. deponiert.

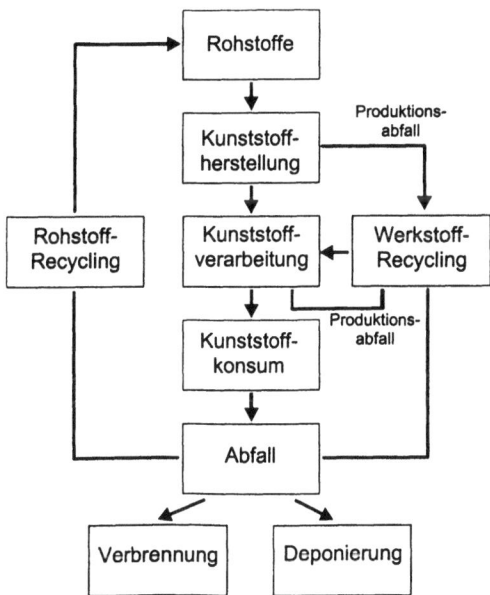

Bild 3-13
Schematische Darstellung des Kunststoffkreislaufs

Unter dem Begriff „Werkstoffrecycling" wird an dieser Stelle die Rückgewinnung unmittelbar als Werkstoff verstanden. Die Polymerketten werden dabei nicht zerstört, sodass der recycelte Stoff lediglich mechanisch aufgearbeitet werden muss. Ein werkstoffliches Recycling der

Abfallkunststoffe kann nur für gering vermischte und verschmutzte Kunststoffe erreicht werden.

Unter dem Begriff „Rohstoffrecycling" wird die Umwandlung des Abfallkunststoffs in Monomere verstanden, welche als Rohstoff erneut eingesetzt werden können.

Um ein Rohstoffrecycling zu ermöglichen, muss der Kunststoffabfall

a) zerkleinert

b) gereinigt

c) getrennt

d) aufbereitet und

e) aufgespalten

werden. Für die Verfahrensschritte a) bis c) ist in erster Linie der Einsatz mechanischer Energie notwendig. In neueren Verfahren wird der Einsatz von Kälteanlagen vorgeschlagen, in denen mit Hilfe von Kältemitteln auf Kohlenwasserstoff-Basis der Kunststoffabfall auf Temperaturen von -120 °C bis -160 °C abgekühlt wird. Damit wird die Glastemperatur des Kunststoffs unterschritten und der Energieaufwand zum Zerkleinern verringert sich drastisch [3-27]. Erste Studien zu diesem sogenannten "Kryo-Recyclingverfahren" ergeben, dass das Verfahren eine alternative Trennmöglichkeit für die Aufbereitung von Verbundmaterialien wie z. B. Elektronikschrott darstellt [3-28]. Für eine konkrete Beurteilung unter energetischen und wirtschaftlichen Gesichtspunkten ist jedoch der Bau einer Pilotanlage notwendig.

Der vierte Schritt der Aufarbeitung umfasst die Verflüssigung und Entgasung, die in der Regel in einem Extruder durchgeführt wird. Hier findet ein erster thermischer Abbau und eine Viskositätserniedrigung infolge der eingetragenen thermischen Energie statt.

Der letzte Schritt des Rohstoffrecyclings ist schließlich der eigentliche Spaltprozess, bei dem die chemischen Bindungen aufgespalten werden und neben den Rohstoffen auch thermische Energie freigesetzt wird. Um die Kunststoffe zu spalten werden unterschiedliche Verfahren eingesetzt: Dies sind die

– Pyrolyse,

– Hydrierung,

– Vergasung,

– Hydrolyse/Alkoholyse sowie

– Sonderverfahren

Im Folgenden wird ein kurzer Überblick über die Verfahren und die entstehenden Rohstoffprodukte gegeben [3-30,3-58].

Die *Pyrolyse* (thermische Spaltung) ist eine thermische Zersetzung des Kunststoffabfalls, die drucklos unter Luftabschluss bei Temperaturen zwischen 400 °C und 900 °C stattfindet. Dabei entstehen Pyrolyseöl, -gas und -koks. Das Pyrolyseöl besteht zum größten Teil aus Aromaten (Benzol, Toluol, Xylol). Wird ein im Kunststoff eventuell vorhandener Chloranteil nicht in einem vorgeschalteten Verfahrensschritt entfernt, so sind die Öle mit einem hohen Anteil an organisch gebundenem Chlor belastet [3-29]. Das Pyrolysegas besteht in erster Linie aus Methan, Ethan und Ethen. Bei bestimmten Kunststoffen fallen hohe Mengen an Kohlenmonoxid und -dioxid an [3-30]. Das Verhältnis von gasförmigen zu flüssigen Produkten beträgt je nach Abfallstoff 1:1 bis 2:1. Der Massenanteil an Koks kann bis zu 30 % betragen [3-30].

3.3 Nutzung von Abfällen durch Stoff- und Energiewandlung

Bei der *Hydrierung* (hydrierenden Spaltung) der Kunststoffabfälle werden diese zusammen mit Wasserstoff bei einer Temperatur von 450 °C bis 480 °C und einem Druck von bis zu 400 bar umgesetzt. Die entstehenden Spaltprodukte reagieren mit dem Wasserstoff zu vorwiegend kettenförmigen, aliphatischen Kohlenwasserstoffen. Der Anteil an Aromaten ist eher gering. Das Verhältnis von gasförmigen zu flüssigen Produkten beträgt 1:3 bis 1:10. Das flüssige Hydrierprodukt hat eine Zusammensetzung, die der eines Rohöls sehr ähnlich ist [3-30]. Der feste Rückstand ist deutlich geringer als bei der Pyrolyse.

Die *Vergasung* von Kunststoffabfällen findet bei Temperaturen von 1300 °C bis 1500 °C und Drücken bis zu 150 bar statt. Durch eine Restriktion des Sauerstoffangebots findet eine partielle Oxidation statt. Sämtliche organischen Verbindungen werden dabei zerstört. Es bildet sich zu ca. 98 % ein Gas, welches aus Kohlenmonoxid und Wasserstoff besteht (Synthesegas).

Die *Hydrolyse* bzw. *Alkoholyse* wird vorwiegend zur Zersetzung von Polyurethanen eingesetzt [3-43]. Es wird eine selektive Spaltung durch die Umsetzung mit Wasser bzw. Alkohol bei hohen Temperaturen und Drücken erreicht. Es entsteht ein Gemisch aus Polyol, Aminen und Wasser/Alkohol. Lediglich für die Alkoholyse sind bislang technische Anlagen in Betrieb [3-30]. Da das Verfahren relativ aufwendig ist, wird es nur für Verbundwerkstoffe einsetzbar sein, die andernfalls ausschließlich verbrannt werden könnten (z. B. Kfz-Sitze). Hier stellt die Alkoholyse ein interessantes Verfahren dar, das der weiteren Erforschung bedarf.

Neben den beschriebenen sind auch Kombinationen aus mehreren Verfahren möglich. Das bekannteste davon ist das Thermoselect-Verfahren, das aus einer Kombination eines Pyrolyse- mit einem Vergasungsverfahren besteht. Diese Kombinationsverfahren werden in Abschnitt 3.3.3 näher erläutert.

Als *Sonderverfahren* zum Abbau von Kunststoffabfällen wird die Spaltung mit überkritischem Wasser untersucht [3-44]. Mittels Wasser, welches bei einer Temperatur von 374 °C und einem Druck von 226 bar überkritisch wird, wird ein Gemisch aus den Kunststoffen PE, PP und PS in eine Gas-, eine Öl- und eine Wasserphase zersetzt. Anteile von PVC beeinflussen das Ergebnis nicht nennenswert. Detaillierte Untersuchungen zur genauen Zusammensetzung der gewonnenen Phasen liegen zur Zeit noch nicht vor. Das Verfahren verspricht jedoch interessante Zukunftsaussichten.

Zur Bewertung der dargestellten Verfahren werden unterschiedliche Kriterien hinzugezogen. Dies können beispielsweise der Stofferhalt, die Rezyklatnutzbarkeit, die Energiebilanz oder die Umweltverträglichkeit sein [3-29]. Zum gegenwärtigen Zeitpunkt ist keines der Verfahren in allen Punkten den anderen überlegen. Eines Studie des Leipziger Umweltinstitutes [3-29] kommt zu dem Ergebnis, dass unter Berücksichtigung aller genannten Kriterien die oben angeführten Verfahren zum Rohstoffrecycling nahezu gleichwertig sind und lediglich das werkstoffliche Recycling sortenreiner Kunststoffe höher einzustufen ist.

3.3.2.3 Rückgewinnung von Abfällen aus Abluftgemischen durch Energieeinsatz

In der chemischen Industrie treten in einer Vielzahl von Prozessstufen Abluft- oder Abgasströme auf, die u.U. mit Schadstoffen beladen sind. Dies können sowohl anorganische Bestandteile wie z.B. Chlorwasserstoff, Schwefelwasserstoff oder Ammoniak als auch organische Bestandteile sein. Zu den letzteren gehören insbesondere alle industriell eingesetzten Lösungsmittel. Diese haben häufig selbst bei Raumtemperatur beträchtliche Partialdrücke, so dass sie in der Abluft in hohen Konzentrationen vorliegen. In der Bundesrepublik Deutschland werden pro Jahr etwa 2 Mill. t Lösungsmittel verbraucht [3-31]. Ein Großteil davon wird über die Abluft emittiert.

Durch die damit verbundene Konzentrationsexergie können diese Stoffe im erheblichen Maße beim Übergang in die Umgebung am Entropie-Export der technologischen Systeme beteiligt sein.

Für die Abtrennung dieser Schadstoffe aus der Abluft wird zwischen regenerativen Verfahren und oxidativen Verfahren unterschieden [3-31]. Während die regenerativen Verfahren eine Rückgewinnung des Lösungsmittels als Rohstoff ermöglichen, wird bei den oxidativen Verfahren Kohlendioxid und Wasser gewonnen. Dies geschieht durch Umsetzung mit Sauerstoff auf thermischem oder biologischem Wege unter Abgabe von Energie.

Regenerative Verfahren

Zu den regenerativen Verfahren gehören die

– Kondensation

– Adsorption

– Absorption und die

– Membrantrennverfahren.

Für die *Kondensation* von Lösungsmitteln wird die Abluft direkt oder über Wärmeübertragungsflächen gekühlt. Die zu diesem Prozess notwendige Energie wird entweder über Kältemaschinen oder in Form von flüssigem Stickstoff zur Verfügung gestellt. Die Kondensationsverfahren eignen sich insbesondere für hohe Beladungen und ermöglichen eine problemlose Rückgewinnung der Lösungsmittel ohne nachfolgende Verfahrensschritte [3-32]. Problematisch sind die zur Einhaltung der Emissionsgrenzwerte notwendigen Temperaturen insbesondere bei Lösungsmitteln mit einem hohen Dampfdruck wie beispielsweise Azeton, Dichlormethan oder Chlormethan. Bei den genannten Stoffen liegen die Kondensationstemperaturen, die zur Einhaltung der TA Luft notwendig sind, unter -88 °C [3-33]. Da bei diesen Temperaturen andere Lösungsmittel, die sich ebenfalls in der Abluft befinden, bereits im festen Zustand vorliegen, kann es z. B. zu einer Vereisung der Anlagen kommen.

Die *Adsorption* von Lösungsmitteln ist ein Verfahren, welches insbesondere bei niedriger Beladung eingesetzt wird. Als Adsorbentien finden in der Regel Aktivkohlen, aber auch Silikagele oder Molekularsiebe Verwendung. Als Verfahren wird entweder das Festbett oder die Wirbelschicht eingesetzt. Zur Regeneration des Lösungsmittels wird eine Desorption mit überhitztem Wasserdampf oder Inertgas durchgeführt. Die Lösungsmittel werden anschließend unter Energieeinsatz von den Desorptionsmitteln z. B. durch Rektifikation getrennt [3-32].

Unter der *Absorption* wird das Lösen des zu entfernenden Stoffes in einer Flüssigkeit verstanden. Dies kann ohne eine chemische Reaktion (physikalische Absorption) oder mit einer chemischen Reaktion (chemische Absorption) stattfinden. Absorptionsverfahren werden häufig zur Abscheidung von anorganischen Verunreinigungen angewendet. Als Absorbentien werden in Abhängigkeit des abzuscheidenden Stoffes z. B. Natronlauge, Schwefelsäure, Alkohole oder Wasser benutzt. Für das Abscheiden von organischen Verunreinigungen können Polyalkylenglykolether eingesetzt werden. Die Regeneration des Absorbens wird häufig unter vermindertem Druck und erhöhter Temperatur durchgeführt [3-32]. Absorptionsprozesse sind oft mit dem Entstehen großer Lösungswärmeströme verbunden. Diese werden zum Teil wieder regenerativ genutzt (s. Abschnitt 3.1). In Absorptionsanlagen sind die beteiligten Apparate daher in hohem Maße energetisch miteinander gekoppelt.

Membrantrennverfahren stellen die im Vergleich zu den bereits vorgestellten Verfahren jüngste Methode dar, die z. B. zur Lösungsmittelrückgewinnung verwendet wird. Sie sind bisher großtechnisch noch wenig erprobt. Die Membrantrennverfahren gewinnen jedoch mit der Entwicklung von neuen selektiven Membranen zunehmend an Bedeutung. Das Prinzip des Verfahrens basiert auf einer Trennung von Abluft und Schadstoffen durch eine Membran, die eine hohe Permeabilität für die organischen Dämpfe und eine niedrige Permeabilität für Sauerstoff und Stickstoff aufweist. Als Membranmaterial werden häufig Silikone eingesetzt. Die bedeutendste technische Anwendung für die Membrantrennverfahren zur Abtrennung von flüchtigen organischen Stoffen ist die Benzindampfrückgewinnung bei Tanklägern [3-34]. Energie wird bei diesem Verfahren in erster Linie in Form von Verdichterleistung auf der Retentatseite benötigt.

Oxidative Verfahren

Die oxidativen Verfahren können unterschieden werden in

- thermische Oxidation
- katalytische Oxidation
- regenerative thermische Oxidation und
- Biofiltration/-wäsche

Die oxidativen Verfahren (mit Ausnahme der Bioverfahren) arbeiten bei Temperaturen von 250 °C bis 850 °C. Sie werden dann eingesetzt, wenn die zu reinigende Abluft eine große Anzahl verschiedener Lösungsmittel enthält, die in Konzentrationen vorliegen, bei denen sich eine Rückgewinnung nicht lohnt.

Die *thermische Oxidation* findet Einsatz, wenn die Schadstoffbeladung hoch ist und Katalysatorgifte anwesend sind. Die Temperaturen betragen hier ca. 750 °C bist 850 °C. Energetisch günstiger sind die *katalytischen Verfahren*, da sie bei wesentlich geringeren Temperaturen von 250 °C bis 450 °C stattfinden können. Beide Verfahren werden vorzugsweise in der autothermen Fahrweise betrieben, d.h. die bei der Oxidation freiwerdende thermische Energie ist ausreichend, das Temperaturniveau der Oxidation zu halten [3-31]. Aufgrund der geringeren Temperatur bei der katalytischen Oxidation sind die für eine autotherme Fahrweise benötigten Schadstoffkonzentrationen um eine Größenordnung niedriger als bei der thermischen Oxidation. Besonderen Wert muss bei der Oxidation auf eine sinnvolle Rückgewinnung der freiwerdenden Wärmeenergie gelegt werden. Dies kann einerseits durch eine Vorwärmung der Abluft oder z. B. Erwärmung eines Wärmeträgers geschehen, welcher in einem weiteren Prozess eingesetzt wird. Andererseits kann die gereinigte heiße Abluft z. B. in einer Absorptionskältemaschine verwendet werden [3-35]. Diese ermöglicht das Ausnutzen der Energie zur Raumklimatisierung, wenn kein Abnehmer für die Prozesswärme vorhanden ist (s. Abschnitt 3.1, 3.2).

Eine Besonderheit bei den oxidativen Verfahren stellen die *Biofiltration* und *Biowäsche* dar. Hier werden die organischen Bestandteile der Luft mit Hilfe von Mikroorganismen zu Kohlendioxid und Wasser oxidiert. Der Vorgang spielt sich bei deutlich niedrigeren Temperaturen als die oben beschriebenen oxidativen Verfahren ab. Die Bakterien liegen entweder in immobilisierter Form z. B. auf der Oberfläche von Füllkörpern vor (Rieselbett) oder als Suspension (Biowäscher). Die biologischen Verfahren werden bei geringen Schadstoffkonzentrationen eingesetzt. Voraussetzung ist ein Mikroorganismenstamm, der die in der Abluft befindlichen Lösungsmittel schnell genug abbaut.

3.3.2.4 Rückgewinnung von Abfällen aus Abwässern durch Energieeinsatz

Wasser wird in der Industrie in sehr großen Mengen als Lösungsmittel eingesetzt. Dies gilt für die chemische Industrie ebenso wie für z. B. Textil-, Papier-, Druck- oder Zellstoffindustrie. Im Abwasser treten sowohl anorganische Schadstoffe wie z. B. Salze, Säuren und Laugen als auch organische Schadstoffe wie z. B. Lösungsmittel oder Biomasse auf.

Zur Reduzierung der Schadstoffbelastung in Abwässern werden unterschiedliche Maßnahmen eingesetzt [3-26]. Die höchste Priorität haben die Verfahren, die das Anfallen von belasteten Abwässern völlig vermeiden. Ist dies nicht möglich, so muss eine stoffliche, thermische oder biologische Verwertung der Schadstoffe erfolgen. Die stoffliche Verwertung kann z. B. mittels Fällungsreaktionen erfolgen. Ebenso ist eine stoffliche Verwertung mittels der Membrantrennverfahren durch Mikrofiltration, Nanofiltration, Umkehrosmose, etc. oder durch Elektrodialyse möglich. Dies wird vornehmlich für anorganische Abfälle durchgeführt. Die thermische Verwertung geschieht in der Regel durch Eindampfprozesse. Biologische Prozesse werden in Kläranlagen zur Reinigung von Siedlungsabwässern oder als Biowäscher in industriellen Prozessen eingesetzt.

Zum *Vermeiden* von schadstoffbelasteten Abwässern werden alternative Lösungsmittel gesucht. In neueren Untersuchungen hat sich überkritisches CO_2 bewährt [3-26]. Es wird beispielsweise zum Färben von Textilien als Substitut für Wasser eingesetzt [3-36]. Dadurch ist es möglich, sowohl die Färbungstemperatur als auch die Färbungsdauer zu verringern. Auch die üblicherweise notwendige Trocknung der Textilien entfällt beim Einsatz von überkritischem CO_2. Das CO_2 wird im Anschluss an den Färbungsprozess in den unterkritischen Zustand überführt, wobei es seine Lösungsfähigkeit für den Farbstoff verliert. Es kann somit in reinem Zustand recycelt werden. Die ersten technischen Anlagen, die nach diesem Verfahren arbeiten, sind bereits realisiert. Auch der Energieverbrauch der Methode liegt unterhalb dem konventioneller Verfahren [3-36].

Das *Rückgewinnen* organischer und anorganischer Stoffe wie z. B. aromatische und chlorierte Kohlenwasserstoffe, Salze oder Tenside aus dem Abwasser ist mit Hilfe von Membranverfahren möglich [3-37 bis 3-39, 3-46, 3-47]. Diese sind selektiv im Hinblick auf die Molekülgröße oder -ladung. Zu den Verfahren mit molekülselektiven Membranen gehören alle Filtrationsverfahren [3-38, 3-39, 3-47]. Mit den *Filtrationsverfahren* werden beispielsweise Tenside aus salzhaltigen Industrieabwässern selektiv rückgewonnen [3-39]. Ein bis jetzt noch ungelöstes Problem stellt die Tatsache dar, dass die auf diese Weise rückgewonnenen Produkte teilweise andere Eigenschaften als die Rohstoffe haben und daher nicht wieder im Prozess eingesetzt werden können.

Membranen, die ladungsselektiv arbeiten, werden als bipolare Membranen bezeichnet und in der *Elektrodialyse* verwendet. Mit ihnen können unter Einsatz von elektrischer Energie salzhaltige Abwässer aufbereitet und die Säuren und Basen rückgewonnen und recycelt werden [3-40]. Großtechnische Anlagen existieren z. B. zur Meerwasserentsalzung.

Das Aufbereiten von sauren und basischen Abwässern ist mittels der *Elektrolyse* möglich. Dazu werden die Säuren und Basen mit Hilfe von elektrischem Strom in ihre gasförmigen Bestandteile zerlegt. Auch die Abtrennung von Metallen aus Abwässern gelingt mit der Elektrolyse [3-48]. Das Verfahren stellt in bestimmten Fällen eine wirtschaftliche Alternative zu herkömmlichen Entsorgungsverfahren dar [3-41, 3-48].

Ein stoffliches Recycling ist ebenfalls mittels überkritischem CO_2 möglich. Das Verfahren wird als *Extraktionsverfahren* z. B. für die Reinigung von mineralölkontaminierten Schleifrückständen verwendet [3-45].

3.3 Nutzung von Abfällen durch Stoff- und Energiewandlung 83

Das am weitesten verbreitete Verfahren zur *thermischen Verwertung* von Abwasserstoffen sind das Eindampfen bzw. Rektifizieren. Zum Entfernen definierter Verunreinigungen werden alle in der Verfahrenstechnik gebräuchlichen Trennoperationen wie Extraktion, Adsorption, Kristallisation etc. eingesetzt. Sind organische Verunreinigungen im Wasser, die auf diese Weise nicht abgetrennt werden können, so werden thermische Spaltverfahren in Öfen oder Wirbelschichtanlagen verwendet. Dies ist z. B. bei der Aufbereitung von Abfallschwefelsäuren der Fall [3-42]. Das dabei entstehende Spaltgas dient nach einer Reinigung z. B. der Herstellung von flüssigem Schwefeldioxid. Als Sonderverfahren z. B. zum Entfernen von Ammoniak aus hochbelasteten Abwässern wird die Transmembrandestillation untersucht [3-37]. Hier wird die mit Ammoniak verunreinigte wässrige Lösung über eine hydrophobe Membran geführt, sodass gasförmiges Ammoniak diese passiert und auf der Permeatseite durch Schwefelsäure gebunden wird. Probleme bereiten die eventuell in der Wasserphase vorliegenden Tenside, die die Benetzbarkeit der Membran ermöglichen.

3.3.3 Energetische Umwandlung von Abfällen

Ist weder ein wertstoffliches Recycling noch eine stoffliche Aufarbeitung möglich, so ist die energetische Verwertung des Abfalls eine Alternative zur Deponierung. Dazu wird die chemische Energie der Abfälle in Form von Wärme freigesetzt. Dies kann auf unterschiedlichen Temperatur- und Druckniveaus stattfinden. Als Ausgangsprodukt vieler thermischer Verwertungs- und Beseitigungsverfahren entstehen neben der Wärme auch Rohstoffe, die wiederum als Eingangsstoffe in anderen Prozessen verwendet werden können.

Im Sinne der Entropiewirtschaft stellen diese Verfahren Beispiele für die Umwandlung von stofflicher Entropieproduktion in Wärmeentropie und damit zur prozessualen Verlagerung des Entropie-Exports dar.

3.3.3.1 Thermische Beseitigung fester Abfälle

Zu den Bestandteilen aller thermischen Abfallbehandlungsanlagen gehören neben dem thermischen Hauptverfahren die Teilschritte der Abgasreinigung und Dampf- bzw. Stromerzeugung. In *Bild 3-14* ist eine Anlage zur thermischen Verwertung von Abfällen schematisch dargestellt. Folgende Teilverfahren werden unterschieden:

– Abfallvorbehandlung
– thermisches Hauptverfahren
– Abfallnachbehandlung
– Gasreinigung

Die *Abfallvorbehandlung* hat das Ziel, die Abfälle durch die Verfahrensschritte Zerkleinern, Sortieren, Homogenisieren, Schadstoffentfrachten und Aufbereiten für die nachfolgenden Verfahren möglichst optimal zu konditionieren [3-52]. Diese geschieht einerseits im Hinblick auf möglichst konstante Bedingungen für das Hauptverfahren (z. B. eine konstante Verbrennungstemperatur), andererseits ist eine möglichst geringe Variation der im Abfall enthaltenen Schadstoffe die Voraussetzung für eine effektive Abgasreinigung. Letzteres wird nur erreicht, wenn die Abfälle, die in der Regel aus variierenden Bestandteilen bestehen, durch die genannten Verfahren homogenisiert werden.

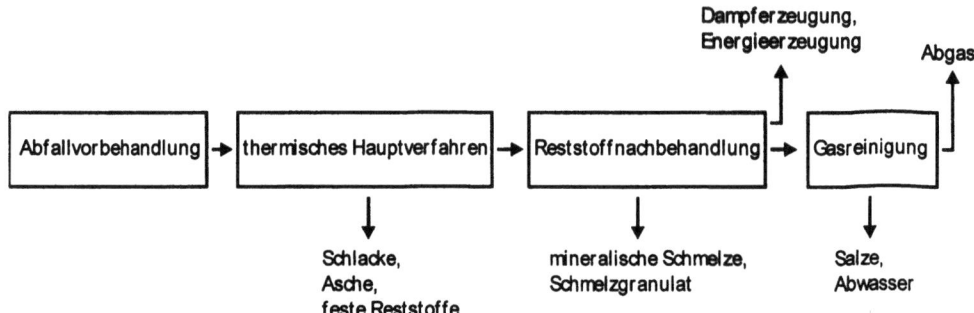

Bild 3-14
Schematische Darstellung einer Anlage zur thermischen Behandlung von Abfällen

In dem an die Vorbehandlung anschließenden *thermischen Hauptverfahren* wird die eigentliche energetische Verwertung des Abfalls durchgeführt. Es besteht häufig aus zwei Stufen [3-49]. In der ersten Stufe wird der Abfall mittels Pyrolyse, Vergasung oder Verbrennung in einen inerten Feststoff (Schlacke, Asche) und flüssige und gasförmige Stoffe gewandelt. Je nach thermischem Verfahren sind letztere stofflich - z. B. Pyrolyseöl, Pyrolysegas, Synthesegas - oder energetisch - z. B. Verbrennungsabgase - verwertbar.

In der anschließenden zweiten Verfahrensstufe werden die Restprodukte der ersten Stufe verwertet bzw. umgesetzt. Verbrennungsabgase werden im Dampferzeuger abgekühlt, der gewonnene Dampf wird als Prozessdampf oder zur Stromerzeugung eingesetzt. Auch eine Einspeisung von Niederdruckdampf in Fernwärmenetze ist möglich (Müllheizkraftwerk). Oxidierbare Gase werden verbrannt oder vergast und die dabei gewonnene thermische Energie zum Erzeugen von Prozessdampf bzw. elektrischem Strom genutzt. Die festen und flüssigen Abfälle werden so aufbereitet, dass sie entweder als Rohstoffe für andere Prozesse zur Verfügung stehen oder als Abfallstoffe entsorgt werden können.

Die *Abfallnachbehandlung* dient der weiteren Reinigung der gewonnenen Wertstoffe und der Inertisierung aller entstehenden, nicht verwertbaren Stoffe. Art und Menge dieser Stoffe sind stark von der Abfallart sowie dem thermischen Hauptverfahren abhängig. Unter Umständen ist die Nachbehandlung bereits Bestandteil des Hauptverfahrens - z. B. die Schlackeverglasung beim Thermoselect-Verfahren. Zu den unterschiedlichen Nachbehandlungsverfahren gehören [3-49, 3-53, 3-54]:

– Aufbereitungsverfahren, z. B. zur Metallabscheidung
– Verfestigungsverfahren, z. B. zum Binden von Flugstaub
– Schmelzverfahren, z. B. zum Verglasen und Inertisieren von Aschen und Schlacken
– Waschverfahren, z. B. zum Entfernen von löslichen Salzen und Schwermetallen.

Im letzten Verfahrensschritt findet die *Gasreinigung* statt. Hier werden die im Abgas bzw. Prozessgas verbliebenen Schadstoffe abgetrennt und verwertet bzw. inertisiert. Dazu gehört das Abtrennen von Schwefeldioxid, Chlorwasserstoff, Fluorwasserstoff, Stickoxiden,

Schwermetallen sowie organischen und toxischen Verunreinigungen. Hierzu werden eine Vielzahl von unterschiedlichen verfahrenstechnischen Methoden eingesetzt [3-49, 3-55 bis 3-57].

3.3.3.2 Verwertungsverfahren

Im Laufe der letzten Jahre sind neben der klassischen Müllverbrennung eine Vielzahl von alternativen Verfahren entwickelt worden. Ziel dieser Entwicklungen war das Beseitigen von Abfall mit Methoden, bei denen ein möglichst großer Anteil an Wertstoffen erhalten wird bzw. verwertbare Rohstoffe produziert werden. Auf diese Weise sollen die irreversiblen Umwandlungen, welche die Verbrennung notwendigerweise nach sich zieht, verringert werden. Dies geschieht, indem die komplexen, bei der Verbrennung ablaufenden physikalischen und chemischen Vorgänge in getrennten Verfahrensstufen durchgeführt werden. Die einzelnen Prozesse sind dadurch besser regelbar und können optimal an den zu beseitigenden Stoff angepasst werden.

Tabelle 3-4: Parameter der wichtigsten thermischen Behandlungsverfahren

	Pyrolyse	Hydrierung	Vergasung	Verbrennung
Sauerstoffangebot	$\lambda = 0$	$\lambda = 0$, unter H_2	$\lambda < 0$	$\lambda >= 0$
Temperatur in °C	400 - 900	300 - 500	1300 - 1500	850 - 1200
Druck in bar	drucklos	< 400	< 150	1
Verweilzeit	Sekunden	Minuten bis Stunden	Minuten bis Stunden	Stunden bis Tage
Ausgangsprodukte	Gas: Methan, Ethan, Ethen, evtl. CO, CO_2 Öl: Aromaten Koks	Gas: Methan, C_2-C_4-Kohlenwasserstoffe Öl: kettenförmige aliphatische Kohlenwasserstoffe fester Rest	Gas: CO, H_2 fester Rest	Abgas, CO_2 Asche

Die prinzipiell zu diesem Zweck einsetzbaren Verfahren sind bereits in Abschnitt 3.3.2 beschrieben worden. Es sind dies in der Hauptsache die Pyrolyse, die Hydrierung und die Vergasung. In *Tabelle 3-4* werden diese Verfahren mit ihren wichtigsten Parametern verglichen und der Verbrennung gegenübergestellt. Auffällig sind die sehr unterschiedlichen Parameter bezüglich des Sauerstoffangebots, des Temperatur- und Druckniveaus, der Verweilzeit und der gewonnenen Wertstoffe [3-60].

Die neuentwickelten Verfahren zur Abfallbeseitigung verwenden im Allgemeinen nicht nur einen der beschriebenen Vorgänge alleine, sondern nutzen häufig Kombinationsmöglichkeiten. In *Tabelle 3-5* werden einige zur Zeit entwickelten Verfahren und deren Verfahrensprinzipien verglichen [3-51, 3-59].

Im Folgenden werden das Schwel-Brenn-Verfahren und das Thermoselect-Verfahren näher dargestellt. Dies erscheint gerechtfertigt, da beide Verfahren bereits einen verhältnismäßig hohen Stand der Entwicklung haben und häufig beim Neubau von Müllverbrennungsanlagen als Alternativen zur Rostverbrennung in der Diskussion sind. Details zu den anderen genannten Verfahren finden sich in der Literatur [3-50, 3-51, 3-59, 3-62, 3-64].

Schwel-Brenn-Verfahren

Das *Schwel-Brenn-Verfahren* ist von der Firma Siemens-KWU entwickelt worden [3-49, 3-65 bis 3-67]. Es beinhaltet die Verfahrensschritte Pyrolyse und Verbrennung. Es wird für die Verwertung von Haus- und Gewerbemüll sowie Sperrmüll verwendet. Im Vergleich zu einem herkömmlichen Verbrennungsprozess ist das Ziel des Schwel-Brenn-Verfahrens eine Wertstoffgewinnung, Schlackeverglasung und eine Reduzierung des Abgasstroms. Für das Verfahren existiert eine Pilotanlage, eine Anlage im technischen Maßstab wurde in Fürth gebaut, aufgrund technischer Schwierigkeiten jedoch wieder stillgelegt (Stand April 1999).

Tabelle 3-5: Thermische Verwertungverfahren nach [3-51]

Verfahren/Lieferant	Thermische Hauptverfahren
Rostfeuerung Wirbelschichtverbrennung Drehrohrtechnik	Verbrennung + Nachverbrennung
Schwelbrennverfahren / Fa. Siemens-KWU Duothermverfahren / Fa. von Roll Pyrocomverfahren / Fa. BC	Pyrolyse + Verbrennung
Wikonexverfahren / Fa. Lurgi	Vergasung + Verbrennung
Noell-Konversionsverfahren VEBA-Konversionsverfahren Thermoselsect-Verfahren	Pyrolyse + Vergasung, Gasnutzung
Öko-Gas-Verfahren / Fa. Lurgi	Vergasung, Gasnutzung
NESA-Pyrolyse-Verbrennung	Pyrolyse + Verbrennung

Das Verfahren setzt sich aus den folgenden Verfahrensschritten zusammen [3-49]:
- Abfallvorbehandlung durch Shreddern.
- Pyrolyse in einem Drehrohr bei 450 °C und einer Verweilzeit von ca. 1 h.
- Wertstoffrückgewinnung (Metalle) und Ausschleusen des Pyrolysekokses.
- Verbrennen von Pyrolysekoks und -gas in der Nachbrennkammer bei 1300 °C mit geringem Luftüberschuss.
- Abzug der Schlacke in flüssiger Form
- Wärmeauskopplung und Dampferzeugung
- Abgasreinigung

Ein schematisches Verfahrensfließbild ist im *Bild 3-15* dargestellt.

Als Wertstoffe werden Metalle, Schmelzgranulat sowie Steine/Glasbruch erzeugt. Für 1,00 Massenanteile Abfall, bestehend aus 80 % Restmüll und 20 % Klärschlamm werden ca. 0,12 Anteile Schmelzgranulat, 0,06 Anteile Steine/Glasbruch, 0,06 Anteile Eisenschrott, sowie Reste an Alu-, Kupfer- und Messingschrott gewonnen. Der gesamte Anteil an Wertprodukten beträgt 0,25 [3-65]. Alle nicht verwertbaren Abfälle stammen aus der Abgasreinigung.

3.3 Nutzung von Abfällen durch Stoff- und Energiewandlung

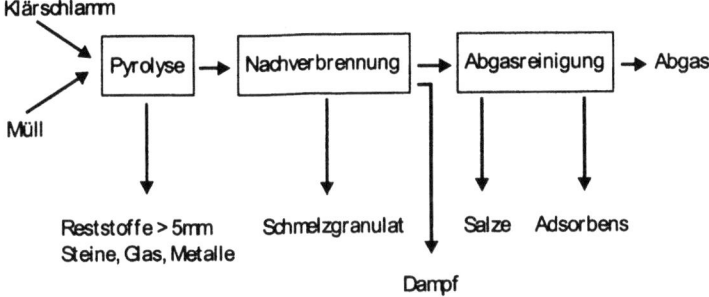

Bild 3-15
Schematische Darstellung des Schwel-Brenn-Verfahrens

Thermoselectverfahren

Von der Firma *Thermoselect* wurde ein gleichnamiges Verfahren entwickelt, welches auf den Verfahrensschritten Pyrolyse und Vergasung beruht [3-49 bis 3-51, 3-64, 3-68]. Versuche werden bislang für die Verwertung von Hausmüll durchgeführt. Ziel des Verfahrens ist das Erzeugen eines Synthesegases und der Schlackeverglasung. Es existiert eine Pilotanlage in Italien Eine Anlage im technischen Maßstab läuft im Probebetrieb (Stand 1998).

Das Verfahren gliedert sich in die folgenden Schritte [3-49]:

– Verdichten des Abfalls in einer mechanischen Presse.

– Pyrolytische Verkokung des Abfalls in einem Entgasungskanal bei 400 °C bis 600 °C.

– Vergasung der Pyrolysegase in einem Hochtemperaturreaktor bei 1200 °C und Umgebungsdruck unter Zugabe von reinem Sauerstoff und Erdgas.

– Einschmelzen der Schlacke im Sumpf des Vergasungsreaktors.

– Synthesegasreinigung oder

– Verbrennen des Synthesegases zur elektrischen Stromerzeugung und Abgasreinigung

Ein schematisches Verfahrensfließbild ist in *Bild 3-16* dargestellt.

Beim Verwerten von 1,0 Anteilen Abfall werden als Wertstoffe 0,23 Anteile Schmelzgranulat und 0,03 Anteile Metallegierungen freigesetzt. Nicht-verwertbare Abfälle entstehen lediglich in der Gasreinigungsanlage.

Das Thermoselect-Verfahren ist u.a. aufgrund der äußerst restriktiven Informationspolitik der Betreiber nicht unumstritten [3-64, 3-68]. Insbesondere der Einsatz von reinem Sauerstoff im Hochtemperaturreaktor wird als Sicherheitsrisiko angesehen. Auch die fehlenden Daten zum Emissionsverhalten und zur Umsetzbarkeit in ein System im technischen Maßstab werden bemängelt. Nachdem jedoch der Betrieb der Schwel-Brenn-Anlage in Fürth gescheitert zu sein scheint, ist das Thermoselect-Verfahren derzeit das einzige Verfahren, dass als Alternative zu Rostfeuerung in Betracht gezogen werden kann.

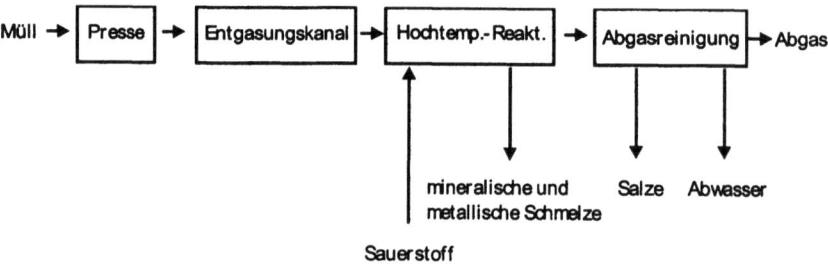

Bild 3-16
Schematische Darstellung des Thermoselectverfahrens

Bei der Einschätzung der Leistungsfähigkeit der neuentwickelten Verfahren im Vergleich zur herkömmlichen Müllverbrennungsanlage sind die Gesichtspunkte *Umweltbelastung, Entsorgungssicherheit und Wirtschaftlichkeit* zu berücksichtigen.
Durch die intensiven Tätigkeiten auf dem Gebiet der Abgasreinigung in den letzten Jahren erfüllen heute alle technisch eingesetzten Verfahren die gesetzlichen Anforderungen bezüglich der Emissionen von Schadstoffen [3-49 bis 3-51]. Im Hinblick auf das Eluatverhalten der festen Reststoffe, die nach der thermischen Verwertung entstehen (Asche, Schlacke), sind die beschriebenen Sonderverfahren der Verbrennung überlegen, da erstere eine verglaste Schlacke produzieren. Das Eluatverhalten wird vergleichbar, wenn nach der Verbrennung auf dem Rost eine Verglasung der Asche in einem gesonderten Verfahrensschritt durchgeführt wird.
Der Hauptaspekt, der bei der Entsorgung von Abfällen zu berücksichtigen ist, ist die Entsorgungssicherheit. Dort sind zur Zeit die Verbrennungsanlagen den Sonderverfahren überlegen, da im Bereich der Verbrennung umfangreiche Betriebserfahrungen aus technischen Anlagen zur Verfügung stehen. Lediglich für die oben dargestellten Kombinationsverfahren existieren Erfahrungen aus Pilotanlagen. Insbesondere im Hinblick auf das Verwerten von Abfallströmen mit stark variierenden Zusammensetzungen oder Mengen sind diejenigen Verfahren erheblich empfindlicher, die keine Möglichkeiten z. B. zur Zwischenpufferung bieten. Hier werden die Kombinationsverfahren noch in großtechnischen Anlagen ihre Eignung erweisen müssen.
Für den Vergleich der Wirtschaftlichkeit der Verfahren müssen die Investitions- und Betriebskosten der Anlagen ebenso berücksichtigt werden, wie die Erlöse, die für die erzeugten Wertstoffe und die produzierte Energie erhalten werden. Der Vergleich bezüglich der Investitions- und Betriebskosten wird derzeit dadurch erschwert, dass lediglich für die Rostfeuerung gesicherte Zahlen vorliegen. Die Betreiber der Sonderverfahren kompensieren die bislang höheren Kosten durch umfangreiche Gewährleistungen. Eine monetäre Bewertung der erzeugten Stoff- und Energieströme ist lediglich für produzierten Strom oder Dampf möglich, vorausgesetzt, diese können in ein Netz eingespeist werden. Die Bewertung der Stoffströme ist maßgeblich davon abhängig, ob Abnehmer für die Wertstoff gefunden werden und langfristige Verträge

3.3 Nutzung von Abfällen durch Stoff- und Energiewandlung

über die Abnahme geschlossen werden können. Damit gelten hier auch die in Verbindung mit Koppelverfahren diskutierten Bewertungsprobleme (s. Abschnitt 2.2)

3.3.3.3 Thermische Verwertung von Klärschlämmen

Für die thermische Entsorgung von stark schadstoffbelasteten oder biologisch aktiven Abfällen gelten die oben dargestellten Ausführungen sinngemäß. In diesem besonderen Fall hat der Aspekt der sicheren Entsorgung die höchste Priorität. Dies schließt einen möglichst hohen Grad der Inertisierung der bei der Verwertung anfallenden Restabfälle ein. Gleichzeitig sollten die organischen Bestandteile optimal verwertet werden, um die zu deponierende Menge gering zu halten. Ein Beispiel dafür ist die thermische Verwertung von hoch belasteten Klärschlämmen. Neben der herkömmlichen Sonderabfallverbrennung, die z. B. durch Vortrocknen des Schlamms und interner Energierückführung optimiert wird [3-69], werden hierbei auch Kombinationsverfahren für die Entsorgung untersucht [3-70 bis 3-72]. Insbesondere die Pyrolyse - unter Umständen mit anschließender Vergasung - hat sich als ein interessantes Verfahren erwiesen.

Zur Pyrolyse von Biomasse wird z. B. in Technikumsversuchen das Verfahren der indirekt beheizten Wirbelschicht eingesetzt [3-71]. Als Vorteile werden eine kurze Verweilzeit, der gute Wärmeübergang und das schnelle Abfahren im Störfall genannt. Neben einem in etwa gleichbleibenden Anteil von Koks und Produktwasser in der Größenordnung von 33 % entstehen Pyrolyseöl und -gas. Das Verhältnis von Öl zu Gas verändert sich in einem Bereich der Pyrolysetemperatur von 620 °C bis 750 °C von 2:1 auf 1:2. Als Nachteil ist zu sehen, dass über 50 % der organischen Bestandteile des Klärschlamms als Kohlenstoff im Rückstand verbleiben [3-70]. Bezüglich der Wirtschaftlichkeit des Verfahrens ist das erzeugte Pyrolyseöl beim augenblicklichen Rohölpreis nicht konkurrenzfähig. Das Verfahren muss daher primär unter Gesichtspunkten der Entsorgung betrachtet werden.

Der hohe Kohlenstoffanteil im Rückstand wird bei dem Verfahren der Vergasung des Klärschlamms vermieden [3-70]. Beide Verfahren sind kombinierbar, sodass der in der Pyrolyse entstandene Koks in einer anschließenden Vergasung energetisch verwertet wird [3-72].

3.3.3.4 Biologische Verwertung von Abfällen

Für die Behandlung organischer, schwach belasteter Abfälle wird die biologische Verwertung durch Vergärung eingesetzt. Ein Vergleich der eingesetzten Verfahren ist in [3-73] dargestellt. Demnach gliedert sich die biologische Verwertung in die folgenden Verfahrensschritte:

- trockene Aufbereitung,
- nasse Aufbereitung,
- anaerobe Vergärung,
- Energieerzeugung,
- Entwässerung des Rückstandes und
- aerobe Kompostierung des Rückstandes.

In der *trockenen Aufbereitung* werden Störstoffe wie z. B. Schrott und nicht oder schlecht abbaubare Stoffe aussortiert. Anschließend wird der Abfall mechanisch zerkleinert um eine Vergrößerung der Oberfläche zu erreichen.

In der *nassen Aufbereitungsstufe*, die sowohl als Alternative zur trockenen Aufbereitung als auch zusätzlich möglich ist, wird durch Anmaischen mit Prozesswasser der zum Vergären notwendige Wassergehalt erreicht. Durch Schwerkraftabscheidung werden die Störstoffe entfernt. Eventuell wird die Maische anschließend erwärmt.

Im anschließenden anaeroben *Reaktionsprozess* finden Hydrolyse, Versäuerung und Methanisierung statt. Die Reaktionsprodukte sind ein Gas, das zu 50 % bis 70 % aus Methan besteht, Abwasser, sowie der Gärrückstand. Es wird zwischen ein- und mehrstufigen Verfahren unterschieden. Im einstufigen Verfahren finden Hydrolyse, Versäuerung und Methanisierung in einem Reaktor statt. Im zweistufigen Verfahren finden Hydrolyse und Versäuerung getrennt von der Methanisierung statt. Zusätzlich wird zwischen mesophilen Verfahren (Betriebstemperatur ca. 37 °C) und thermophilen Verfahren (Betriebstemperatur ca. 55 °C) unterschieden.

Zur *Energieerzeugung* wird das Biogas verbrannt. Es können sowohl elektrische Energie als auch Wärmeenergie gewonnen werden.

Neben den rein biologischen Verfahren werden auch Kombinationsverfahren aus einer biologisch-mechanischen Behandlung und einer thermischen Behandlung untersucht [3-74 bis 3-76]. Dazu wird der Abfall in eine heizwertarme/wasserreiche Fraktion sowie eine heizwertreiche/wasserarme Fraktion aufgeteilt. Es kommen ein Parallel- oder ein Reihenbetrieb der beiden Verfahren in Betracht. Beim Parallelbetrieb wird die heizwertarme Fraktion vergärt während die heizwertreiche Fraktion thermisch behandelt wird. Beim Reihenbetrieb wird zunächst die heizwertarme Fraktion biologisch behandelt. Anschließend werden beide Fraktionen thermisch behandelt. Bei einem Kostenvergleich der Kombiverfahren mit der alleinigen thermischen Verwertung bieten erstere jedoch nur in besonderen Fällen einen Kostenvorteil [3-74, 3-76].

3.3.4 Thermodynamische Bewertungsmethoden der Umwandlung von Abfällen

Um einen gegebenen Prozess zur Umwandlung von Abfällen thermodynamisch bewerten zu können, muss er im Hinblick auf die ablaufenden irreversiblen Vorgänge untersucht werden. In jedem Abfallstoff ist Exergie in Form von chemischer Energie gespeichert. Diese chemische Energie kann zunächst in andere Energieformen umgewandelt werden. Bei der stofflichen Verwertung von Abfällen wird die chemische Energie des Abfalls in chemische Energie der entstehenden Rohstoffe umgewandelt. Bei der Verbrennung von Abfällen wird die chemische Energie in thermische Energie (Wärme) umgewandelt. Die unterschiedlichen Energieformen sind aus thermodynamischer Sicht nicht gleichwertig (s. Abschnitt 2.1).

3.3.4.1 Exergiebilanz bei der Umwandlung von Abfällen

Der Exergieverlust infolge chemischer Reaktionen spielt bei der Umwandlung von Abfällen eine entscheidende Rolle. Um den Exergieverlust und den exergetischen Wirkungsgrad bei der Umwandlung von Abfällen berechnen zu können, muss zunächst die *spezifische Exergie des Abfalls* bekannt sein. Diese wird anhand der vollständigen, reversiblen Oxidation des Abfalls nach der folgenden Gleichung berechnet [3-78, 3-79]:

$$e_B(T_u, p_u) = H_o(T_u, p_u) + T_u \Delta^R s(T_u, p_u) + \Delta e(T_u, p_u). \tag{3-6}$$

In dieser Gleichung bedeuten e_B die gesuchte, auf die Masse des Brennstoffs bezogene spezifische Exergie des Abfalls, H_o den oberen Heizwert (Brennwert) des Abfalls, $\Delta^R s$ die spezifi-

3.3 Nutzung von Abfällen durch Stoff- und Energiewandlung

sche Reaktionsentropie bei der Oxidation des Abfalls und Δe die Exergiedifferenz zwischen dem eintretenden Sauerstoff und den austretenden gasförmigen Oxidationsprodukten (dies sind in erster Näherung die Gase: Kohlendioxid, Wasser, Schwefeldioxid und Stickstoff). Das können Konzentrationsexergien und eventuell auch thermische Exergien, bei einer Stoffabgabe mit von der Umgebungstemperatur abweichenden Temperaturen sein.

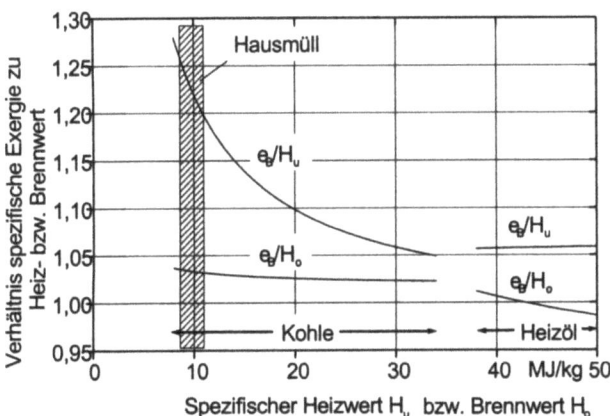

Bild 3-17
Verhältnis der spezifischen Exergie zu Heiz- bzw. Brennwert für unterschiedliche Brennstoffe
(nach [3-77])

Zur Abschätzung der erforderlichen Werte liegen in der Literatur Näherungsmethoden vor, nach denen der Abfall etwa zwischen Braun- und Steinkohle eingeordnet werden kann. Für Kohle mit einem Brennwert unter 34 MJ/kg gibt Baehr die folgenden Gleichungen zur Abschätzung der Brennstoffexergie an:

$$\frac{e_B}{H_u} = 0{,}9775 + 2{,}410 \frac{\text{MJ/kg}}{H_u} \tag{3-7}$$

und

$$\frac{e_B}{H_o} = 1{,}018 + 0{,}152 \frac{\text{MJ/kg}}{H_o}. \tag{3-8}$$

Da hierbei der Anteil der Asche vernachlässigt wurde, ist davon auszugehen, dass die Gln. (3-7) und (3-8) auch auf Abfall angewandt werden können. In *Bild 3-17* ist eine graphische Darstellung der Gln. (3-7) und (3-8) gezeigt (s. auch *Tabelle 3-5, 3-6*). Ebenfalls sind die Kurven für flüssigen Brennstoff (Heizöl) eingetragen. Mit abnehmendem Heizwert ist ein deutlicher Anstieg von e_B/H_u zu beobachten. Dies bedeutet, dass ein zunehmender Anteil der chemischen Energie nicht mehr vollständig in thermische Energie umwandelbar ist. Zu seiner Gewinnung wären Einrichtungen zur Arbeitserzeugung erforderlich. Hausmüll mit einem Heizwert zwischen 9 und 11 MJ/kg liegt demzufolge bei $e_B/H_u \approx 1{,}2$.

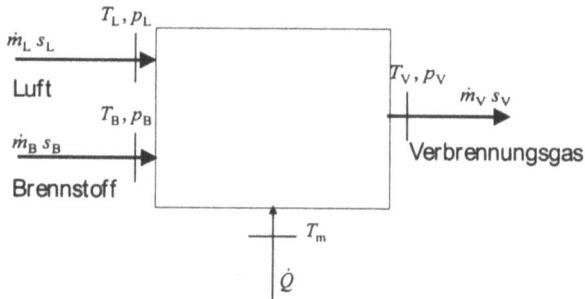

Bild 3-18
Bilanzraum für die Verbrennung

Tabelle 3-6: Zusammensetzung und Heizwert von Abfall im Vergleich zu Primärenergieträgern [3-77, 3-80]

Massenanteil	Steinkohle (Ruhrgebiet)	Braunkohle (Rheinland)	Benzin	Abfall
γ_C	0,813	0,280	0,837	0,278
γ_{H2}	0,045	0,020	0,143	0,036
γ_S	0,007	0,003	-	0,002
γ_{O2}	0,040	0,101	0,020	0,171
γ_{N2}	0,015	0,003	-	0,008
γ_{Cl}	-	-	-	0,005
γ_{Wasser}	0,035	0,555	-	0,25
γ_{Asche}	0,045	0,038	-	0,25
H_u in MJ/kg	32,1	8,06	42,6	10,3

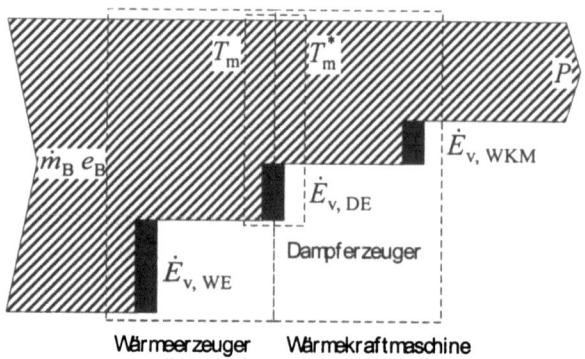

Bild 3-19
Exergieverluste bei der Verbrennung, Dampferzeugung und Stromgewinnung (nach [3-77])

3.3 Nutzung von Abfällen durch Stoff- und Energiewandlung

Tabelle 3-7: Molarer Heizwert, reversible Reaktionsarbeit und Exergie von festen und gasförmigen Brennstoffen [3-77]

Brennstoff	Heizwert H_{um} in kJ/mol	Brennwert H_{om} in kJ/mol	Exergie E_B in kJ/mol	Exergie/ Heizwert	Exergie/ Brennwert
C (Graphit)	393,51	393,51	410,43	1,04	1,04
S	296,83	296,83	602,69	2,03	2,03
H_2	241,82	241,83	235,15	0,97	0,97
H_2S	518,02	562,03	804,30	1,55	1,43
CO	282,98	282,98	275,24	0,97	0,97
CH_4	802,34	890,36	830,03	1,03	0,93
C_2H_2	1255,6	1299,6	1265,2	1,01	0,97
C_2H_4	1322,9	1410,9	1359,3	1,03	0,96
C_2H_6	1427,8	1559,8	1495,5	1,05	0,96
C_3H_8	2043,9	2219,9	2148,5	1,05	0,97
n-C_4H_{10}	2658,4	2878,5	2802,0	1,05	0,97

Der *Exergieverlust* bei der Verbrennung von Abfällen entsprechend *Bild 3-18* wird mit der folgenden Gleichung berechnet:

$$\dot{E}_V = \dot{m}_B e_V = T_u \dot{S}_{irr} = T_u \left[\dot{m}_V s_V(T_V, p_V) - \dot{m}_B s_B(T_B, p_B) - \dot{m}_L s_L(T_L, p_L) - \frac{\dot{Q}}{T_m} \right] \quad (3-9)$$

Hierin bezeichnen $\dot{m}$ den Massenstrom, der Index B den Abfall, der Index V das Verbrennungsgas, der Index L die Luft und der Index v den Verluststrom. Der letzte Term auf der rechten Seite der Gl. (3-9) bezeichnet den bei der mittleren Temperatur T_m aufgenommenen Wärmestrom $\dot{Q}$. Ist die Verbrennung adiabat, so ist die Temperatur T_V identisch mit der adiabaten Verbrennungstemperatur und der Wärmestrom ist gleich Null. Handelt es sich bei der Umwandlung um einen anderen Prozess als eine Verbrennung (z. B. Vergasung oder Pyrolyse), so sind die entsprechenden ein- und austretenden Entropieströme zu bilanzieren.

Bei der adiabaten Verbrennung wird der maßgeblichen Anteil am Exergieverlust durch die Differenz der Entropieströme von austretendem heißen Verbrennungsgas und eintretender kalter Luft bewirkt. Die Entropie des Abfalls beträgt etwa eine Größenordnung weniger als diese Differenz (Beispiel, Ströme *auf die Abfallmasse bezogen: Luft* bei 79 °C: 38,9 kJ/(kg K); *Abfall* bei 25 °C: 1,8 kJ/(kg K); *Rauchgas* bei 1300 °C: 55,9 kJ/(kg K)).

Wie Gleichung (3-6) zeigt, kann auch die stoffliche Aufbereitung und Verwertung von Abfällen exergetisch betrachtet werden, indem neben den unterschiedlichen chemischen Exergien der beteiligten Stoffe noch ihre Konzentrationsexergien gegenüber einer definierten Umgebung erfasst werden.

3.3.4.2 Wirkungsgrade bei der Umwandlung

Zur Berücksichtigung der Nichtumkehrbarkeiten bei der Umwandlung lässt sich ein exergetischer Wirkungsgrad definieren,

$$\zeta \equiv 1 - \frac{\dot{E}_v}{\dot{E}_Q}, \quad (3\text{-}10)$$

bzw.

$$\zeta \equiv 1 - \frac{e_{v12}}{e}. \quad (3\text{-}11)$$

Dieser kann maximal den Wert Eins annehmen, wenn der Exergieverlust Null ist, d.h. der Prozess vollständig reversibel abläuft. Mit Hilfe der exergetischen Analyse werden Wirkungsgrade für die unterschiedlichen Prozessstufen der Verbrennung von Abfall eingeführt, die in *Bild 3-19* dargestellt sind.

Exergetischer Wirkungsgrad der Wärmeerzeugung (Verbrennung):

$$\zeta_{WE} \equiv \eta_C\!\left(T_u/T_m^*\right)\eta_K \frac{H_u}{e_B}, \quad (3\text{-}12)$$

mit ζ_{WE} als exergetischer Wirkungsgrad der Wärmeerzeugung, $\eta_C\!\left(T_u/T_m^*\right)$ als Carnot-Faktor auf der Heißgasseite des Dampferzeugers und η_K als Kesselwirkungsgrad der Verbrennung.

Exergetischer Wirkungsgrad der Dampferzeugung:

$$\zeta_{DE} \equiv \frac{\eta_C(T_u/T_m)}{\eta_C\!\left(T_u/T_m^*\right)}, \quad (3\text{-}13)$$

mit $\eta_C(T_u/T_m)$ als Carnot-Faktor auf der Dampfseite des Dampferzeugers.

Exergetischer Wirkungsgrad der Wärmekraftmaschine:

$$\zeta_{WKM} \equiv \frac{\eta_{th}}{\eta_C\!\left(T_u/T_m^*\right)}, \quad (3\text{-}14)$$

mit η_{th} als thermischer Wirkungsgrad der Wärmekraftmaschine.

Der exergetische Gesamtwirkungsgrad ζ ist wie folgt mit den Teilwirkungsgraden verknüpft:

$$\zeta = \zeta_{WE}\,\zeta_{DE}\,\zeta_{WKM} = \frac{-P}{\dot{m}_B e_B}, \quad (3\text{-}15)$$

mit $-P$ als abgegebene elektrische oder mechanische Leistung. Der energetische Wirkungsgrad η ist mit dem exergetischen Wirkungsgrad über das oben beschriebene Verhältnis e_B/H_u verknüpft

$$\eta = \zeta\,\frac{e_B}{H_u}. \quad (3\text{-}16)$$

In Erweiterung zu Gleichung (3-15) kann bei der Verwertung von Produkten die Exergie dieser Produkte als Nutzen in den Zähler aufgenommen werden. In Abschnitt 4.7 werden die exergetischen Teilwirkungsgrade der Müllverbrennung für unterschiedliche Parameter berechnet und mit dem exergetischen Wirkungsgrad unterschiedlicher thermischer Behandlungsverfahren verglichen.

3.4 Bereitstellung von Biomasse

Vor dem Hintergrund der Endlichkeit fossiler Energieträger sowie des möglichen nachteiligen Einflusses der CO_2-Freisetzung im Zuge der Energiewandlung gewinnt der Anbau nachwachsender Rohstoffe, d.h. die Produktion pflanzlicher Biomasse mit dem primären Ziel der energetischen Verwertung, in Deutschland seit Jahren zunehmend an Bedeutung. Das bereitgestellte Gut stellt dabei u.a. die Energie dar, die in der Biomasse als Produkt von Sonneneinstrahlung und Photosynthese biochemisch gespeichert ist. Damit greift dieser Energieträger in den Entropiehaushalt der technologischen Systeme ein und kann anderen Varianten gegenübergestellt werden. Das gibt die Möglichkeit, in Erweiterung der bisherigen Betrachtungen den Einfluss der Entropieimporte durch die verschiedenen Energieträger aufzuzeigen und damit neben den energetischen die bei den späteren Bewertungsdikussionen wichtigen Umgebungsbetrachtungen als CO_2-Last anzusprechen. In *Bild 3-20* ist die Stoff-, Energie- und Entropiebilanz am Beispiel eines Kiefernwaldes dargestellt. Dabei beziehen sich die Werte nur auf die Photosynthese und nicht auf die insgesamt auf die Fläche treffende Sonnenstrahlung, was die relativ geringen Werte für Energie- bzw. Entropieimport und –export erklärt.[10]

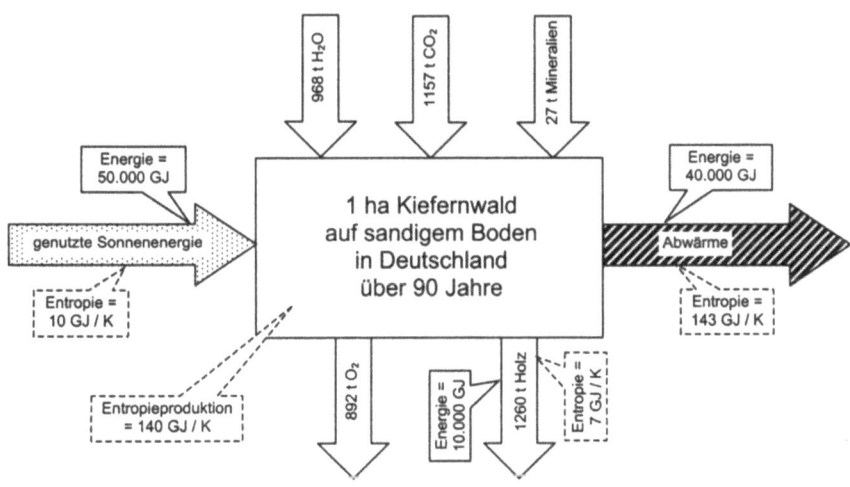

Bild 3-20
Brutto-Bilanzen für einen Hektar 90 Jahre forstwirtschaftlich genutzten Kiefernwalds auf sandigem Boden in Deutschland

Die energetische Nutzung kann durch sehr unterschiedliche physikalische, thermochemische oder biologische Verfahren erfolgen (vgl. *Bild 3-21*).

---

[10] Bei Berücksichtigung der gesamten auf die Fläche einfallenden Sonnenstrahlung verschieben sich auch die Werte für die Energiebilanz und der Wirkungsgrad liegt mehr als eine Zehnerpotenz niedriger.

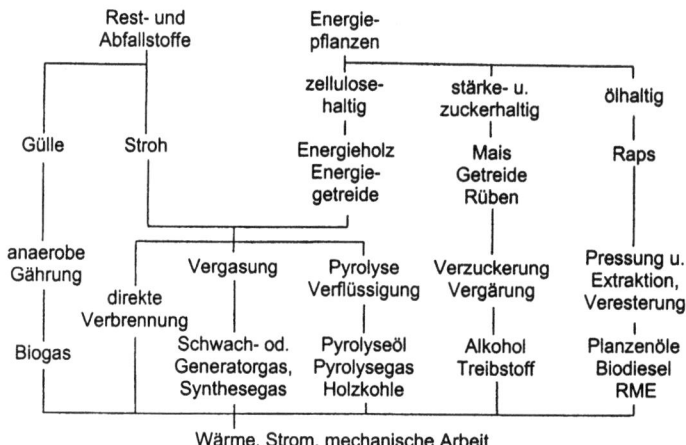

Bild 3-21
Ausgewählte Möglichkeiten der energetischen Biomassenutzung [3-114]

In diesem Zusammenhang kommt neben dem Holzeinschlag in Wäldern dem gezielten Anbau pflanzlicher (halmgut- und holzartiger) Biomasse zur thermischen Energiewandlung sowie der thermischen Verwertung von Papier/Pappe, Kompost, Klärschlamm und bereits genutztem Holz aus Gewerbe und Industrie eine zentrale Rolle zu.

Weltweit beläuft sich der Holzeinschlag in Wäldern auf rund 3,4 Mrd. m³, davon beträgt der Brennholzeinschlag 1,9 Mrd. m³ und macht einen mittleren Anteil von gut 50 % aus. Auf die Kontinente bezogen schwankt der Anteil beträchtlich, wobei in Europa etwa 15 % als Brennholz genutzt werden. Den niedrigsten Länderanteil weist Norwegen mit 8,3 % und den höchsten Anteil Frankreich mit 23 % auf. In Deutschland werden etwa 10 % des Holzeinschlages als Brennholz sortiert und der Anteil von Biomasse an der deutschen Energieerzeugung macht rund 1,3 % aus [3-117].

Neben der Verfügbarkeit ist ein weiterer zentraler Aspekt bei der Diskussion um den Einsatz von Biomasse als Energieträger der häufig beschriebene Vorteil einer höheren Umweltverträglichkeit gegenüber fossilen Energieträgern.

3.4.1 Allgemeine Rahmenbedingungen

Bei der energetischen Verwertung biogener Brennstoffe wird die Frage, ob dies überhaupt umweltverträglich sei, häufig diskutiert. Bereits seit Anfang der 90er Jahre werden die ökologischen Auswirkungen der energetischen Nutzung von Biomasse in einer Vielzahl wissenschaftlicher Arbeiten untersucht und kontrovers diskutiert (insbesondere für den Biokraftstoff Rapsmethylester). Zu den gesamtökologischen Auswirkungen der Nutzung holz- und halmgutartiger Biomasse bei der Wärmeversorgung liegen jedoch nur wenige Untersuchungen vor [3-98, 3-137]. Dennoch lässt sich bereits heute die Umweltverträglichkeit biogener Festbrennstoffe recht klar auf der Grundlage wissenschaftlicher Untersuchungen beschreiben.

3.4 Bereitstellung von Biomasse

Die ökologischen Aspekte werden allgemein unter zwei Hauptaspekten betrachtet: (1.) der Vergleich der Brennstoffe an sich und (2.) die Betrachtung externer Wirkungen während des gesamten „Lebensweges" eines Energieträgers. Grundsätzlich werden durch biogene Brennstoffe fossile Energieträger eingespart, wodurch die Umweltverträglichkeit dieser Bioenergieträger(-gruppen) verglichen wird (z. B. CO_2-Ausstoß). Die auftretenden Unterschiede bilden die Grundlage für eine Bewertung, die allerdings mitunter recht undifferenziert bzw. einseitig angelegt ist.

Auf der Seite der Biomasse als nachwachsendem Energieträger werden die Produktion von Dünge- und Pflanzenbehandlungsmitteln, die Produktion des Pflanz- und Saatgutes, der eigentliche Anbau, die Bestandespflege und die Ernte, deren Aufbereitung und letztlich deren Verbrennung einschl. aller Logistikprozesse während des Produktweges bewertet. Auf Seiten der fossilen Energieträger sind die Erkundung, Erschließung und Förderung der Rohstoffe, deren Transporte zur Aufbereitungs- bzw. Verarbeitungsanlage, die Produktion von Brennstoffen, deren Transport zum Verbraucher und letztlich deren energetische Nutzung zu bilanzieren. Bei der Bilanzierung aller ökologischen Aspekte im Zuge der Nutzung biogener gegenüber fossilen Energieträgern ergeben sich eine Reihe Vor- und Nachteile.

An ökologischen Vorteilen von biogenen Brennstoffen gegenüber fossilen Energieträgern sind wesentlich die folgenden Aspekte hervorzuheben:

- Die durch Photosyntheseleistung der Pflanzen gewonnene Energie übersteigt den Energiebedarf für Anbau, Ernte, Veredlung und Logistik um das fünf- bis zwanzigfache, wodurch eine positive Energiebilanz vorliegt. Dies bedeutet, dass je nach biogenem Brennstoff (z. B. Holzhackschnitzel, Getreideganzpflanze, Reststroh, Energiegras) bis zu zwanzig mal mehr Energie gewonnen werden kann, als im Zuge der Produktion aufgewandt wird. Dadurch wird bei der thermischen Verwertung biogener Festbrennstoffe ein bedeutender Beitrag zum Schutz endlicher Ressourcen (fossile Energieträger) geleistet. Da die Energiebilanz der biogenen Brennstoffe zu einem großen Teil durch die beim Anbau eingesetzten Mineraldüngemittel bestimmt wird, lässt sich die Energieausbeute durch reduzierte Düngemittelanwendungen (z. B. durch Verwertung anfallender Aschen oder extensivierten Landbau) noch steigern,

- Die Nutzung biogener Festbrennstoffe besitzt eine positive CO_2-Bilanz,

- Der CO_2-Kreislauf ist ausgeglichener als bei fossilen Energieträgern, d.h. es wird annähernd nur soviel CO_2 bei der Nutzung freigesetzt, wie zuvor in der Biomasse im Zuge der Photosynthese gespeichert wurde. Allerdings werden bei der Nutzung biogener Brennstoffe Dünge- und Pflanzenbehandlungsmittel verwendet, bei deren Produktion fossile Energieträger eingesetzt werden und dementsprechende CO_2-Emissionen zu bilanzieren sind. In der Summe helfen biogene Festbrennstoffe jedoch deutlich, den Ausstoß an treibhauswirksamem CO_2 bei der Energiewandlung zu mindern,

- Die bei der Nutzung biogener Brennstoffe freigesetzten Mengen der treibhauswirksamen Gase Methan (CH_4) und Lachgas (N_2O) sind entschieden geringer als bei der Förderung und Verarbeitung fossiler Energieträger. Trotz der z. T. widersprüchlichen Daten zeigen selbst vorsichtige Abschätzungen, dass biogene Festbrennstoffe eine positive Gesamtklimabilanz aufweisen [3-104, 3-112] und damit einen wichtigen Beitrag zur Eindämmung eines möglicherweise anthropogen bedingten Treibhauseffektes leisten.

Zwar werden durch die Nutzung biogener Brennstoffe die nachteiligen Auswirkungen aus der Bereitstellung und Feuerung fossiler Energieträger vermieden, dagegen bedingen Anbau und

Produktion der Biomasse ebenfalls nachteilige Effekte. Diese resultieren im Wesentlichen aus der landwirtschaftlichen Produktion der Biomasse, wobei auch bei der forstlichen Produktion nachteilige Umweltauswirkungen auftreten können. Grundsätzlich hängt das Ausmaß dieser Auswirkungen von der Bewirtschaftungsweise ab und muss nicht prinzipiell gleichartig sein. Zu den bedeutendsten Aspekten gehören:

- Der Verlust bzw. die Verringerung an Artenvielfalt, was auf eine großflächige und nutzungsintensive Landbewirtschaftung zurückzuführen ist [3-115]. Allerdings sei darauf verwiesen, dass sich beim Anbau von Energiepflanzen auf Flächen der Dauerbrache oder bei Kurzumtriebsplantagen tendenziell artenreichere Pflanzengesellschaften entwickeln als bei herkömmlicher landwirtschaftlicher Nutzung,

- Grundwasserbelastungen durch Nitrate und Pflanzenbehandlungsmittel, wie sie gleichfalls aus der intensiven landwirtschaftlichen Bodennutzung bekannt sind. Grundsätzlich sind diese, ebenso wie die Belastung von Oberflächengewässern, die Verdichtung von Böden durch schwere Maschinen oder die Bodenerosion, keine speziellen Folgen des Anbaus biogener Brennstoffe, sondern auf eine nicht standortangepasste Bodenbewirtschaftung zurückzuführen. Durch den extensiven Anbau biogener Brennstoffe lassen sich diese unerwünschten Nebeneffekte jedoch weitgehend minimieren.

Im Hinblick auf die Emissionen lassen sich die Gruppen fossile und biogene Energieträger nicht prinzipiell voneinander unterscheiden, vielmehr hängt das Emissionsverhalten von den chemischen Inhaltsstoffen der Brennstoffe und von der eingesetzten Technik (Ofen, Heizwerk) ab. Werden die Brennstoffe in kleinen Anlagen (ohne Rauchgaswäsche) genutzt, so hängen die Emissionen von Schwefeldioxid, Chlorwasserstoff und Dioxinen/Furanen direkt vom Schwefel- und Chlorgehalt im Brennstoff ab. In diesen Fällen lässt sich folgende Reihenfolge angeben [3-127]:

- Chlorgehalt: Erdgas/Heizöl < Holz < Steinkohle < halmgutartige Brennstoffe (Gräser, Stroh)
- Schwefelgehalt: Erdgas < Holz < halmgutartige Brennstoffe < Heizöl < Steinkohle.

Hierbei weist Erdgas die günstigsten Emissionswerte auf. Bei anderen Emissionen, wie Kohlenmonoxid, Stickoxiden, Kohlenwasserstoffen und Staub, hängen die Verhältnisse eher von der eingesetzten Feuerungsanlage ab, so dass diesbezüglich keine allgemeingültigen Aussagen zu treffen sind.

Im Rahmen dieser Studie steht besonders diejenige Biomasse im Vordergrund der Betrachtung, die zur thermischen Energiewandlung in land-/forstwirtschaftlichen Betriebssystemen geeignet ist oder speziell für diese Nutzung angebaut werden kann. Unter den herrschenden Rahmenbedingungen der Agrarpolitik in der Europäischen Union führte u.a. die Intensivierung der häufig stark einseitig ausgerichteten landwirtschaftlichen Produktion dazu, dass die betriebliche Rentabilität stetig sank, die Biodiversität in den auf Massenproduktion ausgerichteten Agrarlandschaften abnahm sowie merkliche Umweltprobleme (z.B. Nitratbelastung des Grundwassers, Bodenabtrag/Erosion, Bodenverdichtung) verursacht wurden (vgl. u.a. [3-105, 3-136]). Als ein Ergebnis dieser Entwicklung wurden und werden immer mehr Flächen in ländlich strukturierten Regionen zumindest vorübergehend (i. d. R. 3 bis 5 Jahre) stillgelegt, da eine kostendeckende Produktion von Agroprodukten nicht mehr gewährleistet ist. In der Bundesrepublik betrug die stillgelegte Fläche zur Ernte 1996 bereits 1.048.000 ha, wobei der überwiegende Teil der betroffenen Landwirte durch Ausgleichszahlungen (sog. Stillegungsprämie) entschädigt, d.h. subventioniert wird. Die Zahlung dieser Subventionen schließt je-

3.4 Bereitstellung von Biomasse

doch keineswegs ein Nutzungs- oder Anbauverbot der betroffenen Flächen ein, sondern bezieht sich lediglich auf die Pflanzenproduktion im sog. „Food-Bereich". Dies bedeutet, dass die Produktion von Biomasse mit dem Ziel der energetischen Verwertung durchaus legitim ist und den Bezug der Stillegungsprämie nicht ausschließt. In diesen ökonomischen Gegebenheiten besteht ein wesentlicher Anreiz, nachwachsende Rohstoffe für die Energiewandlung zu produzieren. Nach Angaben des Bundesministers für Ernährung, Landwirtschaft und Forsten wurden 1994 in Deutschland auf einer Fläche von rund 400.000 ha Agrarrohstoffe angebaut, die in der Industrie und dem Energiesektor verwertet wurden [3-85]. Diese Fläche entspricht einem Anteil von rund 4 % der deutschen Ackerfläche. Zur Ernte 1995 lag dieser Flächenanteil bereits bei ca. 500.000 ha [3-86].

Darüber hinaus nimmt Holz eine besondere Stellung im Bereich nachwachsender Rohstoffe ein. In Deutschland beträgt die Waldfläche etwa 10,7 Mio. ha (entspricht einem Waldanteil von circa 30 % der Landesfläche Deutschlands). Hinzukommen jährlich etwa 6.000 bis 7.000 ha Neuaufforstungen, die im Rahmen der Gemeinschaftsaufgabe zur Verbesserung der Agrarstruktur und des Küstenschutzes angelegt werden. Bei den Neuaufforstungen handelt es sich im Wesentlichen um stillgelegte landwirtschaftliche Nutzflächen. Auch die Forstwirtschaft ist demnach in der Lage einen Beitrag zu leisten, die Nachlieferung fester biogener Energieträger zur thermischen Verwertung zu fördern. Der jährliche Holzeinschlag von knapp 35 Mio. m³ könnte vor dem Hintergrund hoher Holzvorräte in Deutschland deutlich erhöht werden, ohne das Prinzip der Nachhaltigkeit zu verletzen (vgl. [3-84, 3-87]). Vielmehr wirken standortspezifisch überhöhte Holzmassenvorräte sowie die relative Überalterung der Forstbestände den Gesetzen der Nachhaltigkeit entgegen. Darüber hinaus sind die bisher kaum genutzten Waldresthölzer, Durchforstungshölzer und Landschaftspflegehölzer zu verwerten [3-113]. Auf die Forstindustrie entfällt zudem ein erhebliches Potenzial im Bereich des Anbaus von Energiepflanzen, insbesondere in Form schnellwachsender Baumarten in sog. Kurzumtriebplantagen. Vor dem Hintergrund der skizzierten Verhältnisse wird die verstärkte Nutzung von Biomasse als Brennstoff zur Bereitstellung thermischer Energie angestrebt, wobei konkrete Qualitäts- und Handlungsziele formuliert werden, denen die energetische Nutzung von Biomasse dienen soll [3-134, 3-88]:

- Minimierung des CO_2-Ausstoßes bei der Energiewandlung durch den verstärkten Einsatz von Biomasse und des reduzierten Einsatzes von fossilen Energieträgern,
- Förderung des Biomasseanbaus zur thermischen Verwertung als alternative Landnutzungsform zur Sicherung zukünftiger Lebensgrundlagen im ländlichen Raum,
- Förderung ausschließlich solcher Biomasse, deren Nutzung ökologisch und energetisch sinnvoll ist und die
- Ausweitung des aktuellen Flächenanteils, auf dem nachwachsende Rohstoffe angebaut werden, unter Einbeziehung der ca. 1,05 Mio. ha Stillegungsfläche.

Der Beitrag biogener Festbrennstoffe zur Deckung des Energiebedarfs ist trotz der erheblichen Potenziale gegenwärtig in Deutschland sehr gering (*Tabelle 3-8*). Daher muss eine solche Energiebereitstellung mit Nachteilen verbunden sein, die die gegebenen Vorteile aus der Sicht eines potenziellen Anlagenbetreibers in den meisten Fällen überwiegen. Die erhebliche Diskrepanz zwischen den hohen technischen Potenzialen an Biomasse zur Festbrennstoffbereitstellung in Deutschland einerseits und der vergleichsweise geringen Nutzung andererseits liegt in einer Vielzahl unterschiedlicher Tatsachen und Zusammenhänge begründet (zusammenfassende Übersicht s. [3-109]). Neben dem hohen Arbeitsaufwand, der für den Betrieb von mit festen Biobrennstoffen befeuerten Anlagen notwendig ist, ist auch das z. T. negative Image, das Holzfeuerungen anhaftet, zu nennen. Weiterhin werden biogene Festbrennstoffe nicht überall in der geforderten Qualität und in ausreichender Menge kostengünstig sofort abrufbar angeboten.

Tabelle 3-8: Technische Biomasseenergiepotenziale und deren derzeitige Nutzung in Kleinst-, Klein- und Großanlagen [3-82]

Technische Potenziale		Nutzung			Ungenutzte technische Potenziale
		Kleinstanlagen < 15 kW	Kleinanlagen 15 kW – 1 MW	Großanlagen > 1 MW	
		in PJ/a			
Brennholz		24,8	29,3		
Waldrestholz	ca. 142				ca. 142
Industrierestholz	ca. 40		18,3	21,4	
Altholz (ohne Altpapier)	ca. 54			8,4	ca. 46
Straßenbegleitgrün	ca. 5				ca. 5
Stroh	ca. 104	0,3	2,5	0,2	ca. 101
Energiepflanzen	ca. 170 - 840				ca. 170 - 840
Potenzialsumme	ca. 515 - 1.185	0,3	20,8	30,0	ca. 464 - 1.134

Das Haupthindernis dürfte jedoch in den ökonomischen Rahmenbedingungen bei der Nutzung biogener Festbrennstoffe durch das niedrige Preisniveau konkurrierender fossiler Energieträger begründet sein (vgl. Abschnitt 5.1.6). Dieses gilt, auch bei Berücksichtigung der aus der öffentlichen Hand verfügbaren Fördermaßnahmen (z. B. Flächenstillegungsprämien, Investitionskostenzuschüsse), insbesondere für den Energiepflanzenanbau. Das Kostenargument und damit die ökonomischen Hindernisse vermindern sich lediglich dann, wenn mit einer Energiebereitstellung aus Biomasse ein Abfallmanagement verbunden ist [3-109], durch das Entsorgungskosten eingespart werden können (z. B. bei der Nutzung von kontaminiertem oder Industrierestholz). Hierbei werden marktübliche Entsorgungskosten im Sinne negativer Kosten bei der Energiebereitstellung vom Anlagenbetreiber kalkuliert [3-103, 3-111]. Insgesamt bewirkt dieses, dass heute die energetische Nutzung von Biomasse nur in Ausnahmefällen mit der Energiebereitstellung aus Öl, Kohle oder Gas konkurrieren kann. Ein wesentlicher Grund für diesen Konkurrenznachteil ist in diesem Kontext die fehlende Internalisierung externer Kosten bei der Nutzung fossiler Energieträger, insbesondere die fehlende Monetarisierung von Aufwendungen für die Beseitigung von Umweltbeeinflussungen bzw. -schäden (vgl. Abschnitt 5.1.6).

Die wesentlichen Gründe, die einer verstärkten Nutzung biogener Festbrennstoffe entgegenstehen, liegen zusätzlich in den Eigenschaften der Biomasse und den daraus folgenden Nachteilen im Zuge dem der Verbrennung oder Vergasung vorgelagerten Logistikbereich begründet (vgl. [3-109, 3-131, 3-113]). Hier bestehende Potenziale zur Optimierung müssen vorrangig ausgeschöpft werden, sollen biogene Energieträger zukünftig ihrem Potenzial entsprechend zum Einsatz gelangen. Ein weiterer Hinderungsgrund für die bisher fehlende ökonomische Konkurrenzfähigkeit von Biomasse besteht in der unzureichenden Wertschöpfung bei der thermischen Verwertung. Im Zuge der Verbrennung fallen Aschen an, die beim Einsatz von nicht bis mäßig kontaminierten Hölzern ohne technische Probleme von den enthaltenen Schadstoffen (bes. Schwermetalle) getrennt und einer Folgenutzung zugeführt werden können (s.a. Abschnitte 3.5.2 und 3.5.3). Die Nutzung anfallender Aschen ist im Sinne einer geschlossenen Kreislaufwirtschaft positiv und trägt darüber hinaus dazu bei, dass bei einem Aufbringen auf den Biomasse-Produktionsstandorten Düngerankäufe zur Vermeidung von Bodendegradationen als Folge der Biomasseernte reduziert werden können [3-92]. Hieraus erzielbare Erlöse werden bislang nicht oder nur in sehr begrenztem Umfang realisiert und in die Bilanzierung von Anlagen einbezogen.

3.4.2 Biogene Brennstoffe und Möglichkeiten ihrer Bereitstellung

3.4.2.1 Spektrum und Formen biogener Brennstoffe

Die thermische Verwertung biogener Brennstoffe kann entsprechend des heutigen Stands der Verbrennungs-, Vergasungs- und Pyrolysetechnik auf der Basis fester, flüssiger und gasförmiger Brennstoffe erfolgen. Allgemein ist die Nutzung biogener Brennstoffe nur dann sinnvoll, sofern die Aufbereitung, die Veredlung und die Logistik dieser Grundstoffe nicht energieintensiv ist. Die Nutzung von Biomasse, die vor einer thermischen Verwertung energieintensiv aufzubereiten ist (thermische oder mechanische Trocknung, Sortierung, Reinigung etc.) scheidet daher beinahe ausnahmslos aus energie-, wirtschafts- und umweltpolitischen Gesichtspunkten aus, wogegen die Nutzung von energiereichen Festbrennstoffen (holz- und halmgutartig) häufig sinnvoll ist. Generell lassen sich biogene Brennstoffe in die folgenden Gruppen differenzieren:

- Gase aus der Tier- und Siedlungswirtschaft (Deponie- und Faulgase, Vergärung von Exkrementen),
- Reststoffe aus der Siedlungswirtschaft (Kompost, Klärschlamm),
- Tierische Reststoffe aus der Landwirtschaft (Gülle, Mist),
- Pflanzliche Reststoffe aus der Landwirtschaft (Hölzer, Grünlandwirtschaft),
- Alt- und Restholz aus der Bauwirtschaft (Paletten-, Schal- und Bauholz),
- Holz als Industrierestoff (aus der Möbel-, Baustoff-, Spanplatten und Spielwarenindustrie),
- Altpapiere und -pappen,
- Pflanzliche Reststoffe (halmgut- und holzartig) aus Landschaftpflege und Biotopmanagement (Wegeschnitt, Gewässerunterhaltung etc.),
- Pflanzenteile (Reststoffe) aus der Landwirtschaft, die energetisch genutzt werden (Stroh etc.),
- Ganzpflanzen aus der Landwirtschaft und von Stillegungsflächen (Energiegetreide und -gräser, Schilf etc.),
- Energiehölzer aus Kurzumtriebplantagen,
- Durchforstungs- und Restholz aus der Forstwirtschaft und
- Restholz aus Sägewerken.

Im ländlichen Raum wird die Forstwirtschaft neben der Landwirtschaft zum Hauptlieferanten. Der Anbau und die Nutzung von Biomasse lassen sich prinzipiell in folgende Bereiche gliedern:

- Nutzung von zucker- und stärkehaltigen Pflanzen zur Erzeugung von Ethanol,
- Nutzung pflanzlicher Öle als Brenn- und Kraftstoffe,
- Energiewandlung aus Biomasse mittels Pyrolyse,
- Anbau von Biomasse zur Gewinnung von Wasserstoff,
- Anbau von Biomasse zur Erzeugung von Biogas und
- Anbau von Biomasse zur Erzeugung von Festbrennstoffen.

Für die thermische Verwertung biogener Brennstoffe eignen sich vorrangig Festbrennstoffe aus der Ganzpflanzennutzung als effiziente Energieträger, weil:

- hohe spezifische Erträge an Energie je Hektar erzeugt werden können,
- der Energieeinsatz (Input) bei Anbau/Produktion, Veredlung und Bereitstellung vergleichsweise gering ist und
- die Energiebilanz günstiger als bei der Teilpflanzennutzung, der Verflüssigung oder der Vergasung von Pflanzenteilen ist.

Grundsätzlich ist auch die Wärme- und Stromgewinnung aus Pflanzenölen und -gasen möglich. Da hier lediglich ein geringer Teil der Pflanze genutzt wird, ist die Wirtschaftlichkeit und die Energiebilanz i.d.R. ungünstiger als bei der Ganzpflanzennutzung. Was die Effizienz und die Umweltverträglichkeit pflanzlicher Energieträger anbelangt, gilt grundsätzlich, dass feste Brennstoffe (Stroh, Heu, Holzhackschnitzel) günstiger als flüssige oder gasförmige Brennstoffe einzustufen sind, da hinsichtlich des Netto-Energieertrags pro Hektar ein geringerer Energie-Input für Anbau und Veredlung einzusetzen ist. Betrachtet man ausschließlich die Festbrennstoffe, so gilt auch hier: Je geringer der Energie-Input bei der Bereitstellung und der Veredlung (z. B. Pressen, Pelletieren) ist, desto höher ist der Energie-Ertrag. Folglich weisen die Holzbrennstoffe (v. a. Hackschnitzel) die günstigste Energiebilanz auf.

3.4.2.2 Produktion und Anbau biogener Brennstoffe

Die Erhebung von Strukturdaten zur Landnutzung, zum Anbau von Biomasse mit dem konkreten Ziel der thermischen Verwertung sowie zum Absatz und zum Einsatz dieser Biomasse in Kraft-/Wärmeanlagen gestaltet sich äußerst kompliziert, insbesondere weil die zuständigen Landwirtschafts-, Forst-, Wirtschafts- und Planungsämter der Landkreise und der Bundesländer kaum dezidierte Erhebungen diesbezüglich durchführen oder keine Strukturdaten in Form verfügbarer Statistiken vorhalten, die es gestatten würden, eine sichere Quantifizierung angebauter und anfallender Biomasse zu erheben.

In der Bundesrepublik Deutschland fallen jährlich ca. 70 Mio. Tonnen organische Trockensubstanz mit einem Energiegehalt von ca. 45 Mio. t SKE an (das entspricht einer durchschnittlichen energetischen Leistung von 42 GW). Dieses Potenzial kann, technisch gesehen, nur zu einem geringen Teil genutzt werden. Berücksichtigt man die Gesamtwirkungsgrade der Umwandlungstechniken, so reduziert sich das (theoretisch und maximal) nutzbare Energiepotenzial auf rund 26 Mio. t SKE pro Jahr [3-133] oder 24 GW. In welchem Maße dieses Potenzial tatsächlich ausgenutzt wird, hängt maßgeblich von der Wirtschaftlichkeit und der energeti-

3.4 Bereitstellung von Biomasse

schen Wirksamkeit (Energieverluste sowie Energieaufwand für Transport, Lagerung, Aufbereitung etc.) der Biomasse ab. Der Sachverständigenrat für Umweltfragen der Bundesregierung bilanziert das sinnvoll nutzbare Potenzial an Rückstands- und Abfallbiomasse daher auf ca. 6 Mio. t SKE pro Jahr [3-133]. Neben der Nutzung anfallender biogener Festbrennstoffe kommt darüber hinaus dem Anbau von Energiepflanzen auf den Stilllegungsflächen der Landwirtschaft eine hohe Bedeutung zu, wobei bundesweit aktuell 1,6 Mio. Hektar Stilllegungsflächen zu nutzen wären [3-85]. Je nach Pflanzenzusammensetzung bedeutet dies ein maximales Primärenergiepotenzial von 3 bis 12 Mio. t SKE pro Jahr, was bezogen auf den Primärenergieverbrauch in der Bundesrepublik Deutschland einen Anteil von 1 bis 2 % ausmacht und damit in gleicher Größenordnung wie das sinnvoll nutzbare Potenzial an Rückstands- und Abfallbiomasse liegt.

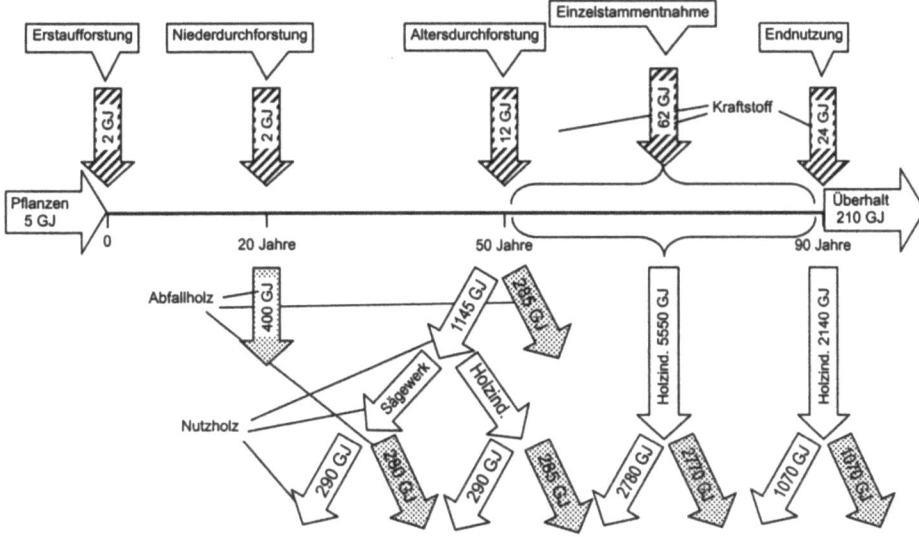

Bild 3-22
Energetischer Aufwand, Nutzen und energetisch nutzbares Abfallholz am Beispiel eines Hektars Kiefernwald auf sandigem Boden im Bundesland Brandenburg

Neben dem Anbau von meist einjährigen, nicht verholzten Energiepflanzen (z. B. Getreide, Gräser, Schilf) kommt mittelfristig der Verwendung von mehrjährigen, verholzten Pflanzen aber wohl die größte Bedeutung zu. In der Bundesrepublik Deutschland werden aktuell insgesamt etwa 60 Mio. m³ Holz verarbeitet. Von dieser Holzmenge werden allerdings nur etwa 7 bis 10 % als Brennholz genutzt. Der Anbau von Hölzern für die thermische Verwertung steht noch am Anfang, obwohl seit einigen Jahren Plantagen mit schnellwachsenden Baumarten betrieben werden [3-94, 3-89, 3-93, 3-108, 3-83]. Die Energiebilanzen, Aufwand und mögliche stoffliche bzw. energetische Verwendung betreffend, sind beispielhaft in den *Bildern 3-22 und 3-23* dargestellt.

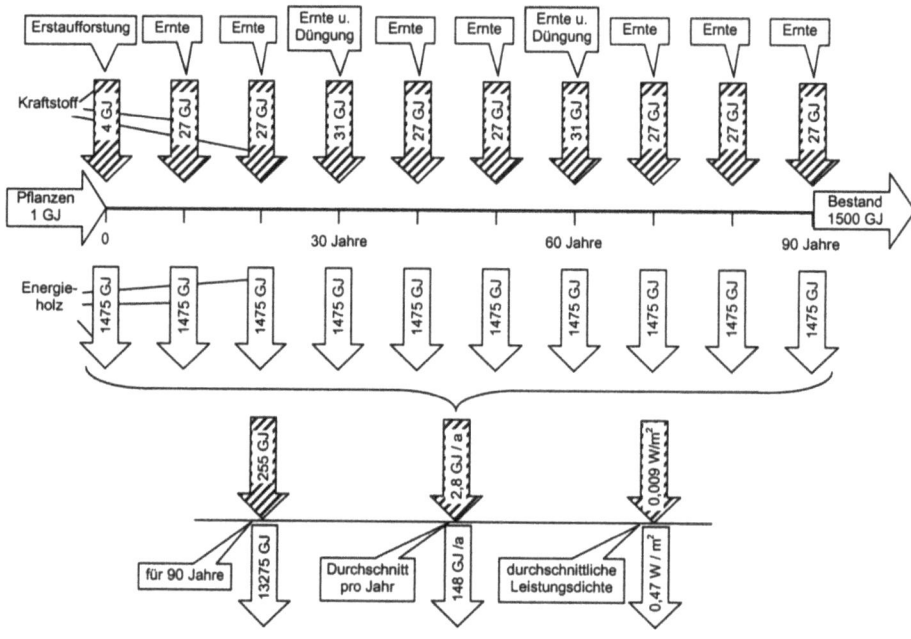

Bild 3-23
Energetischer Aufwand und Bereitstellung von Energieholz in einer Kurzumtriebplantage (Weide, Pappel) auf tonig-sandigem Boden im Bundesland Brandenburg

Als schnellwachsend werden in der Forstwirtschaft jene Baumarten bezeichnet, die an geeigneten Standorten einen maximalen durchschnittlichen Gesamtzuwachs von 10 bis 12 Festmeter Holz je Hektar und Jahr erbringen, wobei 75 % dieses Wertes bereits in einem frühen Erntealter erreicht werden sollen [3-129]. Zudem sollten schnellwachsende Sorten an fruchtbaren Standorten während einer Umtriebszeit von fünf Jahren eine durchschnittliche Trockenmasseproduktion von mindestens 10 t je Hektar und Jahr leisten. Dieses entspricht etwa einer Produktion von 22 Festmetern Holz je Hektar und Jahr. Der Anbau schnellwachsender Baumarten mit kurzen Umtriebszeiten stellt eine Übergangsform zwischen den beiden konventionellen Nutzungsformen, der Landwirtschaft und der Forstwirtschaft dar [3-135]. Für erstere bedeutet der Anbau eine Extensivierung, für letztere eine Intensivierung der Bewirtschaftung. Entsprechend der Rotationsdauer unterscheidet man zwischen Mini-Rotationen (2 bis 3 Jahre), Midi-Rotationen (5 bis 6 Jahre) und sogenannten Schnellwuchsplantagen mit Rotationszeiten von 10 bis 20 Jahren. Hohe Biomasseerträge können vor allem mit Sorten verschiedener Balsampappeln und deren Hybriden sowie mit Weiden erreicht werden. Das geerntete Holz wird in der Regel als Schichtholz (bei Durchforstungsholz) oder als Hackschnitzel in Heizkraftanlagen verwertet. Einen energetischen Vergleich zwischen der Waldproduktion und der Produktion in einer Kurzumtriebplantage mit für das Bundesland Brandenburg angenommenen typischen Werten kann man den *Bildern 3-22* und *3-23* entnehmen.

3.4 Bereitstellung von Biomasse

Zusammenfassend gilt, dass das Flächenpotenzial zum Anbau von Biomasse groß ist und sich aus den folgenden Bereichen zusammensetzt:

- Waldflächen,
- Ackerflächen mit Teilpflanzennutzung aus dem Food-Bereich oder der Ganzpflanzennutzung aus dem Non-Food-Bereich,
- Stilllegungsflächen entsprechend der EU-Agrarverordnung,
- Flächen der dauerhaften Nutzungsumwandlung (z. B. aufgegebene Grenzertragsstandorte der Landwirtschaft) mit anschließendem Betrieb von Kurzumtriebplantagen/ Energiewäldern oder Agroforstsystemen (Alley-Cropping) und
- Rekultivierungsflächen nach abgeschlossener Rohstoffgewinnung (z. B. Sand, Kies, Braunkohle).

3.4.2.3 Qualitätsmerkmale und Möglichkeiten zur Optimierung von Biomasse

Für den Anbau, die Ernte und die Veredlung biogener Festbrennstoffe ist die Technik bekannt oder umfangreich erprobt. Die Auswahl bestimmter Verfahren und Techniken bestimmt aber jeweils auch in einem gewissen Umfang die Qualitätseigenschaften des Brennstoffs, sodass unerwünschte Eigenschaften zumindest teilweise während Anbau und Veredlung optimiert werden können. Unter den qualitätsbestimmenden Eigenschaften von Festbrennstoffen werden eine Reihe einzelner Faktoren und Parameter verstanden, die sich in die Gruppen der chemisch-stofflichen und der physikalischen Eigenschaften gliedern lassen ([3-101], *Tabelle 3-9*).

Tabelle 3-9: Qualitätsmerkmale biogener Brennstoffe und deren Auswirkungen (nach [3-101])

Qualitätsmerkmal		Wichtigste Ausprägung
Chemisch-stoffliche Merkmale:		
Wassergehalt		Heizwert, Lagerfähigkeit, Mineralisierungsverluste
Heizwert		Brennstoffausnutzung, Anlagenauslegung
Elementgehalte:	Cl	HCl-, Dioxin/Furanemissionen
	N	NOx-, HCN- und N2O-Emissionen
	S	SOx-Emissionen
	K	Korrosion an Überhitzerflächen, Senkung des Ascheerweichungspunktes
	Mg, Ca, P	Erhöhung des Ascheerweichungspunktes, Beeinflussung der Ascheeinbindung von Schadstoffen, Ascheverwertung
	Schwermetalle	Schadstoffemissionen, Ascheverwertung
Aschegehalt		Partikelemission, Rückstandsverwertung
Ascheerweichungspunkt		Anlagenbetriebssicherheit, Niveau des Schadstoffausstoßes
Pilzsporen		Gesundheitsrisiken bei der Brennstofflogistik
Physikalische Merkmale:		
(Lager-)Dichte		Transport- und Lageraufwendungen, Logistikaufwand
Teilchen-/Einzeldichte		Feuerungseigenschaft (Entgasungsrate, Wärmeleitfähigkeit)
Größenverteilung		Betriebssicherheit, Trocknung, Staubbildung

Zu den chemisch-stofflichen Eigenschaften werden die Elementgehalte (v.a. Cl, N, S, K, Schwermetalle) sowie die Gehalte an Asche, Wasser und Pilzsporen gerechnet. Daneben sind der Heizwert und die Ascheerweichungstemperatur hinzuzuzählen. Im Gegensatz kennzeichnen die physikalischen Eigenschaften die äußerlich erkennbaren Merkmale bzw. die jeweilige Aufbereitungsform des Brennstoffs (v.a. Abmessung, Schüttdichte, Teilchendichte, Feinanteil, Abriebfestigkeit). Es wird angestrebt, die Qualitätseigenschaften im Hinblick auf die Minimierung unerwünschter und die Maximierung erwünschter Auswirkungen zu optimieren und allgemein Qualitätsschwankungen weitestgehend zu vermeiden. Diesbezüglich besteht die Möglichkeit, während der Wachstumsphase und anschließend während der Phase der Bereitstellung, Veredlung und Logistik auf die Qualitätseigenschaften einzuwirken (vgl. *Bild 3-24*, *Tabelle 3-10*).

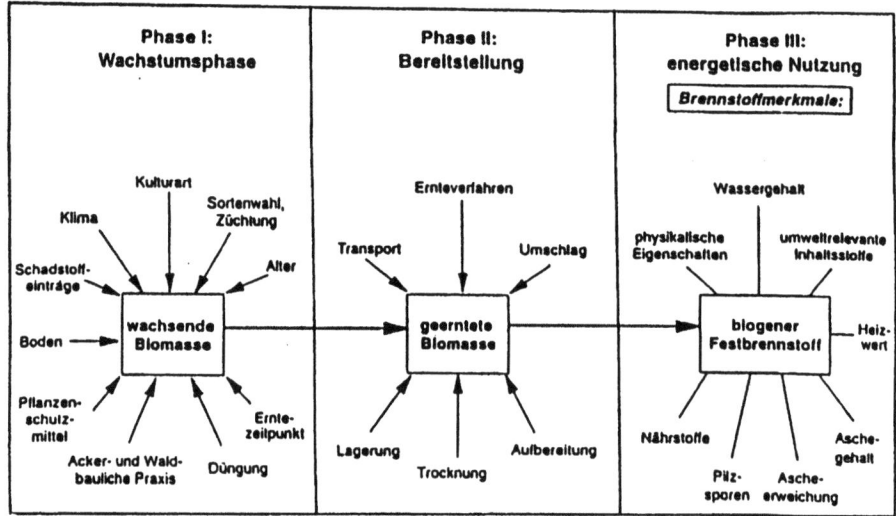

Bild 3-24
Einflüsse auf die Qualitätseigenschaften biogener Brennstoffe [3-101]

Während der Wachstumsphase besteht vorrangig die Möglichkeit, auf die stofflich-chemischen Eigenschaften einzuwirken, und zwar insbesondere durch die Wahl der Pflanzen-/Kulturart, die Wahl und Züchtung einzelner Sorten (z. B. Hybridzüchtung), die Variation des Erntezeitpunktes sowie die Anwendung von Dünge- und Pflanzenbehandlungsmitteln. Darüber hinaus üben die Witterung, das Klima und insbesondere die Beschaffenheit des Bodens einen wesentlichen Einfluss auf die Inhaltsstoffe und die Ertragsleistung der Pflanzen aus, wobei diesbezügliche Kenntnisse umfangreich aus dem klassischen Landbau vorhanden sind oder für Sonderstandorte in jüngerer Zeit erarbeitet werden [3-91]. Im Zusammenhang mit den Eigenschaften des Bodens sind zudem die atmosphärischen Stoffdepositionen sowie direkte anthropogene Aufträge (z.B. Klärschlamm, Kompost, Aschen) auf den Boden und die dadurch resultierenden Einwirkungen auf den Stoffhaushalt zu berücksichtigen. Abschließend sind diejenigen Einflüsse aufzuführen, die aus der jeweiligen acker- und waldbaulichen Praxis (u.a.

Reihenabstand, Bestandesdichte, Aussaattiefe) resultieren und einen möglichen Einfluss auf die Qualitätseigenschaften des Festbrennstoffs besitzen. In der zweiten, der sog. Bereitstellungsphase lassen sich vorrangig die physikalischen Brennguteigenschaften optimieren. Dabei können das Ernteverfahren, die Art der Brennstoffaufbereitung sowie anschließend Transport und Lagerung Einfluss nehmen. Aus der aufgeführten Vielfalt möglicher Einflussgrößen und aufgrund der Komplexizität von Wechselwirkungen ist abzuleiten, dass im Sinne einer gezielten Qualitätsoptimierung eine Kombination von Einzelmaßnahmen am ehesten zielführend sein dürfte. Allein am Beispiel der Interaktionen zwischen Pflanze und Boden wird deutlich, dass durch das komplexe Zusammenspiel von Einzelfaktoren die Wirkung eines Eingriffs kaum gezielt prognostiziert werden kann.

Tabelle 3-10: Einflüsse und ihre Wirkung auf Qualitätsmerkmale von biogenen Festbrennstoffen (nach [3-101])

Einfluss/ Maßnahme	*Beeinflusstes Qualitätsmerkmal*	*Wirkungsweise/Erläuterung*
Wachstumsphase:		
Wahl der Kulturart	K, Cl, N, S, Asche, Schwermetalle, Wassergehalt, Heizwert	Artspezifische Eigenschaften und stoffliche Zusammensetzung
Sortenwahl und Züchtung	K, Cl, N, Schwermetalle, Wassergehalt	Aufnahmevermögen für Nähr- und Schadstoffe, Abreifeverhalten
Klima (Standort)	K, Cl, N, Wassergehalt	Abreifeverhalten, Auswaschung von Schadelementen
Boden/Deposition	K, Cl, N, S, Schwermetalle	Nähr- und Schadstoffverfügbarkeit
Erntezeitpunkt	N, K, Cl, Schwermetalle	Auswaschung von Schadelementen, Erntebedingungen
Alter	N, Asche, Schwermetalle	Holz/Rindenverhältnis
Düngung	K, Cl, N, S, Asche, Schwermetalle	Nähr- und Schadstoffverfügbarkeit, Wechselwirkung mit Düngemitteln
Bereitstellungsphase:		
Ernteverfahren	Wassergehalt, N, K, Cl, S, Asche, physikalische Eigenschaften	Direkte oder absätzige Ernte, Trennung Korn/Stroh, Art der Zerkleinerung oder Verdichtung
Aufbereitung	Wassergehalt, N, K, Cl, S, Asche, physikalische Eigenschaften	Nachzerkleinerung, Sortierung, Pelletierung oder Brikettierung, Zuschlagstoffe, Entwässerung, technische Auswaschung
Transport, Umschlag	Feinanteil	Nur bei Pellets und Briketts
Lagerung, Trocknung	Wassergehalt, Pilzsporenbildung	Feucht- oder Trockenkonservierung, Witterungsschutz, Belüftung

3.4.3 Logistik und Hemmnisse bei der Biomassebereitstellung

Der gesamte Logistikbereich für die verschiedenen Biobrennstoffe beginnt mit dem Anbau bzw. der Ernte und endet mit der Entsorgung der bei der thermischen Verwertung entstehenden Reststoffe [3-130]. Dazwischen liegen mehrere Transportvorgänge, die Brennstofflagerung sowie die mögliche Brennstoffkonditionierung. Diese einzelnen Schritte in dem weiten Logistikbereich unterscheiden sich in Abhängigkeit von dem verwendeten Brennstoff bedeutend. So sind für die energetische Nutzung von halmgutartigen Energieträgern (z. B. Stroh) vollständig andere Logistiksysteme erforderlich, als bei holzartigen Brennstoffen (z. B. Holzhackschnitzel).

Der Logistikbereich umfasst alle Tätigkeiten, durch die die raum-zeitliche Gütertransformation und die damit zusammenhängenden Transformationen im Hinblick auf die Gütermenge und -sorte, die Güterhandhabungseigenschaften sowie die Determiniertheit der Güter geplant, gesteuert, realisiert oder kontrolliert werden [3-125]. Durch das Zusammenwirken dieser Tätigkeiten soll der Güterfluss „biogener Festbrennstoff" in Gang gesetzt werden und einen Lieferort (Anbaufläche: Forst, Acker) mit einem Abnahmeort (Heizkraftanlage) effizient verbinden [3-107, 3-118, 3-100, 3-113]. Dieses umfasst in Bezug auf den Energieträger Holz die Aufgabe,

- die richtige Menge,
- die richtigen Objekte (z. B. Hackschnitzel, Späne),
- am richtigen Ort,
- zum richtigen Zeitpunkt,
- in der richtigen (gleichbleibenden) Qualität und
- zu den richtigen Preisen zur Verfügung zu stellen.

Aus der Sicht des Anlagenbetreibers bestehen Anforderungen an die gesamte Logistikkette mit den Zielen, dass insbesondere a) die Zuverlässigkeit der Biomasseverfügbarkeit (Ziel: jederzeit und in ausreichender Menge und in gleichbleibender Qualität) und b) die Verfügbarkeit zu möglichst günstigen Gestehungskosten gewährleistet werden. Die zuverlässige Biomasseverfügbarkeit erfordert die saisonal in begrenzten Erntezeiträumen anfallende Biomasse aufzubereiten und so zu lagern, dass eine ausreichende und mit Blick auf die Qualität konservierende Lagerungsmöglichkeit vorgehalten wird. Hierzu wurden vielfältige Techniken in Europa und Nordamerika entwickelt, um neben halmgut- und holzartiger Biomasse auch Reststoffe wie Klärschlamm, Kompost oder Gülle aufzubereiten und eine ausreichende Lagerfähigkeit zu erzielen. Die Vielfalt biogener Energieträger (Festbrennstoffe) erfordert ein dementsprechend breites Spektrum an Ernte-, Aufbereitungs-/Veredlungs-, Transport- und Lagertechniken. Dem Bedarf stehen für einige Arbeitsschritte etablierte Techniken der Land- und Forstwirtschaft und in anderen Bereichen individuelle und auf einzelne Energieträger abgestimmte Einzellösungen gegenüber. Die Vielfalt zur Marktreife entwickelter Lösungen erfordert eine gesamtheitliche Bewertung, die bislang nicht oder lediglich für einzelne Segmente (z. B. Holzhackschnitzel [3-128, 3-97]) vorliegt. Besonderes Augenmerk sollte dabei auf die Vor- und Nachteile mit Blick auf die ökonomische und energetische Bilanzierung gelegt werden. Gerade letzterer Aspekt wird in der Praxis bislang nur unzureichend berücksichtigt.

Sofern das Haupthindernis für den Einsatz biogener Festbrennstoffe minimiert werden soll, ist vorrangig bei dem Aspekt der ökonomischen Rentabilität anzusetzen. In diesem Kontext ist eine bedeutende Voraussetzung, die stoffspezifischen Probleme im Sinne einer Hemmnisanalyse zu charakterisieren und den betreffenden Segmenten in der Logistikkette zuzuweisen [3-110]. Dabei kommt der Berücksichtigung von Holzhackschnitzeln eine besondere Bedeutung zu, da dieser Brennstoff bei der thermischen Verwertung biogener Energieträger im ländlichen Raum quantitativ die größte Bedeutung besitzt. Vor diesem Hintergrund werden Holzhackschnitzel im Folgenden vorrangig betrachtet. Holzhackschnitzel werden konventionell aus der Aufarbeitung (Hackung) von Durchforstungs- und Waldresthölzern bereitgestellt. Darüber

3.4 Bereitstellung von Biomasse

hinaus wird das Hackgut in speziellen Schnellwuchs- bzw. Energieholzplantagen angebaut. Das Hackgut kann aus ganzen Bäumen (entastet oder unentastet) oder aus Baumteilen bestehen. Wird bei der Schwachholznutzung eine maschinelle Ernte mit Harvestern unterstellt und von einer Hackschnitzelerzeugung im Wald ausgegangen, errechnen sich Energieträgerkosten von 140 DM pro t Trockenmasse oder etwa 9 bis 10 DM/GJ frei Wald [3-132]. In diesem Kontext ist zu beachten, dass es in Abhängigkeit von der Bestandesdichte, dem mittleren Stammdurchmesser und der Geländemorphologie zu erheblichen Abweichungen von diesem Wert kommen kann. Neben der Hackschnitzelproduktion aus Frischholz aus der Forstwirtschaft werden in geringerem Umfang auch Hackschnitzel aus vorgenutzten und z. T. belasteten Hölzern bei der thermischen Verwertung in Energieanlagen genutzt. Die Bereitstellung von Hackschnitzeln lässt sich in verschiedene Abschnitte des Bereitstellungsprozesses (Fällen, Sammeln und Vorliefern, Rücken, Hacken, Transport) einteilen (*Bild 3-25*) [3-124, 3-95].

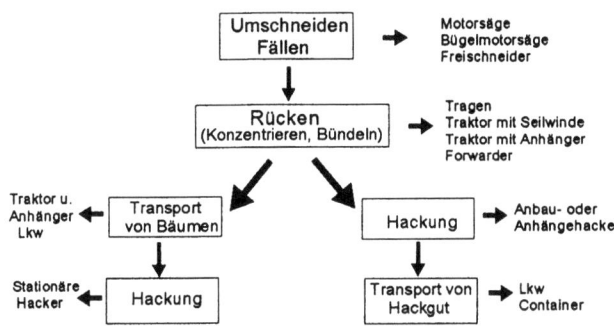

Bild 3-25
Arbeitssysteme zur Bereitstellung von Holzhackschnitzeln aus der Forstwirtschaft [3-90]

Jeder Abschnitt stellt isoliert betrachtet sowohl arbeitstechnisch als auch betriebsökonomisch eine eigene Einheit dar, dem Leistungen und Kosten eindeutig zuzuordnen sind. Da es bei der Bereitstellung von Holzhackschnitzeln eine Vielzahl von Produktionsvarianten gibt (zusammenfassender Überblick s. [3-128]), unterscheiden sich die Prozessabläufe, die Logistikketten und die einzelnen Schritte in sich deutlich. Aus unterschiedlichen Kombinationen von Arbeitsverfahren und Maschinen resultiert stets eine differenzierte Arbeitsleistung und Kostenbelastung bei der Bereitstellung der Festbrennstoffe, sodass die Bereitstellung nicht pauschal zu bewerten ist. Je nach Mechanisierungsgrad und Organisation der Verfahrenskette werden auch mehrere Produktionsabschnitte so eng miteinander verknüpft, dass sie einen Arbeitsgang darstellen [3-128].

Das Hacken von Holzhackschnitzeln findet entweder auf der Bestandesfläche im Forst, auf der Rückegasse, auf der Waldstraße oder auf einem zentralen Aufbereitungsplatz (z. B. Werkhof des Energieanlagenbetreibers) statt. Der Vorgang des Hackens unterscheidet sich dabei nur unwesentlich. Es werden Hacker in unterschiedlichen Ausführungen – Scheibenhacker, Trommelhacker und Schraubenhacker – eingesetzt. Die Hackschnitzel werden in Größen von 1 bis 50 mm Kantenlänge produziert und können je nach technischer Auslegung der Energieanlagen (z. B. Rostfeuerung, Wirbelschichtfeuerung) bedarfsgerecht bereitgestellt werden. Die Produktivität beträgt rund 250 bis 300 Raummeter Holz pro Tag. Gegenüber den Hackertechniken unterscheidet sich der anschließende Aufwand beim Transport jedoch erheblich.

Prinzipiell bestimmt der Grad der Aufarbeitung (Vollbäume, Schlagabraum, Hackschnitzel etc.) die benötigten Transportmittel und die Organisation der Transportkette. Weiterhin sind die Lade- und Lagerungsdichte davon abhängig und damit letztlich der Energieaufwand, der innerhalb der Logistikkette zur Bereitstellung von Holzhackschnitzeln aufgebracht wird. Dieses ist bedeutend, da sich die zu transportierenden Stoffe im Hinblick auf ihre Energiedichte und damit die anfallenden Kosten wesentlich unterscheiden. Die Transportmittel sind stets abhängig vom Zustand des Transportgutes, dem gesamten Transportvolumen sowie den zu bewältigenden Entfernungen. Aufgrund des geringen Marktwertes forstlicher Biomasse [3-124] wird in besonderem Maße auf die volle Ausnutzung der Transportkapazitäten bei Fahrzeugen geachtet. Dennoch sind aufgrund der geringen Energiedichten von Holz (u.a. bedingt durch den hohen Anteil von Wasser und Luft) die aufzuwendenden Transportkapazitäten beachtlich. Dieses wirkt sich auf den Preis und die Energieeffizienz des Energieträgers Holzhackschnitzel negativ aus und wird von potenziellen Anlagenbetreibern als schwerwiegender Nachteil eingeschätzt [3-110].

Tabelle 3-11: Durchschnittliche Kapazitäten und Energieinhalte verschiedener Transportmittel [3-116]

Transportmittel	Transportkapazität in Sm^3	Transportkapazität in t	Transportgut	Energieinhalt pro Ladung in kWh
LKW mit Anhänger	90	25	Rinde	55.000
			Frische Hackschnitzel	65.000
			Späne frisch	60.000
LKW Sattelzug	Gleich wie LKW mit Anhänger			
LKW mit Großcontainer	30-35	8-10	Rinde	18.000
			Frische Hackschnitzel	22.000
			Späne frisch	20.000
Traktor mit Anhänger (klein)	10-12	3	Frische Hackschnitzel	7.000
	10-12	2	Trockene Hackschnitzel	8.500
Traktor mit Anhänger (groß)	15-20	6	Frische Hackschnitzel	14.000
			Trockene Hackschnitzel	17.000

Sofern nicht im Wald, sondern am Ort des Verbrauchers gehackt wird, wird häufig ein Holztransport von Vollbäumen oder baumfallenden Längen realisiert. Vorteilhafter gestaltet sich dagegen der Transport von Hackschnitzeln als losem Schüttgut, da hierbei ein Transportbruch durch Umladen etc. vermieden wird. Zudem werden beim Transport von Vollbäumen weit höhere Ladedichten und Energiedichten erreicht, als beim Transport von Hackgut. Bei erster Variante wirken sich das geringe Ladegewicht und vergleichsweise hohe Investitionskosten der Betriebsmittel negativ aus. Prinzipiell wird ein maximales Ladevolumen angestrebt, um die Relation zwischen Energieaufwand für Transport sowie Umladen und dem beförderten Energieinhalt im Schüttgut optimal auszunutzen (*Tabelle 3-11*). Zusammenfassend hat sich als günstigste Variante der Transport von Hackschnitzeln aus vorgetrocknetem Holz und in Wechselcontainer-Fahrzeugen erwiesen.

3.4.4 Lagerung und Speicherung von Biomasse

Die Lagerung von Hackschnitzeln stellt einen wichtigen Teil der Logistikkette dar, der aus verschiedenen Gründen unumgänglich ist:

- Der Verbrauch ist jahreszeit- bzw. temperaturabhängig und unterliegt demzufolge starken Schwankungen,
- Hackschnitzel aus der Forstwirtschaft können nicht zu jeder Jahreszeit erzeugt werden,
- Die Lagerung kann eine Trocknung des Holzes und damit eine Steigerung des Energieinhaltes bewirken,
- Die Lagerung dient dem Ausgleich saisonaler Preisschwankungen.

Erfolgt eine Lagerung von Holzhackschnitzeln unter dem Aspekt der Senkung des Feuchtegehaltes, ist eine überdachte Lagerung zu realisieren. Versuche haben gezeigt, dass eine Lagerung unter Dach über einen Zeitraum von 4 bis 6 Monaten den Feuchtegehalt von rund 45 % auf 25 bis 30 % senken kann (FSL 1992). Bei einer Lagerung ohne Abdeckung muss damit gerechnet werden, dass die Hackschnitzel nässer als vor der Lagerung sind; bei der Lagerung unter einer Planenabdeckung kann von einem konstanten Feuchtegehalt ausgegangen werden.

Tabelle 3-12: Auswahl von Lagerungsmöglichkeiten für Holzhackschnitzel (nach [3-110])

Merkmal	abgedeckt, im Freien	Altgebäude, massiv	Rundholzhalle mit Bodenplatte	Massive Bauweise, mit Bodenplatte und Seitendruckstabilität (Schnitzelbunker)
Investitionsbedarf	gering	kleiner	mittel	hoch
Arbeitszeitbedarf zur Einlagerung	hoch (Abdeckung)	mittel	gering	gering
Nachtrocknung im Lager	kaum, Kondenswasserbildung	möglich bei guter Entlüftung	gut bei Schutz vor Schlagregen	möglich bei guter Entlüftung
Gefahr von Fehllagerung	hoch	gering	mittel (Oberflächenwasser, Schlagregen)	gering
Brandrisiko und möglicher Schaden	gering (Außenbereich)	hoch	mittel (Außenbereich)	hoch

Die Forderung nach einer gleichbleibend hohen Brennstoffqualität macht eine Unter-Dach-Lagerung wünschenswert. Dabei erscheint die Errichtung von massiv gebauten Bergehallen unter ökonomischen Aspekten lediglich für eine kurzfristige Bevorratung bei hoher Umschlagfrequenz sinnvoll [3-110]. Diese ist beispielsweise bei einer zentralen Feuerungsanlage gegeben. Für die Langzeitlagerung, die z. B. die Dauer von der Ernte/Bereitstellung bis zur winterlichen Heizperiode überbrückt, müssen alternative Lagerungskonzepte erstellt werden. Eine Möglichkeit bieten einfach zu errichtende und kostengünstige Rundholzbergehallen, die gerade von landwirtschaftlichen Betrieben problemlos zu bauen sind (vgl. *Tabelle 3-12*). Die

Investitionskosten belaufen sich einschließlich einer Bodenplatte zur Lagerung von Schüttgütern und Befahrung durch Radlader auf rund 40 DM pro umbautem Kubikmeter [3-110].

Wie beim Abschnitt Transport in der Logistikkette ist auch bei der Lagerung zu beachten, dass ein Brennstoff mit vergleichsweise geringer Energiedichte und daher mit hohem Raumbedarf gelagert werden muss. Die benötigten Lagerkapazitäten sind bei Biobrennstoffen im Vergleich zu fossilen Energieträgern beachtlich. Anlagenbetreibern, die nicht aus dem landwirtschaftlichen Sektor kommen, erscheint der Bedarf bzw. die Schaffung an ausreichend (überdachtem) Lagerraum als gravierender Nachteil gegenüber fossilen Energieträgern. Lediglich im landwirtschaftlichen Bereich ist in der Regel genügend Lagerkapazität mit ausreichendem Schutz vor Witterungseinflüssen gegeben, wodurch gerade bei dezentralen Energieversorgungsstrukturen in ländlichen, agrarisch geprägten Regionen dieser Nachteil kompensiert wird. Im Gegenteil werden in diesen Regionen Kosten für aufwendige Zuleitungen (z. B. für Erdgas) eingespart und dadurch ein Kostenvorteil erzielt.

Andererseits bietet lediglich die Biomasse als einziger regenerativer Energieträger die Möglichkeit, speicherfähig und damit zu jedem Zeitpunkt in nahezu beliebiger Menge verfügbar zu sein. Daraus resultiert der Vorteil, Angebot und Nachfrage entkoppeln zu können und eine Vorratshaltung ähnlich wie bei fossilen Energieträgern realisieren zu können. Bei der Biomasse wird Sonnenenergie, die im Zuge der Photosynthese in pflanzlicher Biomasse gebunden wurde, in Form biochemischer Energie gespeichert. Eine relevante Schwierigkeit herrscht jedoch darin, dass es sich bei biogenen Festbrennstoffen um organische Materie handelt, die in unterschiedlichem Grad dem Mineralisierungsprozess unterliegt und dadurch während der Lagerung ein relativer Massenverlust resultiert, der maximal 2 bis 3 % je Lagerungsmonat erreichen kann. Mit dem Massenverlust geht ein Brennwertverlust und damit ein ökonomischer Verlust einher, den es im Zuge der Brennstoff-Logistik (Veredlung, Trocknung) weitgehend zu verhindern oder durch Mehrproduktionen auf den Anbauflächen auszugleichen gilt.

3.5 Nutzung von Biomasse

3.5.1 Verbrennung und Vergasung von biogenen Energieträgern

Potenzial und Nutzungsmöglichkeiten

Alle wichtigen biogenen Energieträger besitzen wie fossile Brennstoffe einen Arbeitswert nahe Eins, d.h. dass die gesamte enthaltene Energie arbeitsfähige Energie oder Exergie ist. Bei der Verbrennung werden aus diesen Bioenergieträgern Umgebungsstoffe, Kohlendioxid und Wasser, hergestellt, und die gesamte Brennstoffexergie muss sich also, abgesehen von einer vernachlässigbaren Konzentrationsexergie, die ohnehin bei Vermischung mit der Umgebungsluft verloren geht, in der thermischen Exergie der heißen Rauchgase und in den Exergieverlusten der Verbrennungsreaktion wiederfinden, [3-139 bis 1-141]. Im ersten Block der *Tabelle 3-13* wurden die Reaktionsenthalpien der Verbrennung von verschiedenen Brennstoffen gegenübergestellt, bei Betrachtung der Bildung von flüssigem Wasser entspricht dies dem oberen Heizwert oder Brennwert, bei Bildung von Wasserdampf – dem unteren Heizwert. Das Verhältnis der Reaktionsenthalpie zur Reaktionsentropie beschreibt eine thermodynamische Mitteltemperatur der Verbrennung. Diese thermodynamische Mitteltemperatur entspricht der Temperatur der Gleichgewichtsreaktion bei der das Produkt der Partialdrücke der Reaktionsprodukte gleich dem Produkt der Partialdrücke der Ausgangsstoffe ist.

$$\ln K_p = 0; \quad \Delta_R g_0 = \Delta_R h_0 - T \Delta_R s_0 = 0; \quad T_{GG} = \frac{\Delta_R h_0}{\Delta_R s_0} \quad (3\text{-}17)$$

Vergleicht man die normierte Exergie der Brennstoffe, das Verhältnis der Brennstoffexergie zu seiner Energie, mit der normierten Exergie der Wärme, die temperaturabhängig ist und durch den entsprechenden Carnot-Faktor beschrieben wird, so kann damit eine äquivalente Temperatur ermittelt werden.

$$e^* = \frac{\Delta_R e}{\Delta_R h} = 1 - \frac{T_u \Delta_R s_0}{\Delta_R h_o} = 1 - \frac{T_u}{T_{GG}}; \quad e^*_q = \frac{e_q}{q} = 1 - \frac{T_u}{T_q} \quad (3\text{-}18)$$

Die so ermittelte Verbrennungstemperatur entspricht der Temperatur bei der eine äquivalente Wärme ohne Exergieverlust abgegeben werden müsste. Normierte Exergien größer Eins, wie sie bei einigen Brennstoffen auftreten, werden durch negative Werte der thermodynamischen Mitteltemperatur repräsentiert. Wie aus *Tabelle 3-13* ersichtlich, ist die normierte Exergie für Bioenergieträger, dargestellt als Kohlehydrate, sogar deutlich größer als für fossile Brennstoffe und kann nur mit Hilfe der Energietransformation vollständig genutzt werden [3-142].

Bioenergieträger sind somit wie fossile Brennstoffe Hochtemperaturenergieträger, da sie grundsätzlich zur Erzeugung von Arbeit oder Hochtemperaturwärme geeignet sind. Das gilt unabhängig vom Feuchtegehalt, von der Dichte und der Konsistenz fester Bioenergieträger, unabhängig vom Inertgasgehalt erzeugter Biogase oder vom gebundenen Sauerstoff in flüssigen Energieträgern.

Durch den Feuchte- und Sauerstoffgehalt wird jedoch der Heizwert maßgeblich beeinflusst, so schwankt beispielsweise der Heizwert von Holz unabhängig von der Holzart zwischen 6 MJ/kg bei 50 % Feuchtegehalt, 15 MJ/kg bei lufttrockenem Holz und ca. 18 MJ/kg bei trockenem Holz [3-139]. Dieser selbst für die Trockensubstanz im Vergleich zu Heizöl (42 MJ/kg) niedrige Heizwert ergibt sich aus dem hohen Sauerstoffgehalt des Holzes, der bis zu 50 % der Trockenmasse beträgt und theoretisch den Kohlenstoff schon zur Hälfte gebunden hat. Der geringe Heizwert ist bei vielen Bioenergieträgern außerdem gekoppelt mit geringer Schüttdichte, schlechter Lagerfähigkeit und Dosierbarkeit, sodass die Transport- und Handling-Aufwendungen selbst für Scheitholz und Holzhackschnitzel deutlich höher sind als für fossile Brennstoffe. Für andere biogene Energieträger ist die Situation noch ungünstiger.

Tabelle 3-13: Bestimmung von thermodynamischen Mitteltemperaturen und normierten Exergien für die Reaktion von Brennstoffen

	Reaktionsgleichung		$\Delta_R h_0$ in kJ/mol		$\Delta_R s_0$ in J/molK	T_{GG} in K	$e^* = \dfrac{\Delta_R e}{\Delta_R h}$
Verbrennung	$C + O_2$	$\rightarrow$ CO_2	-393,1		2,8	-140.000	1,002
	$CO + \tfrac{1}{2} O_2$	$\rightarrow$ CO_2	-284,2		-86,5	3.300	0,903
	$H_2 + \tfrac{1}{2} O_2$	$\rightarrow$ H_2O_{fl}	-285,5	$\equiv H_o$	-163,0	1.750	0,82
	$H_2 + \tfrac{1}{2} O_2$	$\rightarrow$ H_2O_g	-241,6	$\equiv H_u$	-44,7	5.400	0,944
	$CH_4 + 2 O_2$	$\rightarrow$ $CO_2 + 2 H_2O_{fl}$	-927,1	$\equiv H_o$	-242,4	3.800	0,92
	$CH_4 + 2 O_2$	$\rightarrow$ $CO_2 + 2 H_2O_g$	-802,6	$\equiv H_u$	-5,4	147.700	0,998
	$C_2H_2 + 2,5 O_2$	$\rightarrow$ $2 CO_2 + H_2O_g$	-1.254,0		-54,3	2.300	0,99
	$C_6H_{6\,fl} + 7,5 O_2$	$\rightarrow$ $6 CO_2 + 3 H_2O_g$	-3.131,2		137,9	-22.700	1,013
	$C_{11}H_{22}O_{11} + 12 O_2$	$\rightarrow$ $12 CO_2 + 11 H_2O_{fl}$	-5.667,1	$\equiv H_o$	5.684	-9.970	1,03
	$C_{11}H_{22}O_{11} + 12 O_2$	$\rightarrow$ $12 CO_2 + 11 H_2O_g$	-5.181,9	$\equiv H_u$	1.861,9	-2.783	1,11
Vergasung	$C + \tfrac{1}{2} O_2$	$\rightarrow$ CO	-110,4		89,0	-1.200	1,25
	$C_2H_2 + O_2$	$\rightarrow$ $2 CO + H_2$	-447,3		119,5	-3.740	1,08
	$CH_4 + \tfrac{1}{2} O_2$	$\rightarrow$ $CO + 2 H_2$	-35,5		169,7	-210	2,43
	$C_2H_6 + O_2$	$\rightarrow$ $2 CO + 3 H_2$	-136,1		355,3	-387	1,77
	$C_6H_{6\,fl} + 3 O_2$	$\rightarrow$ $6 CO + 3 H_2$	-711,0		702,2	-1.000	1,30
	$C_{11}H_{22}O_{11} + 12 O_2$	$\rightarrow$ $12 CO + 11 H_2$	898,0		3.385,2	265	-0,13
Pyrolyse	CH_4	$\rightarrow$ $C_f + 2 H_2$	74,8		80,7	930	0,68
	C_2H_2	$\rightarrow$ $2 C_f + H_2$	-226,6		-58,5	3.870	0,92
	$C_6H_{6\,fl}$	$\rightarrow$ $2 C_f + H_2$	-49,0		250,8	-195	2,54
	$C_{11}H_{22}O_{11}$	$\rightarrow$ $C_f + 11 CO + 11 H_2$	857,6		2.802,7	306	0,02

Für die Nutzung von biogenen Energieträgern stehen zwei Hauptwege zur Verfügung. Die mit großem Abstand am weitesten verbreitete Methode ist die unmittelbare Erzeugung von Gebrauchsenergien in Form von Heizwärme und in sehr geringem Umfang in Form von Elektroenergie durch Verbrennung, etwa die Hälfte des auf der Erde wachsenden Waldes wird auf diese Weise verwendet. Als weitere Methoden der thermisch-chemischen Behandlung von Bioenergieträgern haben die Pyrolyse und die Vergasung für die Bereitstellung von Gas, Öl und Holzkohle Bedeutung [3-139, 3-141].

Wie aus *Tabelle 3-13* hervorgeht, ist die Vergasung von Bioenergieträgern mit Sauerstoff im Unterschied zu den fossilen Brennstoffen nicht exotherm, sondern sie benötigt im Gegenteil Energie. Überraschenderweise ist die Reaktionsentropie aber so groß, dass die Gleichgewichtsreaktionstemperatur der Vergasung unter der Umgebungstemperatur liegt. Ursache für diesen

3.5 Nutzung von Biomasse

gravierenden Unterschied zu anderen Brennstoffen ist der hohe Sauerstoffgehalt durch den für die Vergasung fast kein zusätzlicher Sauerstoff benötigt wird. Die reversible Vergasung von Bioenergieträgern könnte also zum Entzug von Wärme unterhalb der Umgebungstemperatur, d.h. zur Kälteerzeugung, verwendet werden. Dementsprechend ergibt sich für die normierte Exergie ein negativer Wert infolge von Exergieabgabe bei Energieaufnahme.

Die Pyrolyse unterscheidet sich nur unwesentlich von der Vergasung, da diese auch fast ohne Sauerstoff auskommt, mit dem Unterschied, dass die Gleichgewichtstemperatur geringfügig über der Umgebungstemperatur liegt und folglich die Exergieänderung klein aber positiv ist. Bei der Festlegung der Reaktionsprodukte der Vergasung und Pyrolyse wurde natürlich von einem Hochtemperaturprozess ausgegangen, sodass eine regenerative Aufheizung und Wiederabkühlung zugrundegelegt werden müsste.

Bei den heute praktizierten Verfahren der thermischen Behandlung von Bioenergieträgern wird von den transformatorischen Eigenschaften oder möglichen Effekten kein Gebrauch gemacht. Es werden, wie im weiteren dargelegt, einfache Zustandsänderungen realisiert in denen das Überschusspotenzial der erzeugten bzw. behandelten Energieträger verloren geht.

Der zweite Hauptweg der Aufbereitung von Bioenergieträgern, auf den hier jedoch nicht eingegangen werden soll, besteht in der biologischen Umwandlung zur Herstellung von Biogas und Äthanol. Diese Verfahren haben jedoch den Nachteil, dass nicht die gesamte Energie genutzt wird sondern energiereiche Nebenprodukte entstehen, die weiteren Behandlungsverfahren unterworfen werden müssen.

Verbrennung von biogenen Energieträgern - Stand der Technik

Biogene Energieträger besitzen gegenüber den fossilen festen Brennstoffen eine Reihe von Besonderheiten, die ihre Nutzung erschweren. Dazu gehören die relativ niedrige theoretische d.h. adiabate Verbrennungstemperatur, die durch den hohen Feuchte- und Sauerstoffgehalt verursacht ist, und der hohe Gehalt an flüchtigen Bestandteilen. Die Verbrennungstemperatur von trockenem Holz liegt bei 1.200 °C und fällt bei frischem Holz mit ca. 50 % Feuchte auf unter 900 °C. Demgegenüber erreicht die theoretische Verbrennungstemperatur von Steinkohle, Heizöl und Erdgas über 2.000 °C. Damit ist die Gefahr der unvollständigen Verbrennung infolge des Durchbruches von Kohlenmonoxid und Kohlenwasserstoffen an kalten wandnahen Zonen groß und führt nicht nur zu schlechten Wirkungsgraden der Feuerungsstätten sondern auch zu erheblichen Emissionen an Kohlenmonoxid und Kohlenwasserstoffen. Diese Gefahr wird noch durch den hohen Anteil an flüchtigen Bestandteilen, die eigentlich den Verbrennungsprozess erleichtern sollten, zusätzlich erhöht. Diese leichtflüchtigen Kohlenwasserstoffe und Teere treten bei relativ niedriger Temperatur aus dem Brennstoff aus und verlassen bei niedrigen Verbrennungstemperaturen den Feuerraum unvollständig zersetzt. Die unvollständige Verbrennung verbunden mit der uneffektiven Nutzung der erzeugten Wärme führen zu Wirkungsgraden von Feuerungsstätten, die völlig unakzeptabel sind. So wird weltweit über die Hälfte des Brennholzes in offenen Feuerstellen verbrannt, die einen Wirkungsgrad unter 10 % haben. Demgegenüber erreichen moderne Heizanlagen für die Verbrennung von Scheitholz oder Holzhackschnitzel im Vollastbetrieb Wirkungsgrade, die ohne weiteres mit denen von Heizölverbrennungsanlagen vergleichbar sind. Automatisch- aber auch handbeschickte Zentralheizungskessel mit und ohne Lambda-Regelung erreichen Wirkungsgrade von 85 bis 90 %, bezogen auf den unteren Heizwert, und liegen damit deutlich über Einzelöfen mit 70 bis 80 %.

Ungünstiger ist die Situation bei den von Holzfeuerungen ausgehenden Emissionen einzuschätzen. Die höheren Schadstoffemissionen von Holzfeuerungsanlagen haben in einzelnen Kommunen bei Genehmigungsverfahren zu einem Verbrennungsverbot für Holz geführt. So liegt die Kohlenmonoxidkonzentration (bezogen auf 13 % Sauerstoff in Rauchgas) bei Einzelöfen je nach Bauart bei 2 bis 5 g/m^3 und bei Zentralheizungskessel bei 0,5 bis 3 g/m^3 und damit weit über den Werten für Gas- und Ölkessel. Das gilt in noch stärkerem Maße für die Emission von Kohlenwasserstoffen und Staub. Obwohl die Grenzwerte der 1. BImSchV in vielen modernen Feuerungsanlagen deutlich unterschritten werden, ist durch den vermehrten Einsatz von Verbrennungsanlagen für Bioenergieträger mit höheren Schadstoffemissionen zu rechnen.

Die technischen Lösungen für Verbrennungseinrichtungen werden stark durch die Art der Bioenergieträger und deren Aufbereitung geprägt. Am weitesten wurde die Dosier- und Feuerungstechnik für die gängigen Brennstoffarten Scheitholz, Holzhackschnitzel und Stroh entwickelt. Für andere Brennstoffe wie Pellets, Sägespäne und verschiedene Abfallstoffe gibt es spezielle Vorrichtungen. Der Verbrennungsvorgang ist durch die teilweise parallel und teilweise nacheinander ablaufenden Schritte Trocknung, Entgasung und Pyrolyse, die zur Bildung des sogenannten Schwelgases führen, die Vergasung der entstandenen Holzkohle und schließlich die Verbrennung des Schwel- und Vergasungsgases gekennzeichnet. Eine effektive und schadstoffarme Verbrennung wird nur dann erreicht, wenn die Verbrennungsbedingungen bezüglich Temperatur, Verweilzeit und Durchmischung erfüllt sind und nur soviel Gas erzeugt wird, wie vom Sauerstoffangebot und von der Wärmeversorgung her erforderlich sind. Die Erfüllung dieses Komplexes von Forderungen, verbunden mit Fragen des Platzbedarfes, der Anlagenkosten, der Bedienfreundlichkeit und Automatisierbarkeit hat zu zwei Grundtypen von Konstruktionen und Strömungsführungen geführt, die sich natürlich in einer Vielzahl von firmenspezifischen Ausführungsformen wiederfinden. Beide Ausführungsformen, der obere Abbrand und der untere Abbrand, verfügen über einen Trocknungs- und Schwel- und Vergasungsbereich, in dem mit Primärluft nur soviel Energie freigesetzt wird, wie für diesen Prozess benötigt wird und einen Nachbrennbereich, in dem mit der Sekundärluft die möglichst vollständige Verbrennung des Schwel- und Vergasungsgases stattfindet [3-143]. Für Feuerungssysteme mit oberem Abbrand, bei denen die Primärluft seitlich oder von oben auf die Brennstoffschüttung geleitet wird, dass der Abbrand von oben erfolgt, das entstehende Gas nach oben entweicht und der Nachschub des Brennstoffes seitlich oder, z. B. bei Holzhackschnitzeln, als Unterschub erfolgt, gibt es eine Vielzahl von Herstellern.

Demgegenüber arbeiten Feuerungsanlagen mit unterem Abbrand mit einer Brennstoffbefüllung von oben und dem Gasaustritt nach unten in die entsprechende Nachbrennkammer. Lambdaregelung, automatische Brennstoffzuführung und Entaschung sind Stand der Technik.

Verbrennung von biogenen Energieträgern - Energetische Effektivität

Die thermodynamische Effektivität des Verbrennungsprozesses selbst wird durch die nahezu adiabate Verbrennung meist ohne wesentliche Luftvorwärmung bestimmt und beträgt wegen der relativ niedrigen theoretischen Verbrennungstemperatur, selbst bei Holz nur 1.200 °C, weniger als 60 %, d. h. dass über 40 % der Brennstoffexergie bereits durch den Verbrennungsvorgang verloren gegangen sind. Weitere Verluste treten ein durch die entsprechende Abwertung des Temperaturniveaus der Rauchgaswärme auf die Temperatur des erzeugten Energieträgers. Bei der Bereitstellung kommunaler Heizwärme als dem häufigsten Anwendungsfall, mit Vorlauf/Rücklauftemperatur 70/50 gehen weitere 45 % der Brennstoffexergie verloren. Die eingesetzten Bioenergieträger und demzufolge auch das gebildete Rauchgas sind durch einen hohen Feuchtegehalt gekennzeichnet. Das kommt in einer großen Differenz des oberen Heizwertes oder Brennwertes und des unteren Heizwertes zum Ausdruck und bedeutet, dass je nach Feuchtegehalt 15 bis 20 % der Verbrennungsenthalpie für die Wasserverdampfung eingesetzt werden und dementsprechend auf dem niedrigen Temperaturniveau des Wassertaupunktes beginnend bei ca. 60 °C abgewertet werden. In Deutschland werden nach wie vor die unteren Heizwerte für die Berechnung der Wirkungsgrade verwendet, sodass diese Verluste nicht ausgewiesen sondern als geringerer Energiegehalt des Brennstoffes angenommen werden, obwohl die Technik für die Brennwertnutzung seit einigen Jahren zumindest für Erdgaskessel und bedingt für Heizölkessel existiert. Bei Abkühlung auf etwa 45 °C wird ca. die Hälfte der Kondensationsenthalpie genutzt, bei 30 °C sind es entsprechend 75 %. Ein Viertel der Kondensationsenthalpie bleibt also selbst bei den besten Brennwertkesseln und Niedertemperaturheizungen ungenutzt. Für Bioenergieträger wurden wegen auftretender Korrosionsprobleme bisher keine Brennwertkessel realisiert. Damit liegen also für Bioenergieträger die besten thermischen Wirkungsgrade bezogen auf den Brennwert gegenwärtig noch bei ca. 70 % und verdeutlichen das Verbesserungspotenzial der vorhandenen Technik. Der exergetische Wirkungsgrad, der die tatsächliche Entropieproduktion widerspiegelt, liegt infolge dieser Technik aber auch wegen des Verzichtes auf die Wärmekraftkopplung unter 10 %. Eine bessere technische Lösung besteht in der Anwendung der Wärmekraftkopplung und der Trocknung der Bioenergieträger mit Hilfe von Wärme aus der Wärmekraftkopplung, da die Brennstoffenergie in diesem Falle erst zur Arbeitserzeugung verwendet wird und andererseits die Brennstofffeuchte bei höherer Temperatur z. B. bei 100 °C genutzt werden kann. Auf diesem Wege sind thermische Wirkungsgrade bezogen auf den Brennwert von 80 % und entsprechende exergetische Wirkungsgrade von 40 % erreichbar [3-140]. Dieser Weg steht aber meist nur für größere Anlagen zur Verfügung, die jedoch selten realisiert werden, da bei Bioenergieträgern wegen der bei großen Anlagen auftretenden Transportaufwendungen für die Brennstoffe Nachteile entstehen. Ein Ausweg aus dieser Situation ist die Überführung der Bioenergieträger in die Gasphase und die Nutzung des erzeugten Gases in Blockheizkraftwerken oder anderen Verfahren der Wärmekraftkopplung.

Vergasung von Bioenergieträgern - Stand der Technik

Die Verbrennung von Bioenergieträgern ist nicht nur thermodynamisch uneffektiv sondern auch mit erheblichen Emissionen von Kohlenmonoxid, Kohlenwasserstoffen und Staub verbunden. Diese Belastung der Umwelt kann dadurch vermieden werden, dass der Bioenergieträger vergast und erst anschließend mit der Atmosphäre in Kontakt gebracht wird. Durch die Umsetzung mit einem Vergasungsmittel kann die gesamte Kohlenstoffsubstanz und der verfügbare Wasserstoff in ein Brenngas überführt werden, und nahezu gleichwertig mit entsprechenden Gasen aus fossilen Brennstoffen verwendet werden. Nahezu gleichwertig bedeutet, dass für Kleinanlagen, die für Bioenergieträger vorrangig in Frage kommen, vor allem Luft als Vergasungsmittel angewendet wird und dementsprechend ein Gas mit relativ geringem Heizwert entsteht [3-144]. Bei der Vergasung mit Luft unter Einbeziehung des im Brennstoff enthaltenen Wassers kann ein Schwachgas mit einem Heizwert von ca. 5 MJ/m^3 erzeugt werden, das etwa folgende Zusammensetzung bezogen auf das trockene Gas aufweisen kann:

Wasserstoff:	10 % bis 25 %
Methan:	0 % bis 4 %
Kohlendioxid:	2 % bis 15 %
Kohlenmonoxid:	20 % bis 30 %

höhere Kohlenwasserstoffe: bis 1 %
Stickstoff: 45 % bis 60 %.

Die großen Schwankungsbreiten ergeben sich aus der Art des Bioenergieträgers, dem Feuchtegehalt, den Prozessbedingungen (Temperatur und Druck), der Stromführung im Vergaser, der Verweilzeit im Hochtemperaturbereich und einer Vielzahl weiterer untergeordneter Einflussfaktoren. Unabhängig von der speziellen Gestaltung des Vergasungsapparates durchläuft der Biobrennstoff die Prozessstufen Trocknung, Entgasung oder Pyrolyse und die eigentliche Vergasung des festen Kohlenstoffgerüstes, die in weitere Teilprozesse untergliedert werden können:

– Trocknung der Oberflächenfeuchte und der hygroskopischen Feuchte,
– Exotherme und endotherme Entgasung,
– Oxidierende und reduzierende Vergasung.

Für den Vergasungsprozess selbst steht die gesamte Palette von Phasenkontaktformen zwischen dispersen Feststoffen und Gasen zur Verfügung. Das Festbett oder besser Wanderbett besitzt gegenüber anderen Zweiphasensystemen fest/gasförmig den Vorteil, dass die Strömungsrichtung der beiden Phasen zueinander völlig frei wählbar ist und neben den beiden Grundformen Gleichstrom (absteigende Vergasung) und Gegenstrom (aufsteigende Vergasung) auch verschiedene Formen des Kreuzstromes (Querstromvergasung) und Mischformen realisiert werden können. Gleich- und Gegenstromvergasung unterscheiden sich wesentlich in der Zusammensetzung des Vergasungsgases und in der energetischen Effektivität [3-139]. Bei der Gleichstromvergasung gelangen die Produkte der Entgasung, die neben C_1-Produkten auch langkettige und aromatische Kohlenwasserstoffe enthalten, zusammen mit dem noch nicht vollständig umgesetzten Vergasungsmittel in die heisse Vergasungszone. Dabei werden die Teere in kurzkettige Kohlenwasserstoffe gespalten und das mit hoher Temperatur austretende Gas enthält kaum noch kondensierbare organische Bestandteile. Die hohe Austrittstemperatur ist eine wesentliche Ursache für die geringere energetische Effektivität, führt aber zu einer deutlichen Verringerung des Gasreinigungsaufwands.

Bei der Gegenstromvergasung erfolgt die energetische Nutzung der aus der Vergasungzone austretenden heissen Gase für die Entgasung und Trocknung. Die bei der Entgasung freiwerdenden höheren Kohlenwasserstoffe verlassen unzersetzt bei niedriger Temperatur den Reaktor und müssen anschließend teilkondensiert und abgetrennt werden. Das verkompliziert die Technologie und erschwert die Gasnutzung, insbesondere bei der motorischen Verbrennung, ermöglicht aber andererseits eine hohe energetische Effektivität.

Weitere Phasenkontakformen sind der Wirbelschichtreaktor und der Flugstromreaktor [3-145]. Der Wirbelschichtvergaser ist von der Prozessführung her wegen der guten Durchmischung ein Rührkesselreaktor mit einem entsprechend breiten Verweilzeitspektrum, der bezüglich Teergehalt und energetischer Effektivität je nach Temperatur des Wirbelbettes mittlere Werte erreicht. Der Flugstromvergaser, der aus der Kohlenstaubvergasung entstanden und an hohe Temperaturen gebunden ist, führt als ausgesprochener Gleichstromprozess zu geringer Effektivität und niedrigem Teergehalt.

Je nach Ausführungsform, Prozessparametern und Art des Bioenergieträgers liegen die erreichbaren Kaltgaswirkungsgrade zwischen 60 % und 80 %, bei Realisierung regenerativer Maßnahmen sind bis zu 90 % möglich.

3.5 Nutzung von Biomasse

Vergasung von biogenen Energieträgern - Energetische Effektivität

Bioenergieträger werden bei der Vergasung nahezu vollständig in Wasserstoff und Kohlenmonoxid umgewandelt, also in einen Energieträger, der bei Bezug auf den unteren Heizwert entsprechend *Tabelle 3-13* eine normierte Exergie von 0,9 bis 0,944 in Abhängigkeit von dem Verhältnis zwischen Wasserstoff und Kohlenmonoxid erreicht. Da der dazu verwendete Bioenergieträger eine normierte Exergie von 1,11 besaß, gehen also 15 bis 20% der Exergie des Bioenergieträgers verloren, wenn nicht in einem endothermen Prozess zusätzlich Energie aufgenommen wird. Ein reversibler Vergasungsprozess müsste, wie in einem Energie-Entropie-Diagramm verdeutlicht werden kann, *Bild 3-26* , um seine Exergie beizubehalten, Energie nahe der Umgebungstemperatur aufnehmen und der normierten Exergie der Vergasungsreaktion entsprechend auf ein höheres Temperaturniveau anheben. Die normierte Exergie des Vergasungsgases mit 0,9 bis 0,944 ergibt dann eine thermodynamische Mitteltemperatur von 4.000 K, wie auch die eingezeichnete Isotherme zeigt. Für die im *Bild 3-26* dargestellte Pyrolyse von Bioenergieträgern ist die Situation ähnlich.

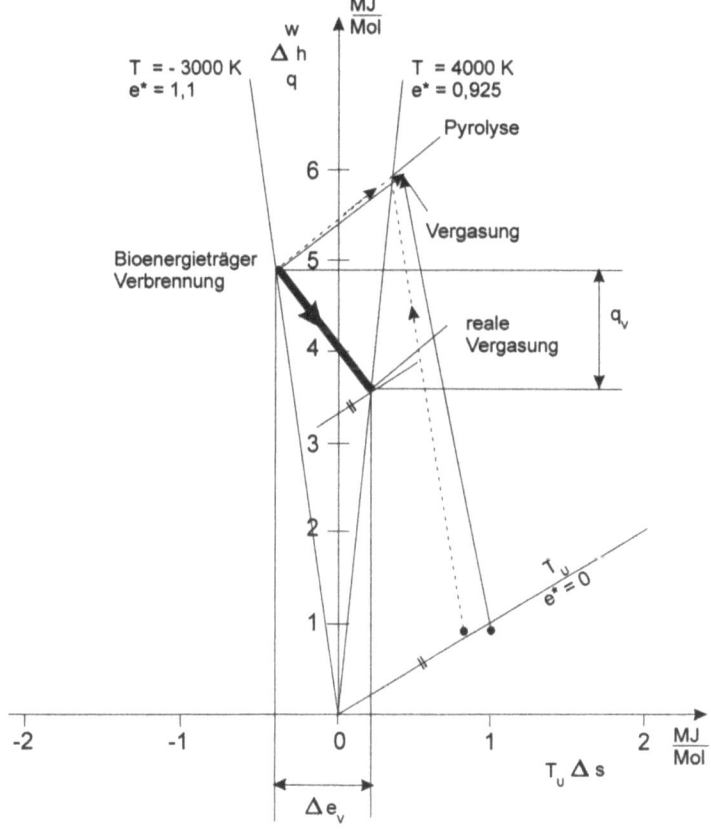

Bild 3-26
Bioenergienutzung im Enthalpie-Entropie-Diagramm

Der reale Vergasungsprozess ist dadurch gekennzeichnet, dass er nicht nur ohne Energieaufnahme auskommt, sondern im Gegenteil einen merklichen Teil seiner Energie als Verlustwärme abgibt. Dieser Verlust kommt im sogenannten Kaltgaswirkungsgrad zum Ausdruck, der das Verhältnis des unteren Heizwertes des Vergasungsgases zum unteren Heizwert des Bioenergieträgers ist. Der Kaltgaswirkungsgrad ist abhängig vom Vergasungsverfahren und erreicht Werte zwischen 60 und 80 %. Hohe Werte werden bei Gegenstromführung und niedrigen Vergasungstemperaturen erreicht. Trägt man den realen Vergasungsprozess in das Energie-Entropie-Diagramm ein, können sowohl die Energieverluste als auch die durch Absenkung der normierten Exergie begründeten Exergieverluste dargestellt werden. Die Energieverluste gehen in die exergetische Bewertung mit der normierten Exergie des Brennstoffes als Faktor ein. Der Nutzenergieanteil ist mit der Differenz der normierten Exergien des Bioenergieträgers und des Vergasungsgases als Verlust belastet. Dieser letztgenannte Verlust ist bei der gegenwärtigen Nutzungsstrategie des Gases, der Verbrennung in Blockheizkraftwerken, Heiz- oder Kraftwerken mit Wärme-Kraft-Kopplung [3-146 bis 3-149], nicht zu reduzieren, da die hohe normierte Exergie des Bioenergieträgers ohnehin verloren geht. Der Gesamtexergieverlust der Vergasung kann auch durch Parallelverschiebung der Umgebungsisothermen durch die Zustandspunkte des Bioenergieträgers und des Gases auf der Ordinate als Differenzstrecke abgelesen werden. Der Exergieverlust von 2,2 MJ/mol führt im dargestellten Beispiel zu einem exergetischen Wirkungsgrad von unter 60 %. Insgesamt sind gegenwärtig exergetische Wirkungsgrade der Vergasung von 50 bis 75 % erreichbar. Das verdeutlicht das erhebliche Verbesserungspotenzial, das schon allein für die effektive Gestaltung der Vergasung zur Verfügung steht.

3.5.2 Anfall von Aschen bei der energetischen Nutzung von Biomasse

Entsprechend dem steigenden Einsatz von Holz als biogenem Festbrennstoff bei der Wärme- und Stromversorgung nehmen auch die dabei anfallenden Reststoffe (Aschen) zu. Folgt man dem Kreislaufwirtschaftsgedanken, wie er seit 1996 im Kreislaufwirtschafts- und Abfallgesetz (KrW-/AbfG, vgl. Abschnitt 3.5.4) verankert ist, so ist es naheliegend, die bei der Holzverbrennung anfallenden Aschen mit den darin enthaltenen Nährstoffen erneut auf den Anbauflächen (Forst, Kurzumtriebplantagen etc.) als Dünger aufzubringen und zu nutzen. Bisher ist die Frage, inwieweit und unter welchen Bedingungen die Ausbringung von Holzaschen auf Böden möglich ist, bei Betreibern von Energieanlagen, Genehmigungsbehörden und Landwirtschafts- bzw. Forstbehörden unbeantwortet.

Ziel ist es, bei der Ascheausbringung einerseits Wertstoffe einer weiteren Nutzung zuzuführen (Verwertung vor Entsorgung) und andererseits Nährstoffexporte und daraus resultierende Bodendegradationen zu verhindern sowie dafür erforderliche Düngerankäufe zu minimieren. Allerdings ist problematisch, dass der angestrebte „Aschenkreislauf" (Boden/Nährstoff–Wurzel/Pflanze–Verbrennung–Asche–Boden) durch die atmogene Depositionen von Schadelementen (z. B. Schwermetalle) auf Pflanzen und in Böden gestört wird [3-123]. Durch den Schwermetalleintrag wird der Aschenkreislauf instabil; er kann nicht mehr geschlossen werden, da es zu einer Anreicherung von Schwermetallen in den Aschen und langfristig in Boden und Bestand kommen würde. Soll der Kreislauf dennoch aufrecht erhalten werden, muss es eine Schnittstelle geben, über die ein schadstofffreier Seitenstrom ausgeschleust wird, der den Gesamtkreislauf stabil hält (*Bild 3-27*).

Bei der Verbrennung von Holz bleibt jeweils ein bestimmter Anteil an vorwiegend anorganischen Bestandteilen des Holzes als Aschen zurück (*Tabelle 3-14*). Die anfallende Menge hängt

3.5 Nutzung von Biomasse

stark von der Art und der Zusammensetzung des eingesetzten Brennstoffs ab, nimmt jedoch mit zunehmendem Rindenanteil zu.

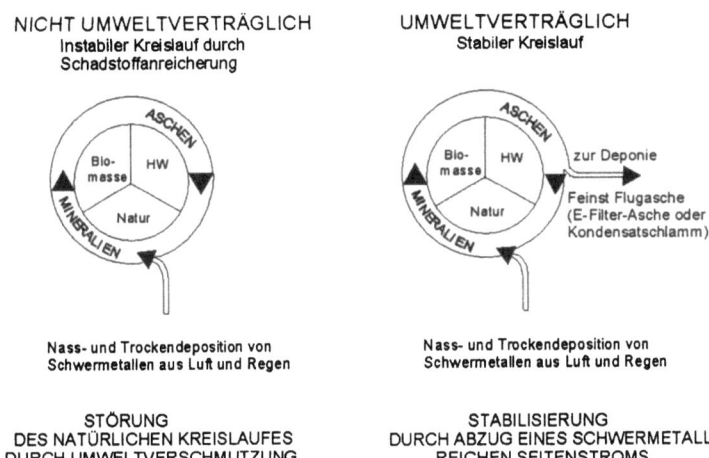

Bild 3-27
Stabiles und instabiles Kreislaufsystem mit Blick auf eine Rückführung
von Holzaschen auf Böden [3-123]

Tabelle 3-14: Brennstoffspezifischer Aschenanfall in Biomasseheizwerken [3-120]

Brennstoff	Aschenanfall (in % bezogen auf Brennstoff-Trockensubstanz)
Sägespäne	0,5 – 1,1
Hackgut ohne Rinde (z. B. Industriehackgut)	0,8 – 1,4
Hackgut mit Rinde (z. B. Waldhackgut)	1,0 – 2,5
Rinde	5,0 – 8,0

Die aufgeführten Größen zum mittleren Aschenanfall gelten für Frischholzfeuerungen. Bei Altholzfeuerungen kommt es infolge des hohen Anteils mineralischer Verunreinigungen und Fremdanteilen ebenfalls zu deutlich höheren Aschenanfällen als beim Einsatz von Frischholz. Der mittlere Aschengehalt von Altholz wird auf die Spanne von 5,0 – 12,0 Gew.-% beziffert [3-102, 3-121]. Die Quantifizierung der in Deutschland anfallenden Holzaschemengen ist aus diversen Gründen schwierig. Zum einen kann aus den Literaturangaben nicht auf die tatsächlich eingesetzten Holzhackschnitzel- bzw. Energieholzmengen geschlossen werden. Zum anderen kann der Aschenanfall in einem weiten Bereich schwanken. Darüber hinaus ist eine eindeutige Zuordnung zur Herkunft des Holzes (Forstwirtschaft, Energieholzplantagen, Sägeindustrie, Recyclingunternehmen) nicht möglich. Unterstellt man jedoch einen durchschnittlichen

Ascheanfall von 2% des eingesetzten Brennstoffs, so ergeben sich bei einer Brennholzmenge von 13 Mio. m³ (entspricht ca. 7 Mio. t) in Deutschland rund 135.000 t Holzasche jährlich [3-138].

3.5.3 Eigenschaften von Aschen aus Biomassefeuerungen

Physikalische Charakteristika

Bei modernen Biomassefeuerungsanlagen fallen entsprechend der eingesetzten Filtertechnik drei Aschenfraktionen an (*Bild 3-28*) [3-120].

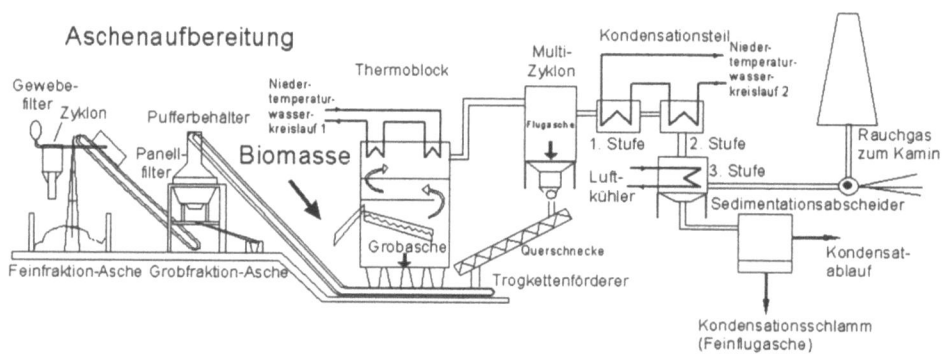

Bild 3-28
Schematische Darstellung für den Betrieb eines Biomasseheizwerks mit Aschenaufbereitung [3-120]

Diese werden unterschieden in:

Grob- oder Rostasche: Im Verbrennungsteil der Feuerungsanlage anfallender, vorwiegend mineralischer Rückstand der eingesetzten Biomasse. Diese Aschenfraktion ist überwiegend mit den in der Biomasse enthaltenen Verunreinigungen (Sand, Erde, Steine) durchsetzt. Die Grob- oder Rostasche nimmt einen Massenanteil von rund 60 bis 90% ein.

Zyklonflugasche: Als feine Partikel in den Rauchgasen mitgeführte feste, vorwiegend anorganische Brennstoffbestandteile, die als Stäube im Wendekammer- und Wärmetauscherbereich der Feuerung sowie in den dem Kessel nachgeschalteten Fliehkraftabscheidern (Zyklonen) anfallen. Die Zyklonflugasche nimmt einen Massenanteil von rund 10 bis 35% ein.

Feinstflugasche: In Elektro- und Gewebefiltern bzw. als Kondensatschlamm in Rauchgaskondensationsanlagen anfallende Flugaschenfraktion. Bei Biomasseheizwerken ohne entsprechende Techniken verbleibt diese Fraktion als Reststaub im Rauchgas. Die Feinstflugasche nimmt einen Massenanteil von rund 2 bis 10% ein.

3.5 Nutzung von Biomasse

Chemische Charakteristika

Holzasche entspricht aufgrund ihrer Zusammensetzung einem von Calcium dominierten Mehrnährstoffdünger, der einen Beitrag zur Pflanzenernährung darstellen kann. Holzasche besteht vorrangig aus Silicaten und Metalloxiden; der im Holz enthaltene Stickstoff entweicht mit dem Rauchgas vollständig im Zuge der Verbrennung. Entsprechend umfangreicher Untersuchungen enthält das Gemisch aus Grob- und Zyklonflugasche (Mischungsverhältnis entsprechend dem Anfall in Gew.-%) die in *Tabelle 3-15* angegebenen Gehalte [3-120].

Tabelle 3-15: Mittlere Nährelementgehalte (Massenanteil, bezogen auf Trockensubstanz in %) in Aschengemischen aus Grob- und Zyklonflugasche von Frischholzfeuerungen [3-120]

Nährelement	Rindenasche	Hackgutasche	Späneasche
CaO	40.0	46.2	41.5
MgO	5.1	4.5	6.4
K_2O	4.8	6.6	8.4
P_2O_5	1.8	3.7	2.7
Na_2O	0.5	0.4	0.4

Die Nährelementgehalte von Aschen aus Alt- und Restholz liegen grundsätzlich in derselben Größenordnung wie bei der Verwendung von Frischholz. Auffallend sind die vergleichsweise geringen Mg- und P-Gehalte. Die partiell niedrigeren Nährstoffgehalte in den Aschen aus Alt- und Restholz sind in dem höheren Anteil an Fremdstoffen in der Asche begründet [3-123], die nicht direkt aus der Biomasse selbst stammen, sondern durch die Behandlung bzw. Vornutzung des Holzes eingetragen wurden. Die Verteilung der Nährstoffe innerhalb der verschiedenen Aschefraktionen variiert demgegenüber beachtlich. In der Grob- und Zyklonflugasche sind zusammen rund 85 bis 95 Gew.–% der in der Asche enthaltenen Nährelemente gebunden. Allerdings schwanken die Nährstoffgehalte deutlich (*Tabelle 3-16*) [3-96, 3-120].

Tabelle 3-16: Mittlere prozentuale Nährelementverteilung auf die anfallenden Aschenfraktionen [3-119, 3-120]

Aschefraktion	K	Na	Ca	Mg	P
Grobasche	41.9	49.5	51.5	57.8	48.9
Zyklonasche	41.7	41.0	40.5	35.3	41.1
Feinstflugasche	16.3	9.5	8.0	6.9	10.0

Neben den Nährstoffen sind in den Aschen vor allem Schwermetalle enthalten, deren Gehalte in erster Linie vor der Vornutzung des Holzes bedingt werden. Die im Holz gebundenen Schwermetalle können bei einer Ausbringung vor dem Hintergrund des Boden- oder Grundwasserschutzes ein Gefährdungspotenzial darstellen, das es zu vermeiden gilt. Untersuchungen aus Österreich, der Schweiz und aus Deutschland belegen, dass in den einzelnen Holzaschenfraktionen eine Reihe von Schwermetallen angereichert sein können. Die durchschnittliche Belastung der einzelnen Aschenfraktionen mit Schwermetallen ist in *Tabelle 3-17* aufgeführt.

Tabelle 3-17: Mittlere Schwermetallgehalte in den verschiedenen Aschenfraktionen (bezogen auf Trockensubstanz in mg/kg) [3-119, 3-120, 3-126, 3-96]

Aschefraktion	Cu	Co	As	Ni	Cr	Pb	Cd	V	Hg	Zn
Grobasche	164.6	21.0	4.1	66.0	325.5	13.6	1.2	43.0	0.01	432.5
Zyklonasche	143.1	19.0	6.7	59.6	158.4	57.6	21.6	40.5	0.04	1870.4
Feinstflugasche	389.2	17.5	37.4	63.4	231.3	1053.3	80.7	23.6	1.47	12980.7

Die Gehalte der Metalle Zink, Kupfer, Blei und Cadmium steigen von der Grob- bis hin zur Feinstflugasche deutlich an, was in den temperaturabhängigen chemischen und physikalischen Eigenschaften dieser Elemente begründet ist [3-138]. Dagegen reichern sich die sog. stabilen Metalle Kobalt, Nickel, Vanadium und Chrom sowie deren Verbindungen vor allem in der Grobasche an. Die Herkunft der Hölzer sowie die Holzsorte hat keinen Einfluss auf die Schwermetallgehalte in den Aschen [3-96]. Mit Blick auf die Schwermetallverteilung in Relation zur Größenverteilung der Aschenfraktionen wurde in verschiedenen Untersuchungen belegt, dass sich in der Feinstflugasche rund 50 % der gesamten leichtflüchtigen Schwermetalle und deren Verbindungen konzentrieren (vgl. *Tabelle 3-18*). Betrachtet man zusätzlich die Anteile in der Zyklonflugasche, so sind in diesen beiden Fraktionen 80 bis 98 % der Schwermetalle akkumuliert. Auf die beiden Fraktionen entfallen demgegenüber lediglich 45 bis 50 % der schwerflüchtigen Schwermetalle und ihrer Verbindungen. Sofern das Ziel ist, die Schwermetallkontaminationen in Holzaschen zu minimieren, um eine Wiederverwertung zu ermöglichen, ist es unabdingbar, die einzelnen Aschenfraktioen in den Feuerungsanlagen zu trennen. Da die Grobasche die geringsten Kontaminationen aufweist, ist sie prinzipiell gut für eine Weiterverwertung im Sinne der Kreislaufwirtschaft (Abfall zur Verwertung) verwendbar [3-138]. Dagegen sind die Feinstflugaschen für eine weitere Verwertung im Sinne des Kreislaufwirtschaftsgesetzes ungeeignet und sind sicher zu deponieren (Abfall zur Beseitigung).

3.5.4 Verwertungsmöglichkeiten für Aschen aus Biomassefeuerungen

Bereiche, in denen eine Weiterverwendung bzw. Verwertung von Holzaschen prinzipiell möglich ist, wurden in Abschnitt 3.5.2 aufgeführt. Im konkreten Fall gestaltet sich die Nutzung von Aschen aus Biomassefeuerungen jedoch recht kompliziert. Diesbezügliche Probleme sind stets auf den fehlenden (oder unscharf formulierten) rechtlichen Rahmen bzw. auf die chemische Beschaffenheit der Aschen zurückzuführen. Grundsätzlich stellt sich bei der Ausbringung von Aschen in die Umwelt die Frage, ob dadurch ein Nutzen (z. B. Verbesserung der Bodenfruchtbarkeit, Steigerung der Wuchsleistung von Pflanzen) verbunden und die Anwendung unschädlich für das Ökosystem (Boden, Wasser, Pflanze, Tier und Mensch) ist.

Rechtliche Aspekte

Seit Inkrafttreten des Kreislaufwirtschaft- und Abfallgesetz (Krw-/AbfG) ist die zuvor verwirrende Begriffsvielfalt vereinheitlicht worden. Demzufolge sind die bei der Verbrennung von Biomasse anfallenden Aschen Abfall. Über den Umgang mit Abfall und dessen Verbleib trifft das Krw-/AbfG verschiedene Regelungen, bei denen zwischen Abfällen zur Verwertung und Abfällen zur Beseitigung differenziert wird. Der Erzeuger von Aschen ist verpflichtet, diese nach Maßgabe des Krw-/AbfG stofflich oder energetisch zu verwerten, soweit dieses technisch möglich und wirtschaftlich zumutbar ist. Die Verwertung hat dabei stets Vorrang vor der Be-

3.5 Nutzung von Biomasse

seitigung. Diese gesetzliche Verpflichtung geht sehr weit und bestimmt, dass technisch möglich und wirtschaftlich zumutbar selbst dann ist, sofern ein Absatzmarkt erst geschaffen werden muss oder eine Vorbehandlung nötig wäre [3-138]. Ob der Abfall Aschen verwertet werden kann, hängt also zunächst von einer verfügbaren Verwertungsmöglichkeit bzw. einem Verwertungsverfahren ab. Entsprechend den in Abschnitt 3.4.6 aufgeführten Möglichkeiten stellt dieser Grundsatz jedoch in der Praxis kein Hindernis dar. Generelle Regeln für die Abgrenzung von Verwertung und Beseitigung finden sich im Krw-/AbfG in den §§ 4 und 5. Die Abgrenzung ist im Einzelfall jedoch kompliziert, da eine Beurteilung neben der Abfalleigenschaft stark von den jeweiligen Verwertungsverfahren und den dort zu beachtenden Schutzvorschriften abhängt. Das Krw-/AbfG differenziert die drei Beurteilungsmaßstäbe Nutzbarkeit, Unschädlichkeit und Rechtmäßigkeit (zusammenfassende Ausführungen s. [3-123, 3-138]).

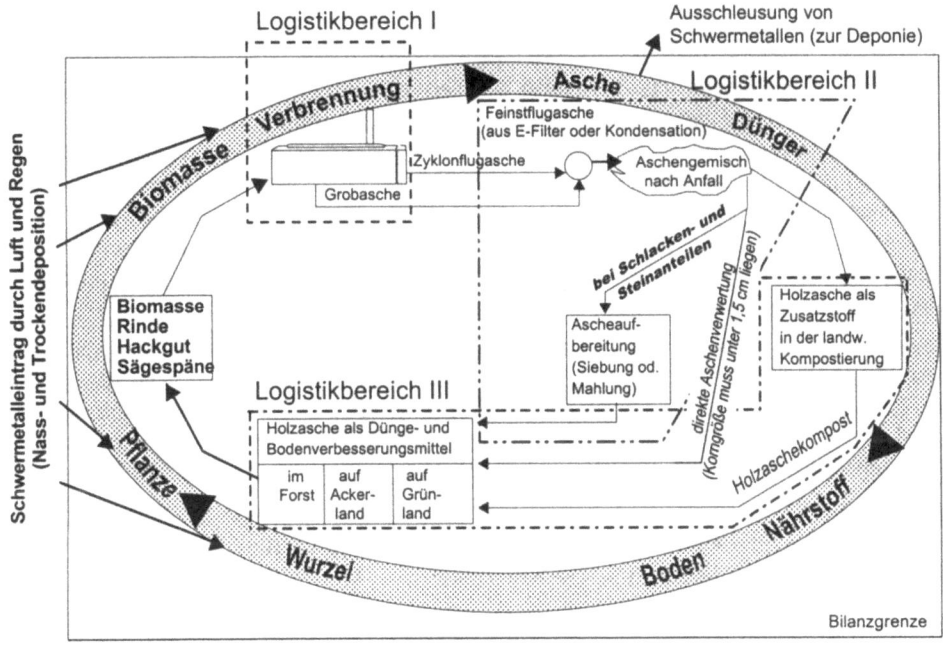

Bild 3-29
Darstellung der Möglichkeiten für eine umweltverträgliche Logistikkette für die Aschenverwertung aus Biomasse-Feuerungsanlagen [3-122]

Logistische Aspekte bei der Aufbereitung und Verwertung von Aschen aus Biomassefeuerungen

Die in der Asche aus Biomassefeuerungsanlagen enthaltenen Nährelemente machen eine Nutzung für die Land- und Forstwirtschaft und die mineralischen Eigenschaften eine Nutzung für die Baustoffindustrie interessant. Dabei lässt sich ähnlich der Biomasseversorgung von Energieanlagen ebenfalls eine Logistikkette für den Aschenbereich beschreiben, bei der drei Bereiche auszugliedern sind (vgl. *Bild 3-29*) [3-122].

Logistikbereich I: Dieser Bereich umfasst die anlagen- und feuerungstechnischen Aspekte und focussiert auf die Möglichkeiten zur Beeinflussung der physikochemischen Aschenbeschaffenheit. Hier bestehen zwei Möglichlichkeiten, die der direkten Beeinflussung (während der Verbrennung) und die der nachträglichen Beeinflussung (chemische/thermische Aschenaufbereitung). Gerade für den ersten, direkten Bereich spielt die fraktionierte Schwermetallabscheidung eine bedeutende Rolle für die Optimierung gewünschter bzw. die Minimierung nicht erwünschter Schadstoffgehalte in Aschen. Das Ziel ist es, den verwertbaren Aschenanteil möglichst schwermetallarm zu gewinnen und die Schadstoffe in einer minimalen Aschenfraktion (der Feinstflugasche oder dem Kondensatschlamm) zu konzentrieren und aus dem Kreislauf zur Beseitigung auszuschleusen.

Logistikbereich II: Hierzu gehören die notwendigen Downstream-Prozesstechniken und die in diesem Kontext einzuhaltenden Rahmenbedingungen, um das Verbindungsglied zwischen der Energieanlage einerseits und dem Aschenabnehmer (Land- oder Forstwirt, Baustoffindustrie) andererseits zu realisieren. Das Ziel ist es, den verwertbaren Aschenanteil dem Abnehmer in einer gebrauchsfähigen und streufähigen Form (optimales Verhältnis von Grob- zu Zyklonflugasche, frei von Eisen- und Grobanteilen) zur Verfügung zu stellen. Die Aschenaufbereitung sollte möglichst staubfrei erfolgen und entsprechende Zwischenlagerungsmöglichkeiten müssen vorgehalten werden. Um diesen Anforderungen gerecht zu werden, sind spezifische, an die Anlagengröße und den Brennstoff angepasste, Aschenaustrags- und Aschenaufbereitungsanlagen an den Energieversorgungseinrichtungen notwendig, für die marktreife technische Lösungen verfügbar sind.

Logistikbereich III: Dieser letzte Bereich umfasst abschließend die Aschenverwendung und die Aschenausbringung auf den Boden. Die Ausbringung erfolgt entweder separat oder nach einer Vorbehandlung (z.B. Mischung mit mineralischen Düngern oder Kompostierung). Hierzu sind entsprechende Düngerstreuer entwickelt worden, die eine zeitsparende, kosteneffiziente und staubarme Aschenausbringung ermöglichen.

Insgesamt sind die logistischen Aspekte der Aschenaufbereitung und der Aschenverwertung von großer Bedeutung für die Bewertung der Nutzung von Bioenergieträgern hinsichtlich einer funktionellen und nachhaltigen Kreislaufwirtschaft.

3.6 Integration und Kombination technologischer Systeme

3.6.1 Klassifikation und prinzipielle Möglichkeiten

Als wesentliche Maßnahmen zur Verbesserung der energetischen Güte technologischer Systeme wurden in den vorangestellten Abschnitten die primäre und die sekundäre Nutzung der Abfallenergie - also die Verminderung der äußeren Exergieverluste - herausgestellt. Dabei stellt die primäre Nutzung (s. *Bild 2-3*) die Einspeisung in das betrachtete System dar, ist demnach systemtechnisch als Rückführung und energetisch als Regeneration aufzufassen. Die sekundäre Nutzung (s. *Bild 2-4*) kennzeichnet einen Sachverhalt, bei dem die Abfallenergie in einem zweiten System zur Anwendung kommt. Die sekundäre Nutzung setzt also eine Kopplung von Systemen voraus, was dann häufig mit einer Änderung des Produktionsprofiles verbunden ist. Die Voraussetzung zur Kopplung ist immer dann gegeben, wenn entweder unterschiedliche Produkte erforderlich oder unterschiedliche Rohstoffe und damit unterschiedliche Umwandlungsverfahren gegeben sind. Dieser Umstand ist bei der Einschätzung insbesondere bei Vergleichen zu berücksichtigen.

Einfache Systeme, Elemente	
Innere Nutzung	Äußere Nutzung
Primäre Nutzung	Sekundäre Nutzung
Rückführung	Kopplung
Regeneration	Kupplung
(Carnotisierung)	Verbund
Integration	Kombination
→ Bestandteil des Systems (Verfahrens)	→ Änderung des Produktionsprofils

Höhere Systeme, Verfahrenszüge, Produktions-, Energieketten	
Recycling	Rohstoff-, Produktkopplung
Kreislaufwirtschaft	Verbundsysteme

Bild 3-30
Kopplungsmöglichkeiten bei der Abfallenergieverwertung

Wie auch schon in den vorangehenden Abschnitten deutlich geworden, werden für diese Maßnahmen in Verbindung mit den unterschiedlichsten Anwendungen die verschiedensten Bezeichnungen gebraucht. In *Bild 3-30* ist der Versuch eines Vorschlages für eine Terminologie zusammengefasst. Es ist zunächst zwischen einfachen und höheren, z. B. volkswirtschaftlich orientierten Systemen zu unterscheiden. Bei den ersteren ist eine scharfe Systemabgrenzung leicht möglich, während bei letzteren das, zumindest für die verschiedenen Modellierungsziele, nicht so ohne weiteres gegeben ist. Bei einfachen Systemen, wie z. B. Wärmeübertragern, Rektifikationskolonnen aber auch Kreisprozessen, Kraftwerken und Verfahren, bedeutet die primäre oder auch innere Nutzung kybernetisch eine Rückführung, die thermodynamisch als Regeneration bezeichnet wird. Wenn sich diese Maßnahme auf die Wärme bezieht, ist damit stets verbunden, dass die sich ergebende Wärmezufuhr bei höherer und die sich ergebende Wärmeabfuhr bei niederer Temperatur erfolgt als bei der Prozessführung ohne Nutzung der äußeren Abfallwärme. Aus diesem Grunde spricht man speziell auch von Carnotisierung[11], eine Bezeichnung, die auch aus der Sicht der Entropiebilanz aussagekräftig ist. Diese Maßnahme kann allgemeiner als Integration bezeichnet werden, da mit der Realisierung apparate- und anlagentechnische Konsequenzen verbunden sind, die letztendlich dazu führen, dass die Abfallenergienutzung als selbständige Einheit verschwindet und zum Bestandteil der jeweiligen Gesamttechnologie wird. Mit dieser Maßnahme sind häufig außer dem regenerativen Effekt selbst noch weitere energetische Verbesserungen verbunden, wie z. B.

- Verminderung der Anzahl von externen Kreisläufen und damit verbundenen Rohrleitungskonstruktionen
- Verminderung der spezifischen Oberfläche durch Kompaktbauweise, was zu einer Verringerung der äußeren Wärmeverluste führt,
- Möglichkeiten der Ausnutzung weiterer regenerativer Effekte in Baugruppen, wie z. B. Doppelrohrkonstruktionen,
- bis hin zur Zusammenfassung von Prozessen zur Einsparung von Prozessstufen, was letztendlich immer mit einer Erhöhung der energetischen Effizienz verbunden ist.

Von der Integration zu unterscheiden ist die äußere oder sekundäre Nutzung der Abfallenergie, die zur Verbindung des Verursachersystems mit einem zweiten System führt. Das Produktionsprofil dieses Systems kann sich von dem des ersten unterscheiden. In diesem Fall muss das Gesamtsystem mit den Methoden der Polyoptimierung eingeschätzt werden. Diese Maßnahme wird als Kopplung, Kupplung oder Verbund bezeichnet. Als Verallgemeinerung bietet sich der Begriff Kombination an. Diese Betrachtungsweise hat aber nur dann Berechtigung, solange die beiden Teilsysteme als selbständige Einheiten bestehen bleiben. Wird das Gesamtsystem unter einem einheitlichen Gesichtspunkt betrachtet, geht die äußere Nutzung in die innere über und stellt sich die Maßnahme der Kombination als eine solche der Integration dar. Sie kann dann auch mit den entsprechenden Methoden behandelt werden. In diesem Sinn ist in Abschnitt 3.1. allgemein von Regeneration gesprochen worden.

Auf der Ebene höherer, z. B. volkswirtschaftlicher Systeme, wie Industrieverbünde, technologische Verfahrenszüge und energetische Ketten, kann nach dem Grade der Systemunterscheidung gleichfalls von Integration und Kombination gesprochen werden. So können logisch in stoffwirtschaftlicher Hinsicht die Maßnahmen der Abfallwirtschaft zum Recycling und zur Kreislaufwirtschaft als Integration bezeichnet werden. Bei Selbständigkeit der beteiligten Systeme könnte man von Kombination sprechen, die dann z. B. über eine Rohstoff- oder Produktkopplung oder energetisch über Verbundsysteme realisiert werden kann.

Bei der prinzipiellen Einführung dieser Maßnahmen in Abschnitt 2.2. wurde schon darauf hingewiesen, dass sie für alle Energieformen und natürlich auch für Stoffe, d. h. für die stofffreien und stoffgebundenen Energien, zur Anwendung kommen können. Von besonderer Bedeutung sind dabei die Wärme und die thermische Energie sowie der Stoff selbst, mit deren Rückführung oder Weitergabe stets erhebliche entropische Effekte verbunden sind und damit wesentliche Beiträge zur Gestaltung einer günstigen Entropiewirtschaft erreicht werden können. Deshalb ist diesem Komplex ein selbständiger Abschnitt 3.1. gewidmet. Dabei spielt der

---

[11] Der Carnot-Prozess ist ein reversibler Prozess zur Arbeitsgewinnung zwischen einer konstanten Wärmezufuhr- und –abfuhrtemperatur, ermöglicht zwischen diesen Temperaturen den maximalen Wirkungsgrad und ist um so höher je weiter die Temperaturen auseinander liegen.

3.6 Integration und Kombination technologischer Systeme

Begriff der Kaskade sowohl für Integrations- als auch für Kombinationsmaßnahmen als Wärme- oder auch Energiekaskade eine wichtige Rolle. Er begründet sich darauf, dass zur Ausnutzung der Wärme ein Temperaturgefälle vorhanden sein muss, das neben den quantitativen Bedingungen für die Gestaltung der Systeme maßgebend ist. Es sei aber betont, dass Maßnahmen dieser Art für alle Energieformen denkbar und auch in der Praxis eingesetzt sind. So kann z. B. bei Druckwäschen durch ein Peltonrad-Kreiselpumpe-Aggregat Entspannungsarbeit als mechanische Energie regenerativ für Verdichtungsarbeit übertragen werden. Auch die Ausnutzung der Druckarbeit in Erdgasnetzen z. B. über geeignete Entspannungsturbinen kann, je nach dem Verwendungszweck, als Nutzung mechanischer Energie in Kombinationsmaßnahmen eingeschätzt werden. In letzter Zeit ist durch eine Apparatekopplung von einem Verbrennungsmotor und einem Verdichter eine Kombination von einem MHKW und einer Wärmepumpe realisiert worden.

Für die Stoffwirtschaft interessante Möglichkeiten eröffnen sich mit der regenerativen Nutzung der Konzentrationsenergie. Die Konzentrationsenergie ist gegenüber der thermischen Energie eine sog. schwache Energie, sie besitzt aber die Eigenschaft sich fast reversibel austauschen zu lassen, was z. B. der Extraktionsprozess zeigt. Wenn es in einem Verfahren durch Einschaltung geeigneter Zwischenphasen gelingt, Stofftrenn- und -vermischungsprozesse zu verbinden, ist eine solche Maßnahme häufig mit erheblichen energetischen Vorteilen für das Gesamtsystem verbunden.

Wie schon in Kapitel 2 verdeutlicht, ist der Begriff Abfallenergiewirtschaft so zu fassen, dass die Abfallwirtschaft einbezogen ist, da auch mit ihrem Wirken entropische Effekte in bedeutendem Maße verbunden sind. Deshalb sind auch die entsprechenden Maßnahmen in *Bild 3-30* aufgenommen worden. Für die technisch-technologische Gestaltung des Gesamtsystems ist dabei von Bedeutung, dass die einzelnen Verfahrensschritte nicht mehr unbedingt zeitgekoppelt sein müssen. So können ohne weiteres stationäre Verfahren gemeinsam mit Batch-Prozessen zum Einsatz kommen. Das erzwingt an bestimmten Phasen des Gesamtsystems Speichermöglichkeiten, die entsprechende Einrichtungen (z. B. Deponien) erfordern.

Durch die Verbindung von Energie- und Stoffwandlungseinheiten wird der Betrachtungsraum mehrdimensional erweitert. Aus diesen Gründen sind in den vorangestellten Abschnitten (z. B. 3.2) schon eine Reihe spezieller Lösungsvorschläge und technisch interessanter Varianten besprochen wurden, die dann auch in den Modellobjekten zur Anwendung kommen werden. Es sei aber an dieser Stelle an die *Tabelle 2-4* erinnert, die zumindest die naturwissenschaftlich-technische Vielfalt erahnen lässt, die sich für Maßnahmen der Abfallenergienutzung anbietet und so eine schier ungeheuere Palette von Integrations- und Kombinationsmöglichkeiten für die unterschiedlichsten Systeme eröffnet. Es ist einzusehen, dass mit der Ausschöpfung dieser Möglichkeiten nicht nur entsprechende Entwicklungsarbeiten verbunden sondern im großen Umfang gesellschaftliche Fragestellungen aufgeworfen werden (s. Kapitel 5.).

Noch einige Bemerkungen und Beispiele zur Kombination. So wurde schon darauf hingewiesen, dass ein wesentliches Element der Kombination die Kopplung von Stoff- und Energieströmen auf der Ebene eines technologischen oder auch wirtschaftlichen Systems ist. *Bild 3-31* zeigt, dass es prinzipiell möglich sein muss, entweder aus unterschiedlichen Einsatzprodukten ein einheitliches Endprodukt oder aus einem Einsatzprodukt zwei oder mehrere Produkte herzustellen. Aus der Stoffwirtschaft, speziell aus der Kaliindustrie, sind Beispiele der ersten Art bekannt geworden, z. B. Verfahren zur Erzeugung eines einheitlichen Produktes aus unterschiedlichen Rohsalzen. Im speziellen Fall war bei dem einem Rohsalz eine endotherme und bei dem anderen eine exotherme Reaktion erforderlich, sodass eine interessante, energetisch bedeutsame Lösung mit nur einem Reaktor, der die beiden Reaktionen stofflich getrennt aber energetisch gekoppelt realisierte, vorgeschlagen wurde. Einfache Beispiele der ersten Art sind auch Dampferzeuger, die unterschiedliche Brennstoffe verarbeiten können.

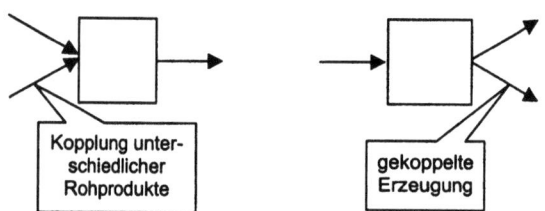

Bild 3-31
Kopplungen, die zu Kombinationen in Wandlungsketten führen

Tabelle 3-18: Kenndaten von Kraft-Wärme-Koppelsystemen

	Dampfturbine	Gasturbine	GuD	MHKW
Brennstoffart[12]	g, l, s	g, l	g, l, s	g, l
thermische Leistung in MW	10 - 250	1 - 200	20 - 240	0,4 - 20
elektrische Leistung in MW	5 - 100	1 – 150	20 - 200	0,01 - 7
max. Nutzwärmetemperatur in °C	250	500	500	110 (130)
Stromerzeugungswirkungsgrad	0,2 – 0,3	0,22 – 0,34	0,35 – 0,45	0,25 – 0,4
Stromkennzahl[13]	0,2 – 0,4	0,3 – 0,7	0,65 – 1,05	0,55 – 0,8
Gesamtenergienutzungsgrad	0,83 – 0,88	0,7 – 0,85	0,8 – 0,88	0,8 – 0,85
Anfahrverhalten	langsam	schnell	langsam	sehr schnell
Teillastverhalten	gut	schlecht	gut	teilweise gut
spez. Investitioskosten in DM/kW [14]	900 - 2500	1700 - 2300	1000 - 1800	1000 - 4000
Personalbedarf	8 - 20	0,5 - 5	5 - 20	0,5 - 5
K-Wartung in % der InvK.[15]	1	1	1,5	2
V-Wartung in DM/MWh[16]	4 - 6	3 - 4	6,5	16 - 20
Platzbedarf in m²/MW[17]	70 - 120	10 - 30	30 - 50	60 - 120

Die Kraft-Wärme-Kopplung kann als das klassische Beispiel einer Kombinationslösung der zweiten Art angesehen werden. Aus den getrennten Systemen zur Krafterzeugung und zur Bereitstellung von Heizwärme wurde das einheitliche System Heizkraftwerk, das aus entropi-

---

[12] g – gasförmig (z. B. Erdgas), l – flüssig (z. B. Heizöl oder Diesel), s – solid (z. B. Steinkohle)
[13] Verhätnis von elektrischer Leistung zur Wärmeabgabe
[14] bei Dampfturbine und GuD bezogen auf die thermische Leistung, bei Gasturbine und MHKW bezogen auf die elektrische Leistung
[15] konstante, betriebsunabhängige Wartungskosten pro Jahr als Anteil der Investitionskosten
[16] variable, betriebsabhängige Wartungskosten als spezifische Kosten, bezogen auf die thermische Leistung mal Benutzungsdauer
[17] bezogen auf die thermische Leistung

3.6 Integration und Kombination technologischer Systeme

scher Sicht eine neue Qualität der Heizwärmebereitstellung ermöglicht. Von dem Industriekraftwerk herkommend hat sich diese Lösung heute insbesondere für die zentrale und auch dezentrale Bereitstellung von Raumheizwärme entwickelt. Heizkraftwerke stehen heute in einem breiten Leistungsbereich zur Verfügung. In *Tabelle 3-18* sind Größenordnungen von Kennzahlen solcher Heizkraftwerke zusammengestellt. Wie Abschnitt 3.6. zeigt, können Heizkraftwerke eine dominierende Rolle für die Gestaltung von regionalen Energieversorgungssystemen spielen.

Da insbesondere die Heizkraftwerke auf der Grundlage von Dampfkraftprozessen und Gasturbinenprozessen sowie auch von GuD-Prozessen und deren thermodynamisch-technische Eigenschaften aus der industriellen Praxis weitgehend bekannt sind, soll im Folgenden nur etwas tiefergehend auf die Bereitstellung von Wärme und Strom mittels Verbrennungsmotoren eingegangen werden, weil diese speziell den dezentralen Einsatz, der häufig aus vielerlei Gründen gefordert wird (s. Abschnitt 5.3.), ermöglichen.

3.6.2 Motorheizkraftwerke

Ein Heizkraftwerk für kleine Leistungen wird als ein Blockheizkraftwerk (BHKW) bezeichnet. Zur Unterscheidung von einem Gasturbinenheizkraftwerk, das auch gelegentlich als Blockheizkraftwerk bezeichnet wird, spricht man beim Einsatz von Verbrennungsmotoren insbesondere von Motorheizkraftwerken (MHKW). Motorheizkraftwerke werden mit Diesel- oder Ottomotoren betrieben. Das MHKW ist in Bezug auf seine stromwirtschaftliche Einordnung heute eine Nischentechnologie. Bei einer gesamten Kraftwerkskapazität in der Bundesrepublik Deutschland im öffentlichen und privaten Sektor von ca. 130.000 MW hält das MHKW mit 750 MW einen Anteil unter 1 %. Allerdings sind bei dieser Technologie erhebliche Zuwachsraten zu beobachten.

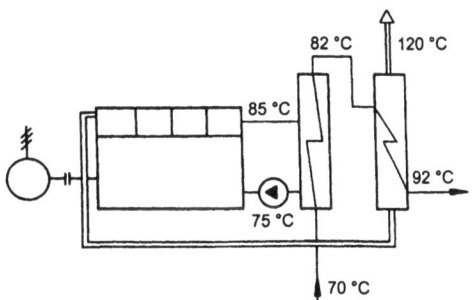

Bild 3-32
Abwärmenutzung im MHKW bei Normalkühlung

Grundsätzlich fällt nutzbare Wärme bei Verbrennungsmotoren auf zwei sehr unterschiedlichen Temperaturniveaus an. Die Abgase besitzen je nach Luftzufuhr Temperaturen von 300 bis 500 °C, das Kühlwasser von Öl-, Zylinderkühlung und Abgasrohrkühlung nur etwa 80 °C. Im Abgaskessel werden die Abgase bei Gasmotoren auf 100 bis 120 °C abgekühlt, bei Dieselmotoren bleibt man wegen des Schwefelgehalts oberhalb des Säuretaupunkts von ca. 180 °C. Mit einem Blockheizkraftwerk kann bei einer Hintereinanderschaltung aller Kühlstellen (Einkreiskühlung) wegen der begrenzt erreichbaren Temperatur der Nutzwärme (ca. 110 °C) kein hochgespannter Dampf erzeugt werden (vgl. *Bild 3-32*). Insofern scheidet es für manche Anwendungen aus. Allerdings lassen sich bei der Verwendung mehrerer Kühlkreise z. B. die Abgaskühlung und die Kühlwasserkühlung trennen. Solche Schaltungen werden bei Großmotoren angewandt. Damit kann sowohl Heißwasser als auch Dampf erzeugt werden. Während von einem MHKW bei Normalkühlung nur Heißwasser um ca. 95 °C gewonnen werden kann, lässt sich durch die sogenannte Heißkühlung des Motors auch Dampf von ca. 130 °C erzeugen. Die hohen Temperaturen werden dadurch erzielt, dass das Kühlwasser nach Reduzierung auf etwa 25 % des bei Normalkühlung üblichen Massenstroms bei 120 °C verdampft. Die abzuführende Wärme wird nicht durch die Temperaturerhöhung, sondern durch die Änderung des Aggregatzustandes aufgenommen. Die Kühlwasserrücklauftemperatur liegt bei 119 °C und damit kaum unter der Vorlauftemperatur. Man spricht auch von „kochender Kühlung". Bei heißgekühlten Motoren ist das Kühlsystem aufwendiger. Man benötigt ein Drucksystem für Siedetemperaturen über 100 °C und/oder Kühlkanäle mit groß dimensionierten Querschnitten, damit die Dampfblasen abtransportiert werden können. Die Heißkühlung ist dadurch begrenzt, dass die Temperatur an bestimmten Stellen im Motor bestimmte Werte nicht überschreiten darf. Durch die erhöhte Klopfneigung heißgekühlter Motoren muss die Motorleistung reduziert werden, allerdings ohne Abfall der Wirkungsgrade. Außerdem steigen die Stickoxidemissionen durch die erhöhten Verbrennungstemperaturen.

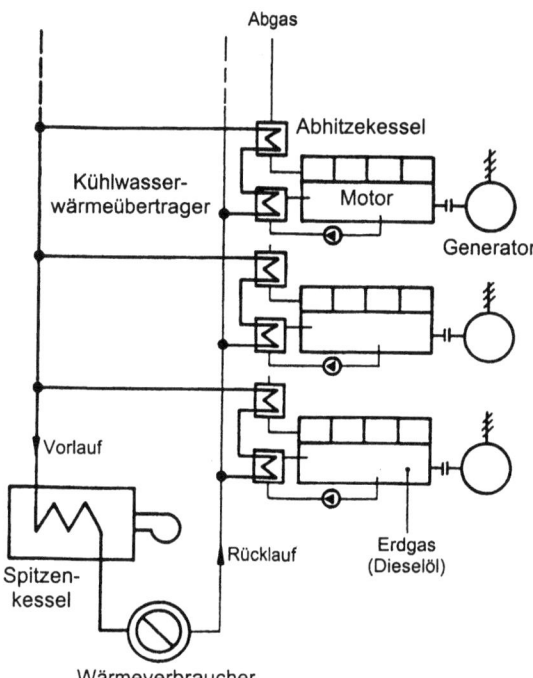

Bild 3-33
Schaltschema eines Verbrennungsmotoren-BHKW

3.6 Integration und Kombination technologischer Systeme

Motorheizkraftwerke werden oft modulartig zusammengeschaltet (vgl. *Bild 3-33*). Die Wärmegrundlast (etwa 40 bis 60 % der Wärmespitzenlast) wird auf drei parallelgeschaltete Einzelaggregate verteilt, die sogenannten Module. Diese Schaltung erlaubt zusammen mit dem guten Teillastverhalten eine optimale Anpassung der Strom- bzw. Wärmeproduktion an den Bedarf, da einzelne Module leicht zu- oder abgeschaltet werden können. Sie ist möglich, weil die Wirkungsgrade kleiner Motoren kaum von denen großer abweichen. Auch bezüglich der Investitionskosten ist eine solche Modulbauweise vorteilhaft, da entsprechend dem Ausbau eines zu versorgenden Objekts Erweiterungen in kleinen Stufen möglich sind. Jedes Modul enthält als wesentliche Elemente wieder Motor, Kühlwasserwärmeübertrager und Abhitzekessel. Der Spitzenkessel zur Abdeckung der Spitzenlast ist in Reihe geschaltet. Da aus Gründen der thermischen Bauteilbelastung jedenfalls eine Wasserkühlung der Verbrennungsmotoren erforderlich ist, muss für Zeiten hohen Strombedarfs ohne Wärmebedarf eine seperate Notkühlung vorgesehen werden. Die Abgase können ohne Nutzung über einen Bypass am Abhitzekessel vorbeigeleitet werden. Solche Phasen dürfen aus wirtschaftlichen Gründen nur kurzfristig auftreten.

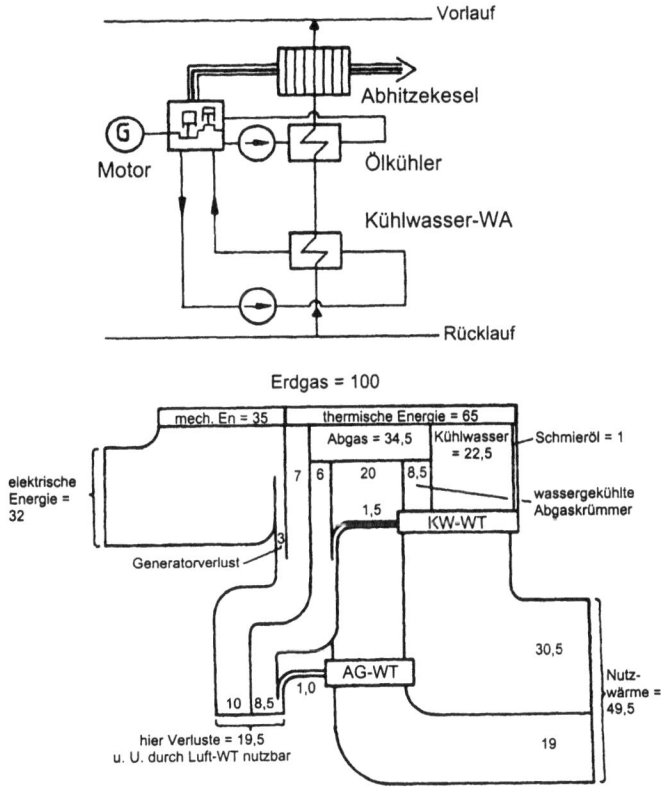

Bild 3-34
Schaltbild und Energieflussbild eines BHKW

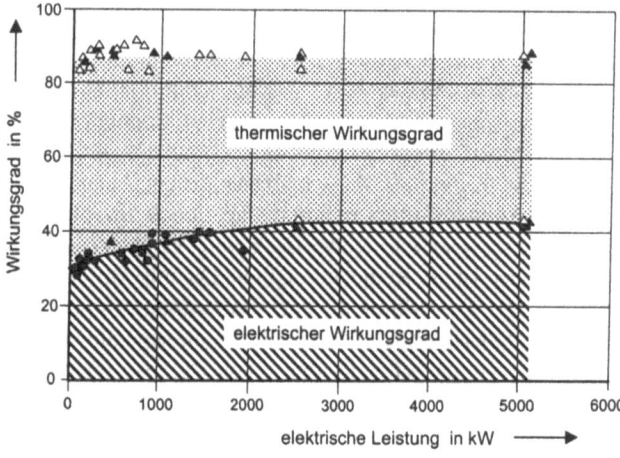

Bild 3-35
Elektrischer und thermischer
Wirkungsgrad bei Vollast

Tabelle 3-19: Technische Daten zweier unterschiedlicher MHKW

Brennstoffenergiezufuhr in kW	855	2.958
mechanische Leistung in kW	289	110
elektrische Leistung in kW	273	1.067
thermische Leistung in kW	447	1.530
Abgaseintrittstemperatur in °C	547	400
Abgasaustrittstemperatur in °C	120	120
vom Abgas abgegebene Wärmeleistung in kW	239	560
Kühlwassereintrittstemperatur in °C	72	74
Kühlwasseraustrittstemperatur in °C	80	90
vom Kühlwasser abgeführte Wärmeleistung in kW	208	970
Wärmeverluste in kW	119	107
Wirkungsgrad der Elektroenergieerzeugung	0,32	0,36
Stromkennzahl σ	0,48	0,70
Gesamtenergienutzungsgrad	0,84	0,88

Bild 3-36 zeigt ein Schaltbild und ein Energieflussbild eines Blockheizkraftwerks. Aus dem letzteren erkennt man die Größenordnung der unterschiedlichen Beiträge zur Nutzwärme und zu den Verlusten. Der Gesamtenergienutzungsgrad des Blockheizkraftwerks ergibt sich mit den Zahlen des Energieflussbildes zu

$$\eta_{th,ges} = \frac{32 + 49,5}{100} = 0,82 \ .$$

Die Stromkennzahl ist

3.6 Integration und Kombination technologischer Systeme

$$\sigma = \frac{32}{49,5} = 0,65.$$

Die bei hohen Temperaturen nutzbare Abgasenthalpie hat hier einen Anteil von etwa 40 % an der gesamten Nutzwärme. Interessant ist der relativ hohe Stromerzeugungswirkungsgrad, der mit MHKW's erreichbar ist. Im betrachteten Fall beträgt er 32 %. Bei geeigneter Maschinenwahl sind auch Werte von 40 % und mehr möglich.

Die aus einem MHKW zu gewinnenden Koppelprodukte Strom und Wärme hängen in Bezug auf ihre Mengen von der Größe des Motors ab. Bei konstantem Gesamtenergienutzungsgrad nimmt der Stromerzeugungswirkungsgrad mit steigender Motorgröße zu. *Bild 3-35* zeigt die Auswertung empirischer Daten, die diese Tatsache belegen. Insbesondere steigt die Stromkennzahl bei großen Motoren von 5 MW auf Werte von $\sigma = 1$. Das Teillastverhalten der MHKW ist gut. Die Parameter eines MHKW können je nach Art und Größe des Aggregats recht unterschiedlich sein. *Tabelle 3-19* zeigt die einschlägigen Daten für zwei ausgeführte Anlagen. Bei größeren Motoren ist die Stromkennzahl höher. Allerdings geht dabei der größere Teil der Abwärme in das Kühlwasser, während die Austrittstemperatur des Abgases und damit seine praktische Nutzbarkeit geringer sind.

3.6.3 Allgemeine Möglichkeiten, Tendenzen

Quantität und Qualität der Abfallenergie bestimmen ihre Verwertungsmöglichkeiten. Eine Abschätzung der Gesamtheit aller im Sinne der vorliegenden Definition zu erfassenden äußeren Nichtumkehrbarkeiten als dem allgemeinen Ausdruck für die Abfallenergie ist beim derzeitigen Stand der vorhandenen Statistiken nicht möglich. Für den Komplex Abfallstoffe sind im Abschnitt 3.3. einige Angaben gemacht worden. Für die energetische Seite ist zweifellos die industrielle Abwärme der bedeutendste Posten.

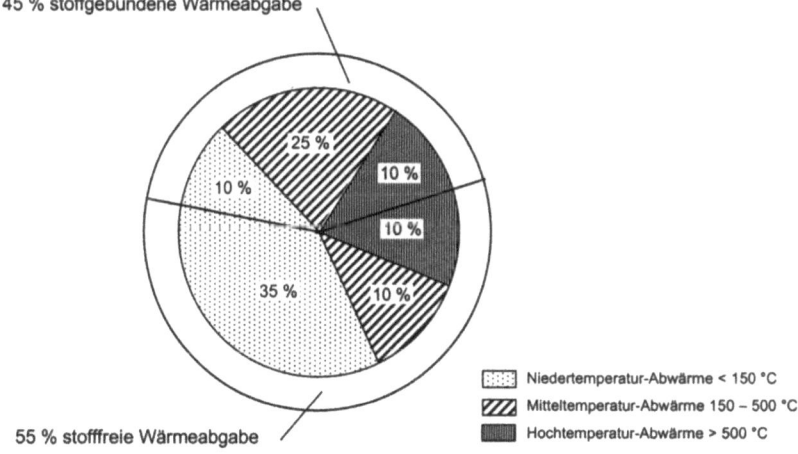

Bild 3-36
Struktur der industriellen Abwärme in der Bundesrepublik Deutschland

Hier kann auf vorliegende Schätzungen zurückgegriffen werden. Diese weisen auf jährlich etwa 1500 PJ (durchschnittlich ca. 50 GW) für die alte Bundesrepublik. Entsprechend der Anfalltemperatur, nach der zwischen Hoch- (>500 °C), Mittel- (150 bis 500 °C) und Niedertemperaturwärme (150 °C) unterschieden werden kann (s. *Bild 3-36*), schätzt man etwa ein Drittel davon als prinzipiell nutzbar ein (500 PJ oder 15 GW). Als ein Zahlenvergleich, die elektrische Engpassleistung der DDR lag bei etwa 20 GW. Die Strategien zur Erschließung der Abfallenergien haben demnach keinesfalls nur marginale Bedeutung. Wie schon in *Bild 3-1* angedeutet ist aber für Nutzung die Anfalltemperatur der Abwärme im Zusammenhang mit entropischen Überlegungen von zentralem Gewicht.

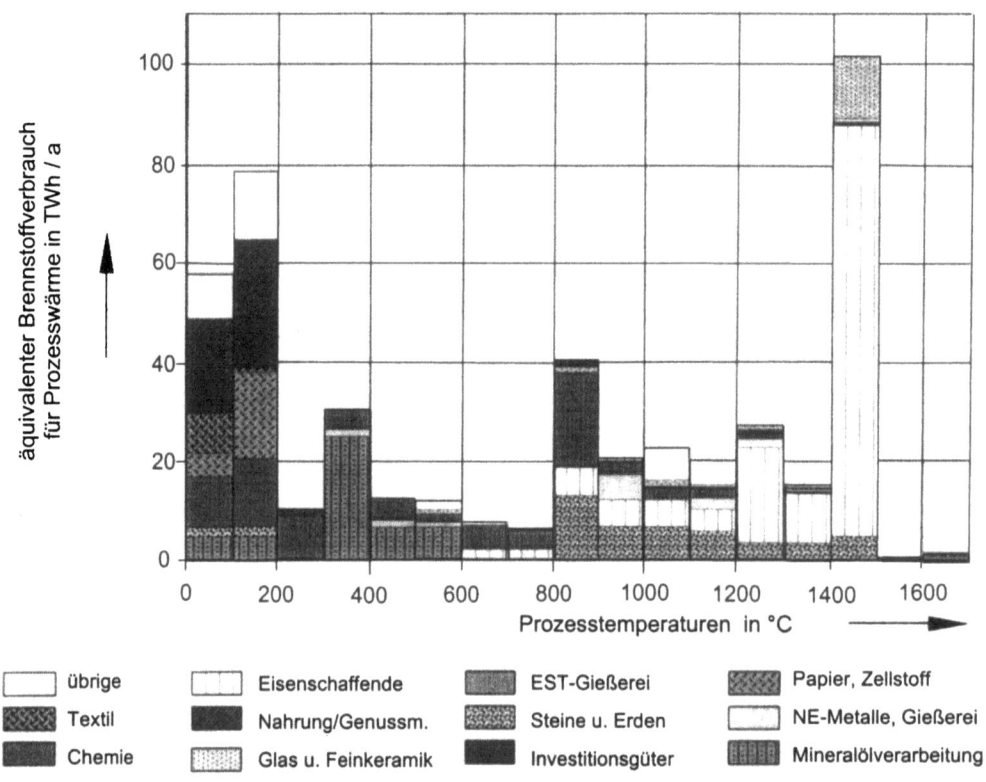

Bild 3-37
Aufteilung des äquivalenten industriellen Brennstoffverbrauchs für Prozesswärme auf Prozesstemperaturen und Industriezweige

In *Bild 3-37* ist das Temperaturprofil der Abwärme nach Industriezweigen geordnet aufgetragen. Es zeigen sich zwei ausgeprägte Maxima. Die Hochtemperaturwärme ist kennzeichnend für die Metallurgie und Eisenindustrie, die Mitteltemperaturwärme vor allem für die chemische Industrie. Diese Zusammenhänge drücken sich dann auch in dem Verhältnis von Wärme und Exergie aus, das für die Industriebereiche in *Bild 3-38* dargestellt ist.

3.6 Integration und Kombination technologischer Systeme

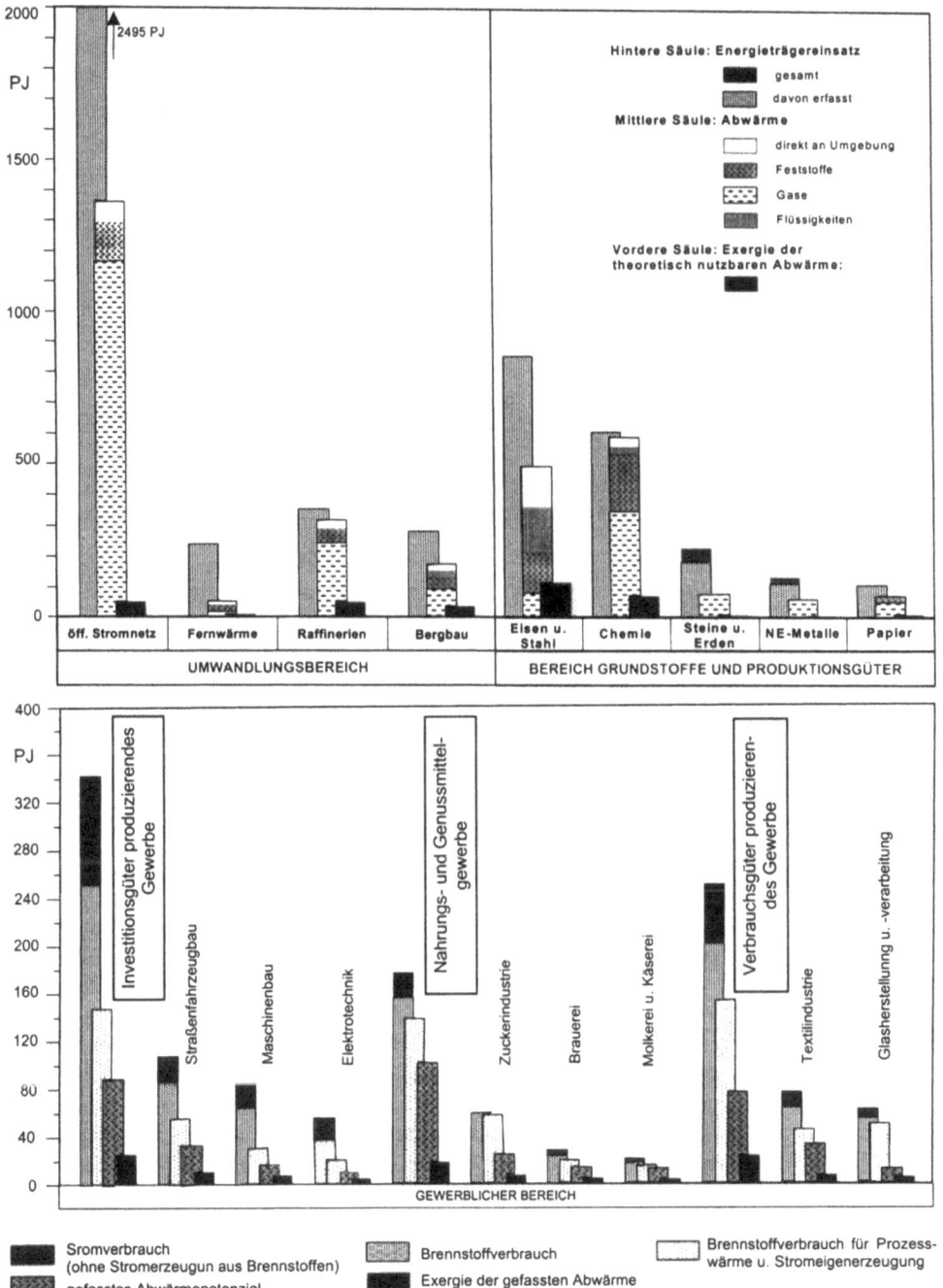

Bild 3-38
Energieträgereinsatz und sektorale Abwärmepotenziale

Deutlich ist, dass zwar die Abwärme aus der Stromerzeugung den absolut höchsten Wert aufweist, ihre Exergie und damit die äußeren Nichtumkehrbarkeiten wegen der niedrigen Temperaturen in den Kondensatoren aber gering sind. Kondensationskraftwerke sind entropisch gesehen effektiv. Die höchsten Exergiebeträge liefern die Industriebereiche Eisen, Stahl und die Chemie. Sie sind deshalb vordergründig für eine Abwärmeverwertung interessant, weil sie ohne Verwertungskonzept diese Exergie als äußere Nichtumkehrbarkeiten ungenutzt an die Umgebung abgeben.

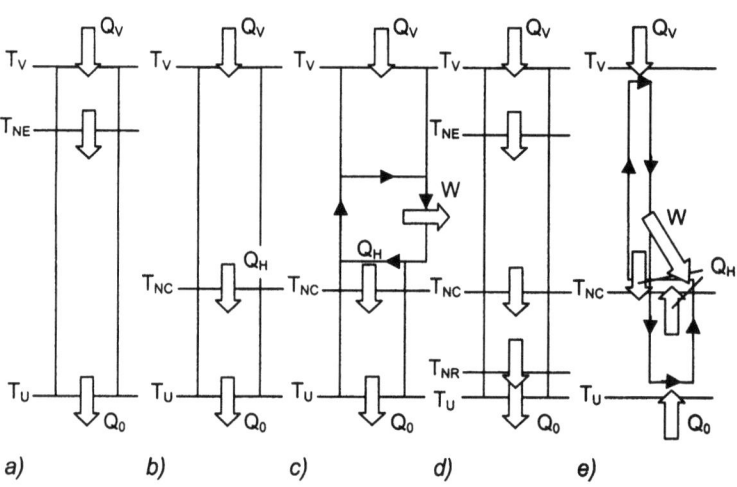

Bild 3-39
Möglichkeiten der Wärmekaskadierung

Diese Verhältnisse lassen sich schematisch wie in *Bild 3-39* gezeigt darstellen. Die Hochtemperaturwärme der Eisen – und Stahlindustrie bei der Nutztemperatur T_{NE} wird durch Verbrennungsprozesse erzeugt und direkt übertragen. Letzten Endes landet sie als Abwärme Q_0 in der Umgebung (*Bild 3-39a*). In der Chemieindustrie ist früher die erforderliche Heizleistung bei der entsprechenden Temperatur in Industrieöfen erzeugt worden, die die Wärme gleichfalls durch Verbrennungsprozesse geliefert haben. Bei der Wärmeübertragung muss in diesem Fall eine wesentlich größere Temperaturdifferenz überwunden werden, was zu entsprechend großen Nichtumkehrbarkeiten führt (*Bild 3-39b*). Seit der Entwicklung der Großsynthesen ist es deshalb üblich geworden, die Bereitstellung der Mitteltemperaturwärme durch Dampfnetze zu realisieren. Der Dampf wird in Industriekraftwerken in Koppelproduktion mit einer Stromerzeugung bereitgestellt (*Bild 3-39c*). Es ist so der Wärmebereitstellung ein Kraftwerksprozess – ein Disproportionierungsprozess – vorgeschaltet, der insgesamt zu einer Verminderung der inneren Nichtumkehrbarkeiten führt.

Zur weiteren Verbesserung der entropischen Situation kann zunächst versucht werden, die industrielle Abwärme nicht unmittelbar an die Umgebung abzuführen, sondern über geeignete Kombinationen zu Raumheizzwecken bei der Nutztemperatur T_{NR} einzusetzen. Das bedeutet eine Verbindung der Industriebetriebe mit der öffentlichen Energieversorgung und erfordert

3.6 Integration und Kombination technologischer Systeme

die Installation von Fernheiznetzen. Die Größenordnung der Abwärme lässt eine solche Lösung geboten erscheinen. Sie ist auch trotz der damit verbundenen wirtschaftlichen und rechtlichen Problemen in manchen Regionen, vordergründig Ballungszentren, realisiert worden. Auf diese Lösung wird in folgenden Abschnitten (auch 3.6) noch eingegangen werden.

Die gegebenen Wärmeübertragungsbedingungen lassen aber aus dem Gesichtspunkt der Abwärmeverwertung noch weitere Vorschläge zu. Wenn es territorial möglich wäre, könnte z. B. zwischen der Stahlindustrie und der Chemieindustrie eine Zusammenarbeit so organisiert werden, dass letztere mit der Hochtemperaturabwärme der ersteren ihre Mitteltemperaturbedürfnisse befriedigt und ihrerseits die Abwärme zu Raumheizzwecken der Kommune zur Verfügung stellt (*Bild 3-39d*). Das wäre dann eine voll ausgebildete Wärmekaskade (s. Abschnitt 3.1.) Die Schwierigkeiten, die einer solchen Lösung entgegenstehen sind offensichtlich. Es sei aber daran erinnert, dass auf stofflicher Basis ein Zusammenwirken von unterschiedlichen Industriebranchen in Gestalt von Gasnetzen für brennbare und technische Gase schon seit langem gegeben ist.

Eine weitere futuristische Lösung ist im *Bild 3-39e* schematisch angedeutet. Unter Benutzung von geeigneten thermochemischen Kreisprozessen, die als Koppelprozesse aufgefasst werden können, lässt sich qualitativ vorstellen, dass bei einer Synproportionierungsschaltung z. B. Mitteltemperaturwärme durch Verbrennungsprozesse einerseits und die Aufnahme von Umgebungswärme (oder auch Kühlwärme) andererseits gedeckt wird. Das wäre dann eine Lösung bei der keine Abwärme auftreten und die der reversiblen Prozessführung am nächsten kommen würde.

Von entscheidender Bedeutung beim Einsatz von Wärmetransformationsprozessen ist die Möglichkeit, mit ihnen Wärme entgegen dem natürlichen Gefälle zu transportieren und Temperaturdifferenzen beim Wärmetransport gegenüber der natürlichen Prozessführung, die mit erheblichen Irreversibilitäten behaftet ist, nahezu reversibel zu überbrücken.

Tabelle 3-20: Reaktionsschema für einen thermochemischen Kreisprozess aus der Fe-Cl-Familie

I	$2\ FeCl_2\ (s) + 2\ H_2O\ (g) \rightarrow 2FeO\ (s) + 4\ HCl\ (g)$
II	$2\ FeO\ (s) + H_2O\ (g) \rightarrow Fe_2O_3\ (s) + H_2$
III	$Fe_2O_3\ (s) + 6\ HCl\ (g) \rightarrow 2\ FeCl_3\ (s) + 3\ H_2O\ (g)$
IV	$2\ FeCl_3\ (s) \rightarrow 2\ FeCl_2\ (s) + Cl_2$
V	$Cl_2 + H_2O\ (g) \rightarrow 2\ HCl\ (g) + \frac{1}{2}\ O_2$
Gesamt	$H_2O\ (g) \rightarrow H_2 + \frac{1}{2}\ O_2$

Solche thermochemischen Kreisprozesse sind in Verbindung mit der thermischen Pyrolyse von Wasser in großer Vielfalt vorgeschlagen worden. Bezieht man bei diesen die Wasserstoffverbrennung ein, erhält man stofflich geschlossene Systeme, die z. B. im mittleren Temperaturbereich Wärme aufnehmen können und bei sehr hoher und niedriger Temperatur (Umgebungstemperatur) abgeben können oder umgekehrt. Ein derartiger Prozess aus der Eisen-Chlor-Familie ist in *Tabelle 3-20* reaktionsmäßig angegeben. Das zugehörige technologische Schema gibt *Bild 3-40* (ohne die Knallgasreaktion, da die Wasserzerlegung untersucht wurde). Daraus lassen sich die prinzipiellen Schwierigkeiten der Realisierung eines solchen Prozesses erkennen. Es ist eine quantitativ umfangreiche Stoffwirtschaft erforderlich, die eine Vielzahl komplex verknüpfter Apparate notwendig macht. Die einmaligen Aufwendungen sind deshalb erheblich. Bei reversiblen Reaktionen ist eine Umkehr der Reaktionsrichtung und damit eine Umkehr der Stoffflüsse denkbar. Bei einem stofflich geschlossenen Prozess ändern sich im äußeren Verhalten die Richtungen der Wärmeübertragungsvorgänge. Im vorliegenden Fall würde dann bei sehr hohen Temperaturen Wärme aufgenommen werden (Wasserstoffverbrennung) und auch bei möglichst niedriger Temperatur. Damit wäre eine Wärmeabgabe bei mittleren Temperaturen möglich entsprechend dem Lösungsvorschlag *Bild 3-39e*.

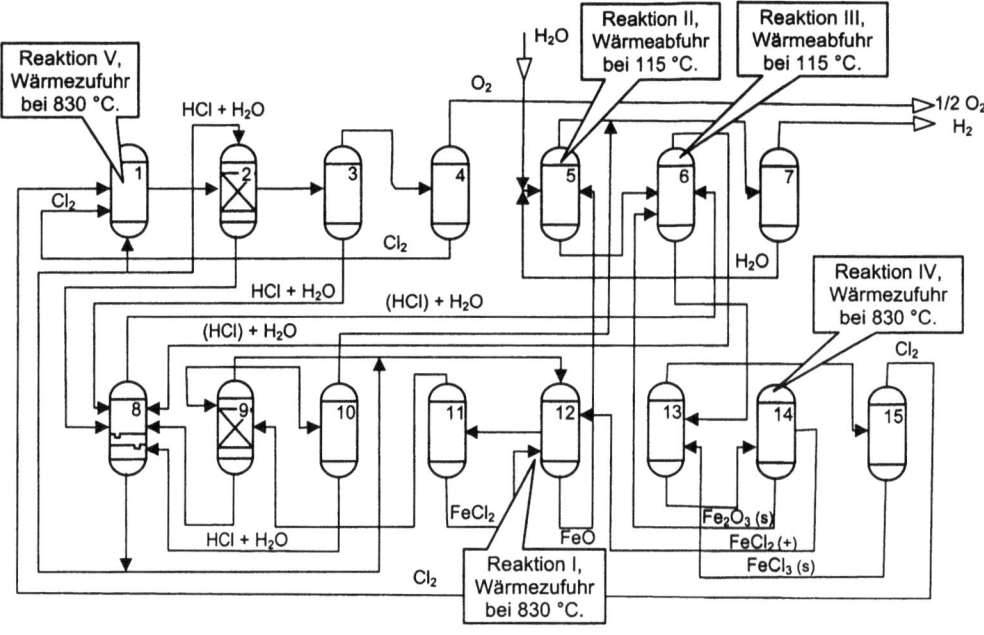

Bild 3-40
Vereinfachtes technologisches Schema eines thermochemischen Kreisprozesses (s. *Tabelle 3-20*)

Es lassen sich eine Vielzahl derartiger thermochemischer Kreisprozesse ausdenken, die in den unterschiedlichsten Temperaturbereichen arbeiten können und dann in der Lage sind, Wärmeübertragungsprozesse in die Nähe reversibler Prozessführungen zu verlagern. Wie angegeben, können diese Prozesse sowohl als Disproportionierungs- als auch als Synproportionierungsprozesse arbeiten, sodass sie die unterschiedlichsten Aufgaben lösen können. Werden sie stofflich nicht geschlossen, können in Verbindung mit den Energieaustauschprozessen Stoffproduktionen erfolgen als die vergegenständlichte Einheit von Stoff- und Energieumwandlung. Der prinzipielle Nachteil sind die hohen Anlagekosten dieser Verfahren. Sie können deshalb erst bei einem entsprechenden Niveau der Rohstoff- und Energiekosten an Interesse gewinnen. Da aber die durch Wärmetransport bei endlichem Temperaturgefälle verursachten Exergieverluste, die bekanntlich in Energiebilanzen überhaupt nicht in Erscheinung treten, unter allen Verlusten häufig den größten Betrag ausmachen, der z. B. in der Größenordnung der Elektrizitätserzeugung liegt, sollte auf diese Möglichkeit hingewiesen werden, deren Realisierung eine neue Qualität des energetischen Niveaus bedeuten würde. Für die umfassende Einführung der Kombination in Form von Wärmekaskaden wäre diese Möglichkeit von fundamentaler Bedeutung.

Zur Abrundung sei darauf verwiesen, dass nicht nur die Kombination von stoffwirtschaftlichen mit energiewirtschaftlichen Verfahren große energetische Bedeutung haben kann, sondern auch die von stoffwirtschaftlichen Verfahren untereinander. Die exergetische Güte stoffwirtschaftlicher Verfahren ist häufig relativ hoch, da sie an die Eigenschaften der starken chemischen Exergie gebunden sind. Klassisches Beispiel der Integration eines Kraftwerksprozesses in ein stoffwirtschaftliches Verfahren ist die NH_3-Synthese, die sich heute zu einem energieautarken Verfahren entwickelt hat. Wenn stoffwirtschaftliche Verfahren untereinander verbunden werden, so kann diese Kombination sowohl rohstoffseitig als auch produktseitig realisiert sein, wird aber unabhängig davon stets durch eine Integration der Wärmehaushalte der beteiligten Verfahren gekennzeichnet sein. Ein extremes Beispiel ist in der Literatur mit dem Vorschlag der Kombination von NH_3- und Methanolgroßanlagen bekannt geworden. Dabei ist nicht nur eine entsprechende Verminderung der laufenden Aufwendungen aufgezeigt worden, sondern durch mögliche integrierte Bauweise auch der einmaligen Aufwendungen. Der Vollständigkeit halber sei angemerkt, dass bei Anlagen dieser Dimension natürlich Probleme in anderer Hinsicht auftreten, z. B. im Hinblick auf das Betriebsverhalten, die Sicherheit u. ä.

Zum Abschluss sei betont, dass alle angesprochenen Lösungen bestimmte territoriale Konzentrationen voraus setzen, die dann ihrerseits zu Transportaufwendungen für Rohstoffe oder Produkte führen. Darauf wurde schon in Kapitel 2. hingewiesen. Auch das Zeitverhalten der beteiligten Systeme muss entweder angepasst oder durch spezielle Lösungen berücksichtigt werden (s. Abschnitt 2.1.). Dabei ist aus thermodynamischer Sicht schon ein Verbund von mehreren getrennten Erzeugern als eine erste Möglichkeit von Interesse.

3.7 Versorgungssysteme im regionalen Energieverbund

Entscheidend für den Einstieg in die Entropiewirtschaft ist die Erkenntnis, dass Einzeleinsparungen mit optimalen technischen Komponenten keinen ökologisch und ökonomisch optimalen Beitrag zur Verbesserung der Energiesysteme liefern können. Es kommt vielmehr darauf an, das Gesamtsystem der kommunalen Strom- und Wärmeversorgung, wozu auch noch die Kälteversorgung gehört, optimal zu gestalten. Dazu müssen geeignete technische Erzeugungskomponenten mit einer geeigneten Verteilungsinfrastruktur zu einem optimalen Gesamtsystem zusammengefasst werden [3-150 bis 3-157].

Bild 3-41 zeigt als Beispiel die grundsätzliche Struktur eines neuen Versorgungssystems, das den Zielen der Entropiewirtschaft gerecht wird. Das Versorgungssystem besteht aus 3 Ebenen, der Ebene der Verbraucher, der kommunalen Ebene und der überregionalen Ebene.

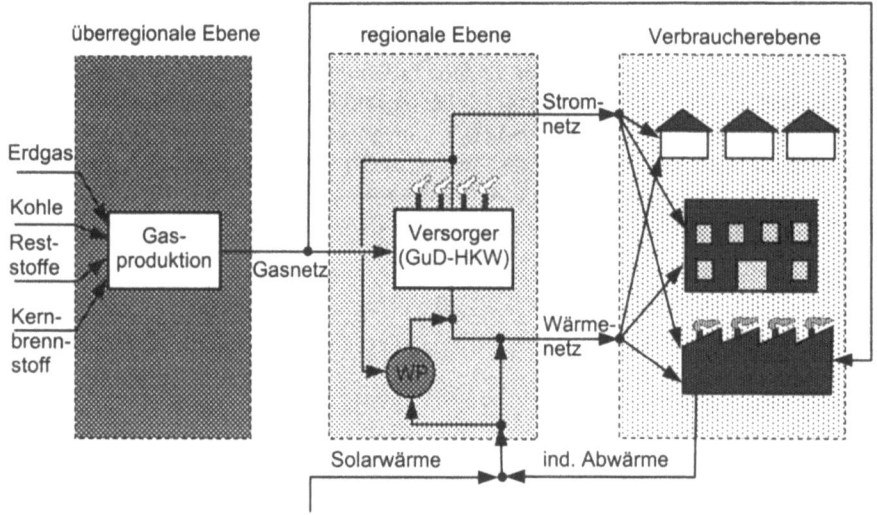

Bild 3-41
Exergetisch hochwertiges Versorgungssystem

Die Ebene der Verbraucher beinhaltet die privaten Haushalte, die Kleinverbraucher und die Industrie. Es besteht Bedarf an Strom für Licht, Kraft und Wärme sowie Bedarf an Wärme in Form von Raumheizung, Warmwasser und industrieller Prozesswärme. Dabei bildet der Bedarf an Raumwärme und Warmwasser den Niedertemperaturwärmemarkt unter 100 °C, während Prozesswärme in einem weiten Temperaturbereich oberhalb von 100 °C angesiedelt ist. Im Gegensatz zum konventionellen Versorgungssystem erhält im neuen System auf der Ebene der Verbraucher nur der Verbrauchssektor Industrie eine Brennstoffzufuhr zur Erzeugung von industrieller Prozesswärme bei hoher Temperatur. Die Verbrauchssektoren private Haushalte und Kleinverbraucher decken ihren Niedertemperaturwärmebedarf aus entsprechenden Wärmenetzen. Alle Verbrauchssektoren erhalten Stromanschlüsse. In der kommunalen Ebene erfolgt die Strom- und Wärmeerzeugung und die Einspeisung in das Stromnetz und das Wärmenetz. Im Zentrum der Erzeugung stehen Heizkraftwerke auf GuD-Basis. Diese Heizkraftwerke können problemlos in Siedlungsgebieten errichtet werden, da sie keine wesentlichen Emissionen verursachen, zumal wenn gleichzeitig die Emissionen der Einzelfeuerungen zur Raumwärmeerzeugung vermieden werden. Die Heizkraftwerke erzeugen Strom und Niedertemperaturwärme in Kraft-Wärme-Kopplung. Da das Verhältnis der erzeugten Mengen in der Regel nicht dem Bedarf entspricht, können Wärmepumpen zur Nutzung von überschüssigem Strom im Wärmemarkt eingesetzt werden. Bei den heutigen Bedarfsverhältnissen führt die Befriedigung des Niedertemperaturwärmemarktes aus der Kraft-Wärme-Kopplung zu einer Produktion von Überschussstrom. Dies wird gemildert durch die Nutzung von industrieller Abwärme, Solarwärme oder Erdwärme, insbesondere bei Einsatz von Wärmepumpen. Zusätzlich zu dem Strom aus dem Heizkraftwerk kann die Stromerzeugung aus regenerativen Quellen wie Wind und Photovoltaik treten. Als weitere Einbindung alternativer Energieträger auf kommunaler Ebene ist Biomasse anzusehen, die durch Vergasung in Heizkraftwerke eingespeist werden und dort Erdgas ersetzen kann. Die überregionale Ebene stellt die Endenergie zum Transport in die kommunale Ebene bereit. Feste Brennstoffe wie Steinkohle und Braunkohle werden vergast und damit für die Nutzung auf der kommunalen Ebene und der Verbraucherebene verfügbar gemacht. Erdöl kann nach den Raffinerien direkt der kommunalen Ebene und der Verbraucherebene zugeführt werden. Erdgas wird über Ferngasnetze, Rohöl über entsprechende Pipelines aus den entfernten Lagerstätten herangeführt. Auf der regionalen Ebene erfolgt insbesondere die Reinigung der fossilen Brennstoffe von den schadstoffbildenden Elementen. Dabei kann grundsätzlich auch eine CO_2-Abscheidung erfolgen.

Wesentliche Erzeugungskomponenten des neuen Versorgungssystems auf kommunaler Ebene sind Heizkraftwerke, elektrische Wärmepumpen und mit Wärme betriebene Kältemaschinen sowie Wärmeübertrager als Auskopplungseinrichtungen für Erdwärme, Solarwärme, industrielle Abwärme und Kondensationswärme aus Verbrennungsgasen. Wesentliche Verteilungskomponenten sind Stromnetze, Wärmenetze und Wärmespeicher. In Ergänzung zu allgemein bekannten Zusammenhängen werden nun im Folgenden einige Ausführungen zu diesen Elementen und dem Gesamtsystem gemacht.

3.7.1 Elemente des Systems

Heizkraftwerke

Im Zentrum der Versorgung mit Strom und Niedertemperatur-Wärme stehen Heizkraftwerke, die unter Ausnutzung der Kraft-Wärme-Kopplung beide Energieformen gemeinsam erzeugen. Dabei gibt es Technologien mit fester und mit variabler Stromkennzahl. In der Frühzeit der Entwicklung der Wärmewirtschaft nahm die Auseinandersetzung mit entsprechenden Schaltungsstrukturen der Kraftwerke eine zentrale Position in der wissenschaftlichen Diskussion ein (s. Abschnitt 5.4), da seinerzeit die Kraftwerke vorwiegend im Inselbetrieb gefahren wurden. Als Richtwert für die erforderliche elektrische Kraftwerksleistung kann 1 kW pro Einwohner angesetzt werden, wobei Industriebetriebe mit einem Zuschlagsfaktor zu berücksichtigen sind. Im Interesse eines Ausbaus der Kraft-Wärme-Kopplung sollten Industriebetriebe und kommunale Versorger kooperieren. Bei solch einem Verbund können Überproduktionen der einen oder anderen Energieform bezogen auf den industriellen Bedarf zur kommunalen Versorgung genutzt werden. Heizkraftwerke stehen in einem großen Bereich von elektrischen Leistungen zur Verfügung, von ca. 10 kW bis ca. 1.000 MW. Zu den kleineren Einheiten zählen die Motorheizkraftwerke, die größten Einheiten sind die Kohlen- und Kernkraftwerke. GuD-Heizkraftwerke bewegen sich in der Größenordnung von 10 MW bis einigen hundert MW.

Im Sinne eines fortschrittlichen Gesamtsystems sollten Heizkraftwerke natürlich einen möglichst hohen exergetischen Wirkungsgrad haben. Dies bedeutet auch einen geringen Brennstoffverbrauch für die Stromerzeugung. Im Hinblick auf eine möglichst vollständige Brennstoffausnutzung muss ein Heizkraftwerk eine möglichst weitgehende Abwärmeausnutzung haben. Dies bedeutet eine verbrauchernahe Aufstellung, was nur beim Einsatz von gereinigtem Brennstoff akzeptiert wird. Schließlich müssen seine Anschaffungskosten niedrig sein, so dass es nicht auf lange Laufzeiten im Grundlastbereich angewiesen ist, sondern auch bei häufigen Betriebsunterbrechungen auf Grund der Präferenz günstigerer Erzeugungsanlagen wirtschaftlich betrieben werden kann. Nach all diesen Kriterien bieten sich GuD-Heizkraftwerke als optimale Komponente für die neuen Versorgungssysteme an.

Der Stromerzeugungswirkungsgrad von GuD-Heizkraftwerken liegt über 50 %. Demgegenüber haben Kohle- und Kernkraftwerke deutlich niedrigere Wirkungsgrade im Bereich von 40 %. Bei Auskopplung von Wärme aus Dampfturbinen ist eine Stromeinbuße zu berücksichtigen, die den elektrischen Wirkungsgrad herabsetzt. Blockheizkraftwerke auf Gasturbinenbasis haben Stromerzeugungswirkungsgrade um 35 %, solche auf Motorenbasis liegen bei 40 %. Bei diesen Vergleichen ist zu berücksichtigen, dass von der Versorgungsaufgabe her die Gegenüberstellung eines Heizkraftwerkes zu einem reinen Kraftwerk unvollständig ist. Der Vergleich erfordert vielmehr bei Letzterem noch ein reines Heizwerk zu berücksichtigen. Bei den Anlagekosten liegen GuD-Heizkraftwerke mit weniger als 1.000 DM/kW am tiefsten, gefolgt von Blockheizkraftwerken und Kohleheizkraftwerken um 1.500 bis 2.000 DM/kW und Kernkraftwerken um 4.000 DM/kW.

Da GuD-Heizkraftwerke mit gereinigtem Brennstoff betrieben werden, können sie verbrauchernah aufgestellt werden, im Gegensatz zu Kernkraftwerken und Braunkohlekraftwerken aber auch zu Steinkohlekraftwerken, die trotz ihrer aufwendigen Rauchgasreinigungen beachtliche Restemissionen haben und im übrigen einen großen Platzbedarf aufweisen. GuD-Heizkraftwerke konkurrieren am ehesten mit Blockheizkraftwerken. Allerdings haben Blockheizkraftwerke tendenziell einen niedrigeren Stromerzeugungswirkungsgrad sowie höhere spezifische Anschaffungskosten.

Die Nutzung gereinigter Brennstoffe in GuD-Heizkraftwerken kann im Grenzfall zu einem Gesamtenergienutzungsgrad von 1 führen, und damit zu einem abwärmefreien Heizkraftwerk. Im Sinne der Entropiewirtschaft bedeutet dies eine Verminderung der Nichtumkehrbarkeiten und die Verlagerung des notwendigen Entropieexportes vom Kraftwerk zum Verbraucher. *Bild 3-42* zeigt das Konzept eines GuD-Heizkraftwerkes mit vollständiger Abwärmenutzung. Es ist durch eine kaskadenartige exergetische Nutzung des eingesetzten Erdgases gekennzeichnet. Das Erdgas wird zunächst in ein Verbrennungsgas von ca. 1.200 °C umgewandelt und in der Gasturbine unter Stromproduktion entspannt. Das aus der Gasturbine austretende Verbrennungsgas hat eine Temperatur von 550 °C. Es wird zur Dampfproduktion verwendet, wobei der Dampf in Turbinen entspannt und zur weiteren Stromproduktion herangezogen wird. Die Wärmeproduktion des Dampfes erfolgt aus dem Abdampf der Dampfturbinen sowie aus der Abkühlung des Verbrennungsgases bis hin zur Brennwertnutzung. Unter Abzweigung eines kleinen Stromanteils wird die bei der Wasserkondensation aus dem Verbrennungsgas gewonnene Wärme mittels einer elektrischen Wärmepumpe auf die Vorlauftemperatur der Fernwärmeleitung gepumpt. Damit ist das GuD-Heizkraftwerk praktisch abwärmefrei, d.h. es hat den Gesamtenergienutzungsgrad 1. Im Sinne der Entropiewirtschaft ist bei der weitergehenden Diskussion eines solchen Vorschlages zu berücksichtigen, dass dabei weitere innere Nichtumkehrbarkeiten auftreten, die zu einem größeren Entropie-Export und damit Wärmeabgabe im Verhältnis zur Stromproduktion führen (s. Abschnitt 2.2). Die Elektroenergie ist entropisch aber im Vergleich zur Wärme die edlere Energieform.

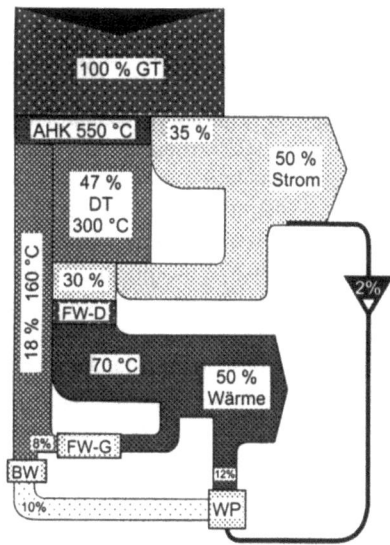

Bild 3-42
GuD-Heizkraftwerk mit vollständiger Abwärmenutzung[18]

Elektrische Wärmepumpen

Eine elektrische Wärmepumpe wandelt Arbeit in Wärme auf einem höheren Temperaturniveau gegenüber der Umgebung um. Im Grenzfall ist eine reversible Führung des Prozesses denkbar. Natürliche Wärmequellen bei niedriger Temperatur sind das Erdreich, das Grundwasser, die Luft, sowie Flüsse, Seen und das Meer. Hinzu kommen als technisch bedingte Wärmequellen Abwässer aus Industrie, Gewerbe und privaten Haushalten sowie Abwärme aus den Kühlkreisläufen der Industrie und der Kraftwerke.

Eine besondere Einsatzmöglichkeit der elektrischen Wärmepumpe in Wärmenetzen besteht darin, die Wärme aus dem Rücklauf der Transportleitung in das Vorlaufverteilernetz einzukoppeln. Dies hat zwar keinen unmittelbaren Energieeinspareffekt, da die dem Rücklauf entnommene Energie im Heizkraftwerk wieder zugeführt werden muss. Vielmehr ist ein zusätzlicher Aufwand an elektrischer Energie erforderlich. Der Sinn einer solchen Schaltung liegt in der Temperaturabsenkung des Rücklaufs. Dies spart die teure Wärmeisolierung und erhöht die Temperaturspreize in der Transportleitung mit der Folge eines kleineren erforderlichen Massenstroms und daher kleinerer Querschnitte und niedriger Pumpkosten. Insbesondere wird durch die niedrige Rücklauftemperatur der Transportleitung diese aufnahmefähig für Wärme, die nur bei niedriger Temperatur verfügbar ist, z. B. Niedertemperaturabwärme. Damit kann

---

[18] GT = Gasturbine, AHK = Abhitzekessel, FW-D(G) = Fernwärme Dampf (Gas), BW = Brennwertnutzung, WP = Wärmepumpe, DT = Dampfturbine

lokal eine Sammelleitung für Niedertemperaturwärme geschaffen und ein beachtlicher energetischer Einspareffekt erzielt werden. Schließlich führen elektrisch betriebene Wärmepumpen eine Verbindung zwischen Strom- und Wärmenetz herbei. Das hat mehrere Vorteile. Die Belastungstäler im elektrischen Netz können durch elektrische Wärmepumpen in Verbindung mit Kurzzeitwärmespeichern aufgefüllt werden. Auch können elektrische Wärmepumpen wegen der Speicherfähigkeit des Wärmenetzes sofort abgeschaltet werden und dienen damit zur Reservestellung bei Ausfall von Kraftwerkseinheiten oder elektrischen Netzen.

Der Energiebedarf und die Wirtschaftlichkeit von elektrischen Wärmepumpen hängt von der jeweiligen Gestaltung des Einsatzes ab. Tendenziell ergibt sich eine Kostendegression mit zunehmender Größe der Wärmepumpe. Der Primärenergiebedarf wird durch die Leistungszahl und die Art der Stromerzeugung bestimmt. Die Leistungszahl, also das Verhältnis von Wärme bei Nutztemperatur zum Aufwand an elektrischer Energie hängt sensibel vom Temperaturhub ab. Kleine Temperaturhübe führen auf höhere Leistungszahlen. Damit sind Abwärmequellen in Verbindung mit niedriger Vorlauftemperatur für den Einsatz der Wärmepumpe günstig. Der Strom für die elektrische Wärmepumpe sollte mit hohem exergetischen Wirkungsgrad erzeugt werden. Niedrige Stromerzeugungswirkungsgrade in Verbindung mit niedrigen Leistungszahlen bei kleinen Wärmepumpen führen insgesamt nicht auf eine Einsparung von Primärenergie im Vergleich zu Heizkesseln. Zur Begrenzung des Temperaturhubes können auch Reihenschaltungen von elektrischen Wärmepumpen vorgesehen werden, womit je nach dem eine thermodynamisch günstige Einspeisung als auch eine bessere Wärmeabgabe möglich erscheint.

Wärmegetriebene Kältemaschinen

Linksprozesse, wie Wärmepumpen und Kältemaschinen benötigen nicht notwendigerweise elektrische Energie, sondern können auch mit arbeitsfähiger Wärme angetrieben werden. Im Zusammenhang mit der kommunalen Versorgungsebene bieten sich dazu insbesondere wärmegetriebene Kältemaschinen an. Wärmegetriebene Kältemaschinen werden als Absorptionsmaschinen und als Adsorptionsmaschinen ausgeführt. Sie können mit Antriebswärme bis herab zu 80 °C bzw. ca. 60 °C betrieben werden, wobei neue Maschinentypen zu niedrigen Antriebstemperaturen bei gleichzeitig hohen Temperaturspreizen vorstoßen. Die Kopplung von wärmegetriebenen Kältemaschinen mit Wärmenetzen führt tendenziell zu einer Auffüllung des Sommerlochs im Wärmeabsatz, da gerade im Sommer ein entsprechender Wärmebedarf zur Abdeckung des Bedarfs an Klimakälte besteht, z. B. in Kleinverbrauchern wie Banken, Kaufhäusern, Krankenhäuser, Hotels etc. Gleichzeitig wird durch Verdrängung der Kälteerzeugung aus Strom der Stromverbrauch im Sommer reduziert, womit ggf. Stromspitzen abgebaut werden. Insgesamt führt der Einsatz wärmegetriebener Kältemaschinen zu einer Vergrößerung der Grundlast im Wärmebedarf und trägt damit zur Finanzierung der Wärmenetze bei.

Bild 3-43 zeigt zur Verdeutlichung dieser Zusammenhänge das Verbrauchsdiagramm eines Krankenhauses mit der im Wesentlichen konstanten monatlichen elektrischen Arbeit W_{el} und dem Sommerloch des Heizwärmebedarfs W_H. Dieses Sommerloch wird durch den Wärmebedarf der Absorptionskältemaschinen W_o weitgehend aufgefüllt. Der Energiebedarf und die Wirtschaftlichkeit der wärmegetriebenen Kältemaschinen hängen von der Einsatzgestaltung ab. Wenn Antriebswärme bei hoher Temperatur eingesetzt werden muss, kann dies ein sonst nicht erforderliches Hochfahren der Vorlauftemperatur des Fernwärmenetzes im Sommerbetrieb bedeuten.

3.7 Versorgungssysteme im regionalen Energieverbund

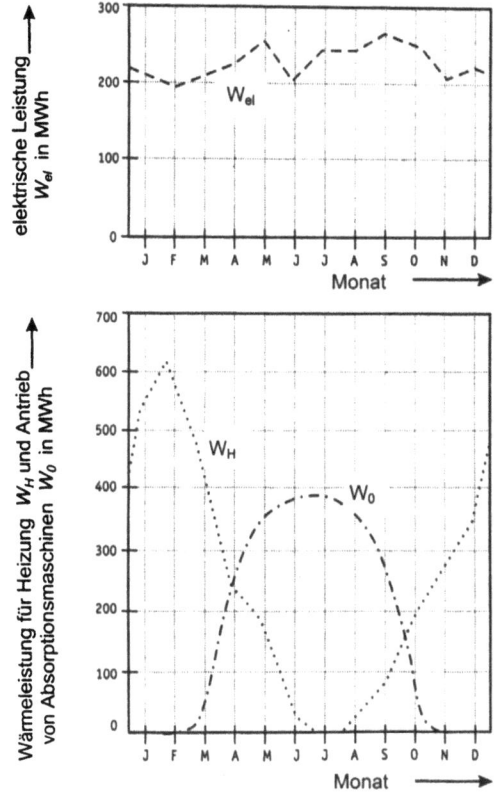

Bild 3-43
Verbrauchsdiagramm eines Krankenhauses

Übliche Maschinen mit geringer Auskühlung des Wärmeträgers erfordern im übrigen hohe Massenströme und können daher in ungünstigen Fällen zur hydraulischen Überforderung des Wärmenetzes führen. In beiden Fällen ist die Wirtschaftlichkeit dieser Technologie in Frage gestellt. Neue Entwicklungen im Bereich der wärmegetriebenen Kältemaschinen erlauben niedrigere Wärmeträgertemperaturen und größere Auskühlungen. Im übrigen kann bei Einsatz von Dreileiternetzen, die ohnehin in einem auf Abwärmenutzung und Abwärmevermeidung zugeschnittenen Versorgungssystem empfehlenswert sind, der Heißwasserleiter für die Kälteerzeugung herangezogen werden.

Brennwerttechnik

Bei Nutzung von Erdgas als Brennstoff ist zu berücksichtigen, dass der Energieinhalt des Erdgases zu ca. 11 % aus der Kondensationsenthalpie des Wasserdampfs besteht, der im Bereich von ca. 70 °C bis zum Gefrierpunkt aus dem Verbrennungsgas auskondensiert.

Die Nutzung der Kondensationsenthalpie von Wasser in Verbrennungsgasen wird als Brennwerttechnik bezeichnet. Die technischen Voraussetzungen dafür sind eine Wärmesenke bei niedriger Temperatur, eine geeignete, d.h. feuchtebeständige Ableitung des Verbrennungsgases an die Umgebung, ein korrosionsbeständiger Wärmeübertrager und eine Entsorgung des

Kondensats, das Säuren enthält. Bezüglich der korrosionsbeständigen Wärmeübertrager kann es sinnvoll sein, die Wärmenutzung aus dem Abgas oberhalb und unterhalb der Taupunkttemperatur durch unterschiedliche Wärmeübertrager zu gestalten, da nur unterhalb des Taupunktes korrosives Kondensat anfällt. Die Wärmesenke bei niedriger Temperatur kann der Rücklauf sein. Bei Fußbodenheizungen hat dieser eine ausreichend niedrige Temperatur, bei anderen Heizungssystemen muss er durch geeignete Maßnahmen auf eine niedrige Temperatur gebracht werden, wozu auch die Rücklaufabkühlung mittels elektrischer Wärmepumpen gehört. Bei Gebäuden mit kontrollierter Frischluftzufuhr kann die Frischluft eine geeignete Wärmesenke für die Aufnahme der Kondensationswärme des Wasserdampfes sein. Brennwerttechnik kann insbesondere auch im GuD-Heizkraftwerk eingesetzt werden, wenn der Rücklauf der Fernwärmeleitung hinlänglich ausgekühlt ist.

3.7.2 Wärmequellen

Industrielle Abwärme

Nach dem Energieerhaltungssatz kann Energie weder erzeugt noch vernichtet werden. Die einem System zugeführte Energie verlässt dieses System im stationären Fall in unveränderter Menge, wenn auch in anderer Form. Damit fließt die einem System, z. B. einem Industriebetrieb, zugeführte Energie im Wesentlichen in Form von Abwärme oder, zu einem geringeren Anteil, in chemischer, an die Produkte gebundene Form in die Umgebung zurück. Damit wird der für die Aufrechterhaltung der technologischen Struktur erforderliche Entropieexport ersichtlich.

Die üblichen Wege der Abwärmeabgabe an die Umgebung sind

- heiße Rauchgase aus den Kaminen der Industrieöfen
- Kühltürme, d.h. gebunden an feuchte Luft
- Abwasser, das an die Kanalisation abgegeben wird
- Abluftschächte
- diffus durch Wände, Türen und Fenster
- Materialabkühlung

In sehr geringem Maße wird Abwärme auch gezielt an Dritte abgegeben, z. B. an einen benachbarten Industriebetrieb sowie an die Fernwärmenetze.

Die Abwärmequellen innerhalb eines Betriebes sind

- Materialabkühlung
- Kühlwasserkreisläufe der Ofen-, Anlagen- und Maschinenkühlung
- Abstrahlverluste von Anlagen

Als Beispiel für Abwärmequellen aus industriellen Produktionsprozessen sind in *Tabelle 3-21* die typischen Anlagen der Stahlindustrie aufgeführt. Man erkennt ein breites Spektrum von Temperaturen und Materialien der Abwärmequellen, die schließlich bei deutlich geringen Temperaturen und gebunden an Luft und Wasser ihre Wärme an die Umgebung abführen (s. Abschnitt 3.1).

3.7 Versorgungssysteme im regionalen Energieverbund

Der größte Teil der Abwärme bei hoher Temperatur, d.h. bei Temperaturen über 200 °C, ist an heiße Rauchgase gebunden. Die Auskopplung von Abwärme aus solchen Gasen ist technisch gelöst. Praktische Probleme, die meist zu erheblichen Mehrkosten führen, ergeben sich bei stark staubhaltigen und korrosiven Rauchgasen, insbesondere wenn der Säuretaupunkt, der je nach Schwefelgehalt bei 150 °C bis 180 °C liegt, unterschritten wird. Generell ist eine Auskopplung von Wärme aus heißen Gasen teuer, da entsprechend dem schlechten Wärmeübergang große Wärmeübertragerflächen eingesetzt werden müssen.

Tabelle 3-21: Abwärme aus der Stahlindustrie

Anlagen		Abwärmeträger, primär	Temperatur in °C	Kühlmedium
1. Sinteranlagen				
a	Sinterband	Rauchgas	80 - 200	
b	Sinterkühler	Sintergut	200 - 500	Luft
c	Raum und Bandentstaubung	Abluft	40 - 120	
2. Hochöfen				
a	Cowperheizung	Rauchgas	350 - 500	
b	Schlackengranulierung	Schlacke (flüs.)	1300	Wasser
c	Ofenmantelkühlung	Ofenmantel	35 - 100	Wasser
d	Maschinen- u. Gerätekühlung	Maschinenteile	30 - (70)	Wasser
e	Sauerstoffanlage	Pressluft	120 - 150	
f	Abgaskühlung	Gichtgas	100 - 200	Wasser
3. Stahlwerke				
a	Konverterabhitze	Abgase	1300 - 1800	
b	Stranggusskühlung	Stahl (flüssig)	1300	Wasser
c	Maschinen u. Anlagenkühlung	Maschinenteile	30 - (70)	Wasser
d	Sauerstoffanlage	Pressluft	120 - 150	
4. Walzwerke Block-, Band-, Profil und Rohrwalzwerke				
a	Ofenbeheizung	Rauchgase	250 - 600	
b	Materialabkühlung, Kühlbett	Profilstahl,	800 - 1000	Luft
	Bandkühlung	Bandstahl	800 - 1100	Wasser
c	Walzen- und Maschinenkühlung	Maschinenteile	30 - (70)	
5. Vergüte- und Beschichtungsanlagen				
a	Ofenbeheizung	Rauchgase	200 - 450	
b	Materialkühlung Kühlbett	Profilstahl	300 - 800	Luft
	Bandkühlung	Bandstahl	300 - 800	Luft/Wasser
c	Walzen- und Maschinenkühlung		30 - 70	Wasser
6. Kraftwerke und Kraftanlagen				
a	Rauchgasreinigung	Abgase	130 - 350	
b	Kondensator	Dampf	35 - (100)	Wasser
c	Sauerstoffanlagen	Pressluft	120 - 150	
d	Pressluftverdichter	Pressluft	120 - 150	

Auch die Wärmeauskopplung aus heißen Flüssigkeiten ist technisch realisiert, wobei korrosive Flüssigkeiten wegen der erforderlichen korrosionsbeständigen Materialien wiederum teuere Wärmeübertrager erfordern. Praktisch kaum realisierbar ist die Wärmeauskopplung aus heißen Feststoffen, obwohl technische Vorschläge dazu ausgearbeitet worden sind. Die entsprechenden Wärmeübertragungstechnologien gelten bei den heutigen Primärenergiepreisen als unwirtschaftlich.

Ein großer Teil der industriellen Abwärme fällt bei Temperaturen unter 50 °C an, z. B. bei der Kühlung von Abluft und Abwässern sowie im Bereich von Kühlwässern. Diese Wärme, die in den heutigen Energiesystemen praktisch nicht genutzt wird, kann in den Rücklauf von Niedertemperaturwärmenetzen eingespeist werden. Wenn die Temperatur zu niedrig ist, kann die Abwärme durch Wärmepumpen aufgewertet und dann einer weiteren Nutzung zugeführt werden. Höher temperierte Abwärme kann anderen Industriebetrieben als Prozesswärme zugeführt werden. Damit könnte eine durch Wärmekaskadierung bestimmte Zusammenarbeit unterschiedlicher Technologien, z. B. solche für die Erzeugung anorganischer und die für organische Produkte, angestrebt werden, die heute kaum genutzt wird, da die jeweiligen Produktionsanlagen unterschiedlichen Industriebranchen angehören. Auch wenn die Temperatur der geforderten Prozesswärme höher als die des Vorlaufs aus dem Wärmenetz ist, kann die Wärme aus dem Wärmenetz doch zumindest in den Vorwärmstufen eingesetzt werden.

Erdwärme

Bei der Nutzung von Erdwärme muss man zwischen der Oberflächenwärme und der Wärme aus dem Erdinneren unterscheiden. Die Temperatur der Erdoberflächenwärme liegt in der Größenordnung von 10 °C. Sie kann durch Wärmepumpen soweit aufgewertet werden, dass sie für Raumheizzwecke nutzbar wird. Dabei wird die Oberflächenwärme aus dem Grundwasser, aus Flüssen, Seen und Meeren oder aus der Luft gewonnen. Die Erdwärme aus dem Erdinneren hat je nach Tiefe eine höhere Temperatur. Von der Erdoberfläche ausgehend steigt die Temperatur in der Erde pro 100 m und ca. 3 K an. In 1.000 m Tiefe ergeben sich somit ca. 40 °C, bei günstigen geologischen Gegebenheiten auch höhere Werte. Die Erdwärme aus Bohrungen bis zu 1.500 m Tiefe kann in Verbindung mit Niedrigtemperaturwärmenetzen direkt zu Raumheizzwecken genutzt werden.

Solarwärme

Die Wärme der Sonnenstrahlung kann einen merklichen Beitrag zum Niedertemperaturwärmemarkt leisten. Aus Solarkollektoren können pro m² und Jahr etwa 500 bis 800 kWh an Wärme gewonnen werden. Die tatsächlich nutzbare Wärme hängt von der Intensität und Dauer der Sonneneinstrahlung sowie von der Konzeption der Verbraucheranlagen ab. Der Wirkungsgrad der Solarkollektoren ist von der Kollektortemperatur abhängig. Wenn man eine Temperatur von ca. 65 °C für die Warmwasserbereitung zur sicheren Vermeidung des Legionellenproblems fordert, liegt er in der Größenordnung von 65 %.

3.7.3 Netze und Speicher

Wärmenetze

Da der Niedertemperaturwärmebedarf in einem fortschrittlichen Energiesystem nicht durch direkte Brennstoffnutzung befriedigt werden soll sondern durch entsprechend niedrig tempe-

3.7 Versorgungssysteme im regionalen Energieverbund

rierte Wärme aus Heizkraftwerken und Abwärmequellen, müssen Wärmenetze zur Aufnahme und Verteilung dieser Wärme geschaffen werden. Solche Wärmenetze existieren bereits in mit Fernwärme versorgten Wohngebieten. Allerdings sind diese Fernwärmenetze durch hohe Vorlauftemperaturen, z. B. 90 bis 130 °C, und hohe Rücklauftemperaturen von ca. 50 bis 60 °C gekennzeichnet. Sie sind damit zur Aufnahme und Verteilung von Niedertemperaturwärme nicht geeignet. Zur Befriedigung des Niedertemperaturwärmebedarfs ist ein Wärmenetz mit 2 Vorlaufleitern und einem Rücklaufleiter sinnvoll, d. h. ein Dreileiternetz. Die beiden Vorlaufleiter unterscheiden sich in der Temperatur. Der eine dient der Raumwärmeversorgung, die mit einer Vorlauftemperatur von 40 °C auskommen soll, soweit sie über Fußbodenheizungen oder ähnliche Flächenheizungen gestaltet wird. Der andere Vorlaufleiter transportiert höher temperierte Wärme, z. B. 85 °C zur Raumwärmeversorgung über Heizkörper, zur Warmwasserversorgung oder Kälteerzeugung. In Gewerbegebieten kann der zweite Vorlaufleiter noch höhere Temperaturen zur Abdeckung eines Bedarfs an industrieller Prozesswärme transportieren. Damit kann die Raumwärmeversorgung über Flächenheizsysteme im Wesentlichen über niedrig temperierte Abwärme erfolgen. Nur die Versorgung von Radiatoren und Konvektoren im Raumwärmebereich muss aus dem höher temperierten Vorlaufleiter bestritten werden.

Technisch erfolgt der Wärmetransport über aufbereitetes Wasser. Die Rohre sind als Kunststoffmantelrohre für den Vorlaufleiter mit der niedrigen Temperatur ausgebildet. Der Vorlaufleiter mit der höheren Temperatur, wenn er für Prozesswärme genutzt werden soll, muss aus Stahl gefertigt sein. Alle Rohre erhalten eine angemessene Wärmeisolierung, sodass die Wärmeverluste auf wenige Prozent beschränkt werden können. Möglicherweise sind für die beiden Vorlaufleitungen auch Doppelrohranordnungen von Interesse.

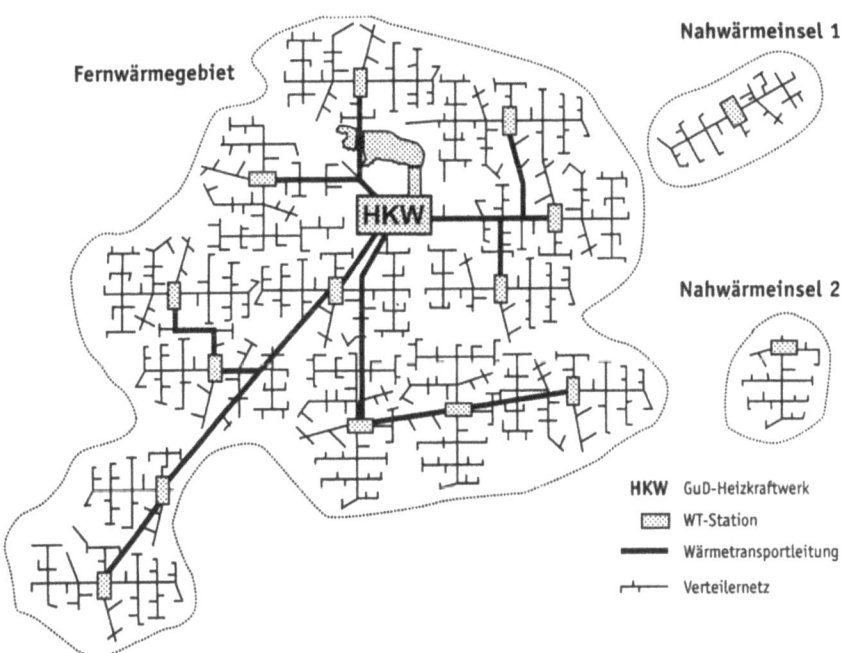

Bild 3-44
Wärmenetz für Fern- und Nahwärmeversorgung

Die Netzformen für die Wärmeverteilung können unterschiedlich sein. Generell unterteilt man die bestehenden Netzstrukturen in Nah- und Fernwärmenetze, wobei die Unterscheidung nicht immer eindeutig ist. Eine Wärmenetzkonzeption gliedert sich in Transportnetze und Verteilernetze, vgl. *Bild 3-44*. Diese Gliederung ist vergleichbar mit der Gliederung des elektrischen Netzes in Mittelspannungs- und Niederspannungsnetze. Wie das elektrische Niederspannungsnetz mit dem Mittelspannungsnetz über einen Transformator gekoppelt ist, so ist das Verteilernetz mit dem Transportnetz über einen Wärmeübertrager gekoppelt. Ein Nahwärmenetz ist dadurch gekennzeichnet, dass keine Transportleitungen existieren, die aus anderen Bereichen Wärme heranführen. Es ist demnach ein Inselnetz. Es erstreckt sich meist nur über ein kleines Gebiet, wobei sich die kleinste Netzeinheit daraus ergibt, dass zwei benachbarte Häuser zu einer Versorgungseinheit zusammengeschlossen werden. Der Aufbau eines Wärmenetzes im Sinne eines auf Abwärmenutzung und Abwärmeverwertung zugeschnittenen Energiesystems kann von Insellösungen, also Nahwärmenetzen, ausgehen, sollte aber letztlich einen Verbund über Transportleitungen anstreben. Jedes Nahwärmenetz kann Teil eines Fernwärmenetzes werden, wenn mehrere Nahwärmeinseln über Transportleitungen zusammengeschlossen werden. Dieser Zusammenschluss führt zu einem verminderten Primärenergiebedarf des Gesamtgebietes, weil in dem Verbund industrielle Abwärme, Wärme aus Kraft-Wärme-Kopplung und Wärme aus Großwärmepumpen, die an einer günstigen Wärmequelle installiert werden, optimal zusammengeführt werden können.

In einem Versorgungsgebiet kann die Wärmeversorgung so gestaltet werden, dass die Wärmenetze im Innenbereich mit dem Heizkraftwerk verbunden werden und im Außenbereich einzelne Nahwärmeinseln verbleiben, vgl. *Bild 3-44*. Der Energietransport zur Wärmeversorgung der Außenbereiche erfolgt dann über das Stromnetz. Der Wärmemix im Außenbereich wird durch elektrisch betriebene Wärmepumpen, durch Solarwärme und durch Spitzenlastkessel zusammengefügt.

Wärmespeicher

Niedertemperaturwärmespeicher können als drucklose Warmwasserspeicher gestaltet sein. Dies sind senkrecht stehende Behälter, die mit heißem bzw. kaltem Wasser gefüllt sind. Zwischen dem heißen und dem kalten Wasser kann eine schwimmende, wärmeisolierte Scheibe für die erforderliche thermische Trennung sorgen.

Wärmespeicher haben in einem Wärmenetz die Aufgabe, die Bevorratung sowie den Angebots- und Bedarfsausgleich sicherzustellen. Das Angebot an Abwärme aus den Industriebetrieben und Heizkraftwerken sowie der Wärmebedarf der Verbraucher sind durch Schwankungen gekennzeichnet. Durch den Einsatz von Wärmespeichern lässt sich die Auslastung aller Erzeugungsanlagen optimal gestalten. So können in der Sommer- und Schwachlastzeit, wenn der Wärmebedarf niedrig ist, Heizkraftwerke außer Betrieb genommen werden. Die Wärmeversorgung kann für diese Zeit aus den Wärmespeichern vorgenommen werden, die Stromversorgung aus anderen optimal betriebenen Anlagen. In Schwachlastzeiten des Stromverbrauchs können elektrisch betriebene Wärmepumpen in Verbindung mit Wärmespeichern den Strom zur Abdeckung des Wärmebedarfs nutzen. Umgekehrt ermöglichen es bei Überlastungen oder Störungen im Stromnetz die Wärmespeicher, die Wärmepumpen kurzfristig außer Betrieb zu setzen. Das Gleiche gilt auch für das Gasnetz und die gasbetriebenen Spitzenkessel. Gute Erfahrungen mit relativ großen Wärmespeichern sind seinerzeit in Chemnitz gesammelt worden.

3.7.4 Systemeigenschaften und –gestaltung

Wärmemix und Temperaturkaskade

Wärme zur Befriedigung des Niedertemperaturwärmebedarfs ist in reichlichen Mengen vorhanden, so z. B. die Wärme der Solarstrahlung, die Erdwärme, die Abwärme aus Industrie und Kraftwerken. Zur Nutzung dieser Wärmequellen im Niedertemperaturwärmemarkt muss diese Wärme in der richtigen Qualität zum richtigen Zeitpunkt am richtigen Ort verfügbar gemacht werden. Dies leisten Wärmenetze in Verbindung mit Wärmespeichern. Sie haben als Infrastrukturmaßnahme eine ähnliche Funktion wie Stromnetze, Trink- und Abwassernetze sowie Straßen. Entscheidend für die optimale Nutzung dieser Komponenten sind der Wärmemix und die Temperaturkaskade (s. Abschnitt 3.1).

Bei unterschiedlichen Temperaturen, zu unterschiedlichen Zeiten und an unterschiedlichen Orten sind die Bedingungen für die Wahl der optimalen Wärmequelle ebenfalls unterschiedlich. Der Niedertemperaturwärmebedarf ist durch eine hohe zeitliche Variabilität gekennzeichnet, insbesondere zeigt sich neben kurzfristigen Schwankungen ein ausgeprägter Jahresgang in Gestalt des Winterberges und des Sommerlochs. Das Gleiche gilt für viele Formen des Wärmeangebotes, z. B. industrieller Abwärme, Solarwärme und im gewissen Umfang auch Wärme aus Heizkraftwerken. Demgegenüber hat der Strombedarf bei geringfügigem Mehrverbrauch im Winter als im Sommer nur einen geringen Jahresgang, hat allerdings auch kurzfristige tageszeitliche Schwankungen und deutliche Schwankungen über den Wochenverlauf, die im Wesentlichen durch gewohnheitsbedingte Arbeitszeitplanungen verursacht sind. Der optimale Wärmemix hängt von der Zeitstruktur des Wärmebedarfs und den technischen Bedingungen des Wärmeangebots, aber über die Kopplung in den Heizkraftwerken auch vom Strombedarf ab. Aus zeitlich variablen Wärmemengen, die sich gegenseitig ergänzen, muss der optimale Wärmemix hergestellt werden.

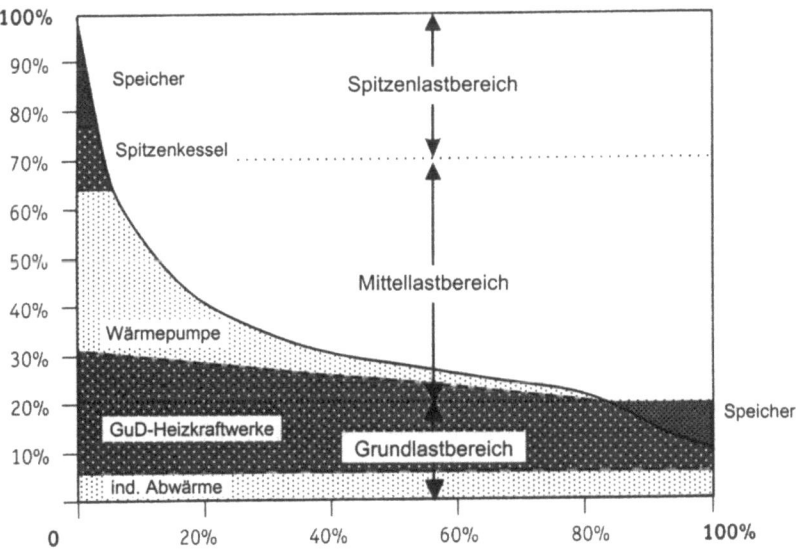

Bild 3-45
Wärmemix in den unterschiedlichen Lastbereichen

Die Zeitstruktur des Wärmebedarfs wird in Grundlast, Mittellast und Spitzenlast aufgeteilt, vgl. die geordnete Jahresdauerlinie des Niedertemperaturwärmebedarfs in *Bild 3-45*. Der Grundlastbereich umfasst diejenige Wärmeleistung, die im Wesentlichen fortlaufend über das gesamte Jahr mindestens benötigt wird. Im Niedertemperaturwärmemarkt hat einen großen Anteil daran die Wärme zur Warmwasserversorgung, die ca. 20 % des Gesamtwärmebedarfs beansprucht. Aber auch ein gewisser Anteil des Raumwärmebedarfs wird über soviele Jahresstunden benötigt, z. B. auch an kalten Tagen in der Sommerzeit, dass er dem Grundlastbereich zugeordnet werden kann. In diesem Grundlastbereich sollte Wärme eingesetzt werden, die einen geringen Primärenergieaufwand hat, z. B. industrielle Abwärme, bzw. Erdwärme und Solarwärme in Kombination mit der Abwärme aus GuD-Heizkraftwerken. Bei Einsatz von Wärmespeichern zum Ausgleich von tageszeitlichen Bedarfsschwankungen bis hin zu Schwankungen über einige Tage in den Schwachlastphasen der Übergangszeit können die Heizkraftwerke im Grundlastbereich durchgehend in Kraft-Wärme-Kopplung betrieben werden, sodass im Idealfall Kühltürme unnötig sind und die Anlagen praktisch abwärmefrei, d. h. mit dem Gesamtenergienutzungsgrad 1 betrieben werden. Im Bereich der Spitzenlastzeiten, also in Kälteperioden, können bei vorübergehend geringerem Strom- und Wärmebedarf, z. B. in der Nacht, die elektrischen Wärmepumpen die Wärmespeicher aufladen, sodass der Anteil der Spitzenkessel klein bleiben kann. Im Mittelbereich sollte Wärme eingesetzt werden, die schnell und verlustarm geregelt werden kann, z. B. die Wärme aus elektrisch betriebenen Wärmepumpen. Für die Betriebsweise der Heizkraftwerke bedeutet dies, dass sie in den Wintermonaten mit etwa doppelt so hoher Leistung wie in den Sommermonaten rechnen müssen, d. h. dass in den Sommermonaten einige Heizkraftwerke außer Betrieb gesetzt werden. Die doppelt so hohe Leistung in den Wintermonaten deckt zum einen die 20 %-ige Bedarfssteigerung an elektrischer Energie ab, und speist zum anderen mit den überschüssigen 80 % an elektrischer Leistung die elektrischen Wärmepumpen, die damit eine Steigerung der Wärmeproduktion um den Faktor 3 gegenüber der Wärme des GuD-Heizkraftwerkes herbeiführen. Die Wärmeerzeugung für den Spitzenlastbereich sollte insbesondere aus einfachen billigen und dynamischen Anlagen kommen, z. B. Öl- und Gaskessel mit Brennwerttechnik. Allgemein gehören aus wirtschaftlicher Sicht in den Grundlastbereich die effizientesten Anlagen mit den höheren Fixkosten, während im Spitzenlastbereich Anlagen mit niedrigen Fixkosten aber auch geringerer Effizienz wirtschaftlich sinnvoll sind.

Wie im Kapitel 2 ausführlich dargestellt, hängt die Qualität der Wärme, d. h. ihre Exergie, von ihrer Temperatur ab. Der Einsatz von Wärme bei unnötig hoher Temperatur führt zu unnötigen Exergieverlusten, d. h. zu einer unnötigen Entwertung von Energie. Dies bedingt einen unnötig hohen Primärenergieeinsatz. Im Sinne der Entropiewirtschaft mus daher in einem für Abwärmevermeidung und Abwärmenutzung geeigneten Energiesystem eine Temperaturkaskade realisiert werden, wie im Abschnitt 3.1 allgemein ausgeführt, in der das Wärmeangebot und der Wärmebedarf in Bezug auf die Temperatur aufeinander abgestimmt sind. In einer Fernwärmetransportleitung und in einem Wärmeverteilernetz ist jeweils eine Temperaturspreize realisiert, die als die Differenz zwischen der Vorlauf- und der Rücklauftemperatur vor bzw. hinter einem Wärmeübertrager, d. h. einem Wärmeverbraucher, definiert ist. Im Gegensatz zu einem einfachen Heizkörper, in dem eine Vorlauftemperatur, z. B. 70 °C, und eine Rücklauftemperatur, z. B. 50 °C, realisiert sind, existieren in verzweigten Netzen viele Stellen mit Zwischentemperaturen. Eine exergetisch optimierte Wärmenetzführung achtet auf die Gestaltung einer Temperaturkaskade, d. h. auf möglichst kleine Temperaturen bei der Wärmeübergabe, wobei zur Auskühlung des Rücklaufs der Transportleitung auch elektrische Wärmepumpen eingesetzt werden können. Dasselbe gilt auch bei der Plazierung des Wärmemix in der Trans-

3.7 Versorgungssysteme im regionalen Energieverbund

portleitung. Bei tiefen Temperaturen wird zunächst die Niedertemperaturabwärme in den Rücklauf eingespeist, wozu insbesondere industrielle Abwärme aus Kühlkreisläufen und auch die über die Brennwerttechnik gewonnene Kondensationswärme des Wasserdampfes aus den Verbrennungsgasen gehört. Die nächsthöheren Temperaturen werden durch Wärmepumpen ausgefüllt, bzw. durch Solarwärme. Darüber wird die industrielle Abwärme aus heißen Abgasen geschichtet. Die höchste Temperatur belegen Gasheizkessel, die im Wesentlichen den Spitzenlastbereich abdecken sollen.

Verbraucherebene

Auf Verbraucherebene ist zwischen dem Bedarf an industrieller Prozesswärme und dem Bedarf an Niedertemperaturwärme zu unterscheiden. Industrielle Prozesswärme wird oft bei so hoher Temperatur benötigt, dass sie nicht durch den Hochtemperaturleiter des Dreileiter-Niedertemperaturwärmenetz bereitgestellt und auch thermodynamisch nicht sinnvoll in Kraft-Wärme-Kopplungsschaltungen erzeugt werden kann. Dieser Teil des Wärmemarktes wird konventionell in den Industrieunternehmen durch Gaskessel versorgt. Da Gaskessel eine Temperatur des Verbrennungsgases von ca. 1.500 °C erzeugen, ist es im Sinne einer Temperaturkaskade sinnvoll, diese Temperatur zunächst in einem GuD-Prozess zur Stromerzeugung zu nutzen und die erforderliche Prozesswärme aus diesem Prozess zu entnehmen. Der Strom und weiter die ausgekoppelte Niedertemperaturwärme werden in das elektrische Netz bzw. in das Wärmenetz eingespeist und der kommunalen Energieversorgung zur Verfügung gestellt. Der damit hergestellte Verbund zwischen kommunaler und industrieller Energiewirtschaft ist ein wesentliches Merkmal des auf Abwärmeverwertung zugeschnittenen Energiesystems. Die Verbraucheranlagen zur Raumwärme- und Warmwasserversorgung müssen auf die sonstigen Komponenten des fortschrittlichen Energiesystems zugeschnitten sein.

Zunächst ist auf eine angemessene Wärmeisolation der Gebäude zu achten, damit sie für die Versorgung mit Niedertemperatur geeignet sind. Bei der Wärmeverteilung ist sowohl für eine niedrige Vorlauftemperatur wie auch für eine niedrige Rücklauftemperatur Sorge zu tragen, um der in hohem Maße als Abwärme verfügbaren Niedertemperaturwärme eine Nutzung einzuräumen. Ein wesentliches Element hierzu ist die Flächenheizung. Große Heizflächen erlauben niedrige Vorlauftemperaturen. Weit verbreitet ist die Fußbodenheizung. Die großflächige Wandheizung leistet ähnliche Dienste. Die zeitliche Trägheit von Flächenheizungen lässt es sinnvoll erscheinen, zur Anpassung an Schwankungen der Außentemperatur sowie bei nur sporadisch zu beheizenden Räumen auch Radiatoren zu verwenden. Die Radiatorenheizung kann mit der Flächenheizung so verknüpft werden, dass die Rücklaufleiter des Heizkörpers die Fußbodenheizung bedient. Grundsätzlich optimal ist die im Dreileitersystem vorgesehene getrennte Vorlaufversorgung der Flächenheizung und der Radiatoren. Eine Maßnahme zur Absenkung der Rücklauftemperatur ist die Nutzung des Rücklaufs zur Vorwärmung der Außenluft beim Lüftungsprozess.

Bei der Warmwasserbereitung beträgt die Kaltwassertemperatur ca. 10 °C. Die Warmwassertemperatur soll zur Vorbeugung der Legionellenbildung 65 °C nicht unterschreiten. Allerdings kann bei einer generellen Warmwassertemperatur von 55 °C die Anhebung auf 65 °C auch gelegentlich durch Anhebung der Wärmenetztemperatur erfolgen. Im Bereich von 10 °C bis 40 °C kann eine Vorwärmung aus dem Vorlaufleiter mit niedriger Temperatur erfolgen. Bei Einsatz eines Kolbenspeichers, bei dem der warme und der kalte Speicherinhalt durch eine schwimmende Boilerscheibe getrennt sind, ergeben sich niedrige Rücklauftemperaturen aus der Warmwasserbereitung.

Auch bei den Verbraucheranlagen ist die Temperaturschichtung des Wärmebedarfs zu berücksichtigen. Die Flächenheizungen füllen weitgehend den Temperaturbereich bis 40 °C. Das Warmwasser und die Radiatoren gehen mit einer kleinen Wärmemenge bis auf ca. 70 °C herauf. Höhere Temperaturen werden im Niedertemperaturwärmemarkt nicht benötigt.

Systemversorgung auf überregionaler Ebene

Ein auf Abwärmevermeidung und Abwärmenutzung zugeschnittenes Energiesystem stützt sich auf gasförmige und gereinigte Kohlenwasserstoffe als fossile Brennstoffe. Es wendet sich ab von der Feststoffverbrennung, die durch niedrige Stromerzeugungswirkungsgrade gekennzeichnet ist und aus Gründen der Standorteinschränkungen in der Regel nicht verbrauchernah realisiert werden kann. Damit sind Erzeugungsanlagen mit Feststoffverbrennung nicht zur Realisierung der Kraft-Wärme-Kopplung in diesem System geeignet.

Bei einer Abstellung des Brennstoffmixes auf Erdgas stellt sich naturgemäß die Frage nach seiner Verfügbarkeit. Durch eine grobe Abschätzung kann man sich klarmachen, dass durch die verbesserten Nutzungsgrade der neuen Energiesysteme die Erdgasvorkommen insgesamt nicht stärker belasten als in den konventionellen Energiesystemen. So benötigt man z. B. in einem Versorgungsgebiet mit einem Bedarf an 250 Mio. kWh/a Strom und 1.000 Mio. kWh/a Wärme, und damit einem Verhältnis, wie es für Haushalte und Kleinverbraucher typisch ist, bei einer Stromerzeugung aus Braunkohle und einer Heizung mit Erdgas 750 Mio. kWh/a an Braunkohle und 1.250 Mio. kWh/a an Erdgas. In dem neuen Energiesystem wird der Strom in Kraft-Wärme-Kopplung in einem GuD-Heizkraftwerk erzeugt. Der dadurch nicht abgedeckte Wärmebedarf wird durch elektrische Wärmepumpen mit der Leistungszahl 3,5 und einen kleinen Spitzenheizkessel erzeugt. In dem GuD-Heizkraftwerk benötigt man dazu 800 Mio. kWh/a an Erdgas. Daraus entstehen insgesamt 400 Mio. kWh/a Strom und 400 Mio. kWh/a Wärme. Von dem Strom werden 250 Mio. kWh/a zur Abdeckung des Stromverbrauchs und 150 Mio. kWh/a zum Betrieb der elektrischen Wärmepumpen eingesetzt, die damit 525 kWh/a Wärme erzeugen. Die Gesamtwärmeproduktion aus dem GuD-Heizkraftwerk beträgt damit 925 Mio. kWh/a. Der Rest von 75 Mio. kWh/a wird aus dem Spitzenheizkessel bezogen, sodass der Erdgasbedarf dieser Versorgungsstruktur unter Berücksichtigung der Verluste des Spitzenkessels nur 900 Mio. kWh/a beträgt, und damit deutlich weniger als die 1.250 Mio. kWh/a, die das konventionelle Energiesystem im Niedertemperaturwärmemarkt verschlingt. Die damit verbundene CO_2-Einsparung beträgt ca. 370.000 t/a. Das Zahlenspiel ändert sich quantitativ, wenn man den Anteil des Heizöls im Niedertemperaturwärmemarkt berücksichtigt, allerdings nicht grundsätzlich, da Heizöl ebenfalls wie Erdgas zur hocheffizienten Nutzung in GuD-Heizkraftwerken herangezogen werden kann. Es ändert sich auch mit der Bedarfs-Stromkennzahl, wenn z. B. in einem Versorgungsgebiet das von den kommunalen Erzeugungsanlagen zu liefernde Strom - zu - Wärme - Verhältnis nicht 1/4 wie im obigen Beispiel angenommen, sondern 1/2 ist. Dies kommt durch eine höhere Stromlieferung z. B. an die Industrie zustande, ohne einen entsprechend zunehmenden Niedertemperaturwärmebedarf. Auch in diesem Fall ist durch die effiziente Nutzung des Erdgases in den GuD-Heizkraftwerken keine Mehrbelastung der Erdgasressourcen gegeben; obwohl nicht nur die Wärmeproduktion sondern auch die Stromproduktion daraus hervorgeht. Auf Grund einer wünschenswerten Diversifizierung sowie einer erstrebenswerten Einbindung der heimischen Energieträger Braunkohle und Steinkohle sowie der biologischen Abfallstoffe Holz, Stroh etc. wird es sinnvoll sein, diese Feststoff-Energieträger zu vergasen und damit zur Nutzung in dem neuen Energiesystem verfügbar zu machen. Entsprechende Technologien sind bekannt. Insbesondere können sie auf der überregionalen Ebene zentral eingesetzt und mit einer Kohlenstoff(CO_2)-

3.7 Versorgungssysteme im regionalen Energieverbund

Abscheidung kombiniert werden. Zusammen mit der Erdgasbeschaffung aus dem europäischen Gasverbundnetz bestehen ausreichende Möglichkeiten, sauberes Gas als Basis für das neue Energiesystem zu beschaffen.

Literatur

[3-1] B. Geiger, H. Heß: Energiewirtschaftliche Daten, Energieverbrauch in der Bundesrepublik Deutschland, S. 272. In: VDI-GET: Jahrbuch 1999. VDI-Verlag, Düsseldorf 1999.

[3-2] D. Hebecker: Wärmetransformation. In: W. Fratzscher, K. Stephan: Abfallenergienutzung. Akademie Verlag, Berlin 1995.

[3-3] P. Bittrich: Beitrag zur Entwicklung von Sorptionskreisprozessen, S. 50 – 63. Dissertation, TH Merseburg 1991.

[3-4] W. Fratzscher, V. M. Brodjanskij, K. Michalek: Exergie Theorie und Anwendung. Deutscher Verlag für Grundstoffindustrie, Leipzig 1986. Springer Verlag 1986.

[3-5] P. Radgen: Energiesystemanalyse eines Düngemittelkomplexes. Dissertation, Universität Duisburg 1995.

[3-6] D. Hebecker: Energieeinsparung durch energetische Analyse von chemisch-technologischen Verfahren. Energieanwendung 39 (1990) 7, S. 216 – 219.

[3-7] B. Linnhoff: Pinch Analysis – A state of the art overview. Trans. IchemE Vol. 71 (1993), Part A, S. 503 – 523.

[3-8] K. Lucas: Thermodynamik, S. 461 – 476. Springer Verlag 1995.

[3-9] P. Bittrich, D. Hebecker, Classificiation and evaluation of heat transformation processes, International Jounal of thermal Sciences 38 (1999), S. 465 - 474.

[3-10] R. Pruschek, G. Oeljaklaus, G. Göttlicher, R. Kloster: Gas-Dampf-Kraftwerke mit hohen Wirkungsgraden. VDI-Berichte 1321, S. 1 - 18. VDI-Verlag, Düsseldorf 1997.

[3-11] M. Dehli: Künftige Entwicklungen bei den CO_2-Emissionen in der Europäischen Elektrizitätswirtschaft. VDI-Berichte 1321, S. 559 –578. VDI-Verlag, Düsseldorf 1997.

[3-12] G. Heinrich: Wärmepumpen und ihre Anwendung. In: v.Cube: Lehrbuch der Kältetechnik, Bd. 1, S. 11222 ff. Springer Verlag, Berlin 1994.

[3-13] G. Alefeld, R. Radermacher: Heat conversion Systems. CRC Press, Boca Raton 1994.

[3-14] P. Bittrich, T. Bergmann, D. Hebecker: Entwicklung eines Hochtemperatur-Brennwertkessels. VDI- Bericht 1321, S. 327 – 340. VDI-Verlag, Düsseldorf 1997.

[3-15] U. Müller: Ergebnisse der bundesweiten Gewerbemüllanalyse. Müll und Abfall 6 (1995), S. 371 – 387.

[3-16] J. Soth, Ch. Sinn, S. Horn, T. Schäfer, M. Braungart: Mittel zum Zweck. Müllmagazin 2 (1996), S. 42 – 45.

[3-17] B. Bilitewski,J. Niestroj: Zukünftige Heizwerte und Schadstoffgehalte von Restmüll. AbfallwirtschaftsJournal 6 (1994) 9, S. 586 – 588.

[3-18] Th. Geiger, H. Knopf, G. Leistner, R. Römer, H. Seifert: Rohstoff-Recycling und Energie-Gewinnung von Kunststoffabfällen. Chem.-Ing.-Tech. 65 (1993) 6, S. 703 – 709.

[3-19] G. Lipphardt: Produktionsintegrierter Umweltschutz - Verpflichtung der Chemischen Industrie. Chem.-Ing.-Tech. 61 (1989) 11, S. 855 – 860.

[3-20] H. Lenz, M. Molzahn, D.W. Schmitt: Produktionsintegrierter Umweltschutz - Verwertung von Reststoffen. Chem.-Ing.-Tech. 61 (1989) 11, S. 860 – 866.

[3-21] J. Wiesner (Bearb.): Produktionsintegrierter Umweltschutz in der chemischen Industrie - Verpflichtungen und Praxisbeispiele. DECHEMA, GVC, SATW, Frankfurt/M., 1990.

[3-22] Bundesministeriums für Forschung und Technologie: Produktionsintegrierter Umweltschutz; Förderkonzept des Bundesministeriums für Forschung und Technologie. Bonn 1994.

[3-23] M. Zlokarnik: Reaktorintegrierter Umweltschutz in der chemischen Produktion. Chem.-Ing.-Tech. 67 (1995) S. 1587 – 1594.

[3-24] A. Hassan, S. Kostka: Methodik des produktionsintegrierter Umweltschutzes in der chemische Industrie. Chem.-Ing.-Tech. 65 (1993) 4, S. 391 – 400.

[3-25] J. Huber: Grundgedanken des Produktionsintegrierten Umweltschutzes.

[3-26] K.-U. Rudolph, K.-E. Köppke, J. Korbach: Ermittlung des Standes der industriellen Abwasserbehandlung in verschiedenen Branchen. UTA Umwelt Technologie Aktuell 2 (1996), S. 100 – 106.

[3-27] H. Rosin, H. Preisendanz, H.-F. Hinrichs: Kunststoff-, Altreifen und Elektronikschrottverwertung durch neuartige Kaltvermahlung. Europa-Forum Kunststoff-Verwertung. Tagung v. 3.12.1993, Dokumentation Wuppertaler Papers Nr. 17, Weizsäcker, E.U. (Ed.), S. 69-74, 1994.

[3-28] H.-D. Stürmer, W.-D. Winkler: Mit Eiseskälte. Müllmagazin 2 (1996), S. 38 – 41.

[3-29] U. Baumeister: Sachdienliche Hinweise. Müllmagazin 3 (1994), S. 68 – 72.

[3-30] G. Menges, W. Michaeli, M. Bittner (Ed.): Recycling von Kunststoffen. Carl Hanser Verlag, München, Wien, 1992.

[3-31] G. Reschke, W. Mathews: Abluftreinigung und Lösungsmittel-Rückgewinnung durch Adsorption an Adsorberharzen. Chem.-Ing.-Tech. 67 (1995) 1, S. 50 – 59.

[3-32] G. Müller, M. Ulrich: Abtrennung und Rückgewinnung von Stoffen aus Abluft- und Abgasströmen. Chem.-Ing.-Tech. 63 (1991) 8, S. 819 – 830.

[3-33] H. Grabhorn, F. Herzog: Kondensationsverfahren zur Lösemittelrückgewinnung und Abgasreinigung. WLB Wasser, Luft und Boden 6 (1995), S. 58 – 60.

[3-34] A. Friedl, W. Strobl, A. Schmidt: Einsatz von Membranverfahren zur Abtrennung von Schwefelkohlenstoff und Schwefelwasserstoff aus Abluftströmen. Gefahrstoffe - Reinhaltung der Luft 56 (1996), S. 333 – 336.

[3-35] R. Kraft: Saubere Abluft und Energierückgewinnung. WLB Wasser, Luft und Boden 5 (1996), S. 64 – 66.

[3-36] W. Saus, D. Knittel, E. Schollmeyer: Trockene Färbung von Synthesefasern - Ersatz von Wasser durch überkritisches CO_2. 1. Colloquium Produktionsintegrierter Umweltschutz, Bremen, 1993.

[3-37] W. Schulz, F. Bischof, Th. Bruckdorfer: Selektive Entfernung von Ammonium mittels Transmembrandestillation. Abwassertechnik 2 (1996), S. 43 – 48.

[3-38] F. Beyer, R. Günther, J. Hapke: Status Quo - Überblick über den Stand der Technik bei Membrantrennverfahren im Umweltschutz. Chemie Technik 25 (1996) 6, S. 64 – 66.

[3-39] K. Klukas: Rückgewinnen von Tensiden aus salzhaltigen Industrieabwässern. Preprint Aachener Membrankolloquium, 1993.

[3-40] D. Engel, Th. Lehmann, G. Weißland, J. Piccari: Elektrodialyse mit bipolaren Membranen - Rückgewinnung von Säure und Base aus salzhaltigen Abwässern; Preprint Aachener Membrankolloquium, 1993.

[3-41] I. Lindner, G. Härtel: Elektrochemische Aufbereitung von saurem Rauchgaswaschwasser. Müll und Abfall 4 (1996), S. 250 – 262.

[3-42] U. Strenge: Vermeidung und Verwertung von Abfallschwefelsäuren aus der Chemischen Industrie. UTA Umwelt Technologie Aktuell 2 (1995), S. 125 – 129.

[3-43] G. Bauer: Alkoholyse - Chemisches Recyclingverfahren für PUR und gemischte Kunststoffabfälle. Kunststoffe 81 (1991) 4, S. 301 – 305.

[3-44] P. Dietz, U. Neumann: Abbau von Kunststoffabfällen durch überkritisches Wasser. Verfahrenstechnik 29 (1996) 3, S. 39 – 40.

[3-45] J. Schön, N. Dahmen, H. Schmieder: Abfallbehandlung mit Kohlendioxid. cav Chem.-Anlagen Verfahren 12 (1994), S. 10 – 11.

[3-46] A. Friedl, M. Harasek, A. Schmidt: Recycling und Abfallreduzierung durch den Einsatz der Pervaporation. EP Entsorgungspraxis 3 (1993), S. 150 – 153.

[3-47] S.C. Bidinger: Wertstoffgewinnung aus Abwässern. ZFL Int. Z. Lebensmitteltechnol. Verfahrenstech. 43 (1992) 5, S. 222 – 228.

[3-48] M. Fuchs, F.-H. Riedel: Elektrolysesysteme zur Behandlung metallbelasteter Abwässer. GWF Gas- Wasserfach: Wasser/Abwasser 136 (1995) 6, S. 296 – 300.

[3-49] R. Scholz: Thermische Verfahren zur Abfallbehandlung; Prozeßführung, Bausteine, Bewertung. VDI-Bericht Nr. 1192, VDI-Verlag, Düsseldorf 1995.

[3-50] M. Born: Zur Bewertung thermischer Verfahren in der Abfallwirtschaft. Energieanwendung 44 (1995) 4, S. 18 – 25.

[3-51] E. v. Hermanni: Vergleich thermischer Verfahren zur Restabfallbehandlung. WLB Wasser, Luft und Boden 6 (1995), S. 78 – 84.

[3-52] A. Christmann: Einfluß einer Brennstoffvorbehandlung auf den Prozeß einer Müllverbrennungsanlage. 1. Symposium Abfallbehandlung, Oberhausen, 1985.

[3-53] VDI-GET: Reststoffe bei der thermischen Abfallverwertung; Informationsschrift der Arbeitsgruppe III, VDI-GET-Ausschuß "Energienutzung in der Abfallwirtschaft". Düsseldorf 1988.

[3-54] G. Mayer-Schwinning, H. Merlet, H. Pieper, H. Zschocher: Verglasungsverfahren zur Inertisierung von Rückstandsprodukten aus der Schadgasbeseitigung bei thermischen Abfallbeseitigungsanlagen. VGB Kraftwerkstechnik 70 (1990) 4.

[3-55] G. Mayer-Schwinning, R. Knoche, B. Stegemann: Weitestgehende Rauchgasreinigung von Müllverbrennungsanlagen mit Verwertung der Reststoffe. VDI-Bericht Nr. 895, VDI-Verlag, Düsseldorf 1991.

[3-56] G. Jakob: Verfahrenstechnik der Abgasreinigung in Abfallverbrennungsanlagen - Entstehung schadstoffhaltiger Rückstände und deren Ablagerung. AbfallwirtschaftsJournal 2 (1990) 10.

[3-57] W. Hasberg, R. Römer: Organische Spurenschadstoffe in Brennräumen von Anlagen zur thermischen Entsorgung. Chem.-Ing.-Tech. 60 (1988).

[3-58] H.P. Wenning: Technologiestudie zur Hydrierung, Pyrolyse und Vergasung von Altkunststoffen. EWvK-Fortschrittsbericht zur rohstofflichen Verwertung Nr. 2, Wiesbaden 1992.

[3-59] J. Jager, K. Kuchta: Abfallverbrennung wird salonfähig - Enwicklungstendenzen und Stand der Technik in der thermischen Restabfallbehandlung. Chemie Technik 25 (1996) 5, S. 34 – 38.

[3-60] R. Scholz, M. Beckmann, J. Horn, M. Busch: Thermische Behandlung von stückigen Rückständen. BWK/TÜ/UMWELT-SPECIAL 10 (1992).

[3-61] W. Hoffelner, P. Jermann, H. Felix, M.R. Fünfschilling: Thermisches Plasma zur Behandlung von Sonderabfällen und zur Wertstoffrückgewinnung. UTA Umwelt Technologie Aktuell 1 (1996), S. 54 – 57.

[3-62] J.J. Albrecht, H.J. Hirschfelder, J. Loeffler: Brenngaserzeugung aus Hausmüll - Zwei Verfahren zur Restabfallbehandlung, das Öko-Gas und das Wikonex-Verfahren. Umwelt 26 (1996) 5, S. 36 – 38.

[3-63] Th. Oppenländer, G. Baum: Industrieabwässer VUV/UV-oxidativ reinigen. Umwelt 25 (1995) 3, S. 100 – 101.

[3-64] K.J. Thomé-Kozmiensky: Verfahren zur Ent- und Vergasung von Abfällen - Teil I Grundlagen. AbfallwirtschaftsJournal 5 (1993) 9, S. 670 – 681.

[3-65] L. Depmeier, P. Weigand, G. Vetter: Ökologische Bewertung des Schwel-Brenn-Verfahrens zur Restmüllverwertung. Müll und Abfall 7 (1995), S. 480 – 489.

[3-66] H.-J. Berwein, A. Kanczarek: Das Schwel-Brenn-Verfahren für Restmüll und Klärschlamm. Entsorgungs Praxis 5 (1991).

[3-67] J. Erlecke: Das Siemens-KWU Schwel-Brenn-Verfahren - Thermische Restmüllbehandlung mit optimaler Verwertung der Verfahrensprodukte. Kolloquium „Thermische Abfallbehandlung quo vadis?" TU Bergakademie Freiberg, 1993.

[3-68] R. Hinz: Ei des Kolumbus? Das Thermoselect-Verfahren ist unter Fachleuten umstritten. Müllmagazin 2 (1993), S. 52 – 53.

[3-69] B. Bussmann, J. Schilling, P. Strodt, R. Wysolmierski: Optimale Abhitzeverwertung bei der Klärschlammverbrennung. AbfallwirtschaftsJournal 4 (1994), S. 29 – 33.

[3-70] H.P. Wenning: Verwertung von Klärschlamm. Chem.-Ing.-Tech. 61 (1989) 4, S. 277 – 281.

[3-71] W. Kaminsky: Pyrolyse von Biomasse. Chem.-Ing.-Tech. 61 (1989) 10, S. 775 – 782.

[3-72] D. Schuller, B. Brat: Klärschlammpyrolyse mit Rückstandsvergasung. Chem.-Ing.-Tech. 65 (1993) 4, S. 401 – 409.

[3-73] G. Gessler, K. Keller: Vergleich verschiedener Verfahren zur Vergärung von Bioabfall. AbfallwirtschaftsJournal 7 (1995) 6, S. 377 – 382.

[3-74] Th. Saure, J. Hensel, G. Janikowski, Th. Obermeier, A. Seeberg: Flexible Verbindung - Die Kombination aus biologisch-mechanischer und thermischer Restabfallentsorgung kann eine sinnvolle Verfahrensvariante darstellen. Müllmagazin 3 (1996), S. 61 – 66.

[3-75] J. Bohlmann: Einbindung von thermischen Abfallbehandlungsanlagen in Gesamtkonzepte. AbfallwitschaftsJournal 6 (1996), S. 20 – 22.

[3-76] C. Roos, B. Rasch, A. Wucke, E. v. Hermanni: Kombinationsmodelle von biologisch-mechanischen und thermischen Restabfallbehandlungsanlagen. AbfallwirtschaftsJournal 7 (1995) 11, S. 684 – 689.

Literatur

[3-77] H.D. Baehr: Thermodynamik. 9. Auflage, Springer Lehrbuch, Berlin, Heidelberg, New York, 1996.

[3-78] H.D. Baehr: Die Exergie der Brennstoffe. Brennst.-Wärme-Kraft 31 (1979) 7, S. 292 – 297.

[3-79] H.D. Baehr: Die Exergie von Kohle und Heizöl. Brennst.-Wärme-Kraft 39 (1987) 1/2, S. 42 – 45.

[3-80] I. Barin, A. Igelbischer, F.-J. Zenz: Thermodynamische Analyse der Verfahren zur thermischen Müllentsorgung. Studie der Zeus GmbH im Auftrag des Landesumweltamtes NRW. Essen 1996.

[3-81] I. Barin, A. Igelbischer, F.-J. Zenz: Thermodynamische Modelle zur Analyse der Verfahren für die thermische Entsorgung von Müll; Chem.-Ing.-Techn. 68 (1996) 12, S. 1562 – 1571.

[3-82] S. Becher, A. Frühwald, M. Kaltschmitt: CO_2-Substitutionspotential und CO_2-Minderungskosten einer energetischen Nutzung fester Biomassen in Deutschland. BWK 47 (1995)1/2, S. 33 - 38.

[3-83] O. Bens, R. Bungart, K. Pönitz, B.U. Schneider, R.F. Hüttl: Production and distribution of biomass for energy transformation and heat supply in rural areas. In: H. Kopetz et al. (Eds.): Biomass for Energy and Industry, S. 764 - 767. Würzburg 1998.

[3-84] BFH (Bundesforschungsanstalt für Forst- und Holzwirtschaft): Entwicklung des potentiellen Rohholzaufkommens bis zum Jahr 2020 für das Gebiet der Bundesrepublik Deutschland. Hamburg 1996.

[3-85] BMELF (Bundesministerium für Ernährung, Landwirtschaft und Forsten): Bericht des Bundes und der Länder über Nachwachsende Rohstoffe 1995. Bonn 1995.

[3-86] BMELF (Bundesministerium für Ernährung, Landwirtschaft und Forsten): Agrarbericht der Bundesregierung 1996. Bonn 1997.

[3-87] BMELF (Bundesministerium für Ernährung, Landwirtschaft und Forsten): Bericht über die Lage und Entwicklung der Forst- und Holzwirtschaft 1997. Bonn 1997.

[3-88] BMU (Bundesministerium für Umwelt, Naturschutz und Reaktorsicherheit): Nachhaltige Entwicklung in Deutschland. Bonn 1998.

[3-89] J. Bohnens: Perspektiven des Einsatzes von schnellwachsenden Baumarten zur umweltfreundlichen Produktion von Zellstoffen. Die Holzzucht (1991)3/4, S. 33 - 34.

[3-90] BOKU-Forsttechnik: Produktion von Holzbiomasse im Kurzumtrieb, Projektteil III: Ernte und Lagerung. Abschlußbericht zu einer Studie des österr. Bundesministeriums für Land- und Forstwirtschaft. Institut für Forstwirtschaft der Universität für Bodenkultur. Wien 1992.

[3-91] R. Bungart, R.F. Hüttl (Hrg.): Landnutzung auf Kippflächen – Erkenntnisse aus einem anwendungsorientierten Forschungsvorhaben im Lausitzer Braunkohlerevier. Cottbuser Schriften zu Bodenschutz und Rekultivierung, Band 2. Cottbus 1998.

[3-92] R. Bungart, O. Bens, R.F. Hüttl: Production of bioenergy in post-mining landscapes in Lusatia – Perspectives and challenges for alternative landuse systems. In: Ecological Engineering 15 (2000).

[3-93] F. Burger, N. Remler, R. Schirmer, H.-U. Sinner: Schnellwachsende Baumarten, ihr Anbau und ihre Verwertung. Berichte aus der Bayerischen Landesanstalt für Wald und Forstwirtschaft, Band 8. Freising 1996.

[3-94] L. Dimitri: Bewirtschaftung schnellwachsender Baumarten im Kurzumtrieb zur Energiegewinnung. Schriften des Forschungsinstituts schnellwachsende Baumarten, Band 4. Hannoversch-Münden 1988.

[3-95] K. Dreiner et al.: Holz als umweltfreundlicher Energieträger - Eine Kosten-Nutzen-Untersuchung. Schriftenreihe des Bundesministers für Ernährung, Landwirtschaft und Forsten, Reihe A: Angewandte Wissenschaft, Heft 432. Münster 1994.

[3-96] H. Felber, D. Noger, P. Hasler: Verwertung und Entsorgung von Holzaschen in der Schweiz. In: T. Nussbaumer (Hrg.): Tagungsband zum 4. Holzenergiesymposium der ETH Zürich, S. 63-87. Zürich 1996.

[3-97] S. Feller, N. Remler, H. Weixler: Vollmechanisierte Waldhackschnitzelbereitstellung - Ergebnisse einer Arbeitsstudie am Hackschnitzel-Harvester. Berichte aus der Bayerischen Landesanstalt für Wald und Forstwirtschaft, Band 16. Freising 1998.

[3-98] H. Flaig, H. Mohr (Hrg.): Energie aus Biomasse. Eine Chance für die Landwirtschaft. Springer Verlag. Berlin, Heidelberg 1993.

[3-99] FSL (Forskningcentret for Skov & Landskap): Fyring med flis i varme- og kraftvarmevaerker. Skovbrugsserien 1/92. Lyngby, DK, 1992.

[3-100] J. Hahn, C. Fürll: Logistik optimieren - Bewertung logistischer Ketten für halmgutartige Biobrennstoffe. Landtechnik (1995) 3, S. 130 - 131.

[3-101] H. Hartmann: Brennstoffmerkmale und Möglichkeiten der Qualitätsbeeinflussung. In: VDI-Berichte 1319 „Thermische Biomassenutzung - Technik und Realisierung", S.31-46. VDI-Verlag, Düsseldorf 1997.

[3-102] P. Hasler: Rückstände aus der Altholzverbrennung: Charakterisierung und Entsorgungsmöglichkeiten. Teilbericht des DIANE 8- Forschungsprogramms Energie aus Altholz und Papier. Hrsg. durch das Bundesamt für Energiewirtschaft der Schweiz. Bern 1994.

[3-103] W. Hatje: Use of biomass for power and heat generation – possibilities and limits. In: Ecological Engineering 15 (2000).

[3-104] A. Heintz, G. Reinhardt: Chemie und Umwelt. Vieweg Verlag, Braunschweig 1993.

[3-105] R.F. Hüttl (Ed.): Agroforestry and land use change in industrialized nations. Forest ecology and management Nr. 91. Elsevier, Amsterdam 1997.

[3-106] R.F. Hüttl, O. Bens, W. Merbach: Natur- und Ressourcenschutz durch nachhaltige Landnutzung. Sudien- und Tagungsberichte des Landesumweltamtes Brandenburg 11, S. 110 - 118. Potsdam 1997.

[3-107] R. Jünemann: Materialfluß und Logistik - Systemtechnische Grundlagen mit Praxisbeispielen. Springer Verlag, Berlin, Heidelberg, New York 1989.

[3-108] A. Jug: Standortskundliche Untersuchungen auf Schnellwuchsplantagen unter besonderer Berücksichtigung des Stickstoffhaushalts. Dissertation der Ludwig-Maximilians-Universität, München 1997.

[3-109] M. Kaltschmitt: Optimierung der Bereitstellungskette fester Biobrennstoffe - Der Schlüssel für eine wirtschaftliche Biomassenutzung? In: Fachagentur Nachwachsende Rohstoffe (Hrg.): Logistik bei der Nutzung biogener Festbrennstoffe, S. 9 - 22. Münster 1995.

[3-110] M. Kaltschmitt: Nutzung biogener Festbrennstoffe - Stand und Perspektiven. In: Fachagentur Nachwachsende Rohstoffe (Hrg.): Biomasse als Festbrennstoff, S. 7 - 31. Münster 1996.

[3-111] M. Kaltschmitt: Economic conditions for energy and heat supply from wood and woodfuels. In: Ecological Engineering, 15 (2000).

[3-112] M. Kaltschmitt, A. Wiese: Erneuerbare Energien - Systemtechnik, Wirtschaftlichkeit und Umweltaspekte. Springer Verlag, Berlin, Heidelberg, 1997.

[3-113] B. Kasper: Stoffwandlungen und Logistik pflanzenbürtiger Festbrennstoffe in einer umweltgerechten Landnutzungsalernative für den Spreewald. Forschungsbericht Agrartechnik des Arbeitskreises Forschung und Lehre der Max-Eyth-Gesellschaft Agrartechnik im VDI (VDI-MEG), Berlin 1997.

[3-114] M. Kleemann, M. Meliß: Regenerative Energiequellen. Springer Verlag, Berlin, Heidelberg, New York, 1993.

[3-115] U. Korneck, H. Sukopp: Rote Liste der in der Bundesrepublik Deutschland ausgestorbenen, verschollenen und gefährdeten Farn- und Blütenpflanzen und ihre Auswertung für den Arten- und Biotopschutz. Bonn 1988.

[3-116] A. Laucher: Biomasse-Ortszentralheizung - Technische und betriebswirtschaftliche Überlegungen. Tagungsband zum Seminar Planung und Realisierung von Nahwärmekonzepten. Freising 1995.

[3-117] MELF (Ministerium für Ernährung, Landwirtschaft und Forsten des Landes Brandenburg): Energie aus Biomasse - Stand und Möglichkeiten der energetischen Nutzung von Biomasse im Land Brandenburg. Potsdam 1997.

[3-118] K. Mührel: Transportketten - Grundsätze und methodische Grundlagen. Landtechnik (1994) 5.

[3-119] M. Narodoslawsky: Kompostierung von Holzasche. Tagungsband zum Symposium: Sekundärrohstoff Holzasche, S. 197-234. Institut für Verfahrenstechnik der TU Graz. Graz 1994.

[3-120] I. Obernberger: Mengen, Charakteristik und Zusammensetzung von Aschen aus Biomasseheizwerken. Tagungsband zum Symposium: Sekundärrohstoff Holzasche, S. 7-31. Institut für Verfahrenstechnik der TU Graz. Graz 1994.

[3-121] I. Obernberger: Aschenbehandlung und Verwertung bei Frisch- und Restholzfeuerungen. In: Handbuch zum VDI-Seminar „Alt- und Restholz – Thermische Nutzung und Entsorgung, Anlagenplanung, Energienutzung". Hrsg. durch das VDI-Bildungswerk. Düsseldorf 1995.

[3-122] I. Obernberger: Logistik der Aschenaufbereitung und Aschenverwertung. In: Fachagentur Nachwachsende Rohstoffe (Hrg.): Logistik bei der Nutzung biogener Festbrennstoffe, Band 5. Münster 1995.

[3-123] I. Obernberger: Nutzung fester Biomasse in Verbrennungsanlagen unter besonderer Berücksichtigung des Verhaltens aschebildender Elemente. Schriftenreihe Thermische Biomassenutzung der TU Graz, Band 1. Graz 1997.

[3-124] W. Patzack: Bereitstellung forstlicher biomasse aus Erstdurchforstungen in Fichten- und Kiefernbeständen. Forschungsbericht (C 076) Bereitstellung forstlicher Biomasse für das Bundesministerium für Forschung und Technologie. Teil I. München 1984.

[3-125] H.C. Pfohl: Logistiksysteme - Betriebswirtschaftliche Grundlagen. Springer Verlag. Berlin, Heidelberg, New York, 1990.

[3-126] K. Pohlandt: Zusammensetzung, Verwertung und Entsorgung von Holzaschen. Holz-Zentralblatt 79 (1995) S.1305 und 1313 - 1315.

[3-127] G. Reinhardt: Umweltverträglichkeit. In: Biomasse - nachwachsende Energie aus Land- und Forstwirtschaft, S.18-23. Bonn 1996.

[3-128] N. Remler, M. Fischer: Kosten und Leistungen bei der Bereitstellung von Waldhackschnitzeln. Berichte aus der Bayerischen Landesanstalt für Wald und Forstwirtschaft, Band 11. Freising 1996.

[3-129] E. Röhrig: Waldbauliche Aspekte beim Anbau schnellwachsender Baumarten. Forst- und Holzwirt 6 (1979) S. 106 - 111.

[3-130] A. Schütte, M. Ahlhaus: Direkte energetische Nutzung von Biomasse. In: Fachagentur Nachwachsende Rohstoffe (Hrg.): Logistik bei der Nutzung biogener Festbrennstoffe, S. 1-2. Münster 1995.

[3-131] J. Schweinle: Transport und Umschlag von holzartiger Biomasse. In: Fachagentur Nachwachsende Rohstoffe (Hrg.): Logistik bei der Nutzung biogener Festbrennstoffe, S. 77-86. Münster 1995.

[3-132] J. Sontow: Mitteilung zu Bereitstellungskosten von Waldhackschnitzeln. Institut für Energiewirtschaft und Rationelle Energieanwendung, Universität Stuttgart 1996. Zitiert in [3-110].

[3-133] SRU (Rat von Sachverständigen für Umweltfragen) (Hrg.): Konzepte einer dauerhaft-umweltgerechten Nutzung ländlicher Räume. Sondergutachten. Metzler-Poeschel, Stuttgart 1996.

[3-134] UBA (Umweltbundesamt): Nachhaltiges Deutschland - Wege zu einer dauerhaft-umweltgerechten Entwicklung. Berlin 1997.

[3-135] E. Welte, I. Szabolcs, R.F. Hüttl: Agroforestry and land use change in industrialized nations. 7th International Symposium of CIEC. Budapest/Göttingen 1994.

[3-136] H. Wiggering, A. Sandhövel (Eds.): European Environmental Advisory Councils. Agenda 21- Implementation Issues in the European Union. Kluwer-Law, London 1995.

[3-137] D. Wintzer, B. Fürniß, S. Klein-Vielhauer, L. Leible, E. Nieke, C. Rösch und H. Tangen: Technikfolgenabschätzung zum Thema nachwachsende Rohstoffe. In: BMU (Hrg.): Schriftenreihe des BMU. Landwirtschaftsverlag, Münster-Hiltrup 1993.

[3-138] A. Zöllner, N. Remler, H.-P. Dietrich: Eigenschaften von Holzaschen und Möglichkeiten der Wiederverwertung im Wald. Berichte aus der Bayerischen Landesanstalt für Wald und Forstwirtschaft, Band 14. Freising 1997.

[3-139] M. Kleemann, M. Meliß: Regenerative Energiequellen, Springer Verlag 1993.

[3-140] N.V. Khartchenko: Umweltschonende Energietechnik, Vogel Buchverlag 1997.

[3-141] F. Bošnjaković: Technische Thermodynamik II, Verlag Theodor Steinkopf, Dresden 1971.

[3-142] P. Bittrich, D. Hebecker: Classification and evaluation of heat transformation processes. Int. J. Therm. Sci. (1999) 38, S. 465 – 474.

[3-143] A. Strehler: Wärmegewinnung aus Holz und Halmgut. Landtechnik Weihenstephan (3/97), S. 1 - 43.

[3-144] W. Senger, G. Schöppe, E. Erich: Stand der Vergasung für die thermische Nutzung von Biobrennstoffen am Beispiel Holz. Holz als Roh- und Werkstoff 56. Springer-Verlag, 1998.

[3-145] J. Andries, W. de Jong, P. Hoppesteyn, Ö. Ünal, K. Hein: Fluidized bed gasification of miscanthus and coal, high temperature gas cleaning using a ceramic channelflow filter and combustion of the low calorific value fuel gas in a gas turbine combuster. VDI-Bericht 1457, S. 399 - 408. VDI-Verlag 1999.

[3-146] K. Stahl, M. Neergaard: Das Kombi-Kraftwerk mit integrierter Biomassen-Vergasung in Värnamo / Schweden. VGB Kraftwerkstechnik 76 (1996), Heft 4.

[3-147] B. Gericke, J.C. Löffler, M.A. Perkavec: Biomasseverstromung durch Vergasung und integrierte Gasturbinenprozesse. VGB Kraftwerkstechnik 74 (1994), Heft 7, S. 595-604.

[3-148] U. Klee, M. Steinbrück, D. Hebecker: Effektive Nutzung regenerativer Bioenergieträger durch Wärmetransformation. VDI-Bericht 1457, S. 387-398. VDI-Verlag 1999.

[3-149] D. Böhning, E. Weiß, B. Sancol: Blockheizkraftwerk mit integrierter Biomassevergasung. VDI-Bericht 1457, S. 375-386. VDI-Verlag 1999.

[3-150] Umweltamt NRW: Rationelle Energieverwendung und CO_2-Einsparung in Düsseldorf. Landeshauptstadt Düsseldorf 1992.

[3-151] A.-P. Gross: Primärenergieeinsparung durch exergetisch optimierte kommunale Energieversorgungskonzepte. Diplomarbeit, Universität Duisburg 1996.

[3-152] IUTA: Erfassung, Bewertung und Darstellung von Wärmeangebot, Wärme- und Kältebedarf sowie des Fernwärmeleitungsnetzes einer Beispielregion in einem geographischen Informationssystem. Abschlussbericht einer IUTA-Studie an das Landesumweltamt Nordrhein-Westfalen.

[3-153] H. Schwarz: Wärmeversorgungskonzept für die Region Rechter Niederrhein. Diplomarbeit, Universität Duisburg 1997.

[3-154] Fernwärmeversorgung Niederrhein GmbH (FVN): Geschäftsbericht 1995.

[3-155] Bundesministerium für Raumordnung, Bauwesen und Städtebau: Schriftenreihe „Raumordnung" - Wechselwirkungen zwischen der Siedlungsstruktur und Wärmeversorgungssystemen, Forschungsprojekt BMBau RS II 4-704102 - 77.10, 1980.

[3-156] W. Schulz, K. Traube, H.U. Salmen: Ermittlung und Verifikation der Potentiale und Kosten der Treibhausgasminderung durch Kraft-Wärme-Kopplung zur Fern- und Nahwärmeversorgung (ABL und NBL) im Bereich Siedlungs-KWK, Anhang zum Abschlussbericht. Bremen 1994.

[3-157] Institut für Umwelttechnologie und Umweltanalytik e.V. (IUTA): Computergestützte Erfassung von Wärmeangebot, Wärmebedarf und Kältebedarf im Ballungsraum Leipzig, Abschlussbericht zur Studie im Auftrag der Bundesstiftung Umwelt. Duisburg 1996.

4 Regionale Objektbereiche und Entwicklungsstrategien

Ein besonderes Merkmal der Energie besteht darin, dass sie in den verschiedensten Erscheinungsformen auftreten kann. Das gilt sowohl für die Roh- und Primärenergie als auch für die End- und Nutzenergie. Die *Bilder 4-1* und *4-2* enthalten übliche Angaben als Beispiele für die Bundesrepublik Deutschland. Diese Darstellungen zeigen allgemein bekannte Zusammenhänge und werden gewöhnlich energetischen Diskussionen zugrunde gelegt.

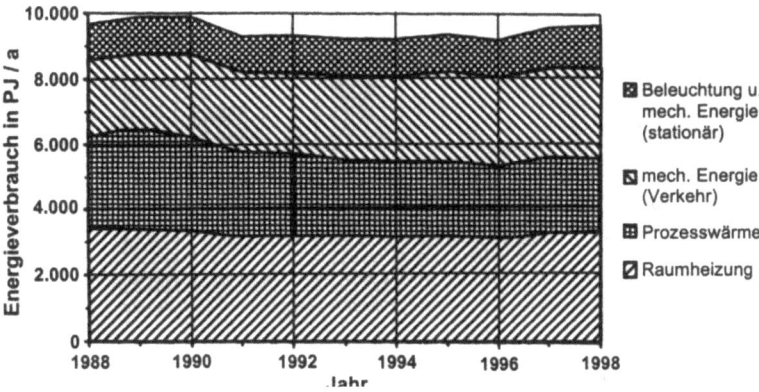

Bild 4-1
Temperaturbereinigter Endenergieverbrauch Deutschlands [4-1]

So ist der Bedarf an Raumheizwärme als ein Bedarf an Niedertemperaturwärme häufig Anlass zur Auseinandersetzung, wie auch schon in den Kapiteln 2 und 3 deutlich geworden ist. Diese Untersuchungen müssen aber immer in eine Gesamtbetrachtung eingebettet werden. Nach dem Energiesatz können zwar Quantitäten der verschiedenen Energieformen addiert werden und damit Gesamt- und Durchschnittsaussagen ermittelt werden. Damit wird aber die unterschiedliche technisch-technologische Konzeption unterdrückt, die mit den jeweiligen Energieformen verbunden ist, und natürlich auch die unterschiedliche Qualität der einzelnen Energieformen. Deshalb sind Global- und Pauschalaussagen lediglich von der Bilanz her richtig. In der Interpretation müssen sie versagen. Das ist ein grundsätzlicher Mangel der meisten Prognosen und Hochrechnungen. Diese Feststellung gilt umso mehr, wenn neben den naturwissenschaftlichen und technischen Lösungsmöglichkeiten auch noch wirtschaftliche, juristische und soziale Gesichtspunkte berücksichtigt werden sollen, die häufig letztendlich den zur Verfügung stehenden Entscheidungsraum begrenzen bzw. überhaupt erst definieren.

Aus diesen Gründen werden im Folgenden konkrete regionale Objektbereiche vorgestellt, deren Ist-Analyse die jeweilige energetische Situation widerspiegelt, aus der allein heraus Vorschläge zur Veränderung, in unserem Falle der Abfallenergievermeidung und -nutzung, im

Sinne einer Entropiewirtschaft abgeleitet werden können. Die konkrete Situation lässt auch erste quantitative Abschätzungen zu, die allein Aussagen zu den Erfolgsaussichten der einzelnen Vorschläge ermöglichen. Es werden Ballungsräume, ein ländlicher Raum und ein Mischraum vorgestellt.

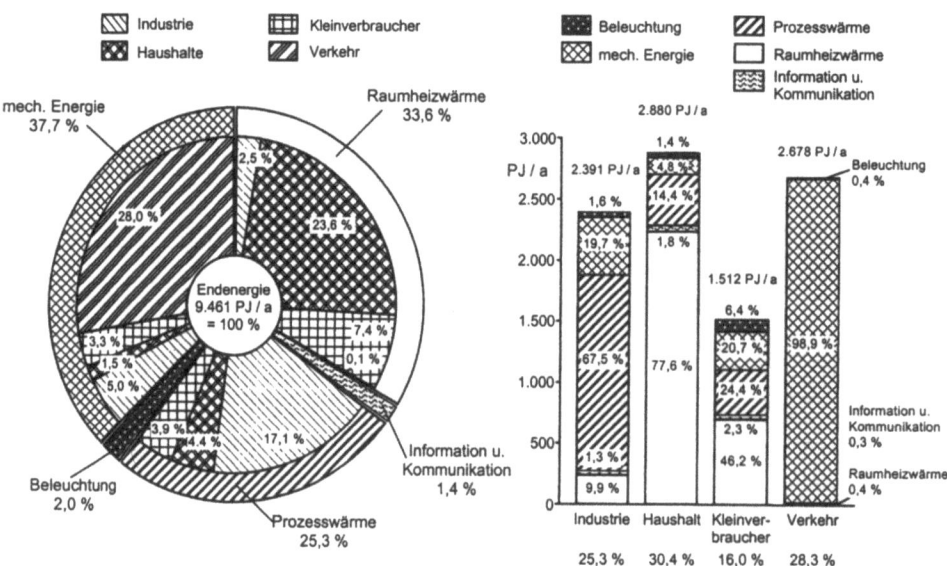

Bild 4-2
Aufteilung des Endenergieverbrauchs auf Verbrauchersektoren und Bedarfsarten in Deutschland[1] [4-1]

In *Tabelle 4-1* sind einige Kennzahlen dieser Objektbereiche zusammengestellt. Es ist zu erkennen, dass die gewählten Objektbereiche so unterschiedlich sind, dass eine vergleichende Betrachtung nicht möglich erscheint. Der Endenergieverbrauch unterscheidet sich durch das Mehrfache einer Größenordnung, der spezifische Endenergieverbrauch um eine Größenordnung, die Endenergiebedarfsdichte um zwei Größenordnungen. Der Haushaltsverbrauch dagegen liegt in vergleichbaren Größenordnungen, was auf einen gleichen Ausstattungsgrad hinweist. Auch die Struktur des Endenergieverbrauchs ist signifikant unterschiedlich. Der gleichmäßigen Verteilung der Verwaltungsgroßstadt steht die deutlich industriell geprägte Industriegroßstadt gegenüber. Die beiden ländlichen Räume unterscheiden sich bei vergleichbaren spezifischen Werten auch durch die Struktur des Endenergieverbrauchs. Das Maximum liegt im Mischraum bei der Industrie, bei dem rein ländlichen Raum bei den Haushalten. Die folgenden Abschnitte illustrieren die Vorgehensweise und den Umfang der Untersuchungen, um letzten Endes zu derartigen Aussagen zu kommen und, entsprechend der Gesamtthematik, konkrete Ansatzpunkte für die Strategie der Abfallenergieverwertung zu finden.

---

[1] Die Daten wurden von der AG Energiebilanzen, RWE Energie AG/Essen, IfE/TU München und FfE München für 1998 zusammengestellt.

Tabelle 4-1: Charakteristik der untersuchten Objektbereiche

	Ballungsraum - Verwaltungsgroßstadt	Ballungsraum - Industriegroßstadt	Mischraum - ländlich mit Zentren	ländlicher Raum
konkretes Beispiel	Düsseldorf	Duisburg	Versorgungsgebiet Wesel	Spree-Neiße-Kreis
Charakteristische Daten				
Fläche in km^2	220	220	560	1650
Einwohner in 1000	600	500	250	150
Einwohnerdichte in Einw./km^2	2 700	2 300	450	90
Endenergieverbrauch^2 in MW	2 050	8 550	850	300
spez. Endenergieverbrauch^2 in kW/Einw.	3,4	17	3,4	2,0
Endenergiebedarfsdichte^2 in MW/km^2	9,3	39	1,5	0,18
spez. Endenergieverbrauch für Haushalte in kW/Einw.	1,1	0,8	1,3	1,4
Anteile am Endenergieverbrauch in %				
Industrie	30	90	44	11
Haushalte	25	4	29	46
Kleinverbraucher	23	2	5	11
Verkehr	22	5	22	32

Die Unterschiedlichkeit der Beispiel-Objektbereiche hat nicht nur Konsequenzen für die technischen Strukturen, sondern auch insbesondere für betriebswirtschaftliche Gegebenheiten. Gerade in jüngster Zeit sind durch die neuen Energiewirtschaftsgesetze diesbezüglich Veränderungen zu erwarten. Auch dieser Zusammenhang ist für energetische Probleme und Entscheidungen bedeutsam, hängen doch davon wirtschaftliche Rahmenbedingungen, wie z. B. Finanzierungsmodelle, und rechtliche Gegebenheiten ab.

Beide Gesichtspunkte, die technischen und die wirtschaftlichen, beeinflussen die Wechselwirkung zwischen Abfallenergienutzung und Abfallwirtschaft, die für die Gestaltung der Entropiewirtschaft nach Kapitel 2 wesentlich sind. Auch die Art der Behandlung dieses Problems und damit die Ermittlung optimaler Lösungen ist nur in Bezug auf eine gegebene regionale Situation sinnvoll möglich. Und schließlich ist das Problem des Einsatzes von Bioenergieträgern quantitativ gleichfalls nur für eine konkrete Region zu bestimmen, wobei natürlich hierfür nur der ländliche Raum von Interesse ist.

Die geographische Lage der Objektbereiche (*Bild 4-3*) weist gleichfalls auf Besonderheiten hin - wie Lage zu anderen Wirtschaftsgebieten und wirtschaftliches Umfeld, historische Entwicklungslinien in der Industrie und beim Energieeinsatz - die für die Bewertung und Entwicklung von Energiesystemen bedeutsam sein können.

---

[2] als jahresmittlere Leistung, ohne Verkehr.

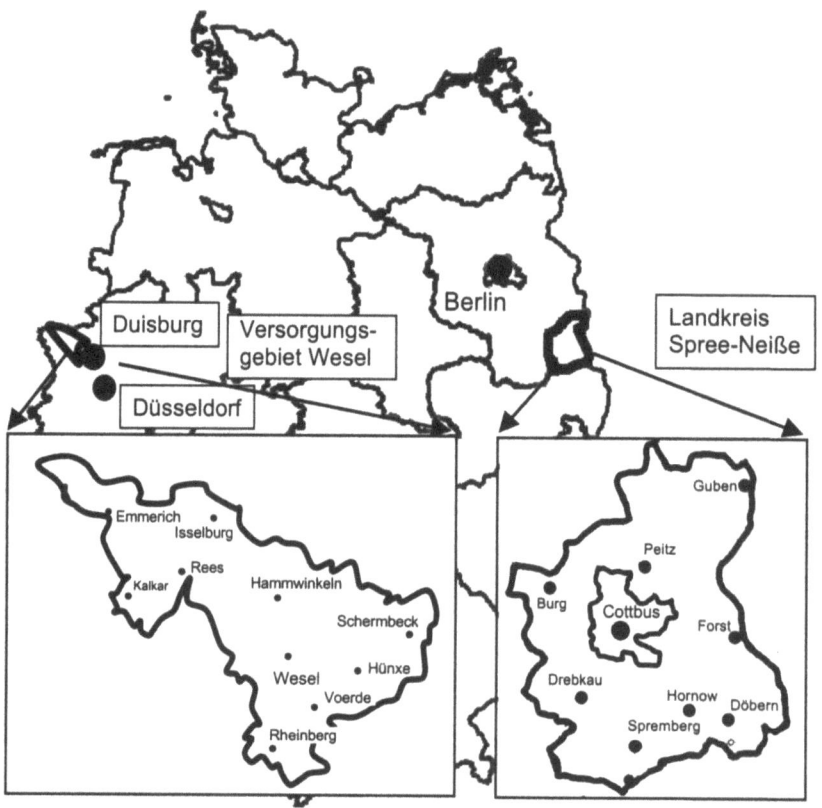

Bild 4-3
Geographische Lage der untersuchten regionalen Objektbereiche

Somit ist eine einheitliche Behandlung der gewählten Objektbereiche nicht möglich und auch nicht erforderlich. Das zeigen dann auch die ausgewählten Beispiele, Strategien und Szenarien, die sich unter Benutzung der im Kapitel 3 gewonnenen allgemeinen Aussagen mit Verhältnissen aus diesen Objektbereichen beschäftigen und auf diese Weise mögliche Entwicklungen aufzeigen, die zu Verbesserungen im Sinne der Entropiewirtschaft führen können.

Die ausgewählten Beispiele betreffen prozessuale oder technologische Eingriffe in das Energieversorgungssystem mittels Wärmetransformation und auch strukturelle Veränderungen der orginalen Energieversorgungssysteme insbesondere durch Kraft-Wärme-Kopplung und Wärmepumpen. Für beide Bereiche lassen sich gegenüber der derzeitigen Praxis erhebliche thermodynamische Vorteile aufzeigen, deren Anwendung aber an der heutigen Ökonomie scheitert. Da Aufgaben dieser Art umfangreich und komplex sind, wird auf die Anwendung von Berechnungsprogrammpaketen eingegangen. Erste Ergebnisse zeigen die Freiheitsgrade in thermodynamischer Hinsicht, lassen aber auch die wirtschaftlichen Zwänge erkennen. Schließlich wird auch auf die Konzepte der Abfallverwertung eingegangen, deren thermodynamische Analyse einen Anschluss an die Entropiebetrachtungen erlaubt. Außerdem werden einige Überlegungen zur Einbeziehung der Abfallverwertung in die regionalen Objektbereiche angestellt.

Auch die Bewertungsdimensionen (Kapitel 5) beziehen sich nach jeweils allgemeinen Überlegungen aus der Sicht der jeweiligen Disziplin auf Probleme, die sich aus den Gegebenheiten der Objektbereiche ableiten lassen. Es wird so deutlich, in welchem Maße energetische Zusammenhänge beeinflusst werden können, insbesondere wenn darüber hinaus internationale Vergleiche herangezogen werden.

4.1 Charakterisierung von Ballungsräumen

Ballungsräume sind verdichtete urbane Siedlungsstrukturen, zu deren Versorgung eine erhebliche Energiedichte erforderlich ist. Die Nutzenergieformen, also die Verwendungsarten der eingesetzten Primärenergie, sind die Raumwärme, die Warmwasserbereitung, die Prozesswärme, die mechanische Energie, sowie Licht und Kälte. Insbesondere der Ballungsraum „Verwaltungsgroßstadt" ist durch dominante Anteile der Raumklimatisierung, also Raumwärme und Klimakälte, gekennzeichnet. Die Verwendungsarten Raumwärme und Warmwasser stehen heute etwa im Mengenverhältnis 80 zu 20 zueinander. Sie werden häufig zum sogenannten Niedertemperaturwärmemarkt zusammengefasst. Dies ist sinnvoll, wenn sie gemeinsam erzeugt werden, z.B. in einer zentralen Öl- oder Gasheizung. Technisch ist eine solche Zusammenfassung aber nicht zulässig, da beide oft sinnvoller durch unterschiedliche Endenergieformen und in unterschiedlichen Erzeugern entsprechend ihrer unterschiedlichen Temperatur und ihrer unterschiedlichen zeitlichen und örtlichen Verfügbarkeit bereitgestellt werden können. Der Warmwasserbereich ist dann eher der Prozesswärme zuzuordnen oder als eigenständige Verwendungsart zu berücksichtigen. Das wird man insbesondere bei zukünftigen Energieversorgungssystemen zu bedenken haben, in denen der Raumwärmeanteil durch bessere Wärmeschutzmaßnahmen sinkt, der Warmwasseranteil damit entsprechend zunehmen wird. In der vorliegenden Untersuchung wird der Warmwasserbereich dem Raumwärmebereich zugeschlagen. Die Verbrauchssektoren von Ballungsräumen sind private Haushalte, Kleinverbraucher (z.B. Dienstleistungsgebäude), Industrie und Verkehr. Der Verkehr kann energetisch von den anderen Bereichen abgekoppelt werden und spielt z.Z. im Bereich der Abfallenergienutzung keine Rolle. Interessiert man sich allerdings im Rahmen von integralen Betrachtungen für den Primärenergiebedarf und die Immissionen eines Ballungsraumes, so kommt diesbezüglich dem Verkehr eine große Bedeutung zu.

Die Datenermittlung und die Darstellung einer bestehenden Energieversorgungsstruktur ist für eine Verwaltungsgroßstadt aufwendig und differenziert, lässt sich aber in den Grundzügen weitgehend schematisieren. Man geht auf der Angebotsseite von den eingesetzten Endenergieformen, also den den Verbrauchssektoren gelieferten Energieformen wie Strom, Fern- und Nahwärme, Erdgas, Öl, in gewissen Regionen auch Kohle, und Kraftstoff aus. Die leitungsgebundenen Endenergieformen Strom, Fernwärme und Erdgas werden in Ballungsräumen typischerweise von Stadtwerken abgegeben. Ihr Mengengerüst sowie die Verteilung auf die unterschiedlichen Verwendungsarten liegen in den Datenbeständen der Versorger vor. Schwieriger ist die Quantifizierung der vornehmlich dezentral gehandelten Endenergieformen Öl, Kohle und Kraftstoff. Hier geht man von der Bedarfsseite aus. Der Wärmebedarf im Raumwärmebereich liegt oft in Form eines Wärmeatlasses vor. Eine diesen ergänzende Datenquelle sind die Ergebnisse der Gebäude- und Wohnungszählung 1987, die etwas über die Wohnungsstruktur und die Energieversorgung des Gebietes aussagen, wobei auch Daten für Brennstofflieferungen wie Öl und Kohle entnommen werden können. Weiterhin hat man Ergebnisse der Städtestatistik über Baustruktur, Haushalte, Arbeitsplätze, Energieversorgung, Fahrzeuge im Individualverkehr, ÖPNV etc. Darüber hinaus gibt es Auskünfte der Stadtverwaltung zur Beheizung der städtischen Einrichtungen, zum Stromverbrauch incl. Straßenbeleuchtung, sowie Auskünfte des Landes zu Liegenschaften der Landesregierung bzw. nachgeordneten Behörden und Einrichtungen. Bisweilen sind auch Angaben zur industriellen Eigenstromerzeugung bekannt. Dieser aus diesen Datenquellen erhobene Endenergiebedarf wird im zweiten Schritt nach Verwendungsarten und Verbrauchssektoren aufgeschlüsselt. Dabei sind die drei Verwendungsarten Raumwärme (RW), Prozeßwärme (PW) sowie Mechanische Energie und Licht (MEL) zu unterscheiden. Eine statistisch gesicherte Unterscheidung des Endenergiebedarfs für die einzelnen Verwendungsarten ist nicht immer möglich. Auch die Aufschlüsselung nach Sektoren, also Kleinverbraucher, Haushalte, Verkehr und Industrie, lässt sich nicht ausschließlich durch Verwendung empirischer statistischer Daten bewerkstelligen. Vielmehr müssen Annahmen getroffen werden, die durch Konsistenzuntersuchungen unter Benutzung aller verfügbarer Datenquellen, insbesondere auch von Kennwerten wie Wärmebedarf pro m^2 Wohnfläche, Nutzungsgraden der Heizanlagen, prozentualen Anteile des Energiebedarfs für die einzelnen Verwendungsarten in Haushalten u.s.w. geprüft werden müssen.

Neben der Endenergie sind grundsätzlich die Energieebenen Primärenergie und Nutzenergie zu betrachten. Bei der Umwandlung der Endenergie in Nutzenergie ergeben sich Umwandlungsverluste, die als Abwärmeströme in Erscheinung treten. Diese Umwandlungsverluste werden durch Umwandlungswirkungsgrade quantifiziert, z.B. ein Faktor um 0,7 für die Umwandlung von Erdgas oder Kohle in Heizwärme. Die zunächst ermittelte Endenergie muss aus Primärenergie erzeugt werden. Gelegentlich ist hierbei eine Zwischenstufe zu beachten, z.B. können die Endenergieformen Strom und Fern-/Nahwärme in einem Sektor aus angelieferter Endenergie in Form von Brennstoffen erzeugt werden. Dies ist bei Kleinverbrauchern und in Industrieunternehmen häufig der Fall. Es handelt sich dabei um eine Umwandlung von einer Endenergieform in eine andere, wobei wiederum kleine Abwärmeströme entstehen. Weitere geringe Umwandlungsverluste entstehen bei der Umwandlung von Sekundärenergie in Endenergie, d.h. bei der Verteilung der Energie von den Erzeugeranlagen zu den Verbrauchern. Bei der Erzeugung von Endenergie bzw. Sekundärenergie aus Primärenergie ergeben sich erhebliche Abwärmemengen, insbesondere bei der Stromerzeugung aus Brennstoffen, wenn die Kraftwerke im Kondensationsbetrieb gefahren werden.

4.1.1 Verwaltungsgroßstadt

Als Beispiel einer Verwaltungsgroßstadt wird Düsseldorf betrachtet [4-2]. *Bild 4-4* zeigt eine grafische Darstellung des Endenergieprofils der Stadt Düsseldorf bezogen auf das Jahr 1987. Der gesamte Endenergiebedarf beläuft sich auf ca. 22 Mio. MWh/a (entspricht einer durchschnittlichen Leistung von 2,5 GW) und verteilt sich zu 37% auf die Nutzenergie Raumwärme, zu 28% auf die Nutzenergie Prozeßwärme, zu 33% auf die Nutzenergie Mechanische Energie und zu 2% auf die Nutzenergie Licht. Hinsichtlich der Verbrauchssektoren ergibt sich ein Anteil von ca. 30% für die Industrie, von ca. 26% für die privaten Haushalte, von jeweils 23% für die Kleinverbraucher und von 22% für den Verkehr. Angesichts dieser relativ gleichförmigen Aufteilung auf die Verwendungsarten (mit Ausnahme der Beleuchtung) sowie auf die Verbrauchssektoren gibt es a'priori keine Nutzenergieform und keinen Verbrauchssektor, der bei der Thematik „Abfallenergienutzung" ausgeschlossen werden sollte.

4.1 Charakterisierung von Ballungsräumen

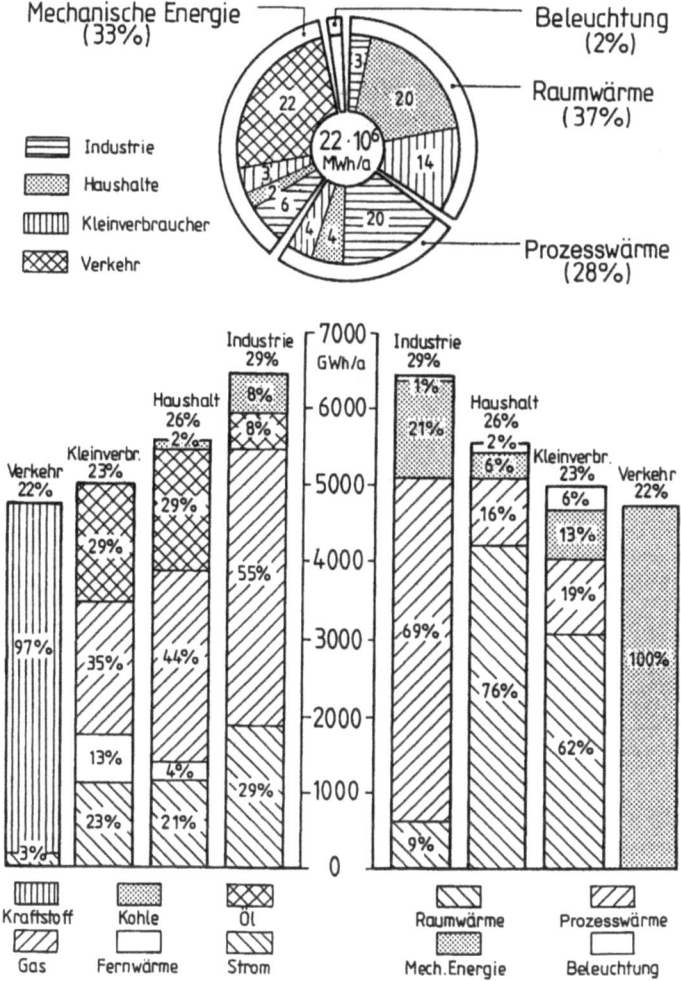

Bild 4-4
Endenergieprofil der Verwaltungsgroßstadt Düsseldorf

Die Aufteilung der Nutzenergieformen auf die Verbrauchssektoren ergibt sich aus dem obigen Kreisdiagramm. Im Raumwärmemarkt dominieren die privaten Haushalte, dicht gefolgt von den Kleinverbrauchern, während die Industrie nur einen unbedeutenden Anteil hält. Demgegenüber dominiert im Bereich der Prozesswärme klar der Verbrauchssektor Industrie, während Haushalte und Kleinverbraucher nur bescheidene Anteile halten. Im Anwendungsbereich Mechanische Energie dominiert der Verkehr, gefolgt in weitem Abstand von den Verbrauchssektoren Industrie, Kleinverbraucher und Haushalte. Instruktiv ist auch die Verteilung der Verwendungsarten und der Endenergieträger auf die Verbrauchssektoren. Im Endenergieprofil der Industrie dominiert die Verwendungsart Prozesswärme, gefolgt von mechanischer Energie, einem kleinen Anteil an Raumwärme und einem sehr kleinen Anteil an Beleuchtung. Blickt man auf die Verteilung der Endenergieträger, so dominiert Erdgas, gefolgt von Strom, mit Erdöl auf dem letzten Platz. Offenbar wird der Strom zu einem gewissen Anteil zur Wärmeerzeugung genutzt, vermutlich in Öfen zur Bereitstellung von Prozessenergie. In den privaten Haushalten dominiert der Raumwärmeanteil, gefolgt von der Prozesswärme, also z.B. Warmwasser für Körperpflege, aber auch Prozesswärme für Küche und Wasch-/Spülmaschine, dann mechanische Energie und schließlich Beleuchtung. Auch in diesem Verbrauchssektor spielt das Erdgas als Endenergieträger die größte Rolle, gefolgt vom Öl für die Heizung, dem Strom, der Fernwärme und der Kohle. Auch im Verbrauchssektor Haushalte wird Strom zur Wärmeerzeugung eingesetzt, z.B. zum Kochen, Waschen, Spülen etc. Der Verbrauchssektor Kleinverbraucher hat ebenfalls einen dominanten Raumwärmeanteil, aber doch etwas größere Anteile an Prozesswärme, mechanische Energie und Beleuchtung. Wiederum wird der Bedarf zum großen Teil durch Erdgas gedeckt, gefolgt von Öl, dem Strom und der Fernwärme. Wiederum wird Strom zur Wärmeerzeugung eingesetzt. Der Verbrauchssektor Verkehr ist für diese Betrachtungen wenig ergiebig. Er besteht praktisch ausschließlich aus der Verwendungsart Mechanische Energie und wird nahezu vollständig durch Kraftstoff bedient.

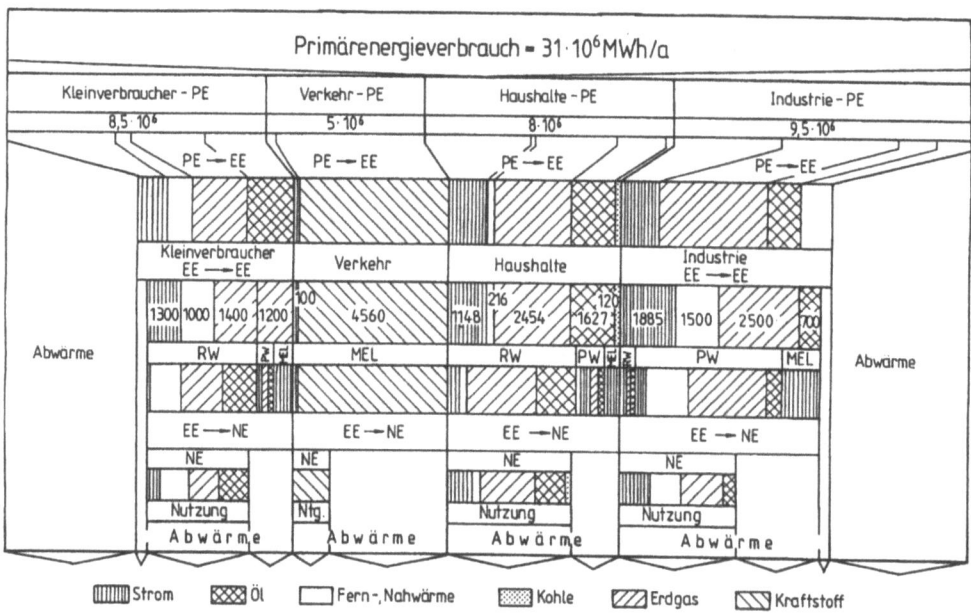

Bild 4-5
Energieflussbild der Verwaltungsgroßstadt Düsseldorf

Für die Thematik der Abfallenergiewirtschaft interessiert nicht allein das Endenergieprofil, sondern die daraus abzuleitenden Erkenntnisse über das Abfallenergieaufkommen. Hierzu müssen die unterschiedlichen Umwandlungsstufen von der Primärenergie zur Nutzenergie mit den tatsächlich eingesetzten Umwandlungstechnologien betrachtet werden. Die Präsentation der entsprechenden Ergebnisse kann sinnvoll durch ein Energieflussbild erfolgen, vgl. *Bild 4-5*. Aus dem zuvor erstellten Endenergieprofil werden zunächst die Daten auf die End-

4.1 Charakterisierung von Ballungsräumen

energieebene des Energieflussbildes übertragen, indem die Endenergiemengen der einzelnen Verbrauchssektoren mit ihrer anteiligen Deckung durch die Endenergieträger dargestellt werden. In dieser Darstellung lässt sich die Verteilung des gesamten Endenergieverbrauchs auf die Endenergieträger besonders deutlich zeigen. Der gesamte Endenergieverbrauch dieser Stadt beläuft sich auf ca. 22.000 GWh/a. Davon entfallen 36 % auf Erdgas, 21 % auf Kraftstoffe, 20,5 % auf Strom, 18 % auf Heizöl, 4 % auf Fernwärme und 0,5 % auf Kohle bzw. andere feste Brennstoffe. Die leitungsgebundenen Energieformen Strom, Erdgas und Fernwärme überwiegen daher mit ca. 60 % gegenüber den nicht leitungsgebundenen Energieformen Heizöl und Kraftstoffe mit ca. 40 %.

In den Verbrauchssektoren Industrie und Kleinverbraucher findet häufig eine Umwandlung eines Brennstoffs in die Endenergieform Strom und Wärme statt, z.B. durch Kraft-Wärme-Kopplung (KWK). So wird in der Industrie aus Kohle, Öl und Gas Strom und Wärme erzeugt, die wir zunächst allgemein als Nahwärme kennzeichnen. Dasselbe gilt für den Verbrauchssektor der Kleinverbraucher. In beiden Fällen entstehen durch die unvermeidbaren energetischen Grenzen der KWK-Technologien geringfügige Abwärmeströme. Unter Berücksichtigung dieser dezentralen Kraft-Wärme-Kopplungen ergibt sich ein modifiziertes Endenergieprofil. Die Schwerpunkte der Endenergieverwendung liegen bei 4.560 GWh/a für den Kraftstoffbedarf im Sektor Verkehr, 2.500 GWh/a für den Erdgasbedarf im Sektor Industrie, 2.450 GWh/a für den Erdgasbedarf im Sektor Haushalte, 1.885 GWh/a für den Strombedarf im Sektor Industrie, 1.630 GWh/a für Heizöl im Sektor Haushalte, 1.500 GWh/a für Fern- und Nahwärme im Sektor Industrie, 1.400 GWh/a für Erdgas im Sektor Kleinverbraucher, 1.300 GWh/a für Strom im Sektor Kleinverbraucher, 1.200 GWh/a für Heizöl im Sektor Kleinverbraucher, 1.150 GWh/a für Strom im Sektor Haushalte, 1.000 GWh/a für Nah-/Fernwärme im Sektor Kleinverbraucher und 700 GWh/a für Heizöl im Sektor Industrie. Schließlich lässt sich auch die Aufteilung des Endenergiebedarfs auf die Verwendungsarten in den einzelnen Verbrauchssektoren und die weitgehende Differenzierung nach eingesetzten Endenergieformen in diesem Energieflussbild deutlich machen.

Bei der Umwandlung der Endenergie in Nutzenergie in den Anlagen der Verbrauchssektoren ergeben sich erhebliche Umwandlungsverluste, die als Abwärmeströme in Erscheinung treten. Insgesamt ergibt sich in Düsseldorf ein Nutzenergiestrom von ca. 12.000 GWh/a, womit der Umwandlungswirkungsgrad von Endenergie zu Nutzenergie ca. 54 % beträgt. Je nach Umwandlung sind die Wirkungsgrade bei der Umwandlung von Endenergie in Nutzenergie sehr unterschiedlich und im Detail unsicher. Bei der Umwandlung von Erdgas und Heizöl in Nutzenergie, d.h. Wärme, wird hier ein Nutzungsgrad von ca. 0,75 in allen Sektoren angesetzt, bei Fernwärme ein Nutzungsgrad von 1 (zu bemerken ist, dass es sich hier und im folgenden stets um energetische Nutzungsgrade handelt, die entropische Effekte oft nicht direkt ausweisen). Beim Strom wird in Haushalten ein Nutzungsgrad von 0,55, bei Kleinverbrauchern ein Nutzungsgrad von 0,4 und in der Industrie ein Nutzungsgrad von 0,6 angenommen. Die unterschiedlichen Zahlen reflektieren die unterschiedliche Struktur des Stromverbrauchs in diesen drei Sektoren, wobei der Nutzungsgrad bei der Umwandlung in Licht besonders niedrig (~ 3 %) und bei der Umwandlung in Wärme (~ 100 %) besonders hoch ist. Antriebsaggregate haben Nutzungsgrade zwischen diesen Extremwerten. Besonders gering ist der Nutzungsgrad von 0,2 im Verkehrsbereich. Insgesamt ergeben sich bei der Umwandlung der Endenergie in die Nutzenergie erhebliche Abwärmeströme, die als Abfallenergie nutzlos an die Umgebung abgeführt werden. Dasselbe gilt schließlich bei der Umwandlung der Nutzenergie in Abwärme, so dass schließlich die gesamte eingesetzte Endenergie in Abwärme umgewandelt wird. Dies ist stets so, wenn nicht in Produkten der Umwandlungskette langfristig Energie gespeichert ist, wie z.B. bei der Stahlproduktion. Die Erzeugung der Endenergie aus Primärenergie ist ebenfalls mit Umwandlungsverlusten verbunden. Die Umwandlungswirkungsgrade sind hoch, d.h. bei ca. 0,9 - 0,95, für Erdgas, Heizöl und Kohle. Der Primärenergieaufwand bei der gekoppelten Erzeugung von Strom und Fernwärme in Heizkraftwerken ergibt sich aus deren Gesamtnutzungsgrad. Die Erzeugungsstruktur in Düsseldorf wurde nicht im Detail recherchiert, sodass weder der Anteil des Kondensationsstroms noch der mittlere Gesamtnutzungsgrad der Heizkraftwerke bekannt sind. Bekannt sind lediglich die Mengen an erzeugter Fernwärme und erzeugtem Strom. Aus der Fernwärmeerzeugung wird für typische Verhältnisse eine Stromeinbuße berechnet, die zusammen mit der Stromerzeugung der Heizkraftwerke und dem verbleibenden Kondensationsstrom die gesamte Stromerzeugung ergeben muss. Der Primärenergiebedarf für die Erzeugung von Strom und Fernwärme ergibt sich dann aus der gesamten Stromerzeugung in Kondensationskraftwerken plus einem Primärenergiebedarf für die Fernwärmeerzeugung, der sich aus dem für die Erzeugung der Stromeinbuße in einem Kondensationskraftwerk ergibt. Dies führt zu einem Umwandlungsgrad für die Umwandlung von Primärenergie in Fernwärme, der formal größer als 1 ist.[3] Wenn ein Heizkraftwerk z.B. im reinen Kondensationsbetrieb eine elektrische Leistung von 96 MW und bei einer maximalen Wärmeauskopplung von 139 MW aus einer Entnahme-Kondensationsturbine eine elektrische Leistung von 66 MW (bei 2,4 MW Kondensatorwärmestrom) abgibt, so benötigt man zur Erzeugung der Stromeinbuße von 30 MW in einem Referenzkraftwerk (η_{el} = 0,35) ca. 86 MW an Primärenergie. Damit werden für die Erzeugung von 139 MW Fernwärme letztlich 86 MW Primärenergie aufgewendet, d.h. der Nutzungsgrad der Primärenergie bei der Fernwärmeerzeugung beträgt 1,61. Dieser Bewertung von Strom und Fernwärme bei Kraft-Wärme-Kopplung haftet eine gewisse Willkür an und soll daher nicht zu quantitativen Schlussfolgerungen genutzt werden. Die Umwandlungswirkungsgrade von Primärenergie in Strom, der im Kondensationsbetrieb erzeugt wird, sind klein und werden in allen Sektoren zu 0,33 angesetzt. Insgesamt finden wir für Düsseldorf als Nutzungsgrad für die Umwandlung von Primärenergie in Endenergie einen Wert von ca. 70 %, womit sich ein Primärenergiebedarf von ca. 31.000 GWh/a ergibt. Der gesamte Nutzungsgrad bei der Umwandlung von Primärenergie in Nutzenergie bei den Düsseldorfer Bedingungen liegt bei 0,39. Die Entstehungsgeschichte der Abfallenergie Abwärme, die nutzlos und sogar mit schädlichen Auswirkungen an die Umgebung abgeführt wird, ist deutlich zu erkennen. Ein großer Anteil entsteht bei der Stromerzeugung in Kraftwerken, soweit diese im Kondensationsbetrieb, d.h. ohne Kraft-Wärme-Kopplung, betrieben werden. Demgegenüber sind die Abwärmeströme bei der Bereitstellung der Endenergieformen Öl, Kohle, Gas und Kraftstoff aus Primärenergie vernachlässigbar. Günstig ist die Bereitstellung von Fernwärme in Kraft-Wärme-Kopplung, denn sie schmälert die entstehende Abwärme auf dieser Umwandlungsstufe. Auch die Abwärmeproduktion auf der Umwandlungsstufe von der Endenergie in die Nutzenergie lässt sich bei dieser Auswertung differenziert analysieren. Der Löwenanteil ergibt sich offenbar im Verkehrsbereich, auf Grund der hohen Verluste bei der Umwandlung von Treibstoffenergie in mechanische Energie der Motoren. In den anderen drei Verbrauchssektoren erkennt man die Entstehung von Abwärmeströmen bei der Umwandlung von Strom in Nutzenergie, insbesondere aber auch bei der Umwandlung der Brennstoffe in Raum- und Prozesswärme. Demgegenüber sind die Abwärmeströme, die bei der Umwandlung von Fern- und Nahwärme in Raum- bzw. Prozesswärme entstehen, vernachlässigbar.

---

[3] Die Ursache liegt darin, dass für Niedertemperaturwärme eine Exergie bereitgestellt werden muss, die wesentlich geringer als ihre Energie ist. Die Exergie muss dabei über edle Primärenergie bereitgestellt werden, während der Restbetrag, die Anergie, auch über Umgebungsenergie durch entsprechende Koppel- oder Wärmepumpenprozesse bereitgestellt werden kann und in den Bilanzen nicht als Aufwand erscheint.

4.1 Charakterisierung von Ballungsräumen

Schließlich geht bei der Nutzung alle Nutzenergie in Abwärme über. Kraftfahrzeuge und elektrische Maschinen geben ihre mechanische Energie durch Reibung, Wärmeverteiler und heiße Prozesse ihre Wärme durch Wärmetransport als Abwärme an die Umgebung ab.

Aus diesen Erkenntnissen lassen sich Schlussfolgerungen zur Abfallenergiewirtschaft ableiten. Hohe Priorität hat die Gestaltung der Stromerzeugung. Dort, wo der Bedarf von Strom und Wärme im geeigneten Verhältnis steht, sollten zur Vermeidung von Abwärme beide Energieformen gekoppelt erzeugt werden. Zur Nutzung der produzierten Wärme ist die Fernwärmeversorgung auszubauen. Der öffentliche Personennahverkehr sollte zu Lasten des privaten Verkehrs ausgebaut werden. Die Nutzungsgrade der Heizanlagen sollten verbessert werden. Auf allen Wertigkeitsebenen der Abwärme sollten Wärmerückgewinnungstechnologien eingesetzt werden. Dazu sind insbesondere Wärmenetze notwendig, die Abwärme aufnehmen und verteilen können. Alle diese Maßnahmen sind im Prinzip bekannt. Durch die Analyse erhalten sie im Einzelfall die angemessene Prioritäten-Reihenfolge. Ihre Durchführung ist in der Regel kein technologisches Problem, sondern eher ein ökonomisches, verwaltungsorganisatorisches und letztlich damit eine politische Aufgabe. Besonders wichtig ist die Erkenntnis, dass Abfallenergiewirtschaft und die Reihenfolge der geeigneten Maßnahmen eine regionale Frage ist. Nicht nur die technischen, auch die ökonomischen, organisatorischen und politischen Verhältnisse erfordern bei den derzeitigen Verhältnissen regionale Lösungen.

4.1.2 Industriegroßstadt

Zur Illustration der regionalen Differenzierung wird nach dem Ballungsraum Düsseldorf nun der Ballungsraum Duisburg betrachtet. Eine Industriegroßstadt ist grundsätzlich anders zu charakterisieren als eine Verwaltungsgroßstadt. So hat die Stadt Duisburg als Beispiel für eine Industriegroßstadt eine völlig andere Energiestruktur als die Verwaltungsgroßstadt Düsseldorf, obwohl beide Ballungsräume praktisch aneinander grenzen und mit ca. 550.000 Einwohner auf ca. 220 km² sehr ähnliche Wohndichteverhältnisse aufweisen. Dies zeigt ein Blick auf ihr Endenergieprofil in *Bild 4-6*. Der Endenergieeinsatz dieser Stadt, der hier ohne den Verkehrsteil betrachtet wird, ist durch einen dominanten Anteil der Industrie gekennzeichnet, der insgesamt 92 % ausmacht. Weit darunter liegen die Haushalte mit 5 % und die Kleinverbraucher mit 3 %. In absoluten Zahlen liegt der Anteil der Haushalte mit ca. 4 Mio. MWh/a in der gleichen Größenordnung, wenn auch deutlich niedriger als in Düsseldorf. Der Anteil der Kleinverbraucher ist nur etwa halb so groß wie der der Haushalte, während er in Düsseldorf etwa gleich groß ist. Insgesamt ist der Endenergieverbrauch von Duisburg in den Verbrauchssektoren Industrie, Haushalt und Kleinverbrauch nahezu 5 mal so groß wie in Düsseldorf. Alleine bezogen auf den Verbrauchssektor Industrie ist der Verbrauch in Duisburg etwa zehnmal so groß wie in Düsseldorf. Angesichts dieser Größenverhältnisse ist ein linear geteiltes Energieflussdiagramm, in dem die Entstehung der Abfallenergie Abwärme dargestellt wird, nicht sinnvoll. Vielmehr erscheint es hierzu insbesondere erforderlich, den Verbrauchssektor Industrie speziell zu untersuchen.

Der Verbrauchssektor Industrie ist in Duisburg durch einen dominanten Anteil der Eisen- und Stahlerzeugung gekennzeichnet, dessen Verbrauchsstruktur sich von anderen industriellen Produktionsprozessen deutlich unterscheidet [4-3]. Es ist daher sinnvoll, die energetische Ist-Analyse des Verbrauchssektors Industrie in einen Bereich der Eisen- und Stahlerzeugung und einen zweiten Bereich der sonstigen Produktionsprozesse aufzuspalten. Als Datenquellen für den Endenergieverbrauch an Kohle/Koks und Öl der Eisen- und Stahlerzeugung dienen die bekannten spezifischen Energieeinsätze pro t Roheisen und die Jahrestonnenproduktion der beiden Erzeuger Thyssen Stahl AG und Hüttenwerke Krupp-Mannesmann (HKM). Bei der

Thyssen Stahl AG wurden Kohle und Koks als Reduktionsmittel bzw. Energieträger eingesetzt, und zwar pro t Roheisen 143 kg Kohle und 353 kg Koks. Mit den Heizwerten von $H_u = 34.500$ kJ/kg für Kohle und $H_u = 29.300$ kJ/kg für Koks ergibt sich insgesamt ein auf das Roheisen bezogener Energieeinsatz von 4,24 MWh/t im Hochofenprozess der Thyssen Stahl AG. Die Hüttenwerke Krupp-Mannesmann setzen Schweröl und Koks im Hochofenprozess ein und zwar pro t Roheisen 133 kg Schweröl und 315 kg Koks. Mit einem Heizwert von $H_u = 41.954$ kJ/kg für Schweröl und dem bereits benutzten Heizwert für Koks ergibt sich insgesamt ein auf das Roheisen bezogener Energieeinsatz von 4,11 MWh/t im Hochofenprozess der Hüttenwerke Krupp Mannesmann. Die Thyssen Stahl AG erzeugt 8,7 Mio. t Roheisen im Jahr, die Hüttenwerke Krupp-Mannesmann 3,84 Mio. t.

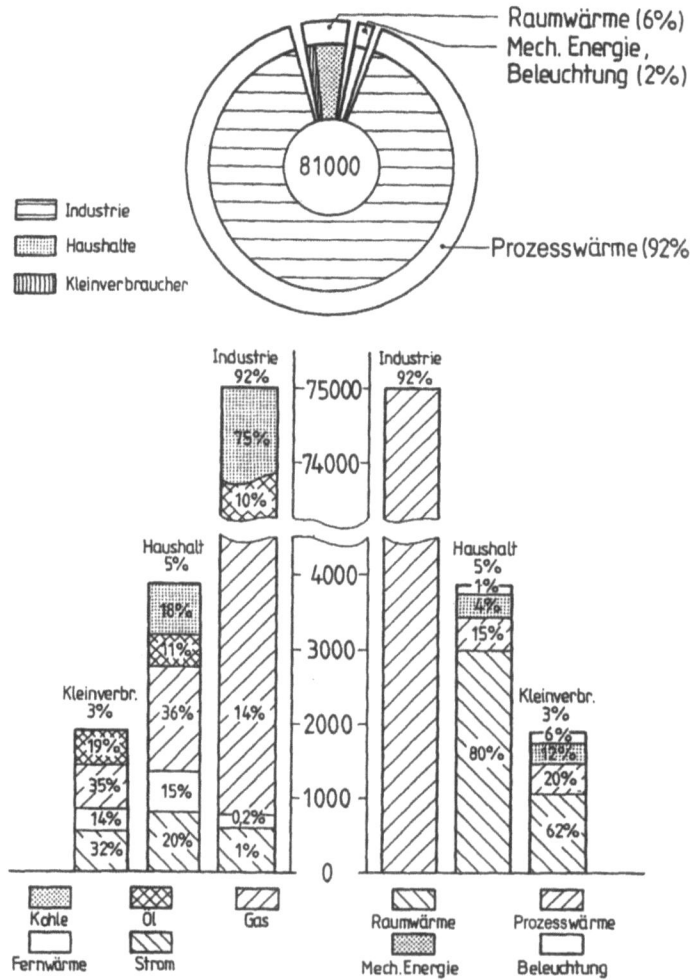

Bild 4-6
Endenergieprofil der Industriestadt Duisburg

4.1 Charakterisierung von Ballungsräumen

Weitere Informationsquellen, insbesondere für die sonstige Industrie in Duisburg, sind die Daten der Emissionserklärungen der Unternehmen. Die sonstige Industrie wird mit den Endenergieformen Strom, Erdgas, Kohle/Koks, Öl und Fernwärme beliefert. Der Hochofenprozess der Thyssen Stahl AG ergibt insgesamt einen Endenergieeinsatz an Öl und Kohle/Koks von ca. 36.900 GWh/a. Die Hüttenwerke Krupp-Mannesmann haben einen entsprechenden Endenergieeinsatz von 9.840 GWh/a. Insgesamt beläuft sich der Endenergieeinsatz in Form von Kohle/Koks bei der Eisen- und Stahlerzeugung in Duisburg auf ca. 46.740 GWh/a. Darüber hinaus wird bei der Eisen- und Stahlerzeugung Öl eingesetzt, und zwar im Hochofenprozess der Hüttenwerke Krupp-Mannesmann im Umfang von 5.950 GWh/a. Der gesamte Endenergieeintrag in den Hochofenprozess in Duisburg beläuft sich daher auf ca. 52.690 GWh/a. Da bei der Kokserzeugung aus Kohle Koppelprodukte, insbesondere Koksgas, entstehen, ist der Sekundärenergieeintrag in die Eisen- und Stahlerzeugung um den Energieinhalt dieser Koppelprodukte der Kokserzeugung größer. Bezogen auf 1 t Koks entstehen ca. 1,9 MWh Energie in den nutzbaren Koppelprodukten des Koksofens. Bei einer Kokseigenerzeugung der Thyssen Stahl AG von 2,1 Mio. t/a und der Hüttenwerke Krupp-Mannesmann von 1,2 Mio. t/a ist dies ein Energieinhalt von 6.270 GWh/a. Damit beläuft sich der gesamte Sekundärenergieeintrag in die Eisen- und Stahlerzeugung in Duisburg auf 58.960 GWh/a.

Der Stromeinsatz der sonstigen Industrie Duisburg lässt sich aus den Lieferungen der Stadtwerke und eines Steag-Heizkraftwerkes zu 644 GWh/a beziffern. Der Fernwärmebezug in Form von Prozessdampf und Heißwasser ergibt sich ebenfalls aus den Angaben der Stadtwerke und des Steag-Heizkraftwerkes zu 146 GWh/a. Der Erdgaseinsatz der sonstigen Industrie setzt sich aus 6.642 GWh/a als Lieferung des Regionalversorgers an einen Großabnehmer und von 2.159 GWh/a an die sonstigen Industriebetriebe, sowie aus insgesamt 932 GWh/a an Lieferungen durch die Stadtwerke an die Unternehmen zusammen. Insgesamt beträgt der Erdgaseinsatz der sonstigen Industrie in Duisburg daher 9.733 GWh/a. Der Öleinsatz der sonstigen Industrie ergibt sich aus den Emissionserklärungen zu 516 GWh/a, der Kohle/Koks-Einsatz zu 4.551 GWh/a. Damit setzt die sonstige Industrie auf Endenergieebene insgesamt eine Energiemenge von 15.590 GWh/a ein.

Tabelle 4-2: Endenergieeinsatz im Verbrauchssektor Industrie der Stadt Duisburg in GWh/a

Endenergie / Verwendung	Strom	Fernwärme	Erdgas	Öl	Kohle, Koks
Raumwärme, Warmwasser			154,2	71,3	
Prozesswärme, mechan. Energie, Licht	644,,3	145,9	9.578,8	444,8	4.551,2
Kokerei, Hochofen, Stahlerz.	-	-	-	5.951,9	53.004,0
Summe	644,,3	145,.9	9.733,0	6.468,0	57.555,2

Tabelle 4-2 gibt einen Überblick über die Aufschlüsselung des Endenergieeinsatzes im Verbrauchssektor Industrie in Duisburg. Hierbei verstehen sich die Angaben der Zeile „Kokerei..." einschließlich des Koppelprodukts Kokereigas. Insgesamt beläuft sich der Endenergieeinsatz des Verbrauchssektors Industrie auf 74.546 GWh/a (was vergleichsweise einer durchschnittlichen Leistung von 8,5 GW entspricht), mit einer Deckung von 75 % durch Kohle/Koks, von 14 % durch Erdgas, von 10 % durch Öl und von 1 % durch Strom. Die Verwendungsart ist im wesentlichen die Erzeugung von Prozesswärme.

Bei der Umrechnung des End- bzw. Sekundärenergieeinsatzes auf den Primärenergiebedarf werden wiederum die Bereiche der Eisen- und Stahlerzeugung und der sonstigen industriellen

Produktionsprozesse getrennt betrachtet. Die Kokseigenerzeugung der Thyssen Stahl AG von 2,1 Mio. t/a und der Hüttenwerke Krupp-Mannesmann von 1,2 Mio. t/a entsprechen insgesamt einer Endenergiemenge von 26.858 GWh/a. Nach der Energiebilanz eines typischen Koksofens führt dies auf einen Primärenergiebedarf in Form von Kohle von 36.394 GWh/a, wobei außer dem Koks die Koppelprodukte der Kokserzeugung im Umfang von 4.023 GWh/a entstehen. Der Koksimport der eisen- und stahlschaffenden Industrie ergibt sich aus dem Zusatzbedarf der Thyssen Stahl AG von 3,1-2,1 = 1 Mio. t/a mit einem Endenergieinhalt von 8.139 GWh/a. Unter Berücksichtigung eines angenommenen Umrechnungsfaktors der Endenergie von importiertem Koks in Primärenergie von 1,09 folgt daraus ein Primärenergieaufwand von 8.871 GWh/a. Hierbei wurde berücksichtigt, dass die bei der Erzeugung des importierten Kokses entstehenden Koppelenergien genutzt werden und damit vom Primärenergieaufwand der Kokserzeugung abzuziehen sind. Beim Hochofenprozess der Thyssen Stahl AG werden 11.922 GWh/a an Kohle eingesetzt, die als Primärenergie bewertet wird, und der Öleinsatz der Hüttenwerke Krupp-Mannesmann von 5.958 GWh/a wird mit einem Umrechnungsfaktor von 1,06 in einen Primärenergiebedarf von 6.315 GWh/a umgerechnet. Insgesamt hat damit der Bereich der Eisen- und Stahlerzeugung in Duisburg einen Primärenergieaufwand von 63.502 GWh/a. Die sonstigen industriellen Produktionsprozesse in Duisburg importieren Koks im energetischen Umfang von 4.551 GWh/a, was mit dem Umrechnungsfaktor 1,09 einen Primärenergieeinsatz von 4.961 GWh/a ergibt. Weiterhin werden 9.732 GWh/a an Erdgas eingesetzt, die ohne Umrechnungsfaktor als Primärenergie gezählt werden. Der Öleinsatz von 516 GWh/a wird mit dem Faktor 1,06 in einen Primärenergieaufwand von 623 GWh/a umgerechnet. Die Strom- und Fernwärmelieferungen der Stadtwerke an die Industrie betragen 500 GWh/a bzw. 15,9 GWh/a. Bei einem KWK-Anteil von 75% und einem mittleren Nutzungsgrad der Heizkraftwerke von $\omega = 0,46$ ergibt sich daraus ein Primärenergieaufwand von 1.100 GWh/a. Das Steag-Heizkraftwerk liefert 144 GWh/a an Strom und 130 GWh/a an Fernwärme an die Industrie. Bei einem Nutzungsgrad von 0,4 ergibt sich ein Primärenergieaufwand von 685 GWh/a. Der gesamte Primärenergieeinsatz der sonstigen industriellen Produktionsprozesse beträgt somit 17.100 GWh/a.

Die Umrechnung auf die Ebene Nutzenergie im Bereich der sonstigen Industrie erfolgt mit einem pauschalen Faktor von 0,6. Bei der Nutzung wird die gesamte Nutzenergie der sonstigen Industrie in Abwärme umgewandelt. Die Umrechnung auf die Ebene Nutzenergie und die Verfolgung der weiteren Nutzung im Bereich der Eisen- und Stahlindustrie ist komplizierter. Bei der Eisen- und Stahlerzeugung entsteht Stahl. Bei einer Gesamtstahlproduktion von 12 Mio. t/a und einem Kohlenstoffgehalt von 2,6% beläuft sich der entsprechende Energieinhalt auf 28 Mio. MWh. Zusätzlich entstehen die Koppelprodukte Gichtgas, Konvertergas und Koksgas, die teilweise zur Eigenstromerzeugung zur Verfügung stehen. Bezogen auf das Roheisen entstehen im Hochofenprozess etwa 0,93 MWh/t an überschüssigem Gichtgas und 0,13 MWh/t an verfügbarem Konvertergas. Bei der Thyssen Stahl AG entstehen somit 4.023 GWh/a an Koksofengas, 8.091 GWh/a an überschüssigem Gichtgas und 1.131 GWh/a an Konvertergas. Die gesamte Stahlproduktion dieses Unternehmens liefert also einen verfügbaren Energieinhalt der Koppelprodukte von 13.245 GWh/a. Die Eigenstromerzeugung der Thyssen Stahl AG beträgt laut Geschäftsbericht 3.900 GWh/a, wovon 84% aus dem chemischen Energieinhalt der Koppelprodukte Koks-, Gicht- und Konvertergas stammen und 16% aus den Gichtgasentspannungsturbinen, die den erhöhten Druck des Gichtgases bei Austritt aus dem Hochofen nutzen. Geht man von einem Stromerzeugungswirkungsgrad von $\eta_{el} = 0,3$ aus, so wurde für die Stromerzeugung von 3.276 GWh/a aus dem chemischen Energieinhalt der Koppelgase ein Energieinhalt von 10.920 GWh/a eingesetzt. Der Rest von 2.325 GWh/a wird anderen Nutzern zugeführt und dabei letztlich in Abwärme umgewandelt. Die Verstromung

4.1 Charakterisierung von Ballungsräumen

der Koppelenergien der Hüttenwerke Krupp-Mannesmann wird von der RWE Energie AG in einem Kraftwerk auf dem Standort des Unternehmens besorgt. Das verfügbare Koksgas hat einen Energieinhalt von 2.316 GWh/a, das überschüssige Gichtgas 3.456 GWh/a und das Konvertergas 499 GWh/a. Insgesamt beläuft sich daher der Energieinhalt der Koppelprodukte der Eisen- und Stahlerzeugung bei den Hüttenwerken Krupp-Mannesmann auf 6.271 GWh/a. Dieses Kraftwerk setzt 2.508 GWh/a an Gichtgas, sowie 777 GWh/a an Koksofengas als Koppelprodukte der Hüttenwerke Krupp-Mannesmann ein. Der aus diesen Mengen erzeugte Strom stellt die Eigenstromerzeugung aus den Koppelprodukten dar. Die restliche Gasenergie von 2.985 GWh/a wird anderen Nutzern zugeführt und dabei wiederum in Abwärme umgewandelt. Zusätzlich zu dem Gicht- und Koksgas der Hüttenwerke Krupp-Mannesmann setzt das Kraftwerk des privaten Versorgers noch 3.145 GWh/a an Erdgas und 140 GWh/a an Öl ein. Damit wird insgesamt ein Brennstoffenergiestrom von 6.571 GWh/a eingesetzt. Bei einem Verstromungswirkungsgrad von $\eta_{el}=0,3$ ergibt sich daraus eine Stromerzeugung von 1.971 GWh/a. Davon werden ca. 690 GWh/a von den Hüttenwerken Krupp-Mannesmann und ca. 975 GWh/a von der Thyssen Stahl AG abgenommen. Der Rest geht an andere industrielle Abnehmer bzw. stellt einen Bilanzrest zum Ausgleich ungenauer Daten dar.

Zur Kontrolle und Ergänzung dieser Analyse wird die Strombilanz des Verbrauchssektors Industrie in Duisburg mit den Angaben des statistischen Landesamtes verglichen. Insgesamt beläuft sich der Stromeinsatz des Sektors Industrie in Duisburg nach Angaben des Statistischen Landesamtes auf 7.170 GWh/a. Hiervon werden nach den obigen Zahlen von den Stadtwerken 500 GWh/a und von dem Steag-Heizkraftwerk 144 GWh/a beigesteuert. Es verbleibt ein Rest von 6.526 GWh/a. Davon beträgt die Eigenstromerzeugung der Thyssen Stahl AG 3.900 GWh/a. Weiterhin liefert das RWE-Kraftwerk auf dem Standort der Hüttenwerke Krupp-Mannesmann 1.971 GWh/a, die zu ca. 50 % aus dem Koks- und Gichtgas dieses Unternehmens erzeugt werden. Der Bilanzrest von 655 GWh/a zu den Daten des Statistischen Landesamts repräsentiert die Eigenstromerzeugung der übrigen Industrie in Duisburg bzw. auch die Ungenauigkeiten in den Daten. Man erkennt den dominanten Deckungsanteil der Eigenerzeugung an der Stromversorgung der Industrie.

Bild 4-7 zeigt das Energieflussbild des Verbrauchssektors Industrie in Duisburg. Die beiden Bereiche Eisen- und Stahlerzeugung sowie sonstige industrielle Produktionsprozesse sind deutlich voneinander getrennt. Bei der Eisen- und Stahlerzeugung ergibt sich für den ersten Umwandlungsschritt von den Primärenergieformen Erdgas, Erdöl und Kohle ein Umwandlungsverlust von ca. 10 %, der durch die Umwandlungsverluste bei der Kokserzeugung sowie bei der Bereitstellung der Sekundärenergieform Öl entstehen. Eine Umwandlung von Sekundärenergie in Endenergie findet bei der Eisen- und Stahlerzeugung nicht statt, da es keine nennenswerten Verteilungsverluste gibt. Bei der Umwandlung von Endenergie in Nutzenergie führen der Hochofenprozess wie auch die Stahlerzeugung zu einer Produktion von Abwärme, die in der Größenordnung von 20 % der eingesetzten Endenergie liegt. Als Produkte der Eisen- und Stahlerzeugung ergeben sich Stahl, sowie die nicht im Prozess thermisch genutzten Koppelprodukte Konvertergas, Gichtgas und Koksofengas. Diese letzteren Produkte werden unter Abgabe von Abwärme verstromt, sodass insgesamt Stahl, Strom und Abwärme exportiert werden. Der exportierte Strom geht zum größten Teil wieder in die Eisen- und Stahlproduktion zurück. Die Abwärme des Verbrauchssektors Industrie in Duisburg ist beachtlich. Insbesondere bei der Eisen- und Stahlerzeugung fallen Enthalpieströme an, die an heiße Gase gebunden sind, und sich daher für eine weitere Nutzung anbieten. Zum Teil werden diese Abwärmen im Raumwärmemarkt genutzt, in dem sie in Fernwärmenetze eingespeist werden. Der größere Teil geht ungenutzt an die Umgebung.

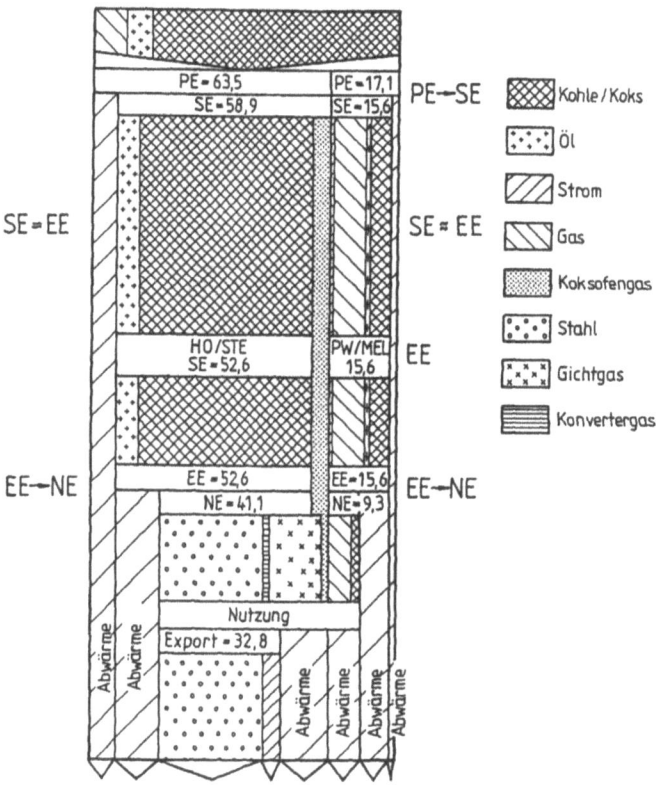

Bild 4-7
Energieflussbild des Verbrauchssektors Industrie in Duisburg

Der Verbrauchssektor Haushalte in Duisburg hat die typische Struktur in Ballungsräumen. Es werden die Endenergieträger Strom, Fernwärme, Erdgas, Heizöl sowie Kohle/Koks eingesetzt. Die Verwendungsarten sind die Raumwärmeerzeugung, die Warmwasserbereitung (z. B. Duschen, Spülen etc.), die Prozesswärmeerzeugung (z. B. Kochen und Waschen) und die Bereitstellung von mechanischer Energie und Licht. Die Verwendungsarten Raumwärme und Warmwasser werden zusammengefasst. Die leitungsgebundenen Endenergien werden von den Stadtwerken geliefert, und zwar im Umfang von 787 GWh/a an Strom, 570 GWh/a an Fernwärme und 1.406 GWh/a an Erdgas [4-4]. Eine genaue Aufteilung des Endenergieeinsatzes auf die Verwendungsarten ist nicht möglich. Es gibt aber Erfahrungswerte, teilweise auch Messungen. So ist der Stromeinsatz zu Heizzwecken aus den Angaben über die Nachtstromlieferung der Stadtwerke zu ca. 11 % des gesamten Stromeinsatzes zu beziffern. Eine auf Erfahrungswerten beruhende typische Aufteilung des Stromeinsatzes in den privaten Haushalten einer Großstadt geht darüber hinaus von 30 % für Warmwasser, 17 % für Prozesswärme und 42 % für Mechanische Energie und Licht aus. Die Fernwärme wird zu 100 % der Verwendungsart Raumwärme/Warmwasser zugeordnet. Der Erdgaseinsatz wird auf der Grundlage von Angaben der Stadtwerke auf die Verwendungsarten Raumwärme/Warmwasser und Pro-

4.1 Charakterisierung von Ballungsräumen

zesswärme aufgeteilt, der Art, dass ca. 92 % auf den Sektor Raumwärme/Warmwasser entfällt. Der Öleinsatz in den privaten Haushalten wird zu 100 % der Verwendungsart Raumwärme/Warmwasser zugeschlagen. Die Ermittlung des Öleinsatzes für die Verwendungsart Raumwärme/Warmwasser erfolgt primär nach den Bedarfsparametern der beheizten Fläche und Wärmebedarf pro m² in W/m² bzw. in kWh/(m² a), sowie den Anlageparametern Vollaststundenzahl und Nutzungsgrad. Analog wird mit dem Kohle/Koks-Einsatz in den privaten Haushalten verfahren. Für Duisburg ergibt sich bei einem gesamten Endenergieeinsatz für den Verbrauchssektor „Private Haushalte" von 3.824 GWh/a die in *Tabelle 4-3* angeführte Differenzierung.

Tabelle 4-3: Endenergieeinsatz im Verbrauchssektor „Private Haushalte" der Stadt Duisburg in GWh/a

Endenergie / Verwendung	Strom	Fernwärme	Erdgas	Öl	Kohle, Koks
Raumwärme, Warmwasser	321	570	1.295	364	697
Prozesswärme	134	-	111	-	-
mechan. Energie, Licht	332	-	-	-	-
Summe	787	570	1.406	364	697

Insgesamt geht der größte Anteil der Endenergie in die Verwendungsart Raumwärme/Warmwasser, nämlich 3.247 GWh/a. In den Bereich Prozesswärme gehen 245 GWh/a und in den Bereich Mechanische Energie und Licht 332 GWh/a. Hierbei ist allerdings zu berücksichtigen, dass die unterschiedlichen Verwendungsarten von unterschiedlichen Endenergieformen dominiert werden. Insgesamt ergibt sich für den Verbrauchssektor Haushalte in Duisburg die folgende Aufteilung auf die Endenergieformen.

Tabelle 4-4: Anteil der Endenergieformen im Verbrauchssektor „Private Haushalte" der Stadt Duisburg in %

Endenergie	Strom	Fernwärme	Erdgas	Öl	Kohle, Koks
Anteil in %	20	15	36	11	18

Die unterschiedlichen Endenergieformen weisen einen unterschiedlichen spezifischen Primärenergiebedarf auf. Der Erdgaseinsatz wird mit dem Faktor 1,0 in den Primärenergiebedarf umgerechnet, der Ölbedarf mit dem Faktor 1,06 und Kohle/Koks mit dem Faktor 1,09. Die Ermittlung des Primärenergieverbrauchs der Haushalte auf Grund der eingesetzten Endenergieformen Strom und Fernwärme gestaltet sich komplizierter. Der Anteil der Kraft-Wärme-Kopplung an der gesamten Fernwärmeerzeugung der Stadtwerke beträgt 75 %.

Damit ergibt sich die *an die privaten Haushalte aus KWK-Anlagen gelieferte Fernwärme* zu $0{,}75 \cdot 570 \, GWh/a = 427{,}5 \, GWh/a$.

Bei einer gesamten Stromabgabe an die privaten Haushalte von 787 GWh/a und einem mittleren Gesamtnutzungsgrad der Heizkraftwerke von $\omega = 0{,}46$ ergibt sich ein Primäraufwand für die Strom- und Fernwärmelieferung an die privaten Haushalte von

$$PE = \frac{(787 + 427{,}5) \, GWh/a}{0{,}46} = 2.640 \, GWh/a \, .$$

Der gesamte Primärenergieaufwand beträgt somit für die privaten Haushalte 5.192 GWh/a. Diese Primärenergie wird in einem ersten Schritt in Sekundärenergie umgewandelt. Bei der Aufteilung des gesamten Primärenergieaufwandes auf die Primärenergieformen Erdgas, Erdöl und Kohle wird der Brennstoffmix der Heizkraftwerke eingearbeitet. Bei der weiteren Umwandlung von der Sekundärenergieform Strom zur Endenergieform Strom werden 3 %, bei der für Fernwärme 10 % Leitungsverluste berücksichtigt.

Auch die Umwandlung der unterschiedlichen Endenergieformen in die Nutzenergieformen der Verwendungsarten weist unterschiedliche Wirkungsgrade auf, vgl. *Tabelle 4-5*. Der niedrige Wirkungsgrad bei der Umwandlung von Strom in die Nutzenergieform Mechanische Energie, Licht ist insbesondere auf die geringe Lichtausbeute gewöhnlicher Glühlampen zurückzuführen.

Tabelle 4-5: Wirkungsgrade beim Endenergieeinsatz im Verbrauchssektor „Private Haushalte" der Stadt Duisburg

Endenergie / Verwendungsart	Strom	Fernwärme	Erdgas	Öl	Kohle, Koks
Raumwärme, Warmwasser	1	1	0,85	0,8	0,65
Prozesswärme	1	1	0,85	0,8	0,65
Mechanische Energie, Licht	0,5	-	-	-	-

Bild 4-8 zeigt das auf dieser Datengrundlage berechnete Energieflussbild des Verbrauchssektors „private Haushalte" für Duisburg. Der gesamte Primärenergieeinsatz für die privaten Haushalte, der sich zu ca. 40 % aus Erdgas, 40 % aus Kohle und 20 % aus Erdöl zusammensetzt, wird in vier Umwandlungsstufen in Abwärme umgewandelt. Dabei ist die Umwandlung von Sekundärenergie in Endenergie nur von geringen Umwandlungsverlusten begleitet, den Verteilungsverlusten. Demgegenüber ergeben sich die größten Umwandlungsverluste bei der Umwandlung von Primärenergie in Sekundärenergie, wofür im wesentlichen der niedrige Gesamtnutzungsgrad der städtischen Heizkraftwerke verantwortlich ist. Der zweitgrößte Anteil an den Umwandlungsverlusten ergibt sich bei der Umwandlung von Endenergie in Nutzenergie. Hierfür sind im wesentlichen die niedrigen Wirkungsgrade bei der Umwandlung von Brennstoffenergie in Wärme und von elektrischer Energie in Licht verantwortlich. Schließlich geht bei der eigentlichen Nutzung der Nutzenergie, also dem Betrieb von Maschinen und Anlagen, sämtliche Nutzenergie in Abwärme über. Insgesamt weist der Verbrauchssektor Haushalte in Duisburg grundsätzlich Ähnlichkeiten mit dem in Düsseldorf auf, und zwar insbesondere in Bezug auf die Verwendungsstruktur. Sehr unterschiedlich ist aber die Deckungsstruktur, insbesondere der höhere Anteil der Fernwärme und der hohe Anteil der Kohle.

In Bezug auf die Entstehung der Abfallenergie Abwärme bestätigen sich die bei der Untersuchung von Düsseldorf gefundenen Ergebnisse. Bei der Stromerzeugung im Kondensationsbetrieb entstehen erhebliche Abwärmemengen. Demgegenüber sind die Verteilungsverluste bei der Umwandlung von Sekundärenergie in Endenergie, die bei der Untersuchung von Düsseldorf der einfachheitshalber vernachlässigt wurden, gering, wenn auch durchaus quantifizierbar. Weitere erhebliche Abwärmemengen entstehen bei der Umwandlung von Endenergie in Nutzenergie, einerseits bei der Stromnutzung, zum größten Teil aber bei der Wärmeerzeugung aus Brennstoffen. Die Fernwärme nimmt hier insofern eine besondere Stellung ein, als sie bei der Umwandlung von Endenergie in Nutzenergie praktisch keine Verluste erzeugt, da ihre Leitungsverluste auf der Umwandlungsstufe von Sekundärenergie zu Endenergie berücksichtigt

4.1 Charakterisierung von Ballungsräumen

wurden. Schließlich wird bei der Nutzung alle Nutzenergie in Abwärme umgewandelt. Die Empfehlung, Strom und Wärme in dem Maße, wie der Bedarf es fordert, zusammen in Kraft-Wärme-Kopplung zu erzeugen, ist ebenso offensichtlich wie die des verstärkten Fernwärmeausbaus und der Erhöhung des Heizungsnutzungsgrades. Wiederum ist der Ausbau von Wärmenetzen erforderlich, um der industriellen und sonstigen Abwärme den Zugang zum Raumwärmemarkt zu eröffnen. Entsprechende Analogien, aber auch Unterschiede zu Düsseldorf, ergeben sich bei der Analyse des Verbrauchssektors Kleinverbraucher. Er wird daher hier nicht näher betrachtet.

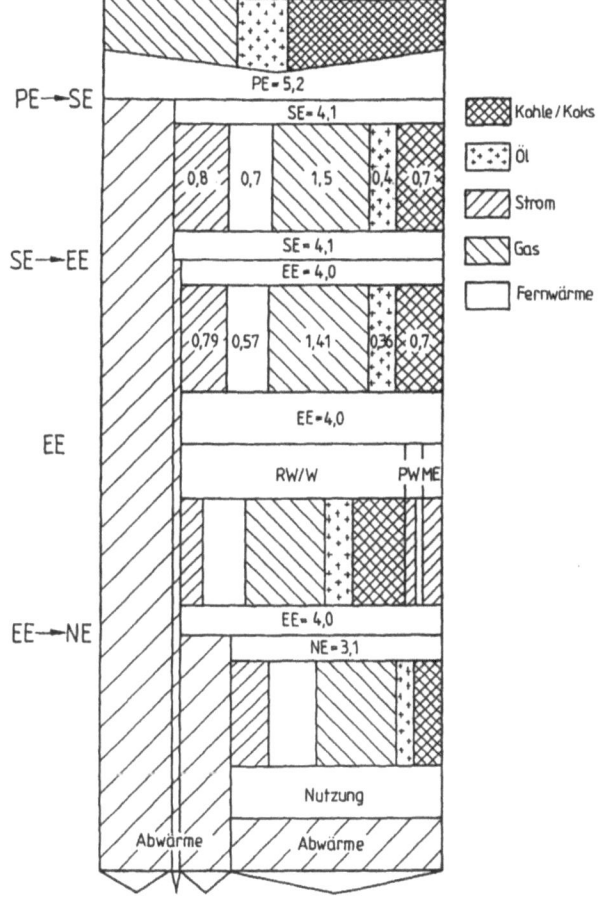

Bild 4-8
Energieflussbild des Verbrauchssektors Haushalte in Duisburg[4]

---

[4] Angaben in MWh/a

Von besonderem Interesse in Bezug auf das Abfallenergieproblem bei kommunalen Versorgungssystemen ist die Analyse der Erzeugungsanlagen. In größeren Kommunen betreiben die Stadtwerke eigene Anlagen zur Erzeugung von Strom und Fernwärme. Als Beispiel zeigt *Tabelle 4-6* die Anschlusswerte der von den Stadtwerken betriebenen Heizkraftwerke (HKW) und Heizwerke (HW) in Duisburg.

Tabelle 4-6: Anschlusswerte der Heizkraftwerke (HKW) und Heizwerke (HW) von Duisburg

Bezeichnung	elektrische Leistung in MW	Heizleistung in MW	Brennstoff
HKW A	96	139	Steinkohle
HKW B	72	70	Steinkohle
HKW C	140	163	Steinkohle
HKW D	177	58	Erdgas
HW 1	-	163	Öl
HW 2	-	100	Öl
HW 3	-	27	Öl
HW 4	-	22	Gas/Öl
HW 5	-	8	Öl
HW 6	-	54	Gas/Öl

Die Heizkraftwerke sind mit Entnahme- und Kondensationsturbinen ausgestattet. Es sind die maximale elektrische Leistung, die sich auf reinen Kondensationsbetrieb bezieht, und die maximale Fernwärmeleistung angeführt. Im gewählten Bezugsjahr setzten die Heizkraftwerke insgesamt eine Brennstoffmenge von 5.580 GWh/a ein und erzeugten brutto 2.065 GWh/a an Strom und 478 GWh/a an Wärme. Dies sind etwa 12 % des Niedertemperaturwärmemarktes. Der Rest des Fernwärmeanteils von ca. 20 % des Niedertemperaturwärmemarktes wird durch ein Heizkraftwerk der STEAG und durch Spitzenkessel der Stadtwerke beigesteuert. Die tatsächlich von den Verbrauchern bezogenen Nettowerte sind um die Beträge der Leitungsverluste und des Eigenbedarfs niedriger. Diese Abschläge werden von den Stadtwerken zu 12 % bei Strom und zu 10 % bei Fernwärme beziffert. Es ergibt sich eine Stromkennzahl von $\sigma = 4{,}3$ und ein Jahresgesamtnutzungsgrad von $\omega = \dfrac{(2.065 + 478)\ GWh/a}{5.580} = 0{,}46$.

In einer ersten Bewertung kann man diesen Nutzungsgrad als für Heizkraftwerke viel zu niedrig einstufen. Eine genauere Analyse der einzelnen Anlagen muss zeigen, welche Effekte für diesen niedrigen Wert verantwortlich sind. Hierbei muss klar zwischen den technischen Möglichkeiten eines Heizkraftwerkes und seiner tatsächlichen Betriebsweise unterschieden werden

Das Heizkraftwerk A hat z. B. die nachstehenden technischen Daten:

- Feuerungswärmeleistung: 226 MW
- thermische Kesselleistung: 208,2 MW
- elektrische Bruttoleistung im Kondensationsbetrieb: 95,8 MW
- elektr. Bruttoleist. bei einer Fernwärmeabgabe von 138,7 MW: 66,4 MW
- elektrischer Wirkungsgrad im Kondensationsbetrieb: $\eta_{el} = 0{,}42$

4.1 Charakterisierung von Ballungsräumen

- elektrischer Wirkungsgrad im Fernwärmebetrieb: $\eta_{el} = 0{,}29$
- Gesamtnutzungsgrad: $\omega = 0{,}91$
- Stromkennzahl: $\sigma = 0{,}47$.

Dieser sehr günstige Nennzustand wird im tatsächlichen Betrieb nicht gefahren.

Tabelle 4-7: Betriebsdaten von HKW A

Monat	Betriebsstunden	Elektroenergie-abgabe in GWh	Heizwärmeabgabe in GWh	Stromkennzahl σ
Januar	744	53,4	52,5	1,0
Februar	661	47,9	47,4	1,0
März	744	56,6	29,6	1,9
April	695	52,7	23,9	2,2
Mai	744	56,5	19,0	3,0
Juni	720	56,2	11,1	5,1
Juli	744	41,4	7,7	5,4
August	742	50,4	9,5	5,3
September	180	11,9	3,5	3,4
Oktober	337	25,3	10,7	2,4
November	708	53,1	23,7	2,2
Dezember	744	57,1	34,1	1,7
Jahr, gesamt	7730	562,5	272,7	2,1

Bekannt sind zunächst die Jahresmenge an Brennstoffzufuhr, nämlich 253.281 t Kohle mit einem Heizwert von 24.000 kJ/kg und 144 t Öl mit einem Heizwert von 42.000 kJ/kg. Die mit dem Brennstoff zugeführte Energiemenge beträgt daher 1.690 GWh/a. Die jährliche Stromabgabe betrug 562 GWh/a, die Wärmeabgabe 272 GWh/a. Damit berechnet sich der tatsächliche Jahresnutzungsgrad im Betrieb zu

$$\omega = \frac{562 + 272}{1.690} = 0{,}49,$$

und die jahresgemittelte Stromkennzahl zu

$$\sigma = \frac{562}{272} = 2{,}1.$$

Aus der hohen Stromkennzahl in Verbindung mit dem niedrigen Jahresgesamtnutzungsgrad wird ersichtlich, dass HKW A weitgehend im Kondensationsbetrieb betrieben wird. Dies zeigen auch die monatlichen Betriebsdaten, die in *Tabelle 4-7* dargestellt sind. Die Stromkennzahl liegt in allen Monaten deutlich über dem Nennwert. In den Zeiten kleineren Heizwärmebedarfs nimmt sie zu und erreicht in den Sommermonaten Juni, Juli, August ein deutliches Maximum.

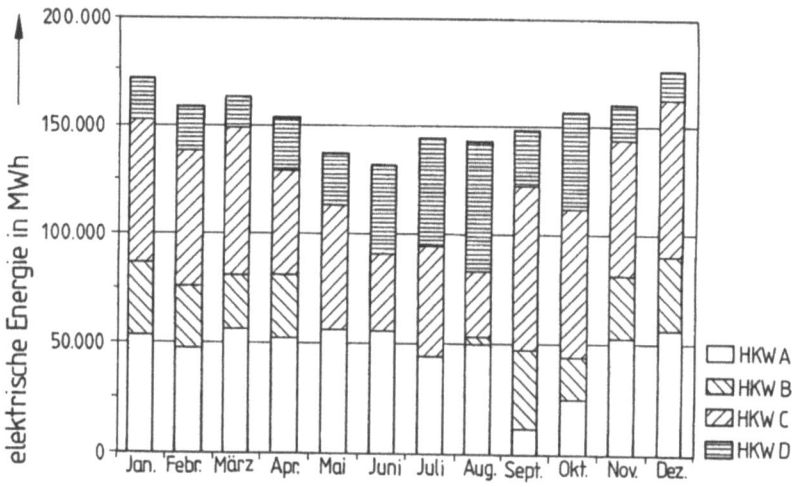

Bild 4-9
Monatliche Elektroenergieabgabe aus Heizkraftwerken in Duisburg

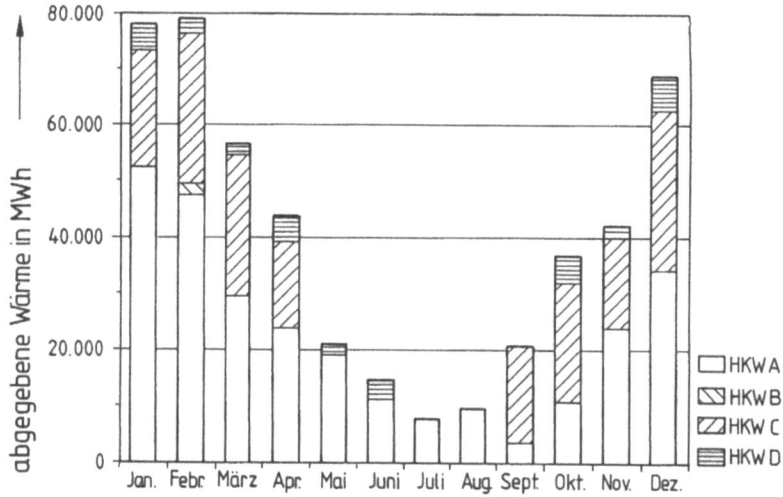

Bild 4-10
Monatliche Heizwärmeabgabe aus Heizkraftwerken in Duisburg

Die *Bilder 4-9* und *4-10* zeigen die Abgaben aller Heizkraftwerke an elektrischer Energie und an Wärme für die einzelnen Monate. Bei der Wärmeabgabe dominiert das HWK A. Das bedeutet, dass angesichts des noch ungünstigeren Mittelwertes für alle Erzeugungsanlagen zu-

4.1 Charakterisierung von Ballungsräumen

sammen die anderen Heizkraftwerke in noch größerem Maße als HKW A im Kondensationsbetrieb betrieben werden. Die Anlagen werden also im Hinblick auf ihre technischen Möglichkeiten nicht optimal genutzt. Es könnte wesentlich mehr Fernwärme ausgekoppelt und damit Abwärme vermieden werden. Allerdings hat der Raumwärmebedarf einen ausgeprägten Jahresgang, mit Verbrauchsspitzen in der kalten Jahreszeit und einem Verbrauchstal im Sommer. Demgegenüber ist der Strombedarf relativ gleichmäßig über das Jahr verteilt. Es ist also klar, dass die Stromkennzahl der Heizkraftwerke diesem Bedarfspotenzial angepasst werden muss, wenn keine zusätzlichen Wärmeverbraucher im Sommer gefunden werden.

4.2 Charakterisierung des ländlichen Raums

Als engerer Objektbereich wurde stellvertretend für ländlich geprägte, dezentral strukturierte Räume der Landkreis Spree-Neiße im südlichen Land Brandenburg ausgewählt. Sofern die Verfügbarkeit von Daten dies zulässt, werden nachfolgend Kenndaten aus dem Landkreis Spree-Neiße spezifiziert. Für Sektoren, aus denen entsprechende Datengrundlagen nicht für den Projektraum verfügbar sind und diese für die weiteren Betrachtungen Zielgrößen darstellen, werden entsprechende Basisdaten des Landes Brandenburg zugrundegelegt. Die Daten entstammen soweit nicht anders vermerkt dem Statistischen Jahrbuch des Landes Brandenburg in der Ausgabe von 1998.

4.2.1 Siedlungs- und Gewerbestruktur

Im engeren Objektbereich leben auf einer Gesamtfläche von 166.163 Hektar rund 153.500 Einwohner. Die Siedlungsstruktur baut auf dem raumordnerischen Leitbild der dezentralen Konzentration als genereller Leitlinie auf. Den Hauptanteil an der Flächennutzung machen Land- und Forstwirtschaft aus (*Tabelle 4-8*). Die Bevölkerung verteilt sich auf vier kreisfreie Städte, eine amtsfreie Gemeinde sowie neun Ämter mit den dazugehörenden Gemeinden (*Tabelle 4-9*).

Die Bruttowertschöpfung betrug 1995 im Landkreis Spree-Neiße rund 64,2 Mio. DM (*Tabelle 4-10*).

Das Abfallaufkommen im Landkreis Spree-Neiße betrug im Jahre 1996 rund 269.000 t, die teils deponiert und teils verwertet wurden[5] (*Tabelle 4-11*).

Tabelle 4-8: Flächenverteilung im Landkreis Spree-Neiße (Stand 1996)

	Gebäude- u. Freiflächen	Betriebsflächen	Erholung	Verkehr	Landwirtschaft	Wald	Wasser	Sonstige	Summe
Fläche in ha	6.435	7.950	523	6.084	60.749	75.764	4.641	4.871	166.163
Anteil in %	3,9	4,8	0,3	3,6	36,6	45,6	2,8	2,4	100

---

[5] weitere Ausführungen zur Abfallbehandlung und energetischen Abfallverwertung siehe auch Abschnitt 3.3 und 4.7.

4.2 Charakterisierung des ländlichen Raums

Tabelle 4-9: Bevölkerungsdichte und Flächengrößen der Städte/Gemeinden im Landkreis Spree-Neiße (Stand 1997)

Stadt/Amt/Gemeinde	Einwohnerzahl	Einwohnerdichte in Einw. / km²
Stadt Forst	25.381	231
Stadt Guben	28.034	640
Stadt Spremberg	23.370	206
Gemeinde Kolkwitz	9.426	91
Amt Burg	9.024	71
Amt Döbern	10.837	65
Amt Drebkau	6.403	48
Amt Hornow-Simmersdorf	6.004	38
Amt Jänschwalde	3.014	37
Amt Neuhausen	9.125	62
Amt Peitz	11.610	58
Amt Schenkendöbern	4.371	20
Amt Welzow	8.485	134

Tabelle 4-10: Bruttowertschöpfung verschiedener Bereiche im Landkreis Spree-Neiße

Bereich	Bruttowertschöpfung in Mio. DM
Land- u. Forstwirtschaft, Fischerei	1,364
produzierendes Gewerbe	24,619
Energie, Wasserversorgung, Bergbau	2,550
verarbeitendes Gewerbe	10,963
Baugewerbe	10,857
Handel und Verkehr	6,816
Dienstleistungsunternehmen	17,040
staatl. Organisationen ohne Erwerbszwecke u. private Haushalte	13,537
Summe:	64,166

Tabelle 4-11: Abfallaufkommen im Landkreis Spree-Neiße im Jahr 1996

	Deponierung in t	Verwertung in t
Haus- und Sperrmüll	66.400	15.700 Duales System, 3.200 Garten-/Parkabfälle
Gewerbeabfälle	39.600	
Klär- und Fäkalschlämme	3.000	
Straßenkehrricht	3.000	
Sanierungsabfälle	3.000	
Bauabfälle	82.000	52.000
Gesamt: 269.900 t	197.000	72.900

4.2.2 Land- und Forstwirtschaft

Da die Nutzung biogener Energieträger einen Schwerpunkt der Untersuchungen zur Abfallenergieverwertung bildete (Abschnitt 3.4 und 3.5) und die Lieferung biogener Festbrennstoffe bei zunehmender wirtschaftlicher Bedeutung vorrangig Aufgabe einer regionalen Land- und Forstwirtschaft ist, standen diese zwei Wirtschaftszweige des Primärsektors im Mittelpunkt der Untersuchungen. Die Landwirtschaft stellt in den ländlich geprägten Regionen einen bedeutenden Wirtschaftsfaktor dar. Der Stellenwert der Landwirtschaft liegt aus raumordnungs- und energiepolitischer Sicht u. a. in ihrem Beitrag

- zur Aufrechterhaltung einer tragfähigen Siedlungs- und Beschäftigungsstruktur,
- zum Erhalt und zur weiteren Entwicklung der Kultur- und Erholungslandschaft mit vielfältigen Formen der Biomasseproduktion sowie des Boden- und Grundwasserschutzes,
- als Nahrungsmittelproduzent zur regionalen Marktversorgung und damit zur Verringerung des überregionalen Verkehrsaufkommens und folglich zur Minderung des Energieverbrauchs (v. a. Diesel),
- als Produzent von Energiepflanzen zur Reduzierung fossiler Energieträger bei der Wärme- und Stromversorgung.

Die bewirtschaftete landwirtschaftliche Nutzfläche beträgt im Landkreis Spree-Neiße ca. 60.750 ha (entspricht 37 % der Gesamtfläche), wovon auf die verschiedenen Produktlinien zur Ernte 1997 folgende Flächengrößen entfielen:

- Getreide   13.801 ha
- Ölfrüchte   8.297 ha
- Hackfrüchte   311 ha
- Gemüse   379 ha
- Ackerfutter   9.016 ha
- Dauerkulturen   109 ha
- Dauergrünland   9.640 ha
- Energiepflanzen   480 ha
- sonstige Früchte   10.851 ha
- konjunkturelle Stillegung   6.768 ha
- übrige Stillegung   1.098 ha.

Die Daten belegen einen insgesamt durchschnittlichen Anteil landwirtschaftlicher Nutzfläche am Kreisgebiet, wobei mit 22.578 ha (entspricht 37 % der landwirtschaftlichen Nutzfläche) ein beträchtlicher Teil der Kulturen (Getreide, Eiweißpflanzen und Ölfrüchte) stetig sinkende Anbaugrößen aufweist, da diese Produktlinien der konjunkturellen Stillegung (EU-Agrarreform) zur Senkung agrarischer Überangebotsmengen unterliegen und die Anbaufläche je nach Weltmarktsituation um bis zu 33 % pro Jahr reduziert wird. Mit Blick auf die Agrarpolitik kommt bei den mengenreduzierenden Maßnahmen neben der Flächenstillegung, der Extensivierung und der Neuaufforstung insbesondere dem Anbau nachwachsender Rohstoffe für den Non-Food-Bereich (zur energetischen und stofflichen Verwertung) zunehmende Bedeutung zu.

Unter der Voraussetzung einer entsprechenden Wirtschaftlichkeit eröffnen sich für die landwirtschaftlichen Unternehmen Perspektiven und Möglichkeiten zukünftiger, tragfähiger und umweltschonender Bewirtschaftungssysteme. Im Untersuchungsgebiet können insgesamt rund 11.000 ha Flächen potenziell für den vorzugsweisen Anbau nachwachsender Rohstoffe genutzt werden (entspricht rund 20% der gesamten landwirtschaftlichen Nutzfläche). Dieses Flächenpotenzial wurde bisher erst von wenigen Unternehmen genutzt, die zudem bislang ausschließlich Abnahmeverträge für eine technische Nutzung der Biomasse abgeschlossen haben und die energetische Nutzung bisher nicht berücksichtigten.

Neben der Landwirtschaft mit 37% Flächenanteil kommt der Forstwirtschaft eine bedeutende Rolle bei der Bereitstellung biogener Brennstoffe zu. Der Anteil der forstwirtschaftlich genutzten Fläche ist im Objektbereich (45,6%) sowie im überregionalen Vergleich (Land Brandenburg 37,0%, BRD 30,4%) sehr hoch. Ziel der Forstpolitik ist es, den Wald im Hinblick auf seine Ausdehnung und seine Leistung zu erhalten, seine Fläche, wo dies erforderlich ist, zu mehren und eine nachhaltige Bewirtschaftung zu sichern. Letzteres impliziert, dass der jährliche Holzzuwachs in bestimmtem Maße abgeschöpft wird, um die Stabilität der Bestände zu sichern. Wird die Durchforstung ordungsgemäß durchgeführt, bedeutet dieses ein hohes Maß an nutzbaren Holzvorräten im Kreisgebiet Spree-Neiße, die stetig zuwachsen. Im Objektbereich liegt auf insgesamt 75.764 ha Waldfläche aktuell ein Holzvorrat von durchschnittlich 110 m^3/ha vor, bei dem der Hauptanteil auf die Kiefer entfällt. Die Kiefer dominiert mit 89% deutlich vor Birke (4,4%), Eiche (2,2%) und sonstigen Hartlaubhölzern (1,3%).

4.2.3 Energieversorgung

Historisch bedingt kommt im Landkreis Spree-Neiße Braunkohle als Rohstoff zur Gewinnung von elektrischer Energie und Wärme eine vorrangige Bedeutung zu. Im Trend wird ein völlig neuer Energieträger-Mix angestrebt, bei dem neben Braunkohle auch Erdöl, Erdgas, Wasserkraft, Windkraft, Biomasse und Geothermie zur Anwendung kommen. Braunkohle wird zukünftig lediglich noch für die Stromversorgung eingeplant. Vorliegende Prognosen gehen davon aus, dass sich der Primärenergieverbrauch in seiner absoluten Höhe in der Region nur wenig verändern wird.

Zu den Schlüsselenergien bei der (Niedertemperatur-)Wärmeerzeugung zählen derzeit Erdgas und Fernwärme. Hier wird zukünftig verstärkt der Einsatz von dezentral strukturierten Versorgungseinrichtungen angestrebt. Sofern die Landnutzungsformen dies erlauben, soll neben Erdgas vor allem Biomasse zum Einsatz kommen. Aktuell bildet ein Mix aus Erdöl, Erdgas und Braunkohle die Basis der Hauptenergieträger. Durch die ansässigen Versorgungsträger (Kraftwerke Jänschwalde, Schwarze Pumpe) werden neben Gesellschaftsbauten ca. 20% der Einwohner im Landkreis mit Fernwärme versorgt.

Die Stromerzeugung basiert nach der Restrukturierung der Energiewirtschaft sowie der Modernisierung der in betrieb befindlichen Anlagen heute wesentlich auf der Versorgung durch die Kohlekraftwerke Jänschwalde (6 * 500 MW) sowie Schwarze Pumpe (2 * 800 MW). Die übrigen kleineren und mittleren Braunkohlekraftwerke wurden bereits stillgelegt. Daneben werden im Landkreis Spree-Neiße verschiedene Wasserkraftwerke an den Flüssen Neiße (Groß Gastrose: 500 kW, Grießen: 540 kW, Forst: 250 kW) sowie Spree (Neuhausen: 240 kW, Bräsinchen: 700 kW) betrieben. Darüber hinaus verfügt die Region im Bereich der Tagebaue über Windnutzungsgebiete, die nach heutigen Gesichtspunkten einen wirtschaftlichen Betrieb ermöglichen. Im Bereich der Tagebaue Cottbus-Nord, Jänschwalde, Welzow-Süd und im Bereich der Lagerstätte Welzow-Süd befinden sich derzeit 25 Anlagen mit jeweils mehr als 500 kW Leistung in Betrieb bzw. vor der Fertigstellung. Es ist das Ziel, weitere Windnutzungsgebiete zu suchen und entsprechend der sich weiter entwickelnden Technik konsequent zu nutzen. Da der Landkreis über keine Deponie verfügt, die für eine energetische Nachnutzung (Deponiegas) in Frage kommt, gibt es keine energetische Nutzung von Deponiegas.

Der Stromverbrauch liegt bei etwa 4.420 kWh/Einw., was einer Verbrauchsdichte von 435 MWh/km² und einem Gesamtverbrauch von 0,7 Mio. MWh/a entspricht.

Im Hinblick auf die in Abschnitt 3.4 aufgeführten Möglichkeiten, Biomasse zur energetischen Verwertung bereitzustellen, resultiert vor dem Hintergrund der real verfügbaren Fläche im Objektbereich das in *Tabelle 4-12* zusammengefasste planbare, technisch und ökologisch nutzbare Energiepotenzial aus Biomasse. Für den Landkreis Spree-Neiße resultiert ein Endenergiepotenzial von etwa 50 MW, was einem Anteil von 16% des jährlichen Energiebedarfs gleichkommt. Das nutzbare Bioenergiepotenzial variiert allerdings regional und schwankt in den einzelnen Räumen zwischen 0,23 und 1,03 kW pro Einwohner [4-5].

Tabelle 4-12: Nutzbare Endenergiepotenziale aus Biomasse in MW

	Waldrestholz	Landschaftspflegeholz	Industrierest & Altholz	Energiepflanzen	Stroh (Teilpflanzen)	Biogas	Sonst.	Summe	Anteil am Bedarf in %
BRD	4.519	127	2.291	13.684	3.437	2.578		26.636	8,5
Land Brandenburg	327	7	60	468	229	76	92	1.259	12
Landkreis Spree-Neiße	18,1	0,2	2,4	15,2	6,8	3,3	3,9	49,9	16

Für das Bundesland Brandenburg als weiteren Objektbereich wird das Potenzial auf 1.260 MW bilanziert [4-5] und resultiert im einzelnen aus:

37% Energiepflanzen, die auf stillgelegten Ackerflächen angebaut werden können,

26% Waldrest- und Durchforstungsholz,

18% Stroh als Teilpflanzen aus dem Getreideanbau,

6% Biogas aus tierischen Reststoffen und

13% sonstigen festen biogenen Rest- und Abfallstoffen.

Die durch die Landesregierung Brandenburg formulierte Zielstellung (und damit auch für den Objektbereich maßgebliche), zukünftig den Primärenergiebedarf zu 3% (entspricht 458 MW) aus der Nutzung von Biomasse zu decken, ist hinsichtlich des Biomasseaufkommens ohne weiteres realisierbar. Das Ziel ist überdies zu erreichen, ohne die traditionellen Aufgaben der Land- und Forstwirtschaft dadurch zu mindern.

4.3 Charakterisierung des ländlichen Raums mit Ballungszentren (Mischraum)

4.3.1 Beschreibung des Untersuchungsgebiets

Häufig sind Gebiete zu untersuchen, die ländliche Räume mit Ballungszentren verbinden. Diese Objektbereiche sollen hier als „Mischräume" bezeichnet werden. Ein Beispiel für einen solchen Raum ist ein Versorgungsgebiet aus dem Bereich der Regionalversorgung Niederrhein der RWE Energie AG [4-6]. Das betrachtete Versorgungsgebiet erstreckt sich geographisch über eine Region innerhalb des rechten und linken Niederrheins. Im Norden wird es von der deutschniederländischen Grenze und im Süden durch das Ruhrgebiet begrenzt. Im Untersuchungsgebiet befinden sich acht Städte (Emmerich, Isselburg, Kalkar, Rees, Hamminkeln, Wesel, Voerde und Rheinberg) sowie mit Hünxe und Schermbeck zwei Gemeinden, welche verwaltungspolitisch drei Kreisen, nämlich Wesel, Kleve und Borken, angehören.

Tabelle 4-13 zeigt für das Untersuchungsgebiet Städte und Gemeinden, die jeweils übergeordneten Kreise sowie die Einwohnerzahlen (Stand 1995). Das Untersuchungsgebiet hat in der Summe etwa 255.000 Einwohner. Dies entspricht zum Vergleich in etwa der Einwohnerzahl der Stadt Krefeld (ca. 250.000).

Tabelle 4-13: Städte und Gemeinden im Untersuchungsgebiet

Stadt (S) bzw. Gemeinde (G)	Kreis	Einwohner
Voerde (S)	Wesel	38.269
Wesel (S)	Wesel	61.609
Hünxe (G)	Wesel	13.632
Schermbeck (G)	Wesel	13.094
Rheinberg (S)	Wesel	29.638
Hamminkeln (S)	Wesel	26.480
Rees (S)	Kleve	20.010
Kalkar (S)	Kleve	12.560
Isselburg (S)	Borken	10.644
Emmerich (S)	Kleve	29.285

Kunden leitungsgebundener Energieträger werden vom Versorgungsunternehmen i. a. in „Tarifkunden" und „Sondervertragskunden" unterteilt. Sondervertragskunden sind dadurch gekennzeichnet, dass deren Bezug eines Energieträgers entweder oberhalb einer bestimmten Mindestmenge oder oberhalb einer bestimmten Jahreshöchstleistung liegt. Die Einordnung eines Kunden in eine der beiden Nutzergruppen geschieht beim Strombezug von der RWE Energie AG anhand der Kriterien:

- Stromverbrauch größer 80 MWh/a oder
- Jahreshöchstleistung größer 35 kW.

Alle anderen Kunden werden als Tarifkunden bezeichnet. Hiernach gehören alle privaten Haushalte zur Gruppe der Tarifkunden. Industrielle Betriebe werden ausschließlich der Gruppe der Sondervertragskunden zugeordnet. Kleinverbraucher, also gewerbliche Betriebe und öffentliche Einrichtungen, werden abhängig von ihrem Strombezug entweder der Gruppe der Tarifkunden oder der Gruppe der Sondervertragskunden zugewiesen.

Die Versorgung mit Raumwärme erfolgt durch die leitungsgebundenen Energieträger Nachtstrom, Gas oder Fernwärme sowie durch die nicht leitungsgebundenen Energieträger Öl und feste Brennstoffe. Der gesamte Energiebezug durch nicht leitungsgebundene Energieträger wird im Folgenden mit dem Index Öl/Kohle zusammengefasst. Andere Heizanlagen, wie z. B. elektrisch betriebene Wärmepumpenheizsysteme, solarthermische Anlagen etc. sind bislang kaum installiert. Warmwasser wird entweder durch elektrisch betriebene Durchlauferhitzer oder durch öl-, gasbefeuerte Heizanlagen erzeugt. Andere Erzeugungsanlagen für Warmwasser, wie z. B. Solarenergie nutzende Kollektoren, bleiben hier ebenfalls unberücksichtigt. Elektrische Energie für Tarifkunden wird ausschließlich durch den örtlichen Stromversorger bereitgestellt. Er wird hier nicht im Detail betrachtet.

Daten über die Stromversorgung im Untersuchungsgebiet liegen bei der RWE Energie AG sowie bei den Stadtwerken Emmerich GmbH vor. Die leitungsgebundene Gasversorgung erfolgt entweder durch die zuständigen Stadtwerke, durch die Niederrheinischen Gas- und Wasserwerke GmbH (NGW) oder direkt durch die Thyssengas GmbH. Der Bezug von Fernwärme wird von der Fernwärmeversorgung Niederrhein GmbH bereitgestellt. Somit lassen sich sichere Aussagen über den leitungsgebundenen Energieeinsatz im Untersuchungsgebiet machen.

Die Versorgung mit den nicht leitungsgebundenen Energieträgern Öl und Kohle kann hingegen aufgrund der Vielzahl kleiner Zwischenhändler nicht direkt erfasst werden. Daher wird eine etablierte statistische Methode zur Erfassung des gesamten Niedertemperaturwärmebedarfs der Tarifkunden angewandt. Aus der Differenz des Wärmebedarfs und den eingesetzten leitungsgebundenen Energieträgern kann der Einsatz der nicht leitungsgebundenen Energieträger Öl und Kohle ermittelt werden.

4.3.2 Energiebezug leitungsgebundener Energieträger

Strombezug

Die RWE Energie AG ist Direktversorger jedes Stromkunden im Untersuchungsgebiet, mit Ausnahme der Stadt Emmerich, in der die Stadtwerke Emmerich GmbH als Endversorger auftritt. *Tabelle 4-14* zeigt den Strombezug der Tarifkunden. In *Tabelle 4-15* ist daraus der spezifische Stromverbrauch (ohne Nachtspeicherheizungen), bezogen auf die Einwohnerzahl, berechnet worden.

Man kann gut erkennen, dass der spezifische Stromverbrauch privater Haushalte ohne Nachtspeicherheizungen weitgehend konstant ist, wobei der durchschnittliche Stromverbrauch der privaten Haushalte je Einwohner von etwa 1,5 MWh/(a*Einw.) plausibel erscheint. Der durchschnittliche Stromverbrauch ohne Nachtspeicherheizungen beträgt bundesweit 1,27 MWh/(a*Einw.).

Neben den Tarifkunden gibt es im gesamten Untersuchungsgebiet 674 Sondervertragskunden. *Tabelle 4-16* zeigt den Wirkstrombezug der Sondervertragskunden aufgeschlüsselt nach Städten und Gemeinden.

4.3 Charakterisierung des ländlichen Raums mit Ballungszentren (Mischraum)

Tabelle 4-14: Stromverbrauch der Tarifkunden in GWh/a

Ort	private Haushalte	Kleinverbraucher	Summe Strombezug	Nachtspeicherheizung
Voerde	60,9	9,5	70,3	7,4
Wesel	94,4	26,8	121,2	18,0
Hünxe	23,1	3,7	26,8	6,7
Schermbeck	19,8	4,5	24,3	7,6
Rheinberg	45,6	8,4	54,0	19,3
Hamminkeln	39,5	9,2	48,7	14,2
Rees	29,7	7,2	37,0	7,9
Kalkar	18,8	4,6	23,3	4,9
Isselburg	15,8	3,8	19,6	6,3
Emmerich	39,0	35,6	74,6	7,4
Summe	386,7	113,2	499,9	99,6

Tabelle 4-15: Spezifischer Stromverbrauch ohne Nachtspeicherheizungen der Tarifkunden in MWh/(a*Einw.)

Ort	private Haushalte	Kleinverbraucher	Summe Tarifkunden
Voerde	1,59	0,25	1,84
Wesel	1,53	0,44	1,97
Hünxe	1,70	0,27	1,97
Schermbeck	1,51	0,35	1,86
Rheinberg	1,54	0,28	1,82
Hamminkeln	1,49	0,35	1,84
Rees	1,49	0,36	1,85
Kalkar	1,50	0,36	1,86
Isselburg	1,49	0,35	1,84
Emmerich	1,33	1,22	2,55
Durchschnitt	1,52	0,42	1,94

Tabelle 4-16: Wirkstromverbrauch der Sondervertragskunden in GWh/a

Ort	Anzahl	Wirkstromverbrauch
Voerde	47	1.344,7
Wesel	205	99,5
Hünxe	31	13,8
Schermbeck	40	20,6
Rheinberg	69	21,3
Hamminkeln	70	37,7
Rees	48	15,6
Kalkar	34	26,9
Isselburg	19	9,9
Emmerich	111	126,8
Summe	674	1.716,7

Gasbezug

Die Gasversorgung der Tarifkunden wird durch die jeweiligen Stadtwerke (SW) sowie durch die Niederrheinischen Gas- und Wasserwerke GmbH (NGW) gewährleistet. Größere Sondervertragskunden jedoch beziehen ihr Gas anstatt von den genannten Gaswerken oft direkt von der Thyssengas GmbH. *Tabelle 4-17* zeigt den Gasbezug im Untersuchungsgebiet, wobei in der Spalte der Sondervertragskunden auch die von der Thyssengas gelieferte Gasmenge enthalten ist. Über den Verwendungszweck des bezogenen Erdgases liegen keine Daten vor.

Tabelle 4-17: Gasbezug im Untersuchungsgebiet in GWh/a

Ort	Versorgungsunternehmen	Gasbezug, Tarifkunden	Gasbezug, Sondervertragskund.	Gasbezug, gesamt
Voerde	NGW	185,4	238,9	424,3
Wesel	SW	100,0	504,0	604,0
Hünxe	NGW	38,2	13,0	51,2
Schermbeck	NGW	40,0	75,6	115,6
Rheinberg	NGW	96,1	1.462,4	1.558,5
Hamminkeln	NGW	100,6	86,1	186,7
Rees	SW	122,3	32,2	154,5
Kalkar	SW	64,3	25,0	89,3
Isselburg	NGW	52,4	27,9	80,3
Emmerich	SW	259,1	638,8	897,9
Summe	-	1.058,5	3.103,8	4.162,2

Fernwärmebezug

Mit Fernwärme werden nur Teile der Stadt Voerde und die Siedlung Bruckhausen der Gemeinde Hünxe versorgt. Es ergibt sich für Voerde ein Fernwärmebezug von 33,7 GWh/a und für Hünxe einer von 9,7 GWh/a [4-7]. Mit dem von der Fernwärmeversorgung Niederrhein GmbH angegebenen Jahresnutzungsgrad von $\eta_T = 0{,}90$ ergibt sich eine für Voerde und Hünxe jährlich aus den Erzeugungsanlagen ausgekoppelte Wärmemenge von 48,2 GWh/a. Es wird angenommen, dass der gesamte Fernwärmebezug zur Raumwärmeversorgung dient. Eine Untersuchung der Bebauungsstruktur der belieferten Gebiete ergibt, dass in Bruckhausen (als das in Hünxe mit Fernwärme versorgte Gebiet) ausschließlich private Haushalte und in Voerde neben wenigen öffentlichen Einrichtungen weit überwiegend private Haushalte versorgt werden. Daher wird im Folgenden davon ausgegangen, dass ausschließlich Tarifkunden mit Fernwärme beliefert werden.

4.3.3 Niedertemperaturwärmebedarf der Tarifkunden

Da keine direkten Aussagen über den Einsatz der Energieträger Öl und Kohle gemacht werden können, soll in diesem Kapitel zunächst der gesamte Niedertemperaturwärmebedarf mit Hilfe einer statistischen Methode, dem Siedlungsstrukturmodell, erhoben werden. Anschließend kann aus der Differenz des gesamten Niedertemperaturwärmebedarfs und dem Wärmebedarf, welcher durch die leitungsgebundenen Energieträger bereitgestellt wird, der Einsatz nicht lei-

4.3 Charakterisierung des ländlichen Raums mit Ballungszentren (Mischraum)

tungsgebundener Energieträger quantifiziert werden. Das Siedlungsstrukturmodell bedient sich neun unterschiedlicher Siedlungstypen. Diese wurden auf Basis städtebautheoretischer und wärmetechnischer Überlegungen definiert und stellen ein repräsentatives Abbild der räumlichen Gliederung der Bundesrepublik Deutschland dar. Dabei sind den Siedlungstypen morphologisch strukturierte Datenprofile mit städtebaulichem, bau- und wärmetechnischem Inhalt zugeordnet. Zur Ermittlung des Niedertemperaturwärmebedarfs der Tarifkunden nach dem Siedlungsstrukturmodell wurden 19 topographische Karten der Normalausgabe des Maßstabes 1:5.000 in der aktuellen Auflage aus dem Jahre 1994 beim Landesvermessungsamt NRW bezogen. Mit Hilfe dieser Karten wurden im betrachteten Untersuchungsgebiet Siedlungszellen gleicher Bebauung definiert. Durch Vergleich des Kartenbildes der Bebauung mit dem Kartenbild aus dem Datenprofil wurde die Siedlungszelle einem Siedlungstyp zugeordnet. Anschließend wurde die Fläche der Siedlungszelle ermittelt und je nach Bebauungsdichte nach dem Kartenbild ein entsprechender Wert für die Höchstleistungswärmedichte aus der angegebenen Bandbreite des Datenprofils ausgewählt. Außerdem war die durch die Wärmeschutzverordnungen verbesserte Wärmedämmung anhand geschätzter Neubauraten zu berücksichtigen [4-8], [4-9]. Im Untersuchungsgebiet sind insgesamt 199 Siedlungszellen definiert worden. Davon gehören allein 60 Siedlungszellen dem Siedlungstyps 9 (Industrie- und Lagergebäude) an. Diese werden im Folgenden nicht weiter berücksichtigt, da der Energiebedarf der Sondervertragskunden nach anderen Methoden gesondert ermittelt wird. Die Ergebnisse des Siedlungsstrukturmodells sind in *Tabelle 4-18* auf der Ebene der Städte und Gemeinden als Nutzwärmehöchstleistung Q_H sowie als Nutzwärmebedarf für Raumwärme Q_{NE-RW} dargestellt.

Der durchschnittliche Nutzenergiebedarf für Raumwärme beträgt somit 10 MWh/(a*Einw.), die durchschnittliche Nutzwärmehöchstleistung 4 kW/Einw. .

Tabelle 4-18: Nutzwärmehöchstleistung sowie Nutzwärmebedarf für Raumwärme

Ort	Nutzwärmehöchstleistung Q_H in MW	Nutzwärmebedarf Q_{NE-RW} in GWh/a
Voerde	111,8	245,9
Wesel	269,1	592,1
Hünxe	49,0	107,8
Schermbeck	46,3	101,9
Rheinberg	124,0	272,9
Hamminkeln	94,2	207,1
Rees	105,0	230,9
Kalkar	57,6	126,7
Isselburg	50,8	111,9
Emmerich	196,7	432,8
Summe	1.104,5	2.429,9

4.3.4 Raumwärmebedarf nach Energieträgern

Die Angaben über die leitungsgebundenen Energieeinsätze, differenziert nach Energieträgern, gelten für die Ebene der Endenergie. Der nach dem Siedlungsstrukturmodell ermittelte Raumwärmebedarf der Tarifkunden nach *Tabelle 4-18* bezieht sich auf die Ebene der Nutzenergie.

Daher werden die leitungsgebundenen Energieeinsätze mit durchschnittlichen Jahresnutzungsgraden multipliziert [4-10]. Der Nutzwärmebedarf Raumwärme der Energieträger Öl und Kohle ergibt sich anschließend aus der Differenz des gesamten Nutzwärmebedarfs und dem Nutzwärmebedarf, welcher durch leitungsgebundene Energieträger, Nachtstrom, Gas und Fernwärme, gedeckt wird. Eine genaue Angabe, wie groß der Anteil der mit Steinkohle, Braunkohle oder Holz befeuerten Heizanlagen ist, ist auf diese Weise nicht möglich. Es ist zu vermuten, dass im Untersuchungsgebiet ölbefeuerte Heizanlagen unter den nicht leitungsgebundenen Anlagen ganz eindeutig dominieren. Im Folgenden wird den öl- bzw. kohlebefeuerten Heizanlagen ein durchschnittlicher Jahresnutzungsgrad zugeordnet.

Zusätzlich zum Wärmebedarf für Raumwärme existiert ein Wärmebedarf zur Warmwassererzeugung. Der Anteil des Endenergiebedarfs zur Warmwassererzeugung Q_{EE-WW} am Endenergieeinsatz für Raumwärme Q_{EE-RW} beträgt bundesweit 19,6 % und der Anteil des elektrischen Endenergiebedarfs E_{EE-El} an dem Endenergieeinsatz für Raumwärme Q_{EE-RW} 11,0 %. Danach ergibt sich für das Untersuchungsgebiet ein jährlicher Wärmebedarf der Warmwassererzeugung von 598 GWh/a und ein Bedarf an Strom für Licht und „Kraft" von 335,6 GWh/a. Der jährliche Stromverbrauch ohne Nachtspeicherheizungen nach *Tabelle 4-14* beträgt 499,9 GWh/a. Dies reicht für eine vollständige Deckung des elektrischen Energiebedarfs für Licht und „Kraft" und gewährleistet eine Deckung des Wärmebedarfs für Warmwasser von 27,5 %. Es wird angenommen, dass der restliche Wärmebedarf für Warmwasser von jährlich 433,7 GWh/a (72,5 %) durch öl- bzw. gasbefeuerte Heizanlagen erzeugt wird.

Da hiernach ein Teil des Gasbezuges der Tarifkunden zur Warmwassererzeugung verwendet wird, verringert sich der Endenergieeinsatz Gas für Raumwärme um eben diesen Anteil Gas zur Warmwassererzeugung. Dieser Anteil von 13,7 % des gesamten Erdgasbezuges wird beim Energieträger Gas für jeden Ort vom Endenergieeinsatz Raumwärme abgezogen und dem Energieträger Öl/Kohle unter Berücksichtigung der entsprechenden Jahresnutzungsgrade zugeschlagen. In *Tabelle 4-19* wird unter Berücksichtigung der Jahresnutzungsgrade der endgültige Endenergieverbrauch Raumwärme, aufgeschlüsselt nach Energieträgern, dargestellt.

Tabelle 4-19: Endenergieverbrauch für Raumwärme[6] in GWh/a

Ort	Elektroenergie	Gas	Fernwärme	Öl/Kohle	gesamt
Voerde	7,4	160,1	33,6	91,7	292,8
Wesel	18,0	86,4	0	667,6	771,9
Hünxe	6,7	33,0	9,7	84,5	133,9
Schermbeck	7,6	34,5	0	86,5	128,7
Rheinberg	19,3	83,0	0	244,1	346,4
Hamminkeln	14,2	86,9	0	158,9	259,9
Rees	7,9	105,6	0	177,6	291,1
Kalkar	4,9	55,5	0	99,5	159,9
Isselburg	6,3	45,2	0	89,5	141,0
Emmerich	7,4	223,7	0	313,7	544,8
Summe	99,6	913,9	43,4	2.013,5	3.070,4

---

[6] Berechnet mit Annahmen zum Nutzungsgrad bei der Endenergie-Nutzenergie-Wandlung η_{EE-NE} zur Bereitstellung der Raumwärme Q_{EE-RW} durch die einzelnen Endenergieträger. Es wurden folgende Nutzungsgrade angenommen: für Elektroenergie $\eta_{El} = 1$, für Gas $\eta_G = 0,85$; für Fernwärme $\eta_{FW} = 1$; für Öl/Kohle $\eta_{ÖK} = 0,75$.

4.3 Charakterisierung des ländlichen Raums mit Ballungszentren (Mischraum)

Der Primärenergieeinsatz für Raumwärme Q_{PE-RW} wird in *Tabelle 4-20* dargestellt. Er ergibt sich aus dem Endenergieeinsatz Raumwärme Q_{EE-RW}. Dazu wird angenommen, dass der Strom in einem Kraftwerk mit einem elektrischen Wirkungsgrad von $\eta_{el} = 0{,}40$ erzeugt wird. Mit welchen Primärenergien der elektrische Strom erzeugt wird, sei hier irrelevant. Der Primärenergieeinsatz zur Fernwärmeversorgung ergibt sich aus der Division durch die Heizzahl von $\zeta_{FW} = 2{,}42$. Der Anteil des Primärenergieverbrauchs des durch Kraft-Wärme-Kopplung erzeugten Stroms wird dem elektrischen Energiebedarf angelastet.

Tabelle 4-20: Primärenergieverbrauch für Raumwärme[7] in GWh/a

Ort	Elektroenergie	Gas	Fernwärme	Öl/Kohle	gesamt
Voerde	18,5	160,1	13,9	91,7	284,2
Wesel	45,0	86,4	0	667,6	798,9
Hünxe	16,7	33,0	4,0	84,5	138,2
Schermbeck	19,1	34,5	0	86,5	140,1
Rheinberg	48,2	83,0	0	244,1	375,3
Hamminkeln	35,4	86,9	0	158,9	281,1
Rees	19,7	105,6	0	177,6	302,9
Kalkar	12,3	55,5	0	99,5	167,3
Isselburg	15,6	45,2	0	89,5	150,4
Emmerich	18,5	223,7	0	313,7	555,9
Summe	249,0	913,9	17,9	2.013,5	3.194,3

Auffällig ist der hohe Anteil fossiler Heizanlagen. Die Anteile der Nachtspeicherheizungen und der Fernwärme sind nahezu bedeutungslos. Die hier ermittelten Daten lassen sich mit den über die gesamte Bundesrepublik Deutschland gemittelten Daten vergleichen [4-11]. Die Stromkennzahl in der BRD für private Haushalte beträgt durchschnittlich $\sigma = 0{,}217$. Für das Untersuchungsgebiet ergibt sich mit $\sigma = 0{,}176$ ein Wert, welcher in der Nähe des Durchschnitts, aber doch deutlich niedriger liegt. Als weitere Kenngröße wird das Verhältnis des Endenergieeinsatzes für die Nachtspeicherheizungen zum Endenergieverbrauch Raumwärme gebildet werden. Es ergibt sich ein Wert von 3,2 %. Der Wert für alle Haushalte der BRD beträgt durchschnittlich 4,8 %. Auffällig ist ein mit 65,6 % sehr hoher Anteil des Endenergieverbrauchs öl-/kohlebefeuerter Heizanlagen am gesamten Endenergieverbrauch Raumwärme (BRD: 45,3 %). Dies geht hauptsächlich auf Kosten des Fernwärmeanteils, welcher mit 1,4 % weit hinter dem bundesweiten Durchschnitt von 7,4 % zurückbleibt, sowie auf Kosten gasbefeuerter Heizanlagen, die mit 29,8 % deutlich unter dem bundesweiten Durchschnitt von 42,5 % liegen. Insgesamt ist aufgrund der eher ländlichen Siedlungsstruktur des Untersuchungsgebietes gegenüber dem BRD-Durchschnitt ein geringerer Anteil der leitungsgebundenen Energieträger Gas und Fernwärme zugunsten der nicht leitungsgebundenen Energieträger Öl und Kohle, sowie eine geringere Stromkennzahl zu erwarten. Das erhobene Datenmaterial ist daher als plausibel anzusehen.

---

[7] Für die Endenergieträger, die nicht Brennstoffe sind, ist der Nutzungsgrad bei der Primärenergie-Endenergie-Wandlung η_{PE-EE} zu berücksichtigen. Es wurden folgende Nutzungsgrade angenommen: für Elektroenergie $\eta_{El} = 0{,}4$; für Fernwärme $\eta_{FW} = 2{,}42$. Die Kraft-Wärme-Kopplung führt dabei formal zu energetischen Wirkungsgraden für die Wärmebereitstellung größer als Eins, vgl. Abschnitt 4.1.1.

4.4 Beispiele für die Anwendung von Abfallenergieverwertungstechniken

4.4.1 Wärmetransformation für die Abfallenergieverwertung und Energieversorgung im ländlichen Raum

Die Versorgungssituation im ländlichen Raum ist durch das Vorliegen eines verzweigten Elektroenergienetzes und eines zunehmend verzweigten Gasnetzes einerseits und der lokalen Versorgung mit Heizöl bzw. im geringen Umfange mit Brikett und Holz gekennzeichnet. Daneben existieren raumspezifisch

- lokale Nutzung von Wind-, Wasser- und Sonnenenergie
- lokaler Anfall von Abenergie und Bioenergieträgern, z. B. Müll, Klärschlamm, Klärgas, landwirtschaftliche Abfälle, Restholz, Durchforstungsholz und Energiepflanzen
- lokaler Anfall von Abwärme, z. B. aus Viehhaltung, Futtermitteltrocknung, Lagerhaltung für Obst und Gemüse, Fleischereien, Bäckereien, Gastronomiebetrieben, Gewerbezentren, Kälteanlagen von Kaufhallen und Krankenhäusern.

Abenergie, Abwärme und Bioenergieträger haben je nach Verbraucherstruktur und Raumspezifik ein Potenzial von 10 bis 20% des Gesamtenergiebedarfs, d. h. in der Regel sind sie aus rein energetischer Sicht der Konkurrenz mit dem Strom- und Gasnetz und der Heizölversorgung ausgesetzt. Andererseits ist die energetische Nutzung von Biomasse im engen Zusammenhang mit der Waldbewirtschaftung, der Nutzung landwirtschaftlicher Abfälle und der Flächenstillegung in Übereinstimmung mit EU-Richtlinien zu sehen (s. Abschnitt 4.2).

Eine effektive Nutzung dieser Energieträger ist nur durch Kraft-Wärme-Kopplung möglich, die über unterschiedliche Umwandlungsstrategien erreicht werden kann:
- Verbrennung:
  - Dampferzeuger und Dampfturbine
  - Rauchgasreinigung und Heißgasturbine
  - Rauchgasnutzung mit Stirlingmotor
- Vergasung:
  - Gasturbine oder Verbrennungsmotor
  - Konvertierung und Brennstoffzelle
  - Verbrennung und Dampf- oder Heißgasturbine
- Teilverflüssigung (Restverbrennung oder -vergasung):
  - Gasturbine oder Verbrennungsmotor
- Teilvergasung (Restverbrennung oder stoffliche Verwertung):
  - Biogas und Gasmotor oder Gasturbine.

Diese verschiedenen Verarbeitungsstrategien unterscheiden sich sowohl im technischen Aufwand und der technischen Reife der Verfahren und Anlagen als auch in den Nutzungsbedingungen wie Leistungsbereich, Strom-Heizwärme-Verhältnis und Nutztemperaturniveau. Die mögliche Nutztemperaturen variieren zwischen 70 und 120 °C bei den Verbrennungsmotoren und bis zu 450 °C bei Gasturbinen.

Die Gegenüberstellung der Effektivität der Versorgung mit Elektroenergie, Wärme und Kälte im ländlichen Raum zeigt, dass nur die Kraft-Wärme-Kopplung und die Wärme-Kraft-Kälte-Kopplung zu einer hohen exergetischen Effektivität führen, z. B. vergleichbar mit einem Kraftwerk. Bei einfachen Heizprozessen selbst mit Brennwertnutzung ist kaum ein exergetischer Wirkungsgrad über 10 % erreichbar. Ähnliches gilt für Kompressions-Wärmepumpen und Kälteanlagen.

Höchste Effektivität ist durch die Anwendung der Brennstoffzellentechnologie zu erwarten. Gegenwärtig stehen jedoch der Entwicklungsstand und die hohen Investitionskosten einer breiten Anwendung entgegen.

Von den verschiedenen Verfahrenswegen der Kraft-Wärme-Kopplung auf der Basis von Bioenergieträgern sind gegenwärtig nur wenige technisch so ausgereift und ökonomisch vertretbar, dass sie für eine breite Anwendung in Frage kommen. Zu diesen wenigen zählt die Teilvergasung in Biogasanlagen in Kombination mit einem Gasmotor, bei der jedoch nur ca. 30 % des Bioenergieträgers in die Gasphase überführt werden und demzufolge nur ca. 10 % in Elektroenergie umgewandelt werden können. Ähnliches gilt für die Teilverflüssigung von Ölfrüchten wie Sonnenblumenkernen und Rapssaat. Eine wirtschaftliche Nutzung ist nur durch Stilllegungsprämien und weitere Subventionen möglich.

Damit wird deutlich, dass nicht nur von der Biomasseerzeugung her sondern auch von den zur Verfügung stehenden Verfahren und Anlagen eine effektive energetische Nutzung von Biomasse nicht möglich ist und ein erheblicher Entwicklungsbedarf besteht.

Im ländlichen Raum scheint also das Block-Heizkraftwerk (BHKW), im Wesentlichen auf der Grundlage gasförmiger und flüssiger Brennstoffe betrieben, gegenwärtig mit deutlichem Abstand die günstigste Möglichkeit der Bereitstellung von Heizwärme und Kälte zu sein.

Lediglich die Abwärmenutzung mit und ohne Wärmetransformation bietet die Möglichkeit unter günstigen Bedingungen mit ähnlich hohen Kennzahlen eine effektive Wärmeversorgung und bei ausreichend hohen Abwärmetemperaturen auch eine Kälteversorgung zu realisieren. Solche Abwärmequellen sind jedoch im ländlichen Raum nur selten vorhanden und darüber hinaus häufig durch Probleme mit der Gleichzeitigkeit und der Versorgungssicherheit belastet.

4.4.2 Ausgewählte Beispiele für den Objektbereich „Ländlicher Raum"

Für den ländlichen Raum (s. Abschnitt 4.2) wurden drei typische Situationen, dargestellt an konkreten Beispielen, ausgewählt, für die die Problematik Abwärmenutzung und Nutzung regenerativer Energiequellen mit Hilfe der Wärmetransformation näher untersucht werden soll. Das sind

- die Heizwärmeversorgung von kommunalen Einrichtungen oder kleineren Wohngebieten (Holzhackschnitzelheizwerk „Klein Loitz"),

- die Wärmeversorgung und Abwärmenutzung in einem ländlichen Produktionsbetrieb (Brauerei),

- die komplexe Versorgung eines landwirtschaftlichen Betriebes mit gewerblichem Hintergrund (Landfleischerei „Mieste" mit angeschlossenem Landwirtschaftsbetrieb).

4.4.2.1 Holzhackschnitzelheizwerk

Das betrachtete Modellheizwerk „Klein Loitz" besitzt eine Heizleistung von 2 * 650 kW (zzgl. 500 kW Spitzenlastkessel-Flüssiggas) und wird zur Wärmeversorgung von ca. 90 privaten und kommunalen Verbrauchern im Nahbereich eingesetzt. Der thermische Wirkungsgrad liegt im Ist-Zustand bei ca. 74 % (dieser und alle folgenden Wirkungsgrade und Wärmeverhältnisse sind auf den oberen Heizwert bezogen). Für den exergetischen Wirkungsgrad ergibt sich ein Wert von 6,9 % bei einer Umgebungstemperatur von $T_u = 20\,°C$. Als Nutztemperaturniveau wurde die Temperatur des Heizungsrücklaufes ($T = 50\,°C$) festgelegt.

Es wurden folgende Varianten der Wärmetransformation thermodynamisch und ökonomisch untersucht und mit dem Ist-Zustand verglichen:

1. Offene Absorptions-Wärmepumpe
2. Absorptions-Wärmepumpe
3. Resorptions-Wärmepumpe
4. Absorptions-Wärmepumpe und offene Absorptions-Wärmepumpe
5. Resorptions-Wärmepumpe und offene Absorptions-Wärmepumpe

Als Arbeitsstoffpaare in den Wärmetransformationsanlagen wurden die Stoffsysteme Ammoniak-Wasser und Lithiumbromid-Wasser gewählt, da sie für die hier vorliegenden Randbedingungen sehr gut geeignet sind.

Offene Absorptions-Wärmepumpe

Für die Brennwertnutzung bei der hier vorliegenden Heizungsrücklauftemperatur von 50 °C wurde die Verwendung einer offenen Absorptions-Wärmepumpe vorgesehen, bei der eine hygroskopischen Salzlösung in direkten Kontakt mit dem Rauchgas gebracht wird (s. *Bild 4-11*). Dabei nimmt die Lösung einen Teil des im Rauchgas enthaltenen Wasserdampfes und einen Teil der fühlbaren Wärme des Abgases auf. Im Gegensatz zur herkömmlichen Brennwertnutzung wird es durch die Wäsche mit Lösung möglich, die Wärmenutztemperatur des kondensierenden Wasserdampfes im Rauchgas auf eine höheres Niveau anzuheben, bzw. bei gleicher Wärmenutzungstemperatur einen höheren Anteil an Rauchgasfeuchte auszukondensieren und damit in die Abwärmenutzung einzubeziehen. Als Arbeitsstoffpaar eignet sich das Stoffsystem Lithiumbromid-Wasser.

Im Absorber der offenen Absorptions-Wärmepumpe kann eine Wärme von 130 kW aus dem Rauchgas ausgekoppelt werden, die im nachgeschalteten Nutzwärmeübertrager als zusätzliche Heizleistung bereitgestellt wird. Das absorbierte Wasser muss in einem Desorber wieder aus der Lösung ausgetrieben werden. Die dazu erforderliche Hochtemperaturwärme (65 kW) wird durch das Heizwerk bereitgestellt, steht aber im Kondensator wieder zur Nutzwärmebereitstellung im Heizkreislauf zur Verfügung. Das Kondensat ist, wie im herkömmlichen Brennwertkessel, aus dem Kreislauf auszuschleusen. Die regenerierte Lösung wird, gegebenenfalls nach einem regenerativen Wärmeaustausch mit der wasserreichen Lösung, wieder in den Absorber zurückgeleitet.

4.4 Beispiele für die Anwendung von Abfallenergieverwertungstechniken

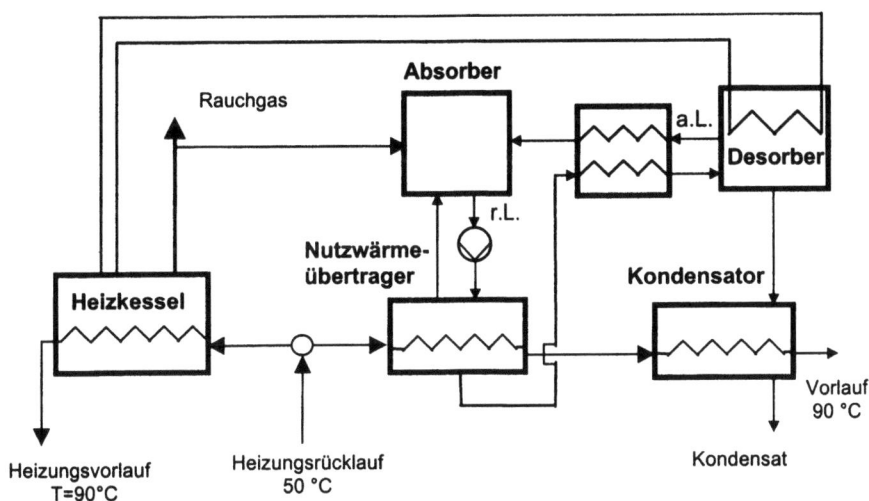

Bild 4-11
Schaltbild der offenen Absorptions-Wärmepumpe

Laut Herstellerangabe liegt die Höhe der Investitionskosten im Bereich von 1.000 DM pro kW Desorberleistung. Daraus folgen Gesamtinvestitionskosten von 65.000 DM. Der vom Endverbraucher zu zahlende Wärmepreis beträgt 0,10 DM/kWh. Aus der zusätzlichen Wärmebereitstellung ergeben sich bei 2.000 Volllaststunden Zusatzeinnahmen von 26.000 DM pro Jahr (130 kW * 2000 h/a * 0,1 DM/kWh). Unter Berücksichtigung der Betriebskosten der Anlage in Höhe von 7% der Investitionssumme ergibt sich ein Amortisationszeit der Anlage von ca. drei Jahren.

Der energetische Wirkungsgrad steigt auf 81 %, der exergetische Wirkungsgrad auf 7,6 %. [4-12]

Absorptions-Wärmepumpe

Eine weitere Erhöhung der bereitgestellten Wärme wird durch den Einsatz einer Absorptions-Wärmepumpe (AWP) ermöglicht (siehe *Bild 4-12*). Dabei wird die gesamte bei der Hackschnitzelverbrennung bereitgestellte Wärme als Desorberwärme eines geschlossenen Wärmepumpenprozesses genutzt. Die Desorberleistung beträgt dann 1.300 kW. Da die Wärmeaufnahme aus der Umgebung im Verdampfer bei einer Temperatur von $T_u = 0\,°C$ (Verdampferdruck ≈ 3 bar) erfolgen soll, bietet sich als Arbeitsmittel das Stoffgemisch Ammoniak-Wasser an.

Der Ammoniakdampf aus dem Verdampfer wird im Absorber von einer 10 %igen Ammoniak-Wasser-Lösung absorbiert. Die Temperatur der Wärmebereitstellung im Absorber liegt bei 95 °C und ermöglicht eine Erwärmung des Heizungsvorlaufes von ca. 70 °C auf die erforderlichen 90 °C (Heizungsvorlauftemperatur). Der im Desorber bei der Lösungsregeneration aus der reichen Lösung ausgetriebene Ammoniakdampf ist wasserhaltig und muss über eine Rektifikationssäule geleitet werden, um die erforderliche Reinheit zu gewährleisten. Der Ammoniakdampf wird bei einem Druck von ca. 40 bar kondensiert ($T_{kond}=75\,°C$) und ermöglicht damit eine Temperaturerhöhung des Heizungsrücklaufs von 50 °C auf ca. 70 °C.

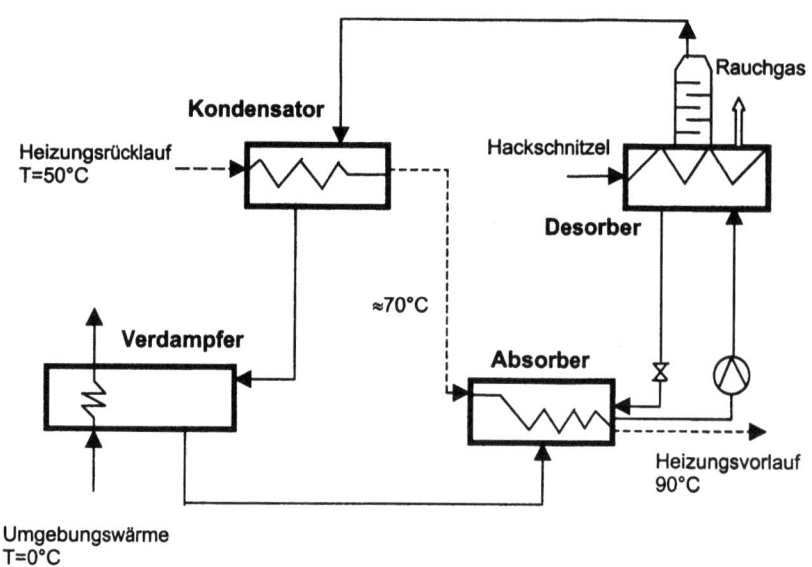

Bild 4-12
Absorptions-Wärmepumpe

Das Wärmeverhältnis der AWP beträgt $\varepsilon = 1,4$, es werden 40 % mehr Heizwärme als bei der einfachen Verbrennung bereitgestellt. Aus dieser zusätzlichen Heizwärmeabgabe von 520 kW errechnen sich Zusatzeinnahmen von 104.000 DM/a, die jedoch auf Grund der hohen Investitionskosten von 1.300.000 DM zu keiner sinnvollen Amortisationszeit führen.

Das energetische Gesamtwärmeverhältnis beträgt 1,04 und der exergetische Wirkungsgrad 0,096.

Resorptions-Wärmepumpe

Die aufwendige Rektifikation des aus dem Desorber ausgetriebenen Ammoniakdampfes kann durch den Einsatz einer Resorptions-Wärmepumpe vermieden werden, bei der das aus dem Desorber ausgetriebene ca. 80 %ige Ammoniak-Wasser-Dampf-Gemisch in einem zweiten Lösungskreislauf im Resorber absorbiert und im Entgaser wieder ausgetrieben wird (s. *Bild 4-13*). Durch den Wegfall der Rektifikation erhöht sich das Wärmeverhältnis ε auf ca. 1,8.

Darüber hinaus wird der hohe Desorberdruck von 40 bar, der bei Verwendung einer AWP mit vollständiger Rektifikation des Ammoniakdampfes notwendig ist, vermieden und liegt hier nur noch bei 18 bar. Dies wird durch das erhöhte und gleitende Temperaturniveau bei der Resorp-

4.4 Beispiele für die Anwendung von Abfallenergieverwertungstechniken

tion des Ammoniak-Wasser-Gemisches, im Gegensatz zur Kondensation des reinen Ammoniakdampfes in der AWP mit Rektifikation, erreicht. Die Wärmeaufnahme aus der Umgebung im Entgaser erfolgt ebenfalls bei gleitender Temperatur.

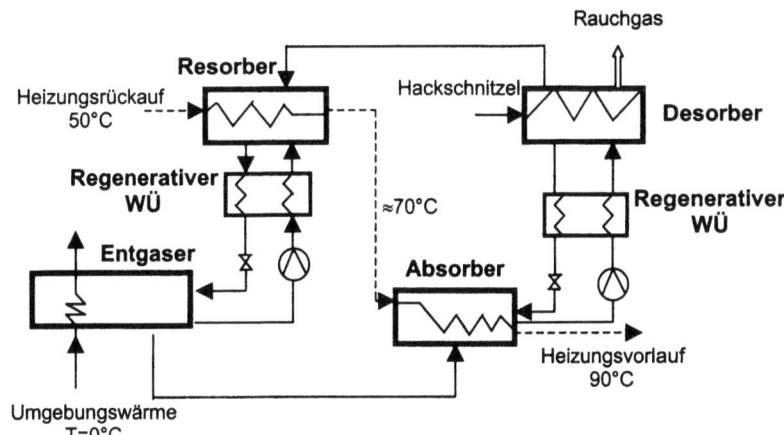

Bild 4-13
Resorptions-Wärmepumpe

Als Nachteil der Resorptions-Wärmepumpe sind die höheren Investitionskosten zu nennen, da ein zweiter regenerativer Wärmeübertrager und eine zweite Lösungspumpe benötigt werden. Die Lösungspumpen können aber im Vergleich mit der vorhergehenden Variante kleiner dimensioniert sein, da der zu überwindende Druckunterschied zwischen Absorber- und Desorberdruckniveau geringer ist.

Die gesamte zur Verfügung stehende Heizwärme beträgt 2.340 kW. Dadurch errechnen sich Zusatzeinnahmen von 208.000 DM/a. Bei den angenommenen Investitionskosten von 1.100 DM/kW Desorberleistung und den Betriebskosten in Höhe von 7% der Gesamtinvestitionssumme folgt eine Amortisationszeit der Anlage von 13,3 Jahren.

Das energetische Gesamtwärmeverhältnis verbessert sich auf 1,33. Der exergetische Wirkungsgrad liegt bei 0,124.

Absorptions-Wärmepumpe und offene Absorptions-Wärmepumpe

Durch die Kopplung der geschlossenen Absorptions-Wärmepumpe mit einer offenen Absorptions-Wärmepumpe zur thermischen Nutzung der Rauchgasfeuchte wird eine weitere Verbesserung der energetischen Bilanz erreicht. Für die Nutzbarmachung der Rauchgasfeuchte zu Heizzwecken ist eine Desorberleistung der offenen Absorptions-Wärmepumpe von 65 kW notwendig (vgl. erste Variante). Diese 65 kW Desorberleistung stehen nachfolgend für Heizzwecke weiterhin zur Verfügung (Kondensatorwärme der offenen AWP), nicht aber als Antrieb für die geschlossene Absorptions-Wärmepumpe. Dem Desorber der geschlossenen Absorptions-Wärmepumpe werden also nur noch 1.235 kW zugeführt. Mit dem Wärmeverhältnis $\varepsilon = 1,4$ errechnet sich eine Heizwärme von 1.795 kW für die geschlossenen Absorptions-Wärmepumpe. Zuzüglich der 195 kW Heizwärme der offenen Absorptions-Wärmepumpe (130 kW Rauchgaswärme und 65 kW Kondensatorwärme) ergibt sich eine Gesamtheizwärme von 1.925 kW. Im Vergleich zum Ist-Zustand entspricht dies einer Erhöhung des zur Verfügung stehenden Heizwärmestromes von 625 kW. Aus den zusätzlichen 625 kW ergeben sich Mehreinnahmen von 125.000 DM pro Jahr. Auf Grund der hohen Gesamtinvestitionskosten von 1.300.000 DM ist bei Betriebskosten in Höhe von 7 % der Investitionssumme eine sinnvolle Amortisationszeit nicht zu erreichen. Das Gesamtwärmeverhältnis errechnet sich zu 1,1 und der exergetische Gesamtwirkungsgrad zu 0,105.

Resorptions-Wärmepumpe und offene Absorptions-Wärmepumpe

Wie bei der vorhergehenden Variante werden 65 kW Heizwärme dem Desorber der offenen Absorptions-Wärmepumpe zugeführt und stehen nicht mehr als Antriebsenergie für die Resorptions-Wärmepumpe zur Verfügung. Dem Desorber der Resorptions-Wärmepumpe werden die verbleibenden 1.235 kW zugeführt. Somit ergibt sich für die Resorptions-Wärmepumpe ($\varepsilon = 1,8$) eine Heizleistung von 2.223 kW und für die offene AWP ($\varepsilon \approx 3$) 195 kW (130 kW Brennwertnutzung und 65 kW Kondensatorwärme). Bei den angenommenen Investitionskosten von 1.100 DM/kW Desorberleistung und den Betriebskosten in Höhe von 7 % der Gesamtinvestitionssumme ergibt sich eine Amortisationszeit der Anlage von 11,5 Jahren. Im Vergleich zur Absorptions-Wärmepumpe mit Rektifikation behalten die bei der dritten Variante (Resorptions-Wärmepumpe) genannten Vor- und Nachteile ihre Gültigkeit.

Schlussfolgerungen

Als ökonomisch sinnvolle Varianten zur Erhöhung der Wärmeleistung des Hackschnitzelheizwerkes „Klein Loitz" kommen z. Z. nur die offene Absorptions-Wärmepumpe (Brennwertnutzung) und die Resorptions-Wärmepumpe bzw. die Kombination beider Varianten in Frage. Die offene AWP stellt dabei eine einfache und preiswerte Lösung dar. Sie kann in den Abgasstrom eingebaut werden, ohne dass Veränderungen am Heizkessel selbst vorgenommen werden müssen. Die Resorptions-Wärmepumpe erfordert den Einbau des Desorbers in den derzeitigen Kessel und die Verlagerung der Heizkreislaufwassererwärmung in Absorber und Resorber der Wärmepumpe. Darüber hinaus ist zu prüfen, welche natürlichen und technischen Bedingungen für eine Wärmeaufnahme aus der Umgebung vorliegen.

4.4.2.2 Brauerei

Die untersuchte Brauerei (Jahresproduktion 550.000 hl Bier) besitzt einen großen Wärme- und Kältebedarf. Die Wärmeversorgung der Brauerei erfolgt über eine betriebseigene Dampferzeugerstation auf Heizölbasis. Der erzeugte Dampf wird hauptsächlich zum Aufheizen der Maische und Würze, zum Würzekochen, zur Flaschenreinigung und zur Bereitstellung von Heißwasser verwendet. Die Rückkühlung der Würze nach dem Kochen, die Abfuhr der Gärungswärme und die Rückkühlung des Endproduktes wird mittels Eiswasser realisiert, das durch Wärmeabfuhr von Trinkwasser an das Kältemittel einer herkömmlichen Kompressions-Kälteanlage bereitgestellt wird. Der beim Würzekochen anfallende Brüdenstrom (103 °C) wird zur Zeit thermisch nicht genutzt. Es wurden folgende Varianten der Verwertung des Brüdenstroms untersucht und die energiewirtschaftlichen Verbesserungen verglichen:

4.4 Beispiele für die Anwendung von Abfallenergieverwertungstechniken

- Bereitstellung von Heißwasser durch regenerative Brüdenwärmenutzung
- Brüdenkompression zur Beheizung der Würzepfanne
- Brüdenwärmenutzung als Antriebswärme für eine Absorptions-Kälteanlage
- Aufwertung der Brüdenwärme durch einen Absorptions-Wärmetransformator

Besondere Beachtung erfordert die diskontinuierliche Betriebsweise des Würzekochprozesses gegenüber der kontinuierlich erforderlichen Kältebereitstellung und Wärmebereitstellung für die Flaschenwäsche. Die Gesamtnutzungsdauer der Brauerei liegt bei 5.500 h/a, die des Würzekochprozesses nur bei 1.550 h/a. Der diskontinuierlich anfallende Brüdenstrom von 0,899 kg/s kann für eine bessere Überschaubarkeit der Gesamtenergiebilanz in einen quasistationären Massenstrom von 0,25 kg/s umgerechnet werden. Dies entspricht einer nutzbaren Kondensationswärme von 2.000 bzw. 564 kW.

Regenerative Brüdenwärmenutzung

Durch die Nutzung des Brüdenwärmestromes ist es möglich einen Heißwasserstrom von 6,8 kg/s (diskontinuierlich) bzw. 1,91 kg/s (quasistationär) bei einer Temperatur von $t = 85\,°C$ bereitzustellen. Im Bereich der Flaschenwäsche liegt ein Bedarf an Heißwasser von 3,2 kg/s vor. In diesem Fall ist also ein Heißwasserspeichervolumen von ca. 50 m³ vorzusehen. Die benötigte Wärmeübertragerfläche berechnet sich zu $A = 55\,m^2$. Bei spezifischen Wärmeübertragerkosten von 300 DM/m² nach Herstellerangaben ist mit einer Investitionssumme von ca. 17.000 DM zu rechnen. Demgegenüber stehen Einsparungen in Höhe von 295.000 DM/a. Es errechnet sich eine Amortisationszeit von 0,06 a unter Berücksichtigung der Betriebskosten in Höhe von 7 % der Investitionssumme.

Die regenerative Brüdenwärmenutzung stellt damit die technisch am einfachsten zu realisierende und wirtschaftlich günstigste Variante der Wärmenutzung dar. Sofern ein Wärmeverbraucher entsprechend niedriger Temperatur zur Verfügung steht und der technologische Ablauf des Produktionsprozesses es erlaubt, ist die regenerative Wärmenutzung der Wärmetransformation vorzuziehen.

Brüdenkompression

Bei der Brüdenkompression wird der während des Kochprozesses entstehende Dampf in einem elektrisch angetriebenen Verdichter auf einen höheren Druck komprimiert, bei dem er dann wieder als Heizdampf für den Kochprozess eingesetzt werden kann. Fremddampf ist damit nur noch für die Aufheizung der Würze bis zur Siedetemperatur erforderlich. Für die Brüdenwärmenutzung durch Brüdenkompression ist im vorliegenden Fall eine Kompression auf 4 bar, entsprechend dem Druck des betriebseigenen Dampfnetzes, erforderlich. Der dabei entstehende überhitzte Dampf mit einer Temperatur von ca. 250 °C wird durch Kondensateinspritzung $(0,15 * m_D)$ auf den Sättigungszustand bei 147 °C abgekühlt. Durch Brüdenkompression können 1,02 kg/s Dampf eingespart werden. Für den Antrieb des Verdichters ist bei einem angenommenen Wirkungsgrad von 0,7 eine elektrische Leistung von 387 kW zuzuführen. Die spezifischen Investitionskosten des Brüdenverdichters liegen laut Herstellerangaben bei ca. 20.000 DM/(m³/s) bar. Es errechnet sich eine Gesamtinvestitionssumme für den vorliegenden Fall von 89.500 DM. Die jährlichen Dampfkosten können um 321.000 DM gesenkt werden. Durch die Bereitstellung der erforderlichen Elektroenergie des Verdichters werden jährliche Zusatzkosten in Höhe von 114.000 DM verursacht.

Es ergibt sich eine Amortisationszeit des Brüdenverdichters von 0,44 Jahren. Damit stellt die Brüdenverdichtung trotz des Verbrauches von hochwertiger Elektroenergie auf Grund der gegenüber den Absorptions-Wärmetransformationsanlagen relativ niedrigen Investitionskosten eine ökonomisch günstige Variante der Wärmetransformation dar.

Absorptions-Wärmetransformator

Der 100 °C heiße Brüdenstrom wird zur Beheizung des Verdampfers und des Desorbers eines Absorptions-Wärmetransformators genutzt (s. *Bild 4-14*). Am Absorber kann ein Nutzwärmestrom höherer Temperatur abgenommen werden. Mit dem gewählten Arbeitsstoffpaar NaOH-Wasser ist eine Temperaturanhebung der Absorberwärme auf die erforderlichen 147 °C möglich. Eine Anlage mit folgenden Eckdaten wurde als günstig ermittelt:

- Desorber-Endtemperatur $T_{Des} = 80\,°C$
- Verdampfer-Endtemperatur $T_{Ver} = 95\,°C$
- Absorber-Endtemperatur $T_{Abs} = 147\,°C$
- Kondensator-Endtemperatur $T_{Kon} = 30\,°C$

Das Kondensator-Desorber-Druckniveau ist damit auf 0,04 bar und das Absorber-Verdampfer-Druckniveau auf 0,85 bar festgelegt. Am Absorber kann ein Nutzwärmestrom von $Q = 937\,kW$ abgenommen werden. Das Wärmeverhältnis ε errechnet sich zu $\varepsilon = 0,488$. Der im Kondensator freiwerdende Wärmestrom ist auf Grund seiner geringen Temperatur für eine Abwärmenutzung nicht mehr sinnvoll zu verwenden und muss durch Kühlwasser abgeführt werden. Der gewonnene Nutzwärmestrom dient zur Beheizung der Würzekochpfanne und ersetzt einen Teil des erforderlichen Heizdampfes.

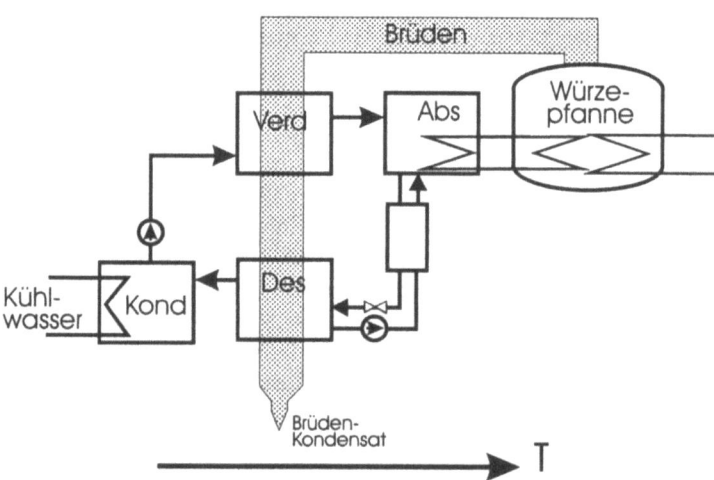

Bild 4-14
Absorptions-Wärmetransformator

4.4 Beispiele für die Anwendung von Abfallenergieverwertungstechniken

Die erzielte Einsparung von Heizdampf entspricht bei den vorliegenden spezifischen Dampfkosten von 0,095 DM/kWh einer jährlichen Kostensenkung von 138.000 DM. Das durch die abzuführende Kondensatorwärme benötigte Kühlwasser verursacht Zusatzkosten in Höhe von 12.400 DM/a. Laut Herstellerangaben ist für den Absorptions-Wärmetransformator mit Investitionskosten in Höhe von ca. 950.000 DM zu rechnen. Dadurch ist eine Amortisation der Anlage erst nach 16 Jahren erreicht.

Absorptions-Kälteanlage

Als Arbeitsstoffpaar für die Absorptions-Kälteanlage wurde das Stoffsystem Triflourethanol-E181 gewählt. Der Brüdenwärmestrom ($T = 100\,°C$) wird vollständig zur Beheizung des Desorbers der Kälteanlage genutzt. Da für sämtlich Kühlprozesse (Würzerückkühlung, Produktkühlung, Abfuhr der Gärungswärme) Eiswasser verwendet wird, wurde die Temperatur im Verdampfer auf $-10\,°C$ festgelegt. Damit ergibt sich ein oberes Druckniveau von 0,15 bar und ein unteres Druckniveau von 0,01 bar. Aus der Desorberleistung von 2.000 kW und einer Kältezahl von 0,59 errechnet sich eine Kälteleistung von 1.200 kW (diskontinuierlich) bzw. von 336 kW (quasistationär). Demgegenüber steht ein ständiger Gesamtkältebedarf von 411 kW. Der Fehlbetrag muss durch eine entsprechende Erhöhung der Desorberleistung ausgeglichen werden. Dazu ist ein Zusatzdampfmassenstrom von 70 kg/h erforderlich.

Das erzeugte Eiswasser wird auf Grund der zeitlichen Differenz zwischen Bereitstellung und Bedarf im Eiswasserspeicher zwischengelagert. Die im Absorber und Kondensator freiwerdenden Wärmeströme (1.850 kW, 1.350 kW) können auf Grund ihrer niedrigen Temperatur von 35 °C nur noch zur Vorwärmung des Waschwassers genutzt werden. Unter Berücksichtigung einer minimalen Temperaturdifferenz von 5 K ist eine Erwärmung von 15 °C auf 30 °C möglich.

Die Erzeugung von Kälte durch die Brüdenwärmenutzung ermöglicht die Einsparung von 416.000 DM/a Kältekosten. Für den zusätzlich benötigten Dampf sind bei einem Dampfpreis von 60 DM/t im Jahr Zusatzkosten von 23.100 DM zu veranschlagen. Für das Kühlwasser werden weitere 40.000 DM (10 DM/t) benötigt. Es ergibt sich eine Amortisationszeit der Absorptions-Kälteanlage (Investitionssumme 2.000.000 DM) von 9,4 Jahren.

Werden die Absorber- und Kondensatorabwärmeströme zur Vorwärmung des Waschwassers von 15 °C auf 30 °C genutzt ergibt sich eine weitere Einsparung an Heizdampfkosten in Höhe von 104.800 DM pro Jahr. Ebenso verringern sich die Kosten für das bereitzustellende Kühlwasser um 9.000 DM/a. Die Amortisationszeit sinkt dadurch von 9,4 auf 6,7 Jahre. [4-14, 4-16]

4.4.2.3 Landfleischerei „Mieste"

Bei dem hier untersuchten Unternehmen handelt es sich um eine Landfleischerei (Fleisch- und Wurstverarbeitung) mit angeschlossenem Agrarbetrieb (ca. 300 ha Anbaufläche). Es wurde nach Möglichkeiten der Selbstversorgung des Unternehmens mit Elektroenergie ($P = 60\,kW$ Motoren, Maschinen, Beleuchtung) und Wärme bzw. Kälte (Räucherschrank, Tiefkühllager) gesucht. Dabei bot sich eine energetische Verwertung von Waldrest- und Durchforstungsholz in einem BHKW mit Gasmotor an. Überschüssig erzeugte Elektroenergie wird in das öffentliche Energienetz eingespeist.

Energieverbrauch-Ist-Zustand

Der Gesamtjahresverbrauch an Elektroenergie des Unternehmens belief sich 1996 auf ca. 140.000 kWh. Der weitaus größte Teil von 132.000 kWh wird für den Antrieb der Maschinen und Geräte benötigt (Verbrauchsspitze 60 kW). Der Jahreswärmebedarf von ca. 11.000 kWh wird durch einen Heizkessel auf Flüssiggasbasis gedeckt. Es entstehen jährliche Elektroenergiekosten von ca. 44.000 DM und Flüssiggaskosten von ca. 3.000 DM.

Vergasungsanlage mit nachgeschaltetem BHKW

Im *Bild 4-15* sind die einzelnen Module zur parallelen Erzeugung von Strom, Wärme und Kälte dargestellt. Die elektrische Leistung des Generators wurde übereinstimmend mit der Verbrauchsspitze des Betriebes auf $P_{el} = 60$ kW festgelegt. Dafür ist, abhängig vom Feuchtegehalt und dem Vergaserprinzip, ein kontinuierlicher Holzmassenstrom von 42 bis 75 kg/h erforderlich. Für die Aufstellung einer energetischen Gesamtbilanz wird von einem oberen Heizwert für luftgetrocknetes Holz (Feuchtegehalt zw. 15 und 20 %) von 15 bis 17,1 MJ/kg ausgegangen.

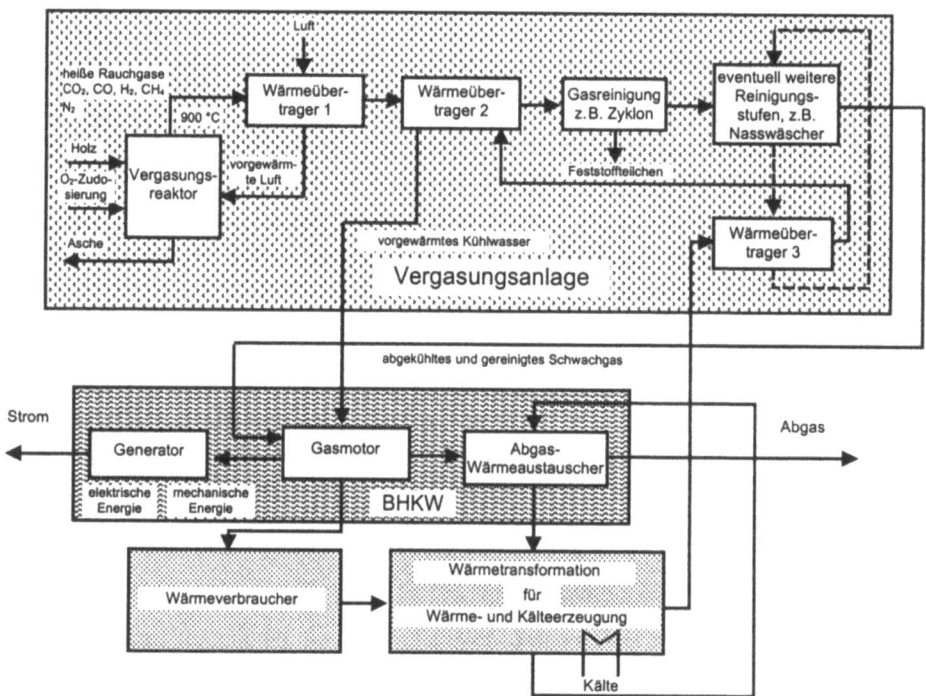

Bild 4-15
Schaltbild „Mieste": Holzvergasung-BHKW-Wärmetransformation

4.4 Beispiele für die Anwendung von Abfallenergieverwertungstechniken

Die Gesamtbrennstoffkosten für Bringung, Zerkleinerung und Transport bewegen sich zwischen 41,50 DM/m^3 für Schichtholz und 60,0 DM/m^3 für Hackschnitzel, bzw. zwischen 80 und 120 DM/t. Damit errechnen sich Brennstoffkosten pro Kilowattstunde abhängig vom benötigten Holzmassenstrom (42 bis 75 kg/h) und der Holzart von 4,0 bis 19,5 Pfg/kWh.

Für die Errichtung einer kompletten Vergasungsanlage ist nach Herstellerangaben von Kosten im Bereich von 1.400 bis 2.700 DM/kW auszugehen. Für den vorliegenden Fall bedeutet dies Investitionskosten für die Vergasungsanlage von 84.000 bis 162.000 DM. Dazu kommen Entsorgungskosten für die anfallende Asche von 12 DM/t Brennstoff (Richtwert).

Für das komplette BHKW fallen laut Hersteller auf die elektrische Leistung bezogene Investitionskosten von 1.600 bis 4.300 DM/kW an. Bei der geforderten elektrischen Leistung von 60 kW ergeben sich Gesamtinvestitionskosten für das BHKW von 96.000 bis 258.000 DM. Als Richtwert für die Betriebskosten des BHKW (Personal-, Kapital- und Wartungskosten) kann man 7 bis 12 % der Investitionskosten einplanen. Es ergeben sich jährliche Betriebskosten für das BHKW von 12.600 bis 50.400 DM.

Wärmetransformation zur gekoppelten Erzeugung von Kälte und Wärme

Die den Gasmotor verlassenden heißen Abgase können sinnvoll zum Antrieb von Absorptions-Wärmepumpen verwendet werden. Es wurde von einem Abgaswärmestrom von 106 kW ausgegangen von dem 50 kW im Temperaturbereich von 450 °C (Abgastemperatur) bis 150 °C liegen. In den verbleibenden 56 kW Abgaswärme liegen ca. 29 kW als latente Wärme vor, die mittels offener Absorptions-Wärmepumpe einer thermischen Nutzung zugänglich gemacht wurden. Für den Desorberantrieb ist bei einem Wärmeverhältnis $\varepsilon \approx 3$ eine Leistung von 15 kW notwendig, die zwar als Antriebsleistung dann nicht mehr zur Verfügung steht, aber noch zu Heizzwecken verwendet werden kann. Mit der verbleibenden Antriebsleistung von 35 kW wird eine geschlossene Absorptions-Wärmepumpe (NH_3-H_2O) mit Absorber-Resorber-Kreislauf betrieben, die bei einer Kältezahl von $\varepsilon \approx 0,8$ eine Kälteleistung von 28 kW (Temperaturniveau –5 °C) bereitstellt. Der Prozess wurde so ausgelegt, dass die abzuführenden Wärmeströme gleichzeitig Heizzwecken dienen können ($T = 90$ °C).

Tabelle 4-21: Gesamtwärmeverhältnis ε und exergetischer Wirkungsgrad η_{ex}

Holzmassenstrom	42 kg/h	75 kg/h
Energieinput	216 kW	360 kW
Gesamtwärmeverhältnis ε (thermisch)	1,13	1,08
Gesamtwirkungsgrad η_{ex} (exergetisch)	0,35	0,25

Tabelle 4-21 zeigt die berechneten Gesamtwärmeverhältnisse und die entsprechenden exergetischen Wirkungsgrade bei verschiedenen Holzmassenströmen.

Sowohl für die offene Absorptions-Wärmepumpe als auch für die geschlossene Wärmepumpe ist mit spezifischen Investitionskosten von 1.000 DM/kW Desorberleistung zu rechnen. Mit Desorberleistungen von 15 kW und 35 kW ergibt sich eine Gesamtinvestitionssumme von 50.000 DM.

Schlussfolgerungen

Die Investitionskosten der Gesamtanlage (Vergasung, BHKW, Wärmetransformation) bewegen sich zwischen einem Minimalwert von 230.000 DM und einem Maximalwert von 470.000 DM. Die jährlichen Gesamtbetriebskosten bewegen sich im Bereich von 18.000 bis 65.000 DM.

Es zeigte sich, dass bei einer Vergütung des überschüssig erzeugten Stroms mit 13,91 Pfg/kWh eine rentabler Betrieb des BHKW's möglich ist. Die Amortisationszeiten der Gesamtanlage wurden zu 1,9 bis 4,3 Jahren (nur Stromerzeugung) und zu 1,8 bis 3,6 Jahren (Strom-, Wärme- und Kälteerzeugung) berechnet. [4-13]

4.4.3 Wärmetransformation für die Abfallenergieverwertung und Energieversorgung im Ballungsraum

Die Versorgungssituation im Ballungsraum (Abschnitt 4.1) ist in der Regel durch die Existenz eines verzweigten Strom- und Gasnetzes durch lokale Heizölversorgung und ein auf Versorgungsschwerpunkte konzentriertes Fernwärmenetz charakterisiert. Ähnlich der Versorgung von ländlichen Räumen aber mit geringerer Wichtung kommen punktuell raumspezifisch hinzu:

– lokale Nutzung von Wind-, Wasser- und Sonnenenergie
– lokaler Anfall von Abenergie, z. B. Haushalts- und Industriemüll, Klärschlamm, Biogas, brennbare Abgase und Abprodukte
– lokaler Anfall von Abwärme, z. B. aus Nahrungsgüterproduktion und -verarbeitung, chemischer, pharmazeutischer und artverwandter Industrie, Metallurgie und Metallverarbeitung, Müllverbrennungsanlagen, Wäschereien, Molkereien, Brauereien, Gastronomiebetriebe, Gewerbezentren, Krankenhäusern, Kläranlagen.

Für die Effektivität der Versorgung mit End- oder Gebrauchsenergien (*Tabelle 4-22*) gilt im Wesentlichen das Gleiche wie im ländlichen Raum. So unterscheidet sich der exergetische Wirkungsgrad der dezentralen Elektroenergieerzeugung unwesentlich von dem von Kraftwerken.

Bei der Wärmeversorgung ist wie im ländlichen Raum ein hohes Verbesserungspotenzial durch die Substitution der noch verbreiteten Direktheizung mit Brennstoffen und Elektroenergie vorhanden. Zusätzlich zu den bereits genannten effektiven Wärmeerzeugungsverfahren kommt im Ballungsgebiet die Fernwärmeversorgung, da sie etwa der Effektivität der Nahwärmeerzeugung mit BHKW's entspricht.

Eine weitere Möglichkeit der effektiven Wärmeerzeugung ergibt sich im Ballungsraum durch die vorhandene Vielzahl unterschiedlicher Abwärmequellen, die es unter Umständen gestattet ein zusätzliches Niedertemperaturabwärmenetz einzurichten. Auf diese Weise könnte versorgungssicher auf einem im Vergleich zu Erdwärme, Fließwasser oder Außenluft relativ hohem Temperaturniveau eine Wärmequelle für Wärmepumpen angeboten werden, die die Voraussetzung für hohe Leistungsziffern und damit für eine hohe Effektivität von Kompressions-Wärmepumpen ist.

Für die effektive Kälteerzeugung kommt zumindest für den Klimakältebereich zu den bisher genannten Strategien die Nutzung von Fernwärme für den Antrieb von Absorptions-Kälteanlagen.

4.4 Beispiele für die Anwendung von Abfallenergieverwertungstechniken 213

Tabelle 4-22: Effektivität der Energieversorgung (η_{ex})

Energieart	Energiewandlungsverfahren		exergetischer Wirkungsgrad (η_{ex})
Elektroenergie	Netz		0,35 - 0,6
	Kraft-Wärme-Kopplung		0,3 - 0,6
	lokale Erzeugung aus:	Wind,	0,3
		Wasser,	0,7
		Sonne.	0,1
Wärme	Elektroheizung		0,03
	Gas/Öl-Heizkessel		0,1
	Brennwertkessel		0,11
	Block-Heizkraftwerk (BHKW)		0,36
	Brennwert-BHKW		0,37
	BHKW - Absorptions-Wärmepumpe		0,4
	Kompressions-Wärmepumpe		0,1 - 0,15
	Brennstoffzelle		0,4 - 0,5
	Abwärmenutzung		0,3 - 0,7
Kälte	Kompressions-Kälteanlage		0,1
	BHKW - Absorptions-Kälteanlage		0,4
	Abwärme – Absorptions-Kälteanlage		0,5 - 0,8
	Abwärme-Dampfstrahler		0,1 - 0,3
	Peltierelement		0,05 - 0,1

4.4.4 Ausgewählte Beispiele für den Objektbereich „Ballungsraum"

Als typische Situationen für die Abwärmenutzung und die Energieanwendung im Ballungsgebiet wurden folgende drei Anwendungsbereiche herausgearbeitet, für die die Nutzungsmöglichkeiten von Wärmetransformationsprozessen näher untersucht werden sollte

− Abwärmenutzung im Industriebetrieb mit Hochtemperaturabwärme am Beispiel eines Aluminiumwerks,

− Abwärmenutzung im Industriebetrieb mit Niedertemperaturabwärme am Beispiel eines Chemiebetriebes,

− umfassende Versorgung eines großen Verwaltungskomplexes am Beispiel des Reichstagsgebäudes.

4.4.4.1 Aluminiumwerk

In dem hier betrachteten Aluminiumwerk werden Aluminiumwalzbleche aus Rohaluminium durch Schmelzen und Umgießen hergestellt. Das Aluminiumwerk besitzt eine Verarbeitungskapazität von ca. 530.000 t/a. Beim Herstellungsprozess werden erhebliche Mengen an Abwärme im Hochtemperaturbereich emittiert. Da eine Wärmetransformation nur mit einer Gasturbine oder mit einem Dampfkraftprozess möglich ist und sich erhebliche Investitionskosten ergeben würden, ist eine Wärmeregeneration zur direkten Hochtemperaturbrennluftvorwärmung günstiger zu bewerten. Da die gesamte im Werk eingesetzte Erdgasenergie bei 420.000 MWh/a liegt, die zur Erwärmung und zum Schmelzen des Aluminiums theoretisch benötigte Energie aber nur 167.000 MWh/a beträgt, werden demzufolge 253.000 MWh/a als Abwärme abgegeben. Von diesem theoretischen Abwärmepotenzial können näherungsweise nur 122.000 MWh/a technisch genutzt werden, da die restliche Abwärme Wandverluste u. ä. darstellen. Auf der Suche nach Möglichkeiten der Abwärmenutzung wurde an einem moderneren Schmelzofen das ca. 1250 °C heiße Rauchgas genutzt, um die Brennluft mit Hilfe einer Wärmeträgerölanlage und eines Gas/Gas-Rekuperators auf ca. 1000 °C vorzuwärmen. Das Rauchgas kühlt sich dabei auf 480 °C ab. Bei den älteren Schmelzöfen erfolgt die Luftvorwärmung nur bis ca. 450 °C. Das Abwärmepotential des Rauchgases reduziert sich dadurch von ca. 30 % auf ca. 13 %. Es wurde daher empfohlen, die Brennluftvorwärmung bei allen Öfen von 480 °C auf 1.000 °C zu erhöhen. Das verbleibende Abwärmepotenzial der Rauchgasströme reicht für eine Substitution des betriebsinternen Heizhauses (ca. 12 MW Brenngaseinsparung) aus und stellt eine thermodynamisch und wirtschaftlich sinnvolle Abwärmenutzung dar. Für die in den Prozessen anfallende Niedertemperaturabwärme gibt es innerbetrieblich keine Verbraucher. Eine Nutzung mit oder ohne Transformation scheint nur durch Erweiterung des Bilanzkreises möglich.

4.4.4.2 Abdampfnutzung in einem Chemiebetrieb

Als zweites Beispiel im Objektraum „Ballungsgebiet" wurde ein größerer Chemiebetrieb ausgewählt. Im betreffenden Unternehmen tritt durch eine einfache Abwertung von überschüssig vorhandenem Mitteldruckdampf (220 °C, 17,5 bar) auf Niederdruckniveau (145 °C, 3,5 bar) ein wirtschaftlicher Verlust von ca. 1,2 Mio. DM/a auf. Der anfallende Mitteldruckdampf von 220 °C und 17,5 bar wird isenthalp auf 188 °C und 3,5 bar gedrosselt. Um die vom Dampfnetz vorgegebenen Parameter von $T = 145$ °C und $p = 3,5$ bar erfüllen zu können, ist eine zusätzliche Wassereinspritzung nach der Drosselstrecke erforderlich. Diese Verfahrensweise ist die thermodynamische schlechteste aller denkbaren Lösungen, da kein Nutzen gewonnen wird. Es wurde deshalb untersucht, wie der überschüssiger Mitteldruckdampf (42 t/h) energetisch am günstigsten genutzt werden kann. Dieses ist eine in größeren Chemiebetrieben häufig gestellte Aufgabe.

Es wurden für die drei möglichen Fälle:

1. Kälteerzeugung

2. Arbeitserzeugung

3. Wärmeerzeugung

der vorliegende Bedarf an der jeweiligen Energieform, die zur Errichtung und zum Betrieb der jeweiligen Anlage entstehenden Kosten und die energetischen und exergetischen Verluste untersucht.

Es zeigte sich, dass unter den gegebenen Bedingungen eine Kälte - bzw. Wärmeerzeugung aus technisch/ökonomischer Sicht nicht sinnvoll ist, da ein ausreichend großer Bedarf an Wärme bzw. Kälte nicht vorhanden ist. Die Nutzung des Mitteldruckdampfes zur Arbeits- oder Elektroenergieerzeugung lieferte dagegen erfolgversprechende Ansätze, die in technischen und ökonomischen Detailstudien näher untersucht wurden. Folgende Verfahren wurden gewählt:

1. Gegendruckturbine – Überhitzer - Kondensator

2. Brenngas – Überhitzer und Gegendruckturbine

4.4 Beispiele für die Anwendung von Abfallenergieverwertungstechniken

3. Brenngas – Gasturbine – Überhitzer - Gegendruckturbine
4. Wärmetransformator - Gegendruckturbine
5. Zeolithüberhitzer – Gegendruckturbine.

Turbine mit Überhitzer-Kondensator

Der Einsatz einer arbeitsleistenden Expansionsmaschine für die effektive Ausnutzung des Mitteldruckdampfpotentials ist die einfachste aller bedarfsorientierten Lösungen. Der Dampf strömt direkt aus dem Mitteldruckdampfnetz in die Turbine ein. Das zur Verfügung stehende Potential für die Arbeitserzeugung ergibt sich aus dem Dampfmassenstrom von 42 t/h und den entsprechenden Dampfparametern $h_1 = 2.848$ kJ/kg und $h_2 = 2.760$ kJ/kg. Die gewinnbare Leistung ergibt sich zu $P_{el} = 1.026$ kW. Dieser Wert entspricht nur ca. 50 % der Leistung, die mit einem normalen Turbinenbetrieb gewinnbar ist. Diese Betriebsführung erweist sich als thermodynamisch und wirtschaftlich uneffektiv. Durch eine Erhöhung der Frischdampfparameter bzw. eine Absenkung der Abdampfparameter lassen sich die auftretenden Verluste reduzieren.

Bei einem gewählten isentropen Wirkungsgrad der Turbine von $\eta = 0,66$ würde sich eine Abdampfenthalpie von $h_3 = 2.648$ kJ/kg ergeben (isentrope Entspannung $h_{is} = 2.545$ kJ/kg). Die erzeugbare Leistung liegt nun bei 2.333 kW. Dieser entstehende Abdampf muss durch Mitteldruckdampf wieder auf die, vom Niederdruckdampfnetz geforderte Enthalpie von 2.760 kJ/kg erhitzt werden.

Da dadurch ein Teil des Mitteldruckdampfes nicht mehr zum Antrieb der Turbine zur Verfügung steht sinkt die Turbinenleistung auf $P = 2.200$ kW. Für den notwendigen Kondensator wurde bei einem Wärmeübergangskoeffizienten von 800 W/(m²K) eine Wärmeübertragungsfläche von 67 m² ermittelt.

Brenngas-Überhitzer und Gegendruckturbine

Wie oben erwähnt, ist es ebenso durch Erhöhung der Frischdampfparameter möglich den Wirkungsgrad der Turbine zu erhöhen. Dies ist durch Verwendung eines vorgeschalteten direktbefeuerten Überhitzers möglich. Im Überhitzer wird ein Brenngas verbrannt und die freiwerdende Wärme zum Überhitzen des Mitteldruckdampfes genutzt. Um nach der Entspannung den gewünschten Heizdampfzustand zu erreichen, ist die Überhitzung, bei Berücksichtigung des isentropen Wirkungsgrades der Entspannung und des Druckverlustes im Überhitzer von 2 bar (Herstellerangaben) bis zu einer Temperatur von $T = 270$ °C ($h_1 = 2.971$ kJ/kg) zu führen. Mit dem isentropen Wirkungsgrad von $\eta_{is} = 0,66$ ergibt sich eine Nutzleistung von $P = 2.464$ kW. Die im Überhitzer zu zuführende Wärmemenge errechnet sich aus der Enthalpiedifferenz von Frisch- und Mitteldruckdampf zu 1.437 kW. Auf Grund des sehr großen Unterschiedes zwischen Überhitzertemperatur $T_Ü \approx 1000$ °C und Frischdampftemperatur $T_D = 270$ °C ist diese Variante ebenfalls mit erheblichen thermodynamischen Verlusten behaftet. Der exergetische Wirkungsgrad wurde zu $\eta_{ex} = 0,39$ berechnet.

Brenngas-Gasturbine-Überhitzer-Gegendruckturbine

Die oben genannten Verluste lassen sich durch Einsatz einer Gasturbine mit anschließender Nutzung der heißen Verbrennungsabgase zur Dampfüberhitzung deutlich reduzieren. Es wurde eine Gasturbine mit folgenden, vom Hersteller garantierten Parametern gewählt:

$Q_{Feuerung} = 8.000\,kW$,

$Q_{ab} = 5.000\,kW$,

$T_{ab} = 560\,°C$,

$P_{el} = 2.000\,kW$.

Der Abwärmestrom von 5.000 kW wurde so gewählt, dass sowohl eine Überhitzung des Mitteldruckdampfes auf 270 °C, als auch eine Warmhaltung eines vorhandenen Hochdruckkessels gewährleistet ist. Im Überhitzer wird in diesem Fall eine Wärmemenge von 1.540 kW benötigt. Damit wird in der angeschlossenen Dampfturbine eine elektrische Leistung von $P_{el} = 2.754\,kW$ gewonnen. Zuzüglich der Gasturbinenleistung ergibt sich eine elektrische Gesamtleistung von 4.754 kW. Nachteilig wirkt sich der notwendige Einsatz des Brenngases mit einer Feuerungsleistung von 8.000 kW aus. Für die Gesamtanlage Gasturbine-Überhitzer-Gegendruckturbine ergibt sich ein exergetischer Wirkungsgrad von $\eta_{ex} = 0{,}49$.

Wärmetransformator-Gegendruckturbine

Die zwei vorhergehenden Varianten besitzen den Nachteil, dass zur Überhitzung des Mitteldruckdampfes eine zusätzliche Energiequelle in Form von Brenngas benötigt wird. Mit Hilfe des Wärmetransformators ist es ohne zusätzliche Energiequelle möglich Wärme mit einer Temperatur von 270 °C bereitzustellen, die eine Erhöhung der Frischdampfparameter zur Wirkungsgradverbesserung der Turbine ermöglicht.

Es wurde ein Wärmetransformationsprozess mit dem Stoffsystem $NaCl-AlCl_3$ ausgelegt, mit dem eine Überhitzung von 35 t/h Mitteldruckdampf möglich ist. 2,1 t/h Kondensat müssen abgeführt werden. Die verbleibenden 4,9 t/h Dampf fallen bereits während des Wärmetransformationsprozesses auf Niederdruckniveau an. Die mit diesem Prozess gewinnbare Leistung der Turbine beträgt 2.048 kW. Der exergetische Wirkungsgrad steigt auf 0,53. [4-15]

Zeolithüberhitzer - Gegendruckturbine

Zeolithe verfügen gegenüber Wasser über eine sehr hohe Adsorptionsfähigkeit. Bei der Adsorption von Wasserdampf in eine Zeolithschüttung wird eine Wärme frei, die ca. 30 % über der Kondensationswärme liegt. Die Verwendung einer Zeolithschüttung zur Überhitzung des Mitteldruckdampfes ist damit prinzipiell möglich und wurde näher untersucht. Dabei strömt der Mitteldruckdampf über die Zeolithschüttung, wobei ein Teil des Dampfes adsorbiert wird, und die dabei freiwerdende Adsorptionswärme den restlichen Anteil des Mitteldruckdampfes überhitzt (*Bild 4-16*). Eine Regeneration des beladenen Zeoliths ist durch eine Druckabsenkung oder eine Temperaturerhöhung möglich. Es zeigte sich, dass eine Überhitzung des Mitteldruckdampfes auf 270 °C und eine anschließende Regeneration des Adsorbers auf Niederdruckniveau (3,5 bar) und der Kondensationstemperatur des Mitteldruckdampfes $T_{Kond} = 205\,°C$ nicht möglich ist.

Bei einer Regeneration des Adsorbers mit dem gleichen Mitteldruckdampf ist nur eine Überhitzungstemperatur von 230 °C erreichbar. Nur dann entspricht der, bei der Regeneration austretende Dampf, den geforderten Parametern des Niederdruckdampfnetzes. Damit können 37,8 t/h überhitzter Dampf bereitgestellt werden. Mit diesen Dampfparametern ergibt sich eine Leistungsabgabe der Turbine von $P_{el} = 2.156\,kW$ bei einem exergetischen Gesamtwirkungsgrad von 0,53. Zur Desorption von 1,0 t/h Wasser werden 3,0 t/h Dampf benötigt.

4.4 Beispiele für die Anwendung von Abfallenergieverwertungstechniken

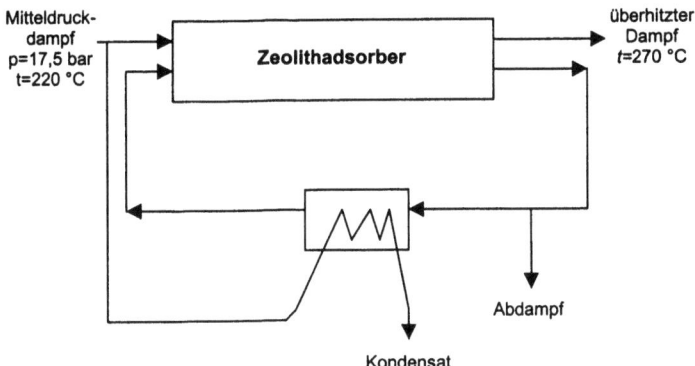

Bild 4-16
Zeolithadsorber

Nachteilig wirkt sich bei diesem Verfahren die - wenn auch geringe - Abnahme der Sorptionsfähigkeit des Zeoliths mit zunehmender Zahl der Be- und Entladezyklen aus.

Schlussfolgerungen

Es zeigte sich, dass die Turbine mit Überhitzer-Kondensator und die Turbine mit vorgeschaltetem Wärmetransformationsprozess die thermodynamisch günstigsten Lösungen darstellen ($\eta_{ex} = 0{,}54$ bzw. $\eta_{ex} = 0{,}53$).
Für eine ökonomische Bewertung der einzelnen Varianten wurde die Amortisationszeiten der Anlagen bei 3 verschiedenen Brenngaspreisen (0; 1,2; 2,2 Pfg/kWh) berechnet (s. *Tabelle 4-23*).

Tabelle 4-23: Amortisationszeit bei verschiedenen Brenngaspreisen

	η_{ex}	Amortisatioszeit bei Brenngaspreisen von		
		0 Pfg/kWh	1,2 Pfg/kWh	2,2 Pfg/kWh
Turbine, Überhitzer-Kondensator	0,544	2,04 a	0,82 a	0,55 a
Brenngas-Überhitzer-Turbine	0,397	1,61 a	2,3 a	3,5 a
Gasturbine-Überhitzer-Turbine	0,49	2,0 a	3,32 a	7,3 a
Wärmetransformator	0,531	5,26 a	2,0 a	1,32 a
Zeolithüberhitzer	0,53	1,79 a	1,37 a	0,9 a

4.4.4.3 Parlaments- und Regierungsviertel im Spreebogen Berlin

Die Verlegung des Sitzes der Bundesregierung und des Bundestages nach Berlin war mit einer Reihe von Umbau- und Neubaumaßnahmen am Reichstagsgebäude und an dem übrigen Gebäudekomplex verbunden, die auch eine Neukonzipierung der Energieversorgung beinhaltete. Bei der Gestaltung der Energieversorgung und –verwendung des Regierungsviertels am Spreebogen und speziell des Reichstagsgebäudes sollte der politischen Bedeutung entsprechend ein zukunftsweisendes, umweltpolitisch verantwortungsvolles und energetisch vorbildliches Konzept verwendet werden. Die Kernpunkte dieses Konzeptes decken sich in hohem Maße mit den Zielstellungen einer auf die Minderung thermodynamischer Verluste und auf Nachhaltigkeit ausgerichteten Entropiewirtschaft und bestehen in

- der Reduzierung der Kohlendioxidemissionen infolge des Verbrauchs fossiler Energieträger,
- der energetisch vorteilhaften architektonischen und technischen Gestaltung der Gebäude,
- der Integration effektiver Energiewandlungsprozesse wie Wärme-Kraft- und Wärme-Kraft- Kälte- Kopplung,
- einer hohen Wirtschaftlichkeit und einem hohen Kopplungsfaktor der Wärme- Kraft-Kopplung durch Anwendung saisonaler Speicher,
- einer hohen Versorgungssicherheit durch Anwendung mehrerer unabhängiger Versorgungssysteme.

Diese Zielstellungen konnten nur mit Hilfe eines Verbundsystems und der komplexen Versorgung des Reichstagsgebäudes, des Paul-Löbe-Hauses, des Marie-Elisabeth-Lüders-Hauses und des Jakob-Kaiser-Hauses, bei Integration des Bundeskanzleramtes, mit den drei wichtigen Energieträgern Elektroenergie, Wärme und Kälte erfüllt werden.

Für die Systemgestaltung sind der jährliche Energiebedarf und der maximale Leistungsbedarf dieser drei Energieträger die entscheidenden Einflussgrößen. Dabei ergeben sich für den aus den ersten vier Gebäuden bestehenden Versorgungskomplex die in *Tabelle 4-24* angegebenen Werte.

Tabelle 4-24: Energiebedarf des Versorgungskomplexes um das Reichstagsgebäude

	Jährlicher Energiebedarf	Maximaler Leistungsbedarf
Elektroenergie	20 GWh/a	8,6 MW
Wärme	15,6 GWh/a	12,6 MW
Kälte	3,8 GWh/a	7,9 MW

Die dem Versorgungskonzept zugrunde liegende Zielstellung der effektiven Verwendung eines möglichst großen Anteils an regenerativen Energieträgern kann durch Stromerzeugung mit einem BHKW und Nutzung der BHKW-Abwärme zur Versorgung mit Wärme und Kälte am besten erfüllt werden. Dementsprechend ergibt sich für die einzelnen Energieträger die nachfolgend dargestellte Situation.

Elektroenergieversorgung

Die Grundlast der Elektroenergieversorgung übernehmen die in zwei verschiedenen Gebäuden installierten BHKW-Stationen mit je vier Motorblöcke und einer elektrischen Leistung von jeweils 4 x 400 kW. Die acht BHKW-Blöcke sind für den Betrieb mit Pflanzenölmethylester vorgesehen und ermöglichen deshalb eine vollständige Versorgung mit regenerativen Energieträgern, gestatten aber andererseits auch den Einsatz von fossilem Dieselkraftstoff. Wegen des Vorhandenseins von saisonalen Wärmespeichern ist eine stromgeführte Betriebsweise möglich, die zu einer wirtschaftlich günstigen Volllaststundenzahl von 5.000 h/a führt.

4.4 Beispiele für die Anwendung von Abfallenergieverwertungstechniken

Aus Gründen der Versorgungssicherheit und der Deckung der Spitzenlast sind zwei unabhängige 10 kV-Einspeisungen aus verschiedenen 110 kV-Netzen vorhanden.

Auf 4.500 m² Dachfläche wurden zur Demonstration der Photovoltaik entsprechende Solarzellen mit einer Leistung von 380 kW installiert, die jedoch mit 314 MWh/a nur 1,3 % der Gesamtelektroenergie erzeugen.

Wärmeversorgung

Bei der installierten BHKW-Leistung von 3.200 kW und einer Stromkennziffer von 0.5 bis 0.7 ergibt sich bei einer Vollaststundenzahl von 5.000 Stunden im Jahr theoretisch eine jährliche Abwärme von bis zu 23 GWh, die für die Versorgung mit Wärme und Kälte zur Verfügung steht. Obwohl das den Wärmebedarf weit übersteigt, ist eine nahezu vollständige Versorgung nur durch den Einsatz eines leistungsstarken saisonalen Speichers möglich. Der Abwärmeanfall der beiden BHKW-Stationen bei Volllastbetrieb erreicht nur eine Leistung von 4,6 MW und ist damit nur ein Bruchteil der hohen Leistungsspitze des Heizwärmebedarfs im Winter von 12,6 MW. Zur Speicherung der BHKW-Abwärme wurde erstmals in Deutschland in ca. 300 m Tiefe ein Aquifer-Pendelspeicher angelegt, in dem Solewasser mit einem Salzgehalt von 29 g/l und einer natürlichen Temperatur von 20 °C auf 70 °C aufgeheizt gespeichert wird. Der energetische Speicherwirkungsgrad des Aquiferspeichers erreicht 60 %. Die ausgespeicherte Wärme mit bis zu 65 °C wird direkt oder über Absorptionswärmepumpen in das Heizungsnetz eingespeist. Die Einspeicherleistung beträgt 5,8 MW, die Entnahmeleistung erreicht 3,25 MW. Die auf diese Weise verfügbare Gesamtheizleistung liegt entsprechend mit ca. 8 MW deutlich unter dem maximalen Leistungsbedarf von 12,6 MW. Zur Versorgung dieser Verbrauchsspitze sind weiterhin Kompressionswärmepumpen und Spitzenkessel installiert, die jedoch nur einen geringen Beitrag zur Heizwärmebereitstellung leisten, ca. 10 %.

Eine solarthermische Wärmenutzung war nicht möglich, weil dieser Wärmeanfall sich mit der Überschusszeit der BHKW-Abwärme deckt.

Kälteversorgung

Der Versorgungskomplex ist durch einen relativ hohen Klimakältebedarf gekennzeichnet. Die allgemeine Feststellung, dass Kälte nur mit Hilfe von Kreisprozessen erzeugbar ist, gilt für Klimakälte nur bedingt. Diese Klimakälte liegt in den Wintermonaten im Bereich der Außentemperaturen und kann somit in saisonalen Speichern aufgenommen und an den heißen Tagen der Sommermonate zur Verfügung gestellt werden. Diese sehr effektive Methode der Klimakälteversorgung ist in Deutschland erstmalig für das Parlaments- und Regierungsviertel im Spreebogen zur Anwendung gekommen. Ca. 55 % des Kältebedarfs werden aus saisonalen Speichern in 20 bis 50 m Tiefe im Grundwasserbereich entnommen und über ein Kältenetz auf die einzelnen Gebäude verteilt. In den Wintermonaten wird bei Außentemperaturen unter 0 °C das Aquiferwasser von der natürlichen Temperatur von 10 °C auf 5 °C abgekühlt und steht im Sommer mit einer Temperatur von 6 °C für die Versorgung des Kühlsystems zur Verfügung. Bei einer maximalen Förder- und Injektionsrate von 300 m³/h beträgt die maximale Kühlleistung des Aquiferspeichers etwa 3,5 MW.

Weitere 40 % der Klimakälte werden mit Hilfe von BHKW-Abwärme, die im Sommer im Überschuss vorhanden ist und anderenfalls gespeichert werden müsste, in Absorptionskälteanlagen erzeugt. Nur ca. 5 % des Kältebedarfs werden mit Elektroenergie in Kompressionskälteanlagen bereitgestellt.

Beurteilung des Energieverbundes

Wie beabsichtigt, wurde das Parlaments- und Regierungsviertel im Spreebogen mit modernen und effektiven Verfahren der Energiewandlung und Wärmetransformation ausgerüstet. Die Kombination von Blockheizkraftwerken auf der Basis von Pflanzenölmethylester mit Wärme-Kraft-Kopplung bzw. Wärme-Kraft-Kälte-Kopplung und Nutzung saisonaler Aquiferspeicher für Abwärme und Winterkälte verbindet die Minderung von Kohlendioxidemissionen durch Einsatz regenerativer Energieträger und die Minderung der Entropieproduktion durch rationelle Energieversorgung und -verwendung. So werden mit einer installierten BHKW-Leistung von 37% des maximalen Leistungsbedarfs 82% der Jahresarbeit, 90% der Jahresheizwärme und 40% der Klimakälte erzeugt. Weitere 55% der Klimakälte werden abgesehen von der Pumpleistung ohne thermodynamischen Aufwand unter Nutzung der schwankenden Umgebungsparameter, d.h. ohne zusätzliche Entropieproduktion zur Verfügung gestellt. Damit erreicht der exergetische Wirkungsgrad des komplexen Versorgungssystems bei Beachtung der Spitzenlastwärmeerzeugung hervorragende Werte von 30 bis 35%. Auch die Wirtschaftlichkeit des Versorgungssystems gegenüber einer alternativen Vollversorgung mit Elektroenergie und Fernwärme durch ein EVU ist gegeben und selbst für den Einsatz von Pflanzenölmethylester noch gleichwertig. In diesem Falle wird eine Reduzierung der Kohlendioxidemissionen um bis zu 60% erreicht.

4.5 Beispiele für Versorgungssysteme im Energieverbund

Um einen Eindruck von der Primärenergieeinsparung zu vermitteln, die mit dem Übergang auf ein Versorgungssystem im regionalen Energieverbund möglich ist, wird das im Abschnitt 3.7 dargestellte Konzept auf zwei der eingeführten Objektbereiche angewandt. Ein dritter Objektbereich befasst sich mit Industieansiedlungen bzw. Gewerbegebieten und zeigt die dort gegebenen Möglichkeiten des Energieverbundes.

4.5.1 Ländlicher Raum mit Ballungszentren [4-6]

Für den im Abschnitt 4.3 charakterisierten ländlichen Raum mit Ballungszentren lässt sich ein exergetischer Gesamtwirkungsgrad berechnen, wenn die erzeugten Nutzenergien exergetisch bewertet und auf den gesamten Primärenergieaufwand bezogen werden. Dabei wird Primärenergie näherungsweise mit Exergie gleichgesetzt. Es ergibt sich ein Zahlenwert von $\zeta = 0{,}233$.

Dies ist so zu interpretieren, dass dieselben Nutzenergien prinzipiell mit nur 23,3 % des tatsächlichen Primärenergieaufwandes erzeugt werden können.

Ein exergetischer Wirkungsgrad von 1 ist bei realen Energiesystemen nicht erreichbar. Das hier realisierte Energiesystem für einen ländlichen Raum mit Ballungszentren ist allerdings in Bezug auf seine Entropiewirtschaft deutlich verbesserungsfähig. Von den in Abschnitt 3.6 dargestellten Elementen eines Versorgungssystems im regionalen Energieverbund werden dazu die Elemente GuD-Heizkraftwerk und elektrische Wärmepumpen eingesetzt. Das GuD-Heizkraftwerk ist idealisiert als abwärmefrei angenommen, vgl. Abschnitt 3.6. Mit einem Wirkungsgrad des Wärmetransports von 0,9 hat es eine Stromkennzahl von $\sigma_{KWK} = 1{,}11$ bei einem elektrischen Wirkungsgrad von $\eta_{el,KWK} = 0{,}5$. Für die elektrischen Wärmepumpen wird eine mittlere Leistungszahl von $\varepsilon = 2{,}88$ angenommen.

Die jahresgemittelte Bedarfsstromkennzahl des betrachteten Objektbereiches hat einen Wert von $\sigma = 0{,}636$. Der elektrische Wirkungsgrad der Elektrizitätsversorgung im bestehenden System hat einen Wert von $\eta_{el,KWK} = 0{,}40$. Der energetische Kesselwirkungsgrad beträgt $\eta_K = 0{,}75$, wobei dieser Wert im Sinne einer Heizzahl auch die Stillstandsverluste und die Verluste der Wärmeverteilung erfassen soll.

Mit diesen Daten lassen sich für die jahresgemittelte Bedarfsstromkennzahl Zahlenwerte für die Primärenergieeinsparung bei Übergang zu einem Versorgungssystem im regionalen Energieverbund berechnen. Setzt man ausschließlich GuD-Heizkraftwerke und Spitzenkessel ein, so ergibt sich eine Absenkung des Primärenergiebedarfs auf

$$\frac{(\dot{m}_B H_u)_{KWK+SK}}{(\dot{m}_B H_u)_{IST}} = 0{,}576 \, .$$

Wenn auch die exergetisch ungünstigen Spitzenkessel durch elektrische Wärmepumpen substituiert werden, ergibt sich eine Absenkung des Primärenergiebedarfs auf

$$\frac{(\dot{m}_B H_u)_{KWK+WP}}{(\dot{m}_B H_u)_{IST}} = 0{,}500 \, .$$

Die geforderten Nutzenergien dieses Objektbereichs können somit bei Übergang zu einem Versorgungssystem im regionalen Energieverbund bei heute verfügbarer Technologie wie

GuD-Heizkraftwerken und elektrischen Wärmepumpen mit nur 50 % der tatsächlich eingesetzten Primärenergie erzeugt werden.

Das oben ermittelte Einsparpotenzial der integrierten Strom- und Wärmeerzeugung im Vergleich zum jetzigen Versorgungssystem von ca. 50 % gibt einen Jahresmittelwert wieder. Um die zeitliche Verteilung des Strom- und Wärmebedarfs berücksichtigen zu können, werden die geordneten Jahresdauerlinien des Strom- und Niedertemperaturwärmebedarfs für das Versorgungsgebiet herangezogen. Der zeitliche Verlauf des Bedarfs an Raumwärme wird dazu über die Gradtagszahlen der Stadt Bocholt berechnet. Dabei wird zugrundegelegt, dass an den Tagen, an denen die Tagesmitteltemperatur größer als 15 °C ist, kein Wärmebedarf für Raumwärme besteht. Der Wärmebedarf zur Warmwassererzeugung bei Tarifkunden wird vereinfacht übers Jahr hin als konstant angenommen. Mit 8.760 Jahresvollbenutzungsstunden ergibt sich eine konstante Leistung zur Warmwassererzeugung von 57,5 MW. Der zeitliche Verlauf des Niedertemperaturwärmebedarfs der Sondervertragskunden wird als gewichtetes Mittel aus den Jahresdauerlinien von drei detailliert betrachteten Betrieben im Untersuchungsgebiet erzeugt. Eine geordnete Jahresdauerlinie des Strombezugs ist aus Daten der Stadtwerke Emmerich entwickelt worden, indem die geordneten Dauerlinien der Monate Januar bis Mitte Juni 1997 auf ein ganzes Jahr hochgerechnet wurden. Die Jahresdauerlinie des Stromverbrauchs beinhaltet sowohl den Verbrauch der Tarifkunden als auch den Verbrauch der Sondervertragskunden. *Tabelle 4-25* zeigt die Jahresenergiemengen, den höchsten Energiestrom sowie die Jahresvollbenutzungsstunden der verschiedenen Dauerlinien.

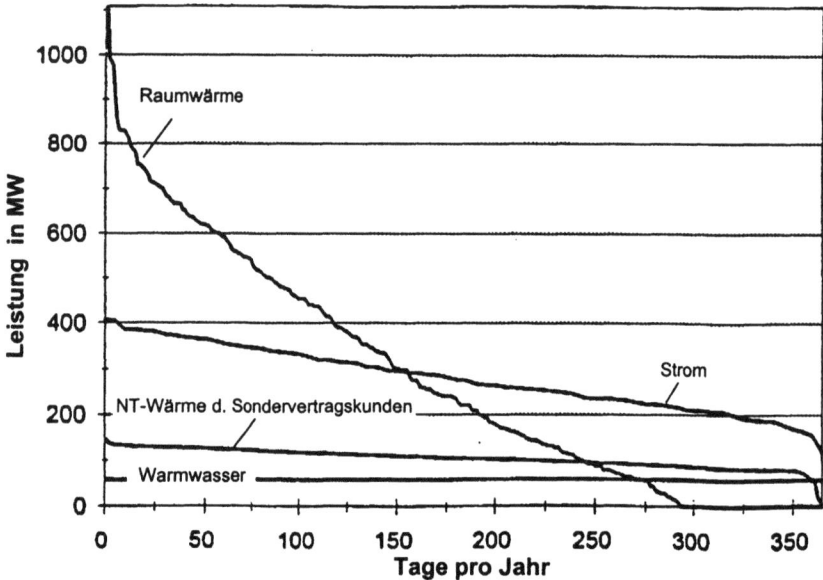

Bild 4-17
Geordnete Jahresdauerlinien der Energieformen

4.5 Beispiele für Versorgungssysteme im Energieverbund

Die auf Grund der Angaben in *Tabelle 4-25* errechneten Jahresdauerlinien zeigt *Bild 4-17*. *Bild 4-18* zeigt die geordneten Jahresdauerlinien des gesamten Niedertemperaturwärmebedarfs und des Strombedarfs. Für den Einsatz der Kraft-Wärme-Kopplung zur Energieversorgung ist die Bedarfsstromkennzahl σ von entscheidender Bedeutung. Diese wird aus dem Strombedarf und dem Niedertemperaturwärmebedarf für jeden Tag berechnet und ist in *Bild 4-19* dargestellt. Man erkennt, dass die Bedarfsstromkennzahl σ Werte zwischen 0,3 und 2,0 annimmt. Die geordnete Jahresdauerlinie der Bedarfsstromkennzahl σ aus *Bild 4-19* stellt auch bei Berücksichtigung der Tagesschwankungen das reale Verhältnis des Strom- und Niedertemperaturwärmebedarfs eines Jahres im zeitlichen Detail mit hinreichender Genauigkeit dar.

Tabelle 4-25: Angaben zu den Parametern der Jahresdauerlinien

Nutzenergie	Jahresenergiemenge in GWh/a	Jahreshöchstenergiestrom in MW	Jahresvollbenutzungsstund. in h/a
Raumwärme der Tarifkunden	2.430	1.105	2.200
Warmwasser der Tarifkunden	504	58	8.760
Niedertemperaturwärmebedarf der Sondervertragskunden	918	145	6.350
Strombedarf (Tarif- u. Sondervertragskunden)	2.450	408	6.010

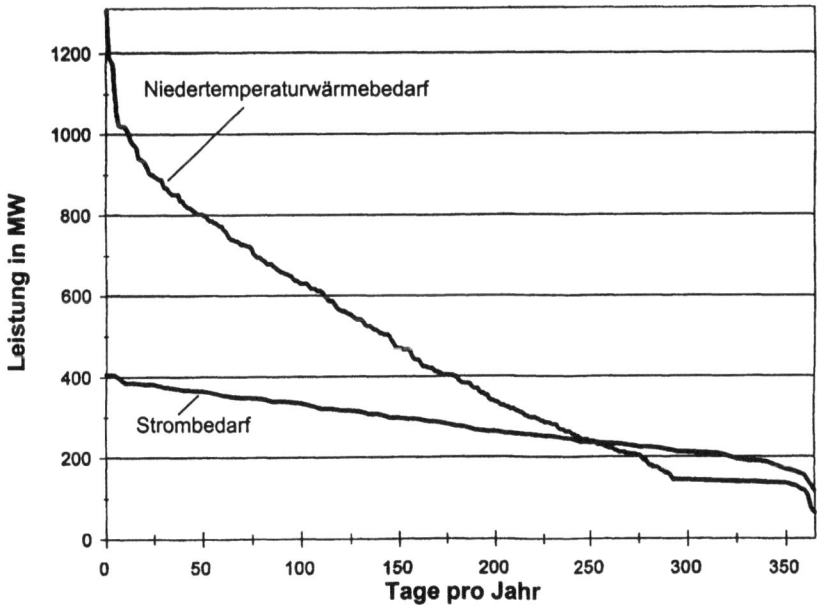

Bild 4-18
Geordnete Jahresdauerlinie des gesamten Niedertemperaturwärmebedarfs und des Elektroenergiebedarfs

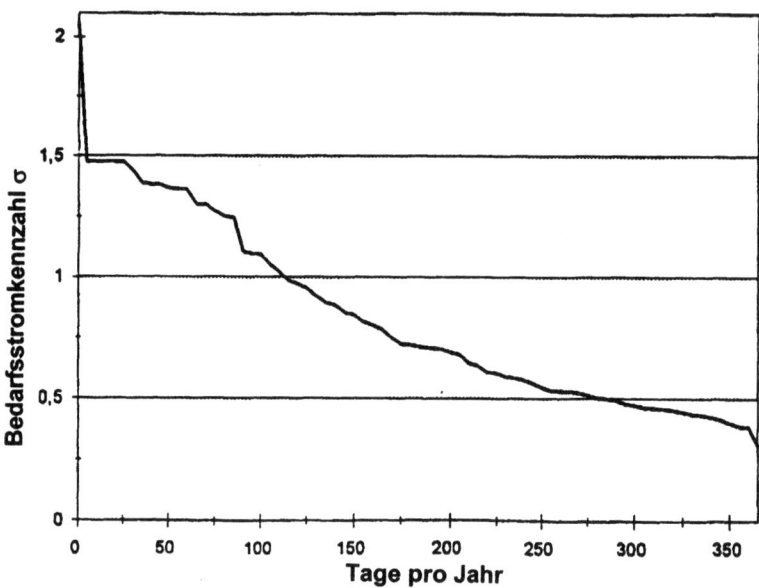

Bild 4-19
Geordnete Jahresdauerlinie der Bedarfsstromkennzahl

Bei der Entwicklung einer konkreten zeitlichen Einsatzplanung der technischen Komponenten für die Versorgung des Untersuchungsgebietes mit einer integrierten Strom-/Wärmeerzeugung ist zu beachten, dass ein großer Teil des Untersuchungsgebietes nur sehr dünn besiedelt ist. Eine Auswertung der 139 Siedlungszellen ergibt, dass 39 Siedlungszellen nicht für eine zentrale Wärmeversorgung in Betracht kommen. Der Anteil des Wärmebedarfs dieser 39 Streusiedlungen am gesamten Niedertemperaturwärmebedarf im Untersuchungsgebiet beträgt 8,5 %. Im exergetisch optimierten Versorgungssystem soll der Wärmebedarf dieser Streusiedlungen mit dezentralen, elektrisch betriebenen Wärmepumpenheizanlagen gedeckt werden. Im Folgenden wird daher angenommen, dass zu jeder Jahreszeit 10 % des gesamten Niedertemperaturwärmebedarfs durch dezentrale Wärmepumpen bereitgestellt werden müssen. Die übrigen Verbraucher befinden sich in verdichteten Siedlungen oder im direkten Einzugsbereich der 10 Städte und Gemeinden im Untersuchungsgebiet. Sie beanspruchen 90 % des gesamten Niedertemperaturwärmebedarfs. Die Versorgung dieser Verbraucher mit Niedertemperaturwärme soll über flächendeckende Wärmenetze erfolgen. Die Grundversorgung wird hierbei durch eine Fernwärmeauskopplung bei 70 °C aus GuD-Heizkraftwerken sichergestellt. Der dadurch nicht abgedeckte Wärmebedarf wird durch Großwärmepumpenanlagen beigesteuert, welche über dasselbe Wärmenetz die Verbraucher beliefern. Diese Großwärmepumpenanlagen ersetzen bei der integrierten Strom- und Wärmeversorgung die bei einer herkömmlichen Fernwärmeversorgung für Leistungsspitzen notwendigen Heizwerke. Der Vorteil der integrierten Wärmeversorgung durch KWK-Abwärme und Großwärmepumpenheizanlagen liegt in einer exergetisch optimalen Strom-/Wärmeerzeugung für unterschiedliche Bedarfsstromkennzahlen.

4.5 Beispiele für Versorgungssysteme im Energieverbund

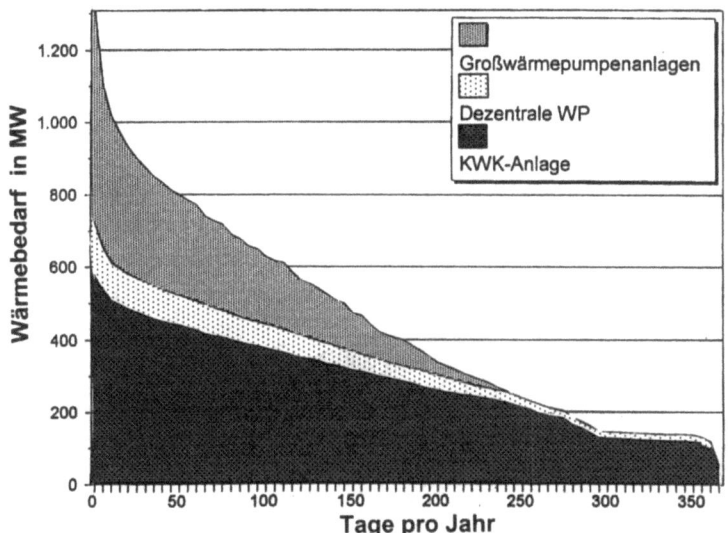

Bild 4-20
Deckung des Wärmebedarfs

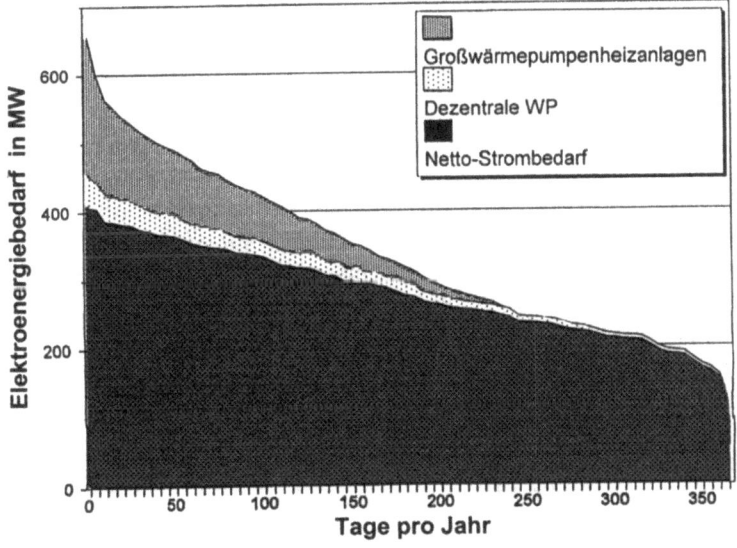

Bild 4-21
Elektroenergiebedarf

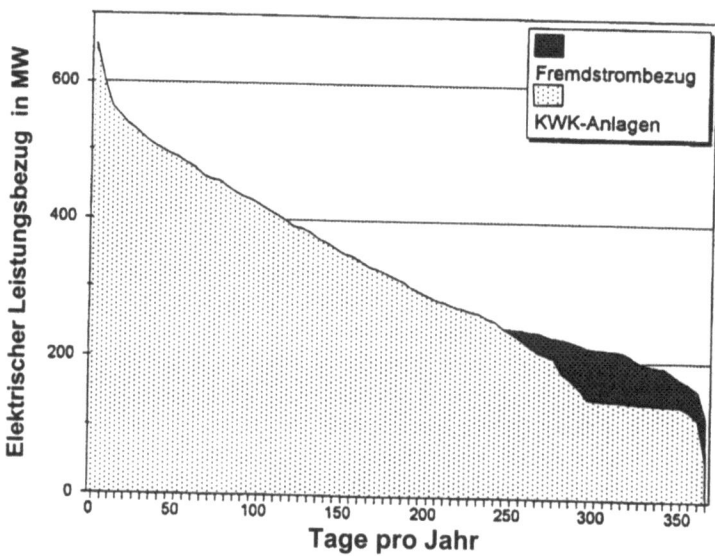

Bild 4-22
Jahresdauerlinie der Stromerzeugung

Für das betrachtete Versorgungsgebiet zeigt *Bild 4-20* die geordnete Jahresdauerlinie des Wärmeleistungsbedarfs und seine Deckung durch KWK-Anlagen, Großwärmepumpenanlagen sowie dezentrale Wärmepumpen. Man kann sehen, dass der durch die KWK-Anlagen zur Verfügung zu stellende Wärmeleistungsbedarf im Laufe eines Jahres in etwa zwischen 60 MW und 600 MW schwankt. Dasselbe Verhältnis zwischen maximalem und minimalem Leistungsbedarf wird in jedem einzelnen Versorgungszentrum auftreten. Um diesen Wärmebedarf decken zu können, müssen in jeder Stadt/Gemeinde mehrere der GuD-Heizkraftwerke in möglichst kleinen und unterschiedlichen Leistungsklassen installiert werden. *Bild 4-21* stellt die geordnete Jahresdauerlinie des elektrischen Leistungsbedarfs, unterteilt in den Netto-Strombedarf, den Strombedarf für Großwärmepumpenheizanlagen sowie den Strombedarf für dezentrale Wärmepumpenheizanlagen, dar. Hier entspricht der Netto-Strombedarf dem Strombedarf des Untersuchungsgebietes aus *Bild 4-17*. Der Netto-Strombedarf bezeichnet folglich jenen Strombedarf, welcher ohne Einsatz von Wärmepumpen im Untersuchungsgebiet benötigt wird. Schließlich zeigt *Bild 4-22* die geordnete Jahresdauerlinie der Stromerzeugung, unterteilt nach Eigenstromerzeugung in den KWK-Anlagen und nach Fremdstrombezug durch das überregionale Stromnetz.

Der Anteil Fremdstrombezug kommt durch die Unterschneidung der Strombedarfslinie durch die Wärmebedarfslinie zustande, siehe *Bild 4-18*. Die Bedingung, dass die in den KWK-Anlagen erzeugte Wärme vollständig genutzt werden soll, führt dazu, dass im Bereich 250 bis 365 Tage der Strombedarf nicht mehr vollständig aus den KWK-Anlagen zu decken ist. Hier muss folglich Fremdstrom bezogen werden. Die Bedarfsstromkennzahl erreicht vorwiegend beim Tagesgang eines sehr warmen Tages Spitzenwerte.

4.5 Beispiele für Versorgungssysteme im Energieverbund

Durch Integration über die jeweiligen Flächen können die Jahresenergiemengen der verschiedenen Versorgungsanlagen berechnet werden. *Tabelle 4-26* zeigt die prozentualen Anteile der verschiedenen Versorgungsanlagen.

Tabelle 4-26: Jahresenergiemengen der verschiedenen Versorgungsanlagen

Stromerzeugung	Anteil in %	Wärmebedarf	Anteil in %
Erzeugung in KWK-Anlagen	94,3	KWK-Anlagen	64,6
Fremdstrombezug	5,7	Dezentrale Wärmepumpen	10,0
Summe Stromerzeugung	100,0	Großwärmepumpenheizanlagen	25,4
Strombedarf	Anteil in %	Summe Wärmebedarf	100,0
Netto-Strombedarf	83,8		
Dezentrale Wärmepumpen	4,6		
Großwärmepumpenheizanlagen	11,6		
Summe Strombedarf	100,0		

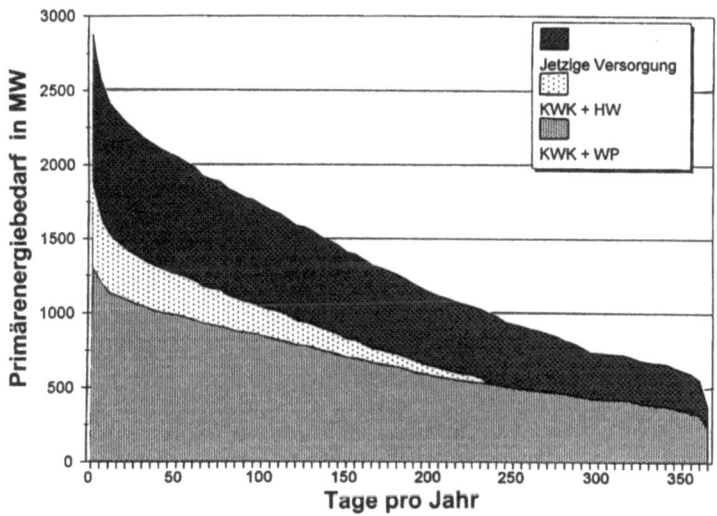

Bild 4-23
Primärenergiebedarf verschiedener Versorgungsstrukturen

Bild 4-23 zeigt den Primärenergiebedarf dieser integrierten Kraft-Wärme-Kopplung mit Wärmepumpeneinsatz und Wärmenetzen im Vergleich zu einem System aus Kraft-Wärme-Kopplung mit Heizwerken und der jetzigen Versorgung. Die Primärenergieersparnis beträgt 50 % bzw. 41 %. Insgesamt werden durch das exergetisch optimierte Versorgungskonzept ca. 6 MWh/a an Abfallwärme vermieden.

4.5.2 Ballungsraum [4-17]

Ähnlich wie für den ländlichen Raum mit Ballungszentren, so lässt sich auch für einen Ballungsraum eine Primärenergieeinsparung beim Übergang von einer bestehenden zu einer nach den Prinzipien der Entropiewirtschaft gestalteten Energieversorgungsstruktur ermitteln. Als Beispiel des Ballungsraumes Industriegroßstadt kann wiederum Duisburg dienen, dessen Endenergieprofil einen Niedertemperaturwärmemarkt von 4.860 GWh/a und einen Strommarkt von 2.138 GWh/a aufweist. Im Gegensatz zum ländlichen Raum haben Ballungsräume in der Regel bereits heute Energiesysteme mit einem begrenzten Anteil an Kraft-Wärme-Kopplung und Fernwärme. In Duisburg liegt der Fernwärmeanteil an der Raumwärmeversorgung bei ca. 20 %. Die bestehenden Heizkraftwerke werden allerdings überwiegend in Kondensationsbetrieb gefahren, wobei sich ein mittlerer elektrischer Wirkungsgrad von $\eta_{el,KWK} = 0{,}342$ mit einer mittleren Stromkennzahl von $\sigma_{KWK} = 2{,}66$ ergibt. Die dezentralen Heizkessel haben einen Wirkungsgrad von $\eta_K = 0{,}80$, für das zentrale Heizwerk gilt unter Berücksichtigung der Wärmeverluste bei der Verteilung ebenfalls $\eta_K = 0{,}80$. Dieses Energiesystem ist nun insofern nach den Prinzipien der Entropiewirtschaft verbesserungsfähig, als der KWK-Anteil erhöht und der Anteil der dezentralen Kessel und Heizwerke letztlich durch Einsatz elektrischer Wärmepumpen eliminiert werden kann. Das neue Energiesystem ist wieder durch die Parameter $\eta_{el,KWK} = 0{,}5$, $\sigma_{KWK} = 1{,}11$ und $\varepsilon_{WP} = 2{,}88$ gekennzeichnet.

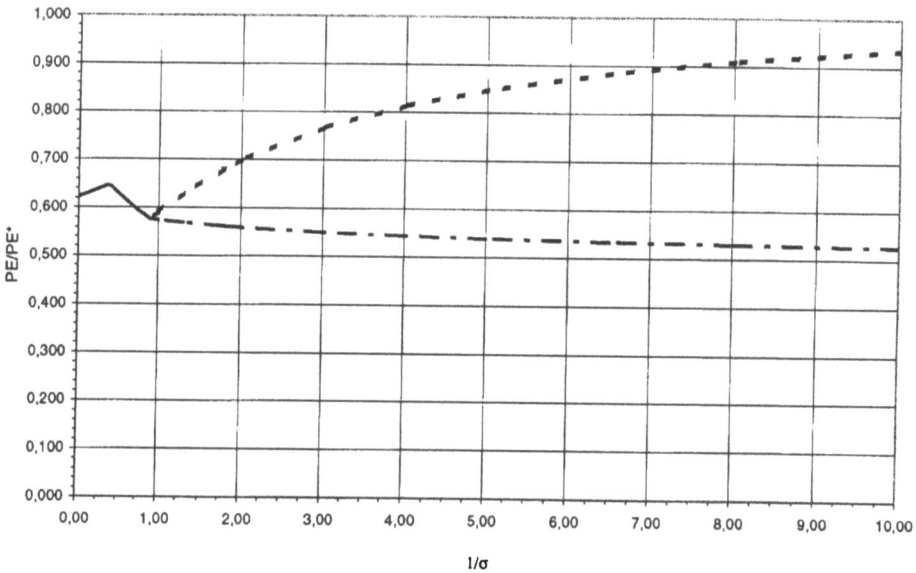

Bild 4-24
Relativer Primärenergieverbrauch als Funktion der Bedarfsstromkennzahl für Duisburg

Mit diesen Daten lässt sich die relative Primärenergieeinsparung durch das neue System über der Stromkennzahl des Bedarfs auftragen, vgl. Bild 4-24. Die Linie $PE/PE^* = 1{,}0$ (also keine Einsparung) kennzeichnet das bestehende System in Duisburg, mit seiner Fernwärmeversorgung und der bestehenden Erzeugungsstruktur. Der Ersatz der bestehenden Heizkraftwerke

4.5 Beispiele für Versorgungssysteme im Energieverbund

durch moderne GuD-Anlagen und die vollständige Abdeckung des Raumwärmemarktes durch Fernwärme führt auf die gestrichelte Linie. Sie zeigt den typischen Verlauf mit maximaler Primärenergieeinsparung für $\sigma = \sigma_{KWK}$ und abnehmender Primärenergieeinsparung für $\sigma < \sigma_{KWK}$ auf Grund der Zunahme an Heizwerk-Wärme. Substituiert man den Heizwerkanteil durch elektrische Wärmepumpen, so gelangt man zu der strichpunktierten Kurve. Sie liefert eine deutlich höhere Primärenergieeinsparung, da nun Wärme im Gegensatz zum entropieproduzierenden Heizkessel durch elektrische Wärmepumpen mit effizient erzeugtem Strom produziert wird. Für $\sigma > \sigma_{KWK}$ fallen beide Systeme zusammen.

Tabelle 4-27: Strom-Wärme-Matrix für Duisburg (Häufigkeit in h/a)

Strombedarf in MW	Wärmebedarf in MW											Stunden	Strombed. in GWh
		2.064	1.401	1.180	1.032	885	737	590	442	324	236	118		
	483	10	0	48	66	0	0	0	0	0	0	0	124	60
	442	0	0	0	0	0	0	0	0	0	0	0	0	0
	402	50	102	83	115	110	28	22	30	0	0	0	540	217
	362	0	0	0	0	0	0	0	0	0	0	0	0	0
	322	36	128	133	163	255	250	239	80	0	0	0	1.284	413
	281	0	189	83	180	471	433	399	366	130	178	320	2.749	774
	241	0	0	0	0	0	0	0	0	0	0	0	0	0
	201	0	26	0	41	90	140	83	168	343	456	940	2.287	460
	161	0	0	0	0	0	0	0	0	0	0	0	0	0
	121	0	0	0	0	0	0	0	106	520	620	530	1.776	214
Stunden		96	445	347	565	926	851	743	750	993	1.254	1.790	8760	2.138
Wärmebed. in GWh		198	623	409	583	819	627	438	332	322	296	211	4.860	

Die relative Primärenergieeinsparung als Funktion der Bedarfsstromkennzahl kann schließlich mit dem Energiebedarfsprofil zu einer tatsächlichen Primärenergieeinsparung eines betrachteten Objektbereiches umgerechnet werden. *Tabelle 4-27* zeigt die Strom-Wärme-Matrix für Duisburg. Hier ist der Strombedarf und der Wärmebedarf, jeweils in MW, in seiner zeitlichen Verteilung dargestellt. Aus diesen Daten lassen sich geordnete Jahresdauerlinien des Strom- und Wärmebedarfs darstellen, vgl. *Bild 4-25*. Das Verhältnis dieser Dauerlinien ist die Stromkennzahl des Bedarfs, die damit in ihrer zeitlichen Verteilung bekannt ist. Die relative Primärenergieeinsparung durch Ausbau der Kraft-Wärme-Kopplung mit fortschrittlichen GuD-Heizkraftwerken beträgt 27 %. Wenn die bei dieser Struktur noch erforderlichen Heizwerke durch elektrische Wärmepumpen substituiert werden, dann lässt sich eine relative Primärenergieersparnis von 45 % erreichen. Dies zeigt, dass auch typische bestehende Energiesyteme in Ballungsräumen mit bereits existierendem Fernwärmeanteil durch Übergang auf die Prinzipien der Entropiewirtschaft erheblich verbessert werden können.

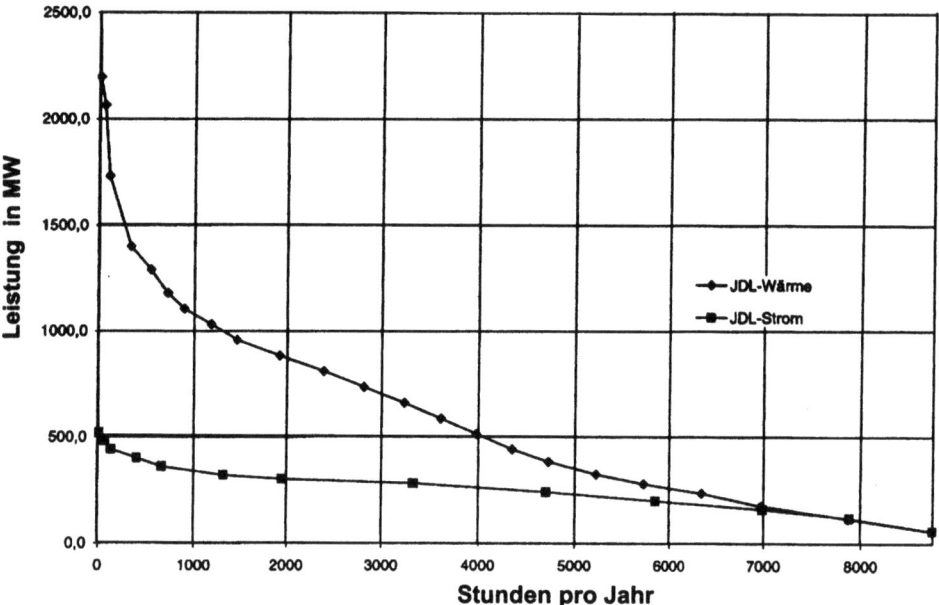

Bild 4-25
Geordnete Jahresdauerlinie für Wärme und Elektroenergie in Duisburg

4.5.3 Gewerbegebiete mit Industriebetrieben

Die konventionelle und anlagentechnisch besonders einfache Form der Energieversorgung von Industriebetrieben besteht im Fremdstrombezug und in der Wärmeerzeugung in Warmwasser-, Heißwasser- oder Dampfkesseln. Diese Lösung ist in Bezug auf Primärenergieverbrauch und Umweltschutz grundsätzlich nicht optimal, da sie die Vorteile der Kraft-Wärme-Kopplung und der externen Nutzung industrieller Abwärme nicht nutzt. Einzelne Betriebe haben häufig eine Größe und Bedarfsstruktur, die für eine Kraft-Wärme-Kopplung nicht geeignet ist. Durch Energieverbundlösungen hingegen, bei denen sich mehrere Betriebe in Bezug auf ihre Wärmeversorgung und ggf. ihre Stromversorgung zusammenschließen, kann das Potenzial der Kraft-Wärme-Kopplung sowie das der Abwärmenutzung auf Grund von Skalen- und Gleichzeitigkeitseffekten grundsätzlich gesteigert werden [4-18]. Damit werden Primärenergieverbrauch und Umweltbelastung verringert. Angesichts der komplexen Anlagentechnik ist allerdings die Frage der Wirtschaftlichkeit offen und muss durch die vergleichende Wirtschaftlichkeitsanalyse von alternativen Varianten geklärt werden. Insbesondere verringern Verbundlösungen die Flexibilität, mit der bei Einzellösungen auf Schwankungen im Bedarf reagiert werden kann.

Solche Energieverbundlösungen von Industriebetrieben unterliegen einigen technischen Rahmenbedingungen. Da ist zunächst die Forderung nach räumlicher Nähe, da andernfalls der Wärmetransport nicht mehr wirtschaftlich darstellbar ist. Diese Bedingung ist in der Regel für geschlossene Industrieansiedlungen, sogenannte Industrieparks, erfüllt. Eine weitere Rahmen-

4.5 Beispiele für Versorgungssysteme im Energieverbund

bedingung betrifft das Temperaturniveau des Wärmebedarfs. Wärmeverbundlösungen sind nur bei niedrigen und mittleren Temperaturen des Heizmittels sinnvoll, weil bei höheren Temperaturen, z. B. über 250 °C, der Transport in Rohrleitungen über die typischen Entfernungen von Nahwärmenetzen unwirtschaftlich wird. Bis zu einer Temperatur von 250 °C wird der gesamte Raumwärme- und Warmwasserbedarf abgedeckt, aber, gemittelt über die gesamte Industriestruktur, nur ca. 30 % des Prozesswärmebedarfs. Bei speziellen Projekten können diese Zahlen anders sein. Schließlich ist die Mitwirkung des lokalen Stromversorgers von großer Bedeutung, da Verbundlösungen häufig nach den Kriterien optimaler Wärmeversorgung ausgestaltet werden und die damit verbundene Disparität von Stromerzeugung und Strombedarf über das bestehende Verbundnetz ausgeglichen werden muss. Grundsätzlich gilt dies auch bei stromgeführter Gestaltung der Verbundlösung, da auch hier in der Regel aus technischen Gründen keine vollständige Eigenversorgung sinnvoll ist. Organisatorisch kann die Energieverbundlösung durch die Gründung einer Betreibergesellschaft unter Mitwirkung des lokalen Energieversorgungsunternehmens realisiert werden.

Industrieansiedlung 1

Es wird eine Industrieansiedlung aus 9 vorwiegend mittelständischen Betrieben betrachtet. *Bild 4.26* zeigt einen groben Lageplan, aus dem auch die Hauptverkehrsstraßen und ein Bahnanschluss hervorgehen. Die räumliche Ausdehnung beträgt ca. 1 km x 0,5 km. Im Nordosten und Osten grenzt die Industrieansiedlung an Wohngebiete, im Süden und Westen an Wald. Zusätzlich zu den 9 im Detail betrachteten Betrieben existiert noch eine Anzahl kleinerer Betriebe, z. B. Werkstätten und Großhandel, mit unwesentlichem Energiebedarf. Eine Übersicht über die Branchenverteilung und die grobe Zeitstruktur der Betriebe zeigt *Tabelle 4-28*. Aus der Anzahl der Schichten, insbesondere bei den großen Betrieben, sowie den nur geringen Betriebsunterbrechungen im Jahresverlauf, lässt sich auf eine hohe Volllaststundenzahl des Wärmebedarfs schließen.

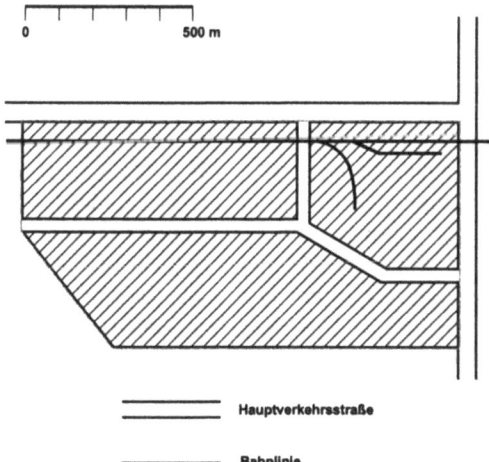

Bild 4-26
Schematischer Lageplan der betrachteten Industrieansiedlung 1

Tabelle 4-28: Übersicht über die Industriebetriebe der betrachteten Industrieansiedlung 1

Betrieb Nr.	Branche	Beschäftigten-zahl	überwiegende Betriebsart (Schichten)	Betriebs-unterbrechungen
1	Chemie	1.000	3	keine
2	Elektrotechnik	240	1	Wochenende
3	Lebensmittel	60	3	Saisonbetrieb
4	Chemie	200	3	Wochenende
5	Lebensmittel	30	1	Wochenende
6	Verpackungen	250	1	Wochenende
7	Druckerei	900	3	keine
8	Druckerei	350	1	Wochenende
9	Maschinenbau	500	2	Wochenende, Semesterferien

Tabelle 4-29: Wärmeerzeugungsanlagen der betrachteten Industriesiedlung 1

Betr. Nr.	Brenn-stoff[8]	Kesselanlagen / Wärmeerzeugung									Anzahl d. Heiz-zentral.
		Dampferzeuger				Heiz- bzw. Warmwasserkessel				
		Anzahl	Leistung in MW	Baujahr	Druck/Tempe.[9]	Anzahl	Leistung in MW	Baujahr	Temper. in °C	
1	EGH/EL	1	30,0	1986	40/425	1	10,0	1986	160	1
2	EGH	1	0,6	1964	1,5/110					1
3	HEL	2	8,4	1978	25/360					1
4	EGH	2	7,0	1964/80	8/170					1
5	HEL	1	1,2	1982	5/150					1
6	EGH					2	1,8	1978	80	1
7	EGH					3	10,1	62/72/84	90	1
8	HEL					3	5,6	1973	90	1
9	EGH					6	11,6	1980/86	90	1

Einen ersten Eindruck von der bestehenden Versorgungstechnologie vermittelt *Tabelle 4-29*. In allen Betrieben sind Kesselanlagen vorhanden, und zwar entweder Dampferzeuger oder Heiß- bzw. Warmwasserkessel. Die Dampfkessel in den Betrieben 1 und 3 haben einen Druck, der weit über den Erfordernissen der eigentlichen Wärmeversorgung liegt, da sie kleinere KWK-Anlagen versorgen. Der Wärmebedarf setzt sich aus Raumwärme- und Prozesswärme-bedarf zusammen. Die Betriebe 6 bis 10 haben lediglich Raumwärmebedarf, der mit Warmwasser von 80 bis 90 °C gedeckt werden kann. Der Raumwärmebedarf des Betriebes 2 wird mit ND-Dampf von 1,5 bar gedeckt. Die restlichen Betriebe haben sowohl Raumwärme- als auch Prozesswärmebedarf, wobei der gesamte Wärmebedarf durch Dampf der höchsten

---

[8] EGH – Erdgas H, HEL – Heizöl H. Betrieb 3 verbrennt außer HEL noch Produktionsrückstände.
[9] Druck in bar und Temperatur in °C

4.5 Beispiele für Versorgungssysteme im Energieverbund

Druckstufe mit anschließender Drosselung auf niedrigere Druckstufen und Umwandlung in Heiß- bzw. Warmwasser durch Dampfumformer bedient wird.

Tabelle 4-30: Wärme- und Elektroenergiebedarf der berücksichtigten Betriebe der betrachteten Industriesiedlung 1

	Einheit	Betrieb 1	Betrieb 2	Betrieb 3	Betrieb 4	Betrieb 5	Betrieb 6	Betrieb 7	Betrieb 8	Betrieb 9	Summe
Gesamtbrennstoffeinsatz											
Erdgas	GWh/a	46,364	3,234	0,000	6,000	0,000	1,969	9,626	0,000	6,176	73,368
Heizöl EL	GWh/a	8,160	0,000	6,881	0,000	0,737	0,000	0,000	5,238	0,000	21,015
Rückstände	GWh/a	0,000	0,000	3,538	0,000	0,000	0,000	0,000	0,000	0,000	3,538
Summe	GWh/a	54,524	3,233	10,419	6,000	0,737	1,969	9,623	5,238	6,176	97,921
Brennstoffeinsatz für Stromerzeugung	GWh/a	0,593	0,000	0,208	0,000	0,000	0,000	0,000	0,000	0,000	0,800
Brennstoffeinsatz in	GWh/a	0,000	2,393	0,000	0,000	0,0000	0,314	0,000	0,000	0,000	2,707
direkt befeuert. Anl.	%	0,0	74,0	0,0	0,0	0,0	15,9	0,0	0,0	0,0	0,8
Brennstoffeinsatz für die zentrale Wärmebereitstellung											
Erdgas	GWh/a	45,860	0,841	0,000	6,000	0,000	1,655	9,626	0,000	6,176	70,157
Heizöl EL	GWh/a	8,071	0,000	6,743	0,000	0,737	0,000	0,000	5,238	0,000	20,789
Rückstände	GWh/a	0,000	0,000	3,468	0,000	0,000	0,000	0,000	0,000	0,000	3,468
Summe	GWh/a	53,931	0,841	10,211	6,000	0,737	1,655	9,626	5,238	6,176	94,414
Anlagenwirkungsgrd.	%	90,0	80,0	85,0	85,0	85,0	80,0	85,0	85,0	85,0	87,7
Nutzwärmebedarf											
Dampf: 10 bar/220 °C	GWh/a			8,679							8,679
Dampf: 8 bar/170 °C	GWh/a					5,100					5,100
Dampf: 5 bar/152 °C	GWh/a					0,589					0,589
Dampf: 2,5 bar/127 °C	GWh/a	48,538									48,538
Warmwasser: 90 °C	GWh/a		0,673				1,324	8,182	4,452	5,250	19,880
Summe	GWh/a	48,538	0,673	8,679	5,100	0,589	1,324	8,182	4,452	5,250	82,787
Wärmehöchstlast	MW	9,4	0,6	3,1	2,0	0,4	1,0	5,3	3,1	4,5	[10] 26,6
Volllaststunden	h/a	5.139	1.164	2.790	2.550	1.350	1.350	1.530	1.440	1.170	3.121
Strombedarf											
HT-Strom	GWh/a	11,000	0,654	0,116	1,680	0,153	1,218	5,007	1,589	3,395	24,812
Anteil	%	45,8	71,0	41,0	50,0	70,0	66,7	47,1	60,0	70,0	50,9
NT-Strom	GWh/a	13,000	0,267	0,167	1,680	0,065	0,609	5,626	1,059	1,455	23,929
Anteil	%	54,2	29,0	59,0	50,0	30,0	33,3	52,9	40,0	30,0	49,1
Summe	GWh/a	24,000	0,921	0,283	3,360	0,218	1,827	10,633	2,648	4,850	48,741
Leistungsbedarf	MW	4,000	0,603	0,157	0,950	0,085	0,640	2,355	0,980	1,730	11,500
Benutzungsdauer	h/a	6.000	1.528	1.800	3.537	2.565	2.855	4.515	2.702	2.803	4.238

Tabelle 4-30 zeigt eine detaillierte Aufstellung des Wärme- und Strombedarfs, wie er sich aus den Bezugsdaten und der Analyse der Nutzenergieerzeugung in den Betrieben ergibt. Der Brennstoffeinsatz für die Eigenstromerzeugung ist die Brennstoffmenge, die nicht erforderlich wäre, wenn man die Wärme einer KWK-Anlage unter Verzicht auf die Stromproduktion in einem Kessel produzieren würde. Sie liegt für typische KWK-Anlagen bei dem 1,3-fachen der erzeugten Elektroenergie und muss aus dem eigentlichen Wärmebedarf für eine Verbundlösung herausgerechnet werden. Weiterhin herausgerechnet werden muss der Brennstoffeinsatz

---

[10] Annahme eines Gleichzeitigkeitsfaktors von 0,9.

in direkt befeuerten Anlagen, z. B. Lufterhitzern für die Hallenheizung, Öfen u. a. m., da dieser Wärmebedarf nicht durch eine zentrale Verbundlösung abgedeckt werden kann. Auf diese Weise ergibt sich der Brennstoffeinsatz, d. h. der Endenergiebedarf für die zentrale Wärmebereitstellung.

Mit geeignet angenommenen Wirkungsgraden der installierten Kesselanlagen folgt der tatsächliche Nutzwärmebedarf der auf die Dampfdruckstufen 10 bar, 8 bar, 5 bar und 2,5 bar sowie auf Warmwasser von 90 °C aufgeteilt ist. Die Wärmehöchstlast der einzelnen Betriebe ist ebenfalls ausgewiesen. Wird der Wärmebedarf durch die Wärmeleistung dividiert, so ergibt sich die Vollbenutzungsstundenzahl als erste charakteristische Kenngröße der Zeitstruktur. Für eine Verbundlösung ist die erforderliche Spitzenwärmeleistung in der Regel niedriger als die Summe der einzelnen Wärmehöchstlasten, da die Spitzenwerte aller Betriebe nicht zum selben Zeitpunkt gefordert werden. Die Vollbenutzungsstundenzahl steigt entsprechend. Man berücksichtigt dies durch den Gleichzeitigkeitsfaktor, für den hier der Wert 0,9 angenommen wird. Damit ergibt sich für die betrachtete Industrieansiedlung eine Spitzenleistung von 26,5 MW bei einer Vollbenutzungsstundenzahl von 3.121 h/a. Der Strombedarf ist ebenfalls ausgewiesen, wobei hier im Hinblick auf die Wirtschaftlichkeitsbetrachtung in Hochtarif- und Niedertarif-Bedarf unterschieden wird.

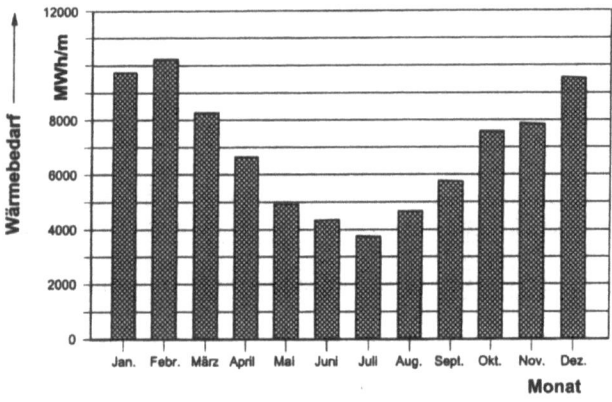

Bild 4-27
Monatlicher Wärmebedarf der betrachteten Industrieansiedlung 1

Die Zeitstruktur des Wärmebedarfs zeigt *Bild 4-27*, in dem die monatlichen Werte zusammengestellt sind. Der Strombedarf ist weitgehend gleichmäßig über die Monate verteilt. Die Profilierung des Wärmebedarfs hängt mit dem erheblichen Anteil der Raumwärme am gesamten Wärmebedarf zusammen. Allerdings ist das Sommerloch mit 40 % Wärmemengenbedarf im Vergleich zur Bedarfsspitze bei weitem nicht so stark ausgeprägt, wie das bei reinem Raumwärmebedarf der Fall wäre, bei dem mit einem Absinken auf unter 20 % zu rechnen ist. Der geordnete Verlauf des Wärmebedarfs über die Jahresstunden muss aus detaillierten Analysen entwickelt und über die Jahresstunden aufgetragen werden. Für die betrachtete Industrieansiedlung ist er in *Bild 4-28* gezeigt. Er ist auf Grund des Prozesswärmeanteils deutlich „bauchiger" als bei reinem Raumwärmebedarf. Gegenüber der Darstellung der monatlichen

4.5 Beispiele für Versorgungssysteme im Energieverbund

Verbräuche in *Bild 4-27* ergibt sich eine differenziertere Struktur, mit einer Wärmegrundlast von nur ca. 20 % der Höchstlast.

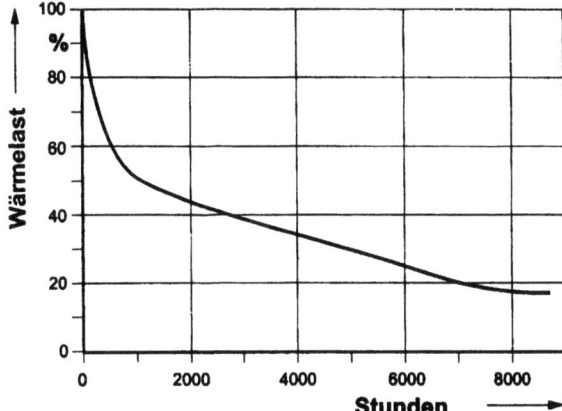

Bild 4-28
Geordnete Jahresdauerlinie des Wärmebedarfs der betrachteten Industrieansiedlung 1

Die bestehende Versorgung beruht im Wesentlichen auf Fremdstrombezug und zentraler Wärmeversorgung in den einzelnen Betrieben, wenn man von dem kleinen Anteil der Eigenstromerzeugung und den direktgefeuerten Anlagen absieht. Eine Verbundlösung strebt demgegenüber einen Wärme- und ggf. Stromverbund der einzelnen Betriebe an, wobei hierbei Potenziale der Primärenergieeinsparung und Umweltentlastung durch exergetisch günstige Technologien, wie Kraft-Wärme-Kopplung und externe Abwärmenutzung, erschlossen werden sollen. Im betrachteten Fall stehen keine nennenswerten Abwärmemengen mit attraktiver Qualität zur Verfügung. Es bieten sich aber Möglichkeiten für die Kraft-Wärme-Kopplung. Dabei bestehen gegenüber KWK-Einzellösungen grundsätzliche Vorteile, z. B. die Kostendegression beim Übergang zu großen Einheiten sowie die Vergleichmäßigung der Zeitstruktur durch die Addition unterschiedlicher Verbraucher. Demgegenüber sind als Nachteile die finanziellen Aufwendungen für die Verbundtechnologie sowie die Abhängigkeit der Betriebe untereinander anzusehen. Im übrigen muss, da auch bei Verbundlösungen mit vergleichmäßigter Zeitstruktur der Wärme- und Strombedarf nicht vollständig durch eine KWK-Technologie abgedeckt werden kann, insbesondere eine Kooperation mit dem Stromversorger herbeigeführt werden. In der Regel wird nämlich bei solchen Verbundlösungen zeitweise sowohl überschüssiger Strom produziert als auch eine Stromlücke bestehen, wobei hier der Stromversorger bei Stromüberschuss Strom aufnehmen bzw. bei Stromlücke mit Strom versorgen muss.

Die wesentlichen Parameter der Energieversorgung der betrachteten Industrieansiedlung 1 sind (s. *Tabelle 4-30*)

- Wärmehöchstlast   26,5 MW
- davon Dampf 1   4,0 MW
- davon Warmwasser   12,5 MW

- Jahres-Wärmeverbrauch   82,8 GWh
- Stromhöchstlast   11,5 MW
- Jahres-Stromverbrauch   48,7 GWh.

Da die höchste Qualität der benötigten Wärme im betrachteten Fall bei 10-bar-Dampf liegt, kommt als KWK-Technologie nur das Heizkraftwerk auf Dampfbasis oder die Gasturbine mit Abhitzekessel in Frage. Motor-Heizkraftwerke scheiden aus. Angesichts einer beachtlichen Wärmegrundlast von über 20 % der Wärmehöchstlast und des „bauchigen" Verlaufs der Jahresdauerlinie wird die KWK-Anlage wärmegeführt betrieben. Um eine hohe Auslastung der Anlage bei geringem Teillastanteil zu erreichen, wird die KWK-Anlage grundsätzlich nicht auf die volle Wärmehöchstlast, sondern auf 30 bis 40 % der Wärmehöchstlast ausgelegt. Bei dem vorliegenden Verlauf der geordneten Jahresdauerlinie werden dadurch 75 bis 85 % des Wärmebedarfs erfasst. Der Rest wird durch Spitzenkessel abgedeckt. Im Detail muss die Aufteilung auf die KWK-Anlage und die Spitzenkessel nach wirtschaftlichen Gesichtspunkten optimiert werden. Dabei werden teurere KWK-Technologien mit billigem Brennstoff länger zu betreiben sein als weniger teurere mit teurem Brennstoff. Darüber hinaus ist das unterschiedliche Teillastverhalten der KWK-Technologien zu berücksichtigen. Anlagen mit schlechtem Teillastverhalten werden bei absinkender Last außer Betrieb genommen und durch den Spitzenkessel ersetzt.

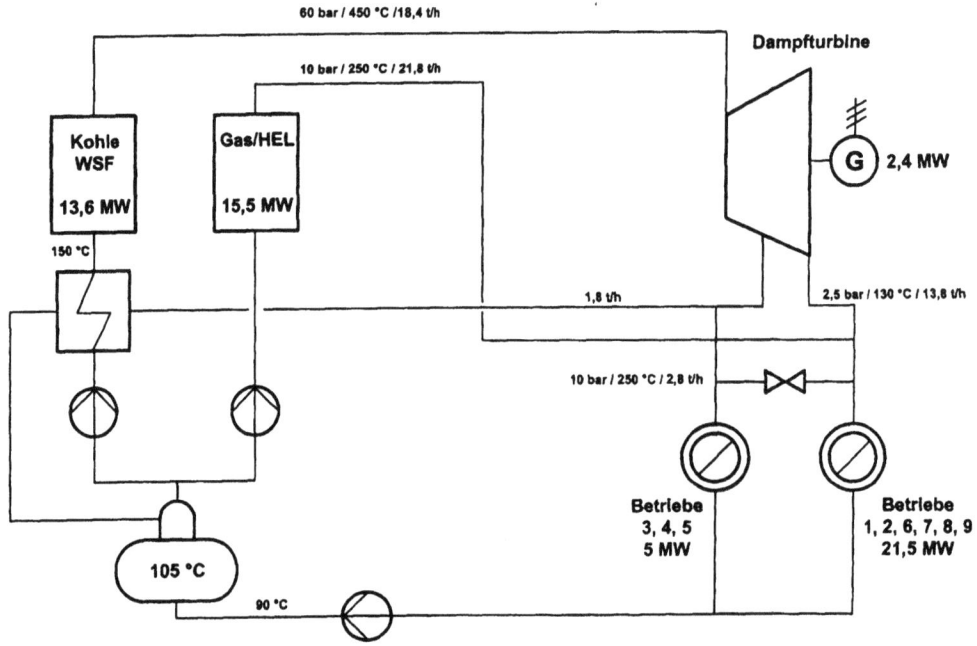

Bild 4-29
Wärmeschaltbild des Heizkraftwerkes auf Kohlebasis für die betrachtete Industrieansiedlung 1

4.5 Beispiele für Versorgungssysteme im Energieverbund

Als KWK-Anlage wird zunächst ein Heizkraftwerk auf Kohlebasis untersucht, in dem Hochdruckdampf von 60 bar und 450 °C in einer Entnahme-Gegendruck-Dampfturbine entspannt wird. Der Dampf wird in einem Kohle-Wirbelschicht-Kessel mit einem Massenstrom von 18,4 t/h, d. h. 5,1 kg/s, bereitgestellt. Entsprechend der Qualität des Wärmebedarfs wird Dampf teilweise bei 10 bar und 225 °C entnommen, der Rest auf 2,5 bar und 130 °C entspannt. Der restliche Wärmebedarf wird über einen gas-/heizölgefeuerten Spitzenlastkessel gedeckt, der einen Dampfzustand von 10 bar und 250 °C erzeugt.

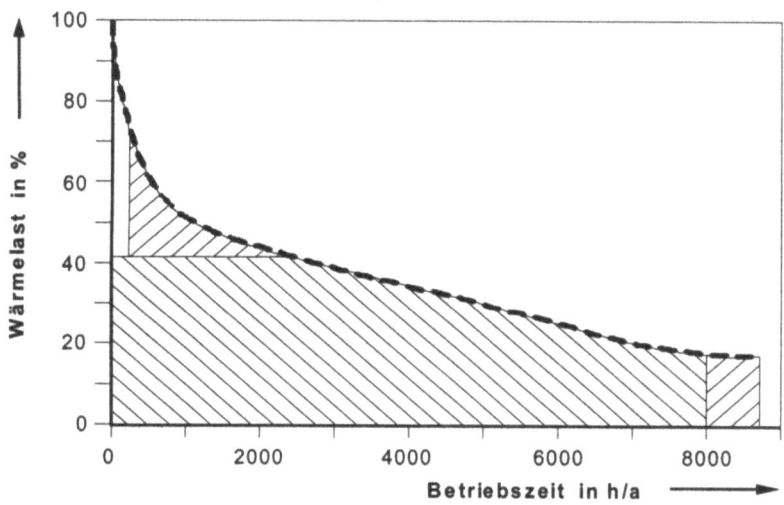

ANLAGE		BRENNSTOFF	LEISTUNG		MENGE	
			MW	%	GWh	%
⟨⟨⟨⟨	Auskopplung HKW	Kohle	11,0	42	70,4	84
⟩⟩⟩⟩	SPL-Kessel	Erdgas	15,5	58	10,4	12
☐	SPL-Kessel	Heizöl			3,0	4
	SUMME		26,5	100	83,8	100

Bild 4-30
Deckung der Wärme-Netzlast der betrachteten Industrieansiedlung 1 durch ein Kohle-Heizkraftwerk mit Spitzenkessel

Bild 4-29 zeigt das Wärmeschaltbild des Heizkraftwerkes mit Spitzenkessel und *Bild 4-30* die Einpassung der Wärmeerzeugungstechnologien in die geordnete Jahresdauerlinie des Wärmebedarfs. Das Heizkraftwerk ist auf eine Wärmeauskopplung von 11 MW, entsprechend 42 % der Wärmehöchstlast, ausgelegt. Bei Hinnahme von Teillastbetriebsphasen, die bis auf 50 % der Wärmenennlast heruntergehen, kann es 8000 Stunden in Betrieb sein und deckt damit 84 % des Wärmebedarfs ab. Die weiteren 768 Stunden des Jahres sind Stillstandzeiten, z. B. für

Revision oder sonstige Betriebsunterbrechungen wie bei zu niedrigem Wärmebedarf. Der durch das Heizkraftwerk nicht gedeckte Wärmebedarf, z. B. in Stillstandsstunden und insbesondere in Zeiten höherer Last, wird durch den Spitzenkessel abgedeckt. Der Spitzenkessel ist so dimensioniert, dass zusammen mit dem Heizkraftwerk die Wärmehöchstlast und damit auch die Last in Stillstandsstunden des Heizkraftwerkes bedient werden kann. Dampf zu hoher Qualität wird auf die erforderliche Qualität herunter gedrosselt. Unter Berücksichtigung des Teillastverhaltens, des Eigenverbrauchs und des Strombedarfs der Netzpumpen produziert das Kohle-Heizkraftwerk ca. 13,5 GWh/a Strom, der in das Netz eingespeist werden muss.

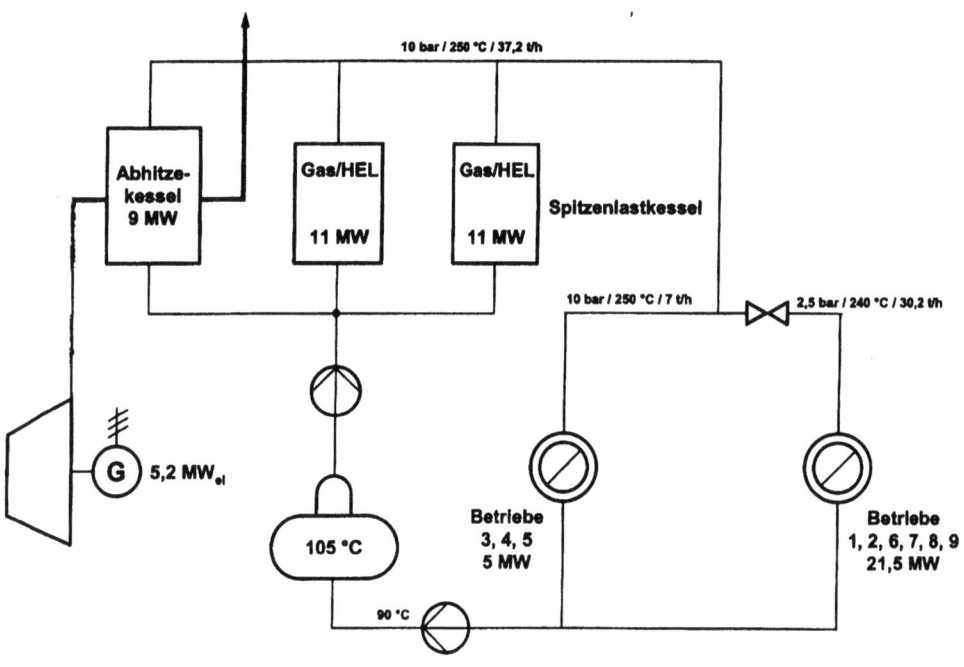

Bild 4-31
Schaltbild des Gasturbinen-Heizkraftwerks für die betrachtete Industrieansiedlung 1

Alternativ zu einem Kohle-Heizkraftwerk wird eine Gasturbine mit Abhitzekessel betrachtet. Der Abhitzekessel erzeugt Dampf von der höchsten geforderten Qualität, d. h. 10 bar. Für die Verbraucher niederer Qualität erfolgt anschließend eine Drosselung auf die geforderten Dampfzustände. Der durch den Abhitzekessel nicht abgedeckte Wärmebedarf wird durch 2 Spitzenlastkessel beigesteuert. *Bild 4-31* zeigt das Wärmeschaltbild der KWK-Anlage mit den Spitzenkesseln und *Bild 4-32* die Einpassung in die geordnete Jahresdauerlinie des Wärmebedarfs. Angesichts der Tatsache, dass die Gasturbine mit Abhitzekessel weniger kostet als das Kohle-Heizkraftwerk, dafür aber den teureren Brennstoff Gas benötigt, wird eine geringere Laufzeit günstig sein. Dies vermeidet auch eine sonst erhebliche Teillastfahrweise der Gasturbine, die dann einen schlechten Wirkungsgrad annimmt. Die Wärmeerzeugung wird hier auf 34 % der Wärmehöchstlast ausgelegt, womit sich praktisch ohne Teillastbetrieb 62 % des Wär-

4.5 Beispiele für Versorgungssysteme im Energieverbund

mebedarfs abdecken lassen. Damit ist die Anlage ca. 6.000 Stunden pro Jahr in Betrieb. Den dadurch nicht abgedeckten Wärmebedarf steuern die Spitzenkessel bei. Die elektrische Leistungsabgabe der Gasturbine liegt bei 5,2 MW. Damit ergibt sich nach Abzug des Eigenverbrauchs und des Netzpumpenbedarfs eine Stromabgabe ins Netz von 29,3 GWh/a.

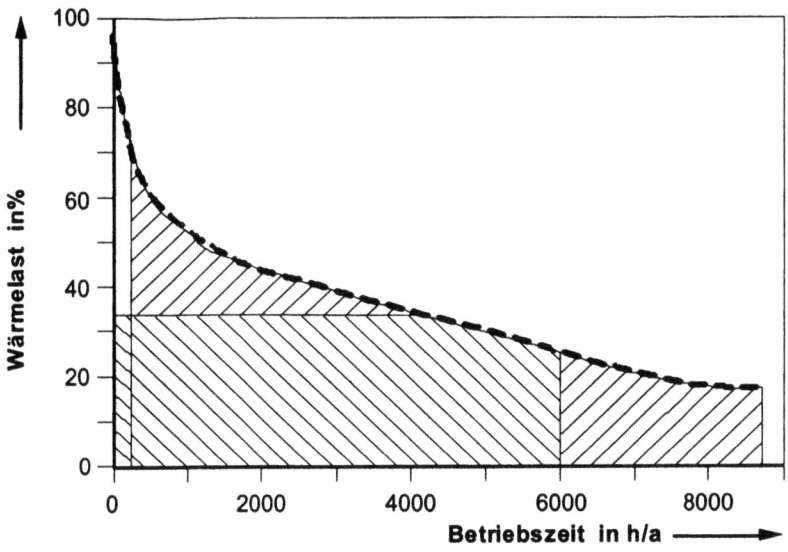

Bild 4-32
Deckung der Netzlast der betrachteten Industrieansiedlung 1 durch ein Gasturbinen-Heizkraftwerk mit Spitzenkesseln

Außer dem Neuaufbau von KWK-Technologien kommt auch die Nutzung bestehender Anlagen in Betracht. So besteht in Betrieb 1 ein 30-MW-Kessel für die Erzeugung von Dampf bei 40 bar und 400 °C. Dieser Kessel ist für die in diesem Betrieb vorgesehene Eigenstromerzeugung wie auch Wärmeerzeugung stark überdimensioniert. Er kann aber ein Baustein einer GuD-Heizkraftanlage sein, wobei eventuell auch die vorhandene Dampfturbine genutzt werden kann. Parallel zu diesem Kessel wird der Abhitzekessel einer Gasturbine geschaltet. Auf diese Weise entsteht ein GuD-Heizkraftwerk, dessen Wärmeschaltbild in *Bild 4-33* und die Einpassung in die geordnete Jahresdauerlinie des Wärmebedarfs in *Bild 4-34* gezeigt ist. Gegenüber den vorangegangenen Varianten ergibt sich nun eine deutlich höhere Stromerzeugung von 51,5 GWh/a. Dennoch ist wegen des großen Anteils des vorhandenen Kessels an der Wärmeerzeugung die Stromkennzahl für ein GuD-Heizkraftwerk untypisch klein.

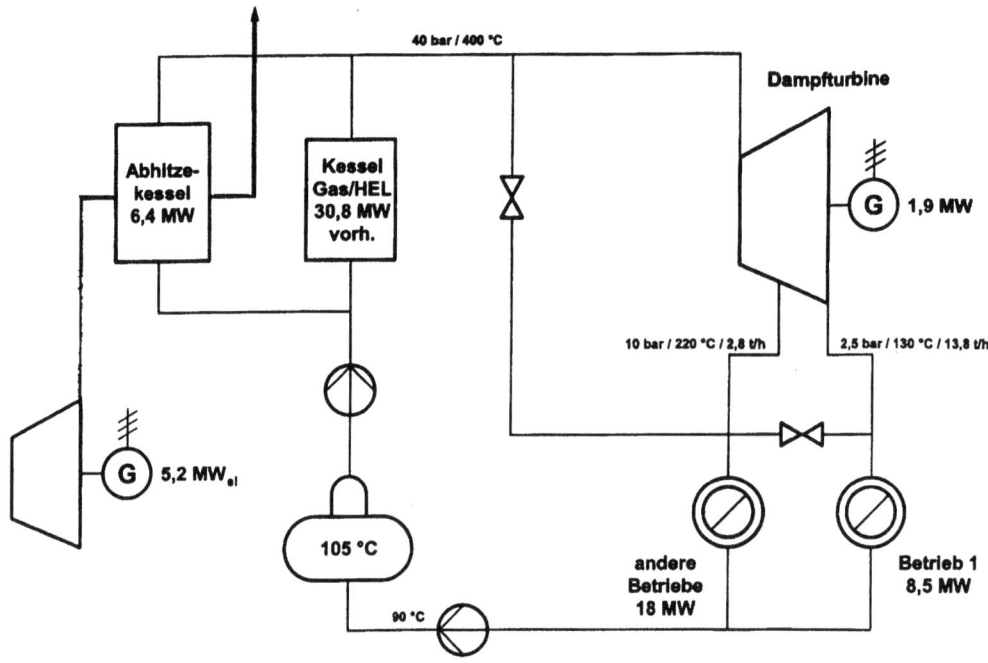

Bild 4-33
Ausbau des Heizkraftwerkes von Betrieb 1 zu einer GuD-Anlage in der betrachteten Industrieansiedlung 1

Der Vergleich der Konzeptvarianten erfolgt nach den Kriterien Primärenergieverbrauch und Wirtschaftlichkeit. Als Nutzenergie wird die Summe aus der Wärmeabgabe, die für alle Varianten gleich ist, und der Stromabgabe, die unterschiedlich ist, gewählt. Um für den Vergleich konstante Nutzenergiemengen zu schaffen, wird die GuD-Variante als diejenige mit der größten Stromerzeugung als Vergleichmaßstab gewählt. Alle anderen Varianten benötigen einen mehr oder weniger großen Anteil an Fremdstrom, um dieselben Nutzenergiemengen wie die GuD-Variante bereitzustellen. So muss für die bestehende Versorgungssituation, bei der nur vernachlässigbar wenig Strom produziert wird, im Wesentlichen die gesamte in der GuD-Variante erzeugte Strommenge durch Fremdstrombezug eingebracht werden. Dabei wird davon ausgegangen, dass der im Rahmen der KWK-Verbundlösungen erzeugte Strom vorwiegend Mittellaststrom ist, wie er im Kraftwerkspark im Wesentlichen durch Steinkohlekraftwerke erzeugt wird. Als Netto-Wirkungsgrad eines solchen Referenz-Steinkohlekraftwerks wird ein

4.5 Beispiele für Versorgungssysteme im Energieverbund

Wert von 35 % angenommen. Das *Bild 4-35* zeigt die Zusammensetzung der Nutzenergie aus Wärme, Eigenstrom und Fremdstrom, sowie die Darstellung des Primärenergiebedarfs, mit seiner Zusammensetzung aus den Energieträgern Steinkohle, Erdgas, Heizöl EL sowie dem Primärenergieanteil des Referenzkraftwerkes. Die GuD-Variante hat hierbei mit einer Ersparnis von ca. 30 % gegenüber der Einzelversorgung den kleinsten Primärenergiebedarf, der allerdings aus hochwertigem Gas und etwas Öl gedeckt wird. Diese Technologie ist damit sicher günstiger als das Gasturbinen-Heizkraftwerk mit denselben hochwertigen Brennstoffanforderungen. Die Konzeptvariante mit dem Kohle-Heizkraftwerk hat zwar einen höheren Primärenergiebedarf als die GuD-Variante, kann diesen aber weitgehend mit Kohle decken und ist diesbezüglich jedenfalls auch im Vorteil gegenüber der bestehenden Einzelversorgung.

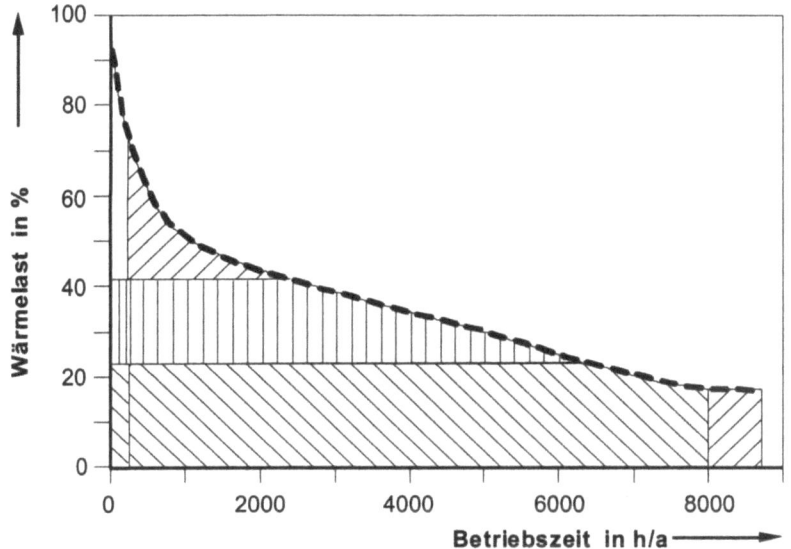

ANLAGE		BRENNSTOFF	LEISTUNG		MENGE	
			MW	%	GWh	%
⎕⎕⎕	Auskopplung GuD	Erdgas	11,0	42,0	67,7	81,0
⊠⊠	Anteil GT	Erdgas	(6,5)		(48,4)	
⎕+⊠	Auskopplung GuD	Heizöl EL	(11,0)		2,6	3,0
⎕	SPL-Kessel	Erdgas	15,5	58,0	10,5	12,5
⊘⊘	SPL-Kessel	Heizöl EL			3,0	3,5
SUMME			26,5	100	83,8	100

Bild 4-34
Deckung der Netzlast der betrachteten Industrieansiedlung 1 durch ein GuD-Heizkraftwerk mit Spitzenkessel

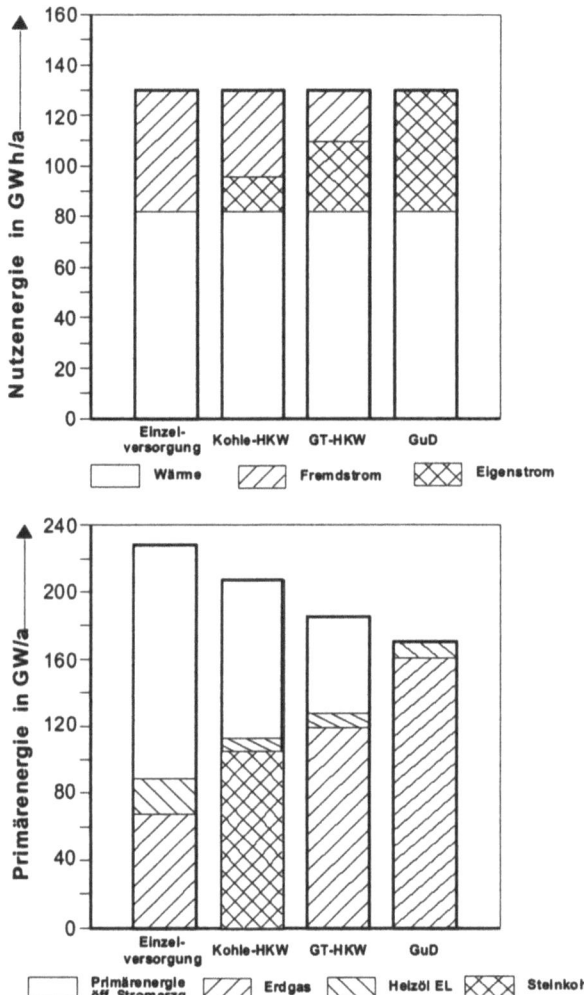

Bild 4-35
Nutzenergiebilanz und Primärenergieeinsatz für die Versorgungsvarianten der betrachteten Industrieansiedlung 1

Bei dem wirtschaftlichen Vergleich der Konzeptvarianten werden die durchschnittlichen Nutzwärmekosten in DM/MWh berechnet. Die Variante mit den niedrigsten durchschnittlichen Nutzwärmekosten gilt als die wirtschaftlichste. Da die Nutzwärmekosten der einzelnen Betriebe bei der bestehenden Versorgung in der Regel unterschiedlich sind, muss die Anlegbarkeit des Wärmepreises durch die Tarifgestaltung berücksichtigt werden. Dabei ergeben sich die Nutzwärmekosten aus dem Kapitaldienst für die Investitionen, den festen Betriebskosten, den variablen Betriebskosten sowie dem Abzug für die Stromgutschriften. Als Referenz wird die Einzellösung betrachtet. Für solche Verbundlösungen, die im Vergleich zur Einzellösung grundsätzlich wirtschaftlich sind, kann als Grundlage für eine Investitionsentscheidung eine Kapitalrücklaufzeit ermittelt werden.

Eine ausführliche Investitionskostenermittlung führt schließlich zu folgenden Wärmekosten:

4.5 Beispiele für Versorgungssysteme im Energieverbund

- Kohle-Heizkraftwerk (Variante I)   61,77 DM/MWh
- Gasturbinen-Heizkraftwerk (Variante II) 49,97 DM/MWh
- GuD-Heizkraftwerk (Variante III)   35,52 DM/MWh.

Von den betrachteten KWK-Varianten hat die Versorgung mit dem GuD-Heizkraftwerk die geringsten Nutzwärmekosten, wobei sich gegenüber dem Kohle-Heizkraftwerk weniger als die Hälfte ergibt. Dies liegt zum einen an der hohen Stromerzeugung, zum anderen an dem glücklichen Sonderfall, dass der vorhandene Kessel in Betrieb 1 ohne Investitionskosten genutzt und damit die Investitionskosten über den ohnehin gegebenen Preisunterschied von Kohle- und Gaskraftwerken hinaus abgesenkt werden konnten.

Mit den Verbundlösungen ist die bestehende Versorgungsstruktur auf der Basis von Fremdstrombezug und Einzelkesseln in den Betrieben zu vergleichen. Es ergeben sich Nutzwärmekosten von 32,28 DM/MWh. Diese Situation ist realistisch für die Umstellung einer bestehenden Einzelversorgung auf eine Verbundlösung, ohne dass Ersatzbedarf gegeben ist. Man erkennt, dass die Verbundlösungen, mit Ausnahme der GuD-Variante, zu deutlich höheren durchschnittlichen Nutzwärmekosten führen. Angesichts dieser Situation werden solche Verbundlösungen als Ersatz für bestehende, intakte Einzelversorgungen in der Regel nicht realisiert. Sehr viel günstigere Realisierungschancen ergeben sich, wenn neue Industrieansiedlungen geplant oder Ersatzbeschaffungen erforderlich werden. Auch die hier nicht berücksichtigte Nutzung bestehender Kesselanlagen zur Spitzenlastdeckung reduziert die Investitionskosten und fördert die Wirtschaftlichkeit eines Übergangs von Einzellösungen auf Verbundlösungen. Die Zahlen weisen aus, dass der Kapitaldienst für die hohen Investitionen im Zusammenspiel mit den hohen festen Kosten der komplexeren Anlagentechnik im Vergleich zu der Einzelversorgung für die hohen Wärmekosten der Verbundlösungen verantwortlich sind.

Industrieansiedlung 2

Die betrachtete Industrieansiedlung 2 ist in *Bild 4-36* skizziert. Die größte Längenausdehnung beträgt ca. 1,7 km in West-Ost-Richtung und ca. 1 km in Nord-Süd-Richtung. Die Gebietsfläche beträgt 0,9 km². Es bestehen Bahnerschließung sowie Erschließung durch eine Hauptverkehrsstraße. Gut die Hälfte des Areals wird durch die 3 Großunternehmen 1, 2 und 4 beansprucht, die restliche Fläche ist überwiegend mit Klein- und Mittelbetrieben besiedelt. Insgesamt werden 15 Unternehmen mit 21 Werken in die Untersuchung einbezogen.

Tabelle 4-31 gibt einen ersten Überblick über das Branchenspektrum und die Zeitstruktur. Es dominiert in dieser Industriesiedlung der Maschinenbau und die Elektrotechnik mit überwiegend kalter Produktionstechnik. Daher wird im Wärmebereich mit einer Dominanz des Raumwärmeanteils zu rechnen sein, also Fertigungshallen und Büroräume. Prozesswärme wird für die Beheizung von Öfen, die Lacktrocknung und ähnliche Anwendungen benötigt. Der typische Prozesswärmebedarf der heißen Produktionstechnik fehlt. Dazu passend ist auch die grobe Zeitstruktur im Wesentlichen durch 1-Schichtbetrieb mit ausgeprägtem Wochenende geprägt. Es ist daher von einer niedrigen Volllaststundenzahl des Wärmebedarfs auszugehen.

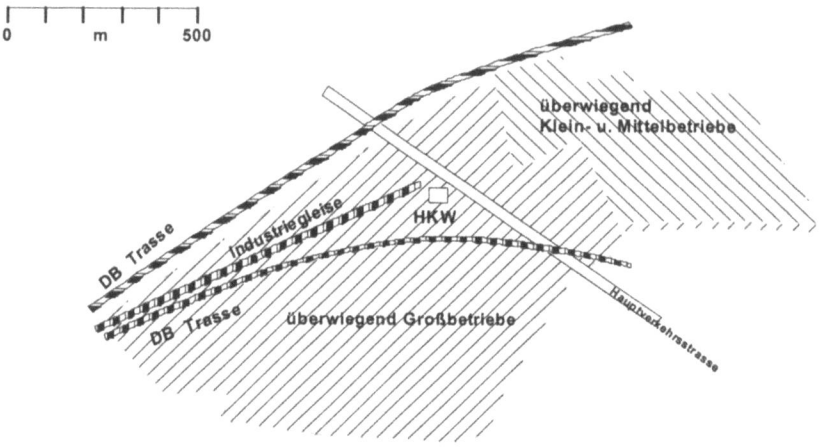

Bild 4-36
Schematischer Lageplan der betrachteten Industrieansiedlung 2

Tabelle 4-31: Branchenspektrum und Zeitstruktur in der betrachteten Industrieansiedlung 2

Betriebs Nr.	Branche	Schichtenzahl	Betriebsferien	Betriebsunterbrechung Sa/So	Betriebsunterbrechung feiertags
1	Elektrotechnik	1, überwiegend	nein	ja	ja
2	Maschinenbau	1	nein	ja	ja
3	Maschinenbau	2, überwiegend	3 Wochen	ja	ja
4	Maschinenbau	2, überwiegend	3 Wochen	ja	ja
5	Maschinenbau	2, überwiegend	3 Wochen	ja	ja
6	Maschinenbau	2, überwiegend	3 Wochen	ja	ja
7	Maschinenbau	2, überwiegend	3 Wochen	ja	ja
8	Bauindustrie	1	nein	ja	ja
9	Verfahrenstechnik	3	nein	sonntags	ja
10	Maschinenbau	1	nein	ja	ja
11	Verfahrenstechnik	1, 2, 3 nach Bedarf	6 Wochen	ja	ja
12	Maschinenbau	1	3 Wochen	ja	ja
13	Maschinenbau	1	nein	ja	ja
14	Lagerhaltung	1	nein	ja	ja
15	Maschinenbau	1 (85%), 2 (15%)	nein	ja	ja
16	Chemie	1, überwiegend	nein	ja	ja
17	Bauindustrie	1	nein	ja	ja
18	Maschinenbau	1	nein	ja	ja
19	Service	1	nein	sonntags	ja
20	Maschinenbau	2, überwiegend	3 Wochen	ja	ja
21	Maschinenbau	2, überwiegend	3 Wochen	ja	ja

4.5 Beispiele für Versorgungssysteme im Energieverbund

Tabelle 4-32: Wärmeerzeugungsanlagen der betrachteten Industrieansiedlung 2

Betr. Nr.	Brenn-stoff[11]	Kesselanlagen / Wärmeerzeugung								Anzahl d. Heiz-zentral.
		Dampferzeuger				Heiz- bzw. Warmwasserkessel				
		Anzahl	Leistung in MW	Baujahr	Druck/ Tempe.[12]	Anzahl	Leistung in MW	Baujahr	Temper. in °C	
1	EGH, HEL(S)	0				6	29,7	1959/74	150	1
2	EGH, HEL	3	13,9	1959/82	5/130					1
3	HEL	3	0,9	1955	0,5/110	1	1,2	1984	90	1
4	EGH, HEL(S)	0				6	42,0	82/85/87	138	1
5	HEL	2	9,3	1968	0,5/110					1
6	HEL	2	0,8	1955	0,5/110				90	1
7	HEL	0				1	5,5		110	1
8	HEL	0				2	1,3	1981	90	1
9	EGH, HEL	2	2,5	1961/83	0,5/110	2	0,9	1973	90	1
10	EGH, HEL	0				5	1,1	1980/86	90	2
11	HEL	0				2	0,4		90	1
12	EGH, HEL	0				1	0,4		90	1
13	EGH	0				1	0,4	1978	90	1
14	HEL	0				2	0,3	1985	90	1
15	HEL	0				2	0,6	1977	90	1
16	HEL	0				4	1,4		90	1
17	HEL	0				3	2,8	1986/87	90	2
18	HEL	0				3	0,7		90	2
19	HEL	0				1	0,3	1971	90	1
20	HEL	0				4	4,0	1955/79	90	2
21	HEL	0				3	0,5	1980	90	1
Summe		12	27,4			49	93,5			25

Einen ersten Eindruck von der bestehenden Versorgungstechnologie vermittelt *Tabelle 4-32*. Der Wärmbedarf wird durch Kesselanlagen abgedeckt, die sich auf 25 Heizzentralen verteilen. Insgesamt existieren 12 Dampferzeuger und 49 Heißwasser- und Warmwasserkessel mit einer Nennleistung von 120,9 MW. Die Dampfzustände sind insgesamt sehr niedrig. Tatsächlich hat eine detaillierte Energiesystemanalyse der Betriebe gezeigt, dass bis auf den Betrieb 9 der Dampf durch Heißwasser ersetzt werden kann. Da Niederdruckdampf auch über Umformen aus Heißwasser erzeugt werden kann, besteht keine technische Notwendigkeit zum Weiterbetrieb der Dampfkesselanlagen. Die 12 Heißwasserkessel in den Betrieben 1 und 4 haben hohe Anschlussleistungen und Heißwassertemperaturen von 150 °C bzw. 138 °C. Sie werden zur Raumheizung und zur Bereitstellung von Prozesswärme eingesetzt. Bei den restlichen 37 Kesselanlagen handelt es sich um Warmwasserkessel mit einer Vorlauftemperatur von 80 °C, die für Raumheizzwecke benutzt werden. Im Betrieb 8 wird Warmwasser mit einer Vorlauftemperatur von 110 °C für Raumheizung und Niedertemperatur-Prozesswärme erzeugt. *Tabelle 4-33* zeigt eine detaillierte Zusammenstellung des Wärme- und Strombedarfs der betrachteten Betriebe.

---

[11] EGH – Erdgas H, HEL – Heizöl H, HES – Heizöl S.
[12] Druck in bar und Temperatur in °C

Tabelle 4-33: Wärme- und Elektroenergiebedarf der berücksichtigten Betriebe der betrachteten Industrieansiedlung 2

	Einheit	Betr. 1	Betr. 2	Betr. 3	Betr. 4	Betr. 5	Betr. 6	Betr. 7	Betr. 8	Betr. 9	Betr. 10	Betr. 11
Gesamtbrennstoffeinsatz												
Erdgas H (H_u)	GWh/a	21,703	9,756	0,000	46,868	0,000	0,000	0,000	0,000	10,655	5,133	0,000
Heizöl EL	GWh/a	8,902	0,346	14,721	11,361	2,512	1,073	6,096	2,117	7,203	2,856	0,605
Heizöl S	GWh/a	12,030	0,000	0,000	0,000	0,000	0,000	0,000	0,000	0,000	0,000	0,000
Summe	GWh/a	42,635	10,202	14,721	67,171	2,512	1,073	6,096	2,117	17,858	7,989	0,605
Brennstoffeinsatz in direkt befeuert. Anl.	GWh/a	0,000	0,000	0,000	0,000	0,000	0,000	0,000	0,000	9,540	5,133	0,000
	%	0,0	0,0	0,0	0,0	0,0	0,0	0,0	0,0	53,4	64,3	0,0
Brennstoffeinsatz für die zentrale Wärmebereitstellung												
Erdgas	GWh/a	21,703	9,756	0,000	46,868	0,000	0,000	0,000	0,000	6,836	0,000	0,000
Heizöl EL	GWh/a	8,902	0,346	14,721	11,361	2,512	1,073	6,096	2,117	1,480	2,856	0,605
Heizöl S	GWh/a	12,030	0,000	0,000	8,942	0,000	0,000	0,000	0,000	0,000	0,000	0,000
Summe	GWh/a	42,635	10,102	14,721	67,171	2,512	1,073	6,096	2,117	8,316	2,856	0,605
install. Kesselleistg.	MW	29,7	13,9	9,4	42,0	9,3	0,8	5,5	1,3	3,4	1,1	0,4
Jahresnutzungsgrad	%	84,2	84,5	83,3	84,6	82,1	82,1	83,7	82,7	83,0	82,7	82,5
Nutzwärmebedarf												
Dampf: 0,5 bar	GWh/a	0,000	0,000	0,000	0,000	0,000	0,000	0,000	0,000	5,676	0,000	0,000
Heißwasser: 150 °C	GWh/a	35,899	0,000	0,000	0,000	0,000	0,000	0,000	0,000	0,000	0,000	0,000
Heißwasser: 138 °C	GWh/a	0,000	0,000	0,000	56,827	0,000	0,000	0,000	0,000	0,000	0,000	0,000
Warmwasser: 110 °C	GWh/a	0,000	8,536	0,000	0,000	2,077	0,000	0,000	1,751	0,000	0,000	0,000
Warmwasser: 90 °C	GWh/a	0,000	0,000	12,263	0,000	0,000	0,881	5,102	0,000	1,228	2,362	0,499
Summe	GWh/a	35,899	8,536	12,263	56,827	2,077	0,881	5,102	1,751	6,904	2,362	0,499
Wärmehöchstlast	MW	26,5	6,4	9,4	40,5	1,8	0,8	3,2	1,3	3,8	1,1	0,4
Vollaststunden	h/a	1.355	1.334	1.305	1.403	1.154	1.101	1.594	1.347	1.817	2.147	1.248
Strombedarf	GWh/a	38,200	8,645	2,366	38,698	in 4	in 4	4,017	0,325	2,800	1,867	0,756
Leistungsbedarf	MW	8,10	2,39	0,57	8,91	enthalt.	enthalt.	1,21	0,14	0,47	0,52	0,31
Vollaststunden	h/a	4.716	3.620	4.151	4.343			3.320	2.321	5.996	3.590	2.447

	Einheit	Betr. 12	Betr. 13	Betr. 14	Betr. 15	Betr. 16	Betr. 17	Betr. 18	Betr. 19	Betr. 20	Betr. 21	Summe
Gesamtbrennstoffeinsatz												
Erdgas H (H_u)	GWh/a	0,406	0,063	0,000	0,000	0,000	0,000	0,000	0,000	0,000	0,000	94,584
Heizöl EL	GWh/a	0,454	0,000	0,302	0,433	2,419	1,260	1,008	0,353	5,089	0,536	69,645
Heizöl S	GWh/a	0,000	0,000	0,000	0,000	0,000	0,000	0,000	0,000	0,000	0,000	20,972
Summe	GWh/a	0,860	0,063	0,302	0,433	2,419	1,260	1,008	0,353	5,089	0,536	185,202
Brennstoffeinsatz in direkt befeuert. Anl.	GWh/a	0,406	0,000	0,000	0,000	0,000	0,000	0,000	0,000	0,000	0,000	15,079
	%	47,2	0,0	0,0	0,0	0,0	0,0	0,0	0,0	0,0	0,0	8,1
Brennstoffeinsatz für die zentrale Wärmebereitstellung												
Erdgas	GWh/a	0,000	0,063	0,000	0,000	0,000	0,000	0,000	0,000	0,000	0,000	85,228
Heizöl EL	GWh/a	0,454	0,000	0,302	0,433	2,419	1,260	6,098	0,353	5,089	0,536	63,923
Heizöl S	GWh/a	0,000	0,000	0,000	0,000	0,000	0,000	0,000	0,000	0,000	0,000	20,972
Summe	GWh/a	0,454	0,063	0,302	0,433	2,419	1,260	1,008	0,353	5,089	0,536	170,123
install. Kesselleistg.	MW	0,4	0,4	0,3	0,6	1,4	2,8	0,7	0,3	4,0	0,5	128,2
Jahresnutzungsgrad	%	82,3	82,3	81,4	82,0	82,2	82,3	81,6	79,5	82,7	82,9	
Nutzwärmebedarf												
Dampf: 0,5 bar	GWh/a	0,000	0,000	0,000	0,000	0,000	0,000	0,000	0,000	0,000	0,000	5,676
Heißwasser: 150 °C	GWh/a	0,000	0,000	0,000	0,000	0,000	0,000	0,000	0,000	0,000	0,000	35,899
Heißwasser: 138 °C	GWh/a	0,000	0,000	0,000	0,000	0,000	0,000	0,000	0,000	0,000	0,000	56,827
Warmwasser: 110 °C	GWh/a	0,000	0,000	0,000	0,000	0,000	0,000	0,000	0,000	0,000	0,000	12,364
Warmwasser: 90 °C	GWh/a	0,374	0,052	0,246	0,355	1,988	1,037	0,823	0,281	4,209	0,444	32,143
Summe	GWh/a	0,374	0,052	0,246	0,355	1,988	1,037	0,823	0,281	4,209	0,444	142,908
Wärmehöchstlast	MW	0,35	0,05	0,2	0,3	1,3	0,7	0,6	0,2	3,6	0,5	103,0
Vollaststunden	h/a	1.068	1.037	1.299	1.184	1.530	1.481	1.371	1.403	1.169	889	1.387
Strombedarf	GWh/a	0,480	0,150	0,040	0,265	1,120	0,480	0,427	0,024	in 4	in 4	100,659
Leistungsbedarf	MW	0,15	0,07	0,03	0,09	0,72	0,25	0,19	0,04	enthalt.	enthalt.	24,15
Vollaststunden	h/a	3.200	2.055	1.429	2.944	1.556	1.920	2.247	667			4.168

4.5 Beispiele für Versorgungssysteme im Energieverbund

Der Gesamtbrennstoffeinsatz pro Jahr und seine Aufteilung auf die unterschiedlichen Energieträger ergibt sich aus den Bezugsunterlagen der Unternehmen. Er beläuft sich auf 185 GWh/a. Von diesem Gesamtbrennstoffeinsatz werden ca. 15 GWh/a in direkt befeuerten Anlagen eingesetzt. Bei der Konzipierung einer Verbundlösung muss dieser Anteil unberücksichtigt bleiben, da dieser Prozesswärmebedarf in der Regel technisch nicht durch ein Nahwärmenetz zu bedienen ist. Auf diese Weise ergibt sich der Brennstoffeinsatz für die zentrale Wärmebereitstellung. Die installierte Kesselleistung ist bekannt. Ein Jahresnutzungsgrad lässt sich aus dem Kesselalter, der Leistung und der Betriebsart abschätzen. Durch Muliplikation des Brennstoffeinsatzes für die zentrale Wärmebereitstellung mit dem Jahresnutzungsgrad ergibt sich der Nutzwärmebedarf, strukturiert nach 1,5-bar-Dampf, Heißwasser von 150 °C und 138 °C, sowie Warmwasser von 110 °C und 90 °C. Er beläuft sich auf insgesamt ca. 143 GWh. Die tatsächliche Wärmehöchstlast ergibt sich aus einer detaillierten Energiesystemanalyse der Betriebe. Alternativ erhält man für den Raumwärmeleistungsbedarf einen Anhaltswert aus dem tatsächlichen Jahresverbrauch über die Gradtagzahlen in Umkehrung des gewöhnlichen Rechenganges. Der dazu zu addierende Leistungsanteil der Prozesswärme wurde, wenn keine Daten vorlagen, aus der Wärmemenge und der Prozessdauer abgeschätzt. Auf diese Weise wurde ein gesamter Wärmeleistungsbedarf von 103 MW ermittelt, der rund 10 % niedriger liegt als die Summe der Anschlusswerte. In einigen Fällen, z. B. den Betrieben 2 und 5, scheinen die installierten Kessel erheblich überdimensioniert zu sein. Im Durchschnitt ergeben sich 1.387 Vollbenutzungsstunden, d. h. ein Wert, wie er für die Zeitstruktur der Raumheizung typisch ist. Aus den monatlichen Verbrauchsaufzeichnungen bzw. über die Gradtagzahlen wurde die monatliche Verbrauchsstruktur für Wärme und Strom ermittelt.

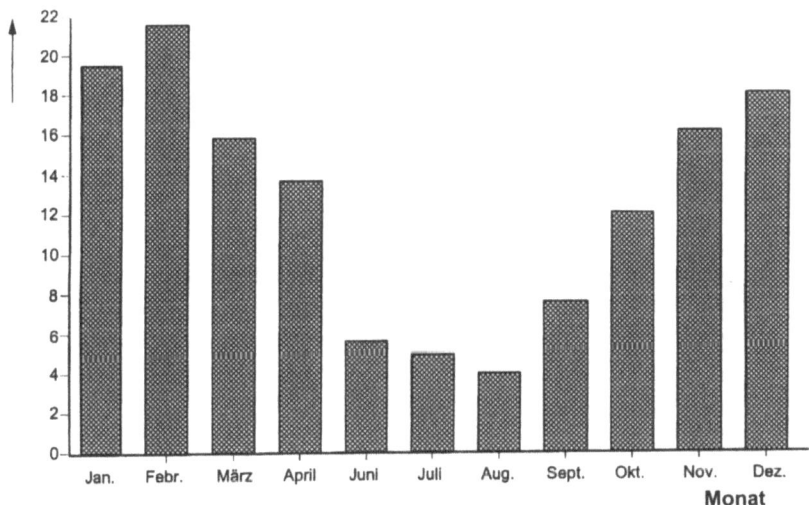

Bild 4-37
Monatliche Wärmebedarfsstruktur der Industrieansiedlung 2

Während sich beim Strom nur ein geringer Jahresgang zeigt, bedingt durch die Betriebsferien einiger Firmen im August und die Weihnachtsferien im Dezember, zeigt der monatliche Wärmebedarf den ausgeprägten Jahresgang des dominanten Raumwärmebedarfs mit einem Abfall auf 25% der Wärmehöchstlast in den Sommermonaten, vgl. *Bild 4-37*. Eine detaillierte Jahresdauerlinie des Wärmebedarfs in einer stündlichen Auflösung ist in *Bild 4-38* gezeigt. Hierbei wurde für das Auftreten der Wärmehöchstlast ein Gleichzeitigkeitsfaktor von 0,87 angenommen, wodurch sich die Wärmehöchstlast des Nahwärmenetzes von 103 MW auf 90 MW verringert. Damit erhöht sich die Volllaststundenzahl geringfügig auf 1.665 h/a. Für den Gesamtwärmebedarf wurde ein Zuschlag von 2% für Wärmeverluste auf Grund des Nahwärmenetzes hinzugefügt. Er beläuft sich daher auf 146 GWh/a. Während der Stillstandszeit im Sommer sinkt der Wärmebedarf auf praktisch Null ab. Bei 4,5 Monaten und 1-Schicht-Betrieb sind dies etwas mehr als 2.000 Stunden. Während der Stillstandszeit des Winters, etwa 2.500 Stunden, ist nur ein kleiner Teil des Raumwärmebedarfs erforderlich. Über ca. 4.500 Stunden im Jahr beträgt der Wärmebedarf mehr als 20% der Wärmehöchstlast. Auch in diesem Zeitbereich verläuft die Jahresdauerlinie mit stark exponentiellem Charakter.

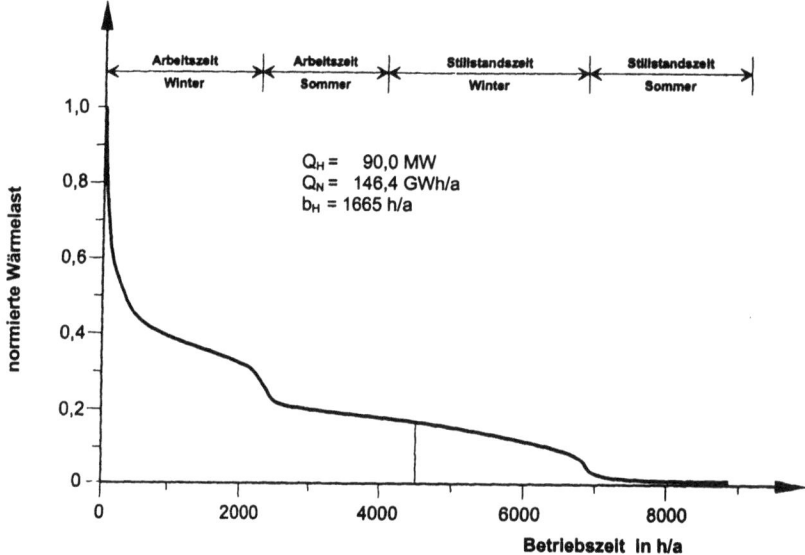

Bild 4-38
Geordnete Jahresdauerlinie des Wärmebedarfs in der Industrieansiedlung 2

Für den Stromverlauf liegen Tagesschriebe für die beiden Hauptverbraucher, die Firmen 1 und 4, vor. Sie verbrauchen über 75% des gesamten Stromeinsatzes. Der Tagesgang ist durch einen relativ konstanten Leistungsbedarf von ca. 13 MW zwischen 8 Uhr und 20 Uhr gekennzeichnet. Dieser Zeitraum entspricht in etwa den 4.500 Betriebsstunden, in denen nennenswerter Wärmebedarf besteht.

4.5 Beispiele für Versorgungssysteme im Energieverbund

Ein Wärmeverbund kann durch ein Nahwärmenetz auf Heißwasserbasis mit einem Temperaturniveau von 150 °C realisiert werden. Die zu erwartende Netzhöchstlast liegt bei 90 MW, die Wärmeeinspeisung bei 146 GWh/a. Angesichts des stark exponentiellen Verlaufs der Jahresdauerlinie des Wärmebedarfs mit praktisch verschwindendem Bedarf für mehr als 2.000 Stunden und sehr geringem Bedarf für weitere 2.500 Stunden wird eine KWK-Anlage nur dann eine sinnvolle Auslastung haben, wenn sie auf einen nur relativ kleinen Teil der Wärmehöchstlast ausgelegt wird, z. B. 30 % entsprechend 30 MW. Bei günstigem Teillastverhalten kann die Anlage dann ca. 4.500 Stunden im Jahr betrieben werden, ohne Abfallwärme zu produzieren.

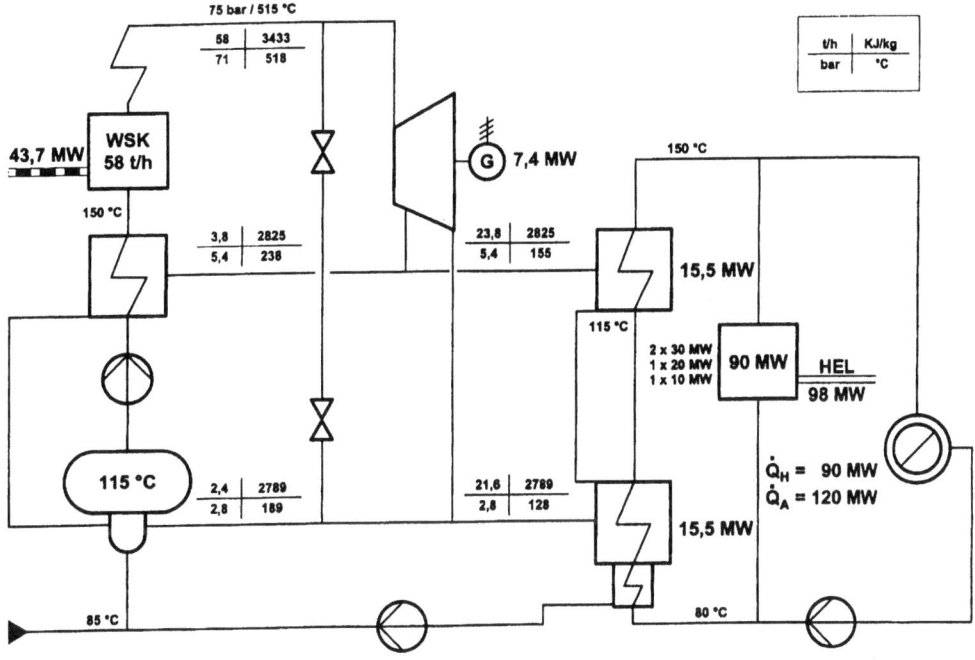

Bild 4-39
Schaltbild des Kohle-Heizkraftwerks in Industrieansiedlung 2

Eine Auslastungszeit von nur 4.500 Jahresstunden ist für ein teures Heizkraftwerk sehr wenig. Dennoch soll hier zunächst ein Heizkraftwerk auf Kohlebasis untersucht werden. *Bild 4-39* zeigt das Wärmeschaltbild des Heizkraftwerks. Die Wärmeauskopplung von insgesamt 31 MW, entsprechend 34 % der Wärmehöchstlast, erfolgt zu gleichen Anteilen auf 2 Druckstufen, nämlich dem Entnahmedruck von 5,4 bar und einer Temperatur von 156 °C sowie dem Gegendruck von 2,8 bar und einer Temperatur von 128 °C. Mit dem Gegendruckdampf wird das Rücklaufwasser des Nahwärmenetzes von 80 °C auf 115 °C aufgewärmt, mit dem Entnahmedampf dann weiter von 115 °C auf 150 °C. Im Wirbelschichtkessel wird ein Frischdampf mit 75 bar und 515 °C erzeugt. Der Entnahme- und Gegendruckdampf wird zur 2-stufigen Speisewasservorwärmung herangezogen.

Die durch das Heizkraftwerk nicht abgedeckte Wärmelast wird durch 4 Spitzenkessel aufgebracht, deren Aufteilung auf 30 MW, 30 MW, 20 MW, 10 MW eine günstige Anpassung an den Wärmebedarf ermöglicht, d. h. Teillast und stark taktenden Betrieb durch Stillstand einiger Kessel vermeiden soll. Die elektrische Bruttoleistung beträgt 7,4 MW. Allerdings muss davon der Leistungsbedarf des Heizwerks mit 0,7 MW, insbesondere für die Wirbelschichtfeuerung, und der Leistungsbedarf der Nahwärmenetzpumpen mit 0,2 MW sowie für sonstiges mit 0,1 MW abgezogen werden. An das elektrische Netz kann somit eine Leistung von 6,4 MW abgegeben werden. Die abgegebene Strommenge beträgt 20,6 GWh/a. Dies reicht im Wesentlichen aus, um den „Leistungshöcker" des Strombezugs während der Betriebszeit von 4.500 Stunden durch Eigenstromerzeugung abzubauen. Der Grundbedarf an Strom wird weiterhin durch Fremdstrombezug abgedeckt. *Bild 4-40* zeigt die Einpassung des Heizkraftwerks und der Spitzenkessel in die geordnete Jahresdauerlinie des Wärmebedarfs.

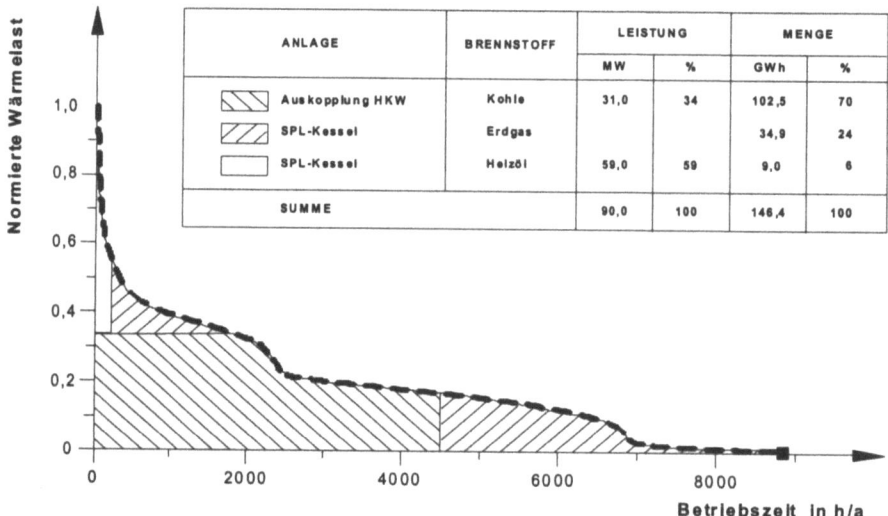

Bild 4-40
Deckung der Netzlast durch das Kohle-Heizkraftwerk mit Spitzenkessel in der Industrieansiedlung 2

Eine Gasturbine hat eine höhere Stromkennzahl als ein Kohle-Heizkraftwerk. Eine abwärmeseitige Auslegung auf 30 MW würde daher eine elektrische Leistung von deutlich über 10 MW produzieren. Die dadurch erzielte Stromgutschrift wäre nicht optimal, weil bei den betrachteten 4.500 Betriebsstunden keine optimale Vergleichmäßigung der Last beim Stromversorger erreicht würde. Vielmehr wäre der elektrische Leistungsbedarf, der außerhalb der Betriebsstunden durch Fremdstrom abzudecken wäre, deutlich höher als innerhalb der Betriebsstunden. Außerdem wäre angesichts des Verlaufes der geordneten Jahresdauerlinie über die Hälfte der Betriebszeit eine praktisch auf die Hälfte reduzierte Last zu fahren, was bei der Gasturbine zu einem schlechtem Wirkungsgrad führen würde. Aus diesem Grund wird eine stromgeführte Konfiguration gewählt, bei der die Gasturbine nur 8,84 MW elektrische Bruttoleistung zur Vergleichmäßigung des Fremdstrombezugs abgibt und nur etwa 15 MW Wärmeleistung, entsprechend ca. 17 % der Wärmehöchstlast.

4.5 Beispiele für Versorgungssysteme im Energieverbund 251

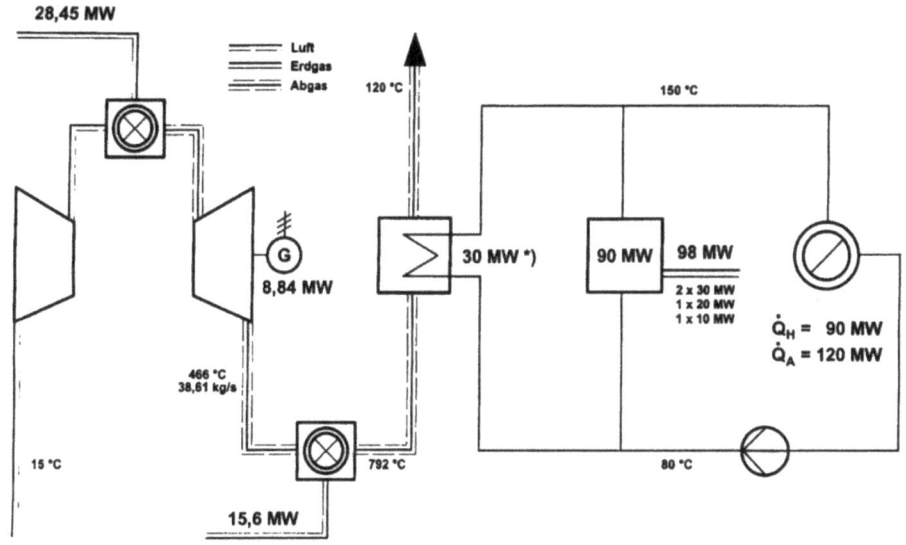

Bild 4-41
Wärmeschaltbild des Gasturbinen-Heizkraftwerks in der Industrieansiedlung 2

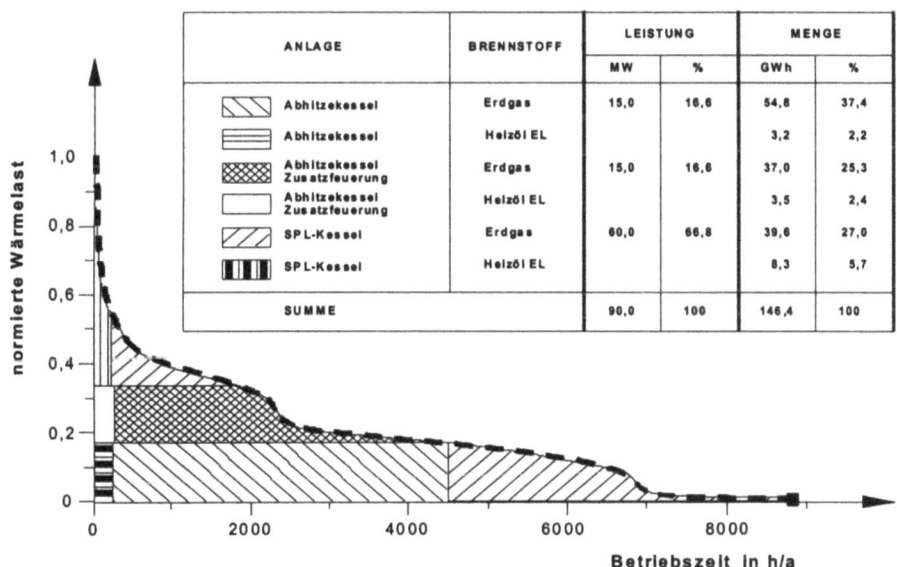

Bild 4-42
Deckung der Netzlast durch das Gasturbinen-Heizkraftwerk mit Spitzenkesseln in der Industrieansiedlung 2

Bild 4-41 zeigt das Wärmeschaltbild der Anlage. Durch Zufeuerung im Abhitzekessel können weitere 15 MW beigesteuert werden, so dass sich schließlich wiederum 30 MW an Auskopplung aus dem Heizkraftwerk ergeben. Der Rest wird durch 4 Spitzenkessel mit insgesamt 90 MW, davon 30 MW Reserve, beigesteuert. Die elektrische Leistungsabgabe der Turbine beläuft sich auf 38,26 GWh. Sie baut wiederum den „Leistungshöcker" des Fremdstrombezuges ab und spart damit während der Tageszeit teuren HT-Strom. Die Einpassung der Anlage in die geordnete Jahresdauerlinie des Wärmebedarfs zeigt *Bild 4-42*.

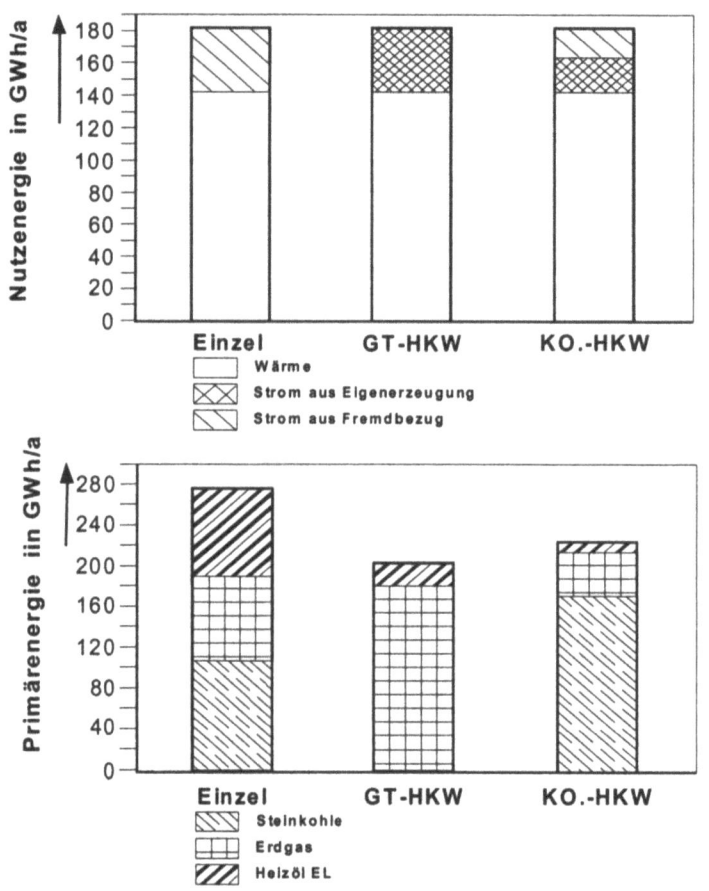

Bild 4-43
Nutz- und Primärenergiebilanz der Versorgungsvarianten in der Industrieansiedlung 2

Der Vergleich der Konzeptvarianten wird wiederum anhand der Kriterien Primärenergieverbrauch und Wirtschaftlichkeit durchgeführt. Die zum Vergleich herangezogenen Nutzenergien sind 143 GWh Wärme und 38 GWh Strom, wie sie von dem Gasturbinen-Heizkraftwerk produziert werden. Alle anderen Varianten produzieren dieselbe Wärme, aber weniger Strom. Der

4.5 Beispiele für Versorgungssysteme im Energieverbund

fehlende Strom wird durch ein typisches Mittellast-Steinkohlekraftwerk mit einem elektrischen Nettowirkungsgrad von $\eta_{el} = 0{,}35$ bereitgestellt. *Bild 4-43* zeigt den energetischen Vergleich der Konzeptvarianten. Gegenüber der Einzelversorgung hat das Gasturbinen-Heizkraftwerk einen Minderverbrauch an Primärenergie von ca. 20 %, das Kohle-Heizkraftwerk einen Minderverbrauch von ca. 13 %. Bei der Bewertung dieser Ergebnisse ist zu berücksichtigen, dass das Gasturbinen-Heizkraftwerk im Wesentlichen den Edelbrennstoff Gas einsetzt, während das Kohle-Heizkraftwerk im Wesentlichen Kohle nutzt.

Zum wirtschaftlichen Vergleich der Konzeptvarianten werden die durchschnittlichen Nutzwärmekosten in DM/MWh berechnet. Sie ergeben sich aus dem Kapitaldienst für die Investitionen, den festen Betriebskosten und den variablen Kosten, abzüglich der Stromgutschrift. Es ergeben sich für

- das Kohle-Heizkraftwerk   62,9 DM/MWh
- das Gasturbinen-Heizkraftwerk 44,7 DM/MWh.

Erwartungsgemäß ist das Kohle-Heizkraftwerk wesentlich teurer als das Gasturbinen-Heizkraftwerk. Dies liegt insbesondere an den hohen Investitionen, den damit verbundenen hohen festen Kosten bei gleichzeitig niedriger Stromgutschrift. Demgegenüber ergeben sich die Nutzwärmekosten für die Einzelversorgung zu 32,3 DM/MWh, wobei hier kleinere Investitionen für Nachrüstungsmaßnahmen für den Umweltschutz berücksichtigt wurden. Man erkennt, dass nur das Gasturbinen-Heizkraftwerk eine vergleichbare Wirtschaftlichkeit wie die Einzelversorgung aufweist. Dabei ist allerdings darauf hinzuweisen, dass eine Sensitivitätsanalyse der Wirtschaftlichkeit in Bezug auf Variationen in den Brennstoffkosten und der Stromgutschrift erforderlich ist, um die Bandbreite der Wirtschaftlichkeitsergebnisse zu erkennen. Außerdem sind Variationen in den Investitionskosten sowie unterschiedliche Lebenserwartungen der Anlagen zu berücksichtigen.

4.6 Modellszenarien und Optimierung von Optionen am Beispiel des Energieversorgungssystems Duisburg-Süd

4.6.1 Zielstellung und Charakteristik der Programmpakete (DSS DECIDE)

Entscheidungen über die optimale Gestaltung großer industrieller oder regionaler Systeme für die Zwecke einer langfristig ökologisch orientierten Energieversorgung besitzen in der Regel eine hohe Komplexität und erfordern eine aufwendige Modellierung sowohl der betreffenden Elemente des großen Systems, wie der Energiebereitstellungs- und Umwandlungsverfahren, der Energieverteilung und –nutzung als auch der Bedarfssituationen und der notwendigen Infrastruktur. Die mit der Entscheidungsfindung verbundenen Operationen sind dergestalt, dass sie nur unter Verwendung rechnergestützter Werkzeuge, sogenannter modellgestützter mehrkriterieller Entscheidungssysteme (decision support systems, DSS) sinnvoll durchgeführt werden können. Damit erhält der Entscheidungsträger jedoch umfassende Möglichkeiten, Entscheidungssituationen bzw. alternative Entwicklungsvarianten nutzerfreundlich zu entwerfen, quantitativ umfassend zu berechnen und zu bewerten, d. h. eine fundierte Grundlage dafür zu schaffen, *das technologisch Machbare, das kostenmäßig Vertretbare und das ökologisch Wünschenswerte* rechnergestützt zu generieren und individuellen Bewertungen - auch durch weitere Kriterien aus sozialer und politischer Sicht z. B. im Sinne von Technologiefolgeabschätzungen - zugänglich zu machen [4-19].

Um die Systemeffekte in einem der untersuchten Energieversorgungssysteme zu erkunden, wurde als Untersuchungsobjekt auf Grund der verfügbaren Daten ein Teilsystem der Industriegroßstadt Duisburg-Süd ausgewählt.

Das verwendete entscheidungsunterstützende System DECIDE [4-20] besteht aus Bausteinen zur modellmäßigen Abbildung der Objektbereiche. Um Entscheidungen und Optionen unter sich ständig ändernden äußeren Bedingungen optimal zu bewerten, ist eine komfortable Handhabung der Modelldaten in Form von Datenbanken von der Datenerfassung bzw. ständigen Aktualisierung bis zur flexiblen Erzeugung aufgabenabhängiger Modelle notwendig. Kernstück von DECIDE ist daher ein Datenbanksystem, das die zur Abbildung des Problembereiches notwendigen Daten und Datenstrukturen bereitstellt, sowie ein Modell- und Methodenbanksystem mit einem zugehörigen Problemgenerator und -löser. Außerdem sind Bausteine zur Optimierung unter mehreren Zielkriterien, die insbesondere den Systemeigenschaften der Problemstellung Rechnung tragen, implementiert. Weiterhin unterstützt das DSS eine interaktive, graphische Problem- und Lösungsdarstellung, damit der Entscheidungsträger die generierten Alternativen nachvollziehen und in seinem Problemverständnis erfassen kann.

Ein spezieller Scenario-Manager gestattet es, eine größere Anzahl von Simulationsrechnungen nutzerfreundlich durchzuführen.

Weitere Werkzeuge werden benötigt für die Generierung von „Systemwissen", welches mit speziellen Methoden aus den optimalen Strukturen extrahiert werden kann. Dieses „Systemwissen" z. B. in Form heuristischer Regeln (siehe auch Kapitel 6) wird benötigt für die Gestaltung und das Betreiben eines optimal strukturierten Objektsystems. Es stellt eine Art „Systemgesetze" über die in solchen Objekten wirkenden Gesetzmäßigkeiten dar, die nicht aus den Gesetzmäßigkeiten der Elemente, d. h. der einzelnen Bausteine allein gewonnen werden kann. Dieses Systemwissen z. B. in Form von Systemeffekten kann zu großen Einsparungen beim Einsatz von Ressourcen (Rohstoffe und Energien), Anlagenkapital und zur Reduzierung

4.6 Modellszenarien und Optimierung von Optionen am Beispiel

der Umweltbelastung beitragen, um solche Ziele wie prozess/produktionsintegrierten Umweltschutz und Systemeffekte in großen Systemen z.B. mit dem Ziel der optimalen Abfallenergieverwertung, der CO_2-Reduktion, Reduzierung der Entropieproduktion u.a. in großen Systemen umzusetzen.

Das eingesetzte Entscheidungshilfesystem DECIDE ist geeignet zur Untersuchung und Optimierung *komplexer, hierarchisch gegliederter Systeme*, wobei die Teilsysteme (Elemente) durch Stoff-, Energie-, Kosten- und Informationsströme miteinander und mit der Umgebung verbunden sind.

Das DSS DECIDE besitzt drei Arten von Schnittstellen (siehe *Bild 4-44*):

– Nutzer-Interface, über das der Problembearbeiter dem System seine Problemspezifikationen und -modifikationen mitteilt und die vom System erarbeiteten Lösungen erhält,

– Verwalter-Interface, über das die Entwicklung, Verwaltung und Wartung der Hauptmodule des DSS, insbesondere des Datenbank- und des Modellsystems vorgenommen wird und

– externes Interface, um die Benutzung von Daten aus externen Datenbanksystemen (z.B. online-Datenbanken) oder Standardsoftwarepaketen (z.B. Tabellenkalkulationsprogramme) zu ermöglichen.

Nach Ausarbeitung eines Szenariums, das die Rahmenbedingungen des Objektbereiches für den untersuchten Zeitrahmen enthalten soll, können mit dem Entscheidungshilfesystem DECIDE die möglichen Auswirkungen einzelner Maßnahmen oder Systemeinschränkungen auf das System und ein oder mehrere Zielkriterien analysiert werden. DECIDE stellt als Beratungssystem den Dialog zwischen dem Nutzer und dem Modell vielfältig her. DECIDE ermöglicht dem Nutzer mittels Datenbankverwaltung, die implementierte Datenbank den aktuellen Entwicklungen anzupassen. Es können beliebige Modelle zur Simulation und Optimierung aus Systemen oder dessen Teilen formuliert werden. Die Modellbausteine des Objektsystems werden im DSS DECIDE als lineare Input-Output-Modelle abgebildet.

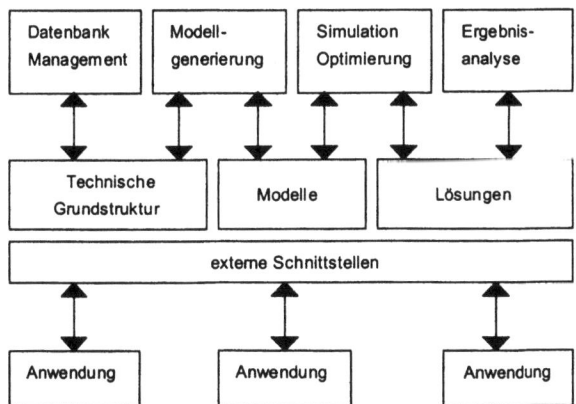

Bild 4-44
Allgemeine Struktur des verwendeten modellgestützten Entscheidungshilfesystems DECIDE

Datenbanksystem und flexible Strukturierung

DECIDE beinhaltet als Datenbankmanagementsystem, d. h. für die Abbildung der Informationen über die Prozesse des Systems, das DBMS ORACLE. Ein Element wird als Input-Output-Modell beschrieben (Beispiele für Elemente des Beispielobjektbereiches zeigt *Bild 4-45*). Es enthält die Stoff-, Energie- und Kostenströme und weiterhin u. a. Preise der Rohstoffe und Endprodukte, Investkosten, Arbeitsaufwand, wichtige Nebenprodukte und Abprodukte u. a. Diese Modelle ermöglichen die Simulation, Bewertung und Optimierung komplexer Systeme. Sie enthalten alle Koeffizienten der Elemente des interessierenden Objektsystems sowie ein breites Spektrum an Stoff-, energetischen, ökologischen und ökonomischen Daten. Weiterhin sind Datensätze für Bedarfs- und Ressourcenbeschränkungen sowie Elementkapazitäten für verschiedene Zeithorizonte und Bilanzkreise gespeichert. DECIDE realisiert neben den allgemein üblichen Operationen auch das Fusionieren verschiedener Datenbanken. Darüber hinaus erlaubt es die Einsichtnahme in einen Katalog umfangreicher Elementbeschreibungen sowie die flexible Strukturierung beliebiger Verflechtungsmodelle. Zur Modellerzeugung (in rechnerinterner Darstellung) werden die gespeicherten Daten der Elemente ausgewertet, um über die Input-Output-Prozesse mögliche Verknüpfungen aufzubauen. Die Flexibilität wird durch automatische individuelle Entscheidung über die Einbeziehung eines jeden Elementes sowie Stromes der DECIDE-Datenbank erreicht. Grundlage dafür sind vorbereitete Selektionsschemata bzw. Selektionsmasken oder auch ein Benutzerdialog. Im Verlauf der Modellerzeugung werden dem Objektmodell ökonomische, ökologische oder energetische Bewertungsfunktionen mit verschiedenen Bewertungs- (Preis-)skalen hinzugefügt, wobei bei Bedarf Aggregationen vorgenommen werden können.

Für die Erstellung einer für den Objektbereich Industriegroßstadt Duisburg erforderlichen Datenbank mit allen notwendigen Elementmodellen wurden Daten speziell aufbereitet [4-21] und weitere Informationen aus den Datenbanken HERAKLES und IKARUS [4-22] verwendet.

Generierung, Berechnung und Bewertung von Entscheidungsvarianten

Grundlage der Arbeit des Problemlösers in DECIDE ist die Linearoptimierung. Dabei werden neben der einkriteriellen Optimierung auch verschiedene mehrkriterielle Methoden wie z. B. das klassische Wichtungsverfahren (auch paarweise), die Referenzpunktoptimierung und ein Rangfolgeverfahren verwendet.

DECIDE baut zur Lösung einer Optimierungsaufgabe automatisch in flexibler Weise ein Bewertungsmodell auf. Dazu werden die im Modellgenerierungsprozess erzeugten Bewertungsfunktionen sowie gegebenenfalls weitere Kriterien genutzt.

Ergebnisaufbereitung und -auswertung

Eine Ergebnisdarstellung wird unmittelbar nach der Berechnung bereits in DECIDE angeboten, um eine aktuelle Lösung zu veranschaulichen und daraus die Aufgabenstellung der nächsten Rechnung abzuleiten (andere Schranken, neue Bewertungsmodi, veränderte Parameter, Preise etc.). Hier sind sowohl aggregierte Darstellungen möglich, die einen schnellen Überblick geben, als auch Detailausschnitte in graphischer Form oder als geordnete Listen oder Tabellen, weiterhin tabellarische Vergleiche mit vorhergehenden Rechnungen (z. B. zur Verfolgung von Tendenzen). Verschiedene Filter dienen dem gesonderten Ausweis von System-Engpässen, wirksamen Schranken etc.

4.6 Modellszenarien und Optimierung von Optionen am Beispiel

Tabelle 4-34: Kenndaten der Ortsteile von Duisburg- Süd

Ortsteile	Buchholz	Wanheim	Großenbaum	Rahm	Huckingen	Hüttenheim	Ungelsheim
Jahresarbeit in GWh (Gesamt)	122,0	84,3	77,6	39,5	60,0	32,5	32,5
Fernwärme (FW)-Potenzial in GWh	118,7	81,3	73,5	32,3	53,2	26,1	30,8
Anteil an Gesamtwärme	28,6%	19,6%	17,7%	7,8%	12,8%	6,3%	7,4%
FW-Versorgung							
FW-Höchstlast in MW Q_{FWH}	50,4	34,5	31,2	13,7	22,6	11,1	13,1
Anschlussleistung in MW $Q_{AH,i}$	76,6	54,5	50,9	20,2	35,3	20,4	18,3
Hauptnetzlänge in km	13,7	7,3	7,4	5,3	7,5	3,6	4,0
Anzahl der Baublöcke	89	53	34	24	32	27	24
Unterverteilung							
Anschlussleistung in MW $Q_{AU,i}$	92,6	64,4	58,6	24,2	42,3	25,2	22,4
Unterverteilung in km	51,3	29,9	26,1	16,5	19,9	13,3	14,3
Anzahl der Hausanschlüsse	2.722	1.322	1.209	788	921	669	713
Maximaler Deckungsanteil f. EWP[13]							
- Gebäude $d_{WP,Gi}$	5,0%	12,0%	18,0%	23,0%	12,0%	8,0%	10,0%
- Baublock $d_{WP,Bi}$	8,0%	20,0%	25,0%	30,0%	17,0%	12,0%	15,0%
- Ortsteil $d_{WP,Oi}$	12,0%	25,0%	35,0%	35,0%	24,0%	20,0%	20,0%
FW-Schiene							
Anschluss an:	Verbindungsstrecke in m						
Buchholz		1.288	1.665		1.316		
Wanheim	1.288				1.356	1.403	
Großenbaum	1.665			1.547	2.178		
Rahm			1.547				
Huckingen	1.316	1.356	2.178			987	1.722
Hüttenheim		1.403			987		1.168
Ungelsheim					1.722	1.168	

DECIDE Scenario Manager

Die Erlangung von Systemwissen und die spätere Ableitung von Regeln und Gesetzmäßigkeiten setzt voraus, dass in ausreichendem Maße Beobachtungsdaten realer Prozesse oder Simulationsdaten zur Verfügung stehen. Zur Unterstützung der automatisierten Berechnung von Modellvarianten wird der Szenario-Manager verwendet (DSM).

Untersuchungsergebnisse und deren kritische Analyse

Zur Gewinnung von Primärinformation (Daten) für die Extraktion von Systemwissen in einem komplexen Objektsystem (charakterisiert durch Elemente und Ströme) wird das Modell mit Hilfe des DSS DECIDE und des Szenario Managers (DSM) simuliert und es werden konsistente Datensätze berechnet werden, um diese anschließend einer Analyse zu unterwerfen.

---

[13] elektrische Wärmepumpe

Formen der Wissensdarstellung für eine spätere Anwendung für Entwurf, Intensivierung und Betrieb können z. B. heuristische Regeln oder Produktionsregeln sein.

4.6.2 Beschreibung des Objektbereichs Industriegroßstadt Duisburg-Süd

Im Kapitel 4.1. ist der Objektbereich als Ganzes bereits qualitativ und quantitativ charakterisiert worden. Zur systemtechnischen Beschreibung des ausgewählten Energieversorgungssystems des Objektbereiches hinsichtlich Kraft und Wärme mit den Zwischenformen Fern-, Nah- und Raumwärme sind sowohl Vorgaben zur Bedarfssituation, als auch für die Erzeugungsseite hinsichtlich Bereitstellungsverfahren, Fortleitungsstufen und Möglichkeiten der Vernetzung erforderlich. Für das ausgewählte Ballungsgebiet der Industriegroßstadt wurden die notwendigen Daten für die Bedarfssituationen vorgegeben und modellgerecht aufgearbeitet. Die Daten für die Erzeugungs- und Umwandlungselemente wurden der Zusammenstellung [4-21], den Datenbanken IKARUS [4-22] und HERAKLES entnommen und mit Fachkenntnissen aus einschlägiger Literatur und technischem Verständnis ergänzt. Das Energieversorgungssystem ist hinsichtlich der Wärmeversorgung hierarchisch aufgebaut und auf Gebäude-, Baublock- und Ortsteilebene dekomponiert. Die Elektroenergieversorgung bezieht sich auf ein größeres, übergeordnetes System, in welches die Erzeugungsanlagen, unabhängig von deren Größe und Standort einspeisen. Zur Ermittlung optimaler Strukturen und Bewertung unterschiedlichster Optionen ist der Aufbau einer entsprechenden variablen Systemstruktur, einer sogenannten Super- oder Vereinigungsstruktur notwendig. Vor dem Aufbau der variablen Superstruktur müssen die Hierachieebenen und Elemente formuliert werden [4-23].

Hierarchieebenen und Systemelemente

Der ausgewählte Ballungsraum Duisburg-Süd der Industriegroßstadt Duisburg umfasst 10 Ortsteile, von denen sieben für die beispielhafte Modellierung ausgewählt wurden. Die Kenndaten der 7 Ortsteile sind in *Tabelle 4-34* zusammengestellt.

Der Modellaufbau erfolgte disaggregiert für die Ortsteile i mit der Möglichkeit der Aggregation über alle Ortsteile i.

In jedem Ortsteil i erfolgte die Modellbildung in drei Hierarchie-Ebenen mit entsprechenden Verbindungen:

– *Ebene i, 1:* Gebäudeebene mit den Elementen Gebäudeheizkessel und Gebäudewärmepumpe zur Raumwärmebereitstellung, dem Element Nahgasverteilung zur Versorgung aller Gebäude mit Gas und dem Element Nahwärmeverteilung/Hausanschlüsse zur Bereitstellung von Heißwasservorlauf entsprechender Qualität.

– *Ebene i, 2:* Baublockebene mit dem Element Blockheizkraftwerk kleiner Leistung für die Versorgung von Nahwärmeinseln, dem Element Heizkessel kleiner Leistung und dem Element Wärmepumpe für Baublöcke.

– *Ebene i, 3:* Ortsteilebene mit den Elementen große Erzeuger von Strom und/oder Wärme. Diese Elemente sind im einzelnen:

 – Gasturbinen-Heizkraftwerk mit Stromerzeugung und Wärmeauskopplung durch Abfallenergienutzung aus Rauchgas,

 – Gas- und Dampfturbinen-Heizkraftwerk mit Kraft-Wärme-Kopplung,

 – Blockheizkraftwerk großer Leistung,

4.6 Modellszenarien und Optimierung von Optionen am Beispiel

- Gasheizkessel großer Leistung für die Einspeisung in das Hauptwärmenetz,
- Wärmepumpe auf Ortsteilebene zur Transformation der Heißwasservorlauftemperaturen,
- Gasturbinen-Kraftwerk ohne Abfallenergienutzung,
- Gas- und Dampfturbinenkondensations-Kraftwerk und
- Wärmeübertrager zur Kopplung von großen Wärmeerzeugern, Wärmepumpe mit Wasserströmen (Vor- und Rücklauf) entsprechender thermischer Qualität.

Weitere wichtige Elemente der aufzubauenden Superstruktur sind:
- Nahwärmeverteilung für die Verbindung zwischen den Ebenen i, 2 und i, 1
- Nahgasverteilung für die Verbindung zwischen den Ebenen i, 2 und i, 1
- Hauptwärmenetz im Ortsteil für die Verbindung der Ebenen i, 2 und i, 3
- Hauptgasnetz im Ortsteil für die Verbindung der Ebenen i, 2 und i, 3 sowie
- Fernwärmeschiene i, j für die Verbindungen zwischen den Ortsteilen i bzw. j mit den Möglichkeiten des Wärmetransportes von i nach j oder von j nach i.

Element-Modelle

Die Modellbildung für die Elemente erfolgte auf der Basis linearer Output-Input-Beziehungen im jeweiligen Arbeitspunkt mit Koeffizienten für die entsprechenden Ströme (s. *Bild 4-45*). Die Ströme sind Massenströme für Wasser und Gas, Energieströme für Kraft und Wärme sowie Kostenströme für feste und variable Kosten sowie Investkosten für neu zu errichtende Erzeugungselemente [4-23].

Entsprechend der Philosophie des DSS DECIDE wird bei der Erzeugung der Superstruktur eine Kopplung erkannt, wenn ein Strom gleicher Nomenklatur (Namen) einem Element k entspringt und in einem Element l mündet. Es besteht keine Kopplung, wenn dies nicht der Fall ist.

Datenbank

In der auf ORACLE basierenden Datenbank sind alle Elemente (Elemente, Prozesse, Verfahren) mit ihren Strömen und deren Koeffizienten entsprechend der linearen Beziehungen abgelegt.

Unter Vorgabe von spezifischen Preisen für Energien sind zusätzlich automatisch Kostenströme generierbar. In Bezug auf die eingangs benannten Elemente und deren Input- bzw. Outputströme enthält die Datenbank „FW-Duisburg-Süd" ca. 900 Verfahren (Grundelemente) aller Ebenen und etwa 140 Ströme. In einer derartigen Superstruktur sind alle denkbaren Systemstrukturen eingebettet. Erst nach der Problemspezifizierung und Optimierung wird eine der eingebetteten Strukturen als optimal ausgewählt. *Tabelle 4-35* enthält eine Zusammenstellung der im Weiteren verwendeten Verfahren (Elemente) und Ströme.

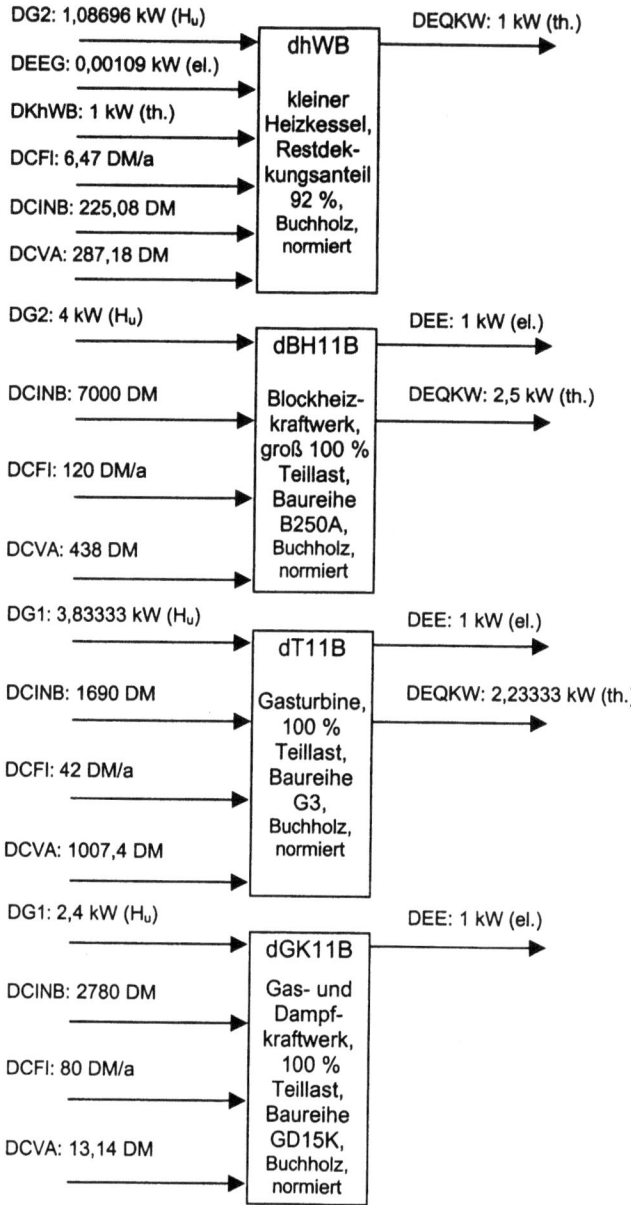

Bild 4-45
Normierte Elementmodelle „Kleiner Heizkessel", „Blockheizkraftwerk", „Gasturbine", „Gas- und Dampfkraftwerk"

4.6 Modellszenarien und Optimierung von Optionen am Beispiel

Tabelle 4-35: Zusammenstellung der in den Untersuchungen verwendeten Ströme und Verfahren

	Ströme			Ströme	
DG1	Erdgas für Hauptnetz (kal.)	kW (H_u)	DKwP5i	Kapazität Wärmestrom EWP55,kl, Ortsteil i	kW
DG2	Erdgas für Baublöcke (kal.)	kW (H_u)			
DG3	Erdgas für Gebäude (kal.)	kW (H_u)	DKWP5i	Kapazität Wärmestrom EWP50,gr, Ortsteil i	kW
DEE	Elektroenergie	kW (el.)			
DEEG	Elektroenergiebedarf (Hilfsenergie)	kW (el.)	DKWP6i	Kapazität Wärmestrom EWP60,gr, Ortsteil i	kW
DEQRWi	Raumwärmestrom	kW (th.)	DKGWPi	Kapazität Wärmestrom GEWP, Ortsteil i	kW
DEQGWi	Wärmestrom von großem Wärmelieferanten	kW (th.)	DKFWi	Kapazität Wärmestrom FWS, Ortsteil i	kW
DEQKWi	Wärmestrom von kleinem Wärmelieferanten	kW (th)	DKHWi	Kapazität Wärmestrom Heizwerk gr, Ortsteil i	kW
DL75Vi	Warmwasservorlauf 75°C	kg/s			
DL80Vi	Warmwasservorlauf 80°C	kg/s	DKhWi	Kapazität Wärmestrom Heizwerk kl, Ortsteil i	kW
DL50Vi	Warmwasservorlauf 50°C von EWP50gr	kg/s	DCINi	Investkosten, Ortsteil i	DM
DL60Vi	Warmwasservorlauf 60°C von EWP60gr	kg/s	DCFI	feste Kosten des Gesamtgasnetzes	DM
DL45Vi	Warmwasservorlauf 450°C von EWP45kl	kg/s	DCFIi	feste Kosten, Ortsteil i	DM
			DCFHGi	feste Kosten für Hauptgasnetz, Ortsteil i	DM
DL55Vi	Warmwasservorlauf 55°C von EWP55kl	kg/s	DCFNGi	feste Kosten für Nahgasverteilung, Ortsteil i	DM
DL35Ri	Wasserrücklauf 35°C	kg/s			
DL40Ri	Wasserrücklauf 40°C	kg/s	DCFGi	feste Kosten für gesamtes Gasnetz, Ortsteil i	DM
DEQVi	Verlustwärmestrom	kW (th.)			
DEQFWi	Wärmestrom für FWS (Vorlauf) von Ortsteil i	kW (th.)	DCVAi	variable Kosten	DM
				und die Emissionen:	
DEQ75i	Wärmestrom v. WW75	kW (th.)	DACH4	Methan-Emission	t/a
DEQ80i	Wärmestrom v. WW80	kW (th.)	DACO	Kohlenmonoxid-Emission	t/a
DEQ50i	Wärmestrom v. WW50	kW (th.)	DACO2	Kohlendioxid-Emission	t/a
DEQ60i	Wärmestrom v. WW60	kW (th.)	DAN2O	Distickstoffmonoxid-Emission	t/a
DEQ45i	Wärmestrom v. WW45	kW (th.)			
DEQ55i	Wärmestrom v. WW55	kW (th.)	DANO2	Stickstoffdioxid-Emission	t/a
DKwP4i	Kapazität Wärmestrom EWP45,kl, Ortsteil i	kW	DANOX	Stickstoffoxide-Emission	t/a
			i: Ortsteile *B*uchholz, *H*uckingen, *W*anheim		
	Verfahren (Elemente)			Verfahren (Elemente)	
dTa4i	Gasturbinenheizkraftwerk G20		dRWi	Raumheizung und Warmwasserbedarf	
dGKa5i	GuD- Kraftwerk GD50K				
dGHa5i	GuD- Heizkraftwerk GD 45		dHWNi	Hauptwärmenetz	
dBHa5i	Blockheizkraftwerk, groß B1500A		dNWVi	Nahwärmeverteilung	
dbHa5i	Blockheizkraftwerk, klein B80		dHGNi	Hauptgasnetz	
dHWi	Heizwerk, groß		dNGVi	Nahgasverteilung	
dhWi	Heizwerk, klein		dFWSik	Fernwärmeschiene	
dGHKi	Gebäudeheizkessel		dCPooi	Poolbildung Kosten Gasverteilung	
dWPbbi	Elektrische Wärmepumpe, groß		dCPooi	Poolbildung Kosten Gasverteilung	
dwPbbi	Elektrische Wärmepumpe, klein		dCPooi	Poolbildung Kosten Gasverteilung aller Ortsteile	
dGWPi	Gebäudewärmepumpe				
dWTbbi	Wärmeübertrager eines großen Wärmelieferanten		a...	Teillast	
			b...	Baureihe	
dwTbbi	Wärmeübertrager eines kleinen Wärmelieferanten				

4.6.3 Modellgenerierung und Formulierung der Szenarien

Für die systemtechnischen Untersuchungen wurden nach Fertigstellung der Datenbank Duisburg-Süd zunächst Modelle für den Ortsteil B[14] generiert und erste Simulationen durchgeführt. Mit dem unter DECIDE möglichen Datenbank-Management wurde die Datenbank an die spezielle Aufgabenstellung angepasst. Dazu wurden aus der Orginaldatenbank alle den Ortsteil B betreffenden Verfahren und Ströme abgespalten und in einer neuen Datenbank niedergelegt. Einschränkungen wurden bei der Auswahl der Verfahren getroffen. So konnte die Anzahl der Elemente verringert werden. Von allen Erzeugern, die mit mehreren Elementen (Baureihen) in der Orginaldatenbank standen, wurde nur ein Bautyp in die neue Datenbank übernommen. Dies betrifft die Elemente GtHKW, GuDKW, GuDHKW, BHKWgr und BHKWkl. Es wurde jeweils ein Element mittlerer Größe gewählt. Verbindungen zwischen den Stadtteilen über Fernwärmeschienen wurden nicht mit einbezogen, da nur der Ortsteil B Grundlage der Datenbank ist. Insgesamt wurden 34 Elemente und 36 Ströme in die Datenbank aufgenommen. Da die Stromkoeffizienten in normierter Form in die Datenbank integriert worden sind, müssen an dieser Stelle Bereiche vorgegeben werden, in denen sich die Koeffizienten bewegen dürfen. Auch für Verfahren können solche Bereiche vorgegeben werden. Durch Vorgabe des Raumwärme- und Strombedarfs entsprechend den ermittelten Bedarfsgrößen kann die optimale Energieversorgung berechnet werden. Voruntersuchungen hatten jedoch gezeigt, dass nur gestaffelte Gaspreise zu wirklichen optimalen Strukturen führen. Deshalb werden für die 3 Ebenen des komplexen Objektbereiches als Gaspreise die Tarife der Stadtwerke Duisburg verwendet. Für die unterschiedlichen Ebenen ergeben sich folgende Gaspreise:

    Ortsteilebene DG1:   0,06124   DM/ kWh,

    Baublockebene DG2:   0,07094   DM/ kWh,

    Gebäudeebene DG3:   0,10967   DM/ kWh.

Bedarf für Ströme und Verfahren

Die für die Modellrechnungen vorgegebenen Beschränkungen sind in *Tabelle 4-36* angeführt.

Tabelle 4-36: Beschränkungen für die Rechnungen im Modell B

Strom	Beschreibung	MIN	MAX
dGWPB	Gebäudewärmepumpe B, in kW (thermisch)		4.628
dWP50	Große elektrische Wärmepumpe 50 B, Ortsteilebene, in kW (thermisch)		9.194
dWP45	Kleine elektrische Wärmepumpe 45 B, Baublockebene, in kW (thermisch),		6.129
DEQRW	Thermische Energie, Raumheizung, in kW (thermisch)	18.018	19.820
DEEX	Elektroenergie, extern, in kW (elektrisch)	16.874	

Die Berechnungen wurden mehrkriteriell mit unterschiedlichen Wichtungen der folgenden Zielkriterien durchgeführt:

---

[14] Da es im Folgenden um theoretische Modellvarianten geht, wird zwar von den Größenordnungen der realen Stadtteile ausgegangen, aber die Bezeichnung verfremdet.

4.6 Modellszenarien und Optimierung von Optionen am Beispiel

- Minimierung des Gasverbrauchs,
- Minimierung der Kohlendioxidemission und
- Minimierung der variablen und fixen Kosten (ohne Kosten des Gases, Gas wird nur als Stoffstrom mit energetischer Bewertung durch den Heizwert berücksichtigt).

Dabei wurden alle drei Zielkriterien in einer neuen additiven Zielfunktion so gewichtet, dass die Summe aller Gewichte Eins ergibt. Die Ergebnisse sind in der *Tabelle 4-37* und im *Bild 4-46* dargestellt.

Tabelle 4-37: Ergebnisse von Optimierungsrechnungen für das Modell des Ortsteils B bei Variation der Wichtung in der mehrkriteriellen Zielfunktion

Ströme:	Wichtung der drei Zielkriterien: (1) Minimierung des Gasverbrauchs, (2) Minimierung der CO_2-Emissionen, (3) Minimierung der Kosten (ohne Gaskosten).					
	0/0/1	0,1/0,1/0,8	0,25/0,25/0,5	0,33/0,33/0,33	0/1/0	0,05/0,9/0,05
Raumheizung in kW	18.018	18.018	18.018	18.018	18.018	18.018
Elektroenerg., ext. in kW	21.800	21.800	16.874	16.874	16.874	16.874
Gas (Ebene 1) in kW	46.400	46.400	40.800	37.800	40.100	37.800
CO_2-Emission (in t)	150.100	150.100	126.000	122.500	122.500	122.500
variable Kosten (ohne Gas) in Tsd. DM	300	300	1.300	1.500	2.500	1.500
fixe Kosten in Tsd. DM	2.800	2.800	2.300	2.400	2.100	2.400
Erzeuger: BHKW18Bgr:						
Wärme in kW					18.400	
Elektroenergie in kW					17.100	
GuDHKW18B:						
Wärme in kW	19.500	19.500	15.500	16.000		16.000
Elektroenergie in kW	21.800	21.800	17.300	17.800		17.800
GHK: Wärme in kW			3.700			
WP: Wärme in kW				3.300	1.000	3.300

Ausgehend von dem eigennützigen Kosten-Minimum (Wichtung 0/0/1, erste Spalte) wurde deren Gewicht fortlaufend reduziert und dass Gewicht der anderen Zielkriterien erhöht bis zu einer Gleichgewichtung der drei Kriterien in Spalte vier (0,33/0,33/0,33). In Spalte 5 sind die Ergebnisse für den eigennützigen Fall der Minimierung der Kohlendioxidemissionen zusammengestellt. Spalte 6 enthält Ergebnisse für eine Sensitivitätsanalyse, d. h. die vorhergehende Variante jedoch mit sehr kleinen Wichtungen für das erste und dritte Kriterium. Im unteren Teil der *Tabelle 4-37* sind die jeweils dazugehörigen optimalen Versorgungsstrukturen enthalten. Da in den Zielfunktionen nur die Bereitstellung von Raumwärme und Strom vorgegeben ist, ergeben sich unterschiedliche Strukturen bei gleichen Emissionen, da sich im Modell die auf den Gaseingang bezogenen Emissionsfaktoren für die Elemente unterscheiden. Sie betragen für das Blockheizkraftwerk (groß) 3,051 kg/kW und für das GuD-Heizkraftwerk

3,238 kg/kW. Auch die Strom-Wärme-Kennzahlen für diese beiden Elemente sind unterschiedlich, für das Blockheizkraftwerk (groß) beträgt diese Kennzahl 0,93 und für das GuD-Heizkraftwerk 1,113 sodass sich auch unterschiedliche Gasverbräuche ergeben. Als Erzeuger dienen das Gas-und Dampfheizkraftwerk (GuDHKW), das große Blockheizkraftwerk (BHKW und der Gebäudeheizkessel (GHK). Die Wärmepumpen (WP) werden zur Einstellung des minimalen Bedarfs verwendet, wobei Strom verbraucht und Wärme bereitgestellt wird. Bei der Minimierung der Kosten wird die Wärmepumpe nicht verwendet, weil damit höhere variable Kosten verbunden sind. Es wird vorrangig das GuDHKW zur Wärme- und Stromerzeugung genutzt. Bei höherer Wichtung des Gasverbrauchs und der Emissionen stellen Gebäudewärmepumpen bzw. GHK einen Teil der notwendigen Wärme bereit. Bei der Variante eigennütziges Minimierung der Emissionen ist das BHKW zusammen mit der Gebäudewärmepumpe die optimale Versorgungsstruktur. Die letzte Spalte der *Tabelle 4-37* zeigt, dass diese Struktur nicht sehr „stabil" ist und bei geringen Gewichten der beiden anderen Zielgrößen wieder auf die bereits bekannte Struktur übergeht. Dieses Verhalten der Zielkriterien wird kooperatives Verhalten genannt und zeigt, dass man u. U. auf aufwendigere mehrkriterielle Optimierungsrechnungen verzichten und nur einkriterielle Optimierungsrechnungen durchführen kann. Die Belegungen der einzelnen optimalen Strukturen entsprechend der gewählten Optimalitätskriterien sind in der *Tabelle 4-37* und *Bild 4-46* leicht erkennbar.

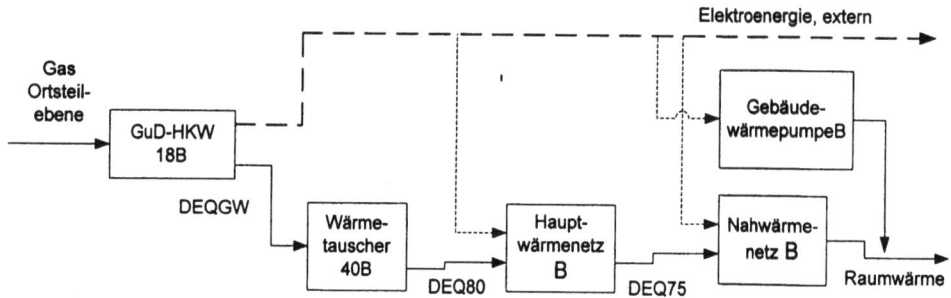

Bild 4-46
Struktur des optimalen Energieversorgungssystems für Ortsteil B

Berücksichtigung des Jahresverlaufes durch Einführung verschiedener Strom-Wärme-Kennzahlen

Über ein Jahr ergeben sich unterschiedliche Größen für den Bedarf an Raumwärme und den Bedarf an elektrischer Energie. Bei den bisherigen Varianten wurde mit Jahresdurchschnittswerten gerechnet. Der Jahresverlauf des Bedarfs des Stadtteils B ist in *Bild 4-47* dargestellt. Die aufgetragenen Stunden sind die Anzahl der Stunden im Jahr, in denen diese Leistung benötigt wird.

4.6 Modellszenarien und Optimierung von Optionen am Beispiel

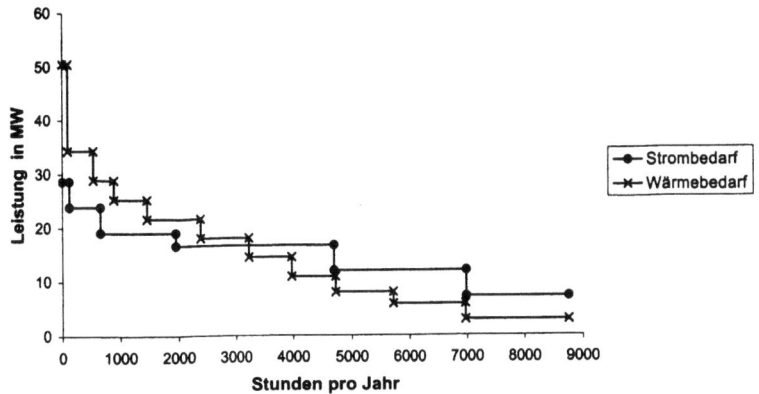

Bild 4-47
Benötigte Jahresdurchschnittsleistung des Stadtteils B

Das Verhältnis von Strombedarf zu Wärmebedarf ist die Strom-Wärme-Kennzahl (Stromkennzahl) σ. Die Strom-Wärme-Kennzahl σ nimmt durch die unterschiedlichen Bedarfsgrößen für diesen Stadtteil verschiedene Werte an. Da die Stromkennzahlen für die Erzeuger durch die Koeffizienten festgelegt sind, müssen die Strukturen durch geeignete Kombinationen der Erzeuger an die veränderten Strom-Wärme-Kennzahlen angepasst werden. Es wurden zahlreiche Varianten mit unterschiedlichen Stromkennzahlen optimal entworfen, die z. T. stark unterschiedliche Strukturen aufweisen.

Tabelle 4-38: Optimale Strukturen der Energieversorgung des Stadtteils B für verschiedene Strom-Wärme-Kennzahlen und eine Mindest-Gebäudeheizkesselbelegung

	B 4.1	B 4.2	B 4.3
Strom-Wärme-Kennzahl σ	0,9	0,6	2,1
Ströme:			
Wärme, Raumheizung, in KW	18.018	50.000	6.000
Elektroenergie, extern, in KW	16.874	30.000	12.600
Gas (Ebene 1) in KW (H_u)	39.200	91.000	25.800
Emission CO_2 in t	124.200	265.100	83.600
variable Kosten in Tsd. DM	1.400	7.500	200
fixe Kosten in Tsd. DM	2.400	5.100	1.400
Erzeuger:			
GuD-KW (dGK18B), Wärme in kW			5.300
GuD-HKW (dGH18B), Wärme in kW	15.800	29.900	6.500
Elektroenergie in kW	17.600	33.300	7.300
Heizwerk, klein (dhWBkl), Wärme in kW		13.500	
Gebäudeheizkessel (dGHK), Wärme in kW	1.800	5.000	
Gebäudewärmepumpe (dGWPB), Wärme in kW	1.700	4.628	

Für die folgenden Varianten wurden drei unterschiedliche Strom-Wärme-Kennzahlen gewählt und ein Minimum für die Gebäudeheizkessel angenommen. Damit werden vorhandene Raumwärmeerzeuger auf Gebäudeebene berücksichtigt. Für $\sigma < 1$ wurde das Gebäudeheizkesselminimum auf 10 % des Raumwärmebedarfs festgelegt. Bei Stromkennzahlen > 1, d.h. in warmen Monaten, ist davon auszugehen, dass die Gebäudeheizkessel nicht betrieben werden. Es wird kein Minimum für die Gebäudeheizkessel vorgegeben. Für diese Varianten ergeben sich die in *Tabelle 4-38* dargestellten optimalen Strukturen.

Die Ergebnisse zeigen, dass drei unterschiedliche optimale Strukturen existieren. Für kleine Stromkennzahlen sind gegenüber einer Stromkennzahl nahe 1 zusätzliche Wärmeerzeuger nötig. Gebäudewärmepumpe und –heizkessel werden stärker belegt und das kleine Heizwerk (HW) wird zusätzlich in die Struktur aufgenommen. Ist die Stromkennzahl dagegen größer 1 wird ein reiner Stromerzeuger das GuDKW zur Abdeckung des Bedarfes an elektrischer Energie benötigt. Gegenüber der einkriteriellen Optimierung (minimaler Gasverbrauch) wird diesmal das kleine HW eingesetzt. Das kleine HW hat zwar höhere Gaskosten aber geringere fixe Kosten als das große HW.

Je nach Jahreszeit ergeben sich unterschiedliche Strukturen. Das GuDHKW wird immer zur Wärme- und Stromproduktion benötigt. Denkbar sind kleine Wärmeproduzenten, die nur in kalten Monaten betrieben werden. Um den Bau eines zusätzlichen Stromerzeugers für Zeiträume mit einer Stromkennzahl größer 1 zu vermeiden, ist es möglich, aus der bereitgestellten überschüssigen Wärme in Absorptionskälteanlagen Kälte erzeugen oder Wärme für die kalten Monate z. B, in speziellen Speichermedien zu speichern. Die jeweiligen Strukturen lassen sich aus *Tabelle 4-38* an den jeweils aktiven Verfahren leicht ablesen.

Optimale Systemstrukturen bei gemeinsamer Betrachtung der Stadtteile B und W

Um die Wirtschaftlichkeit der Fernwärme zwischen den Stadtteilen zu untersuchen, wurden die Stadtteile B und W zu einem Modell zusammengefügt. Als neue Elemente zur Fernwärmekopplung sind Wärmeverteiler und Fernwärmeschienen zu betrachten. Die Wärmeströme wurden für jeden Stadtteil separat aufgenommen, da die Wärme ausschließlich über die mit Verlusten beaufschlagte Fernwärmeschiene ausgetauscht werden kann. Die Stromverteilung ist dagegen verlustfrei und bedarf keiner einzelnen Ströme für die Stadtteile.

Der letzte Buchstabe der Ströme bzw. Elemente steht für den Stadtteile B und W.

Für den Objektbereich B-W1 wurden 3 Modelle mit verschiedenen Strom-Wärme-Kennzahlen aber gleichen Wärmepumpenbeschränkungen (*s. Tabelle 4-39*) gerechnet.

Tabelle 4-39: Beschränkungen für den Wärmepumpeneinsatz in den Stadtteilen, maximale Wärmeströme in kW

	Stadtteil B	Stadtteil W
dGWP max	4.628	7.726
dWP50 max	9.194	13.627
dWP45 max	6.129	10.902

4.6 Modellszenarien und Optimierung von Optionen am Beispiel

Bei der mehrkriteriellen Untersuchung unter Beachtung verschiedener Gaspreise wurden die in *Tabelle 4-40* und *Bild 4-48* dargestellten Ergebnisse erzielt.

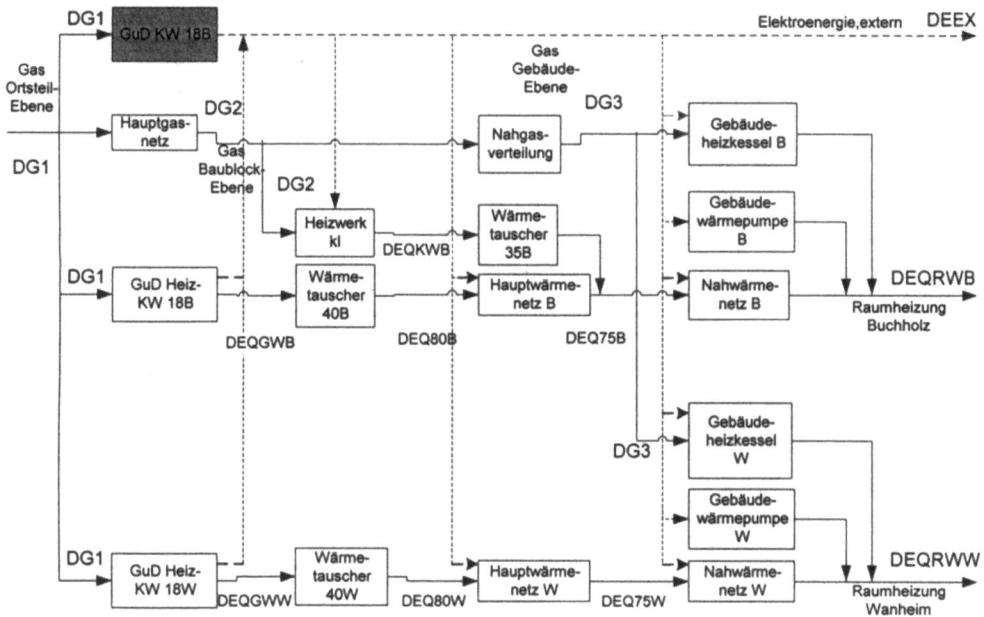

Bild 4-48
Optimale Versorgungsstrukturen des Stadtgebiets B-W für verschiedene Strom-Wärme-Kennzahlen

Tabelle 4-40: Bilanzangaben für optimale Versorgungsstrukturen des Stadtgebiets B-W bei verschiedenen Strom-Wärme-Kennzahlen

	Gebiet B-W 1.1		Gebiet B-W 1.2		Gebiet B-W 1.3	
Strom-Wärme-Kennzahl σ	0,9		0,6		2,1	
	Stadtteil B	Stadtteil W	Stadtteil B	Stadtteil W	Stadtteil B	Stadtteil W
Ströme:						
DEQRW, Wärme in kW	18.018	12.348	50.000	34.300	6.000	4.100
DEEX, Strom in kW	28.438		50.600		21.300	
DG1, in kW (H_u)	66.200		149.000		43.700	
DACO2, in t	209.500		441.600		141.500	
DCVA, in Tsd. DM	2.400		12.900		300	
DCFI, in Tsd. DM	4.000		8.600		2.300	
Erzeuger:						
dGK18, Strom in kW					9.100	
dGH18, Wärme in kW	14.400	12.100	25.900	25.200	6.500	4.500
Strom in kW	16.100	13.500	28.900	28.100	7.300	5.000
dhWkl, Wärme in kW			17.400			
dGHK, Wärme in kW	1.800	1.200	5.000	3.400		
dGWP, Wärme in kW	2.900		4.628	7.726		

Ist die Stromkennzahl kleiner 1 werden zusätzliche reine Wärmeerzeuger benötigt, ist die Stromkennzahl dagegen größer 1 wird ein zusätzlicher Stromerzeuger benötigt.

Die Wärmeerzeuger werden jeweils in beiden Stadtteilen gebaut, da die Fernwärme Verluste beinhaltet. Zwei Erzeuger des gleichen Modells haben dieselben Koeffizienten wie ein Erzeuger dieses Modells mit doppelter Größe, so dass durch den Bau des Erzeugers in jedem Stadtteil keine höheren Aufwendungen nötig sind. Stromerzeuger werden dagegen nur in einem Stadtteil realisiert, da für den Transport der elektrischen Energie keine Verluste berücksichtigt werden.

Bestimmung der Kompromissmenge und des utopischen Punktes für das Stadtgebiet B-W

Als erste Zielgröße für diese Variante wurde die externe elektrische Energie DEEX gewählt. Die Überproduktion kann gewinnbringend in das öffentliche Stromnetz eingespeist werden. Da es aber nicht das Ziel ist, eine möglichst große Menge Strom zu produzieren, wird der Strom DEEX über das GuDKW begrenzt. Neben dieser ersten Zielgröße wird als zweite Zielgröße ein Minimumkriterium in die Zielfunktion aufgenommen. Mit Hilfe des verwendeten Optimierungsmoduls lässt sich die paretooptimale Menge (Kompromissmenge) zwischen diesen Zielkriterien ermitteln. Diese Funktion besitzt einen ausgezeichneten Punkt, den sogenannten utopischen Punkt (vgl. *Bild 4-49*), der von den beiden eigennützigen Optima gebildet wird und natürlich nicht realisierbar ist (einzelner Punkt links oben im *Bild 4-49*).

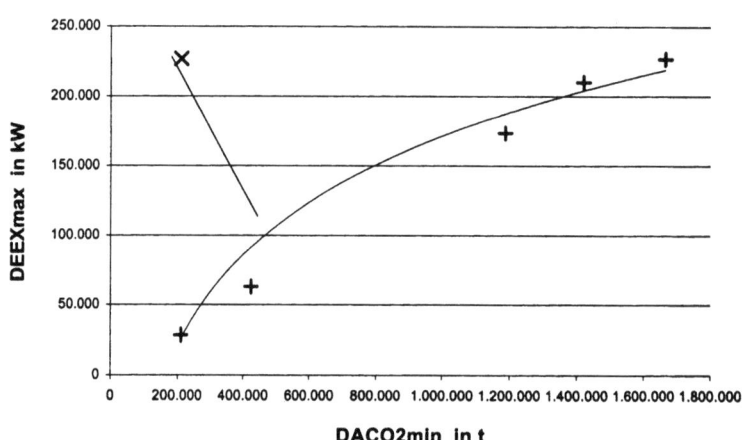

Bild 4-49
Kompromissmenge für die Zielgrößen Elektroenergie – CO_2-Emission

Die Methode des utopischen Punktes wurde auf die Untersuchung des Modells B-W1 angewendet. Die maximale elektrische Leistung für das GuDKW wurde auf 30.000 kW begrenzt. Die optimale Struktur ist aus *Bild 4-50* ersichtlich.

4.6 Modellszenarien und Optimierung von Optionen am Beispiel

Es wurden verschiedene Strukturen bei unterschiedlichen Wichtungsfaktoren in der Zielfunktion erhalten. Die optimale Systemstruktur reagiert sensibel auf Änderungen in der Zielfunktion. Die einkriterielle Untersuchung Maximierung elektrische Energie favorisiert ein GuDHKW, ein kleines BHKW sowie das Maximum des GuDKW. Die Minimierung der Emissionen führt zur bekannten Struktur GuD-Heizkraftwerk und Gebäudewärmepumpe. Als optimale Struktur wird die Struktur in *Bild 4-50* erhalten, da sich diese Struktur nahe am utopischen Punkt befindet. Diese Struktur enthält Wärme- und Stromerzeuger nur im Stadtteil B bis auf den vorgegebenen Gebäudeheizkessel im Stadtteil W. Es wird nur der festgelegte (minimale) Bedarf an Raumwärme gedeckt. Die höheren Emissionen, die durch die Verluste der Fernwärmebelegung entstehen, werden weniger stark bewertet, als die Möglichkeit, mehr elektrische Energie bereitzustellen. Elektrische Energie verbrauchende Elemente, wie z.B. Gebäudewärmepumpen werden nicht belegt.

4.6.4 Allgemeine Eigenschaften optimaler Versorgungsstrukturen

Die durchgeführten Untersuchungen zur optimalen Energieversorgung am Beispiel von Stadtteilen des Industriestandorts Duisburg-Süd zeigen eine große Vielfalt von Alternativen der optimalen Systemgestaltung. Mit Hilfe eines modellgestützten Entscheidungshilfesystems können, nachdem die notwendigen Ströme und Verfahren implementiert worden sind, außerordentlich nutzerfreundlich die unterschiedlichsten Varianten berechnet und optimiert werden. Je mehr Freiheitsgrade die jeweilige Versorgungsvariante durch Vorgaben wie gestaffelte Gaspreise, Anzahl der Hierarchiebenen (von der Gebäudeebene bis zur gemeinsamen Strukturierung über mehrere Ortsteile), Mindestbelegung für spezielle Erzeuger-Elemente, gewählte Zielfunktion, Berücksichtigung der Kostendegression bei Investitionen u. a. besitzt, desto differenzierter erscheint die optimale Versorgungsstruktur.

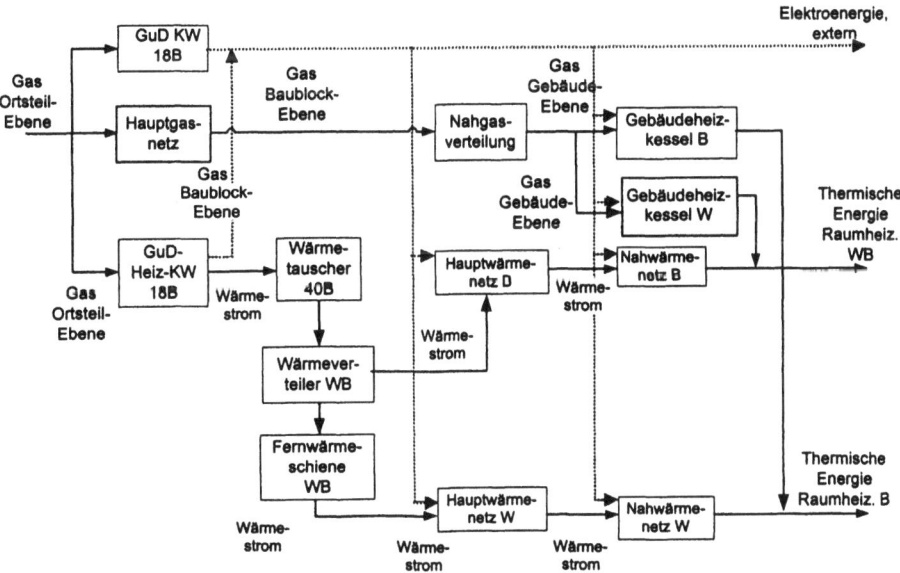

Bild 4-50
Optimale Versorgungsstruktur für das Stadtgebiet B-W mit Fernwärmeschiene

Folgende optimale Systemeigenschaften lassen sich erkennen:

- Bei einem einheitlichen Gaspreis für alle Hierarchieebenen ergeben sich trotz unterschiedlicher Gestaltungskriterien (Zielfunktionen) relativ gleichartige Strukturen, die durch GuD-Heizkraftwerke auf Ortsteilebene in Kombination mit Wärmepumpen auf der Gebäudeebene charakterisiert werden.
- Bei gestaffelten Gaspreisen können sich veränderte Erzeugerstrukturen auf den Baublock- und Gebäudeebenen ergeben. Es werden Erzeugerelemente auf der jeweils höheren Ebene gegenüber denen der untergeordneten Ebene favorisiert. Gebäudeheizkessel z. B. belegen unter allen Erzeugern den letzten Platz.
- Bei gestaffelten Gaspreisen und Berücksichtigung unterschiedlicher Stromkennzahlen, d. h. einer Jahresganglinie des Verbrauchs an Elektroenergie und Wärme werden für die Einstellung der Strom-Wärme-Kennzahlen zusätzliche Wärme- bzw. Stromerzeuger benötigt. Dazu gehören kleines Heizwerk, Gebäudewärmepumpe und GuD-Kraftwerk. Dabei ergeben sich folgende optimalen Versorgungsstrukturen:
  - Bei Stromkennzahlen nahe Eins sind GuD-Heizkraftwerke in Kombination mit Gebäudewärmepumpen in den optimalen Strukturen favorisiert.
  - Für kleine Strom-Wärme-Kennzahlen gehören in die optimale Struktur zusätzlich große Heizwerke (jeweils auf der Ortsteilebene).
  - Bei großen Stromkennzahlen wird jedoch in der optimalen Struktur auf der Ortsteilebene ein reiner Stromerzeuger in Form des GuD–Kraftwerkes erforderlich, Gebäudewärmepumpen dagegen fallen weg.
- Die Kopplung unterschiedlicher Stadtteile durch einen gemeinsamen großen Wärmeerzeuger (GuD-Heizkraftwerk und eine Fernwärmeschiene) ergibt sich als optimale Versorgungsstruktur bei der Berücksichtigung der Kostendegression für die Investitionen und einer Kostenzielfunktion bzw. einer mehrkriteriellen Optimierung. Diese Strukturvariante ist jedoch abhängig von der Größe der benötigten Wärmeströme.

  Bei der Zielgröße minimale CO_2-Emission ergeben sich jedoch optimale Versorgungsstrukturen mit jeweils ortsteileigenen kleinen GuD–Heizkraftwerken.
- Die optimale Strukturierung von Versorgungsstrukturen bei Verwendung der mehrkriteriellen Optimierung und linearer Kostenmodelle führt ebenfalls zur Kopplung von Ortsteilen durch eine Fernwärmeschiene. So ergibt die additive mehrkriterielle Zielfunktion minimale Emissionen und maximale Elektroenergiebereitstellung eine optimale Struktur mit einem großen Wärme- und Stromerzeuger in einem Stadtteil (unter Berücksichtigung der im jeweiligen Stadtteil vorgegeben minimalen Belegung der Gebäudeheizkessel). Elektroenergie verbrauchende Elemente wie Gebäudewärmepumpen fehlen jedoch in der optimalen Struktur.

4.7 Abfallverwertungskonzepte

Vor dem Hintergrund der Behandlungspflicht von Abfällen zur Beseitigung vor der Deponierung, welche durch die Technische Anleitung Siedlungsabfälle (TASi) bestimmt wird, ist mit einem bis zum Jahr 2005 stark zunehmenden Bedarf an Abfallbehandlungsanlagen zu rechnen. Generell kann der Bedarf an Behandlungskapazitäten durch den Aus- und Neubau von Abfallverbrennungsanlagen gedeckt werden. Neben den klassischen Verbrennungsanlagen existieren eine Reihe von alternativen thermischen Behandlungsanlagen auf dem Markt wie z. B. das Schwel-Brenn- und das Thermoselect-Verfahren. Ebenso sind mechanische und mechanisch-biologische Anlagen zur Vorbehandlung der Abfälle in der Diskussion.

Um geeignete Szenarien planen zu können, müssen die unterschiedlichen Behandlungsverfahren bewertet werden. Im Folgenden wird die Ausgangssituation der kommunalen Abfallbehandlung in Deutschland beschrieben und einige Behandlungsarten detaillierter erläutert. Die Verfahren werden unter den Gesichtspunkten der Entropiewirtschaft bewertet und miteinander verglichen. Für die behandelten Beispielräume werden unterschiedliche Szenarien dargestellt und bewertet

4.7.1 Status der Abfallbehandlung und Auswahl der Verfahren

4.7.1.1 Energetische Einordnung der Abfallbehandlung

Für die Behandlung von Abfällen wird nach dem Kreislaufwirtschaftsgesetz zwischen *Abfällen zur Verwertung* und *Abfällen zur Beseitigung* unterschieden. Die Verwertung von Abfällen umfasst dabei insbesondere das Recycling und die Aufarbeitung zum Beispiel von Aluminium, Glas oder Papier. Die Beseitigung von Abfällen umfasst die Deponierung ebenso wie die Verbrennung von Abfällen in Müll- oder Sonderabfallverbrennungsanlagen. Letztere kann sowohl mit konventionellen Verfahren als auch mit neuen Verfahren wie z. B. dem Schwel-Brenn-Verfahren oder dem Thermoselect-Verfahren erfolgen.

Eine Reihe der produzierten Güter gelangen so nach ihrem Ge- oder Verbrauch als Abfall wieder in den Energiekreislauf zurück. Von der 1993[15] angefallenen Abfallmenge von 338 Mio. t ist der überwiegende Anteil von 75 % (254 Mio. t) *Abfall zur Beseitigung*. Die verbleibenden 84 Mio. t werden einer Verwertung zugeführt. Den größten Teil der Fraktion *Abfall zur Verwertung* stellen die Produktionsabfälle dar. Aber auch ein nennenswerter Anteil des Hausmülls und hausmüllähnlichen Gewerbemülls wird stofflich verwertet. Hierunter fallen die Fraktionen Kunststoff des Dualen Systems Deutschland (DSD), Glas, Aluminium, Papier, etc.

Der Anteil des *Abfalls zur Beseitigung*, welcher durch Hausmüll und hausmüllähnlichen Gewerbemüll ausgemacht wird, wird zum einen Teil deponiert und zum anderen Teil verbrannt. Der Anteil des Mülls, der an die öffentlichen Verbrennungsanlagen geliefert wird, beträgt ca. 23 % (9,2 Mio. t). Die Mengenströme sind in *Bild 4-51* graphisch dargestellt.

Wird ein durchschnittlicher Heizwert des zu verbrennenden Abfalls von 10 MJ/kg angenommen, so ergibt sich eine Brennstoffenergie des Abfalls von 92 PJ. In der *Tabelle 4-41* ist die Energie des thermisch verwerteten bzw. thermisch verwertbaren Abfalls im Vergleich zum

---

[15] Das Statistische Bundesamt hat 1993 zum letzten Mal eine umfassende Veröffentlichung der Daten zur Abfallentsorgung in der Bundesrepublik Deutschland herausgegeben [4-34]. Alle Daten beziehen sich daher auf diese Veröffentlichung, wenn nicht anders angegeben.

Primärenergieverbrauch dargestellt. Demnach beträgt diese Energie des verbrannten Abfalls weniger als ein Prozent des gesamten Primärenergieverbrauchs. Geht man davon aus, dass der gesamte, an öffentliche Anlagen angelieferte und thermisch verwertbare Anteil des Abfalls verbrannt werden könnte, so betrüge der Anteil der Abfallenergie beachtliche drei Prozent des Primärenergieverbrauchs. In diesen Größenordnungen liegen auch die mit dem Abfall verbundenen Entropieexporte, da deren Potenzial zur Entropieproduktion in der Umgebung (äußere Irreversibilitäten, s. Abschnitt 2.3) proportional der Exergie ist. Der Entropieexport des Abfalls zur Beseitigung muss auf der Grundlage abgeschätzt werden, dass es sich hierbei im Wesentlichen um anorganische Materialien handelt, bei denen die Struktur die wesentliche Rolle spielt.

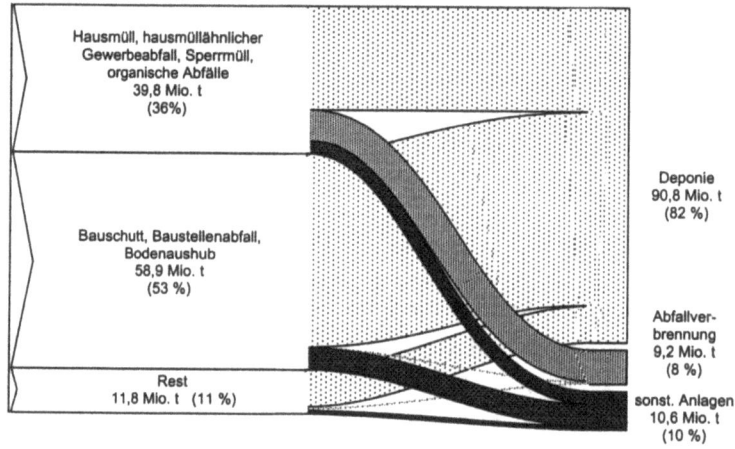

Bild 4-51
Ströme der an öffentliche Anlagen angelieferten Abfallmengen [4-34]

Tabelle 4-41: Vergleich der Abfallenergie mit dem Primärenergieverbrauch [4-28]

Energieart	Verbrauch[16] in PJ	Anteil an Primärenergie in %
Primärenergie	14.118	100
= Endenergie	9.168	65
= Stoffgebundene Energie	7.269	51
+ Strom	1.527	11
+ Fernwärme	372	3
+ Verbrauch und Verlust im Energiebereich	4.083	29
+ Nicht-energetischer Verbrauch	868	6
Energie des thermisch beseitigten Abfalls[17]	92	<1
Energie des thermisch beseitigbaren Abfalls[18]	398	3

[16] Stand 1993
[17] unter Annahme eines Heizwertes von $H_u = 10\,MJ/kg$

4.7 Abfallverwertungskonzepte

Aus einer Befragung der Betreiber öffentlicher Anlagen zur thermischen Abfallbeseitigung werden die im Jahre 1996 verbrannten Mengen Abfall sowie die daraus gewonnenen Anteile an Dampf, Strom und Fernwärme ermittelt. Es liegen die vollständigen Daten von 18 von 51 Anlagen vor. Mit einem kumulierten Durchsatz von 3,51 Mio. t Abfall pro Jahr stellen diese Anlagen einen repräsentativen Querschnitt durch die Gesamtzahl der betriebenen Anlagen dar. Die Ergebnisse sind in der *Tabelle 4-42* dargestellt. Die bei der Verbrennung freiwerdende Energie wird praktisch ausschließlich zur Erzeugung von Dampf verwendet. Die typischen Dampfparameter der meisten Anlagen liegen bei 40 bar und 400 °C. Der Dampf wird entweder zur Verstromung bzw. Bereitstellung von Fernwärme verwandt oder er wird an externe Verbraucher abgegeben. Derzeit werden ca. 9 % der durch den Abfall eingebrachten Energie als Strom abgegeben. Etwa 19 % der eingebrachten Energie werden als Fernwärme bereitgestellt. Der Rest wird entweder als Dampf an externe Verbraucher abgegeben oder beinhaltet die thermodynamischen Verluste bei der Energieumwandlung. Der Wirkungsgrad der Energieumwandlung bei der Abfallverbrennung ist deutlich niedrig im Vergleich zu typischen Wirkungsgraden bei der Energiegewinnung aus Primärenergieträgern. Auf die Gründe dafür wird in Abschnitt 4.7.4.1 näher eingegangen.

Tabelle 4-42: Kumulierte Energieerzeugung durch Abfallverbrennungsanlagen[19]

Verbrannte Abfallmenge	3,51 Mio. t
Durchschnittlicher Heizwert des verbrannten Abfalls	9,6 MJ/kg
Chemische Energie des verbrannten Abfalls	9,3 TWh
Erzeugter Dampf	6 Mio. t
Dampf an externe Verbraucher (Klärwerke, chem. Anlagen) abgegeben	26 % (1,6 Mio. t)
Dampf zur Erzeugung von Strom/Bereitstellung von Fernwärme,	74 % (4,4 Mio. t)
daraus erzeugter Strom,	1,3 TWh
davon Eigenbedarf.	33 % (0,43 TWh)
Bereitgestellte Fernwärme	1,8 TWh
Energie des an externe Verbraucher abgegebenen Dampfs sowie Verluste	6,2 TWh

Wird die als Strom gewonnene Energie auf die 51 betriebenen Anlagen extrapoliert und mit der in Deutschland als Strom produzierten Energie verglichen, so ergibt sich das in *Bild 4-52* dargestellte Verhältnis. Der derzeit aus Abfall gewonnene Strom beträgt ca. 0,7 % des gesamten in Deutschland produzierten Stromes. Würde der gesamte, an öffentliche Anlagen angelieferte Abfall thermisch verwertet oder beseitigt werden und gleichzeitig der thermodynamische Wirkungsgrad der Umwandlung auf eine Größenordnung erhöht werden, die in einfachen Kohlekraftwerken erreichbar ist, so könnte die im Vergleich zur derzeitigen Situation 4- bis 6-fache Energie als Strom gewonnen werden. Damit wären bis zu 4 % des Stromverbrauches in Deutschland aus der Abfallverwertung zu decken. In der Schweiz wird damit gerechnet, dass bis zu 5 % des Bruttoenergiebedarfs aus der Nutzung der im Abfall enthaltenen Energie gedeckt werden kann. In Österreich zeigen Studien, dass allein unter Ausnutzung der Energie aus Abfällen die CO_2-Emissionen auf den Zielwert von Toronto gesenkt werden könnten.

---

[18] Haumüll, hausmüllähnlicher Gewerbeabfall, Sperrmüll, organische Abfälle
[19] Daten für die Summe von 18 aus 51 Anlagen, Stand 1996.

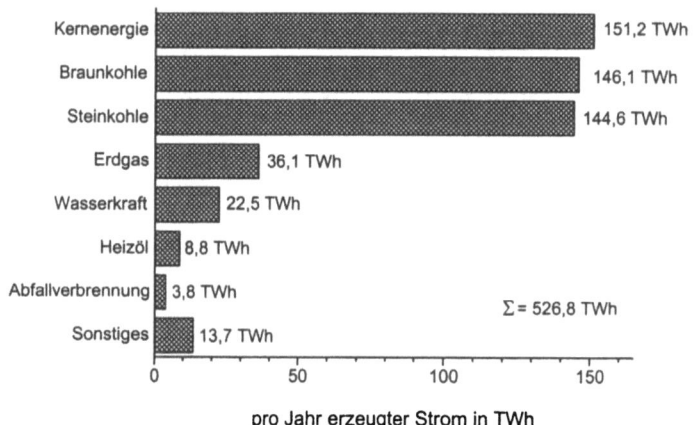

Bild 4-52
Stromerzeugung in Abfallverbrennungsanlagen im Vergleich zur Stromerzeugung in Kraftwerken[20]

4.7.1.2 Räumliche Einordnung der Abfallbehandlung

Die 9,2 Mio. t Abfall werden in derzeit 51 Abfallverbrennungsanlagen beseitigt. Zusätzlich zu den Müllverbrennungsanlagen existieren 33 Sonderabfallverbrennungsanlagen, die insgesamt ca. 1,1 Mio. t Sonderabfall verbrennen, und 19 kommunale und betriebseigene Klärschlammverbrennungsanlagen, die ca. 330.000 t (trockene Masse) Klärschlamm verbrennen. In *Bild 4-53* ist die Entwicklung der Anzahl der in Betrieb genommenen Abfallverbrennungsanlagen über die letzten 30 Jahre dargestellt. Der Bau neuer Anlagen findet seit Mitte der achtziger Jahre deutlich langsamer statt als in den sechziger und siebziger Jahren.

Die Bundesrepublik Deutschland ist in sogenannte Raumordnungsregionen aufgeteilt. Es wird zwischen Regionen mit großen Verdichtungsräumen, Regionen mit Verdichtungsansätzen sowie ländlich geprägten Regionen unterschieden. Nahezu zwei Drittel aller Anlagen sind in Regionen mit großen Verdichtungsräumen lokalisiert. Das letzte Drittel der Anlagen ist zu gleichen Teilen auf Regionen mit Verdichtungsansätzen und ländlich geprägten Regionen verteilt. In ländlichen Kreisen sind lediglich 3 Anlagen vorhanden. Auffällig ist, dass in den neuen Bundesländern nur eine einzige Anlage zur Abfallverbrennung steht. In *Bild 4-54* ist die Raumstruktur der Anlagen im Hinblick auf die Anzahl der Einwohner im Entsorgungsgebiet und die Fläche des Entsorgungsgebietes dargestellt. Es ist eine starke Häufung der Anlagen im Bereich großer Einwohnerzahlen und einem Entsorgungsgebiet zwischen 100 und 500 km² zu beobachten. Dies ist gleichbedeutend mit der Tatsache, dass praktisch alle Anlagen in Ballungsräumen aufgestellt sind. Für die Bewertung der Methoden zur stofflichen und energetischen Nutzung der Energie in Abfällen erscheint daher eine strikte Trennung nach den Gesichtspunkten Ballungsraum und ländlicher Raum nicht sinnvoll. Vielmehr ist davon auszuge-

---

[20] Nach [4-35] und aus eigenen Erhebungen, Stand 1994/95.

4.7 Abfallverwertungskonzepte

hen, dass die Anlagen zur thermischen Beseitigung von Abfällen nahezu ausschließlich in Ballungsräumen aufgestellt sind, wo die Wege zwischen Abfallverursacher und -entsorger kurz sind, bzw. in der Nähe von Kraftwerken oder technischen Werken, in denen der erzeugte Hoch- oder Niederdruckdampf entweder verstromt oder direkt genutzt werden kann.

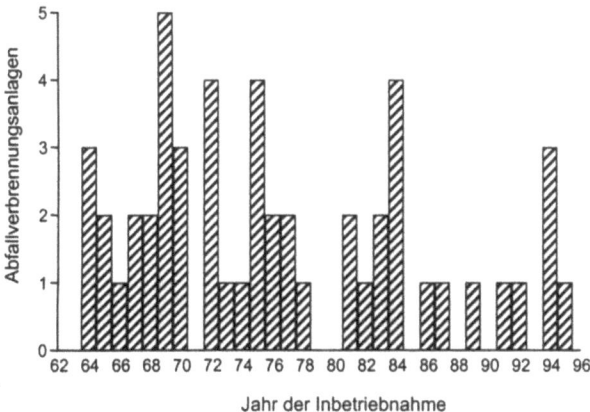

Bild 4-53
Inbetriebnahme von Abfallverbrennungsanlagen[21]

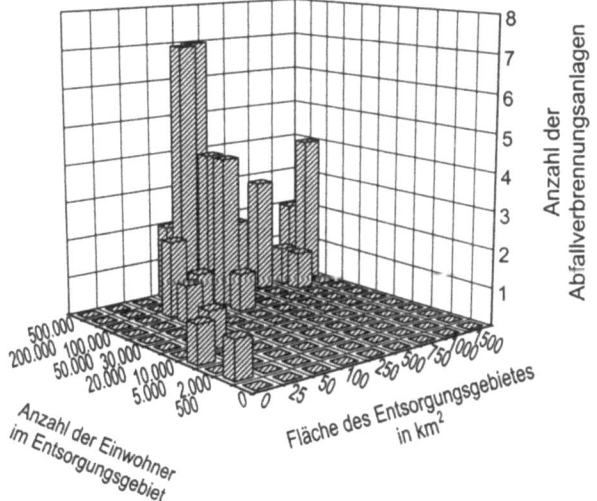

Bild 4-54
Raumstruktur der Abfallverbrennungsanlagen

---

[21] Nach Angaben des Statistischen Bundesamtes.

4.7.1.3 Standort- und Verfahrensauswahl

Beim Bau einer neuen Anlage zur Abfallbeseitigung für ein konkretes Entsorgungsgebiet muss einerseits eine Standort- und andererseits eine Verfahrensauswahl getroffen werden. Für die Standortwahl sind (am Beispiel der Sonderabfallverbrennungsanlage Brunsbüttel als eine der neuesten Anlagen) zehn Kriterien ausschlaggebend, von denen fünf Ausschlusskriterien sind und weitere fünf sogenannte Abwägungskriterien.

Die Ausschlusskriterien sind die

- Lage in einem Industrie-/Gewerbegebiet
- gute Verkehrserschließung
- Verträglichkeit mit dem Bebauungsplan (insbes. Wohnbebauung)
- Lage außerhalb wasserwirtschaftlicher Vorranggebiete
- Verfügbarkeit der Fläche

Zusätzliche Abwägungskriterien sind die

- günstige Ver- und Entsorgung des Standortes
- günstige Immissionssituation
- günstige Lage im Entsorgungsgebiet
- bautechnische Eignung des Standortes
- Schaffung qualifizierter Arbeitsplätze

Bei der Verfahrensauswahl werden ebenfalls eine Vielzahl von Alternativen bewertet. Für das oben genannte Beispiel sind dies neben dem klassischen Verfahren der Verbrennung im Drehrohrofen mit nachgeschalteter Rauchgasreinigung die Folgenden:

- Verbrennung in geschmolzenem Glas
- Kleinofentechnik
- Wirbelschichttechnik
- Etagenofentechnik
- Verbrennung in geschmolzenem Salz
- Verbrennung in Elektroschmelzöfen
- Hochtemperatur-Vergasung
- Schwel-Brenn-Verfahren
- Pyrolyse nach Babcock
- Mitbehandlung im Hochofen
- Chemisch-physikalische Verfahren
- Sonstige Verfahren

Die Argumente bei der Entscheidungsfindung sind vornehmlich eine hohe Entsorgungssicherheit angesichts einer möglicherweise wechselnden und auf lange Sicht unbekannten Zusammensetzung der Abfälle, eine ausreichende Betriebserfahrung mit existierenden Anlagen, eine hohe Betriebssicherheit auch im Störfall, der Energiebedarf der Anlage, die Verwertbarkeit der entstehenden Abfälle und die Menge und das Eluatverhalten der zu deponierenden Restabfälle (Schlacke, Asche). Die verschiedenen Verfahren unterscheiden sich in erster Linie in der eingesetzten Anlagentechnik und der Art und Zusammensetzung der anfallenden Produkte bzw. Abfälle sowie der zur Verfügung gestellten Energie. Für die unterschiedlichen Verfahren zur Beseitigung von Hausmüll existieren zwar eine Reihe von vergleichenden Untersuchungen. Eine eindeutige Aussage zugunsten einer bestimmten Behandlungsmethode wird zur Zeit nicht getroffen. Eine Ursache dafür ist auch die Tatsache, dass die Bewertung der alternativen Verfahren fast ausschließlich auf technischen Angaben der Betreiber basiert. Diesen liegen Auslegungsrechnungen und Erfahrungen aus Pilotanlagen zugrunde. Die Auswahl von Verfahren wird daher derzeit sehr stark durch die vorliegende bzw. fehlende Betriebserfahrung mit großtechnischen Anlagen geprägt. Dies wird sich erst ändern, wenn Betriebserfahrungen für die zur Verbrennung alternativen Verfahren wie z. B. das Thermoselect-Verfahren oder das Schwel-Brenn-Verfahren vorliegen.

Energienutzung

Für die Nutzbarkeit der zur Verfügung gestellten Energie sind neben der Technik der Standort der Anlage und die in unmittelbarer Nähe befindlichen Energieverbraucher entscheidend. In den meisten vergleichenden Untersuchungen wird von einer Verstromung der Wärmeenergie in der Verbrennungsanlage ausgegangen. Diese ist - wie weiter oben dargestellt - energetisch verhältnismäßig ungünstig. Es werden Nettowirkungsgrade von 11% bis 19% je nach Anlagentyp erreicht. Kann jedoch die thermische Energie nach der Verbrennung im Rahmen eines Verbundes zwischen der Verbrennungsanlage und einem Dampfverbraucher genutzt werden, so sind die Wirkungsgrade erheblich höher. Diese sind von den Dampfparameter abhängig, die durch die technischen Grenzen und die Anforderungen des Nutzers vorgegeben werden. Aus den detaillierten Untersuchungen einzelner Abfallverbrennungsanlagen geht hervor, dass beim überwiegenden Teil der Anlagen eine Kombination von Stromgewinnung und Fernwärmegewinnung angestrebt oder bereits realisiert wird. So wird beispielsweise in der Müllverbrennungsanlage Hamburg-Borsigstraße (MVB) Dampf mit einem relativ niedrigen Druck von 19 bar und einer Temperatur von 380 °C erzeugt. Dieser wird ganzjährig über eine Verbindung mit einem Kraftwerk in das Fernwärmenetz der Hamburger Elektrizitätswerke (HEW) eingespeist. In anderen Anlagen existiert eine Produktionsanlage der Großchemie in unmittelbarer Nähe. Beispielsweise wird in der Müllverbrennungsanlage Burgkirchen im Südosten Bayerns, welche Abfall aus überwiegend ländlichen Gebieten verbrennt, Dampf mit einem Druck von 80 bar erzeugt, der von dem benachbarten Werk der Hoechst AG als Prozessdampf eingesetzt wird. Die Struktur der Energieabnehmer und -verbraucher bestimmt daher maßgeblich die Ausführung der Verbrennungsanlagen.

Der Grad der Umweltbelastungen und die Art der aus der Verwertung entstehenden Restabfälle werden sehr stark von der Zusammensetzung der zu behandelnden Abfälle bestimmt und weniger von der eingesetzten Anlagentechnik. Für die Beseitigung von Abfällen, deren Zusammensetzung *a priori* unbekannt ist oder deren Zusammensetzung sich während des Betriebes und im Verlaufe der Lebensdauer einer Anlage signifikant ändern kann, wird immer diejenige Technik eingesetzt werden, die die größtmögliche Entsorgungssicherheit bei sicherem Betrieb der Anlage gewährleistet (z. Z. die Rostfeuerung für Müll und die Drehrohrverbrennung für Sonderabfall). Die Möglichkeit einer optimaleren Ausnutzung des Verwertungspotenzials der Abfälle ist zweitrangig. Da sich die Zusammensetzung von Hausmüll in der Regel über der Zeit nicht stark ändert, ändern sich auch die bei dessen Beseitigung entstehenden Restabfälle nur unwesentlich. Die Grenzwerte der 17. BImSchV werden von allen derzeit zur Diskussion stehenden Beseitigungsverfahren eingehalten. Lediglich in Bezug auf die festen Restabfälle unterscheiden sich die unterschiedlichen Verfahren. Während bei der klassischen Rostfeuerung eine Asche als fester Restabfall entsteht, erzeugen alternative Verfahren wie das Schwel-Brenn-Verfahren oder das Thermoselect-Verfahren aufgrund der höheren Temperaturen im Verfahren eine verglaste Schlacke. Allerdings kann auch bei der Rostfeuerung durch die Zuführung von zusätzlicher Energie eine Verglasung der Asche erreicht werden, welche dann vergleichbare Eigenschaften aufweist wie die verglaste Schlacke der alternativen Verfahren.

4.7.2 Zukünftige Entwicklung der Abfallbehandlung

In den achtziger Jahren wurden stark steigende Abfallmengen und damit verbundene Versorgungsengpässe prognostiziert. Als Folge davon wurden neue Kapazitäten für die Abfallverbrennung geschaffen bzw. alte Anlagen in ihrer Kapazität erweitert. Das zunächst schwer abschätzbare Gefahrenpotenzial durch die bei ungünstiger Prozessführung freigesetzten Dioxine und Furane führte dazu, dass sich in der Bevölkerung eine sehr geringe Akzeptanz für den Betrieb von Abfallverbrennungsanlagen etablierte. Diese geringe Akzeptanz hatte zur Folge, dass bei Erweiterungen oder Neubauten von Anlagen ein aufwendiger und langwieriger Genehmigungsprozess nötig ist, welcher nicht ausschließlich mit sachlichen Argumenten geführt wird. Dadurch vergehen von Beginn der Planungen bis zur Inbetriebnahme einer Abfallbeseitigungsanlage häufig mehrere Jahre. Parallel dazu führte der sprunghafte Anstieg der Gesetze zur Emission von Schadstoffen (z. B. TA Luft, 17. BImSchV) zu einem hohen Stand der Technik. Gleichzeitig entwickelte sich eine erhebliche Zunahme der Abfallverwertung und damit ein Rückgang des zu beseitigenden Abfalls. Im Land Brandenburg nahm die Haus- und Sperrmüllerfassung pro Einwohner und Jahr zwischen 1990 und 1996 von über 500 kg auf etwa 320 kg ab. In Nordrhein-Westfalen nahm die Haus- und Sperrmüllerfassung bis 1984 auf ca. 380 kg pro Einwohner und Jahr zu und sinkt seitdem kontinuierlich ab (1993: 280 kg). Die Ausgaben für die öffentliche Abfallbeseitigung stiegen im gleichen Zeitraum von 70 DM pro Einwohner und Jahr im Jahre 1984 auf 200 DM im Jahre 1993. Der Anstieg wird vor allem durch die fixen Anlagenkosten bei sinkender Auslastung der Anlagen und durch die zusätzlich notwendige Finanzierung der Verwertungsanlagen verursacht.

Für die Zukunft sind weitere einschneidende Entwicklungen auf dem Markt zu erwarten. Die rechtlichen Rahmenbedingungen dafür werden durch die Technische Anleitung Siedlungsabfall (TASi), das Kreislaufwirtschafts- und Abfallgesetz (KrW/AbfG) und die Landesabfallgesetze (LAbfG) gebildet. Entsprechend der TASi dürfen spätestens bis zum Jahre 2005 Abfälle nur noch in Ausnahmefällen unvorbehandelt auf Deponien abgelagert werden [4-31]. Der daraus resultierenden Abbau von Deponiekapazitäten und die derzeit nicht ausreichenden Kapazitäten der Vorbehandlungsanlagen (mechanisch-biologische Anlagen, Abfallverbrennungsanlagen) müssen zu Maßnahmen führen, die die weitgehende Auslastung der bestehenden Anlagen bewirken und den Bau neuer Anlagen auf das notwendige Maß beschränken.

Bei der Abschätzung des zukünftigen Bedarfs für Neuanlagen werden mehrere Konzepte verfolgt, welche in *Bild 4-55* schematisch dargestellt sind. Die direkte Ablagerung des Abfalls auf der Deponie wird in Zukunft nur noch in Ausnahmefällen möglich sein. Als Behandlungsalternativen bieten sich die thermische Beseitigung ohne und mit mechanischer bzw. mechanisch-biologischer Vorbehandlung und die mechanisch-biologische Vorbehandlung ohne weitere Nachbehandlung an. Als Verfahren zur thermischen Verwertung können dabei sowohl die klassische Rostfeuerung als auch thermische Sonderverfahren wie z. B. das Thermoselect- oder das Schwel-Brenn-Verfahren zum Einsatz kommen.

4.7 Abfallverwertungskonzepte

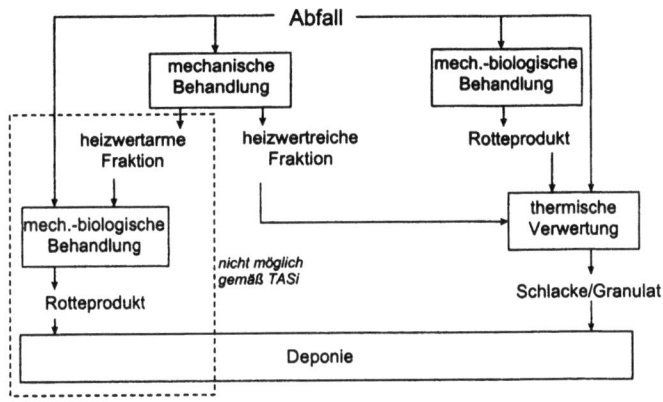

Bild 4-55
Künftige Wege zur Abfallbeseitigung [4-26]

Tabelle 4-43: Abschätzung des Neubedarfs für Abfallverbrennungsanlagen[22]

Vermeidungs- und Verwertungsquote Siedlungsabfälle	40%	50%	60%
Resultierende Abfallmenge	27 Mio. t/a	22,5 Mio. t/a	18 Mio. t/a
Neuanlagen (vollständig thermische Behandlung)	81	58	36
Neuanlagen (20% Mengenreduktion durch mech.-biolog. Vorbehandlung)	54	36	18
Neuanlagen (40% Mengenreduktion durch mech.-biolog. Vorbehandlung)	27	13	0

Um den zukünftigen Bedarf an Neuanlagen abschätzen zu können, werden durch das Umweltbundesamt Abschätzungen für künftige Abfallmengen durchgeführt. Die Ergebnisse sind in der *Tabelle 4-43* aufgeführt.

Die Abschätzung zeigt, dass auf den Bau von Neuanlagen zur thermischen Behandlung von Abfällen nur verzichtet werden kann, wenn mindestens 60% aller Siedlungsabfälle verwertet oder vermieden und die verbleibenden Abfälle durch eine mechanisch-biologische Vorbehandlung nochmals um 40% reduziert werden können. Für zukünftige Entscheidungen wird daher in erster Linie bewertet werden müssen, ob eine Kombination aus mechanisch-biologischer Vorbehandlung und anschließender thermischer Behandlung einem Verfahren vorzuziehen ist, welches den Abfall ausschließlich thermisch behandelt. Für die ausschließliche thermische Behandlung muss entschieden werden, welche neuen Kombinationsverfahren eine Alternative zur Abfallverbrennung darstellen und wie diese zu bewerten sind.

---

[22] Mittlere Kapazität der Neuanlagen: 200.000 t/a, Quelle: [4-29].

4.7.3 Thermodynamische Bewertung der Verfahrensalternativen

Prinzipiell können die Verfahren zur Abfallbehandlung als ein Versuch angesehen werden, die äußeren Nichtumkehrbarkeiten des allgemeinen technologischen Systems dadurch zu vermindern, dass letzten Endes die intensiven Zustandsparameter der abzugebenden Stoffe denen der Umgebung angenähert werden. Die Abschätzung des Erfolgs der Verfahren zur Abfallbehandlung lässt sich deshalb aus einer entsprechenden thermodynamischen Analyse vornehmen.

Für die Bewertung der Verfahrensalternativen zur Abfallbeseitigung werden bisher unterschiedliche Ansätze verfolgt. Im Vordergrund steht dabei in der Regel der Wunsch nach einem Verfahren mit möglichst geringem Anfall an Restabfall, welcher eine hohe chemische Stabilität aufweisen soll. Gleichzeitig soll der Anteil an wiederverwertbaren Stoffen hoch sein. Dieser Wunsch bildet auch die Grundlage für die Entwicklung von zur klassischen Rostfeuerung alternativen thermischen Behandlungsverfahren. In letzter Zeit wird vermehrt der Einsatz der mechanisch-biologischen Behandlung diskutiert, welche als alleiniges Verfahren oder als Vorstufe zur Verbrennung mit dem Ziel eingesetzt werden soll, eine ausschließlich thermische Beseitigung des Abfalls zu vermeiden. Die Diskussionsgrundlage für die Entscheidung zwischen der Rostfeuerung und den alternativen thermischen Behandlungsverfahren ist nach wie vor unzureichend. Aufgrund mangelnder Erfahrung im großtechnischen Einsatz liegen für den Betrieb der alternativen thermischen Behandlungsverfahren lediglich Herstellerangaben vor, die aus Pilotanlagen oder theoretischen Betrachtungen stammen. Anfang des Jahres 1999 wurde die erste großtechnische Anlage nach dem Schwel-Brenn-Verfahren in Fürth stillgelegt, da ein stabiler Betrieb nicht gelang. Lediglich das Thermoselect-Verfahren ist derzeit in einem Entwicklungsstadium, das erste Erfahrungen aus dem großtechnischen Betrieb in naher Zukunft erwarten lässt. Unabhängig von dieser Situation existieren nur wenige Untersuchungen, in denen ein Vergleich der Verfahren im Hinblick auf ihren thermodynamischen Wirkungsgrad durchgeführt wird [4-24].

Auch die Diskussion um den Einsatz der mechanisch-biologischen Verfahren ist mehr durch das Argument geprägt, dass die Abfallverbrennung weitgehend verhindert werden soll, als durch eine Betrachtung nach thermodynamischen Gesichtspunkten und Aspekten der Entropiewirtschaft. Im Folgenden werden die unterschiedlichen Behandlungsverfahren nach Gesichtspunkten der Entropiewirtschaft bewertet und verglichen.

4.7.3.1 Exergetischer Wirkungsgrad der Rostfeuerung

In den vorausgehenden Kapiteln wurde bereits erläutert, dass die Umwandlung der im Abfall enthaltenen chemischen Energie in thermische bzw. elektrische Energie mit einem energetischen Netto-Wirkungsgrad von weniger als 20 % erfolgt. Im Vergleich zur Stromerzeugung aus Primärenergieträgern wie z. B. Kohle ist dieser Wirkungsgrad um den Faktor zwei geringer. Um die Gründe dafür zu erläutern, werden die exergetischen Wirkungsgrade der einzelnen Verfahrensstufen mittels Modellrechnungen ermittelt und der Einfluss verschiedener Verfahrensparameter auf diese Wirkungsgrade dargestellt.

4.7 Abfallverwertungskonzepte

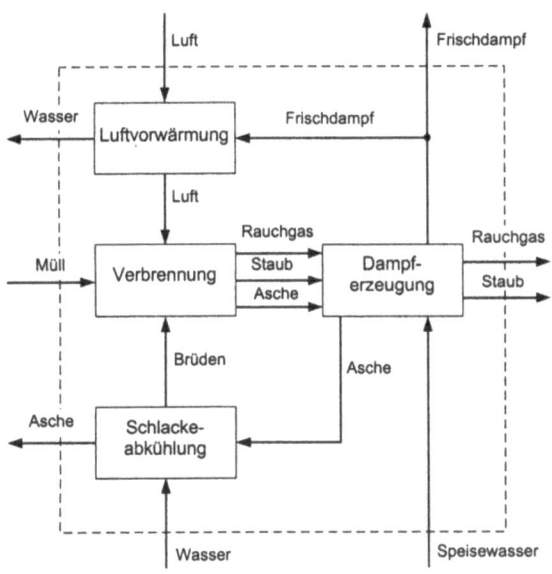

Bild 4-56
Schematische Darstellung der Rostfeuerung

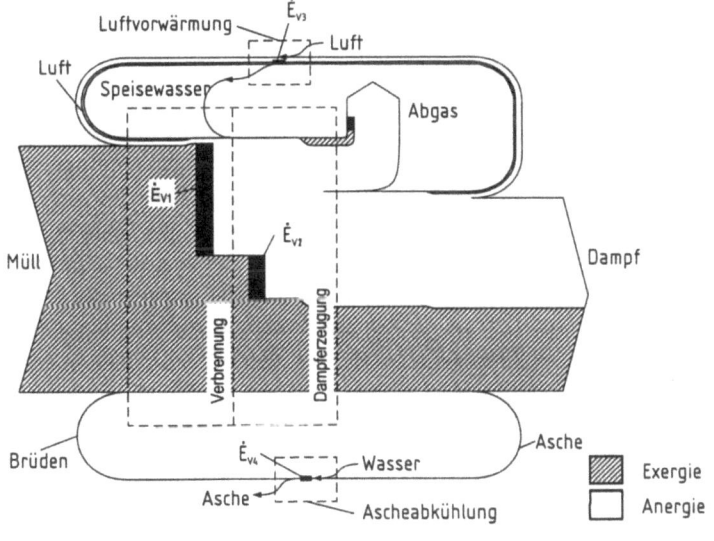

Bild 4-57
Exergie-Anergie-Flussbild der Rostfeuerung[23]

---

[23] nach [4-24] und eigenen Berechnungen

In *Bild 4-56* ist eine schematische Darstellung der Rostfeuerung, in *Bild 4-57* eine schematische Darstellung des Exergie-Anergie-Flussbildes der Rostfeuerung dargestellt. Die größten Exergieverluste in der Rostfeuerung treten bei der Verbrennung, der Dampferzeugung und der Stromerzeugung (nicht dargestellt) auf. Zusätzliche kleinere Exergieverluste treten bei der Luft- und Speisewasservorwärmung auf, welche im Folgenden nicht detailliert betrachtet werden. Für die Modellrechnungen wird mit einer konstanten Abfallzusammensetzung gerechnet, welche bereits in Abschnitt 3.3.4 erläutert wurde [4-24]. Es werden die exergetischen Wirkungsgrade der Verfahrensstufen Verbrennung und Dampferzeugung als Funktion der Parameter Heizwert des Abfalls, Luftüberschuss und Dampfparameter berechnet. Der exergetische Wirkungsgrad der Stromerzeugung wird als konstant angenommen. Sein Wert beträgt nach [4-24] ca. 0,74 und ist in ähnlicher Größenordnung wie der entsprechende Wirkungsgrad, der üblicherweise in Kohlekraftwerken erreicht wird – ca. 0,78 bis 0,8 [4-25]. Im Vergleich zu Primärenergieträgern zeichnet sich der Abfall aus thermodynamischer Sicht durch ein ähnlich hohes Potenzial an chemischer Energie aus, welche nicht vollständig in thermische Energie umgewandelt werden kann. Mit $e_B/H_u = 1,2$ als Verhältnis aus Abfallexergie zu Heizwert des Abfalls liegt er zwischen der Steinkohle ($e_B/H_u = 1,05$) und der Braunkohle ($e_B/H_u = 1,28$). Der im Vergleich zur Steinkohle hohe Wert ergibt sich aus den großen Anteilen an Wasser, Nicht-Brennbarem und chemisch gebundenem Sauerstoff (siehe Abschnitt 3.3.4).

In den *Bildern 4-58 bis 4-60* sind die exergetischen Wirkungsgrade der einzelnen Teilprozesse und der Gesamtwirkungsgrad als Funktion der variierten Parameter dargestellt. Eine Variation des Heizwertes oder des Luftüberschusses hat nur eine geringe Wirkung auf den Wirkungsgrad des Gesamtprozesses, da sich die Veränderungen des Wirkungsgrades der Verbrennung und der Dampferzeugung praktisch aufheben. Lediglich die Veränderung der Dampfparameter von den bei der Abfallverbrennung üblichen 400 °C und 40 bar auf Werte, wie sie bei modernen Kohlekraftwerken möglich sind, hat eine Steigerung des Gesamtwirkungsgrades von 8 Prozentpunkten zur Folge. Vergleicht man die Wirkungsgrade der einzelnen Verfahrensschritte mit denen eines einfachen Dampfkraftwerkes [4-25], so treten die deutlichsten Unterschiede in den Stufen Verbrennung und Dampferzeugung auf – siehe *Bild 4-61*. Der geringe Wirkungsgrad der Verbrennung ist auf zwei Ursachen zurückzuführen: Zum einen liegt die Verbrennungstemperatur bei der Abfallverbrennung deutlich unter der Verbrennungstemperatur bei der Kohleverbrennung. Dies liegt an dem hohen Luftüberschuss und dem geringen Heizwert des Abfalls. Auch die Temperatur der Rauchgase ist höher als dies bei der Kohleverbrennung üblich ist. Zum anderen ist das Verhältnis e_B/H_u für Abfall höher als für Steinkohle – wie weiter oben beschrieben wurde. Das bedeutet, dass der exergetische Wirkungsgrad der Umwandlung von chemischer in thermische Energie selbst im idealen, reversiblen Fall bei der Abfallumwandlung niedriger ist als bei der Steinkohleumwandlung. Der geringere Wirkungsgrad der Dampferzeugung hat seine Ursache in den im Vergleich zu Kohlekraftwerken niedrigen Dampfparametern. Der Grund dafür ist die mit zunehmender Temperatur steigende Aggressivität der Rauchgase des verbrannten Abfalls gegenüber dem Material der Wärmeübertrager (durch die sogenannte Hochtemperatur-Chlorkorrosion). Die Wirkungsgrade der Stromerzeugung unterscheiden sich unter den getroffenen Annahmen nur unwesentlich.

4.7 Abfallverwertungskonzepte

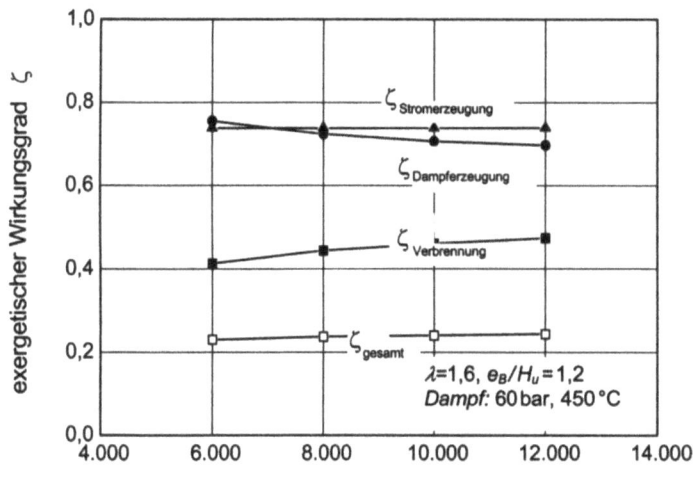

Bild 4-58
Exergetischer Wirkungsgrad der Rostfeuerung als Funktion des Abfallheizwertes

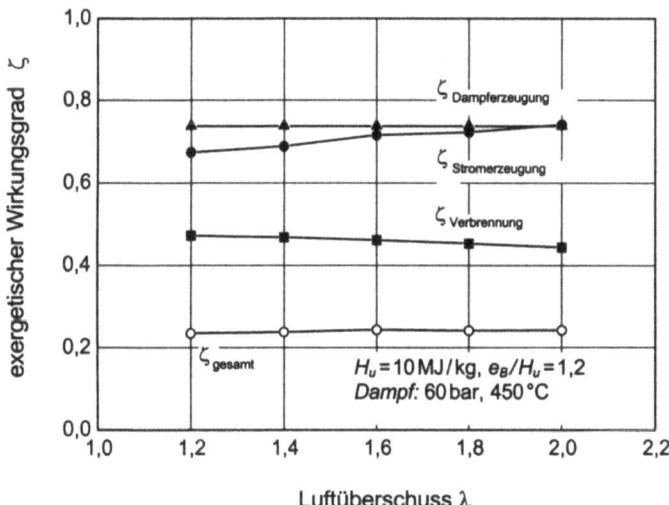

Bild 4-59
Exergetischer Wirkungsgrad der Rostfeuerung als Funktion des Luftüberschusses

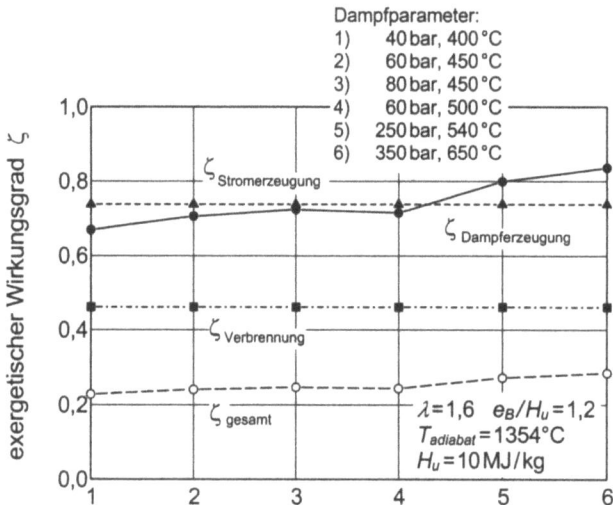

Bild 4-60
Exergetischer Wirkungsgrad der Rostfeuerung als Funktion der Dampfparameter

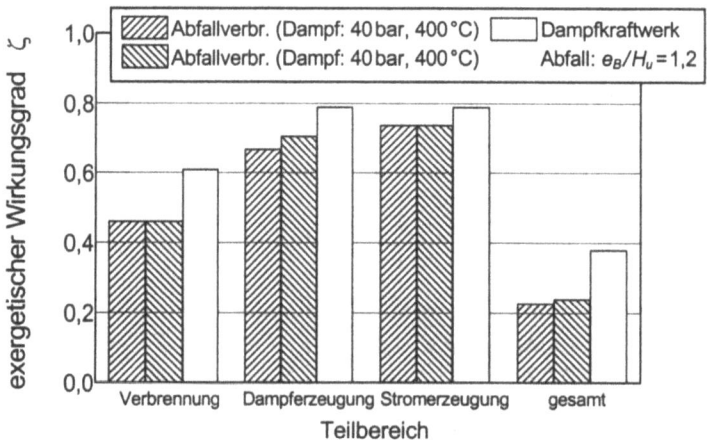

Bild 4-61
Vergleich der Wirkungsgrade zwischen der Rostfeuerung und einem traditionellen Dampfkraftwerk[24]

---

[24] einfache Zwischenüberhitzung, typisch

4.7.3.2 Vergleich der Rostfeuerung mit alternativen thermischen Verfahren

Die derzeit einzige bekannte Untersuchung zur Energie- und Entropiebilanzierung von Anlagen zur thermischen Abfallbehandlung wurde im Auftrag des Landesumweltamtes Nordrhein-Westfalen durch die Firma Zeus erstellt [4-24]. In dieser Studie werden die Energie- und Entropiebilanzen unterschiedlicher Verfahren miteinander verglichen. Dabei wird eine für alle Verfahren identische Abfallmenge und -zusammensetzung angenommen. Die Ergebnisse beruhen auf Angaben der Anlagenhersteller und eigenen Rechnungen zur Überprüfung. Das primäre Ziel dieser Studie ist die Validierung der von den Herstellern der alternativen thermischen Behandlungsverfahren genannten Daten, um zu verlässlichen Annahmen zu kommen, auf deren Grundlage die unterschiedlichen Verfahren beurteilt werden können. Aus den Berechnungen werden Schlussfolgerungen im Hinblick auf die Gasmenge und -zusammensetzung, die Wirkungsgrade der Stromerzeugung und der Entropieerzeugung etc. durchgeführt. Eine Nutzung der Energie in Form einer Kraft-Wärme-Kopplung wird nicht untersucht. Auch eine vollständige Entropiebilanz wird nicht durchgeführt, da keine Annahmen für die Entropie des eingebrachten Abfalls getroffen werden.

Aus den in [4-24] angegebenen Massenbilanzen und geeigneten Annahmen für die Entropie und Exergie des eintretenden Abfalls sowie weiteren Randbedingungen werden die Exergie-Anergie-Flussbilder für das Schwel-Brenn- und das Thermoselect-Verfahren berechnet.

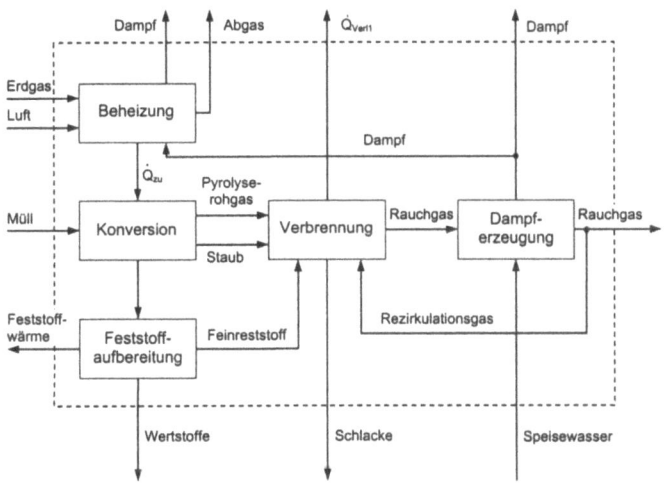

Bild 4-62
Schematische Darstellung des Schwel-Brenn-Verfahrens

Die Blockschaltbilder beider Verfahren sind in den *Bildern 4-62 und 4-63* dargestellt, die Flussbilder sind in den *Bildern 4-64 und 4-65* dargestellt. Beim Schwel-Brenn-Verfahren treten die signifikantesten Exergieverluste bei der Konversion, der Verbrennung des Pyrolysegases und der Dampferzeugung auf. Beim Thermoselect-Verfahren tritt der Exergieverlust im Hauptverfahren und beim Quenchen des Synthesegases auf. In *Bild 4-66* sind die exergetischen Gesamtwirkungsgrade der beiden Verfahren mit der Rostfeuerung verglichen (Randbedingung nach [4-24]). In allen Fällen wird die Stromerzeugung mit berücksichtigt. Diese erfolgt für die Rostfeuerung und das Schwel-Brenn-Verfahren in einer Dampfturbine. Beim

Thermoselect-Verfahren wird das Synthesegas in einem Gasmotor verstromt. Die Rostfeuerung wird ohne und mit zusätzlicher Ascheeinschmelzung betrachtet. Dies ist notwendig, um das Eluatverhalten der Asche, die bei der Rostfeuerung anfällt, mit dem der verglasten Schlacke vergleichbar zu machen, die in den beiden anderen Verfahren entsteht. Ebenso ist der energetische Eigenbedarf der Verfahren explizit ausgewiesen.

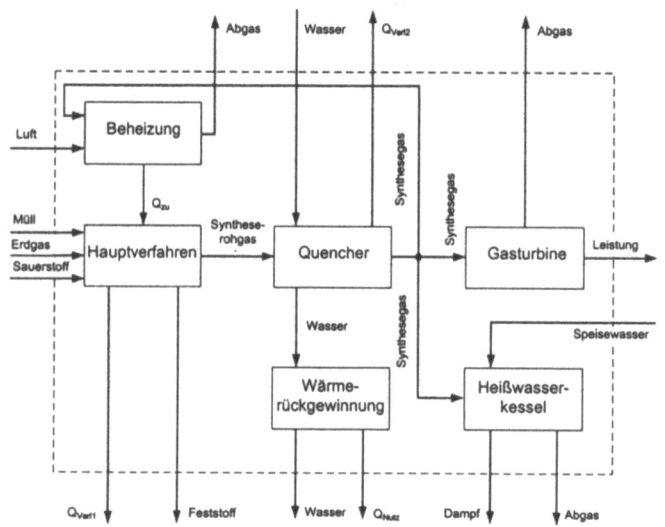

Bild 4-63
Schematische Darstellung des Thermoselect-Verfahrens

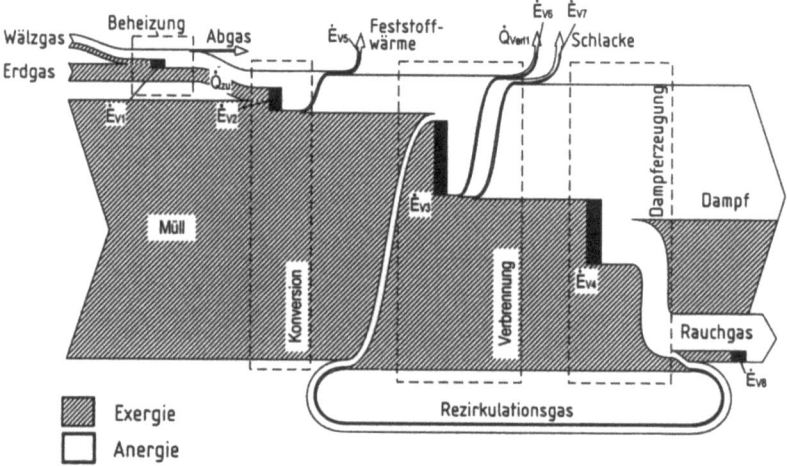

Bild 4-64
Exergie-Anergie-Flussbild des Schwel-Brenn-Verfahrens[25]

---

[25] nach [4-24] und eigenen Berechnungen

4.7 Abfallverwertungskonzepte

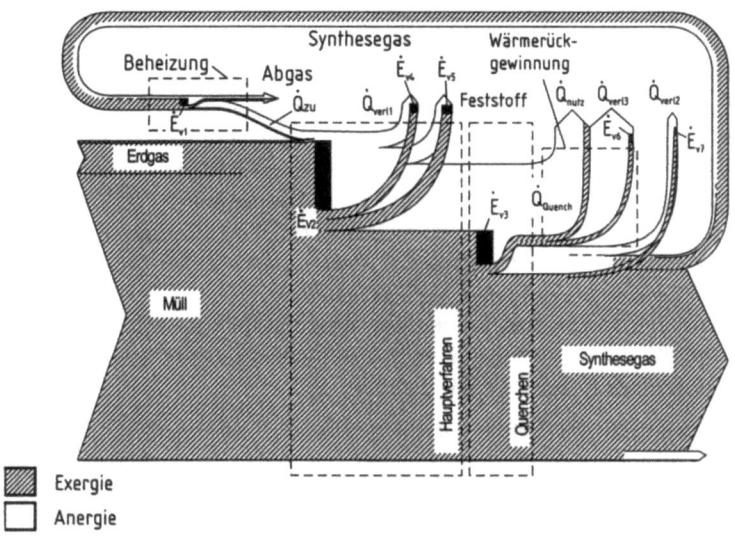

Bild 4-65
Exergie-Anergie-Flussbild des Thermoselect-Verfahrens[25]

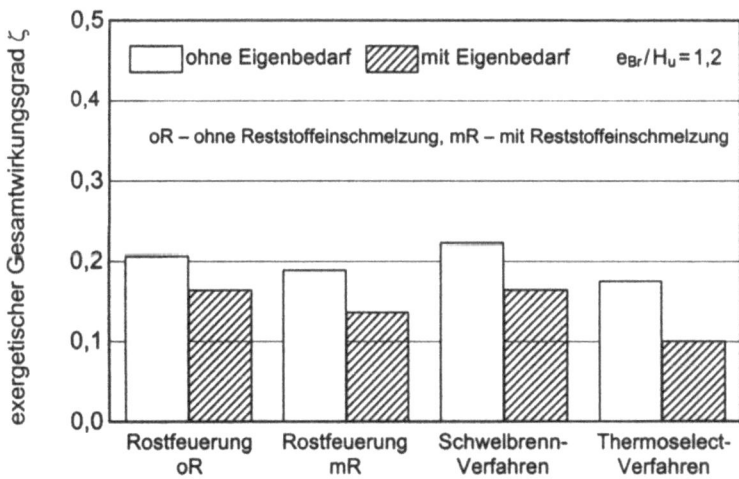

Bild 4-66
Vergleich der exergetischen Wirkungsgrade thermischer Behandlungsverfahren

Der exergetische Gesamtwirkungsgrad inklusive Eigenbedarf ist für das Schwel-Brenn-Verfahren am höchsten und vergleichbar mit der Rostfeuerung ohne Reststoffeinschmelzung. Das Thermoselect-Verfahren weist einen niedrigeren Gesamtwirkungsgrad auf. Insbesondere der Eigenbedarf ist hier verhältnismäßig hoch. Es muss allerdings berücksichtigt werden, dass ein beträchtlicher Teil der Verluste bei dem Thermoselect-Verfahren durch die Verstromung im Gasmotor entstehen (angenommener Wirkungsgrad: $\eta = 0,3$). Gelingt es, einen Abnehmer für das beim Thermoselect-Verfahren entstehende Synthesegas zu finden, so ist der resultierende Gesamtwirkungsgrad erheblich besser, da die Pyrolysegase ein unter exergetischen Gesichtspunkten hochwertiges Zwischenprodukt darstellen. Das Thermoselect-Verfahren ist daher aus thermodynamischer Sicht nur dann sinnvoll, wenn die entstehenden Pyrolysegase stofflich genutzt werden. Dies setzte entweder den Transport der Gase oder die räumliche Nähe einer chemischen Anlage voraus. Das Ergebnis ist wiederum ein Beweis für die Aussage, dass eine Kombination von stoff- und energiewirtschaftlicher Nutzung aus der Sicht der Entropiewirtschaft die günstigsten Resultate ermöglicht.

Bislang haben sich großtechnische Verfahren zur Energie- oder Rohstoffgewinnung aus Primärenergieträgern, die nicht auf der Verbrennung basieren – z. B. Verfahren für die Gasgewinnung aus Braunkohle – als nicht wirtschaftlich erwiesen. Es ist anzunehmen, dass dies auch für die Gasgewinnung aus Abfall zutrifft, dessen Zusammensetzung in vieler Hinsicht der Braunkohle ähnelt. Allerdings muss bei der Gasgewinnung aus Abfall ein weiterer Aspekt betrachtet werden. Die Zusammensetzung des Abfalls und damit die Zusammensetzung der heißen Rauchgase haben einen großen Einfluss auf die maximal möglichen Dampfparameter wie oben dargelegt. Falls eine Vergasung des Abfalls mit anschliessender Gasreinigung technisch möglich ist, so kann das saubere Gas als Energieträger zum Beispiel in einem GuD-Kraftwerk oder als Prozessgas direkt in einem chemischen Prozess eingesetzt werden. Damit ist eine deutliche Steigerung des exergetischen Gesamtwirkungsgrades erreichbar. Ein derartiges Verfahren kann unter bestimmten Randbedingungen wirtschaftlich sinnvoll sein, die noch näher betrachtet werden müssten.

4.7.3.3 Thermodynamische Einschätzung der mechanisch-biologischen Vorbehandlung

Eine mechanisch-biologische Vorbehandlung von Abfällen findet in zwei Teilschritten statt: Im ersten Schritt wird der Abfall mechanisch aufbereitet. Dies führt zu einer Volumenreduzierung und zu einer Erhöhung der spezifischen Oberfläche. Bei der anschließenden Klassierung und Sortierung werden Metalle abgetrennt und der Abfall in eine heizwertreiche Fraktion zur thermischen Behandlung und eine heizwertarme Fraktion zur biologischen Behandlung aufgeteilt. Die anschließende biologische Behandlung findet entweder nach einem aeroben Verfahren oder als Kombination anaerob/aerob statt. Ziel ist der Abbau der organischen Bestandteile und eine Trocknung der Abfälle. Bei ersterem Verfahren werden die organischen Bestandteile des Abfalls unter Freisetzen von Wärme zu CO_2, Wasser und Biomasse umgesetzt. Bei dem kombinierten anaeroben/aeroben Verfahren entsteht während der Vergärungsphase Biogas, bestehend aus 60 % CH_4 und 40 % CO_2. Es ist mit einer auf die Abfalltrockenmasse bezogenen Biogasentwicklung von 2 bis 3 MJ/kg zu rechnen [4-26].

Aus thermodynamischer Sicht ist die mechanisch-biologische Behandlung in jedem Fall mit höheren Exergieverlusten behaftet als eine ausschließlich thermische Behandlung, da auf dem biologischen Pfad entweder nur Wärme auf niedrigem Temperaturniveau oder Biogas bei einem geringen exergetischen Umwandlungsgrad entstehen. Das Abtrennen einer heizwertreichen Fraktion zur thermischen Behandlung ist prinzipiell aus verfahrenstechnischer und thermodynamischer Sicht sinnvoll. Durch den zunehmenden Anteil der Verwertung z. B. von Kunststoffen ist jedoch der Heizwert des heutigen Abfalls gering und wird auch durch eine Klassierung nicht wesentlich erhöht. Zusätzlich ist eine entsprechende Klassierung so unscharf, dass auch heizwertreicher Abfall auf den biologischen Pfad gelangt. In Laboruntersuchungen wird ein Heizwert von über 11 MJ/kg in der heizwertreichen Fraktion erreicht [4-26]. Dieser Wert liegt nicht wesentlich oberhalb des durchschnittlichen Heizwertes von Abfall von 9,5 bis 10 MJ/kg.

Ein Vorteil der mechanisch-biologischen Vorbehandlung besteht darin, dass einerseits flexibel auf die anfallenden Abfallmengen reagiert werden kann um eine Auslastung der bestehenden Abfallverbrennungsanlagen zu gewährleisten. Andererseits können mechanisch-biologische Anlagen (MBA) auch in dünn besiedelten Gebieten errichtet werden. Die heizwertreiche Fraktion wird dann zu zentral gelegenen thermischen Behandlungsanlagen transportiert, die an entsprechende industrielle Strukturen angebunden sind und eine Umwandlung mit hohem Wirkungsgrad ermöglichen.

Eine Entscheidung, ob die mechanisch-biologische Vorbehandlung sinnvoll ist, muss im Einzelfall anhand wirtschaftlicher Überlegungen getroffen werden. Dabei muss insbesondere die Struktur und Auslastung der bestehenden thermischen Behandlungsanlagen berücksichtigt werden. Einfache Ansätze zu Wirtschaftlichkeitsbetrachtungen werden z. B. von Bohlmann gegeben [4-27].

4.7.4 Mögliche Szenarien für die regionalen Objektbereiche

In den vorangegangenen Kapiteln sind die Grundlagen dargestellt, welche die Auswahl von Anlagen zur Abfallbeseitigung bestimmen. Anhand konkreter Zielszenarien für das Jahr 2005 sollen diese Grundlagen auf die zwei Beispielregionen „ländlicher Raum" und „Ballungsraum" angewandt werden. Es wird dabei sowohl auf eine Untersuchung des Landes Nordrhein-Westfalen zur restriktiven Bedarfsprüfung für Abfallbehandlungsanlagen [4-28] als auch auf eigene Untersuchungen zurückgegriffen.

4.7.4.1 Szenarien für den ländlichen Raum

Die Szenarien für die Beispielregion „ländlicher Raum" werden anhand konkreter Zahlen für die Kreise Lippe, Höxter und Gütersloh in Nordrhein-Westfalen (s. Abschnitt 4.3) sowie für den Spree-Neiße-Kreis in Brandenburg (s. Abschnitt 4.2) dargestellt. In der *Tabelle 4-44* ist die Ausgangssituation der beiden Regionen beschrieben.

In beiden Beispielregionen existieren weder eine Müllverbrennungsanlage noch eine mechanisch-biologische Behandlungsanlage. Lediglich Kompostierungsanlagen stehen zur Verfügung. Der Abfall zur Beseitigung wird daher kompostiert, auf Deponien abgelagert oder in benachbarten Kreisen thermisch beseitigt. Bei der zukünftigen Entwicklung der Abfallmengen bis zum Jahr 2005 wird in den nordrhein-westfälischen Kreisen von einer stagnierenden Menge für die Fraktionen Hausmüll, Sperrmüll, Bioabfall und getrennt erfasster Wertstoffe ausgegangen. Bei den getrennt erfassten Wertstoffen ist eine Menge von 120 kg/(Einw.*a) realistisch (diese wird bereits in zwei der drei Kreise erreicht). Allenfalls bei den Bioabfällen ist eine Reduktion unter die angegebenen 100 kg/(Einw.*a) infolge steigender Eigenkompostierung möglich. Bei den hausmüllähnlichen Gewerbeabfällen ist hingegen mit einer deutlichen Reduktion um ca. 30 % zu rechnen.

Tabelle 4-44: Ausgangssituation Beispielregion „ländlicher Raum"[26]

	Kreise Lippe, Höxter, Gütersloh[*]	Spree-Neiße-Kreis[**]
Anzahl der Deponien	4	7
Ablagerungsmenge	320.000 t/a (1994)	294.000 t/a (1993) 130.000 t/a (1996)
Anzahl der Kompostierungsanlagen	1 (+1 im Bau)	1
Kapazität	35.000 t/a (+18.000 t/a)	12.000 t/a genutzt
Anzahl der MVA/MBA	-	-
Entwicklung der Abfallmengen bis 2005		
Hausmüll, Sperrmüll	↔ 120 kg/(Einw.*a)	↓ <230 kg/(Einw.*a)
Wertstoffe	↔ 120 kg/(Einw.*a)	↑ >200 kg/(Einw.*a)
Bioabfall	↔ (↓) <100 kg/(Einw.*a)	↓ < 16 kg/(Einw.*a)
hausmüllähnlicher Gewerbeabfall	↓ um ca. 30 %	↓ um ca. 30% (<80 kg/(Einw.*a))

Im Spree-Neiße-Kreis kann mit einer weiteren Abnahme der Menge an Haus- und Sperrmüll gerechnet werden. Im Jahr 1996 beträgt die Menge 274 kg/(Einw.*a) (193 kg/(Einw.*a) Hausmüll und 81 kg/(Einw.*a) Sperrmüll). Während die Sperrmüllmenge in etwa konstant bleiben wird, ist eine Reduktion der Hausmüllmenge auf <150 kg/(Einw.*a) zu erwarten. Dies erfolgt in erster Linie zugunsten einer steigenden Menge an getrennt erfassten Wertstoffen auf >200 kg/(Einw.*a). Die Menge der Bioabfälle ist derzeit gering und fällt weiter ab. Für die hausmüllähnlichen Gewerbeabfälle kann ebenfalls mit einer Reduktion um ca. 30 % gerechnet werden.

Tabelle 4-45: Szenarien 2005 für Beispielregion „ländlicher Raum" [4-30]

Szenario	Maßnahmen	Durchsatz in t/a
1	Errichten einer MBA	160.000
	Nutzen einer benachbarten MVA	100.000
	Deponie	37.000
	Konsequenz: Fehlkapazität MVA	20.000
2	Errichten einer MBA	160.000
	Deponie	127.000
	Konsequenz: Änderung der TASi notwendig	
3	Nutzung einer benachbarten MVA	100.000
	Nutzung weiterer MVA außerh. d. Region	86.000

Am Beispiel der nordrhein-westfälischen Kreise können für den ländlichen Raum drei Planungsvarianten berücksichtigt werden. Diese sind in der *Tabelle 4-45* dargestellt.

---

[26] ↔ keine wesentliche Veränderung, ↓ abnehmend, ↑ zunehmend. [*] Stand 1994, Basis: ca. 800.000 Einwohner. [**] Stand 1996, Basis: 154.000 Einwohner. Nach [4-30, 4-32] und eigenen Abschätzungen.

4.7 Abfallverwertungskonzepte

In Szenario 1 wird ein Großteil des Abfalls in einer mechanisch-biologischen Anlage behandelt. Aus dieser Anlage entstehen ca. 41.000 t/a Wertstoffe und ein Anteil zur Verbrennung. Diese könnte in einer benachbarten MVA stattfinden. Folge wären Restabfälle von ca. 37.000 t/a aus der MVA zur Deponierung und eine Menge von ca. 20.000 t/a, für die keine Behandlungskapazitäten zur Verfügung stünden. Das zweite Szenario geht von der ausschließlichen mechanisch-biologischen Behandlung und einem vollständigen Verzicht einer thermischen Behandlung aus. Dies ist nach der derzeitigen TASi nicht möglich, da der mechanisch-biologisch behandelte Abfall die Grenzwerte in Bezug auf den Glühverlust nicht einhält und damit nicht deponiert werden darf. Das dritte Szenario basiert auf einer ausschließlich thermischen Behandlung des Abfall in der benachbarten MVA sowie weiteren MVAs außerhalb der Region.

Als Bewertungsgrundlage werden die folgenden Kosten vorausgesetzt:

- Behandlungskosten MVA: 300 DM/t (Ist-Kosten der benachbarten MVA)
- Behandlungskosten MBA: 150 bis 180 DM/t (Abschätzung aus Anlagen vergleichbarer Größe)
- Deponierungskosten: 250 DM/t
- Stützung der stofflichen oder thermischen Verwertung der Wertstoffe aus der MBA: 200 DM/t.

Unter dieser Voraussetzung ergeben sich unter unterschiedlichen Aspekten die in der *Tabelle 4-46* dargestellten Ergebnisse.

Tabelle 4-46: Bewertung der Szenarien 2005 für die Beispielregion „ländlicher Raum" [4-30]

Variante	Bewertung
1	– Kosten der MBA schwer abschätzbar (unbekannte Höhe der Kosten/Erlöse für Wertstoffauskopplung, evtl. höhere Kosten durch erhöhte Arbeitsschutzanforderungen) – Entsorgungsdefizite – Optimale Auslastung der MVA durch flexible Aufteilung der Massenströme zwischen MBA und MVA möglich
2	– Kosten der MBA schwer abschätzbar (unbekannte Höhe der Kosten/Erlöse für Wertstoffauskopplung, evtl. höhere Kosten durch erhöhte Arbeitsschutzanforderungen) – Nur bei Änderung der TASi möglich
3	– Wahrscheinlich kostengünstigste Lösung – Kostenabschätzung am sichersten aufgrund bekannter Randbedingungen – Bekannte Anlagentechnik – Unter exergetischen Gesichtspunkten günstigste Lösung (höchster Wirkungsgrad)
detaillierter zu betrachtende Randbedingungen	– Kosten/Erlöse durch Wertstoffe aus MBA – Änderung TASi – Andere Vermeidungspotenziale als angenommen

Ähnliche Aspekte ergeben sich für den Spree-Neiße-Kreis. Allerdings steht hier keine MVA in unmittelbarer Umgebung zur Verfügung. Dies hätte entsprechende Transportkosten zur Folge, welche an dieser Stelle nicht abgeschätzt wurden. Unter diesen Umständen sind folgende Szenarien möglich: Betrieb einer MBA zur Volumenreduktion des Abfalls und nachfolgende thermische Behandlung in einer Anlage außerhalb der Region und: Bau einer neuen MVA. Für eine sinnvolle Bewertung der beiden Szenarien ist entscheidend, welche Müllverbrennungsanlagen in erreichbarer Entfernung zur Verfügung stehen, die ausreichend freie Kapazitäten zur Verfügung haben. Es ist allerdings zu erwarten, dass ein Transport des Abfalls über einige hundert Kilometer ökonomisch nicht sinnvoll ist und somit der Neubau einer Anlage notwendig sein wird.

4.7.4.2 Szenarien für den Ballungsraum

Als Beispielregion für einen Ballungsraum wird die Stadt Düsseldorf mit dem angeschlossenen Kreis Neuss gewählt, da Düsseldorf einerseits auch unter dem Aspekt der Energieversorgungssysteme näher betrachtet wird, andererseits für beide Regionen Daten aus der restriktiven Bedarfsprüfung des Landes Nordrhein-Westfalen existieren.

Die Ausgangssituation ist in der *Tabelle 4-47* dargestellt. Die derzeitige Kapazität der Müllverbrennungsanlage von 470.000 t/a reicht nicht aus, die erwarteten 528.000 t/a Abfall zu behandeln. Es sind daher die in der *Tabelle 4-48* dargestellten Szenarien möglich. Die Bewertung der Szenarien ist in der *Tabelle 4-49* dargestellt.

Tabelle 4-47: Ausgangssituation Beispielregion „Ballungsraum mit angrenzendem Kreis"[27]

Daten	Düsseldorf*⁾	Kreis Neuss*⁾
Anzahl der Deponien	-	2
Ablagerungsmenge	-	k.A.
Anzahl der Kompostierungsanlagen	1 Beteiligung	2 (+1 im Bau)
Kapazität	25.000 t/a	32.000 t/a (+20.000 t/a)
Anzahl der MVA/MBA	1	-
Kapazität	470.000 t/a	-
Entwicklung der Abfallmengen bis 2005		
Hausmüll, Sperrmüll**⁾	↔ 400 kg/(Einw.*a)	↓ 320 kg/(Einw.*a)
Wertstoffe	↔	↔
Bioabfall	↔ 40 kg/(Einw.*a)	↔ 80 kg/(Einw.*a)
hausmüllähnlicher Gewerbeabfall	↓ um ca. 30%	↓ um ca. 30%
Abfallaufkommen gesamt	528.000 t/a	

---

[27] ↔ keine wesentliche Veränderung, ↓ abnehmend, ↑ zunehmend. *⁾ Stand 1994, **⁾ Stand 1993. Quelle: [4-30].

4.7 Abfallverwertungskonzepte

Tabelle 4-48: Szenarien 2005 für Beispielregion „Ballungsraum mit angrenzendem Kreis" [4-30]

Szenario	Maßnahmen	Durchsatz in t/a
1	– Erweiterung der MVA	530.000
2	– Auslastung der MVA in Düsseldorf	470.000
	– Umrüstung bestehender Anlage in Neuss zur mechanischen Klassierung	220.000
	– Abtrennung von Wertstoffen aus mechanischer Klassierung	60.000
3	– Kapazitätsreduzierung MVA Düsseldorf	310.000
	– Umrüstung bestehender Anlage in Neuss zur MBA	220.000
	– Abtrennung von Wertstoffen aus MBA	55.000
	– Ablagerung auf Deponie	133.000
4	– Auslastung der MVA in Düsseldorf	470.000
	– Entsorgung des verbleibenden Abfalls in der Region	60.000

Tabelle 4-49: Bewertung der Szenarien 2005 für die Beispielregion „Ballungsraum mit angrenzendem Kreis"

Variante	Bewertung
1	– Erweiterung der MVA technisch möglich
	– Kooperation mit Kreis notwendig (Investitionssicherheit)
	– Deponieschließung im Kreis als Folge
	– Umladestation notwendig
	– Hohe Akzeptanz bei der Bevölkerung
	– Flexible Reaktion auf schwankende Massenströme durch flexible Linien in der MVA
2	– Geringe zusätzliche Investitionskosten
	– Hohe Akzeptanz (auch bei Betreibern der MVA)
	– Keine Umladestation notwendig
3	– Keine ausgereifte Technik
	– Voraussichtlich hohe Kosten
	– Neue Kooperationspartner für MVA notwendig. Alternativ: Kapazitätsabbau
4	– Kooperationsverträge mit anderen Kreisen notwendig
	– Evtl. hohe Transportkosten
	– Kosten derzeit schwer abzuschätzen

Für die beschriebene Beispielregion Großstadt mit angeschlossenem Kreis ist demzufolge entweder eine Erweiterung der bestehenden MVA oder eine mechanische Klassierung mit anschließender Abtrennung von Wertstoffen und thermischer Beseitigung des Restabfalls die sinnvollste und kostengünstigste Lösung.

Literatur

[4-1] B. Geiger, H. Lindhorst: Energiewirtschaftliche Daten, Energieverbrauch in der Bundesrepublik Deutschland. In: VDI-GET: Jahrbuch 2000. VDI-Verlag, Düsseldorf 2000.

[4-2] Landesumweltamt, Nordrhein-Westfalen: Rationelle Energieverwendung und CO_2-Einsparung in Düseldorf. Landeshauptstadt Düsseldorf, 1992.

[4-3] A.-P. Gross: Primärenergieeinsparung durch exergetische optimierte kommunale Energieversorgungskonzepte. Diplomarbeit, Universität Duisburg 1996.

[4-4] Landesumweltamt, Nordrhein-Westfalen: Erfassung, Bewertung und Darstellung von Wärmeangebot, Wärme- und Kältebedarf sowie des Fernwärmeleitungsnetzes einer Beispielregion in einem geographischen Informationssystem. Abschlussbericht, IUTA-Studie.

[4-5] MELF (Ministerium für Ernährung, Landwirtschaft und Forsten, Land Brandenburg): Energie aus Biomasse - Stand und Möglichkeiten der energetischen Nutzung von Biomasse im Land Brandenburg. Potsdam, 1997.

[4-6] H. Schwarz: Wärmeversorgungskonzepte für die Region Rechter Niederrhein. Diplomarbeit, Universität Duisburg 1997.

[4-7] Fernwärmeversorgung Niederrhein GmbH (FVN): Geschäftsbericht 1997.

[4-8] Bundesministerium für Raumordnung, Bauwesen und Städtebau: Schriftenreihe „Raumordnung" – Wechselwirkungen zwischen Siedlungsstruktur und Wärmeversorgungssystemen. Forschungsprojekt BMBau RS II 4-704102 – 77.10. 1980.

[4-9] W. Schulz, K. Traube, H.U. Salmen: Ermittlung und Verifikation der Potentiale und Kosten der Treibhausgasminderung durch Kraft-Wärme-Kopplung zur Fern- und Nahwärmeversorgung (ABL und NBL) im Bereich Siedlungs-KWK. Anhang zum Abschlußbericht. Bremen 1994.

[4-10] Institut für Umwelttechnologie und Umweltanalytik e. V. (IUTA): Computergestützte Erfassung von Wärmeangebot, Wärmebedarf und Kältebedarf im Ballungsraum Leipzig. Abschlußbericht zur Studie im Auftrag der Bundesstiftung Umwelt. Duisburg 1996.

[4-11] VDI-GET: Jahrbuch 1997, S. 267 ff. VDI-Verlag, Düsseldorf 1997.

[4-12] P. Bittrich, T. Bergmann, D. Hebecker: Entwicklung eines Hochtemperaturbrennwertkessels. VDI-Bericht 1327, Fortschrittliche Energiewandlung und –anwendung, März 1997.

[4-13] P. Hähre, N. Ostrowski, P. Bittrich, D. Hebecker: Rückgewinnung von Wärme aus Trocknerabgasen mit Hilfe von Sorptionskreisläufen. Chemische Technik 50 (1998) 1, 5-10.

[4-14] P. Bittrich, D. Hebecker: Abluft- und Brüdenwärmenutzung mit Sorptionskreisläufen. Chem.-Ing.-Tech. 68 (1995) Nr.6, S.766-770.

[4-15] P. Bittrich, D. Hebecker: Zwei Vorschaltprozesse für den Dampfkraftprozeß mit dem Stoffsystem Aluminiumchlorid-Natriumchlorid. Brennstoff-Wärme-Kraft 47 (1995) 3, S. 82-85.

[4-16] S. Lichtenfeld: Untersuchung geeigneter Einsatzmöglichkeiten für Wärmetransformationsprozesse einschließlich der Charakterisierung von Abwärmepotentialen.

[4-17] R. Vogel: Energieversorgungskonzepte für die Region Kreis Wesel. Bericht des F6 Thermodynamik, Universität Duisburg 1999.

[4-18] TÜV: Energieeinsparung und Umweltentlastung bei der Wärmeversorgung von Industrie und Gewerbe. Energieeffiziente Gemeinschaftslösungen. TÜV-Verlag, Rheinland, Köln 1988.

[4-19] K. Hartmann, L. Dietzsch: A decision support system for the the long-term development planning of large-scale process systems. Proceedings of the Fifth World Congress of Chemical Engineering. San Diego, USA, 1996.

[4-20] GESIP: DECIDE-Handbuch. GESIP mbH, Berlin 1997.

[4-21] K. Lucas, R. Vogel: Parameter zur Erstellung und Bewertung von Strukturvarianten eines Energieversorgungssystems am Beispiel von Duisburg. Universität Duisburg, Fachgebiet Thermodynamik, April 1999.

[4-22] FIZ Karlsruhe: IKARUS-Datenbank, Version 3.1. Karlsruhe, Mai 1999.

[4-23] J. Hädicke: Erstellung und Bewertung von Strukturvarianten eines Energieversorgungssystems am Beispiel von Duisburg-Süd. Studienarbeit, BTU Cottbus, August 1999.

[4-24] I. Barin, A. Igelbischer, F.-J. Zenz: Thermodynamische Analyse der Verfahren zur thermischen Müllentsorgung. Studie der Zeus GmbH im Auftrag des Landesumweltamtes NRW. Essen 1996.
[4-25] H.D. Baehr: Thermodynamik, 9. Auflage, Springer Lehrbuch. Berlin, Heidelberg, New York, 1996.
[4-26] K. Leikam, R. Stegmann: Stellenwert der mechanisch-biologischen Restabfallbehandlung. Abfalljournal 9 (1996), S. 39 – 44.
[4-27] J. Bohlmann: Einbindung von thermischen Abfallbehandlungsanlagen in Gesamtkonzepte. Abfalljournal 6 (1996), S. 20 – 22.
[4-28] Ministerium für Umwelt, Raumordnung und Landwirtschaft des Landes Nordrhein-Westfalen: Bericht zur restriktiven Bedarfsprüfung für die Siedlungsabfallentsorgung. In: Ökologische Abfallwirtschaft in NRW. 1996.
[4-29] SRU (Rat von Sachverständigen für Umweltfragen)(Hrg.): Umweltgutachten 1998. Metzler-Poeschel, Stuttgart 1998.
[4-30] Statistisches Bundesamt: Energie.
[4-31] H. Gaßner, W. Siederer: Ablagerung biologisch-mechanisch vorbehandelter Abfälle nach dem 1. Juni 2005. Müll und Abfall 5 (1997), S. 256 – 267.
[4-32] Ministerium für Umwelt, Naturschutz und Raumordnung des Landes Brandenburg: Abfallbilanz der entsorgungspflichtigen Körperschaften des Landes Brandenburg. Jährlich.
[4-33] Ministerium für Umwelt, Raumordnung und Landwirtschaft des Landes Nordrhein-Westfalen: Abfallbilanz der entsorgungspflichtigen Körperschaften des Landes Nordrhein-Westfalen. Jährlich.
[4-34] Statistisches Bundesamt: Umwelt. Öffentliche Abfallbeseitigung. Fachserie 19, Reihe 1.1. Metzler-Poeschel, Stuttgart 1993.
[4-35] Statistisches Bundesamt: Umwelt. Umweltökonomische Gesamtrechnungen. Fachserie 19, Reihe 4. Metzler-Poeschel, Stuttgart 1996.
[4-36] Umweltbundesamt: Daten zur Umwelt. Erich Schmidt Verlag, 1997.

5 Bewertungsdimensionen
   - Bestimmtheit und Beeinflussbarkeit, beispielhafte Anwendung

Vor reichlich 100 Jahren wurde die Güte von Apparaten und Anlagen zur Energiewandlung im Wesentlichen durch den Wirkungsgrad gemessen. Ein höherer Wirkungsgrad bedeutete stets eine Verbesserung. Diese Position wird manchmal noch heute auf Abzeichen oder Emblemen energietechnischer Institutionen äußerlich sichtbar gemacht.

In den zwanziger Jahren wurde mit der Herausbildung der Wärmewirtschaft offensichtlich, dass neben den laufenden Aufwendungen für den Betrieb energetischer Systeme, für die im Wesentlichen der Wirkungsgrad stand, noch die einmaligen Aufwendungen für die Herstellung und den Aufbau der Apparate und Anlagen zu berücksichtigen sind. Ein erhöhter apparativer Aufwand ermöglicht gewöhnlich eine Verbesserung des Wirkungsgrades und umgekehrt. Mit Hilfe ökonomischer Kategorien lassen sich beide Aufwandsarten in vergleichbarer Form darstellen und können so über das Kostenminimum eine optimale Anlage und letztlich optimale Nichtumkehrbarkeiten definieren (s. *Bild 2-7*). Diese Methode begründete eine Entwicklung, die später als thermoökonomische Modellierung und Optimierung bezeichnet wurde.

Der Einfluss gesetzlicher Festlegungen auf technische Entwicklungen lässt sich schon viel früher aufzeigen. Schon in den Stadtstaaten im Zweistromland gab es gesetzliche Vorgaben für den Häuserbau, die letztendlich Aussagen über die Hausisolierung enthielten und damit Heiz- und Kühlleistungen bestimmten. Ein weiteres instruktives Beispiel stammt aus England. Gegen Ende des 18. Jahrhunderts wurde durch die Steuergesetzgebung versucht, die Konkurrenz der Highland Brenner Schottlands für die Brenner Londons durch die Einführung einer Brenn-Taxe in Grenzen zu halten. Grundlage war natürlich die damals übliche Technologie und die Steuerfestlegung ging von den üblichen geometrischen Abmessungen der Destillationskolonnen aus, um eine Produktionsbeschränkung zu erreichen. In Auswirkung dieser gesetzlichen Vorgabe wurde aber die technische Gestaltung der Destillationsblase derart verändert, dass sich die mögliche Produktion, bezogen auf die steuerrelevanten Parameter, um Größenordnungen erhöhte. Letztendlich ist dies ein Beleg, dass es erforderlich ist, Gesetzesfolgeabschätzungen vorzunehmen, um Aussagen zur Wirkung juristischer Bestimmungen in der Gesellschaft zu erhalten, wie das in der letzten Zeit immer dringender gefordert wird.

Doch bevor diese Forderung erhoben wurde, zeigte sich am Beispiel neuerer technischer Entwicklungen wie der Kernenergie, der Großanlagen für die Chemie, der Gentechnik u. a., dass die getrennte und beschränkte Erfassung des Anwendungsspielraumes der jeweiligen Entwicklungen sowie ihrer technischen und wirtschaftlichen Möglichkeiten nicht ausreichen, um eine Akzeptanz in der Bevölkerung zu erreichen, die aus unterschiedlichen Gründen Voraussetzung für die Entscheidungen der gesellschaftlichen Instanzen ist. Um hierüber Aussagen zu erhalten, entstand der Komplex der Technikbewertung oder Technologiefolgenabschätzung (TA), der sich ein eigenständiges Methodeninstrumentarium schuf, um zu quantitativen Aussagen zu kommen.

Und schließlich zeigt das angeführte Beispiel aus England, dass das Verständnis technischer Entwicklungen und ihrer gesellschaftlichen Auswirkungen aus der historisch gewachsenen Situation heraus abgeleitet werden kann. Insofern sollten auch die geschichtlichen Wurzeln der interessierenden technischen Gegenstände aufgespürt werden, um eine bestimmte Vollständigkeit der Gesamteinschätzung zu erreichen, die letztendlich bis zur politischen Dimension reicht.

Heute muss sich eine bestimmte technische Entwicklung der Gesamtheit der aus den angedeuteten Einflussfaktoren folgenden möglichen Fragen stellen. Diese sind als die gesellschaftlichen Rahmenbedingungen aufzufassen. Im besonderen gilt dies, wie die vorhergehenden Kapitel verdeutlichen sollten, für energetische Probleme der modernen Gesellschaft infolge des naturwissenschaftlich begründbaren Gewichts, das den entsprechenden technischen, wirtschaftlichen, juristischen, sozialen und politischen Fragestellungen zukommt.

Aus diesen Gründen sind im Folgenden einige Überlegungen aus der Sicht der beteiligten Disziplinen zusammengestellt. Das bedeutet zunächst die durch mögliche technische Entwicklungen aufzuwerfenden Probleme in die jeweiligen Denkstrukturen der angesprochenen Disziplinen einzuordnen und auf dieser Basis Freiheitsgrade zu bestimmen, die hemmend oder fördernd auf die Anwendungsmöglichkeiten wirken können. Das ist im Folgenden aus der wirtschaftlichen, der juristischen und einer aus der Technikbewertung folgenden sozialen Bewertung für Beispiele, die aus der technischen und regionalen Einordnung folgen, geschehen. Hinzu kommt eine kurze Zusammenstellung zur Geschichte der rationellen Energieverwendung in Deutschland, die interessante und bisher in dieser Schärfe noch nicht angesprochene Einblicke eröffnet. Die Kenntnis dieser Zusammenhänge lässt unmittelbare Schlussfolgerungen zur aktuellen Situation zu.

Grundfrage an alle diese Disziplinen ist, wie positionieren sie sich zu den Anforderungen einer Entropiewirtschaft. Im Ergebnis der angestellten Untersuchungen muss diesbezüglich festgestellt werden, dass derzeitig häufig Grenzen der Durchsetzbarkeit umweltgerechter Techniken und einem nachhaltigen Wirtschaften entgegenstehende Sachverhalte aufgezeigt werden. Das macht Auseinandersetzungen um diese Sachverhalte umso notwendiger, damit auf diese Weise Brücken von der Technik zur Politik und anderen Akteuren in der Gesellschaft geschlagen werden. Diese Akteure sind letztendlich die Entscheidungsträger der für die Zukunft zu verfolgenden Entwicklungen.

5.1 Wirtschaftliche Bewertung und beeinflussbare Rahmenbedingungen

5.1.1 Die Ökonomie im Spannungsfeld von Nachhaltigkeit und II. Hauptsatz

Nach wie vor sind die Bereitstellung, Umwandlung und Nutzung von Energie mit besonders gravierenden Einflüssen auf die natürliche Umwelt und Klima verbunden (s. Abschnitt 2.1), trotz der erreichten technisch-technologischen Fortschritte in diesen Prozessen. Vor diesem Hintergrund versteht sich, dass Energiestrategien hauptsächlich daran zu messen sind, wie sie zur nachhaltigen Entwicklung (sustainable development) beitragen.[1] Mit anderen Worten:

---

[1] Nachdem der Begriff sustainable development erstmals 1987 im Brundtland-Bericht der UNO in den Mittelpunkt gestellt wurde, löste er in der Zwischenzeit verschiedene Konkretisierungen und Interpretationen aus. Nunmehr scheint Übereinstimmung darin zu bestehen, dass damit eine gleichrangig umwelt-, wirtschafts- und sozialorientierte (durchhaltbare, nachhaltige) Entwicklung charakterisiert werden soll. Nur dieses Gesamtinteresse, dieses Gleichgewicht zwischen den drei Säulen, kann weltweit den Erhalt der natürlichen Lebensgrundlagen für spätere Generationen sichern helfen. Vgl. [5-1].

5.1 Wirtschaftliche Bewertung und beeinflussbare Rahmenbedingungen

Empfehlenswert ist jene Energiestrategie, die gleichermaßen ökologischen und ökonomischen sowie sozialen Kriterien optimal gerecht wird.

Dass dabei in den sich real vollziehenden energetischen Prozessen und gesellschaftlichen Entwicklungen sowohl Übereinstimmungen als auch Widersprüche auftreten können, ist im Wort „optimal" impliziert. Während langfristig nicht auf den Ausgleich verzichtet werden darf, können/müssen kurz- und mittelfristig Ungleichgewichte hingenommen werden. Insofern bedeutet die Bewertung von Entwicklungsoptionen energetischer Prozesse grundsätzlich eine mehrdimensionale Optimierung mit durchaus unterschiedlichen Präferenzen in der Zeit. Dem liegt zugrunde, dass ökologisch relevante Zeiträume viel länger sind als die für die Wirtschaft und Politik entscheidenden Etappen. Dass darin bestimmte Gefahren begründet sind, soll und darf freilich nicht verschwiegen werden.

Von der Mehrdimensionalität ist auch die ökonomische Sicht/Bewertung nicht ausgenommen. Wenngleich sich die Wirtschaftlichkeit immer wieder als maßgebliche Dimension herausstellt – auch im Ergebnis der historischen und soziologischen Betrachtungen in den Abschnitten 5.3 und 5.4 – bildet sie letztendlich im Sinne der komplexen Bewertung nur einen Teil. Obwohl sie mit den anderen Bewertungsdimensionen eng verbunden ist, wird sie im folgenden Abschnitt zunächst – aus methodologischen Gründen – gesondert behandelt.

Langfristig können nur solche ökonomischen Rahmenbedingungen, Bewertungen und Entscheidungen nachhaltig wirken, die die Natur in ihrer Funktion als Energieressource/-quelle und zugleich als Emissionssenke/Abfall- und Emissionsdepot dauerhaft erhalten helfen. Das verlangt, die natürlichen Ressourcen mehr als Bestandsgröße in die wirtschaftlichen Betrachtungen einzubeziehen, beispielsweise mit Grenzwerten für unbedingt zu erhaltende Mindestvorräte und maximale Schadstoffkonzentrationen. Bisher stehen der laufende Energieverbrauch sowie die relative Reduzierung von Emissionen, d. h. eine Fluss-/Stromgröße im Mittelpunkt des Interesses.

Besonders deutlich zeigt sich der gegenwärtige Mangel darin, dass die Faktor- und Güterpreise – als die hauptsächlichen Marktinstrumente der wirtschaftlichen Entwicklung – nur unzureichend die Spezifik natürlicher Ressourcen in ihrem Bestand (als Vermögensquelle) widerspiegeln. Das betrifft vornehmlich die Begrenzung fossiler (nicht erneuerbarer) Energieträger sowie die sukzessive Verschlechterung der Umweltqualität (des Umweltniveaus) durch laufende Emissionen, falls die Selbstregeneration der Natur nicht ausreicht.

Abgesehen von ersten (begrenzten) theoretischen Ansätzen fehlt es bei der Problemlösung an wissenschaftlichem Vorlauf. Zu den Ansätzen zählt insbesondere der Vorschlag, aus den Renten/Profiten des laufenden Ressourcenabbaus für später einen Kapitalstock zu akkumulieren, um dadurch der wachstumshemmenden und kostensteigernden Wirkung abnehmender Naturgunst bzw. der Erschöpfung vorzubeugen. Vermutlich könnten dadurch späteren Generationen annähernd gleichwertige Lebensbedingungen erhalten werden. Unterstellt wird dabei, dass das angesammelte Kapital bzw. Humankapital einen solchen technischen Fortschritt unterstützt, der ressourcensparende Nutzungen in breitem Umfang ermöglicht. Es wird also davon ausgegangen, dass nicht erneuerbare Energien durch reproduzierbares Human- und Sachkapital stark substituierbar sind.[2] Inwieweit die Substitutionselastizität und die notwendige Größe des Kapitalstocks in der realen Weltwirtschaft tatsächlich gesichert sind, konnte empirisch allerdings noch nicht belegt werden.

---

[2] Dieser Sachverhalt wird meist als „Hartwick-Regel" bezeichnet. Er wird auch zunehmend als Lösungsweg verringerter Umweltqualität – im Sinne der Bestandsgröße – benutzt. Vgl. [5-2].

Aus der Sicht der Entropiewirtschaft scheint die Betonung von Bestandsgrößen an Energieressourcen und an Umweltqualität ebenfalls notwendig. So hält Nicolas Georgescu-Roegen, der als Wissenschaftler die Gesetze der Thermodynamik auf ökonomische Problemstellungen zu übertragen versucht, in der gesamten Wirkungskette – von der sparsamen Energiegewinnung bis zur Energienutzung – die Orientierung auf entropiearme (gleichgewichtsnahe) Zustände für unverzichtbar [5-3]. Nach seiner „Bioökonomik" macht gerade die Begrenzung der Entropie und damit der Systemunordnung das Ziel langfristiger Energiepolitik und -wirtschaft aus. Er betrachtet nicht die relative Knappheit der Energie (im Verhältnis zur Nachfrage), sondern den absoluten Zuwachs an Entropie als die grundlegende Gefahr (s. auch Kapitel 2). Nach seiner Auffassung hat deshalb die konsequente Einsparung/Substitution an Energie die oberste Priorität.

Um das gezielt durchzusetzen, fordert er (beinahe ausschließlich) staatliche Eingriffe. Gegenüber den direkten Wirkungen des Preissystems ist er skeptisch [5-4]. Damit unterschätzt er nicht nur die Marktpreise in ihrer dominierenden umfassenden Koordinierungsfunktion, sondern zugleich auch die Vorteile, die eine dezentrale Entscheidung vor Ort innerhalb vorgegebener Rahmenbedingungen mit sich bringen kann [5-5]. Deshalb stehen die Lösungsvorschläge von Georgescu-Roegen in Abstand zur modernen Ökonomie, die weitgehend neoklassischer Art ist. Letztere geht davon aus, dass innerhalb der „Makrosteuerung" (vorgegebener Rahmenbedingungen) der dezentrale Preismechanismus die effiziente Ressourcennutzung am ehesten gewährleisten kann.

Für die Marktteilnehmer kommt eine Entscheidung über die relative Vorteilhaftigkeit des einen oder anderen Energiesystems ohne ökonomische Kategorien nicht aus. Selbst eine thermodynamische Bewertung im Sinne von Georgescu-Roegen genügt für die Wirtschaft nicht, wie letzterer immer wieder betont [5-6]. Zweifellos besitzt sie den Vorzug gegenüber der reinen energetischen Analyse, dass sie durch die Einbeziehung des Entropiegehalts die unterschiedliche Qualität in den Energie- und Stoffflüssen berücksichtigt. Dennoch erlauben sowohl prinzipielle (theoretische) Erwägungen als auch praktische Umsetzungsschwierigkeiten gegenwärtig noch keine umfassende Anwendung.

Theoretisch müsste von wenigstens fünf Einflussfaktoren ausgegangen werden: Inputseitig müssten sowohl die entropiearme (niedrigentropische) Energie als auch die entropiearmen Stoffe und outputseitig zum Ersten der recycelbare Abfall, zum Zweiten die entwertete (dissipierte) Energie und zum Dritten die entwerteten Stoffe getrennt erfasst und bewertet werden [5-7]. Über die Entropie ist die Möglichkeit gegeben, Energie und Stoff thermodynamisch auf einheitlicher Basis einzuschätzen. Das gilt dann auch für die Abfallenergie und die Abfallstoffe. In welchem Umfang daraus ökonomische Konsequenzen gezogen werden können und auf dieser Basis Handlungsempfehlungen abgeleitet werden können ist jedoch offen.

Solange diese Grundfrage wissenschaftlich noch nicht ausreichend geklärt ist, sind weitere Forschungen und Diskussionen über die Anwendbarkeit der thermodynamischen Bewertung nach Georgescu-Roegen unverzichtbar, abgesehen vom hohen Arbeitsaufwand der Entropiebestimmung. Letztere kann aber in der Praxis, wie in Abschnitt 2.2 gezeigt worden ist, im konkreten Fall ohne weiteres durch die quantitativen Verhältnisse anderer Größen, wie Temperaturen, Geschwindigkeiten, Druckverluste u. ä. ersetzt werden. Damit bedarf es weiterer Forschungen darüber, ob und wie das „Entropie-Leitbild" (der thermodynamischen Analyse) in der (vorherrschenden) ökonomischen Bewertung berücksichtigt werden könnte.

5.1 Wirtschaftliche Bewertung und beeinflussbare Rahmenbedingungen

Zusammenfassend lässt sich daher sagen:

- Bei irreversiblen Prozessen in offenen Systemen, wie es nun einmal die Volkswirtschaft ist, kann der Entropieexport grundsätzlich nicht verhindert werden.
- Allerdings lässt sich das Maß der Entropieerhöhung durch eine intensive sparsame Nutzung der Energie insbesondere durch die verschiedenen Möglichkeiten zur Abfallenergieverwendung, begrenzen.
- Wie weit nun diese Entwicklungsstrategie tatsächlich praktisch umgesetzt wird, hängt nicht zuletzt von den ökonomischen Interessen der Marktakteure und von den sie beeinflussenden ökonomischen Rahmenbedingungen ab.
- Innerhalb der Rahmenbedingungen nimmt das Preissystem eine zentrale Stellung ein. Im Sinne einer entropieorientierten Energiewirtschaft sollte es zumindest zwei Anforderungen gerecht werden:
  - Erstens sollte die Primärenergie wegen ihrer quantitativen gesellschaftlichen Bedeutung vergleichsweise (gegenüber anderen Produktions- und Konsumtionsfaktoren) nicht unterbewertet sein. Erfahrungsgemäß initiiert erst eine teuere Energie die weitere Ausnutzung vorhandener Energiepotenziale, beispielsweise im Rahmen geschlossener Stoffkreisläufe.
  - Zweitens könnte ein weiterer Beitrag darin bestehen, die wegen der Verluste in den Energiebereitstellungs-, Umwandlungs- und Nutzungsketten ansteigende Entropiedichte im Bewertungs-/Preissystem zu berücksichtigen, zumal die Entropievermehrung in erster Linie aus der energetisch verursachten Stofffreisetzung (z. B. von CO_2- und SO_2-Emissionen) resultiert. Damit kann angestrebt werden, das technologische Niveau, den „Stand der Technik", in erster Näherung zu quantifizieren. Dabei kann „berücksichtigen" bedeuten, möglichst die Preisrelationen (die sog. relativen Preise) zwischen den mehr oder minder substituierbaren Energieträgern und Energieformen in eine, wie auch immer geartete Abhängigkeit von der unterschiedlichen Entropiedichte zu bringen. Dem (absoluten) Preisniveau sollten nach wie vor die Kosten- sowie Angebots-/Nachfrageverhältnisse zugrunde liegen.

Dass sich dieser Vorschlag nur schwer und nur näherungsweise in die Praxis umsetzen lässt, macht ein Blick auf bisherige Versuche deutlich. So resümiert z. B. Alfred Voß, dass aus den thermodynamischen „Hauptsätzen eine Bewertungsgröße, eine neue Maßzahl bisher nicht abgeleitet werden konnte, die es uns erlauben würde, die verschiedenen Energiesysteme ... in eine Rangfolge einzuordnen ..." [5-8]. Vielleicht ist in den bisherigen Überlegungen zur Übertragung entropischer Zusammenhänge in andere Bereiche nicht bedacht worden, die der Entropie zugrundeliegenden logarithmischen Abhängigkeiten in die Diskussion einzubeziehen.

Eine exakte Berechnung von Entropiebilanzen scheint gegenwärtig nur für ausgewählte energetische Prozesse vom Aufwand her vertretbar zu sein. Damit scheidet aber – wenigstens zunächst – der Entropieexport als genereller Bewertungsaspekt konkurrierender Energiesysteme und allgemein technologischer Systeme aus.[3] Eine vergleichende Bewertung muss deshalb a

---

[3] Das bedeutet jedoch nicht, die Begrenzung der Entropiezunahme als ein Kriterium der Nachhaltigkeit zu ignorieren. Aus langfristiger Sicht ist nur zu unterstützen, wenn sie als neunte der „zehn Managementregeln für zukunftsfähiges Wirtschaften" genannt wird: „Die Entropiezunahme muss im ausgeglichenen Verhältnis zur Syntropiebildung stehen" (d. h. zum Aufbau nutzbarer Energiebestände durch die Sonnenenergie), zusammengestellt von K.O. Bastenhorst, Carl-von-Ossietzky-Universität Oldenburg, S. 35 in [5-9].

priori auf empirischer Basis zugleich alle Entwicklungsoptionen zum Gegenstand haben. Andererseits sind oft schon mit relativ wenig Angaben Abschätzungen zur Größenordnung von Entropieproduktion und -export möglich, sodass sich Strategien und heuristische Regeln für die Systemgestaltung angeben lassen (Vgl. Kapitel 2 und 6).

5.1.2 Die Annäherung der realen (kurzfristigen) Ökonomie an langfristige Ziele

Bisherige Versuche der Entropiebestimmung führen zur Erkenntnis, dass in erster Approximation jene Energiesysteme vergleichsweise wenig Entropiezuwachs aufweisen, die über einen hohen Ausnutzungsgrad der eingesetzten Primärenergieträger und über geringe Stoffemissionen verfügen. Mit anderen Worten: Aus der Sicht einer künftigen Entropiewirtschaft würde es zunächst hilfreich sein, wenn das (entropieorientierte) Bewertungs- und Preissystem umfassend sowohl die Primärenergieträger als auch die Emissionen reflektiert. Damit wäre allein die Berücksichtigung von Emissionsintensitäten ein wesentlicher Schritt in die richtige Richtung.

In erster Linie (neben Steuer- und Finanzhilfen) bedeutet das, auch möglichst alle externen Kosten- und Nutzenskomponenten bei der Bereitstellung, Umwandlung und Nutzung von Energie einzubeziehen. Neben den bisher in den betriebswirtschaftlich erfassten direkten Kosten, kommt es also auch auf die dort noch nicht erfassten, bisher von der Gesellschaft allgemein getragenen an [5-10].

Die möglichst umfassende Einbeziehung von Externalitäten in das ökonomische Bewertungssystem trägt zugleich dazu bei, die reale Ökonomie mit ihrer vorwiegend kurzfristigen und mehr oder weniger nur betriebswirtschaftlichen Zielstellung schrittweise an langfristige gesellschaftliche Zielstellungen anzunähern.

Dokumentieren doch die vorhandenen, ökologisch bedingten externen Kosten der Energiebereitstellung und -nutzung, dass die gegenwärtigen Kosten und Preise um Langfristaspekte (wie die Begrenzung fossiler Energievorräte sowie die Umwelt- und Klimaschäden) ergänzt werden müssen. Ihre schrittweise Internalisierung – in den verschiedensten Formen und mittels der verschiedenen Instrumente – erscheint daher unerlässlich.[4] Zunehmend fordert selbst die wirtschaftswissenschaftliche Theorie hierfür eine Intervention in den Marktautomatismus [5-13]. Öffentliche Güter wie die Umwelt verlangen einfach staatliche Regulierungen.

Wie bisherige Untersuchungen zeigen, stehen der realen, kurzfristig orientierten Ökonomie ein breites Spektrum von Möglichkeiten zur Internalisierung und Intervention zur Verfügung. Ihre Auswahl und Nutzung hängen von mehreren Faktoren ab, namentlich von der wirtschaftspolitischen Grundposition, von der vorhandenen Wirtschaftlichkeitsgrenze unter den konkreten Markt- und Wettbewerbsbedingungen sowie von dem Grad der Identifizierung und Monetarisierung der Externalitäten. Es versteht sich, dass marktkonforme allgemeingültige Instrumente (wie beispielsweise eine durchgängige Energiebesteuerung im Rahmen der Ökosteuer oder handelbare Zertifikate für Schadstoffemissionen) vor rein administrativen speziellen Eingriffen (wie beispielsweise Einsatz- und Verwendungsverbote bestimmter Energieträger) den Vorzug haben sollten.

Letztendlich geht es darum, beim Vergleich konkurrierender energetischer Systeme die direkten (einseitig marktorientierten) Preiswirkungen zusätzlich indirekt (durch externe Kosten, Subventionen, Steuer- und Finanzhilfen etc.) zu erhöhen bzw. zu korrigieren. Das Ziel ist es, solche Wirtschaftlichkeitsberechnungen zu ermöglichen, die verzerrungsfrei nicht nur dem betrieblichen, sondern auch dem gesamtwirtschaftlichen Kosten-Nutzen-Verhältnis gerecht

---

[4] Vgl. aus der Vielzahl der Literatur insbesondere S. 87 ff in [5-11] und [5-12].

5.1 Wirtschaftliche Bewertung und beeinflussbare Rahmenbedingungen

werden. Die bisher vorliegenden Vorschläge sind im Allgemeinen nur auf einzelne technologische Abfallströme oder Energieversorgungsverfahren orientiert. Aus der entropischen Betrachtung heraus, die darüber hinausgehende Substitutionseffekte aufzeigt, lässt sich darstellen, dass übergreifende Einschätzungen der externen Aufwendungen notwendig sind, was im besonderen Maße bei den abzuleitenden Maßnahmen zu berücksichtigen ist. Aus einer solchen Betrachtung lassen sich auch stets Einschätzungen zu den Relationen und damit zu der Wertigkeit einzelner Maßnahmen ableiten.

5.1.3 Zum Zusammenhang von Bewertung und Rahmenbedingungen

Zweifellos besteht das originäre Anliegen der Bewertung darin, bei den Akteuren des Marktes – bei den Investoren, Verbrauchern und Vermittlern – ein ökonomisches Interesse an Energieeinsparungen bzw. -substitutionen zu initiieren. In erster Linie verlangt das, die Wirtschaftlichkeit zu begründen.

Es kommt darauf an, für jeden Prozess die konkrete Nutzen-Kosten-Relation herauszuarbeiten.[5] Im Entscheidungs- und Verantwortungsbereich des jeweiligen Akteurs muss der zu erwartende Nutzen die Kosten/Aufwendungen übersteigen.

Als grundlegendes Instrument dient hierfür die Gegenüberstellung von Kosten und Erlösen vergleichbarer konkurrierender Lösungen. Dem liegen die Marktpreise für Anlagen, Brennstoffe, Energie etc. zugrunde. Letztere schließen Unsicherheiten und Ungenauigkeiten ein, so bezüglich der künftigen Marktentwicklung (sog. Preisrisiken) und der nicht vollständigen Widerspiegelung aller positiven und negativen Konsequenzen (sog. Externalitäten).

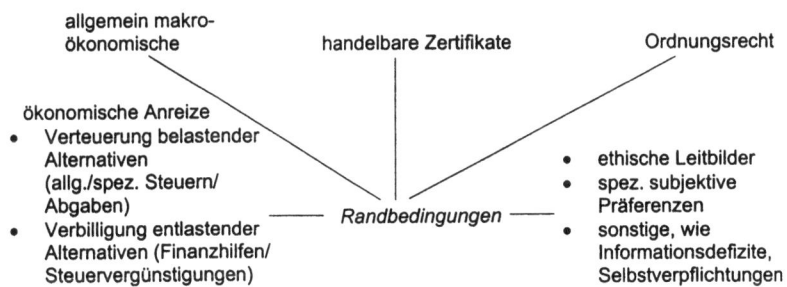

Bild 5-1
Randbedingungen für Bewertungen

---

[5] Praktisch lässt sich selbst diese Aufgabe nicht völlig überzeugend lösen, wie folgende Beispiele zeigen: So müssten die meist verwendeten statischen durch dynamische Vergleichsrechnungen ersetzt werden, um Kosten und Erlöse in verschiedenen Zeiträumen durch Zinseszins vergleichbar zu machen. So müssten die Fixkosten auf die gesamte Ist-Nutzungsdauer und nicht nur auf die Zeit nach dem Einkommensteuerrecht bezogen werden. So müssten konsequent alle anrechenbaren Steuervergünstigungen als Nutzensbestandteile berücksichtigt werden. Vgl. hierzu, S. 13 ff in [5-14].

Mithin wird die Wirtschaftlichkeit sowohl durch ein Maß an Bestimmtheit als auch durch einen gewissen Toleranz-/Spielraum charakterisiert. Dabei zeigt sich, dass sie nicht nur von prozessinternen Parametern abhängt, wie beispielsweise Versorgungszuverlässigkeit, Wirkungsgrad, Höhe und Struktur der Investitionen sowie der laufenden Betriebskosten. Einfluss nehmen außerdem äußere Rahmenbedingungen, vor allem die makro- und mikroökonomischen (vgl. *Bild 5-1*). Die ökonomischen Rahmenbedingungen reflektieren

– erstens, inwieweit der Markt anhand der Anlagen-, Brennstoff- und Energiepreise die Qualität und Quantität einzelner Prozessparameter gegenwärtig honoriert sowie

– zweitens, wo die Gesellschaft bzw. der Staat aus längerfristigen bzw. übergeordneten Erwägungen wegen des Marktversagens bewusst zusätzliche Anreize und Orientierungen für die Marktteilnehmer bietet.

Als übergeordnete Interessen kommen neben der bereits erläuterten Nachhaltigkeit insbesondere makroökonomische Effekte in Frage: Die Belebung einer stabilen Wirtschaftsentwicklung und eines Arbeitsmarktes mit dem Erhalt und der Schaffung von möglichst vielen Arbeitsplätzen sowie die Sicherung der Innovationsdynamik, Wettbewerbsfähigkeit und der Exportentwicklung. Diese Schwerpunkte machen zugleich deutlich, in welcher Richtung makroökonomische Rahmenbedingungen vom Staat zu beeinflussen bzw. auszugestalten sind. Mikroökonomisch scheint die Sicherung einer leistungsfähigen Infrastruktur, beispielsweise in Form der verschiedenen Energienetze, eine maßgebliche Rahmenbedingung für die Energiewirtschaft zu sein.

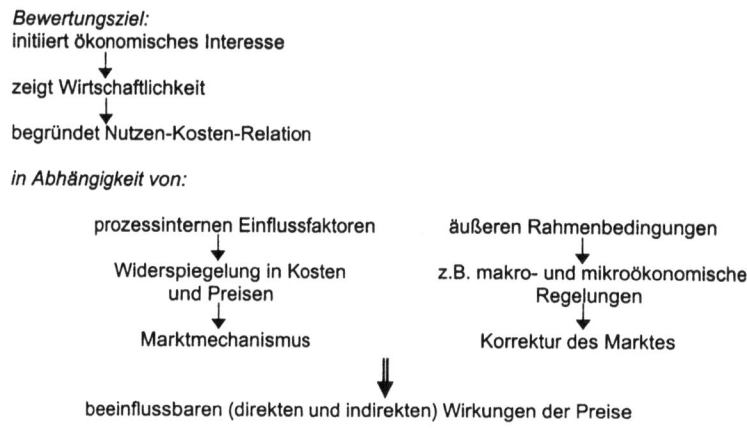

Bild 5-2
Zusammenhang von Bewertung und Rahmenbedingungen

Mit der bewussten Ausgestaltung dieser Rahmenbedingungen wird bezweckt, das ökonomische Interesse der Marktakteure (Unternehmen, öffentliche Einrichtungen und private Haushalte) in der einen oder anderen Richtung entweder zu unterstützen/forcieren oder zu mindern/verzögern. Dementsprechend sind die Anreize auf Verteuerungen oder Verbilligungen ausgerichtet. Insofern korrigieren die staatlich gesetzten Rahmenbedingungen den sich auf

5.1 Wirtschaftliche Bewertung und beeinflussbare Rahmenbedingungen

dem Markt spontan herausbildenden Preismechanismus. Im Grunde genommen bilden die gegebenen Marktpreise elementare Rahmenbedingungen. Sie drücken ökonomische Knappheiten (Angebots-Nachfrage-Verhältnisse) aus. Angesichts vorhandener Marktunvollkommenheiten (wie unvollständiger Wettbewerb und unberücksichtigte Externalitäten) müssen allerdings im Einzelfall die Marktpreise korrigiert werden. Das erfolgt indirekt – durch staatliche Eingriffe (vgl. *Bild 5-2*).

Tabelle 5-1: Energiesteuersätze in Deutschland [6]

Produkt/Verwendungszweck	Einheit	bis 31.3. 1999	ab 1.4. 1999	ab 1.1. 2000	ab 1.1. 2001	ab 1.1. 2002	ab 1.1. 2003	Δ *)
Kraftstoffe								
Verbleiter Ottokraftstoff	Pf/l	108	114	120	126 [I)]	135	141	5,3
Bleifreier Ottokraftstoff	Pf/l	98	104	110	116 [I)]	122 [I)]	128 [I)]	5,8
Dieselkraftstoff	Pf/l	62	68	74	80 [I)]	86 [I)]	92 [I)]	8,8
Leichtes Heizöl								
Regelsatz	Pf/l	62	68	74	80 [I)]	86 [I)]	92 [I)]	8,8
Verheizen	Pf/l	8,0	12,0	12,0	12,0	12,0	12,0	0
Unternehmen des Prod. Gewerbes sowie der Land- und Forstwirtschaft, soweit nicht zur Stromerzeugung verwendet	Pf/l	8,0	8,8	8,8	8,8	8,8	8,8	0
Stromerzeugung in Anlagen von Versorgern oder von anderen Unternehmen des Prod. Gewerbes	Pf/l	8,0	8,0	8,0	8,0	8,0	8,0	0
Alle Anlagen der Kraft-Wärme-Kopplung mit einem Monatsnutzungsgrad von mindestens 70 % [II)]	Pf/l	8,0	0	0	0	0	0	0
GuD-Anlagen ohne Wärmeauskopplung mit einem elektrischen Wirkungsgrad von mindestens 57,5% [III)]	Pf/l	8,0	8,0	0	0	0	0	(-100)
Schweres Heizöl								
zur Wärmeerzeugung	DM/t	30	30	35	35	35	35	(16,7)
zur Stromerzeugung	DM/t	55	55	35	35	35	35	(-36,4)
Alle Anlagen der Kraft-Wärme-Kopplung mit einem Monatsnutzungsgrad von mindestens 70 % [II)]	DM/t	30/55	0	0	0	0	0	0
GuD-Anlagen ohne Wärmeauskopplung mit einem elektrischen Wirkungsgrad von mindestens 57,5% [III)]	DM/t	55	55	0	0	0	0	(-100)
Erdgas								
Regelsatz	Pf/kWh	4,76	5,05	5,34	5,63	5,92	6,21	5,7
Verheizen	Pf/kWh	0,360 [IV)]	0,680	0,680	0,680	0,680	0,680	0
Unternehmen des Prod. Gewerbes sowie der Land- und Forstwirtschaft, soweit nicht zur Stromerzeugung verwendet	Pf/kWh	0,360	0,424	0,424	0,424	0,424	0,424	0

[6] Nettobelastung unter Berücksichtigung von Erlass, Erstattung bzw. Vergütung im Rahmen der ökologischen Steuerreform vom 24.3.1999 unter Berücksichtigung des Gesetzes zur Fortführung der ökologischen Steuerreform vom 16.12.1999. Quelle: [5-15].
*) Järliche Steuererhöhung, bezogen auf 1.4.1999 in %. Negatives Vorzeichen: Senkung. In Klammern: Einmalig.
[I)] Um 3 Pf/l erhöhter Steuersatz für verbleites Benzin sowie für Benzin/Diesel mit einem Schwefelgehalt von mehr als 50 mg/kg ab dem 1.11.2001 bzw. 10 mg/kg ab dem 1.1.2003. Der ÖPNV wird nur mit 50 % der Steuererhöhung belastet.
[II)] Ausgenommen Anlagen mit Gasturbinen und nachgeschalteten Dampfturbinen (GuD-Anlagen) ohne Wärmeauskopplung. Zwischen dem 1.4.1999 und dem 31.12.1999 war ein Jahresnutzungsgrad von mindestens 70% Voraussetzung für Erlass, Erstattung bzw. Vergütung der Steuer.
[III)] Nur für Neuanlagen, die zwischen 1.1.2000 und 31.3.2003 in Betrieb gehen mit zeitlicher Befristung für die ersten 10 Betriebsjahre.
[IV)] Entspricht etwa 3,5 Pf/m³ bzw. 4 Pf/l Heizöläquivalent.

Fortsetzung von *Tabelle 5-1*: Produkt/Verwendungszweck	Einheit	bis 31.3. 1999	ab 1.4. 1999	ab 1.1. 2000	ab 1.1. 2001	ab 1.1. 2002	ab 1.1. 2003	Δ *)
Erdgas								
Stromerzeugung in Anlagen von Versorgern oder von anderen Unternehmen des Prod. Gewerbes	Pf/kWh	0,360	0,360	0,360	0,360	0,360	0,360	0
Alle Anlagen der Kraft-Wärme-Kopplung mit einem Monatsnutzungsgrad von mindestens 70 % II)	Pf/kWh	0,360	0	0	0	0	0	0
GuD-Anlagen ohne Wärmeauskopplung mit einem elektrischen Wirkungsgrad von mindestens 57,5 % III)	Pf/kWh	0,360	0,360	0	0	0	0	(-100)
als Autogas V)	Pf/kWh	1,87	1,98	2,09	2,20	2,31	2,42	5,6
Flüssiggas								
Regelsatz	Pf/kg	186,3	196,7	207,0	217,3	227,7	238,0	5,3
Verheizen	Pf/kg	5,00	7,50	7,50	7,50	7,50	7,50	0
Unternehmen des Prod. Gewerbes sowie der Land- und Forstwirtschaft, soweit nicht zur Stromerzeugung verwendet	Pf/kg	5,50	5,50	5,50	5,50	5,50	5,50	0
Stromerzeugung in Anlagen von Versorgern oder von anderen Unternehmen des Prod. Gewerbes	Pf/kg	5,00	5,00	5,00	5,00	5,00	5,00	0
Alle Anlagen der Kraft-Wärme-Kopplung mit einem Monatsnutzungsgrad von mindestens 70 % II)	Pf/kg	5,00	0	0	0	0	0	0
GuD-Anlagen ohne Wärmeauskopplung mit einem elektrischen Wirkungsgrad von mindestens 57,5 % III)	Pf/kg	5,00	5,00	0	0	0	0	(-100)
Kraftstoff in anderen Fällen V)	Pf/kg	61,25	65,00	68,75	72,50	76,25	80,00	5,8
Kraftstoff zum Antrieb von Fahrzeugen V)	Pf/kg	24,10	25,57	27,05	28,53	30,01	31,49	5,8
Strom								
Regelsatz	Pf/kWh	-	2,00	2,50	3,00	3,50	4,00	25
Nachtspeicherheizung V), ÖPNV, Bahn	Pf/kWh	-	1,00	1,25	1,50	1,75	2,00	25
Unternehmen des Prod. Gewerbes sowie der Land- und Forstwirtschaft, soweit nicht zur Stromerzeugung verwendet VI)	Pf/kWh	-	0,40	0,50	0,60	0,70	0,80	25

Ein Versuch dieser Art ist die Festlegung von Energiesteuersätzen im Rahmen der ökologischen Steuerreform (s. *Tabelle 5-1*). Die zunehmend erhöhten Energiesteuern entsprechen sicherlich der gewünschten Wirkungsrichtung. So begünstigen sie z. B. erneuerbare Energien. Noch nicht recht einschätzbar ist aber ihr quantitativer Einfluss, insbesondere die Relation untereinander und in Verbindung mit der üblichen Technologie. Letztere könnte z. B. auf der Basis von Entropiebilanzen einen ersten Ansatzpunkt für eine Diskussion liefern.

Angesichts des vergleichsweise niedrigen Preisniveaus für Energie werden vielfach gesamtgesellschaftlich erwünschte und ökologisch notwendige Entwicklungen nur dank dieser Eingriffe erreicht. Insbesondere die Energieeinsparung und der Übergang zu modernen Versorgungsstrukturen erweisen sich oftmals dadurch in betriebswirtschaftlichen Kenngrößen als wirtschaftlich. Ohne diese Unterstützung haben volkswirtschaftlich effiziente, aber betriebswirt-

---

*) Järliche Steuererhöhung, bezogen auf 1.4.1999 in %. Negatives Vorzeichen: Senkung. In Klammern: Einmalig.
V) Befristet bis 31.12.2009.
V) Soweit vor dem 1.4.1999 installiert.
VI) Der ermäßigte Steuersatz kommt bei Verwendung für betriebliche Zwecke und einer jährlichen Steuerschuld dafür über 1000 DM zur Anwendung.

schaftlich scheinbar nicht lohnende Prozesse keine Chance, sich unter den gegenwärtigen Preis- und Wettbewerbsbedingungen auf dem Markt zu etablieren und sich dort zu entwickeln. Zu den staatlichen Eingriffen zählen hauptsächlich die FuE- sowie die Wirtschaftsförderung verschiedener Art und die Besteuerung von unerwünschten Versorgungsalternativen. Für Prozesse an der Grenze der Wirtschaftlichkeit und für kapitalschwache Klein- und Mittelbetriebe spielen darüber hinaus auch Unterstützungen in der Finanzierung eine bemerkenswerte Rolle.

Wird nun nach den zu erwartenden speziellen Wirkungen vorhandener ökonomischer Rahmenbedingungen oder umgekehrt nach der Beeinflussbarkeit der Rahmenbedingungen zwecks Erreichung bestimmter Wirkungen gefragt, so sind zumindest erst einmal folgende zwei Abhängigkeiten der ökonomischen Dimension hervorzuheben:

– Einerseits ist entscheidend, wie als Ausgangspunkt die konkrete technisch-technologische Lösung ausfällt, d. h. das konkrete energetische Konzept, und zwar für die speziellen Nutzerbedingungen des konkreten Versorgungsbereichs. Im Sinne des Forschungsprojekts kann das beispielsweise bedeuten, sich im ländlichen Versorgungsraum mit dem Einsatz vorhandener Biomasse und ihren spezifischen ökonomischen Verwertungsbedingungen zu befassen. Im industriellen Ballungszentrum kann vornehmlich die Nutzung von Abwärme mit ihren Verwertungsbedingungen interessieren, während im Verwaltungsballungszentrum dezentrale Wärmebereitstellungsverfahren vorrangig zu analysieren sind.[7]

– Andererseits sind die Einflüsse aus der konkreten juristischen Ausgestaltung der ökonomischen, energetischen, ökologischen und anderen Rahmenbedingungen zu berücksichtigen. Die juristischen Instrumente, wie beispielsweise ordnungsrechtliche Vorgaben und Sanktionen zu bestimmten Umwelterfordernissen, erscheinen zwar den Marktakteuren als „zwangsweise von außen auferlegt", können aber eine bemerkenswerte Wirksamkeit erreichen. Freiwillige Selbstverpflichtungen, die allerdings ohne Verbindlichkeit sind, könnten darüber hinaus zunehmend Bedeutung erlangen, wie die Industrieverbände und -zweige im Rahmen des CO_2-Reduktionsprogramms erkennen lassen.

5.1.4 Zum Grundproblem der Wirtschaftlichkeit von Abfallenergien

Bevor nun im einzelnen die Wirtschaftlichkeit beispielhaft für die Abwärme- und Biomasse-Nutzung behandelt wird, soll zunächst das Grundproblem (für die Abfallenergieverwertung insgesamt) herausgearbeitet werden. Im Zusammenhang mit der thermodynamischen Analyse besteht es darin, dass mangelnde Wirtschaftlichkeit von technisch-technologischen Weiterentwicklungen und Innovationen den größten Teil des Entstehens und der Nichtverwertung von Abfallenergien verschuldet.

Dem liegt einerseits, wie schon gesagt, die prinzipielle Substituierbarkeit des Produktions- und Konsumtionsfaktors Energie durch energiesparende Technologien/Techniken zugrunde. Andererseits stützt sich die Aussage darauf, dass in der Realität hauptsächlich die Wirtschaftlichkeit

---

[7] Die Auswahl dieser Untersuchungsobjekte ist durch die voranstehenden technischen und regionalen Überlegungen sowie die allgemein methodische Konzeption bestimmt. Die direkte Abwärmenutzung ist eine der quantitativ bedeutendsten Maßnahmen der Erhöhung der energetischen Effizienz technologischer Systeme und damit letztendlich der Reduzierung des Stoff- und Wärmeaustausches mit der Umgebung. Im Integraleffekt bedeutet das einen Beitrag zur nachhaltigen Entwicklung. Eine andere Maßnahme, zunächst abgeleitet aus der stofflichen Betrachtung aber auch aus energetischer Sicht (s. Abschnitt 3.2) kann als eine Art Kreislaufbildung bezeichnet werden. In einem allgemeinen Sinn kann die Nutzung von Biomasse methodisch einer solchen Maßnahme zugeordnet werden. Das begründet aus einer anderen Sicht die Auswahl des zweiten Beispiels.

– neben eventuell nicht vorhandenem (anwendbaren) Know-how und der Finanzierung sowie anderen nachgeordneten Gründen – diese Austauschbarkeit begrenzt. Deshalb wird in der Ökonomie vereinfacht von der Substituierbarkeit der Energie durch Kapital gesprochen. In der Praxis erfolgt das erst, wenn angesichts der relativen Kapitalknappheit (gegenüber anderen Verwertungsmöglichkeiten) eine lohnende Verzinsung (sprich: Wirtschaftlichkeit) gesichert ist.

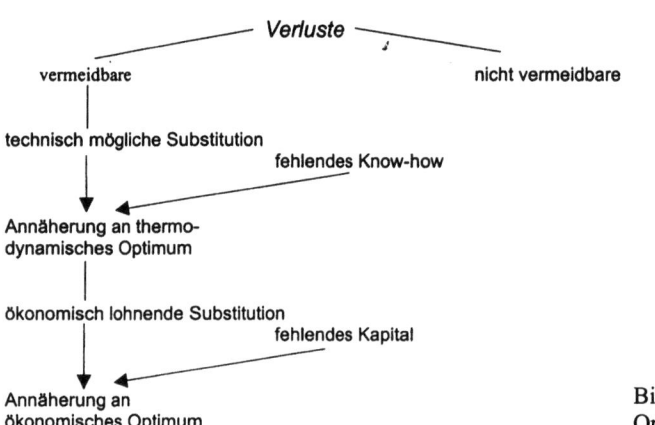

Bild 5-3
Optimale Begrenzung von Verlusten und Entropiezuwachs

Die reale Substituierbarkeit existiert allerdings erst außerhalb der thermodynamisch bestimmten Grenzen, d. h. erst jenseits der naturgesetzlich unvermeidbaren Energieverluste. Sie legt damit eine weitere Grenze der Energieverluste fest und betrifft damit die sogenannten vermeidbaren Energieverluste, also die überwindbaren Irreversibilitäten aufgrund besserer Verfahren und technischer Anlagen. Der hierbei auftretende Energieverbrauch könnte grundsätzlich durch erhöhten Kapitaleinsatz gesenkt werden. Mit anderen Worten könnte das thermodynamische Optimum, d. h. der naturgesetzlich bestimmte Energieverbrauch mit seiner zwangsläufigen Minderung der Entropieproduktion dann erreicht werden, wenn genügend Kapital (bei bereits vorhandenem Wissensstand etc.) verfügbar wäre. Letzteres ist de facto nur der Fall, wenn die energetischen Prozesse mit einer hohen (Mindest-)Wirtschaftlichkeit einher gehen (vgl. *Bild 5-3*).

Theoretisch folgt daraus, dass das thermodynamische Optimum nur dann mit dem ökonomischen Optimum übereinstimmt, wenn die mögliche Substitution von Energie durch Kapital total ist und zum Kostenminimum führt. Praktisch wird es nur in den seltensten Fällen eine Annäherung geben. Fehlendes Kapital (wegen anderweitiger besserer Verwertung), vergleichsweise niedrige Energiepreise und hohe Anlagenpreise, einseitig betriebswirtschaftlich orientierte Interessen und andere Faktoren begründen die allgemein hohe praktische Divergenz.

So zeigt bereits ein Blick auf die Preisentwicklung, dass gegenwärtig für eine hohe Energieverwertung keine günstigen Marktbedingungen existieren. Im Allgemeinen wird nämlich eine gute Wirtschaftlichkeit dann erreicht, wenn ein vergleichsweise teurer Produktionsfaktor bei hoher Substitutionsrate (im starken Maße) durch einen vergleichsweise billigeren ersetzt wird.

5.1 Wirtschaftliche Bewertung und beeinflussbare Rahmenbedingungen

Offensichtlich unterstützt die Entwicklung der Preisrelationen diesen Prozess nicht (vgl. *Tabelle 5-2*).

Tabelle 5-2: Index der Erzeugerpreise (für Inlandabsatz, alte Bundesländer) [8]

	1993	1994	1995	1996	1997	1998
Elektrizität, Fernwärme, Wasser*	*102,2*	*103,5*	*103,9*	*95,7*	*95,8*	*95,7*
Elektrizität insgesamt*	101,0	101,4	101,4	91,7	91,3	90,9
Elektrizität Sondervertragskunden (SVK)*	99,8	100,2	99,9	86,4	85,2	84,8
Fernwärme insgesamt	102,6	103,1	103,0	100,8	103,9	103,6
Erdgas insgesamt (inkl. Weiterverteilung)	90,6	88,1	83,6	84,5	95,9	91,6
Erdgas Industrie	89,8	88,8	87,0	87,5	98,0	93,8
Heizöle insgesamt	*85,4*	*79,3*	*76,2*	*91,9*	*91,4*	*74,5*
Investgüterproduktion insgesamt	*104,0*	*104,2*	*105,6*	*106,8*	*107,4*	*107,8*
Wärmerelevante Investgüter						
Dampfkessel, Behälter und Rohrleitungen	107,8	109,7	112,0	114,4	*117,3*	*117,9*
Industrieöfen, Brenner und Feuerungen	108,8	110,8	114,2	117,0	119,7	120,7
Kompressoren und Druckluftgeräte	107,2	108,8	111,4	114,6	115,8	118,0
Trocknungsanlagen	108,7	110,2	111,2	112,4	113,2	113,6
Armaturen	109,2	111,2	114,4	117,3	119,4	120,4
Elektrische MSR-Geräte	105,8	106,7	107,7	109,4	111,5	112,0
Stahlblecherzeugnisse	103,4	102,3	103,5	105,6	105,8	106,9

* seit 1996 ohne Kohlepfennig

In den letzten Jahren (nach dem zweiten Ölpreisschock) drückt die Marktpreisentwicklung zwischen Energie und Technologie/Technik eine sich vergrößernde Preisschere aus. Typische Apparate-/Anlagenpreise, beispielsweise für die Wärmeversorgung, haben sich in den letzten sieben Jahren stark verteuert, ganz im Gegenteil zu den Brennstoffen und zur Fernwärme. Die relative Verteuerung des Sachkapitals regt nicht an, bei niedrigen Energiepreisen zusätzliche Investitionen zu tätigen.

Angesichts dieser Marktpreise – die aus den vorn bereits genannten Gründen die Energie prinzipiell unterbewertet – wird es nur dann im umfangreichen Maße zu Energieeinsparungen/-substitutionen kommen, wenn der Staat in den Marktmechanismus interveniert. Nicht zuletzt deshalb ist es so wichtig, die Anlagenpreise bzw. die Investitionen durch eine gezielte Wirtschaftsförderung bewusst zu verbilligen und/oder das Energiepreisniveau durch eine Besteuerung (zugunsten der Steuerentlastung beim Produktionsfaktor Arbeit oder zugunsten der Förderung von Energieeinsparungen sowie regenerativer Energien) relativ hoch zu halten.

Im Sinne der nachhaltigen Energiestrategie sollten jene Prozesse begünstigt werden, die mit vergleichsweise geringen Verlusten bzw. Irreversibilitäten und damit mit geringem Entropiezuwachs einher gehen. Dazu gehören namentlich Prozesse, die über ein Stoffrecycling und eine hohe Abfallverwertung verfügen. Letzteres kann sich insbesondere an zwei Indikatoren

---

[8] 1991 = 100. Quelle: Statistisches Bundesamt, Fachserie 17, Reihe 2.

messen lassen: Einerseits ist es je Endenergieeinheit eine hohe Ausnutzung der eingesetzten Primärenergieträger und andererseits eine geringe Emissionsdichte (vgl. *Tabelle 5-3*).

Tabelle 5-3: Umrechnungsfaktoren auf Primärenergie und CO_2-Emissionen [5-16]

Endenergieträger	$\dfrac{kWh \ Primärenergie}{kWh \ Endenergie}$	Endenergiebezogenes CO_2-Äquivalent in g/kWh
Strom (Mix)	2,97	689
Braunkohle	1,20	455
Heizöl	1,10	297
Erdgas	1,07	232
Fernwärme (70 % KWK)	0,71	214
Holzhackschnitzel	1,06	33

Deutlich wird, dass Holzhackschnitzel (Biomasse) die besten Emissionswerte und die Fernwärme die höchste Ressourcennutzung aufweisen. Nicht zuletzt aus diesem Grund stehen diese beiden Prozesse nunmehr anschließend zur Diskussion.

5.1.5 Das Beispiel Abwärmeverwertung – wie kann ihre Wirtschaftlichkeit beurteilt und verbessert werden?

Wie sich die ökonomische Situation am Beispiel der Abwärmeverwertung – einer Hauptrichtung der Nutzung von Abfallenergie – darstellt, wird im Folgenden näher erläutert. Dabei ist diese Hauptrichtung vorwiegend geeignet, in industriellen Ballungsräume angewandt zu werden. Hier entstehen relevante Abwärmepotenziale als Folge sowohl zentraler sowie dezentraler Stromerzeugung (KWK-Wärme) als auch anderer industrieller Produktionsprozesse (Industrie-Abwärme, s. Abschnitt 3.6.3).

Die hier dargelegten Aussagen treffen auch generell für die Verteilungs- und Nutzungsseite der Fernwärme zu. Letztere kann z. B. aus gesonderten Heizwerken, also nicht aus Abwärme stammen. Aus Kraft-Wärme-Kopplungsprozessen kommen in Deutschland etwa 78 % der Fernwärme. Aus Heizwerken stammen 20 % und aus der industriellen Abwärmenutzung etwa 2 %. Die rund 250 Fernwärmeversorger unterhalten in Städten bzw. Stadtteilen insgesamt etwa 18.500 km Wärmenetze. So beliefern sie beispielsweise in Deutschland etwa 12 % der 37,3 Mio. Wohnungen. Dabei sind es 8 % in den alten und 28 % in den neuen Bundesländern. Allein diese Fernwärmeversorgung bringt gegenüber Individual-Heizungen etwa 35 % CO_2-Einsparung, abgesehen von der bemerkenswerten Reduzierung des Brennstoffverbrauchs.[9]

Die ökonomischen Rahmenbedingungen weisen für energetische Prozesse durchaus Züge einer allgemeinen Charakteristik auf. In ihren konkreten Wirkungen hängen sie aber stark von den speziellen Versorgungsobjekten ab. So kommt es beispielsweise nicht nur auf das Preisniveau der Energieträger schlechthin an, sondern auf die vor Ort sehr differenzierte Ausgestaltung der Preise in Form einzelner Tarife für einzelne Abnehmergruppen, für Tag- und Nachtzeiten, für verschiedene Einspeise- und Netzübernahmebedingungen, für die Preisgleitklauseln und für andere Preiskonditionen. Diese Ausgestaltung fällt bisher bei den einzelnen Versor-

---

[9] Nach Informationen der Arbeitsgemeinschaft Fernwärme e. V., Frankfurt, vom 22.02.2000.

5.1 Wirtschaftliche Bewertung und beeinflussbare Rahmenbedingungen

gern, je nach der Markt- und Wettbewerbssituation im Versorgungsraum, unterschiedlich aus. Mit der Intensivierung des Wettbewerbs – durch die Liberalisierung – werden sich Ausgleichstendenzen erst schrittweise herausbilden.

Auf die Wirtschaftlichkeit industrieller Abwärmenutzungen nehmen die ökonomischen Rahmenbedingungen (in der allgemeinen Charakteristik) insbesondere durch die fünf nachstehenden, und anschließend ausführlicher behandelten Determinanten einen Einfluss (vgl. *Bild 5-4*).

Voraussetzung:

Potentielle Nachfrager nach vorhandener nutzbarer Abwärme im engeren oder erweiterten Umkreis (in der eigenen Prozesskette, im eigenen Unternehmen sowie bei Dritten).

Lösungsrichtungen:

- technisch-technologische Umstellungen und Erweiterungen (z.B. zusätzliche Verteilungs- und Anschlussanlagen);
- organisatorische und vertragsrechtliche Ausgestaltung (z.B. zur Sicherung der Kontinuität);
- ökonomische und finanzielle Ausgestaltung (zur Sicherung nachfolgender Bedingung).

Bedingungen:

- für Nachfrager soll es Kosten-/Nutzensvorteil gegenüber Alternativen geben;
- für Anbieter zumindest kostenneutrale, möglichst gewinnbringende Verwertung.

Determinanten:

- spezifische Preise für Abwärme und Energie-Substitute in ihrer Höhe, Struktur (Leistungs- und Arbeitspreis mit Differenzierung) und Entwicklung inkl. ihrer ökologisch und ökonomisch begründeten Verzerrungen;
- Preise für notwendige Energieanlagen und -ausrüstungen in gleicher Gliederung;
- Finanzhilfen von EU, Bund, Land, Kommune und Unternehmen (z.B. durch Quersubventionen) sowie Steuervergünstigungen, sog. Wirtschaftsförderung;
- Finanzierungsmodelle (mit Zinserleichterungen, Risikoverteilung, Bürgschaften etc.);
- Interessenkonflikte zwischen Vermieter und Mieter, zwischen Inanspruchnahme von Vermögens- und Verwaltungshaushalten bei budgetfinanzierten Nachfragern, zwischen Beteiligung an Energieerzeugung und an Wärmeverbraucher.

Bild 5-4
Ökonomische Rahmenbedingungen für eine Abwärmenutzung

5.1.5.1 Ausreichender Markt und Gewinn als Voraussetzung

Nach den durchgeführten Analysen besteht zur Zeit für eine ex- und intensivere Nutzung der vorhandenen Abwärme fast kein ökonomisches Interesse. Das betrifft gleichermaßen die Industrie als Erzeuger, die privaten und gewerblichen Kunden als Endverbraucher sowie die Betreiber von Wärmenetzen als zwischengeschaltete Vermittler.

Einerseits fehlt offensichtlich auf der Angebotsseite (von industriellen und gewerblichen Wärmebereitstellern) ein lukratives Preisangebot, um als Startimpuls für eine auszulösende Nachfrage zu gelten. Andererseits tritt der Konsument nicht mit einer lukrativen Preispräferenz auf, die der Angebotsseite genügend ökonomische Anreize verheißt. Dabei versteht sich jeweils „lukrativ" als der individuell beste Nutzenswohlfahrtseffekt des Anbieters bzw. Nachfragers, und zwar im Vergleich zwischen Nutzen zu Kosten von Abfallwärme gegenüber anderen Alternativen.

So ist für die Industrie der Vergleich mit den erzielbaren Renditen (beispielsweise als Kapitalrendite, d. h. Gewinn zu Kapitaleinsatz) anderer Produktionsaufgaben/ Geschäftsfelder und für die Kunden der Renditevergleich gegenüber anderen Konsumtionsvarianten maßgebend.[10] Nach gegenwärtiger Erkenntnis würde die Industrie erst Interesse zeigen, wenn der Abwärmeverkauf etwa um 10 % Rendite verspricht, zumal längerfristige Wärmelieferverträge durchaus Risiken einschließen können (beispielsweise durch Havarien und Wegrationalisierung der Wärmebereitstellung).[11]

Wenn nicht ein angemessener Gewinn in Aussicht steht, scheuen sich beispielsweise die Anbieter selbst vor den auf dem Markt anfallenden Transaktionskosten, obwohl zumindest an bestimmten Produktions- und Umwandlungsstandorten qualitativ und quantitativ genügend Abwärmepotenziale zur Verfügung stehen können. Selbst das relativ kleine Risiko, zunächst nur einen Teil der Transaktionskosten, nämlich die Anbahnungskosten für Informationsbeschaffung, Marktaufklärung etc. vorschießen zu müssen, wird dann nicht in Kauf genommen. Ähnlich verhält es sich auf der Nachfrageseite, wobei die zwischengeschaltete Vermittlung der Wärmeversorgungsgesellschaften mit ihren (zuerst nicht bekannten) Kostenunsicherheiten (für die Netzfunktion) die Situation weiter zuspitzt.

Für die Verbraucher wird die Ab-/Fernwärme erst lohnend, wenn ihr Marktpreis (sog. anlegbarer Wärmepreis), der alle Kosten dieses Versorgungssystems einschließt, die Gesamtkosten einer Alternativversorgung (beispielsweise mit Hilfe eines eigenen Gas-Brennwertkessels) unterschreitet. Insofern unterliegt die Wärme dem Wettbewerb. Im Gegensatz zur bisherigen Strom- und Gasversorgung erlaubt er grundsätzlich keine Monopolpreise.

Folgt man dem obengenannten Erklärungsmodell für das Entstehen von Austauschbeziehungen, d. h. eines Wärmemarktes, so liegt die Schlussfolgerung nahe, dass sich das rationale, aber eigennützige Verhalten der Akteure erst ändern wird, wenn sich die Wirtschaftlichkeit der Abfallwärmeverwertung verbessert. Prinzipiell kann das auf zwei Wegen erfolgen:

– Einerseits müssten sich die Effekte alternativer Systeme spürbar verringern. Steigende Brennstoffkosten für Kohlen, Gas und Heizöl aufgrund von Erhöhungen der Weltmarktpreise oder der Einführung ökologisch begründeter Energie- bzw. Emissionssteuern/-abgaben könnten dem beispielsweise zugrunde liegen (s. *Tabelle 5-1*).

– Andererseits müsste eine Aufwertung der Abwärme zustande kommen. Das könnte das Resultat sowohl deutlicher Kostensenkungen als auch einer höheren Anerkennung des

---

[10] Da die Interaktionen von Angebot und Nachfrage zwischen unabhängigen eigennützig handelnden Akteuren stattfinden, gibt es grundsätzlich kein anderes Entscheidungskriterium als die angestrebte Maximierung individueller Wohlfahrtseffekte. Wenn letzteres – wenigstens ansatzweise – nicht in Aussicht steht, wird es nicht zu Entwicklung eines „Teilmarktes Abwärme" kommen.

[11] So hat beispielsweise die RWE AG im Geschäftsjahr 1997/98 eine Kapitalrendite von 11,2 % erreicht, in: RWE AG, Geschäftsbericht 1997/98, Essen. Erfolgreiche Stadtwerke, beispielsweise die MVV Energie AG Mannheim, können mit einer durchschnittlichen Umsatzrendite von 15 bis 17 % durchaus auch diesen Wert realisieren.

5.1 Wirtschaftliche Bewertung und beeinflussbare Rahmenbedingungen

ökologischen Nutzens sein. So würde die angemessene Berücksichtigung der Einsparung von Primärenergie und Schadstoffemissionen (beispielsweise durch einen Ökobonus) offensichtlich zur Aufwertung von Abwärme beitragen. In die gleiche Richtung würden „Strafmaßnahmen" für die Nichtverwertung von Abfallwärme zielen.

5.1.5.2 Nachfrage- und angebotsorientierte Beeinflussung der Wirtschaftlichkeit

In der Regel wird die Wirtschaftlichkeit sowohl von der Nachfrage- als auch Angebotsseite beeinflusst. Auf der *Nachfrageseite* könnten relevante Wirkungen eintreten, wenn sich hauptsächlich die Konkurrenzbrennstoffe, vor allem das Erdgas, sowie die Heizkesselanlagen verteuern. Solange allerdings die Preise für Heizöl und Erdgas fast einen Tiefststand einnehmen, droht diese Entwicklung nicht.

Dass sich in den letzten Jahren die preisliche Wettbewerbsfähigkeit nicht zugunsten der Fernwärme entwickelt, macht nachstehender Preisvergleich deutlich (vgl. *Tabelle 5-4*).

Tabelle 5-4: Index der Erzeuger-Energiepreise in den alten Bundesländern[12]

	Dezember 1998
Fernwärme insgesamt	102,5
Fernwärme für Wohngebäude	*102,6*
Erdgas insgesamt	84,0
Erdgas für Haushalte	*93,9*
leichtes Heizöl insgesamt	63,7
leichtes Heizöl für Verbraucher	*68,4*
Elektrizität insgesamt	89,9
Elektrizität für Haushalte	*99,1*

Während in den alten Bundesländern die Erzeugerpreise der Konkurrenzenergien im Dezember 1998 gegenüber 1991 grundsätzlich billiger wurden, verteuerte sich die Fernwärme. Das betrifft sowohl die Lieferungen für Wohngebäude als auch für Nichtwohngebäude.[13]

Praktisch relevant sind außerdem auf der Nachfrageseite die Möglichkeiten zur Erhöhung und Verdichtung der Nachfrage von Wärme. Neuansiedlungen von gewerblichen und privaten Verbrauchern (mit einem Bedarf an Prozess- und Raumwärme, Warmwasser und Kälte), Zusammenschlüsse von Verbrauchern zu Einkaufskooperationen (im Rahmen der Nachfragebündelung) kommen hierfür ebenso in Frage wie die Ausgestaltung der kooperativen Wärmewirt-

---

[12] 1991 = 100. Quelle: Statistisches Bundesamt, Fachserie 17, Reihe 2, Dez. 1998.
[13] Zu gleichlautenden Aussagen kommt auch der Bundesverband der Energieabnehmer (VEA) in Hannover, der seit 1978 regelmäßig einen Fernwärmepreisvergleich veröffentlicht. Zur Zeit erfasst dieser Vergleich 95 Fernwärmeversorgungsunternehmen mit insgesamt 104 Fernwärmenetzen. Demnach kostete zum 1.10.1998 in den alten Bundesländern die Fernwärme (bei einer Wärmeleistung von 600 kW) durchschnittlich 72,38 DM/MWh. Wie seit Jahren liegt der Preis in den neuen Bundesländern hierfür immer noch höher, zur Zeit mit durchschnittlich 87,17 DM/MWh um etwa 21 %. Vgl. VEA, Fernwärmepreisvergleich 1998, Hannover.

schaft.[14] Diese und andere Maßnahmen können helfen, die wirtschaftlich erstrebenswerte Wärmeanschlussdichte von mindestens 30 MW/km² zu erreichen und dadurch den Fixkostenanteil pro Kunden zu senken (s. auch Abschnitt 4.5) [5-17]. Dass es in dieser Beziehung noch Spielräume gibt, verdeutlichen nicht zuletzt Erfahrungen von Wärmeversorgern, die sich flexibel und konstruktiv dem Kundenwünschen gegenüber öffnen.

Überhaupt scheint es so, dass mehr Flexibilität in den Wärmelieferverträgen – und hier hauptsächlich in der Preisgestaltung – ein zusätzliches Nachfragepotenzial erschließen hilft. Können heutzutage (in Zeiten des verstärkten Wettbewerbs) bei der Fernwärme noch immer längerfristige starre Verträge mit konventionellen Preisregelungen überhaupt attraktiv sein? Sollte nicht in der Anlaufphase strikt auf niedrige Preise orientiert werden? Sollten z. B. die Kunden nicht wählen dürfen zwischen niedrigen Basispreisen (mit Preisanhebungen lt. Preisgleitklauseln) und höheren Basispreisen von Anfang an (ohne entsprechende Erhöhungen) [5-18]?

Auf der *Angebotsseite* müssten namentlich die Wärmebereitstellungskosten günstiger werden. Sie umfassen sowohl Erzeugungs- als auch Weiterleitungskosten. Letztere stellen aufgrund ihres hohen Fixkostenanteils ein spezielles Problem dar (vgl. *Bild 5-5*).

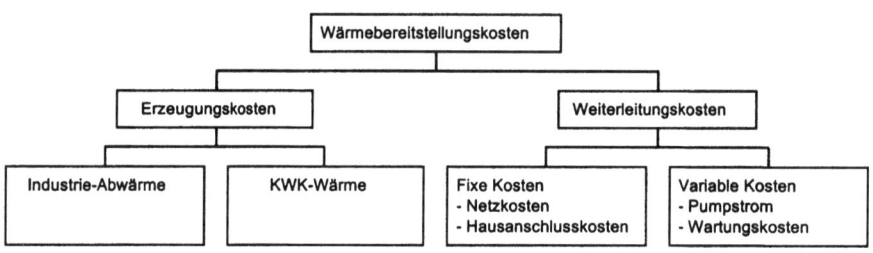

Bild 5-5
Kosteneinflussfaktoren

Bei der Industrie-Abwärme fallen die reinen Produktionskosten bisher nicht ins Gewicht, denn sie wird meist als nicht verkaufbares Kuppelprodukt in der betrieblichen Kostenrechnung mit „annähernd Null" bewertet.

Bei der ausgekoppelten Wärme aus KWK-Prozessen – mit etwa 70 % Anteil an der deutschen Fernwärme – fallen dagegen schon heute die Erzeugungskosten ins Gewicht. Zwar konnten bisher die verrechneten Wärmekosten davon profitieren, dass der Strom (als zweites Kuppelprodukt) aufgrund fehlenden Wettbewerbs hohe Erlöse sichert. Dadurch kommt es praktisch bei der üblichen Kostenverteilungsmethode, der Subtraktions- oder auch Restmethode, zur internen Quersubvention. Das verbilligt die Wärme. Der Strom als Kuppelprodukt wird nicht besser und nicht schlechter gestellt als bei der alternativen Erzeugung (reine Stromproduktion).

---

[14] Vgl. Empfehlung der Verbände VIK, VKU und VDEW zur Förderung der kooperativen Kraft-Wärme-Wirtschaft. In: VIK-Mitteilungen, 4/1998, S. 82 ff.

5.1 Wirtschaftliche Bewertung und beeinflussbare Rahmenbedingungen

Mit dem europäischen Liberalisierungsprozess geraten seit Mitte 1998 die deutschen Elektrizitätspreise stark unter Druck. Die Quersubvention wird nicht mehr aufrecht zu erhalten sein. Erwartet wird nunmehr, dass der Wärmeverkauf nicht nur angemessene Kostenanteile sondern zusätzlich auch einen Gewinnanteil erwirtschaftet. Um das zu ermöglichen, kommt es sicherlich stärker zur Kostenverteilung nach der Substitutionsmethode. Letztere besagt, dass die Erlöseinbußen beim Strom (aus der elektrischen Minderleistung im KWK-Prozess und aus der Marktsituation) voll als Kosten der Wärme betrachtet werden. Praktisch werden für die Wärme der Leistungsgrundpreis vom entgangenen Leistungspreiserlös sowie der Arbeitspreis vom Erlösausfall des Arbeitspreises des Stroms abgeleitet.

Da die Liberalisierung bereits zu Preisabsenkungen für den Industrie- und Haushaltsstrom bis zu 30 % führt, gerät die Kraft-Wärme-Kopplung teilweise in wirtschaftliche Schwierigkeiten. Das betrifft namentlich jene Stadtwerke, die Kohle verfeuern und deren Erzeugungs- und Netzanlagen noch nicht abgeschrieben sind.

Um die energiewirtschaftlich und ökologisch effizienten KWK-Prozesse und damit die verbrauchernahe Wärmeerzeugung zu unterstützen, wurden vorübergehende Anreizregelungen geschaffen [5-19]. Längerfristig könnte das in Abschnitt 3.7 dargestellte Entwicklungskonzept helfen. Höhere Stromkennzahlen erhöhen die Ausnutzung der KWK-Anlagen. Letztendlich könnten die Kosten sinken, zumal der Überschussstrom für den Einsatz elektrischer Wärmepumpen verkauft werden soll.

Wenn sich allerdings der Strompreis für große Kunden weiter stark absenkt sowie der Wettbewerb und Konzentrationsgrad im Strommarkt drastisch zunehmen, so drohen – besonders angesichts der hohen Überkapazitäten im deutschen Stromsektor sowie wachsender Billigstimporte – für die KWK-Prozesse weitere ernste Gefahren. Dann ist nicht auszuschließen, dass insbesondere BHKW-Anlagen massenweise stillgelegt werden, selbst wenn sie wärmegeführt bis 7.000 Stunden jährlich in Betrieb sind. Einerseits könnten die Stromerzeugungskosten (etwa bei 6 bis 7 Pf/kWh) nicht mehr mit den niedrigen Marktpreisen mithalten. Andererseits greift die Konkurrenz ein. Es häufen sich nämlich bereits Fälle, dass die leistungsstarken Energieversorgungsunternehmen den kleineren dezentralen Konkurrenten hohe „Stilllegungsprämien" zahlen. Wenn also BHKW ihre Kunden nicht stromversorgen, sondern das den EVU überlassen, werden sie dafür mit hohen jährlichen Pauschalentschädigungen und äußerst niedrigen Strompreisen (für den Eigenbedarf etwa 5 Pf/kWh) honoriert. Ansonsten drohen die EVU mit außergewöhnlich teurem Zusatz- und Reservestrom für die BHKW.

5.1.5.3 Die besondere Wirkung der Fixkosten und ihr Senkungspotenzial

Grob geschätzt entfallen etwa die Hälfte der Fernwärmekosten (am Ort des Verbrauchers) auf die Weiterverteilung in den umfangreichen Netzen. Die Weiterleitungskosten hängen hauptsächlich von der Art und dem Umfang der Netzverlegung sowie der Hausanschlüsse ab. Weitere Einflüsse haben die Kosten für die Netznebenanlagen, die Wärmeverluste, der notwendige Pumpstrom sowie die Personal- und Gemeinkosten.

Als Anhaltspunkt für die Kostenstruktur und Kostengewichte der Fernwärme kann man die in *Tabelle 5-5* angeführten Durchschnittswerte ansehen. Aus diesen Anhaltspunkten wird ersichtlich, dass der hohe Anteil von Fixkosten für die Fernwärme charakteristisch ist, beispielsweise gegenüber den alternativen Versorgungssystemen durch öl- und gasgefeuerte Zentralheizungen. Damit ist der kapitalintensiven Fernwärme unter den gegenwärtigen Entwicklungsbedingungen ökonomisch ein Nachteil zu eigen. Die hohe Dynamik in der Erneuerung der Technik (Apparate, Anlagen etc.), die allgemein hohe Nachfragesättigung mit begrenztem

Wirtschaftswachstum sowie die Wettbewerbsverschärfung durch die Liberalisierung und internationale Globalisierung verlangen nämlich zunehmend kürzere Kapitalrückflusszeiten bei höheren Kapitalerträgen. Dieser Forderung entsprechen kleinere netzunabhängige Wärmebereitstellungen mit hoher Flexibilität naturgemäß mehr.

Tabelle 5-5: Struktur der Fernwärmebereitstellungskosten[15]

	Pf/KWh	Prozent
Erzeugungskosten (Abschreibungen, Personal- und andere Betriebskosten)	2,5 ... 4	31
Verteilungskosten (Netzkosten, Pumpstrom, Verluste etc.)	2,5 ... 4	31
Anschluss- und Kundenanlagen	0,5 ... 1	8
Abrechnung	0,5 ... 1	8
Vertrieb	0,5 ... 1	8
Sonstige Gemeinkosten	0,5 ... 2	15
Summe	7,0 ... 13	≈ 100

Zugleich ergibt sich aus dem hohen Fixkostenanteil, dass die Fernwärme von Veränderungen der Brennstoffpreise nicht so stark betroffen wird wie die zuvor genannten Systeme. Mit anderen Worten: Von sinkenden Erdgas- und Heizölpreisen profitiert der Fernwärmepreis nicht in dem Maße. Allerdings wird er bei der Brennstoffverteuerung auch nicht so belastet.

Für die nahe Zukunft könnte sich daraus ableiten, dass mit der Einführung des Wettbewerbs auf dem Gasmarkt und den wahrscheinlichen Gaspreis-Nachlässen die Fernwärme vielfach unter zusätzlichem Kostendruck gerät.[16] Es bleibt nicht zuletzt aus diesem Grunde unverzichtbar, die Wirtschaftlichkeit der Fernwärme konsequent zu verbessern. Das kann und muss eine Hauptschlussfolgerung aus der erreichten Situation und den zu erwartenden Entwicklungstendenzen sein. Angesichts des erreichten technischen Fortschritts im Netzbau (z. B. durch Einführung von Kunststoffmantelrohren sowie von Flexrohren mit moderner Verlegetechnik von der Kabeltrommel) existieren bei der Weiterleitung offensichtlich bedeutsame Kostensenkungspotenziale. Aus der Literatur sind Einschätzungen von Kostenabsenkungen bis 30 % bekannt [5-20].

Aufgrund des hohen Anteils der Fixkosten für die Netze und die Hausanschlüsse werden bei der Preisbildung für Fernwärme überwiegend zweiteilige Preissysteme angeboten. Zur Abdeckung der Fixkosten kommen Grund- bzw. Leistungspreise in DM/kW und zur Realisierung der variablen Kosten die Arbeitspreise in DM/MWh bei den Kunden in Frage. Da die Grund- oder Leistungspreise im Allgemeinen sehr hoch veranschlagt sind, hängen die tatsächlichen durchschnittlichen Wärmepreise stark von der jährlichen Benutzungsdauer ab. Letzteres scheint hauptsächlich für gewerbliche Nutzungen von besonderem Interesse. Bei Raumheizungen variiert nach Erfahrungen die gewöhnliche Heizungsdauer nicht so stark, in der Regel zwischen 1.500 bis 2.000 h/a.

---

[15] Quelle: Fernwärme international, 7-8/1995, S. 340.
[16] So muss spätestens zum August 2000 die EU-Binnenrichtlinie Gas in deutsches Recht umgesetzt und der Wettbewerb auf dem Gasmarkt ermöglicht werden. Bisher steht die „Verbändevereinbarung Gas" über konkrete Netzzugänge und Durchleitungsentgelte noch nicht zur Verfügung.

5.1 Wirtschaftliche Bewertung und beeinflussbare Rahmenbedingungen

Demnach lautet eine wichtige Frage für weitere Kostensenkungen: Wie lassen sich Benutzungszeiten erhöhen? Welche Beiträge können beispielsweise die Bereitstellung von Warmwasser und von Kälte aus Fernwärme hierfür leisten?

5.1.5.4 Anlegbarkeit und Spielräume der Wärmepreisgestaltung

Um die Variationsbreite und marktzulässige Höhe (Anlegbarkeit) von Wärmepreisen zu kennzeichnen, werden nachstehend Wärmelieferverträge und eine durchgeführte Vergleichsrechung ausgewertet.

Für einen konkreten Abnahmefall, beim Neuanschluss von 200 kW Wärmeleistung (etwa für zehn Mietwohnungen) mit einer Ausnutzungsdauer von 1.500 h/a, können z. B. folgende Teilpreise in Wärmelieferverträgen vereinbart sein:

Jahresgrund- bzw. Leistungspreis	30 bis 90 DM/kW a
Arbeitspreis	40 bis 80 DM/MWh
Jahresverrechnungspreis	150 bis 500 DM/a
Anschlusskostenbeitrag	50 bis 300 DM/kW .

Die Spielräume bei den Preisen reflektieren offizielle Versorgungsangebote in Deutschland. Dabei sind natürlich die Fernwärmeverkäufer bei der Kundenakquisition zunächst gezwungen, nicht unbedingt ihre vollen Kosten inkl. der üblichen Gewinnmarge zu realisieren, sondern anlegbare Wärmepreise im Vergleich zu den Konkurrenzsystemen. Wenn erst einmal der Versorgungsvertrag abgeschlossen ist, wird die Kostensicherung dominieren. Bei der Anbahnung von Verträgen muss man dagegen die Preisspielräume soweit nutzen, wie es jeweils der Wärmemarkt im lokalen Raum und bei der Kundengruppe verlangt.

- Nach den obengenannten Vertragsangeboten kostet die Kilowattstunde Fernwärme (für bisherige Kunden) beim billigsten Versorger etwa 6 Pf und beim teuersten etwa 14 Pf.[17] Im arithmetischen Mittel kostet sie 10 Pf/kWh.
- Das entspricht z. B. dem gegenwärtigen Wärmepreis in der Stadt Halle (Saale).
- Unter Einbeziehung der einmaligen Anschlusskosten (auf zehn Jahre verteilt) zahlen neue Kunden etwa 12 Pf/kWh im Durchschnitt, minimal 8 Pf/kWh und maximal 16 Pf/kWh. Damit bleibt der Wärmepreis für neue Kunden nicht generell unter den Kosten für eine neu installierte eigene Wärmebereitstellung.
- Für letztere errechnet sich ein Vergleichspreis von etwa 13,4 Pf/kWh, beim durchschnittlichen Preis für Erdgas von 7,6 Pf/kWh und für den kompletten Brennwertkessel pro Wohnung von etwa 10.000 DM. Das deutet darauf hin, dass die teuren Fernwärme-Anbieter mehr als die anlegbaren wettbewerbsfähigen Wärmepreise fordern, alle anderen Gesichtspunkte der Entscheidung über das Versorgungssystem einmal außer Acht gelassen.

Zu beachten ist dabei, dass die örtlichen/regionalen Spezifika von bemerkenswertem Einfluss sein können. In Einheit mit der Benutzungsdauer bestimmen insbesondere die unterschiedlichen örtlichen Wärmebedarfsdichten die jeweiligen spezifischen Verteilungskosten (Fixkostenanteile). So ist nachvollziehbar, warum im Allgemeinen insbesondere zerstreute Siedlungsgebiete spürbar teure Fernwärmepreise aufweisen als günstige Innenstadtbereiche. Allein

---

[17] Dabei dokumentiert der jüngste Fernwärmepreisvergleich per 01.10.1999 wiederum, dass die ost- gegenüber westdeutschen Preise durchschnittlich teurer sind, um ca. 25 % zum o. g. Zeitpunkt [5-21].

die Hausanschlusskosten variieren beispielsweise von 150 DM/kW (für >100 kW Leistung) bis 1.000 DM/kW (für <10 kW Leistung) [5-22].

In diesem Kontext soll auf einen zunehmenden Widerspruch aus der allgemeinen technischen Entwicklung kurz aufmerksam gemacht werden. Es geht um die tendenzielle Abnahme der spezifischen Verbrauchsdichte mit wachsender Verbesserung der Verbrauchseffizienz. So ist zu erwarten, dass insbesondere bei vollständiger Umsetzung der Anforderungen der Wärmeschutzverordnung und ihrer laufenden Qualifizierung, d.h. bei immer besserer Wärmedämmung, die spezifischen Verteilungskosten (in DM/kWh) mit sinkendem Wärmeverbrauch sukzessive steigen. Zugleich könnte daraus ein Zuwachs in der elektrischen Wärmebereitstellung (mittels Nachtspeicherheizungen, Wärmepumpen etc.) resultieren. Für Wohnungsgebäude mit hoher Dämmung (etwa im Sinne von Niedrigenergiehäusern mit bis 80 kWh/(m²*a) könnte die preiswerte Elektrizität zunehmend zur Konkurrenz von Fernwärmeversorgungssystemen werden.

5.1.5.5 Ökologische Effekte und ihre Berücksichtigung bei Bewertungen

Um die notwendige Verbesserung der Wirtschaftlichkeit der Fernwärme zu sichern, reichen offenbar konsequente Rationalisierungen aller Prozessabläufe bei der Erzeugung und Verteilung mit entsprechenden Kostensenkungen nicht aus. Zugleich scheint eine Aufwertung des Nutzens – namentlich hinsichtlich des Umwelt- und Klimaschutzes – unverzichtbar. Es scheint so, dass die angemessene Bewertung ökologischer Vorzüge der Fernwärme der maßgeblichste Faktor ist, der gegenwärtig die oftmals ungenügende Wirtschaftlichkeit überwinden kann. Dass mit der Nutzung von Abwärme und auch von ausgekoppelter KWK-Wärme deutliche Einsparungen an erforderlicher Primärenergie und an ausgestoßenen Emissionen (Staub, SO_2, NO_X, CO_2, CH_4 etc.) einher gehen, bleibt weitgehend unbestritten.

Nach einer jüngsten Publikation [5-23] ist für die BRD in 1995 festzustellen:

- Von den insgesamt etwa 96,3 Mrd. kWh Fernwärme stammen 75 % aus KWK-Anlagen. Etwa 82 % der Fernwärme wird für Raumwärme und Warmwasser in Haushalten, öffentlichen Einrichtungen und Gewerbe benötigt. Der Rest geht in die Industrie.

- Die Einsparung von Primärenergie beträgt bei KWK-Anlagen (gegenüber einer zentralen gasgefeuerten Frischwärmeerzeugung) etwa 20 %. In Städten mit höherem KWK- und Fernwärmeanteil, beispielsweise in Duisburg (s. Abschnitt 4.1.2), können bis zu zwei Drittel des Brennstoffeinsatzes vermieden werden.

- Brennstoffkosten werden dementsprechend deutschlandweit etwa 45 % und für Duisburg bis 90 % eingespart.

Dass die Emissionen stark reduziert werden können – etwa um 30 % –, folgt aus der Brennstoffersparnis und ihrer Struktur. So liegt bei der spezifischen Emission die Fernwärme recht günstig, etwa bei 214 CO_2-Äquivalent/(kWh Endenergie), wie bereits *Tabelle 5-3* in Abschnitt 5.1.4 zeigt. Das sind beispielsweise etwa die Hälfte der Emissionen der Braunkohlenverbrennung. Es versteht sich, dass die Fernwärme ökologisch in dem Maße weiter aufgewertet wird, wie der bisher noch bedeutende Kohleanteil (von etwa 50 % der eingesetzten Brennstoffe) zugunsten von Erdgas (bisher etwa ein Drittel Anteil) zurückgeht.

Auch Untersuchungen zur optimalen CO_2-Reduktionsstrategie in Österreich belegen, dass im Raumwärmebereich der Ausbau der Fernwärmeversorgung, verbunden mit KWK-Anlagen, besonders attraktiv ist. Zwar können die Wärmedämmung und der Einsatz von Hackschnitzelheizungen quantitativ die größten CO_2-Einsparungen realisieren helfen, aber bei gleichzeitiger

5.1 Wirtschaftliche Bewertung und beeinflussbare Rahmenbedingungen

Berücksichtigung der Reduktionskosten liegt die Fernwärme als kostengünstigste CO_2-Ersparnis an der Spitze [5-24].

Dass die Fernheizung auf Basis der KWK-Technologie bei gleichen Energiespareffekten der kostenintensiveren Wärmedämmung (allerdings mit höheren CO_2-Spareffekten) überlegen ist, weist auch eine Analyse der Entwicklung in Ostdeutschland (für 1989 bis 1997) nach [5-25].

Selbst gegenüber modernen gasgefeuerten Brennwertkesseln in Zentralheizungen genießt die Fernwärme noch ökologische Vorteile. Das gilt um so mehr, wenn es sich einerseits um (bisher nicht mehr verwertbare) Abwärme der Industrie handelt. Sie ist praktisch mit „Null-Emissionen" und „Null-Energieaufwand" verbunden, denn die rechnerischen Anteile für die Abwärme sind bei der verkaufbaren/nutzbaren Industriewärme verrechnet.

Das gilt andersseits aber auch für die Kopplungswärme, wenn sie durch gasgefeuerte GuD- und BHKW-Anlagen erzeugt wird. Dann sind nämlich höhere Wirkungsgrade gegenüber kleineren gasgefeuerten Anlagen zu erwarten. Das trifft erst recht zu, wenn ebenfalls Brennwertkessel unter Ausnutzung der Rauchgaskondensatonswärme zum Einsatz kommen.

Die Ersparnis von Primärenergie und Emissionsfolgeschäden ist aus ökonomischer Sicht weitgehend mit externen Nutzenseffekten gleichzusetzen. Als solche sind weder die Ersparnis noch der Mehraufwand in den gegenwärtigen Energiepreisen voll widergespiegelt.

- Das ist bei den tatsächlich noch ausgestoßenen Emissionen offensichtlich, denn ihre Schadens- bzw. Vermeidungskosten sind im Preis nicht kalkuliert. In den Produktionskosten und Preisen wird dagegen die unterlassene Emission (aufgrund verschiedener durchgeführter Vermeidungsmaßnahmen) anhand der damit verbundenen Vermeidungskosten teilweise berücksichtigt. Richtet sich dieser Widerspruch nicht gegen das ökonomische Interesse der Unternehmungen? Es fehlt der Anreiz zur Senkung der (noch nicht vermiedenen) Emissionen.

- Beim Einsatz von primären Energieressourcen verhält es sich analog. Die eingesparte Primärenergie fließt praktisch über verminderte Brennstoffkosten in die Produktionskosten und Preise der einzelnen Versorgungssysteme ein. Wer beispielsweise weniger Kohle oder Erdgas einsetzt (aufgrund höherer Anlagenwirkungsgrade, besserer Brennstoffeinsatzoptimierung etc.), der belastet auch seine Produkte wie Strom und Wärme weniger mit Energiekosten. Kommt keine Einsparung zustande, dann bleiben die Kosten hoch. Genügt aber diese betriebswirtschaftliche Kostenbetrachtung?

Das Problem besteht deshalb vordergründig darin, dass aus ökologischer Sicht die gegenwärtigen Preise als Bewertungsinstrument den Anforderungen der nachhaltigen Ressourcenschonung und Emissionsminderung nicht umfassend gerecht werden. Wenngleich an der Überwindung der Defizite international gearbeitet wird, existieren nach gegenwärtigen Erkenntnissen bisher noch keine allgemein akzeptablen Lösungsvorschläge.

Das schließt die geldliche Bewertung von Emissionen ein. Insbesondere für den Einfluss auf das Weltklima (durch CO_2, CH_4, NO_X etc.), der letztendlich von ausschlaggebender Bedeutung zu sein scheint, gibt es trotz intensiver Forschungen bis jetzt noch keine überzeugende anwendbare Lösung zur Monetarisierung.

Deshalb können gegenwärtig nur Näherungslösungen weiterhelfen. Eine besteht beispielsweise darin – ausgehend von überschläglichen Berechnungen –, die Emissionen insgesamt mit pauschalen Vermeidungskosten bzw. Näherungswerten der Folgeschäden zu bewerten. Eine Berücksichtigung der langfristigen Ressourcenschonung bleibt dabei allerdings noch außen vor. Denkbar wäre hierfür eine längerfristige, sozialökonomisch begründete Verzinsung bzw. Diskontierung der Ressourcen. In der Schweiz wird geprüft, inwieweit ein „Belastungsfaktor" die heutigen Marktpreise korrigieren (erhöhen) kann. Er soll den jährlichen höheren Ressourcenabbau gegenüber dem auf „nachhaltigem Niveau" ausdrücken.[18]

- Für die Emissionsproblematik ist als eine Näherungslösung z. B. denkbar, zunächst im Industrie- und Gewerbesektor mit einem pauschalen CO_2-Vermeidungskostensatz von 285 DM/(t CO_2) zu arbeiten.[19] Letzterer hat sich bei verschiedenen Untersuchungen als eine Orientierungsgröße für den notwendigen Zusatzaufwand herausgestellt, um bei Modernisierungen und Rekonstruktionen von Energieanlagen die CO_2-Emissionen um eine Tonne zu senken.[20]

- Eine zweite Näherungslösung wird darin gesehen, für alle nicht-regenerierbaren Energien eine generelle CO_2-Steuer bzw. eine Energiesteuer, die von allen Emissionsintensitäten ausgeht, einzuführen.[21] Dabei wäre eine allgemeine Energiesteuer dann besonders geeignet, wenn sie möglichst viele energierelevante Umwelt- und Klimawirkungen einschließt. Neben den CO_2-Emissionen sollten daher auch die CH_4-Emissionen und andere Treibhausgase in ihrer Wirkung berücksichtigt werden. Damit wäre eine einfache praktische Handhabung gegeben, allerdings ist keine gezielte emissionsspezifische Wirkung zu erwarten.

Theoretisch und empirisch belegen durchgeführte Untersuchungen immer wieder, dass die Preissteuerung auch beim Strukturwandel in der Energieversorgung besonders vorteilhaft wirkt. Im Gegensatz zur ordnungsrechtlichen Steuerung, (staatlichen) Technologiepolitik, Kontext- und ökologischen Selbststeuerung ermöglicht nämlich die bewusste Veränderung von Preisrelationen den Unternehmungen und privaten Haushalten noch genügend Spielraum für die wettbewerblichen Suchprozesse (optimaler Lösungen). Sie impliziert eine relativ geringe wirtschaftspolitische Intervention bei ausreichender Wirkung, wenn die (sukzessiven) Preisimpulse entsprechend hoch und langfristig (zwecks Anpassung) angelegt sind.[22]

In diesem Zusammenhang sind die Bestrebungen europäischer Staaten zur Einführung einer Ökosteuer zu sehen. Mittlerweile hat die Mehrzahl der EU-Staaten durchaus Elemente einer ökologischen Steuerreform mit dem Schwerpunkt höherer Energiesteuern eingeführt und beschlossen (vgl. *Tabelle 5-6* und für Deutschland *Tabelle 5-1*). Es fehlt insgesamt aber die Koordinierung, der einheitlichen EU-Beschluss zur Harmonisierung. Dadurch erfolgt die praktische Umsetzung schleppend und nicht konsistent, nicht zuletzt um einseitige (nationale) Wettbewerbsbehinderungen zu vermeiden. Es scheint so, dass die Niederlande und Dänemark – in starker Anlehnung an den ursprünglichen EU-Vorschlag von 1992 – bisher die umfangreichsten praktischen Erfahrungen gesammelt haben.

Theoretisch und empirisch belegen durchgeführte Untersuchungen immer wieder, dass die Preissteuerung auch beim Strukturwandel in der Energieversorgung besonders vorteilhaft wirkt. Im Gegensatz zur ordnungsrechtlichen Steuerung, (staatlichen) Technologiepolitik,

---

[18] Vgl. Vortrag von P. Suter (Schweizer Akademie der Technikwissenschaften): Ganzheitliche ökologisch-ökonomischen Bilanzierung der Abfälle als materielle oder energetische Wertstoffe. BBAW-Konferenz, 2./3.12.1999, Berlin.

[19] Vgl. z. B. [5-26].

[20] In der Literatur finden sich mitunter wesentlich geringere Vermeidungskosten, etwa nur ein Zehntel des o. g. Wertes. Dem liegt in der Regel zugrunde, dass es sich nur um geringe CO_2-Minderungsmengen handelt. Vgl. Information in Elektrizitätswirtschaft, 9/1997, S. 399.

[21] Energiesteuern schließen hier auch Energieabgaben ein. Die Begriffe werden synonym verwendet, da die abgabenrechtlichen Unterschiede hier nicht relevant sind.

[22] Vgl. z.B. [5-28].

5.1 Wirtschaftliche Bewertung und beeinflussbare Rahmenbedingungen

Kontext- und ökologischen Selbststeuerung ermöglicht nämlich die bewusste Veränderung von Preisrelationen den Unternehmungen und privaten Haushalten noch genügend Spielraum für wettbewerbliche Suchprozesse (optimaler Lösungen). Sie impliziert eine relativ geringe wirtschaftspolitische Intervention bei ausreichender Wirkung, wenn die (sukzessiven) Preisimpulse entsprechend hoch und langfristig (zwecks Anpassung) angelegt sind.[23]

Tabelle 5-6: Jahre der Einführung/Änderung von Ökosteuern[24]

Großbritannien	1993, 1996, 2001
Niederlande	1991, 1996, 2001
Belgien	1993
Finnland	1990, 1997
Schweden	1991, 1993, 1997
Norwegen	1991
Dänemark	1992, 1993, 1996, 2000
Slowenien	1997, 1998
Österreich	1995, 1996
Schweiz	1997, 2004
Italien	1999
Frankreich	2000
Deutschland	1999, 2000, weitere Etappen folgen

Wollte man die Verteuerung der Energiepreise auf bestimmte ökologische Wirkungen ausrichten, dann müssten differenzierte Zuschläge zu den Preisen entwickelt und genutzt werden. Dass auch diese Methode durchaus praktisch verwendet werden kann, lässt sich am *Beispiel der Schweiz* erklären:

– In der Schweiz werden seit Jahren zur Berücksichtigung externer Umweltkosten geltende Energiepreise durch kalkulatorische Energiepreiszuschlägen korrigiert. Mit diesen Zuschlägen ist beabsichtigt, externe Kosten der Energiebereitstellung, -umwandlung und -nutzung in „erweiterte" Wirtschaftlichkeitsberechnungen einzubeziehen. Um die einseitige betriebswirtschaftliche Bewertung zu überwinden, haben drei Bundesregierungsämter hierzu eine gemeinsame Methodik erarbeitet.

– Ausgehend von den spezifischen Emissionen der verschiedenen Energieträger sowie der Bewertung der Emissionen in Geldeinheiten, ergeben sich differenzierte Energiepreiszuschläge. So betragen die Zuschläge für Umweltkosten beim leichten Heizöl etwa 4,5 Rp/kWh oder 150 % des Marktpreises sowie bei Erdgas etwa 3 Rp/kWh oder 75 % des Preises. Ebenso werden für die Elektrizität, für die Fernwärme und für andere Energien je nach Bereitstellungsverfahren differenzierte Preiszuschläge vorgegeben. Sie können zusätzlich noch weiter untergliedert werden, sollen aber für fünf Jahre fest vorgegeben sein. Dadurch können sich die Entscheidungsträger längerfristig orientieren.

---

[23] B. Linscheidt: Nachhaltiger technologischer Wandel aus Sicht der Evolutorischen Ökonomik. In: Umweltökonomische Diskussionsbeiträge, FiFo Köln, Nr. 99-1.
[24] Quelle: [5-27], S.10.

- Die Energiepreiszuschläge kommen hauptsächlich bei öffentlichen Aufträgen, staatlich subventionierten Vorhaben und bei einigen anderen Entscheidungen zur Anwendung. Die staatlichen Bauvorhaben des Bundes, der Kantone und der Gemeinden erlangen dabei die zentrale Bedeutung. Dadurch wird die Methode schätzungsweise für 50 % der schweizerischen Gebäude genutzt. In der privaten Wirtschaft muss sie nicht, sie kann aber angewandt werden. Im Interesse der Umwelt und des betrieblichen Images werden freiwillig durchaus Entscheidungen der Unternehmungen anhand der höheren Energiepreise getroffen.

- Im Ergebnis dieser ökologisch begründeten Energiepreisverteuerung werden energiewirtschaftliche Entscheidungen marktkonform beeinflusst. Das vermindert laufende staatliche Eingriffe. Von dieser „erweiterten" Wirtschaftlichkeit profitieren insbesondere jene Energien, die nicht oder wenig beaufschlagt werden, wie beispielsweise regenerative Energien (Biomasse, Wasserkraftwerke etc.). Die ökonomischen Vorteile fossiler Energien werden dagegen gegenüber der betriebswirtschaftlichen Effizienz vermindert. So kommt es zu einer Prioritätsverschiebung bei der Energieausstattung von Neubauten, Umbauten und Rekonstruktionen sowie bei anderen staatlichen Entscheidungen.

5.1.5.6 Zur speziellen Abwärmeabgabe und ihrer Wirksamkeit

Eine weitere Möglichkeit zur Stimulierung energierelevanter Emissionsabsenkungen besteht in der Einführung einer speziellen Abgabe, die an die spezifische Emissionsmenge anknüpft und durch ihre Höhe sowie Bemessungsgrundlage Vermeidungseffekte initiiert. Außerdem sollte sie für die nichtabgesenkte CO_2-Emission eine Strafe, einen Aufwand für die Emittenten bedeuten, um damit hervorgebrachten Folgeschäden gerecht zu werden. Das verlangt, die Einnahmen aus dieser Abgabe für Zwecke des Umwelt- und Klimaschutzes, speziell für Maßnahmekomplexe zur CO_2-Reduktion einzusetzen. Eine solche Abgabe wirkt daher im Allgemeinen nicht so marktkonform wie beispielsweise die kalkulatorischen Energiepreiszuschläge in der Schweiz oder eine generelle Energiesteuer.

Im Auftrag der Landesregierung von Nordrhein-Westfalen wurden 1997 vom Ökoinstitut Freiburg und vom Finanzwissenschaftlichen Forschungsinstitut der Universität Köln die Voraussetzungen, Ausgestaltungen und Wirksamkeiten einer speziellen Abwärmeabgabe untersucht. In Auswertung der Ergebnisse und der beiden Gutachten lässt sich Folgendes feststellen:

- Das Konzept des *Ökoinstituts* schlägt in verschiedenen Varianten eine Abwärmeabgabe auf die nicht genutzte Abwärme zwischen 0,05 bis 0,25 DM/GJ vor, d. h. maximal 0,09 Pf/kWh [5-29]. Geht man von einem durchaus anlegbaren Marktpreis der Fernwärme von etwa 9 Pf/kWh aus, so wird klar, dass die maximale Abgabe gerade einmal 1 % beträgt. Aus praktischen Erfahrungen kann man schlussfolgern, dass die Emittenten in der Regel diese 1 Prozent eher aus ihrem Gewinn zu zahlen vorziehen, als sich zu bemühen, entsprechende Vermeidungstechnik, zusätzliche Verwertungsaktivitäten und dergleichen durchzuführen. Natürlich schließt das nicht aus, dass relativ einfache und billige Maßnahmen dennoch stärker initiiert und gefördert werden. Allein die Größenordnung von 0,09 Pf/kWh dürfte aber durch eine Kostensenkung bzw. Verbesserung des Preis-Leistungs-Verhältnisses bei der verkaufbaren Fernwärme leichter zu verkraften sein, z. B. durch die Erhöhung des Verkaufspreises bei Einräumung neuer Dienstleistungen.

- Der Anfall nicht genutzter Abwärme würde rechnerisch maximal um 2,8 bis 5,8 %/a sinken, die CO_2-Emission nur um 0,9 bis 1,6 %/a. Insgesamt könnten von dem technisch vorhandenen Verwertungspotenzial (von etwa 10 %) unter Berücksichtigung der wirtschaftli-

5.1 Wirtschaftliche Bewertung und beeinflussbare Rahmenbedingungen

chen Rahmenbedingungen etwa nur 2 % zusätzlich verwertet werden. Daraus lässt sich einschätzen, dass die Abgabe keine überzeugende Lenkungswirkung bei den Emittenten auslöst.

- Allerdings wird erwartet, dass die Wirksamkeit der Mittelverwendung relevant sein könnte. Die Einnahmen aus der Abgabe und ihre gezielte Verwendung wären also für den Umwelt- und Klimaschutz das eigentliche interessante Instrument. Dabei stimmt diese Einschätzung mit anderen Autoren weitgehend überein, z. B. zur Wirksamkeit der ökologischen Steuerreform, namentlich bei kleinen Steuersätzen. Damit ist gemeint: Wenn die Mittel partiell oder total beispielsweise für die Förderung der Fernwärme (Netzerweiterung und Rekonstruktion etc.) verwendet werden, kann die Abwärmeabgabe durchaus eine bemerkenswerte Wirkung erzielen.

- Das Konzept des *Finanzwissenschaftlichen Instituts* zielt von Anfang an darauf hin, nicht nur über die Aufkommensverwendung, sondern auch schon im Verhalten des Emittenten eine Lenkung zu initiieren.[25] Mit Abgabenhöhen zwischen 1 bis 5 DM/GJ, d. h. maximal das 20fache gegenüber dem Ökoinstitut, also maximal 1,8 Pfennig/kWh, könnte das Sinn machen. Praktisch können bei diesen hohen Abgaben aber vor allem beachtliche Einkommen akkumuliert werden. Deren Verwendung für Umweltschutzmaßnahmen, insbesondere zur Förderung des Fernwärmeeinsatzes und der weiteren Nutzung von Abfallwärme im unmittelbaren betrieblichen Prozess, wäre praktisch wiederum das entscheidende Stimulierungsergebnis.

- Geht man vom gegenwärtigen Förderbetrag für die Fernwärme in Nordrhein-Westfalen aus, von etwa 25 Mio. DM/Jahr, so entspricht das mögliche Aufkommensvolumen der Abwärmeabgabe etwa dem 20 bis 100fachen. Mit anderen Worten: Ein gewaltiges Subventionsvolumen stünde zur Verfügung, mit dem in der Tat ein durchgängiger „Fernwärmeboom" auszulösen ist. Die unbefriedigende Wirtschaftlichkeit von ausgekoppelter Wärme und nicht genutzter industrieller Abwärme wäre mit dieser finanziellen Hilfe zu überwinden. Das Fernwärmenetz könnte beispielsweise über große Strecken auf den neuesten Stand gebracht werden.

- Im Grunde genommen entspricht aber eine solche selektive Förderung bzw. eine Förderung nach dem Gießkannenprinzip nicht dem Effizienzkriterium. Insbesondere sichert sie nicht optimale dezentrale Entscheidungen. Das Konzept erhöht zwar die Wirksamkeit einer Abwärmeabgabe, es sichert aber nicht unbedingt eine hohe Effizienz in der Nutzung der Einnahmen. Eine allgemeine Energiesteuer oder eine Anhebung der Energiepreise würde im Allgemeinen sinnvoller sein. Letzteres würde in der Marktwirtschaft „automatisch" die zweifelsohne vorhandenen Effizienzverluste reduzieren. Bekanntlich sind hierfür Preissignale am effizientesten.

Trotz der diskutierten Schwächen von staatlichen Förderungen und Subventionen bei der Fernwärme machen praktische Erfahrungen dennoch immer wieder deutlich, dass allein eine allgemeine Energiepreisverteuerung bzw. eine Energiesteuereinführung politisch in der gewünschten Höhe nicht durchsetzbar ist. Daraus folgt, dass Kompromisse zu finden sind, die sowohl staatliche ordnungspolitische und finanzpolitische Instrumente sowie eine marktkonforme Preisgestaltung umfassen. Theoretisch sind Subventionen und selektive Steuerungen bei der Fernwärme durchaus begründbar, da sich ein Marktversagen nachweisen lässt.

---

[25] Vgl. Finanzwissenschaftliches Forschungsinstitut an der Universität Köln: Umweltabgaben in Nordrhein-Westfalen, unveröff. Endbericht, April 1997.

5.1.5.7 Zur staatlichen Wirtschaftsförderung

Aus der Sicht der Wettbewerbstheorie nimmt die Fernwärmeversorgung eine besondere Stellung ein. Einerseits unterliegt die Fernwärme beim Verkauf an Endverbraucher (vor allem private Haushalte, öffentliche Einrichtungen sowie Gewerbe- und Industriekunden) den Wettbewerbsbedingungen des allgemeinen Wärmemarktes. Letzterer ist dadurch charakterisiert, dass es verschiedene alternative Systeme für die Wärmebereitstellung gibt. Dazu gehören namentlich die zentrale Wärmebelieferung (als Nah- und Fernwärme) sowie die dezentrale Eigenerzeugung in Zentralheizungen, Ölöfen, Stromheizungen etc. Dabei stehen die verschiedenen Möglichkeiten zur Deckung des Wärmebedarfs in Substitutionswettbewerb. Sie können sich grundsätzlich gegeneinander austauschen.

Andererseits existiert innerhalb des verzweigten Fernwärmeversorgungssystems kein brancheninterner Wettbewerb. Das ist das Ergebnis dessen, dass die Fernwärme zwar durch unterschiedliche Erzeuger mit differenzierten Technologien und Brennstoffen angeboten, aber nur durch Weiterleitung und Verteilung mittels des Wärmerohrnetzes an die Endkunden geliefert werden kann. Da die Errichtung inklusive Betreibung des Wärmenetzes mit erheblichen Kosten verbunden ist, namentlich Fixkosten, kann sie bis zu 50 % der gesamten Wärmekosten ausmachen. Aus diesem Grund verbieten sich in der Regel parallele Rohrverlegungen. Die spezifischen Kosten würden dadurch kaum reduziert werden.

Aufgrund dieser Subadditivität und der Tatsache, dass es z. Z. keine Durchleitungspflicht für die Netzbetreiber gibt, besitzen die Wärmenetze die Eigenschaft natürlicher Monopole. Die Betreiber der Netze, die in der Regel zugleich Eigentümer der Erzeugungskapazitäten sind, können somit ihre (uneingeschränkte) Marktstellung monopolartig ausnutzen. Damit scheint der Tatbestand der Wettbewerbsverzerrung gegeben zu sein. Selbst lokale und regionale Netze unterbinden für die Kunden die freie Auswahl verschiedener Angebote.

Zugleich erfolgt die Wärmeweiterleitung und -verteilung aus technisch-ökonomischen Gründen (Begrenzung der Verluste etc.) ohnehin nur lokal bzw. begrenzt regional. Das unterbindet die Möglichkeiten, beispielsweise weiter entfernt liegende Anbieter mit gegebenenfalls günstigeren Preis- und Lieferbedingungen in Anspruch zu nehmen. Endverbraucher können praktisch auf dem Wärmemarkt überhaupt nicht frei agieren und sich die billigste Wärmeversorgung frei auswählen. Das bedeutet wettbewerbsrechtlich eine Marktverzerrung und Ausschluss marktwirtschaftlicher Konkurrenz.

Nach wissenschaftlichen Theorieansätzen lässt sich eine solche (missbräuchliche) Ausnutzung monopolartiger Marktstellung im Sinne des Preis- und Kartellrechts hauptsächlich dadurch begegnen und überwinden, dass hierfür Kostenpreise gebildet und angewendet werden. Ihre Angemessenheit wird dann durch staatliche Aufsicht geprüft, bestätigt und kontrolliert.

Bei der Fernwärme verbietet sich eine solche Lösung. Der Fernwärmepreis muss nämlich beim Endverbraucher den dort herrschenden Wettbewerbsbedingungen gerecht werden. Das heißt: Kostenpreise können nicht realisiert werden. Der Markt „deckelt" sie hinten auf der Nachfrageseite. Nur wettbewerbsgerechte marktfähige Preise haben eine Chance.

Um angesichts dieses Marktversagens dennoch die betriebswirtschaftliche Effizienz als Entscheidungskriterium nicht völlig zu verzerren und um einen entsprechenden Nachteilausgleich für das moderne zukunftsfähige (ökologisch äußerst vorteilhafte) Fernwärmesystem zu erreichen, können praktisch nur bewusste staatliche Interventionen Hilfe versprechen. Somit ist aus theoretischer Sicht eine gewisse Begründung für das umfangreiche anwendbare Instrumentarium des Ordnungsrechts und der Prozesssteuerung durchaus ableitbar.

5.1 Wirtschaftliche Bewertung und beeinflussbare Rahmenbedingungen 325

Als ordnungsrechtliche Instrumente kommen für den Erhalt und Ausbau der Fernwärmeversorgung z. B. in Frage:
- spezielle Bestimmungen zur intensiven Nutzung der Wärme inklusive der Abwärme, wie beispielsweise der Entwurf der Wärmenutzungsverordnung sowie die Novellierung von Wärmeschutz- und Heizungsanlagenverordnung (in Form der Energiesparverordnung),
- die Ausweisung von Fernwärme-Vorranggebieten sowie von Emissionsschutzgebieten in der Landes-, Stadt- und Kommunalplanung,
- der Erlass von Verbrennungsverboten sowie speziellem Anschluss- und Benutzungszwang.

Praktisch finden stringente Maßnahmen (Gebote, Verbote etc.) nur wenig Anwendung. Unverbindliche Orientierungen überwiegen, wie beispielsweise der Ausweis von Fernwärmevorranggebieten. Sie müssen aber nicht unbedingt realisiert werden.

Als finanz-, abgaben- und steuerrechtliche Instrumente kommen neben den bereits vorn genannten Veränderungen der Energiepreise und -steuern namentlich in Frage:
- Förderungsprogramme der EU, des Bundes, der Länder und Gemeinden, um sowohl der Industrie, den Fernwärmegesellschaften als Vermittler und den Endkunden beispielsweise Investitionshilfen für die Sanierung und Erweiterung der Wärmeversorgung einzuräumen. Aus der Vergangenheit ist bekannt, dass dadurch Externalitäten, Marktversagen und Anlaufschwierigkeiten bei der längerfristig ökonomisch zweckmäßigen und ökologisch vorteilhaften Fernwärmeversorgung begegnen werden kann. In Einzelnen schließen diese Förderungen vor allem Investitionszulagen, Investitionszuschüsse, zinsvergünstigte Kredite und Darlehen, Übernahme von Bürgschaften sowie Steuererleichterungen ein.[26]
- So wurden beispielsweise den neuen Bundesländern in den Jahren 1992 bis 1995 im Rahmen des Bund-Länder-Sanierungsprogramms für die Fernwärme als nicht rückzahlbare Investitionszuschüsse etwa 1,2 Mio. DM insgesamt gewährt. Das löste fast das 5fache an Investitionen aus. Dabei konzentrierte sich die Förderung zu 56 % auf die Erzeugung, zu 28 % auf die Verteilung und zu 15 % auf die Übergabe- und Hausanschlussanlagen.[27]
- In Westdeutschland wurde die Fernwärme besonders stark im Ballungsraum Rhein-Ruhr gefördert. Mit ca. 220 Mio. DM Fördermitteln wurde hier ein Investitionsvolumen von 1,2 Mrd. DM angestoßen.[28]
- Darüber hinaus bewähren sich zunehmend moderne Finanzierungsformen, wie Contracting- und Leasingmodelle. Dadurch können z. B. sowohl Wärmeanbieter als auch Nachfrager von den Steuervorschriften profitieren. Bei den Contractingverträgen konzentrieren sich bisher fast zwei Drittel auf die Wärmeversorgung.

Bezogen auf die generelle Problematik der weiteren Nutzung von Abfallenergien – auch vom Biomasse – sind jene Fördermöglichkeiten von besonderer Bedeutung, die den Kapitaleinsatz für Investitionen begünstigen. In erster Linie gehören hierzu:

---

[26] Diese Mischfinanzierung ist beispielsweise typisch für die neuen Heizkraftwerke ostdeutscher Stadtwerke. So wurde Ende 1997 in Frankfurt (Oder) ein neues HKW mit einer elektrischen und einer thermischen Leistung von 49 MW und 100 MW für ca. 165 Mio. DM in Betrieb genommen. Dabei kamen 30 % Fördermittel, 25 % zinsgünstige ERP-Kredite und 45 % normale Bank- sowie steuerbegünstigte Anlagenfonds-Kredite zum Einsatz. Für das bis Juni 1999 fertiggebaute HKW in Cottbus können nur etwa 18 % Fördermittel aus dem Land und der EU mobilisiert werden.
[27] Vgl. S. 11 in [5-30].
[28] Vgl. S. 436-442 in [5-31] sowie Westdeutsche Allgemeine Zeitung vom 19.02.1998, Essen.

– allgemeine Investitionszulagen im Rahmen der Grundförderung (anstelle der bisherigen Sonderabschreibungen in Ostdeutschland),

– ausgewählte Investitionszuschüsse im Rahmen der Gemeinschaftsaufgabe (GA) von Bund und Ländern zur Verbesserung der regionalen Wirtschaftsstruktur,

– zinsermäßigte Kredite/Darlehen für Existenzgründer sowie Eigenkapitalhilfen, vor allem im Rahmen von ERP,

– analoge Kredite im Rahmen der Wohnraum-Modernisierung sowie des Umweltschutzes, vor allem aus ERP- und DtA-Mitteln.[29]

Außerdem kommen, allerdings mit weitaus geringerem Fördervolumen, noch Unterstützungen von Lohn-, Gehalts- und sonstigen Ausgaben für die Forschung und Entwicklung (inkl. der Erarbeitung energiewirtschaftlicher Konzeptionen) sowie für den laufenden Betrieb von Anlagen in Frage.

Maßgeblich für die praktische Wirksamkeit der Förderung der gewerblichen Wirtschaft und der wirtschaftsnahen Infrastruktur ist, dass die staatliche Unterstützung der Investitionen insgesamt bis zu 50 % bzw. 35 % ausmachen kann.[30] Die obere Grenze trifft für klein- und mittelständische Unternehmen (KMU mit ≤40 Mio. DM Umsatz, ≤250 Beschäftigten) zu. Die 35 % kommen für größere Unternehmen maximal in Frage. Die Kumulation der Förderung auf den maximal möglichen Insgesamt-Betrag kann dadurch entstehen, dass neben den Investitionszulagen und -zuschüssen noch weitere staatliche Mittel in Anspruch genommen werden.

Für die hier untersuchten Investitionen der weiteren Nutzung von Abfallenergie ist es möglich, außerdem noch auf Zuschüsse, zinsgünstige Darlehen und Kredite aus dem Umweltprogramm zurückzugreifen. So kommt beispielsweise für die Errichtung und Betreibung von energetischen Pilot- und Demonstrationsvorhaben seitens des Bundesministeriums für Umwelt und Naturschutz ein nicht rückzahlbarer Zuschuss bis zu 40 % in Frage.

Günstig für die weitere Nutzung vorhandener Abwärmepotenziale dürfte sich auswirken, dass ab 1999 erstmals neben den beweglichen Wirtschaftsgütern (Ausrüstungen/Anlagen) auch Betriebsgebäude und Modernisierungsmaßnahmen fremd- sowie eigengenutzter Wohngebäude in den Genuss von Investitionszulagen kommen.[31]

Als Folge dieser und weiterer Fördermöglichkeiten verbilligt sich die Investition relativ, z. B. gegenüber den als Brennstoff eingesetzten Energieträgern. Allerdings kommt diese „Verzerrung" der Anlagenpreise nach den jetzigen Regelungen, die meist keine besondere Förderung der Abfallenergieverwertung vorsehen, auch alternativen Energiesystemen mit ihrem Investitionsbedarf zugute. Weitgehend trifft das auch auf Steuervergünstigungen zu, beispielsweise für Energieanlagen, für die erhöhten Abschreibungs-Afa-Sätze nach § 82 a EStD oder auf die

---

[29] Die meisten Gelder fließen im Rahmen der GA. Während ab 2000 bis 2003 Ostdeutschland insgesamt weiterhin zum GA-Fördergebiet gehört, kommen in Westdeutschland nur die strukturschwächsten (altindustriellen und ländlichen) Regionen hierfür in Frage. Deshalb muss jeweils beim einzelnen Standort geprüft werden, ob er im Rahmen der Gemeinschaftsaufgabe durch Bund und Länder sowie zusätzlich durch den EU-Regionalfonds bestimmte Fördermittel für Investitionen zur Unterstützung von Beschäftigungsprogrammen erhalten kann.

[30] Diese Förderhöchstsätze gelten für das sog. A-Fördergebiet, d. h. für Berlin und die neuen Bundesländer. Für das B-Fördergebiet (Westdeutschland) kommen etwas niedrige Obergrenzen in Frage, so 28 % statt 35 %. Vgl. S. 67 ff in [5-32].

[31] Vgl. *Finanzwirtschaft* 9/1997, S. 194 ff.

5.1 Wirtschaftliche Bewertung und beeinflussbare Rahmenbedingungen

allgemeinen früheren Sonder-Afa bis 50 % in Ostdeutschland und nach § 4 Fördergebietsgesetz.[32]

5.1.5.8 Zum Einfluss der Finanzierung

Für die Umsetzung von Entwicklungsstrategien ist die Wirtschaftlichkeit zwar eine notwendige, aber noch keine hinreichende Bedingung. Insbesondere muss sich die Strategie finanzieren lassen. Bevor über Finanzierungsformen und -modelle entschieden wird, muss eine grundsätzlich positive Wirtschaftlichkeitsanalyse vorliegen. Zwar kann eine effiziente Finanzierung die Ausgaben mindern und damit die Wirtschaftlichkeit verbessern, aber grundsätzlich verlangt ein solides Finanzierungskonzept zunächst ein ausgewogenes Kosten-Nutzen-Verhältnis. Es bleibt weiteren Untersuchungen vorbehalten festzustellen, ob eine gute Finanzierung eine ungenügende Wirtschaftlichkeit ersetzen kann. Bisherige Erfahrungen stimmen eher pessimistisch als optimistisch.

Dessen ungeachtet, gewinnen moderne Finanzierungsformen – innerhalb der ökonomischen Rahmenbedingungen für die rationelle Energienutzung – zunehmend an Bedeutung. Die angespannte Finanzsituation maßgeblicher Akteure, wie private Haushalte, Abnehmer mit Landes-, Stadt- und Kommunalbudgets, verstärkt diese Dimension. Außerdem trägt dazu bei, dass in letzter Zeit auch im Energiebereich neben den klassischen Finanzierungsmethoden eine Reihe neuer Finanzierungsmodelle entwickelt und schrittweise eingesetzt werden.

Als klassisch gilt für die Investitionsfinanzierung vor allem die Erschließung und Verwendung von Fremdkapital. Aus verschiedenen Gründen, nicht zuletzt wegen der Risikostreuung, wird erfahrungsgemäß darauf geachtet, dass das Eigenkapital maximal ein Drittel Anteil ausmacht. In der Regel stammt es aus Gewinnen, Ansammlungen von Abschreibungen und Rückstellungen. Der überwiegende Teil des Mittelbedarfs wird klassisch durch langfristige Kredite, sog. Darlehen, abgedeckt (vgl. *Bild 5-6*).

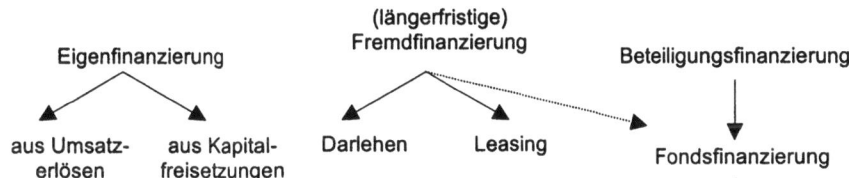

Bild 5-6
Mögliche Finanzierungsmodelle für die Abfallenergieverwertung

Als neue moderne Finanzierungsform bieten sich insbesondere Contracting-Modelle an [5-33, 5-34]. Hierbei erarbeitet ein Dritter (sog. Contractor) die energiewirtschaftlichen Lösungen. Er installiert, finanziert und betreibt ggf. die einzusetzenden Anlagen. Diese Dienstleistungen

---

[32] Vgl. Bundesgesetzblatt (BGBl.) III/FNA 611-1-1 sowie BGBl. I, S. 1654.

bezahlt der Kunde mit monatlichen Raten (für Finanzierung, Betrieb und Wartung). Zur Amortisation der Investitionen werden maximal zwölf Jahre angesetzt.

Dadurch können sich einerseits die Verbraucher auf ihre originären Hauptaufgaben, wie die Produktion von Gütern oder die Nutzung gemieteter Räume, konzentrieren. Andererseits liegt bei den Contractoren die Energieeinsparung sowie weitere Verwertung von Abfallenergie in professionellen Händen, die auch über Erfahrungen in der Beschaffung öffentlicher Fördermittel verfügen.

Handelt es sich um die bewusste Absenkung des Energieverbrauchs, sollte zweckmäßigerweise von *Einspar-Contracting* gesprochen werden. Mit *Anlagen-Contracting* wird dagegen die Errichtung und Finanzierung von Anlagen für die weitere Verwertung von Abfallenergien gemeint, z. B. im Sinne der kaskadenförmigen Abwärmenutzung (s. Abschnitt 3.1).

Die Bezahlung von Kosten und Investitionen erfolgt durch den Contractor. Dieser ist in der Regel eine Projektgesellschaft. Die Ausgaben müssen sich beim Einspar-Contracting aus den organisierten Einsparungen und beim Anlagen-Contracting aus den zusätzlichen Erlösen für den Verkauf der Abfallenergie refinanzieren lassen. Dass der Contractor neben seinen vollen Kosten (inkl. Kapitaldienst für Investitionen) auch einen angemessenen Gewinn realisieren will, versteht sich. Nicht zuletzt werden damit die übernommenen Risiken abgedeckt. Im Falle der Abfallenergieverwertung entspricht das hauptsächlich dem längerfristigen Bonitätsrisiko der Wärmeabnehmer.[33]

Die längerfristige Kapitalbindung und der mehrjährige Mittelrückfluss (Streckung der Amortisationszeit) scheinen gerade für Contracting-Modelle charakteristisch zu sein, denn die erwartete Rentabilität wird unterhalb der sonst üblichen Durchschnittsrentabilität liegen. Das verlangt, die gegenüber der konventionellen Unternehmensfinanzierung größeren Risiken besser zu verteilen. Das erfordert zugleich, Potenziale der Wirtschaftsförderung – insbesondere vorhandene Steuererleichterungen – zu erschließen und zu nutzen. Eine Möglichkeit hierfür ist offenbar die Entwicklung mehrerer differenzierter Finanzierungsmodelle, der jeweiligen individuellen Aufgabe angepasst.

Als Hauptform der Finanzierung haben sich die üblichen *Darlehen* (langfristige Kredite), ergänzt um Leasing- und Fondsfinanzierung, herausgebildet.

Die *Leasingfinanzierung,* die von der Vermietung der Anlagen ausgeht, ist im Energiebereich (z. B. gegenüber der Autoanmietung) noch nicht so verbreitet. In diesem Fall plant, errichtet, finanziert und vermietet eine entsprechende Projektgesellschaft die zusätzlich benötigten Energieanlagen. Für die Miete/Pacht müssen Leasing-Raten gezahlt werden. Kostenvorteile für den Nutzer/Mieter können dadurch auftreten, dass eine Steuereinsparung sowie eine gewisse Entlastung in den Anfangsjahren bei höherer Belastung der Endjahre involviert ist.

So sind die Leasingraten (als Betriebsausgaben) sowohl bei den einkommens- als auch körperschaftsteuerlichen Einkünften voll absetzbar, ggf. sogar in größerem Umfang als die Zinsen plus lineare Afa-Abschreibung ausmachen. Für den Leasingnehmer können sich außerdem Liquiditätsvorteile und Vorteile beim Kauf der Anlage nach der Grundmietzeit ergeben. In Auswertung der bisherigen Leasingfälle wird eingeschätzt, dass sich die Risiken hauptsächlich beim Leasinggeber (Vermieter) konzentrieren. Sie bestehen namentlich im Bonitätsrisiko des Mieters und im Restwertrisiko der vermieteten Anlage.

---

[33] Dass Unsicherheiten und Risiken auch beim Lieferer von Abwärme nicht ausgeschlossen sind, macht das Beispiel Firma Krupp in Rheinhausen deutlich. Mit der Schließung des dortigen Produktionsstandortes entfiel plötzlich die Fernwärmeversorgung ganzer Wohngebiete.

5.1 Wirtschaftliche Bewertung und beeinflussbare Rahmenbedingungen 329

In der Praxis bedienen sich gern öffentliche Haushalte des Leasings, da sich hiermit „das Haushaltsrecht gleich mehrfach umgehen" lässt.[34] Budgetbegrenzte öffentliche Haushalte (mit ihrer Trennung von Vermögens- und Verwaltungshaushalten) zahlen lieber jahrelang Leasinggraten und verschulden sich damit ggf. in der Zukunft, als dass sie Kommunalkredite oder andere Darlehen aufnehmen bzw. zusätzliche Investitionen durchführen. Sie nutzen damit Finanzierungsvorteile, die vor allem aus Steuererleichterungen resultieren, auf Kosten aller Steuerzahler. Deshalb dürften Leasingverträge nur dann vertretbar sein, wenn die in Frage kommende Investition ohnehin eine Wirtschaftlichkeit aufweist und dadurch der Mittelrückfluss gesichert ist.

Wird ein Teil des benötigten Kapitals vom Nutzer/Mieter selbst aufgebracht, so kommt es zu einer *Fondsfinanzierung*. Für den Nutzer eröffnen sich dann als Teilhaber der Fondsgesellschaft – meist in Form eines geschlossenen Fonds – größere Steuererleichterungen. Durch Verlustzuweisungen, vor allem in der Investitionsphase, werden Steuerminimierungen und damit letztendlich auch effektiv niedrigere Mieten für die volle Nutzung der Energieanlagen möglich.

Da in bestimmten Fällen bei Kapitalmangel die Finanzierung nicht nur der Anlagenerrichtung, sondern auch der -betreibung schwer fällt, wurde die *Forfaitierung bzw. Factoring* als ein weiteres Finanzierungsmodell entwickelt. Es beruht darauf, dass – allerdings erst nach der Bauphase – die künftigen Erlöse aus zusätzlichen Energielieferungen (einer weiteren Verwertung der Abfallenergie) an die Kreditgeber verkauft werden. Die später als Verkaufserlöse zurückfließenden Mittel werden praktisch zum Barwert abgezinst und stehen dem Nutzer bzw. Mitinvestor der Energieanlage für die Unkostendeckung ab Inbetriebnahme zur Verfügung. Abgesehen von diesem Liquiditätsvorteil und gewissen Erleichterungen bei der Gewerbesteuer scheinen die Vorteile dieser Finanzierung nicht so überzeugend, als dass sich eine breite Anwendung ergeben könnte.

In der Praxis vermischen sich oft die einzelnen Finanzierungsmodelle des Contracting.[35] Das ermöglicht individuelle modifizierte Lösungen. Die Einbeziehung von Factoring-Aspekten sowie von kommunalen Garantien und Bürgschaften wird von den Contractoren besonders geschätzt, da dadurch ihre Finanzkraft und Risikobereitschaft nicht so beansprucht werden. Wie sich dann die Verantwortungen aufteilen können, vermittelt das in *Bild 5-7* aufgezeichnete Schema.

Maßgebliche Contractoren, wie z.B. die Kommunalfinanzbank Hamburg, andere Finanzierungsinstitute und die Energie-Agenturen haben bisher durchaus eine Reihe praktischer Erfahrungen sammeln können, allerdings fast ausschließlich beim Einspar-Contracting (Wärme- und Stromeinsparung).[36]

Bei den (relativ wenigen) Anlagen-Contracting-Fällen stehen solche Energiebereitstellungsprozesse im Vordergrund, die relativ gesicherte Vergütungen für den erzeugten Strom und die Wärme aufweisen. Das sind BHKW-Anlagen, Windkraftanlagen etc., wofür die

---

[34] Vgl. die Leasingserie in der Frankfurter Allgemeinen Zeitung vom 23.09.1997, insbesondere die Seite B 13.
[35] Deshalb darf es nicht verwundern, wenn in der Definition und Abgrenzung der einzelnen Elemente noch keine Übereinstimmung herrscht. So werden m. u. „Betreibermodelle", bei denen der private Investor die Anlage errichtet/finanziert und betreibt, nicht zum Contracting gezählt. Nur Leasing- und sonstige Investorenmodelle, bei denen Betrieb und Nutzung durch den Kunden erfolgen, werden dann dem Contracting zugeordnet. Vgl. z.B. [5-35].
[36] Vgl. insbesondere Hessische Energieagentur, Jahresbericht 1995 und 1996, Eigenverlag Wiesbaden.

Stromeinspeisevergütung günstige Rahmenbedingungen bietet. Angestellte Recherchen, ein Demonstrationsbeispiel für den hier interessierenden Fall der weiteren Verwertung von Abwärme zu finden, sind bisher erfolglos geblieben.

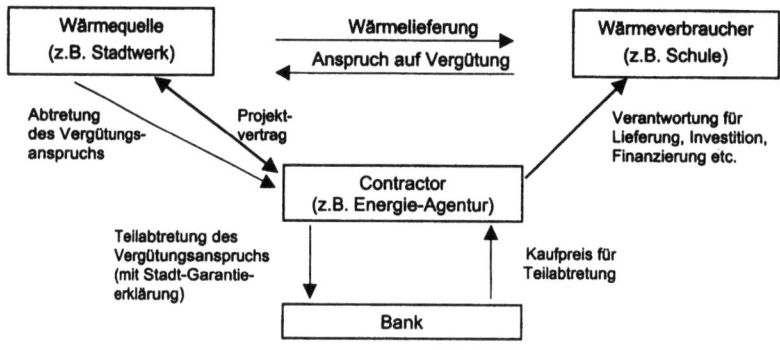

Bild 5-7:
Schema der Factoring-Finanzierung einer Abwärmenutzung

Es scheint so, dass für diese Aufgabe wegen der offensichtlich nur geringen Wirtschaftlichkeit die verschiedenen modifizierten Finanzierungsarten bisher praktisch noch nicht getestet wurden. Deshalb ist für die Nutzung von Contracting-Modellen hierfür Vorsicht geboten. So sind die Risiken, sowohl auf der Verbraucher- als auch auf der Angebotsseite vergleichsweise hoch. Sie lassen sich angesichts der geringen Wirtschaftlichkeit durch Gewinnaufschläge (Prämien) nicht angemessen berücksichtigen.[37] Nach gegenwärtigen Erkenntnissen handelt es sich vor allem

- für relativ kleine Quellen von Abfallenergie um die Risiken aus Wachstums- und Konjunkturgründen sowie aus Produkt- und Verfahrensgründen (z. B. hinsichtlich des Umweltschutzes),
- für relativ kleine Abnehmer um die Risiken der Mengenabnahme und der Liquidität.

Darüber hinaus würden erforderliche back-up-Technologien/Anlagen die entstehenden Bereitstellungskosten zusätzlich belasten. Die Einbindung in zu schaffende Verbundnetze und die Ausnutzung ihrer vorübergehenden Puffermöglichkeiten – vgl. das Beispiel von Oberhausen – sowie in bestimmten Fällen die Entwicklung und Nutzung temporärer Wärmespeicher könnte dagegen die Risikofrage besser lösen helfen [5-36].

---

[37] Aus dem gleichen Grund verbietet sich die Schaffung von Reservekapazitäten beim Anbieter von Abfallenergie, um die Besicherung/Sicherheit der Lieferungen zu erhöhen.

5.1.6 Das Beispiel Biomasseverwertung – wie kann ihre Wirtschaftlichkeit beurteilt und verbessert werden?

5.1.6.1 Der wesentliche Unterschied zur Abwärmeverwertung

Während die Verwertung von Abwärme – aus industriellen Produktionsprozessen und aus gekoppelter KWK-Stromerzeugung – besonders für Ballungszentren von Industrie und Verwaltung interessant ist, kann die Biomasseverwertung vor allem in der dezentralen Energieversorgung weniger dicht besiedelter Versorgungsräume eine Bedeutung gewinnen (s. Abschnitt 3.4). Da Abwärme in der Regel mit einem vergleichsweise hohem Potenzial (nach der Menge und der Temperatur) anfällt, verlangt ihre wirtschaftliche Verwertung sowohl einen mehr oder minder langen Transport durch Wärmenetze als auch eine hohe Verbrauchsdichte pro Netzanschlussstelle. Deshalb bleiben hier die spezifischen Netzkosten in DM/(m² * Einwohner) eine Determinante der Ökonomie (s. Abschnitt 4.2).

Die Verbrennung/Vergasung/Verstromung (s. Abschnitt 3.5) von verschiedenen Holzarten (aus dem Wald, der Industrie, Abfällen), schnell wachsenden Energiepflanzen, Klärschlammen etc. verlangen – wegen des vergleichsweise geringen Energieinhalts dieser Stoffe – diese Dimension nicht. Da für die ländlichen Gebiete eine zentrale Wärmeversorgung – aufgrund der geringen Verbrauchsdichte pro Abnahmestelle – nicht in Frage kommt, bedrängt die Fernwärme/Abwärme auch nicht die Biomasseverwertung.

5.1.6.2 Ökonomische Nachteile und Vorzüge im Überblick

Auf dem ländlichen Wärmemarkt tritt die Biomasse fast ausschließlich mit der individuellen Heizung/Warmwasserbereitung durch Kohle und Öl sowie zunehmend durch Gas in den Wettbewerb. Für die wirtschaftliche Biomasse-Nutzung resultieren aus dieser Spezifik erhebliche Probleme:

– Einerseits sind die Bezugspreise für die herkömmlichen Brennstoffe zwar nominal hoch, aber spezifisch je Heizwert, relativ gering. Dem liegen namentlich die seit Jahren und auch mittelfristig weiterhin billigen Öl- und Erdgasimporte zugrunde. Bei der Biomasse stehen dem hohe Sammel-, Transport- und Lagerkosten gegenüber.

– Andererseits sind die notwendigen technischen Kapazitäten zur Biomasseverwertung vergleichsweise teuer. Das betrifft hauptsächlich die Vergasung, aber vielfach auch noch die gekoppelte Verstromung sowie teilweise die separate Wärmeerzeugung. Die Ursache liegt darin, dass bedeutend größere Stoffmengen durchgesetzt und die Herstellungspreise bzw. kosten der Apparate und Anlagen wegen fehlender Stückzahlen und Anbieterkonkurrenz erst noch optimiert werden müssen.

– Außerdem fällt es in der Regel schwer, in ländlichen Gebieten eine hohe Jahresauslastung der teuren Anlagen zu erreichen. Der saisonal stark schwankende Wärmebedarf privater Haushalte ist hierfür maßgebend. Ausgleichende gewerbliche und sonstige Abnehmer stehen in der Regel zunächst nicht zur Verfügung.

– Aufgrund dieser Zusammenhänge rechnet man z. B. in der Schweiz bei automatischen Holzfeuerungen mit folgender Kostenstruktur: Brennstoffe 50 %, Amortisation und Kapitalkosten. 40 % sowie Wartungs- und Unterhaltungskosten 10 %.[38]

---

[38] Vgl. A. Keel: Holzenergie schafft Arbeitsplätze. Fachtagung vom 03.09.1997 in Brig.

- Weiterhin tragen auch sozial und historisch bedingte Faktoren dazu bei, dass sich die Wirtschaftlichkeit nicht ohne weiteres einstellt, beispielsweise wegen des Wunsches nach weitgehender Versorgungsunabhängigkeit von Dritten.

Bei der Bewertung der Biomassenutzung sollte grundsätzlich hervorgehoben werden, dass es sich hierbei um ein längerfristiges Ziel der Nachhaltigkeit handelt, da der Einsatz der Biomasse im weiteren Sinn als ein Kreislaufverfahren angesehen werden kann. Es werden weder erschöpfbare fossile Energievorräte noch die Deponiepotenziale der Natur in Anspruch genommen. Allerdings erscheinen diese externen Nutzenskomponenten bisher in der einfachen Wirtschaftlichkeitsrechnung nicht, bekanntlich auch nicht als Kostenkomponenten der konkurrierenden konventionellen Energiesysteme. Daher sollten künftig die Externalitäten in einer erweiterten Kosten-Nutzen-Betrachtung ihren Niederschlag finden. Eine Gutschrift in Form des Ökobonus wäre beispielsweise ein Lösungsbeitrag.

Der besondere ökonomische Vorteil kann deshalb nur darin bestehen, örtlich vorhandene Ressourcen in kleineren dezentralen Anlagen in der Nähe zum Verbraucher zu verwerten. Natürlich wirkt sich dabei vorteilhaft aus, wenn stärkere „Nachfrageinseln" existieren (s. auch Abschnitt 4.4.1 und 4.4.2), wie etwa in ostdeutschen Dörfern mit größeren Wohnkomplexen und z. T. sogar Wärmeleitungen. Nach internationalen Erfahrungen sollte beim Neubau bestenfalls auf „Nahwärme"-Netze (in etwa bis 0,5 km Länge) orientiert werden.

Insgesamt leuchtet ein, dass sich die ökonomischen Vorzüge in dem Maß verbessern, wie es gelingt,

- die eingesetzten biogenen Stoffe möglichst niedrig zu bewerten,
- die anlagebezogenen Kosten der Bereitstellung (Abschreibung, Kapitaldienst, Instandhaltungs- und Wartungskosten) je erzeugter Energieeinheit niedrig zu halten,
- die Konkurrenzenergie aus der individuellen Bereitstellung möglichst hoch zu bewerten (beispielsweise durch eine generelle Steuer auf fossile Energieträger oder durch differenzierte kalkulatorische Energiepreiszuschläge, vgl. Abschnitt 5.1.5.5).

5.1.6.3 Zur Bewertung biogener Einsatzstoffe

Auf die Bewertung der eingesetzten Biomasse nehmen insbesondere die Bezugskosten und die externen ökologischen sowie ökonomischen Effekte einen besonderen Einfluss. Innerhalb der Kosten für die Beschaffung haben die für Lagerung und Transport einen vergleichsweise hohen Anteil. Das hängt wiederum mit der geringen Energiedichte von Holz/Pflanzen zusammen. Sie beträgt pro Tonne Holzschnitzel weniger als ein Zehntel des Heizöläquivalents. Hinzu kommt, dass die schwankenden Nachfrage- und Angebotsbedingungen, beispielsweise der Kontrast von Nachfragespitze und Angebotsflaute im Winter, eine erhebliche Bevorratung erfordern. Zugleich verlangen der Transport und die Lagerung, dass in der Regel die Verarbeitungsmengen und das Einzugsgebiet aus Kostengründen begrenzt bleiben.

Vereinfachend kommen für ein (relativ großes) Heizkraftwerk mit Waldholz folgende Parameter in Frage:[39]

- Bei 12 MW Leistung und 6.000 h/a werden 72.000 MWh zur Verfügung gestellt.

---

[39] Entnommen aus [5-37].

5.1 Wirtschaftliche Bewertung und beeinflussbare Rahmenbedingungen

- Bei einem durchschnittlichen Brennwert von 4,32 kWh/kg Holz werden jährlich 40.512 m³ Holz verbraucht.
- Bei einem Holzanfall von 2,4 m³/ha Waldfläche setzt die Anlage etwa 16.880 ha Wald (ein Umkreis im Radius von 7,33 km) voraus.

Das verdeutlicht, dass Transport- und Lagerkosten wesentlich den geeigneten Standort bestimmen. In Einheit mit den Holzeinkaufspreisen nehmen sie auf die gesamte Rentabilität einen starken Einfluss. Die Einkaufspreise sind Marktpreise von Angebot und Nachfrage. Da letztere zeitlichen und örtlichen Schwankungen (z. B. im Sommer/Winter/und nach Sturmschäden) unterliegen, ist den Preisen eine ausgeprägte Volatilität und der Charakter von lokalen Spotmarktpreisen zu eigen.

Nach schweizerischen Erfahrungen differieren die Einsatzpreise der verschiedenen biogenen Stoffe merklich. Demnach ist Restholz (beispielsweise aus Sägereien) am billigsten und Waldholz am teuersten. Ihre Schnitzelpreise schwanken von 25 bis 45 sFr./m³ [5-38]. Beim Waldholz ist dabei Nadel- gegenüber Laubholz – entsprechend ihrer Heizwertrelation von 0,075 zu 0,097 t Heizöläquivalent – preiswerter. Damit die hohen Schnitzelpreise annähernd konkurrenzfähig werden, müssten sie um mehr als die Hälfte – etwa auf 10 sFr./m³ – sinken. Andernfalls müsste sich der gegenwärtige Ölpreis etwa verdoppeln. Untersuchungen für Deutschland und Dänemark kommen zu vergleichbaren Aussagen [5-39]. Letztendlich bedeutet das, die Bewertung der Einsatzstoffe durch verschiedene Förder- und Finanzierungsmaßnahmen spürbar zu beeinflussen.

Dabei dürfen positive ökologische und ökonomische Effekte nicht unberücksichtigt bleiben. Das betrifft einmal die notwendige Waldpflege mit ihren positiven Langzeitwirkungen. Zum anderen lösen Anbau/Pflege, Ernte/Sammeln und die Verarbeitung besonders in den wirtschaftsschwachen ländlichen Gemeinden bemerkenswerte Beschäftigungsimpulse aus. Deren Bedeutung ist nicht nur darin zu sehen, dass bestimmte Arbeitsplätze geschaffen werden. Zugleich werten sie insgesamt das ländliche Milieu auf. Sie tragen zum Erhalt dörflicher Traditionen, zum Abwanderungs-Stop und zur Ansiedlung weiterer gewerblicher Beschäftigung bei. Aus der Sicht nachhaltiger Entwicklung, beispielsweise wegen überzogener Agglomeration in den Städten und Speckgürteln, wegen der Straßenverkehrsprobleme, wegen der sozialen Einseitigkeit und Überalterung dörflicher Bevölkerung usw. kann das nicht hoch genug bewertet werden.

Wenngleich diese Einflüsse auf die gesamtwirtschaftliche und gesamtgesellschaftliche Bewertung zur Zeit kaum quantifizierbar sind, sollte es aber Grund genug sein, intensive Finanzierungs- und Fördermaßnahmen für diese Aufgaben zu rechtfertigen. Dass es hierfür praktische Erfahrungen gibt, lässt sich besonders in der Schweiz und Österreich, aber auch in Bayern und Baden-Württemberg studieren. So machen z. B. Studien für die Schweiz deutlich:

- Mit der Verwertung des eigenen Holzes gehen eine hohe lokale und regionale Wertschöpfung sowie Gewinnrealisierung einher. Demgegenüber bleibt bei Importen von Öl und Gas etwa die Hälfte des Wertes im Ausland.
- Neben den direkten Arbeitsplätzen (an den Holzfeuerungsanlagen) werden zusätzlich etwa nochmals 50 % indirekte (in den vor- und nachgelagerten Produktionsstufen) geschaffen. Die Prozesskette Holzschnitzel sichert durchschnittlich fast doppelt soviel Arbeitsplätze in der Schweiz wie der Einsatz von (importiertem) Öl.

– Im Vergleich der Prozessketten liegen allerdings die jährlichen Gesamtkosten der Holzverwertung doppelt so hoch. Weitaus höhere Amortisation und Kapitalkosten sowie Brennstoffkosten bilden die Ursache hierfür.[40]
– Ökologisch ist besonders vorteilhaft, dass die eigene erneuerbare Holzenergie die CO_2-Emissionen reduziert. Langfristig trägt die Waldholznutzung zur qualitativen Verbesserung von Waldpflege und Forstwirtschaft bei.

5.1.6.4 Zum Auslastungsgrad und zu den Anlagekosten

Wie bei anderen neuen Technologien und Techniken, z. B. der Erzeugung von Windstrom und Solarwärme, leiden die eingesetzten Apparate und Anlagen zur Bereitstellung und Nutzung von Biomasse unter Marktzutrittserschwernissen. So profitieren langetablierte Konkurrenzkapazitäten von niedrigen Einkaufspreisen. Letztere resultieren aus dem Anbieterwettbewerb und aus Kostensenkungen aufgrund der Größen- und Mengendegression in der Produktion. Dagegen müssen neue Anlagen – meist als Einzelfertigung mit kleiner Kapazität – vergleichsweise teuer eingekauft werden. Grundsätzlich gilt auch hier, dass sich größere Kapazitäten relativ verbilligen. Nach ersten Erfahrungen sollte die thermische Leistung der Anlagen möglichst nicht unter 800 kW liegen. Größere Anlagen sind zwar preiswerter, aber in (kleineren) ländlichen Gebieten nicht wirtschaftlich auslastbar.

Das Verkraften der hohen Investitionskosten hängt allerdings nicht nur vom Anlagenpreis, sondern gleichermaßen auch vom jährlichen Auslastungsgrad ab. Erste praktische Erfahrungen und Sensitivitätsabschätzungen im Ausland verweisen darauf, dass der Auslastungsgrad die Wärmeerzeugungskosten am stärksten zu beeinflussen scheint. Nach Erfahrungen in der Schweiz sind bei der reinen, ungekoppelten Verfeuerung mindestens 2.000 Vollastbetriebsstunden jährlich anzustreben. Weitaus mehr Betriebsstunden (>5.000 h/a) erfordert ein BHKW. Seine spezifischen Investitionskosten sind bedeutend (>10fach) höher. Allerdings wirkt sich hier die hohe Vergütung für die Stromeinspeisung ökonomisch vorteilhaft aus [5-40].

5.1.6.5 Zur Finanzierung und staatlichen Förderung

Aus den genannten Gründen sind für die Weiterentwicklung der Biomasse-Verwertung spezielle Finanzierungs- und Förderhilfen unumgänglich. In den Bundesländern können spezielle Investitionszuschüsse und Förderungen gewährt werden, aber angesichts der generellen Hilfen für Investitionen und der erschwerten speziellen Marktzutrittsbedingungen für Biomasse bieten diese Einzelmaßnahmen oft keine sonderliche Attraktivität. Das ist natürlich dann anders, wenn anstatt der üblichen etwa 20% insgesamt vom Bund und Land (hier Bayern) etwa 48% der Investitionskosten übernommen werden (vgl. zur Wirtschaftsförderung Abschnitt 5.2.5.9).[41]

Die Investoren und Betreiber, oftmals die Gemeinden bzw. Teile ländlicher Bevölkerung, werden durch die Förderung für ihre initiierten positiven gesellschaftliche Effekte honoriert. Zugleich versteht sich die Unterstützung als Nachteilsausgleich, beispielsweise für struktur-

---

[40] In der Schweiz gilt zur Orientierung, dass die KWh-Wärme zur Zeit aus Öl etwa 9 Rappen und aus Schnitzelholz bis 19 Rappen – idealerweise mindestens 12 Rappen – kostet.
[41] Das betrifft das Biomassen(Holz, Gräser etc.)-Heizkraftwerk Altenstadt, etwa mit 60 Mio. DM Investition für ca. 30 MW Leistung [5-41].

5.1 Wirtschaftliche Bewertung und beeinflussbare Rahmenbedingungen

schwache Regionen und für Erschwernisse im Marktzutritt. Diese Unterstützungen sollten allerdings nicht nur vom Staat gefordert werden.

Private Interessengemeinschaften, die längerfristig und indirekt von diesen Energiestrategien profitieren können, sollten auch ihren Beitrag leisten. So können folgende Erfahrungen aus der Schweiz, in der die Holzverfeuerung ähnlich wie in Österreich und in Bayern sowie Baden-Württemberg weit vorangeschritten ist, nachahmenswert sein:

- In der Schweiz werden bereits seit 1992 staatliche Finanzhilfen gewährt [5-42]. Die Mehrkosten (für Brennstoffe und Investitionen) gegenüber Öl/Gasfeuerungen können bis zu 30 % zentral durch den Bund und zusätzlich bis insgesamt 50 % durch die Kantone (vergleichbar mit Bundesländern) übernommen werden. Tatsächlich wurden in den letzten Jahren durchschnittlich etwa 17 % der Mehrkosten dadurch finanziert. Betroffen sind hiervon 330 herkömmliche Holzfeuerungsanlagen (zur Wärmeerzeugung) und sieben Pilot- und Demonstrationsanlagen für die kombinierte Wärme- und Stromerzeugung.

- Zugleich gewinnen private Förderungen/Finanzierungen im Rahmen erweiterter Betreibergesellschaften an Bedeutung. Seit 1998 unterstützen sich beispielsweise im „Holzenergiefonds" die Waldbesitzer, privaten Forstbetriebe, Rest-, Altholz- und Waldholzerzeuger, Anlagenbauer, Holzhändler, Transporteure, Energieerzeuger- und -verbraucher.

- Weitere Finanzierungsbeiträge können von den Gemeinden, Verbrauchern (in Form von Anschlussgebühren), Ökobanken (in Form zinsverbilligter Kredite) und durch Contracting-Modelle der Anlagenbauer kommen.

Aus den jüngsten Lehren der Wettbewerbsintensivierung in der Elektrizitätswirtschaft – aufgrund der weltweiten Liberalisierung dieses bisherigen Monopolsektors – wird darüber hinaus eine weitere Schlussfolgerung für diskutierenswert gehalten:

- Warum sollten beispielsweise die Betreiber von Biomasse-Verwertung ihre Wirtschaftlichkeit nicht auch dadurch verbessern, dass sie die Wettbewerbsattraktivität ihrer Produkte (Wärme und zum Teil Strom) über die Preisgestaltung hinaus erweitern, indem sie beispielsweise zu umfassenden Dienstleistern in der ländlichen Region werden?

- Warum sollten sie nicht auch – analog zur Tendenz großer Energieversorger in den Städten und Ländern – komplette gewinnträchtige Paketlösungen für Energielieferungen einschließlich verschiedener Energieberatungen, Energieversicherung, Beteiligungs-Fonds (beispielsweise für Anlagenbau) mit entwickeln?

Nicht zuletzt muss daran erinnert werden, dass die Biomasseverarbeitung bei gekoppelten Anlagen „grünen Strom" erzeugt, der durchaus einen höheren Verkaufspreis rechtfertigt und auch zunehmend als solcher von Verbrauchern geschätzt wird. Im Rahmen des „Öko-Stromhandels" eröffnet sich damit eine zusätzliche Finanzierungsquelle für die etwa 20 % höheren Bereitstellungskosten. Mit diesem Beitrag rechnen vor allem Finnland[42] – als erfahrenster Verstromer/Verwerter von Holz – sowie die Niederlande mit dem bisher größten Biomassekraftwerk (mit einer elektrischen Leistung von 27,4 MW) Europas [5-43].

---

[42] These: Jeder Landwirt ist ein Energieunternehmer.

In Deutschland kann der im gekoppelten Biomasse-Anlagen erzeugte Strom in das öffentliche Stromnetz zu einem ansehnlichen Preis eingespeist werden, so dass sich dadurch die Wirtschaftlichkeit verbessert. Nach dem Erneuerbare-Energien-Gesetz (EEG), welches das bisherige Stromeinspeisungsgesetz ablöst, wird seit 01.04.2000 – bei Abnahmeverpflichtung – folgende Vergütung gezahlt:

bis 500 kW	20,0 Pf/kWh,
bis 5 MW	18,0 Pf/kWh,
bis 20 MW	17,0 Pf/kWh.

Zu beachten ist, dass sich ab 01.01.2000 die Vergütungssätze jährlich um 1 % verringern.[43]

---

[43] BGBl. Teil I, Nr. 13/2000, S. 306.

5.2 Rechtliche Rahmenbedingungen und Steuerungsmechanismen

5.2.1 Funktion des Rechts im Bereich der Abfallenergieverwertung

Der Ausgangspunkt rechtlicher Überlegung ist die Vermeidung von Abfallenergie und – wo dies nicht möglich ist – ihre Verwendung. Beides erfordert rechtliche Steuerung dann, wenn ökonomische Rationalität nicht alleine diese Ziele vorgibt[1]. Abfallenergie im Sinne von Abwärme wie von in Abfallstoffen gebundener Energie ist zur Zeit nach Marktpreisen häufig nicht konkurrenzfähig[2]. Ihr Einsatz ist jedoch umwelt- und energiepolitisch erwünscht. Dies bedingt eine differenzierte Rationalität: was der Umwelt und dem rationellen Einsatz von Energierohstoffen dient ist andererseits jedenfalls kurz- und mittelfristig ökonomisch nicht rational. Da nach den Marktgesetzen die teurere Abfallenergie vom Abnehmer nicht eingesetzt und daher vom Anbieter nicht angeboten werden wird, gibt es nur zwei Wege, um die ökonomische Rationalität zu beeinflussen: die Abfallenergie muss verbilligt oder die Konkurrenzenergien müssen verteuert werden.

Recht greift in das selbstregulierende Marktgeschehen ein, um Ziele des Gemeinwohls zu verwirklichen. Seine Einhaltung kann durch staatliche Hoheitsgewalt erzwungen werden, es kann aber auch einen Bedingungsrahmen für privates Verhalten setzen, der die Rationalitätsparameter des marktgerechten Verhaltens verändert und damit – unter den Bedingungen der ökonomischen Rationalität – selbstdurchsetzend wirkt. Recht kann zunächst einmal „Marktversagen" ausgleichen, welches etwa durch externe Kosten induziert wird, aber auch durch Informationsdefizite, welche marktgerechtes Verhalten beeinträchtigen. Weiter kann es Kostenverzerrungen gegensteuern, welche dem Marktverhalten falsche Signale geben (wie dies etwa bei externen Kosten[3] der Fall ist).

In diesem Sinne ist das Recht ein Instrument zur Steuerung privaten Verhaltens, zur Induktion der Orientierung dieses Verhaltens an den Zielen des Gemeinwohls. Gemeinwohlinteressen oder „öffentliche Interessen" sind Interessen, welche durch die Allgemeinheit (d. h. auch: durch ihre gewählten Vertreter) konsentiert sind. In ihnen manifestieren sich unter anderem die langfristig zu bewahrenden volkswirtschaftlichen Güter, welche in kurz- oder mittelfristigen ökonomischen Entscheidungen Privater nicht ausreichend berücksichtig werden. Hierzu gehört auch die Umwelt und die Energie. Ein solcher Problemkreis, der in den neueren Diskussionen zunehmend an Bedeutung gewinnt (z. B. in Verbindung mit dem Einsatz moderner Energiewandlungsverfahren), ist auch die Beeinträchtigung des Landschaftsbildes durch die entsprechenden Technologien. Die Gemeinwohlinteressen werden bei kurzfristiger individueller Rationalität teils nicht ausreichend berücksichtigt, teils aber wird ihnen, wie dies im Bereich des Umweltschutzes deutlich wird, auch entgegengehandelt. Dem Ausgleich dieses Interessengegensatzes dient das Recht.

---

[1] Literatur, die hier behandelte, rechtliche Belange betrifft, ist im Literaturverzeichnis des Kapitel 5 unter den Nummern [5-44] bis [5-83] angeführt.

[2] Dies zeigt sich angesichts der Entwicklung im liberalisierten Strom-Markt in der EG deutlich: die Stromerzeugung aus Kraft-Wärme-Koppelungsanlagen wird tendenziell unwirtschaftlich. Die Kosten dieser entropisch und umweltpolitisch vorzugswürdigen Erzeugungsart sind jedenfalls unterhalb eines Strompreises von 5 Pf/kWh nicht mehr attraktiv, weil die externen Kosten anderer Erzeugungen nicht von den Erzeugern, sondern von der Allgemeinheit in Form von Umweltbelastungen getragen werden.

[3] Vgl. hierzu P. Behrens: Die ökonomischen Grundlagen des Rechts (1986), 85 ff.

In letzter Konsequenz kann das Recht gemeinwohlkonformes Verhalten erzwingen. Andererseits ist rechtliche Steuerung immer auch eine Einschränkung freien privaten Verhaltens. Deshalb sind ihr Grenzen gesetzt. Dies ergibt sich aus der Schutzfunktion des Rechts, wie sie in den Grundrechtskatalogen vieler moderner Verfassungen verbrieft ist. Es gibt letzte Bastionen personeller Freiheit, in die auch der Staat mit parlamentarischen Mehrheitsentscheidungen nicht eingreifen darf. Dies bewahrt den Einzelnen vor excessiven Freiheitsbeschränkungen durch den Willen der Mehrheit.

Gleichwohl sind öffentliche Regelungen zulässig, wenn privates Verhalten in Selbststeuerung wegen unvollkommener Marktsignale nicht zur Verwirklichung legitimer öffentlicher Interessen führt. Externalitäten sind hier das entscheidende Problem: Kosten, welche nicht von den Verursachern, sondern von der Allgemeinheit getragen werden. Umweltbelastende Erzeugungsmethoden sind ein unzweifelhaftes Beispiel für solche ökonomisch fehlgeleiteten Verhaltensweisen. Es kommt darauf an, Energie, die deswegen auf Kosten der Allgemeinheit produziert wird, zu verteuern, um die wahren Kostenverhältnisse zum Tragen zu bringen (etwa durch Tariffestsetzung oder Lenkungsabgaben). Alternativ dazu könnte man durch Beihilfen oder sonstige Förderungsmaßnahmen (Subventionen zugunsten der Erzeuger oder der Abnehmer) umweltfreundlich produzierte Energien verbilligen.

Die entscheidenden öffentlichen Interessen laufen dabei auf zwei zentrale Aspekte hinaus: die Schonung der Umwelt und die Verringerung der Abhängigkeit von der Lieferung von Energie-Rohstoffen aus dem Ausland. Die Aspekte der Entropiewirtschaft können für diese Interessenwahrnehmung entscheidende Kriterien bieten. Denn sie fordern die Minimierung von Exergieverlusten[4], die zur Einsparung von Primärenergieträgern und zur Schonung der Umwelt führen. Die entsprechende Gestaltung von Produktionsmethoden, Verteilungssystemen, von Geräten beim Endverbraucher und der Gestaltung von deren Umwelt (etwa durch Wärmedämmungsmaßnahmen) trägt hierzu entscheidend bei. Damit bieten die Grundsätze einer Entropiewirtschaft einen naturwissenschaftlich verlässlichen Maßstab einer rationalen Wahrnehmung der daraus abgeleiteten genannten öffentlichen Interessenwahrnehmung. Dieser Maßstab lässt eine Quantifizierung der Verwirklichung dieser Interessen zu und geht mit einer verantwortlichen Nutzung der Energiereserven unseres Universums einher. Die Minimierung der Exergieverluste, der energetisch unumkehrbaren Prozesse ist auch ein Schlüssel zur Umweltschonung und zur optimalen Nutzung von Energierohstoffen, welche damit nicht nur abstrakt effizient, sondern auch konkret so genutzt werden, dass sie die Abhängigkeit von anderen Lieferländern reduziert .

Die Ziele rechtlicher Steuerung im hier interessierenden Bereich der Abfallwärmenutzung und -vermeidung sind also konkretisierbar evident: Umweltschutz und Schonung der Energiereser-

---

[4] Insoweit muss für die rechtliche Beurteilung die relevante Essenz der anderen Beiträge dieses Projekts noch einmal kurz zusammengefasst werden. Nach dem ersten Hauptsatz der Thermodynamik geht Energie zwar nicht verloren, nach dem zweiten Hauptsatz ist jedoch nach der Nutzung abgeführte Energie in einem geringeren Ordnungszustand. Die Entropie hat sich dann erhöht, die Exergie (der arbeitsfähige Anteil der Energie) ist reduziert. Wenn Energie dem Umgebungszustand gleich ist, ist die Exergie gleich Null geworden. Die Entropieproduktion ist nicht mehr umkehrbar, die Reversion von Exergieverlusten erfordert neue Energiezufuhr, welche wiederum die Umwelt belastet und kostenträchtig ist (und damit die Lieferabhängigkeiten von Rohstoffländern erhöht). Dies ist das entscheidende Bindeglied zwischen den Aspekten der Entropiewirtschaft und den öffentlichen Interessen der Umweltschonung bzw. der Verringerung der Abhängigkeit von Rohstoff-Lieferländern. Die Reduzierung von Exergieverlusten ist deshalb unmittelbar ein öffentliches Interesse, welches vom Gesetzgeber durchgesetzt werden kann.

5.2 Rechtliche Rahmenbedingungen und Steuerungsmechanismen

ven, letzteres in absoluter Hinsicht zu rationeller Ausnutzung der für unseren Planeten vitalen Energiereserven, aber auch relativ zur Verringerung der Abhängigkeit der Bundesrepublik Deutschland bzw. der EU-Mitgliedstaaten von Energieimporten (Versorgungssicherheit). Hinzu kommt die Schaffung von Arbeitsplätzen und von Exportchancen.

Generell ist das Ziel des Umwelt- und Gesundheitsschutzes die beste Rechtfertigung von staatlichen Regelungen zugunsten sparsamer bzw. nachhaltiger Energieerzeugung und -verwendung. Dies basiert zum einen auf der Bestimmung des Umweltschutzes als Staatsziel durch Art. 20 a, zum anderen auf dem Grundrecht zum Gesundheitsschutz (und der Staatspflicht zu seiner Gewährleistung) nach Art. 2 Abs. 2 GG[5]. Die Gewährleistung stärkerer Unabhängigkeit von ausländischen Energielieferungen ist vom Bundesverfassungsgericht ebenfalls bereits als legitimes öffentliches Steuerungsziel anerkannt worden[6].

Auch die potenziellen Mittel liegen auf der Hand: Gebote, Verbote, Planungsvorgaben sowie Anreize (durch Subventionen oder Abgaben-Begünstigungen) oder Belastungen (durch Abgaben oder Auflagen). Diese können sich unmittelbar aus Rechtsnormen, d.h. Gesetzen oder Verordnungen ergeben oder Ergebnisse des Vollzugs solcher Normen durch die Verwaltung sein (wie etwa bei der Subventionsgewährung oder der ermessensgeleiteten Steuervergünstigung). Beides ist fortan gemeint, wenn von Rechtsregeln oder Normen die Rede ist: der Inhalt dieser Regeln wie auch ihr Vollzug.

Die zentralen Probleme der Relation zwischen diesen Mitteln und den Zielen liegen einmal in der Frage, inwieweit das Recht zur Verwirklichung dieser Ziele zu den genannten Mitteln greifen *darf* (also die Frage nach den Schranken staatlichen Steuerungs-Eingriffs), zum anderen aber auch in der Frage, welche Steuerungsmittel der Staat benutzen *sollte*. Die naturwissenschaftlichen Beiträge dieser Untersuchung geben bereits eine positive Antwort auf die dritte notwendige Frage: ob ein Eingreifen des Staates überhaupt *legitim* ist (im Sinne des zureichenden Gemeinwohlbelangs). Denn Umweltentlastung, Schonung von Energiereserven und Verringerung der Abhängigkeit von Energiereserven sind ohne Probleme als legitime Gemeinwohlbelange zu werten.

Die internationale Verflechtung der Staaten, der Bundesrepublik Deutschland und der Mitgliedstaaten der EU beinhaltet weitere Handlungsparameter der Staaten: Verpflichtungen und Schranken. Dies betrifft im EU-Rahmen zunächst die Regelungen des *Rechts der Europäischen Gemeinschaften*, welche Kompetenzzuweisungen und -schranken zugunsten der Gemeinschaften enthalten und – spiegelbildlich dazu – auch zu Lasten der Mitgliedstaaten. Des Weiteren sind aber auch *völkerrechtliche Verpflichtungen* der Gemeinschaften und ihrer Mitgliedstaaten im Bereiche des Umweltrechts von Bedeutung.

Beim gegenwärtigen Rechtszustand bleibt festzustellen, dass entropiewirtschaftliche Überlegungen im Bereich der öffentlichen Meinungsbildung jedenfalls unmittelbar keine Rolle spielen. Andererseits gibt es aber Regelungen, welche implizit den Forderungen einer Entropiewirtschaft nahe kommen: Normen des nationalen, europäischen und völkerrechtlichen Umweltrechts und Normen über rationelle Energieverwendung, welche sowohl umweltrechtlich wie auch energiewirtschaftlich (im Sinne einer Reduzierung der Abhängigkeit von Energierohstoffen aus anderen Staaten) motiviert sind. Entropiewirtschaftliche Überlegungen dienen beiden öffentlichen Zwecken.

---

[5] GG - Grundgesetz
[6] Entscheidungssammlung des Bundesverfassungsgerichts 30, 292

Aus diesem Grunde sind umwelt- und energierechtliche Normen daraufhin zu untersuchen, inwieweit sie dem Anliegen einer Entropiewirtschaft zu dienen in der Lage sind. Dabei sind sowohl bestehende Rechtsregeln zu evaluieren wie auch mögliche Alternativen zur Förderung eines solchen Anliegens zu prüfen.

Rechtsregeln müssen in ihrer Eignung für den angestrebten Regelungszweck unter Kosten-Nutzen-Aspekten beurteilt werden. Dies gilt in zweierlei Hinsicht. Zum einen verändern sie die Kostenstruktur privaten Handelns, indem sie Handeln verbilligen oder verteuern[7]. Zum anderen aber ist auch die Regelung selbst ein Kostenfaktor, welcher in Relation zum Regelungsziel (dem Nutzen) zu beurteilen ist. Die Opportunität der Auswahl zwischen möglichen Regelungsalternativen ist auch an den relativen Kosten dieser Alternativen zu messen. Bei den Kosten ist auch zu berücksichtigen, welche Auswirkungen Steuerungsmaßnahmen auf andere rechtlich relevanten Güter haben: auf Arbeitsplätze, auf wirtschaftliches Wachstum, auf die internationale Wettbewerbsfähigkeit einer Volkswirtschaft. Einem solchen Anliegen dient ein Komplex, der als prospektive oder retrospektive Gesetzesfolgenabschätzung bezeichnet wird.

Daraus ergeben sich die weiteren Fragen dieser Untersuchung:

– Welches sind die völker-, europa- und nationalrechtlichen deutschen Rahmenbedingungen (im Sinne von Zielvorgaben oder Handlungsbeschränkungen) der Abfallenergieverwendung?
– Welche grundrechtlichen Begrenzungen sind bei Steuerungsmaßnahmen zu beachten?
– Wie sollte das Normdesign staatlicher Steuerungsmaßnahmen aussehen?
– Welche rechtlichen Steuerungsmaßnahmen sind denkbar bzw. werden bereits angewendet, um die politischen Vorgaben Versorgungssicherheit und Umweltentlastung zu verwirklichen?

5.2.2 Internationalrechtliche Rahmenbedingungen

5.2.2.1 Umweltvölkerrecht

Völkerrecht begründet Rechtspflichten von Staaten gegenüber anderen Staaten sowie sonstigen Völkerrechtssubjekten wie etwa internationalen Organisationen.

Völkerrecht findet sich insbesondere in Verträgen, aber immer noch in erheblichem Umfange auch im Gewohnheitsrecht und in allgemeinen Rechtsgrundsätzen. Diese Normen sind sowohl für die Bundesrepublik Deutschland wie auch für die Gemeinschaften der Europäischen Union (Europäische Gemeinschaft, Montanunion und Atomgemeinschaft) bindendes Recht.

Hinsichtlich des allgemeinen Zieles einer sparsamen Verwendung von Energie findet sich im Völkerrecht keine Regelung. Um so bedeutender war aber in den letzten Jahrzehnten die Entwicklung des Umweltvölkerrechts. Hier haben sich sowohl immer engere vertragliche Bindungen entwickelt als auch eine ganze Reihe von Normen gewohnheitsrechtlich verfestigt. Auf das Völkergewohnheitsrecht braucht hier zunächst nicht näher eingegangen zu werden. Relevant sind im Rahmen dieses Themas aber die Regelungen, welche zum Schutz des Klimas und der Reinhaltung der Luft von Schadstoffen entwickelt wurden, weil sie für die Energieerzeugung und -verwendung bedeutsam sind.

---

[7] Hierbei werden Kosten und Nutzen in einem weiten Sinne verstanden. Auch eine angedrohte Freiheitsstrafe geht in das persönliche Kosten-Nutzen-Kalkül auf der Kostenseite ein.

5.2 Rechtliche Rahmenbedingungen und Steuerungsmechanismen

Das Umweltvölkerrecht[8] ist in Verträgen geregelt, welche die einzelnen Medien betreffen. Hier sind insbesondere Luft und Wasser im gegenwärtigen Zusammenhang von Bedeutung. Darüber hinaus gibt es allgemeine Deklarationen über den Umgang der Menschen mit ihrer Umwelt. Diese Deklarationen sind zunächst einmal kein Recht sondern Absichtserklärungen der Staaten. Sie können aber nachfolgend durch Staatenpraxis, welche von Rechtsüberzeugung getragen wird, zu Völkergewohnheitsrecht erstarken. Auch hat sich aus solchen Absichtserklärungen im Laufe von mehreren Verhandlungsserien immer wieder Vertragsvölkerrecht entwickelt. Aber auch wenn solche Erklärungen rechtlich nicht verbindlich sind, so sind sie doch Vorgaben, an denen sich, wenn ein Staat einer solchen Erklärung zugestimmt hat, sein Verhalten messen lassen muss. Angesichts der Probleme, welche der Umweltschutz insbesondere grenzüberschreitend bietet, ist es heute immer weniger politisch akzeptabel, dass Staaten einerseits Erklärungen über Umweltschutz zustimmen, dann aber andererseits gegenteilig handeln. Insoweit kann man davon ausgehen, dass auch die Zustimmung zu solchen Erklärungen politisch ein Datum ist, von dem die innerstaatliche Umweltpolitik ausgehen muss.

Soweit die EG an Verträgen und auch an völkerrechtsrelevanten Erklärungen beteiligt ist, ist sie selber daran gebunden. Aber auch dann, wenn nur ihre Mitgliedstaaten an solche Texte gebunden sind, resultiert daraus die Bindung der EG in dem Umfang, in dem die Mitgliedstaaten ihr Umweltkompetenzen übertragen haben. Dass dies heute im großen Umfang der Fall ist, wird noch zu erörtern sein. Wenn also im Folgenden von Bindungen von Staaten geredet wird, so umfasst dies immer auch die EG.

In der Deklaration der Umweltkonferenz der Vereinten Nationen von Stockholm 1972[9] wird im Prinzip festgestellt, dass die Abgabe giftiger Substanzen ebenso wie Abgabe von Wärme an die Umwelt insoweit vermieden werden muss, als sie in Mengen oder Konzentrationen geschieht, welche das Regenerationsvermögen der Umwelt schädigen. In diesem Prinzip ist auch vom gerechten Kampf der Völker gegen Umweltverschmutzung die Rede.

Im Prinzip 16 der Deklaration von Rio de Janeiro über Umwelt und Entwicklung[10] ist die Rede davon, dass die Mitgliedstaaten die Internalisierung von Umweltkosten durch wirtschaftliche Instrumente betreiben sollten. Umweltverschmutzer sollten die Kosten ihres Handelns nach Möglichkeit selbst tragen müssen, wobei das öffentliche Interesse und das Interesse an einem unverzerrten internationalen Handel sowie internationaler Investitionstätigkeit berücksichtigt werden müssen.

Auf der Klimakonferenz von Rio im Jahre 1992 wurde die Klima-Rahmenkonvention[11] verabschiedet. Sie trat im März 1994 in Kraft und wurde bis zum Dezember 1995 von etwa 150 Staaten ratifiziert. Sie sollte die Treibhausgase in der Atmosphäre auf einem Niveau stabilisieren, welches es gefährlichen Treibhauseffekt zu vermeiden hilft. In dieser Konvention finden sich zunächst Absichtserklärungen und Verpflichtungen zu Forschung, Beobachtung und Informationsaustausch. Diese Verpflichtungen sollten auf nachfolgende Konferenzen konkretisiert und zu klaren Reduktionspflichten verdichtet werden.

---

[8] Allgemein etwa P.H. Sand: Transnational environmental law : lessons in global change (1999).
[9] Declaration of the United Nations Conference on the Human Environment vom 16.6.1972 UN Document A/Conf.48/14
[10] Rio Declaration on Environment and Development, UN Document A/CONF.151/26 (vol. I) (1992); 31 International Legal Materials. 874 (1992). Vgl. hierzu U. Beyerlin: Rio-Konferenz 1992: Beginn einer globalen Umweltrechtsordnung, ZaöRV 54 (1994), 124 - 147.
[11] vom 9.5.1992, International Legal Materials 1992, 849

Auf der ersten Nachfolgekonferenz in Berlin im Jahre 1995 wurden allerdings noch keine Konkretisierungen vorgenommen. Die BRD hatte sich für eine Reduktion der CO_2-Emissionen – als letztendlich die für die Energiewirtschaft von der Tonnage her bedeutendsten Emissionen (s. Abschnitt 2.1) – um 10% bis zum Jahre 2005 und um 15 bis 20% bis zum Jahre 2010 eingesetzt[12]. Auch ein weiterer Versuch der Konkretisierung bei dem zweiten „Erdgipfel" in New York 1997 war im Wesentlichen erfolglos. Im Rahmen der Nachfolgekonferenz von Kyoto[13] im Dezember 1997 wurden vorsichtige, aber nach allgemeiner Meinung noch nicht zureichende Konkretisierungen vorgenommen. Vorgesehen sind danach Emissionslizenzen, welche handelbar sein sollen. Immerhin gibt es nun konkrete Reduktionsverpflichtungen und ein Schema der Umverteilung von Emissionsberechtigungen.

Konkreter sind die Verpflichtungen zum Schutz der Ozonschicht durch das Protokoll von Montreal aus dem Jahre 1987[14]. Hier werden klare Verpflichtungen hinsichtlich der Reduktion von Einleitung von FCKW und eine Reihe anderer, für die Ozonschicht gefährliche Substanzen festgelegt.

Neben diesen allgemeinen Vorgaben herrscht im Umweltvölkerrecht aber der mediale Ansatz vor. Die Konventionen betreffen separat die Verschmutzung von Luft oder Wasser als Medien. Mit der weiträumigen Luftverschmutzung beschäftigt sich die Genfer Konvention vom 13.11.1979[15]. Auch hier sind die Formulierungen sehr vorsichtig gewählt und implizieren noch keine rechtlichen Verpflichtungen, welche bestimmt genug wären. Art. 2 dieser Konvention enthält die allgemeine Erklärung, man sei entschlossen, die Umwelt gegen Luftverschmutzung zu schützen und deshalb soweit dies möglich ist, schrittweise die Verschmutzung zu reduzieren einschließlich der weiträumigen grenzüberschreitenden Verschmutzung. Nach Art. 6 verpflichten sich die Vertragsparteien, die besten Methoden hinsichtlich der Erforschung, Beobachtung und des Informationsaustausches über Umweltverschmutzung zu entwickeln und anzuwenden, soweit dies wirtschaftlich machbar ist. Artikel 7 enthält eine Verpflichtung zur Forschung auf dem Gebiet der Reduzierung der Emission von Schwefel-Verbindungen und anderer wesentlicher Schadstoffe. Derartige Feststellungen beinhalten je nach den eingesetzten Primärenergieträgern auch konkrete Verbindlichkeiten für die Energiewirtschaft.

Dieser Verpflichtung wurde dann im Jahre 1985 im Schwefelprotokoll von Helsinki[16] dahingehend konkretisiert, dass die Parteien „sobald als möglich, aber spätestens bis 1993" diese Emissionen um 30% reduzieren müssen. Mit den Stickoxiden beschäftigt sich das Protokoll von Sofia aus dem Jahre 1988[17]. Auch hier wird die gleiche Regelungstechnik angewendet. Sobald als möglich, aber nicht später als zum 31.12.1994 soll die Einleitung solcher Oxide in die Luft auf dem Niveau von 1987 (oder irgendein anderes Niveau, welches die Staaten bei der Ratifikation erklären) fixiert werden. Auch in diesem Protokoll finden sich Verpflichtungen über Forschung, Beobachtung, Informationsaustausch und Technologieaustausch.

---

[12] Bezugsjahr sollte 1990 sein.
[13] Hierzu C. Breidenich u. a.: The Kyoto Protocol to the United Nations Framework Convention on Climate Change, American Journal of International Law 92 (1998) 2, 315 - 331. Ch. Bail: Das Klimaschutzregime nach Kyoto. Zeitschrift für Europäisches Wirtschaftsrecht 9 (1998) 15, S. 457 - 464.
[14] 16.9.1987, International Legal Materials 26 (1987), 1541
[15] International Legal Materials 18 (1979), 1442
[16] vom 8.7.1985, International Legal Materials 1988, 707
[17] vom 31. 10.1988, International Legal Materials 1989, 214

5.2 Rechtliche Rahmenbedingungen und Steuerungsmechanismen 343

Ein ähnliches Regelungsschema findet sich im Protokoll über flüchtige organische Verbindungen vom Jahre 1991[18].

Insgesamt kann man davon ausgehen, dass – abgesehen vom Sonderfall des Schutzes der Ozonschicht – die Staaten hinsichtlich klimagefährdender Emissionen nur im Rahmen der Konvention über weitreichende grenzüberschreitende Umweltverschmutzung bisher ausreichend konkretere Verpflichtungen übernommen haben, dass aber insbesondere unter aktiver Beteiligung der Bundesregierung und der Organe der EG solche Verpflichtungen im Rahmen der Klima-Rahmenkonvention in naher Zukunft weiter konkretisiert werden sollen. Politische Verpflichtungen rechtlich bindend zu machen ist von erheblichem Vorteil. Insbesondere im internationalen Handelsrecht ist auf die Verfassungsfunktion völkerrechtlicher Verpflichtungen hingewiesen worden, welche die rechtliche Handlungsfreiheit von Regierungen und Parlamenten bewusst einschränken, um diese Organe vor lobbyistischen Anforderungen innerstaatlich einflussreicher Sonderinteressen abschirmen zu können. Denn der Verweis auf internationale Verpflichtungen, welche nur zu einem politisch sehr teuren Preis gebrochen werden können, kann eine politische Situation zugunsten eines wichtigen Zieles stabilisieren, in der ohne diese Fixierung ein Hoheitsträger womöglich vom rechten Weg abweichen könnte.

Eine weitere wichtige Funktion könnte das Völkerrecht auch haben bei der Setzung internationaler Standards zur Absicherung der Wettbewerbsneutralität von kostenintensiven Schutzmaßnahmen. Wenn bestimmte Rahmenbedingungen nur noch international geregelt werden können, so stellt das Völkerrecht die geeigneten Rechtsinstrumente zur Verfügung, durch die klare Regeln gesetzt werden können, an die alle Staaten gebunden sind. Völkerrecht ist also nicht nur Rahmen, sondern auch selbst Steuerungsinstrumentarium für den Bereich des innerstaatlichen Rechts.

Völkerrechtliche Verpflichtungen sind von den Staaten zu erfüllen. Sie sind ein verbindlicher Verhaltensparameter. Sie müssen in innerstaatliches, im Falle der Europäischen Gemeinschaften durch Gemeinschaftsrecht in interne Maßnahmen zur Erfüllung umgesetzt werden. Die internationalen umweltrechtlichen Verpflichtungen der EG und ihrer Mitgliedstaaten sind ein wesentliches Argument zum Einstieg in eine rationelle Energieverwendung.

5.2.2.2 Europarecht

Europarecht ist wie Völkerrecht internationales Recht[19], hat aber besondere Aspekte, welche es vom allgemeinen internationalen Recht signifikant unterscheiden. Es ist sehr oft ein Recht, welches in der Formulierung wie auch in der Intention an die Stelle staatlichen Rechts tritt – als Gemeinschaftsrecht. Dieses ist unmittelbar und vorrangig verbindlich[20] für alle natürlichen und juristischen Personen, welche der Jurisdiktion[21] der Mitgliedstaaten unterliegen.

---

[18] 18. November 1991
[19] Vgl. W. Meng: Das Recht der Internationalen Organisationen - eine Entwicklungsstufe des Völkerrechts: Zugleich eine Untersuchung zur Rechtsnatur des Rechtes der EG (1979).
[20] Hierzu grundlegend EuGH 5.2.1963 - 26/62, van Gend & Loos - Slg. 1963, 1. EuGH 15.7.1964 - 6/64, Costa/ENEL - Slg. 1964, 1251. Slg – Sammlung der Rechtsprechung des Europäischen Gerichtshofes (EuGH).
[21] Dieser Begriff wird hier verwendet im Sinne von W. Meng: Extraterritoriale Jurisdiktion im öffentlichen Wirtschaftsrecht (1994). Er umfasst Handlungen aller drei Staatsgewalten und ratione personae alle Personen, welche aufgrund ihrer Nationalität oder ihrem territorialen Aufhalt der Jurisdiktion eines Staates oder der EG unterworfen sind.

Die deutsche Rechtsordnung als Rechtsordnung eines Mitgliedsstaats der Europäischen Union ist mit der Rechtsordnung dieser Gemeinschaften auf das engste verwoben. Die Eingliederung der Bundesrepublik Deutschland in die Europäische Union, welche heute auf dem Art. 23 des GG beruht, bedeutet, dass in den Bereichen, welche den Europäischen Gemeinschaften als Hoheitsaufgaben übertragen wurden, nunmehr die Kompetenzen zu rechtlicher Regelung auf die Organe dieser Gemeinschaften übergegangen sind. In aller Regel werden diese Europäischen Rechtsnormen, welche in der von den Gründungsverträgen vorgesehenen Form der Verordnungen, Richtlinien und Entscheidungen ergehen[22], durch die Mitgliedstaaten vollzogen. Wenn die Rechtssätze in Form einer Richtlinie ergehen, so müssen sie noch in nationales Recht umgesetzt werden, um innerstaatlich in den Mitgliedstaaten verbindlich zu werden. Die Mitgliedstaaten müssen solche Richtlinien vollständig umsetzen und haben dabei nur solche Spielräume, welche ihnen ausdrücklich durch die Richtlinie überlassen werden. Werden die Richtlinien nicht rechtzeitig umgesetzt, so können einzelne aus ihnen direkt Rechte ableiten[23], wenn die Vorschriften der Richtlinie nur unbedingt und ausreichend bestimmt sind.

Das europäische Recht ist in den Mitgliedstaaten der Union unmittelbar anwendbar, es bindet die Verwaltungsbehörden ebenso wie die Gerichte. Die innerstaatlichen Gerichte setzen zusammen mit dem Europäischen Gerichtshof, welcher ein Interpretationsmonopol für das europäische Recht hat[24], diese Rechtsordnung innerstaatlich durch. Aus diesen Komponenten erschließt sich die Aussage, dass die europäische Rechtsordnung und die nationalen Rechtsordnungen der Mitgliedstaaten miteinander untrennbar verwoben sind. Sie sind an Grundrechtsstandards zu messen, die im Wesentlichen mit denjenigen der mitgliedstaatlichen Verfassungen übereinstimmen und aus der Sicht des Bürgers komplementäre Bestandteile eines einheitlichen Kanons von Rechtsnormen sind, welche sein Verhalten determinieren. Sie fließen zwar aus unterschiedlichen Quellen, denn die Hoheitsgewalt der europäischen Gemeinschaften unterscheidet sich von derjenigen der Mitgliedstaaten, sie ist unabgeleitet und aus dem Gründungsakt der Gemeinschaften neu hervorgegangen[25]. Auch müssen die europäischen Rechtsnormen den Kompetenz- und Verfahrensvorschriften des Verfassungsrechts der Europäischen Union genügen. Vom Norm-Adressaten aus gesehen weisen sie jedoch die gleichen Regelungscharakteristiken auf wie Rechtsnormen des nationalen Rechts[26].

Auszugehen ist von einer grundsätzlichen europarechtlichen Vorgabe des Wirtschaftssystems im Sinne einer Marktwirtschaft. Zwar gibt das deutsche Grundgesetz eine Wirtschaftsordnung nicht ausdrücklich vor[27], sondern strukturiert die Freiheit des Wirtschaftens nur durch verschiedene Grundrechte (insbesondere den Schutz des Eigentums und die Freiheit der unternehmerischen und beruflichen Tätigkeit). Nach Art. 4 EGV sind aber die Mitgliedstaaten zur „einer offenen Marktwirtschaft mit freiem Wettbewerb verpflichtet". Dies bedeutet nicht, dass der Staat oder die Europäischen Gemeinschaften sich aller Eingriffe in diese Wirtschaftsordnung zu enthalten hätten. Nur bedürfen solche Eingriffe besonderer Begründung und Abwägung in Relation zu den geschützten wirtschaftlichen Freiheiten.

---

[22] Die Terminologie im Gründungsvertrag der Montanunion (EGKS) ist etwas anders, in der Sache gibt es jedoch keine Unterschiede.
[23] Dagegen können die Staaten hieraus keine Verpflichtungen einzelner ableiten.
[24] Art. 220, 234 EGV
[25] So bereits grundlegend EuGH 5.2.1963 - 26/62, van Gend & Loos - Slg. 1963, 1. EuGH 15.7.1964 - 6/64, Costa/ENEL - Slg. 1964, 1251.
[26] Wobei die Richtlinien hier eine Besonderheit aufweisen, aber letztlich in nationales Recht münden.
[27] Entscheidungssammlung des Bundesverfassungsgerichts 4, 7, 18 - Investitionshilfe: „Das Grundgesetz garantiert weder die wirtschaftspolitische Neutralität der Regierungs- und Gesetzgebungsgewalt noch eine nur mit marktkonformen Mitteln zu steuernde „soziale Marktwirtschaft"."

5.2 Rechtliche Rahmenbedingungen und Steuerungsmechanismen

Dies ist eine grundlegende Weichenstellung. Denn danach gilt ein striktes Regel-Ausnahme-Verhältnis zugunsten der Marktwirtschaft. Abweichungen vom marktwirtschaftlichen Prinzip bedürfen der ausdrücklichen Begründung, jeder staatliche Eingriff in den Markt muss gerechtfertigt werden.

Dies dürfte angesichts der Marktunvollkommenheiten gerade im vorliegenden Bereich kein besonderes Problem sein. Denn die jedenfalls langfristige Rationalität der sparsamen Energieverwendung unter den Gesichtspunkten Umweltschutz und Verringerung von Abhängigkeit ist ein akzeptierter und auch zu rechtfertigender öffentlicher Belang, welcher entsprechende Eingriffsregelungen der Hoheitsgewalt legitimieren. Dies gilt insbesondere auch für die Problematik der Abfallenergie.

Aufgrund der Erkenntnis, dass Umweltschutz wettbewerbsrelevante Kosten verursacht, wurde der EG durch die einheitliche europäische Akte aus dem Jahre 1986[28] die Kompetenz zur Regelung des Umweltschutzes übertragen (Art. 174 - 176 EGV). Dabei betont Art. 174 Abs. 2 EGV, dass die Gemeinschaft ein hohes Umweltschutzniveau fördert auf der Grundlage der Prinzipien der Vorsorge und Vorbeugung, des Ursprungsprinzip und des Verursacherprinzips. Bei allen Gemeinschaftspolitiken, so auch bei der Energiepolitik, müssen die Erfordernisse der Umweltschutzes einbezogen werden. Auch bei allen Harmonisierungsvorschriften für den gemeinsamen Binnenmarkt muss die Kommission nach Artikel 95 Abs. 3 EGV in ihren Rechtsetzungsvorschlägen dem Umweltschutz einem hohen Schutzniveau Rechnung tragen. In einer Erklärung, welche der Schlussakte zum Vertrag von Maastricht aus dem Jahre 1992 beigefügt wurde, legte die Staatenkonferenz der Mitgliedstaaten fest, dass die Kommission verpflichtet sei, bei ihren Vorschlägen voll und ganz den Umweltauswirkungen und dem Grundsatz des nachhaltigen Wachstums Rechnung zu tragen, und dass die Mitgliedstaaten sich verpflichtet hätten, dies bei der Durchführung ebenso zu tun. Damit gewinnt der Umweltschutz eine zentrale Bedeutung bei allen umweltrelevanten wirtschaftlichen Aktivitäten und steht querschnittsartig im Hintergrund aller rechtlichen Regelungen, welche durch die Gemeinschaft erlassen werden. Außerdem bekommt damit das Streben nach einer nachhaltigen Entwicklung, dem sich die Ziele einer Entropiewirtschaft im besonderen Maße verpflichtet fühlen (s. Kapitel 2), ein bedeutsames Gewicht.

Eines der Ziele der Umweltpolitik nach Art. 174 Abs. 1 EGV ist die umsichtige und rationelle Verwendung der natürlichen Ressourcen. Hiermit ist auch der Energiebereich angesprochen. Die Gemeinschaft beschäftigt sich mit der Energiepolitik auf der Basis verschiedener Rechtsgrundlagen, welche ihr nach ihren Gründungsvertrag zur Verfügung stehen. Sie stützt sich dabei teilweise auf die umweltrechtlichen Ermächtigungen, teilweise auf die allgemeine Ermächtigung zur Harmonisierung des Rechts für den gemeinsamen Binnenmarkt (Art. 94 f. EGV) und teilweise auf die allgemeine Ermächtigung nach Art. 308 EGV, nach dem sie die für die Erreichung ihrer Ziele notwendigen Tätigkeiten einschließlich der Rechtsetzung vornehmen darf[29]. Rechtsakte, welche das Energierecht betreffen, sind bisher im Bereich der Herstellung des einheitlichen Binnenmarkts ergangen. So wurden im Jahre 1990 die Preistransparenzrichtlinie und die Transitrichtlinien für Elektrizität und Erdgas erlassen[30]. Ende

---

[28] In Kraft seit dem 1.7.1987 (Amtsblatt der EWG 1987, L 169, 29).
[29] Ein Vorschlag der Kommission zu einer ausdrücklichen energierechtlichen Handlungskompetenz im Wege der Vertragsänderung wurde bei der letzten Änderung, dem Vertrag von Amsterdam im Juli 1997, nicht angenommen, was aber die Gemeinschaftskompetenzen aufgrund der bestehenden Vorschriften nicht schmälern kann.
[30] Richtlinie 90/377/EWG, Amtsblatt der EU L 185 vom 17.07.1990, 16. Richtlinie 90/547/EWG, Amtsblatt der EU L 313 vom 13.11.90, 30.

1996 folgte dann die auch im Zusammenhang mit der behandelten Thematik bedeutsame Elektrizitätsbinnenmarktrichtlinie[31]. Sie enthält in Art. 8 Abs. 3 eine nur schwache Regelung für umweltfreundliche Energiequellen, indem sie es den Mitgliedstaaten freistellt, ob sie diesen eine privilegierte Stellung einräumen wollen. Damit aber wird die Gefahr nicht gebannt, dass unterschiedliche Schutzniveaus aus Wettbewerbsgründen hin zum kleinsten gemeinsamen Nenner tendieren werden. Diese Befürchtung ist um so berechtigter, als die Richtlinie ausdrücklich die Liberalisierung und damit die Stärkung der Marktkräfte will. Damit werden aber auch die Preissignale entscheidender, bei denen die umweltschonenden und effizienten Energien aber oft gerade wegen der Verzerrung der Externalitäten nicht wettbewerbsfähig sind. Diese Liberalisierung, welche weit über die Verhältnisse am amerikanischen Markt hinaus geht, fordert im Gegenzug eine verstärkte Gegensteuerung zugunsten der konsentierten Ziele des Gemeinwohls unter den bereits erörterten Bedingungen.

Mit den Gesichtspunkten der Energieeffizienz der Energieeinsparung befassen sich ein Weißbuch aus dem Jahre 1995[32] und ein Grünbuch aus 1996[33], dazu mehrere umfangreiche Mitteilungen der Kommission, welche Szenarien der energiepolitischen Entwicklungen für die Zukunft aufzeigen.

Sehr wichtig in diesem Bereich sind die großen Förderungsprogramme der EG, welche die Energieeffizienz und die Verwendung erneuerbarer Energien treffen.

Andere Aktivitäten betreffen die Rechtsharmonisierung durch Richtlinien, welche durch nationales Recht umgesetzt werden müssen[34]. So gibt es eine Reihe von Richtlinien über die Begrenzung von schädlichen Emissionen in die Luft, welche auch für den Sektor der Energieerzeugung ihre Bedeutung haben. Eine besondere Rolle spielt die Energieeffizienz in der neuen EG-Richtlinie 96/61/EG[35] über die integrierte Vermeidung und Verminderung der Umweltverschmutzung, welche später noch genauer betrachtet werden muss.

Die sonstigen Gesichtspunkte, unter denen eine rationelle Verwendung von Energie politisch wünschenswert ist, sind bisher durch Gemeinschaftsrecht noch nicht verbindlich determiniert. Die programmatischen Äußerungen des Rates und der Kommission der EU[36] verweisen aber auf den Gesichtspunkt der Reduzierung der Energieabhängigkeit und sollen über kurz oder lang in entsprechende Rechtsakte umgesetzt werden. Auch dies würde dann die Mitgliedstaaten binden nach dem allgemeinen Grundsatz, dass das Gemeinschaftsrecht allem nationalem Recht vorgeht. Somit sind die wesentlichen Entscheidungskompetenzen, was den Gesichtspunkt des Umweltschutzes anbetrifft, auf dem Gebiet rationeller Energieverwendung und des Einsatzes von erneuerbaren Energieträgern bereits in den europäischen Bereich verlagert wor-

---

[31] RL 96/92/EG vom 19.12.1996, Amtsblatt der EU L 27 vom 30.1.1997. Vgl. dazu J.F. Baur: Die Energiewirtschaft im Gemeinsamen Markt: Rechtliche Probleme, Handlungsmöglichkeiten (1998). G. Britz: Öffnung der europäischen Strommärkte durch die Elektizitätsbinnenmarktrichtlinie? Recht der Energiewirtschaft (1997), 85 - 93. P.M. Mombauer: Energiewirtschaft im Wettbewerb. Vom Vormund zum Treuhänder, Die Öffentliche Verwaltung (1997), 571.

[32] EG-Dokument COM(95)682

[33] EG-Dokument COM(96)576

[34] Eine Ausnahme ist etwa die direkt anwendbare Verordnung Nr. 594/91 vom 4.3.1991 über Stoffe, die zu einem Abbau der Ozonschicht führen.

[35] Amtsblatt der EU 1996, L 257, 26 = Neue Zeitschrift für Verwaltungsrecht 1997, 363. Hierzu Dürkop in Umwelt- und Planungsrecht 1995, 425 - 433 und Dolde in Neue Zeitschrift für Verwaltungsrecht 1997, 313 – 320.

[36] Richtlinie 96/61/EG des Rates vom 24. September 1996 über die integrierte Vermeidung und Verminderung der Umweltverschmutzung, Amtsblatt der EU L 257 vom 10.10.96, S.26.

den. Unter anderen Aspekten ist ihre Verlagerung in absehbarer Zukunft zu erwarten. Angesichts der Schaffung eines gemeinsamen Energiebinnenmarktes ist diese Entwicklung nur folgerichtig.

Das Gemeinschaftsrecht gibt bindende Vorgaben für die Rechtsetzung der Mitgliedstaaten. Diese müssen die gemeinschaftsrechtlichen Richtlinien inhaltlich voll in nationales Recht, d. h. nach der Rechtsprechung des EuGH[37] in Gesetze und Verordnungen umsetzen. Der Spielraum der Mitgliedstaaten wird dadurch in allen Bereichen, welche gemeinschaftsrechtlich geregelt sind, gebunden. In Bereichen des Umweltschutzes gibt es aber zusätzlich die Sonderregelung des Art. 176 EGV, wonach die Mitgliedstaaten schärfer Umweltschutzvorschriften beibehalten oder neu einführen können. Aufgrund dieser Vorschrift kann man sagen, dass das Umweltschutzniveau des Gemeinschaftsrecht eine Mindestniveau für alle Mitgliedstaaten der EU ist und dass die Mitgliedstaaten in gewissem Umfang weiter eine Vorreiterrolle wahrnehmen können.

5.2.2.3 WTO-Recht[38]

Die Entwicklung neuer Technologien zur rationellen Energieverwendung ist angesichts der sich weltweit ausbreitenden Tendenz zu einer solchen Verhaltensweise ein Beitrag zum Exportpotenzial der Staaten, in denen solche Entwicklungen stattfinden. So ist auch in den USA diese Entwicklung immer als ein wesentlicher Beitrag zur Exportwirtschaft verstanden worden. Deshalb sind auch Subventionen hierfür als im Interesse der gesamten Volkswirtschaft liegend verstanden worden.

Allerdings ist dabei zu beachten, dass inzwischen die nationale Subventionierung von Exportgütern durch das Recht der Welthandelsorganisation begrenzt wurde[39]. Nach Art. 3 Abs. 1 lit. a des Übereinkommens über Subventionen und Ausgleichsmaßnahmen der Uruguay-Runde[40] sind Exportsubventionen verboten. Dies gilt allerdings nur, wenn die Subvention von der Ausfuhrleistung abhängig gemacht wird. Entwicklungssubventionen für Produktentwicklungen, welche die Exportchancen erhöhen, sind dagegen nicht absolut verboten. Forschungs- und Entwicklungssubventionen sind sogar in bestimmten Grenzen, welche Art. 8 Abs. 2 lit. a nennt, von vornherein als nicht anfechtbar bewertet. Das gleiche gilt nach lit. c für Beihilfen zur Förderung der Anpassungen bestehender Einrichtungen an neue Umweltvorschriften, welche durch Rechtsnormen vorgegeben werden – auch hier mit näher festgelegten Grenzen. So weit in den beiden letzteren Fällen die im Abkommen spezifizierten Grenzen (etwa bezüglich der Höhe und der Einmaligkeit) eingehalten werden, können Verbesserungen der Energieeffizienz für Anlagen und Produkte ohne Verstoß gegen die verbindlichen Beschränkungen von Subventionen durch das WTO-Recht entwickelt werden, auch wenn sie Ergebnisse begünstigen, welche später die Exportchancen eines Landes in diesem Sektor verbessern.

---

[37] EuGH - Europäischer Gerichtshof.
[38] WTO - World Trade Organization, Welthandelsorganisaton.
[39] Allgemein Collins-Williams; Salembier: International disciplines on subsidies : the GATT, the WTO and the future agenda, Journal of World Trade, 30 (1996) 1, 5 - 17. Doane: Green light subsidies: technology policy in international trade, Syracuse Journal of International Law and Commerce 21 (1995), 155 - 179. Friedlander: Lamenting the disappearance of pragmatism: subsidies law after the Uruguay Round, Revue de droit 25 (1994 - 1995), 287 - 316. Hahn: Das neue Regime der Beihilfenkontrolle in der WTO. In: Klein/Meng/Rode (Hrg.): Die Neue Welthandelsordnung der WTO, Amsterdam (1998), 97 - 135.
[40] vom 15.4.1994, Amtsblatt der EU 1994 L 336, 156

5.2.3 Rahmenbedingungen des deutschen Rechts

5.2.3.1 Verfassungsrechtliche Regeln

Die Kompetenzen und die Kompetenzgrenzen nationaler Hoheitsgewalt in der Bundesrepublik Deutschland sind an das Grundgesetz gebunden. Diese Verfassung der Bundesrepublik bildet auch den Rahmen menschlichen Verhaltens, sie garantiert grundsätzlich die Freiheit dieses Verhaltens, umreißt aber auch die Grenzen dieser Freiheit und die Möglichkeiten des Staates, dieses Verhalten zu steuern und zu begrenzen.

Insoweit sind in insbesondere die Grundrechte von Bedeutung, welche nach Art. 1 Abs. 3 GG alle staatliche Gewalt binden. Sie garantieren den Individuen Rechtspositionen und Freiheitsräume, welche nicht zur Disposition der parlamentarischen Mehrheit stehen. Sie sind auch in ihrem Grundgehalt – wenn auch nicht in jeder einzelnen konkreten Ausprägung – durch Artikel 79 Abs. 3 GG vor der Änderung durch eine verfassungsändernde Mehrheit im Bundestag geschützt. Im Zusammenhang des vorliegenden Thema sind neben dem allgemeinen Recht auf Gleichbehandlung gleichgelagerter Fälle (Art. 3 GG) die Freiheitsrechte von Bedeutung, und hier sind insbesondere die Garantie des Eigentums nach Art. 14 GG und die Garantie der beruflichen und unternehmerischen Freiheit nach Art. 12 GG einschlägig. Ordnungsrechtliche Maßnahmen bedeuten Eingriffe in die unternehmerische Freiheit und müssen sich deshalb an Art. 12 GG messen lassen. Soweit sie in die Substanz konkreter Unternehmungen eingreifen, kann auch das Recht am eingerichteten und ausgeübten Gewerbebetrieb betroffen sein, welches von Art. 14 GG geschützt wird. Schließlich ist hier auch die allgemeine Handlungsfreiheit von Bedeutung, welche von Art. 2 Abs. 1 des GG geschützt wird. Alle Anordnungen, Beschränkungen und Sanktionen müssen die Voraussetzungen dieser Grundrechte wahren. Auch Förderungsmaßnahmen können Grundrechtspositionen betreffen. Soweit sie Wettbewerbsbedingungen verändern, können sie in die Schutzbereiche der Art. 12 und 2 Abs. 1 des GG eingreifen, in jedem Fall ist aber auch immer das Gleichbehandlungsgebot bzw. Diskriminierungsverbot nach Art. 3 GG betroffen.

Die Grundrechte nach dem GG, und insbesondere die Grundrechte, welche Wirtschaftshandeln betreffen, sind aber nicht unbeschränkt, sondern sozial gebunden. Auch müssen sie im Kollisionsfall gegen die Grundrechte anderer abgewogen werden, was im Bereich der Umweltbelastung insbesondere bedeutet, dass sie durch das Recht aller Menschen auf körperliche Unversehrtheit nach Art. 2 Abs. 2 beschränkt werden. Die soziale Bindung wirtschaftlicher Freiheiten wird insbesondere deutlich in der Sozialbindungsklausel des Art. 14 Abs. 2, nach der Eigentum verpflichtet und sein Gebrauch immer zugleich dem Wohle der Allgemeinheit dienen soll. Auch das Grundrecht der Berufsfreiheit kann beschränkt werden. Bei Regelungen alleine der Berufsausübung reicht sogar jeder vernünftige Grund der Gemeinwohls, um diese zu beschränken. Die allgemeine Handlungsfreiheit des Art. 2 Abs. 1 schließlich erfährt die intensivste Beschränkung dadurch, dass sie durch jedes verfassungsmäßige Gesetz eingeschränkt werden kann.

Allerdings sind diese Einschränkungsmöglichkeiten ihrerseits wiederum beschränkt durch den Grundsatz der Verhältnismäßigkeit aller belastenden Eingriffe durch staatliches Handeln. Dieser Grundsatz, welcher im Zusammenhang dieses Themas von besonderer Bedeutung sein wird, sieht nämlich vor, dass jede Einschränkung zunächst erforderlich sein muss zur Verfolgung eines rechtmäßigen Zieles im öffentlichen Interesse. Zweitens ist erforderlich, dass der Staat unter mehreren möglichen belastenden Mitteln dasjenige auswählt, welches die Grundrechtsträger am wenigsten belastet. Und schließlich ist noch erforderlich, dass die Belastung

5.2 Rechtliche Rahmenbedingungen und Steuerungsmechanismen

des Grundrechtsträgers nicht völlig außer Verhältnis zum angestrebten Ziel steht (sogenanntes Übermaßverbot).

Auch wenn also im Bereich des Umweltschutzes und der sonstigen Ziele einer rationellen Energieverwendung beachtenswerte öffentliche Interessen gegeben sind, so muss doch jede staatliche Maßnahme sorgfältig daraufhin untersucht werden, ob sie überhaupt geeignet ist, der Förderung des jeweiligen Ziels zu dienen und ob nicht darüber hinaus Alternativen zur Verfügung stehen, welche die Grundrechtsträger weniger belasten würden. Dies könnte zum Beispiel konkret dazu führen, dass das Verbot einer Handlung dann verfassungswidrig wäre, wenn eine Erlaubnis mit Auflagen das Regelungsziel genauso gut erreichen könnte.

Die genannten Grundsätze gelten nicht nur für den Erlass von Gesetzen oder Rechtsverordnungen, sondern auch für ihre Durchführung durch die öffentliche Verwaltung. Auch diese Ausführungshandlungen müssen, soweit das Recht hier einen Ermessensspielraum lässt, den Grundsätzen der sachlich richtigen und verhältnismäßigen Ermessensausübung genügen.

Die angesprochenen Fragen erhalten eine Akzentuierung in den Bereichen, in denen die Frage der Eignung und der geringsten Belastungswirkung einer Maßnahme unsicher ist, weil sie auf Zukunftsprognosen basiert (was in Fällen der Umweltbelastung häufig der Fall sein wird) oder in denen technologische Eignung und Risiken von Handlungen und Unterlassungen unterschiedlich bewertet werden können (s. Abschnitt 5.3).

Bei der Ausfüllung dieser Spielräume können immer auch finanzielle Belastungen des Staates eine Rolle spielen, jedenfalls soweit es sich um Grundrechte der Wirtschaftsfreiheit handelt. Sie können in Abwägungen einbezogen werden.

Diese Grundrechte sind Vorgabe für alles staatliche Handeln. Wie sich gezeigt hat, hat jedoch der Staat durchaus einen Spielraum für die Einschränkung von Grundrechten, wenn er nur die aufgezeigten Erfordernisse beachtet. In den Bereichen Energieeffizienz und Umweltschutz ist hier insbesondere die Naturwissenschaft gefordert. Die Gründe, welche die Staatsgewalt bei Eingriffen in eine Freiheit unter verschiedenen Aspekten leiten und welche sie gegebenenfalls auch gegenüber Gerichten rechtfertigen muss, können nur von Fachleuten formuliert und belegt werden (und Fachleute sind es schließlich auch, welche als Gutachter vor Gericht diese Gründe bewerten). Aus diesen Gründen ist die Ausarbeitung naturwissenschaftlicher Konzepte, welche zu Belastungen der genannten Freiheitsrechten führen, immer sorgfältig am Maßstab der Eignung zum angestrebten Ziel (welches im öffentlichen Interesse liegen muss) zu messen. Weiter sind sorgfältig alle möglichen Alternativen zu identifizieren und hinsichtlich ihrer Belastungswirkung zu evaluieren.

Das naturwissenschaftliche, technische und das juristische Kalkül können hier zuweilen voneinander divergieren. Soweit aber die Hoheitsgewalt zur Durchsetzung oder Förderung technologischer Lösungen bewegt werden soll, muss sie immer die juristischen Schranken beachten, welche vorstehend erörtert wurden. Dies begrenzt die Handlungsmöglichkeiten des Staates. Nicht alles, was technisch machbar ist, ist auch rechtlich zulässig. Nur im Rahmen der genannten Grenzen ist der staatliche Rechtsetzer bei der Wahl seiner Mittel frei. Er muss diese Grenzen sorgfältig beachten, weil die allgemeine Garantie gerichtlichen Rechtsschutzes für jeden Bürger nach Art. 19 Abs. 4 des GG ihn unter die effektive Überwachung der Gerichte stellt. Diese sind in technischen Fragen zuweilen überfordert und haben deshalb Gremien von technischen Sachverständigen gewisse Einschätzungsprärogativen überlassen wollen. Das Bundesverfassungsgericht hat aber in neuerer Zeit eine Tendenz, diese Lockerung der Kontrolldichte zu begrenzen und die gerichtliche Kontrolle, soweit dies irgend möglich ist, auszuweiten.

Insgesamt wird man sagen können, dass Umweltschutz und rationelle Energienutzung unzweifelhaft schützenswerte öffentliche Interessen sind, und dass alle Maßnahmen zu ihrem Schutz und ihrer Gewährleistung, welche im Rahmen der genannten Einschätzungsprärogative als hierzu geeignet und notwendig (d. h. unter mehreren Mitteln als am geringsten belastend) angesehen werden können, angeordnet oder ergriffen werden können, auch wenn sie die genannten Grundrechtsfreiheiten beschränken, so lange dadurch nicht das Übermaßverbot verletzt wird.

Auf der anderen Seite sind bei Regelungen durch Gesetz und Verordnung und auch bei der Verwaltungsdurchführung die Kompetenzvorschriften des Grundgesetzes zu beachten: wer darf Rechtsvorschriften erlassen, Bund oder Länder und wer darf solche Rechtsvorschriften vollziehen oder auch ohne spezialgesetzliche Grundlage Förderungsmittel vergeben?

Die Gesetzgebung für das Recht der Wirtschaft (Art. 74 Nr. 11 GG), die Abfallbeseitigung und die Luftreinhaltung (Art. 74 Nr. 24) steht konkurrierend dem Bund zu, wenn und soweit nach Art. 72 Abs. 2 GG die Herstellung gleichwertiger Lebensverhältnisse im Bundesgebiet oder die Wahrung der Rechts- oder Wirtschaftseinheit im gesamtstaatlichen Interesse eine bundesgesetzliche Regelung für erforderlich macht, was bei umweltrechtlichen Regelung aufgrund der bundesweiten Ausdehnung des zu schützenden Mediums der Luft und aufgrund der Wettbewerbsinzidenz umwelt- und energierechtlicher Regelungen auf dem einheitlichen Markt der Bundesrepublik Deutschland gegeben sein dürfte. Soweit und so lange der Bund bei konkurrierender Kompetenz nicht tätig geworden ist, sind die Länder für die Gesetzgebung zuständig. Für Raumordnung, Naturschutz, Landschaftspflege und Wasserhaushalt steht dem Bund nach Art. 75 GG die Rahmengesetzgebungskompetenz zu. Für die Ausfüllung dieses Rahmens sind die Länder zuständig. Generell gilt: soweit der Bund keinerlei Kompetenz hat, können nur die Länder Gesetze erlassen (Art. 70 Abs.1 GG).

Besonderes gilt für die Abgabenerhebung, was hier unter dem Gesichtspunkt von Lenkungssteuern und sonstigen Lenkungsabgaben eine Rolle spielt. Nach Art. 105 Abs. 2 steht insoweit dem Bund die konkurrierende Kompetenz zu, wenn ihm das Aufkommen ganz oder teilweise zusteht und wenn die eben genannten Voraussetzungen des Art. 72 Abs. 2 GG vorliegen. Dem Bund steht generell der Ertrag der hier alleine interessanten Verbrauchssteuern zu (Art. 106 Abs. 1 GG). Bei örtlichen Verbrauchssteuern steht den Gemeinden oder Gemeindeverbänden der Ertrag zu (Art. 106 Abs. 6 GG), den Ländern die Gesetzgebungskompetenz (Art. 105 Abs. 2 a GG), wobei solche Steuern nicht bundesgesetzlich geregelten Steuern gleichartig sein dürfen.

Im Rahmen ihrer Gesetzgebungskompetenz können Bund und Länder auch Regierungen oder Verwaltungsorgane durch Gesetz zum Erlass von Rechtsverordnungen ermächtigen. Auch kann der Bund nach Art. 80 Abs. 4 GG Landesregierungen zum Erlass von Rechtsverordnungen ermächtigen, woraufhin die Länder alternativ auch ein Landesgesetz (im Bereich einer dem Bund zugewiesenen Gesetzgebungsmaterie) erlassen können.

Die Durchführung von Landesgesetzen ist Angelegenheit der Landesverwaltung. Dies gilt nach Art. 83 GG auch für die Durchführung von Bundesgesetzen, so weit nicht der Bund nach Art. 86 eigene Verwaltungsbehörden errichten und mit dieser Durchführung betrauen darf. Verwaltung ohne gesetzliche Grundlage ist nur im begünstigenden Bereich, also insbesondere bei Subventionen zulässig, wobei hier Bund und Länder aufgrund der Festlegungen in ihren Haushaltsgesetzen tätig werden dürfen.

5.2.3.2 Regelungen des deutschen Gesetzesrechts

An dieser Stelle soll zunächst nur einmal von einigen ausgewählten Zielvorgaben der rechtlichen Normen in Ansehung der vorliegenden Thematik die Rede sein. Die gesetzlichen Steuerungs- und Durchsetzungsinstrumentarien werden später erörtert werden.

Das neue Energiewirtschaftsgesetz[41] welches in Ausführung der EG-Richtlinie über den Elektrizitätsbinnenmarkt (96/92/EG) von 1996 erging[42], spricht von Umweltverträglichkeit der Energieerzeugung (§ 2 Abs. 4) als Zielprojektion für eine „rationellen und sparsamen Umgang mit Energie" und erwähnt in dieser Hinsicht besonders die Kraft-Wärme-Koppelung und die Nutzung erneuerbarer Energien. Art. 1 dieses Gesetzes erwähnt dazu die „sichere und preisgünstige" Energieversorgung (und in Art. 3 Abs. 3 Nr. 2 finden sich alle drei Aspekte als Zielbündel). § 16 des Gesetzes bestimmt, dass Energieanlagen zur Erzeugung, Fortleitung und Abgabe neben der technischen Sicherheit auch die Einhaltung der allgemein anerkannten Regeln der Technik gewährleisten müssen. Insgesamt handelt es sich hierbei um Zielprojektionen, welche in eine Abwägung etwa bei einer Genehmigung eingestellt werden müssen, aber bei dieser Abwägung nicht etwa den entscheidenden Gesichtspunkt darstellen müssen. Energie, Umwelt und Wirtschaft bleiben auch nach diesen Vorgaben in einem Dreiecksverhältnis, bei dem eine Ermessensentscheidung der Verwaltung gegenläufige Interessen in einem Optimierungsvorgang miteinander vereinen muss, aber nicht etwa der Umwelt- oder Energiepolitik den Vorrang einräumen muss.

Das Bundesimmissionsschutzgesetz nennt in seinem § 5 unter den Genehmigungsvoraussetzungen nicht nur die Begrenzung von Emissionen nach dem Stand der Technik, sondern auch die Nutzung entstehender Abwärme im Unternehmen des Erzeugers oder abnahmebereiter Dritter, was aber auch eine umweltpolitische Zielsetzung ist.

§ 5 des Kreislaufwirtschafts- und Abfallgesetzes nennt neben der Verhinderung schädlicher Emissionen in Abs. 5 auch die „Schonung der natürlichen Ressourcen" als Aspekt der Abfallverwertung, welche nach § 6 dieses Gesetzes auch durch Energieerzeugung erfolgen kann (s. Abschnitt 3.3.3). Nach § 2 dieses Gesetzes ist die energetische Verwertung nach der Abfallvermeidung jedenfalls sekundäres Regelungsziel. Auch hier gilt: diese Vorgaben sind Ermessensaspekte, welche mit wirtschaftlichen und Versorgungsinteressen zusammengeführt und dagegen abgewogen werden müssen.

5.2.4 Optimales Normdesign

Wo etwas mit marktkonformen Mitteln erreicht werden kann, sollte diese Lösung ungeachtet der Frage, ob auch ordnungsrechtliche Mittel zulässig wären, bereits ordnungspolitisch angezeigt sein. Im Rahmen des vorliegenden Themas geht es um rationelle und umweltschonende Energieverwendung aus den genannten Gründen umweltvölkerrechtlicher Verpflichtungen. Die marktnahe Steuerung zielt auf die einsichtsvolle Selbst-Gestaltung menschlichen Verhaltens im Rahmen der erkannten Optionen und faktischen Parameter ab. Ökonomische Vernunft muss die Kosten von Verhaltensweisen analysieren können, also entsprechend informiert sein. Sie muss weiter dadurch aktualisiert werden, dass die Kosten-Nutzen-Relation deutlich auf die erwünschte Verhaltensweise hinführt und die sozial unerwünschte Verhaltensweise auch individuell als unerwünscht qualifiziert.

---

[41] vom 24.4.1998, Bundesgesetzblatt I, 730.
[42] Amtsblatt der EU 1997, L 27, 20

Auf das vorliegende Thema konkretisiert heißt das, dass das Kosten-Nutzen-Verhältnis umweltverträglicher Energieerzeugung und -verwendung so gestaltet wird, dass es umweltschädigenden Alternativen auch wirtschaftlich vorzuziehen ist. Schädliche Verhaltensweisen und Stoffe müssen entsprechend verteuert und/oder erwünschte Alternativen müssen verbilligt werden. Dies kann durch staatliche Steuerung auf allen Ebenen geschehen, zentral, regional oder kommunal.

Das Recht kann diese Steuerungs-Aufgabe übernehmen oder jedenfalls unterstützen, soweit es dabei im verfassungsmäßigen Rahmen bleibt. Rechtliche Sanktionen, Verpflichtungen und Abgabenbelastungen können Kosten erhöhen, Begünstigungen wie Steuererleichterungen oder Subventionen können sie reduzieren. Dies ist im allgemeinsten Sinne die Funktion des rechtlichen Steuerungspotenzials. Die Kosten-Nutzen-Relation ist aber auch beim Recht selbst ein Faktor: Überwachung, Verwaltung, Steuereinnahmen und -erleichterungen und Subventionen und ähnliches sind für den Staat positive oder negative Kostenfaktoren, welche gegen den Nutzen einer Regelung abzuwägen sind. Gerade im Wirtschafts- und Umweltrecht und angesichts angespannter öffentlicher Kassen sollten diese Gesichtspunkte eine entscheidende Rolle bei der Auswahl und Bewertung des Instrumentariums spielen.

Beim vorliegenden Thema geht es um die Frage zulässiger und optimaler Rahmenbedingungen und Steuerungsvorgaben für die Bereiche der umweltschonenden und rationellen Energieerzeugung und -verwendung. Dies ist ein konzeptioneller Gesichtspunkt, welcher nicht nur die Frage aufwirft, welche Normen bereits existieren, sondern auch, ob diese existenten Normen funktional sind und welche Rechtsnormen in Zukunft erlassen werden sollen, um solche Funktionalität der einzelnen Normen wie der Normen des gesamten Regelungsbereichs zu garantieren. Es geht also nicht nur um die Frage der Rechtsdogmatik, welche nach der Verfassungsmäßigkeit, der Auslegung und der Anwendung existierender Normen fragt. Es geht auch um den rechtspolitischen Aspekt „de lege ferenda", welcher danach fragt, wie Normen in den verfassungsrechtlichen Grenzen auszusehen haben, um definierte Regelungsziele optimal zu erreichen. Letzterer Gesichtspunkt ist angesichts des konzeptionellen Ansatzes in diesem Thema ein wichtiger Schwerpunkt der Überlegungen.

Demnach geht es im Folgenden hauptsächlich um die Frage, inwieweit einfaches Recht als Instrument zur Steuerung menschlichen Verhaltens hin zum umweltschonenden und rationellen Energieverbrauch und damit den Prinzipien einer Entropiewirtschaft dienen kann. Diese Überlegungen müssen einerseits auf Prognosen dahingehend beruhen, wie sich bestimmte Regelungen auf menschliches Verhalten in der Zukunft auswirken werden. Sie können andererseits resümierend zurückgreifen auf praktische Erfahrungen mit solchen Regelungsinstrumenten, welche in der deutschen und der europäischen Rechtsordnung bereits gemacht wurden. Schließlich ist auch vorteilhaft, vergleichend auf die Erfahrungen anderer Rechtsordnungen zurückzugreifen. Hier sollte einerseits etwa die amerikanische Praxis betrachtet werden, in der ähnliche Regelungsprobleme wie in Deutschland und Europa existieren. Dabei kann es hier nicht darum gehen, einzelne Regelungsmechanismen detailliert darzustellen und zu untersuchen. Vielmehr sollen im Folgenden Gesichtspunkte erörtert werden, welche bei der Wahl verschiedener Instrumente berücksichtigt werden müssen.

Umweltschonende und rationelle Energieverwendung ist eine Zielsetzung, deren Rechtfertigung im Einzelnen naturwissenschaftlich zu begründen ist. Zur Erreichung dieser Ziele müssen bestimmte menschliche Handlungsweisen induziert, andere müssen verhindert werden. Das Recht muss also aus der Fülle der Handlungsalternativen von Menschen diejenige regulierend induzieren, welche vorher naturwissenschaftlich (s. Kapitel 3 und 4), wirtschaftlich (s. Abschnitt 5.1) und politisch (s. Abschnitt 5.3) als zielführend identifiziert wurden.

5.2 Rechtliche Rahmenbedingungen und Steuerungsmechanismen

Energieerzeugung und Energieverwendung ist eine wirtschaftliche Verhaltensweise. Unterstellt man mit der neoklassischen Wirtschaftswissenschaft, dass die Individuen das Ziel der Gewinnmaximierung unter dem Aspekt des günstigsten Verhältnisses zwischen Kosten und Nutzen einer Verhaltensweise erstreben, so gibt es im Wirtschaftsleben einen inhärenten Steuerungsmechanismus, welchen sich die Rechtsordnung zu Nutze machen kann.

Allerdings basiert das gesamte staatliche Wirtschaftsrecht auf der Erkenntnis, dass diese Selbststeuerung der Wirtschaft durch Marktmechanismen einerseits nicht notwendig zu wirtschaftlich und wirtschaftspolitisch erwünschten Ergebnissen führt und dass andererseits das individuelle Ziel der Gewinnmaximierung nicht immer mit den öffentlichen Interessen vereinbar ist. Wenn hier von öffentlichen Interessen die Rede ist, so handelt es sich um Aspekte, welche nicht etwa jeder staatlichen Ordnung vorgegeben sind, sondern um Ziele, welche in verfassungsmäßiger Weise durch die Mehrheiten der Gesetzgebungskörperschaften festgelegt werden. Diese müssen dabei – wie erörtert – die grundrechtlichen und kompetenzrechtlichen Schranken beachten.

Aber neben dieser möglichen Divergenz zwischen Individual-Interesse und öffentlichem Interesse ist bereits die Selbststeuerungsfähigkeit des Mechanismus im Sinne optimaler ökonomischer Ergebnisse begrenzt. Die Steuerung der Faktorallokation ausschließlich durch die Preise wird dadurch verzerrt, dass es Externalitäten gibt, dass also nicht alle Kosten für die Herstellung von Produkten und Erbringung von Dienstleistungen vom Verursacher bzw. von demjenigen getragen werden, dem diese wirtschaftlichen Leistungen zugute kommen. Auch müssen bei der Bewertung aller wirtschaftlichen Vorgänge Transaktions- und Informationskosten berücksichtigt werden, welche das Zustandekommen wirtschaftlich optimaler Transaktionen behindern. Weiter ist zu berücksichtigen, dass die Theorie vom Selbststeuerungsmechanismus des Marktes von einer Offenheit und optimalen Funktion der Finanzmärkte ausgeht, welche in der Realität kaum vorgefunden wird.

Aus diesen Befunden ergibt sich die Notwendigkeit, dass mit den Mitteln des Rechts steuernd in Wirtschaftsvorgänge – und hier konkret in die Erzeugung und Verwendung von Energie – eingegriffen werden muss. Dies gilt zum einen wegen der erforderlichen Annäherung von individuellen und öffentlichen Interessen, zum anderen aber wegen des Ausgleichs von „Marktunvollkommenheiten", wobei diese Unvollkommenheiten eher die Regel sind und deshalb nicht, wie dies zu weilen geschieht, als „Marktversagen" bewertet werden sollten.

Ein klassisches Beispiel für diese Mechanismen ist der Umweltschutz. Durch die Emissionen von Schadstoffen in die Luft oder in das Wasser entstehen Kosten – günstigstenfalls für Maßnahmen zur Vermeidung einer Klimakatastrophe, ungünstigstenfalls durch diese Katastrophe selbst. Diese Kosten trägt nicht der einzelne Produzent oder Verwender von Energie, sondern die Allgemeinheit. Sie gehen also nicht in den Energiekosten ein und damit auch nicht in die Preise der Produkte und Dienstleistungen, welche mit dieser Energie erzeugt wurden. Diese Verzerrung des Marktmechanismus kann ausgeglichen werden durch die Abgabenbelastung der Erzeugung oder Verwendung solcher umweltschädigende Energien, aber auch durch die Förderung der Verwendung alternativer, umweltschonenderer Energien. Es geht also um die Verbilligung vom Alternativenergien oder um die Verteuerung umweltschädigender Energien. Diese kann das Recht nur durch Belastungen oder Begünstigungen erbringen. Es kann entweder die externen Kosten internalisieren (etwa durch eine CO_2-Steuer) oder es kann die durch die Externalität bewirkte Vergünstigung durch Förderung der Alternativprodukte auch auf diese erstrecken.

Der Gesichtspunkt der Divergenz zwischen privatem und öffentlichem Interesse zeigt sich nicht nur in der Polarität zwischen kurzfristigem Gewinninteresse und längerfristigem Interesse an der Erhaltung einer lebenswerten Umwelt. Auch der Gesichtspunkt der Abhängigkeit von ausländischen Energiequellen ist letztlich für die Problematik dieser Divergenz exemplarisch. Primäre Energierohstoffe wie etwa das Erdöl oder das Erdgas aus dem Ausland mögen preislich so günstig sein, dass ihr Bezug die Gewinne von Produzenten und Dienstleistern im Inland maximieren können. Andererseits haben die Ölkrisen der 70er Jahre gezeigt, wie sich solche Abhängigkeiten langfristig wirtschaftlich verheerend auf die gesamte Volkswirtschaft auswirken können. Die Erschließung alternativer einheimischer, aber teurerer Energiequellen unterbleibt und kann bei plötzlichen Krisenfällen (sei es durch Kartellbildung oder durch technische Versorgungsschwierigkeiten) wegen der erforderlichen Vorlaufzeit nicht unmittelbar als Ersatz dienen.

Das Recht kann dazu beitragen, etwa durch Abgabenbelastung oder Entlastung die Kosten von Energierohstoffen und Erzeugungsverfahren zu verteuern oder zu verbilligen. Es kann auch klassische ordnungsrechtliche Regelungsinstrumentarien anwenden. Hierzu gehören Verbote und Anordnungen, wobei dies in der konkreten Fallgestaltung auch eingebunden sein kann in Vorgänge der Planung, der Genehmigung und der Auflagenerteilung. Schließlich nimmt gerade im Rahmen dieses Themas das Instrumentarium der direkten Förderung von Aktivitäten rationaler oder erneuerbarer Energieverwendung einen breiten Raum ein. Es handelt sich hierbei – da Förderungsmittel zunächst vom Staat durch Abgaben akquiriert werden müssen – um Umverteilungsmaßnahmen, welche durch ein öffentliches Interesse gerechtfertigt werden müssen.

Auch der Staat steht also vor Handlungsalternativen wenn er sich fragt, welche Instrumente zur Erreichung der als öffentliches Interesse festgelegten Ziele verwendet werden sollen. Diese Alternativen werden eingeschränkt durch die genannten verfassungsrechtlichen Schranken. Darüber hinaus muss aber der Staat selbst eine sorgfältige Kosten-Nutzen-Analyse anstellen, um eine Auswahl aus dem Kreis zulässiger Alternativen zu treffen.

Jede Form staatlicher Steuerung verursacht Kosten. Dies ist bei direkten Subventionen am augenfälligsten. Aber auch Gebote und Verbote verlangen zunächst einen personellen und sachlichen Aufwand für die Normierung und dann für die Verwaltungsdurchführung. Kostspielig kann insbesondere die Überwachung von Anordnungen und die Vollziehung von Verboten sein. Gerade im Umweltrecht hat sich in den Erfahrungen der letzten Jahre gezeigt, dass diese Kosten so hoch sein können, dass sich letztlich ein Vollzugsdefizit ergibt. Außerdem kann die Überwachung durch naturwissenschaftliche Vorgaben begrenzt oder unmöglich sein.

Immaterielle Kosten sind auch zu berücksichtigen. Auch zulässige Freiheitseinschränkungen werden von den Bürgern regelmäßig als Belastungen angesehen, welche der Rechtfertigung bedürfen. Dies ist ein Gesichtspunkt der politischen Akzeptanz. Die Diskussion um die Belastung der Umwelt einerseits und die Belastung der Wettbewerbsfähigkeit deutscher Unternehmen durch Umweltschutzmaßnahmen andererseits zeigt, in welchem Spannungsfeld politische Entscheidungen getroffen werden müssen. Dabei ist zu berücksichtigen, dass auch die Rechtsetzungsorgane aus Politikern zusammengesetzt sind, welche ihre normativen Entscheidungen an politischen Kriterien orientieren: Was ist machbar? Was ist erlaubt? Was ist politisch opportun? (s. Abschnitt 5.3)

Eine rechtspolitisch orientierte Evaluierung möglicher Instrumente muss diese Fragestellung berücksichtigen, denn der Erfolg rechtlicher Normierungen liegt nicht nur in der möglichen Durchsetzbarkeit. Diese muss bei rechtspolitischen Überlegungen die Ausnahme bleiben. Vielmehr müssen Normen so gestaltet werden, dass sie sich durch Akzeptanz beim Bürger selbst durchsetzen. Nur dadurch wird auch gewährleistet, dass die Kosten der Normendurch-

5.2 Rechtliche Rahmenbedingungen und Steuerungsmechanismen

setzung nicht finanziell ins unvertretbare steigen oder dass diese Durchsetzung aufgrund personeller Vorgaben schlicht unmöglich wird.

Ein Normsetzer muss sich daher genau über die Notwendigkeit des steuernden Eingriffes in private Transaktionen vergewissern. Dies gilt nicht nur grundsätzlich vom „ob" eines Eingriffes, sondern auch von seinem „wie". Um eine möglichst weitgehende Selbstdurchsetzung von Rechtsnormen zu erreichen, muss der Normsetzer das Eigeninteresse der Bürger beeinflussen. Die stärkste Form einer solchen Beeinflussung ist die Drohung mit strafrechtlichen Sanktionen oder mit unmittelbar zwingenden Vollstreckungsmaßnahmen.

Es gibt jedoch eine ganze Reihe von geringer belastenden Einflussmöglichkeiten durch die Normensetzung. Die Abgabenbelastung, die Abgabenprivilegierung, die Unterwerfung unter Planungsvorgänge, die Notwendigkeit von Genehmigungen und die Bedingungen ihrer Erteilung (möglicherweise unter Auflagen) sind alles mögliche Steuerungsmechanismen, welche das Verhalten der Adressaten in eine gewünschte Richtung zu lenken imstande sind. Auch kann der Staat durch Anordnungen und Verbote darüber wachen, dass der wirtschaftliche Wettbewerb als Regulativ individuellen Wirtschaftsverhaltens nicht durch Beschränkungen und missbräuchliche Ausnutzung von Machtstellungen zusätzlich verfälscht wird. Manchmal kann es auch ausreichen, dass der Staat Beratung und Information des Bürgers personell und sachlich fördert, damit dieser die Parameter seines Eigeninteresses besser erkennt bzw. die Begründung des öffentlichen Interesses besser verstehen kann, um diesem entweder von sich aus oder geleitet durch weitere Steuerungsmaßnahmen den Vorzug zu geben.

Die Frage nach den rechtspolitisch geeigneten rechtlichen Steuerungsinstrumenten enthält also verschiedene Dimensionen. Sie verlangt einerseits die rationale Identifizierung erwünschter oder sogar – wie dies beim Umweltschutzaspekt der Fall ist – existentiell notwendiger Ziele und der zielführenden Handlungsalternativen. Weitgehend sachorientiert rational ist dann auch die Auswahl zwischen diesen Alternativen, so weit sie in der aufgezeigten Weise verfassungsrechtlich gebunden ist. Bei dieser Auswahl kommen im Rahmen der Bindung dann aber auch bereits jene Probleme politischer Akzeptanz ins Spiel, welche Politiker aufgrund der mehrdimensionalen Rückkoppelung an das von ihnen repräsentierte Volk und aufgrund des Ziels, wiedergewählt zu werden, berücksichtigen müssen.

Hier gelten die Besonderheiten der so genannten „public choice"[43]. Was das Recht zur Information der notwendigen Auswahlentscheidungen in beiderlei Hinsicht beitragen kann, wurde bereits eingangs erwähnt. Solche Entscheidungen können aber nur dann sachgerecht und umfassend vorbereitet und gefällt werden, wenn die anderen Wissenschaftsdisziplinen hierzu unabdingbare Beiträge leisten.

Diese Beiträge werden hinsichtlich der Natur- und Technikwissenschaft im Bereich des Umweltschutz unschwer zu identifizieren sein (s. Kapitel 4). Diese Wissenschaften müssen auch die Existenz und die Realisierungsbedingungen alternativer Instrumentarien möglichst vollständig und am Ziel orientiert bewerten. Schließlich können nur diese Wissenschaften die tatsächlichen Elemente liefern, welche für die Bewertung der Kosten dieser Alternativen (beim Staat, bei der Wirtschaft und bei Drittbetroffenen) entstehen.

Die Wirtschaftswissenschaften (s. Abschnitt 5.1) müssen zur Information der notwendigen Auswahlentscheidungen einerseits die betriebswirtschaftliche Machbarkeit möglicher Alterna-

---

[43] Hierzu etwa R.E. Wagner, J.D. Gwartney: Public Choice and Constitutional Economics (1988). Ch.K. Rowley: Public Choice Economics. In: P. Boettke (Hrsg.): The Elgar Companion to Austrian Economics (1994), 285-293.

tiven bewerten. Sie müssen andererseits den Kostenvergleich aufgrund der Natur- und technikwissenschaftlichen Vorgaben soweit als möglich lege artis vornehmen und möglicherweise auszugleichende Externalitäten identifizieren. Wirtschaftswissenschaftliche Methodik kann auch zu einer Optimierung der vorgeschlagenen Alternativen beitragen, welche dann einen optimalen Kostenvergleich erlaubt. Und schließlich kann nur die Wirtschaftswissenschaft die außenwirtschaftlichen Implikationen einer Auslandsabhängigkeit der Energieversorgung einerseits oder einer mehr oder minder drastischen Verringerung dieser Abhängigkeit bewerten.

Die Disziplinen der Politikwissenschaft und der Soziologie (s. Abschnitt 5.3) können sachverständig etwas aussagen über die Akzeptanz der möglichen alternativen Instrumente in der Bevölkerung einerseits und über den politischen Nutzen der Auswahl bestimmter Alternativen für die politischen Normsetzer andersseits. Auch können diese Wissenschaften etwas über die politischen Rahmenbedingungen von Energieträger-Abhängigkeit einzelner Staaten von anderen Staaten aussagen.

Gerade in Deutschland wird zuweilen vom Gesetzgeber (§ 4 a des Stromeinspeisungsgesetzes) oder auch als Alternative zu einer normativen Anordnung (im Falle der nach § 5 Abs. 1 Nr. 4 BImSchG vorgesehenen Wärmenutzungsverordnung) eine Selbstverpflichtung der privaten Erzeuger bevorzugt. Dies kann durchaus politisch günstig sein, weil es Vollzugskosten spart. Allerdings muss man dabei die Konsequenzen der Entscheidung des Bundesverfassungsgerichts zur Verpackungsabgabe[44] beachten. Denn jedenfalls wenn eine solche Entscheidung gesetzlich festgeschrieben ist, so sperrt sie für die Bundesländer die Möglichkeit, in diesem Bereich mit ordnungsrechtlichen Maßnahmen einzugreifen (wenn hierzu eine Landesgesetzgebungskompetenz bestünde, s. o.).

5.2.5 Bestehende bzw. mögliche Steuerungsmechanismen

5.2.5.1 Ordnungsrecht und marktakzessorische Steuerung

Gebote und Verbote, welche durch die staatliche Gewalt erzwungen werden können, sind das klassische ordnungsrechtliche Instrumentarium des Staates. Bei seiner Verwendung ist allerdings zu analysieren, ob nicht die Kosten einer effektiven Durchsetzung im Verhältnis zu anderen Regelungsalternativen ungünstiger sind. Auch ist sorgfältig zu evaluieren, welche Gefahr eines Vollzugsdefizits durch die Besonderheit des geregelten Sachbereichs entsteht. Man kann insoweit pauschal, ohne dass man die Besonderheiten der dabei angesprochenen Instrumente ungerechtfertigt nivellieren würde, von *ordnungsrechtlichen Instrumentarien* sprechen. Hierzu gehören neben klaren Geboten oder Verboten die Tariffestsetzung oder -genehmigung, die Überwachung und Sanktionierung. Bei ordnungsrechtlichen Instrumentarien ist zu bedenken, dass sie erhebliche Überwachungskosten verursachen und dass ihre Verwendung deshalb immer darauf hin überprüft werden sollte, ob nicht andere Steuerungsmaßnahmen zu Gebote stehen, welche das Eigeninteresse der Adressaten im Sinne einer Selbstdurchsetzung fördern. Jedenfalls gibt es keinen grundsätzlichen Vorrang des Ordnungsrechts bei der staatlichen Mittelauswahl[45]. Auch ist zu berücksichtigen, dass Ordnungsrecht, das mit Geboten bzw. Verboten operiert, grundsätzlich eine Beschränkung grundrechtlicher Freiheiten mit sich bringt und deshalb dem rechtsstaatlichen Gesetzesvorbehalt unterliegt, das heißt immer einer gesetzlichen Anordnung bzw. Ermächtigung bedarf.

---

[44] Neue Juristische Wochenschrift 1998, 2341
[45] Anders aber Lang, Deutsche Steuerjuristenzeitung 15 (1993), 115, 124 f.

5.2 Rechtliche Rahmenbedingungen und Steuerungsmechanismen

Insgesamt grundlegend zum Ordnungsrecht ist die Feststellung, dass alle ordnungsrechtlichen Belastungen Einschränkungen grundrechtlicher Freiheiten sind und deshalb nur durch Gesetz oder auf Grund eines Gesetzes erfolgen dürfen (Vorbehalt des Gesetzes). Wenn also der Gesetzgeber eine Einschränkung nicht zulässt, dann steht sie der Verwaltung auch nicht zu Gebote. Dies zeigt auch einen Nachteil dieses Instrumentariums, denn der Gesetzesvorbehalt macht es schwerfällig, während Begünstigungen wie etwa Subventionen erheblich flexibler sind, weil sie jedenfalls in der Regel nicht dem Gesetzesvorbehalt unterliegen.

Ordnungsrechtliche Mittel stehen auf vielen Ebenen zur Verfügung. Im Raumordnungsrecht ebenso wie im Bauplanungs- und Bauordnungsrecht spielen insbesondere der Natur- und Umweltschutz in der Planungsphase wie auch in der Ausführungsphase von Vorhaben eine dominante Rolle. Hierher gehören auch Regelungen des Anschluss- und Benutzungszwanges bei der Energieversorgung (wie die Durchleitungsregeln für Elektroenergie in bestehenden Netzen). Im Regelungsbereich des Bundesimmissionsschutzgesetzes wird zentral Umweltschutz durch Ordnungsrecht (Genehmigungen und Anordnungen) betrieben[46]. Dort wird aber auch die Relativierung von Umweltschutz durch den Stand der Technik am deutlichsten. Das gleiche gilt von den Schutzvorschriften des Wasserhaushaltsgesetzes und der Landeswassergesetze. Im Abfallrecht gibt es eine vorrangige Verwertungspflicht insbesondere auch zur Energieerzeugung. Bei allen Genehmigungs- und Bewertungsverfahren wird in Zukunft auf Grund der oben skizzierten EG-Richtlinie über den integrierten Umweltschutz die effiziente Energienutzung eine besondere Rolle spielen. Schließlich gehören auch Abnahmeregelungen wie etwa die Einspeisungsregeln noch zum ordnungsrechtlichen Instrumentarium im weitesten Sinne.

Ordnungsrecht ist im Zusammenhang dieses Themas aber nicht nur als Schranke für die verschwenderische und schädliche Erzeugung und Nutzung von Energie zu sehen, sondern auch als Voraussetzung und gegebenenfalls auch Hindernis für rationelle und umweltfreundliche Energieerzeugung. Die Dauer und Komplexität von Genehmigungs- und Planungsverfahren, die Gesamtkosten solcher Verfahren, die möglichen Kollisionen zwischen überregionalen und kommunalen Interessen können selbst Hemmnisse einer wünschenswerten Entwicklung sein. Erleichterungen bei solchen Verfahren können dagegen Anreize darstellen. Dies reflektiert die Tatsache, dass Ordnungsrecht als marktfernes Steuerungsmittel immer Probleme bietet, weil es den staatlichen Willen betont und das Individualinteresse als Objekt, nicht als Subjekt behandelt. Seine Vorgaben können deshalb in die falsche Richtung führen. Aus diesem Grunde sollte man marktakzessorische Steuerung grundsätzlich ordnungsrechtlicher Steuerung vorziehen.

Marktakzessorische Steuerungsmittel suchen Preise und Kosten erwünschter und unerwünschter Verhaltensweisen zu steuern. Dies geschieht etwa durch Steuern und Abgaben, aber andererseits auch durch Abgabenvorteile sowie andere indirekte oder direkte Beihilfen (Subventionen durch Zuschüsse oder günstige Kredite bzw. Kreditbürgschaften). Auch Verfahrensbegünstigungen (Privilegierungen, Beschleunigungen, Ausnahmen) können Kostenvorteile sein. Solche Eingriffe müssen nicht notwendig kostenverzerrend wirken. Gerade im Bereich des Umweltschutzes sind die externen Kosten durch Belastung der Umweltmedien evident. Dass diese Kosten von der Allgemeinheit wieder auf den Verursacher zurückübertragen, also internalisiert werden, stellt den Normalzustand wieder her und führt zu einer Kostenstruktur, welche den Verursacher zur möglichen Vermeidung anhalten wird.

---

[46] Vgl. insoweit insbesondere auch die 1. (Kleinfeuerungsanlagen), 4. (genehmigungsbedürftige Anlagen) und 13. (Großfeuerungsanlagen) Bundesimmissionsschutzverordnungen.

Zu den marktakzessorischen Instrumenten sollte man auch die Bereitstellung und Förderung der Verbreitung von Informationen über Belastungen, Kosten, Vermeidungsmöglichkeiten und Gewinne im Bereich der Energieerzeugung und -verwendung zählen. Denn nicht nur Marktversagen, auch Informationsdefizite wirken einer rationalen Entscheidungsfindung durch die Akteure entgegen.

Generell könnten beide Arten von Instrumentarien zur Steuerung geeignet sein. Allerdings muss ein rationaler Gesetzgeber seinerseits Kosten und Nutzen seiner Regelungsmechanismen im vorhinein abschätzen. Dabei könnte von Bedeutung sein, dass ordnungsrechtliche Mittel womöglich kostspieliger und weniger effektiv sein könnten als marktakzessorische. Denn Gebote und Verbote, Planungsvorgaben und Genehmigungserfordernisse wollen ständig überwacht und gegebenenfalls durchgesetzt werden. Gerade im Bereiche des Umweltschutzes hat sich etwa im Bereich der Emissionskontrolle für die verschiedenen Umweltmedien herausgestellt, dass die staatliche Steuerung an den inzwischen hinlänglich bekannten Vollzugsdefiziten leidet und dass eine effektive Kontrolle und Durchsetzung erhebliche Aufwendungen des Staates erfordert.

Dagegen zielt die marktakzessorische Steuerung auf das wohlverstandene und wohlinformierte Eigeninteresse ihrer Adressaten ab. Wenn Steuern ein Produkt verteuern, dann werden erwünschte Substitutionsprodukte (wie etwa alternative Energieträger) wettbewerbsfähiger, wenn Subventionen solche Produkte verbilligen, wird der gleiche Effekt mit umgekehrten Vorzeichen erzielt. Die administrativen Transaktionskosten solcher Instrumente dürften erheblich geringer sein als diejenigen ordnungsrechtlicher Mechanismen. Auch die Überwachung dürfte wegen der Instrumentalisierung des menschlichen Eigeninteresses kein nennenswertes Problem mehr sein.

Da das Energiewirtschaftsgesetz in seiner neuen Fassung staatliche ordnungsrechtliche Steuerungsmaßnahmen eher abgebaut hat, bleiben als verfügbare ordnungsrechtliche Mittel die oben bereits skizzierten Instrumente des Raumordnungs-, Bau- und Umweltrechts. Hierbei ist zunächst zu eruieren, inwieweit kommunale Interessen den Zielen einer rationellen Energieverwendung konform gehen und inwieweit sie ihnen möglicherweise widersprechen. Denn soweit Kommunen (Gemeinden, Städte, Landkreise) für die Anwendung des ordnungs- und planungsrechtlichen Instrumentariums (Bebauungspläne, Stadtentwicklungspläne mit der Ausweisung von Fernwärme-Vorranggebieten, von Emissionsschutzgebieten, Erlass von Verbrennungsverboten, Anschluss- und Benutzungszwang[47]) zuständig sind und ihnen dabei ein Eingreif-Ermessen verbleibt, muss dies bei der Bewertung der Effektivität dieses Instrumentariums zusätzlich berücksichtigt werden. Gegebenenfalls müsste man daran denken, ein kommunales Ermessen bundes- und landesgesetzlich entsprechend zugunsten rationeller Energieverwendung verstärkt zu binden, was dann aber an der Grenze der in Art. 28 GG verfassungsrechtlichen Selbstverwaltungsgarantie der Gemeinden gemessen werden muss.

---

[47] Wenn man in den Bereichen Strom und Gas an Anschluss- und Benutzungszwangs-Regelungen denkt, so dürfte dies angesichts der Tatsache besonders problematisch sein, dass hier die entsprechenden EG-Binnenmarkt-Richtlinien gerade die europaweite Marktöffnung vorsehen und dem ein solcher Zwang entgegenwirken würde, wenn er den Bezug von bestimmten Erzeugern oder Erzeugergruppen vorsähe. Dies würde wohl auch gegen die Regelungen des neuen Energiewirtschaftsgesetzes der Bundesrepublik Deutschland verstoßen.

5.2.5.2 Planungsvorgaben

Durch planerische Vorgaben gestaltet die Staatsgewalt die Nutzung von öffentlichen Ressourcen, insbesondere Räumen (Raumplanung und Bauplanung). Sie kann dabei Modalitäten dieser Nutzung unter Beachtung der grundrechtlichen Schranken und der europarechtlichen Bedingungen vorgeben. Solche Vorgaben sind wiederum oft Voraussetzungen für ordnungsrechtliche Eingriffe, etwa im Falle bauplanungsrechtswidrigen Bauens.

Im einzelnen gibt es eine ganze Reihe gesetzlich ausgewiesener Möglichkeiten von planerischen Vorgaben für rationelle Energieverwendung, wenngleich es auch noch keine echte Klima- oder Energieplanung gibt. Zu erwähnen sind die Ermächtigungen in § 5 des Gesetzes über die Umweltverträglichkeitsprüfung[48], in § 5 des Bundesnaturschutzgesetzes hinsichtlich der Landschaftsplanung sowie eine ganze Reihe von planerischen Möglichkeiten im Bundesimmissionsschutzgesetz: Belastungsgebiete (§ 44), Emissionskataster (§ 46), Luftreinhaltepläne (§ 47), Schutzgebietsfestsetzungen (§ 49) wie etwa die Festsetzung eines Schongebietes (Nr. 1) bzw. von Smog- oder Luftbelastungsgebieten (Nr. 2) und der allgemeine Planungsgrundsatz des § 50.

Nach dem Raumordnungsgesetz ist ein wichtiges Ziel der Schutz und die Entwicklung der natürlichen Lebensgrundlagen (§ 1 Abs. 2 S. 2 Nr. 2 BundesROG)[49]. § 2 Abs. 2 Nr. 8 erwähnt als Abwägungsgrundsatz[50] – allerdings nur als einen unter anderen[51] – die Reinhaltung der Luft und die sparsame und schonende Inanspruchnahme der Naturgüter.

Bei der Bauplanung sieht § 9 Abs. 1 Nr. 24 des Baugesetzbuches Schutzvorkehrungen durch bauliche und technische Voraussetzungen zum Immissionsschutz vor. Dies erlaubt allerdings nach der Rechtsprechung des Bundesverwaltungsgerichts nicht die Festsetzung von Immissionswerten[52]. Andererseits lässt dieses Gericht jedoch die Festsetzung von flächenbezogenen Emissionsgrenzwerten zur Gliederung von Baugebieten nach § 1 Abs. 4 S. 1 Nr. 2 der Baunutzungsverordnung zu[53]. § 9 Abs. 1 Nr. 23 BauGB[54] erlaubt ein Verwendungsverbot für luftverunreinigende Stoffe, was weiter geht als der Erlass einer Verordnung nach § 49 Abs. 2 S. 2 Nr. 2 BImSchG, weil es generell und unbegrenzt möglich ist. Insoweit sind etwa Brennstoffverbote für die Einzelbrandfeuerung möglich[55], allerdings andererseits nur aus besonderen städtebaulichen Gründen oder zum Schutz vor schädlichen Umwelteinwirkungen. Nach vorherrschender Auffassung[56] können jedoch nach dieser Vorschrift – und ebenso auch nach Nr. 4 – keine Wärmedämmwerte festgesetzt werden, als diese nach der Wärmeschutzverordnung vorgesehen sind. § 35 Abs. 1 Nr. 6 BauGB sieht eine Privilegierung von Wind- und Wasserkraft im Außenbereich vor. § 1 Abs. 5 Nr. 7 fordert bei der Aufstellung von Be-

---

[48] der nach der Anlage des Gesetzes zu seinem § 3 auch die nach § 4 BImSchG genehmigungspflichtigen Anlagen sowie die Anlagen nach § 31 Abs. 2 des Kreislaufwirtschafts- und Abfallgesetzes erfasst. Das Gesetz dient der Erhöhung der Transparenz im politischen Prozess durch Beteiligung der Öffentlichkeit vor (§ 9). Es soll die Prüfung von Alternativen ermöglichen und befördern.
[49] ROG - Raumordnungsgesetz.
[50] Die Abwägung ist nach § 7 Abs. 2 ROG geboten.
[51] Wozu etwa auch die Wirtschaftsentwicklung gehört.
[52] Bundesverwaltungsgericht DBVl. 1991, 442
[53] Bundesverwaltungsgericht DBVl. 1991, 442, 443
[54] Dies ist auch nach Landesrecht zulässig. Vgl. insoweit § 9 Abs. 4 i.V.m. 83 Abs. 3 der Landesbauordnung des Saarlandes. BauGB - Baugesetzbuch.
[55] etwa für feste Brennstoffe, Gas oder leichtes Heizöl
[56] Hiervon gibt es allerdings in der Praxis Abweichungen.

bauungsplänen die Berücksichtigung erneuerbarer Energien. Zu beachten ist auch die bauplanungsrechtliche Pflicht zum Ausgleich von Eingriffen in Natur und Landschaft nach § 8 a des Bundesnaturschutzgesetzes. Insoweit ist es möglich, dass die Bundesländer die sparsame Verwendung von Energie als einen Beitrag zum Schutz von Umwelt und Natur behandeln[57]. Insgesamt enthält das Baugesetzbuch in § 1 Abs. 5 S. 2 Nr. 7 und 8 wichtige Zielvorgaben bezüglich der Energieeinsparung[58]

5.2.5.3 Abgaben

Durch Abgabenbelastung kann der Staat unerwünschte Aktivitäten verteuern, er kann auch externe Kosten internalisieren. Durch Abgabenvergünstigungen kann er die Preise erwünschter Güter verbilligen und damit den gleichen Effekt erzielen. Dabei muss er zum einen einen legitimen öffentlichen Zweck verfolgen, was im Bereich des Abfallenergie-Managements wohl unproblematisch angenommen werden kann. Zum anderen muss er dabei die Grundrechte der Berufs-, Eigentums- und Handlungsfreiheit beachten (und deshalb insbesondere das Gebot der Verhältnismäßigkeit einhalten) und eine Verletzung des Gleichheitsgebots vermeiden.

Die EU-Kommission hat seit längerer Zeit die Einführung einer CO_2-Steuer vorgeschlagen, ist dabei aber bei den Mitgliedstaaten auf ein geteiltes Echo gestoßen. Die seit 1998 amtierende deutsche Bundesregierung hat nun beschlossen, den Einstieg in eine ökologische Steuerreform zu machen und dabei mit dem Stromsteuergesetz begonnen[59]. Das Gesetz unterwirft die Stromversorgung, den Verbrauch von Eigenerzeugern und Verbraucher, welche Strom aus dem Ausland beziehen einer Erlaubnispflicht (§ 4). Wer die Erlaubnis erhält, muss pro Megawattstunde 20 DM als Steuer bezahlen (§ 3). Die Steuer wird ausdrücklich als Verbrauchssteuer bezeichnet (§ 1). Von dieser Steuer befreit ist Strom, der aus erneuerbaren Energieträgern erzeugt wird[60] sowie Strom, der vom Letztverbraucher zur Stromerzeugung entnommen wird. Die Steuer verbilligt sich auf 4 DM für Unternehmen des produzierenden Gewerbes oder der Land- und Forstwirtschaft, soweit deren Verbrauch 50 MW im Jahr übersteigt. Damit soll dem Interesse energieintensiver Produktionen an der Erhaltung der Wettbewerbsfähigkeit Genüge getan werden.

Zu den verfassungsrechtlichen Bedenken gegen eine solche Regelung kann an dieser Stelle nicht ausführlich Stellung genommen werden[61], auch nicht zu den europarechtlichen Bedenken, zu welchen die konkrete Regelung unter dem Gesichtspunkt der rechtswidrigen Beihilfe Anlaß gibt. Im Grundsatz dürfte ein solches Regelungsschema jedoch verfassungsrechtlich

---

[57] und dies etwa in Verwaltungsrichtlinien festlegen
[58] Zu beachten sind insoweit auch die Voraussetzungen der Erforderlichkeit nach § 1 Abs. 3 sowie das Abwägungsverbot nach § 1 Abs. 6 BauGB. § 9 Abs. 1 enthält insoweit Beschränkungen.
[59] vom 24. 3. 1999, Bundesgesetzblatt 1999 I, 378
[60] § 9 Abs. 1. Dieser Begriff ist in § 2 Nr. 7 definiert und umfasst auch Biomasse. Voraussetzung ist die Entnahme entweder vom Eigenerzeuger als Letztverbraucher oder von Letztverbrauchern, wenn die Energie aus einem ausschließlich aus solchen Energieträgern gespeisten Netz entnommen wird – was also Einspeisungen in ein allgemeines Netz von der Vergünstigung ausschließt.
[61] Vgl. hierzu H.-W. Arndt: Rechtsfragen einer deutschen CO_2-Energiesteuer entwickelt am Beispiel des DIW-Vorschlages (1995). Hidien, Jürgen: Neue Steuern braucht das Land? Anmerkungen zur geplanten Stromsteuer, Betriebsberater (1999), 341-343. M. Bongartz, S. Schöer-Schallenberg: Die Stromsteuer - Verstoß gegen Gemeinschaftsrecht und nationales Verfassungsrecht? Deutsches Steuerrecht (1999), 926-971. M. Weisheimer: Die west- und ostdeutsche Industrie vor der Stromsteuer, Energiewirtschaftliche Tagesfragen (1999), 18-23. K. Borgsmidt: Ecotaxes in the Framework of Community Law, European Environmental Law Review (1999), 270-280.

5.2 Rechtliche Rahmenbedingungen und Steuerungsmechanismen

möglich sein, wenn man bedenkt, dass hierdurch tatsächlich anfallende externe Kosten internalisiert werden sollen, immer unter der Voraussetzung, dass nicht durch Ausnahmen Beihilfen geschaffen werden, welche europarechtlich unzulässig sind. Unter diesem Gesichtspunkt ist auch das Gesetz als Einstieg zu begrüßen. Eine Lenkungssteuer, welche auch der Erzielung öffentlicher Einkünfte dient, ist jedenfalls zulässig, so lange es sich nicht um eine Erdrosselungssteuer handelt[62]. Die Tatsache, dass gerade die Großverbraucher einen ermäßigten Steuersatz erhalten zeigt, dass auch eine ökologisch orientierte Parlamentsmehrheit einen Kompromiss zwischen der Erhaltung von Wettbewerbsfähigkeit und Umweltbelangen schließen muss. Dieses Argument würde sich entscheidend verändern, wenn man sich europaweit zu einem gleichen Belastungsniveau durchringen könnte. Allerdings begründet andererseits diese Privilegierung europarechtliche Bedenken dahingehend, dass es sich um eine unzulässige Beihilfe an die privilegierten Unternehmen handelt.

Nach Erklärungen der Bundesregierung sollen Einkünfte aus der Steuer zur positiven Förderung alternativer Energien verwendet werden. Auch dies ist zulässig. Erwägen könnte man auch die Einführung einer Sonderabgabe ausschließlich zur direkten Förderung der Abwärmenutzung, der Verwendung alternativer Energiequellen und der Kraft-Wärme-Koppelung. Dabei könnte man von den Energieerzeugern eine Abgabe erheben, welche dann der Technologieentwicklung und der gewünschten unternehmerischen Aktivität bei den Energieerzeugern zuflösse. Hierdurch würde der staatliche Subventionsbedarf verringert. Zu beachten wären dabei aber unbedingt die Voraussetzungen für Sonderabgaben, welche in ständiger Rechtsprechung des Bundesverfassungsgerichts entwickelt wurden[63]. Die Abgabe muss danach zur Förderung eines sachlichen Zwecks erfolgen, welcher über die bloße Abgabenerhebung hinausgeht. Sie muss ohne staatliche Gegenleistung erfolgen, von einer umgrenzten Gruppe Pflichtiger erhoben werden, welche in sich homogen ist und dem geförderten Zweck nahe steht, sie muss gruppennützig wiederverwendet werden und sie muss zeitlich begrenzt sein oder jedenfalls periodisch in ihrer Rechtfertigung überprüft werden. Die Gestaltung eines solchen Abgabenschemas im Bereich der Energieverwendung dürfte möglich sein (ähnlich dem Wasserpfennig in Baden-Württemberg, den das Bundesverfassungsgericht für verfassungsgemäß gehalten hat[64]). Man muss dabei aber ebenfalls die Auswirkung auf die Wettbewerbsfähigkeit der deutschen Energieerzeuger im EG-Binnenmarkt berücksichtigen. Auch hier gilt wieder, dass zur Herstellung von Wettbewerbsgleichheit entsprechende europaweite Regelungen seitens der EG zu begrüßen wären.

Eine ähnliche Überlegung zur Instrumentalisierung des Abgabenrechts geht darauf hin, alle Energieverbraucher mit einem Wärmepfennig zu belegen, wofür einiges aus dem Gesichtswinkel der Entropiewirtschaft (notwendiger Entropieexport!) sprechen würde, der dann in gleicher Weise der Förderung der erwünschten Veränderung der Energieverwendung zugänglich gemacht werden soll. Dem dürfte jedoch das Grundgesetz entgegenstehen, weil hier die geforderte Homogenität und abgegrenzte Geschlossenheit der Gruppe der Pflichtigen ebenso fehlen dürfte wie beim bekannten Kohlepfennig, welchen das Bundesverfassungsgericht genau aus diesem Grunde als verfassungswidrig verworfen hat[65].

Anders könnte man den Kraft-Wärme-Koppelungs-Pfennig beurteilen, den die deutsche Bundesregierung erwägt, wenn er nicht vom Verbraucher, sondern von den Erzeugern erhoben

---

[62] Bundesverwaltungsgericht, Neue Zeitschrift für Verwaltungsrecht 1995, 25; Bundesverfassungsgericht, Neue Juristische Wochenschrift 1998, 2341.
[63] Vgl. etwa Entscheidungssammlung des Bundesverfassungsgerichts 83, 159, 179; 92, 91.
[64] Vgl. Bundesverfassungsgericht, Neue Zeitschrift für Verwaltungsrecht 1996, 469.
[65] Entscheidungssammlung des Bundesverfassungsgerichts 91, 186

würde[66]. Erzeugerabgaben in diesem Bereich könnten als zulässige Sonderabgaben angesehen werden, wenn sie dazu dienten, diese entropisch und damit auch umweltpolitisch positive Produktionsweise zu fördern und damit unmittelbar in die stromerzeugende Industrie zurückflössen, um einen Anreiz zu einer Produktionsweise zu bieten, welche ansonsten angesichts der Preise für Energie mit fossilen oder nuklearen Brennstoffen nicht mehr wettbewerbsfähig sein könnte.

5.2.5.4 Genehmigungsvorbehalte

Klassische ordnungsrechtliche Instrumentarien sind Genehmigungsvorbehalte. Hier können Standards für den Genehmigungsgegenstand festgelegt werden.

Das Bundesimmissionsschutzgesetz (BImSchG) hat „Menschen, Tiere und Pflanzen, den Boden, das Wasser, die Atmosphäre sowie Kultur- und sonstige Sachgüter vor schädlichen Umwelteinwirkungen und, soweit es sich um genehmigungsbedürftige Anlagen handelt, auch vor Gefahren, erheblichen Nachteilen und erheblichen Belästigungen, die auf andere Weise herbeigeführt werden, zu schützen und dem Entstehen schädlicher Umwelteinwirkungen vorzubeugen."

§ 5 Abs. 1 des Gesetzes bestimmt: „Genehmigungsbedürftige Anlagen sind so zu errichten und zu betreiben, dass

1. schädliche Umwelteinwirkungen und sonstige Gefahren, erhebliche Nachteile und erhebliche Belästigungen für die Allgemeinheit und die Nachbarschaft nicht hervorgerufen werden können,

2. Vorsorge gegen schädliche Umwelteinwirkungen getroffen wird, insbesondere durch die dem Stand der Technik entsprechenden Maßnahmen zur Emissionsbegrenzung,

3. Abfälle vermieden werden, es sei denn, sie werden ordnungsgemäß und schadlos verwertet oder, soweit Vermeidung und Verwertung technisch nicht möglich oder unzumutbar sind, ohne Beeinträchtigung des Wohls der Allgemeinheit beseitigt, und

4. entstehende Wärme für Anlagen des Betreibers genutzt oder an Dritte, die sich zur Abnahme bereit erklärt haben, abgegeben wird, soweit dies nach Art und Standort der Anlagen technisch möglich und zumutbar sowie mit den Pflichten nach den Nummern 1 bis 3 vereinbar ist."

Der Stand der Technik ist nach der Rechtsprechung des Bundesverfassungsgerichts die Erkenntnis an der „Front der technischen Entwicklung"[67]. Er wird durch Verwaltungsvorschriften im Sinne von § 48 BImSchG konkretisiert, also etwa durch die sogenannte TA Luft. Die entsprechenden Voraussetzungen sind ein Maßstab bei der Anlagengenehmigung nach § 4 bzw. bei der Kontrolle nach den §§ 22 - 25 BImSchG. Die Pflicht zur Wärmenutzung nach Ziff. 4 wird gemäß § 5 Abs. 2 des Gesetzes erst aktualisiert durch eine Rechtsverordnung der Bundesregierung, die aber über das Entwurfsstadium einer „Wärmenutzungsverordnung[68]" aus dem Jahre 1991 nicht hinausgekommen ist. Die Bundesregierung hat das Vorhaben bisher nicht weiter verfolgt und stattdessen auf Selbstverpflichtungen der Gewerbetreibenden gesetzt.

---

[66] Würde er von den Verbrauchern erhoben, begegnete er den gleichen Bedenken wie der verfassungswidrige Kohlepfennig.
[67] Entscheidungssammlung des Bundesverfassungsgerichts 49, 89, 136 ff
[68] Energie Spektrum Mai 1992, 39 - 50

5.2 Rechtliche Rahmenbedingungen und Steuerungsmechanismen

Im Energiewirtschaftsrecht bedarf die Aufnahme der Energieversorgung, wozu Erzeugung, Fortleitung und Abgabe gehören, der Genehmigung (§ 3 EnWG), wobei die Anforderungen an Energieanlagen nach § 16 (Stand der Technik und technische Sicherheit) bereits erwähnt wurden. Energieeffizienz wird hier nicht mehr ausdrücklich erwähnt[69]. Die Umweltverträglichkeit wird lediglich in § 3 Abs. 2 Nr. 2 zusammen mit Versorgungssicherheit und Preisgünstigkeit als Entscheidungshintergrund genannt und Abs. 2 Nr. 1 spricht von der personellen, technischen und wirtschaftlichen Leistungsfähigkeit der Antragsteller, um die vorgesehene Energieversorgung entsprechend den Zielen und Vorschriften dieses Gesetzes auf Dauer zu gewährleisten. Insgesamt heißt dies, dass Umweltschutz und Energieeffizienz keinen besonders hohen Stellenwert haben. Ob mangelnde Energieeffizienz alleine ein Grund zur Versagung der Genehmigung (auf die im übrigen ein grundsätzlicher Anspruch besteht, vgl. §3 Abs. 2 EnWG) wäre, ist jedenfalls nicht völlig sicher. Hier wird man eine entsprechende Praxis der Behörden und Gerichte abwarten müssen, obwohl man mit guten Gründen aus dem Zusammenspiel der §§ 2 und 3 des Gesetzes ableiten kann, dass ein entscheidendes Abstellen auf diese Effizienz jedenfalls per se keinen Ermessensfehler darstellen kann. Hier wird es ganz entscheidend darauf ankommen, im politischen Vorfeld die besondere Bedeutung dieses Gesichtspunktes auch gegenüber Preisen und Versorgungssicherheit herauszuheben.

Mit dem Wärmeschutz von Gebäuden und der Beschaffenheit von Heizung, Klimaanlagen und Brauchwasseranlagen beschäftigt sich das Energieeinsparungsgesetz[70]. Vermeidbare Energieverluste bei Heizung oder Kühlung sollen unterbleiben (§ 1). Hierzu kann unter anderem die Bundesregierung den Einsatz von Wärmerückgewinnungsanlagen durch Rechtsverordnung gebieten[71]. Voraussetzung ist aber, dass solche Anforderungen nach dem Stand der Technik erfüllbar und für Gebäude gleicher Art und Nutzung wirtschaftlich vertretbar sind (§ 5 Abs. 2). Diese Vertretbarkeit wird gleichgesetzt mit Amortisation innerhalb üblicher Nutzungsdauer. Hierbei wird die Energieeffizienz an die Wirtschaftlichkeit gebunden, was eine politisch motivierte Abwägungsentscheidung ist. Grundgedanke dabei ist offensichtlich, dass Effizienz ohne Umweltentlastung nur bei Amortisation angeordnet werden soll. Das Gesetz ist auch Ausdruck einer ökonomischen Analyse: der für die Hauskonzeption verantwortliche Eigentümer braucht bei Vermietung die Heizkosten nicht zu tragen und wäre an einer möglichst kostengünstigen Heizanlage interessiert, der an der Minimierung der Heizkosten interessierte Mieter hat häufig keinen Einfluss auf die Heizanlage.

Diese Planungsvorgaben werden sich in kurzer Zeit wesentlich verändern müssen hin auf eine Induktion von mehr Energieeffizienz. Bis Ende 1999 hätte nämlich das deutsche Recht an die EG-Richtlinie 96/61/EG[72] über die integrierte Vermeidung und Verminderung der Umweltverschmutzung anpassen, die Richtlinie umsetzen müssen. Dies ist zwar nicht rechtzeitig geschehen, an der entsprechenden Rechtsänderung dürfte jedoch kein Zweifel sein, weil die Bundesrepublik Deutschland hier rechtlich keine andere Wahl hat.

---

[69] Nach § 3 Abs. 1 Nr. 2 sind lediglich die Versorgung überwiegend aus Anlagen zur Nutzung erneuerbarer Energien, aus Kraft-Wärme-Koppelungsanlagen oder aus Anlagen, die Industrieunternehmen zur Deckung des Eigenbedarfs betreiben von der Genehmigungspflicht ausgenommen.

[70] Vom 22. 7.1976 (Bundesgesetzblatt 1976 I, 1873) mit nachfolgenden Änderungen. Hierzu H. Ehm: Energieeinsparungsgesetz mit Wärmeschutzverordnung (1978).

[71] Daraufhin sind die Wärmenutzungsverordnung (Bundesgesetzblatt III 7600 - 2) und die Heizungsanlagenverordnung (Bundesgesetzblatt 7600 - 1a) ergangen, welche aber die Wärmerückgewinnung nicht regeln.

[72] Amtsblatt der EU 1996, L 257, 26 = Neue Zeitschrift für Verwaltungsrecht 1997, 363. Hierzu Dürkop Umwelt- und Planungsrecht 1995, 425 - 433 und Dolde, Neue Zeitschrift für Verwaltungsrecht 1997, 313 - 320

Hierbei nimmt die Gemeinschaft Abschied von der Konzeption der getrennten Emissionsverminderung zum Schutz bestimmter Medien und geht die Probleme aus ganzheitlicher Sicht an: die Gesamtbelastung der Umwelt, nicht die Belastung einzelner Medien ist bedeutsam. Damit wird das „hohe Schutzniveau" für die Umwelt integriert verwirklicht. Leitbild ist der Grundsatz der nachhaltigen und umweltgerechten Entwicklung.

Art. 3 der Richtlinie enthält eine Enumeration der allgemeinen Grundpflichten der Betreiber von Anlagen, von deren Gewährleistung sich die staatlichen Genehmigungsbehörden überzeugen müssen[73]: Vorsorge, Verhinderung erheblicher Umweltverschmutzungen, Abfallvermeidung, -verwertung oder -beseitigung, Unfallverhinderung und Folgenbeseitigung, Rekultivierung und – insbesondere hier von Bedeutung – „dass Energie effizient verwendet wird". In der Stellungnahme des Europäischen Parlaments in erster Lesung tauchte eine entsprechende Regelung erstmals auf[74] mit der Formulierung, Voraussetzung einer Anlagen-Genehmigung sei es, dass entstehende Abwärme außerhalb der Anlage, soweit möglich, sinnvoll genutzt wird. Die endgültige Formulierung findet sich im Gemeinsamen Standpunkt des Rates vom 27.11.1995[75].

Die „Energieeffizienz" findet sich auch im Anhang IV zur Richtlinie erwähnt, welcher Punkte aufzählt, die bei der Festlegung der besten verfügbaren Techniken berücksichtigt werden müssen. Dieser Standard wird bei der Bestimmung der Emissionsgrenzwerte nach Art. 9 Abs. 3 verwendet[76]. Dagegen soll die Anwendung einer bestimmten Technik nicht vorgeschrieben werden. Es kommt also auf das Ergebnis an, nicht auf die konkrete Technologie. Allerdings ist dieses Ergebnis anlagenbezogen, eine Kompensation wie nach § 7 BImSchG ist nicht vorgesehen. Allerdings sind weiträumige und grenzüberschreitende Umweltverschmutzung zu berücksichtigen.

Was unter dieser Effizienz näher zu verstehen ist, ergibt sich weder aus dem Wortlaut noch aus den Gesetzgebungsmaterialien. Sie verlangt jedenfalls nicht das nach fortschrittlichsten naturwissenschaftlichen Maximum mögliche Ergebnis. Vielmehr geht die Richtlinie bei der Maßstabsbildung gem. Art. 2 Ziff. 11 davon aus, dass die Techniken „verfügbar" sein müssen, was bedeutet, dass sie „in einem Maßstab entwickelt sind, der unter Berücksichtigung des Kosten/Nutzen-Verhältnisses die Anwendung unter in dem betreffenden industriellen Sektor wirtschaftlich und technisch vertretbaren Verhältnissen ermöglicht ... sofern sie zu vertretbaren Bedingungen für den Betreiber zugänglich sind".

Effizient ist also das, was mit der Technik, welche diesen Anforderungen entspricht, erreicht werden kann. Im übrigen dürfte nach der Formulierung der Richtlinie bei diesem Maßstab die reine Energieersparnis als Bezugspunkt ausreichen, also nicht, wie dies § 5 Abs. I Nr. 2 BImSchG in Ermangelung einer Verordnung nach Nr. 4 vorsieht, nur emissionsträchtige Energieumwandlungen. Energierecht bekommt hier einen eigenen Stellenwert[77]. Die Lösung des deutschen Verordnungsgebers, eher auf Selbstverpflichtungen der Industrie zu bauen, ist damit nicht mehr möglich. Damit zumindest Auflagen erteilt werden können (was nach der 11. Begründungserwägung möglich sein muss), müssen zuvor gesetzliche Verpflichtungen normiert und Eingriffsermächtigungen niedergelegt werden.

---

[73] Wobei es ausreicht, dass die Mitgliedstaaten diese allgemeinen Prinzipien bei der Festlegung der Genehmigungsauflagen berücksichtigen, vgl. Begründungserwägung 11 der Richtlinie.
[74] Amtsblatt der EU. 1995, C 18, 82 ff.
[75] Amtsblatt der EU 1996, C 87, 8 ff.
[76] Art. 9 Abs. 4
[77] Dolde (1997), 316, Dürkop u.a. (1995), 431 f.

5.2.5.5 Einspeisungspflichten

Zu den Geboten gehören auch Einspeisungspflichten für erzeugte Energien, die etwa als Elektrizität aus der Nutzung von Abwärme bei der Wärmeerzeugung oder auch umgekehrt sowie bei der thermischen Verwertung von Abfallstoffen oder Biomasse entstehen. Das neue Energiewirtschaftsgesetz enthält, entsprechend den Vorgaben der EG-Richtlinie über den Energiebinnenmarkt Einspeisungsregeln für alle Formen von Elektrizität. Privilegierende Regeln für besonders rationell hergestellte Energie enthält es nicht. Hier ist vielmehr das Stromeinspeisungsgesetz[78] einschlägig. Dieses verpflichtet in § 2 Elektrizitätsversorgungsunternehmen, die ein Netz für die allgemeine Versorgung betreiben, den in ihrem Versorgungsgebiet erzeugten Strom aus erneuerbaren Energien abzunehmen. Den Preis bestimmt § 3 des Gesetzes: bei Strom aus Wasserkraft, Deponiegas, Klärgas und Biomasse sind es mindestens 80 % „des Durchschnittserlöses je Kilowattstunde aus der Stromabgabe von Elektrizitätsversorgungsunternehmen an alle Letztverbraucher", bei Sonnenenergie und Windkraft sind es 90 %. Eine Härteklausel (§ 4) soll verhindern, dass das übernehmende Versorgungsunternehmen den ihm angedienten Strom in einer Menge von mehr als 5 % des von ihm im Jahr über sein Netz insgesamt abgesetzten Stroms ohne Ersatz der Mehrkosten übernehmen muss oder sonst eine unbillige Härte vorliegt, wozu es ausdrücklich zählt, dass der Abnehmer auf Grund seiner Übernahmepflicht seine Abgabepreise spürbar über die Preise „gleichartiger oder vorgelagerter Elektrizitätsversorgungsunternehmen" hinaus anheben müsste.[79]

Diese Regelung betrifft jedenfalls in ihrem Mengenaspekt ein Problem, was bei dem amerikanischen Public Utility Regulatory Policies Act (PURPA) aus dem Jahre 1978[80] aufgetreten ist. Denn hier ist ein Einspeisungsrecht von „Qualifying Facilities", wozu auch Erzeugung aus regenerativen Quellen und durch Kraft-Wärme-Koppelung (Cogeneration) gehört, zu den „full avoided costs"[81] des Übernehmers vorgesehen. Dies hat zu einer zunehmenden Einspeisung geführt und zu einem Angebot, welches die Nachfrage übersteigt[82]. Das deutsche Einspeisungsgesetz unternimmt dagegen den Versuch einer Begrenzung.

Das Einspeisungsgesetz privilegiert nur die erneuerbaren Energien direkt. Hinsichtlich der Elektrizitätserzeugung aus Kraft-Wärme-Koppelung gibt es kein Einspeisungsrecht. Insoweit bestimmt § 4 a des Gesetzes lediglich, dass die Bundesregierung darauf hinwirke, „dass die Elektrizitätsversorgungsunternehmen im Wege freiwilliger Selbstverpflichtung zusätzliche Maßnahmen zur Steigerung des Anteils der Elektrizitätserzeugung aus erneuerbaren Energien und aus Kraft-Wärme-Koppelung treffen". Weiter kann die Bundesregierung „nach Anhörung der beteiligten Kreise Ziele festlegen, die in angemessener Frist erreicht werden sollen". All dies bedeutet, dass Erzeugung aus Kraft-Wärme-Koppelung zur Zeit hinsichtlich der Einspeisung gegenüber weniger effizient erzeugten Energien noch nicht bevorzugt wird. Eine solche

---

[78] Vom 7.12.1990 (Bundesgesetzblatt 1990 I, 2633) in der durch Art. 3 Ziff. 2 des Gesetzes zur Neuregelung des Energiewirtschaftsrechts vom 24.4.1998 (Bundesgesetzblatt 1998 I, 730) geänderten Fassung.
[79] Das Bundesverfassungsgericht (Neue Juristische Wochenschrift 1997, 573) hat die Vorlage eines Gerichts bezüglich der Verfassungsmäßigkeit dieses Gesetzes zurückgewiesen, dabei aber Ausführungen gemacht, welche darauf hinweisen, dass es sich hier nicht um eine Sonderabgabe, sondern um eine reine zulässige Preisregelung handeln dürfte. Vgl auch Theobald: Neue Juristische Wochenschrift 1997, 550. Pohlmann: Neue Juristische Wochenschrift 1997, 545.
[80] 16 United States Code Annotated § 2701
[81] Kosten der Eigenproduktion bzw. eines anderweitigen Kaufs
[82] S.J. Nola, F.P. Sioshansi: Regerative Energiequellen in den USA. Zur Durchführung des PURPA-Gesetzes, Energiewirtschaftliche Tagesfragen 41 (1991), 306 - 312.

Regelung kann im besonderen Maße die Stadtwerke wegen ihrer kommunalen Einbindung betreffen. Die neue Bundesregierung hat erklärt, sie wolle dies ändern. Angesichts der Tatsache, dass die neuen Regeln über den Elektrizitätsbinnenmarkt die Marktkräfte stärken, damit aber auch das Problem der Preisverzerrung wegen Externalitäten verstärken werden, sollte hier die Notwendigkeit einer flankierenden Privilegierung (unter Berücksichtigung der Wirkung einer Energiesteuer) neu bedacht werden. Jedenfalls hat die Bundesrepublik die Privilegierungsermächtigung der Binnenmarktrichtlinie (Art. 8) noch nicht ausgeschöpft.

Eine Besonderheit ergib sich aus § 6 EnWG hinsichtlich des „verhandelten Netzzugangs". Denn dieser Zugang kann für Bewerber abgelehnt werden, wenn dies unzumutbar ist. Hier gibt Abs. 3 eine Ermessensrichtlinie: besonders zu berücksichtigen sei, „inwieweit dadurch Elektrizität aus fernwärmeorientierten, umwelt- und ressourcenschonenden sowie technisch-wirtschaftlich sinnvollen Kraft-Wärme-Koppelungsanlagen oder aus Anlagen zur Nutzung erneuerbarer Energien" verdrängt werden. Damit sollen diese Energien dem Wettbewerbsdruck entzogen werden.

Eine Variante der Einspeisungspflichten sind die Quotierungspflichten, welche die deutsche Bundesregierung zugunsten von Strom erwägt, der in Kraft-Wärme-Koppelung hergestellt wurde, aber angesichts der Entwicklung der Marktpreise zur Zeit nicht wirtschaftlich sein dürfte. Damit würden die Stromverkäufer verpflichtet, einen bestimmten Anteil der Nachfrage aus KWK-Quellen zu speisen. Angesichts des öffentlichen Belangs der Förderung umweltfreundlicher Energieerzeugungsmethoden dürfte dies zulässig sein, soweit der umweltschonende Aspekt dieses Regelungsschemas wirklich sichergestellt wird.

5.2.5.6 Tariffestsetzungen

Durch seine Beteiligung an der Tariffestsetzung kann der Staat lenkend in die Preisbildung eingreifen. Im Falle des neuen Energiewirtschaftsgesetzes finden sich Regeln hierfür in § 11 EnWG[83]. Danach müssen Energieversorgungsunternehmen, welche die allgemeine Versorgung der Letztverbraucher durchführen, nach festgelegten Tarifen anbieten (§ 10). Hierzu kann der Bundeswirtschaftsminister durch Rechtsverordnung Genehmigungspflicht und Inhaltsbestimmungen festlegen. Insoweit sagt § 11 Abs. 1: „Er kann bestimmen, dass bei der Genehmigung der Tarife Aufwendungen eines Elektrizitätsversorgungsunternehmens für Maßnahmen zur sparsamen und rationellen Verwendung von Elektrizität bei den Abnehmern bei der Feststellung der Kosten- und Erlöslage des Unternehmens anerkannt werden, sofern diese Maßnahmen elektrizitätswirtschaftlich rationeller Betriebsführung entsprechen und den Wettbewerb nicht verzerren". Ansonsten muss die Regelung des Ministers „unter Berücksichtigung des Gesetzeszwecks" erfolgen.

Damit ist gesetzlich zwar ausdrücklich vorgesehen, dass Least-Cost-Planning-Aktivitäten berücksichtigt werden können (siehe dazu unten). Dagegen dürfte von dieser Verordnungsermächtigung eine Berechnungspraxis nicht gedeckt sein, welche in den USA unter der Bezeichnung „environmental adders" bekannt geworden ist und die der Internalisierung externer Kosten bei Umweltbelastung dient. Dort wird diese Methode bei Verfahren vor einer staatlichen Public Utilities Commission (Genehmigungsverfahren und Planungsverfahren) angewen-

---

[83] Hinsichtlich der Netzzugangsgebühr spricht § 7 ebenfalls von einer genehmigungspflichtigen Gebühr.

det. Dies basiert etwa auf einem Gesetz des Staates Minnesota aus dem Jahre 1993[84]. Überall dort, wo die „resource options" von EVU bei solchen Verfahren eine Rolle spielen, also die Alternativen der Bezugsquellen für Energie, werden nach dieser Methode nicht einfach nur die am Markt erforderlichen Kosten gerechnet, sondern für verschiedene umweltschädliche Stoffe zusätzliche externe Kosten hinzugerechnet, noch einmal differenziert nach den Besonderheiten des Standorts (Stadt, Land etc.) und damit der spezifischen Schädlichkeit. Die Kosten der Umweltbelastung werden damit auch zur Wahl der Technologie bei der Errichtung einer Public Utility in Rechnung gestellt werden müssen. Dadurch werden umweltschonendere, aber am Markt teurere Quellen wettbewerbsfähiger gemacht. In Europa wäre nach der Liberalisierung des Strommarktes die Tarifgenehmigung die einzige Möglichkeit, eine solche Internalisierung zu bewerkstelligen, aber die gesetzlichen Grundlagen dürften ein solches Vorgehen nicht abdecken. Gleichwohl scheint diese Methode durchaus interessant und sollte bei künftigen Gesetzesänderungen bedacht werden.

Allerdings ist dabei auch zu bedenken, dass nach der Logik des neuen Marktsystems für Strom die Tariffestsetzung immer mehr an Bedeutung verlieren wird. Damit ist auch eine denkbare Umorientierung des Maßstabs der Tarife hin auf die Exergie-Nutzung auch nur von begrenztem Wert. Allerdings gibt es, wie bereits an verschiedenen Stellen angesprochen, andere marktkonforme Mittel, um die Internalisierung externer Kosten zu gewährleisten. Dies dürfte angesichts der Marktorientierung der Energieabgabe heute von größerer Bedeutung sein.

5.2.5.7 Verwertungspflichten

§ 5 Abs. 4 des Kreislaufwirtschafts- und Abfallgesetzes enthält eine Verwertungspflicht, wobei die Verwertung auch durch Energieerzeugung stattfinden kann: „Die Pflicht zur Verwertung von Abfällen ist einzuhalten, soweit dies technisch möglich und wirtschaftlich zumutbar ist, insbesondere für einen gewonnenen Stoff oder gewonnene Energie ein Markt vorhanden ist oder geschaffen werden kann. Die Verwertung von Abfällen ist auch dann technisch möglich, wenn hierzu eine Vorbehandlung erforderlich ist. Die wirtschaftliche Zumutbarkeit ist gegeben, wenn die mit der Verwertung verbundenen Kosten nicht außer Verhältnis zu den Kosten stehen, die für eine Abfallbeseitigung zu tragen wären". Abs. 5 nennt die Grenzen dieser Pflicht: „Der in Absatz 2 festgelegte Vorrang der Verwertung von Abfällen entfällt, wenn deren Beseitigung die umweltverträglichere Lösung darstellt. Dabei sind insbesondere zu berücksichtigen

1. die zu erwartenden Emissionen,

2. das Ziel der Schonung der natürlichen Ressourcen,

3. die einzusetzende oder zu gewinnende Energie und

4. die Anreicherung von Schadstoffen in Erzeugnissen, Abfällen zur Verwertung oder daraus gewonnenen Erzeugnissen."

---

[84] Siehe hierzu etwa Minnesota Public Utilities Commission, In the Matter of the Quantification of Environmental Costs pursuant to the Law of Minnesota 1993, Chapter 356, Sec. 3, Docket No. E-999/CI-93-583.

Eine wichtige Vorgabe ist dabei § 6 dieses Gesetzes, welcher in Abs. 1 die Alternativen der stofflichen oder energetischen Verwendung[85] von Abfällen formuliert und dabei die optimale Umweltverträglichkeit als Entscheidungskriterium postuliert. Abs. 2 begrenzt dann die Zulässigkeit der energetischen Verwendung auf bestimmte Mindestwerte von Heizwert und Feuerwirkungsgrad und Anforderungen hinsichtlich der Nutzung der entstehenden Energie und der Lagerung entstehender weiterer Abfälle. Das Heizwertkriterium entfällt bei der energetischen Verwendung von Abfällen aus nachwachsenden Rohstoffen.

Zur Abfallbeseitigung regelt schließlich § 10: „Die Abfallbeseitigung umfasst das Bereitstellen, Überlassen, Einsammeln, die Beförderung, die Behandlung, die Lagerung und die Ablagerung von Abfällen zur Beseitigung. Durch die Behandlung von Abfällen sind deren Menge und Schädlichkeit zu vermindern. Bei der Behandlung und Ablagerung anfallende Energie oder Abfälle sind so weit wie möglich zu nutzen. Die Behandlung und Ablagerung ist auch dann als Abfallbeseitigung anzusehen, wenn dabei anfallende Energie oder Abfälle genutzt werden können und diese Nutzung nur untergeordneter Nebenzweck der Beseitigung ist."

Hinsichtlich der immissionsschutzrechtlichen Grenzen einer solchen Abfallverwertung durch Verbrennung sind die 17. Bundesimmissionsschutzverordnung sowie die Technischen Anleitungen über Abfall und über Siedlungsabfall zu beachten. Spezielle Regelungen können auch in den Landes-Abfallgesetzen gefunden werden. Bei Bioabfällen gelten insoweit besondere Regelungen der Bioabfallverordnung, der Klärschlammverordnung, des Bundeswaldgesetzes, des Bundes-Bodenschutzgesetzes, des Düngemittelgesetzes sowie des Wasserhaushaltsgesetzes.

5.2.5.8 Lizenzen

Eine interessante, wenn auch ökonomisch durchaus umstrittene Methode der Emissionsbegrenzung, die tendenziell zur rationellen Energieerzeugung hinführt, ist die Vergabe von Emissionslizenzen. Dieses System soll im Rahmen der Klimarahmenkonvention nach dem Protokoll von Kyoto angewandt werden. Es ist aber in den USA nach dem Clean Air Act[86] bereits mit wohl positiven Ergebnissen erprobt[87]. Deshalb soll es hier kurz dargestellt werden.

Der im Jahre 1990 veränderter Titel IV des Gesetzes beschäftigt sich mit dem Problem des sauren Regens. Die Gesetzesänderungen aus dem Jahre 1990 sehen zur Verringerung dieser Umweltbelastung eine Reduktion der jährlichen Emission von Schwefeldioxid um 10 Mio. t gemessen am Niveau 1980 vor und eine Reduktion von Stickoxyden in der Größenordnung von 2 Mio. t, gemessen am gleichen Maßstab. Hierzu können verschiedene Techniken verwendet werden.

Zum einen können bestimmte Erzeugungsanlagen verpflichtet werden, in einer bestimmten Zeit festgelegte Emissionsgrenzen zu erreichen. Die Verpflichtung zur Durchsetzung liegt bei den jeweiligen Staaten. Die Höhe dieser Verpflichtungen steigt, wegen der vorherrschenden Drift der Luft von Westen nach Osten auf der nördlichen Halbkugel der Erde, in umgekehrter Richtung an.

---

[85] Insoweit definiert § 4 Abs. 4 des Gesetzes die energetische Verwendung von Abfällen als „Ersatzbrennstoffe".
[86] 42 United States Code Annotated § 7401 ss. (ch. 85)
[87] Vgl. hierzu M. Hildebrandt: Novellierung des Clean Air Act in den USA. Konsequenzen für die Elektrizitätswirtschaft, Energiewirtschaftliche Tagesfragen 41 (1991), 650-657.

Zum anderen kann aber auch ein System von Emissionslizenzen errichtet werden, welche zunächst den Unternehmen zugeordnet, von diesen aber veräußert oder gekauft werden können. Die EPA hat daraufhin ein System von SO_2 allowances errichtet, wobei eine Lizenz 100 $ pro Tonne kostet. Am Anfang gab es dafür eine sehr negative publicity, insbesondere als im Jahre 1992 Wisconsin Power & Light 10.000 Lizenzen an die Tennessie Valley Authority verkaufte und man befürchtete, dass diese nun in großem Umfang die Gegend verpesten würde. Die Praxis der folgenden Jahre zeigte aber, dass durch Handel lokale Erhöhungen des SO_2-Ausstoßes nie über 5 % hinausgingen – bei entsprechenden Verringerungen in anderen Gegenden. Durch die quellenspezifischen Reduktionsverpflichtungen der Staaten wird ohnehin jeweils eine Obergrenze für den Zukauf von Lizenzen festgelegt.

Ein besonderes Problem war die Kontrolle der Verschiebungen. Im Jahre 1994 wurde ein Allowance Tracking System (ATS) eingerichtet, was die Handelsströme zentral registrierte. Eine Meldepflicht gibt es dabei nur, wenn die Lizenzen benutzt werden sollen. Transfers, seien sie zwischen Unternehmen oder innerhalb von Unternehmensgruppen, werden durch dieses System ausreichend vollständig dokumentiert. In den Jahren 1994 bis 1997 zählte man 2.400 Transfers von insgesamt 38 Mio. Lizenzen, davon 27 Mio. innerhalb von Unternehmensverbindungen.

Die Anzahl der Lizenzen ist an einem ökologisch tolerablen Gesamtausstoß orientiert. Sie bleibt auch bei steigendem Energiebedarf gleich (was eine Wertsicherung bedeutet) und erzwingt daher eine rationellere Erzeugung und Verwertung. Gehandelt werden die Lizenzen zwischen Unternehmen im Wesentlichen durch Makler.

Die Überwachung der Einhaltung der Grenzen des SO_2-Ausstoßes ist nicht nur ordnungspolitisch notwendig, sondern auch zur Wertsicherung der Lizenzen. In den ersten 5 Jahren fielen 60 Mio. $ gegenüber geschätzten 3,5 Mrd. $ für die ordnungsrechtliche Umweltkontrolle an. Man rechnet, dass man im Jahre 2010 etwa 3 Mrd. $ gegenüber der Kontrolle von Emissions-Verboten einsparen wird. Die Transaktionskosten des Systems (Zeit, Formalien) sind relativ gering, es fallen keine Technologiekontrollen und keine Obergrenzen für einzelne Anlagen an (abgesehen von den oben erwähnten Reduktionspflichten in den Staaten)

Bei Verletzungen müssen Strafen bezahlt werden, deren Betrag jährlich in Orientierung am Verbraucherpreisindex erhöht wird. Daneben ist der Überschuss an Emissionen in der nächsten Periode durch Reduktionen auszugleichen. Dieses System hat während der ersten 2 Jahre eine 100 %ige Einhaltung mit sich gebracht. Die Emissionen sind um 40 % reduziert worden. Das System ist ökonomisch wie ökologisch ein Erfolg. Es zeigt sich, dass die größten Verschmutzer nicht etwa Lizenzen hinzukaufen, sondern überproportional ihre Emissionen reduzieren, weil dies bei ihnen zu größeren Skalenerträgen führt. Aus diesen positiven Erfahren heraus möchte man das System auf Stickoxide und CO_2 sowie auf Quecksilberemissionen ausdehnen.

5.2.5.9 Förderungsmaßnahmen

Angesichts des hohen und auch verfassungsrechtlich abgesicherten Stellenwerts von Umweltschutz und rationeller Energieverwendung kann der Staat öffentliche Mittel zur Förderung dieser Ziele einsetzen, wenn er dabei nur die Voraussetzungen des in Art. 3 GG enthaltenen allgemeinen Gleichheitsgebots beachtet. Die Bevorzugung der relevanten Techniken, Erzeugungs- und Verbreitungstechnologien vor herkömmlichen Technologien sind jedoch im Sinne dieses Gebots in jedem Falle gerechtfertigt, weil hierdurch ein Gemeinwohlziel besser verwirklicht werden kann. Förderungen können positiv Geldleistungen sein, negativ aber auch in der Privilegierung, insbesondere bei Abgaben, bestehen. Insoweit muss aber immer in einem international offenen Markt darauf geachtet werden, dass die völker[88]- und europarechtlichen Schranken für Subventionen eingehalten werden, welche insgesamt auf die Beseitigung von Diskriminierungen für ausländische exportierte Waren und Dienstleistungen gegenüber inländischen abzielt, andererseits aber auch von Besserstellungen für inländische Export-Waren.

Die Förderung kann Forschung und Entwicklung betreffen, sie kann aber auch den Einsatz rationeller Energien betreffen. Zur Förderung eines Einsatzes ist aufgrund der Marktunvollkommenheiten nicht nur die Einwirkung auf die Preisstruktur wichtig, sondern auch die Förderung von Informationen etwa in der Erstellung von Leitfäden für Konzepte, Finanzierungen und Kostenabschätzungen (s. Finanzierungsmodelle in Abschnitt 5.1). Auch könnten Ausbildungsmaßnahmen zum Zwecke der besseren Information gefördert werden bzw. auf eine entsprechende Gestaltung der Ausbildungsordnungen durch Genehmigungsvorbehalte hingewirkt werden.

Im Bereich der Förderung effizienter Methoden der Energieerzeugung sind an erster Stelle die großangelegten Förderungsprogramme der EG zu nennen. Das Programm ALTENER II dient allgemein der Entwicklung und Markteinführung der Verwertung erneuerbarer Energien, während das Programm SAVE II die rationelle Energienutzung in Gebäuden, Anlagen, Verkehr und Industrie einschließlich der Kraft-Wärme-Koppelung fördert.

Bund und Länder haben eine ganze Reihe von Förderprogrammen für die rationelle Energieverwertung ebenso wie für den Einsatz von regenerativen Energieträgern für die Erzeugung. Zu erwähnen sind insoweit auch die Anstöße dazu für energieeffiziente Planungen durch Architekten, wie sie die Regelungen der Honorarordnung für Architekten (HOAI) vorsehen.

Ein besonderes Förderungsziel ist „Least Cost Planning"[89], welches in den USA eine immer stärkere Rolle spielt und ja auch vom deutschen Gesetzgeber in § 11 Abs. 1 des EnWG erwähnt wird. Sie kann zu einer „Integrierten Ressourcenplanung" werden, bei der die Energieversorgungsunternehmen durch ihre Beratungstätigkeit im Sinne eines „Demand Side Management" die Energienachfrage der Verbraucher zu begrenzen oder gar zu verringern helfen. Ein Anreiz hierzu könnte für die Anbieter der Wettbewerb um die Verbraucher sein, welcher gerade im liberalisierten Strommarkt eine immer stärkere Rolle spielt. Dies ist ein schönes Beispiel dafür, dass insoweit der Wettbewerb durchaus auch die rationelle Energieverwendung im Sinne ökonomischer Rationalität fördern kann. Weiter kann sich an diesem Punkt erweisen, dass der Marktmechanismus entsprechende Vorgaben des Gesetzgebers überflüssig machen könnte. Auch kann der Staat selbst die entsprechende Beratung der Verbraucher vornehmen oder fördern. Schließlich ist noch die Möglichkeit zur Förderung des „Energie-Contracting" zu erwähnen, bei welcher der Staat Abnehmer oder Anbieter von umweltentlastenden Energiedienstleistungen fördert, welche für diejenigen Träger erbracht werden, die für die Daseinsvorsorge mit dem jeweiligen Energieträger verantwortlich sind.

---

[88] Insoweit gilt das WTO – "Agreement on Subsidies and Countervailing Measures" vom 15.4.1994 (Amtsblatt der EG 1994 L 336, 156).
[89] W. Herppich: Least Cost Planning (1993). Hoecker, Hildegard: Least Cost Planning in der Energiewirtschaft (1993).

5.3 Soziale Bewertung von Szenarien zur Abfallenergieverwertung

5.3.1 Grundlagen der sozialen Bewertung

5.3.1.1 Aufgabenstellung

Zu den Grundproblemen der Technikfolgenabschätzung gehört die Aufgabe, konkurrierende Optionen der Technikgestaltung miteinander zu vergleichen und auf der Basis nachvollziehbarer Kriterien zu bewerten. In der Literatur zur Technikbewertung werden zu diesem Zweck geeignete Vorschläge zur Wahl von Bewertungskriterien für technische Systeme aufgeführt [5-85, 5-94]. Darunter fallen Kriterien wie Zuverlässigkeit, technische Effektivität, effizienter Einsatz der Produktionsfaktoren, Wirtschaftlichkeit, Legalität, politische Implementationsfähigkeit und soziale Wünschbarkeit. Voraussetzung für eine Bewertung auf diesen Kriterien ist in dem hier diskutierten Technikfeld der Nutzung von Abfallenergie zum Ersten die Analyse der Funktionsanforderungen der ins Auge gefassten technischen Systeme zur besseren Ausschöpfung der exergetischen Potenzials, zum Zweiten eine kritische Analyse der Ist-Situation im städtischen und ländlichem Raum sowie zum Dritten die Erarbeitung mehrerer Strukturvarianten für diese exemplarischen Räume. Diese Strukturvarianten sind in den vorherigen Kapiteln systematisch beschrieben und in ihren technischen und organisatorischen Bedingungen spezifiziert worden. Sie bilden den ersten Schritt in der Technikfolgenabschätzung.

In einem zweiten Schritt gilt es dann, auf der Basis dieser Analysen Hintergrundwissen für eine reflektierte Bewertung bereitzustellen. Vordringlich sind dabei naturwissenschaftliche und technikwissenschaftliche Untersuchungen zu den physikalischen und technischen Potenzialen, die mit der Nutzung von Abfallenergie verbunden sind. Erst wenn diese technischen Systembeschreibungen vorliegen, kann in einem dritten Schritt die Abschätzung von möglichen Auswirkungen und Implikationen auf die vorhandene Technik- und Wirtschaftsstruktur, auf Gesundheit und Umwelt sowie auf die sozialen und rechtlichen Kontextbedingungen erfolgen. Die Frage lautet dann: Welche Auswirkungen und Folgen sind mit einer bestimmten Nutzungsform der Abfallenergie verbunden und wie sind diese Wirkungen im Vergleich mit den herkömmlicher Verfahren zu beurteilen? Am Ende dieses dritten Schrittes verfügt man über eine technische Beschreibung struktureller Optionen oder Varianten zur Nutzung von Abfallenergie sowie über ein Profil der zu vermutenden Auswirkungen auf Wirtschaft, Natur und Gesellschaft.

Aus der Analyse der technischen, physischen und ökologischen Wirkungen heraus lassen sich die wirtschaftlichen Kosten-Nutzen-Bilanzen ableiten, die für eine Realisierung der einzelnen Optionen von besonderer Bedeutung sind. Wirtschaftlichkeitsbetrachtungen sind aber nicht alleine von den technischen Bedingungen und Kosten bei Investitionen und Betrieb abhängig, sondern auch von den ökonomischen Rahmenbedingungen, beispielsweise den Kosten für alternative Energieträger oder für komplementäre technische Anlagen, die bei der Nutzung von Abfallenergie benötigt werden. Schließlich sind die makroökonomischen Rahmenbedingungen mit in die Abschätzung einzubeziehen.

Hat man eines oder mehrere Profile für die wirtschaftliche Nutzung von Abfallenergie erstellt, dann besteht die vierte Aufgabe darin, die institutionellen Bedingungen und organisatorischen Veränderungen zu erforschen, die für eine Umsetzung der technischen und wirtschaftlichen Möglichkeiten notwendig sind. Dieser Schritt wird oft vergessen, weil viele Analytiker davon ausgehen, dass sich eine wirtschaftlich kostengünstige Lösung in einer Marktwirtschaft quasi naturwüchsig durchsetzen werde. Dies ist in der Tat der Fall, sofern die Kostengünstigkeit eindeutig vorliegt, die Akteure dieses Wissen besitzen und sich die sogenannten Transaktionskosten organisatorischer Art in engen Grenzen halten. Gerade bei der Nutzung von Abfallenergie sind diese Voraussetzungen nur zum Teil gegeben. Zum einen ist hier ein Auseinanderklaffen zwischen betriebswirtschaftlicher und volkswirtschaftlicher Sichtweise (externe Kosten) zu erwarten, sodass für einzelne Wirtschaftssubjekte kein Anreiz besteht, in die Nutzung von Abfallenergie zu investieren; zum anderen sind die Erzeuger von Abfallenergie nicht unbedingt als Organisationen zur Energiebereitstellung hervorgetreten und müssen dieses Knowhow wie auch die Gesetze und Gewohnheiten des Energiemarktes erst mühsam erlernen. Schließlich liegen viele mögliche Nutzungsformen der Abfallenergie an der Grenze der Wirtschaftlichkeit, sodass Finanzierungsmodelle und steuerliche Anreize wichtige Einflussgrößen sind, von deren kluger Nutzung es abhängen wird, in wie weit sich die vorgeschlagenen Maßnahmen auch wirtschaftlich durchsetzen können.

Mit den institutionellen Gegebenheiten sind auch die politischen und wirtschaftlichen Rahmenbedingungen angesprochen, die eine Diffusion erleichtern oder erschweren. Stichworte sind: Steuerpolitik, Genehmigungsverfahren, Grenzwerte sowie Eigentums- bzw. Haftungsgesetze (s. Abschnitt 5.1 und 5.2). Erst in dem Zusammenspiel von Technik, Wirtschaft, sozialen Organisationen und Politik lassen sich die Erfolgsaussichten technischer Innovationen einigermaßen sinnvoll abschätzen. Dies ist der fünfte Schritt.

Als letzter und sechster Aufgabenbereich ist dann noch die Frage der sozialen Bewertung zu klären. Ablehnung oder Zustimmung zu einer neuen Techniklinie sind zwar mit den zu erwartenden Auswirkungen auf Gesundheit, Umwelt und Lebensstandard korreliert, aber keineswegs durch sie determiniert. Einstellungen zur Technik sind auch von symbolischen Assoziationen bestimmt. Auf der einen Seite ist zu erwarten, dass in einem Klima der Wertschätzung von Abfallvermeidung, Wiederverwertung und Recycling die Idee der Nutzung von ansonsten in die Umgebung als Abwärme entlassenen Energieströme viele Anhänger finden wird, gleichzeitig werden aber auch bestimmte Technologien, wie etwa die thermische Nutzung von Abfallstoffen, als Etikettenschwindel zugunsten der Müllverbrennung wahrgenommen und dementsprechend kritisiert. Beide Assoziationen werden sicherlich die Einführung von Techniken dieser Art begleiten.

Tabelle 5-7: Die sechs Aufgabenbereiche der Technikfolgenforschung

Bereiche	Erklärung	Anwendung auf Abfallenergie
1	Technische Potenziale	Nettoenergieausbeute, technische Verfahren, Einsatzmöglichkeiten
2	Auswirkungen	Umwelt, Infrastruktur, Wirtschafts- sowie Sozialstruktur
3	Wirtschaftlichkeit	Kostenvergleich mit traditioneller Energiebereitstellung, externe Kosten, Abhängigkeit von weiteren ökonomischen Parametern und Bedingungen
4	Institutionelle Erfordernisse	Organisatorische Voraussetzungen für den Betrieb solcher Anlagen, Integration in den entsprechenden Markt und dessen Erfolgsbedingungen
5	Politische Regulation	Gesetzliche Bedingungen, rechtliche Anforderungen, Genehmigung
6	Soziale Akzeptanz	Symbolische Assoziationen, soziales und politisches Mobilisierungspotenzial

5.3 Soziale Bewertung von Szenarien zur Abfallenergieverwertung 373

In *Tabelle 5-7* sind die Aufgabenbereiche der Technikfolgenbewertung noch einmal systematisch zusammengefasst. Obgleich die sechs Schritte analytisch voneinander getrennt und auch sequentiell abgearbeitet werden können, sind die Ergebnisse eines jeden Analysevorgangs von der Ergebnissen der anderen Analysen mit beeinflusst. So sind beispielsweise bestimmte ökologische Auswirkungen eng mit symbolischen Akzeptanzüberlegungen verknüpft. Man denke nur an die Emission von Dioxinen oder Furanen, die selbst bei kleinsten Emissionsmengen zu großen Akzeptanzproblemen führen. Ein anderes Beispiel ist die Verteuerung einer Technik durch aufwendige Genehmigungsverfahren oder die ineffiziente Nutzung einer Ressource durch die Möglichkeit der Externalisierung von sozialen Kosten durch einzelne Betriebe. Es ist deshalb notwendig, die sechs Aufgabenbereiche eng miteinander zu verzahnen, um Synergieeffekte zu erkennen und diese in die Gesamtbewertung aufzunehmen.

Das hier vorliegende Kapitel ist dem sechsten Schritt, der sozialen Bewertung der in diesem Band entwickelten Energieoptionen gewidmet. Auf die umfassende Bewertung wird dann im Schlusskapitel näher eingegangen.

5.3.1.2 Akzeptanz oder Akzeptabilität?

Die Aufgabe des hier vorgestellten Teilprojektes „Soziale Bewertung von Szenarien zur Abfallenergieverwertung" besteht nicht darin, im Sinne der sechs oben genannten Kriterien eine umfassende Technikbewertung durchzuführen, sondern unterschiedliche Techniksysteme zur Nutzung der Abfallenergie und deren organisatorischen bzw. infrastrukturellen Erfordernisse von unterschiedlichen Gruppen in der Gesellschaft systematisch bewerten zu lassen und daraus allgemeine Schlüsse über die politische und soziale Realisierungschance neuer Strategien zur Abfallenergienutzung abzuleiten.

Um eine solche soziale Bewertung vorzunehmen, können zwei methodische Wege eingeschlagen werden. Zu einen kann man auf der Basis nachvollziehbarer Kriterien und politisch anerkannter oder konsensual vereinbarter Zielvorstellungen (etwa dem Konzept der nachhaltigen Entwicklung) eine theoretisch begründete Bewertung deduktiv vornehmen, zum anderen kann man auf der Basis von empirischen Erhebungen die in der Gesellschaft vorhandenen Präferenzen und Werte identifizieren und diese dann ausgewählten Gruppenvertretern zur Bewertung von Entscheidungsoptionen vorlegen. Im ersten Fall spricht man von der "Akzeptabilität" von Technikoptionen, im zweiten Fall von der "Akzeptanz" [5-101].

Welches der beiden Verfahren ist bei der sozialen Bewertung von technischen Optionen vorzuziehen? Beide habe ihre Vor- und Nachteile. Wählt man den Weg der Akzeptanz, dann ist offensichtlich, dass diese Form einer rein faktischen Bewertung kaum als sinnvolles Leitbild für moralische Urteilsbildung einzustufen ist[1]. Zum Ersten sind Akzeptanzurteile zeit- und ortsabhängig und lassen den Grad an Konsistenz vermissen, der notwendig ist, um weitreichende Abwägungen vorzunehmen. Zum Zweiten sind auch Akzeptanzurteile von Überlegungen getragen, die zur Rechtfertigung des Urteils herangezogen werden. So kann etwa die Vorliebe für Solarenergie darauf beruhen, dass die meisten Menschen sie für kostenlos und frei von jeder Umweltbelastung einstufen und mit der Sonne vielerlei positive Eigenschaften verbinden. Zum Dritten ist die Akzeptanz häufig von psychischen oder sozialen Auslösern bestimmt und durch „problemfremde" Überlegungen überlagert. So können etwa Individuen etwas akzeptieren, nur weil ihre Freunde oder geachtete Vertreter von Bezugsgruppen dieses Verhalten auch im Sinne einer Modeerscheinung als richtig ansehen. Auch die Medien spielen

---

[1] Vgl. Grunwald [5-90], S. 50ff.

bei der Selektion von Akzeptanzurteilen bzw. deren Verstärkung eine wesentliche Rolle. Aus all diesen Gründen darf die faktische Akzeptanz nicht der alleinige Maßstab der Bewertung von Handlungsoptionen sein.

Allerdings wäre es ebenso verfehlt, allein auf die Akzeptabilität zu setzen. Denn das faktische Verhalten und die tatsächliche Bewertung von Handlungsoptionen sind keineswegs irrelevant für die soziale, politische und auch wirtschaftliche Bewertung von Energiesystemen. In einer pluralen Gesellschaft haben die Präferenzen der Menschen einen hohen normativen Anspruch. Niemand kann es einem Individuum verwehren, Folgen einer Handlung anders zu bewerten, als es ein anderes Individuum oder auch ein Professor der Ingenieur- oder Wirtschaftswissenschaften es tun würde. Der Technikexperte kann bestenfalls Hintergrundwissen und Orientierung vermitteln, die dem Individuum und den sozial relevanten Gruppen neue Erkenntnismöglichkeiten eröffnen und das soziale Bedürfnis nach einer zuverlässigen, preiswerten und umweltfreundlichen Energieoption besser stillen helfen.

Anders sieht es jedoch bei kollektiv wirksamen Entscheidungen aus: Hier kann nicht die Präferenz eines einzelnen Individuums Maßstab der Bewertung sein, sondern der Nutzen bzw. die Akzeptabilität für die Gesamtheit der Betroffenen. Aber auch diese kollektive Akzeptabilität ist darauf angewiesen, dass man die Präferenzen der Menschen kennt und mit ihnen über die Konsequenzen der geäußerten Präferenzen diskutiert. Die Brücke zwischen Akzeptanz und Akzeptabilität ist der Diskurs. In einem diskursiven Verfahren müssen die eigenen Bewertungen vor anderen begründet und durch Argumente abgesichert werden. Auf diese Weise fließen Präferenzen der beteiligten sozialen Gruppen sowie die aktuellen Wissensbestände in die Urteilsbildung ein [5-97].

Aus diesem Grund wird in dem hier vorliegenden Kapitel ein diskursiver Ansatz der Messung von Akzeptanz verfolgt. Grundlage dieses Ansatzes ist die Schaffung eines Dialogs zwischen Vertretern unterschiedlicher Gruppen über die Wünschbarkeit verschiedener Energieoptionen, wobei alle diese Optionen verschiedene Ausprägungen von Abfallenergienutzung aufweisen. Dabei wird zunächst ein hierarchisch aufgebauter Wertbaum zur Ableitung von Bewertungskriterien erstellt, dann werden die Elemente des Wertbaumes mit numerischen Gewichtungen versehen und schließlich die verschiedenen Optionen anhand der gewichteten Kriterien bewertet. Dieses Verfahren hat sich bei vielen Fragen der Technikbewertung bewährt [5-95, 5-96]. Die Brücke zur Frage der Akzeptabilität, also einer normativen Gesamtschau der Möglichkeiten und Grenzen der Abfallenergienutzung in der heutigen Gesellschaft wird im Schlusskapitel geschlagen, wo die Elemente der technischen, wirtschaftlichen, juristischen und sozialen Bewertung zu einem Gesamturteil unter normativen Vorgaben der Akzeptabilität zusammengefügt werden.

5.3.2 Grundlage und Methodik der empirischen Analyse

5.3.2.1 Die methodischen Werkzeuge

Das Fazit des Einleitungsabschnittes lautete: In einer demokratischen Gesellschaft haben nicht die Experten das Recht, ihre Bewertungsmaßstäbe den betroffenen Bevölkerungsgruppen aufzuzwingen. Vielmehr sollten die Maßstäbe von demokratisch legitimierten Quellen stammen, während es die Aufgabe der Experten sein sollte, die Beurteilung der Optionen anhand der politisch vorgegebenen Maßstäbe vorzunehmen. Da es im Rahmen des Akademieprojektes nicht möglich war, politische oder wirtschaftliche Entscheidungsträger für eine umfassende Bewertung zu gewinnen, haben wir uns auf wichtige gesellschaftliche Meinungsführer konzentriert, die in der politischen Arena ein wesentliche Rolle spielen.

5.3 Soziale Bewertung von Szenarien zur Abfallenergieverwertung 375

In den Jahren 1996 bis 1998 haben wir zum einen vier von einer Arbeitsgruppe in der Akademie für Technikfolgenabschätzung entwickelten Energieszenarien (mit unterschiedlichem Einsatz von Abfallenergienutzung) und zwei Varianten einer intensiven Nutzung von Abfallenergie einer Gruppe von ausgewählten Vertretern relevanter Interessengruppen vorgelegt. Im Rahmen eines Arbeitskreises „Energie und Ethik", der von der Akademie für Technikfolgenabschätzung in Baden-Württemberg, dem VDE/VDI Arbeitskreis Gesellschaft und Technik und der Katholischen Akademie Hohenheim gemeinsam organisiert und betreut wird, wurden in insgesamt acht Sitzungen Bewertungsgrundlagen für Energiesysteme erarbeitet und dann auf die Szenarien bzw. Abfallenergiesysteme angewandt.

In dem Arbeitskreis waren die Gruppen Industrie (ein Manager einer EDV-Firma, ein Manager einer großen Automobilfirma und ein bereits pensionierter Manager aus dem Kommunikationsbereich), Gewerkschaft (ein Vertreter der IG Metall). die Versorgungsunternehmen (zwei Vertreter großer Elektrizitätswerke), Kleinkraftwerksbetreiber (zwei Vertreter kleiner Wasserkraftwerke und gleichzeitig aktive Umweltschützer), Kirchen (jeweils ein Vertreter der katholischen und zwei der evangelischen Kirche), und Wissenschaft (zwei Professoren für Ethik) repräsentiert. In den ersten vier Sitzungen, an denen auch die Vertreter all dieser Gruppen teilnahmen, wurden die Kriterien gemeinsam erarbeitet, die zur Bewertung von Energiesystemen dienen sollten. Die Erstellung der Kriterien erfolgte durch die sogenannte Wertbaumanalyse, die weiter unten beschrieben wird.

In den darauffolgenden vier Sitzungen wurden dann die Szenarien nach dem Verfahren der „Multi-Attribute-Utility Analysis" numerisch bewertet und gewichtet[2]. In gleicher Weise geschah dies auch für ausgewählte Abfallenergiesysteme. An der Bewertung und Gewichtung konnten nicht mehr alle Gruppen teilnehmen. Den gesamten Zyklus von Kriterienerstellung, Bewertung, Gewichtung und Sensitivitätsanalyse machten nur die Vertreter der Ingenieure (ein Vertreter der Kraftwerksbetreiber und zwei Vertreter der Wirtschaft) sowie die Vertreter der Kirchen (einer von der katholischen und zwei von der evangelischen Kirche) mit. Mit diesen beiden Gruppen sind aber die Eckpfeiler im pluralen Spektrum der Interessengruppen erfasst. Allerdings ist mit diesem Material kein Anspruch auf Repräsentativität verbunden. Die Ergebnisse geben nur Aufschluss darüber, wie Vertreter zweier gesellschaftlicher Gruppen Veränderungen in der heutigen Energielandschaft beurteilen und welche Argumente sie dabei benutzen. Diese systematisch zu sammeln und zu quantifizieren, war das Anliegen dieses Arbeitspaketes.

5.3.2.2 Methodische Vorgehensweise

Die Wertbaumanalyse

Aufgabe der Wertbaumanalyse ist es, die latenten Werte einer Person oder einer Gruppe in eine logisch konsistente und kommunikativ nachvollziehbare Form zu bringen [5-94, 5-95]. Dazu werden Vertreter der jeweiligen Gruppen in Einzelinterviews ausführlich danach befragt, nach welchen Werten und Kriterien sie eine Entscheidung über einen bestimmten Gegenstand (etwa Kraft-Wärme-Kopplungsanlagen bzw. die Nutzung von Abfall-Prozesswärme für Niedertemperaturwärme) treffen würden. Die Wertbaumanalytiker haben dann die Aufgabe, die Angaben der Interviewpartner in eine hierarchische Baumstruktur zu überführen und diesen Strukturierungsversuch von den Interviewpartnern bestätigen zu lassen. Jeder Wertbaum einer

---

[2] Vgl. S. 376ff in [5-84] und [5-86, 5-97]

Gruppe bildet, sofern er korrekt aufgestellt und von den Gruppenmitgliedern als vollständig und problemangemessen validiert wurde, die Bewertungsgrundlagen dieser Gruppe ab.

Schon ein solches Abbild eines gruppenspezifischen Wertemusters erleichtert die Transparenz der Entscheidungsfindung für Außenstehende und trägt auch zu einer pluralen Einbindung von Wertmustern bei, sofern alle relevanten Gruppen an dem Verfahren beteiligt werden. Mit jedem Einzelwertbaum verfügt jede Gruppe über eine Strukturierungs- und Bewertungshilfe für die Beurteilung unterschiedlicher Handlungsoptionen. Gleichzeitig eignen sich die einzelnen Wertbäume als Ausgangspunkte eines gemeinsamen Dialoges zwischen den Gruppen, da mit den ähnlich strukturierten Wertbäumen eine gemeinsame Basis in der gegenseitigen Kommunikation erreicht werden kann. Nach Erstellung der jeweiligen gruppenspezifischen Wertbäume wird in einem zweiten Schritt mit Hilfe diskursiver Verfahren Verständigung darüber gesucht, welche Werte in den gemeinsamen Baum aufgenommen und aus welchen Gründen diese Auswahl erfolgen sollte. Erst wenn alle Gruppen ihre Gründe dargelegt und verteidigt haben, kann in einem gemeinsamen Diskussionsprozess (konsensual) entschieden werden, ob und inwieweit der vorgeschlagene Wert Eingang in den gemeinsamen Wertbaum findet. Ein diskursiv entwickelter Wertbaum verspricht erstens eine faire und vollständige Erfassung aller relevanter Wertvorstellungen in einer pluralen Gesellschaft, zweitens eine intersubjektive Begründung der in den Wertbaum einfließenden normativen Annahmen und drittens eine nachvollziehbare und transparente Form der Darstellung von Werten für die am Diskurs nicht beteiligten Außenstehenden. Im Rahmen des Projektes „Abfallenergie" haben wir eine empirische Untersuchung nach der Methode der Wertbaumanalyse mit einer kleinen Anzahl von relevanten Gruppen vorgenommen.

Tabelle 5-8: Die Schritte einer Wertbaumanalyse

Schritt	Beschreibung
1	Persönliches Interview mit dem oder den Vertreter(n) einer Interessen-, Lebensstil- oder Wertgruppe
2	Strukturierungsvorschlag der Interviewergebnisse in Form eines hierarchisch gegliederten Wertbaums
3	Rückkopplung des Vorschlags an die Interessengruppe und Sammeln von Verbesserungsvorschlägen
4	Iteration von Rückkopplung und Verbesserung, bis Mitglieder der Interessengruppen dem Wertbaum für ihre Organisation zustimmen
5	Ausarbeitung eines gemeinsamen additiven Wertbaumes im Diskurs mit allen beteiligten Gruppen in mehreren Sitzungen: – Definition und Klärung der Begriffe (Extention) – Begründung für normative Geltung aller Werte – Begründung für Anwendbarkeit auf Bewertungsobjekte – Einigung auf Grundstruktur des Baumes – Erarbeitung eines gemeinsamen Wertbaumes
6	Überprüfung des gemeinsamen Wertbaumes nach formalen Gesichtspunkten
7	Validierung des Gesamtwertbaums durch jede Gruppe (mit Möglichkeit der Nullgewichtung einzelner Werte)

5.3 Soziale Bewertung von Szenarien zur Abfallenergieverwertung

Der Prozess der Wertbaumerstellung lässt sich in sieben Phasen unterscheiden. Diese Phasen sind schematisch in *Tabelle 5-8* zusammengefasst. Auf diese Phasen soll im Folgenden näher eingegangen werden. In der ersten Phase geht es um die Erfassung und Aufnahme der Werte, die von den Mitgliedern einer Gruppe als relevant zur Bewertung der verschiedenen Handlungsoptionen eingestuft werden. Diese Erfassung erfolgt in persönlichen Gesprächen zwischen den Analytikern und Vertretern der jeweiligen Gruppe. Sinn der Gespräche ist es, latente oder schon bewusste Verbindungslinien zwischen den einzelnen Werten und den vermuteten Folgen der Optionen in eine logische Struktur einzubinden, die von den Befragten als adäquat und einstellungsgetreu wahrgenommen wird.

Die Fragen sind bewusst allgemein gehalten, um den Interviewten die Möglichkeit zu geben, ihre eigene Struktur der Werte zu entwickeln und nach eigenen Konsistenzgesichtspunkten zu gliedern. Grundsätzlich wird jedoch während des Interviews angestrebt, zu einer hierarchischen Baumstruktur mit den allgemeinen Werten an der Wurzel und den speziellen Kriterien und Attributen an der Spitze zu gelangen. Ein wesentliches Kennzeichen der Wertbaumanalyse ist schließlich die iterative Vorgehensweise. Nach der ersten Befragung wird von den Analytikern der Wertbaum aufgestellt und an den oder die Befragten zurückgekoppelt. Alle Änderungsvorschläge, die nicht zu Ausbrüchen aus der Strukturlogik führten, werden von den Analytikern aufgegriffen und in den Wertbaum der Befragten integriert. Dieser iterative Prozess kann über mehrere Runden fortgesetzt werden. Sinn des iterativen Verfahrens ist es, die während eines Interviews vergessenen oder zu kurz gekommenen Aspekte noch nachträglich ausfindig zu machen und zu berücksichtigen.

Liegt eine erste Liste von Attributen und Kriterien vor, besteht der nächste Schritt darin, diese Eigenschaften in eine systematische Struktur einzubinden. Zu diesem Zweck sind in der Methodik der Wertbaumanalyse drei Schlüsselfragen entwickelt worden:

- Äußert der Befragte Präferenzen für verschiedene Ausprägungen eines Kriteriums?
- Können die Optionen nach Maßgabe der geäußerten Eigenschaften unterschieden werden?
- Sind die Bedeutungsinhalte der Eigenschaften im Wesentlichen gleich oder sind sie hoch korreliert?

Mit Hilfe der ersten Schlüsselfrage lässt sich entscheiden, ob ein Attribut überhaupt auf einer Wertdimension liegt. Die zweite Schlüsselfrage bezieht sich auf die Diskriminationsfähigkeit jedes Kriteriums. Wenn alle Optionen bei einem gegebenen Kriterium gleich gut oder gleich schlecht abschneiden, dann ist dieses Kriterium irrelevant und sollte aus der Liste gestrichen werden.. Die dritte Schlüsselfrage dient dazu, Redundanz zu vermeiden und funktionale Beziehungen zwischen den aufgelisteten Eigenschaften aufzudecken. Hierbei geht es vor allem darum, zwischen Mitteln und Zielen zu unterscheiden.

Nachdem der Wertbaum für eine Gruppe aufgestellt, in eine hierarchische Struktur überführt und in mehreren Sitzungen sukzessiv verbessert worden ist, muss er den anderen Mitgliedern der jeweiligen Gruppe vorgestellt und anschließend als für die Gruppe verbindlich erklärt werden. Sind die einzelnen Wertbäume von den Gruppenmitgliedern als verbindlich anerkannt worden, erfolgt der diskursive Prozess der Erstellung eines gemeinsamen Wertbaumes. In diesem Schritt geht es um die semantische Klärung der Begriffe, die Diskussion um die normative Berechtigung einzelner Kategorien, die Festlegung von Minimalzielen oder Ausschlusskriterien und die Erstellung einer gemeinsamen logischen Struktur in Ober- und Unterwerte. Diese Struktur ist keinesfalls ein Abbild der Wichtigkeit der einzelnen Kriterien (die wird erst durch die Gewichtung festgelegt), sondern stellt die logische Inklusion von Teilmengen zu Obermengen dar. Beispielsweise können unter dem Oberbegriff „Umweltqualität" die

Auswirkungen auf Luft, Wasser, Boden, Klima und Landschaft zusammengefasst werden. Unter dem Oberbegriff Luftqualität können dann wiederum Schadstoffemissionen, Strahlung und Lärm differenziert werden. Bei den Schadstoffemissionen können schließlich Schwermetalle und organische Schadstoffe voneinander getrennt werden. Auf diese Weise erhält man eine vollständige Liste aller Attribute in einen logisch kohärenten Ordnungsrahmen, mit dessen Hilfe man die einzelnen Optionen beurteilen kann.

Nach der Erstellung eines zusammengefassten Wertbaums ist es sinnvoll, Struktur und Aufbau noch einmal unter formalen Gesichtspunkten zu überprüfen, Schwachpunkte zu identifizieren und Modifikationen vorzunehmen [5-92].

In einem letzten Schritt muss der gemeinsame Wertbaum von allen Gruppen bestätigt und als Ausgangspunkt für die weitere Überprüfung von Optionen anerkannt werden. Mit diesem rekursiven Instrument der Validierung ist sichergestellt, dass sich die Vertreter der einzelnen Gruppen nicht als Objekte einer sozialwissenschaftlichen Methode fühlen, sondern als Subjekte in einem Bewertungsverfahren, das ihnen eine faire und systematische Berücksichtigung ihrer Anliegen ermöglicht.

Das MAU-Verfahren

Sind die Kriterien einmal bestimmt, dann besteht der nächste Schritt darin, die verschiedenen Handlungsoptionen auf den Kriterien abzubilden und dann vergleichend zu bewerten. Um dies zu tun, hat sich bei der Technikbewertung ein Entscheidungs- und Bewertungsprozess bewährt, der sich eng an das entscheidungsanalytische Verfahren der in den USA entwickelten „Multi-Attribute-Utility Theory" (MAUT) anlehnt [5-86 bis 5-88]. Die MAU-Methode lässt sich in sieben Schritten beschreiben[3]. Die Schritte sind in *Tabelle 5-9* aufgeführt.

Tabelle 5-9: Die Schritte der Entscheidungsanalyse nach dem MAU-Verfahren

I	*Wert- und Zielfindung*	
		Erstellen von Werten und Kriterien durch den Wertbaum
		Festlegung der Optionen
II	*Datenbeschaffung und Beurteilung der Optionen*	
		Prognose der Konsequenzen
		Wahrscheinlichkeitsabschätzung der Konsequenzen
III	*Abwägung*	
		Überführung der Konsequenzen in Nutzeneinheiten
		Bewertung der Optionen durch Gewichtung der Kriterien
		Entscheidung

Das Verfahren wird meist so umgesetzt, dass die Nennungen auf einer der unteren Ebenen (hohe Ausdifferenzierung) des von den Teilnehmern entwickelten Wertbaumes als Beurteilungskriterien ausgewählt werden. Sind die Kriterien des Wertbaums, wie oben beschrieben, in einem diskursiven Prozess mit Vertretern von Interessengruppen erstellt und validiert worden, werden sie ausführlich in Kleingruppensitzungen diskutiert und erhalten dann ein numerisches Gewicht zwischen 0 und 1, wobei sich die Gewichte aller Kriterien insgesamt zu 1 addieren.

---

[3] Vgl. S. 376ff in [5-84] und [5-92, 5-97].

5.3 Soziale Bewertung von Szenarien zur Abfallenergieverwertung

Diese Gewichtungen erfolgen im Konsens aller Gruppenteilnehmer einer jeden Gruppe, variieren aber zwischen den Gruppen. Für die Beurteilung der technischen Optionen oder Szenarien auf jedem Kriterium können entweder Symbole ++, +, 0, -, -- oder aber Punktwerte von 0 bis 10 oder 0 bis 100 verwandt werden. Im vorliegenden Fall wurde eine Punktbewertung (von 0 bis 100) durchgeführt. Punktbewertungen sind methodisch zuverlässiger, wenn die Bewerter mit numerischen Methoden vertraut sind. Für unsichere Folgen werden die Bewertungen noch mit der subjektiven Wahrscheinlichkeit des vermuteten Eintreffens der jeweiligen Folge gewichtet. Sind alle Optionen auf jedem Kriterium beurteilt und alle Gewichte verteilt, dann kann man durch einfaches Aufaddieren aller Nutzwerte die Gesamtpunktzahl für jede Option ermitteln. Die Zusammenfassung der Nutzwerte erfolgt nach der einfachen Formel:

$$EU(A) = \sum_{i=1}^{n} p_i \cdot u_i$$

wobei u_i den mit der Wahrscheinlichkeit p_i gewichteten Nutzwert und x das relative Gewicht des Kriteriums widerspiegelt. Die Anwendung der Summenformel ist allerdings davon abhängig, dass alle Kriterien unabhängig voneinander und Interaktionseffekte zwischen den Kriterien zu vernachlässigen sind. Bei entsprechender Strukturierung der Kriterien lassen sich diese beiden Bedingungen zumindest ansatzweise erfüllen. Die Nutzwerte werden den Teilnehmern lediglich als Orientierung für die von ihnen diskursiv vorgenommene Gesamtbewertung gegeben. Den jeweiligen Gruppen ist es anheim gestellt, die Reihenfolge der Eignung auf der Basis der Nutzwerte oder mit Hilfe anderer Überlegungen zu bestimmen. Es zeigt sich jedoch in der Praxis, dass die meisten Teilnehmer die numerischen Nutzwerte als zuverlässige Indikatoren der eigenen Präferenzen ansehen.

Die Vorteile dieses Verfahrens liegen auf der Hand. Zum einen zwingt es die Teilnehmer, mit Hilfe eines nachvollziehbaren analytischen Vorgehens Argumente zu sammeln, zu bewerten und den Optionen direkt zuzuordnen. Zum Zweiten gibt es den Teilnehmern eine klare und ergebnisorientierte Methode für das gesamte Verfahren an die Hand. Zum Dritten hilft es den Moderatoren, die Diskussionen ziel- und ergebnisorientiert anzuleiten. Zum Vierten zwingt es alle Teilnehmer, ihre Präferenzen und Bewertungsgrundlagen offenzulegen und, sofern sie damit andere überzeugen wollen, eingehend zu begründen. Zum Fünften lassen sich auf der Basis der numerischen Werte auf jedem Kriterium Dissense klar lokalisieren und möglicherweise Bedingungen für konsensuale Lösungen formulieren. Schließlich verhilft das Verfahren dazu, neben den Empfehlungen für bestimmte Optionen, neue veränderte oder modifizierte Optionen zu entwerfen (etwa, wenn der Punktwert für die höchstbewertete Option noch meilenweit von der maximal möglichen Punktzahl entfernt liegt), Ausgleichsstrategien für auftretende Mängel oder Defizite zu entwickeln, um Negativfolgen auf einzelnen Kriterien auszugleichen, und Gestaltungsbedingungen zu formulieren, die bei der Implementation der jeweils präferierten Option berücksichtigt werden sollen.

Dennoch birgt ein solches formalisiertes Verfahren auch Gefahren. Zunächst einmal können sich die Ergebnisse des numerischen Punktwertevergleichs verselbständigen[4]. Auch wenn der numerische Punktwert der einzelnen Optionen keine bindende Wirkung im Verfahren hat, so übt er dennoch eine normative Kraft aus. Nur selten können sich die Teilnehmer der Aussagekraft der Punktwerte entziehen. Es ist dann die Aufgabe der Moderatoren, die Teilnehmer darauf hinzuweisen, dass nicht die errechneten Werte aus der MAU-Tabelle Legitimationskraft beanspruchen, sondern die mit diesen Werten verbundenen Begründungen. Aufgrund der Dis-

---

[4] Vgl. S. 18ff in [5-103].

kussion um die Aussagekraft der MAU-Ergebnisse kommt es in der Praxis trotz der normativen Kraft numerischer Resultate immer wieder zu Abweichungen der Empfehlungen von der Reihenfolge nach Punktwerten.

Der Haupteinwand gegen das MAU-Verfahren besteht aber in der betont analytischen Vorgehensweise[5]. Ein Problem wird in mehrere inhaltlich abgrenzbare Dimensionen untergliedert, diese werden getrennt voneinander behandelt, dann getrennt bewertet und schließlich zu einem Gesamturteil integriert. Das zu Recht eingeforderte Denken in Gesamtzusammenhängen, die Notwendigkeit ganzheitlicher Reflexion und die Wirksamkeit interaktiver Effekte der einzelnen Dimensionen untereinander bleiben dabei oft unterbelichtet. Dieser Einwand ist in der Tat berechtigt, wird aber leicht zum Totschlagargument für jedes schrittweise Vorgehen, da es kaum möglich sein wird, derart komplexe Probleme wie die der Abfallenergienutzung in ihrer Gesamtheit so zu diskutieren, dass über triviale Einschätzungen und erste Impressionen hinaus eine aussagekräftige Bewertung erfolgen kann.

Die Handlungsoptionen: Szenarien und Abfallenergiesysteme

Da zu Beginn des Diskurses „Energie und Ethik" noch keine konkreten Energieszenarien aus der Arbeitsgruppe vorlagen, wurden zunächst die von der Akademie im Rahmen des Projektes *Klimaverträgliche Energieversorgung in Baden-Württemberg* entwickelten Energieszenarien als Grundlage der Bewertung ausgewählt, da diese bewusst verschiedene gesellschaftliche Leitbilder reflektieren und gleichzeitig in unterschiedlichem Ausmaß rationeller Energieverwendung umfassen[6]. Diese Szenarien wurden von Januar 1994 bis Mai 1995 - aufbauend auf einer Reihe von Gutachten, die die wesentlichen Daten zu Energiewirtschaft und Energietechnik aufbereitet haben [5-98] in Zusammenarbeit von Mitarbeitern der Akademie und zwölf wissenschaftlichen Einrichtungen in Baden-Württemberg entwickelt.

Tabelle 5-10: Merkmale der drei Energieszenarien der Akademie

Szenario B Techniknutzung	*Szenario C* Ressourcenschonung	*Szenario D* Neue Lebensstile
Gewicht auf Effizienz	Gewicht auf optimale Nutzung der Primärenergie	Gewicht auf Änderungen des Verhaltens
Steigerung des Endenergiebedarfs	Steigerung der Energiedienstleistung, aber weniger Endbedarf	Verzicht auf einen Teil der Energiedienstleistung
Änderung des Endenergiebedarfs[*)]: +5 %	Änderung des Endenergiebedarfs[*)]: -25 %	Änderung des Endenergiebedarfs[*)]: -35 %
Schwerpunkt auf Gas und Kernenergie	Schwerpunkt auf Gas und investive Maßnahmen	Gas und Energiesparen, zunehmend regenerative Energien
Ausbau der Kernenergie	Langsames Auslaufen der Kernenergie	Schnelles Abschalten der Kernkraft
technische Maßnahmen zur effizienten Brennstoffnutzung	Effiziente Brennstoffnutzung und limitierende Standards (für Bau und Verkehr)	Effizienz und energiesparendes Verhalten

---

[5] Vgl. S. 374f in [5-84].
[6] Der folgende Teil ist teilweise aus einem Aufsatz von D. Schade und W. Weimer-Jehle [5-100] entnommen.
[*)] Im Jahr 2020 vergleichend zu 1990.

5.3 Soziale Bewertung von Szenarien zur Abfallenergieverwertung

Für die Berücksichtigung unterschiedlicher gesellschaftlicher Zielvorstellungen wurde von drei Leitbildern ausgegangen (siehe die wichtigsten Merkmale der drei Szenarien in *Tabelle 5-10*: *Techniknutzung, Ressourcenschonung* und *Neue Lebensstile*. Bei deren Festlegung war es das Ziel, die beobachtbare öffentliche Diskussion, die ja durch eine Vielzahl miteinander konkurrierender Leitbilder geprägt ist, in wenigen Leitbildern idealtypisch zu erfassen, um einerseits Hauptlinien der gesellschaftlichen Diskussion um die Zukunft der Energieversorgung einzufangen, und andererseits die Breite des Spektrums der gesellschaftlichen Diskussion in etwa widerzuspiegeln.

Beim Leitbild *Techniknutzung* wurde angenommen, dass es Gruppen in der Gesellschaft gibt, die davon überzeugt sind, dass die Treibhausproblematik gelöst und die dafür erforderliche Reduktion der Kohlendioxid-Emissionen erreicht werden kann, wenn geeignete Techniken konsequent entwickelt und eingesetzt werden, und dass auch die erkennbaren Umwelt- und Ressourcenprobleme durch Technik prinzipiell lösbar sind. Zur Verbesserung oder Änderung der verwendeten Techniken zur Deckung des Nutzenergiebedarfs bei den Endverbrauchern werden im Szenario *Techniknutzung* in der Tendenz alle vorhandenen technischen und betriebswirtschaftlich sinnvollen Möglichkeiten zur Reduktion des Energiebedarfs ausgeschöpft. Techniken der Abfallenergienutzung werden diesem Trend gemäß dort eingesetzt, wo es betriebswirtschaftlich Sinn macht. Eine weitere Ausdehnung der Abfallenergienutzung ist nicht vorgesehen, weil dieses Szenario davon ausgeht, dass es genügend Angebote an Primärenergieträgern gebe, um die Nachfrage nach Energiedienstleistung zu befriedigen. Vor allem wird hier auf den Einsatz der Kernenergie Wert gelegt.

Beim Leitbild *Ressourcenschonung* wurde angenommen, dass es Gruppen in der Gesellschaft gibt, die davon überzeugt sind, dass die Treibhausproblematik im Kontext von Umwelt- und Ressourcenproblemen gesehen werden muss und dass die erforderliche Reduktion der Kohlendioxid-Emissionen nur durch eine bewusste und an den Kriterien von Umweltschutz und Ressourcenschonung orientierte Nutzung von Technik in Verbindung mit begrenzten Verhaltensänderungen erreicht werden kann. Personen, die diesem Leitbild folgen, gehen davon aus, dass ein begrenzter Verzicht auf Komfort und ein Verzicht auf eine weitere Steigerung der Nachfrage nach Energiedienstleistungen erforderlich ist. Das stark zunehmende Bewusstsein um die Bedeutung der Ökologie führt zur gezielten Bevorzugung energetisch effizienter und ökologisch verträglicher Produkte, auch dann, wenn sie nach den bislang üblichen Maßstäben moderat unwirtschaftlich sind. In diesem Szenario haben rationelle Formen der Energieumwandlung (verbesserte Wirkungsgrade von Geräten und bessere Wärmedämmung von Häusern), begrenzt eingesetzte regionale und lokale Wärmenetze sowie die konsequente Nutzung von industrieller Abwärme ihren Platz. Auf den Einsatz der Kernenergie wird in diesem Szenario langfristig verzichtet.

Beim Leitbild *Neue Lebensstile* wurde angenommen, dass es Gruppen in der Gesellschaft gibt, die davon überzeugt sind, dass die Umweltproblematik im Kontext der globalen politischen und ökologischen Probleme gesehen werden muss, und dass diese nur insgesamt gelöst werden können, wenn sich Verhalten und Techniknutzung konsequent an ökologischen Kriterien orientieren. Personen, die diesem Leitbild folgen, gehen davon aus, dass sich als Folge des geänderten Verhaltens und der anderen Lebensstile verringerte Komfortansprüche und eine geringere Nachfrage nach Energiedienstleistungen ergeben. Das im Mittelpunkt allen Handelns stehende Bewusstsein um die Bedeutung der Ökologie führt zur konsequenten Bevorzugung ökologisch effizienter Produkte, auch dann, wenn mit deren Nutzung ein deutlicher wirtschaftlicher Nachteil oder eine Verringerung des materiellen Lebensstandards verbunden ist. In diesem Szenario sind lokale Wärmenetze durchaus vorgesehen, aber der Schwerpunkt liegt nicht auf der Abfallenergienutzung, sondern auf der Reduktion der Endenergie. Als Primärenergieträger kommt zumindest vorerst überwiegend Gas zum Einsatz. Kernenergie läuft innerhalb der nächsten zwei Jahrzehnte als Energiequelle aus.

Die in den Szenarien für die Umgestaltung des Energieversorgungssystems angesetzten Verhaltensänderungen, Effizienzverbesserungen und Umstrukturierungen führen in der Summe in unterschiedlichem Ausmaß zu sinkenden Werten für den Endenergiebedarf gegenüber der Referenzentwicklung *Heutige Trends*. Dabei bewirken bereits die in der Referenzentwicklung angenommenen künftigen Effizienzverbesserungen, dass der Endenergiebedarf trotz Bevölkerungszunahme und Wirtschaftswachstum nur wenig ansteigt (Zunahme um 5% bis zum Jahr 2020 gegenüber 1990), und sich so die Tendenz der Vergangenheit zur Entkopplung von Wirtschaftswachstum und Energieverbrauch fortsetzt. Im Szenario *Techniknutzung* sinkt der Endenergiebedarf im Vergleich zum Wert des Jahres 1990 (100%) bis zum Jahr 2020 auf 84%, im Szenario *Ressourcenschonung* auf 75% und im Szenario *Neue Lebensstile* auf 65%. Dabei unterscheiden sich die drei Reduktions-Szenarien im Endenergiebedarf der Sektoren Haushalte, Kleinverbraucher und Industrie nur wenig. Die wesentlichen Unterschiede ergeben sich aus dem Endenergiebedarf des Verkehrs -und damit beim Mineralölverbrauch- und resultieren vor allem aus den dort angesetzten Verhaltensänderungen. Es sei daran erinnert, dass dieser Bereich in der vorliegenden Untersuchung nicht diskutiert worden ist, da davon ausgegangen wird, dass hierin weniger technische Entwicklungen als die gesellschaftlichen Rahmenbedingungen wirksam werden können.

Tabelle 5-11: Die Charakteristika der beiden Teilszenarien C1 und C2

Szenario C1	*Szenario C2*
verdichtetes Netzwerk	loses Netzwerk
weitgehend Verzicht auf Einzelheizung, notfalls mit Anschlusszwang	freiwilliger Anschluss an Fernwärme
überregionale Fernwärmenetze	regionale Fernwärmenetze
Energiedienstleistung für Niedrigtemperaturwärme fast auschließlich über Fernwärmenetze	Energiedienstleistung für Niedrigtemperaturwärme zu mehr als 50% über Fernwärme
durchgängig Abwärmeeinspeisung durch Hochtemperaturwärmeerzeuger	weitgehende Abwärmeeinspeisung (in Ballungsgebiete)
Verbindung von Abwärmeeinspeisung und Wärmepumpen	privater Einsatz von Wärmepumpen
Ersparnis Primärenergie: 50%	Ersparnis Primärenergie: 30%

Neben der Szenarien, die eine Einbettung von rationeller Energienutzung in größere Zusammenhänge ermöglicht, wurden die Teilnehmer des Arbeitskreises „Energie und Ethik" auch mit unterschiedlichen Systemvarianten für eine weitreichende Abfallenergienutzung vertraut gemacht. Dabei wurde das Szenario C (Ressourcenschonung) in zwei Unterszenarien aufgeteilt. *Tabelle 5-11* gibt einen Überblick über die beiden Varianten, die zunächst mit der Bezeichnung „zentral" und „dezentral" versehen wurden und später als „niedrig vernetzt" und „hoch vernetzt" bezeichnet wurden.[7] Die wesentliche Differenz der beiden Szenarien besteht

---

[7] Die Umbenennung wurde von der Arbeitsgruppe „Abfallenergieverwertung" initiiert. Bei einer ersten Vorstellung der Ergebnisse wurde der Begriff „Zentralität" als zum Teil irreführend oder zumindest

5.3 Soziale Bewertung von Szenarien zur Abfallenergieverwertung   383

darin, dass im Falle der niedrigen Vernetzung Insellösungen stärker betont werden, während im Falle der hohen Vernetzung stärker zentrale Wärmeschienen eingesetzt werden. Dabei wurde etwa angenommen, dass in Ballungsgebieten in Baden-Württemberg (Stuttgarter Raum, Mannheim, Karlsruhe, Bodensee und Freiburg) großräumige Wärmenetze installiert werden, die regionale Abwärme aus der Industrie und darüber hinaus GuD-Heizkraftwerke nutzen. Zusammen mit einer Reihe von anderen Verbesserungen bei der Umwandlung der Energie und deren Verteilung wurde eine Ersparnis gegenüber dem Referenz-Szenario A von knapp 50 % angenommen. Da die Berechnungen im vorliegenden Band für Ballungsräume im Ruhrgebiet (Duisburg und Düsseldorf) durchgeführt wurden, sind die dort erzielten Einsparraten nicht auf Ballungsgebiete in Baden-Württemberg zu übertragen. Da es aber bei der Bewertung um eine generelle soziale Bewertung der Implikationen geht, wurde auf eine genauere Berechnung der Einspareffekte verzichtet. Die Größenordnung von knapp 50 % dürfte aber realistisch sein.

Das zweite Teilszenario C2 sieht keine regional übergreifenden Wärmeschienen vor. Statt großräumiger Wärmenetze werden viele kleinere Wärmeinsel mit Kraft-Wärme-Kopplungsanlagen einbezogen. Da die Reduktion der Primärenergie in diesem Szenario weitgehend freiwillig und nur in Ballungsgebieten erfolgt, wurde eine Einsparung von etwa 30 % gegenüber dem Referenz-Szenario angenommen. Die Teilnehmer des Diskurses standen also vor der Aufgabe, eine vergleichende Bewertung zweier Szenarien mit unterschiedlicher Eingriffstiefe in die bestehende Energieangebotsstruktur und unterschiedlicher Wirksamkeit dieser Eingriffe vorzunehmen. Die Bewertung wurde zwischen den beiden Varianten C1 und C2 sowie im Vergleich zu dem technikorientierten Szenario B und dem verhaltensorientierten Szenario D vorgenommen. Die Bewertung nach dem Wertbaum- und MAU-Verfahren erfolgte im Rahmen von zwei Treffen: Bei der ersten Zusammenkunft wurden die Teilnehmer gebeten, den für die ursprüngliche Szenarienbewertung aufgestellten Wertbaum auf die Kriterien zu reduzieren, die für die Beurteilung von Abfallenergiesystemen diskriminationsfähig sind. In einem zweiten Schritt haben sie dann die Szenarien mit den beiden Varianten C1 und C2 auf der Basis des von den Teilnehmern modifizierten Kriteriensatzes vergleichend bewertet.

5.3.3 Die Ergebnisse der diskursiven Bewertung

5.3.3.1 Beurteilung der Akademie-Szenarien

Während der ersten drei Sitzungen erarbeitete der Arbeitskreis „Energie und Ethik" der Akademie für Technikfolgenabschätzung Stuttgart einen letztendlich konsensualen Wertbaum für die Einschätzung der verschiedenen Szenarien.

Dieser gemeinsame Wertbaum aller an der Wertbaumanalyse beteiligter Gruppen umfasst drei Oberkriterien, 18 Kriterien der ersten Ebene, 74 der zweiten, 188 der dritten und 367 der vierten Ebene. In diesem Wertbaum sind alle in den Einzelbäumen genannten Werte und Kriterien integriert worden. Dadurch ist der Wertbaum sehr umfangreich geworden. *Tabelle 5-12* vermittelt einen Überblick über die Oberkriterien und die erste Stufe der Differenzierung des Wertbaumes.

Gemäß der MAU-Vorgehensweise wurde die Gruppenvertreter gebeten, die vier Szenarien der Akademie auf den Kriterien der dritten Ebene des Wertbaums (74 Kriterien) zu beurteilen. Da nur noch die Vertreter der Wirtschaft und Kraftwerksbetreiber (die sich unter dem Oberbegriff „Ingenieure" zusammengeschlossen hatten) sowie der Kirchen bis zuletzt an den Bewertungs-

---

als emotional geladen charakterisiert. Aus diesem Grunde wurden die beiden Szenarien als Varinaten unterschiedlich starker Vernetzung gekennzeichnet (vgl. Abschnitt 4.5).

sitzungen teilgenommen haben, ist die folgende Ergebnisdarstellung auf diese beiden Gruppen beschränkt.

Tabelle 5-12: Die ersten beiden Ebenen des integrativen Wertbaums

Wirtschaftliche Aspekte
– Bedarfsgerechte Bereitstellung von Energie
– Technische Effizienz
– Versorgungssicherheit
– Sicherstellung der Funktion
– Rentabilität
– Volkswirtschaftliche Auswirkungen
Schutz von Umwelt und Gesundheit
– Nutzung der Umwelt als Senke für Emissionen und Abfall
– Nutzung der Umwelt als Reservoir für Ressourcen
– Erhalt von Natur und Ökosystemen
– Flächenverbrauch und Landschaftsschutz
– Gesundheitsrisiken
Soziale und politische Aspekte
– Erhalt von Menschenwürde und Rechten
– Kompetenzerhalt und -gewinn in der eigenen Lebenswelt
– Politische Stabilität und Legitimität
– Vermeidung von Verwundbarkeit (Resilienz)
– Ausstrahleffekte auf andere Bereiche der Gesellschaft
– Soziale Gerechtigkeit (im eigenen Land)
– Internationale Verteilungsgerechtigkeit

Wie bei der MAU-Analyse vorgesehen, haben die Teilnehmer alle Szenarien auf jedem Kriterium mit einem Punktwert von 0 bis 100 relativ zueinander bewertet (mit zwei hypothetischen Endpunkten: 100 Punkte = optimales System; 0 Punkte = qualitativ nicht mehr zu unterbietendes System). Die vier Szenarien wurden dann jeweils relativ zu diesen hypothetischen Endpunkten bewertet. Darüber hinaus wurden die Befragten gebeten, relative Gewichte für jedes Kriterium anzugeben. Aus den relativen Gewichten und den Punktwerten kann dann der Gesamt-Punktwert errechnet werden.

Die Gesamt-Punktwerte (gewichtet und ungewichtet) für die beiden Gruppen sind in *Tabelle 5-13* wiedergegeben. Dabei ist interessant, dass die Richtung der Bewertung zwischen den beiden Gruppen gleich ausfällt, wenn auch in unterschiedlicher Stärke. Ob die einzelnen Kriterien gewichtet wurden oder nicht, hat nur einen geringen Einfluss auf das Gesamtergebnis. Die Ingenieure stufen die Szenarien „Ressourcenschonung" und „Lebensstiländerung" ähnlich ein, während das reine Technikszenario sowie das Szenario „business as usual" relativ schlecht abschneiden. Allerdings wird aus den Zahlen auch deutlich, dass die Variationsbreite zwischen den vier Szenarien auf eine Differenz von rund 10 Punkten beschränkt bleibt (Gesamtbandbreite ist 100 Punkte). Diese enge Bandbreite der Bewertungen deutet darauf hin, dass jedes der Szenarien bei einer differenzierten Betrachtung spezifische Vor- und Nachteile aufweist, es

5.3 Soziale Bewertung von Szenarien zur Abfallenergieverwertung

also keine ganz problematischen oder ganz hervorragende Lösungen zu geben scheint. Die Ingenieure legen vor allem Wert auf gesicherte Energieversorgung und volkswirtschaftliche Effizienz, wobei sie nur geringfügige Unterschiede zwischen den Szenarien auf beiden Kriterien wahrnehmen. Die Kirchenvertreter sind im Gegensatz zu den Ingenieuren etwas eindeutiger in ihren Punktzuschreibungen. Die Bandbreite der Punktzuweisungen variiert um 15 bei den ungewichteten und um 23 Punkte bei den gewichteten Bewertungen. Eindeutiger Sieger ist hier das Szenario „Lebensstiländerungen". Interessant ist bei der Bewertung durch die Kirchenvertreter, dass das stark technikbetonte Szenario B noch etwas schlechter abschneidet als das Szenario „business as usual". Dies ist wahrscheinlich auf den Ausbau der Kernenergie im Szenario B zurückzuführen.

Tabelle 5-13: Gesamt-Punktwerte für die Beurteilung der vier Energieszenarien (standardisiert)

Gruppen	Szenario A	Szenario B	Szenario C	Szenario D
Ingenieure				
ungewichtet	55,16	55,73	61,11	63,11
gewichtet	76,69	77,66	84,54	87,72
Kirchenvertreter				
ungewichtet	50,26	47,83	60,61	66,47
gewichtet	64, 38	62,26	78, 82	87, 64

Die Kriterien und Gewichtungen beider Gruppen sind in der Anlage 2 summarisch aufgelistet worden. Dabei sind die verschiedenen Kriterien nach drei Gesichtspunkten zusammengefasst worden: Wirtschaftlichkeit, Umweltverträglichkeit und Sozialverträglichkeit. Die Zahlenwerte geben die Gesamtgewichtungen, summiert über alle Teilnehmer, wieder. Es fällt auf, dass sich die sieben Spitzenreiter der Gewichtungen alle auf Aspekte der Umweltverträglichkeit beziehen, dieses Oberkriterium also eine besondere Stellung beanspruchen kann. An achter und neunter Stelle folgen zwei technische Kriterien: Verbraucherfreundlichkeit und Kundenorientierung. Kriterien der Sozialverträglichkeit folgen erst an 15. (Sicherung der Bürgerrechte) und 16. (gerechter Lastenausgleich) Stelle. Kostenaspekte folgen bei dieser Gewichtung erst an 50. Stelle.

Bei der Interpretation dieser Ergebnisse ist aber zu beachten, dass hier über die Gewichtungen aller Gruppenvertreter gemittelt wurde. Sieht man sich beispielsweise nur die Gewichtungen der Ingenieure an, dann liegen Kostengesichtspunkte an siebter Stelle und eine Reihe von Umweltgesichtspunkten sind auf die hinteren Plätze abgerückt. Bei den Kirchenvertretern liegen die Kriterien der Sozialverträglichkeit weiter vorne, allerdings noch hinter den Umweltkriterien.

Techniken der Abfallenergienutzung sind in den Szenarien nicht explizit angesprochen. Sie haben einen besonders hohen Stellenwert im Szenario C. Entsprechend sind die Bewertungen auf den Kriterien „Technische Effizienz" und „Nutzung von Umweltressourcen" bei beiden Gruppen positiver ausgefallen als die Bewertungen bei den anderen Szenarien. Dies schlägt aber auf die Bewertung der Emissionen und der volkswirtschaftlichen Aspekte kaum oder gar nicht durch. Dort schneidet das Szenario D in der Regel besser ab als C. Während Szenario C die Reduktion des Primärenergieverbrauchs durch Gewinne im Wirkungsgrad und andere energetisch günstige Anlagenplanung schafft, werden die gleichen Ziele im Szenario D durch freiwillige Verzichte und Verhaltensänderungen erzielt. Diese letztere Strategie wird sowohl für die volkswirtschaftlichen als auch für die Senkenentlastung der Umwelt positiver beurteilt als die technische Verbesserung der Wirkungsgrade. Dahinter mag die Überlegung stecken, dass eine bewusste Verhaltensänderung über lange Zeit wirksam sein könnte, während bei technischer Optimierung das Wohlstands- und Anspruchsdenken weiter bestehen bleibt.

5.3.3.2 Quantitative Bewertung der Abfallenergiesysteme

Um noch genauer den Stellenwert der Abfallenergienutzung durch die beiden Gruppen abschätzen zu können, wurde ein eigenes Bewertungsverfahren für die beiden Varianten C1 und C2 durchgeführt. Dabei wurden zunächst die Kriterien bestimmt, die aus dem großen Katalog des Gesamtwertbaums für diese Frage von Relevanz sind. Die Teilnehmer des Arbeitskreises wurden deshalb aufgefordert, im Konsens eine Liste von Kriterien und Unterkriterien vorzulegen, die eine diskriminationsfähige Bewertung ermöglichen sollte.

Tabelle 5-14: Die ersten beiden Ebenen des Wertbaums "Abfallenergie"

Funktionalität
– Bedarfsgerechte Bereitstellung von Energie
– Technische Effizienz
– Versorgungssicherheit
– Zuverlässigkeit der Funktionserfüllung
Wirtschaftliche Aspekte
– Rentabilität
– Volkswirtschaftliche Auswirkungen
Schutz von Umwelt und Gesundheit
– Nutzung der Umwelt als Senke für Emissionen und Abfall
– Nutzung der Umwelt als Reservoir für Ressourcen
– Erhalt von natürlichen Ökosystemen
– Flächenverbrauch
Soziale und politische Aspekte
– Erhalt von Menschenwürde und Rechten
– Kompetenzerhalt und -gewinn in der eigenen Lebenswelt
– Politische Stabilität und Legitimität
– Vermeidung von Verwundbarkeit (Resilienz)
– Ausstrahleffekte auf andere Bereiche der Gesellschaft
– Soziale Gerechtigkeit

In *Tabelle 5-14* sind die ersten beiden Ebenen der Kriterienliste abgebildet. Die Teilnehmer haben dabei gegenüber der *Tabelle 5-12* das ursprüngliche Oberkriterium der Wirtschaftlichkeit in zwei neue Oberkriterien aufgespalten. Dies wurde damit begründet, dass die Szenarien C1 und C2 vor allem auf den Kriterien der Funktionalität zu differenzieren seien und daher eine besondere Betonung auf dieses Kriterium erforderlich sei. Die Liste der weiteren Unterkriterien ist in *Tabelle 5-16* (am Ende von Abschnitt 5.3.3.3) aufgeführt.

5.3 Soziale Bewertung von Szenarien zur Abfallenergieverwertung

Bei der Betrachtung des gesamten Wertbaums fallen drei Besonderheiten für die Beurteilung von Abfallenergiesystemen auf: zum einen eine ausgeprägte Betonung auf effektive und effiziente Energienutzung, zum Zweiten eine deutliche Schwerpunktsetzung auf Umweltaspekte und zum Dritten eine klare Hervorhebung von Unterkriterien, die dem Erhalt individueller Freiheitsrechte und persönlicher Entfaltungsmöglichkeiten dienen. Die bei der theoretischen Analyse noch als besonders problematisch eingestufte politische Umsetzungsfähigkeit spielt hier kaum eine Rolle. Das kann aber auch daran liegen, dass den Teilnehmern mitgeteilt wurde, alle diese Vorschläge seien technisch und rechtlich "machbar". Sieht man sich die Bewertungen für die beiden Unterszenarien C1 und C2 näher an, so fällt auf, dass sowohl die Ingenieure und Kraftwerksbetreiber als auch die Vertreter der Kirchen das Szenario C2 gegenüber C1 bevorzugen. Die numerischen Werte für beide Gruppen sind in *Tabelle 5-15* erfasst:

Tabelle 5-15: Gesamt-Punktwerte für die Beurteilung der Szenarien B, C1, C2 und D (zweiter Durchgang)

Gruppen	Szenario B	Szenario C1	Szenario C2	Szenario D
Ingenieure				
ungewichtet	58,21	60,25	63,01	63,88
gewichtet	78,40	79,56	86,75	88,22
Kirchenvertreter				
ungewichtet	48,22	54,78	62,45	66,67
gewichtet	62,56	74,66	81,97	88, 04

Bei beiden Gruppen ist die Reihenfolge der Optionen identisch, Das Szenario C2 wird dem Alternativszenario C1 vorgezogen. Allerdings sind die Gründe dafür nicht identisch: Während die Vertreter der Kirchen Befürchtungen in Richtung wirtschaftliche Unabhängigkeit, Freiheitserhalt und Eindämmung von Marktmacht äußern, wobei die negativere Bewertung auf diesen Kriterien die besseren Bewertungen von C1 im Umweltbereich nicht ausgleichen können, beruht die Minderbewertung von Szenario C1 bei den Ingenieuren und Betreibern auf eher technischen und marktstrategischen Gesichtspunkten. Die Anfälligkeit des Systems gegenüber äußeren Störungen, die hohen Investitionskosten und das hohe unternehmerische Risiko (langfristige Ertragslage ungewiss) wurden als wesentliche Gründe genannt, warum auch von dieser Seite ein hoch vernetztes System insgesamt schlechter abschnitt als das weniger vernetzte.

Die thermodynamische Effektivität, gemessen am Grad der Einsparung von Primärenergie, spielte bei den Bewertungen zwar eine wesentliche Rolle, sie war jedoch keineswegs dominant in den Bewertungen. Im Wertbaum erhielt dieses Kriterium (thermodynamische und technische Effektivität) ein relatives Gewicht von 5% bei den Ingenieuren und von 0,9% bei den Vertretern der Kirchen. Da auf der dritten Ebene des Wertbaums (zweiter auf Abfallenergie fokussierter Wertbaum) insgesamt 52 Kriterien vertreten waren, liegt der Gewichtungswert für dieses Kriterium bei den Kirchenvertretern unterhalb des Erwartungswertes von 1,9% und bei den Ingenieuren oberhalb.

Erwartungsgemäß schnitt Szenario C1 bei allen Kriterien, die direkt mit Primärenergieeinsparung verbunden sind, besser ab als C2, doch interessanterweise war bei beiden Gruppen die Zahlendifferenz in der Punktbewertung (von 0 bis 100) geringer, als aufgrund der Differenz zwischen den vorgegebenen 50% und 30% Primärenergieeinsparung rechnerisch zu erwarten gewesen wäre. Rein rechnerisch hätte zwischen den Punktwerten für C1 und C2 40 % Differenz bestehen müssen, wenn die Punktabstände proportional zur Primärenergieeinsparung gewählt worden wären. Bei den Kirchenvertretern waren die jeweiligen Punktwerte aber nur rund 20 % unterschiedlich (vielleicht spiegelt sich hier die absolute Differenz zwischen 50 und 30 %-iger Energieeinsparung wieder), bei den Ingenieuren etwas mehr als 30 %. Möglicherweise wurden die vom Moderator vorgelegten Einsparraten nicht in voller Höhe geglaubt oder aber ein nicht lineares Verhältnis zugrundegelegt.

Der gleiche Effekt einer Abmilderung der Unterschiede im Primärenergieverbrauch zeigte sich in noch dramatischerer Form bei der Bewertung der Umweltbelastungen. Bei allen emissionsbezogenen Umweltkriterien hätte man ähnlich wie beim Einspareffekt eine Differenz von rund 40 % in der Bewertung von Szenario C1 versus C2 erwarten können, da Emissionen nahezu linear mit dem Verbrauch von Primärenergieträgern korrelieren. Sieht man sich aber die emissionsbezogenen Indikatoren im Einzelnen an, dann findet man bei der Kirchenvertretern maximale Differenzen von 25 % und bei den Ingenieuren sogar nur 20 %. Dieser Abgleichungseffekt zwischen den beiden Szenarien C1 und C2 ist auch der Grund dafür, dass die Punkte, die Szenario C1 bei den primärenergiebezogenen Kriterien gegenüber C2 gewonnen hat, die Verluste bei den mit dem Konzept der Dezentralität positiv verbundenen Kriterien nicht hat wettmachen können. Die in der zweiten Runde vorgenommene Veränderung der Bezeichnung hat zumindest von den Zahlenwerten aus gesehen keine wesentliche Veränderung gebracht. Zwar variieren die Punktwerte geringfügig gegenüber der ersten Messung; in Bezug auf die Bewertung der Primärenergie-Einsparung ist jedoch kein deutlicher Trend zu erkennen.

Beide Szenarien C1 und C2 werden von den Ingenieuren wie von den Kirchenvertretern gegenüber dem Szenario B eindeutig bevorzugt. Zwar sind die Differenzen in den Punktwerten bei den Ingenieuren nicht dramatisch, aber dennoch bleibt die ursprüngliche Reihenfolge D-C-B erhalten. Interssant ist aber, dass die Ingenieure das Szenario C2 praktisch (Punktdifferenz kleiner als 1 bei dem ungewichteten und kleiner als 2 bei dem gewichteten Modell) genau so positiv einschätzen wie das Szenario D. Eine Sensitivitätsanalyse zeigt zudem, dass diese Präferenz sofort umkippt, wenn man das von den Ingenieuren sehr niedrig gewichtete Kriterium „Auswirkungen auf die Konsumentensouveränität und die Freiheit zur Wahl des Lebensstils" höher einstuft. Das Kriterium erhielt bei den Ingenieuren das Gewicht 0,2 %. Das Szenario D wird aber auf diesem Kriterium von ihnen sehr negativ eingestuft (8 auf der Skala von 0 bis 100). Schon bei einer Durchschnittsgewichtung von 1,9 % für dieses Kriterium verändert sich die Rangfolge der Szenarien. Unter diesen Umständen übertrifft das Szenario C2 den Punktwert des Szenario D bei den Ingenieuren.

Bei den Vertretern der Kirche ist die Präferenz für das Szenario D stabiler. Zwar schneidet auch hier das Szenario C2 besser ab als das ursprüngliche, von der Stuttgarter Akademie vorgeschlagenen Scenario C (während C1 etwas schlechter abschneidet als C alleine), aber der Abstand zu dem präferierten Szenario D beträgt immerhin rund 4 Punkte bei dem ungewichteten und etwas mehr als 6 Punkte bei dem gewichteten Modell. Um diese Punkte auszugleichen, müssten alle Kriterien, die mit der Realisierbarkeit und Verträglichkeit mit der bestehenden Ordnung korreliert sind, in ihrer Gewichtung nach oben verschoben werden. Interessant ist es anzumerken, dass die Vertreter der Kirchen auf fast allen Umweltkriterien das Szenario D besser bewerten als das Szenario C2. Möglicherweise wird eine Umweltenlastung durch bewusstes Verhalten als „umweltangemessener" und damit positiver eingestuft als ein ähnlicher oder sogar gleicher Effekt durch intelligentere Nutzung der Energie. Bei den Ingenieuren ist dieser Effekt nicht zu beobachten.

5.3 Soziale Bewertung von Szenarien zur Abfallenergieverwertung

In einer Sensitivitätsanalyse wurden die Gewichtungen für die Funktionalität und Wirtschaftlichkeit sukzessiv gegenüber Umwelt- und Sozialverträglichkeit erhöht. Dabei wurde vier Varianten errechnet: Gewichtungen von 20%, 40%, 60% und 80% für die beiden Oberkriterien Funktionalität und Wirtschaftlichkeit wurden in die MAU-Gleichung eingesetzt. *Bild 5-8* gibt wieder, welchen prozentualen Stellenwert einzelne Kriterienstränge unter diesen verändernden Bedingungen für die Zusammensetzung der Gesamtpunktzahl haben. So bestimmen die Indikatoren für Kosten und Erträge rund ein Viertel des Gesamtergebnisses, wenn Funktionalität und Wirtschaftlichkeit insgesamt eine Gewichtung von 80% erhalten. Umgekehrt sinkt der Einfluss der Gesundheitsrisiken von 12 auf unter 4%. *Bild 5-8* zeigt deutlich, welche Kriterien bei dieser Kombination stark und welche weniger stark reagieren.

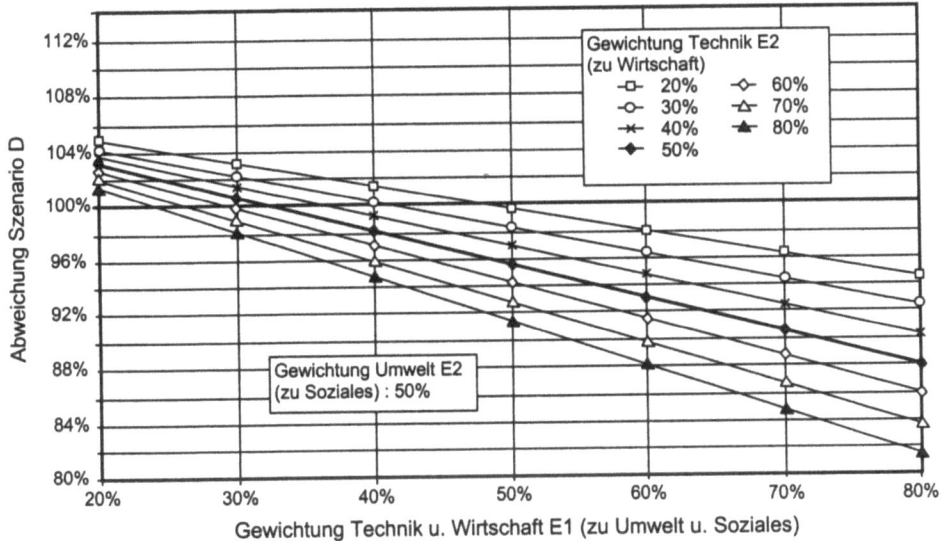

Bild 5-8
Abweichung der Bewertung von Szenario D zu Szenario A (100%) als Funktion der Wertbaumgewichtung

Wie wirkt sich diese Sensitivitätsanalyse auf die Reihenfolge der vier Szenarien aus? In *Bild 5-9* sind die "Break-Even-Points" zwischen den beiden Extremen Szenarien A und D bei unterschiedlichen Gewichtungen von Funktionalität und Wirtschaftlichkeit (jeweils von 20 bis 80%) aufgezeichnet. Aus dieser Grafik kann man beispielsweise ablesen, dass bei einer Gewichtung von 30% Wirtschaftlichkeit und 50% Funktionalität die beiden Szenarien A und D ungefähr gleiche Punktzahl erhalten würden.

Wie sieht es nun mit den beiden Szenarien C1 und C2 aus? Bei einer relativen Gewichtung von 48% für das Kriterium Funktionalität und 16% für Wirtschaftlichkeit würde bei den Ingenieuren die Präferenz zugunsten von C1 ausfallen (bei der Wirtschaftlichkeit wird C2 etwas besser eingestuft als C1). Bei den Vertretern der Kirche liegt der Fall komplizierter, weil die beiden Szenarien nicht gleichförmig auf den jeweiligen Kriterien der zugehörigen Oberkriterien abschneiden. Hier müssten einzelne Unterkriterien sehr unterschiedlich gewichtet werden, um zu einer Präferenzverschiebung zu kommen. Vor allem funktionale und einige wirtschaftliche Kriterien aus dem Bereich der Versorgungssicherheit müssten in ihrer Gewichtung drastisch erhöht werden, um eine Präferenzverschiebung auszulösen.

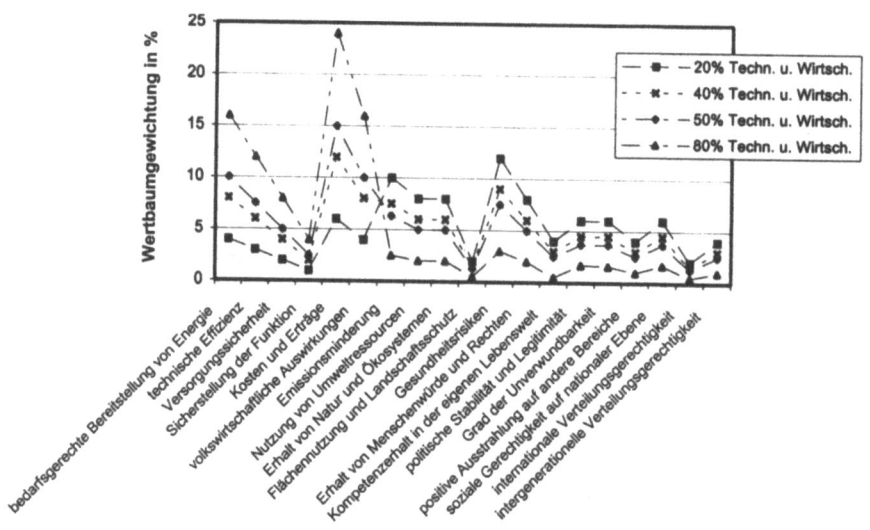

Bild 5-9
Wertbaumgewichtung in Abhängigkeit vom Technik- und Wirtschaftsanteil

5.3.3.3 Qualitative Bewertung der Abfallenergiesysteme

Im Anschluss an die beiden Bewertungsrunden, in denen jeweils die Ergebnisse zurückgespult wurden, hatten die Teilnehmer des Arbeitskreises Gelegenheit, ihre Ergebnisse zu kommentieren. Die Ingenieure waren überrascht, dass sie entgegen ihrer Intuition Szenario D den Vorrang gegeben hatten. Im nachhinein erschienen ihnen die eigenen Gewichtungen für sozialverträgliche Lösungen (kein Zwang zu Verhaltensänderungen) viel zu niedrig gewählt. Gleichzeitig wurde auch Kritik an dem methodischen Verfahren geäußert. Die Nutzwertanalyse geht von strikt linearen Substitutionsbeziehungen aus. Wenn aber ein Kriterium in besonders hohem Maße verletzt sei, so das Argument, müsse es eine überproportionale Negativgewichtung erhalten. Das gleiche gelte, wenn mehrere gleichgelagerte Kriterien in ähnlichem Ausmaß verletzt seien (Interaktionseffekte). Trotz dieser Unzufriedenheit mit dem Ergebnis hielten die Ingenieure an den einzelnen Kriterienbewertungen fest. Falls in der Tat alle Menschen freiwillig und, ohne damit subjektive Wohlfahrtsverluste zu erleiden, ihr Verhalten im Sinne des Szenarios D ändern würden, sei dies in der Tat das beste Szenario vor allen anderen Alternativen.

Die Kirchenvertreter sahen sich dagegen in ihrer Intuition bestätigt. Sie waren sich zwar nicht sicher, dass Szenario D am besten bei der Berechnung der MAU-Summenwerte abschneiden würde, fühlten sich aber sehr erleichtert, als sich dieses Ergebnis in der Tat abzeichnete. Auch

5.3 Soziale Bewertung von Szenarien zur Abfallenergieverwertung

sie waren der Meinung, dass D möglicherweise unrealistisch sei, dies dürfe aber kein Grund sein, es nicht politisch anzustreben. Wenn man nur die Hälfte des Weges zurücklegen könne, so das Argument, wäre schon vieles gewonnen. Gleichzeitig wurde das Szenario C2 als noch konsensfähig eingestuft. Gerade weil Verhaltensänderungen nicht vorausgesetzt werden könnten, sei es Aufgabe der Politik, zumindest einen Energiesparkurs auf der Basis technischer Optimierung anzustreben, der dann noch mit Verhaltensänderungen angereichert werden könne.

Wichtige Aufschlüsse ergab auch das Gespräch über die vergleichende Bewertung von C1 und C2. Die Vertreter der Kirchen äußerten ein generelles Unbehagen an einer Lösung, die sehr hohe Investitionen und komplexe Organisationsformen erfordere. Die vorgegebene Einsparung von 50 % Primärenergie wurde zwar begrüßt, aber gleichzeitig als ein soziales Risiko wahrgenommen, weil nämlich mit dem Versprechen einer 50 %-igen Einsparung alle Verhaltensmaßnahmen zum Energiesparen auf taube Ohren stoßen und die Menschen wie eh und je mit den Ressourcen der Natur sorglos umgehen würden. Eine bewusst wahrgenommene Knappheit der Energieressourcen, so die Begründung, habe auch einen pädagogischen Wert, der leicht verloren ginge, wenn die Energiesituation als entspannt wahrgenommen werde. Darüber hinaus gab es Vorbehalte gegen elektrisch betriebene Wärmepumpen, Misstrauen gegen großräumige Wärmeschienen und Skepsis gegenüber den Berechnungen für derartige „großräumige" technische Entwürfe.

Die Ingenieure gaben völlig unterschiedliche Beweggründe für ihre skeptische Haltung gegenüber dem Szenario C1 an. Im Gegensatz zu den Kirchenvertretern waren sie von den technischen und systemischen Überlegungen eher fasziniert (sie äußerten unter anderem die Bitte, in jedem Falle den Endbericht mit den Details des Vorschlags eines Kraft-Wärme-Verbundes zu erhalten). Probleme bereiteten ihnen dagegen die Chancen einer Umsetzung des Vorschlags C1, vor allem die hohen Investitionskosten vorab und die mangelnde Sicherheit einer Rendite. Im Zuge der weiteren Liberalisierung des Strommarktes bewerteten sie die Chancen für einen wirtschaftlichen Betrieb von Kraft-Wärme-Anlagen (gleich welcher Art) als eher schlecht. Zudem sei ein Wärmenetz nicht als Durchflussnetz zu betreiben, sodass Monopolanbieter entstünden. Die Einsparrate von 50 % wurde auch von einigen Teilnehmern als illusionär infrage gestellt. Selbst für das bescheidenere Szenario C2 wurden die Realisierungschancen als eher gering bezeichnet, zumindest in der laufenden Phase der allgemeinen Unsicherheit über die Auswirkungen der Liberalisierung. Die Betreiber innerhalb der Gruppe der Ingenieure rechnen mit kleinen gasbetriebenen Anlagen, die wenig kosten und flexibel auf dem Markt eingesetzt werden können. Ohne staatliche Hilfe, so der Tenor der Gespräche, könnten weder Szenario C1 noch C2 unter betriebswirtschaftlichen Gesichtspunkten verwirklicht werden. An der positiven volkswirtschaftlichen Bewertung dieser beiden Szenarien würde sich aber dadurch nichts ändern.

Besonders positiv wurden von beiden Gruppen Anreize zum Energiesparen beurteilt. Dabei legten die Vertreter der Kirchen mehr Wert auf Programme zur Beeinflussung des Verhaltens, während die Ingenieure stärker an effiziente Energienutzung dachten. Im technischen Bereich wurden große Potenziale in der Wärmedämmung von Gebäuden, in der besseren Brennstoffnutzung von Kraftfahrzeugen und der stärkeren Nutzung von Abfallstoffen und Biomasse für die Energiegewinnung gesehen. Bei den Verhaltensweisen standen der Ersatz von Mobilität durch Informationsübertragung (etwa Bildtelefon), die richtige Be- und Entlüftung von Gebäuden und die Bevorzugung energiesparender Geräte und Praktiken im Vordergrund.

Zusammenfassend ist mit diesem Ergebnis eine gesellschaftliche Einordnung der Ziele einer Entropiewirtschaft vorgenommen worden. Durch die Vielzahl der zu berücksichtigenden Kriterien (vgl. *Tabelle 5-16*) ist nicht nur die quantitative Bedeutung dieser Ziele beschränkt, überraschend war auch, wenn auch aus unterschiedlichen Gründen, eine darüberhinausgehende Verminderung des Einflusses entropischer Überlegungen gegenüber anderen Kriterien.

Tabelle 5-16: Wertbaum zur Beurteilung von technischen Systemen zur Nutzung der Abfallenergie

1. E.	2. Ebene	3. Ebene	4. Ebene	5. Ebene	
Funktionalität	bedarfsgerechte Bereitstellung von Energie	flächendedeckende Energiedienstleistung			
		Kundenorientierung			
	technische Effizienz	Netto-Wirkungsgrad	Effizienz der Umwandlung		
			Möglichkeiten der Abwärmenutzung		
			Rohstoffverwertung		
			Orientierung an Energiedienstleistungsbedarf		
		Effizienz der Energieeinsparung	Ausnutzung von Energiekaskaden		
			Orientierung		
			Grad der individuellen Steuerbarkeit des Energieverbrauchs		
			Verfügbarkeit von technischen Systemen mit Energieeinsparpotenzialen		
	Versorgungssicherheit	Verfügbarkeit	Finanzierbarkeit der Importe von Energieträgern		
			Reichweite der Reserven und Ressourcen	Innovationsmöglichkeiten zur Effizienzsteigerung der Nutzung von Primärenergie	
				Innovationsmöglichkeiten zur Verbesserung der Exploration	
				Reichweite der Energieträger	
		langfristige Sicherheit			
		Ressourcenschonung für kommende Generationen	Potenzial für Effizienzverbesserungen (Innovationen zur Erhöhung des Wirkungsgrades bei der Umwandlung)		
			Schonung der weltweit benötigten Primärenergieträger		
	Sicherstellung der Funktion	Technische Qualität	Fehlertoleranz		
			Zuverlässigkeit (inklusive Netz)	hohe Auslastungspotenziale	
				hohe zeitliche Verfügbarkeit (vor allem bei Nichtverbund)	
				Reperatur und Wartungsfreundlichkeit	
				geringe Störanfälligkeit	
				Ausfallsicherheit	
				Lebensdauer der Anlagen	
		Grad der Versorgungssicherheit	Qualifikation der Mitarbeiter		
			Kontinuierliche Versorgung mit erforderlicher Energiequalität		
Wirtschaftlichkeit	Rentabilität	direkte Kosten			
		Folgekosten			
		indirekte Kosten			
		externe Kosten			
		Kostenentwicklung	Grad der Kostendegression		
			Risiken der Kostenentwicklung	Verhältnis Fixkosten zu variablen Kosten	
				Anteil einheimischer Energieträger	
		Struktur und Entwicklung der Energiepreise			
	volkswirtschaftliche Auswirkungen	Einfluss auf den Arbeitsmarkt			
		Wettbewerbsfähigkeit	direkte Auswirkungen		
			indirekte Auswirkungen auf andere Branchen	regional	
				national	
			Exportfähigkeit	Energietechnologien	
				Know-how	
		Konsumniveau			

5.3 Soziale Bewertung von Szenarien zur Abfallenergieverwertung

Fortsetzung der *Tabelle 5-16*

		3. Ebene	4. Ebene	5. Ebene
Wirtschaftlichkeit	volkswirtschaftliche Auswirkungen	wirtschaftliche Stabilität	Außenhandelsgleichgewicht	
			Preisstabilität	
			Einfluss auf internationale Kompatibilität	
			Notwendigkeit von Dauersubventionen	
		Struktureffekte	Konzentrationsgrad	bei den Nachfragern
				bei den Anbietern
			Grad der regionalen Selbstversorgung mit Energie	
			Beitrag zum regionalen Strukturwandel	Förderung einer nachhaltigen Produktionsstruktur
				Beitrag zum Aufbau zukunftsfähiger Betriebe
				Siedlungseffekte
		Auswirkungen auf Innovationsdynamik	Beitrag zur Innovationsfähigkeit	
			Wahrscheinlichkeit weiterer Spillover-Effekte	
			Halbwertszeit von eingesetzten Techniken	
		wirtschaftliche Anreize zum Energiesparen	Eignung für Least-Cost-Planning	
			Subventionsmöglichkeiten für Energiesparverhalten	
			Subventionsmöglichkeiten für energiesparende Investitionen	
			Anreize im Preissystem für degressiven Energieverbrauch	
Schutz von Umwelt und Gesundheit	Nutzung der Umwelt als Senke für Emissionen und Abfall[8]	Luftreinhaltung	Erdatmosphäre (Schutz gegen Treibhauseffekte)	
			Emission von Schadstoffen	
			Emissionen von Staub	
			Geruchsbelästigung	
			Lärmbelästigung	
		Wasserreinhaltung und Verbrauch	Schadstoffe in Fließ- und Grundwasser	
			thermische Belastung	
			Wasserverbrauch	
			Veränderung des Grundwasserspiegels	
		Bodenbelastung	Belastung durch Schadstoffe	
			Erosion	
			Erschütterungen	
		Abfallaufkommen	Menge der zu verarbeitenden Abfälle	
			Toxizität der entstehenden Abfälle	
			Wiederverwertbarkeit der Abfälle	
	Nutzung der Umwelt als Reservoir von Ressourcen	Stoff- und Materialbilanz	Energiebilanz	Primärenergieverbrauch pro Energiedienstleistungseinheit
				Nutzung von Abwärme (minmale Energieverluste)
			Materialbilanz	Materialverbrauch pro Energieeinheit
				Verwendung von Materialien mit möglichst geringem Gewinnungsaufwand
	Erhalt von Natur und Ökosystemen	Minimierung von Eingriffen in die Umwelt (Eingriffstiefe)		
		Naturerhalt		
	Flächenverbrauch und Landschaftsschutz	Flächenverbrauch		
		Landschaftsbild und Ästhetik	Einfügen in die Landschaft Anlage und Netz)	
			Grad der ästhetisch ansprechenden Vielfalt	
		Gesundheitsrisiken[9]	Risiken für Gesundheitsschäden im Normalbetrieb	
			langfristige Gesundheitsrisiken	

---

[8] bezogen auf den gesamten Brennstoffkreislauf (inklusive Transport, Verkehr, Entsorgung) sowie in der Wirkung auf Gesundheit, Natur, Kulturgüter, Klima und Eigentum

[9] Damit sind Risiken am Herstellungsort, bei der Förderung der Rohstoffe, bei der Nutzung, beim Transport und bei der Entsorgung gemeint.

	Fortsetzung der *Tabelle 5-16*			
1. E.	2. Ebene	3. Ebene	4. Ebene	5. Ebene
soziale und politische Aspekte	Erhalt von Menschenwürde und Rechten	Menschenrechte		
		Grundrechte		
		Bürgerrechte	Transparenz von Entscheidungen	
			Partizipation an Entscheidungen	
			Eigentumsrechte	
	Kompetenzerhalt und Gewinn in der eigenen Lebenswelt	Individuelle Kompetenz und Freiheit	Grad der Reglementierung und Überwachung von Nutzern	
			Möglichkeit zur Kompetenzverbesserung des Nutzers	
			Auswirkungen auf Konsumentensouveränität und auf die Freiheit zur Wahl eines eigenen Lebensstils	
			Wahrung der individuellen Handlungsspielräume	
			Flexibilität der Energieversorgung bezüglich veränderter Präferenzen der Nutzer gegenüber Technik und Natur	
			Einfluss auf Zeitpräferenzen	
		regionale Kompetenz und Autonomie	Möglichkeit der regionalen dezentralen Versorgungsstruktur	
			Recht auf dezentrale Entscheidungsstrukturen (regionale Autonomie)	
		sinnliche Erfahrbarkeit der Energiedienstleistung	Rückkopplung von Konsum und Produktion	
			Wahrnehmbarkeit der Kette von der Primärenergie bis zur Energiedienstleistung	
		Anreiz zur energiesparenden Lebensweise	Chancen für Initiativen zur Energieeinsparung	
			technische Flexibilität zur Anpassung an Sparerfolge	
	politische Stabilität und Legitimität	soziale Stabilität und sozialverträgliche Entwicklung	langfristige Chancen der wirtschaftlichen Entwicklung für die Zukunft	
			Reversibilität von einmal getroffenen Entscheidungen	
		soziale Akzeptanz und Vermittelbarkeit von Technik		
	Grad der Verwundbarkeit	Missbrauchsmöglichkeiten		
		soziale Gefährdung	Sabotage Terrorismus	
		Erpressbarkeit	ökonomisch	
			politisch	
	Ausstrahlung auf andere Bereiche von Gesellschaft und Wirtschaft	Stadtplanung und Siedlungspolitik	Funktionsintegration (Wohnen, Arbeiten, Freizeit)	
			Wegeminimierung	
		regionale Entwicklungsplanung		
		Landschaftsplanung und -gestaltung		
	soziale Gerechtigkeit	Versorgungsniveau (Chancengleichheit für Energiedienstleistungen)		
		gerechter Ausgleich von Lasten und Nutzen		

5.3.4 Erkennbare Grundhaltungen zu Energiesystemen

Welche allgemeinen Trends lassen sich bei der empirischen Bewertung von Energieszenarien mit unterschiedlichem Ausmaß der Abfallenergienutzung erkennen? Bei der Beurteilung der zwei Varianten der Abfallenergienutzung (hoher und niedriger Vernetzungsgrad) wird die Variante C1 auf den Kriterien der Funktionalität und der Energieausbeute besser eingestuft als die Variante C2 mit geringerer Durchschlagkraft auf die Primärenergieeinsparung. Relativ ähnlich werden beide Varianten auf den Umweltkriterien eingestuft, wobei die Variante C1 etwas bessere Bewertungen bei den Emissionen und bei der Ressourcenschonung erhält. Diskrepanzen zeigen sich vor allem beim vierten Oberkriterium, den sozialen und politischen Aspekten. Hier schneidet C1 bei den Unterkriterien „Kompetenzerhalt", „Freiheitserhalt" und „Grad der Verwundbarkeit" wesentlich schlechter ab als C2. Hauptargument ist die Abhängig-

5.3 Soziale Bewertung von Szenarien zur Abfallenergieverwertung

keit von zentralen Versorgungsstrukturen und die damit verbundene Einschränkung der eigenen Souveränität. Auf den übrigen soziale Kriterien ist dagegen die Bewertung relativ ähnlich. Die Gesamtpunktzahlen für die Variante C2 (zentral) und D (Verhaltensänderung) liegen aber enger beieinander als die ursprüngliche Bewertung der beiden Ausgangsszenarien C und D. Die Betonung auf Abfallenergienutzung und deren klare Ausmalung hat eine Angleichung bewirkt.

Dies bedeutet, dass allein die Tatsache eines rationelleren Umgangs mit Energie die Attraktivität des Szenarios C hat steigern können. Die Punktwerte des neuen Szenarios D sind fast gleich geblieben gegenüber dem Ursprungsszenario. Aus diesen Ergebnissen kann der Schluss gezogen werden, dass eine auf Nutzung von Abfallenergie ausgerichtete Energiepolitik kaum an der Hürde der sozialen Akzeptanz scheitern würden. Nähme man die Gewichtungen und Bewertungen der Teilnehmer als Querschnitt der relevanten gesellschaftlichen Gruppen, dann würden alle vorgeschlagenen Maßnahmen zur Abfallenergienutzung auf fruchtbaren Boden fallen. Die meisten dieser Nutzungsvarianten schneiden auf den Umweltkriterien besser ab als rein angebotsorientierte Energiesysteme, und sie scheinen auch in Fragen der Verbraucherfreundlichkeit zumindest mit den herkömmlichen System Schritt halten zu können. Das Problem der höheren Kosten scheint dagegen durch die relativ geringe Gewichtung durch die Teilnehmer weniger ausgeprägt zu sein, als dies ansonsten erscheint. Bei der Wahl von hoch versus niedrig vernetzten Systemen liegt deutlich eine Präferenz für kleinräumige Lösungen vor, wobei aber auch zentrale Lösungen immer noch wesentlich positiver eingeschätzt werden als angebotsorientierte Energieszenarien. Dies gilt für beide Gruppen in dieser Untersuchung: die Ingenieure und die Vertreter der Kirchen.

Die positive Akzeptanzsituation darf aber nicht darüber hinwegtäuschen, dass beide Gruppen die Realisierungschance für ein Szenario C2 oder D eher gering einstufen. Weder die Rahmenbedingungen noch die institutioneller Voraussetzungen seien gegeben, um die Weichen für eine neue Energiepolitik im Sinne der Abfallenergienutzung zu stellen. Aus diesem Grunde erscheint es notwendig, die erforderlichen Instrumente und Maßnahmen zu identifizieren, die eine Kompatibilität mit den Präferenzen der beteiligten Gruppen und der Energiepolitik herbeiführen können. Dabei wird es nicht ausreichen, nur auf die Politik oder nur auf die Wirtschaft zu setzen, sondern eine Mischung von Steuerungsinstrumenten zusammenzustellen, um die angestrebte Zielgerade effektiv und effizient zu erreichen.

Erst in der kombinierten Wirkung von Maßnahmen in Politik, Wirtschaft, Wissenschaft und im Sozialsystem liegt letztendlich der Schlüssel für eine erfolgreiche Umsetzung der in den Kapiteln 3 und 4 beschriebenen technischen Vorschläge. Auf der Basis der hier vorgenommenen Untersuchung ergibt sich ein durchaus positives Bild für die Verwirklichung eines solchen Weges. Allerdings müssen die volkswirtschaftlichen und organisatorischen Auswirkungen noch genauer geprüft werden, ehe man sich auf die Umsetzung der Vorschläge einlässt. Bei aller positiven Beurteilung darf jedoch nicht vergessen werden, dass die hier vorgenommen Einschätzungen auf der Basis zu großer Unsicherheiten und einer sehr geringen Repräsentanz der betroffenen Bewerter erfolgt sind. Es wäre daher sicher sinnvoll, diskursive Bewertungsprozesse in den Regionen ins Leben zu rufen, in denen eine Umsetzung konkret anliegt.

5.4 Zur Geschichte der Abfallenergieverwertung in Deutschland seit den 1920er Jahren

Die Geschichte der Abfallenergieverwertung ist die Geschichte einer Paradoxie. Es ist die Geschichte eines seit mehr als einem Jahrhundert beständig weiterentwickelten, hohes Niveau erreichenden technischen Potenzials zur gesellschafts- und umweltverträglichen Bereitstellung und Nutzung von Energie, das jedoch bis heute nicht annähernd ausgeschöpft wird. Es ist die Geschichte des Verzichts auf Effizienz. Letzten Endes bestätigt diese historische Feststellung die aus der sozialen Einordnung folgenden Ergebnisse (s. Abschnitt 5.3.3)

Das verwundert vor allem deshalb, weil die Geschichte vielversprechend begann. Techniken der Abfallenergieverwertung, im Prinzip seit dem 19. Jahrhundert bekannt, erlebten in den Jahren nach dem Ersten Weltkrieg einen intensiven Aufschwung: Wirtschaft, Wissenschaft und Politik setzten sich massiv für ihren Einsatz und ihre Weiterentwicklung ein, galt es doch, der Kohleknappheit Herr zu werden. Der Aufschwung war indes nur von kurzer Dauer, er überlebte nicht einmal die 1920er Jahre. Die beiden Ölkrisen der 1970er Jahre brachten die nächste Welle der Aufmerksamkeit, doch war diese nicht mehr von so breiten Kreisen getragen wie die der Zwischenkriegszeit, und sie war von noch kürzerer Dauer. Erst seit der Treibhauseffekt zum öffentlichen, wissenschaftlichen und politischen Thema wurde, seit Ende der 1980er Jahre, blieb das Thema Abfallenergieverwertung als eine Möglichkeit einer schadstoffreduzierenden rationellen Energiewirtschaft auf der Tagesordnung. Im Mittelpunkt der Debatten stand es jedoch nicht. Das alles soll nicht heißen, dass diese Techniken in der Praxis nicht angewandt worden wären. Sie fanden durchaus schrittweise Eingang in die Entwicklung entsprechender Technologien. Sie konnten sich aber nicht auf breiter Basis und keinesfalls entsprechend ihres Potenzials eigenständig durchsetzen.

Den Gründen für diese Entwicklung ist dieser Beitrag auf der Spur. Ein sehr guter Spiegel sind zentrale Fachzeitschriften, auf deren Analyse sich der Beitrag ausschließlich konzentriert. Für die 1920er Jahre sind das die „Mitteilungen der Wärmestelle" des Vereins Deutscher Eisenhüttenleute sowie das „Archiv für Wärmewirtschaft", beides Neugründungen dieser Zeit, schließlich „Die Wärme", wie die seit dem 19. Jahrhundert tradierte „Zeitschrift für Dampfkessel und Maschinenbetrieb" jetzt, den neuen Inhalten angemessener, betitelt wurde. Diese Zeitschriften sind gemeinsam mit der Fülle neuer Monographien bereits ein Anzeichen für den Aufschwung der „Wärmewirtschaft", dem damaligen Oberbegriff für unterschiedliche Techniken rationeller Energieverwendung. Für die Zeit nach 1970 vermitteln insbesondere zwei Zeitschriften Bandbreite und Stellenwert des Themas: Zum einen die „Brennstoff-Wärme-Kraft", in der das „Archiv für Wärmewirtschaft" und die meisten anderen einschlägigen Zeitschriften der 1920er Jahre aufgegangen sind, sowie die „Energie", die sich inhaltlich als Nachfolger der „Wärme" verstand.

5.4.1 Techniken der Abfallenergieverwertung im Überblick

In den 1920er Jahren bezogen sich die meisten wärmewirtschaftlichen Maßnahmen auf die Umstellung der betrieblichen Anlagen auf häufig wechselnde und minderwertige Brennstoffe, wie z. B. auf Kohlenstaubfeuerung, auf Verbesserungen im Kesselhaus, die Einführung brennstoffsparender und rauchloser Feuerung, die Verbesserung der Wärmeerzeuger und Wärmeverbraucher, oder auf Isolierungen. Auch die Entwicklung von flexiblen Strukturen zur Anpassung zwischen zeitlichen Unterschieden von Energieangebot und -verbrauch hatten bei dem

5.4 Zur Geschichte der Abfallenergieverwertung in Deutschland

vorwiegenden „Inselbetrieb" der energetischen Systeme eine große Bedeutung. Es waren weitgehend Maßnahmen einer Wärmewirtschaft im „weiten Sinne", so die gängige Bezeichnung. Unter den hier interessierenden wärmewirtschaftlichen Maßnahmen im „engen" Sinne dominierten die Einführung von Abhitzekesseln, Lufterhitzern und Anlagen zur Speisewasservorwärmung, von Anzapf- und Gegendruckturbinen, jede mit dem Ziel, den Wirkungsgrad zu erhöhen. Verbunden damit war der Übergang zu höheren Drücken und Temperaturen sowie die Weiterentwicklung von Speichermöglichkeiten. Neben der betrieblichen Kopplung von Kraft und Wärme wurden die technischen Voraussetzungen für überbetriebliche Kraft-Wärme-Kopplung geschaffen, doch stand diese nicht im Vordergrund. Wenig Befürworter fanden Wärmepumpen. Als Vorreiter der Wärmewirtschaft und speziell der Abwärmenutzung kann die Eisen- und Stahlindustrie gesehen werden (s. auch zur energetischen Bedeutung die Abschnitte 3.6 und 4.1.2); bereits zu Beginn des 19. Jahrhunderts galt die Ausnutzung der Hochofengase als große technische Herausforderung. In den 1920er Jahren standen darüber hinaus insbesondere die chemische und die Metallindustrie, die Zucker-, Glas- und Textilindustrie, aber auch Molkereien im Mittelpunkt des wissenschaftlichen Interesses. Das Potenzial für Energieeinsparungen hing natürlich von der jeweiligen Branche und Betriebsgröße ab, übergreifende Schätzungen bewegten sich zwischen 10 % und 20 %, teilweise 40 %.[1]

In den 1970er Jahren befassten sich Forschung und Entwicklung – entsprechend der Widerspiegelung in der Fachliteratur hier in ungeordneter Reihenfolge wiedergegeben – mit Möglichkeiten der betrieblichen wie überbetrieblichen Kraft-Wärme-Kopplung, mit dem Einsatz von Gegendruckdampfturbinen, mit Gasturbinen und kombinierten Gas-Dampfturbinen-Prozessen, mit Wärmepumpen, mit der Entwicklung von Kühltürmen, kurzfristig auch mit MHD-Generatoren. Der Trend der technischen Entwicklung ging in Richtung zu immer größeren Einheitenleistungen, zu höheren Drücken und Temperaturen, der Verbesserung der Verfügbarkeit, der Entwicklung von Baukastensystemen und der Verbesserung der Prozesswirkungsgrade. In manchen Bereichen, wie im Dampf- und Gasturbinenbau aber auch der Entwicklung der Mess- und Regelungstechnik, wurde ab Mitte der 1970er Jahre eine Stagnation der technischen Entwicklung auf hohem Niveau festgestellt und nur noch ein Fortschritt in kleinen Schritten erwartet. Die Durchsetzungschancen der heute im Mittelpunkt stehenden kombinierten Gas- und Dampfturbinen-Anlagen wurden, mit Blick auf die unsichere Preisentwicklung, zunächst als sehr gering eingeschätzt, trotz der anerkannten Fortschritte der Technik in Amerika und Japan.[2] Ein großes Problem bildeten trotz aller Verbesserungen nach wie vor Speichermöglichkeiten.[3]

---

[1] Vgl. Mitteilungen der Wärmestelle: Nr. 9, 1922; Nr. 10, 1924; Nr. 11, 1920; Nr. 22, 1921; Nr. 39, 1922; Nr. 67, 1924; Nr. 74, 1925; Nr. 78, 1925; Nr. 82, 1926; Nr. 88, 1926; Nr. 104, 1927; Nr. 110, 1928; Nr. 113, 1928; Nr. 158, 1931; Nr. 185, 1933. Archiv für Wärmewirtschaft: 1921: 127ff, 132ff, 152f; 1922: 223f, 227f; 1924: 226ff; 1925: 142; 1927, 98; 1928: 299ff; 1929: 195ff; 1930: 19, 210, 210; 1933: 114ff. Die Wärme: 1920: 22; 1921: 126ff, 315ff, 342ff; 1922: 160, 342, 348ff, 575ff, 594ff, 603, 621; 1923: 6, 8ff, 19ff, 269ff, 341ff; 1924, 100, 133ff, 328f, 361ff, 399, 479ff, 617; 1925: 26, 251ff, 323ff, 347, 393f, 516f; 1926: 154f, 183f, 201ff, 241f, 323f, 831f, 840f; 1927: 181f, 185f, 247f, 480ff; 1928: 368ff, 384ff, 600, 657; 1929: 955ff; 1930, 639f, 655ff.

[2] Vgl. BWK: 1970: 70, 268; 1971: 149f, 161f, 164f, 258, 289, 367f, 457; 1972: 63, 87f, 94, 149, 155f, 163f, 165f, 208f, 333, 411ff, 439f, 445; 1973: 53ff, 150ff, 168ff, 203, 230ff, 316f, 371; 1974: 153f, 156f, 170ff, 223f, 268f; 1975: 106ff; 1976: 23, 69, 153, 158f, 161f, 164ff, 349, 442ff, 476; 1977: 128ff, 136ff, 158ff, 161ff, 347ff, 353ff, 366ff, 377ff; 1978: 110ff, 143f, 149ff, 158f, 160f, 176f, 180ff, 184ff, 425f, 459ff, 486ff; 1979: 424ff, 427ff.

[3] Vgl. BWK: 1974: 509ff; 1977: 151ff, 313ff.

Der Ausbau der Fernwärme erlebte Ende der 60er und zu Beginn der 70er Jahre im Zuge der Errichtung von Trabantenstädten, neuen Siedlungen und Großbauten wie Universitäten oder Kliniken einen Aufschwung, der jedoch nach Beendigung dieser Bauprojekte an Kraft verlor. Der verstärkte Ausbau der Fernwärmenetze war nach der ersten Ölkrise ein erklärtes Ziel der Politik, das die Wirtschaft mehrheitlich nicht teilte. Der gewünschte Durchbruch gelang nicht, der geplante forcierte Ausbau fand nicht statt. Die Bandbreite der zeitgenössischen Einstellungen signalisiert ein Aufsatztitel von 1979: „Utopie oder reale Möglichkeit?"[4] Eine Studie von 1984 kam zu dem Ergebnis, dass bei gleichbleibendem Tempo des Ausbaus das in der Fernwärmestudie 1977 als realisierbar ermittelte Ziel in 150 Jahren erreicht wäre.[5] Viel Beachtung fand die Nutzung der Abwärme von Müllverbrennungsanlagen; hier wurden deutliche Fortschritte in Forschung wie Praxis erzielt.[6] Die Nutzung der Biomasse als regenerative Energiequelle wurde kaum erörtert. Ihre Durchsetzungschancen wurden angesichts der Nahrungsmittelprobleme der Welt sowie der erheblichen Energieaufwendungen für Sammlung und Aufbereitung von Biomasse generell als sehr gering eingeschätzt, ein Einsatz in Deutschland erschien unwahrscheinlich. Sie wurde von der dominierenden Ausrichtung der Forschung als eine allenfalls für die Bedürfnisse von Entwicklungsländern angemessene Technologie abwertend beurteilt.[7]

In den 1980er und 1990er Jahren setzten sich die meisten dieser Trends fort. In den Mittelpunkt des Interesses von Wissenschaft, aber auch Wirtschaft und Politik, rückte immer mehr die Entwicklung der Möglichkeiten zur betrieblichen wie überbetrieblichen Kraft-Wärme-Kopplung und insbesondere des Einsatzes kombinierter Gas- und Dampfturbinen-Prozesse. In der Entwicklung von Dampf- und Gasturbinen hielt der Trend zu größeren Leistungseinheiten, zu höheren Drücken und Temperaturen und damit zur Steigerung des Wirkungsgrades an. Der Vorsprung Amerikas, aber auch Japans, auf diesen Gebieten war nach wie vor unbestritten.[8] Einer stärkeren Verbreitung überbetrieblicher Kraft-Wärme-Kopplung, v.a. der Fernwärmeversorgung, standen eine Reihe von Hindernissen entgegen: Der Trend zu immer größeren Kraftwerksblöcken hatte zu verbraucherfernen Standorten geführt und damit einen Wärmetransport nicht nur technisch schwieriger, sondern auch unwirtschaftlicher gemacht. Dazu kamen der zeitlich und mengenmäßig unterschiedliche Strom- und Wärmebedarf, die unterschiedlichen Unternehmensziele der kooperierenden Unternehmen, die Schwierigkeiten, eine angemessene Methode für die Aufteilung der Kosten bei der gekoppelten Erzeugung zu bestimmen, die Verpflichtungen des „Jahrhundertvertrags", die Konzessionsabgaben und nicht zuletzt die konträren Interessen und Monopolbestrebungen der Energieversorgungsunternehmen. Diese konnten mit der Gestaltung der Strompreise die Wirtschaftlichkeit einer Kraft-Wärme-Kopplungsanlage massiv beeinflussen. Zunehmend wurde auch der Vorwurf der geringen Risikobereitschaft der Unternehmen erhoben, auf die hohen Umweltauflagen und den großen Wettbewerb am Wärmemarkt als Hindernisse für einen weiteren Ausbau hingewiesen.

---

[4] BWK: 1979: 334ff; vgl. auch BWK: 1970: 130f; 1971: 137; 1972: 130f; 1973: 224ff; 1974: 447; 1975: 225f; 1976: 12ff, 27f, 89ff, 142ff; 1977: 366ff; 1978: 156f, 203ff, 156f, 378, 455ff.
[5] Vgl. BWK: 1984: 295ff.
[6] Vgl. BWK: 1971: 376, 457, 514ff; 1972: 155, 445; 1973: 203; 1974: 223ff; 1976: 69, 153; 1978: 164ff, 486ff.
[7] Vgl. BWK: 1977: 136ff; 1978: 120ff, 151ff; 1979: 152.
[8] Vgl. BWK: 1981: 18ff, 145ff, 170ff, 178ff, 207ff, 215ff, 281ff, 459ff; 1982: 176ff, 214f, 218f; 1983: 181f, 185f, 327ff, 335, 499ff, 523f; 1984: 160f, 163f, 302ff, 307; 1986: 152f; 1988: 146ff, 298, 342ff; 1989: 12, 35, 161ff, 185ff, 315ff, 335f, 358ff, 413f; 1990: 196ff; 1991, 195ff, 353ff, 301ff, 424f; 1992: 35ff, 157ff, 383ff; 1993: 176ff; 1994: 158ff, 174f; 1995: 149ff; 1997: Nr.5, 58ff.

5.4 Zur Geschichte der Abfallenergieverwertung in Deutschland

Eine staatliche Förderung, wie sie in den USA 1983 eingeführt wurde (s. Abschnitt 5.2.4), nahm Deutschland nicht in Angriff. Die Fernwärme blieb umstritten, trotz der Erfolge in skandinavischen und osteuropäischen Ländern. Gleichzeitig intensivierten sich unter dem Zwang zur Energieeinsparung, zur Substitution von Öl, zur Diversifizierung des Angebots an Energieträgern und zur Umweltverträglichkeit der Energieversorgung die Arbeiten an der Entwicklung örtlicher und regionaler Versorgungskonzepte. Meist auf staatliche Anregung hin wurden die Arbeiten von Verbändekonsortien (VDEW, BGW, AGFW u.a.) durchgeführt.[9]

Beständig verbessert wurde die Verbindung von Müllverbrennungsanlagen mit Energieverwertung, zunehmend auch in Verbindung mit der Verbrennung von Klärschlamm. Bereits zu Beginn der 1980er Jahre nahm die BRD hier international eine Spitzenposition ein. Im Hinblick auf Entwicklung und Einsatz neuer Verfahren der Abfallbehandlung, wie dem Pyrolyseverfahren, waren dagegen die USA, Japan oder Dänemark zunächst weiter fortgeschritten.[10] Die Chancen für die Nutzung der Biomasse in Deutschland wurden trotz des hohen technischen Potenzials nach wie vor skeptisch beurteilt. Um die Nachteile, neben den physikalischen Gegebenheiten vor allem die geringe Leistungsdichte sowie regionale und zeitliche Schwankungen, auszugleichen, so die Gegenargumente, seien große und komplexe Umwandlungssysteme erforderlich, diese aber seien unwirtschaftlich. Im Gegensatz zu den 1970er Jahren wurden jetzt jedoch die Exportchancen dieser Technik erkannt und damit die Förderung diesbezüglicher Forschung und Entwicklung begründet. Allerdings hatte auch auf diesem Gebiet das Ausland einen Entwicklungsvorsprung.[11]

Inwieweit und wann genau im Zuge dieser Entwicklung Techniken der Abfallenergieverwertung in der Praxis verstärkt eingesetzt wurden, ist statistisch kaum zu fassen, wobei darüber hinaus zwischen einer empirischen Phase und der bewussten und zielgerichteten Anwendung zu unterscheiden ist. Die vorhandenen quantitativen Daten sind unzulänglich, sie beruhen auf vielen Annahmen und Schätzungen. Ein Grund dafür liegt darin, dass die Kenntnisse über die Energieströme insbesondere innerhalb der Betriebe zu gering waren, Verbrauch wie Nutzung von Energie mit den vorhandenen Messeinrichtungen nur annäherungsweise erfasst werden konnten. Daran krankten auch die Bemühungen, den Beitrag der Abfallenergieverwertung zur Energieeinsparung zu schätzen. Die Energiebilanzen gaben lediglich Angaben über den Endenergieverbrauch, nicht aber über die Verwendung von Energie. Von zahlreichen Einzelschätzungen abgesehen erfolgte der erste umfassende Versuch dazu im Rahmen der Enquete-Kommission des Deutschen Bundestages zum Schutz der Erdatmosphäre 1990. Die von verschiedenen Seiten erhobenen quantitativen Daten wichen folglich stark voneinander ab und boten breiten Spielraum für Interpretationen und für kontroverse Diskussionen. Meist wurde der wahrgenommene oder vermutlich erreichte Stand und das Potenzial mit qualitativen Formulierungen umschrieben.[12]

---

[9] Vgl. BWK: 1980: 158ff; 1982: 323ff, 520ff; 1983: 294ff, 522ff; 1984: 107, 295ff, 405ff, 457ff; 1986: 141ff; 1989: 315ff, 522; 1991: 40ff; 1992: 155ff, 288.

[10] Vgl. BWK: 1981: 166ff; 1984: 148ff; 1986: 169ff; 1992: 89ff und die Literatur in Fußnote 8.

[11] Vgl. BWK: 1981: 138f, 144ff, 459ff; 1982: 90ff, 182ff; 1983, 99ff, 150f, 522ff; 1984: 134f; 1986: 127ff, 1989: 113ff, 453f; 1992: 136ff, 271f, 339ff; 1993: 74, 438ff; 1994: 141, 447ff.

[12] Vgl. BWK: 1971: 273ff; 1974: 170ff, 447; 1977: 125f, 128f, 136f, 149ff; 1978: 104, 108f; 1980: 160ff, 265ff, 291f; 1981: 353ff; 1982: 153ff; 1983: 215, 379ff; 1984: 148ff, 302ff, 466ff, 472; 1986: 6; 1987: 66, 141ff, 177ff; 1988: 131ff, 220, 250f, 376; 1989: 5, 307, 385ff, 451ff; 1990: 6ff, 137ff; 1991: 271ff; 1992: 79ff, 271ff, 383ff; 1994: 276ff. Energie: 1972: 30ff.

Zur Illustration einige Beispiele: Manche meinten, die Einsparung an Brennstoff sei in den 70er Jahren im Wesentlichen durch einfache, mit keinem hohen Investitionsaufwand verbundenen Maßnahmen erzielt worden; es sei eher der Abbau von Verschwendung gewesen als der Einsatz rationeller Energietechniken. Dieses Potenzial galt zu Beginn der 80er Jahre als erschöpft. In den frühen 80er Jahren wurde zugleich immer stärker beobachtet, dass auch aufwendigere Techniken zum Einsatz kamen, da sie angesichts der hohen Energiepreise im Zuge der zweiten Ölkrise die Schwelle zur Wirtschaftlichkeit überschreiten konnten. Manche sahen diese Entwicklung auch noch in der zweiten Hälfte der 80er Jahre. Es sei bereits viel erreicht worden, insbesondere die Industrie habe sich seit jeher beständig um rationelle Energieverwendung bemüht und diese als Entscheidungs- und Verhaltensmaxime etabliert. Die Entwicklung gehe weiter, doch dürfe das Potenzial nicht überschätzt werden. Es müssten immer die Rahmenbedingungen für einen Einsatz rationeller Energieverwendung beachtet werden, was aber v.a. von der Politik zu wenig befolgt würde.[13] Als Beweis für die erfolgreiche Verbreitung von Techniken der Abfallenergieverwertung galt den meisten jetzt der Rückgang des spezifischen Energieverbrauchs, des Verhältnisses des Primärenergieverbrauchs zum Bruttosozialprodukt oder wahlweise anderen gesamtwirtschaftlichen Indikatoren. Andere wiederum konnten dieser Interpretation des Kriteriums nicht zustimmen. Viel stärker als Maßnahmen rationeller Energieverwendung hätten klimatische, konjunkturelle oder strukturelle Entwicklungen, wie der Übergang zu weniger energieintensiven Industrie- und Dienstleistungsbereichen, zum Rückgang beigetragen. Sie meinten stattdessen ein in der zweiten Hälfte der 80er Jahre sich verstärkendes sinkendes Interesse an rationeller Energieverwendung beobachten zu können. Befürchtungen, dass es zu einem Stillstand in den Bemühungen kommen könne, wurden immer lauter. Zurückgeführt wurde dieses Nachlassen zum einen auf die stagnierenden Energiepreise, so dass weitere Preissteigerungen von vielen nicht mehr erwartet wurden, sowie auf das hohe Zinsniveau; beides halte viele Betriebe von entsprechenden Investitionen ab. Zum anderen auf mentale Faktoren: Die Bedeutung der Verbindung von Umweltschutz und Energieverbrauch sei noch nicht im Bewusstsein der Verantwortlichen verankert, rationelle Energieverwendung sei halbherzig angegangen worden.[14] Diese skeptischen Beurteilungen beruhten zunächst auf mehreren Indizien, wie dem drastisch zurückgegangenen Besuch einschlägiger Messen oder Tagungen, die teilweise aufgrund fehlenden Interesses abgesagt werden mussten.[15] Schließlich wurden sie durch Studien gestützt, denen zufolge Techniken der rationellen Energieverwendung, wie auch die der regenerativen Energiequellen, in Deutschland im Vergleich zu anderen Industrieländern weniger eingesetzt wurden und noch viel Potenzial vorhanden sei.[16] Auch Studien der EG und des Umweltbundesamtes belegten, dass in den Jahren 1973 bis 1986 doch nicht so viel gespart wurde, wie bisher gedacht und behauptet. Die Praxis habe mit dem zumutbaren Stand der Wärmenutzungstechnik nicht Schritt gehalten.[17] Anfang der 90er Jahre ermittelten Studien immer noch Einsparmöglichkeiten von 30 %, die mit relativ einfachen Mitteln der Wärmerückgewinnung, der Mehrfachnutzung eingesetzter Energie, realisiert werden könnten.[18]

---

[13] Vgl. BWK: 1982: 209ff; 1983: 167ff ; 1987: 141ff; 1988: 131ff; 1989: 61, 307f; 1991: 402.
[14] Vgl. BWK: 1987: 177ff; 1988: 250ff, 1989: 7, 451ff; 1990: 137, 196ff; 1992: 385ff.
[15] BWK: 1983: 167ff.
[16] Vgl. BWK: 1982: 257ff; 1986: 66.
[17] Vgl. BWK: 1990: 6ff, 137f.
[18] Vgl. BWK: 1992: 383ff.

5.4 Zur Geschichte der Abfallenergieverwertung in Deutschland

Einig waren sich die meisten Fachleute darin, dass energietechnische Verbesserungen mehr von energieintensiven Großbetrieben und bei der Errichtung von Neuanlagen vorgenommen wurden, während kleine und mittlere Unternehmen nicht Schritt hielten, von Verkehr und privaten Haushalten ganz zu schweigen. Seit Beginn der 90er Jahre mehrte sich das Lob über Energieversorgungsunternehmen, da sie zu integrierten Konzepten übergegangen seien.[19]

Die vorhandenen quantitativen Daten, Statistiken und Potenzialschätzungen wurden unterschiedlich bewertet. Sie galten, zusammengefasst, den einen als Ausdruck dafür, dass auf dem Gebiet der Abfallenergieverwertung viel erreicht sei, anderen lediglich als Anzeichen vermehrter Aktivitäten, dritten als Berechtigung für die Forderung nach weiteren verstärkten Maßnahmen, vierten wiederum als Anzeichen eines Rückgangs in der Verbreitung der Abfallenergieverwertung. Während manche meinten, das Potenzial sei zu großzügig geschätzt und davor warnten, es zu überschätzen, meinten andere, die Schätzungen seien zu niedrig, das Potenzial noch viel größer (s. auch Abschnitt 3.6.3). Die Statistiken und Schätzungen konnten damit je nach Interessenlage als Argument pro wie auch contra verstärkter Maßnahmen der Abfallenergieverwertung verwendet werden. Es ist, von der kurzen Phase der Nachkriegsjahre abgesehen, weder innerhalb der Fachleute noch zwischen Wissenschaft, Wirtschaft und Politik zu einem Konsens in der Bewertung der Chancen und Grenzen der Abfallenergieverwendung gekommen. Darin ist bereits ein erster Grund für die insgesamt nur zögerliche Verbreitung zu sehen.

5.4.2 Akteure und Institutionalisierung der Abfallenergieverwertung

Entscheidend für den eingangs skizzierten Verlauf, für Aufschwung, Rückgang oder Stagnation in Forschung, Entwicklung und Verbreitung von Techniken der Abfallenergieverwertung war das Engagement der drei zentralen Akteursgruppen Wirtschaft, Wissenschaft und Politik. Deren Einstellungen und Aktivitäten lassen sich für die verschiedenen Zeitphasen durch Schlagworte charakterisieren und auf einen gemeinsamen Nenner bringen: Die 1920er Jahre waren die Jahre der Überzeugungsarbeit und hierarchischen Institutionalisierung, um Abfallenergieverwertung einzuführen und zu verbreiten. Nach den Jahren des Nationalsozialismus und des Zweiten Weltkriegs folgten mit den 1950er und 1960er Jahren zwei Jahrzehnte einer allgemeinen Verdrängung des Themas „rationelle Energieverwendung", doch soll dadurch nicht vergessen werden, dass einzelne Wissenschaftler, wie Rant oder Nesselmann, intensiv und erfolgreich an der theoretischen und praktischen Weiterentwicklung gearbeitet haben. Dafür trat das Thema in den 1970er Jahren um so heftiger auf die Tagesordnung, es ist das Jahrzehnt der Polarisierung sowie der inhaltlichen und organisatorischen Zersplitterung. Pragmatik und Versuche der Integration unterschiedlicher Positionen prägen demgegenüber den Stil seit den späten 1980er Jahren. Diese allgemeine Kennzeichnung wird im Folgenden für die einzelnen Akteursgruppen konkretisiert.

5.4.2.1 Wirtschaft

In der Wirtschaft führte der Weg von der Schaffung hierarchisch aufgebauter, durch Zentralstellen repräsentierter Organisationen zur Verbreitung der Abfallenergieverwertung in den 1920er Jahren über eine organisatorische Ausdifferenzierung und den Kampf zwischen konträren inhaltlichen Positionen diesem Ziel gegenüber in den 1970er Jahren hin zur Selbstver-

---

[19] Vgl. BWK: 1992: 157ff.

pflichtungserklärung der deutschen Industrie von 1991 zum Klimaschutz, mit der ein Minimalkonsens über die Notwendigkeit rationeller Energieverwendung erreicht wurde.

Der Aufschwung der Abfallenergieverwendung in der ersten Hälfte der 1920er Jahren war zum größten Teil der Erfolg der Wirtschaftsverbände. Angetrieben durch das Ziel, das angedrohte staatliche Eingreifen und das Ausüben behördlichen Zwangs in der Kohleverwendung zu verhindern, arbeiteten die zentralen Verbände zusammen und erreichten, trotz vorhandener Widerstände, die Gründung und den hierarchischen Aufbau von überbetrieblichen und branchenübergreifenden Institutionen, die für die Verbreitung wärmewirtschaftlicher Maßnahmen in der Praxis sorgen sollten. Signalwirkung hatte die Gründung der „Wärmestelle Düsseldorf" durch den Verein deutscher Eisenhüttenleute 1919; viele Fachverbände folgten diesem Beispiel, so die der Glas-, Keramik-, Zucker- Zement- und Kali sowie der chemischen Industrie. Andere Fachverbände entschlossen sich zur Errichtung gemeinsamer Wärmestellen, meist auf regionaler Ebene; die mitteldeutsche Wärmestelle ist ein Beispiel dafür. Darüberhinaus ergriffen auch tradierte Vereine, wie die Dampfkessel-Überwachungsvereine, der Verein von Gas- und Wasserfachmännern, oder Organisationen wie die Deutsche Gesellschaft für Mineralölforschung oder die Deutsche Gesellschaft für Kohleverwertung verstärkte Aktivitäten auf diesem Gebiet. Die hierarchische Spitze all dieser mit wärmewirtschaftlichen Aufgaben betrauten Einrichtungen bildete die „Hauptstelle für Wärmewirtschaft", 1919 auf Anregung der Vereinigung der Elektritzitätswerke, des VDI und des Vereins Deutscher Eisenhüttenleute hin gegründet. Sie fungierte einerseits als Koordinationsstelle zwischen den verschiedenen Wärmestellen, andererseits als offizielle Verbindungsstelle der Wirtschaft zu den für die Kohlebewirtschaftung zuständigen staatlichen Stellen. Die Vorstandsmitglieder wie der Geschäftsführer der Hauptstelle waren zugleich Mitglieder des oben erwähnten Sachverständigenausschusses für Brennstoffverwendung, und auch zwischen der Redaktion des Publikationsorgans der Hauptstelle, dem „Archiv für Wärmewirtschaft" und den staatlichen Stellen gab es personelle Überschneidungen. Umgekehrt zog das Reichswirtschaftsministerium vorrangig die Hauptstelle zur Beratung in entsprechenden Fragen heran. Die Zusammenarbeit mit den staatlichen Stellen wurde während der gesamten 20er Jahre von beiden Seiten als durchweg sehr gut bezeichnet, innerhalb der Wirtschaft war die Vorrangstellung der Hauptstelle offenbar unumstritten.[20]

Hauptaufgabe der Wärmestellen war, die Betriebe von der Notwendigkeit und den Möglichkeiten energiesparender Maßnahmen zu überzeugen und sie bei der Projektierung und Durchführung der Maßnahmen zu beraten. Sie entwarfen Musterbilanzen, errechneten Vergleichszahlen, formulierten Messanweisungen und erarbeiteten schematisierte Auswertungsbögen für durchgeführte Messungen, um den Betrieben mit diesen Materialien die Einführung wärmewirtschaftlicher Maßnahmen zu erleichtern. Darüber hinaus führten die Wärmestellen in Eigenregie oder in Zusammenarbeit mit den Betrieben Versuche über neue wärmetechnische Verbesserungen sowie langwierige, für die Einzelbetriebe zu aufwendige Messungen durch. Auf das betriebliche Messwesen als Grundlage aller wärmewirtschaftlicher Maßnahmen, auf das genaue Erfassen der betrieblichen Energieströme, auf die Bedienung der Messgeräte sowie die Auswertung der Messergebnisse, war ein Großteil der Aktivitäten der Wärmestellen gerichtet. Im Ergebnis dieser Entwicklung wurde dem Fach „Wärmetechnische Messverfahren"

---

[20] Vgl. Archiv für Wärmewirtschaft: 1921: 109, 127f, 131f, 153; 1922: 39ff, 223ff; 1924: 19ff, 230, 246; 1925, 141ff, 309; 1927: 97ff, 293ff; 1928: 3, 299ff; 1930: 181ff, 443f; 1934: 197. Mitteilungen der Wärmestelle: Nr. 1, 1924; Nr. 2, 1921; Nr. 9, 1922; Nr. 10, 1924; Nr. 11, 1920; Nr. 22, 1921; Nr. 27, 1922; Nr. 33, 35, 1922; Nr. 93, 1926. Die Wärme: 1922: 60ff, 71ff, 160; 1923: 106ff; 1924: 519ff; 551ff, 617; 1925: 250f.

5.4 Zur Geschichte der Abfallenergieverwertung in Deutschland

in der Ausbildung von Wärmeingenieuren ein hohes Gewicht beigemessen. Eine hohe Wertschätzung in der Betriebspraxis genoss der von der Hauptstelle organisierte sogenannte „Erfahrungsaustausch" durch Vorträge, Versammlungen und insbesondere durch gegenseitige Betriebsbesichtigungen, ein Novum für alle Beteiligten. Eher am Rande der Aktivitäten stand die Durchführung von Fachmessen und Ausstellungen, mit denen das Interesse der Öffentlichkeit geweckt werden sollte.[21]

Die Kohlenot der Nachkriegsjahre hatte es den Wärmestellen allerdings leicht gemacht, Gehör zu finden. Mit ihrem Abklingen ab ca. 1924 fiel es den Wärmewirtschaftlern immer schwerer, in den Betrieben Verständnis für einen rationellen Energieumgang zu gewinnen; Kapitalmangel und Zinssteigerungen kamen als weitere hemmende Faktoren hinzu. Der Druck auf die Wärmewirtschaft verschärfte sich in der zweiten Hälfte der 20er Jahre, als der Begriff „Rationalisierung" selbst in der Öffentlichkeit zum Schlagwort wurde. Wärmewirtschaftliche Maßnahmen erschienen aus dieser Perspektive nun auf einmal als unnötige Kosten. Das dünne Fundament des bisherigen Erfolgs der Wärmewirtschaft wurde sichtbar. Selbst manche Protagonisten der Wärmewirtschaft räumten jetzt ein, dass die erzielten Fortschritte möglicherweise zu euphorisch dargestellt und damit ein falscher Eindruck über das erreichte Niveau erzeugt worden war, statt die Mängel und das Ausmaß der noch nicht genutzten Möglichkeiten zu betonen. Gravierender war, dass es den Wärmestellen und den Theoretikern nicht gelungen war, die in der Praxis vorherrschende Verengung der Wärmewirtschaft auf reine Brennstoffeinsparung zu durchbrechen. Strategie und Rhetorik der Wärmestellen erwiesen sich rückblickend nun als kontraproduktiv: Sie waren zu sehr darauf abgestellt gewesen zu demonstrieren, dass bereits mit einfachen, billigen Maßnahmen sehr schnell Brennstoffeinsparungen erreicht werden können, ohne den gesamten Betriebsgang ändern zu müssen. Die betrieblichen Energieströme in ihrer Gesamtheit und im Zusammenhang mit den Stoffströmen zu sehen, war darüber vernachlässigt worden. Dieses Vorgehen hatte zwar den Anforderungen und Bedingungen der Praxis entsprochen, es zugleich aber den Unternehmensmanagern leicht gemacht an der Auffassung festzuhalten, Wärmewirtschaft sei eine isolierte Angelegenheit. Dazu kam, dass nun auch die negativen Folgen der betrieblichen Praxis zu Tage traten: wärmewirtschaftliche Maßnahmen waren oft überstürzt und schlecht geplant eingeführt worden, hatten das Einsparpotenzial von vornherein nicht ausgenutzt, daher nicht zum gewünschten Erfolg geführt und wurden nun schnell wieder aufgegeben. Auch die Hersteller wärmetechnischer Anlagen und insbesondere von Messgeräten waren an dieser Entwicklung nicht unschuldig. Sie hatten die Gunst der Stunde zu Absatzsteigerungen genutzt und zu einer Überversorgung der Betriebe mit teils unzweckmässigen Messgeräten beigetragen. All das verstärkte die Vorbehalte der Betriebe gegenüber der Wärmewirtschaft. Rückblickend wurden die Nachkriegsjahre selbst von den Wärmewirtschaftlern als stürmische und nicht immer glückliche bezeichnet.

Die Wärmewirtschaftler reagierten auf den Meinungsumschwung in der Mitte der 1920er Jahre und hoben nun die Vorteile rationeller Energieverwendung jenseits der Brennstoffeinsparung hervor: Senkung der Produktionskosten, Steigerung der Gewinne, der Produktivität und der Wettbewerbsfähigkeit. Um ihrer Argumentation mehr Gehör und Gewicht zu verleihen, betonten sie ausdrücklich die grundsätzliche Übereinstimmung ihrer Ziele mit denen der aktuellen Rationalisierungsdebatte - allerdings nicht ohne mit leicht beleidigtem Unterton darauf hinzuweisen, dass die Wärmewirtschaft von jeher die Aufgaben verfolgt habe, die jetzt das in Mode gekommene „scientific management" propagiere. Um Wärmewirtschaft als wesentli-

---

[21] Vgl. Archiv für Wärmewirtschaft: 1921: 109ff, 131ff, 152ff; 1922: 223f, 228; 1924: 9f, 19, 246, 370; 1925: 141ff. Die Wärme: 1924: 582; 1925: 48, 71ff.

chen Teil der Rationalisierungsaufgaben deutlich zu machen, definierten sie diese jetzt als Bewirtschaftung aller Formen von Energie und stellten die Bedeutung des wärmewirtschaftlichen Messwesens als Grundlage jeder wissenschaftlichen Betriebsführung, als Voraussetzung für eine exakte Selbstkostenrechnung, für die Durchführung von Zeitstudien, die Aufstellung von Stoffbilanzen, die störungsfreie Abwicklung des Fertigungsgangs heraus. So kam es, dass die Maßnahmen der Wärmewirtschaft in die Rationalisierung der Technologie allgemein eingebettet wurden. Dabei nahm die Wärmewirtschaft für sich in Anspruch, häufig der Anlass für eine solche Entwicklung gewesen zu sein, wie z.B. die Buchserie „Wärmelehre und Wärmewirtschaft in Einzeldarstellungen" deutlich werden lässt. Zum Teil verursachte die Rationalisierungsdebatte, diese „neue amerikanische Richtung" auch Unbehagen: „Darüber hinaus aber wollen wir alles andere, was uns Deutschen außer der rein wirtschaftlichen Einstellung gegeben ist, hochhalten, ja, wir wollen die Steigerung der Wirtschaftlichkeit benutzen, um hierdurch in erhöhtem Masse die Zeit zu finden, uns auch mit andren Dingen zu beschäftigen als dem Geldverdienen."[22]

Trotz aller Bemühungen der Wärmewirtschaftler wurde die Erkenntnis, dass Energie rationeller verwendet werden muss, in der Praxis immer weniger umgesetzt. So sehr sie auch die Vorteile der Kraft-Wärme-Kopplung, generell der Verbindung verschiedener Energiearten herausstellten und dazu aufforderten, Wärmewirtschaft sei als Teil der gesamten Betriebswirtschaft zu sehen, blieben sie doch „Kalorienzähler", die „Wärmewanzen," die jetzt aus „ihren Löchern" herauskämen.[23] Rationelle Energieverwendung war ein volkswirtschaftliches Ziel, das mit den einzelwirtschaftlichen Interessen der Betriebe nicht notwendig übereinstimmte. Die einzige Klammer zwischen volks- und betriebswirtschaftlichen Interessen war die reale Knappheit an Kohle.[24]

Die Ölkrisen der 1970er Jahre und die dadurch bedingte Verknappung und Verteuerung des Energieangebots führten im Gegensatz zu den 1920er Jahren in keiner Weise zu Bemühungen der Wirtschaftsverbände, gemeinsame Aktivitäten zur Durchsetzung rationeller Energieverwendung zu ergreifen. Diese war in ihrer Bedeutung viel zu umstritten und nur eine von vielen Möglichkeiten, mit denen der tiefgreifenden Strukturwandel, in dem sich nicht nur die Energiewirtschaft befand, zu bewältigen versucht wurde. Der Slogan „Weg vom Öl", der kurz nach der ersten Ölkrise lauter wurde, fand zwar allgemein Zustimmung, wurde jedoch schon bald differenzierter in die Fragen umformuliert: Wie weit kann und soll der Rückgang vom Öl gehen, zu welchen Kosten, und welche Energieträger sollten an dessen Stelle treten? Hier setzten die Branchen und Unternehmen je eigene Prioritäten. Zudem ist es generell schwieriger, Techniken der Abfallenergieverwertung oder der rationellen Energieverwertung in einflussreichen wirtschaftlichen Verbänden zu organisieren, im Gegensatz zu den Techniken zur Nutzung der Primärenergieträger Kohle, Gas und Öl oder derjenigen der regenerativen Energiequellen wie Sonne, Wind oder auch Biomasse. Es wurden zwar viele Organisationen gegründet, die sich dem Thema „rationelle Energieverwendung" auf unterschiedliche Weise

---

[22] BWK: 1924: 241.
[23] BWK: 1924: 241.
[24] Vgl. Archiv für Wärmewirtschaft: 1921: 127, 131f, 135; 1924: 1, 7, 19f, 21ff, 226ff, 241ff, 246f; 1925: 1; 1926: 118f; 1927: 1ff, 97ff, 293; 1929: 1, 73, 137ff, 406; 1930: 1ff, 153ff, 181f, 1933: 113ff, 227ff, 257ff; 1934: 25, 29f, 198ff. Mitteilungen der Wärmestelle: Nr. 58, 1924; Nr. 63, 1924; Nr. 78, 1925; Nr. 84, Nr.85, Nr. 90, 1926; Nr. 110, 1928; Nr. 118, 1928; Nr. 153, 1931/32. Die Wärme: 1921: 313ff, 339ff; 1923: 544; 1924: 1ff, 457ff; 1925: 185ff; 1926: 35ff, 266, 837ff; 1927: 181ff, 247ff, 266ff, 368ff, 383ff, 632ff; 1928: 817ff, 835ff, 849ff; 1930: 617ff, 639ff, 655ff.

5.4 Zur Geschichte der Abfallenergieverwertung in Deutschland

widmeten, doch suchte sich jede auf einem Gebiet zu spezialisieren und jede agierte für sich; ein gemeinsames Vorgehen, um die beträchtlichen Widerstände zu überwinden, gab es nicht.

Erst mit der Selbstverpflichtungserklärung der deutschen Industrie 1991 zum Klimaschutz wurde ein Konsens darüber erreicht, Techniken rationeller Energieverwendung und der Abfallenergieverwertung forciert einzusetzen.[25] Es war ein Konsens auf kleinstem Nenner. Fünf Jahre später startete die VIK, die sich als branchenübergreifender Energiefachverband der deutschen Industrie eine maßgebende Funktion als Katalysator und Unterstützer bei der Verwirklichung intelligenter Energiekonzepte zuschrieb, eine Beratungsinitiative. Anlass war die begründete Befürchtung, dass die vereinbarte Reduzierung von CO_2 nicht eingehalten werden könne, da der Strukturwandel hin zu weniger energieintensiven Industrien in den nächsten Jahren abgeschlossen sein und danach der Endenergieverbrauch wieder steigen würde. Außerdem würden die Techniken zur rationellen Energieverwendung immer komplexer und schwieriger. Um das angestrebte Ziel zu erreichen, müsse, so die Schlussfolgerung des VIK, eine Zusammenarbeit zwischen Industrie, kommunaler und öffentlicher Energie- und Kraftwirtschaft erreicht sowie die Kenntnisse zur rationellen Energieverwendung insbesondere in kleinen und mittleren Unternehmen gefördert werden. Im Rahmen dieses Konzepts „Industrie hilft Industrie" stellte die VIK eine Maßnahme in den Mittelpunkt, die stark an eine der 1920er Jahre erinnert: die Besichtigung energiewirtschaftlich vorbildlicher Betriebe. Wie in den 1920er Jahren musste dazu ein nicht unbeträchtlicher Widerstand der Betriebe überwunden werden. „Schließlich ist damit eine erhebliche Wissenspreisgabe gegenüber am Markt konkurrierenden Unternehmen verbunden."[26] Die Resonanz der Teilnehmer dieser Betriebsbesichtigungen wurde als sehr gut bezeichnet.

Letztlich bestimmten in allen Phasen einzelwirtschaftliche Interessen und Gegebenheiten die Entscheidungen pro oder contra der Einführung von Techniken der Abfallenergieverwertung.[27] In den ersten Jahren nach Ende des Ersten Weltkriegs war das vorrangige Unternehmensziel die Aufrechterhaltung des Betriebs, so dass wärmewirtschaftliche Maßnahmen in dieser kohleknappen Zeit selbst zu hohen Kosten eingeführt wurden; allerdings spielten Investitionskosten angesichts der Inflation nur eine geringe Bedeutung. Nach der Währungsreform von 1923 dagegen musste jede wärmewirtschaftliche Maßnahme in erster Linie zur Erreichung eines Ziels beitragen: zur Reduzierung der Betriebskosten. War das nicht zu erwarten, unterblieben die Maßnahmen in der Regel. Angesichts der hohen Zinsen und Löhne schienen Investitionen in andere Betriebsbereiche einen höheren Beitrag zur Kostensenkung zu leisten. Vorteile wärmewirtschaftlicher Maßnahmen, wie Prozessbeschleunigung, Vereinfachung der Betriebsabläufe, Erhöhung der Betriebssicherheit, verkürzte Chargenzeiten, Verbesserung der Produkte oder Verringerung unerwünschter Nebenprodukte waren demgegenüber nur von nachrangiger Bedeutung. Ein großes Hindernis war ferner der beträchtliche personelle, zeitliche und finanzielle Aufwand, der für die Projektierung, Durchsetzung und Kontrolle wärmewirtschaftlicher Maßnahmen zu leisten war. Es waren neue, unbekannte und das Management herausfordernde Aufgaben. Da es eine einheitliche, generell auch nur für Branchen zu empfehlende Patentlösung zur Abwärmenutzung nicht gibt, musste eine Vielzahl technischer und betriebsorganisatorischer Faktoren ermittelt, gemessen und koordiniert werden: Die Beeinflussung des Hauptprozesses, die Temperatur und Menge der zur Verfügung stehenden Abgase

---

[25] Vgl. BWK: 1971, 273ff, 277f, 295f; 1972: 43ff; 1973: 282f; 1974: 33f, 355f; 1977: 347ff; 1980: 269ff; 1987: 4; 1988: 7; 1989: 12, 161ff, 522; 1990: 142; 1995, 378ff.
[26] BWK: 1997: 40.
[27] Rechtliche Faktoren wurden in den 1920er Jahren kaum als Einflussfaktoren genannt.

bzw. Abdämpfe, ihre Strömungsgeschwindigkeit, Art und Menge des Wärmebedarfs, Platzbedarf der Anlagen, Investitionskosten, Rentabilität, Lebensdauer der Anlagen und anderes. Die geplanten Maßnahmen durften den Hauptprozess nicht beeinträchtigen, zudem mussten die wärmewirtschaftlichen Apparate und Anlagen einfach zu bedienen und zu warten sein. Wärmewirtschaftler wurden nicht müde zu betonen, dass der Erfolg von einer Definierung der zu erreichenden Ziele, von einer genauen Planung, von eingehenden Messungen und Untersuchungen abhängt. Dennoch wurde aus Kostengründen am Planungsaufwand gespart. Fehlplanungen und unzureichende Organisation vor allem im Messwesen, dem Kern wärmewirtschaftlicher Maßnahmen, waren die Folge und führten zu vielen Missständen. Insbesondere in den zwanziger Jahren wurden oft überstürzt Messgeräte angeschafft, die dem Zweck nicht angemessen waren. Die Messungen wurden überdies durch unzureichend geschultes Personal fehlerhaft durchgeführt und nicht dem Ziel entsprechend ausgewertet, so dass falsche Konsequenzen ergriffen wurden, wenn überhaupt. Die Geräte wurden nicht selten unzureichend gewartet, ihre Funktionsfähigkeit damit beeinträchtigt, wodurch ihre Nutzlosigkeit bewiesen schien. Durch diese Missstände geriet die Wärmewirtschaft insgesamt sehr bald in Misskredit.[28]

Organisatorische Schwierigkeiten hemmten denn auch mehr als technische Faktoren die Verbreitung überbetrieblicher Kraft-Wärme-Kopplung. Es mangelte an Erfahrungen in dieser Form überbetrieblicher Zusammenarbeit, zudem war es potenziell ein Verstoß gegen das Ziel der „Betriebsautarkie". Industrie, Elektrizitätswerke und Gemeinden verfolgten unterschiedliche, teils sich widersprechende Ziele. Dennoch gab es Beispiele für eine erfolgreiche Zusammenarbeit von EVUs und Kommunen oder zwischen Betrieben mit sich ergänzendem Kraft- und Dampfverbrauch sowie zwischen Industriebetrieben und Elektrizitätswerken.

Nicht zu unterschätzen sind die mentalen Widerstände gegenüber wärmewirtschaftlichen Maßnahmen. Deren Grundlage war, wie geschildert, die Einführung zahlreicher Messungen, die jedoch als Zentralisierung der Kontrolle über die Arbeitsabläufe und damit von vielen, auch den Managern, als Bedrohung empfunden wurden. Die Betriebsleiter sahen sich in ihrer Selbständigkeit eingeschränkt, die von den Wärmeingenieuren empfohlenen Verbesserungen werteten sie als Kritik an ihrer bisherigen Arbeit. Wärmewirtschaftliche Maßnahmen bedeuteten eine Reduzierung von Hierarchien oder zumindest verstärkte Kommunikation über die Hierarchieebenen und Abteilungen hinweg und stießen daher, weil konträr zur bestehenden Ordnung, auf massive Ablehnung.[29]

Seit den 1970er Jahren vollzogen sich die betrieblichen Entscheidungen über den Einsatz von Techniken der Abfallenergieverwertung vor allem vor dem Hintergrund einer unsicheren Preisentwicklung, der Notwendigkeit der Substituierung von Öl und der Beachtung der Umweltbelastung und -auflagen. Den Wirtschaftlichkeitsberechnungen kam die ausschlaggebende Rolle zu.[30] Die jedoch stehen auf unsicheren Fundamenten. Eine Bewertung der betrieblichen

---

[28] Vgl. Archiv für Wärmewirtschaft: 1921: 10ff, 77ff,, 109ff; 1922: 9f; 1924: 9, 19; 1926: 284ff; 1927: 108f, 124f; 1928: 33ff, 58f, 199f; 1929: 137f; 1930: 181ff. Mitteilungen der Wärmestelle: Nr. 11, 1920; Nr. 33, 1922; Nr. 39, 1922; Nr. 69, 1924.

[29] Vgl. Die Wärme: 1922: 161; 1923, 341ff; 1924: 179ff, 328ff, 448ff; 1925: 25f; 1927: 456f, 638ff; 1929: 955f, 961ff; 1930: 285ff, 622, 697ff. Archiv für Wärmewirtschaft: 1924: 227f; 1926: 248ff; 1928: 33ff; 1933: 113; 1935: 200f. Mitteilungen der Wärmestelle: Nr. 13, 1922; Nr. 17, 1921; Nr. 33, 1922; Nr. 64, 1924; Nr. 67, 1924; Nr. 69, Nr. 70, 1925; Nr. 71, 1928; Nr. 76, Nr. 78, 1925; Nr. 83, Nr. 84, Nr. 85, Nr. 86, 1926; Nr. 90, 1926; Nr. 108, 1928; Nr. 110, 1928; Nr. 117, Nr. 118, 1928; Nr. 152, Nr. 153, 1931/32; Nr. 177, 1932/33.

[30] Vgl. BWK: 1971, 161, 277ff, 295f, 303; 1972: 43ff, 58ff, 152; 1973: 150f, 147f, 150, 153f, 156f, 174f; 1974: 268ff, 374ff; 1975: 123f; 1977: 161ff; 1978: 93ff, 1979: 191ff. Energie: 1973: 268ff;

5.4 Zur Geschichte der Abfallenergieverwertung in Deutschland

Energieströme setzt deren genaue Kenntnis voraus. Die Energieflüsse eines Systems, die Zusammenhänge zwischen dem Energieverbrauch und seinen Bestimmungsfaktoren müssen bekannt sein, was jetzt jedoch so wenig wie in den 1920er Jahren der Fall war. Immer wieder kritisierten Fachleute, dass vor allem in kleinen und mittleren und wenig energieintensiven Unternehmen die innerbetriebliche Messtechnik nicht ausreichend, nicht sachgerecht konzipiert oder technisch falsch sei und dass angesichts der Flut an Messdaten, die nicht bewältigt werden könne, nur Hilflosigkeit herrsche. Zudem beruhe die Erfassung des Energieverbrauchs auf einer Kostenstellenrechnung, die sich nach betriebswirtschaftlichen Aspekten, nicht aber nach energetischen richte. Sehr oft, so die Kritiker, herrsche in weniger energieintensiven Betrieben ein großer Mangel an Kenntnissen darüber, wie Energieverbrauch und Energiekosten überhaupt erfasst werden können. Die entscheidenden Fragen, was mit der Energie geschieht und warum genau diese Energie benötigt wird, könne oft gar nicht beantwortet werden.[31] Mit solch ungenauen Daten lassen sich die wirtschaftlichen Vor- oder Nachteile einer Technik kaum ermitteln.

Diese Kritik wiederholte sich in den 1980er Jahren. Als entscheidende Hindernisse für eine rationelle Energieverwertung wurden immer wieder neben Preis- und Kostenfaktoren, ungünstiger Preis- und Tarifgestaltung, hohen Investitionskosten, Finanzierungsengpässen und Fehlverhalten der Banken, auch organisatorische und mentale Gründe angeführt: Informationsmängel, Fehleinschätzung der bereits erreichten Energieeinsparung, Schwierigkeiten in der Potenzialschätzung, Mangel an Kenntnis über die Energieströme, aufwendige Projektierung, Personalmangel, konträre Investitionsprioritäten und Unternehmensziele sowie mangelnde Innovationsbereitschaft.[32]

5.4.2.2 Forschung und Entwicklung

Forschung und Entwicklung von Techniken der Abfallenergieverwendung erfolgte in den 1920er Jahren, wie in den vorangegangenen Abschnitten schon zu erkennen war, überwiegend in der betrieblichen Praxis oder in überbetrieblichen Einrichtungen, die im engstem Zusammenhang mit der Praxis standen.[33] Die Organisationen der Wärmewirtschaft sind durchaus als eigenständige dritte Variante der Institutionalisierung von Forschung und Entwicklung zu sehen, neben derjenigen an Hochschulen oder derjenigen in Forschungsabteilungen von Großbetrieben, wie sie in der chemischen und elektrotechnischen Industrie üblich waren. Die Hochschulen spielten bei der Entwicklung der Wärmewirtschaft eine geringe Rolle, nur an wenigen Hochschulen wurden eigene Lehrstühle eingerichtet; zum Zentrum entwickelte sich Dresden. Es wurden allerdings auch kaum Forderungen nach einer stärkeren universitären Verankerung laut, weder von Professoren noch von Vertretern der Wirtschaft. Beide Seiten bevorzugten das Angebot spezieller Kollegs und Vorlesungen für Studierende wie auch Praktiker. Eine wärmewirtschaftliche Spezialisierung hielten die meisten erst gegen Ende, wenn nicht gar erst

---

1974: 1, 115ff, 219ff, 419f; 1975: 131ff, 277, 315ff; 1976: 1ff, 246, 311f; 1977: 126ff, 130ff; 1978: 359ff.
[31] Vgl. BWK: 1971: 98ff, 303f, 388ff; 1973: 53ff, 101, 297; 1975: 355f; 1976: 270ff, 427ff; 1977: 347; 1980: 105ff.
[32] Vgl. BWK: 1981: 163ff, 207; 1982: 153ff, 165ff, 192ff, 209ff, 218ff, 323ff, 337ff; 1983: 150ff, 167ff, 379ff; 1984: 119ff; 148ff, 302ff, 466ff, 472ff; 1986: 75ff; 1987: 66, 177ff; 1988: 131ff; 1989: 161ff; 1990: 137ff, 196ff; 1992: 157ff, 383ff, 476; 1994: 198ff, 276ff. Energie: 1981: 65ff, 115ff, 243ff; 1982: 97ff; 1983: 99.
[33] Vgl. die in Fußnote 1 angegebene Literatur.

nach Beendigung des Studiums für sinnvoll. Beliebt war die Zusammenarbeit bei Prüfungsarbeiten: Die Wärmestellen boten Studierenden an, bei ihnen oder angeschlossenen Betrieben die für ihre wärmewirtschaftlichen Arbeiten notwendigen Untersuchungen durchzuführen; oft schlugen sie auch die Themen vor. Selbst der Nestor der wissenschaftlichen Wärmewirtschaft, Walther Pauer von der TH Dresden, hielt das Gebiet für zu speziell und den Rahmen eines Grundlagen vermittelten Studiums sprengend.[34] Wichtiger als die Institutionalisierung der Wärmewirtschaft schien ihm die Eingliederung der Wirtschaftswissenschaften in die Technischen Hochschulen statt in die Universitäten, angesichts der engen Verbindung von Wärmewirtschaft mit der aufkommenden wissenschaftlichen Betriebsführung auch rückblickend eine sinnvolle Überlegung. So können die Wurzeln der heutigen Begriffe „thermoökonomische Modellierung und Optimierung" bis zu Pauer zurück verfolgt werden. Insgesamt zeigten die Wärmewirtschaftler in der Frage der universitären Institutionalisierung eine, im Vergleich zu anderen Fächern, erstaunliche Abstinenz. Das Thema wurde in den Fachzeitschriften kaum erörtert. Ein Grund dafür könnte sein, dass den Wärmewirtschaftlern von der Praxis ohnehin Theorielastigkeit und übertriebene Wissenschaftlichkeit vorgeworfen wurde - nebenbei ein oft verwendetes Argument, um entsprechende Maßnahmen gar nicht einzuführen.

Es spricht vieles dafür, dass gerade diese enge Verbindung mit der betrieblichen Praxis zum Aufschwung in der Entwicklung von Techniken der Abfallenergieverwertung in den 1920er Jahren beitrug. Die Inhalte der zentralen Fachzeitschriften und die zahlreichen Monographien sind ein Beweis für den breiten Konsens, der über die Notwendigkeit derartiger Forschungen erreicht war. Darüber hinaus zeigt sich der Aufschwung insbesondere in der Prägung des Begriffs „Wärmewirtschaft" und der Einführung damit verbundener Begriffe wie Abwärme, Abhitze, Abfallenergie, Abfallkraft und anderes. Zu Beginn des Jahrhunderts waren diese Schlagworte in den Zeitschriften noch nicht zu finden. „Wärmewirtschaft" fungierte als Oberbegriff für unterschiedliche Maßnahmen und Techniken, Energie zu sparen und sie rationeller zu verwenden, meist wurde grob zwischen einer Wärmewirtschaft im „engen" und im „weiten" Sinne unterschieden.[35] Weiterer Indikator für den gestiegenen Stellenwert der Wärmewirtschaft ist der Versuch, die Berufsbezeichnung „Wärmeingenieur" zu etablieren. Zur Formulierung eines Berufsbildes kam es jedoch nicht, und seit Ende des Zweiten Weltkriegs wird diese Bezeichnung nicht mehr verwendet.

Der Aufschwung in Forschung und Entwicklung der Abfallenergieverwertung begrenzte sich keinesfalls auf Deutschland. Insbesondere in Amerika, England und den skandinavischen Ländern wurde an derartigen Techniken gearbeitet. Die internationale Bedeutung, die das Thema fand, signalisiert am deutlichsten die Einrichtung der Weltenergiekonferenz 1924, eine Initiative Englands. Ihr Ziel war „zu beraten, in welcher Weise die industriellen und wissenschaftlichen Kräfte der Welt national und international auszunutzen und weiter zu entwickeln sind, ... der Austausch von Kenntnissen über alle Fragen, die sich auf das Auffinden und Aus-

---

[34] Vgl. Die Wärme: 1925: 185ff.
[35] Im weiten Sinne umfasste sie Brennstoffwirtschaft (z.B. Auswahl der günstigsten Brennstoffe und ihrer Verwendung); Energiewirtschaft (Verbindung von Wasser- und Wärmekraft etc.), Betriebswirtschaft (Selbstkostenermittlung, wissenschaftliche Betriebsführung, Beurteilung der energieverbrauchenden Einrichtungen, Berechnung des Einflusses des Beschäftigungsgrades und der Konjunkturschwankungen etc.). Im engeren Sinne zählten dazu die Brennstoffverwertung (Verwendung der Abfall- und Mittelprodukte aus der Kohlenaufbereitung etc.); Vergrößerung der Kessel- und Maschineneinheiten; Druck- und Temperaturerhöhung des Frischdampfes; Ausgleich der Belastungsschwankungen; Speisewasser- und Luftvorwärmung; Abwärmeverwertung und Erzeugung von Überschussenergie und vieles mehr.

5.4 Zur Geschichte der Abfallenergieverwertung in Deutschland

nutzen der Kraftquellen, auf die Krafterzeugung, Kraftübertragung, Kraftverteilung sowie auf die hierauf bezüglichen finanziellen, wirtschaftlichen und gesetzlichen Gesichtspunkte beziehen."[36] Die führende Stellung der Dresdner Hochschule und der Person Pauers im deutschen Sprachraum erkennt man daran, dass es Pauer angetragen wurde als Generalberichter im Rahmen der Weltkraftkonferenz 1930 zu wirken. Nebenbei ist das ein weiteres Argument dafür, die Bedeutung der Knappheit des Hauptenergieträgers Kohle für den Aufschwung der Abfallenergieverwertung in den frühen 1920er Jahren zu relativieren. Dazu später mehr.

Im Gegensatz zu den 1920er Jahren führte die Energieverknappung durch die Ölkrisen in den 70er Jahren nicht zu einem Konsens über die Notwendigkeit des Energiesparens oder rationeller Energieverwendung allgemein. Zur Bewältigung des Strukturwandels, in dem sich nicht nur die Energiewirtschaft befand, war Abfallenergieverwertung nur eine Möglichkeit von vielen und zudem eine sehr umstrittene. Die 1970er Jahre waren statt eines Konsenses geprägt von der Polarisierung der Meinungen der Fachleute und Interessengruppen sowie einer Polemisierung in der Auseinandersetzung. Korrespondierend dazu entwickelte sich eine Forschungslandschaft, in der sich die Forschungsaktivitäten auf eine Vielzahl von Institutionen verteilte, die miteinander kaum kooperierten. Der Ort der Forschung verlagerte sich gleichzeitig der Wirtschaft in die Wissenschaft. Die meisten Projekte zur rationellen Energieverwendung wurden in Kooperation von wissenschaftlichen Einrichtungen mit privatwirtschaftlichen Betrieben durchgeführt, zu einem großen Teil staatlich initiiert und finanziert. Die inhaltlichen Schwerpunkte der staatlichen Forschung umrissen drei Programme: das Energiesparprogramm zur Reduzierung des Energiebedarfs für Raumheizung v.a. von Haushalten und Kleinverbrauchern, das Programm zur Energieeinsparung v.a. in kleineren und mittleren Unternehmen und schließlich das Programm zur Förderung der beschleunigten Markteinführung energiesparender Technologien und Produkte. Darin eingeschlossen war die Förderung zahlreicher Techniken zur Abfallenergieverwertung, unter anderem die von Wärmepumpen. Überwiegend durch staatliche Mittel finanziert wurden der Ausbau der Fernwärme sowie Forschungen zur Nutzung von Biomasse.[37] Mit großem Abstand eindeutiger Schwerpunkt in der staatlichen Förderung war immer die Kernenergie, gefolgt von der Kohleforschung.

Nach dem Regierungswechsel 1982 gingen die staatlich finanzierten Forschungen zur Abfallenergieverwertung zurück. Die Entwicklung der Abfallenergieverwertung galt den Politikern wieder stärker als ureigene Aufgabe der Wirtschaft. Der Markt müsse über die Durchsetzung von Techniken der Abfallenergieverwertung entscheiden, der Staat könne allenfalls indirekt fördern. In der Wirtschaft war die staatliche Förderung immer umstritten. Der Mehrheit galten staatliche Anreize oder finanzielle Förderungen als der falsche Weg; sie setzte darauf, dass technische Entwicklung und Strukturwandel automatisch für energiesparende Anlagen sorgen würden.[38] Was weiterhin blieb, war die Durchführung der Forschungen in einer immer größer werdenden Zahl von nationalen und internationalen Institutionen. Nach wie vor verfolgte jede unabhängig von den anderen ihre eigenen Forschungen, die Aktivitäten wurden kaum koordiniert. Die Bandbreite der Forschungsthemen war groß, die Zahl der Veröffentlichungen stieg, inhaltliche Schwerpunkte sind nicht auszumachen. Selbst Fachleute, wie z. B. die Verfasser der Jahresübersichten zur rationellen Energieverwendung in der BWK, sahen keine Möglichkeit,

---

[36] Archiv für Wärmewirtschaft: 1972: 293.
[37] Vgl. BWK: 1970: 267ff; 1971: 241ff, 383ff; 1972: 280f; 1977: 136f, 149f, 151ff; 1978: 160ff, 1979: 263ff.
[38] Vgl. BWK: 1984: 134ff; 1986: 127ff; 1989: 4; 1992: 157ff.

das Forschungsfeld zu überblicken.[39] Den vereinzelt vorgebrachten Anregungen, die Ergebnisse und Erfahrungen der verschiedenen Aktivitäten zu diskutieren, sie kritisch zu beurteilen, eine programmatische Straffung der Forschungsarbeiten vorzunehmen und die einzelnen Projekte in ein langfristiges Programm einzubinden, folgten offenbar kaum Reaktionen.[40] Ähnliche Klagen wurden auch auf der Weltenergiekonferenz 1989 laut: Die Aussagen der zu zahlreichen Veranstaltungen, könnten nicht mehr prägnant zusammengefasst, eine zwingende Botschaft somit nicht formuliert werden.[41] Ohne ein derartiges effektives Wissensmanagement und vor allem ohne einflussreiche, energisch und konzertiert vorgehende Institutionen konnten sich Techniken der Abfallenergieverwertung nur schwer gegen andere Energietechniken, v.a. die Kernenergie, durchsetzen. Zu den dominierenden Themen in Forschung und Entwicklung gehörten Techniken der Abfallenergieverwertung nicht. Das spiegelt sich in der Entwicklung der Fachzeitschriften: Der Nachfolger des „Archivs der Wärmewirtschaft", die „Brennstoff, Wärme, Kraft (BWK)", übernahm nicht dessen Rolle als Sprachrohr der Wärmewirtschaft. „Rationelle Energieverwendung", wie der Begriff nun lautete, wurde in dieser vom VDI getragenen und später als Organ der VDI-GET dienenden Zeitschrift nur noch am Rande behandelt. Das Thema kam allenfalls im Rahmen der Berichterstattung über die Weltenergiekonferenz oder im Rahmen der zeitweise eingegliederten Berichte der Forschungsstelle für Energiewirtschaft in München zur Sprache, selten jedoch in eigenen Aufsätzen. Erst seit 1977 wurden die jährlichen Überblicke über die Fortschritte auf einzelnen Gebieten um die Rubriken „Rationelle Energiewirtschaft" und „regenerative Energiequellen" erweitert. Sprachrohr der Protagonisten der Abfallenergieverwertung wurde stattdessen die von privater Seite herausgegebene und finanzierte Zeitschrift „Energie". Darüber hinaus wurde eine Vielzahl von Zeitschriften für die verschiedensten Spezialgebiete neu gegründet.

Erst seit Ende der 1980er Jahre wird ein neuer Weg sichtbar, den man als „Einheit in der Vielfalt" bezeichnen könnte. Die Polarisierung der vorangegangen Jahre und der Versuch, einen Energieträger als den dominierenden durchzusetzen, wird zunehmend aufgegeben, dafür die Gleichrangigkeit aller Techniken und ihr sich gegenseitig ergänzender Einsatz propagiert. Kooperation, Integration und eine realistische pragmatische Betrachtung statt Konkurrenz und das Setzen auf eine einzige Patentlösung für alle Energieprobleme lautet die neue Zielrichtung. Die Vernachlässigung der Entwicklung neuer Technologien zur Energiegewinnung und -verwendung zugunsten der Kernenergie wird lauter kritisiert. Zunehmend zeichnet sich ein Konsens darüber ab, dass der energiewirtschaftliche Anpassungsprozess in Richtung einer fortschreitenden Energieeinsparung, eines optimalen Energieeinsatzes und einer Diversifizierung des Energieangebots verlaufen wird. Im Gegensatz zu den 1970er Jahren stoßen Energieeinsparungstechniken und -konzepte nicht mehr auf grundsätzliche Ablehnung, wenngleich Skeptiker und Befürworter der Kernenergie weiterhin vor überzogenen Einschätzungen warnen. Die Rede ist jetzt vom Weg der kleinen Schritte, der weiter gegangen werden müsse, auch wenn er lange dauern werde. Erst mit dieser Sichtweise fällt der Abfallenergieverwendung wieder eine steigende Aufmerksamkeit und ein höherer Stellenwert zu, während sie in den 1970er Jahren einen schweren Stand hatte. Der Umschwung spiegelt sich in der steigenden Anzahl entsprechender Aufsätze selbst in einer konservativen Zeitschrift wie der BWK, darüber hinaus beispielsweise auch in den deutschen Beiträgen zur Weltenergiekonferenz 1989.[42]

---

[39] Vgl. BWK: 1981: 163ff.
[40] Vgl. BWK: 1982: 182ff.
[41] Vgl. BWK: 1989: 517ff. Die Weltenergiekonferenz richtete 1979 eine „Conservation Comission" ein, 1988 wurde daraus das ständige „Conservation and Studies Committee".
[42] Vgl. BWK: 1989: 385ff; 517ff; 1986: 379ff.

Immer stärker wird in dieser auch international zu beobachtenden Entwicklung die umweltentlastende Funktion von Abfallenergieverwertung bzw. „haushaltender" Energieverwendung hervorgehoben.[43]

Eine Lücke in der Forschung blieb jedoch über den gesamten Zeitraum erhalten: der Mangel an Einigkeit in der Begriffsbildung und Theorie, der u. a. durch die Bindung der Begriffe an die jeweiligen, unterschiedlichen Technologien, die zu unterschiedlichen Blickrichtungen führen, begründet ist. Wie der Begriff der „Wärmewirtschaft" umfasst auch der Begriff „Rationelle Energieverwendung" ein sehr weites Spektrum an Techniken und Zielsetzungen, wie dieser ist er unpräzise und nicht eindeutig definiert. Meist wurde er definiert als Deckung eines gegebenen Nutzenergiebedarfs mit dem geringstmöglichen Aufwand an Energieträgern, unter angemessener Berücksichtigung der Wirtschaftlichkeit.[44] Seit Ende der 80er Jahre setzt sich immer mehr der englische Begriff „energy efficiency" durch. Gravierender ist die fehlende Einigkeit in der Definition und Anwendung des Exergiebegriffes sowie der Einbeziehung des II. Hauptsatzes der Thermodynamik in die Definitionen des Wirkungsgrades, in die Bewertung und Ermittlung des Energieverbrauchs oder in die Entwicklung von Energieverbrauchsnormen und Kennziffern zur energetischen Bewertung der betrieblichen Energieströme. Es gibt keine einheitliche Definition, wie die Effektivität der Nutzung von Energie, die Güte eines Prozesses gemessen und bewertet soll (s. auch Kapitel 2).[45] Das beweist auch ein Blick in die Lehrbücher der Technischen Thermodynamik. Danach kann man feststellen, dass z. B. der Begriff der Exergie in die Lehrbücher eingegangen ist. Die praktische Anwendung dagegen bezieht sich, wenn überhaupt, auf damit in abgeleiteter Form zusammenhängende Größen, wie Temperaturen, Druckverluste, Stoff- und Energieströme, was zum einen die grundsätzlichen Zusammenhänge verdunkelt und zum anderen einen allgemeinen Vergleich zwischen verschiedenen Technologien und unterschiedlichen Energiearten erschwert, wenn nicht unmöglich macht. Die Durchsetzung der Abfallenergieverwertung in der betrieblichen Praxis wird dadurch erschwert.

5.4.2.3 Politik

In der Politik verlief die Entwicklung von der Eindeutigkeit der Ziele in den 1920er Jahren hin zu einer Zielvielfalt und Widersprüchlichkeit der Energiepolitik seit den 1970er Jahren. In den 1920er Jahren war ein Konsens über das zentrale politische Ziel angesichts der Kohleknappheit leicht herzustellen. Zur Durchsetzung ihres Ziels setzte die Politik unterschiedliche Mittel ein, z. B. die Gründung des technisch-wirtschaftlichen Sachverständigenausschusses für Brennstoffverwendung beim Reichskohlenrat. Dieser hatte die Aufgabe, die bestmöglichen Wege zur Ausnutzung der Kohle in der Wirtschaft bekanntzumachen und ihren Einsatz zu fördern. Der Staat setzte auf die freiwillige Mitarbeit der Wirtschaft bzw. deren Organisationen, hatte zugleich aber mit dem Sozialisierungsparagraphen und den zur Bewältigung des Übergangs in die Friedenswirtschaft noch vorhandenen Bewirtschaftungsstellen der Kriegs-

---

[43] Vgl. BWK: 1984: 295ff; 1987: 177ff; 1989: 11ff, 385ff, 517ff; 1995: 284. Vgl. ferner die in Fußnote 54 angegebene Literatur.
[44] Vgl. BWK: 1977: 149ff.
[45] Vgl. Archiv für Wärmewirtschaft: 1927: 1ff; 1930: 2ff. Die Wärme: 1923: 1ff; 1924: 465ff; 1926: 911ff; 1927: 139ff; 1929: 787ff. BWK: 1971: 516ff; 1972: 68f; 1977: 479; 1978: 475ff; 1979: 68ff; 1980: 9ff; 1981: 287, 427ff; 1982: 83ff, 337ff; 1983: 398ff; 1984: 100ff, 109ff; 1987: 535ff; 1988: 72ff, 231; 1990: 325ff, 664ff, 724ff; 1991: 276ff; 1992: 43ff; 1993: 297ff; 353ff; 1994: 431ff. Energie: 1981: 104f.

wirtschaft überzeugende Argumente dafür in der Hand, mit seiner Drohung Ernst zu machen und mit Zwangsmaßnahmen zu reagieren und dirigistisch in die Wirtschaft einzugreifen, sollte diese das Ziel der Brennstoffeinsparung mit eigenen Kräften nicht erreichen. Wie oben geschildert, stand deshalb hinter den energiepolitischen Aktivitäten der Wirtschaftsverbände primär das Bestreben, staatliches Eingreifen unter allen Umständen zu verhindern.

Eine derartige Eindeutigkeit in der politischen Zielbildung, von der Priorität auf den Ausbau der Kernenergie abgesehen, und noch weniger ein konzertiertes Vorgehen von Staat und Wirtschaft konnten selbst die Ölkrisen der 1970er Jahre nicht hervorrufen. Das Editorial der BWK 1989 zum 40jährigen Bestehen der Zeitschrift ist bezeichnend: Die Autoren beklagen, dass es kein Zentrum einer einheitlichen energiepolitischen und energiewirtschaftlichen Kraft mehr gebe. Es herrsche stattdessen die Devise, von allem ein bisschen. Die energiepolitischen Ziele unterschiedlicher Gruppen widersprächen sich und höben sich gegenseitig auf. Die Situation wurde als schwieriger als vor 40 Jahren eingeschätzt.

Die Rolle der Politik ist widersprüchlich. Einerseits sprach sie einer sparsamen und rationellen Energieverwendung in den Energieprogrammen der 1970er Jahre höchste Priorität zu, auch weil sie die Ölknappheit, in Übereinstimmung mit anderen Industriestaaten, nicht als vorübergehendes, sondern langfristig wirkendes Phänomen einstufte. Der Staat beeinflusste mit seiner Umwelt- und Energiepolitik die Energieforschung einschließlich der Forschungen zur Abfallenergieverwertung direkt und indirekt; teilweise initiierte er Forschungsprojekte, manche, wie die Forschungen zur Biomasse und der Ausbau der Fernwärme, wären ohne staatliche Förderung vermutlich nicht erfolgt. Andererseits reichten die Maßnahmen nicht aus, um die Defizite der Forschung in der Wirtschaft auszugleichen. Zudem bestand ein krasses Missverhältnis zwischen den Fördersummen für Kernenergie und Kohleforschung und denen für rationelle Energieverwendung.[46] Die Bevorzugung der Kernenergie wirkte kontraproduktiv, sie ging zu Lasten alternativer Techniken. Auch die Politik der billigen Energieversorgung ist aus Sicht der Abfallenergieverwertung als ihre Durchsetzung hemmend zu bewerten. Widersprüchlich wirkte sich letztlich auch die Fülle an rechtlichen Vorschriften aus (s. Abschnitt 5.2); darauf ist hier jedoch nicht weiter einzugehen.

5.4.3 Der Einfluss von Ökonomie, Ökologie und gesellschaftlichen Werthaltungen

Das Verhalten der Akteure in den drei Gruppen Wissenschaft, Wirtschaft und Politik und damit Stellenwert und Verbreitung von Techniken der Abfallenergieverwertung waren im Grunde von drei Faktoren beeinflusst: von dominierenden wirtschaftlichen Paradigmen, von Umweltargumenten und von gesellschaftlichen Werthaltungen.

5.4.3.1 Wirtschaftliche Paradigmen

Von den wirtschaftlichen Paradigmen beeinflussten insbesondere die jeweils dominierenden Methoden der Wirtschaftlichkeitsberechnung die Entscheidungen für oder gegen den Einsatz rationeller Energiewirtschaft. In diesen Wirtschaflichkeitskalkülen wiederum spielten die

---

[46] Vgl. BWK: 1971: 224ff; 1975: 275ff; 1976: 443f; 1977: 149ff, 168ff; 1978: 136ff; 1979: 151ff, 309ff; 1980: 269ff, 487; 1981: 68f, 85ff, 293; 1983: 156ff, 424; 1984: 134ff, 457; 1988: 103ff; 1989: 4, 385ff, 453.

5.4 Zur Geschichte der Abfallenergieverwertung in Deutschland

Energiepreise eine zentrale Rolle.[47] Das Ergebnis lässt sich knapp formulieren: Die Energiepreise waren immer zu niedrig, als dass sich Abfallenergieverwertung hätte rechnen können. Die Bedeutung von Brennstoffpreisen wurde erst mit Beginn des 1. Weltkriegs deutlich, vorher spielten sie, so die Eigeneinschätzung der Wirtschaft, keine große Rolle. Ihre Berücksichtigung in den Wirtschaftlichkeitsberechnungen bereitete überdies Schwierigkeiten: Ihre Höhe hing damals stark von der Lohnpolitik der Bergbaubetriebe und der Höhe der Frachttarife der Reichsbahn ab.

Seit Ende des Zweiten Weltkriegs verfolgen Politik und Wirtschaft das Ziel einer möglichst billigen Energieversorgung. Das ist ein Grund dafür, dass selbst von den gestiegenen Preisen vor allem nach der zweiten Ölkrise kein eindeutiger Druck zum Übergang auf eine rationellere Energieverwendung ausging. Auch die zeitgenössischen Fachleute bewerteten den Druck unterschiedlich: manche hielten ihn für stark genug, um Änderungen zu bewirken, andere nicht. Diese warnten davor, energiesparende Methoden um jeden Preis einzuführen.[48] Wenn auch manche Techniken jetzt die Schwelle zur Wirtschaftlichkeit überschritten, bedeutete das noch nicht automatisch ihre Einführung. Obgleich es nach den Ölkrisen schwieriger wurde, die Entwicklung der Energiepreise zu schätzen, spielte das Bestreben, mit rationeller Energieverwendung von unsicheren und nicht dem Marktgeschehen unterworfenen Preisentwicklungen unabhängiger zu werden, keine primäre Rolle in den Entscheidungskalkülen der Unternehmer. Die Politik der niedrigen Energiepreise wird in der Forschung daher durchaus kritisch beurteilt. Studien kommen zu dem Ergebnis, dass niedrige Preise nur für Branchen mit standardisierten Technologie- und Produktanforderungen von hoher Bedeutung sind. Umgekehrt hätten sie nachteilige Effekte, indem sie notwendige Umstrukturierungen in den verbrauchenden Industriebranchen verhinderten, der hohe Anteil der Energieimporte bestehen bliebe und Exportchancen für Anlagen mit hohem technischen Know-how einschränkten.[49]

Die Abhängigkeit der Energiepreise von anderen als „reinen" Marktfaktoren sowie die Unsicherheiten, mit denen Prognosen über die Preisentwicklung verbunden sind, sind ein Grund, die Aussagekraft der Wirtschaftlichkeitsberechnungen kritisch zu betrachten. Weitere Gründe kommen hinzu: Die beständigen Klagen über das höchst unzureichende betriebliche Messwesen und die mangelnden Kenntnisse über Art und Verlauf der betrieblichen Energieströme lassen Zweifel an der Fundiertheit der Grunddaten und damit am Ergebnis der Berechnungen aufkommen. Gleiches gilt angesichts der zahlreichen Vorentscheidungen, Prämissen, Annahmen und Wertungen, die in die Gestaltung der Wirtschaftlichkeitskalküle einfließen. Zu diesen Vorentscheidungen gehören beispielsweise die über die Wahl der Vergleichszahlen, der Bezugsgrößen und Bewertungskriterien: Rechnet man mit Dampfverbrauchszahlen in Kilogramm oder mit Wärmeverbrauchszahlen in Wärmeeinheiten? Sollen die Kesselpreise auf die gleiche Heizfläche oder auf die gleiche elektrische Leistung bezogen werden? Welcher Zeitraum ist für die Amortisation anzusetzen, zwei Jahre oder sechs oder gar zehn? Experten sind der Auffassung, dass für Investitionen in Techniken der Abfallenergieverwertung strengere Maßstäbe, also kürzere Amortisationszeiträume angesetzt werden.[50] Ferner fließt in die Wirtschaftlichkeitskalküle ein weiteres zentrales wirtschaftliches Paradigma ein, das Denken in Skalenerträgen, wodurch die „Dominanz der Größe", der Trend zu immer größeren technischen Einheiten und damit zur Zentralisierung verstärkt wird. Techniken der rationellen Energieverwendung,

---

[47] Vgl. BWK: 1974: 355ff, 445; 1977: 442; 1978: 125ff; 1979: 151f, 180ff.
[48] Vgl. BWK: 1977: 89ff, 347ff; 1981: 281ff, 459.
[49] Vgl. BWK: 1982: 297ff.
[50] Vgl. BWK: 1984: 302ff; 1986: 518.

wie zum Beispiel die Kraft-Wärme-Kopplung oder die Nutzung von Biomasse, werden damit automatisch als unwirtschaftlich errechnet. Die Bewertungskriterien der Wirtschaftlichkeitskalküle sind, zusammengefasst, unzulänglich und zudem nicht einheitlich. Eine exergetische Bewertung, die – wie schon weiter vorn angedeutet – die Möglichkeit einer einheitlichen Betrachtung und einer allgemeinen Bewertung und damit Vergleichbarkeit der unterschiedlichen Maßnahmen, eröffnet hätte, oder die Betrachtung des kumulierten Energieverbrauchs wurde nur vereinzelt angeregt. Erst seit Beginn der 1990er Jahre, seit sich Konsens über die Notwendigkeit der Beachtung von Umweltfolgen der Energieverwendung abzeichnet, die Kosten für Nachrüstungen zur Luftreinhaltung deutlich steigen und eine Internalisierung der externen Umweltkosten dringender wird, fordern Fachleute nachdrücklicher eine energetische Bilanzierung. In diesem Rahmen fällt dann auch die Bewertung der Abfallenergieverwertung positiver aus. Es bleibt jedoch das Manko, dass Wirtschaft und Wissenschaft sich zwar über das Ziel der Internalisierung der Kosten einig sind, keinesfalls aber darüber, nach welcher Methode das geschehen soll. Die Gestaltung der Wirtschaftlichkeitskriterien hängt letztlich immer von der Zielsetzung ab, die mit den geplanten Maßnahmen erreicht werden soll. Ein Zirkelschluss ist damit nicht ausgeschlossen. Abfallenergieverwertung müsse sich rechnen, lautet die Forderung seit jeher, doch die Kriterien für die Berechnung sind unzulänglich, uneinheitlich und gestaltungsfähig.[51] Insgesamt wirkten sich die dominierenden wirtschaftlichen Paradigmen z. Z. und in der vorliegenden Form nicht zugunsten der Abfallenergieverwertung aus.

5.4.3.2 Ökologische Argumente

Die Analyse der von den Akteuren aus Wirtschaft, Wissenschaft und Politik verwendeten ökologischen Argumente pro oder contra rationelle Energieverwendung ergibt, dass es sich dabei im Grunde um drei Formen von Knappheit handelt: um die natürliche, die politisch bedingte sowie die gesellschaftlich bedingte Knappheit an Energie.

Die Endlichkeit natürlicher Energieressourcen ist mindestens seit dem 19. Jahrhundert bekannt, genau genommen schon seit dem 18. Jahrhundert (z. B. Äußerungen von Forster), die für Holz natürlich noch sehr viel länger. Umstritten ist weniger die Tatsache der Endlichkeit an sich als vielmehr die Schätzung darüber, wie groß die Vorräte sind und in welchen Zeiträumen sie zu Ende gehen werden. Der Gedanke der natürlich bedingten Knappheit war in den hier untersuchten Debatten unterschwellig präsent, veranlasste aber zu keiner Zeit weder Wirtschaft noch Politik zu konkreten Handlungen. Am stärksten wird das Argument verwendet, um den Einsatz regenerativer Energiequellen zu begründen.

Die Kohleknappheit nach dem Ersten Weltkrieg und die Verknappung von Öl durch die beiden Ölkrisen der 1970er Jahre sind Formen politisch verursachter Knappheit. Auch die Energiesituation der DDR lässt sich hier einordnen. In allen Fällen führte diese Knappheit zu einem Aufschwung der Abfallenergieverwertung, jedoch von unterschiedlicher Intensität und nur kurzfristig – von der DDR abgesehen. Weder nach dem Ersten Weltkrieg noch nach den Ölkrisen gingen die Fachleute von einer langanhaltenden Dauer der akuten Knappheit aus. Die Bedeutung der Ölkrisen darf nicht überschätzt werden. Sie beschleunigten den ohnehin notwendigen und schon in den späten 1960er Jahren begonnenen Sturkturwandel der Energiewirtschaft, waren aber nicht dessen Auslöser. International vergleichende Studien der Zeit kamen

---

[51] Vgl. BWK: 1972: 160ff; 1973: 282ff; 1974: 331ff, 355f, 445; 1975: 327ff, 355; 1977: 439ff; 1978: 275ff; 1981: 281ff; 1982: 209ff; 297ff; 1983: 3, 167ff; 1984: 134ff, 243ff, 303ff, 466ff, 472; 1986: 518; 1987: 177ff, 417ff; 1991: 98, 194ff; 1992: 450ff; 1993: 9ff, 45ff, 101ff, 505ff.

5.4 Zur Geschichte der Abfallenergieverwertung in Deutschland

zu dem Ergebnis, dass die Ölkrisen die tradierten Konzepte der Energieversorgung in Europa nur ungenügend beeinflussen, vielleicht bis auf Frankreich.[52] Das Ziel, die Importabhängigkeit zu verringern, wurde ebenfalls nur kurzzeitig propagiert und später durch das Ziel der Diversifizierung der Energieträger und das Vermeiden einseitiger Abhängigkeiten ersetzt.

Die gesellschaftlich bedingte Knappheit natürlicher Ressourcen allgemein findet ihren Ausdruck in der in den 1970er Jahren beginnenden Umweltpolitik. Sie war Reaktion auf die auch wissenschaftlich gestützte Erkenntnis, dass die Umwelt nicht beliebig mit Schadstoffen belastbar ist. Die tradierte Nutzung und Belastung der Natur hatte zu einer Situation geführt, in der bestimmte Bereiche der natürlichen Umwelt zu einem knappen Gut geworden waren: der erreichte Belastungsgrad drohte die weitere wirtschaftliche Entwicklung zu behindern. Deutlichstes Beispiel ist die Situation der Gewässer; deren Erwärmung und Verschmutzung erwies sich als Engpass, erschwerte bzw. verhinderte mancherorts bereits die Ansiedlung weiterer Industriebetriebe oder Kraftwerke. Ähnliches gilt in Bezug auf die Luftverschmutzung großer Ballungsräume. Die politisch erzwungene Reduzierung der Luft- und Wasserverschmutzung beeinflusste die Entwicklung von Techniken zur Abfallenergieverwertung positiv. In direkter Form gilt das z. B. für die Entwicklung der Kraft-Wärme-Kopplung und speziell von GuD-Prozessen. Indirekte Wirkungen gingen von den genaueren Analysen der Verbrennungsvorgänge aus, die mit den Bemühungen zur Schadstoffreduzierung verbunden waren. Diese hatten oft Änderungen der Produktionsprozesse zur Folge, die die Einführung von Wärmerückführungsprozessen einschlossen, sei es auch nur als willkommener, da kostensenkender Nebeneffekt, und nicht als Hauptziel.

Auch in Bezug auf die Knappheit an Energie im speziellen zeigen sich deren gesellschaftliche Bedingungen bereits in den 70er Jahren, doch werden sie erst seit Ende der 80er Jahre deutlicher und offener ausgesprochen. Die Ölkrisen bewirkten, dass die langfristige Sicherstellung der Energieversorgung als politische Aufgabe erkannt und zu einem zentralen Aspekt der politischen, wirtschaftlichen und technisch-wissenschaftlichen Diskussion wurde. Diese Form der Energieknappheit beruhte eben nicht auf dem Gedanken der natürlichen Begrenztheit der Ressourcen; Prognosen über deren Endlichkeit spielten in diesem Kontext keine Rolle. Auch die außenpolitisch bedingte Verknappung wie im Fall der Ölkrisen stand nicht im Zentrum. Hinter dem Ziel der langfristigen Versorgungssicherheit stand vielmehr die Befürchtung, dass das Angebot an Primärenergie dem prognostizierten und angestrebten Wachstum der Wirtschaft nicht mehr folgen könne. Knappheit in diesem Sinne umschrieb die Gefahr, dass die „Evolution der menschlichen Gesellschaft im Sinne einer Steigerung der Lebensqualität"[53] durch ein nicht ausreichendes Energieangebot gefährdet sein könnte. Dieses Szenario gewann zunehmend an Bedeutung, insbesondere, seit es gegen Ende der 1980er Jahre „globalisiert" wurde: Angesichts einer wachsenden Weltbevölkerung mit ihrem berechtigten Wunsch nach steigendem Wohlstand müsse weltweit ausreichend und damit mehr Energie als bisher bereitgestellt werden. Diese Perspektive beeinflusste die energietechnische Forschung und Entwicklung massiv. Bei der Suche nach Möglichkeiten zur Erweiterung des Energieangebots stand die Erschließung neuer Energiequellen eindeutig im Vordergrund, allen voran die Kernenergie, trotz der erkannten Widerstände. Doch auch Techniken der Abfallenergieverwertung gewannen im Rahmen dieser Diskussionen erheblich an Bedeutung. Dabei überlagerten sich mehrere Ziele: rationelle Energieverwendung galt den einen als langfristige Energiequelle und beste Möglichkeit zur Schonung der natürlichen Ressourcen; anderen als Technik zur Überbrückung

---

[52] Vgl. BWK: 1979: 68f.
[53] Vgl. BWK: 1974: 67f.

der Zeit, bis geeignetere Techniken zur Verfügung stehen; dritten als Möglichkeit, von erneuten politisch bedingten Energiekrisen weniger getroffen zu werden; wieder anderen als effektive Möglichkeit zur Senkung der Betriebskosten durch die Erhöhung der Wirkungsgrade und vor allem auch zur Senkung oder Vermeidung der Kosten für die erwarteten zusätzlichen, nachträglich einzuführenden Anlagen zur Schadstoffreduzierung. Der enge Zusammenhang zwischen Umweltschutz und Energieversorgung wird seit den späten 1980er Jahren nicht mehr geleugnet. Das Thema umweltschonende energetische Prozesse und Optimierung der Energieversorgung bleibt auf der Tagesordnung. Vermutlich hat die Tatsache, dass sich mit der Abfallenergieverwertung mehrere Ziele, ökologische wie wirtschaftliche, verbinden und erreichen lassen, einen nicht zu unterschätzenden Anteil an ihrem Bedeutungsgewinn (s. Kapitel 2).[54]

5.4.3.3 Gesellschaftliche Werthaltungen

Als entscheidend für Akzeptanz und Durchsetzung rationeller Energieverwendung erweisen sich drei grundlegende gesellschaftliche Werthaltungen: Die Definition von wirtschaftlichem Wachstum und Wohlstand, die Vorstellung von technischem Fortschritt sowie die Auffassung vom Verhältnis zwischen Gesellschaft und Technik. In den vorherrschenden inhaltlichen Ausprägungen wirkten sich diese Werthaltungen negativ auf den Stellenwert der Abfallenergieverwertung aus.

Das dominierende Wachstums- und Wohlstandsparadigma lässt sich durch zwei Gleichungsketten ausdrücken: Rationelle Energieverwendung ist gleichbedeutend mit Sparen, und Sparen wiederum gleichbedeutend mit Wohlstandsverlust. Wohlstandssteigerung umgekehrt ist gleichbedeutend mit Steigerung des Bruttosozialprodukts, und diese wiederum gleichbedeutend mit einer Steigerung des Primärenergieverbrauchs. Rationelle Energieverwendung wird in diesem Gedankengang mit Wachstums- und Wohlstandsverlust gleichgesetzt und folglich negativ bewertet. Die Umweltqualität eines Produktes oder einer Energiedienstleistung als Indikator für Wohlstand wurde kaum diskutiert. Im Gegenteil: Käufer von Sonnenkollektoren wurden in den 1970er Jahren als „Energievegetarier"[55] beschimpft. Von diesen Vorstellungen wurde erst im Laufe der 1980er Jahre langsam abgegangen. Die Befürworter der Abfallenergieverwertung standen immer vor der Notwendigkeit hervorzuheben, dass diese zur Senkung des spezifischen Primärenergieeinsatzes beitrage, dazu, ein gleiches Ergebnis mit weniger Energieeinsatz zu erreichen, und eben nicht mit einem Verlust an Wohlstandskomfort und Produktivität verbunden sei. Auch die zeitweise bereits eingetretene Entkopplung von Wirtschaftswachstum und steigendem Primärenergieverbrauch wurde nur langsam als dauerhafter und die wirtschaftlichen Entwicklung nicht behindernder Trend akzeptiert, die Zusammenhänge erst Laufe der 1990er Jahre auf breiterer Basis differenzierter betrachtet.[56]

---

[54] Vgl. BWK: 1970: 381ff; 1971: 98f, 223, 366, 383ff, 417, 457f, 513f; 1972: 43ff, 68ff, 378f, 439; 1973: 52f, 207ff, 282ff, 291f, 317f, 361ff; 1974: 67ff, 319f, 331ff, 355ff, 374f; 1975: 79f, 90f, 97f, 123f, 219ff; 1976: 443ff; 1977: 250, 347ff, 366ff, 377ff; 1978: 95ff, 104ff; 1979: 25ff, 68f, 158ff, 296f, 309ff; 1980: 378ff, 380ff, 393ff, 415; 1981: 3ff, 163ff; 1982: 90ff, 392ff; 1983: 294f, 379f; 1984: 119ff, 134; 1986: 6, 107f, 390ff; 1987: 80f, 128; 1988: 131f, 146f, 329f, 349,f, 423f; 1989: 11, 169ff, 315ff, 382ff, 408ff, 451ff, 476, 517ff; 1990: 7; 1991: 19ff, 97f, 295f, 489; 1992: 25ff, 71ff, 74ff, 214ff, 383ff, 525ff; 1993: 79ff, 121ff; 1995: 281f, 284f; 1997: Heft 7/8. Energie: 1971: 255ff, 404ff; 1973: 106ff, 361.
[55] BWK: 1981: 460.
[56] Vgl. BWK: 1974: 67ff, 355ff; 1977: 149ff; 1992: 214ff.

5.4 Zur Geschichte der Abfallenergieverwertung in Deutschland

Das herrschende Verständnis davon, was technischer Fortschritt sein soll, schloss den gesamten hier betrachteten Zeitraum über aus, dass Abfallenergieverwertung mit einem hohen Prestige verbunden wurde, weder von Technikern noch der Gesellschaft. Ein Grund liegt darin, dass viele Maßnahmen der Abfallenergieverwertung scheinbar weniger mit High-Tech, dafür um so mehr mit Fragen der Organisation, der Beratung und der Erarbeitung von Energiekonzepten zu tun haben. Organisatorischer Fortschritt ist jedoch gegenüber technischem Fortschritt, wie er sich z. B. in der Entwicklung „spektakulärer" Techniken zur Erweiterung des Energieangebots zeigt, unterbewertet, und dieser Aufgabenbereich für Techniker daher möglicherweise uninteressant. Das Umweltbundesamt stellte 1990 im Rahmen einer Studie eine „Motivationsbremse" für Energieingenieure fest, da Energiesparen im Gegensatz zu anderen Betriebsaufgaben nur einen geringen Stellenwert genieße.[57] Der Gedanke, dass umweltfreundliche Energietechniken eine ausgezeichnete Exporttechnologie sein könnten, gewann erst während der 1980er Jahre an Bedeutung. Es zeigt sich jedoch kein Bestreben, den Vorsprung der USA oder Japans in vielen Techniken der Abfallenergieverwertung einholen oder gar überrunden und Deutschland zur „führenden Nation" nicht nur im Autobau, sondern auch in einer umweltgerechten Energietechnik machen zu wollen. Nicht zuletzt dürfte die jahrelange Polemisierung und Geringschätzung der „Umweltbewegung" wie der Umweltpolitik dazu beigetragen haben, mit Abfallenergieverwertung befasste Techniker ebenfalls in die „alternative Ecke" und damit ins Abseits zu stellen.

Hinter den Auseinandersetzungen verbirgt sich den gesamten Zeitraum über eine Grundfrage: Wer bestimmt die Entwicklung? Determiniert die Technik die Gesellschaft oder determiniert die Gesellschaft die Technik? Konkret ausgetragen ist es ein Machtkampf zwischen Wirtschaft und Politik. Insbesondere die Polarisierung der 1970er Jahre ist Ausdruck dieses Machtkampfes. Aus Sicht der herrschenden Meinung in Wirtschaft und Wissenschaft hatte die Öffentlichkeit die Politisierung und Polemisierung der Energiefrage hervorgerufen. Dass sie von diesem öffentlichen Engagement nicht viel hielten, brachten manche mit Hinweisen auf die angeblich zu beobachtende Diskrepanz zwischen einem bildungs- und weltanschaulich bedingtem sinkendem Verständnis der Öffentlichkeit und ihrer „Pseudoexperten"[58] für technische Sachverhalte und einem gleichzeitig sich zeigendem starken Interesse für komplexe Energiefragen zum Ausdruck. Der Politik warf insbesondere die Wirtschaft vor, auf den öffentlichen Druck hin falsch reagiert zu haben, indem sie das Energiesparen in den Mittelpunkt stellte, Energiesparinvestitionen forcierte und bestimmte Energieversorgungsformen, wie die Fernwärme, zwangsweise etablierte. Die Energiewirtschaft habe sich dadurch zu einseitigen, kostenintensiven umweltpolitischen Maßnahmen gezwungen gesehen, die mit ihren Vorstellungen von einem bedarfsgerechten Aufbau der Versorgungskapazität wenig gemeinsam gehabt habe. Ein weiterer zentraler Vorwurf lautete, dass die Politik ihre Maßnahmen nicht aufgrund wissenschaftlich gesicherter Erkenntnisse vorgenommen habe. Dass innerhalb der Wissenschaft alles andere als Einigkeit bestand, wurde dabei nicht beachtet. Neben der Politik traf die Presse die harsche Kritik der Wirtschaft. Sie habe zu einer „Verschmutzung der öffentlichen Umwelt" durch skandalerzeugende Begriffe und Formulierungen beigetragen.[59]

So sehr Wirtschaft und Technik das Ziel des Umweltschutzes als wichtigen Einflussfaktor für ihre Entscheidungen nannten, es bleibt doch der Eindruck, als sei es für sie ein „nur" gesellschaftlich geprägtes und von außen an sie herangetragenes und aufgezwungenes Ziel, dessen

---

[57] Vgl. BWK: 1990: 137ff.
[58] BWK: 1978: 275.
[59] Vgl. BWK: 1978: 275ff; 1981: 163ff; 1982: 392; 1987: 4; 1989: 385ff.

Berechtigung sie anzweifelten, wenn nicht gar ablehnten.[60] Eine Integration des Umweltschutzes in ökonomische Ziele zeichnet sich erst, wie oben erläutert, seit Beginn der 1990er Jahre ab. Erst jetzt wurde rationelle Energieverwendung im Hinblick auf Ressourcenschonung und Umweltentlastung als ständiges Erfordernis akzeptiert.[61] Es wurde wohl in unzureichendem Maße verdeutlicht, welche Vielfalt an Lösungen und welches anspruchsvolles Niveau die technischen Möglichkeiten gerade für Ingenieure eröffnen. So gesehen kann die Unterbewertung der Energiewirtschaft und Energieversorgung, auch in der Ausbildung, in naher Zukunft in Deutschland zu einer Situation führen, wie sie derzeitig in der Informationstechnik besteht.

5.4.4 Möglichkeiten für einen Wandel

Der Übergang zu einer Entropiewirtschaft bedeutet den Übergang zu einem anderen technologischen System.[62] Die Frage, wie ein solcher Wandel initiiert und durchgesetzt werden könnte, beschäftigt viele Disziplinen und hat zur Erarbeitung unterschiedlicher Modelle geführt. Die Geschichtswissenschaft stellt mit dem Konzept der „großen technologischen Systeme"[63] ein Erklärungsmuster bereit, das auch auf die hier erfolgte Untersuchung angewendet werden kann. „Große technologische Systeme" sind, so die bisherigen Erkenntnisse, nicht nur Ergebnis der erfolgreichen Durchsetzung technologischer Prozesse und der technischen und naturwissenschaftlichen Präzision, sondern auch, wenn nicht vielmehr, Ergebnis von vielfältigen, auf die Gewinnung von Konsens zielender Aktivitäten der beteiligten Gruppen. Dazu sind insbesondere effektive Institutionen und überzeugende Argumente erforderlich. Erfolgreiche Systembildner zeichnen sich durch die Fähigkeit aus, trotz Diversität Einheit, trotz Pluralismus Zentralisierung und trotz Chaos Zusammenhänge und Geschlossenheit zu entwickeln. Dazu gehört auch, beständig auf die Herausforderungen zu reagieren und diejenigen externen Faktoren zu integrieren, die für den Bestand des Systems bedrohlich sein könnten.

Wie ist die Geschichte der Abfallenergieverwertung aus dieser Sicht zu bewerten? Im Hinblick auf technische und wissenschaftliche Präzision, anders formuliert auf die Erzielung eines Konsenses innerhalb der einschlägigen Disziplinen, zeigt die Theorie der Abfallenergieverwertung Mängel. Begriffe und Theorien sind noch nicht einheitlich formuliert und weiterhin umstritten. Daran scheiterte bisher auch die Formulierung eines schlagkräftigen, überzeugenden Kernarguments. In den 1920er Jahren konnte sich der unpräzise Begriff „Wärmewirtschaft" nicht gegen die Zugkraft des Begriffes „Rationalisierung" durchsetzen. Die heutigen Begriffe Abfallenergieverwertung und rationelle Energieverwendung sind vermutlich zu fachspezifisch und zu komplex anmutend, um sich in der veröffentlichten Meinung gegenüber den dominierenden Begriffen „Globalisierung" oder „Nachhaltigkeit" behaupten zu können. Inwieweit dies dem Begriff „Entropie" gelingen könnte, müsste überlegt werden. Durchsetzungsfähige Institutionen existierten nur kurzfristig in den 1920er Jahren, danach agierten die Organisationen vereinzelt und wenig erfolgreich. Die geschilderte Initiative „Industrie hilft Industrie" des VIK ist aus dieser Sicht positiv zu sehen. Wenn es gelänge, die Forschungen und Aktivitäten stärker zu koordinieren, ein effektives Wissensmanagement aufzubauen, wäre das ein Schritt in Rich-

---

[60] Vgl. BWK: 1972: 378ff, 1973: 207ff, 282ff; 1976: 443; 1977: 164f.
[61] Vgl. BWK: 1989: 385ff.
[62] Die Verwendung des Begriffes technologisches System unterscheidet sich an dieser Stelle etwas von der Anwendung in anderen Teilen des Buches, in denen mit dem Systembegriff Funktionen, Bilanzgrenzen, Bilanzen und Wechselwirkungen definiert wurden. An dieser Stelle steht der kulturelle Aspekt der die Gesellschaft prägenden technologischen Entwicklungen im Vordergrund.
[63] Vgl. Th.P. Hughes 1989 in [5-104].

5.4 Zur Geschichte der Abfallenergieverwertung in Deutschland

tung Zentralisierung trotz Pluralismus. Im Sinne der Herstellung einer Einheit trotz Diversität sind die skizzierten Entwicklungen in den 1990er Jahren, die zunehmende Akzeptanz der Gleichwertigkeit verschiedener Energieträger und Energietechniken und die Abkehr von den Versuchen, einen Energieträger als den dominierenden durchzusetzen, positiv zu bewerten. Mit dem Paradigma der „Entropiewirtschaft" könnte es gelingen, die unterschiedlichen und teils konträren Interessen von Gesellschaft, Wirtschaft und Ökologie auf einen gemeinsamen Nenner zu bringen und über alle Differenzen, über alles „Chaos" hinweg Zusammenhänge herzustellen, denn: das Haupthindernis für die Durchsetzung umweltverträglicher Techniken generell und einer umweltfreundlichen Energieversorgung speziell, die immer höchst umstrittene Bewertung von Umweltbelastungen, würde weitgehend überflüssig; unterschiedliche Interessen würden durch einen gemeinsamen Maßstab quantifiziert werden. Bisher scheint es, als seien Abfallenergieverwertung und rationelle Energieverwendung mehr in das bestehende System integriert worden, als dass sie eine grundlegende Bedrohung für den status quo bedeuteten und den Wandel zu einem neuen Energiesystem eingeleitet hätten.

Literatur

[5-1] Prognos AG (Hrg.): Nachhaltige Entwicklung im Energiesektor, S. 55 ff.. Physica-Verlag, Heidelberg 1998,

[5-2] J. Hartwick: Intergenerational Equity and the Investing of Rents from Exhaustible Ressources. American Economic Review, 66 (1977), S. 972-974.

[5-3] N. Georgescu-Roegen: The Entropy Law and the Economic Process. Harvard University Press, Cambridge 1971.

[5-4] N. Georgescu-Roegen: Energy and Economic Myths, S. 10. Pergamon-Press, Frankfurt 1976.

[5-5] F. Söllner: Thermodynamik und Umweltökonomie, S. 185. Physica-Verlag, Heidelberg 1996.

[5-6] N. Georgescu-Roegen: Energy Analysis and Economic Valuation. Southern Economic Journal, Vol. 45 (1979) No. 4, S. 1040 ff.

[5-7] F. Messner: Nachhaltiges Wirtschaften mit nicht-erneuerbaren Ressourcen, S. 220. Europäischer Verlag der Wissenschaften, Frankfurt/M. 1999.

[5-8] A. Voß: Leitbilder und Wege einer umwelt- und klimaverträglichen Energieversorgung. In: H.G. Brauch (Hrg.): Energiepolitik, S. 67. Springer Verlag, Berlin, Heidelberg 1997.

[5-9] IHK Halle-Dessau (Hrg.): Umwelt, Wegweiser Agenda 21, 1999.

[5-10] M. Weisheimer: Zur Bewertung energetischer Systeme unter Einschluss externer Kosten. In: W. Fratzscher, K. Stephan (Hrg.): Abfallenergieverwertung, S. 216-232. Akademie-Verlag, Berlin 1995.

[5-11] E. Streissler: Das Problem der Internalisierung. Schriften des Vereins für Socialpolitik NF Band 224. Duncker & Humblot, Berlin 1993.

[5-12] R. Friedrich, W. Krewitt: Externe Kosten der Stromerzeugung. Energiewirtschaftliche Tagesfragen, 12/1998, S. 789-794.

[5-13] M. Fritsch, T. Wein, H.J. Ewers: Marktversagen und Wirtschaftspolitik. Verlag Franz Vahlen, 2. Auflage, München 1996.

[5-14] H. Strobel: Rationelle Energienutzung. In: W. Pfaffenberger, H. Strobel (Hrg.): Ökonomische Energienutzung. R. Oldenbourg Verlag, München 1999.

[5-15] Entwicklung der Energiesteuersätze. VIK-Mitteilungen 1-2000, S.27.

[5-16] Hessisches Ministerium für Umwelt, Energie, Jugend, Familie und Gesundheit (Hrg.): Gesamt-Emissions-Modell integrierter Systeme (GEMIS 3.0). Frankfurt am Main 1997.

[5-17] M. Seidel: Kompaß zum Ausbau der Fernwärme in der Zukunft. Energiewirtschaftliche Tagesfragen, 1-2/1996, S. 41.

[5-18] B. Seifert: Die Fernwärmepreisbildung in der BRD. Dissertation, Universität Köln 1990.

[5-19] A. Richmann, M. Weisheimer: Was wurde durch die Liberalisierung bereits erreicht? In: Handbuch Stromeinkauf, B.2-4. Raabe Verlag, Stuttgart 1999.

[5-20] I. Schönberg, W. Althaus: Technische Innovationen und kostenorientierte Strategien für den marktgerechten Fernwärmeausbau. Fernwärme international, 4-5/1996, S. 279.

[5-21] Bundesverband der Energie-Abnehmer (VEA) (Hrg.): Fernwärme-Preisvergleich 1999. Hannover, Dezember 1999.

[5-22] I. Schönberg, W. Althaus: Kostenschätzung und Kostenrechnung in der Fernwärmewirtschaft. Fernwärme international, 3/1995, S. 110.

[5-23] E. Baer et al.: Ende oder Fortbestand der KWK-Fernwärmeversorgung? Energiewirtschaftliche Tagesfragen, 5/1999, S. 324-329.

[5-24] H. Haberl et al.: Volkswirtschaftlich optimale Strategien im Raumwärmebereich. Energiewirtschaftliche Tagesfragen, 1-2/1998, S. 75-80.

[5-25] J. Zschernig: Fernwärmeversorgung und Energiesparverordnung. Euroheat & Power, Fernwärme international, 3/1999, S. 22-28.

[5-26] U. Fritsche et al.: Gesamt-Emissions-Modell Integrierter Systeme (GEMIS), Version 2.0. Hessisches Ministerium für Umwelt, Energie und Bundesangelegenheiten, Wiesbaden, 1993.

[5-27] K. Schlegelmilch: Energiesteuern im Europa-Überblick und Perspektiven. In: Bundestagsfraktion Bündnis 90/Die Grünen (Hrg.): Blick nach vorn. Bonn 1999.

[5-28] B. Linscheidt: Nachhaltiger technologischer Wandel aus Sicht der Evolutorischen Ökonomik. In: Umweltökonomische Diskussionsbeiträge, FiFo Köln, Nr. 99-1.
[5-29] Öko-Institut: Umweltabgaben in Nordrhein-Westfalen, Werkstattreihe Nr. 102/1997.
[5-30] BMWi-Dokumentation: Fernwärme in der Bundesrepublik Deutschland, Nr. 410/1996.
[5-31] H.G. Bachmann, M. List: Fernwärme in Mülheim – Kraft-Wärme-Kopplung an der Ruhr. Euroheat & Power, Fernwärme international, 9/1997.
[5-32] F. Tetsch et al.: Die Bund-Länder-Gemeinschaftsaufgabe „Verbesserung der regionalen Wirtschaftsstruktur". O. Schmidt-Verlag, Köln, 1996.
[5-33] W. von Braunmühl et al.: Handbuch Contracting. Krammer Verlag, Düsseldorf 1997.
[5-34] H.J. Junker: Finanzierungsmodelle im Rahmen von Contracting-Lösungen. Elektrizitätswirtschaft, 17/1997, S. 906-908.
[5-35] T. Struhkamp: Energiespar-Contracting. Finanzwirtschaft, 7/1997, S. 161.
[5-36] T. Mathenia, R. Poggemann: Das Fernwärmeverbundsystem Oberhausen. Energiewirtschaftliche Tagesfragen, 4/1997, S. 212-216.
[5-37] M. Baumert: Energie aus Holz. Energiewirtschaftliche Tagesfragen, 10/1999, S. 695.
[5-38] Schweizerische Vereinigung für Holzenergie: Wirtschaftlichkeit der Holzenergienutzung in der Gemeinde. Zürich, Dezember 1994.
[5-39] J. Nagel: Feste Biomasse-Möglichkeiten und Grenzen des wirtschaftlichen Einsatzes im Rahmen der Wärmeversorgung im Land Brandenburg. Forum der Forschung 5.2, S. 131, BTU Cottbus 1997.
[5-40] U. Hansen, J. Adam, P. Wickboldt: Dezentrale Kraft- und Wärmeerzeugung aus Biomasse. Brennstoff-Wärme-Kraft, 5/1997, S. 48 ff.
[5-41] H. Gierse: Biomasse – ein neues Kraftwerksprojekt. Energiewirtschaftliche Tagesfragen, 10/1999, S. 697.
[5-42] Energie 2000: Förderprogramm Holz, Finanzhilfen für Holzenergieprojekte. Zürich, Dezember 1997.
[5-43] M. Franken: Strom und Wärme aus Holzabfällen. Handelsblatt vom 22.09.1999, S. 59.
[5-44] L. Alastair, W.A.Tilleman: Environmental Law and the Energy Sector (1995).
[5-45] H.-W. Arndt: Rechtsfragen einer deutschen CO2-Energiesteuer entwickelt am Beispiel des DIW-Vorschlages (1995).
[5-46] Ch. Bail: Das Klimaschutzregime nach Kyoto. Zeitschrift für Europäisches Wirtschaftsrecht 9 1998, 457 – 468.
[5-47] J.F. Baur (Hg.): Aktuelle Probleme des Energierechts (1995).
[5-48] J.F. Baur (Hg.): Energiewirtschaft – Der neue energie- und kartellrechtliche Rahmen (1999).
[5-49] J.F. Baur: Die Energiewirtschaft im Gemeinsamen Markt: Rechtliche Probleme, Handlungsmöglichkeiten (1998).
[5-50] M. Bongartz, S. Schöer-Schallenberg: Die Stromsteuer - Verstoß gegen Gemeinschaftsrecht und nationales Verfassungsrecht? DStR 1999, 926-971.
[5-51] K. Borgsmidt: Ecotaxes in the Framework of Community Law, European Environmental Law Review (1999), 270-280.
[5-52] G. Britz: Örtliche Energieversorgung nach nationalem und europäischem Recht: unter besonderer Berücksichtigung kommunaler Gestaltungsmöglichkeiten (1994).
[5-53] R.L. Bradley: The origins of political electricity: market failure or political opportunism? Energy Law Journal 17 (1996), 59-102.
[5-54] G. Britz: Öffnung der europäischen Strommärkte durch die Elektizitätsbinnenmarktrichtlinie? Recht der Energiewirtschaft 1997, 85 – 93.
[5-55] H.-G. Brauch: Forschung, Entwicklung, Markteinführung und Exportförderung für erneuerbare Energien in den USA. Energiepolitik 1997, 221.
[5-56] U. Büdenbender, W. Heintschel von Heinegg, P. Rosin: Energierecht Bd. I (1999).
[5-57] U. Büdenbender: Energierecht (1982).
[5-58] H. Ehm: Energieeinsparungsgesetz mit Wärmeschutzverordnung (1978).
[5-59] W.D. Glatzel, W. Weil: Die Wärmenutzungs-Verordnung als Instrument zur CO2-Minderung: Energieanwendung + Energietechnik 41 (1992), 369-373.

[5-60] W.D. Glatzel: Abwärme. In: O. Kimminich: Handwörterbuch des Umweltrechts (2. Auflage, 1994), 58 – 68.

[5-61] R. Grawert: Gesetzliche Regelungen zur Versorgungssicherung und Energieeinsparung. In: Festschrift für Fabricius (1989), 335-355.

[5-62] R. Grawert: Versorgungssicherung und Energieeinsparung. In: Berg- und Energierecht vor den Fragen der Gegenwart. Festschrift für Fritz Fabricius zum 70. Geburtstag (1989), 335 – 355.

[5-63] W.D. Glatzel: Energieeinsparung. In: Kimminich, O. u. a. (Hg.): Handwörterbuch des Umweltrechts, Bd. I (2. Auflage, 1994), Sp. 493 – 511.

[5-64] H. Hantke: Bundesstaatliche Fragen des Energierechts (1989).

[5-65] J. Hidien: Neue Steuern braucht das Land? Anmerkungen zur geplanten Stromsteuer. Betriebsberater 1999, 341-343.

[5-66] M. Hildebrandt: Novellierung des Clean Air Act in den USA. Konsequenzen für die Elektrizitätswirtschaft. Energiewirtschaftliche Tagesfragen 41 (1991), 650-657.

[5-67] H. Hantke: Bundesstaatliche Fragen des Energierechts unter besonderer Berücksichtigung des hessischen Energiespargesetzes, (Bochumer Beiträge zum Berg- und Energierecht Bd. 9) (1990).

[5-68] Th. Jürgens: Die gemeinsame Europäische Außen- und Sicherheitspolitik (1994).

[5-69] G. Kühne, B. Scholtka: Das neue Energiewirtschaftsrecht. Neue Juristische Wochenschrift 1998, 1902 – 1909.

[5-70] H. Lecheler: Energiewirtschaft und Energierecht im Wandel. In: Verfassungsstaatlichkeit (1997), 529-542.

[5-71] J.G. Laitos, J.P. Tomain: Energy and Natural Resources Law (1992).

[5-72] P.M. Mombauer: Energiewirtschaft im Wettbewerb. Vom Vormund zum Treuhänder. Die Öffentliche Verwaltung 1997, 571.

[5-73] M. Notthoff: Novellierungsversuche des Energiewirtschaftsrechts vor dem Hintergrund grundrechtlicher Normen (1994).

[5-74] S.J. Nola, F.P. Sioshansi: Regerative Energiequellen in den USA. Zur Durchführung des PURPA-Gesetzes. Energiewirtschaftliche Tagesfragen 41 (1991), 306 – 312.

[5-75] W. Obernolte, W. Danner: Energiewirtschaftsrecht (Loseblatt).

[5-76] H. Schaefer, G. Bressler: Energetische Bewertung der Wärmenutzungsverordnung. Energiewirtschaftliche Tagesfragen 44 (1994), 347-353.

[5-77] Schaub: Europäische Energiebinnenmarktpolitik und Umweltpolitik (1996).

[5-78] R. Steinberg, G. Britz: Der Energieliefer- und -erzeugungsmarkt nach nationalem und europäischem Recht (1995).

[5-79] R. Scholz, S. Langer: Europäischer Binnenmarkt und Energiepolitik, (Schriften zum Europäischen Recht Bd. 13) (1992).

[5-80] K. Töpfer: Umwelt und Energie: In: Berg- und Energierecht vor den Fragen der Gegenwart. Festschrift für Fritz Fabricius zum 70. Geburtstag (1989), 13 –25.

[5-81] W. Tegethoff: Energierecht. In: O. Kimminich u.a. (Hg.): Handwörterbuch des Umweltrechts, Bd. I (2. Auflage), Sp. 511 - 519. Lersner & Storm, 1994.

[5-82] P.J. Tettinger (Hg.): Umweltverträglichkeitsprüfung bei Projekten des Bergbaus und der Energiewirtschaft (1989).

[5-83] M. Weisheimer: Die west- und ostdeutsche Industrie vor der Stromsteuer. Energiewirtschaftliche Tagesfragen 1999, 18-23.

[5-84] Akademie der Wissenschaften zu Berlin: Umweltstandards. Berlin 1992.

[5-85] H.-J. Bullinger: Was ist Technikfolgenabschätzung? Einführung und Überblick. In: H.-J. Bullinger (Hrsg.): Technikfolgenabschätzung, S. 3 - 31. Teubner, Stuttgart 1994.

[5-86] W. Edwards: Reflections on an Criticism of a Highly Political Multiattribute Utility Analysis. In: L. Cobb, R.M. Thrall (Hrg.): Mathematical Frontiers of Behavioural Policy Systems, S.157 - 186. Boulder 1980.

[5-87] Edwards, W.: How to Use Multiattributive Utility Measurement for Social Decision Making. In: IEEE Transactions on Systems, Man and Cybernetics, Nr. 7 (1977), S. 320-340.

[5-88] R.A. Chechile: Probability, Utility, and Decision Trees in Environmental Decision Analysis. In: R. A. Chechile, S. Carlisle (Hrg.): Environmetnal Decision Making. A Multidisciplinary Perspective, S. 64-91. New York 1991.

Literatur

[5-89] G. Gäfgen: Theorie der wirtschaftlichen Entscheidung. Tübingen 1963.

[5-90] A. Grunwald: Methodische Grundlagen. In: A. Grunwald (Hrg.): Rationale Technikfolgenbeurteilung. Konzepte und methodische Grundlagen, S. 29 - 54. Springer Verlag, Berlin, Heidelberg, New York, 1998.

[5-91] R.L. Keeney: Siting Energy Facilities. New York 1980.

[5-92] R.L. Keeney, H. Raiffa: Decisions with Multiple Objectives. New York 1976.

[5-93] R. Keeney: Structuring Objectives for Problems of Public Interest. Operations Research, 36 (1988), S. 396 - 405.

[5-94] R.L. Keeney, O. Renn, D. Winterfeldt: Structuring West Germany's Energy Objectives. Energy Policy 15 (August 1987), S. 352 - 362.

[5-95] R.L. Keeney, O. Renn, D. von Winterfeldt, U. Kotte: Die Wertbaumanalyse. HTV, München 1984.

[5-96] O. Renn: Die Wertbaumanalyse. Ein diskursives Verfahren zur Bildung und Begründung kollektiv verbindlicher Bewertungskriterien. In: A. Holderegger (Hrg.): Ökologische Ethik als Orientierungswissenschaft, S. 34 - 67. Universitätsverlag Freiburg, Freiburg in der Schweiz 1997.

[5-97] O. Renn, Th. Webler: Der kooperative Diskurs - Theoretische Grundlagen, Anforderungen, Möglichkeiten. In: O. Renn, H. Kastenholz, P. Schild, U. Wilhelm (Hrg.): Abfallpolitik im kooperativen Diskurs, S. 3 - 103. Bürgerbeteiligung bei der Standortsuche für eine Deponie im Kanton Aargau. Hochschulverlag AG an der ETH Zürich, Zürch 1998.

[5-98] D. Schade: Energiebedarf - Energiebereitstellung - Energienutzung. Möglichkeiten und Maßnahmen zur Verringerung der CO2-Emission. Springer Verlag, Heidelberg 1995.

[5-99] D. Schade, W. Weimer-Jehle: Energieversorgung und Verringerung der CO2-Emissionen. Techniknutzung - Ressourcenschonung - Neue Lebensstile. Springer Verlag, Heidelberg 1996.

[5-100] D. Schade, W. Weimer-Jehle: Klimaverträgliche Energieversorgung und Nachhaltigkeit. In: A. Knaus, O. Renn(Hrg.): Den Gipfel vor Augen. Unterwegs in eine nachhaltige Zukunft, S. 293 - 307. Metropolis 1998.

[5-101] H. Vollmer: Akzeptanzbeschaffung: Verfahren und Verhandlungen. Zeitschrift für Soziologie, 25, Heft 2 (1996), S. 147 - 164.

[5-102] D. von Winterfeldt: Value Tree Analysis: An Introduction and an Application to Offshore Oil Drilling. In: P. R. Kleindorfer, H.C. Kunreuther (Hrg.): Insuring and Managing Hazardous Risks: From Seveso to Bhopal and Beyond. Berlin u. New York 1986.

[5-103] D. von Winterfeldt, W. Edwards: Decision Analysis and Behavioral Research. Cambridge 1986.

[5-104] Th.P. Hughes: American Genesis: A Century of Invention and Technological Enthusiasm, 1870-1970. New York 1989.

6 Schlussfolgerungen aus dem Konzept der Entropiewirtschaft

6.1 Energiewirtschaft – Nachhaltigkeit und Entropieprinzip

Aus all den Diskussionen um die künftige Entwicklung der menschlichen Gesellschaft hat sich als ein brauchbarer, wenn auch unscharfer Begriff der der Nachhaltigkeit oder auch nachhaltigen Entwicklung (sustainable development) herausgeschält. Eine sinnvolle Annäherung an diesen Begriff führt zu der Anforderung, die Bedürfnisse der Gegenwart zu befriedigen, ohne zu riskieren, dass künftige Generationen ihre eigenen Bedürfnisse nicht befriedigen können. Der jeweils erreichte Entwicklungszustand gilt dabei als irreversible Ausgangssituation und lässt möglicherweise Aussagen über die Potenziale zu, die für die Zukunft zur Verfügung stehen. Das ist natürlich nur möglich, wenn sich gegenüber dem bekannten Niveau keine unvorhergesehenen und qualitativ neuen Möglichkeiten eröffnen. Das wird andererseits aber mit Sicherheit zu erwarten sein, denn, wie die Vergangenheit immer wieder gezeigt hat, ist die Zukunft „offen". Dieser Sachverhalt wird in den Diskussionen häufig übersehen. Die Folge sind dann Extrapolationen bis hin zu Endzeit- und Horror-Szenarien.

Die zahlenmäßig wachsende Menschheit und die damit auch zunehmende Komplexität und Verflechtung der Probleme lassen es trotzdem als notwendig erscheinen, gegenwärtige Entscheidungen nicht allein aus der aktuellen Sicht zu treffen sondern in Verbindung mit der „Lebenszeit" der zugrunde liegenden Sachverhalte, die bei großen technischen Systemen weit in die Zukunft reichen und spätere Generationen betreffen können. Damit folgt man den Leitlinien der Nachhaltigkeit.

Die Probleme, die in diesem Zusammenhang zu verfolgen sind, betreffen die Wechselwirkung der Menschheit mit den auf der Erde gegebenen Bedingungen. Solche Wechselwirkung wird im weiteren Sinn durch die technologischen Systeme oder allgemein das Technologiesystem vollzogen. Zu dessen Aufbau und Betrieb ist ein Stoff- und Energieaustausch mit der durch die Erde gegebenen Umgebung notwendig. Der Stoff- und Energieaustausch repräsentiert die materielle Seite dieser Wechselwirkung. Der Versuch, diese zu erfassen, führt zu einer ersten Annäherung an die Quantifizierung des Begriffes Nachhaltigkeit. Da sowohl für den Stoff wie für die Energie Erhaltungssätze gelten, kann der Begriff der Nachhaltigkeit nicht auf die unverändert zu erhaltende Umwelt beschränkt werden.

Betrachtet man unter diesem Aspekt die Rohstoffentnahmen des derzeitigen Technologiesystems aus der Sicht der Weltwirtschaft, so ist festzustellen, dass die Energieträger wie Kohle, Erdöl, Erdgas und Holz mit weitem Abstand die größten Tonnagen stellen. Das hat zur Folge, dass in erster Linie mit den Energieträgern Probleme der Beeinträchtigung der Umwelt und der Ressourcenerschöpfung verbunden sein können. Da nach dem Satz von der Erhaltung der Masse alles, was aufgenommen wird, auch wieder abgegeben werden muss, bedingt die Stoffzufuhr durch Energieträger auch die mit Abstand größte Stoffabgabe, die, wenn sie nicht im Gleichgewicht mit der Umgebung vorgenommen wird, zu entsprechenden Belastungen der Umwelt führt. Kennzeichnend dafür ist das CO_2-Problem.

Aus alldem wird sichtbar, dass in erster Linie die Energiewirtschaft angesprochen ist, wenn man die mit der Nachhaltigkeit verbundenen Sachverhalte diskutieren will. Dem ist in der vorliegenden Untersuchung gefolgt worden. Damit ist natürlich eine Einengung des mit dem

Begriff der Nachhaltigkeit verbundenen allgemeinen Sachverhalts gegeben. Probleme, die z. B. mit der Toxizität von Stoffen verbunden sind oder solche, die auf mehr emotionale oder geistig-kulturelle Komponenten zurückzuführen sind, werden damit ausgeschlossen. All diese Komponenten können im Sinne der vorliegenden Untersuchungen als Imponderabilien bezeichnet werden, deren Auswirkung quantitativ nicht verfolgt wird und auch nur schwer zu erfassen ist. Betont soll aber werden, dass damit in keiner Weise eine Aussage über die Bedeutung der damit in Verbindung stehenden Probleme gemacht werden soll.

Für die Auseinandersetzung mit energiewirtschaftlichen Zusammenhängen ist von naturwissenschaftlicher Seite der Energiebegriff zugrunde zu legen. Für die Energie existiert wie für die Masse ein Erhaltungssatz, nach dem im stationären Zustand alle Energie, die einem System zugeführt, auch wieder abgegeben wird. Deshalb werden die Probleme der Energiewirtschaft häufig in der gleichen Weise wie die der Stoffwirtschaft diskutiert. Das ist aber zumindest unvollständig. In der Stoffwirtschaft ist man als Zielprodukt an einem bestimmten Stoff interessiert, dessen Eigenschaften ausgenutzt werden sollen. Ziel der Energiewirtschaft ist dagegen die Herstellung und Aufrechterhaltung eines bestimmten Zustandes in einem System, um Prozesse in einer bestimmten Richtung ablaufen zu lassen. Dazu ist Energie aber nicht ein bestimmter Energieträger erforderlich. Die verschiedenen Energieträger und Erscheinungsformen der Energie sind substituierbar. Das ist naturgesetzlich nicht in dem Maße für den Stoff gegeben. Diese Besonderheit der Energie führt z. B. dazu, dass für die Lösung bestimmter energiewirtschaftlicher Fragestellungen häufig eine große Anzahl technologischer Systeme in Frage kommen können.

Für die Auseinandersetzung mit energetischen Fragen ist aber noch ein weiterer Sachverhalt zu berücksichtigen. Energetische Prozesse unterliegen außer dem Erhaltungssatz noch einem weiteren Naturgesetz, dem Entropiesatz oder II. Haupsatz der Thermodynamik, der Aussagen über die Richtung der in der Natur ablaufenden Prozesse und damit über die Qualität von Zuständen und Energieformen macht. Für das vorliegende Problem bedeutet dies, dass in einem System bei stationären Prozessen – die wir vordergründig betrachten wollen, da sie zunächst für die praktischen Fälle die wichtigsten sind – die zugeführte Energie in Gänze wieder abgeführt werden muss, aber die Entropie der Abfuhr höher als die der Zufuhr ist. Durch die natürlichen Prozesse erfolgt eine Entropieproduktion und die Qualität der Energie nimmt ab. Aus der Nutzung der Energieabgabe kann trotz gleicher Größe der abgeführten wie der zugeführten Energie niemals wieder der gleiche Effekt erreicht werden wie aus der Energiezufuhr.

Weiter ist zu beachten, dass der Zustand der Energieabgabe von den Umgebungsbedingungen des jeweiligen Systems abhängt. Um die Energieabgabe mit natürlichen Prozessen realisieren zu können, muss zwischen Abgabe- und Umgebungszustand eine Potenzialdifferenz vorliegen. Diese Zusammenhänge bedingen das Zugrundelegen der auf der Erde gegebenen Umweltbedingungen für energetische Untersuchungen als ein Wärmereservoir und damit als ein natürlicher Bezugspunkt, dessen Wechselwirkungen mit den technologischen Systemen explizit in die Betrachtungen einzubeziehen sind. Das stellt in mancherlei Hinsicht eine Erweiterung der üblichen Betrachtungsweise dar, die sich im Allgemeinen mit der Untersuchung des technologischen Systems selbst begnügt. Damit rückt der Zustand der abzuführenden Energie in den Mittelpunkt der Betrachtung. Er wird einmal bestimmt durch Irreversibilitäten im technologischen System selbst und bedingt andererseits weitere Irreversibilitäten durch den Übergang der Energien und Energieträger in die Umgebung. Dadurch werden Verluste verursacht, die man vereinfacht als Abfallenergie bezeichnet. Ihre Verminderung führt letzten Endes zu einer entsprechenden Verminderung des notwendigen Energieeinsatzes und stellt somit einen wesentlichen Beitrag zur Nachhaltigkeit dar.

6.2 Entropiewirtschaft

Die Wechselwirkung technologischer Systeme mit der Umgebung über die Abfallenergie war der Ansatzpunkt für die vorliegende Untersuchung (s. *Bild 6-1*). Im Gegensatz zu den üblichen Betrachtungen, die sich im Wesentlichen auf den Energieeinsatz beziehen, geht die vorliegende Diskussion von dem Zustand der Energieabgabe unter den gegebenen Bedingungen aus. Eine Quantifizierung der hierfür interessanten Zusammenhänge gelingt mit der Entropie und den entsprechenden thermodynamischen Zustandsfunktionen. Damit gelingt auch eine Verallgemeinerung und exakte Fassung des Begriffes Abfallenergie, was wiederum Hinweise zur Verbesserungen im thermodynamischen Sinn liefert. Diese Betrachtungs- und Vorgehensweise erweitert die bisher übliche Diskussion und kann als Entropiewirtschaft bezeichnet werden. Die hieraus gewinnbaren Aussagen stehen natürlich nicht im Widerspruch zu allgemein bekannten Zielstellungen, sie ergänzen diese jedoch und präzisieren sie in einer Weise, die unmittelbar zu konkreten Ansatzpunkten und Strategien für die Erhöhung des energetischen Niveaus der betrachteten Prozesse führt.

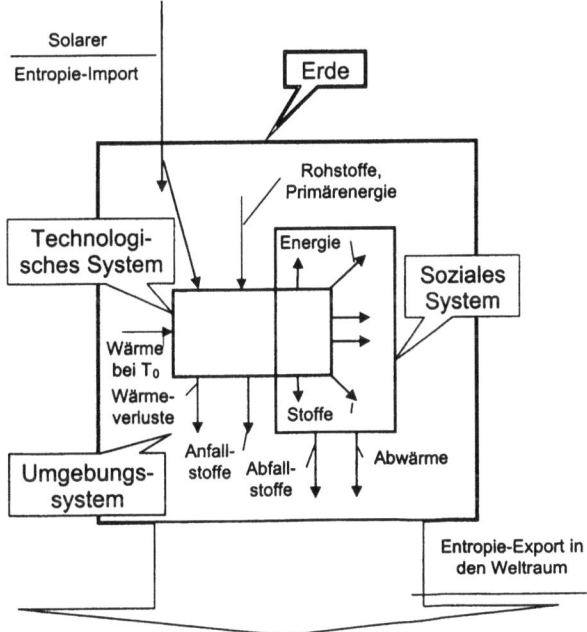

Bild 6-1
Struktur der Entropiebilanz technologischer Syteme

Zur Veranschaulichung und Quantifizierung der Aussagen des Entropiesatzes wird für technische Überlegungen eine Größe benutzt, die in der Fachwelt als Exergie bezeichnet wird. Darunter versteht man den arbeitsfähigen Anteil der Energie, d. h. den Betrag, der unter den gegebenen Umgebungsbedingungen in mechanische Arbeit umgewandelt werden kann. Diese Größe erlaubt die energetisch relevanten Aussagen des Entropiesatzes explizit im Energiemaßstab zu erfassen. Der Entropiesatz lautet damit: Die Exergie nimmt bei allen natürlichen Prozessen nach Maßgabe der Nichtumkehrbarkeiten ab. Sie besitzt ihren natürlichen Bezugspunkt im Umgebungszustand, sie wird hier zu Null.

Damit werden die unter irdischen Verhältnissen eigentlichen energetischen Verluste erfasst. Es sind dies die durch die Nichtumkehrbarkeiten verursachten Exergieverluste. Dabei ist zwischen den inneren und den äußeren Exergieverlusten zu unterscheiden. Die inneren Nichtumkehrbarkeiten sind durch die natürlichen Prozesse in den technologischen Systemen bestimmt. Die äußeren Nichtumkehrbarkeiten durch die Unterschiede zwischen dem Abgabezustand der Stoff- und Energieströme und dem Umgebungszustand. Abschätzungen zeigen, dass letzten Endes genau diese Verluste die Größe der energetischen Gesamtaufwendungen bedingen.

Die Auseinandersetzung mit diesen Zusammenhängen führt dazu, dass zur Einschätzung energetischer Probleme die Untersuchung stets bis zur Umgebung des Systems zu erfolgen hat. In diesem Sinn ist der Begriff Abfallenergie auch auf die *Abfallstoffe* auszudehnen und nicht nur auf die Abwärme im engeren Sinn zu begrenzen. In der vorliegenden Untersuchung ist deshalb auch die stoffliche und energetische Verwertung von Abfällen einbezogen worden.

Aus solchen Überlegungen leiten sich einige Handlungsempfehlungen zur Planung und Organisation von Daten und Statistiken zum energetischen Geschehen in der Gesellschaft ab, um auf dieser Basis die realen Verlustquellen aufzudecken. Dazu ist eine einheitliche Erfassung und Darstellung der unterschiedlichen Abfallenergiearten, also der Stoff- und Energieströme erforderlich, die z. Z. durch die unterschiedlichen Zuständigkeiten, Verantwortlichkeiten und Erfassungsmethoden behindert sind. Ausgangspunkt muss die Feststellung sein, dass das eigentliche Handelsgut zur Befriedigung der energetischen Bedürfnisse die Exergie ist. Die verschiedenen Energieformen und Energieträger sind letzten Endes nur Transportmittel für die Exergie.

6.3 Technische Handlungsfelder

Unter diesem Aspekt lassen sich technische Gesichtspunkte zur Gestaltung einer Entropiewirtschaft als Beitrag zur Nachhaltigkeit unmittelbar ableiten, da jede Verminderung von Nichtumkehrbarkeiten zu einer Erhöhung der energetischen Effizienz führen kann. Im Unterschied zu anderen Methoden, wie z. B. der Benutzung von kumulierten Energiegrößen oder dem Primärenergieverbrauch gibt die Verwendung der Entropie die Möglichkeit, unmittelbar aus lokalen Änderungen allgemeingültige Aussagen abzuleiten. Hinsichtlich der äußeren Nichtumkehrbarkeiten, also der Abfallenergien, muss das Ziel darin bestehen, alle Ströme nach den Nutzungsprozessen möglichst bei Umgebungsparametern in die Umwelt zu entlassen. Dazu sind Energiekaskaden anzustreben. Dem dienen im engeren Sinn z. B. die Nutzung industrieller Abwärme zur Raumheizung oder die breite Einführung der Kraft-Wärme-Kopplung zur gleichzeitigen Versorgung von Heiz- und Stromverbrauchern. Hierzu existieren technisch ausgereifte Vorschläge, die sich durch vernetzte Verbundsysteme, insbesondere durch Wärme- und Fernheiznetze, realisieren lassen.

Mit derzeitig etwa 2 % spielt die Abwärmenutzung eine eher marginale Rolle. Dabei kann in Ballungsräumen der Niedertemperaturmarkt weitgehend abgedeckt werden, wenn z. B. in Verbindung mit modernen Flächenheizungen Vorlauftemperaturen um 40 °C realisiert werden.

6.3 Technische Handlungsfelder

Wenn die Temperaturbedingungen es zulassen, kann die Abwärme auch verstromt und in den Strommarkt eingespeist werden. Auch der Einsatz auf dem Kältemarkt über wärmegetriebene Kältemaschinen ist denkbar.

Auch die Kraft-Wärme-Kopplung ist derzeitig quantitativ nur gering vertreten. Die Fernwärmeversorgung nimmt etwa 12 % des Raumwärmemarktes ein. Skandinavische Länder haben ein Mehrfaches dieses Anteils. Einschätzungen weisen deshalb zurecht darauf hin, dass auch unter wirtschaftlichen Bedingungen hierbei noch beträchtliche Potenziale zu erschließen sind.

Grenzen für derartige Entwicklungen sind derzeitig nicht so sehr durch technische, sondern viel mehr durch die wirtschaftlichen, institutionellen und juristischen Rahmenbedingungen gegeben. Auch unzureichende Informationen über die Möglichkeiten und Vorteile für Betreiber und Verbraucher stellen sich häufig als Hemmnis heraus. Dem könnte durch geeignetes Informationsmaterial und auch durch die Entwicklung einer Art Abwärmebörse begegnet werden.

In der Industrie werden entsprechende Entwicklungen zur regenerativen Ausnutzung von Wärme – der von der Quantität her i. a. eine dominierende Bedeutung zukommt – durch den Wegfall von Nutztemperaturniveaus infolge der Konzentration auf produktorientierte Kernbereiche eingeschränkt. Die Dominanz der Stoffwandlung und Fertigung bei der Gestaltung industrieller Bereiche unterdrückt die Belange der Strukturierung nach den Prinzipien der Energiekaskade und damit prinzipiell der rationellen Energieverwendung und der Entropiewirtschaft. Maßnahmen in dieser Richtung können deshalb nur durch Eingriffe in die gesellschaftlichen Rahmenbedingungen, wie z. B. eine Wärmeabgabeverordnung, erzwungen werden. Gewisse positive Ausnahmen bilden Grundprozesse der Lebensmittelindustrie, spezielle Bereiche der Stoff-, Energie- und Entsorgungsindustrie wie die Erdölverarbeitung und thermischen Trennverfahren.

Von großer Bedeutung ist bei derartigen Untersuchungen der Wärmeübertragungsprozess, der bekanntlich volkswirtschaftlich gesehen die größten Exergieverluste durch Entropieproduktionen verursacht. Einen möglichen Ausweg aus einer Situation, die Schwierigkeiten beim Aufbau von Wärmeübertragungskaskaden bereitet, bietet die Integration von Wärmetransformationsprozessen der unterschiedlichen Art. Damit können nicht besetzte oder nicht besetzbare Energienutzniveaus durch Vor-, Zwischen- oder auch Nachschaltprozesse überbrückt werden. Technische Möglichkeiten für diese Prozesse sind im gesamten Leistungsbereich, von einigen Kilowatt bis zu einigen Megawatt bekannt. Die Option des Einsatzes derartiger Prozesse scheint an Bedeutung zu gewinnen, da durch die Liberalisierung des Strommarktes für die erzeugte Elektroenergie ein weit verzweigtes Netz zur Verfügung steht. Damit können enge Kopplungen von Produktionsprozessen und wechselseitige Abhängigkeiten, die Besicherungen und entsprechende Reserveschaltungen erfordern, vermieden werden.

In Verbindung mit der Einschätzung der Möglichkeiten der Gaswirtschaft muss darauf verwiesen werden, dass der Verbrennungsprozess neben der Wärmeübertragung gleichfalls durch seine nichtumkehrbare Führung eine der größten Verlustquellen in der gesamten Energieversorgung ist. Durch die derzeitige Technologie des Gaseinsatzes wird der Verbrennungsprozess beibehalten und so auch mit Gas gegenüber anderen fossilen Energieträgern - aus thermodynamischer Sicht - keine neue Qualität erreicht. Das ist erst in Verbindung mit dem Einsatz der Brennstoffzelle möglich. Aus der Sicht des energetischen Gewichtes des Wärmeübertragungs- und des Verbrennungsprozesses erscheinen deshalb Prozesse wie die Brennstoffzelle und verschiedene Formen der Sorptions- und thermochemischen Kreisprozesse von besonderer Bedeutung. Ihnen ist deshalb in der Forschung eine entsprechende Aufmerksamkeit zu widmen.

Besonders enge Verbindungen zwischen der Stoff- und der Energiewirtschaft bestehen bei der Aufarbeitung und Nutzung von Abfällen und auch bei der Bereitstellung und Nutzung von

Biomassen. Aus energetischer Sicht lässt sich die chemische Energie der Abfälle mit derzeitigen Verfahren zu 80 % in thermische Energie umwandeln. Bei einer rein stofflichen Aufarbeitung bleibt die gesamte chemische Energie erhalten, erfordert aber den Einsatz von Energie. Diese Zusammenhänge sind bei Alternativen zu rein energetischen Verfahren, d. h. z. B. in Verbindung zum vollständigen Stoffrecycling, zu berücksichtigen.

Die Verwendung von Biomasse als Energieträger kann z. B. in ländlichen Regionen eine interessante Lösung aus vielerlei, auch nichtenergetischen, Gründen sein. Bei allen, auch bekannten Problemen ist interessant, dass die stoffliche Struktur von Bioenergieträgern (hohe Feuchtigkeit und Sauerstoffgehalt) gegenüber fossilen Brennstoffen aus entropischer Sicht Eigentümlichkeiten aufweist (hohe Reaktionsentropie), die zielstrebig bei Vergasungsreaktionen zur Wärmekopplung mit der Umgebung genutzt werden sollten. Ansonsten sind mit dem Einsatz dieses Energieträgers vordergründig logistische Probleme verbunden.

Zusammenfassend ist festzuhalten, dass aus technischer Sicht eine Vielfalt und Vielzahl von Ansatzmöglichkeiten bekannt ist, die sich für eine Abfallenergieverminderung und -verwertung eignen. Sie tragen damit zu einer Verminderung des Energieeinsatzes bei und sind, wegen des quantitativen Gewichtes der Energiewirtschaft, ein wesentlicher Beitrag zu einer nachhaltigen Entwicklung. Allerdings wird ihr Einsatz durch die verschiedensten gesellschaftlichen Rahmenbedingungen eingeschränkt, wenn nicht gar verhindert. Um diesen Zusammenhängen nachzugehen, ist einerseits von den allgemeinen Überlegungen auf die Berücksichtigung konkreter Einsatzbedingungen überzugehen. Damit soll vermieden werden, dass aus Durchschnittsaussagen eindimensionale und damit nur eingeschränkt gültige Schlussfolgerungen gezogen werden, die zu unfruchtbaren Diskussionen führen. Zum anderen soll versucht werden, die wichtigsten gesellschaftlichen Rahmenbedingungen aufzuzeigen und abzuschätzen, in welchem Maße hierbei Variationsmöglichkeiten gegeben sind. Auch dazu ist neben allgemeinen Überlegungen auf konkrete Situationen Bezug zu nehmen.

Zur Einordnung der Überlegungen ist von der Leistungsbilanz der Erde auszugehen. Ausgangspunkt ist der derzeitige durchschnittliche anthropogene Leistungsbedarf von 12 TW. Zur Einschätzung u. a. der Nachhaltigkeit ist diese Größe als eine Art Bezugspunkt anzusehen. Es ist zweckmäßig, zwischen Vermögens- und Einkommensenergien[1] zu unterscheiden. Einkommensenergien sind als Leistungen unmittelbar mit dieser Größe zu vergleichen. Sie stehen in einem für menschliche Dimensionen unendlich großen Zeitraum ständig zur Verfügung. Für ihre technische Nutzung sind außer der absoluten Größe noch die Leistungsdichte und die Zeitstrukturen zu beachten, die bekanntlich apparate- und kapitalintensive Lösungen erfordern. Die Vermögensenergien werden sinnvoll im Zeitmaß gemessen, das auf den derzeitigen Leistungsverbrauch skaliert ist. Die im *Bild 6-2* ausgewiesenen Zahlen stellen Jahre dar, in denen die Vermögensenergien in der Lage sind, die Leistung von 12 TW[2] zu decken. Bei allen Diskussionen, die um solche Zahlen geführt werden, gilt festzuhalten, dass die Größenordnung vergleichbar mit dem Zeitraum der bewussten Geschichte der Menschheit ist. Dabei beziehen sich die Schätzungen auf eher konservative Werte und berücksichtigen nur die Ausnutzung der

---

[1] Vermögensenergien sind als endlicher Vorrat vorhanden und werden verbraucht, während Einkommensenergien als ständiger Zufluss zur Verfügung stehen.

[2] Die durchschnittliche Leistung von 1 TW entspricht 1 Mrd. KW oder der von 1.000 Großkaftwerken mit einer Leistung von je 1.000 MW. Da eine durchschnittlichen Leistung von 1kW etwa einem Massenstrom von 1 t Steinkohle pro Jahr (genauer 1,076 t SKE/a, s. Anhang zu den Energie- und Leistungseinheiten) entspricht, kann man sich 1TW auch durch 1 Mrd. t Steinkohle pro Jaht veranschaulichen.

6.3 Technische Handlungsfelder

Kernenergie mittels thermischer Reaktoren. Daraus lässt sich auch das Gewicht der Kernenergieausnutzung ablesen, das letzten Endes maßgebend für ihren Einsatz sein müsste.

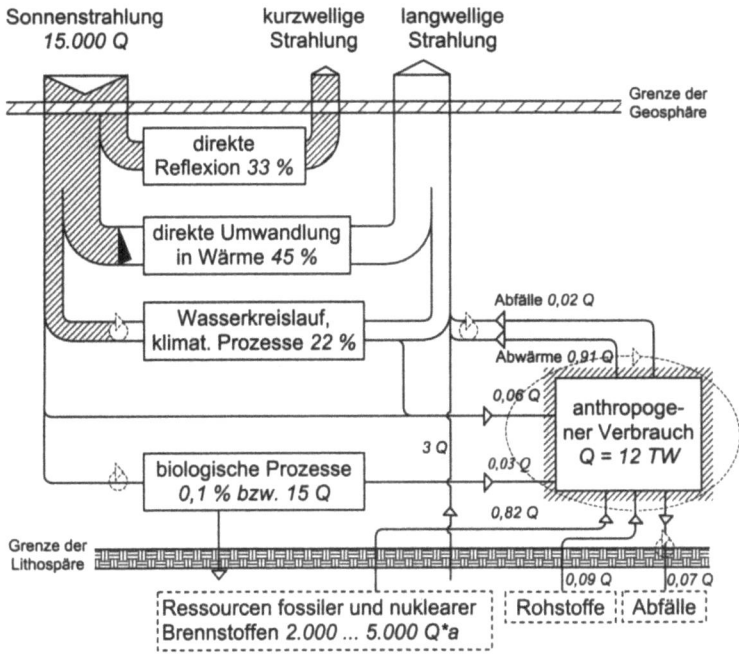

Bild 6-2
Energiefluss der Erde

An dieser Stelle sei darauf hingewiesen, dass mit dem vorgeschlagenen Konzept der Entropiewirtschaft auch der Versuch der Ressourcenbewertung unternommen werden kann, was insbesondere für die Einkommensenergiequellen, im derzeitigen Sprachgebrauch erneuerbare Energiequellen, zu interessanten Einblicken führen kann. Eine solche Untersuchung ist zwar in der vorliegenden Arbeit nicht angestellt worden, das Beispiel der Biomassenbewertung belegt aber diese Feststellung ausdrücklich.

Zur Einschätzung der globalen Dimension ist festzuhalten, dass letzten Endes die gesamte zugeführte Energie sich in äußeren Nichtumkehrbarkeiten der technologischen Systeme und für die Systeme selbst als Entropieexport niederschlägt. Da diese äußeren Nichtumkehrbarkeiten im weiteren Sinn als Abfallenergie anzusehen sind, ist die Auseinandersetzung mit den Möglichkeiten ihrer Vermeidung und Verwertung von hoher Bedeutung und als Ausgangspunkt für die vorliegende Untersuchung gewählt worden.

Um neue mögliche Effekte in ihren Auswirkungen abschätzen zu können, muss man die globale Ebene verlassen, da sie zu einseitigen und irrealen Aussagen führen kann, und den Überlegungen Modellobjektbereiche zugrunde legen. Als charakteristische Beispiele sind zwei Ballungsräume und zwei ländliche Räume betrachtet worden. Ballungsräume sind die Industriegroßstadt Duisburg und die Verwaltungsgroßstadt Düsseldorf. Ihre energetischen Strukturen unterscheiden sich signifikant. Dementsprechend waren auch unterschiedliche technische Lösungen zur Verbesserung der energetischen Effizienz zu untersuchen. Als Objektbereich für einen typisch ländlichen Raum wurde der Landkreis Spree-Neiße gewählt und der Landkreis Wesel als ländlicher Raum mit lokalen Ballungszentren. Die energetische Kennzahlen zeigen, dass der Haushaltsenergieverbrauch in allen Bereichen von gleicher Größenordnung ist, während sich die mit den gewerblichen und industriellen Gegebenheiten verbundenen Energieverbräuche um Größenordnungen unterscheiden und damit auch wiederum andere technische Lösungen als sinnvoll erscheinen lassen. Die Quantifizierung dieser Objektbereiche verdeutlicht auch den Umfang der Arbeiten, die erforderlich sind, um sich derartige Einblicke zu verschaffen.

Als Beispiele sind konkrete Untersuchungen durchgeführt worden, die sich aus den technischen Möglichkeiten ableiten lassen. Es sind dies im Wesentlichen Anwendungen der Wärmetransformationsprozesse, der Biomasseneinsatz, Strukturvorschläge für Energieversorgungssysteme sowie die Einbeziehung der Abfallverwertung. In allen Fällen konnten exemplarisch erhebliche thermodynamische Verbesserungen z. B. bis zu 50 % nachgewiesen werden. Dabei ist in den Lösungsvorschlägen nur auf bekannte und einsetzbare Techniken zurückgegriffen worden, wie die Vernetzung über Wärmeschienen oder die Ausnutzung der Kraft-Wärme-Kopplung in den Ballungsräumen, für industrielle Verbraucher und für Einzelverbraucher in den ländlichen Räumen. Alle Beispiele zeigen die Bedeutung der Entwurfs- und Planungsphase. Zu diesem Zeitpunkt bestehen noch die größten Freiheitsgrade, und es erscheint geboten, hierbei alternative Entsorgungskonzepte zu fordern, wie das z. B. in der Schweiz schon gesetzlich geregelt ist.

Die Art der vorliegenden Betrachtung erfordert die Einbeziehung von Verfahren der Abfallwirtschaft. In der Einschätzung ist zu berücksichtigen, dass spätestens ab dem Jahr 2005 in Deutschland nur noch in Ausnahmefällen Abfälle ohne Vorbehandlung deponiert werden dürfen. Als mögliche Behandlungsverfahren stehen mechanische und mechanisch-biologische Behandlungsverfahren, die Abfallverbrennung sowie alternative thermische Behandlungsverfahren zur Verfügung. Lediglich bei einer Vermeidungs- und Verwertungsquote von über 60 % und einer zusätzlichen Mengenreduktion um weitere 40 % kann auf den Neubau von Behandlungsanlagen verzichtet werden.

Bei der Verfahrensauswahl für Neuanlagen ist heute in erster Linie die Behandlungssicherheit oberstes Kriterium. Aufgrund der vielfachen großtechnischen Erfahrungen mit Abfallverbrennungsanlagen werden diese bislang bevorzugt eingesetzt. Ihr Wirkungsgrad für die Umwandlung der im Abfall gespeicherten chemischen Energie in Strom oder Dampf ist jedoch um den Faktor zwei geringer als der Wirkungsgrad heutiger Dampfkraftwerke. Dies beruht auf den Parametern der Verbrennung und Dampferzeugung, die aus dem geringen Heizwert des Abfalls, dem Vermeiden der Neubildung von Dioxinen und Furanen sowie der Aggressivität der Rauchgase folgen. Höhere Wirkungsgrade können mit den alternativen thermischen Behandlungsanlagen erreicht werden. Dies gilt allerdings nur dann, wenn entstehende Prozessgase nicht verbrannt, sondern als Rohgas z. B. in chemischen Anlagen genutzt werden.

Mechanisch-biologische Behandlungsverfahren sind unter Gesichtspunkten der Entropiewirtschaft unterlegen, da ein großer Teil der im Abfall gespeicherten Energie ohne Nutzung an die Umgebung abgeführt wird. Vorteile dieser Verfahren liegen allenfalls in einer flexiblen Volumenreduktion des Abfalls, die in Zusammenhang mit dem Betrieb einer Verbrennungsanlage für deren optimale Auslastung genutzt werden kann.

6.4 Konsequenzen der gesellschaftlichen Rahmenbedingungen

Aus der Sicht der Entropiewirtschaft bedeutet Abfallenergieverwertung zunächst die Auseinandersetzung mit den äußeren Nichtumkehrbarkeiten, den äußeren Exergieverlusten. Die Thermodynamik bietet zur Verbesserung der derzeitigen Situation, d. h. zur Annäherung an die Reversibilität eine Vielzahl von denkbaren Lösungsmöglichkeiten an. Ihre technische Realisierung erscheint heute auf Grund der Möglichkeiten der modernen Fertigungstechnik und – für den Betrieb – vor allem der Automatisierungstechnik sehr viel chancenreicher als in der Vergangenheit. Ihre Überführung in die technische und gesellschaftliche Praxis hängt aber unmittelbar von den gesellschaftlichen Rahmenbedingungen ab. Die Wirkung dieser Rahmenbedingungen schränkt z. B. die technischen Möglichkeiten häufig in einem Maß ein, das sogar zu einer Zunahme der Nichtumkehrbarkeiten zwingt und so die im Sinne der Nachhaltigkeit geforderte Entropiewirtschaft konterkariert. Von Bedeutung erscheinen zunächst die wirtschaftlichen Aspekte.

Wirtschaftliche Aspekte

Aus der Analyse der gegebenen ökonomischen Rahmenbedingungen und ihrer Wechselbeziehungen zu den energietechnischen, juristischen und sozialen Erfordernissen lassen sich nachstehende – thesenhaft formulierte – Schlussfolgerungen und Handlungsempfehlungen für die Anwendung und weitere Vervollkommnung der ökonomischen Bewertung ableiten:

– Eine ökonomische Bewertung von Strategien der Abfallenergieverwertung ist unverzichtbar. Sie erlaubt für verschiedene technische/technologische Optionen einen Aufwand-Nutzen-Vergleich im einheitlichen Preis- bzw. Geldausdruck. Weitergehende Betrachtungen, wie beispielsweise soziale Anforderungen und Konsequenzen, kann sie nicht ersetzen. Für die Zukunft ist zu beachten, dass insbesondere bei den Fixkosten im internationalen Vergleich Reduktionen um ca. 25 % möglich erscheinen.

– Vorhandene Zielkonflikte zwischen Ökologie und Ökonomie, zwischen kurz- und langfristig orientierter sowie zwischen engen betriebswirtschaftlichen und komplexen gesamtwirtschaftlichen Interessen verlangen, externe Kosten- und Nutzenskomponenten in die ökonomische Bewertung mit einzubeziehen. So besteht bspw. ein Interessenkonflikt zwischen den Industriebetrieben – als Wärmebereitsteller möglichst nur kurz- oder bestenfalls mittelfristige (verbindliche) Lieferverträge einzugehen – und den Wärmeverbrauchern sowie Netzbetreibern an langfristiger Versorgungssicherheit. Des Weiteren sei darauf verwiesen, dass sich i. a. die Zeitstrukturen der Wärmeanbieter und Wärmeverbraucher deutlich unterscheiden, was zusätzliche technische Investitionen erfordern kann. Als externe Aufwands- und Nutzenskomponenten kommen z. B. Vermeidungs- oder Schadenskosten sowie überbetriebliche ökologische Vorteile (verringerte Klimabelastung etc.) infrage.

– Gerade angesichts der durch die Liberalisierung des Strom- und Gasmarktes initiierten starken Preissenkung herkömmlicher Energieträger kommt es darauf an, dem entgegenzuwirken, dass die Verwertung von Abwärme und Biomasse als unwirtschaftlich angesehen wird und unbeachtet bleibt. Wesentlich kann hierzu beigetragen werden, wenn es gelingt, die Kosten der Schadstoffemissionen (von CO_2, CH_4 etc.) sowie der Ressourcenbegrenzung fossiler Energien wirksamer in Wirtschaftlichkeitsvergleiche einzubeziehen. Eine nur betriebswirtschaftliche Bewertung ist nicht ausreichend. Der Vergleich miteinander konkurrierenden Energiesysteme verlangt eine erweiterte komplexe Bewertung.

- Aufgrund der externen Effekte und des Marktversagens im Wettbewerb mit den bereits etablierten Energiesystemen sind für die Abfallenergieverwertung staatliche Förderungen, Finanzhilfen und andere Interventionen gerechtfertigt und notwendig. Marktkonforme Instrumente, wie längerfristig vorgegebene Entwicklungen der Energiepreise und Energie-/Ökosteuern sollten dabei den Vorzug vor einzelnen Subventionen und Steuerermäßigungen haben. Bei der konkreten Ausgestaltung könnten insbesondere die praktischen Erfahrungen der Schweiz mit kalkulatorischen Energiepreiszuschlägen ausgewertet werden.

  Unter bestimmten Marktbedingungen erscheint eine staatliche (Vor-)Finanzierung der Netze für die Wärmefortleitung und -verteilung im Rahmen von Infrastrukturinvestitionen gerechtfertigt, nicht zuletzt mit Hinweis auf die Bereitstellung anderer infrastruktureller Anlagen (wie Wasser- und Abwasseranlagen, öffentliche Straßen etc.). Diese Marktbedingungen lassen sich nach gegenwärtigen Erkenntnissen wie folgt charakterisieren:

  - Entweder liegt ein großes Potenzial vorhandener, noch nicht genutzter Abwärme (aus der Industrie und aus KWK-Prozessen) vor, oder es ist mit einer starken Nachfrage nach Fernwärme (dank anschlussbereiter Industrie-, Gewerbe-, Haushaltskunden) zu rechnen. In beiden Fällen kann nämlich das investitionsintensive Wärmenetz zum Hemmnis werden.

  - Nach der Errichtung des Netzes wird seine allgemeine, diskriminierungsfreie Nutzung, d. h. das faktische Durchleitungsrecht für alle Anbieter und Betreiber, gewährleistet.

  - Für die Nutzung des (zunächst im staatlichen Eigentum befindlichen) Wärmenetzes kommen – in Analogie zur Strom- und Gasdurchleitung – Durchleitungsentgelte und damit die üblichen Wettbewerbsregeln zur Anwendung.

- Da in der Wirtschaftspraxis meist nur Kompromisse politisch durchsetzbar sind, werden auch spezielle Regelungen zu berücksichtigen sein. An die in Frage kommenden selektiven Subventionen und Finanzhilfen sollten allerdings von vornherein mindestens zwei Anforderungen gestellt werden: Einerseits sollten sie befristet und degressiv gestaffelt sein, um ständig und zunehmend auf die Kostensenkung/Rationalisierung/Wettbewerbsverbesserung zu drängen. Andererseits geht es darum, nur solche Fälle zu unterstützen, für die nach Expertenmeinung eine begründete ökonomische Erfolgsaussicht für die Verwertung besteht, d. h. wenn die Mehrkosten der Abfallenergieverwertung gegenüber der Konkurrenzenergie bestimmte vorgegebene Grenzwerte nicht überschreiten.

Für eine entropieorientierte Strategie der Abfallenergieverwertung erscheint es hilfreich, wenn staatliche Interventionen in den Marktmechanismus jene energetischen Prozesse begünstigen, die mit vergleichsweise geringen Irreversibilitäten und damit geringem Entropiezuwachs einhergehen. Das könnten namentlich Prozesse mit Stoffrecycling und hoher Abfallenergieverwertung sein. Letztere lassen sich näherungsweise durch einen hohen Ausnutzungsgrad der eingesetzten Primärenergie und durch eine geringe Emissionsdichte charakterisieren. Markante Beispiele hierfür sind die Kraft-Wärme-Kopplung und die Biomassennutzung. Konzentriert man sich auf die beiden genannten Indikatoren, so ist zu erwarten, dass die Optimierung von Entwicklungsstrategien nach dem Kriterium „hohe Wirtschaftlichkeit/niedrige Gesamtkosten" (unter Einschluss der Emissionen) weitgehend mit der nach dem Kriterium „begrenzter Entropiezuwachs/Exergieverlust" korreliert.

Abschließend wird es für erforderlich gehalten, neue Entwicklungstrends weiterhin ökonomisch zu analysieren und zu erforschen. Hauptsächlich geht es um zwei Fragen. Wie werden sich die gegenläufigen Preiseffekte der Strom- und Gasmarktliberalisierung auf die Wärmepreise auswirken, kann sich im Wärmepreis die Preissenkungstendenz durchsetzen? Wie stark

6.4 Konsequenzen der gesellschaftlichen Rahmenbedingungen

wird in der Europäischen Union – als Beitrag zur Nachhaltigkeit – die Entwicklung regenerativer Energien (inklusive der Abwärme und Biomasse) forciert und gefördert, kommt es zur weitgehenden Harmonisierung von Energie-/Ökosteuern und anderen Regulierungen?

Optimales Normdesign für rechtliche Steuerungsmechanismen

Wo etwas mit marktkonformen Mitteln erreicht werden kann, sollte diese Lösung ungeachtet der Frage, ob auch ordnungsrechtliche Mittel zulässig wären, bereits ordnungspolitisch angezeigt sein. Die marktnahe Steuerung zielt auf die einsichtsvolle Selbst-Gestaltung menschlichen Verhaltens im Rahmen der erkannten Optionen und faktischen Parameter ab. Dies kann durch staatliche Steuerung auf allen Ebenen geschehen, zentral, regional oder kommunal, wie z. B. durch die Auflage zur Ausarbeitung von Abwärmenutzungskonzepten, wie verschiedentlich vorgeschlagen, soweit das Recht im verfassungsgemäßen Rahmen bleibt. Dabei können rechtliche Sanktionen, Verpflichtungen und Abgabenbelastungen Kosten erhöhen, Begünstigungen wie Steuererleichterungen oder Subventionen sie reduzieren. Bei der Auswahl der Steuerungsmechanismen ist das Kosten-Nutzen-Verhältnis für etwaige Überwachung und Verwaltung den Steuereinnahmen, -erleichterungen, Subventionen und Ähnlichem gegenüberzustellen.

Bei der Beeinflussung der Rahmenbedingungen und der Auswahl zulässiger und optimaler Steuerungsvorgaben für die Bereiche der umweltschonenden und rationellen Energieerzeugung und -verwendung ist zu untersuchen, welche Normen bereits existieren, ob die existierenden Normen funktional sind und welche Rechtsnormen in Zukunft erlassen werden sollen, um die Funktionalität der einzelnen Normen sowie der Normen des gesamten Regelungsbereichs zu garantieren. Es geht neben der Frage der Rechtsdogmatik bezüglich der Verfassungsmäßigkeit der Normen um den rechtspolitischen Aspekt „de lege ferenda", welcher danach fragt, wie Normen in den verfassungsrechtlichen Grenzen auszusehen haben, um definierte Regelungsziele optimal zu erreichen. Schließlich ist es auch vorteilhaft, vergleichend auf die Erfahrungen anderer Rechtsordnungen zurückzugreifen.

Die Notwendigkeit, mit den Mitteln des Rechts steuernd in Wirtschaftsvorgänge - und hier konkret in die Erzeugung und Verwendung von Energie – einzugreifen ergibt sich zum einen wegen der erforderlichen Annäherung von individuellen und öffentlichen Interessen, zum anderen aber wegen des Ausgleichs von „Marktunvollkommenheiten". Dabei kann das Recht dazu beitragen, etwa durch Abgabenbelastung oder Entlastung die Kosten von Energierohstoffen und Erzeugungsverfahren zu verteuern oder zu verbilligen. Hierdurch kann eine wirklich rationale und kostenorientierte Produktionsweise, welche die Umwelt schont und politisch potenziell brisante Abhängigkeiten von Energierohstoff-Lieferländern reduziert, sichergestellt werden

Es sei an dieser Stelle vermerkt, dass sich unter Benutzung der Aussagen des Entropiesatzes ein aus thermodynamischer Sicht allgemein gültiger Rahmen für solch ein Konzept finden lässt, da es aus vielerlei Gründen besser ist, statt der Vorgabe von Tabellen und Grenzwerten grundsätzliche Methoden vorzuschreiben.

Außerdem stehen klassische ordnungsrechtliche Regelungsinstrumentarien zur Verfügung. Hierzu gehören Verbote und Anordnungen, die im konkreten Fall auch in Vorgänge der Planung, der Genehmigung und der Auflagenerteilung eingebunden sein können.

Schließlich ist dem Instrumentarium der direkten Förderung von Aktivitäten der rationellen Energieverwendung oder Nutzung erneuerbarer Energien ein breiter Raum einzuräumen. Es handelt sich hierbei – da Förderungsmittel zunächst vom Staat durch Abgaben akquiriert werden müssen – um Umverteilungsmaßnahmen, welche durch ein öffentliches Interesse gerechtfertigt werden müssen.

Bei der Auswahl der Steuerungsmechanismen sind die Kosten ihrer Durchsetzung sowie der sachliche und personelle Aufwand bei der Verwaltungsdurchführung zu beachten. Gerade im Umweltrecht hat sich in den Erfahrungen der letzten Jahre gezeigt, dass diese Kosten so hoch sein können, dass sich letztlich ein Vollzugsdefizit ergibt. Außerdem kann die Überwachung durch naturwissenschaftliche Zusammenhänge begrenzt oder unmöglich sein.

Immaterielle Kosten und auch zulässige Freiheitseinschränkungen werden von den Bürgern regelmäßig als Belastungen angesehen, welche der Rechtfertigung bedürfen und den Gesichtspunkt der politischen Akzeptanz berühren. Die Diskussion um die Wettbewerbsfähigkeit deutscher Unternehmen unter dem Einfluss von Umweltschutzmaßnahmen andererseits zeigt, in welchem Spannungsfeld die politische Entscheidungen getroffen werden müssen.

Die möglichen Instrumente müssen nicht nur durchsetzbar sein, sondern auch so gestaltet werden, dass sie sich durch Akzeptanz beim Bürger selbst durchsetzen, was auch ihre personellen und finanziellen Aufwendungen senkt.

Die Frage nach den rechtspolitisch geeigneten rechtlichen Steuerungsinstrumenten verlangt einerseits die rationale Identifizierung erwünschter oder sogar – wie dies beim Umweltschutzaspekt der Fall ist – existenziell notwendiger Ziele und der zielführenden Handlungsalternativen. Die Auswahl zwischen diesen Alternativen ist dann weitgehend sachorientiert, so weit sie verfassungsrechtlich gebunden ist. Im Rahmen dieser Bindung kommen aber Probleme politischer Akzeptanz ins Spiel. Die gerade in Deutschland zuweilen vom Gesetzgeber mit dem Argument der Einsparung von Vollzugskosten bevorzugte Selbstverpflichtung der privaten Erzeuger[3] kann die ordnungsrechtlichen Eingriffsmöglichkeiten der Bundesländer einschränken[4] und ist deshalb mit Vorbehalten zu sehen.

Die angeführten juristischen Steuerungsmechanismen zur Ressourcenschonung und zum Umweltschutz wirken auch im Sinne einer verbesserten Entropiewirtschaft, gelten aber nur für einzelne Energieträger und Energietechnologien und wirken im Gesamtsystem der Steuerungsmechanismen nur isoliert, wie z. B. die realisierte Form der Ökosteuer innerhalb der Steuergesetzgebung. Die Unvollkommenheit derartiger Vorschläge ließe sich durch einen Ansatz überwinden, der energetischen Überlegungen stärker Rechnung trägt und die Substitutionsmöglichkeiten der Energieträger und Energiewandlungstechnologien stärker beachtet; denn die bisherigen Regelungen führen in vielen Fällen zu naturwissenschaftlich-technisch nicht einsehbaren Bevorzugungen und Benachteiligungen.

Ein möglicher Ansatz für eine Gesamtsicht könnte darin bestehen, dass nicht mehr primär die menschliche Arbeit sondern der Energieverbrauch in Gestalt der nichtumkehrbaren Entropieproduktion der Abgabenbelastung zugrunde gelegt wird und damit energetisch erwünschte und politisch rationale Verhaltensweisen induziert werden. Dieser – zulässige – lenkungspolitische Ansatz bedeutet nicht, dass in der Formulierung des Regelbereiches explizit von der Entropie Gebrauch gemacht wird, sondern dass – wie z. B. in der Wärmenutzungsverordnung über den Wärmedurchgangskoeffizienten letztendlich auch entropische Verhältnisse präjudiziert wurden – über Temperaturdifferenzen, Richtgeschwindigkeiten, Druckverluste u. ä. Vorgaben zu

---

[3] z. B. § 4 a des Stromeinspeisungsgesetzes oder auch als Alternative zu einer normativen Anordnung im Falle der nach § 5 Abs. 1 Nr. 4 Bundesimmissionsschutzgesetz vorgesehenen Wärmenutzungsverordnung.

[4] Vgl. Entscheidung des Bundesverfassungsgerichts zur Verpackungsabgabe, veröffentlicht in Neue Juristische Wochenschrift 1998, 2341.

formulieren sind. Eine Auseinandersetzung mit derartigen Überlegungen wäre aus juristischer Sicht echte Grundlagenforschung.

Erhöhung der sozialen Akzeptanz und deren Umsetzung in politisches Handeln

Neben den wirtschaftlichen und rechtlichen Rahmenbedingungen spielen in der Gesellschaft in zunehmendem Maße die sozialen Komponenten eine Rolle. Wenn auch nicht von einer prinzipiellen Technikfeindlichkeit gesprochen werden kann, hat doch die Öffentlichkeit eine sehr viel kritischere Position zu technischen und insbesondere energietechnischen Entwicklungen als vor 100 Jahren.

Zur Erfassung der damit verbundenen Sachverhalte ist der Begriff Technologiefolgenabschätzung geprägt und eingeführt worden. Außerdem sind eigene Methodeninstrumentarien entwickelt worden, um quantitative Aussagen zu erhalten. Als geeignet haben sich Befragungsrunden erwiesen, die einen repräsentativen Querschnitt der Gesellschaft erfassen und mit Wertbaummethoden arbeiten.

Es wurden vier bezüglich der Entwicklung des Energieverbrauchs unterschiedliche Lebensstile und zwei Optionen zur exergetisch optimierten Energieversorgung eines Ballungsraumes untersucht. Die Einschätzung von Vorschlägen der Abfallenergieverwertung hat zu folgenden Ergebnissen geführt: Allein die Tatsache eines rationelleren Umgangs mit Energie hat die Attraktivität von mit dem Lebensstil „Ressourcenschonung" verbundenen Szenarien steigern können. Die Punktwerte eines Szenarios „Neue Lebensstile" sind fast gleich geblieben gegenüber dem mit den ursprünglichen Lebensstilen verbundenen Szenario. Aus diesen Ergebnissen kann der Schluss gezogen werden, dass eine auf Nutzung von Abfallenergie ausgerichtete Energiepolitik kaum an der Hürde der sozialen Akzeptanz scheitern würde. Nähme man die Gewichtungen und Bewertungen der Teilnehmer als Querschnitt der relevanten gesellschaftlichen Gruppen, dann würden alle vorgeschlagenen Maßnahmen zur Abfallenergienutzung auf fruchtbaren Boden fallen. Die meisten dieser Nutzungsvarianten schneiden bei den Umweltkriterien besser ab als rein angebotsorientierte Energiesysteme, und sie scheinen auch in Fragen der Verbraucherfreundlichkeit zumindest mit den herkömmlichen Systemen Schritt halten zu können. Das Problem der höheren Kosten scheint dagegen durch die relativ geringe Gewichtung durch die Teilnehmer weniger ausgeprägt zu sein, als dies ansonsten erscheint. Bei der Wahl von hoch versus niedrig vernetzten Systemen liegt deutlich eine Präferenz für kleinräumige Lösungen vor, wobei aber auch zentrale Lösungen immer noch wesentlich positiver eingeschätzt werden als angebotsorientierte Energieszenarien. Dies gilt für beide Gruppen in dieser Untersuchung: die Ingenieure und die Vertreter der Kirche.

Die positive Akzeptanzsituation darf aber nicht darüber hinwegtäuschen, dass beide Gruppen die Realisierungschance für solche Szenarien eher gering einstufen. Weder die Rahmenbedingungen noch die institutionellen Voraussetzungen seien gegeben, um die Weichen für eine neue Energiepolitik im Sinne der Abfallenergienutzung zu stellen. Aus diesem Grunde erscheint es notwendig, die erforderlichen Instrumente und Maßnahmen zu identifizieren, die eine Kompatibilität mit den Präferenzen der beteiligten Gruppen und der Energiepolitik herbeiführen können. Dabei wird es nicht ausreichen, nur auf die Politik oder nur auf die Wirtschaft zu setzen, sondern es ist eine Mischung von Steuerungsinstrumenten zusammenzustellen, die die angestrebte Zielgerade effektiv und effizient erreichen hilft. Dazu gehören:

in der Politik:
- Verbesserung der Rahmenbedingungen für Unternehmen, um im Wärmemarkt Fuß fassen zu können

- Förderung von Forschung und Entwicklung zur Schaffung von innovativen technischen Lösungen
- Mitwirkung oder Subventionierung der notwendigen Infrastrukturleistungen

in der Wirtschaft:
- kooperative Formen der Planung und Abstimmung zwischen Energieanbietern und -nachfragern
- Zusammenarbeit zwischen Abfallenergieanbietern und potenziellen Nachfragern
- Zusammenarbeit zwischen privaten Investoren und der öffentlichen Hand (vor allem bei der Realisierung von Wärmenetzen)

in der Wissenschaft:
- Erarbeitung von konkreten Konzepten für unterschiedliche Versorgungsgebiete
- Entwicklung von integrativen technischen Konzepten zur rationellen Energienutzung
- Begleitung von prototypischen Umsetzungen in ausgewählten Gebieten
- Evaluierung von Versuchsprogrammen

im Sozialsystem:
- Unterstützung der Vorhaben durch soziale Meinungsführer von gesellschaftlich relevanten Gruppen
- Information von und Kommunikation mit betroffenen Bürgern durch Wissenschaft, Politik und Verbände
- Erarbeitung von Lösungen, die auf die Sorge der Bürger vor Abhängigkeiten und Souveränitätsverlusten konstruktiv eingehen
- Mediale Unterstützung der Vorschläge in den Print- und elektronischen Medien.

Erst in der kombinierten Wirkung aller dieser Maßnahmen liegt letztendlich der Schlüssel für eine erfolgreiche Umsetzung der technischen Vorschläge. Auf der Basis der hier vorgenommenen Untersuchung ergibt sich ein durchaus positives Bild für die Verwirklichung eines solchen Weges. Allerdings müssen die volkswirtschaftlichen und organisatorischen Auswirkungen noch genauer geprüft werden, ehe man sich auf die Umsetzung der Vorschläge einlässt. Bei aller positiven Beurteilung darf jedoch nicht vergessen werden, dass die hier vorgenommenen Einschätzungen auf der Basis größerer Unsicherheiten und einer geringen Repräsentanz der betroffenen Bewerter erfolgt sind. Es wäre daher sicher sinnvoll, diskursive Bewertungsprozesse in den Regionen ins Leben zu rufen, in denen eine Umsetzung konkret anliegt.

Koordinierung der Aktivitäten für einen Wandel

Schließlich gehört zu den gesellschaftlichen Rahmenbedingungen auch die geschichtliche Entwicklung des jeweiligen Fachgebietes und seiner technischen Realisierung. Auch aus dieser Sicht können Handlungsempfehlungen für die Gegenwart abgeleitet werden.

Der Übergang zu einer Entropiewirtschaft bedeutet den Übergang zu einem anderen technologischen System[5]. Die Geschichtswissenschaft stellt mit dem Konzept der „großen technologi-

---

[5] Die Verwendung des Begriffes technologisches System unterscheidet sich an dieser Stelle etwas von der Anwendung in anderen Teilen des Buches, in denen mit dem Systembegriff Funktionen, Bilanz-

6.4 Konsequenzen der gesellschaftlichen Rahmenbedingungen

schen Systeme" ein Erklärungsmuster bereit [6-1], das auch auf die hier erfolgte Untersuchung angewendet werden kann. „Große technologische Systeme" sind, so die bisherigen Erkenntnisse, nicht nur Ergebnis der erfolgreichen Durchsetzung technologischer Prozesse und der technischen und naturwissenschaftlichen Präzision, sondern auch, wenn nicht vielmehr, Ergebnis von vielfältigen, auf die Gewinnung von Konsens zielender Aktivitäten der beteiligten Gruppen. Dazu sind insbesondere effektive Institutionen und überzeugende Argumente erforderlich. Erfolgreiche Systembildner zeichnen sich durch die Fähigkeit aus, trotz Diversität Einheit, trotz Pluralismus Zentralisierung und trotz Chaos Zusammenhänge und Geschlossenheit zu entwickeln. Dazu gehört auch, beständig auf die Herausforderungen zu reagieren und diejenigen externen Faktoren zu integrieren, die für den Bestand des Systems bedrohlich sein könnten.

Wie ist die Geschichte der Abfallenergieverwertung aus dieser Sicht zu bewerten? Im Hinblick auf technische und wissenschaftliche Präzision – anders formuliert auf die Erzielung eines Konsenses innerhalb der einschlägigen Disziplinen – zeigt die Theorie der Abfallenergieverwertung Mängel. Begriffe und Theorien sind noch nicht einheitlich formuliert und weiterhin umstritten. Daran scheiterte bisher auch die Formulierung eines schlagkräftigen, überzeugenden Kernarguments. In den 1920er Jahren konnte sich der unpräzise Begriff „Wärmewirtschaft" nicht gegen die Zugkraft des Begriffes „Rationalisierung" durchsetzen. Die heutigen Begriffe Abfallenergieverwertung und rationelle Energieverwendung sind vermutlich zu fachspezifisch und zu komplex anmutend, um sich in der veröffentlichten Meinung gegenüber den dominierenden Begriffen „Globalisierung" oder „Nachhaltigkeit" behaupten zu können. Durchsetzungsfähige Institutionen existierten nur kurzfristig in den 1920er Jahren, danach agierten die Organisationen vereinzelt und wenig erfolgreich. Die Notwendigkeit für die Begründung derartiger Instanzen aus regionaler Verantwortung kann aus den Erfahrungen der Abwärmenutzung nur bestätigt werden. Die geschilderte Initiative „Industrie hilft Industrie" des VIK[6] ist aus dieser Sicht positiv zu sehen. Wenn es gelänge, die Forschungen und Aktivitäten stärker zu koordinieren, ein effektives Wissensmanagement aufzubauen, wäre das ein Schritt in Richtung Zentralisierung trotz Pluralismus. Im Sinne der Herstellung einer Einheit trotz Diversität sind die skizzierten Entwicklungen in den 1990er Jahren, die zunehmende Akzeptanz der Gleichwertigkeit verschiedener Energieträger und Energietechniken und die Abkehr von den Versuchen, einen Energieträger als den dominierenden durchzusetzen, positiv zu bewerten. Mit dem Paradigma der „Entropiewirtschaft" könnte es gelingen, die unterschiedlichen und teils konträren Interessen von Gesellschaft, Wirtschaft und Ökologie auf einen gemeinsamen Nenner zu bringen und über alle Differenzen, über alles „Chaos" hinweg Zusammenhänge herzustellen, denn: das Haupthindernis für die Durchsetzung umweltverträglicher Techniken generell und einer umweltfreundlichen Energieversorgung speziell, die immer höchst umstrittene Bewertung von Umweltbelastungen, würde weitgehend überflüssig; unterschiedliche Interessen würden durch einen gemeinsamen Maßstab quantifiziert werden. Bisher scheint es, als seien Abfallenergieverwertung und rationelle Energieverwendung mehr in das bestehende System integriert worden, als dass sie eine grundlegende Bedrohung für den status quo bedeuteten und den Wandel zu einem neuen Energiesystem eingeleitet hätten.

---

grenzen, Bilanzen und Wechselwirkungen definiert wurden. An dieser Stelle steht der kulturelle Aspekt der die Gesellschaft prägenden technologischen Entwicklungen im Vordergrund.

[6] Verband industrieller Kraftwerksbetreiber

6.5 Heuristische Regeln als praktische Handlungsempfehlungen

Aus der Sicht der Entropiewirtschaft bedeutet die Abfallenergieverwertung zunächst die Auseinandersetzung mit den äußeren Nichtumkehrbarkeiten, den äußeren Exergieverlusten. Das wesentlichste naturwissenschaftliche Kriterium ist die Annäherung an die Reversibilität. Die Technik vermag den hiermit verbundenen Aufwand für erforderliche Apparate in Anlagen, Rohstoffe der verschiedenen Art, für die Betriebssicherheit und den Umweltschutz aufzuzeigen.

Ob die so definierten technologischen Systeme zur gesellschaftlichen Realität werden, hängt von den gegebenen Rahmenbedingungen ab. Vorstehend sind Aspekte dieser Rahmenbedingungen aus der Sicht der Ökonomie, des Rechtes, der sozialen Akzeptanz und in Bezug auf die historische Entwicklung dargestellt.

Zusammenfassend lässt sich schlussfolgern, dass die für die Auswahl, den Entwurf und den Betrieb technologischer Systeme zu berücksichtigenden Aspekte natürlich nicht einsinnig wirken – das war bei den unterschiedlichen Bedingungsgefügen von vorn herein nicht zu erwarten – aber dass sie zum großen Teil Tendenzen aufzeigen, die grundsätzlich eine Entropiewirtschaft behindern, ist bedenkenswert. Wenn aber letztendlich eine nachhaltige Entwicklung auf der Erde für richtig und notwendig gehalten wird, so kann diese auf die Dauer nur durch eine langfristige an den Verminderungen der Nichtumkehrbarkeiten orientierte Strategie angestrebt werden, für die die Abfallenergieverwertung eine zentrale Rolle spielt.

Unter diesen Gegebenheiten können Leitlinien für Handlungsempfehlungen nur auf der Basis der Erfahrung, der Empirie, in Form von heuristischen Regeln gegeben werden. Das ist heute nicht anders als vor 100 Jahren, als Wilhelm Ostwald in Verbindung mit der von ihm geprägten Energetik als Natur- und Gesellschaftsbild den energetischen Imperativ – Vergeude keine Energie, verwerte sie! – formulierte. Es muss ausdrücklich betont werden, dass diese allgemeine Regel den Zielen einer Entropiewirtschaft entspricht. Das Gleiche gilt auch für die Losung, die in den 30er Jahren in Abhebung der Erfahrungen aus der Entwicklung der 20er Jahre von Bošnjaković als „Kampf den Nichtumkehrbarkeiten" ausgesprochen wurde.

Auch aus der Sicht der Nachhaltigkeit gelten heuristische Regeln, die der Betrachtungsrichtung entsprechend auf das Ressourcenmanagement zielen. Aus den vielfältigen Diskussionen ist ein Vorschlag entstanden, der in *Bild 6-3* wiedergegeben ist. Zu ihrer weiteren Erklärung sei auf die Literatur verwiesen [6-2 bis 6-5]. An dieser Stelle sei nur auf einige relevante Gesichtspunkte für die Abfallenergieverwertung aufmerksam gemacht.

Regel 1 besagt z. B., dass die zu realisierende technische Lösung durch ein Gleichgewicht der Kosten für die Nutzung der Abfallenergie und den damit verbundenen „Schattenpreisen" gekennzeichnet werden muss. Regel 2 ist zwar in Bezug auf die Stoffnutzung formuliert, lässt sich aber ohne weiteres auf Energieträger übertragen. Eine Abfallenergieverwertung ist stets mit einer Verminderung des Primärenergieeinsatzes verbunden und trägt so zur Schonung der Vorräte in der gleichen Weise wie die Entdeckung neuer Vorräte bei. Regel 3 hat für energetische Probleme möglicherweise Konsequenzen hinsichtlich des Leistungsangebots und ist damit an bestimmte Verbraucherstrukturen gebunden. Regel 4 ist aus energetischer Sicht durch die Kennzeichnung der Umgebung als Wärmereservoir, als natürlicher Bezugs- und Nullpunkt der Exergie zu ergänzen. Aus dieser Sicht ist davon auszugehen, dass die Änderungen der intensiven und molaren Zustandsgrößen der Umgebung klein sein sollten gegenüber den Änderungen dieser Größen in den technologischen Systemen.

6.5 Heuristische Regeln als praktische Handlungsempfehlungen

Thema 1:	Substitutionsgebot von natürlichem und künstlichem Kapital[i]
1.	Jeder Verbrauch natürlichen Kapitals muss durch eine entsprechende Erhöhung des künstlichen Kapitals ausgeglichen werden, sodass die Lebensqualität der kommenden Generation (unter Beachtung der Notwendigkeit, die Lebensqualität der heute noch unterentwickelten Länder zu erhöhen) zumindest gleichbleibt.
Thema 2:	**Management für nicht-erneuerbare Rohstoffe: Erhalt der Nutzenfunktionen.**
2.	Die nicht erneuerbaren natürlichen Ressourcen sind so weit zu schonen, dass ihr Nutzenpotential auch kommenden Generationen noch zur Verfügung steht.
	2a. Nicht erneuerbare Energieressourcen können so lange genutzt werden, so lange eine der drei folgenden Fragen mit Ja beantwortet werden kann: Entspricht die Summe der ausgebeuteten Rohstoffe der Summe der zum jeweiligen Zeitpunkt noch zusätzlich erschlossenen Reserven oder der durch absehbare Know-how-Verbesserungen zusätzlich wirtschaftlich gewinnbaren Ressourcen? Entspricht die Summe der ausgebeuteten Rohstoffe dem Substitutionspotential durch erneuerbare (erste Priorität) oder nicht-erneuerbare (zweite Priorität) Energierohstoffe unter der Bedingung, dass das jeweilige vorhandene Dienstleistungspotenzial (Wärme, Behaglichkeit, Mobilität, Kraft) erhalten bleibt[ii]? Entspricht die Summe der ausgebeuteten Rohstoffe den Nutzengewinnen durch Effizienzsteigerungen bei der Umwandlung? 2b. Nicht erneuerbare Rohstoffe, die nicht zur Energieumwandlung eingesetzt werden, können solange genutzt werden, wie sie mit vertretbarem wirtschaftlichem Aufwand wiederverwertet werden können; d.h. wie es gelingt, die Rohstoffe in einen zumindest teilweise geschlossenen Nutzungskreislauf zu überführen (Schließung von Stoffströmen).
Thema 3:	**Management für erneuerbare Rohstoffe: Regenerationsfähigkeit sicherstellen.**
3.	Für erneuerbare Ressourcen als Rohstoffquelle gilt, dass Inanspruchnahme und Regeneration in einem Gleichgewicht stehen müssen.
	3a. Erneuerbare Rohstoffe und die Medien, die sie zu ihrem Wachstum benötigen (wie Boden oder Wasser) sollen nur in dem Maße genutzt werden, wie durch gezielte Eingriffe in das betreffende Ökosystem (bei nachwachsenden Ressourcen) oder durch Energiezufuhr ein langfristiges Gleichgewicht zwischen Verbrauch und Regeneration eintritt. 3b. Bei allen notwendigen Eingriffen in die Umwelt ist darauf zu achten, dass die Funktionsfähigkeit von Boden, Wasser und Biotop erhalten bleibt, damit man auch bei widrigen Umständen noch langfristig einen Ernteertrag erzielen kann.
Thema 4:	**Umweltnutzung als Senke: Assimilationsfähigkeit nicht überschreiten.**
4.	Im Fall der Natur als Senke gilt, dass die Selbstreinigungskraft der Ressource nicht überschritten werden soll.

	4a. Belastungen der Umwelt sind dort kategorisch zu vermeiden, wo sie entweder mit Sicherheit menschliche Gesundheit schädigen oder den Erhalt von natürlichen Regelsystemen (Kontinuität der lebenswichtigen Kreisläufe wie Wasser, Kohlenstoff, Stickstoff u.a.) gefährden.
	4b. Bei der Belastung der Umwelt durch anthropogene Schadstoffe ist folgende Prioritätenskala zu beachten:
	  1. Priorität: Vermeidung humantoxischer Substanzen.
	  2. Priorität: Vermeidung der Stoffe, die einen signifikanten Einfluss auf das globale Klima und die globalen Stoffströme haben.
	  3. Priorität: Vermeidung von Substanzen, die in überschaubaren Räumen ökotoxische Wirkungen auslösen.
	  4. Priorität: Reduzierung von Stoffen, die biologisch nicht abgebaut werden können.
	  5. Priorität: Reduzierung aller verbleibenden anthropogen ausgelösten Stoffströme.

Thema 5:	**Umgang mit der Natur: Wertschätzung auch jenseits der wirtschaftlichen Verfügbarkeit.**
5.	Jede Gesellschaft (oder auch Staatengemeinschaft) soll die Möglichkeit haben, im Konsens der Beteiligten Gegenständen aus der Natur einen immanenten Wert zuzuschreiben.

[i] Mit anderen Worten Substitution von Naturressourcen zur Verringerung des Bedarfs an ihnen durch Artefakte.
[ii] Auch hier gilt, dass die Regenerationsfähigkeit der erneuerbaren Ressourcen und die Aufnahmefähigkeit der Ökosysteme nicht in Frage gestellt werden darf.

Bild 6-3
Fünf Regeln für das Ressourcenmanagement (aus [6-4])

Aus diesen Regeln lassen sich Kriterien ableiten, die z. B. für die Bewertung von Energiesystemen angewandt werden sollten. Sie sind in *Tabelle 6-1* zusammengestellt. Man kann daraus ermessen, in welchem Maße aus den vorstehenden Zusammenfassungen allgemein und im konkreten Fall Einschätzungen vorgenommen werden können.

Tabelle 6-1: Kriterien zur Beurteilung der Nachhaltigkeit von Abfallenergiesystemen

1	Technische Funktionalität
2	Betriebswirtschaftliche Rentabilität
3	Volkswirtschaftliche Effizienz
4	Ressourcenschonung
5	Entlastung der Umwelt als Senke
6	Flächenverbrauch
7	Politische und wirtschaftliche Umsetzbarkeit
8	Soziale Akzeptanz

In weiterer Untersetzung dieser Regeln können auf der Basis der vielen Second-law-Analysen, die in der Literatur vorliegenden Erfahrungen abgehoben werden, die sowohl einen zielstrebigen Entwurf als auch eine Bewertung des Betriebes technologischer Systeme erlauben. In diesen Regeln sind dann nicht nur die expliziten Ergebnisse des II. Haupsatzes enthalten sondern auch die Erfahrungen aus den implizit enthaltenen Aussagen aus den anderen Bewertungsdimensionen. Unter Zugrundelegung der Entropiebilanz kann ein derartig heuristisches Regelwerk systematisch aufgebaut werden. Die Annäherung an die Reversibilität, die Verminderung der Nichtumkehrbarkeiten ist der Leitgedanke. Damit wird das Niveau der Entropiebilanz zur Aufrechterhaltung des Ordnungszustandes in einem technologischen System möglichst niedrig gehalten.

Der heuristische Regelsatz aus thermodynamischer Sicht

Die zu bilanzierenden Entropieströme eines technologischen Systems in Verbindung mit der Gesamtbilanz der Erde, der Wechselwirkung mit der menschlichen Gesellschaft und der Umgebung sind in *Bild 6-1* veranschaulicht. Betrachtet man das zugehörige Energieflussbild vereinfachend als stationär (vgl. *Bild 6-2*), so ist zwar die Aufteilung der Ströme interessant, die Gesamtbilanz ist aber trivial, die Erde nimmt von der Sonne so viel Energie auf wie sie wieder an den Weltraum abgibt. Die Gleichheit von Energiezu- und -abfuhr gilt auch für die Systeme „Technologisches System" und „Soziales System". Die Differenz aus Entropie-Import von der Sonne bei 5000 K und Entropie-Export durch die Abstrahlung an den Weltraum bei 300 K liefert die wesentliche Triebkraft für alle Prozesse auf der Erde. Das „Technologische System" braucht zur Bereitstellung der geforderten Güter und Dienstleistungen gleichfalls einen Entropie-Export, den es aus der Differenz zwischen der niedrigeren Entropie des Inputs, Primärenergien und Rohstoffe, und der höheren Entropie der Abwärme und Anfallstoffe bezieht.

Die Entropiebilanz für das „Technologische System" lautet

$$\dot{S}^{Export} = \dot{S}_{Produkte} + \dot{S}_{Anfallstoffe} + \frac{\dot{Q}}{T_{Abwärme}} = \dot{S}^{Import} + \Delta\dot{S}_{innen} \; .$$

Durch Entropie-Export von Stoffen oder Wärme, die sich beim Übergang in die Umgebung mit dieser im Ungleichgewicht befinden, setzen Dissipationsprozesse ein, die zu einer äußeren Entropieproduktion führen. Innere und äußere Entropieproduktion stehen dabei in engem Zusammenhang, sodass die effektive Ausnutzung von Triebkräften im „Technologischen System" zu einer Ressourcenentlastung führt, sowohl beim Verbrauch als auch bei der Abgabe an die Umgebung.

6.5 Heuristische Regeln als praktische Handlungsempfehlungen

Aus den Eigenschaften der Bilanz lassen sich unmittelbar Schlussfolgerungen ableiten, die sich in entsprechenden heuristischen Regeln niederschlagen:

1. Die bereitzustellenden künstlichen Ordnungs-Zustände erfordern einen höheren Entropie-Export als -Import über Stoff- und/oder Wärmeaustausch. Das heißt, Abfallenergie ist unvermeidbar, aber in Qualität und Quantität beeinflussbar.
2. Der Hauptteil des Entropie-Exports wird über Abwärme realisiert. Das Minimum des Entropie-Exports ist durch Stoff- und Wärmeabgabe bei natürlichen Umgebungsparametern gegeben.
3. Der Entropie-Export durch Wärme oder Stoff mit von der Umgebung abweichenden Parametern ruft eine äußere Entropieproduktion hervor.
4. Das zu lösende Hauptproblem ergibt sich aus der Triebkraftbereitstellung für Maschinen, Apparate und Anlagen (innere Entropieproduktion), weil daraus ein zusätzlicher Entropie-Export folgt.
5. Die äußeren Nichtumkehrbarkeiten lassen sich durch Integration und Kombination mit weiteren Nutzungsprozessen verringern.
6. Bei bestimmten Kopplungs-Randbedingen verlagern sich nur innere und äußere Nichtumkehrbarkeiten. Es können aber infolge unterschiedlicher ökonomischer Bewertungen von Strömen und Ausrüstungen trotzdem Optimalprobleme auftreten.
7. Der notwendige Entropie-Export wird durch den -Import wesentlich beeinflusst. Das Entropieniveau von Rohstoffen und Energieträgern ist deshalb dem Nutzniveau anzupassen.

Aus diesen Schlussfolgerungen lassen sich sechs Gruppen von heuristischen Regeln ableiten:

1. Regeln zur *Senkung des reversiblen Aufwandes* durch Verringerung der Anforderungen an die Produktspezifikation und Wahl geeigneter Ausgangsstoffe. (Anforderungsminimierung).
2. Regeln zur *Nutzung von Struktureffekten* zur Senkung der technologiebedingten Nichtumkehrbarkeiten durch Auswahl von Prozessstufen mit tendenziell geringen Nichtumkehrbarkeiten und deren Anordnung in einer solchen Reihenfolge, dass ein gleichmäßiger Triebkraftabbau möglich ist. (Realisierung von Energie- und Stoffwandlungskaskaden mit tendenziell günstigen Prozessen, Strukturoptimierung).
3. Regeln zur *Senkung der äußeren Nichtumkehrbarkeiten* durch Nutzung von Abfallenergie in Form von Rückführungen oder in zusätzlichen Prozessen. (Abfallenergienutzung).
4. Regeln zur Senkung der Nichtumkehrbarkeiten der Prozesse durch *Auswahl von Apparaten*, die hohe spezifische Wandlungsflächen zur Verfügung stellen, und durch *Auslegungs- und Anordnungsoptimierung* mit dem Ziel des Erreichens minimaler Aufwandsparameter für die Energie- und Stoffströme (apparate- und anlagentechnische Auslegung, Auslegungsoptimierung).
5. Regeln zur *Kopplung von Prozessen der Stoff- und Energiewirtschaft* in apparate-, anlagentechnischen oder organisatorischen Einheiten zur Senkung der bei der Kopplung auftretenden Transport-, Speicher- und zusätzlichen Wandlungsverluste (apparate- und anlagentechnische Kombination und Integration).
6. Regeln zur *Senkung der betriebsbedingten Irreversibiltäten* durch optimierte Fahrweisen in Abhängigkeit von der Rohstoff-, Energie- und Produktionssituation und durch Mana-

gementmaßnahmen, die Speicher- und Transportverluste verringern (Prozess-, Produkt-Controlling).

Im Folgenden werden zur Illustration in diese Systematik spezielle Regeln eingeordnet, die teilweise auch schon in der Literatur zu finden sind.

Die Struktur eines heuristischen Regelwerkes

Aus der obenangeführten thermodynamischen Analyse folgt die Wirkungsrichtung der heuristischen Regeln für die Gestaltung und den Betrieb stoff- und energiewandelnder Anlagen. Sie orientieren auf die reversible Prozessführung und auf den minimalen Bedarf durch Senkung der inneren und die äußeren Verluste. Dabei können qualitative Unterschiede der verschiedenen Stoffe und Energien und die Verluste explizit nur unter Berücksichtigung des II. Hauptsatzes der Thermodynamik sichtbar gemacht werden. Dazu können auch andere Größen als Entropie oder Exergie verwendet werden, wie der Entwurfsprozess mit t,Q-Diagrammen zeigt. Die Grundregeln aus thermodynamischer Sicht, die gleichzeitig aktives Handeln im Sinne eines Management-Systems herausfordern, sind in *Bild 6-4* angeführt.

1. Bestimme die Verbraucheranforderungen (den *reversiblen Bedarf*)!
2. Entwirf die Struktur (beeinflusse die *inneren Irreversibilitäten*)!
3. Betreibe Abfallenergieverwertung (senke die *äußeren Irreversibiltäten*)!
4. Kombiniere Stoff- und Energiewirtschaft (senke die *äußeren Irreversibiltäten*, die zur Erzeugung des gewünschten Ordnungszustandes notwendig sind)!
5. Optimiere Maschinen, Apparate und Anlagen (optimiere das *Verhälnis von einmaligem zu laufendem Entropie-Export* und minimiere damit den Gesamt-Entropie-Export)!
6. Organisiere das Management- und Prozessleitsystem (senke die *laufenden inneren und äußeren Verluste*)!

Bild 6-4
Heuristische Grundregeln aus thermodynamischer Sicht

Die Verknüpfung dieser Regeln mit den obenangeführten prozesstechnischen Überlegungen führt zu einer Klassifizierung und ersten Ausgestaltung, wie sie in *Bild 6-5* dargestellt ist. Die Reihenfolge und Nennung der Regeln ist hier stärker an technologischen Aufgabenstellungen orientiert, das Vorgehen stufenweise. Die dekomponierte Vorgehensweise macht i. a. Iterationen notwendig. Das betrifft insbesondere die Kombination unterschiedlicher Anlagen und die Nutzung von Regeneration und Rückführung in vorhergeschalteten Anlagenteilen. Der Regelsatz ist, wie für heuristische Regeln typisch, erweiter- und überarbeitbar. Das eigentliche Ziel dieser Darstellungen besteht in diesem Zusammenhang darin, systematische Zusammenstellungen von Regelsätzen für die unterschiedlichen Gebiete der Technologie anzuregen.

6.5 Heuristische Regeln als praktische Handlungsempfehlungen

> 1. *Anforderungsminimierung:* Verringerung der Anforderungen an die Produktspezifikation und Wahl geeigneter Ausgangsstoffe.
>
> 2. *Strukturoptimierung:* Senkung der technologiebedingten Nichtumkehrbarkeiten durch Auswahl von Prozessstufen mit tendenziell geringen Nichtumkehrbarkeiten und deren Anordnung in einer solchen Reihenfolge, dass ein gleichmäßiger Triebkraftabbau möglich ist (Kaskadierung der Wandlungsprozesse).
>
> 3. *Auslegungsoptimierung:* Senkung der Nichtumkehrbarkeiten der Prozesse durch Auswahl von Apparaten, die hohe spezifische Wandlungsflächen zur Verfügung stellen. Auslegungs- und Anordnungsoptimierung mit dem Ziel des Erreichens minimaler Aufwandsparameter für die Energie- und Stoffströme.
>
> 4. *Kopplung von Prozessen der Stoff- und Energiewirtschaft:* Anpassen der Kopplungsparameter zur Senkung der bei der Kopplung auftretenden inneren Verluste. Senkung der bei der Kopplung auftretenden Transport-, Speicher- und zusätzlichen Wandlungsverluste durch apparate- und anlagentechnische Kombination und Integration.
>
> 5. *Abfallenergieverwertung:* Senkung der äußeren Nichtumkehrbarkeiten durch Nutzung von Abfallenergie in Form von Rückführungen oder in zusätzlichen Prozessen.
>
> 6. *Prozess-, Produkt-Controlling:* Senkung der betriebsbedingten Irreversibilitäten durch optimierte Fahrweisen in Abhängigkeit von der Rohstoff-, Energie- und Produktionssituation und durch Managementmaßnahmen, die Speicher- und Transportverluste verringern.

Bild 6-5
Klassen heuristischer Regeln nach ihrer technologischen Anwendung

Die in *Bild 6-6* zusammengestellten Regeln haben aus der Sicht der Entropiebilanz folgenden Hintergrund, der sich aus den Kopplungsbedingungen von Teilsystemen des „Technologischen Systems" und mit dem „Sozialen System" ergibt:

1. Unterscheide und bewerte Forderungen und Wünsche!
2. Bewerte die notwendige Qualität der Haupt- und Nebenprodukte!
3. Wähle Rohstoffe und Energieträger, deren Entropieniveau nahe den Prozessanforderungen liegt!
4. Passe Verbrauch und Erzeugung quantitativ, qualitativ, zeitlich und örtlich an!

Die Regeln zur Strukturoptimierung sind besonders vielfältig, widersprechen sich teilweise, wenn sie auf komplexe Systeme angewendet werden, und sind nach den schon oben angeführten Gesichtspunkten weiter untergliederbar. Die Zusammenfassung in *Bild 6-7* kann deshalb nur als Auswahl angesehen werden.

Das Ziel der Regeln besteht im Erschließen von Struktureffekten und dem Senken von Kopplungsverlusten. Beim Entwurf von Energiewandlungssystemen und Stoffwandlungssystemen sieht man unterschiedliche Prozesse als Hauptprozesse und andere Prozesse als Hilfs- oder Nebenprozesse an, was beim dekomponierten Entwurf ihre Kopplung erschwert.

---

1. *Reduziere die Qualitätsanforderungen* vom gewünschten Maß (mit Reserven für die nachfolgenden Prozesse oder den Gebrauch) auf das unbedingt notwendige Maß (Erreichung des Gebrauchsziels evtl. durch zusätzliche Controlling- und Management-Maßnahmen)!

2. *Überführe die Qualitätsanforderungen in eine* technisch schnell und genau *messbare Form* für Controlling- und Management-Maßnahmen!

3. *Passe Erzeugung und Verbrauch so an*, dass sich die Anforderungen aufeinanderfolgender Prozesse hinsichtlich reversiblem Aufwand und Triebkraftbereitstellung vergleichmäßigen und lege die Qualitätsparameter entsprechend fest!

4. *Wähle Rohstoffe und Energieträger* so aus, dass sie den Produktanforderungen nahe kommen!

5. *Realisiere Koppelprozesse*, wenn sich so eine bessere Anpassung zwischen Rohstoff- und Energieträgereinsatz und mehreren gleichzeitig erzeugten Produkten realisieren lässt!

6. *Wähle selektive Wandlungsprozesse* aus, um Reinigungsprozesse für die Einsatzstoffe oder die Produkte zu erübrigen!

Bild 6-6
Heuristische Regeln zur Anforderungsminimierung, d. h. zur Senkung des reversiblen Aufwandes

Die Möglichkeiten zur Kombination von energie- und stoffwandelnden Prozessen deuten sich bereits aus dem Vergleich der beiden Entwurfspfade in *Bild 6-7* an. Die Überlegungen können auch auf die Ebene einer möglichen Vernetzung von Stoff- und Energiewirtschaft an einem Standort ausgedehnt werden. Aus thermodynamischer Sicht ergibt sich der in *Bild 6-8* dargestellte Satz heuristischer Grundregeln für diese Aufgabenstellung.

Die *Bilder 6-9 bis 6-10* sollen die anderen Beeinflussungsmöglichkeiten entsprechend der Positionen 3, 5, 6 des Bildes 6-8, d. h. der inneren und äußeren Verluste und des Verhältnisses zwischen einmaligen und laufenden Aufwendungen verdeutlichen. Die Abfallenergienutzung setzt als End-of-Pipe-Technologie dort ein, wo die anderen Maßnahmen zur Systemgestaltung versagt haben. Von der Grundtendenz werden bei der Auslegungsoptimierung laufende durch einmalige Aufwendungen ausgeglichen. Die als letztes aufgeführte Einflussnahme der Betriebsführung auf die Ressourcen-Belastung wird oft nicht ausreichend beachtet.

6.5 Heuristische Regeln als praktische Handlungsempfehlungen

1. Entwirf die Gesamtstruktur als Kombination effektiver Untersysteme (Dekomposition)!
 - Unterteile die Produktionsaufgabe in Unteraufgaben und wähle für diese bekannte effektive Prozesse!
 - Nutze spezielle heuristische Regeln für diese Unteraufgaben, wenn bekannt, z. B.
   - Unterscheide zwischen vermeidbaren und unvermeidbaren Verlusten
   - Vermeide große Triebkräfte (z. B. Anwendung von Gegenstrom)
   - Spalte große Stoffströme auf und kopple sie einzeln!
 - Suche bessere Wandlungsketten mit anderen Unteraufgaben oder anderen Prozessen!
 - Verbinde die Prozesse zur Gesamtstruktur und passe die Stromparameter an den Schnittstellen an. Iteriere, wenn notwendig!	

Stoffwandlungspfad	**Energiewandlungspfad**

2. Entwirf das Reaktions-System!
 - Wähle den Reaktionstyp hinsichtlich der Reaktionskinetik!
 - Bewerte und bestimme die Reaktionsparameter hinsichtlich
   - Reaktionskinetik
   - Energieträger
   - Stofftrennsystem!
 - Wähle und nutze Katalysatoren zur Verbesserung der Reaktionskinetik und der Reaktionsparameter!
 - Nutze Möglichkeiten zum Stoffrecycling oder zusätzliche Wandlungsstufen für Anfallstoffe!
	2. Entwirf das Wärme-Bereitstellungssystem!
	 - Wähle die Art der Energiewandlung (z. B. offenes oder geschlossenes System)!
	 - Wähle die Art des Verbrennungsprozesses!
	 - Bestimme die Art des Verbrennungsprozesses!
	 - Nutze die Möglichkeiten zur Luft und/oder Brennstoffvorwärmung!

3. Entwirf das Stofftrennsystem!	3. Entwirf das Energiewandlungssystem (Einbeziehung von Turbinen, Pumpen, Kompressoren usw.)! Beachte die besondere Bedeutung der Reibung in der Nähe oder unterhalb der Umgebungstemperatur!
4. Entwirf das Wärmeübertragersystem! - Nutze Ströme mit $T \neq T_U$ zur inneren (regenerativen) Wärmeübertragung! - Minimiere Temperaturdifferenzen für Prozesse, die nahe oder unter der Umgebungstemperatur arbeiten! - Vermeide das Überschreiten der Umgebungstemperatur in einem Wärmeübertrager! - Nutze das t,Q-Diagramm aller Wärmequellen und -senken zur Bestimmung der nichtvermeidbaren Verluste und von Engpässen! - Löse zuerst die Koppelaufgaben am Engpass (Pinch), Kopple Quellen und Senken grundsätzlich entsprechend der Lage im t,Q-diagram! - Kopple Quellen und Senken in Temperatur-Reihenfolge (Gegenstrom-Prinzip)! - Spalte die großen Ströme auf, wenn große Unterschiede in den Wärmekapazitäten zu den zu koppelnden Strömen existieren!	
5. Entwirf das Energiebereitstellungs- und das entsprechende Versorgungssystem mit dem Maschinensystem (Turbinen und Kompressoren)!	5. Entwirf das Abprodukt-System und das Abscheide-System zum Umweltschutz!

Bild 6-7
Heuristische Grundregeln und Bearbeitungsschritte zur Strukturgestaltung und Senkung der inneren Verluste [6-7, 6-8]

1. Untersuche Möglichkeiten der gemeinsamen Nutzung von Rohstoffen und Primärenergieträgern und der besseren Kombinationen zwischen ihnen!
2. Bewerte die Eigenschaften der Energiewandlungsprozesse und die Nutzung der von ihnen bereitgestellten Energieträger für den Entwurf des Gesamtsystems!
3. Untersuche die Nutzung von Abprodukten in Energie- und Stoffwandlungsanlagen!
4. Nutze die Wärmeabgabe von chemischen Reaktionsprozessen als Energiebereitstellungsprozess mit dem Ziel „energieautarke Anlage"!
5. Verbinde die Stoffwandlungs- mit der Energiewandlungsanlage (Kombination)!
6. Nutze Teile des Energie- und Stoffwandlungssystems gemeinsam (z. B. chemischer Reaktor als Verdampfer) (Integration)!

Bild 6-8
Heuristische Grundregeln zur Kombination von Stoff- und Energiewirtschaft

1. Nutze Abwärme von Strömen mit Temperaturen, die sich von der der Umgebung unterscheiden!
   - Verwende bei der Festlegung des Nutztemperaturniveau die „heiße" (bei Kälte die „kalte") Seite des Wärmeübertragers!
   - Nutze die Wärme von Fluiden durch indirekte Wärmeübertragung!
   - Nutze die Wärme von Feststoffen durch direkte Wärmeübertragung!
   - Nutze Hochtemperatur-Wärme in Kraftprozessen, wenn keine „Hochtemperatur"-Verbraucher existieren!
   - Nutze Niedertemperatur-Wärme durch Wärmetransformationsprozesse, wenn keine „Niedertemperatur"-Verbraucher existieren!
2. Nutze die „Druckenergie" von Strömen!
3. Nutze die bezüglich der Umgebung vorhandene chemische Energie zum Stoff-Recycling, als Rohstoff oder für andere Prozesse als Brennstoff!
4. Nutze die bezüglich der Umgebung vorhandene Konzentrationsenergie zum Stoff-Recycling oder als Triebkraft in Wärmetransformationsprozessen!

Bild 6-9
Heuristische Grundregeln zur Abfallenergienutzung, zur Senkung der äußeren Irreversibilitäten

1. Stelle durch konstruktive Gestaltung in der Apparaten möglichst große spezifische Wandlungsflächen zur Senkung der Irreversibilitäten bereit!
2. Realisiere in den Apparaten eine Strömungsführung, die eine Intensivierung der Wandlungsprozesse bewirkt!
3. Vergrößere die Wandlungsflächen so lange, bis der dafür notwendige Mehraufwand die Einsparungen an Irreversibilitäten übersteigt!
4. Arbeite bei Arbeitsprozessen mit möglichst hohen Temperatur- (und Druck-) Verhältnissen! Wähle Arbeitsmittel, die bei gleichen Druckverhältnissen größere Temperaturverhältnisse ergeben! Stelle die entsprechenden Werkstoffe bereit!
5. Verringere Irreversibilitäten und Reibungsverluste um so mehr, je niedriger die Temperatur ist!
6. Ordne Einzelapparate so an, dass die Transportverluste minimal werden! Beachte die örtlichen Verhältnisse wie die geodätische Höhe!

Bild 6-10
Heuristische Grundregeln zur Auslegungsoptimierung

6.6 Forschung und Entwicklung

> 1. Installiere ein Energie-, Stoff-, Qualitäts-, Effektivitäts- und Emissions-Management- und Controlling-System!
> 2. Gewährleiste durch Prozess-Controlling das Fahren des optimalen Betriebspunktes für die entsprechende Rohstoff-, Energieträger- und Produktsituation!
> 3. Nutze das Prozess-Controlling in Verbindung mit Diagnose-Modellen zur Feststellung von Ablagerungen, Korrosion und Katalysatoraktivität nicht nur für die Anlagensicherheit sondern auch zur Kontrolle der zur Verfügung stehenden Wandlungsflächen! Veranlasse gegebenenfalls Wartungs-, Instandhaltungs- oder Retrofiting-Maßnahmen!
> 4. Veranlasse besonders bei wechselnder Prozessführung Management-Maßnahmen zur Lager- und Transportminimierung!

Bild 6-11
Heuristische Grundregeln zur Betriebsführung, zur Senkung der laufenden inneren und äußeren Verluste

Zusammenfassend kann man feststellen, dass der II. Hauptsatz ein generelles Bewertungsinstrumentarium und ein Regelwerk liefert, wie eine umweltgerechte Technologieentwicklung zu betreiben ist, die außerdem eine dauerhafte soziale und ökonomische Entwicklung ermöglicht. Für Entwurfs- und Bewertungsaufgaben lassen sich aus den grundsätzlichen Zusammenhängen zwischen den inneren und äußeren Verlusten und den Qualitäten der Energieträger und Rohstoffe Schlussfolgerungen ziehen, die zur Formulierung heuristischer Regeln geeignet sind. Im Zusammenhang mit vorliegenden Erfahrungen, Entwurfsmethoden und bereits vorliegenden Regeln sind diese Schlussfolgerungen außerdem geeignet, die vorhandenen Regelsätze zu ordnen und bestimmten Wirkungsrichtungen zuzuweisen. Der II. Hauptsatzes muss dabei in den Regeln nicht explizit ausgewiesen werden, eine implizite Berücksichtigung unter Hinweis auf die Randbedingungen für die Gültigkeit ist ausreichend. Damit können über heuristische Regeln für komplexe Entscheidungssituationen Werkzeuge zur Verfügung gestellt werden, die mindestens eine relativ schnelle Einordnung der Problemstellung und erste abschätzende Bewertungen liefern.

6.6 Forschung und Entwicklung
– Ansätze und Handlungsempfehlungen

In den Abschnitten 6.1 bis 6.5 sind für die verschiedenen Disziplinen und gesellschaftlichen Bereiche eine Vielzahl von Ansatzpunkten aufgezeigt, deren konsequente Verfolgung zu positiven Beiträgen aus der Sicht der Entropiewirtschaft führen kann. Es hat sich gezeigt, dass Vieles davon bekannt und in der jüngsten Vegangenheit auch schon durch entsprechende Forschungs- und Entwicklungsarbeiten vorangetrieben worden ist. Die gesellschaftliche Praxis zeigt, dass oftmals die erreichten Ergebnisse beachtlich sind.

Aus der Sicht der Entropiewirtschaft erscheinen aber die bisherigen Entwicklungen und Ansätze oftmals zu eng orientiert und untereinander unausgewogen, es fehlt eine strategische Orientierung mit einer Wertigkeitsskala für die mögliche Breite technischer Gegebenheiten und Ziele. Das zeigt sich nicht zuletzt darin, dass trotz aller Erfolge die äußeren Nichtumkehrbarkeiten der realisierten Lösungen zunehmen, was zu einer Erhöhung des Abfallenergieanfalls und damit auch zu einer Verletzung des Prinzips der Nachhaltigkeit führt.

Hier kann das Konzept der Entropiewirtschaft Ordnungskriterien und Strategien für Entscheidungen liefern, wenn entsprechende Analysen und Bewertungen zugrunde gelegt werden. Diese Vorgehensweise muss Vorrang gegenüber der Vorgabe und Benennung konkreter technischer Entwicklungen haben, so notwendig solche Vorgaben auch im Einzelnen für betriebs- und volkswirtschaftliche Bilanzen und Prognosen sein mögen. Solche besonderen technischen Entwicklungen sind nämlich niemals allgemein, d. h. nicht in allen Regionen und Branchen und auch nicht jederzeit richtig. Neuartige Prozesse, neuartige Konstruktionsmaterialien, die ständig und sehr schnell wachsenden Möglichkeiten der Informations- und Automatisierungstechnik und die Veränderungen der gesellschaftlichen Rahmenbedingungen führen stets zu Schwerpunktverlagerungen bei solchen Entwicklungen. Aus der Sicht der Entropiewirtschaft und unter den derzeitig gegebenen Verhältnissen sind derartige technische Entwicklungen als Beispiele in Abschnitt 6.3 angedeutet.

Die Bereitstellung ausreichender Arbeitsmaterialien für Analysen und Bewertungen unter expliziter Berücksichtigung der Aussagen des II. Hauptsatzes der Thermodynamik ist aber immer noch offen. Hierzu müssen Stoffwerte und Anleitungen in Handbüchern und Nachschlagewerken und ein entsprechendes technisches Regelwerk für den Entwurf und den Betrieb technologischer Systeme, nicht nur energetischer, bereitgestellt werden. Dabei ist vielleicht nicht so sehr Grundlagenforschung als vielmehr angewandte Forschung und Entwicklungsarbeit zu leisten. Hintergrund muss sein, die allgemein bekannten Methoden in praktisch handhabare Arbeitsmaterialien umzusetzen. Die Schweiz hat in dieser Richtung bereits bemerkenswerte Ergebnisse aufzuweisen.

Das energetische Niveau einer Gesellschaft wird im besonderen Maße nicht allein durch die naturwissenschaftlichen und technischen Möglichkeiten bestimmt, sondern durch die Bedingungen der Ökonomie, des Rechts und der Sozialstruktur. Damit tragen auch diese Bereiche Verantwortung für den Energieverbrauch und die Nachhaltigkeit der Gesamtheit der technologischen Systeme. Um Aussagen über die hierfür zugrundeliegenden Wechselwirkungen machen zu können, sind Analysen und Untersuchungen durchzuführen, natürlich nicht nur allgemein, sondern am konkreten Objekt, wie das beispielhaft für die Modellobjektbereiche im vorgestellten Projekt aufgezeigt wurde. In Verbindung damit können die gesellschaftlichen, insbesondere ökonomischen und rechtlichen Festlegungen in ihrer Wirkung auf technische Entwicklungen verfolgt und quantifiziert werden, z. B. in ihrem Einfluss auf das entropische Verhalten der technologischen Systeme. An anderer Stelle ist für derartige Untersuchungen der Begriff Gesetzesfolgeabschätzung geprägt worden in Analogie und Gegensatz zum Begriff Technologiefolgeabschätzung (TA). Wie auch in der vorliegenden Untersuchung gezeigt wurde, hat sich der TA-Komplex ein eigenständiges Methodeninstrumentarium erarbeitet, das zur Quantifizierung sozialer Konsequenzen technischer Entwicklungen eingesetzt werden kann. Diese methodische Aufgabe steht für Untersuchungen zur Gesetzesfolgeabschätzung noch aus. Hier ist unter Federführung von Juristen echte Grundlagenforschung zu leisten.

Die historische Einordnung der Wärmewirtschaft und damit auch der Probleme der Abfallenergieverwertung und Entropiewirtschaft hat gezeigt, dass ihr eine längerfristig wirkende, selbständige Bedeutung nicht zuletzt deshalb versagt blieb, weil es ihr nicht gelang, eine allgemein anwendbare und gültige Terminolgie herauszubilden. Die Methoden und Begriffsbildung waren oftmals an bestimmte Technologien und ein bestimmtes technisches Niveau gebunden. Man kann einschätzen, dass das Konzept der Entropiewirtschaft Ansatzpunkte für die Überwindung dieser zu starken Einengung gibt. Hier eröffnen sich weitere Arbeitsfelder für entsprechende Grundlagenuntersuchungen.

In ähnlicher Weise können auch Konzepte für steuerliche Belastungen und Abgaben nach dem Beitrag der Technologien zur äußeren Entropieproduktion und damit letztendlich zum Energieverbrauch entwickelt werden. Sie hätten gegenüber bisherigen Vorschlägen den Vorteil, aus einer allgemein vergleichbaren Basis abgeleitet zu sein, wie das schon im Abschnitt 6.4 dargestellt wurde. Zur Ausarbeitung derartiger Konzepte ist aus juristischer Sicht echte Grundlagenforschung zu leisten.

Zusammenfassend soll noch einmal unterstrichen werden, dass eine aus Gründen der Nachhaltigkeit gebotene weitere Verbesserung des Umgangs mit Energie durch die Gesellschaft auf die Dauer nur erreicht werden kann, wenn auf breiter Front Forschungs- und Entwicklungsarbeit in den verschiedensten Gebieten geleistet wird. Vom Gegenstand her sind natürlich in erster Linie die naturwissenschaftlich-technischen Probleme und Aufgaben zu nennen, die im Abschnitt 6.3 angesprochen sind. Parallel und in abgestimmter Wechselwirkung dazu ist aber auch Forschung auf den Gebieten der Ökonomie und des Rechts zu leisten, die aus aus sozialen und historischen Untersuchungen und Analysen abgeleitet werden kann. Das gesellschaftliche Gewicht des Energieproblems erfordert die Ausweitung der Forschungs- und Entwicklungsarbeiten auf diesen Gebieten. Das Konzept der Entropiewirtschaft ermöglicht es, eine gemeinsame Grundlage für alle derartigen Untersuchungen zu liefern und Ansatzpunkte für eigenständige Weiterentwicklungen in den jeweiligen Gebieten zu geben. Auf dieser Basis wären dialektisch zu fassende Wechselwirkungen zwischen Natur- und, Technikwissenschaften auf der einen und Geisteswissenschaften auf der anderen Seite zu definieren als Beitrag zur Überwindung der Grenzen zwischen „beiden Kulturen", wie sie einmal von Snow genannt worden sind.

Literatur

[6-1] Th.P Hughes: American Genesis. A Century of Invention and Technological Enthusiasm, 1870 - 1970. New York 1989.

[6-2] N. Georgescu-Roegen: The Entropy Law and the Economic Process. Harvard University Press, Cambridge 1983.

[6-3] V. Hauff (Hrsg.): Unsere gemeinsame Zukunft. Der Bericht der Weltkommission für Umwelt und Entwicklung (Brundtland-Bericht). Greven, Bonn 1987.

[6-4] A. Knaus, O. Renn: Den Gipfel vor Augen. Unterwegs in eine nachhaltige Zukunft. Metropolis, 1998.

[6-5] United Nations (Hrsg.): Erklärung von Rio de Janeiro über Umwelt und Entwicklung, Grundsatz Nr. 3. In: United Nations: Earth Summit Agenda 21. The United NationsProgramme of Action from Rio. New York 1992.

[6-6] W. Fratzscher, V.M. Brodjanskij, K. Michalek: Exergie - Theorie und Anwendung. Deutscher Verlag für Grundstoffindustrie, Springer Verlag. Leipzig 1986.

[6-7] A. Bejan, G. Tsatsaronis, M. Moran: Thermal Design and Optimization. John Wiley, New York 1996.

Energie- und Leistungseinheiten

Tabelle 1: Äquivalenz von Energie-Grundeinheiten (Krafteinheit * Wegeeinheit, Leistungseinheit * Zeiteinheit, aus dem Energierhaltungssatz folgend)

Größe = Zahlenwert * Einheit	1 J	1 Nm	1 Ws	0,239 cal
Langform	1 Joule	1 Newton-Meter	1 Watt-Sekunde	0,239 Kalorien

Tabelle 2: Einheitenvorsätze

Symbol	k	M	G	T	P	E
Bezeichnung	Kilo	Mega	Giga	Tera	Peta	Exa
Faktor in Potenzschreibweise	10^3	10^6	10^9	10^{12}	10^{15}	10^{18}
andere gebräuchliche Abkürzung	Tsd.	Mio.	Mrd.			
andere Bezeichnung	Tausend	Million	Milliarde	Billion	Billiarde	Trillion

Tabelle 3: Umrechnungsfaktoren großer Energieeinheiten

von \ in	1 t SKE	1 t ÖE	1000 m³ Erdgas	1 Gcal	1 GJ	1 MWh
1 t SKE [1]	1	0,70	0,86	7,0	29,3	8,14
1 t ÖE [2]	1,43	1	1,23	10,0	41,9	11,63
1000 m³ Erdgas	1,16	0,81	1	8,12	34,0	9,44
1 Gcal	0,143	0,100	0,123	1	4,187	1,163
1 GJ	0,0341	0,0239	0,0294	0,239	1	0,278
1 MWh	0,123	0,086	0,106	0,860	3,6	1

Tabelle 4: Umrechnungsfaktoren großer Leistungseinheiten

von \ in	1000 t SKE/a	1 Tcal/a	1 TJ/a	1 GWh/a	1 MW
1000 t SKE/a	1	7,0	29,3	8,14	0,929
1 Tcal/a	0,143	1	4,187	1,163	1,329
1 TJ/a	0,0341	0,239	1	0,278	0,0317
1 GWh/a	0,123	0,860	3,60	1	0,114
1 MW	1,076	7,53	31,5	8,76	1

[1] Mit 1 t SKE (Steinkohleneinheit) soll das Äquivalent mit dem Energiegehalt (Heizwert) der Masse von 1 t typischer Steinkohle ausgedrückt werden.

[2] Mit 1 t ÖE (Öleinheit) soll das Äquivalent mit dem Energiegehalt (Heizwert) der Masse von 1 t typischen Erdöls ausgedrückt werden.

Sachwortverzeichnis

A

Abenergie 200, 213
Abfall
  Entropieexport 272
  Heizwert 271
Abfallaufkommen 188f
Abfallbehandlung
  Land Brandenburg 279
  Nordrhein-Westfalen 279
  räumliche Einordnung 274
  Szenarien für Beispielregionen
  290
  Szenarien für den Ballungsraum
  293
  Szenarien für den ländlichen
  Raum 290
  zukünftige Entwicklung 278
Abfallbehandlungsanlagen ....
  .... 271, 290
  alternative thermische 271
Abfallbehandlungsverfahren
  Entropiebilanzen 286
  exergetische Wirkungsgrade .. 288
  thermodynamische Bewertung
  286
Abfallbeseitigung 87, 350, 369
Abfälle
  Behandlungspflicht 271
  biologische Verwertung 91
  energetische Umwandlung 84
  Heizwert 94
  Herkunft 72
  industriell anfallende 75
  Klassifikation 72f
  kommunale 72
  Nutzung 72
  rohstoffliche Verwertung 77
  Rückgewinnung 80, 83
  stoffliche Umwandlung 75
  stoffliche Verwertung .. 72, 75f, 83
  thermische Behandlung 85
  thermische Beseitigung 84
  thermischen Verwertung ....
  .... 84, 89, 92
  Vermeidung und Verminderung
  76
  Verwertung im
  Produktionsverbund 76
  Verwertungsverfahren 86
Abfallenergie 2ff, 427ff
  äußere (sekundäre) Nutzung 3, 12
  innere (primäre) Nutzung . 12, 127

lokale Nutzung 200, 213
lokaler Anfall 200, 213
Wertbaum 388, 394
Abfallenergiearten 15
Abfallenergienutzung ....
  .... 13, 16f, 167ff, 438ff
Abfallenergiesysteme
  Nachhaltigkeit 442
  qualitative Bewertung 392
  quantitative Bewertung 388
  Szenarien 381
Abfallenergieverwertung ....
  .... 2ff, 16ff, 337, 396ff
  Geschichte 439
  Kopplungsmöglichkeiten 127
  Szenarien 371
Abfallenergieverwertungstechniken
  200
Abfallenergiewirtschaft 3f, 173f
Abfallentsorger 275
Abfallentsorgung, kommunale ... 72
Abfallgesetz ....
  .... 75, 122, 126, 352, 368
Abfallheizwert 284
Abfallmengen 272
Abfallnachbehandlung 85f
Abfallrecht 358
Abfallstoff 3, 5, 116, 337, 366
Abfallstoffwirtschaft 4
Abfallverbrennung 273f, 278ff
Abfallverbrennungsanlagen .. 271ff
  Energienutzung 277
  Neubedarf 280
  Standortwahl 276
  Verfahrensauswahl 276
Abfallvergasung 289
Abfallvermeidung 372
Abfallverursacher 275
Abfallverwertung 22, 310
  exergetische Wirkungsgrade 95
  Exergieverluste 94
Abfallverwertungskonzepte 271
Abfallvorbehandlung 84f, 88
Abfallwärme 9
Abfallwirtschaft 7, 10, 128f
Abfallwirtschaftsgesetz 75
Abgaben ... 339, 355, 359, 361, 371
Abgase, thermische Entropie 41
Abgasreinigung 82ff
Abgasströme 80
Abhängigkeit vom Ausland 338f
Abhitze 13
Abhitzekessel ... 15, 133, 237ff, 257

Abluftströme 80
Absorptions-Kälteanlage 207ff
Absorptionskältemaschine 15
Absorptions-Wärmepumpe ....
  .... 57, 65, 71f, 202ff
  offene 202, 205
Absorptions-Wärmetransformator..
  .... 71, 207, 208f
Abstrahlverluste 149
Abwärme 1, 13, 18ff, 41,
  .... 174ff, 200, 213ff, 337,
  .... 351, 365ff, 428ff, 443f
  industrielle 143, 149f, 230
  Punktsystem zur technischen
  Bewertung 26
  Qualitätsfaktor für 25
  Stahlindustrie 150
  Struktur der industriellen 136
  Temperaturprofil 137
Abwärmeabgabe 323ff
Abwärmenutzung ....
  .... 145ff, 201ff, 397, 406
Abwärmepotenziale 214, 434
  sektorale 137
Abwärmeproduktion 175
Abwärmequellen 52, 70, 147ff
Abwärmeströme 170, 173, 175
Abwärmetemperatur 26
Abwässer 83f
Agrarrohstoffe 99
Agrarstruktur 99
Akteure 401, 413
Aktivitäten, Koordinierung 439
Akzeptabilität 373ff
Akzeptanz 373ff, 398f
  politische 355
  soziale 437ff
Akzeptanzsituation 399, 438
Altholz 100, 123f
Altpapier 102
Aluminiumwerk 214
Ammoniaksynthese 43
Amortisationszeit 203ff, 218
Analyse
  empirische 375
  thermodynamische 49
Angebotsseite 312, 314f, 332
Anlage
  energietechnische 43
  stoffwandelnde 43, 45
Anlagen-Contracting 330f
Anlagenpreise 309f, 328
Anordnungen 436

Anschluss- und Benutzungszwang 360
Anschlusskostenbeitrag 318
Anschlusszwang 317, 327, 358
Anzapfturbine 397
Apparateaufwendungen 17
Apparatekopplung 129
Aquifer-Pendelspeicher 220
Arbeit (energet.) 8ff, 21ff, 34ff
Arbeitserzeugung 31, 215
Arbeitsmaschinen 22, 43f
Arbeitspreis 315, 318
Arbeitsstoffpaar NaOH-Wasser ...
.... 208
Artefakte 7f, 27ff
Artenvielfalt 98
Aschen 122ff
  Eigenschaften 124
Aschenaufbereitung 124, 128
Aschenfraktion 124, 128
Aschenkreislauf 122
Aschenverwertung 127f
Aspekte
  betriebswirtschaftliche 394
  entropische 6
  historische 1
  naturwissenschaftliche 8, 20f
  technische ....
  .... 6, 18, 21, 25, 29, 31, 40, 43
  ökologische 97
  politische 388
  rechtliche 126
  rechtspolitische 436
  soziale 388
  technische 167
  thermodynamische ....
  .... 430, 436, 443, 445, 447
  volkswirtschaftliche 394
  wirtschaftliche ....
  .... 21, 167, 385, 388, 433
Assoziationen, symbolische 372
Atmosphäre 8, 31, 41
Auflagen 339, 349, 356, 366
Auflagenerteilung 436
Aufteilungsverfahren 23
Aufwand, reversibler 444, 447
Ausbeutezeit 33
Ausgleich, jahreszeitlicher 17
Auslastungsgrad 336
Auslegungsoptimierung. 446, 449ff
Auspuffprozesse, Drosselverlust 41

B

Baden-Württemberg
  als Beispielregion ... 375, 381, 384
Ballungsraum 165f, 169, 178,
..... 212ff, 228, 275, 290, 393f, 432
Baublockebene 259, 264
Baugesetzbuch 360
Bauholz 102
Baunutzungsverordnung 361
Bauplanung 360
Bebauungspläne 360
Bedarf
  industrieller Prozesswärme ... 142
  Raumwärme 142
  Strom 142
  Wärme 142
  Warmwasser 142
  Kraft 142
  Licht 142
  Wärme 142
Bedarfsstromkennzahl 221ff
Bedingungen, institutionelle 372
Bedürfnisbefriedigung 7f, 30, 42
Bedürfnisse
  gesellschaftliche 28
  ideelle 28
  individuelle 28
  materielle 28
Begriffsbildung und Theorie ... 411
Behandlungskosten 292
Beihilfen 338, 347, 359, 362
Benutzungsdauer 26
Benutzungszwang 327, 358
Beratungsinitiative 405
Beratungstätigkeit 372
Beseitigung von Abfall
  prozessintegrierte 76
Betriebe
  landwirtschaftliche 201
Betriebsautarkie 406
Betriebsbesichtigungen 403, 405
Betriebsführung 447, 450
Bevölkerungsdichte 188
Bewertung
  energetische 412
  exergetische 121
  ökonomische 24
  soziale 371ff
  technische 24
  thermodynamische ....
  .... 10f, 18, 20, 24ff, 37, 92, 300
  wirtschaftliche 298f
Bewertungsdimensionen 297ff
Bewertungsfunktionen 256f
Bewertungskriterien 4, 371, 375
Bewertungsprobleme 18
Bewirtschaftungssysteme
  umweltschonende 190
Bewirtschaftungsweise
  Auswirkungen 98
Bezugspunkt, natürlicher 20

BHKW s. Block-Heizkraftwerk
BHKW-Abwärme 220
Bioabfallverordnung 369
Biodiversität 98
Bioenergieträger ....
.... 113ff, 128, 167, 200f
Biogas 115, 192
Biogasanlagen 201
Biogasentwicklung 290
biogene Brennstoffe 97
  Nutzung 97f, 101
  Qualitätsmerkmale 106
  Emissionsverhalten 98
biogene Energieträger
  Logistikkette 109ff
  Transportkette 111
Biokraftstoff 96
Biomasse 11, 113, 122ff, 398f
.... 405, 410, 413f, 430, 434f
  Bereitstellung 95
  Endenergiepotenzial 192
  Flächenpotenzial zum Anbau 106
  Lagerung und Speicherung ... 112
  Nutzung 190ff, 430, 435
Biomasseanbau 100
Biomassebereitstellung
  Hemmnisse 109
  Logistik 97, 101, 107, 109, 112
Biomasseenergiepotenziale 100
Biomassefeuerungen 124, 126f
Biomasseheizwerk 124
Biomassennutzung
  Rahmenbedingungen. 96, 98, 100
  energetische 96
Biomasseproduktion 190
Biomasseverwertung 332, 333
Bioökonomik 300
Block-Heizkraftwerk 16, 43, 55,
..... 61, 64f, 70, 118, 122, 131f, 201,
.... 210ff, 219ff, 271
Bodendegradationen 122
Bodenerosion 98
Bodenfruchtbarkeit 126
Bodenschutz 125
brancheninterner Wettbewerb . 325
Branchenspektrum 245f
Brauerei 49f, 55, 59, 201, 206f
Braunkohle . 7, 143, 158f, 191, 198
Brenngas 215ff
Brennholz 96, 100, 104
Brennstoffe ....
.... 11, 14, 39, 113ff, 118
  biogene 97, 101, 190
  Exergie 93
  fossile 113, 114
  minderwertige 396
  ökologischer Vergleich 97

Brennstoffeinsparung *403f, 412*
Brennstoffenergie......................*271*
Brennstoffexergie............*113, 117*
Brennstoffmix *158*
Brennstoffverbrauch................*311*
  industrieller........................*137*
Brennstoffzelle..............................
............*15, 43f, 63f, 200, 214, 430*
Brennstoffzellenkraftwerke........*64*
Brennstoffzellentechnologie.....*201*
Brennwertkessel......................*118*
Brennwertnutzung ...*117, 201f, 206*
Brennwerttechnik...........*148f, 156f*
Brüdenkompression *207*
Brüdenverdichter................*66, 70*
Brüdenwärmenutzung *207ff*
Brüdenwärmestrom..................*209*
Bruttosozialprodukt................*400*
Bruttowertschöpfung...............*188f*
Bundes-Bodenschutzgesetz......*369*
Bundesimmissionsschutzgesetz......
......................*351, 358, 360, 363*
Bundesimmissionsschutzverord-
  nung *369*
Bundesnaturschutzgesetz .*360, 361*
Bundeswaldgesetz...................*369*
Bund-Länder-Sanierungsprogramm
  ....*327*
business as usual *386*

C

Carnot-Faktor................*24f, 62, 96*
Carnot-Funktion *58*
Carnotisierung *128*
Carnot-Wirkungsgrad................*62*
CH$_4$-Emissionen......................*321*
Chemiebetrieb....................*17, 215*
chemische Energie *14f, 43*
chemische Reaktion *9, 15, 43f*
Clean Air Act..........................*370*
CO$_2$-Abgabe..........................*7, 37*
CO$_2$-Einsparung......................*311*
CO$_2$-Emissionen.......*310, 321, 336*
CO$_2$-Reduktionsstrategie..........*320*
CO$_2$-Steuer....................*354, 361*
Contracting-Modelle ....
........................*327, 329f, 337*

D

Dampf......................*15, 26*
Dampferzeuger............*43f, 200*
Dampfkessel..........................*15*
Dampfkraftprozess.............*55, 63ff*
Dampfnetz....................*43, 215*
Dampfturbine *200, 216*

Datenbankmanagementsystem .*256*
Datenbanksystem *254ff*
decision support systems *254*
Deklarationen.........................*340*
Demand Side Management *372*
Deponie............................ *279ff*
Deponiegas............................*101*
Deponiekapazitäten.................*279*
Deponierungskosten................*290*
Desorber......................*206, 208f*
Destillation...................*15, 297*
Destillationskolonne.................*43*
Dialog....................................*377*
Diskriminierungsverbot...........*348*
Diskussionsforen *5*
Disproportionierung *56, 60ff*
Disproportionierungsprozess..........
.....................................*55, 66*
Dissipationsprozess *37, 443*
Doppelrohranordnungen *152*
Downstream-Prozesstechniken *128*
Drehrohrtechnik *87*
Drosselprozess *9, 44*
Drosselung............................*43*
Drosselventil *15*
Druckdifferenz *12*
Druckluft.......................*11, 41*
Druckverluste *10*
Druckwirbelschicht *64*
Duisburg
  als Beispiel-Objektbereich....*166*,
  ....*176ff, 188, 229, 254, 256ff,*
  ....*259f, 263f, 271, 384*
Düngemittelgesetz...................*369*
Duothermverfahren *87*
Durchforstung *191*
Durchforstungsholz..*102, 110, 192*
Durchforstungshölzer................*99*
Durchleitungsregeln *358*
Düsseldorf
  als Beispiel-Objektbereich..........
  ....*166, 170ff, 184, 293, 384*

E

Ebene
  kommunale *142f*
  überregionale *142, 158f*
Effekte, ökologische................*319*
Effektivität
  energetische............*49, 117, 120*
Energieversorgung.................*213*
  exergetische..........................*201*
  technische......................*371, 389*
  thermodynamische................*117*
Effizienzverbesserungen ..*383, 395*
Eigeninteresse *356ff*

Eigenstromerzeugung......*170, 179f*
Einflussfaktoren *298, 300*
Einkommensenergie................*430*
Einkommensquellen...................*32*
Einspar-Contracting *329ff*
Einsparpotenzial.......................*222*
Einspeisungsgesetz.................*367*
Einspeisungspflichten............*366f*
Einspeisungsregeln..........*358, 366*
Einwohnerdichte *167*
Einzelfeuerungen.....................*143*
Eisen...............................*7, 11*
  Rosten, chemische Entropie.....*41*
Eisen- und Stahlindustrie ....
..................................*176ff, 397*
Eiswasser....................*207, 209*
Eiswasserspeicher *209*
Elektrizitätsbinnenmarkt ..*351, 367*
Elektrizitätsversorgungsunter-
  nehmen...............................*366f*
Elektrodialyse..........................*83*
Elektroenergie..........................*62*
Elektroenergiebedarf........*226, 248*
Elektroenergienetze *13*
Elektroenergieversorgung *219*
Elektrolyse..............................*15*
Elektromotor............................*15*
Elektronikschrott......................*78*
Elemente *254ff*
Element-Modelle.....................*260*
Emissionen
  anthropogene gasförmige...........*8*
  geldliche Bewertung...............*321*
  Braunkohlenverbrennung *319*
Emissionsdichte.......................*310*
Emissionskataster....................*360*
Emissionslizenzen *342, 369f*
Emissionsschadstoffe................*74*
Emissionsschutzgebiete............*360*
Endenergie...................*170, 173ff*
Endenergiebedarf....................*383*
Endenergieformen................. *169ff*
Endenergieprofil................*171ff*
Endenergieträger *172f, 181*
Endenergieverbrauch......................
......*165ff, 173, 176, 198f, 399, 405*
End-of-Pipe-Technologie *447*
endotherme Reaktion *15*
Endverbraucher.......................*338*
Energie
  arbeitsfähige *10*
  biochemische *113*
  chemische................*14f, 32, 42f*
  elektrische.................*10, 15, 42f*
  mechanische *11, 14f, 177ff*
  Qualität *10*
  Quantität *10, 19*

Speichereigenschaften *14*
stofffreie *9, 36, 40*
stoffgebundene *9*
thermische *14*
Transporteigenschaften *14*
umwandelbarer Anteil *10*
Energieart *10, 15*
Energieaufwand *2*
Energiebilanz *9, 12f, 18f*
Energiebinnenmarkt 366
Energie-Contracting 372
Energiedichte 169
Energiedienstleistungen ... *383, 399*
Energieeinsparung *303, 310, 399*
Energieeinsparungsgesetz 364
Energie-Entropie-Diagramm ....
.... *120, 121*
Energieentwertung *58*
Energieerhaltungssatz *1ff, 18*
Energieerzeugung *76, 91*
Energiefluss der Erde 437
Energieflussbild ....
.... *135, 173, 180ff, 443*
Brauerei *49*
Energieformen, leitungsgebundene
.... *173*
Energiefreisetzung *9*
Energiegrößen, kumulierte *428*
Energieholz *102, 123*
Energieholzplantage *123*
Energiekaskade ....
.... *45, 47f, 55, 57, 129, 429*
Energiekonzepte 405
Energiekosten 407
Energiekrisen *5*
Energien, erneuerbare ....
.... *346, 351, 361, 367, 371*
Energiepflanzen *98ff, 103f, 190ff*
Energiepolitik *345, 351, 399f, 438f*
Energiepreise ....
.... *304, 309, 314, 322ff, 399f, 413f*
Energiepreiszuschläge, kalkulatorische *322, 434*
Energieproblem *3*
Energiequelle, regenerative *408*
Energieressourcen *1*
Energiesparverordnung 327
Energiesteuer ... *321, 323, 325, 429*,
.... *434f, 444*
Energiesteuersätze 305
Energiestrategie *298, 310*
Energieströme ....
..............*8, 23f, 28, 36, 40, 399*
Energiesysteme
angebotsorientierte 438
konventionelle 158
neue 158

Energieszenarien, Beurteilung. 387
Energieträger *2, 7ff, 425ff, 430,*
................*434, 437, 440f, 446, 450*
alternative *143*
biogene *113, 115, 117, 120*
leitungsgebundene *193, 194, 196*
regenerative *113, 372*
Energietransformation *113*
Energieumwandlung *1, 9, 15, 40*
Energieumwandlungsprozesse *2*
Energieumwandlungssystem *43*
Energieverbrauch ....
.... *1, 210, 383, 396, 400, 407*
spezifischer *400*
Energieverbund 221
regionaler 142
Energieverbundlösungen 230
Energieverknappung 409
Energieverluste *9, 20*
Energieversorgung *1, 7, 191*,
351, 357f, 364, 398, 413, 416, 419f
Energieversorgungsstruktur 228
Energieversorgungssystem ....
.... *4, 48, 168f*
Umgestaltung 383
Energieversorgungsunternehmen ...
.... *367, 372*
Energieverwendung
rationelle *343, 347, 349, 353,*
.... *360, 372, 413, 396, 400f,*
.... *404f, 409, 414, 417*
umweltschonende *352f*
Energievorräte, Klassifizierung. 33
Energiewandlung *2, 297*
Energiewandlungsanlagen .. *14, 44f*
Energiewandlungsprozesse *3f*
Energiewandlungsverfahren 213
Energiewirtschaft *8, 35, 42, 425*
Energiewirtschaftsgesetz ....
.... *168, 351, 359, 366f*
Energiezufuhr *3*
Entfeuchtung *54*
Entgasung *116, 119*
Enthalpie *9, 14*
Entmischungsprozesse *14*
Entnahme-Kondensationsschaltung
.... *16*
Entnahmeturbinen *186*
Entropiebilanz *3f, 19, 34ff, 128,*
......................*301, 307, 427, 443, 446*
Entropieerhöhung *301*
Entropie-Export *2ff, 27f, 34ff,*
.... *40ff, 44, 72, 84, 301, 431, 443f*
Entropieexportbereich *46*
Entropiegesetz *8*
Entropiehaushalt *27*
Entropie-Import *37ff, 443*

Entropiekonzept 6
Entropieniveau *2, 27, 29, 35, 42*
Entropieprinzip *425*
Entropieproduktion *19, 35ff, 41f,*
.... *47ff, 302, 309, 426, 437, 443f*
Entropiesatz *2, 8, 426, 428, 436*
Entropieträger *20, 28*
Entropiewerte, typische *43*
Entropiewirtschaft .. *3ff, 35ff, 165ff,*
.... *221, 228ff, 338f, 345, 353, 363,*
.... *394, 425ff, 428ff, 437ff, 450ff*
Entropiezunahme *19, 21, 27, 35*
Entscheidungsanalyse, Schritte 379
Entscheidungshilfesystem 255
Entscheidungssysteme
mehrkriterielle 254
Entscheidungsträger 375
Entsorgung *72, 76, 90f*
prozessintegrierte *76*
Entsorgungsgebiet *274, 276*
Entsorgungssicherheit *277f*
Entspannungsmaschine *43*
Entspannungsprozesse *14*
Entwicklung ....
.... *396f, 425, 429, 435ff, 450*
geschichtliche 439
nachhaltige *425, 430*
Entwicklungslinien, historische ....
.... *167*
Entwicklungsstrategie *165ff, 301*
thermodynamisch begründete . *50*
Erde
Energiefluss *39*
Leistungsbilanz *38*
Erdgas *169ff, 191*
Erdgasnetze *14*
Erdöl *143, 172, 180, 183, 191*
Erdölkrisen *5, 413*
Erdwärme *143, 151, 154, 156*
Erfahrungsaustausch 403
Erhaltungssatz *8, 21*
für Energie 426
für Masse 426
Erhaltungssätze *30f, 35*
Erneuerbare-Energien-Gesetz . 338
Erzeugerpreise *309, 314*
Erzeugungsstruktur *174*
Europarecht 343
exergetische Temperatur *58*
Exergie ... *10, 14, 20f, 24, 45f, 55,*
.... *58ff, 428, 441, 445*
normierte *114, 122*
Exergiebilanz *92*
Exergieverluste ....
... *10f, 22, 43, 113, 121f, 338, 428f*
äußere *11ff, 15, 21, 40, 127,*
.... *428, 433, 440*

innere...............................*11*
Externalität......*302f, 305, 327, 334*
Extraktionsprozesse....................*14*
Fachzeitschriften......*396, 408, 410*

F

Factoring...............................*331f*
Faktoren
   begünstigende.....................*5*
   hemmende........................*5*
   technische.......................*406*
Faulgas...................................*101*
Feinstflugasche..............*124ff, 128*
Ferngasnetze.......................*143*
Fernheiznetze...................*16, 18*
Fernwärme............................
   ....*169, 172ff, 309ff, 397ff*
Fernwärmebereitstellungskosten
   ....*316*
Fernwärmeerzeugung.......*174, 183*
Fernwärmekopplung.................*268*
Fernwärmekosten....................*316*
Fernwärmenetz.........*147, 153, 181*
Fernwärmepreis.....................*318*
Fernwärmeschiene...................
   ....*260, 263f, 268, 272, 273*
Fernwärmestudie....................*398*
Fernwärmeversorgung..............
   ....*175, 311, 320, 325ff*
Fernwärme-Vorranggebiete..........
   ....*327, 360*
Festbrennstoffe, biogene..............
   ......*96f, 100f, 103, 106, 110, 189*
Feuerungstechnik....................*116*
Filtertechnik........................*124*
Finanzhilfen..........*302, 337, 434*
Finanzierung.........*307f, 328ff, 336*
Finanzierungsformen..............*327ff*
Finanzierungsmodelle..........*22, 328*
Fixkosten..........................*316f, 326*
Flächenheizung.....................*157*
Flächennutzung......................*188*
Flächenstillegung
   konjunkturelle....................*190*
Flächenverteilung...................*188*
Flusswasserkraftwerke...............*64*
Fondsfinanzierung..................*330f*
Förderprogramme...................*372*
Förderung...................*436, 438*
   klein- und mittelständischer
   Unternehmen....................*328*
Förderungen.........................*434*
Förderungsmaßnahmen..............
   ....*338, 348, 371*
Förderungsprogramme..............
   ....*327, 346, 371*

Forfaitierung.........................*331*
Forschung................................
   ....*397ff, 408ff, 417, 430, 438, 450f*
Forstwirtschaft........*99, 102ff, 109ff*
   Landkreis Spree-Neiße..........*189*
Fortschritt
   organisatorischer..................*418*
   technischer.......................*417f*
Freiheit, unternehmerische.......*348*
Freiheitsbeschränkungen..........*338*
Fremdenergieeinsatz.................*51*
Fremdstrombezug......................
   ....*226f, 230, 236, 242, 245, 255*
Frischholz.......................*123, 125*
Funktionalität................*388ff, 399*
Funktionsanforderungen...........*371*
Fußbodenheizung...................*157*
Ganzpflanzennutzung........*102, 106*

G

Gas.....................................*194ff*
Gas- und Dampfturbinenprozess.....
   ....*197*
Gasbezug.............................*193f*
Gas-Dampfkraftwerke...................*1*
Gasheizung............................*169*
Gashydrate..........................*1, 33*
Gaskompressionswärmepumpe......
   ....*66, 70f*
Gasmotor....................*200f, 210, 212*
Gaspipeline............................*43*
Gaspreise.......................*264, 269ff*
Gastrennanlage........................*43*
Gasturbine....*55, 61, 63, 200, 214ff*
Gasturbine im Kombiprozess.....*43*
Gasturbinen-Heizkraftwerk...........
   ....*240ff, 256ff*
Gasverbundnetz....................*159*
Gaswirtschaft.......................*429*
Gebäudeebene.*259, 264, 268, 271f*
Gebote................*339, 355, 357ff*
Gegendruckturbine...*16, 215ff, 397*
Gegenstromvergasung..............*119*
Gemeinschaftsrecht.........*343, 346*
Gemeinwohl.....*337, 346, 348, 371*
Gemüse..................................*7*
Genehmigung..........................
   ....*351, 355, 364f, 368, 436*
Genehmigungserfordernisse.....*359*
Genehmigungsprozess.............*278*
Genehmigungsverfahren..........*358*
Genehmigungsvorbehalte.*363, 371*
Generator..............................*15*
Genfer Konvention................*342*
Geothermie.......................*40, 191*
Geothermische Kraftwerke........*64*

Gesamtbrennstoffeinsatz...............
   ....*233, 248, 250, 251*
Gesamtenergienutzungsgrad..........
   ....*130, 135*
Gesamtkosten, jährliche............*336*
Gesamtsystem, optimales.........*142*
Gesellschaft, menschliche............
   ....*1, 7f, 28, 32, 42*
Gesetzesfolgenabschätzung..........
   ....*297, 451*
   prospektive........................*340*
   retrospektive.......................*340*
Gesetzgebungskompetenz........*351*
Gesundheitsschutz..................*388*
Getreide..................................*7*
Gewerbegebiete...............*221, 230*
Gewerbemüll.........................*271*
Gewerbestruktur....................*188*
Gezeitenenergie......................*40*
Gichtgas..............................*179ff*
Gleichbehandlungsgebot..........*348*
Gleichgewichtsreaktionstemperatur
   ....*115*
Gleichstromvergasung.............*119*
Globalisierung.......................*440*
Grand Composite Curve......*52, 55*
Grenzfälle, theoretische............*19*
Grenzleistungsziffer.................*70*
Grenzwerte.............................*5*
Grobasche............................*124*
Größen- u. Mengendegression.*336*
Großwärmepumpenanlagen...*224ff*
Grundhaltungen....................*399*
Grundlast........................*147, 155*
Grundlastbetrieb......................*18*
Grundregeln
   heuristische...............*445, 448ff*
Grundwasserschutz................*125*
grüner Strom.........................*337*
Gruppen
   gesellschaftliche...................*438*
   soziale............................*375*
GuD-Heizkraftwerk....*144ff, 156ff,*
   .... *221ff, 241, 244ff, 265, 271,*
   ....*273, 384*
GuDHKW s. GuD-Heizkraftwerk
Gülle............................*101, 109*
Güte...................................*297*
   thermodynamische................*11*
Gütegrad
   innerer............................*43*

H

Hackgut...............................*123*
Hackgutasche........................*125*
Handeln, politisches................*437*

Handelsrecht, internationales... *343*
Handlungsalternativen.... *353, 355f*
Handlungsempfehlungen...............
.... *428, 433, 439ff, 450*
Handlungsfelder, technische.... *428*
Handlungsoptionen........ *374, 376ff*
Harmonisierungsvorschriften .. *345*
Haus- und Gewerbemüll.... *72ff, 87*
Haushalte............... *167ff*
Haushaltskälte.......... *11*
Hausmüll
.... *73, 88, 93, 271, 277ff, 291ff*
Heißgasturbine.............. *200*
Heißwasserspeicher............ *43*
Heiz- und Klimasysteme.......... *43*
Heiz- und Klimatechnik............ *31*
Heizdampf................. *207, 209*
Heizkessel................ *16, 43*
Heizkraftwerk..... *143ff, 154ff, 174, 178f, 183ff, 226, 229, 237ff, 254ff*
  Betriebsdaten............ *186f*
  Wärmeschaltbild.............. *238f*
Heizöl................. *173f, 181*
Heiztechnik................ *1*
Heizung, elektrische.............. *43*
Heizwärmeversorgung............ *201*
Heizwassernetz................ *43*
Heizwerk................ *43f, 185*
Heizwert................. *113ff*
Hierachieebenen............... *259*
Hintergrundwissen............ *371, 374*
Hochleistungsbatterien.............. *17*
Hochrechnungen................ *165*
Hochschulen.................. *408*
Hochtemperaturbrennstoffzelle . *64*
Hochtemperaturenergieträger ....
.... *45, 62, 113*
Hochtemperaturprozesse............ *47*
Hochtemperaturwärme........ *11, 15*
Hochtemperaturwärmebedarf.... *47*
Hoheitsgewalt, staatliche........ *337*
Holz................ *7, 114ff*
Holzaschen................ *122ff*
Holzeinschlag............ *96, 99*
Holzenergiefonds................ *337*
Holzfeuerungen.............. *116*
Holzhackschnitzel ....
.... *97, 102, 109ff, 123*
  Lagerungsmöglichkeiten....... *112*
Holzhackschnitzelheizwerk..... *201*
Holzmassenvorräte............ *99, 191*
Holzverbrennung............... *122*
Holzzuwachs................ *191*
Hydrierung................. *79, 86f*
Hydrolyse/Alkoholyse................ *79*
Hydrosphäre............... *8, 31*

II. Haupsatz der Thermodynamik..
.... *3ff, 8ff, 19ff, 426, 445, 451*

I

Immissionen............... *169*
Implementationsfähigkeit
  politische................ *371*
Indikatoren
  gesamtwirtschaftliche........... *400*
Individualheizung................ *311*
Individualverkehr................. *170*
Industrie. *142, 146, 154, 159, 166ff*
Industrieansiedlung........ *221, 231ff*
  Elektroenergiebedarf............ *233*
  Industriebetriebe............... *232*
  Lageplan................... *232*
  Wärmebedarf................ *233*
  Wärmeerzeugungsanlagen.... *232*
Industriebetriebe............ *230, 433*
Industriegroßstadt........ *4, 166, 176*
Industrieholz................ *7*
Industrieofen.............. *15, 41*
Industrierestholz............... *100f*
Industrieunternehmen............... *170*
Informationspolitik............ *439*
innere Energie................ *9*
Input-Output-Modelle.............. *255*
Institutionalisierung........ *401, 408*
institutionelle Erfordernisse..... *373*
Integration............ *12f, 127f, 141*
integrierte Bauweise............... *141*
Interesse, öffentliches................
.... *337, 349, 350, 436*
Interessen
  betriebswirtschaftliche........... *433*
  einzelwirtschaftliche............. *405*
  öffentliche................ *338, 353f*
  ökonomische................. *301*
Interessengruppen............ *5, 375ff, 380*
Interessenkonflikt................ *433*
Internalisierung................. *302*
  Umweltkosten................ *341*
  externe Kosten............. *101, 368*
irreversibel.................. *19*
Irreversibilitäten ....
.... *45ff, 58, 308ff, 426, 435, 449*
  betriebsbedingte............ *445*
Isoliertechnik.................. *1*
Ist-Zustand............ *202, 206, 212*

J

Jahresauslastung............... *333*
Jahresdauerlinie...............
.... *155, 222ff, 230, 236ff, 252ff*
Jahresenergiemenge............ *223*

Jahresganglinie s. Jahresdauerlinie
Jahresgrundpreis................ *318*
Jahreshöchstenergiestrom........ *223*
Jahresnutzungsgrad............. *249ff*
Jahresverrechnungspreis............ *318*
Jahresvollbenutzungsstunden .. *223*

K

Kälte. *11, 14f, 24, 33, 44, 60ff, 169*
Kälte und Wärme
  gekoppelten Erzeugung........ *212*
Kälteanlagen............... *200f, 213*
Kältebereitstellung.............. *207*
Kälteerzeugung................
.... *147f, 152, 212f, 215*
Kältemaschinen............. *143, 147*
  wärmegetriebene............. *148*
Kältemischung................ *15*
Kälteversorgung.............. *142*
Kaltgaswirkungsgrad............ *121*
Kategorien, ökonomische........ *22*
Kernenergie...............
.... *5, 33, 40, 382f, 387, 410ff, 417*
Kernkraftwerke............... *33*
Kesselanlagen............ *232ff, 245ff*
Kiefernwald
  energetische Bilanz............. *104*
  forstwirtschaftlich genutzt....... *95*
Klärschlamm *73, 96, 101, 108f*
  thermische Verwertung........... *90*
Klärschlammverbrennungsanlagen
.... *274*
Klärschlammverordnung......... *369*
Kleinverbraucher................
.... *142, 158, 167ff, 184, 193ff*
Klimaanlage................. *43*
Klimakälteversorgung............. *220*
Klimakonferenz von Rio......... *341*
Klimarahmenkonvention...............
.... *341, 343, 369*
Klimaschutz............ *401, 405*
Knappheit............ *404, 409, 415*
  gesellschaftlich bedingte *415, 416*
Knappheit an Energie............. *416*
Kohle............... *38, 169ff*
Kohle-Heizkraftwerk...............
.... *239ff, 255, 258*
Kohlehydrate................. *113*
Kohleknappheit........ *396, 412, 415*
Kohlekraftwerke................ *191*
Kohlendioxidemissionen . *219, 221*
Kohlenot................ *403*
Kohlenstaubfeuerung................ *396*
Kokserzeugung................. *178ff*
Koksofengas................ *179ff*
Kombi-Kraftwerk............... *43*

Kombination ....
.... *13, 15, 23, 48, 53, 127ff, 141*
energie- und stoffwandelnde
Prozesse *447*
Kommunalplanung *327*
Kompaktbauweise *128*
Kompetenz, konkurrierende *350*
Kompetenzvorschriften *350*
Kompost *96, 101, 108f*
Kompostierungsanlagen ... *291, 293*
Kompressionskälteanlage *65*
Kompressionskältemaschine *15*
Kompressionswärmepumpen ....
.... *56, 66, 71, 201, 213*
Kompressor *43*
Kompromissmenge *270f*
Kondensationskraftwerk *43f*
Kondensationsturbinen *186*
Kondensatorwärme *41*
Konsistenzgesichtspunkte *378*
Konstruktionswerkstoffe *25*
Konvertgas *179ff*
Konvertierung *200*
Konzentrationsdifferenz *12*
Konzentrationsenergie *14, 34, 44*
Konzentrationsexergie *80*
Koppelfaktoren *13, 23*
Koppelproduktion *13, 16*
Kopplung *127f, 130*
Kopplungsmöglichkeiten
regenerative *53*
Kosten, externe *302, 323, 433*
Kostenbetrachtung
betriebswirtschaftliche *320*
Kostendegression *271, 273*
Kosten-Nutzen-Bilanzen *371*
Kosten-Nutzen-Verhältnis *303*
Kostenstellenrechnung *407*
Kraftmaschinen *22*
Kraftstoff *169, 172, 175*
Kraft-Wärme-Kopplungs-Pfennig
.... *363*
Kraft-Wärme-Kopplung *16, 43f,*
.... *118, 130, 143, 154ff, 168, 173ff,*
.. *183f, 200f, 213, 223, 227ff, 235ff,*
253, 305f, 310, 315f, 319f, 332,351,
362, 366f, 371, 376, 385, 397f, 404,
.... *406, 414, 416, 428f, 432, 435*
Kraftwerk
photovoltaisches *43*
solarthermisches *43*
Kraftwerke *127, 170*
Kraftwerkswirkungsgrad ... *64, 70*
Kraftwerkszuwachs *39*
Kreis Neuss
als Beispielregion *293*

Kreise Lippe, Höxter, Gütersloh
als Beispielregion *291*
Kreisläufe, externe *128*
Kreislaufwirtschaft *1, 7, 40, 128*
Kreislaufwirtschaftsgesetz ....
.... *75, 122, 126, 271, 352, 368*
Kreisprozess *15, 22*
thermochemischer *139f, 430*
Kreisprozesse ....
... *55, 58ff, 64, 66, 70, 74, 127, 139*
Kriegswirtschaft *412*
Kriterien, soziale *5*
kryogene Kälte *11*
Kryo-Recyclingverfahren *78*
Kühler *15*
Kühlwasser................................ *15*
Kühlwasserkreisläufe *149*
Kunstoffkreislauf *77*
Kunststoffabfall *77f*
Kunststoffabfälle
chemische Entropie *41*
Kupfer *11*
Kurzumtriebplantage ....
.... *98f, 102, 106, 122*
energetische Bilanzierung *105*
Kurzzeitwärmespeicher *146*
KWK... s. Kraft-Wärme-Kopplung

L

Lagerfähigkeit *114*
Lagerstätten *31, 38*
Landeswassergesetze *358*
Landfleischerei *201, 210*
Landkreis Spree-Neiße
als Beispielregion *188ff*
ländlichen Raum mit
Ballungszentren *221, 228*
ländlicher Raum . *4, 165f, 188, 193,*
.... *200f, 213, 275, 290, 291, 292*
Landschaftspflegehölzer *99*
Landschaftsplanung *360*
Landwirtschaft
Entropieproduktion *42*
Landkreis Spree-Neiße *189*
landwirtschaftliche Produktion... *31*
Lastbereiche *155*
Leasingfinanzierung *330*
Leasing-Modelle. *327*
Least Cost Planning *368, 372*
Lebensraum *29*
Lebensstil *381ff, 437f*
Lebensstiländerung *386*
Legalität *371*
Leistungsbilanz der Erde *430*
Leistungsgrundpreis *315*
Leistungspreis *318*

Leitbild,
raumordnerisches *188*
gesellschaftliches *381*
Lenkungsabgaben *338, 350*
Liberalisierung . *311, 315, 316, 337*
des Gasmarktes *434*
des Strommarktes *434*
Liberalisierung. *394*
Liberalisierungsprozess
europäischer *315*
Licht *169f, 174, 178, 182ff*
Lieferverträge *433*
Linearoptimierung *257*
Linksprozess *15*
Lithosphäre *8, 31*
Logistikbereich *128*
Logistikkette *111, 127*
Logistikprozesse *97*
Lösungsansätze *1*
Lösungsmittel *73, 81*
Luftreinhaltepläne *360*
Luftvorwärmung *117*
Luftzerlegung
Konzentrationsentropie der
Produkte *41*
Luftzerlegungsanlage *43ff*

M

Machtkampf *418*
Makrosteuerung *300*
Markt und Gewinn *312*
Marktakteure *301, 304*
Marktautomatismus *302*
Marktfaktoren *414*
Marktgeschehen
selbstregulierendes *337*
marktkonforme Instrumente *434*
Marktpreise *337*
Marktunvollkommenheiten ....
.... *344, 354, 371, 436*
Marktversagen *434*
Marktverzerrung *326*
Marktzutrittsbedingungen *336*
Maschinen und Apparate *43*
Maß an Ordnung *27*
Maßnahmen
wärmewirtschaftliche *403, 405*
Materialabkühlung *149f*
Materieverluste *5*
MAU Verfahren *379*
mechanisch-biologische Vorbe-
handlung *277f, 287f*
thermodynamische Einschätzung
.... *287*
Mehrheitsentscheidungen *338*
Mehrstufigkeit *3, 54, 71*

Meinungsbildung, öffentliche.. *339*
Meinungsführer *375*
Membrantrennverfahren *81ff*
Menschheit, Entropieexport....... *42*
Messeinrichtung *399*
Messwesen, betriebliches *402, 414*
MHD-Generator *64*
Mineralisierungsprozess *113*
Mischraum................. *4, 165f*
Mist *101*
Mittel
  marktkonforme *352*
  ordnungsrechtliche....... *352, 358f*
Mittellast *155*
Mitteltemperatur
  thermodynamische *113f*
Mobilität.................................. *394*
Modell- und Methodenbanksystem
  .... *254*
Modellbildung *259f*
Modellgenerierung *263*
Modulbauweise *133*
Möglichkeiten, naturwissen-
  schaftlich-technische *4*
Monographien *396, 408*
Monolevel-Verbraucher *46*
Monopol, natürliches................ *326*
Motorheizkraftwerk.....................
  ....*131, 133, 237*
Müll *73f*
Müllheizkraftwerk *85*
Müllverarbeitung....................... *44*
Müllverbrennung................ *86, 97*
Müllverbrennungsanlage ....
  .... *274, 293, 398f*
Multi-Attribute-Utility Analysis....
  .... *376*
Multi-Attribute-Utility Theory *379*
Multilevel-Verbraucher *46*
Multipinch *54*

N

Nachfolgekonferenz in Berlin . *341*
Nachfolgekonferenz von Kyoto.....
  .... *342*
Nachfrageinseln....................... *334*
Nachfrageseite *313f, 326*
Nachhaltigkeit ....
  ..... *425, 427ff, 433, 435, 440ff, 451*
Nachkriegsjahre *401, 403*
Nachtspeicherheizung...................
  .... *194f, 198f, 319*
Nachtstrom *194, 198*
Nährelementgehalt *125*
Nährstoffexport *122*
Nährstoffgehalt........................ *125*

Nahrungsmittelproblem *398*
Nahwärmenetz.. *231, 251, 253, 334*
Nahwärmeversorgung............. *153*
Natronlauge *11*
Naturgas *7*
Naturgesetze............................. *1*
Nebenprodukte *7*
  energiereiche....................... *115*
NESA-Pyrolyse-Verbrennung ... *88*
Netzbetreiber *433*
Netze, verzweigte *157*
Netzstrukturen *153*
Netzzugang, verhandelter *367*
Nichtumkehrbarkeiten ....
  .. *3, 5, 11, 14, 20ff, 28, 34f, 37, 41ff*
  äußere . *428, 431ff, 440, 444, 450*
  optimale *297*
Niederdruckdampfnetz *216*
Niedertemperaturabwärme ....
  .... *146, 157*
Niedertemperaturabwärmenetz *213*
Niedertemperaturheizung *118*
Niedertemperaturwärme ....
  .... *15, 18, 43, 143, 165*
Niedertemperaturwärmebedarf......
  .... *47, 222ff*
Niedertemperaturwärmemarkt......
  142, 151, 154f, 158f, 169, 186, 228
Niedertemperaturwärmenetze.. *151*
Niedertemperaturwärmeverbrau-
  cher *49*
Noell-Konversionsverfahren...... *87*
Nordrhein-Westfalen
  als Beispielregion................. *323*
Normdesign *435*
  optimales............................ *352*
Normen
  rationelle Energieverwendung ....
  .... *339*
  Umweltrecht *339*
Normendurchsetzung............... *356*
Null-Emissionen..................... *320*
Null-Energieaufwand *320*
Nutzen, externer *433f*
Nutzenergie *2, 165, 170, 173f,*
  .... *179, 181, 184, 221, 257*
Nutzenskomponenten, externe. *334*
Nutzfläche, landwirtschaftliche .....
  .... *99, 190*
Nutzstrom *19ff*
Nutzungsgrad ....
  .... *158, 174, 179, 182, 186*
Nutzwärmebedarf *197f*
Nutzwärmekosten *244f, 258*
Nutzwärmestrom *208*
Nutzwerte *380*

O

Objektbereiche................. *4, 6, 254*
  Charakteristik...................... *166*
  geographische Lage *168*
  Kennzahlen *166*
  regionale *165*
Öffentlichkeit.......... *1, 5f, 403, 418*
Ökobonus *313, 334*
Öko-Gas-Verfahren *88*
Ökologie................. *383, 433, 440*
Ökologische Argumente *415*
Ökonomie........*298, 300, 302, 308,*
  ....*333, 433, 440, 451*
Ökosteuern *434f*
Ökosystem.......................... *126*
Öl *169, 172f*
Ölheizung........................... *169*
Ölkrise ... *396, 404, 409, 412, 414ff*
Ölpipeline........................... *43*
Optimierung...............................
  .... *254ff, 260, 268, 273, 297f*
  einkriterielle *257*
  mehrkriterielle....... *257, 266, 273*
  Systeme............................ *49, 52*
Optimierungsziel *2*
Optionen ....
  .... *3, 6, 371, 374f, 378ff, 389*
Ordnungskriterien.................. *451*
Ordnungsrecht *357f*
ordnungsrechtliche Instrumente.....
  .... *326*
Ordnungszustand ....
  .... *3, 5, 27ff, 35f, 40, 42, 72*
organisatorische und mentale
  Schwierigkeiten *406f*
Ortsteilebene........... *258f, 264, 272*
oxidative Verfahren *82*

P

Paradigmen, wirtschaftliche *413*
paretooptimale Menge s.
Kompromissmenge
Partialdruckgefälle.................... *12*
Peltier-Effekt *15*
Peltonrad............................... *15*
perpetuum mobile I. Art *8*
perpetuum mobile II. Art............ *8*
petrochemische Produkte........... *11*
Pflanzenernährung *124*
Photosynthese *95, 97, 113*
Photovoltaikanlagen.................. *64*
Pilot- und Demonstrationsvorhaben
  energetische *328*
Pinch-Point-Methode............... *50*
Pipelines *143*
Planungsverfahren *358, 368*

Planungsvorgaben ... *339, 359f, 365*
Polarisierung *401, 409, 411, 418*
Politik..................................
................*396ff, 400f, 412f, 415, 418*
Polyoptimierung......................*128*
Potenzial, exergetisches *371*
Potenzialdifferenzen..................*20*
Potenziale................................*8*
Potenzialgefälle....................*19, 27*
Potenzialschätzungen *400*
Präferenzen ....
................*374, 378, 380, 398, 400*
Pragmatik.............................*401*
Preis- und Kostenfaktoren........*407*
Preisentwicklung, unsichere.....*407*
Preismechanismus............*300, 304*
Preisniveau......................*301, 311*
Preisrelation *301, 309, 321f*
Preisschere............................*310*
Preissteuerung.......................*322*
Preissystem *300ff, 317*
Primärenergie....*7, 165, 169ff, 301,*
.... *310, 313, 319f, 443*
  Aufwand..............................*221*
  Bedarf..........*169, 174f, 178f, 183*
  Einsparung... *147, 221, 228f, 236,*
  .... *389, 390, 399, 441*
  Verbrauch..... *191, 199, 228, 230,*
  .... *242, 257, 400, 417*
Primärenergieträger....................
.... *45, 55, 302, 310*
Prinzip der Nachhaltigkeit...........*99*
private Haushalte..............*142, 194*
private Interessengemeinschaften
....*337*
privates Verhalten *337*
Problemgenerator *254*
Problemstellung..........................*1*
Produkteigenschaften *25*
Produktionsfaktoren
  effizienter Einsatz....................*371*
Produktionskosten....................*404*
Produktionsmethoden................*338*
Produktionsprofile....................*127*
Produktivität und
Wettbewerbsfähigkeit *404*
Prognosen..............................*165*
Protokoll von Kyoto.................*369*
Protokoll von Montreal *342*
Protokoll von Sofia *342*
Prozess
  reversibler......................*19, 35*
  umkehrbarer..........................*19*
  verlustloser............................*9*
  natürlicher........*2, 7, 27f, 30, 37*
Prozessführung..........................
.... *9, 11, 20, 22, 41, 43*

Prozessketten..........................*336*
Prozessstufen, Einsparung........*128*
Prozesswärme *11, 142, 151f,*
...... *157, 169ff, 172, 175, 178, 182f*
  Industriezweig.......................*137*
Prozesstemperatur...................*137*
Prozesswärmebedarf *231, 236*
Pumpen *15, 43*
Pumpspeicherwerk....................*64*
Punktwertevergleich.................*381*
Pyrocom-Verfahren...................*87*
Pyrolyse ....
.... *79f, 85ff, 90f, 95, 114ff, 119f*
Pyrolysegase *279*

Q

Quersubvention *315*

R

Rahmenbedingungen.*1, 4, 6, 298ff,*
.... *303f, 307, 311f, 324, 329, 331*
  gesellschaftliche ....
  ....*429f, 433, 439, 451*
  institutionelle *429, 438*
  internationalrechtliche *340*
  juristische *429*
  makroökonomische..................*372*
  ökonomische..................*371, 433*
  politische *372*
  rechtliche *337*
  technische *230*
  wirtschaftliche ....
  ....*167, 372, 429, 433, 437*
Rationalisierung *403f, 420, 440*
  technologische *5*
Rationalisierungsdebatte *404*
Rationalität, ökonomische *337*
Rauchgasnutzung *200*
Rauchgasreinigung *200*
Raum, ländlicher..............*167, 432*
Raumheizung *41, 248, 251*
Raumheizwärme......................*165*
Raumklimatisierung *169*
Raumordnungsgesetz *360*
Raumordnungsregionen *274*
Raumwärme ....
.....*169f, 172, 178, 182f, 194, 197ff*
Raumwärmebedarf...*231, 233, 236*
  nach Energieträgern................*197*
Raumwärmeversorgung *152*
Reaktion, chemische *58, 114*
Reaktionsbedingungen...............*54*
Reaktionsentropie.............*113, 115*
Reaktionsrückstände *73*
Recht, Funktion......................*337*

Rechtsdogmatik......................*436*
Rechtsetzungsorgane...............*355*
Rechtsharmonisierung.............*346*
Rechtsprozess..........................*15*
Recycling ....
.... *76, 78, 80, 84, 126, 271, 372*
Recyclingunternehmen............*123*
Reduktionsverpflichtungen ....
....*342, 370*
Regeln
  heuristische *6, 258, 302, 440,*
  ....*446f, 449f*
  Strukturoptimierung...............*446*
Regeln der Technik *351*
Regelsatz, heuristischer...........*443*
Regelungsalternativen *340, 357*
Regelungsinstrumentarien
  ordnungsrechtliche................*436*
Regelungsziel *339, 349, 352*
Regelwerk, heuristisches..........*445*
Regeneration ....
.... *3, 12, 45ff, 49f, 53f, 57ff, 127f*
Regenerationszahl
  energetische *57*
  exergetische *58*
regenerative Effekte *12, 128*
regenerative Kopplung *14*
regenerative Verfahren *81*
Regenerator......................*18, 45*
Regionalversorgung Niederrhein
  als regionales Beispiel *193*
Regulierung, staatliche *302*
Reibung..................................*15*
Reibungsverluste......................*10*
Reibungswärme........................*36*
Reichstagsgebäude
  als Beispiel *218*
Reichswirtschaftsministerium ..*402*
Reichweite, Rohenergiequellen....*1*
Rektifikationskolonnen *127*
Rekultivierungsflächen *106*
Rekuperator............................*45*
Reserven................................*33*
Resorptions-Wärmepumpe...........
.....................................*202, 204ff*
Ressourcen..............................*33*
Ressourcenbewertung *431*
Ressourcenmanagement *442*
Ressourcennutzung *300, 310*
Ressourcenschonung......*381ff, 386,*
.... *395, 399, 437, 438, 443*
Rest- u. Abfallstoffe, biogene..*192*
Restabfälle.....................*277f, 292*
Restholz........................*102, 125*
Reststoffe, pflanzliche *102*
Restwertverfahren *23*
Reversibilität............*433, 440, 443*

Richtlinien, EG............................
.................344, 346, 351, 358, 365f
Rindenasche 125
Risikobereitschaft..................... 398
Rohenergie 165
Rohenergieträger.................... 7, 37
Rohenergievorkommen 33
Rohöl.. 7
Rohöldestillation 43, 45
Rohprodukte................................. 7
Rohstoff..
............7, 32, 40, 440, 443, 446, 450
anorganischer........................ 38
nachwachsender....... 95, 99f, 190
Rohstoffrecycling............. 1, 78, 80
Rostasche.................................. 124
Rostfeuerung...................... 87, 89f
exergetischer Wirkungsgrad ....
.... 281, 284f
Exergie-Anergie-Flussbild.... 282
Rückführschaltung..................... 12
Rückführung............................. 127f
Rückkopplung 12

S

Sägespäne 116, 123
saisonaler Speicher 219
Sammel-, Transport- und
Lagerkosten 333
Sanitärwärme................................ 11
Sanktionen, rechtliche 352
Sauerstoff 11
Scenario Manager............. 254, 258
Schadenskosten 320, 434
Schadstoffbefrachtung................ 73
Schadstoffe......... 74, 80, 83, 85f
Schadstoffemissionen 116
Schaltungsstrukturen 143
Schattenpreise................... 23, 441
Scheitholz 114, 116
Schlussfolgerungen 425
Schonung der Energiereserven 338
Schonung der Umwelt 338
Schutzgebietsfestsetzungen 360
Schwachholznutzung................ 110
Schwefelprotokoll von Helsinki
.... 342
Schwefelsäure.............................. 11
Schweiz, als Beispiel 322, 335
Schwel-Brenn-Verfahren...............
..........87, 271, 277ff, 281, 286, 289
Exergie-Anergie-Flussbild.... 288
Schema 286
Schwelgas................................. 116
Schwermetalleintrag 122
scientific management 404

Second-law-Analyse.......... 40, 443
Sekundärenergie 170, 180, 183f
Selbstdurchsetzung 356, 358
Selbststeuerung................ 338, 353
Selbststeuerungsmechanismus. 354
Selbstverpflichtungserklärung ....
.... 401, 405
Sensibilitätsuntersuchungen 24
Sensitivitätsanalyse......................
.... 265, 376, 390ff
Siedlungsabwässer..................... 75
Siedlungsgebiete..................... 143
Siedlungsstruktur............. 169, 188
Siedlungszellen......................... 224
Silicium 11
Smog- oder Luftbelastungsgebiete
.... 360
Solarkonstante 32
solarthermische Anlagen 194
Solarthermische Kraftwerke 64
Solarwärme........... 143, 151, 154ff
Sonderabfälle............................. 72
Sonderabfallverbrennungsanlage
Brunsbüttel als Beispiel 276
Sonderabfallverbrennungsanlagen
.... 72, 271, 274
Sonderabschreibungen............ 327
Sondervertragskunden .. 193ff, 222f
Sonnenstrahlung............ 11, 37, 39
Sorptionskreisprozesse ....
.... 57, 65f, 430
Sorptionswärmepumpen 56
Sozialbindungsklausel 348
Soziale Akzeptanz 373
Sozialsystem....................... 28f, 34
Spannungsdifferenz 12
Speicher 16, 17
Speicheranlagen........................ 43f
Speisewasservorwärmung 397
Sperrmüllerfassung 279
Spitzenkessel 201, 221, 237,
.... 239f, 244, 254f, 257
Spitzenlast 153
Spitzenlastkessel s. Spitzenkessel
Spree-Neiße-Kreis
als Beispielregion......... 166, 291
Stadtentwicklungspläne........... 360
Städtestatistik 170
Stadtwerke...... 169, 180, 182, 185f
Stahl 7, 42
Stand der Technik... 351, 358, 363f
Standards, internationale 343
Steigerung der Gewinne 404
Steinkohle................... 7, 143, 159
Steinkohleneinheiten 7
Steuer............... 302, 321, 334
Steuergesetzgebung 297

Steuerung
marktnahe 352, 435
privaten Verhaltens 337
Steuerungsinstrumente..... 437, 438
Steuerungsmechanismen ....
.... 435, 436, 437
rechtliche............ 337, 356f, 435
Steuerungsmittel
marktakzessorische 359
Stickstoff 11
Stillegungsflächen 102f, 106
Stillegungsprämie 99
stillgelegte Fläche 99
Stillstandszeit........................... 252
Stirlingmotor 200
Stoff- und Energiewandlung...... 72
Stoff- und Energiewirtschaft
Kombination 449
Stoff- und Wärmeaustausch......... 1
Stoffaustausch, ... 7
Stoffkreisläufe 35, 301
Stoffrecycling ....
.... 7, 36, 310, 430, 435
Stoffrückführung 15
Stoffsystem Triflourethanol-E181
.... 209
stoffwandelnde Industrie ....
.... 14, 24, 38
Stoffwandlungssystem 43
Stoffwirtschaft.................... 8, 426
Strahlungsenergie 40
Straßenbegleitgrün................... 100
Stroh 98, 100, 102, 108f, 116
Strom 169f, 172ff
Strombezug............................. 193f
Stromeinspeisungsgesetz 336
Stromerzeugung........................
.................226f, 231, 233, 242, 245
Stromerzeugungswirkungsgrad ....
.... 144f, 180
Stromgutschrift........................ 245
Stromkennzahl...... 130, 135, 188f,
.... 189, 221, 228f, 242, 257,
.... 267f, 270, 272
Stromnetze..................... 143, 154
Stromsteuergesetz.................... 361
Stromversorgung, kommunale. 142
Strom-Wärme-Kennzahl s.
Stromkennzahl
Strom-Wärme-Matrix 229
Struktureffekte 444, 447
Strukturgestaltung.................... 448
Struktursynthese 52
Strukturvarianten 371
Strukturwandel 404f, 409f
Substituierbarkeit 308
Substituierung, Öl 407

Substitutionsmöglichkeiten 2
Substitutionswettbewerb 325
Subventionen......... 302, 325, 338f,
...... 347, 351f, 355, 358f, 371, 434f
Suchprozesse, wettbewerbliche......
....322
Superstruktur, variable 258
sustainable development 1
Synproportionierungsprozesse ......
....56, 61
System
  durchströmtes offenes
    thermodynamisches 40
  technologisches 2, 27, 48, 53,
    ....58f, 72, 80, 127, 425,
    .... 431, 439f, 443, 451
Systemanalyse............................50
Systembeschreibungen
  technische 371
Systembildner, erfolgreiche 419
Systeme
  adiabate 36
  dynamische 27
  energetische 3, 18
  instationäre 27
  Kopplung................................127
  stationär durchströmte offene ..27
  stoffdichte 37
Systemeffekte............................254f
Systemstruktur, variable............259
Systemwissen..................254, 258
Szenarien..........................425, 438
  Charakteristika.......................384

T

Tagesgang 26
Tagesmitteltemperatur..............222
Tarife...311
Tariffestsetzung........338, 357, 367f
Tarifgenehmigung....................368
Tarifkunden....................193ff, 222f
Techniken der
  Abfallenergieverwertung.........396,
....399ff, 405, 407f, 410, 413f, 417f
Technikfolgenabschätzung. 4f, 297,
.... 371, 373, 375, 385, 437, 451
Techniknutzung.......................381ff
Technische Anleitung
  Siedlungsabfälle...................271
Technische Potenziale 373
Technologiefolgenabschätzung s.
  Technikfolgenabschätzung
Technologiesystem...................
......................28ff, 32ff, 40, 42
Teilpflanzennutzung.........102, 106
Teilverflüssigung 200f

Teilvergasung.........................200f
Temperaturanhebung..............208
Temperaturdifferenz.................12
  optimale.............................51, 52
Temperatur-Enthalpie-Diagramm
....51
Temperaturkaskade.........154, 156f
Temperaturniveau ....
.... 45ff, 51, 53ff, 60f, 66, 71ff
Thermalwasser.........................11
Thermoselect-Verfahren..............
.........87f, 271, 277f, 281, 286, 289
  Exergie-Anergie-Flussbild.....288
  Schema.................................287
Tiefkühlkälte 11
Tragefähigkeit............................29
Trägermedium...........................26
Transaktionskosten..................372
Transformation...........................3
Transformationsprozesse......55, 65
Transformator............................15
Transportanlagen......................43
Transportnetze........................153
Treibhausgase 97, 321, 341
Trends.............................383, 399
Trennprozesse, thermische......54
Trocknung......................116, 118f

U

Überschussstrom 143
Überwachungskosten 357
Überzeugungsarbeit................401
Umgebung........ 1ff, 5, 7ff, 10ff, 14,
.... 19ff, 27ff, 34ff, 40ff, 44
Umgebungsbedingungen..426, 428
Umgebungsdefinition 30f
Umgebungsenergie...........8, 19, 30
Umgebungsniveau 20
Umgebungssystem.....................30
Umgebungstemperatur..8ff, 14, 21,
.... 24f, 36, 44, 45, 56, 64, 117, 122
Umwandelbarkeit in Arbeit..........8
Umwandlung, biologische........115
Umwandlungsstrategien 200
Umwandlungsverluste.................
......................170, 173, 180, 183
Umwandlungswirkungsgrade........
...................................170, 174f
Umwelt- und Gesundheitsschutz
....338
Umweltauflagen.......................398
Umweltbelastung........................
........................1, 5, 7, 37, 40, 407
Umwelteinwirkungen.......361, 363
Umweltkonferenz....................341
Umweltpolitik 341, 345, 416

Umweltschäden............................7
Umweltschutz...................................
.... 388, 400, 417, 419, 437, 440
  produktionsintegrierter 72, 76f
Umweltschutzmaßnahmen 436
Umweltschutzvorschriften........347
Umweltverschmutzung..................
.....................................341f, 346, 365
Umweltverträglichkeit..................
...................96f, 102, 351, 364, 369
Umweltverträglichkeitsprüfung......
....360
Umweltvölkerrecht...........340, 342
Untersysteme, technische 40
Ursprungsprinzip.....................345
utopischer Punkt......................270

V

Varianten
  anlagentechnische.....................12
  technische 5
VEBA-Konversionsverfahren 87
Vebrennungsprozesse....................37
Veränderungen
  organisatorische.......................372
Verarbeitungsstrategien.............200
Verbote...........339, 355ff, 359, 436
Verbraucherebene 143, 157
Verbraucherfreundlichkeit........438
Verbraucherstruktur 200
Verbrauchsdiagramm 147f
Verbrauchssektor........................
.........................169ff, 176, 178, 181ff
Verbrauchssteuern 350
Verbrennung 26, 43f, 74ff, 85ff,
.................92, 94ff, 113ff, 122, 124,
.... 126, 128, 200, 204
Verbrennungsbedingungen........117
Verbrennungseinrichtungen 116
Verbrennungsgase....................11
Verbrennungskraftmaschinen.......1
Verbrennungsmotor....15, 43, 200
Verbrennungsmotoren......131, 133
Verbrennungsprodukte
  Konzentrationsentropie............41
Verbrennungsprozess 117, 429
Verbrennungsrückstände 73
Verbrennungstemperatur...............
..................................113, 115, 117
Verbrennungsverbote 327, 360
Verbund 128, 141
Verbundlösung..............................
..........230ff, 235ff, 242, 245, 251
Verbundsysteme......................128
Verdichter...................................15
Vereinigungsstruktur...............259

Verfahren..............................
..... 9, 11ff, 19ff, 25, 127, 129f, 140f
  elektrochemische 17
  plasmachemische 17
Verfassungsmäßigkeit 436
Verfassungsrecht 347
verfassungsrechtlichen Grenzen ....
.... 436
Vergasung ....
... 79, 85ff, 95, 113ff, 122, 200, 212
Vergasungsanlage.................. 210f
Vergasungsapparat 119
Vergasungsgas.............. 116f, 119ff
Vergasungsverfahren 121
Vergleichsprozesse 24
Verhalten
  äußeres 11
  gemeinwohlkonformes.......... 337
  marktgerechtes..................... 337
Verhaltensänderungen ....
.... 383f, 387, 393
Verkehr 167, 169ff
Verluste
  Beeinflussbarkeit 25
  energetische 20, 215
  exergetische 215
  innere 448
  prozessbedingte..................... 54
  systembedingte 48, 55, 52
  thermodynamische 48, 52, 59
  triebkraftbedingte........ 48, 52, 54
  Unvermeidbarkeit 25
  Wärmeverteilung 221
Verlustquellen 11, 21
Vermeidungskosten ....
.... 320f, 432, 434
Vermischung 9
Vermögensenergie................... 431
Vermögensquellen 32, 38
Vernetzung 5
Verpflichtungen
  völkerrechtliche 343
Versorgungsgebiet................... 366
Versorgungsgebiet Wesel
  als regionals Beispiel 166
Versorgungskonzepte 219, 228
  örtliche und regionale 398
Versorgungssicherheit 434
Versorgungsstruktur 227
  optimale 265, 269, 271ff
Versorgungssystem ....
......................142, 144, 148, 221
  exergetisch hochwertiges 142
Versorgungsunternehmen ....
.... 193, 196
Versorgungsvarianten
  Nutzenergiebilanz 244

Primärenergieeinsatz............. 244
Verteilernetze 153
Verteilungsinfrastruktur........... 142
Verteilungskosten 317ff
Verteilungssysteme................. 338
Verunreinigung, mineralische.. 123
Verursacherprinzip 345
Verwaltungsgroßstadt.................
.... 4, 166, 169ff, 173, 176
Verwendungsverbot................ 361
Verwertungsmöglichkeiten......... 7
Verwertungspflichten 368
Vollzugsdefizit 436
Vorkommen............................. 1
Vorräte.................................... 1
Vorschaltprozess 55
Vorteile, ökologische.............. 434

W
Waldrestholz..................... 99f, 192
Wandlungsketten 130
Wärme......... 8f, 11, 14f, 19, 21, 24,
..... 26, 28, 33f, 36, 42, 45ff, 51, 53,
.... 56ff, 60ff, 64ff, 71f, 190f, 199
  Qualität 156
Wärmeatlas 169
Wärmeauskopplung... 88, 151, 174
Wärmeaustausch........................ 2
Wärmebedarf. 222, 224f, 229, 231,
..... 236ff, 242, 246, 252f, 255, 257
  Zeitstruktur 155
Wärmebereitsteller 433
Wärmebereitstellung........ 203, 207
Wärmedämmung ....
.... 319f, 338, 383, 394
Wärmedisproportionierung........ 61
Wärmeerzeugung............. 213, 215
Wärmegrundlast 236, 237
Wärmehöchstlast ....
.... 234ff, 239f, 249ff
Wärmeingenieur 402, 407, 409
Wärmeisolation 157
Wärmeisolierung 146, 152
Wärmekaskade 47, 129
Wärmekaskadierung
  Möglichkeiten 138
Wärme-Kraft- und Wärme-Kraft-
  Kälte-Kopplung 219
Wärme-Kraft-Kälte-Kopplung .....
.... 201, 221
Wärmekraftkopplung
  s. Kraft-Wärme-Kopplung
Wärmemarkt 398
Wärmemix 154f, 157

Wärmenetz 142, 143, 146f,
................152, 154, 311, 326, 333,
.... 383, 384f, 394, 434
Wärmenutzungstechnik 400
Wärmenutzungsverordnung..........
.... 26, 357, 364, 437
Wärmepfennig....................... 363
Wärmepreis 244
  anlegbarer 313
Wärmepreisgestaltung 317
Wärmepumpe ....
.............15, 43, 316, 319, 397, 410
  Leistungszahl 146, 158
  Temperaturhub.................... 146
Wärmepumpen 143, 146f, 149,
.... 151, 154, 156ff, 168
  dezentrale 227
  elektrische 221, 229
Wärmepumpenheizsysteme 194
Wärmequellen 48, 54, 62, 71
Wärmerad 18
Wärmerückgewinnungsanlagen.....
.... 364
Wärmerückgewinnungstech-
nologien 175
Wärmeschutzverordnung. 319, 361
Wärmesenken 54
Wärmespeicher 143, 154, 156
Wärmestellen 402f, 408
Wärmesynproportionierung....... 63
Wärmetod 2
Wärmetransformation 55, 57,
.... 60ff, 66, 70, 74, 168, 200ff,
.... 207f, 211f, 214, 221
Wärmetransformationsanlagen .. 55
Wärmetransformationsprozesse.....
................36, 48, 55, 57, 59, 61, 66
  offene 72
  Systematik 60
Wärmetransformator....... 215, 217f
Wärmetransport 152, 231
Wärmeübertrager................ 15, 43f
Wärmeübertragernetzwerk .. 54, 56
Wärmeübertragersystem .. 50ff, 54ff
Wärmeübertragung 9, 15, 44
Wärmeübertragungskaskade.... 429
Wärmeübertragungsprozess..... 429
Wärmeverbraucher 433
Wärmeverbund 1
Wärmeverhältnis..................... 202
Wärmeverluste..................... 1, 5
Wärmeversorgung ....
.... 201, 206, 212f, 220
  kommunale 142
Wärmeverteiler...................... 268

Wärmewirtschaft..........*5f, 13, 297,*
............*314, 396f, 402ff, 406, 408ff,*
................................*420, 440, 451*
Wärmewirtschaftler..........*403, 408*
Warmwasserbedarf..................*231*
Warmwasserbereitung..................
..................*152, 158, 169, 181*
solarthermische........................*43*
Warmwasserspeicher................*154*
Warmwasserversorgung.................
................*152, 155, 157*
Wasserhaushaltsgesetz.....*358, 369*
Wasserkraft..............................*191*
Wasserkraftwerk................*43, 191*
Wasserstoffverbrennung..........*139*
Wechselwirkung, menschliche
Gesellschaft - Umwelt..................*1*
Weltbevölkerung..........................*1*
Weltenergiebedarf..........................*8*
Weltenergiekonferenz............*409ff*
Werkstoffrecycling....................*77f*
Wertbaum, integrativer *385*
Wertbaumanalyse..........*376ff, 385*
Wertbaumgewichtung *391f*
Wertbaummethode....................*437*
Wertemuster
  gruppenspezifische.................*376*
Werthaltungen
  gesellschaftliche............*413, 417*
Wertschätzung..........................*372*
Wertschöpfung
  lokale und regionale *335*
Wertstoffe *74f, 86ff*
Wertstoffrecycling *77*
Wettbewerbsneutralität............*343*
Wichtungsfaktoren
  in der Zielfunktion.................*271*
Widerstände, mentale...............*407*
Widerstandsheizung....................*15*
Wiederverwertung....................*372*
Wikonex-Verfahren....................*87*
Windenergiekonverter................*64*
Windkraft..............................*191*
Windkraftwerk *43*
Windnutzungsgebiete...............*191*
Wirbelschichtverbrennung..........*87*
Wirkprinzip, Wahl *54*
Wirkungen
  ökologische............................*371*
  physische *371*
  technische...................................
  ...*371ff, 380, 382, 389, 393ff, 400*
  wirtschaftliche......................*371*

Wirkungsgrad...............................
............*4, 297, 303, 305f, 383, 387*
  elektrischer *134*
  energetischer............................*58*
  exergetischer......*58, 62f, 65, 201,*
    ....*203ff, 212f, 216f, 221*
  isentroper................................*216*
  Steigerung..............................*398*
  thermischer *134, 202*
  Wärmetransport *221*
Wirtschaften, nachhaltig und
umweltgerecht..............................*2*
Wirtschaftlichkeit ...*299, 303, 307ff,*
  ....*313f, 317, 319, 323, 325, 328,*
    331ff, 337f, 371ff, 387f, 391f, 395
Wirtschaftlichkeitsberechnungen
  ....*407, 413f*
Wirtschaftsförderung.....................
  ....*307, 310, 325, 330, 336*
Wirtschaftspolitk..............*438, 440*
Wirtschaftsstrukturen *4*
Wirtschaftsverbände.*401, 404, 412*
Wirtschaftswachstum *383*
Wissenschaftspolitik *438f*
Wissensmanagement........*410, 420*
Wohlstand..............................*416f*
Wünschbarkeit, soziale *371*
Würzekochprozess *207*

Z

Zeitmaßstäbe *7*
Zeitstruktur....................................
.*22, 231, 235ff, 245f, 251, 431,434*
Zement *7*
Zementherstellung......................*43*
Zeolithe *17*
Zeolithüberhitzer............*215, 217f*
Zielfunktion......................*265, 272*
  additive *264*
Zielkonflikte............................*433*
Zuckerfabriken *47*
Zustand, stationärer......................*3*
Zuverlässigkeit.........*371, 388, 395*
Zwischenkriegszeit...................*396*
Zyklonflugasche............*124ff, 128*

Weitere Titel aus dem Programm

Jens Borken, Andreas Patyk, Guido A. Reinhardt
Basisdaten für ökologische Bilanzierungen
Basisdaten für ökologische Bilanzierungen
Einsatz von Nutzfahrzeugen in Transport, Landwirtschaft und Bergbau
1999. XIV, 223 S. Geb. DM 89,00
ISBN 3-528-03118-2
Für den Einsatz von Nutzfahrzeugen in Gütertransporten, Landwirtschaft und Bergbau werden in diesem Buch Daten zu Energieeinsatz, Ressourcenverbrauch und Schadstoffemissionen differenziert und mit einheitlichem Bezug quantifiziert. Die zum Teil neuen Daten und methodische Neuerungen werden transparent dargestellt und mit zahlreichen Anhängen ergänzt.

Iris Rötzel-Schwunk, Adolf Rötzel
Praxiswissen Umwelttechnik – Umweltmanagement
Umweltmanagement Technische Verfahren und betriebliche Praxis
1998. XII, 420 S. mit 260 Abb., 60 Tab. Geb. DM 136,00
ISBN 3-528-03854-3
Diese umfassende normgerechte Darstellung von Maschinenelementen für den Unterricht ist in ihrer Art bislang unübertroffen. Durch fortwährende Überarbeitung sind alle Bestandteile des Lehrsystems ständig auf dem neuesten Stand und in sich stimmig. Die ausführliche Herleitung von Berechnungsformeln macht die Zusammenarbeit und Hintergründe transparent

Günter Fehr (Hrsg.)
Nährstoffbilanzen für Flusseinzugsgebiete
Ein Beitrag zur Umsetzung der EU-Wasserrahmenrichtlinie
1999. VIII, 205 S. Geb. DM 148,00
ISBN 3-528-07719-0
Es wird in dem Buch ein Instrument geliefert, die Gewässergüteplanung ökologisch und ökonomisch abschätzen zu können und eine Umweltverträglichkeitsprüfung durchzuführen.

Abraham-Lincoln-Straße 46
65189 Wiesbaden
Fax 0611.7878-400
www.vieweg.de

Stand 1.4.2000
Änderungen vorbehalten.
Erhältlich im Buchhandel oder im Verlag.

MIX
Papier aus verantwortungsvollen Quellen
Paper from responsible sources
FSC® C105338

If you have any concerns about our products,
you can contact us on
ProductSafety@springernature.com

In case Publisher is established outside the EU,
the EU authorized representative is:
**Springer Nature Customer Service Center GmbH
Europaplatz 3, 69115 Heidelberg, Germany**

Printed by Libri Plureos GmbH
in Hamburg, Germany